용 갑식 & Dai S. Kim

지속가능, 명품

건축물 + 재료정보

Building Construction Plus Building Materials;

*이 책은 전자책(e-book)으로도 출판되었습니다.
NAVER 또는 교보문고: 용 갑식 검색

공간예술사

[주] 엄 & 이 종합건축사사무소
AUM & LEE ARCHITECTS ASSOCIATES

개양귀비-꽃

양귀비과의 두해살이풀인 개양귀비는 약용이나 관상용으로 재배된다.
원산지는 벨기에와 프랑스 동북부 지역이다.
영국에서는 빨강 꽃은 전쟁과 전몰자의 상징이다.
줄기 높이는 50~60cm 가량이며, 잎은 길둥근 모양이다.
빨강, 하양, 자주 등의 포피꽃은 5~6월에 어미줄기 끝에 한 송이씩 핀다.
붉은빛의 이 꽃을 건설현장에서 유명을 달리한 동료들의 영전에 봉헌한다.

동료 건축기사들과 함께:
사우디아라비아 왕립 타이프 공군기지 주택단지 공사현장(1978년)

지속가능, 명품 건축물 + 재료정보(수정판)

펴 낸 날 2021. 08. 05.
지 은 이 용 갑식, Dai S. Kim

펴 낸 이 신 창근
펴 낸 곳 공간예술사
서울특별시 종로구 사직로 97 (MG 새마을금고 빌딩 304호)
전 화 (02) 737-1020
팩 스 (02) 737-1500
이 메 일 spacearts@korea.com
홈페이지 www.spacearts.co.kr

출판등록 제 9-315 호
I S B N 978-89-7799-115-6 93540

정 가 56,000원

건설기술인 헌장

인류를 처음으로 동굴의 생활에서 벗어나게 한 것은 건설기술 이었다. 혼돈을 질서로 만들고 위험을 안전으로 바꾼 건설기술인은 희망의 역사, 번영의 문명을 만든 주역이었다.

그러나 근대 산업문명이 극한에 이르면서 건설은 자연의 파괴로 비치고 그 기술은 환경의 오염으로 인식되는 위기상황을 몰고 왔다. 성급한 개발에 따른 시행착오로 건설기술인 전체의 명예를 훼손하고 자긍심을 잃게 하는 불행을 초래하기도 했다.

이에 지식정보시대의 새로운 세기를 맞이하여 건설기술인들은 흙과 나무를 다루던 그 초심으로 거듭나 쓰러진 것은 일으키고 비운 것은 채우며 흩어진 것은 모아 새 건설 환경 문화를 창출하고자 한다.

건설기술인은 자연의 지배자도 예속자도 아닌 지구 생명권의 일원으로서 인간과 자연의 조화를 이룩하고 그 균형을 찾는 것을 기본으로 삼는다.

그러하여 만인과 만물이 공존 공생하는 기반 위에 가장 쾌적하고 안전한 '삶의 공간'을 창조하는데 그 목표를 둔다. 신뢰위에 건설의 안정성을 구축하고 지식과 독창성 위에 기술을 꽃피워 예술적 감동과 아름다움을 실현한다.

그 결과로 개발과 보존은 갈등이 아니라 같은 운명이 되고 개인의 목망과 공동체의 갈림길은 하나의 길로 통합된다. 건설 기술은 인간의 모든 창조행위의 기초이며 그 출발점인을 다시 한 번 확인하고 지속 가능한 발전으로 국가와 사회의 미래를 건설하는 초석과 기둥이 될 것을 우리 건설기술인은 엄숙히 다짐한다.

2001. 3. 20.

지속가능, 명품

건축물

+

재료정보

용 갑식 bonayon@naver.com

연세 대학교 건축공학과 및 동 대학원 졸업(공학석사)
논문: 경사지를 이용한 地下住居空間 計劃 에 관한 연구
프랑스 국립 마르세유-뤼미니 건축대학 3기 과정(대학박사) 졸업(CEAA)
공동논문: Institute Africain d'Architecture, d'Urbanisme et d'Aménagement á Dakar, Sénégal
(아프리카 건축, 도시계획 및 도시정비 연구소 기본계획에 관한 연구)

譯書: 시드니 오페라 하우스 건축 이야기
저서: #건축기술; 건축시공실무+이론(상)
#건축공사 현장관리+가설공사(종이책 및 전자책 5권)
#최적화 공사 건축+조경(종이책 및 전자책 8권)
#Logement autochtone Socual(공영 토속주택: 프랑스어 판 종이책 〈주문생산〉)
#사람과 건축문명
#사람, 주거 그리고 빠리 씨떼
#공영토속주택
특허: 발명특허 제 10-0578102 호 (골프 퍼터)
국가자격: 조경기사1급(특급기술자), 건축기사1급(특급기술자), 중등학교 준교사 (제29152호: 건축)

現職: (주)엄&이종합건축사사무소, 주택연구실장 (지속가능 건축, 조경계획 및 개도국 주택정책개발 연구)
건축, 조경 설계 및 감리: 우공정 (개인 전원주택, 경기도 연천군 백학면)

前職: 동양미래대학교 건축과 겸임교수 (1998~2011)

한국종합조경공사, 조경기본계획 및 설계 실무, 담당 프로젝트;
국립 현충원 재개발 계획
안동댐 용성공원 조경계획
이리 수출자유지역 조경 기본계획,
대덕연구학원도시 조경 기본계획
설악동 신 집단시설지구 개발계획 및 기본설계 등

건설회사-동아, 율산, 금호, 한양 등의 FED 현장, 해외 건설현장 및 지사 실무, 담당 프로젝트;
미합중국 극동지역 공군기지 주한사령부 본관, 대한민국 경기도, 오산: 공무담당,
Housing & Community Facilities of Air Base, Taif, Saudi Arabia: 공무담당,
Single Women's Housing of King Faisal Hospital, Riyadh, Saudi Arabia: 입찰 및 공무담당,
Gygynya Hotel & 240 D.U. Housing, Sokoto, Nigeria: 입찰, 턴키설계 및 공무담당,
King Saud University, Riyadh, Saudi Arabia: 공무담당 등

Dai S. Kim (김 대수) daikim33@gmail.com

延世 大學校 건축공학과 졸업

미합중국 기술사; P. E. (Professional Engineer)
Member of American Society of Heating, Refrigerating and Air Conditioning
Member of International Society of Pharmaceutical Engineering

現職: 대표이사 사장, A&A Engineers, Inc., Professional Design Firm, Chicago Illinois, U.S.A.

前職: 기술 담당 부사장, McClier Corporation, Chicago, Illinois, U.S.A.
담당 프로젝트;
Pfizer, Kalamazoo, Michigan, # Sunrider Manufacturing L.C., Torrance, California,
University of Chicago Kovler Laboratories, Chicago, Illinois,
Pierce Bio Technologies (Perbio Science), Rockford, Illinois
Watson Laboratories, Salt Lake City, Utah, # Abbott Laboratories, R14, North Chicago, Illinois,
Abbott Laboratories, M10, North Chicago, Illinois, # Barilla America, Ames, Iowa,
Sunbeam-Oster, Hattiesburg, Mississippi, # Mcgill Manufacturing Co.,Inc., Valparaiso, Indiana,
Konica Manufacturing Company, Greensboro, North Carolina,
Northwest Airlines, JFK International Airport, New York, New York,
Federal Express, Indianapolis, Indiana, # Northwest Airlines, Duluth, Minnesota,
Olympic Airway, Greece, Athens, # MCI Telecommunications, North Royalton, Ohio,
Los Angeles Times/CCN, Irwindale, California, # Chicago Sun Times, Chicago, Illinois
Lakeside Technology Center, Chicago, Illinois
Nong Shim Foods, Rancho Cucamonga, California etc.

책 소개
Introduction

"건축물+ 재료정보" 는 저자가 해외 공사현장에서 얻은 실무 자료와 강의록에서 발췌한 이론을 바탕으로 기술한 책이다. 실용 건축기술 자료로서 널리 쓰일 수 있는 이 책은 건축을 공부하는 학생이나, 기성 건축 기술자, 특히 아시아 태평양 경제협력기구 *APEC: Asia Pacific Economic Council* 의 "에이팩-엔지니어 *APEC-engineer*" 또는 국제 건축가연맹 *UIA* 의 "건축가 *Architect*" 자격 또는 건축시공기술사 자격을 취득하고자 하는 건축 기술자들에게 유용할 것으로 생각한다. 끝으로 이 책에 실린 대부분의 현장사진은 저자가 현장 근무 및 답사 여행을 통하여 직접 촬영한 것이며 일부 기업체의 카탈로그 *Catalogues* 는 독자의 이해를 돕기 위하여 학술적으로 사용한 것이다. 이 책과 관련된 저자의 다른 책들은 다음과 같다.

종이책 :

"현장관리 + 가설공사"
"건축+ 조경"

전자책 : 8권
노트북 또는 데스크 탑 PC로," 네이버"나 "교보문고" 홈페이지에서 "용갑식" 검색하면 구독 가능

〈0〉 건축기술의 구현 및 공사원가
부록

〈1〉 지속가능 건축기술
건축생산 공예기술의 변천과 전망

〈2〉 골조공사 개요
조적재료

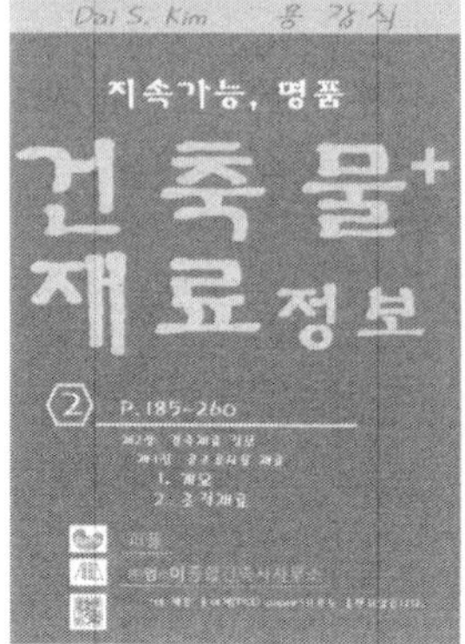

〈3〉 목재

〈4〉 철근콘크리트 및
시멘트 관련 재료

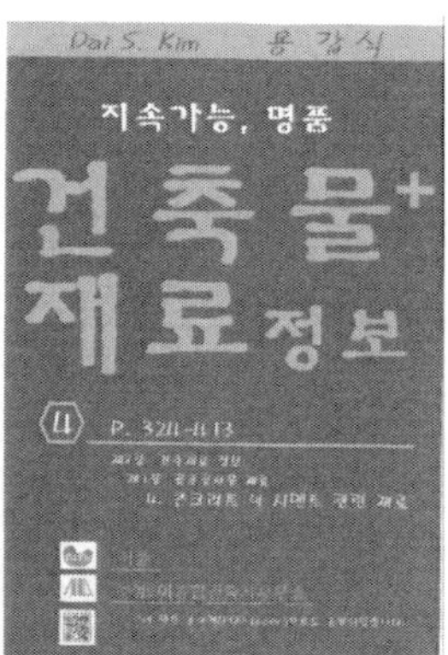

〈5〉 철근 및 형강
접합재료의 종류 및 특성

⑥ 설비공사용 재료

⑦ 흙의 특성 및 지반공사 정보

단기 4353년, 불기 2564년, 서기 2020년, 이슬람(헤즈라)력 1441년

여름-날, 용 갑식

차 례

건설기술인 헌장 005
책 소개 009

제 1 장 지속가능 건축기술 및 전망

제 1 절 건축기술의 구현 및 공사원가 021

1. 건축기술 개요 021
2. 건축물 생산계획 021
3. 건축기술체계 선정 022
4. 건축공사 원가분석 028
5. 건축물 감가상각 058

제 2 절 지속가능 건축기술 060

1. 용어정의 및 7가지 기본원리 060
2. 관습적 건축기술과 환경파괴 064
3. 지속가능 건축기술 및 현황 066
4. 지속가능 건축공사를 위한 고려사항 076

제 3 절 건축생산 공예기술의 변천과 전망 103

1. 건축생산 공예기술의 변천 103
2. 건축생산 공예기술의 전망 174
3. 선진국의 21세기 국가전략산업 182

제 2 장 **건축재료 정보**

제 1 절 골조공사용 재료 187

1. 개요 187
2. 조적재료 187
3. 목재 260
4. 콘크리트 및 시멘트 관련 재료 324
5. 철근 및 형강 413

제 2 절 접합 재료 471

1. 용어정의 471
2. 접합재료의 종류 및 특성 471

제 3 절 설비공사용 재료 498

1. 컨베이어 시스템 498
2. 기계설비 500
3. 전기, 조명, 통신 및 음향설비 538
4. 방범 및 자동화설비 558
5. 주방설비 564

제 3 장 **흙의 특성 및 지반공사 정보**

제 1 절 흙의 특성 및 건축물 침하 571

1. 흙의 역학적 특성 571
2. 흙의 유형 및 분류기준 595
3. 건축물의 침하 및 붕괴 602

제 2 절 대지 및 지반조사 609

1. 개요 609
2. 지반의 분류 612
3. 지반조사 618
4. 지반의 응력분포 및 허용지내력 678
5. 지반의 압밀시험 및 침하 684

제 3 절 지반개량 원리 및 공법 695

1. 지반개량 개요 695
2. 지반개량 목적 및 원리 695
3. 지반개량 공법 701

부 록

참고문헌 743

Ⅰ. 한글 참고문헌 743
Ⅱ. 외국어 참고문헌 744

참고자료 747

Ⅰ. 도량형 환산단위 747
Ⅱ. 해외건설 전문용어 약어 749
Ⅲ. 도형의 길이, 면적 및 체적 산출식 782

찾아보기 793

Ⅰ. 표 목록 793
Ⅱ. 그림 목록 795
Ⅲ. 사진 목록 798
Ⅳ. 한글 용어 801
Ⅴ. 외국어 용어 823

제 1 장
지속가능 건축기술 및 전망

제 1 절 건축기술의 구현 및 공사원가

1. 건축기술 개요 021
2. 건축물 생산계획 021
3. 건축기술체계 선정 022
4. 건축공사 원가분석 028
5. 건축물 감가상각 058

제 2 절 지속가능 건축기술

1. 용어정의 및 7가지 기본원리 060
2. 관습적 건축기술과 환경파괴 064
3. 지속가능 건축기술 및 현황 066
4. 지속가능 건축공사를 위한 고려사항 076

제 3 절 건축생산 공예기술의 변천과 전망

1. 건축생산 공예기술의 변천 103
2. 건축생산 공예기술의 전망 174
3. 선진국의 21세기 국가전략산업 182

제 1 절 건축기술의 구현 및 공사원가

1. 건축기술 개요

인간들은 오랜 생존 투쟁 역사를 통하여 비, 바람, 눈, 뙤약볕 등의 자연현상에 기인하는 위협으로부터 자신의 생명을 안전하게 보호해줄 안식처의 필요성을 인식하게 되었다. 인간들은 또한 일상생활을 안락하고 쾌적하게 영위할 수 있는 공간, 즉 적정한 습도 및 온도가 유지되는 평탄한 터전을 마련하고 싶은 욕구를 갖게 되었다. 이와 같은 필요성과 욕구는 인간들이 모든 활동을 야외에서 수행할 수 없기 때문에 생겨나는 현상이다. 인간의 욕구와 필요성에 의하여 인간들은 건축기술 구현의 최종 목표물인 건축을 생산하게 되었다.

건축기술의 발전으로 인간들은 쾌적한 일상생활 공간의 확보는 물론 제한적인 대지면적 위에 동일한 품질의 생활공간을 겹겹이 쌓아 올려 대지의 효용성을 극대화 하였다. 인간들은 쾌적한 실내 생활공간을 창출하기 위하여 옥외의 자연 환경보다. 좀더 덥거나 시원한 공기, 또는 적절한 습기를 머금은 공기를 인위적으로 만들어 내고 있다. 또한 인간들은 실내공간에서의 쾌적한 조도를 확보하기 위하여 주간에는 옥외의 강렬한 태양빛 보다는 조금 덜 밝은 빛을, 야간에는 옥외의 어두움 보다는 좀 더 밝은 빛을 만들어 내었다. 아울러 인간들은 에너지, 통신, 물, 쓰레기 처분 등에 관련된 설비들을 지속 발전 가능 차원에서 개발, 활용하고 있다. 결론적으로 인간들은 쾌적한 생활공간에 대한 필요성과 욕구를 충족시킬 의도 하에 건축자재를 개발하고 건축공법을 지속 발전시켜 인간들의 안식처 및 생활의 터전인 건축물을 더욱더 쾌적하고 지속 발전이 가능하도록 창출하고 있다.

2. 건축물 생산계획

건축물의 출현은 누군가의 마음속에 들어 있던 개인적, 즉 건축주의 욕구로부터 출발한다. 한 가족 또는 가족집단, 기업체, 공공단체 등은 신선하고 풍족한 주거생활 환경에 관한 끊임없는 동경과 욕구를 갖고 있다. 이와 같은 건축주들의 욕구가 건축물이 지속적으로 출현할 수 있는 원동력이 되는 것이다. 규모가 아주 작은 개인 주택과 같은 건축물을 포함해서 그 어떤 건축물일지라도 건축물을 생산할 의향이 있는 건축주는 자신의 이상과 꿈을 실현하기 위하여 관련 전문가들과의 다음과 같은 계약절차를 필요로 한다. 건축물 생산계획에 관한 절차는 이미 이 책의 상권에서 상세히 논의 한바 있으므로 여기서는 개략적인 논의에 한정하기로 한다.

1) 건축가의 선정

건축주는 건축물 생산의 꿈을 실현하기 위하여 직접 또는 고용한 건축현장 대리인 *Construction Manager* 을 통하여 선정한 건축설계 전문가, 즉 건축가와 건축설계 업무 전반에 관한 계약을 체결하여야 한다. 건축가는 신축할 건축물에 관한 건축주의 의견을 주의 깊게 듣고 협의를 통하여 건축주의 추상적인 생각을 실용적으로 구체화시켜 건축물의 형태와 기능을 확정한다. 그 다음에는 건축설계관련 기술자, 즉 흙 공사 및 기초공사 기술자, 구조기술자, 기계, 전기 및 통신설비 등의 관련 기술자 들을 동참시켜 개념상의 건축기술을 구체화 한다. 건축가는 건축 관련 해당분야의 여러 전문가들을 대표하여, 건축물을 어떤 자재로 어떻게 만들지를 구체적으로 나타내는 상세 설계도면과 시방서 등의 설계 도서를 작성한 다음 해당 관청에 제출, 건축허가를 받아 낸다. 해당관청의 건축행정 업무 담당자, 즉 행정건축가는 제출된 설계도서가 당해 지역의 건축조례 및 건축법과 일치하는 지의 여부를 검토한 다음 건축허가서를 발부한다.

2) 시공자의 선정

해당 관청의 건축허가를 득한 다음에, 건축주는 건축물의 규모에 따라서 수의계약 또는 공개경쟁입찰을 통하여 시공을 책임질 일반건설업체를 선정한다. 일반건설업체는 각 공종별로 협력자인 전문공사업체를 고용하여 전체공사 업무를 수행한다. 물론 공사현장에는 건설업체의 건설이행 상황을 지휘감독하기 위하여 건축가 *Architect* , 감리원 *Engineering Consultant* , 감독관 *Building Inspector* 등이 함께 근무한다.

3. 건축기술체계 선정

1) 제약 요소

건축기술을 구현하기 위하여 건축물 구축체계를 선정하여야 할 때 고려하여야 하는 가장 중요한 제약요소는 지방자치단체의 건축조례와 중앙정부의 건축법이다. 비록 건축물 생산의 원천이 추상적인 상태이기는 하지만 궁극적으로는 현실세계의 사회적 구속, 즉 법적제약을 통하여 불특정 다수가 사용하는 구체적인 실체로 나타나기 때문이다. 건축물 생산에 관련된 전문가들은 건축물 생산과정에서 무엇이 불가능하고, 무엇이 가능한 일인지에 관해서 끊임없이 협의, 토론하면서 최선의 선택을 통하여 생산 작업을 지속하여야 한다. 건축 전문가들은 바라던 바의 형태와 질감을 갖는 건축물을 창조하기 위하여, 수많은 구조체계 중 어떤 체계를 선택하여야 하는지를 알고 있으며 또한 셀 수 없을 정도로 많은 건축재료 중 어떤 재료를 사용하여야 하는지도 잘 알고 있다. 건축 재료를 선정할 때 일반적으로 당면하게 되는 제약요소에는 재료의 특성, 생산방법, 건축물에서의 기능과 역할, 공급가능 수량 및 가격, 운송 및 설치의 용이성 등이 있다. 특히 건축 설계자들은 사회에서 발생하는 다양한 현상에 관한 폭 넓은 이해와 지식을 소유하고 있어야 한다. 건축물 설계를 전문으로 하는 건축가들은 일반적으로 기후, 인간관계, 건축공법에 관한 물리적 원리, 건축물에 적용 가능한 기술, 건축물 생산에 관한 계약사항, 건축 관련 법규의 제약조건 등에 관하여 정통해 있어야 한다. 또한 건축가들은 건축물 생산에 관련되어 있는 모든 조직 및 기술자, 관리자 등과 친밀한 관계를 유지하면서, 이들 각자로부터 재료, 공법 등에 관한 문제점 및 주요 관점을 세밀하게 파악하고 있어야 한다. 건축물 생산에 관련되어 있는 사람들에는 건축가 자신을 포함하여 건축주, 각 분야의 기술자, 자재 공급자, 시공업자, 노동자, 공사감독, 공사관리자 등이 있다. 건축가들이 자신의 업무를 수행할 때 일반적으로 당면하게 되는, 피할 수 없는 물리적, 사회적 제약요소는 다음과 같다:

① 활용 가능한 토지 면적 ② 지반의 지내력
③ 건축물의 기둥 간격, 즉 보의 길이 ④ 공사예산 및 공기
⑤ 주어진 환경에 적합한 재료의 종류
⑥ 건축 관련 각종 조례 및 법규

가. 지방자치단체의 건축조례

건축물에 관한 법적제약은 지방자치단체의 건축조례로부터 시작된다. 지방조례는 주어진 토지 위에서 발생하는 여러 가지 행태의 건축행위를 규제하며, 그 중 주요한 사례는 다음과 같다:

① 건축면적 ② 건축물 높이
③ 건축을 위한 최소토지면적
④ 대지 경계선으로부터의 건축선 후퇴
⑤ 건축물 면적당 소요 주차 대수
⑥ 도심 방화지구 내에서의 불연, 내화재료의 사용

나. 건축법규

건축행위는 지방조례 뿐만 아니라 중앙정부의 건축법에 의해서도 제약을 받는다. 그러나 지방조례 및 건축법규의 제약사항에 관한 상세한 논의는 건축법에 관한 전문분야에서 다루고 있는 문제이므로 여기서는 생략하기로 한다. 다만 여기서는 미합중국 연방정부에서 채택하고 있는 국제건축규준 *IBC: International Building Code* 에서 중점적으로 규제하고 있는 사항에 관하여 간략하게 기술하고자 한다. *IBC* 에서는 건축물의 용도 및 형태에 따른 바닥면적, 건축물의 높이, 화재예방 등에 관한 제약사항을 중점적으로 다루고 있다. 특히 건축물의 화재예방에 관해서는 건축물의 표준품질을 유지할 수 있는 범위 내에서 매우 엄격하게 규제하고 있다. 이와 같은 엄격한 규제는 건축물의 화재로부터 불특정 다수인들의 건강과 안전을 도모하려는 건축법의 목적을 실현하기 위한 것이다. 또한 미합중국에서 건축행위를 할 때는 장애인 편의시설에 관한 법 *ADA: Americans with Disabilities Act* , 건설 노무자들의 직업 안전과 위생에 관한 법 *OSHA: Occupational Safety and Health Act* , 단열 및 휘발성 유기화합물질 *VOCs: Volatile Organic Composites* 에 관한 법 등에 관해서도 엄격한 규제를 받는다.

2) 정보 공급원

건축가 및 건축 관련 기술자들의 설계 및 시공 실무는 건축재료 및 건축공법에 관한 정보를 제공하는 수많은 단체들과의 긴밀한 협조아래 이루어진다. 미합중국의 경우 건축설계 및 시공에 관련된 정보를 제공하는 주요 단체의 명칭 및 해당업무는 다음과 같다.

가. ASTM

ASTM American Society for Testing and Materials 은 건축공사에서 보편적으로 사용되는 건축자재 및 관련시험의 표준명세를 결정하는 단체이다.

나. ANSI

ANSI American National Standards Institute 는 건축공사에서 쓰이는 알루미늄 창호, 기계설비 부품 등에 관한 표준명세를 개발, 보급하는 단체이다.

다. CSI

CSI Construction Specification Institute 는 미합중국과 캐나다에서 시행되는 대형 건축공사에 적용되는 표준공종 및 건축자재의 분류기준을 정하여 건축공사 시방서 *MasterFormt™* 를 편찬하는 단체이다.

라. CTPA

CTPA Construction Trade and Professional Association 는 미합중국의 건설 직종 및 전문가들의 친목단체로서 건축공사에 관련된 건축자재 및 공법에 관한 정보를 제공한다.

마. www Sites

www Sites, 즉 *World Wide Web Sites* 는 인터넷 온-라인 상의 건축공사 관련 정보 제공자로서 건축자재 및 공법에 관련된 수많은 단체가 관련되어 있다.

3) 건축가의 결단

건축물을 생산할 때 건축가가 어떤 결정을 하고 선택을 하느냐에 따라서 건축물의 운 명은 결정된다. 건축가가 건축물 설계를 완성하여 착공단계에 이르기까지의 과정에는 매 단계마다. 결단해야할 사항이 부지기수이다. 건축설계와 관련해서 건축가가 우선적으로 고민해야하는 개략적인 당면과제는 다음과 같다:

① 요구되는 건축물의 기능을 충족시킬 수 있는 방안
② 바람직한 미적효과를 얻을 수 있는 방안
③ 가장 경제적인 구조 및 공법
④ 법적으로 가능한 대안　　⑤ 지속가능 공법

가. 건축가의 취향과 현실세계의 구속력

건축물의 형태나 가치는 건축가의 취향에 따라서 차별화되는 경향이 있다. 건축물의 차별화는 주로 건축물 외관의 형태 및 품질, 즉 시각적 가치에 의하여 결정된다. 건축가의 이상적 취향은, 물론 건축주의 의지를 최대한 반영하기는 하지만, 건축물의 설계에서 시공에 이르기까지의 전 과정에서 건축물의 형태 및 구조, 공법, 외피 및 내부마감 재료 등의 선정에 결정적인 영향을 미친다. 건축가의 교범적인 취향과 건축재료 및 공법에 관한 폭 넓고 깊은 지식은 건축물의 시각적 가치를 높일 수 있는 결정적 요소로서 그 사례는 다음과 같다:

① 외장용 화강석의 무늬 및 색상
② 페인트의 품질 및 색상,　　③ 타일의 형상 및 색상
④ 건축물의 형태: 중후한 모습의 노출콘크리트, 석조 또는 날씬한 형태의 철골구조
⑤ 주방 및 식당 바닥재료, 마닥의 기능만을 강조하는 경우 우아한 카펫이나 목재

마루 보다는 경도가 크고 청소가 용이한 테라조 타일을 선택한다.

⑥ 장 경간 *Long Span* 의 보; 공학 기술적 배경만을 기준으로 한다면 당연히 단순 콘크리트 보 보다는 기능과 성능이 우수한 프리스트레스트-프리캐스트 *Prestressed-precast* 콘크리트 보를 선택한다.

그러나 현실속의 건축생산 현장에서 건축재료 또는 건축공법을 선정할 때는 법규정, 지속가능 발전을 위한 고려사항, 순수한 경제적 측면 등과 같은 교범적인 제약을 고려하는 건축가의 취향보다는 건축자재 공급자나 시공자의 경제적 관점이 우선시 되는 경우가 많다. 여기서 말하는 순수한 경제적 측면의 제약이란 비용절감을 위하여 기존재료나 공법에 새로운 재료나 공법을 추가하는 일, 건축물 전생애주기에 소요되는 비용을 고려하는 일 등을 말한다. 전생애주기비용에는 최초투자 공사비, 유지관리비, 에너지 소비비용, 유효생애 대체비용, 최초투자 공사비에 대한 이자비용 등이 포함된다. 자재공급자나 시공자간의 치열한 가격경쟁으로 인하여 최저수준의 건축자재나 공법이 채택되는 것이 건축생산 현장의 현실이며 그 결과는 매우 획일적이고 그렇고 그런 정도의 건축물을 대량 생산하는 원인을 초래한다. 따라서 기능적, 미적 관점에서 볼 때 이론적으로 훨씬 더 우수한 건축자재 및 공법을 선택할 수 있는 여지는 사라진 것이다. 건축가들은 자신의 취향을 바탕으로 하여 선별한 건축자재나 공법이 많은 사람들의 호감을 유발할 수 있도록 하기 위하여 건축가로서의 능력을 배양하고 지식을 축적해야 한다. 건축가들의 업무능력 배양과 관련지식 축적은 충실한 학교교육을 기본으로 하여 건축자재 카탈로그, 전문출판서적 및 정기간행물 등을 수집, 연구하고, 설계사무소 및 건축공사현장 등에서의 경험을 통한 실무지식을 습득 하는 오랜 세월 동안의 수련과정을 통하여 가능해진다. 건축가의 교육은 장기간에 걸쳐 지속적으로 실시해야하며 항상 희망을 갖고 즐거운 마음으로 교육에 임할 수 있는 교육환경이 조성되어야 한다. 건축가의 평생교육과정에서 연구하고 대책을 세워야 하는 문제는 건축물의 시공 및 성능에 관하여 지속적으로 되풀이되면서 습관적으로 하자를 발생시키고 있는 사소한 일들이다. 건축가들이 학교교육 및 평생 실무교육을 통하여 익혀야할 건축 재료에 관한 주요사항은 다음과 같다:

① 일상에서 쉽게 접할 수 있는 건축 재료를 정확하게 감지하고 평가할 수 있는 능력
② 완공된 건축물에서 나타날 건축 재료의 성능 및 형태에 관한 예지 능력
③ 시간의 경과에 따른 건축 재료의 파손원인, 과정 및 보수대책
④ 건축 재료의 적재적소 활용방법
⑤ 건축 재료의 제조과정 및 방법

나. 되풀이하여 발생되는 문제들에 대한 대처방안

건축물의 생산 및 유지관리 과정에서는 부지불식간에 지속적으로 반복되어 일어나면서 문제를 야기하는 일들이 있다. 이러한 일들 중 일부는 소홀히 다룰 경우 건축물에 큰 재앙을 불러올 수도 있지만 건축생산 분야의 신출내기들에게는 아주 사소한 일들로 치부되어 무시되는 경우가 많다. 사실 일상적으로 발생되는 사소한 문제들은 좀 더 관심이 가는 주제인 건축물의 형태나 기능 등에 관한 일들보다. 소홀히 다루어 질 수도 있다. 그러나 경험이 풍부한 건축 전문가들은 건축물에서 일상적으로 발생하는 사소한 일들이 미관상 또는 물리적 측면에서 건축물을 아주 못쓰게 망쳐버린 사례들을 경험적으로 알고 있다. 이와 같은 습관적 하자는 건축생산 과정상의 문제로서 건축공사 허가 이전에 모두 해결되어야 한다. 건축물의 생산 및 유지관리 과정에서 지속적으로 순환, 발생되는 문제들은 건축물의 성능에 관련되는 일들과 건축물의 시공에 관련되는 일들로 대별할 수 있다.

가) 건축물의 성능에 관련된 일들

건축물의 성능과 관련되어 지속적으로 발생되는 문제점 중 건축 전문가들이 당면하고 있는 피할 수 없는 일들은 다음과 같다:

① 화재, 누수, 소음 발생 ② 수분 이동 및 결로
③ 건축물의 품질저하
④ 건축물 구성부재 간의 열 이동 ⑤ 건축물의 청결 유지 및 관리
⑥ 건축물의 미동; 기초침하, 구조적 처짐, 온도 및 습도 변화에 의한 건축물의 수축 및 팽창

나) 건축물의 시공에 관련된 일들

건축물의 시공과 관련되어 지속적으로 발생되고 있는 문제점 들은 다음과 같다:

① 안전시공 ② 공사기간 준수 ③ 예산 범위 내 시공
④ 요구된 표준품질 ⑤ 건축 직종 노무자의 적재적소 배치
⑥ 자재 가공 공장과 시공현장 간의 작업분담 범위
⑦ 선행, 후속 공종간의 작업대기 시간 최소화로 작업의 연속성 유지
⑧ 작업자들의 현장출입 용이성
⑨ 작업이 곤란한 험악한 날씨에 대한 대책
⑩ 서로 다른 건축부재의 이음, 접합, 조립의 최적화
⑪ 건축자재에 대한 시험 및 품질검사 강화로 품질등급 상향

4. 건축공사 원가분석 *Cost Breakdown*

건축물 공사의 원가란 일반적으로 세금, 일반관리비 및 이익 *Overhead & Profit* , 건축가 보수 *Architect Fees* 등을 제외한 순수한 공사비를 말한다. 공사원가는 회계 항목에 따라서 자재비, 노무비, 기계비, 경비 등으로 크게 분류하거나 공사의 공정에 따라서 공종별로 분류한다(표 1-01). 건축공사의 공종별 원가분류는 공사기간 중에 자금의 흐름을 파악하고 유통자금의 수지계획을 수립하는데 필요하다. 미국 건설 산업의 경우 일반관리비 및 이익은 공사 원가의 약 15% 정도로 할당하고 있으며 건축가의 보수는 총 공사금액, 건축물의 종류 및 설계의 난이도 등에 따라서 약 4.5~16% 정도로 규정하고 있다. 미국 건설 산업계에서 통용되고 있는 주요건축물의 공종별 공사원가의 비중 및 주택의 등급기준은 다음과 같다. 다만 기초공사의 말뚝 및 케이슨 *Piles & Caisson* 과 대지공사 *Site Work* , 즉 지반개량, 진입도로 및 주차장, 조경식재 및 시설물, 상하수도관 및 정화조 등의 공사원가는 별도로 산정한다. 원가분석 *Cost Breakdown* 의 의미는 다음과 같다:

Cost Breakdown 또는 *Schedule of Values A listing of elements, systems, items, or other subdivisions of the work, establishing a value for each, the total of which equals the contract sum. The schedule of values is used for establishing the cash flow of a project.*

1) 건축물 공사원가

가. 공동주택 *Apartment*

가) 건축물 규모

연면적: 15 000m^2, 층고: 3.2m, 층수: 15층

나) 공종별 공사원가 비중

(1) 기초 및 지하골조(1.3%)

① 대지정리 및 기초파기; 독립기초 또는 줄기초, 흙 파기 및 되 메우기
② 기초; 독립기초 또는 줄기초, 현장치기 철근콘크리트
③ 지하골조; 기초옹벽(1.2m 높이, 철근콘크리트)+ 지표면 자갈 깔기+ 방습층 + 바닥판(100mm 두께, 철근콘크리트)

(2) 지상 골조(14.6%)

① 기둥 및 보; 형강+ 집섬 보드 *Gypsum Board* 내화피복
② 지상 바닥판; 열린 복부 *Open Web* 강재장선+ 거푸집+ 콘크리트
③ 지붕골조; 열린 복부 강재장선+ 골이 있는 메탈 데크 *Rib Metal Deck*
④ 계단; 요철강판+ 콘크리트

표 1-01 : 건축물의 공종별 공사원가 비중

건 축 물	공종별 공사원가 비중(%)									
	골조 공사		외벽 창호	마감 공사		설비 공사			가구 집기	합계
	기초	지상		지붕	내부	운반	기계	전기		
아파트	1.3	14.6	11.7	0.3	29.7	7.5	25.6	7.6	1.7	
대학 강의실	5.0	13.3	7.2	2.3	20.7	1.4	30.6	16.5	3.0	
마을 회관	16.0	6.7	15.6	5.9	25.1	0.0	22.2	5.8	2.7	
일반 공장	7.1	24.2	14.3	1.9	8.3	5.5	25.2	13.5	0.0	
체육관	9.6	18.2	10.9	4.5	21.1	0.0	24.1	10.0	1.6	
종합병원	1.7	11.7	9.5	0.6	31.3	4.7	24.9	11.2	4.4	
호텔	1.6	14.3	6.7	0.3	30.3	4.6	31.4	10.8	0.0	100
영화극장	11.8	10.7	15.2	5.1	16.4	0.0	19.8	5.6	15.4	
사무실	2.1	20.3	19.9	0.4	15.4	10.1	20.7	11.1	0.0	
초등학교	13.2	3.7	8.4	4.8	22.6	0.0	33.6	12.3	1.4	
백화점	4.4	21.3	15.2	1.8	19.7	9.3	16.1	12.2	0.0	
대량판매점	12.1	6.6	25.7	5.9	15.0	0.0	18.9	15.8	0.0	
창고	26.3	12.4	12.8	8.3	7.3	0.0	19.4	9.1	4.4	

(3) 외벽 및 창호(11.7%)

① 벽 골조: 골이 있는 프리캐스트 콘크리트벽판 *Ribbed Precast Concrete Panel*, 벽면적의 87%

② 문 *Doors* ; 알루미늄 및 유리 *Aluminum & Glass*

③ 창 및 유리벽 *Windows & Glazed Wall* ; 알루미늄 수평 미서기창 *Aluminum Horizontal Sliding*, 벽 면적의 13%

(4) 지붕 마감(0.3%)

① 지붕외피 *Roof Coverings* ; 빌트-업 *Built-Up* 타르 및 자갈+ 플래싱 *Tar & Gravel+Flashing*

② 단열; 펄라이트 *Perlite*/팽창 폴리스티렌 *EPS: Expanded Polystyrene* 합성재료

(5) 내부 칸막이 및 마감(29.7%)

① 칸막이벽 골조; 콘크리트블록 *Concrete Block*, 금속재 샛기둥 *Metal Stud* + 짚섬보드

② 문 *Doors* ; 속이 채워진 목재 문 *Solid Core Wood Door*(15%), 속이 비어있는 목재 문 *Hollow Core Wood Door*(85%)

③ 칸막이벽 마감; 페인트(70%), 벽지(25%), 세라믹타일(5%)

④ 바닥 마감; 카펫 *Carpet* 60%), 비닐타일 *Vinyl Tile*(30%), 세라믹 타일 *Ceramic Tile* (10%)

⑤ 천정 마감; 리질리언트 채널 *Resilient Channels* + 짚섬보드 *Gypsum Board* + 페인트

⑥ 외벽 내부 마감; 퍼링 *Furring* + 짚섬보드 + 페인트

(6) 운반 설비(7.5%)

승객용 엘리베이터 4대 *4-Passenger Elevators*

(7) 기계 설비 (25.6%)

① 배관 설비; 상하수도 배관(부엌, 화장실, 다용도실)

② 소화 설비; 급수탑 및 스프링클러 설비 *Standpipe & Wet Pipe Sprinkler Systems*

③ 난방 설비; 기름보일러 온수기 *Oil Fired Hot Water* 및 벽하단 방열기 *Baseboard Radiation*

④ 냉방 설비; 냉각수 및 냉각공기 응축시스템 *Chilled Water & Air Cooled Condenser Systems*

(8) 전기 설비(7.6%)

① 배선 설비; 배전반 및 지선
② 조명 설비; 형광등, 백열등, 콘센트 *Receptacles*, 개폐기 *Switches*
③ 경보 및 자동화 설비; 경보기, 비상등, 보안 *TV*, 안테나 *Antenna*, 인터콤 *Intercom*

(9) 가구 및 집기(1.7%)

부엌 및 화장실 붙박이 가구

나. 대학 강의동 *College Classroom*

가) 건축물 규모

연면적; 8360m^2, 층고; 3.6m, 층수; 2~3층

나) 공종별 공사원가 비중

(1) 기초 및 지하골조(5.0%)

① 대지정리 및 기초파기; 독립기초 또는 줄기초, 흙 파기 및 되 메우기
② 기초; 독립기초 또는 줄기초, 현장치기 철근콘크리트
③ 지하 골조; 기초옹벽 (1.2m 높이, 철근 콘크리트)+ 지표면 자갈 깔기+ 방습층+ 바닥판(100mm 두께, 철근콘크리트)

(2) 지상 골조(13.3%)

① 기둥 및 보; 형강　　② 내력벽; 콘크리트블록
③ 지상 바닥판; 열린 복부 *Open Web* 강재장선+ 콘크리트 거푸집+ 콘크리트
④ 지붕 골조; 열린 복부 강재장선+ 메탈 데크
⑤ 계단; 요철강판+ 콘크리트

(3) 외벽 및 창호(7.2%)

① 벽 골조; 치장용 콘크리트블록, 벽면적의 65%
② 문 *Doors*; 목중유리 및 상인방 *Transom* 이 있는 알루미늄 문틀
③ 창 및 유리벽 *Windows & Glazed Wall*; 유리 창문 및 유리 벽(35%)

(4) 지붕 마감(2.3%)

① 지붕외피 *Roof Coverings* ; 빌트-업 타르 및 자갈+ 프래싱
② 단열; 펄라이트/팽창 폴리스티렌 *EPS: Expanded Polystyrene* 합성재료
③ 개구부 및 특수설비; 자갈 막이 *Gravel Stop*

(5) 내부 칸막이 및 마감(20.7%)

① 칸막이벽 골조; 콘크리트블록
② 문 *Doors* ; 속빈 금속재 외짝 문 *Single Leaf Hollow Metal*
③ 칸막이벽 마감; 페인트(95%), 세라믹타일(5%)
④ 바닥 마감; 비닐타일(70%), 카펫(25%), 세라믹타일(5%)
⑤ 천정 마감; Z-바 *Zee Bar* + 광물성 섬유타일 *Mineral Fiber Tile*
⑥ 외벽 내부마감; 페인트+ 블록필러 *Block Filler*, 내벽 면적의 65%

(6) 운반 설비(1.4%)

승객용 엘리베이터 2대 *2-Passenger Elevators*

(7) 기계 설비(30.6%)

① 배관 설비; 상하수도 배관(화장실, 다용도실)
② 소화 설비; 스프링클러 설비 *Sprinkler Systems*
③ 난방 및 냉방 설비; 가스난방, 전기냉방

(8) 전기 설비(16.5%)

① 배선 설비; 배전반 및 지선
② 조명 설비; 형광등, 백열등, 콘센트, 개폐기
③ 경보 및 자동화 설비; 경보기, 비상등, 방송시설

(9) 가구 및 집기(3.0%)

칠판, 카운터 *Counters* , 캐비넷 *Cabinets*

다. 마을회관 Community Center

가) 건축물 규모

연면적: 930m^2, 층고: 3.6m, 층수: 1층

나) 공종별 공사원가 비중

(1) 기초 및 지하골조(16.0%)

① 대지정리 및 기초파기: 독립기초 또는 줄기초, 흙 파기 및 되 메우기
② 기초: 독립기초 또는 줄기초, 현장치기 철근콘크리트
③ 지하 골조: 기초옹벽(1.2m 높이, 철근콘크리트)+ 지표면 자갈 깔기+ 방습층 + 바닥판(100mm 두께, 철근콘크리트)

(2) 지상 골조(6.7%)

① 내력벽: 콘크리트블록
② 지붕 골조: 열린 복부 강재장선+ 골이 있는 메탈 데크 *Rib Metal Deck*

(3) 외벽 및 창호(15.6%)

① 벽 골조: 치장벽돌+ 콘크리트블록 백업 *Backup*, 전체 벽면적의 80%
② 문 *Doors*: 알루미늄, 유리 두짝문 및 속빈 금속재문 *Double Aluminum & Glass + Hollow Metal*
③ 창 및 유리벽 *Windows & Glazed Wall*: 알루미늄 미서기 *Aluminum Sliding* 창, 벽면적의 20%

(4) 지붕 마감(5.9%)

① 지붕외피 *Roof Coverings*: 빌트-업 타르 및 자갈+ 프래싱
② 단열: 펄라이트/팽창 폴리스티렌 합성재료
③ 개구부 및 특수설비; 자갈 막이 *Gravel Stop* 및 출입구 뚜껑 *Hatches*

(5) 내부 칸막이 및 마감(25.1%)

① 칸막이벽 골조: 금속재 샛기둥+ 직석보드
② 문 *Doors*: 속빈 금속재 외짝 문 *Single Leaf Hollow Metal*
③ 칸막이벽 마감: 페인트
④ 바닥 마감: 카펫(50%), 비닐타일(50%)

⑤ 천정 마감; Z-바 *Zee Bars* + 광물성 섬유타일 *Mineral Fiber Tile*
⑥ 외벽 내부마감; 페인트, 전체 벽면적의 80%

(6) 기계 설비(22.2%)

① 배관 설비; 상하수도 배관(부엌, 화장실, 다용도실)
② 소화 설비; 스프링클러 설비 *Wet Pipe Sprinkler Systems*
③ 난방 및 냉방 설비; 가스난방, 전기냉방

(7) 전기 설비(5.8%)

① 배선 설비; 배전반 및 지선
② 조명 설비; 형광등, 백열등, 콘센트, 개폐기
③ 정보 및 자동화 설비; 경보기, 비상등

(8) 가구 및 집기(2.7%)

외투걸이, 흄-후드 *Fume Hoods* , 제빙기 *Freezer* , 부엌가구

라. 일반 공장 *Factory*

가) 건축물 규모

연면적; 8360m^2, 층고; 3.6m, 층수; 3층

나) 공종별 공사원가 비중

(1) 기초 및 지하골조(7.1%)

① 대지정리 및 기초파기; 독립기초 또는 줄기초, 흙 파기 및 되 메우기
② 기초; 독립기초 또는 줄기초, 현장치기 철근콘크리트
③ 지하 골조; 기초옹벽(1.2m 높이, 철근콘크리트) + 지표면 자갈 깔기 + 방습층 + 바닥판 (100mm 두께, 철근콘크리트)

(2) 지상 골조(24.2%)

① 기둥 및 보; 콘크리트

② 지상 바닥판 및 지붕; 콘크리트 평 슬래브 *Conrete Flat Slab*

③ 계단; 콘크리트

(3) 외벽 및 창호(14.3%)

① 벽 골조; 치장벽돌+보통벽돌 백업 *Backup*, 전체 벽면적의 70%

② 문 *Doors*; 알루미늄, 유리 두짝문 *Double Aluminum & Glass* 및 속빈 금속재문 *Hollow Metal, Overhead*

③ 창 및 유리벽 *Windows & Glazed Wall*; 강철재 수평회전창 *Horizontal Pivoted Steel* (30%)

(4) 지붕 마감(1.9%)

① 지붕외피 *Roof Coverings*; 빌트-업 타르 및 자갈+프래싱

② 단열; 펄라이트/팽창 폴리스티렌 합성 재

③ 개구부 및 특수설비; 자갈 막이, 출입구 뚜껑, 처마 수평홈통 *Gutters* 및 수직홈통 *Downspout*

(5) 내부 칸막이 및 마감(8.3%)

① 칸막이벽 골조; 금속재 샛기둥+집섬 보드

② 문 *Doors*; 외짝 방화 문 *Single Leaf Fire Doors*

③ 칸막이벽 마감; 페인트

④ 바닥 마감; 금속 경화제 *Metallic Hardener* (90%), 비닐 타일(10%)

⑤ 천정 마감; 노출 그리드시스템 *Exposed Grid System* + 유리섬유판

(6) 운반 설비(5.5%)

화물용 엘리베이터 2대 *2-Freight Elevators*

(7) 기계 설비(25.2%)

① 배관 설비; 상하수도 배관(화장실, 다용도실)

② 소화 설비; 스프링클러 설비

③ 난방 설비; 기름보일러 온수기, 난방기 *Unit Heaters*

④ 냉방 설비; 냉각수 및 냉각공기 응축시스템 *Chilled Water & Air Cooled Condenser Systems*

(8) 전기 설비(13.5%)

① 배선 설비: 배전반 및 지선

② 조명 설비: 고조도 조명기구 *High Intensity Discharge Fixtures* 및 개폐기

③ 경보 및 자동화 설비: 경보기, 비상등

마. 체육관 *Gymnasium*

가) 건축물 규모

연면적: 1860m^2, 충고: 7.6m, 층수: 1층

나) 공종별 공사원가 비중

(1) 기초 및 지하 골조(9.6%)

① 대지정리 및 기초파기: 독립기초 또는 줄기초, 흙 파기 및 되 메우기

② 기초: 독립기초 또는 줄기초, 현장치기 철근콘크리트

③ 지하 골조: 기초옹벽(1.2m 높이, 철근콘크리트)+지표면 자갈 깔기+방습층 +바닥판(100mm 두께, 철근콘크리트)

(2) 지상 골조(18.2%)

기둥, 보 및 지붕: 우드 데크 *Wood Deck* +박판치장 우드아치 *Laminated Wood Arches*

(3) 외벽 및 창호(10.9%)

① 벽 골조: 철근보강 콘크리트블록 *Reinforced Concrete Block* , 전체 벽면적의 90%

② 문 *Doors* : 알루미늄, 유리문, 속빈 금속재 문 *Hollow Metal* 및 강철재 문 *Steel Overhead*

③ 창 및 유리벽 *Windows & Glazed Wall* ;
금속재 수평 회전창 *Metal Horizontal Pivoted* (10%)

(4) 지붕 마감(4.5%)

① 지붕외피 *Roof Coverings* ; *EPDM Ethylene Propylene Diene Monomer* 접착, 두께 1.52mm

② 단열: 폴리이소시안산염 제품 *Polyisocyanurate*

(5) 내부 칸막이 및 마감(21.1%)

① 칸막이벽 골조; 콘크리트블록

② 문 *Doors* ; 속빈 금속재 외짝 문 *Single Leaf Hollow Metal*

③ 칸막이벽 마감; 페인트(50%), 세라믹타일(50%)

④ 바닥 마감; 활엽수 목재 *Hardwood* (90%), 세라믹타일(10%)

⑤ 천정 마감; Z-바 *Zee Bars* + 광물성 섬유타일 *Mineral Fiber Tile* ,
전체 천정의 15%

⑥ 외벽 내부마감; 페인트, 전체 벽면의 90%

(6) 기계 설비(24.1%)

① 배관 설비; 상하수도 배관(부엌, 화장실, 다용도실)

② 소화 설비; 스프링클러 설비

③ 난방 및 냉방 설비; 가스난방 및 전기냉방

(7) 전기 설비(10.0%)

① 배선 설비; 배전반 및 지선

② 조명 설비; 형광등, 백열등, 콘센트, 개폐기

③ 경보 및 자동화 설비; 경보기, 비상등, 음향시설

(8) 가구 및 집기(1.6%)

관람석 *Bleachers* , 사우나 *Sauna* , 계체량 실 *Weight Room*

바. 종합병원 *Hospital*

가) 건축물 규모

연면적; 18 580m^2 , 층고; 3.6m , 층수; 6층

나) 공종별 공사원가 비중

(1) 기초 및 지하골조(1.7%)

① 대지정리 및 기초파기; 독립기초 또는 줄기초, 흙 파기 및 되 메우기

② 기초; 독립기초 또는 줄기초, 현장치기 철근콘크리트
③ 지하 골조; 기초옹벽(1.2m 높이, 철근콘크리트)+ 지표면 자갈 깔기+ 방습층 + 바닥판(100mm 두께, 철근콘크리트)

(2) 지상 골조(11.7%)

① 기둥 및 보; 내화피복 형강
② 지상 바닥판; 메탈 데크 및 보 *Metal Deck & Beams* + 콘크리트
③ 지붕 골조; 열린 복부 강재장선+ 보 *Beams* + 메탈 데크
④ 계단; 요철강판+ 콘크리트

(3) 외벽 및 창호(9.5%)

① 벽 골조; 치장벽돌+ 치장타일 *Structural Facing Tile* (벽면적의 70%)
② 문 *Doors* ; 알루미늄 및 유리, 두짝 미서기 문 *Double Aluminum & Glass+Sliding Door*
③ 창 및 유리벽 *Windows & Glazed Wall* ; 알루미늄 미서기 창 *Aluminum Sliding* (30%)

(4) 지붕 마감(0.6%)

① 지붕외피 *Roof Coverings* ; 빌트-업 타르 및 자갈+ 프래싱
② 단열; 펄라이트/팽창 폴리스티렌 합성 재
③ 개구부 및 특수설비; 자갈 막이 및 출입구 뚜껑

(5) 내부 칸막이 및 마감(31.3%)

① 칸막이벽 골조; 금속재 샛기둥 + 흡음판 + 집섬 보드
② 문 *Doors* ; 속빈 금속재 외짝 문 *Single Leaf Hollow Metal*
③ 칸막이벽 마감; 비닐벽지(40%), 세라믹타일(35%) 및 에폭시 피막 *Epoxy Coating* (25%)
④ 바닥 마감; 비닐타일 *Vinyl Tile* (60%), 세라믹타일 *Ceramic Tile* (20%) 및 테라조 *Terrazzo* (20%)
⑤ 천정 마감; 메탈라스 *Suspended Metal Lath* + 플라스터 *Plaster*
⑥ 외벽 내부 마감; 유약피복 *Glazed Coating* 전체 벽면의 70%

(6) 운반 설비(4.7%)

승객용 엘리베이터 6대 *6-Passenger Elevators*

(7) 기계 설비(24.9%)

① 배관 설비; 상하수도 배관(부엌, 화장실, 다용도실)
② 소화 설비; 급수탑 및 스프링클러 설비
③ 난방 설비; 기름보일러 온수기 및 벽걸이 방열기 *Wall Fin Radiation*
④ 냉방 설비; 냉각수 *Chilled Water* 및 팬 코일 유닛 *Fan Coil Units*

(8) 전기 설비(11.2%)

① 배선 설비; 배전반 및 지선
② 조명 설비; 형광등, 백열등, 콘센트, 개폐기
③ 경보 및 자동화 설비; 통신 시스템 *Communications Systems* 및 경보기, 비상등

(9) 가구 및 집기(4.4%)

전도성 재료 바닥 *Conductive Flooring* 산소공급 설비 *Oxygen Piping* 및 장막 칸막이 *Curtain Partitions*

사. 숙박시설 *Hotel*

가) 건축물 규모

연면적; 41 800m^2, 층고; 3.0m, 층수; 15층

나) 공종별 공사원가 비중

(1) 기초 및 지하 골조(1.6%)

① 대지정리 및 기초파기; 독립기초 또는 줄기초, 흙 파기 및 되 메우기
② 기초; 독립기초 또는 줄기초, 현장치기 철근콘크리트
③ 지하 골조; 기초옹벽(1.2m 높이, 철근콘크리트)+ 지표면 자갈 깔기+ 방습층 + 바닥판(100mm 두께, 철근콘크리트)

(2) 지상 골조(11.3%)

① 기둥 및 보; 내화피복 형강

② 지상 바닥판; 열린 복부 강재장선+거푸집+콘크리트
③ 지붕 골조; 열린 복부 강재장선+메탈 데크
④ 계단; 요철강판+콘크리트

(3) 외벽 및 창호(6.7%)

① 문 *Doors* ; 유리, 금속재 *Glass+Metal* 문 및 현관 *Door & Entrances*
② 창 및 유리벽 *Windows & Glazed Walls* ; 유리 및 금속재 장막벽 *Glass+Metal Curtain Walls*

(4) 지붕 마감(0.3%)

① 지붕외피 *Roof Coverings* ; 빌트-업 타르 및 자갈+프래싱
② 단열; 펄라이트 / 팽창 폴리스티렌 합성재료
③ 개구부 및 특수설비; 자갈 막이 및 출입구 뚜껑

(5) 내부 칸막이 및 마감(30.3%)

① 칸막이벽 골조; 강재 샛기둥, 흡음판 및 집섬 보드
② 문 *Doors* ; 속빈 금속재 외짝 문 *Single Leaf Hollow Metal*
③ 칸막이벽 마감; 페인트(50%), 비닐벽지(45%), 세라믹타일(5%)
④ 바닥 마감; 카펫(80%), 비닐타일(10%), 세라믹타일(10%)
⑤ 천정 마감; 집섬 보드 및 광물성 섬유타일 *Suspended Gypsum Board+Mineral Fiber Tile*
⑥ 외벽 내부마감; 퍼링 위에 집섬 보드 및 페인트 *Furring+Gypsum Board+Paint* , 벽면적의 80%

(6) 운반 설비(4.6%)

승객용 엘리베이터 6대 *6-Passenger Elevators*

(7) 기계 설비(31.4%)

① 배관 설비; 상하수도 배관(부엌, 화장실, 다용도실)
② 소화 설비; 급수탑 및 호스 설비 스프링클러
③ 난방 설비; 기름보일러 온수기 및 벽걸이 방열기
④ 냉방 설비; 냉각수 및 팬 코일 유닛 *Fan Coil Units*

(8) 전기 설비(10.8%)

① 배선 설비; 배전반 및 지선

② 조명 설비; 형광등, 백열등, 콘센트, 개폐기

③ 경보 및 자동화 설비; 경보기, 비상등 및 통신 시스템

아. 영화극장 Movie Theatre

가) 건축물 규모

연면적; 1115m^2, 층고; 6.1m, 층수; 1층

나) 공종별 공사원가 비중

(1) 기초 및 지하 골조(11.8%)

① 대지정리 및 기초파기; 독립기초 또는 줄기초, 흙 파기 및 되 메우기

② 기초; 독립기초 또는 줄기초, 현장치기 철근콘크리트

③ 지하 골조; 기초옹벽(1.2m 높이, 철근콘크리트) + 지표면 자갈 깔기 + 방습층 + 바닥판(100mm 두께, 철근콘크리트)

(2) 지상 골조(10.7%)

①지상 바닥판; 열린 복부 강재장선 + 거푸집 + 콘크리트

② 지붕 골조; 열린 복부 강재 장선 + 메탈 데크

③ 계단; 요철 강판 + 콘크리트

(3) 외벽 및 창호(15.2%)

① 벽 골조; 치장 콘크리트블록 *Decorative Concrete Block*, 전체 벽면적의 100%

② 문 *Doors* ; 알루미늄, 미서기 유리진열창 및 속빈 금속재 문
Sliding Mallfront Aluminum & Glass + Hollow Metal

(4) 지붕 마감(5.1%)

① 지붕 외피 *Roof Coverings* ; 빌트 업 바닥 및 자갈 + 프래싱

② 단열; 펄라이트/팽창 폴리스티렌 합성 재
③ 개구부 및 특수설비; 자갈막이, 출입구 뚜껑, 처마수평홈통 *Gutters* 및 수직홈통 *Downspout*

(5) 내부 칸막이 및 마감(16.4%)

① 칸막이벽 골조; 콘크리트블록
② 문 *Doors* ; 속빈 금속재 외짝 문 *Single Leaf Hollow Metal*
③ 칸막이벽 마감; 페인트
④ 바닥 마감; 카펫 *Carpet* , 전체 면적의 50%
⑤ 천정 마감; Z-런너 *Zee Runners Suspended* + 광물성 섬유 타일
⑥ 외벽 내부 마감; 페인트 100%

(6) 기계 설비(19.8%)

① 배관 설비; 상하수도 배관 (화장실, 다용도실)
② 소화 설비; 스프링클러 설비
③ 난방 설비; 가스난방
④ 냉방 설비; 냉각수 및 냉각공기 응축시스템, 전기냉방

(7) 전기 설비(5.6%)

① 배선 설비; 배전반 및 지선
② 조명 설비; 형광등, 백열등, 콘센트, 개폐기
③ 경보 및 자동화 설비; 경보기, 비상등, 음향시설

(8) 가구 및 집기(15.4%)

영사장비 *Projection Equipment* , 스크린 *Screen* 및 좌석 *Seating*

자. 업무시설 *Office*

가) 건축물 규모

연면적; 13 000m^2, 층고; 3.0m, 층수; 15층

나) 공종별 공사원가 비중

(1) 기초 및 지하 골조(2.1%)

① 대지정리 및 기초파기; 독립기초 또는 줄기초, 흙 파기 및 되 메우기

② 기초; 독립기초 또는 줄기초, 현장치기 철근콘크리트

③ 지하 골조; 기초옹벽(1.2m 높이, 철근콘크리트)+ 지표면 자갈 깔기+ 방습층 + 바닥판(100mm 두께, 철근콘크리트)

(2) 지상 골조(20.3%)

① 기둥 및 보; 내화피복 형강

② 지상 바닥판; 메탈 데크+ 보+ 콘크리트

③ 지붕 골조; 열린 복부 강재 장선+ 메탈 데크+ 보

④ 계단; 요철 강판+ 콘크리트

(3) 외벽 및 창호(19.9%)

① 문 *Doors* ; 알루미늄, 유리 두짝문 *Double Aluminum & Glass*

② 창 및 유리벽 *Windows & Glazed Wall* ; 열 흡수, 착색 복층 판유리 *Double Glazed Heat Absorbing, Tinted Plate Glass Wall Panels* (100%)

(4) 지붕 마감(0.4%)

① 지붕외피 *Roof Coverings* ; 빌트-업 타르 및 자갈+ 프래싱

② 단열; 펄라이트/팽창 폴리스티렌 합성 재

(5) 내부 칸막이 및 마감(15.4%)

① 칸막이벽 골조; 금속재 샛기둥+ 집섬 보드

② 문 *Doors* ; 속빈 금속재 외짝 문 *Single Leaf Hollow Metal*

③ 칸막이벽 마감; 비닐벽지(60%), 페인트(40%)

④ 바닥 마감; 카펫(60%), 비닐타일(30%), 세라믹타일(10%)

⑤ 천정 마감; Z-바+ 광물성 섬유타일

⑥ 외벽 내부 마감; 금속재 퍼링 *Metal Furring* + 건식 벽 *Drywall* + 페인드

(6) 운반 설비(10.1%)

승객용 엘리베이터 4대 *4-Passenger Elevators*

(7) 기계 설비(20.7%)

① 배관 설비; 상하수도 배관(화장실, 다용도실)
② 소화 설비; 급수탑 및 호스 설비 스프링클러 *Hose Systems + Sprinkler*
③ 난방 설비; 기름보일러 온수기
④ 냉방 설비; 냉각수 및 팬 코일 유닛

(8) 전기 설비(11.1%)

① 배선 설비; 배전반 및 지선
② 조명 설비; 형광등, 백열등, 콘센트, 개폐기
③ 경보 및 자동화 설비; 경보기, 비상등

차. 초등학교 *Elementary School*

가) 건축물 규모

연면적; 4180m^2, 층고; 3.6m, 층수; 1층

나) 공종별 공사원가 비중

(1) 기초 및 지하 골조(13.2%)

① 대지정리 및 기초파기; 독립기초 또는 줄기초, 흙 파기 및 되 메우기
② 기초; 독립기초 또는 줄기초, 현장치기 철근콘크리트
③ 지하 골조; 기초옹벽(1.2m 높이, 철근콘크리트)+ 지표면 자갈 깔기+ 방습층+ 바닥판(100mm 두께, 철근콘크리트)

(2) 지상 골조(3.7%)

지붕 골조; 열린 복부 강재 장선+ 메탈 데크

(3) 외벽 및 창호(8.4%)

① 벽 골조; 치장벽돌+ 콘크리트블록 백업 *Concrete Block Backup*,
전체 벽면적의 70%

② 문 *Doors* ; 금속 및 유리 *Metal & Glass* (5%)

③ 창 및 유리벽 *Windows & Glazed Wall* ; 강재 미들 창 *Steel Outward Projecting* (25%)

(4) 지붕 마감(4.8%)

① 지붕외피 *Roof Coverings* ; 빌트-업 타르 및 자갈+ 프래싱

② 단열; 펄라이트/팽창 폴리스티렌 합성 재

③ 개구부 및 특수시설; 자갈 막이

(5) 내부 칸막이 및 마감(22.6%)

① 칸막이벽 골조; 콘크리트블록

② 문 *Doors* ; 목재 심, 아연도금 강판 외짝 방화 문 *Single Leaf Kalamein Fire*

③ 칸막이벽 마감; 페인트(75%), 유약피복 *Glazed Coating* (15%),
세라믹타일(10%)

④ 바닥 마감; 비닐타일(65%), 카펫(25%), 테라조 *Terrazzo* (10%)

⑤ 천정 마감; Z-바+ 광물성 섬유타일

⑥ 외벽 내부 마감; 퍼링 *Furring*, 집섬 보드 *Gypsum Board* 및 페인트,
내부 벽 마감의 70%

(6) 기계 설비(33.6%)

① 배관 설비; 상하수도 배관(부엌, 화장실, 다용도실)

② 소화 설비; 스프링클러 *Sprinklers*

③ 난방 설비; 기름보일러 온수기, 벽걸이 방열기

④ 냉방 설비; 냉각 공기 응축 유닛 *Air Cooled Condensing Units*,
스프릿 설비 *Split Systems*

(7) 전기 설비(12.3%)

① 배신 설비, 배전반 및 시선

② 조명 설비; 형광등, 백열등, 콘센드, 개폐기

③ 경보 및 자동화 설비; 경보기, 비상등, 통신 시스템

(8) 가구 및 집기(1.4%)

칠판을 비롯한 교육용 집기

카. 백화점 Department Store

가) 건축물 규모

연면적; 8830m^2, 층고; 4.9m, 층수; 3층

나) 공종별 공사원가 비중

(1) 기초 및 지하 골조(4.4%)

① 대지정리 및 기초파기; 독립기초 또는 줄기초, 흙 파기 및 되 메우기
② 기초; 독립기초 또는 줄기초, 현장치기 철근콘크리트
③ 지하 골조; 기초옹벽(1.2m 높이, 철근콘크리트)+ 지표면 자갈 깔기+ 방습층 + 바닥판(100mm 두께, 철근콘크리트)

(2) 지상 골조(21.3%)

① 기둥 및 보; 형강+ 내화섬유 피복 *Sprayed Fiber Fireproofing*
② 지상 바닥판; 메탈 데크+ 보+ 콘크리트
③ 지붕 골조; 열린 복부 강재 장선+ 메탈 데크
④ 계단; 요철 강판+ 콘크리트

(3) 외벽 및 창호(15.2%)

① 벽 골조; 치장 벽돌+ 콘크리트블록 백업 *Concrete Block Backup*, 전체 벽면적의 90%
② 문 *Doors*; 회전 및 미서기 *Revolving & Sliding Panel*
③ 창 및 유리벽 *Windows & Glazed Wall*; 진열창 *Storefront* (10%)

(4) 지붕 마감(1.8%)

① 지붕외피 *Roof Coverings*; 빌트-업 타르 및 자갈+ 프래싱
② 단열; 펄라이트/팽창 폴리스티렌 합성 재
③ 개구부 및 특수시설; 자갈 막이, 출입구 뚜껑

(5) 내부 칸막이 및 마감(19.7%)

① 칸막이벽 골조; 금속재 샛기둥+ 집섬 보드

② 문 *Doors* ; 속빈 금속재 외짝 문 *Single Leaf Hollow Metal*
③ 칸막이벽 마감; 페인트(70%), 비닐벽지(20%), 세라믹타일(10%)
④ 바닥 마감; 카펫(50%), 비닐타일(40%), 테라조(10%)
⑤ 천정 마감; Z-바+광물성 섬유타일
⑥ 외벽 내부 마감; 페인트(90%)

(6) 운반 설비(9.3%)

승객 및 화물용 엘리베이터 각 1대 *1-Passenger & 1-Freight Elevators* 및 에스컬레이터 4대 *4-Escalators*

(7) 기계 설비(16.1%)

① 배관 설비; 상하수도 배관(화장실, 다용도실)
② 소방 설비; 스프링클러
③ 난방 및 냉방설비; 가스난방, 전기냉방

(8) 전기 설비(12.2%)

① 배선 설비; 배전반 및 지선
② 조명 설비; 형광등, 백열등, 콘센트, 개폐기
③ 경보 및 자동화 설비; 경보기, 비상등

타. 대량판매점 *Supermarket*

가) 건축물 규모

연면적; 1860m^2, 층고; 5.5m, 층수; 1층

나) 공종별 공사원가 비중

(1) 기초 및 지하 구조(12.1%)

① 대지정리 및 기초파기; 독립기초 또는 줄기초, 흙 파기 및 되 메우기
② 기초; 독립기초 또는 줄기초, 현장치기 철근콘크리트

③ 지하 골조; 기초옹벽(1.2m 높이, 철근콘크리트)+지표면 자갈 깔기+방습층
+바닥판(100mm 두께, 철근콘크리트)

(2) 지상 골조(6.6%)

① 기둥 및 보; 형강
② 지붕 골조; 열린 복부 강재 장선+메탈 데크

(3) 외벽 및 창호(25.7%)

① 벽 골조; 치장 벽돌+콘크리트블록 백업 *Concrete Block Backup*, 전체 벽면적의 85%
② 문 *Doors*; 미서기, 속빈 금속재 전동 출입문 *Sliding Entrance Doors, Hollow Metal, Electrical Operator*
③ 창 및 유리벽 *Windows & Glazed Wall*; 진열창 *Storefront Windows* (15%)

(4) 지붕 마감(5.9%)

① 지붕외피 *Roof Coverings*; 빌트-업 타르 및 자갈+프래싱
② 단열; 펄라이트 / 팽창 폴리스티렌 합성재
③ 개구부 및 특수시설; 자갈 막이, 출입구 뚜껑

(5) 내부 칸막이 및 마감(15.0%)

① 칸막이벽 골조; 콘크리트블록(50%), 금속재 샛기둥+집섬 보드(50%)
② 문 *Doors*; 속빈 금속재 외짝 문 *Single Leaf Hollow Metal*
③ 칸막이벽 마감; 페인트
④ 바닥 마감; 비닐타일
⑤ 천정 마감; Z-바+광물성 섬유타일
⑥ 외벽 내부 마감; 페인트(85%)

(6) 기계 설비(18.9%)

① 배관 설비; 상하수도 배관(화장실, 다용도실)
② 소방 설비; 스프링클러
③ 난방 및 냉방 설비; 가스난방, 전기냉방

(7) 전기 설비(15.8%)

① 배선 설비; 배전반 및 지선
② 조명 설비; 형광등, 백열등, 콘센트, 개폐기
③ 경보 및 자동화 설비; 경보기, 비상

파. 창고 *Warehouse*

가) 건축물 규모

연면적; 2790m^2, 층고; 7.3m, 층수; 1층

나) 공종별 공사원가 비중

(1) 기초 및 지하 골조(26.3%)

① 대지정리 및 기초파기; 독립기초 또는 줄기초, 흙 파기 및 되 메우기

② 기초; 독립기초 또는 줄기초, 현장치기 철근콘크리트

③ 지하 골조; 기초옹벽(1.2m 높이, 철근콘크리트)+ 지표면 자갈 깔기+ 방습층 + 바닥판(127mm 두께, 철근콘크리트)

(2) 지상 골조(12.4%)

① 기둥 및 보; 형강

② 지상 바닥판; 열린 복부 강재장선+ 거푸집+ 콘크리트(10%)

③ 지붕 골조; 열린 복부 강재 장선+ 메탈 데크

④ 계단; 강철재 대문 *Steel Gate* + 레일 *Rails*

(3) 외벽 및 창호(12.8%)

① 벽 골조; 콘크리트블록, 전체 벽면적의 95%

② 문 *Doors* ; 강철재 및 속빈 금속재문 *Steel Overhead* , *Hollow Metal*

(4) 지붕 마감(8.3%)

① 지붕 외피 *Roof Coverings* ; 빌트-업 타르 및 자갈+ 프래싱

② 단열; 펄라이트 / 팽창 폴리스티렌 합성재료

③ 개구부 및 특수시설; 자갈 막이, 출입구 뚜껑 및 천창 *Skylight*

(5) 내부 칸막이 및 마감(7.3%)

① 간막이벽 골조; 콘크리트 블록

② 문 *Doors* , 속빈 금속재 외짝 문 *Single Leaf Hollow Metal*

③ 칸막이벽 마감; 페인트
④ 바닥 마감; 경화제 *Hardener* (90%), 비닐타일 *Vinyl Tile* (10%)
⑤ 천정 마감; Z-채널 *Zee Channels* + 광물성 타일 *Suspended Mineral Tile* (10%)
⑥ 외벽 내부 마감; 페인트(95%)

(6) 기계 설비(19.4%)

① 배관 설비; 상하수도 배관(화장실, 다용도실)
② 소방 설비; 스프링클러
③ 난방 설비; 기름보일러 온수기 및 개별난방기 *Unit Heaters*
④ 냉방 설비; 가스난방, 전기냉방

(7) 전기 설비(9.1%)

① 배선 설비; 배전반 및 지선
② 조명 설비; 형광등, 백열등, 콘센트, 개폐기
③ 경보 및 자동화 설비; 경보기

(8) 가구 및 집기(4.4%)

화물 상하차대 *Dock Boards*, 도크 레블러 *Dock Levelers*

2) 주택 등급

미합중국의 주택건설업계에서 공사원가를 바탕으로 분류한 주택등급의 정의 및 공종별 시공명세 *Specifications* 기준은 다음과 같다.

가. 표준 주택 *Economy Class*

건축가에 대한 보수지불이 필요 없는 기존의 표준형 설계도면을 이용하여 건축한 주택이다. 일반적으로 공장제품인 조립식 건축자재를 이용하여 대량 생산한다. 특수 기술을 필요로 하지 않는 단순한 공법으로 건축이 가능하다. 표준형 주택은 공사원가가 건축물의 특성보다 우선하는 주택이며 평면은 일반적으로 정사각형 또는 직사각형이다. 이 주택의 기능 및 사용 자재는 건축법에서 요구하는 최소기준을 충족한다. 표준형 주택의 공종별 시공명세 기준은 다음과 같다.

가) 기초 *Foundations*

① 대지정리 및 기초파기; 깊이 1.2*m*, 줄기초 파기 및 되 메우기

② 기초 판; 철근콘크리트, 200mm ×460mm 깊이×폭
③ 기초 옹벽; 콘크리트블록 두께 200mm , 깊이 1.2m 기초판 포함
④ 바닥판; 부순돌 100mm 두께 + 콘크리트판 100mm 두께

나) 골조 Framing

① 기둥 및 벽 골조; 샛기둥 2x4in. 각재 , 400mm O.C.+ 구조용 속널 Sheathing + 단열 판재 두께 13mm
② 지붕 골조; 트러스 Truss , 2x4in. 각재 , 1/3경사, 600 mm O.C.+ 구조용 속널 + 내수 합판 10mm 두께

다) 외벽 Exterior Walls

① 대안 1 ; 목재 사이딩 Siding + 방수지 #15펠트 Felt + 목재 골조
② 대안 2 ; 보통 벽돌 100mm 두께 + 방수지+ 목재 골조
③ 대안 3 ; 유색 스터코 Stucco , 25mm 두께 + 방수지+ 목재 골조
④ 대안 4 ; 페인트+ 콘크리트 블록 200mm 두께 + 퍼링 Furring + 건식 벽 Drywall + 페인트 Paint
⑤ 창 Windows ; 목재, 두 짝 수직 미서기 Double Hung
⑥ 문 Doors ; 2개-목재, 속이 차있는 프러쉬 문 Flush Solid Core

라) 지붕 마감 Roofing

지붕외피 Roof Coverings ; 아스팔트 싱글 Asphalt Shingles , #240+ 방수지 #15펠트 + 알루미늄 프래싱 Aluminum Flashing + 단열재

마) 내부 마감 Interiors

① 벽 마감; 건식 벽 Drywall , 두께 13mm + 페인트+ 걸레받이 및 장식 띠 Baseboard & Trim
② 바닥 마감; 카펫, 고무질 바탕재 Carpet , Rubber Backed (80%)+ 아스팔트타일(20%)
③ 문 Doors ; 19개-속빈 목재 문 Hollow Core

바) 가구 공사 Specialties

부엌 가구; 십이 1.8m , 벽 및 바닥 부착, 플라스틱 박판 붙임 조리대 상판 Laminated Plastic Counter Top

사) 기계 설비 *Mechanical*

① 배관 설비: 상하수도 배관(부엌, 화장실, 다용도실)

② 설비 기기: 1 세트 *set* -백색, 벽걸이 식 세면기

1 세트 *set* -백색, 변기

1 세트 *set* -백색, 법랑철판 *Porcelain Enamel Steel* 욕조

1 세트 *set* -스테인리스 강판 *Stainless Steel* 외짝 부엌 개수통 *Single Bowl Sink*

1 세트 *set* -가스보일러 온수기 및 온풍기

아) 전기 설비 *Electrical*

① 배선 설비: 배전반 및 지선

② 조명 설비: 형광등, 백열등, 콘센트, 개폐기

나. 고급 주택 *Average Class*

건축가가 가장 단순하게 설계한 건축도면을 이용하여 건축한 주택이다. 고급형 주택을 위한 자재 및 공사기술, 주택의 기능 등은 건축법에서 요구하는 최소기준보다 약간 높은 수준이다. 고급형 주택은 건축가의 설계 개념을 약간 엿 볼 수 있으며 주택의 공종별 시공명세 기준은 다음과 같다.

가) 기초 *Foundations*

① 대지정리 및 기초파기: 깊이 1.2m, 줄기초 파기 및 되 메우기

② 기초 판: 철근콘크리트, 200mm ×460mm *깊이×폭*

③ 기초 옹벽: 콘크리트블록 *두께 200mm*, 깊이 1.2m *기초판 포함*

④ 바닥판: 부순돌 *100mm 두께* + 콘크리트판 *100mm 두께*

나) 골조 *Framing*

① 기둥 및 벽 골조: 샛기둥 *2×4in. 각재*, 400mm O.C.+ 구조용 속널+ 내수합판 *두께 13mm*

② 지붕 골조: 서까래 *1/3경사, 2×6in. 각재*, 400 mm O.C.+ 구조용 속널 + 내수합판 *두께 13mm* + 천정장선 *2×6in. 각재*, 400mm O.C.

③ 바닥 골조: 바닥 목 골조 *Sleeper*, *1×2in. 각재*, 400mm O.C. + 바탕 널 *Subfloor*, *웨이퍼보드 Wafer Board*, *두께 13mm*

다) 외벽 *Exterior Walls*

① 대안 1 ; 목재 사이딩+방수지 *#15펠트* +단열재 *Batt Insulation* , *두께 89mm* +목재골조

② 대안 2 ; 보통벽돌 *두께 100 mm* +방수지+단열재+목재골조

③ 대안 3 ; 유색 스터코 *두께 25mm* +방수지+단열재+목재골조

④ 대안 4 ; 벽돌 또는 석재+단열재+콘크리트블록 *두께 150mm*

⑤ 창 *Windows* ; 목재, 수직 미서기 *Double Hung* +덧문 *Storms & Screens*

⑥ 문 *Doors* ; 3개-목재, 속이 차있는 프러쉬 문 *Flush Solid Core* +덧문

라) 지붕 마감 *Roofing*

지붕외피 *Roof Coverings* ; 아스팔트 싱글 *#240* +방수지 *#15펠트* +알루미늄 프래싱 *Aluminum Flashing* +단열재+알루미늄 수평 및 수직 처마홈통

마) 내부 마감 *Interiors*

① 벽 마감; 건식 벽 *두께 13mm* +페인트+걸레받이 및 장식 띠 *Baseboard & Trim*

② 바닥 마감; 활엽수 목재바닥 *Hardwood Floor* (40%)+카펫 바탕재 *Carpet* , *Underlayment*(40%)+아스팔트타일 바탕재 *Asphalt Tile* , *Underlayment* (15%)+세라믹타일 바탕 재 *Ceramic Tile* , *Underlayment* (5%)

③ 문 *Doors* ; 23개-목재, 속이 빈 문 *Hollow Core*

바) 가구 공사 *Specialties*

① 부엌 가구; 길이 4.2m , 벽 및 바닥 부착, 플라스틱 박판 붙임 조리대 상판 *Laminated Plastic Counter Top*

② 화장실 가구; 가정상비약 캐비넷 *Medicine Cabinet*

사) 기계 설비 *Mechanical*

① 배관 설비; 상하수도 배관(부엌, 화장실, 다용노실)

② 실비 기기; 1 세트 *set* 백색, 벽걸이식 세면기
1 세트 *set* -백색, 변기
1 세트 *set* -백색, 법랑철판 *Porcelain Enamel Steel* 욕조+샤워 *Shower*
1 세트 *set* -스테인리스 강판 *Stainless Steel* , 외짝 부엌 개수통 *Single Bowl Sink*

1 세트 set -가스보일러 온수기 및 온풍기 Water Heater, Gas Fired, 30 gal + Gas Fired Forced Hot Air Heat

아) 전기 설비 Electrical

① 배선 설비; 배전반 및 지선

② 조명 설비; 형광등, 백열등, 콘센트, 개폐기

다. 주문 주택 Custom Class

건축주의 요구사항을 반영하는 건축가의 규범적 설계도면으로 건축된 주택이다. 주문형 주택의 기능, 사용자재 및 시공기술은 건축법의 규정보다 상당히 높은 고급 수준이다. 설계 개념상의 건축가의 특성이 상당히 드러나는 주택으로, 공종별 시공 명세 기준은 다음과 같다.

가) 기초 Foundations

① 대지정리 및 기초파기; 1.2m 깊이, 줄기초 파기 및 되 메우기

② 기초 판; 철근콘크리트, 200mm ×460mm 깊이×폭

③ 기초 옹벽; 콘크리트블록 두께 200mm , 깊이 1.2m 기초판 포함

④ 바닥판; 부순돌 100mm 두께 + 콘크리트판 100mm 두께

나) 골조 Framing

① 기둥 및 벽 골조; 샛기둥 2×6in. 각재 , 400mm O.C.+ 구조용 속널+ 내수합판 두께 13mm

② 지붕 골조; 서까래 1/3경사, 2×8in 각재, 400mm O.C. + 구조용 속널+ 내수합판 두께 13mm + 천정장선 2×6in. 각재 , 400 mm O.C.

③ 바닥 골조; 바닥 목 골조 Sleeper, 1×3in. 각재 , 400mm O.C. + 바탕 널 Subfloor + 내수합판 두께 16mm

다) 외벽 Exterior Walls

① 대안 1 ; 목재 사이딩 Siding + 방수지 #15펠트 Felt + 단열재 Batt Insulation, 두께 89mm + 목재 골조

② 대안 2 ; 고급 치장벽돌 두께 100mm + 방수지+ 단열재+ 목재 골조

③ 대안 3 ; 토속 석재 Field Stone 또는 석회석 두께 50mm + 방수지+ 단열재+ 목재 골조

④ 대안 4 ; 벽돌 또는 석재+ 단열재+ 콘크리트블록 두께 200mm

⑤ 창 *Windows* ; 목재, 수직 미서기 *Double Hung* + 덧문 *Storms & Screens*
⑥ 문 *Doors* ; 3개-목재, 속이 차있는 *Solid Core* + 덧문 *Storms & Screens*

라) 지붕 마감 *Roofing*

지붕외피 *Roof Coverings* ; 아스팔트싱글 *#300* + 방수지 *#15펠트*
+ 코퍼 프래싱 *Copper Flashing*
+ 단열재+ 알루미늄 수평 및 수직 처마홈통

마) 내부 마감 *Interiors*

① 벽 마감; 건식벽 *Drywall*, *두께 16mm* + 유색 박판 플라스터 *Skim Coat Plaster*
+ 활엽수 목재 걸레받이 및 장식 띠 *Hardwood Baseboard & Trim, Sanded & Finished*
② 바닥 마감; 활엽수 목재 바닥 *Hardwood Floor* (70%) + 세라믹 타일 바탕 재 *Ceramic Tile, Underlayment* (20%) + 비닐타일 바탕재 *Vinyl Tile, Underlayment* (10%)
③ 문 *Doors* ; 33개-목재 판 *Wood Panel*

바) 가구 공사 *Specialties*

① 부엌 가구; 길이 6.1m, 벽 및 바닥 부착, 플라스틱박판 붙임 조리대상판 *Laminated Plastic Counter Top*
② 화장실 가구; 욕실용품장 *Bath Room Vanity*, 길이 1.2m + 가정상비약 캐비넷 *Medicine Cabinet*

사) 기계 설비 *Mechanical*

① 배관 설비; 상하수도 배관(부엌, 화장실, 다용도실)
② 설비 기기; 1 세트 *set* -유색, 붙박이식 세면기
1 세트 *set* -유색, 변기
1 세트 *set* -유색, 주철제 욕조+ 샤워 *Shower*
1 세트 *set* -주철제 쌍동 부엌 개수통 *Double Bowl Sink*
1 세트 *set* -가스보일러 온수기, 온풍기 및 공기조절기 *Water Heater, Ga Fired, 50 gal + Gas Fired Forced Hot Air Heat + Air Conditioning*

아) 전기 설비 *Electrical*

① 배선 설비; 배전반 및 지선
② 조명 설비; 형광등, 백열등, 콘센트, 개폐기

라. 호화 주택 Luxury Class

건축가의 설계규범과 건축주의 욕구가 최대로 조화된 설계도면을 활용하여 건축된 주택이다. 설계개념 및 주택의 형태는 거의 유일한 정도이고, 특수 시공기술 및 최고급 자재를 사용하며 처음부터 끝까지 건축가의 감독 하에 건축된다. 호화형 주택은 공사원가보다는 건축주의 편안함과 즐거움에 최우선 순위를 두고 건축된다. 호화형 주택의 공종별 시공명세 기준은 다음과 같다.

가) 기초 Foundations

① 대지정리 및 기초파기; 1.2m 깊이, 줄기초 파기 및 되 메우기
② 기초 판; 철근콘크리트, 200mm ×460mm 깊이×폭
③ 기초 옹벽; 콘크리트블록 두께 200mm , 깊이 1.2m 기초판 포함
④ 바닥판; 부순돌 100mm 두께 + 콘크리트판 100mm 두께

나) 골조 Framing

① 기둥 및 벽 골조; 샛기둥 2×6in. 각재 , 400mm O.C.+ 구조용 속널+ 내수합판 두께 16mm
② 지붕 골조; 서까래 1/2경사 , 2×10in. 각재 , 400mm O.C. + 구조용 속널+ 내수합판 두께 16mm + 천정장선 2×10 in. 각재 , 400mm O.C.
③ 바닥 골조; 바닥 목 골조 Sleeper, 1×3in. 각재 , 400 mm O.C.+ 바탕 널 Subfloor + 내수합판 두께 16mm

다) 외벽 Exterior Walls

① 대안 1 ; 치장벽돌 두께 100mm + 방수지 #15펠트 Felt + 단열재 Batt Insulation, 두께 89mm + 목재골조
② 대안 2 ; 고급 목재 사이딩 Cedar/Redwood Siding 또는 수제품 고급 목재 싱글/지붕널 Hand Split Cedar Shingles/Shakes + 방수지+ 단열재+ 목재골조
③ 대안 3 ; 고급 토속 석재 Field Stone 또는 석회석 두께 50mm + 단열재+ 콘크리트 블록 두께 200mm
④ 대안 4 ; 고급 벽돌+ 단열재+ 콘크리트블록 두께 200mm
⑤ 창 Windows ; 목재, 수직 미서기 Double Hung + 덧문 Storms & Screens
⑥ 문 Doors ; 3개-목재, 속이 차있는 Solid Core + 덧문

라) 지붕 마감 *Roofing*

지붕외피 *Roof Coverings* : 삼나무 싱글 *Cedar Shingles* + 방수지 #15펠트 + 코퍼 프래싱 *Copper Flashing* + 단열재 + 알루미늄 수평 및 수직 처마홈통

마) 내부 마감 *Interiors*

① 벽 마감; 건식 벽 *Drywall*, 두께 16mm + 유색 박막 플라스터 *Thin Coat Plaster* + 활엽수 목재 걸레받이 및 장식 띠 *Hardwood Baseboard & Trim, Sanded & Finished*

② 바닥 마감; 활엽수 목재 바닥 *Hardwood Floor* (70%) +
세라믹타일 바탕재료 *Ceramic Tile, Underlayment* (20%) +
비닐타일 바탕재료 *Vinyl Tile, Underlayment* (10%)

③ 문 *Doors* ; 33개-목재판 *Wood Panel*

바) 가구 공사 *Specialties*

① 부엌 가구; 길이 7.6m, 벽 및 바닥 부착, 플라스틱 박판 붙임 조리대상판 *Laminated Plastic Counter Top*

② 화장실 가구; 욕실용품 장 *Bath Room Vanity*, 길이 1.8m +
가정상비약 캐비넷 *Medicine Cabinet*

사) 기계 설비 *Mechanical*

① 배관 설비; 상하수도 배관 (부엌, 화장실, 다용도실)

② 설비 기기; 1 세트 *set* -유색, 붙박이식 세면기
1 세트 *set* -유색, 변기
1 세트 *set* -유색, 주철제 욕조 + 샤워 *Shower*
1 세트 *set* -주철제 쌍동 부엌 개수통 *Double Bowl Sink*
1 세트 *set* -가스보일러 온수기, 온풍기 및 공기조절기 *Water Heater, Gas Fired, 75 gal. + Gas Fired Forced Hot Air Heat + Air Conditioning*

아) 전기 설비 *Electrical*

① 배선 설비; 배전반 및 지선

② 조명 설비; 형광등, 백열등, 콘센트 *Receptacles*, 개폐기 *Switches*, 인터콤 *Intercom*

5. 건축물 감가상각 *Depreciation*

감가상각 *Depreciation* 이란 토지를 제외한 고정자산에 생기는 가치의 소모를 사용가능기간 동안의 각 회계연도에 할당해서 계산하여 그 자산의 가치를 감해 가는 회계방식의 일종이다. 건축물의 감가상각은 일반적으로 건축물의 노후화 성격 및 그 정도에 따라서 결정된다. 건축물의 노후화는 성격에 따라서 기능적 노후화 및 경제적 노후화로 대별 할 수 있으며 노후화 정도에 따라서는 보수 가능한 노후화와 보수 불가능한 노후화로 구분하기도 한다. 건축물의 경제적 노후화는 자재, 설비 등의 노후화를 말하며 기능적 노후화는 구조 체, 기능, 용도 등의 노후화를 말한다. 보수가능 노후화의 경우 보수비용이 보수후의 건축물의 가치 상승보다 작은 경우이며 보수 불가능 노후화의 경우에는 보수후의 건축물의 가치가 보수비용에 못 미치는 경우이다. 보수 불가능 노후화는 주로 건축물 구조 체의 노후화가 심하여 기능의 복원이 곤란한 경우이다. 건축물의 노후화 원인 및 평가 연수에 따른 감가상각 비율은 다음과 같다. 감가상각의 의미는 다음과 같다:

Depreciation The allocation of a part of the cost of a property, plant, or equipment item(that has a limited useful life)over its estimated useful life.

1) 건축물의 노후화 원인

가. 기능적 노후화 원인

건축물의 기능적 노후화는 일반적으로 시대에 뒤떨어진 구식의 설계, 기능이 떨어지는 건축자재, 또는 비효율적으로 넓거나 좁은 공간 등에 기인한다. 건축물의 구조체, 기능, 용도 등의 노후화는 과다한 관리유지비를 필요로 할뿐더러 건축물의 효용성을 저하시킨다.

나. 경제적 노후화 원인

건축물의 경제적 노후화는 자재, 설비 등의 노후화를 말하며 경제적 노후화를 유발하는 인문사회학적인 원인은 다음과 같다:

① 지역지구 및 환경관련 규제 법규

② 정부의 불합리한 입법
③ 이웃 주민의 부정적 인식
④ 업무 및 영업환경
⑤ 대중 교통수단에의 접근성

2) 평가연수에 따른 감가상각 비율

건축물의 감가상각 비율은 건축물의 평가 연수 *Observed Age* 에 따라서 결정되는 것이 일반적이다. 건축물의 평가연수 *評價年數*, 즉 건축물의 나이란 건축물이 준공된 이후 단순히 경과된 산술적인 실제 나이 *Actual Age* 가 아니라 건축물의 노후화를 지연, 억제하기 위하여 정기적인 유지관리 및 보수, 리모델링 *Remodeling* 또는 리노베이션 *Renovation* 등을 실시하면서 경과된 시간을 말한다. 건축재료 및 평가 연수에 따른 건축물의 감가상각 비율은 표 1-02 와 같다.

표 1-02 : 건축물의 감가상각 비율

평가 연수	건축 재료에 의한 감가상각 비율(%)		
	목 재	콘크리트+목재	강재+콘크리트
1 ~ 5	1 ~ 6	0 ~ 5	0 ~ 3
5 ~ 10	6 ~ 20	5 ~ 15	3 ~ 8
10 ~ 20	20 ~ 30	15 ~ 25	8 ~ 20
20 ~ 30	30 ~ 40	25 ~ 35	20 ~ 30
30 ~ 40	40 ~ 50	35 ~ 45	30 ~ 40
40 ~ 50	50 ~ 60	45 ~ 55	40 ~ 50
50 ~ 60	60 ~ 70	55 ~ 65	50 ~ 60

제 2 절 지속가능 건축기술

1. 용어정의 및 7가지 기본원리

1) 용어의 탄생 및 정의

지속가능 개발과 성장 *Sustainable Development and Growth* 이라는 말은 1987년 '환경과 개발에 관한 세계위원회 *World Commission on Environment and Development* '가 '우리의 공동미래 *Our Common Future* ' 라는 주제를 논의하는 과정에서 도입된 용어이다. 이 위원회는, 지속가능 개발과 성장이란 현재의 세대가 필요를 충족하면서도 미래의 세대가 자신들의 필요를 충족시킬 수 있는 능력의 발휘를 저해하지 않도록 하는 것이라고 정의하였다. 지속가능 개발과 성장이라는 틀 속에서의 건축기술은, 인류 공동사회의 주요 구성요소 중의 하나인 건축물을 생산, 개발, 활용할 때 자연환경 보존과 지구자원의 총량적 유지가 양립될 수 있도록 하는 기술이어야 한다. 다시 말해서 지구 생태학적, 인문 사회학적 및 경제학적인 측면 등을 포괄적으로 고려하여 지구환경파괴, 천연자원의 고갈, 야생동식물의 절멸 등을 유발하지 않으면서도 지속적으로 개발과 성장이 가능하도록 하는 건축기술을 말한다.

2) 지속가능 건축기술의 7가지 기본원리

1994년 국제건축물평의회 *CIB: Conseil International du Bâtiment* 는 지속가능 건축기술의 최종 목표를 설정하면서, 이 목표를 달성하기 위하여 필요로 하는 7가지 기본원리를 정하였다. 지속가능 건축기술의 수행에 필수적인 핵심원리 7가지에는 소모성 자원의 감소 *Reduce* , 자원의 재활용 *Reuse* , 자원의 재순환 *Recycle* , 자연환경 보호 *Nature* , 유해독성 제거 *Toxics* , 생애 순환주기 비용 *Economics* , 품질관리 *Quality* 등이 포함된다. 지속가능 건축기술의 목표 달성을 위한 7가지 원리에 부수되는 자원 및 건축물 생애주기의 각 단계별 상관관계는 그림 1-01 과 같다. *CIB* 가 설정한 지속가능 건축기술의 최종 목표란 자원 활용의 효율성 제고와 생태학적 설계를 바탕으로 하여 독창적으로 건설된 건강한 건축 환경을 창조적으로 관리 운영하는 것을 말한다. *CIB* 가 주장하는 기본원리 7가지 란 건축물 설계 및 시공의 각 단계마다 유효한 정보를 제공, 매우 이상적으로 의사결정을 할 수 있도록 하기 위하여 필수적으로 고려해야하는 핵심요소를 말한다. 이와 같은 핵심요소들은 실제 업무에 있어서 건축물의 생애주기를 통하여 토지, 건축재료, 물, 에너지, 생태계 등에 지속적으로 영향을 끼치고 있다. 지속가능 건축기술의 최종 목표 달성을 위한 기본원리는 다음과 같다.

그림 1-01 : 지속가능 건축기술의 상관도

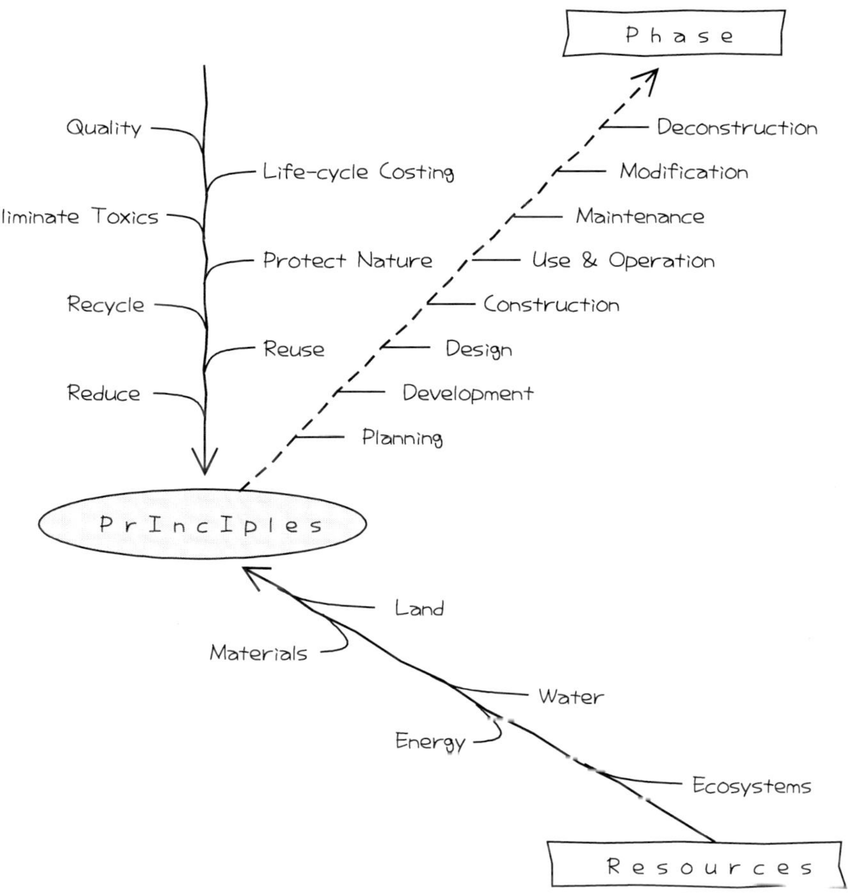

가. 자연 인식 설계 *Resource-conscious Design*

자원을 의식하는 건축설계의 핵심사항이란 상호 의존적인 사회체계에 창조적인 서비스를 제공하기 위하여 생태계의 잠재적인 공동영역 및 그 영향을 고려하는 것을 말한다. 다시 말해서 건축물의 설계 및 시공은 자연 생태계에 미치는 영향 및 천연자원의 소모를 최소화하는 방향으로 수행되어야 한다는 것이다. 따라서 건축재료를 선정할 때는 고체, 액체 그리고 가스 등의 방출, 즉 환경공해 물질의 방출을 배제하면서 자연 순환이 영구적으로 가능한 재료의 순환 고리 *Closing Materials Loops* 를 핵심사항으로 고려해야 한다. 여기서 순환 고리 *Closed-loop* 란 건축 재료를 사용후 폐기처분하기 보다는 생산적인 용도에 적합하도록 지속적으로 순환시켜 영구적으로 재활용하는 것을 말한다. 순환 고리 내에 있는 건축 재료는 해체 및 분해가 용이하면서도 재료의 구성 성분은 재순환 *Recycling* 의 가치와 활용성이 크다. 그러나 열 동력학적 차원에서 볼 때, 지구상 생물체계 내에서 잔류물이 분산, 소실되는 것은 피할 수 없는 현상이므로 재순환이 완전히 효율적이라고는 할 수 없다. 또한 생물학적 측면에서 볼 때 재순환재료는 선천적으로 독성이 없어야만 한다.

현재 건축공사 현장에서 사용되고 있는 대부분의 건축자재는 완벽하게 재순환되지는 않는다. 일반적으로 재순환 자재는 원래의 가치보다 낮은 가치의 용도로 쓰이기 때문이다. 다시 말해서 재순환 자재는 뒤채움 공사용이나 도로 공사에서 기층재료용으로 쓰인다. 다행스럽게도 재순환이 활성화 되어 있는 골재, 콘크리트, 블록, 벽돌, 타일, 테라조, 모르타르, 되 메우기에 쓰이는 흙 등과 같이 저급기술에 의하여 생산되는 건설 자재들은 생태학적으로 독성이 거의 없는 비활성 물질로 구성되어 있다. 건설 폐자재의 증가는 매립지의 부족, 지하수의 오염, 건축 공사비의 상승 등을 유발하는 주요 원인 이라는 점을 감안할 때 건축 재료의 영구 재순환은 필연적이다.

나. 토지 자원 *Land Resources*

지속가능 토지활용에 관한 철학적 관점은 토지가 확대 재생산이 불가능한 유한자원이라는 사실을 바탕으로 하고 있다. 유한자원의 보존이라는 차원에서 볼 때 매우 귀중한 토지 자원인 미개발 토지, 자연녹지, 농경지 등은 개발을 최소화하여야 한다. 토지의 효과적인 활용계획은 필연적으로 효율적인 도시형태를 창조하도록 하며 도시의 불규칙한 확산, 즉 난개발을 억제한다. 도시의 불규칙한 확산은 자동차의 지나치게 많은 통행량과 통행의 장거리 화를 유발하여 화석연료의 과도한 소비 및 대기오염을 촉진 시킨다. 토지자원 역시 다른 천연자원과 마찬가지로 재순환 활용이 가능하므로 토지자원은 언제라도 생산적으로 활용할 수 있도록 복구되어야 한다. 이전의 공업지역과 같이 훼손된 토지 및 황폐화된 구 도시 지역의 토지를 생산성 있는 용도의 토지로 순환시키는 것은 죽어 있는 토지에 경제적, 사회적으로 새 생명을 불어 넣어 자연환경의 복원 및 토지의 보존을 영구토록 가능하게 한다. 도시 및 공업 지역에서의 건축물 총량을 제한하면서 건축물을 집적화한다면 상당량의 토지를 자연 상태로 복원할 수 있을 것이다. 자연자원인 토지의 재순환 과정에서 부활 가능한 토지는 편의상 다음과 같이 구분 된다:

① 전원지역 토지 *Greenfields* ; 미개발 토지, 자연녹지, 농경지
② 구 공업지역 토지 *Brownfields* ; 훼손된 공장용 토지
③ 구 도시지역 토지 *Grayfields* ; 황폐화된 도심지역 토지

다. 에너지 및 대기 *Energy and Atmosphere*

건축물에서 냉난방을 위하여 재생에너지 및 청정에너지인 태양열과 지열의 효율적 활용 기술을 개발, 활성화 한다면 화석에너지의 사용량을 감소시킬 수 있을 것이다. 화석연료의 사용량이 감소되는 경우 대기오염 물질인 이산화탄소 *Carbon Dioxide* , 즉 탄산가스의 배출량이 현저히 감소되어 대기오염을 최소화 할 수 있고 지구 온도 상승에 의한 급격한 기후변화를 완화시킬 수 있다. 화석에너지 사용량의 절감을 위한 건축물의 설계방안은 다음과 같다:

① 재생에너지 활용 기술의 개발
② 부족한 난방용 화석에너지를 충분히 보충할 수 있을 정도의 지열 및 자연형 태양열 설비기술의 개발
③ 건축물 외피의 단열 설계기술 개발: 열의 전도, 대류, 복사에 고도로 저항할 수 있는 건축자재 및 공법을 선택할 수 있도록 설계

라. 물 자원 *Water Issues*

전 세계 대부분의 지역에서 개발 및 건축공사를 수행할 때 공통적으로 필요로 하는 절대적인 요소는 식수의 확보이다. 지구 온난화에 따라 촉진되는 기후변화와 변덕스러운 날씨 형태는 수자원의 유효성을 제한하고 있기 때문이다. 기존의 지표수 및 지하수의 보존, 공급체계의 보호가 점 더 위태로워지고 있는 현실에서 지구수문학적 주기 중 극히 일부분의 주기에서만 식수를 만들어 내고 있는 것이 문제가 되는 것이다. 수문학이란 물의 성질, 분포, 지하수원 등을 다루는 학문이다. 오염된 물을 다시 정화하는 일이 불가능한 일은 아닐지라도 원상태로의 회복은 매우 어려운 일이다. 현재 수행되고 있는 수자원 보존기술에는 빗물

모으기, 물의 재순환, 저속배관설비 *Low-flow Plumbing Fixtures* , 내 건조성의 수목 식재, 수자원 보존기술을 활용하는 식재 공법 등이 있다. 궁극적으로 볼 때 오수 및 폐수 처리와 폭우 관리에 관한 혁신적인 접근 방법은 건축물에 대한 수문학적 주기 차원에서 포괄적으로 논의할 필요가 있다.

마. 생태계; 잊혀진 자원 *Ecosystems: Forgotten Resources*

지구 천연자원을 인식하는 건축설계에 있어서 자연생태계와 인공적 환경의 결합은 매우 중요한 의미를 갖는다. 이와 같은 결합은 기존의 전통적인 생산체계와 여러 가지 복합적인 기술체계를 대체할 수 있다.

그 결과로는 건축물에 작용하는 풍력, 지진력 등의 외력 조절, 쓰레기 처리, 폭우의 처리, 식량의 재배, 자연적인 경관미의 제공 등을 기대할 수 있다. 잊혀져 있는 인공적 환경의 자연 생태계로의 복원 실례로는 쓰레기 처리장의 환경 친화적인 공원, 농경지 또는 생활체육시설로의 복원 및 상습 침수지역의 습지로의 복원 등이 있다. 특히 습지로의 복원은 오폐수의 흡수 및 정화 기능, 폭우 시 유수지로서의 기능, 야생 동식물의 서식지로서의 기능 등을 수행한다.

2. 관습적 건축기술과 환경파괴

1) 관습적 건축기술

오늘날 우리들의 관습적인 건축기술은 우리들의 자손을 위한 지속가능 개발 방식과는 거리가 먼 기술이다. 현재의 관습적인 건축기술이 우리들의 후손에게 물려줄 자연환경을 파괴하는 실상은 다음과 같다:

① 화석연료 자원을 비롯하여 재생이 불가능한 다른 자원을 대책 없이 남용
② 도시지역의 팽창으로 인한 난개발로 농경지의 훼손심각
③ 점증하는 목재수요를 충족하기 위하여 조림계획 없이 숲을 마구 훼손
④ 지표면의 훼손을 방치, 빗물, 바람 등에 의한 표토침식 가속화
⑤ 급속한 공업화로 인한 공해물질의 배출로 공기, 물, 토양의 오염
⑥ 막대한 화석에너지를 사용하여 생산하는 건축자재의 사용(표 1-03)

표 1-03 : 건축자재 생산에 소요되는 에너지 소모량

재 료 명 칭	에너지 소모량 *	
	BTU / pound	cal / g
알루미늄	115 200	64 000
폴리스티렌발포수지	50 000	27 778
강철	19 200	10 667
유리섬유	13 000	7 222
판유리	7 130	3 961
석고판재	3 000	1 667
시멘트	1 030	572
목재섬유	150	83

*주: 미국에서 조사된 개략적인 에너지 소모량 임

2) 환경파괴 및 대기오염의 정범; 건축물

개발 사업을 통하여 건축물을 지을 때 우리들은 방대한 양의 지구천연자원을 소비하며, 건축물 준공이후에도 건축물 속에서 생활하면서 상당량의 환경오염 물질을 배출한다. 미합중국 관련 연구기관의 조사에 의하면 미국 내 전체 민물 사용량 *Freshwater Flow* 의 약 17%를, 목재 총 생산량의 약 25%를, 전력 총생산량의 72%를 건축물에서 소비하고 있다는 것이다. 따라서 건축물은 대기 중으로 발산되어, 지구의 대기권을 보호하고 있는 오존층 *Ozone Layer* 을 파괴하는 환경오염 물질인 염화과불화탄화수소의 방출 총량의 50%를 방출하게 된다는 것이다. 또 다른 연구소 *Worldwatch Institute* 가 조사, 보고한 바에 의하면 매년 전 세계 건축물에서 소비되고 있는 화석에너지 총량은 지구상에서 소비되는 에너지 총량의 약 40%에 달한다고 한다. 그 결과 건축물은 전 세계에서 방출되는 탄산가스 *Carbon Dioxide* 총량의 30% 이상을, 산성비의 원인이 되는 황화합물 총량의 40% 이상을 방출하고 있는 셈이 된다는 것이다. 또한 쓰레기 매립의 경우, 전체 쓰레기 용적의 약 40%를 건설 폐기물이 차지하는 것도 오늘날 미국의 현실이다. 그러므로 건축물은 인류의 건강 및 복지에 대한 위협, 점증하고 있는 지구 자원 고갈에 대한 의구심 등으로부터 자유로울 수가 없게 되었다. 결론적으로 말해서 건축물은 다양한 형태로 지구환경을 악화시키는 정범이므로 건축 전문가들은 이에 상응하는 책임을 질 필요가 있다. 건축가는 이와 같이 점증하는 지구환경 악화 위험에

대처할 수 있는 현실성 있는 지속가능 건축기술을 터득, 실천에 옮겨야 한다. 이와 같은 건축기술에 대한 실천적 행동은 인류 공동체가 요구하는 필연적인 요소가 되었다. 미국 환경보호국 *EPA: Environmental Protection Agency* 이 최근에 발표한 자료 역시 이러한 사실을 입증하고 있다. 관련 자료에 의하면 상업용 및 일반 건축물이 기후온난화의 주범이라는 것이다. 건축물마다 설치된 냉난방 및 조명시설의 가동을 위한 천연자원의 소비로 인하여 초래되는 환경오염이 일반적인 예상을 뛰어넘는다는 것이다. *EPA* 는 건축물이 미국 전체 에너지의 70% 이상을 소모하고, 지구온난화의 원인 물질인 이산화탄소 *Carbon Dioxide* 배출량도 전체 배출량의 38%에 달한다고 주장하였다. 더욱 우려되는 상황은 미국 내 신규 건축물의 수요가 꾸준히 증가될 것으로 추정되어 2030년 까지 건축물에서 배출되는 이산화탄소 배출량이 매년 1.8%씩 증가할 것으로 예상된다는 것이다. *EPA* 는 건축물이 기후변화에 미치는 영향력이 심각하기 때문에 환경친화적인 녹색 건축물, 즉 그린 빌딩 *Green Building* 의 건설이 필요하다고 충고하고 있다. 다시 말해서 외부에서 에너지를 공급받지 않는 '탄소 중립 건축물' 과 '에너지 제로 건축물' 을 개발하는 것이 시급하다는 것이다. *EPA* 가 현존하는 중소규모의 건축물이나 주택에서 여름철 소비되는 에너지를 절약하기 위해서 일반 대중이 우선적으로 실천해야한다고 권고하는 일상사는 다음과 같다:

① 자동온도조절장치 설치　　② 냉각기계장치의 주기적 점검
③ 공기필터의 정기적 청소 및 교체
④ 효율이 높은 가정용 냉각제품의 구입
⑤ 냉각기계 장치에서 공기가 새지 않도록 수시로 점검, 보수

3. 지속가능 건축기술 및 현황

오늘날 일반에 회자되고 있는 '지속가능 개발과 성장' 이라는 말이 실무적으로는, 현재의 개발이 미래 세대가 필요로 하는 욕구충족의 가능성에 관한 확신도 없이 현세대의 욕구를 충족시키기에 급급하여 불합리하게 타협하면서 환경파괴를 지속하고 있는 것을 의미하는 것인지도 모르겠다. 오늘날 우리들이 지속하고 있는 건축생산 및 개발 방식은, 우리들의 아이들과 그 아이들의 아이들이 미래생활의 필요성을 충족할 수 있는 건축물 속에서 건강한 삶을 누릴 수 있도록 해주어야 하는 우리들의 의무 이행을 더욱더 곤란하게 하고 있는 것이 아닌지 의심스럽다. 세계적인 자연환경 악화, 지구자원의 고갈 등이 인류 공동의 문제로 심각하게 대두 되면서 이런 변화의 흐름을 감지한 미국의 대학가에 '지속가능한 발전' 이 새로운 화두로 떠오르기 시작하였다. 애리조나 주립대학교에서는 '지속가능성 연구소' 를 개설

한데 이어서 미국에서 처음으로 정식 단과대학인 '지속가능성 대학 *School of Sustainability*'을 설립하였다. 지구온난화, 대체에너지, 도시계획 등 지속가능성과 관련한 생태학, 경제학, 사회학 분야의 모든 주제를 다루며 학위도 수여한다. 지속가능 건축기술의 목표, 조건, 문제점 및 그 현황은 다음과 같다.

1) 지속가능 건축기술의 목표

지속가능 개발과 성장이 가능한 건축기술의 궁극적 모델은 자연 그 자체이다. 자연은 순환과정에서 그 어떤 자원도 낭비하지 않으며 순환과정을 통하여 스스로 지속이 가능토록 하기 때문이다. 따라서 건축 전문가들은 자연의 순환과정과 매우 유사하게 작용할 수 있는 지속가능 건축물을 생산할 수 있는 방법과 지식을 습득하기 위하여 더욱더 노력해야 한다. 그 이유는, 우리들의 후손들에게 풍족한 건축재료, 지속가능 건축기술에 관한 지식의 실체, 책임감과 자부심을 갖고 쾌적하게 살아나갈 수 있는 깨끗한 자연환경 등을 남겨주어, 이와 같은 축복이 후손 대대로 전해지도록 하기 위함이다. 지속가능 설계 및 시공기술에 의하여 생산되는 건축물을 소위 그린 빌딩 *Green Building* 이라고 하며 그 상세는 다음과 같다.

가. 그린 빌딩의 정의 및 지향목표

그린 빌딩은 녹색 기술 *Green Technology* 을 적용한 친환경 건축물로서 환경 친화적인 저탄소 녹색성장의 기본이 되는 건축물이다. 다시 말해서 그린 빌딩은 인류가 추구하는 주거의 궁극적 목표를 달성할 수 있는 건축물이다. 그린 빌딩은 건축주는 물론이고 설계 및 구조관련 기술자, 건축물 유지관련 관리자 등 모든 사람들이 꾸준히, 점진적으로 그리고 더욱더 관심을 갖는 건축물이 되어가고 있다. 그린 빌딩의 궁극적 지향목표는 외부로부터 화석에너지를 공급받지 않는, 탄소중립의 건축물, 외부 공급에너지 제로의 건축물 및 태양열, 지열, 풍력 등의 청정에너지를 자체 개발 활용하는 건축물이다.

나. 그린 빌딩 기준 및 등급

가) 국제공인 단체 *USGBC*

그린 빌딩을 통하여 지속 개발과 성장이 가능한 미래에 공헌하는 대표적인 비영리 국제단체는 미국의 그린 빌딩 평의회 *USGBC: U. S. Green Building Council* 이다. 미국에선 1990년대 후반부터 친환경 건축물을 보급하려는 운동이 시작됐으며, 이제는 친환경 건축물 평가의 세계표준을 좌지우지할 정도가 되었다. 현재 기술 수준으로 친환경 건축물을 지으려면 기존의 건축물보다 공사비가 2~5% 정도 추가되지만 그 정도의 비용은 에너지 절감 및 쾌적한 환경으로 보상된다는 논리이다. USGBC 이외에, 관습적 건축기술에 젖어 있는 우리들을 자각토록하고 지속가능 건축기술을 구현할 수 있는 지식을 공급하기 위해 사명감을 갖고 일하는 관련단체 중 몇몇 단체의 웹 사이트 주소 Web Site Addresses 는 다음과 같다:

www.buildinggreen.com , www.construction.com , www.epa.com , www.geonetwork.org , www.planning.org/plnginfo/growsmar/gsindex www.solstice.crest.org, www.sustainable.doe.gov www.usgbc.org , www.wiley.com

나) 국제공인 인증제도 리드 LEED™

미국의 그린 빌딩 평의회 USGBC 는 그린 빌딩을 평가하기 위한 평가 시스템, 즉 친환경 건축물 인증제도인 리드 LEED™: Leadership in Energy & Environmental Design 를 개발, 활용하고 있다. 그린 빌딩 평가 시스템은 지속가능 건축설계 방식을 광범위하고 지속적으로 수용하는 평가체계이다. USGBC 는 세계 공인 그린 빌딩 인증 평가 시스템인 리드 LEED™ 를 주관, 건축설계, 시공 및 운영 전반에 걸쳐 건축물의 친환경 등급을 심사, 부여한다. 그린 빌딩 인증기준은 에너지 효율 및 재생 에너지 활용 비중이며, 인증등급은 플래티넘 Platinum , 골드 Gold , 실버 Silver , 써티파이드 Certified 등의 4개 등급으로 분류된다. 미국은 요즈음 새로 짓는 연방정부의 모든 건축물은 리드 LEED™ 인증을 받도록 하고 있다. 보스턴 시에서는 2007년 일정 규모 이상의 신축 건축물은 무조건 리드 등급을 받아야한다는 규정을 만들었다. 샌프란시스코 시에서는 이미 2005년부터 새로 짓는 건축물은 최소한 리드 LEED™ 등급 '실버' 이상을 받도록 하고 있다. 우리나라에서는 2025년부터 모든 건축물을 에너지 제로 건축물로 설계할 예정이다.

2) 지속가능 건축기술의 조건

지속가능 건축기술의 수행에는 재정적인 비용의 증가를 필요로 하지 않는 경우가 많으며 심지어 지속가능 건축기술을 도입할 경우 통상적인 건축기술을 수행 할 때 필요로 하는 비용이 절감되는 경우도 있다. 지속가능 건축기술 수행의 목적을 달성하기 위하여서는 건축물을 개발, 활용할 때 야기되는 환경문제에 관한 우리들의 인식수준, 환경문제를 회피할 수 있는 방법에 관한 지식, 이와 같은 인식과 지식을 제어, 활용할 수 있는 건축물의 설계 및 시공에 관한 기술 등이 선행되어야 한다. 우리들의 후손을 위하여 지속가능 개발이 가능토록 하기 위한 조건은 다음과 같다:

① 건축물에서 소비되는 화석 에너지 소비의 억제; 화석 에너지를 대체할 수 있는 풍력, 태양력 등과 같은 청정한 에너지를 개발, 활용한다.
② 확대 재생산이 불가능하고 한계가치를 갖는 한정 자원인 토지의 낭비를 억제하기 위하여 초고층 건축물을 빽빽하게 짓고, 모든 상상력을 동원하여 기존 건축물의 공간 활용도를 극대화 한다.
③ 생명력이 있는 목조 건축물을 지속적으로 지을 수 있는 목재를 중단 없이 공급하기 위하여, 예측 가능한 미래의 상황에 부합할 수 있도록 숲을 관리 한다.
④ 다른 자원과 대체가 불가능한 유한 자원인 토지와 물을 최대한 보존, 후손들에게 넉넉히 물려주기 위하여 지속 가능한 건축설계와 시공을 실시한다.
⑤ 건축물의 생산 및 사용 중에 발생하는 환경오염 물질을 최소화하면서 정화하여 청결한 환경을 영구히 보존, 유지한다.

3) 지속가능 건축기술의 문제점

지속가능 건축기술에 관한 논의는 건축물 생애 순환주기 *Building Life Cycle* 를 바탕으로 하여야 한다. 다시 말해서 건축 재료의 원천, 즉 건축 재료의 생산, 조립, 유효수명 등에 관한 논의로부터 시작하여 건축물의 수명이 다해서 건축 재료를 폐기 처분할 때까지의 모든 단계에 관한 논의를 바탕으로 하는 것이다. 이와 같은 논의를 통하여 건축물의 전체 생애주기 에서 지속가능 건축기술과 관련해서 단계별로 제기되고 있는 문제점 들은 다음과 같다.

가. 건축 재료의 원천 및 생산

건축 재료의 생산, 순환 및 생산폐기물 처분과정에서, 지속가능 건축기술과 관련해서 제기되는 문제점들은 다음과 같다:

① 건축 재료의 원료는 풍부 한가 ?, 희귀 한가 ?
② 건축 재료의 원료는 재생이 가능한가?, 불가능 한가 ?
③ 건축 재료의 구성 성분 중 얼마나 많은 성분이 다른 용도로의 재순환이 가능 한가 ?
④ 어떤 종류의 생산 폐기물이 발생 되는가 ?
⑤ 생산 폐기물 자체가 다른 유용한 제품으로 전환될 수 있는가 ?

⑥ 공기, 물 그리고 토양을 오염시키는 원인 물질은 무엇인가 ?
⑦ 건축 재료의 원료 취득에서 생산까지의 과정에서 얼마나 많은 물과 에너지를 필요로 하는가 ?

나. 건축물 시공

건축물의 신축과 관련, 건축 재료를 공장으로부터 운송하여 공사현장에서 가공, 조립, 설치하는 과정에서 지속가능 건축기술을 실현하기 위하여 제기되는 문제점들은 다음과 같다:

① 건축 재료를 생산지로부터 공사현장까지 운송하는데 얼마나 많은 에너지가 필요 한가?
② 건축 재료의 운송과정에서 어떤 공해물질이 발생 하는가?
③ 건축공사 현장의 원위치에서 건축 재료를 가공, 조립, 설치할 때 얼마나 많은 물과 에너지가 소요 되는가?
④ 공사현장 원위치에서 건축 재료를 사용할 때 어떤 종류의 공해물질이 유발되는가?
⑤ 건축공사 도중 얼마나 많은 공사 폐기물이 발생 되는가?
⑥ 공사 폐기물 중 얼마나 많은 폐기물이 재순환 사용 되는가?

다. 건축물 유지관리

건축물의 준공 후 거주, 유지관리 과정에서 지속가능 건축기술과 관련해서 제기되는 문제점들은 다음과 같다:

① 특정 건축 재료를 사용하여 건축된 건축물에서 생애주기 동안에 얼마나 많은 물과 에너지가 소모 되는가?
② 사용된 실내 건축 재료에 의해서 야기되는 실내공기의 질 악화 또는 개선에 관한 문제점은 무엇인가?
③ 건축물은 어느 정도의 유지관리를 필요로 하며 또한 얼마나 오랫동안 유지관리를 지속할 수 있는가?
④ 건축물을 유지관리 하는데 얼마나 많은 에너지와 시간이 필요 한가?
⑤ 건축물을 유지관리 하는데 독성이 있는 약품을 필요로 하는가?
⑥ 건축물 화재 발생시 맹렬히 타오르면서 독성 가스를 방출 하는가?
⑦ 건축물은 쉽게 점화 되는가?

라. 건축물 철거

건축물의 수명이 다되어 경제성을 상실하게 되면 건축물은 철거된다. 건축물의 철거와 관련, 지속가능 건축기술을 실현하기 위하여 제기되고 있는 문제점들은 다음과 같다:

① 건축물의 유효수명을 연장하기 위하여 어떤 계획과 설계전략이 필요 한가?
② 자원집약적인 건축물 철거 및 새로운 방식의 건축물 건축을 위하여 사전에 강구할 수 있는 전략적 조치는 무엇인가?
③ 건축물의 철거가 불가피한 시점은 언제인가?
④ 자원 절약 차원에서의 건축 폐기물 처리방법은 무엇인가?
⑤ 건축물 철거도중 어느 과정에서 공기, 물, 토양이 오염 되는가?
⑥ 철거된 건축물의 폐자재는 새로운 건축자재로 재순환이 되는가, 아니면 전혀 새로운 용도로 전용이 되는가?

4) 지속가능 건축물 현황

지속가능 개발과 성장의 상징인 고층 그린 빌딩 *Green Building* 의 역사에 새로운 장이 열리고 있다. 신축 건축물은 물론이고 기존의 관습적 화석에너지 사용 건축물도 대대적인 리모델링을 통하여 친환경 그린 빌딩, 즉 녹색 빌딩으로 탈바꿈하고 있다. 건축물이 에너지 소비의 블랙홀로 간주되면서 새로 지어지는 건축물엔 친환경 규제가 엄격히 적용된다. 각국 정부는 일정수준의 친환경 요건을 갖추지 않으면 건축허가를 내주지 않을 정도로 녹색 빌딩 만들기에 심혈을 쏟고 있다. 최근 미국의 주요 도시에서도 일정 규모 이상의 건축물의 경우에는 친환경 그린 빌딩이 아니면 건축허가를 내주지 않는다. 아직 초보단계이기는 하지만 그린 빌딩 바람은 우리나라에서도 불고 있다. 일부 기업은 건축물의 조명을 형광등 대신 발광 다이오드 *LED: Light Emitting Diode* 를 사용하고, 외벽에는 태양광 발전설비를 설치하며, 옥상에는 꽃, 관목, 잔디 등을 심어 도심의 열섬효과를 최소화하는 등의 방식으로 그린 빌딩 건축에 앞장서고 있다. 건축물에는 모니터를 설치하여 실시간으로 이산화탄소 배출량과 전력사용량을 점검하기도 한다. 2010년 현재 정부는 국가 온실가스 감축 목표를 달성하기 위하여 에너지사용량 목표관리제를 도입, 대형 건축물의 에너지 사용을 규제하고 있다. 이제 그린 빌딩은 우리들 모두에게 선택이 아닌 필수가 된 셈이다.

가. 리모델링 그린 빌딩

기존의 관습적 화석에너지 사용 건축물에도 예외 없이 녹색 바람이 불어 닥치고 있다. 대

도시에 있는 기존의 랜드마크 *Landmark* 건축물들이 녹색 기술을 적용하는 대대적인 리모델링을 통하여 21세기형 친환경 그린 빌딩, 즉 녹색 빌딩으로 탈바꿈하고 있다. 2009년 현재 미국에는 464만 여개의 빌딩이 존재하고 있는데, 그들 중 75% 정도가 지어진지 20년이 넘는 낡은 건축물이다. 이들 낡은 건축물들은 에너지 절감 시설이 안되어 있는 것으로 조사되고 있다. 특히 뉴욕시의 경우 화석에너지를 사용하는 관습적인 상업용 건축물들이, 전체 탄소 배출량의 79%를 배출하고 있어 이들 건축물들을 녹색 빌딩으로 전환하는 문제가 시급한 과제로 되었다.

가) 엠파이어 스테이트 빌딩 *Empire State Building*

1931년 미국, 뉴욕의 맨해튼 34번가에 세워진 이 건축물은 대대적인 리모델링을 통하여 21세기형 친환경 녹색 건축물로 다시 태어나고 있다. 102개 층 외벽 전체의 6500여개 창문에 3중 특수 필름을 접착하고 고성능 보온재로 강화하였다. 그리고 건축물 전체의 단열 시설을 강화하여 여름철엔 열 보존량을 줄여 시원케 하고 겨울철에는 열손실을 줄여 따듯하게 하면서도 냉방 및 난방비를 절감했다. 환기시설 및 냉수시스템을 대용량의 최첨단 센서가 장착된 시설로 개량하여 냉난방설비를 개선하였다.

전기 사용량을 절감하고 주변의 밝기를 고려하는 최첨단 자동 조명설비 시스템을 도입하여 에너지를 절감하였다. 첨단 센서가 장착된 절전시설 및 에너지 사용과 배분을 정교하게 조종할 수 있는 통제장치인 원격 에너지 효율 감시시스템을 도입하였다. 또한 거주자가 에너지 사용량을 온라인으로 확인 할 수 있는 인터넷 기반 시설을 마련, 에너지 절감의식을 높여 전기 사용의 효율성을 증대하였다. 녹색 건축물로 탈바꿈하여 근무환경을 개선할 수 있는 스마트 빌딩 *Smart Building* 이 된 후의 기대효과는 건축물 내에서 소비되는 에너지의 38%를 절감, 온실가스의 배출을 현저하게 감소시키는 것이다. 그리고 친환경 건축물 인증제도인 리드 *LEED™* 의 두 번째로 높은 등급인 '골드' 를 획득하는 것이다.

나) 시어스 타워 *Sears Tower*

1974년에 준공된 이 건축물은 미국의 시카고 도심에 세워졌다. 이 건축물을 그린 빌딩으로 탈바꿈하기 위한 리모델링 작업은 단순히 절전이나 방열시설을 보충하는 수준은 아니었다. 바람의 도시인 시카고에 걸맞도록 건축물에 풍력 발전과 태양광 발전설비를 갖추었다. 이 건축물에 설치된 재생에너지 설비의 효과는 연간 전력사용량의 80% 절감과 9000만 리터 *Liter* 의 물 절약이다.

나. 신축 그린 빌딩

지속가능 개발과 성장의 상징인 고층 그린 빌딩 *Green Building* **의 역사에 새로운 장을 열어 놓은 대표적인 고층 건축물은, 영국 런던 시 금융 중심지구에 세워진 '스위스 리 타워' (사진 1-01)와 스페인 바르셀로나 시에 세워진 '아그바 타워' 이다 (사진 1-02).**

사진 1-01 : 스위스 리 타워 *London , England*

♣ 스위스 리 타워: 사진 중앙, 오이처럼 생긴 건축물, 영국 런던

사진 1-02 : 아그바 타워 *Barcelona , Spain*

♣ 아그바 타워: 성가족성당 인근의 대로, 스페인 바르셀로나

가) 스위스 리 타워

스위스 리 타워는 2004년에 영국, 런던시 *City of London* 의 금융 중심지구에 세워진 스위스 재보험회사 *Swiss Re* 의 본사 *Headquarters* 건축물이며, 공식 명칭은 "30 세인트 메리 액스 *30 St Mary Axe* " 이다. 이 건축물은 런던에 세워진 최초의 생태환경 고층 건축물 *Ecological Tall Building* 이며, 기술표현주의를 표방하는 건축가 노만 포스터 *Norman Foster* 가 설계했다. 사람들은 이 건축물을 '거르킨 *Gherkin* ' 이라고 부르는데, 이 건축물의 외형이 마치 절임용 작은 오이처럼 생겼기 때문이다.

41층의 이 건축물은 지상 높이가 180m , 연면적은 76 400m^2 이다. 이 건축물은 대낮에 일광에 완전히 노출되는 유리 외벽 시스템 *Cladding System* 으로 인하여 태양열 반사량 *Reflections* 은 감소되는 반면 투과량 *Transparency* 은 개량되었다. 또한 외부의 신선한 공기 *Fresh Air* 는 외벽의 틈새 *Slots* 를 통해서 각 층의 바닥으로 유입되며 건축물 내에서 덥혀진 공기 *Exhaust Air* 는 상부로 올라가 외부로 빠져나간다. 나선형 *Spiral Form* 공기순환 구조로 된 이 건축물 내부에서 상, 하부에 기압차 *Pressure Differentials* 가 생겨 공기의 자연 순환 *Natural Flow* 이 원활하게 이루어지기 때문이다. 이와 같은 공기의 자연 순환 방식은 거대한 둥근 흙더미인 흰개미 집 내부에서의 공기순환 구조와 같다. 이상과 같은 녹색기술이 채택된 이 건축물의 공기조절 *Air Conditioning* 장치는 가동시간이 현격히 감소되어 연간 냉난방을 위한 에너지 소모량 *Energy Consumption* 을 40% 정도 절감했다.

나) 아그바 타워

'아그바 타워' 는 바르셀로나 시에 수돗물을 공급하는 회사의 본사 건축물로서, 프랑스 건축가 장 누벨 *Jean Nouvel* 이 설계하였다. 국제 건축계는 이 건축물을 2006년 최고의 건축물로 선정, 상을 수여하였다. 이 건축물의 외관에 관한 건축가의 의도는 계속적으로 흘러내리는 물이 건축물을 흠뻑 적시는 이미지를 구현하려 한 것이었다. 다시 말해서 물을 파는 회사가 바르셀로나 시 전체에 끊임없이 충분한 물을 공급할 수 있음을 상징적으로 나타내고 있는 것이다. 지상 34층인 이 건축물의 외관은 바르셀로나 시의 수려한 풍광, 근교의 높은 산, 몬세라 *Montserrat* 및 가우디 *Antoni Gaudi i Cornet* 의 걸작 성가족성당 *Sagrada Familia* 과의 멋진 조응을 고려한 것이다. 무엇보다도 25가지 색깔로 된 알루미늄 판과 발광 다이오드 *LED* 판으로 장식된 이 건축물의 돔형 지붕과 원통형 외벽은 마치 파충류의 피부처럼 번들거려, 대낮에 이글거리는 지중해의 태양을 연상케 한다. 세나가 밤에는 전력 소모량이 적은 발광 다이오드 *LED: Light Emitting Diode* 판이 오색찬란한 야경을 연출하여 바르셀로나의 밤하늘을 아름답게 장식한다. 외피 안쪽 공간에는 건축물의 하중을 부담하는 철근콘크리트 내력벽이 있으며 내력벽 안쪽의 공간에는 기둥이 없다.

다) BOA 타워

녹색 기술 GT: Green Technology 을 적용한 건축물은 미국, 뉴욕 맨해튼 타임광장 Time Square 에도 건설되었다. 세계에서 가장 친환경적이고 에너지 절약형인 건축물 중의 하나인 아메리카 은행 BOA 건축물은 지하에 44개의 얼음 탱크를 설치, 전기 요금이 저렴한 심야에 얼음을 얼려두었다가 여름철 한낮에 냉방에 활용함으로서, 냉방 비용을 절반가량 절약한다. 또한 건축물 외피에 떨어지는 빗물을 모두 모아 두었다가 화장실 청소와 냉방용으로 활용함으로서 용수 비용을 절약했다. 건축물 외벽의 방향과 건축 재료는 채광 능력을 최대화 할 수 있도록 설계하여 실내조명에 필요한 에너지 사용량을 25% 정도 절감했다.

라) 하버드 대학교의 와이즈만 도서관

미국 보스턴 시 근교의 하버드 대학교 정문 건너편에 있는 이 도서관 건축물은 2006년에 준공되었다. 와이즈만 도서관은 100년 이상 된 고서적을 보존 처리하는 곳이다. 이 건축물은 외벽이 투명한 유리로 된 최신식 건축물로서 그린 빌딩의 요소를 두루 갖췄다. 냉난방 에너지는 지열로서 건축물 지하에 우물 통을 만들어 지하수와 지표면간의 온도차를 활용하여 냉난방을 한다. 건축물 내부 조명은 들어오는 햇빛의 양을 감지해 자동으로 밝기가 조절된다. 탄소 배출량은 최소 수준이며 에너지 효율은 일반 건축물보다 30% 높다. 이 건축물의 친환경 건축물 인증등급은 두 번째로 높은 '골드' 이다.

마) MIT 의 스타타 센터

스타타 센터는 미국 최초의 그린 빌딩으로 미국 동북부 대서양 연안의 매사추세츠 공과대학 Massachusetts Institute of Technology 구내에 있다. 빗물을 모아 화장실 청소용으로 활용하며, 덥히거나 냉각시킨 공기를 일반적인 건축물에서처럼 천장에서 바닥으로 내려 보내지 않고 바닥에서 올려 보내는 환기시스템을 선택, 에너지 효율성을 높였다.

바) 맨유 파이낸셜 라이프 빌딩

미국 보스턴 시의 도심에 있는 이 건축물은 이중 유리벽 구조로 되어 있으며, 여름철에는 열 흡수를 줄이고 겨울철에는 열 보존을 높여 에너지 소비를 연간 6% 정도 절감하였다.

4. 지속가능 건축공사를 위한 고려사항

지속가능 건축기술의 목표 달성을 위하여 고려해야할 주요 공종의 내용은 다음과 같다.

1) 대지 정지 작업 *Site Works*

가. 대지 선정 원칙 *Site Selection*

가) 기존 토지의 재순환 사용 및 불량 토지의 개량, 활용

건축물의 신축 보다는 기존 건축물의 증축, 수선 등을 통하여 건축물의 생애를 연장, 건축 자재를 절감하고 토지의 재순환을 촉진한다. 또한 건축공사가 곤란할 것 같은 불량 토지를 개량, 건축물을 지어 불량 토지를 친환경적인 토지로 소생시킨다.

나) 인문, 자연 환경적 특혜 부여

건축물의 토지를 기존의 대중 교통망, 보행자도로, 자전거 도로에 잘 연결시켜 건축물에서의 일상생활에서 출퇴근시간의 최소화, 자동차 연료 절약 등의 생활상의 특혜를 유도한다. 또한 자동차의 운행시간 단축으로 매연 배출량을 감소시켜 공기오염을 억제하는 환경적 특혜를 누릴 수도 있다.

다) 전원지역 토지의 개발 억제

생산녹지를 파괴하여 건축할 경우 토지의 생산성은 영원히 박탈되며, 습지, 초지, 숲 등을 개발할 경우 야생 동식물의 서식지가 파괴되므로 전원지역 토지의 개발을 최대한 억제한다.

나. 대지 정리 및 건축물 계획 *Site Design*

가) 대지 정리 계획

(1) 기존환경 보존

공사 현장에 존재하는 손상에 취약하고 민감한 문제를 야기할 수 있는 문화재 또는 고목 *古木* 의 경우는 보존이 최상의 대책이다. 특히 고목의 경우 새로 심는 나무가 성목 *成木* 이 되려면 수십 년의 세월이 걸리기 때문이다.

(2) 생태계 보호 및 자연 정화능력 강화

자연 생태계의 생물학적 다양성을 유지하기 위하여서는 생태계를 자연 상태로 보호하여 자연 스스로가 정화 능력을 갖도록 하는 일이 필연적이다. 과도한 건설공사로 인하여 생태계의 특색인 암반층 *Rock Formations* , 숲 *Forests* , 초원지대 *Grassland* , 개울 *Streams* , 습지 *Marshes* , 산책용 오솔길 *Recreational Paths & Facilities* 등이 회복 불능 상태로 파괴 된다면 생태계는 자연정화 능력을 상실, 생태계는 결코 원상대로 복원되지 않는다.

(3) 지표면 보존

지표면은 자연배수가 가능할 정도의 경사를 두어 평탄하게 고르고 태풍이 불고 폭우가 쏟아지는 경우에 빗물과 바람에 표토가 쓸려 나가지 않도록 지피식물 또는 경관수목을 식재하여 지표면의 침식을 방지한다.

(4) 배수시설 확보

현장 내 임시 배수시설은 현장 공터를 통해서 현장 밖 공공 배수구에 연결되도록 한다. 공사현장의 토지가 다공질 대수층으로 되어 있는 경우 빗물이 급속하게 스며들어 지반을 붕괴시킬 우려가 있으므로 빗물 침투방지 시설을 하여야 한다. 또한 장마철 갑작스러운 폭우는 통상적인 크기의 빗물 배수구의 처리능력을 상회하므로 사전에 별도의 배수시설을 해둘 필요가 있다.

나) 건축물 계획

(1) 일조권 및 조망권 침해 억제

신축 건축물이 기존 이웃 건축물의 일조권 및 조망 권리를 침해하는 경우 기존 건축물의 자연채광이나 조망이 불가능해 진다. 특히 기존 건축물에서 태양열 난방을 하고 있는 경우 문제는 심각 해 진다. 이 경우 기존 건축물의 태양열 난방 설비는 무용지물이 되어 전기사용량 및 난방용 연료의 소비가 증가하며 결국 대기오염을 피할 수 없게 된다.

(2) 건축물 방향

건축물을 배치할 때는 태양 및 바람에 대하여 최적 상태로 노출되도록 건축물의 방향을 결정한다. 아울러 건축물의 방향은 기존의 자연환경에 대한 변화를 최소화하도록 해야 한다. 건축물이 여름철에는 태양열 취득을 최소화하고, 겨울철에는 태양열 취득을 최대화 할 수 있도록 배치되었다면 냉난방 연료비의 절감은 물론이고 자연채광으로 인한 전력사용의 최소화도 기대할 수 있다.

(3) 수목 식재

건축물 주변의 수목식재 원칙은 여름철에는 건축물에 유효한 그늘을 만들고 겨울철에는 햇볕을 통과시키되 방풍기능이 가능하도록 수종의 선택과 식재 위치를 결정하는 것이다.

(4) 지하실 계획

지하실을 통한 열량 *Thermal Mass* 의 방출을 방지하고 지열을 이용할 수 있는 방향으로 지하실을 계획 한다.

(5) 건축물 외피 단열

건축물의 외벽 및 지붕에 단열재를 사용하고 창호는 채광 및 전망을 고려하여 위치 및 크기를 결정하고 단열 및 기밀성이 유지되도록 복층 유리를 사용한다.

(6) 냉난방 및 조명

인공 난방, 냉방 및 조명설비는 단지 실내 환경의 미세 조절용으로 활용하여 화석연료 및 전력사용을 최소화 하도록 계획한다.

다. 흙 공사 및 건축물 철거 Construction Process

가) 환경보존법 준수

건축공사 현장에서 흙 파기 공사를 할 때 현장지반의 토질, 습지 및 폭우 피해 등에 관하여 규정하고 있는 해당지역의 환경보존법을 준수하여야 한다.

나) 표토 및 굴착토 처리

흙 파기 공사 중 굴착된 양질의 흙은, 현장 내 여유 공간이 있는 경우 안전한 공터에 잘 보관 하였다가 기초골조 공사가 끝나면 되 메우기 공사에 재활용한다. 되메우기 공사 후에도 남아 있는 흙은 인근의 다른 현장에서 재활용 할 수 있도록 조치한다

다) 지반침식 방지

흙 파기 공사를 할 때 갑작스러운 폭우, 지하수 유입, 바람 등에 의하여 기초를 설치할 지반이 침식, 붕괴되지 않도록 조치한다.

라) 건설기계용 가설도로

건설공사 현장내의 공사용 가설도로는 운반용 건설기계의 통행 동선이 단순하고 최단거리가 되도록 설치하는 것이 원칙이다. 가설 도로에는 현장진입통로, 공종별 작업장 등을 운전자가 손쉽게 파악할 수 있도록 명백한 통행표지를 설치해 두어야 한다. 가설도로는 중량의 건설기계가 빈번하게 통행하므로 아주 단단하게 다져진다. 따라서 가설도로를 준공 후 영구도로와 같은 위치에 설치한다면 가설도로는 영구도로의 기층으로 활용할 수 있으므로 공사비를 절감하고 공기를 단축할 수 있다. 아울러 도로공사 중 발생하는 소음, 먼지, 공기오염 등의 피해를 최소화 할 수 있다.

마) 건설기계 선정 및 관리유지

건설기계는 성능은 물론이고 가동할 때 공기 및 토양의 오염을 최소화 할 수 있는 기종을 선정하여야 한다.

바) 건설 폐기물 처리

기존 건축물을 철거할 때 발생하는 건설 폐기물을 편의상 모두 매립지에 쏟아붓지 말고 최대한 재활용 하도록 한다.

2) 목재생산 및 목조 건축물 공사 *Wood Construction*

가. 목재 생산 및 공사관리

목재는 재활용률이 매우 높은 유일한 구조재료로서 목재를 생산하는데 소요되는 에너지양은 다른 구조용 재료에 비해서 현저히 낮다. 물론 나무가 자연에서 성장하는데 필요로 했던 엄청난 양의 태양 에너지는 포함하지 않는다. 여기서 말하는 목재 생산에 소요되는 에너지양이란 나무의 벌목, 운송, 제재, 건조 등에 사용되는 모든 에너지이다. 실례로 38×89×2400mm 각목의 내재 에너지는 7560kcal 정도이다. 목재의 생산에서 공사에 사용되기까지의 과정에서 각 단계별로 지속가능 건축기술의 목표달성을 위하여 고려해야할 사항은 다음과 같다.

가) 삼림의 계획식재

미국과 캐나다에서 매년 성장하고 있는 나무의 총량은 다행히도 매년 벌목되는 총량을 훨씬 더 초과하고 있다. 그러나 미국과 캐나다와 같은 선진국에서 조차도 지속가능한 방식의 숲의 관리는 이루어지지 않고 있다. 국유산림을 제외한 거의 모든 산림지대가 실제로는 수백만 명에 달하는 서로 다른 주인들에 의하여 분할 소유되고 있기 때문이다. 개인 소유 산림의 대부분은 여전히 지속가능한 방식으로는 관리되지 않는 것이다. 현재 건축공사에 활용되고 있는 유용한 목재는 극히 일부분만이 벌목이 허가된 숲으로부터 생산되고 있다. 따라서 목재의 실수요자가 양심에 따라서 벌목이 허가된 숲에서 생산되는 목재만을 구매, 사용한다면 지속가능 삼림관리에 크게 기여할 수도 있을 것이다.

다른 대륙의 경우 많은 국가가 식량생산 또는 경제적 이유로 눈앞의 개발에 치중 하다보니까 숲의 마지막 나무 한 그루 까지도 베어 버리게 되었다. 실제로 식량과 땔감이 부족한 많은 나라에 있는 숲은 실용적인 관리 소홀과 화전식 농사로 인하여 급속히 고갈되어 가고 있는 것이 현실이다. 특히 지구의 허파 역할을 하고 있는 열대지역의 활엽수가 지속가능한 관리방식으로 성장하고 있는지의 여부를 판단하기 위해서는 그 배경을 조사해 보는 것이 현명한 일이다. 북미대륙에서 실시하고 있는 2가지 형태의 기본적인 숲 관리방법은 완전 벌목 과 재식림 및 지속가능한 숲의 관리이다. 숲의 벌목과 식림을 담당하고 있는 관리인들은 한 지역의 나무를 모두 베어 낸 다음 그루터기, 썩어서 퇴비가 될 수 있는 큰 가지, 표토 등을 잘 보존해 두고 새로운 어린 나무를 심어 벌목할 수 있을 때까지 돌봄으로서 지속가능 목재생산의 목표를 달성하고 있다. 지속가능 삼림관리를 위해서는 자연 숲의 생물학적 다양성을 언제나 유지할 수 있는 방식으로 숲으로부터 자연 도태되는 나무를 베어내야 한다. 벌목에 의한 숲의 상처는 관리만 잘된다면 벌목 쓰레기의 부패와 새로 식재한 나무의 성장에 의하여 수년 내에 치유된다. 그러나 최근 일부국가에서의 숲의 벌목현장은 생태계 파괴의 표본으로서 매우 충격적인 것이다. 나무 가지, 그루터기, 상품가치가 없어 부패되도록 그대로 벌목 현장에 방치되어 있는 통나무, 표토 등이 서로 뒤엉켜 있는 추악할 정도의 모습이다. 게다가 벌목 현장은 건설기계 및 운반용 차량의 바퀴자국이 깊게 파진, 진흙투성이의 임간도로가 어수선하게 교차되어 있다. 숲에서 나무를 베어내는 일과 연관되어 있는 환경문제로는 야생 동물의 서식지 파괴, 토양의 침식, 수자원 오염, 벌목용 기계의 배기가스 및 벌목 폐기물의 소각으로 인한 대기오염 등이 있다. 숲 면적의 손실은 대기 중의 탄산가스, 즉 온실효과 가스의 농도를 높이는 원인이 된다. 숲 속의 나무는 대기 중에 있는 탄산가스를 빨아들여 성장에 필요한 탄소만을 흡수하고 순수한 산소를 대기 중에 도로 돌려주기 때문이다.

나) 제재소 운영

지속가능 목재공사의 실현을 위하여 제재소에서 할 수 있는 일은 목재의 유효이용효율

Lumber Recovery Factor, 즉 취재율과 제재할 때 발생하는 폐목재의 다른 용도로의 전환을 최대화 하는 것이다. 제재소에서는 성능이 우수한 제재기계를 설치하고 숙련된 톱질 장이를 고용하여 취재 율을 최고로 높이면서 상품성이 큰 목재를 생산하여야 한다. 그러나 통나무에서 단면이 큰 목재 1~2개를 생산할 경우에는 통나무의 손실이 크므로 대단면의 목재는 작은 판재의 섬유질을 최대로 활용하여 인공적으로 접합, 생산하는 것이 바람직하다. 목재의 건조는 태양열과 바람을 이용하는 자연건조 보다는 고온, 고압의 건조로 *Kiln* 에서 건조하는 것이 바람직하다. 인공건조 목재는 자연건조 목재보다 불량품이 적고 품질이 일정하며 안정적이므로 수명이 길기 때문이다. 다만 인공건조에는 많은 에너지가 소모되는 것이 결점이기는 하다. 통나무의 제재에서 발생하는 통나무 껍질, 나무 자투리, 나무쪽, 톱밥 등의 양은 상당한 수준이다. 그러므로 이와 같은 폐부산물의 활용을 최대화하는 것이 산림자원을 절약하는 수단이 될 수도 있다. 통나무 껍질을 잘게 분쇄하여 조경 수목의 뿌리 씌우개로 활용하거나, 나무 자투리, 나무쪽 등을 잘게 분쇄하여 펄프나 퇴비의 원료로 활용하고, 톱밥은 가축우리의 잠자리 깔개로 활용할 수도 있다. 또한 최종적으로 남는 통나무 찌꺼기는 쓰레기 매립에 활용하거나 땔감으로 활용하여 난방을 하거나 기계의 원동력인 증기를 생산하는데 활용할 수 있다.

다) 목재 운송

상업용 목재를 생산할 수 있는 대부분의 산림은 도시지역으로부터 상당히 멀리 떨어져 있다. 따라서 운송에 필요한 임시도로의 개설시 환경파괴를 최소화하고 운송차량의 연료소비를 최적화 하여야 한다. 임시도로의 보호와 연료소모의 최소화를 위해서는 목재를 운송하기 전에 최적 제재하고 적절히 건조시켜 최적상태의 상품으로 만들어 운송할 목재의 용적과 중량을 최소화하여야한다.

라) 건축물 공사현장

현장에서 공사 관리를 철저하게 한다면 현장에 도착된 목재로부터 발생되는 폐목재의 양은 극히 적다. 그러나 현장에서 필요한 크기와 형태의 목재를 만들기 위하여 톱질, 대패질을 할 경우 톱밥, 대패 밥 및 자투리 목재가 상당량 발생할 수도 있다. 공사현장에서 발생하는 폐 목재는 지속적으로 대량 발생하는 것이 아니므로 제재소에서와는 달리 쓰레기 매장으로 보내지는 것이 일반적인 현상이다. 그러므로 건축물을 설계할 때 표준치수 및 상용치수의 각재 및 판재를 현장에서 절단, 가공하지 않고 그대로 사용할 수 있도록 설계하여 현장에서 목재 쓰레기가 발생하지 않도록 하는 것이 바람직하다.

마) 실내공기 품질

극히 일부 알레르기성 체질을 가진 사람이 목재의 냄새에 민감하게 반응하는 경우를 제외한다면 목재 자체가 실내공기의 품질에 문제를 야기하는 경우는 거의 없다. 다만 습한 지역에서 건축물의 관리를 소홀히 할 경우 목재 부재에 곰팡이와 같은 균류가 번식하여 불쾌한 냄새를 발산하고 많은 사람들에게 알레르기성 질환을 유발하는 포자를 방출하는 경우는 있다. 목재가 실내공기의 질에 문제를 일으키는 것은 목재 자체가 아니라 목재를 보호하거나 아름답게 만들기 위하여 또는 인공목재를 만들기 위하여 사용되는 석유화학물질이다. 목재표면을 보호하고 아름답게 하기 위하여 사용되는 페인트, 바니시, 스테인, 래커 등은 불쾌한 느낌을 주면서 건강에 해로운 독기를 발산한다. 일부 방부 처리된 목재에서는 비소화합물이 함유된 소량의 미세먼지를 발산하기는 하지만 건강상에 심각한 문제를 유발할 정도는 아니다. 다만, 합판, OSB, 파티클보드, 집성목재 등의 인공목재를 만들 때 사용되는 일부 석유화학 접착제들은 포름알데히드와 같은 휘발성 유기화합물을 발산하여 실내공기 오염에 중대한 영향을 끼치고 있다.

바) 목재 건축물 생애주기

캐나다에서는 최근 목재, 콘크리트, 철강재로 건축된 유사한 규모의 업무용 건축물에서 생애주기 동안에 사용된 에너지 총량에 관한 연구결과를 발표하였다. 목재 건축물의 경우 전 생애 동안에 사용된 에너지 총량은 철강재 건축물에서 사용된 에너지 총량의 절반정도, 콘크리트 건축물의 2/3정도로 판명되어, 목재 건축물이 에너지 효율성이 높은 건축물임이 입증됐다. 게다가 목재 건축물은 온실효과 가스 방출, 공기 오염, 고체 폐기물 발생, 생태계에 미치는 나쁜 영향 등에 있어서도 콘크리트나 철강재 건축물보다 우수한 것으로 조사 됐다. 또한 목재 건축물의 경우 철거 후에 나오는 목재의 재순환 사용 가능성이 매우 높다. 건축물이 철거될 때 골조로 쓰였던 목재는 다른 신축, 또는 보수 건축물의 골조로 그대로 재활용될 수 있다. 물론 약간 손상된 목재는 톱으로 자르거나 대패질하여 각재나 판재로 재활용한다. 심지어 손상이 심하여 건축구조용 목재로는 활용될 수 없는 목재조차도 잘게 분쇄하여 인공목재의 제조 원료로 쓰이므로 목재의 재순환은 지속가능하게 된다. 목재의 지속 가능 순환특성 때문에 낡은 창고나 공장 등을 구입, 철거할 때 나오는 폐목재 등을 재가공하여 사용 가능한 목재로 판매하는 사업이 새로운 형태의 성장 산업으로 부각되고 있다.

그러나 목재 건축물은 부패 및 화재에는 취약하다. 만일 목재 건축물이 항상 건조한 상태를 유지하면서도 화재가 발생하지 않는 다면 목재 건축물은 영구히 존재할 수 있을 것이다. 유지관리가 부실한 목재 건축물은 짧은 기간 내에 부패하거나 화재로 소실되어 짧은 생애주기를 마치게 된다. 목재 건축물이 불탈 때는 유해 가스가 발산되어 사람의 목숨을 앗아간다. 화재발생을 원천적으로 봉쇄하기 위해서는 발화 원인을 사전에 제거하고, 일단 발화시에는 초기에 화재를 제어할 수 있도록 연기탐지 경보기 등을 설치해 둔다. 또한 건축물 화재 발생시에는 건축물 내에 있는 사람들이 손쉽게 빠져나갈 수 있는 탈출로를 만들어 두고 유지관리 하여 화재로 인한 인명손실을 방지하여야 한다.

나. 중량 목재 건축물 *Heavy Timber Construction*

중량의 목재 건축물이란 주요 구조부가 대단면의 목재로 구축된 대형 건축물을 말한다. 나뭇결이 곱고 밀도가 큰 대단면의 목재는 일반적으로 오래된 숲에서 벌채된 통나무를 제재하여 만든다. 고목 *古木* 을 제재하여 만든 목재는 새로이 성장된 수목을 제재하여 만든 목재보다 구조재로서의 특성을 훨씬 더 많이 갖는다. 오랜 세월에 걸쳐 많은 하중이 지속적으로 목재 보에 작용할 경우 목재 보에 처짐 변형이 생기기는 하지만 목재 자체의 강도는 거의 감소되지 않는다. 이러한 특성 때문에 대단면의 목재가 여러 차례 반복해서 재활용될 수 있는 것이다. 대 단면 목재의 내구성과 단열성을 높여 목재의 수명과 기능성을 높이는 것이 중량 목재 건축물의 지속 가능성을 구현하는 지름길이다. 현재 목재의 수명을 연장하고자 할 때는 응력을 가해서 강도를 높인 얇은 판재 *Stressed-skin Panels* 를 대 단면 목재의 표면에 완벽하게 밀착시켜 공기와의 접촉을 차단, 부패를 억제하는 방법을 사용한다. 또한 열교 *Thermal Bridges* 가 거의 없을 정도로 완벽하게 단열이 이루어지는 목재를 만들 때는 대 단면 목재의 중심부에 단열재를 삽입하는 방법 *Foam Core Sandwich* 을 활용한다. 통나무를 마름질하여 1~2개의 대 단면 통 목재 *Large Solid Timber* 로 제재할 경우는 통나무의 유효 이용률이 매우 낮다. 통나무에서 잘라낸 한 면이 둥근 널은 작은 판재로라도 사용하기가 곤란하기 때문이다. 따라서 지속가능 중량 목재 건축물의 구조용 재료로는 천연의 목재보다는 인공의 대 단면 집성목재 및 합성판재를 사용하는 것이 합리적이다. 집성목재나 합성판재는 천연의 각재나 판재보다 훨씬 더 나무섬유의 활용도가 높다. 그러나 집성목재나 합성판재를 만들 때 사용되는 일부 접착제나 도장재료는 발암물질을 발산하여 실내 공기의 질을 악화시키는 원인이 되므로 무해한 원료를 사용해서 만든 인공목재를 선택하는 것은 필수적이다. 지속적으로 휨 하중을 부담하는 인공목재 보를 서로 연결하여 시공하는 경우, 보의 연결지점은 보를 지지하는 기둥의 상단이 아니고, 보에 작용하는 응력의 변곡점에 해당하는 부분이다. 응력 변곡점에서는 이론상 응력이 작용하지 않기 때문이다. 응력 변곡점에서 보를 연결하면 보에 작용하는 최대 휨 응력을 감소시킬 수 있다. 보에 작용하는 응력의 감소는 보의 단면을 효과적으로 축소시키는 결과를 가져오는 것이므로 결국에는 목재 자원의 절약에 기여하는 것이 된다. 대형 창고나 공장 등을 철거할 때 나오는 대 단면의 목재는 목재 중에서도 재순환 재료로서의 활용도가 매우 높다. 건축물을 철거하여 얻은 재순환 목재는 일반적으로 표면을 대패질하여 새로운 모습으로 바꾸어 그대로 사용하거나 다시 제재하여 소각재나 판재로 만들어 사용한다. 그러나 재순환 목재를 가공할 때는 목재 속에 접합 또는 보강 철물 등이 제거되지 않고 그대로 남아 있는 경우가 있으므로 유의하여야 한다. 만일 세심하게 조사하여 철물을 세거하지 않은 상태 그대로 제재한다면, 제재 작업도중 톱날이나 대팻날이 손상되어 사고를 유발할 수도 있다. 일단 사고가 발생하면 그들을 보수하기 위하여 제재소의 조업을 일시 중단하여야 하므로 경제적인 손실을 초래할 것이다.

다. 경량 목재 건축물 *Wood Light Frame Construction*

경량 목재 골조 건축물을 건축할 때에는 다양한 방법의 설계 및 시공방법을 동원하여 목재의 손실을 최소화할 수 있다. 건축물을 설계할 때 2 차원 공간의 크기를 기성제품인 합판, 각재, 판재 등의 치수에 맞추어, 공사현장에서는 잘라 내거나 깎아 내는 일 없이 그대로 조립만 한다면 자투리 목재는 발생하지 않는다. 현장에서 목재 골조공사를 담당하고 있는 목수들이 잦은 톱질과 대패질을 한다면 많은 자투리 목재를 만들어 낼 것이다. 물론 특이한 설계도면에 의하여 불가피하게 발생하는 자투리 목재조차도 쓰레기 더미에 그대로 버리기 보다는 잘게 분쇄하여 합성판재 등의 원료로 재활용하여야 한다. 최종적으로 남는 목재 폐기물을 현장에서 불태워 버리는 경우가 있는데, 이 경우 대기오염물질이 발산되어 환경문제가 야기될 수도 있으므로 폐목재의 처리는 소각보다는 매립이 바람직하다. 경량 목조 건축물에 관하여 지속가능 건축기술의 목표달성을 위하여 시현할 수 있는 가장 손쉬운 방법은 목재 및 에너지 절약 방안에 대한 계획과 실천이다.

목재 골조 *Wood Framing* 가 태생적으로 경량 철강 골조 *Light Gauge Steel Framing* 보다 열효율이 높기는 하지만 여러 가지 단열재 보완방법을 통하여 목재 골조 건축물의 열효율을 실질적으로 개선할 수 있는 여지는 충분히 있다. 목재 주택의 경우 열손실의 주요 통로는 천장, 창호, 벽 등이다. 따라서 이들 주요 열 이동 통로를 상당한 두께의 기포 단열재로 보완, 시공하여 차단한다면 열효율은 상당히 높아질 것이다. 목재 절약사원에서 볼 때 소형 목조 건축물이 지속가능한 건축물이 되기 위한 요건은 다음과 같다:

① 샛기둥 *Stud* 간격; 중심 간격을 400mm 보다는 600mm 로 배치

② 핑거이음 기둥 *Finger-jointed Column* ; 압축하중을 받는 기둥은 통나무 천연목재

보다는 길이가 짧은 각재를 접착제를 이용하여 이어서 만든 집성목재를 사용

③ 천장 장선 및 서까래 *Ceiling Joists & Rafters* ; 샛기둥 상단 부분에 직접 부착

④ 처마도리 *Top Plate* ; 2~3개의 각재를 포개서 사용하기 보다는 단일 통 각재를 사용하는 것이 바람직

⑤ 마루 장선 *Floor Joists* ; 압축과 인장응력이 동시에 작용하는 큰 보 *Girder* 의 가운데 부분보다는 응력의 변곡점 부분에 장선을 집중 배치하여 휨모멘트 *Bending Moment* 를 감소, 장선의 단면을 축소

⑥ 지붕 트러스 *Roof Trusses* ; 소형 목재 건축물에서는 기성제품 지붕 트러스 보다는 재래형식인 서까래 및 천장 장선을 활용

⑦ 주요 구조부에 천연 목재보다는 수목의 이용효율이 큰 인공 가공목재 활용; *I-*장선, *Parallel Veneer Beams & Headers, Glue-Laminated Girders , Parallel Strand Girders , OSB Sheathing* 등

3) 벽돌 조적공사 *Brick Masonry Construction*

벽돌은 인간들이 활용해온 가장 오래된 건축 재료중의 하나이다. 벽돌의 원료인 점토와 혈암은 세계 도처, 지표상 노천구덩이 어느 곳에나 널려 있는 매우 흔한 재료이기 때문이다. 그렇다고 점토 및 혈암을 마구잡이로 파내서 사용한다면 자연 배수로, 식생, 야생동물의 서식지 등 자연 생태계를 교란시킬 우려가 있으므로 유의할 필요가 있다. 벽돌은 생산 초기에는 자연의 태양열로 건조하였으나 소성방법이 알려진 이후로는 자연건조 벽돌보다 강도가 훨씬 큰 소성 벽돌의 사용이 주류를 이루게 되었다. 그러나 소성벽돌은 많은 화석 에너지를 소모하는 에너지 집약형 재료이므로 지속가능 건축물 재료로서의 적합성은 오히려 자연건조 벽돌이 더 우수한 것 같다. 열적 측면에서 볼 때 자연건조 벽돌은 잠열효능, 즉 열용량 효능 *Thermal Mass Effect* 이 매우 우수한 재료이다. 벽돌의 잠열효능은 에너지 절약형 자연 냉난방 전략에 매우 유용한 요소로서, 벽돌 건축물은 주간의 태양열에 의한 난방효과와, 심야 시간의 냉방효과가 매우 크다. 또한 자연건조 벽돌은 실내공기 오염문제와는 거리가 먼 자연친화적인 양호한 재료이기도 하다. 벽돌을 구울 때 사용하는 에너지원은 주로 석탄, 석유, 천연 가스 등이며, 현재의 소성기술로 일반 벽돌 한 장을 구워 내는 데는 약 3600kcal 의 열량이 필요하다. 더구나 벽돌을 굽는 가마의 운용이 부적절할 경우에는 공기오염 문제가 제기될 수도 있다. 그러나 벽돌은 대개 벽돌을 필요로 하는 지역 내에서 생산, 사용되므로 벽돌을 운반하기 위해서 사용되는 운송에너지는 매우 적은 편이다. 벽돌 건축물 공사에서는 일반적으로 모르타르를 접착재료로 사용한다. 모르타르의 주요

구성 원료는 시멘트, 석회, 모래이며 이들 중 시멘트와 석회 역시 에너지 집약형 재료이다. 벽돌공사 현장에서는 건축 폐기물의 발생이 비교적 적다. 소량의 깨진 벽돌, 불량벽돌, 모르타르 찌꺼기 등은 쓰레기장으로 보내거나 현장의 공지에 파묻어 자연으로 돌려보낸다. 벽돌 건축물을 철거할 때 발생하는 폐 벽돌은 대부분 재순환 사용된다. 그러나 폐 벽돌에는 모르타르 찌꺼기가 묻어 있으므로 모르타르를 깨끗이 제거, 청소하여야 사용할 수 있다. 따라서 인건비가 비싼 선진국에서는 좀 더 실용적인 선택방안으로 폐벽돌과 모르타르 찌꺼기를 쓰레기 매립장으로 보내거나 공사현장에서 성토용으로 활용한다.

4) 콘크리트 생산 및 건설공사

콘크리트 산업은 전 세계에서 지구의 천연자원을 가장 많이 소비하는 산업중의 하나로서 환경파괴의 주범이기도 하다. 콘크리트를 만들기 위하여 전 세계에서 매년 포틀랜드 시멘트 15억 톤, 모래 및 부순 돌 90억 톤, 물 9억 톤 등의 천연자원이 소비된다. 일반 절개지 *Open Pits* 에서 돌을 채취하여 부순 돌과 모래를 만들고, 시멘트의 원료인 점토와 석회석을 환경복원 계획 없이 마구 파낼 경우 지각의 침식, 오염물질 유출, 야생동물 서식지 파괴, 자연경관에 추한 흔적 남기기 등의 피해를 유발 시킬 수 있다. 또한 콘크리트 공사에서는 주요 재료인 콘크리트 이외에도 거푸집 공사용으로 각재, 판재, 철강재, 플라스틱 등의 재료와 강도 보강용으로 다량의 철강재와 알루미늄 등이 소비된다. 자원 및 에너지 절약을 지향하는 지속가능 콘크리트 건축물을 생산하기 위하여 각 단계에서 고려할 사항은 다음과 같다.

가. 콘크리트의 '그린' 용도 *'Green' Uses of Concrete*

콘크리트는 열적특성이 우수하고 콘크리트의 주성분인 골재는 투수성이 우수하므로 이들 재료를 개량, 가공하여 천연자원 보존 및 에너지 절약의 용도, 즉 '그린' 용도로 활용할 수 있다. 시멘트와 굵은 모래 및 자갈을 이용하여 만든 다공질 콘크리트는 투수성이 우수하여 환경친화적인 도로포장 공사에 쓰인다. 다공질 콘크리트 포장 도로는 폭우가 쏟아지는 경우에도 일시에 몰려오는 많은 양의 빗물을 즉시 도로표면의 공극을 통하여 지반으로 침투시킨다 지반으로 침투된 빗물은 지하 대수층의 공극에 모이게 되므로 지하수 자원의 고갈을 방지하는 역할을 한다. 한편 콘크리트는 열용량이 큰 재료로서 겨울철 태양열이 강한 대낮에 열을 흡수하여 보존하고 있다가 태양의 열기가 사라진 밤중에 그 열을 건축물 내부로 방사하여 난방용 에너지의 소비를 감소시킬 수 있다. 물론 여름철에는 콘크리트가 태양열에 노출되지 않도록 하여 열의 흡수를 차단함으로써 실내의 찬 공기가 외부로 누출되는 것을 방지하여 냉방에너지를 절약할 수 있다.

나. 잉여생산 콘크리트 *Wastes*

오늘날 건설공사 현장에서 사용되고 있는 콘크리트의 대부분은 공장에서 생산하는 레미콘 *Remicon: Ready-mixed Concrete* 이다. 레미콘은 일반적으로 레미콘 트럭에 실려 생산 공장에서 공사현장으로 운송된다. 그러나 레미콘 주문량은 실제 소요량보다 더 많기 때문에 레미콘 트럭에는 항상 여분의 콘크리트가 남아 있게 된다. 이와 같은 잉여 레미콘은 현장 구석 어딘가에 쏟아버리게 되는데 이 때 버려진 생 콘크리트는 곧 굳어지므로 공사 종료 후 분쇄하여 쓰레기 매립장으로 보내야 한다. 생 콘크리트를 쏟아 낸 다음 비어 있는 트럭의 레미콘 통은 즉시 물로 깨끗이 청소하여야 한다. 통속의 시멘트 입자, 혼화재료, 골재 찌꺼기 등을 깨끗이 씻어내기 위하여서는 상당히 많은 양의 물을 필요로 하는데 이 때 발생하는 오수는 현장부근의 지하수를 오염시킬 우려가 매우 크므로 처리에 주의를 요한다. 그러므로 이 때 발생하는 오수 및 골재 찌꺼기는 새로운 콘크리트를 비빌 때 배합 수 및 골재로 재순환 사용하는 방안을 마련할 필요가 있다.

다. 지속가능 콘크리트 공사 *Sustainability in Concrete Construction*

지속가능한 콘크리트 건축물의 시공을 확산시키기 위하여 접근할 수 있는 몇 가지 유용한 방법은 다음과 같다:

① 콘크리트의 품질 개량: 콘크리트 건축물의 수명연장으로 콘크리트 수요량 및 철거 폐기물 감소

② 다른 산업의 폐기물을 시멘트 또는 콘크리트 생산에 필요한 원료로 사용

③ 거푸집 및 강철 보강재 사용량의 최소화

④ 콘크리트를 총명하게 사용: 냉난방 에너지의 효율적 보존, 콘크리트내 공극의 충전, 콘크리트 표면으로부터의 수분유출 감소, 건축물의 유효관리로 생애주기 연장

⑤ 콘크리트 공사 전체 단계를 통하여 콘크리트 폐기물 및 공해물질 방출양의 최소화

라. 철거 및 재순환 *Demolition and Recycling*

철근 콘크리트 건축물이나 구조물이 철거되면 대부분의 철강 자재는 재순환 사용되지만 폐 콘크리트는 많은 양이 쓰레기 매립장으로 보내지거나 현장의 공터에 매립된다. 매년 발생되는 약 10억 톤의 콘크리트 폐기물중 일부분만이 콘크리트 제조 또는 도로포장 공사의 기층 재료로 재활용된다. 그러므로 유효한 철거 방법을 개발, 폐콘크리트 덩어리를 효율적으로 선별, 분쇄하여 재생 골재로서의 활용가치를 높일 필요가 있다.

마. 콘크리트 공사용 재료

가) 포틀랜드 시멘트 Portland Cement

건설 산업에서 필연적인 재료인 포틀랜드 시멘트는 생산과정에서 많은 에너지를 소모함과 동시에 대량의 탄산가스를 방출하여 대기를 오염시킨다. 시멘트는 알루미늄, 철강재 다음으로 다량의 생산 에너지를 필요로 하는 재료이다. 시멘트 생산과정에서 에너지 소모가 가장 큰 과정은 시멘트 클링커 Cement Clinker 를 만드는 과정이다. 에너지 과다 소비도 문제지만 더욱 큰 문제는 시멘트 로 Cement Kiln 에서 클링커 1톤을 생산할 때 온실효과를 유발하는 가스, 즉 탄산가스를 포함한 다른 유해 가스가 1톤씩이나 방출되어 대기를 오염시킨다는 점이다. 1톤의 온실 가스는 전 세계 모든 산업현장에서 방출하는 온실가스 총량의 7% 에 해당하는 막대한 양으로서, 자동차 3억 3천만 대의 배기가스 총량과 맞먹는 양이다. 따라서 시멘트 클링커를 만들 때 에너지 소모량을 줄이고 유해가스 방출 양을 감소시킬 수 있는 대안의 모색이 필요하다.

나) 골재 및 배합용수 Aggregates and Water

콘크리트 생산에 필연적인 양질의 골재 및 물은 많은 개발 도상국가에서 이미 매우 부족한 지경에 이르러 있는 것이 현실이다. 따라서 콘크리트를 지속적으로 생산하기 위해서는 배합용수의 양을 획기적으로 감소시킬 수 있는 고성능 감수제의 개발이 필연적이다. 또한 고갈되고 있는 천연의 강자갈 및 강모래를 대체할 수 있는 양질의 부순 모래 및 부순 돌의 개발이 필요하다. 일반 콘크리트용 골재로의 재순환 활용을 촉진 시킬 수 있는 폐 건축자재에는 깨진 유리조각, 주물공장에서 사용한 후 버리는 모래, 건축물 및 구조물 철거 현장에서 발생하는 깨진 콘크리트 등이 있다.

다) 플라이 애시 Fly Ash

생 콘크리트의 응결 및 경화 과정에서 접착제 역할을 하는 시멘트의 연간 소요량은 실질적으로 감소하고 있는 추세이다. 콘크리트의 내구성 향상을 위해서 시멘트에 섞어서 사용되는 미세 석탄재 Fly Ash 의 총량이 증가하고 있기 때문이다. 현재 콘크리트를 비빌 때 사용되는 플라이 애시의 혼합비율은 시멘트양의 약 절반 정도이지만 점차 그 비율이 증가하고 있다. 플라이 애시를 다량 함유한 콘크리트 HVFA High-volume-fly-ash Concrete 를 비빌 때 필요로 하는 물의 양은 보통 콘크리트에서 필요로 하는 수량의 2/3정도이면 충분하다. HVFA 콘크리트는 보통콘크리트보다 수화열이 매우 낮고, 수축률이 훨씬 적으므로 밀도가 크고 내구성이 우수하다. 플라이 애시는 화력 발전소에서 석탄을 연소시킬 때 나오는 연기를 여과하여 모은 미세한 입자의 집진물질로서 한 때는 처치 곤란한 쓰레기였었다. 현재 화력발전소에서는 매년 약 4억 1000만 톤의 플라이 애시가 쏟아져 나오지만 콘크리트 제조에 재순환 활용되는 플라이 애시의 양은 총 배출량의 1/8정도에 지나지 않는다.

라) 거푸집 Form

생 콘크리트를 경화시켜 소정의 형태를 만들어 내기 위하여 필요한 거푸집은 일반적으로 여러 차례 반복하여 사용하는 순환재료이다. 만일 1회용 거푸집이 있다면 거푸집을 재사용하기 위한 청소를 할 필요가 없어 주위 환경이 깨끗해지겠지만, 아마도 건설 폐기물의 양은 어마어마할 것이다. 콘크리트의 단열성능을 강화하기 위하여 거푸집의 안쪽 면에 대는 단열 판재는 1회용 재료이다. 콘크리트 양생 후 거푸집의 제거를 용이하게 하기 위하여 사용하는 거푸집 박리용 재료를 선택할 때는 공해물질인 휘발성 유기화합물질 *VOCs: Volatile Organic Composites* 의 함유량이 적고 미생물의 작용으로 쉽게 분해되는 재료를 선택하여야 한다.

마) 보강 철강재 Reinforcing Steel

북아메리카 대륙의 건설 현장에서 사용되는 철강재는 거의 모두가 재순환 자재로서 주로 자동차 폐기물에서 나오는 파쇠 및 고철을 원료로 하여 만든다. 이와 같은 방식의 순환 철강재는 철광석 자원의 고갈을 억제하고 생산 에너지의 소비를 현격하게 감소시키므로 더욱 활성화 시킬 필요가 있다.

5) 철강재 생산 및 강철골조 건축물 공사 Steel Frame Construction

철강재는 건설 산업에 있어서 매우 중요한 재료이기는 하지만 철강재 생산과정에서 대량의 화석에너지를 소모하고 많은 공해물질을 발산하여 공기, 물, 토양 등을 오염시킨다. 자원 및 에너지 절약을 지향하는 지속가능 강철 골조 건축물을 생산하기 위하여 제강, 시공, 유지관리 등의 단계에서 고려하여야할 사항은 다음과 같다.

가. 철강재 생산

철강재의 원료인 일반 철광석, 석탄, 석회석, 공기, 물 등은 아직도 지구상에서 풍부한 상태로 존재한다. 그러나 철광석, 석탄, 석회석 등의 광물자원을 마구잡이식으로 채굴, 채석 한다면 지각을 파괴하고 야생동물의 서식지를 상실하게 할 수도 있다. 또한 때로는 개울, 하천 등을 오염시킬 수도 있다. 반면 고강도의 특수 합금강 생산에 필요한 원료인 망간, 크롬, 니켈 등은 지구상 도처에서 고갈되어 가고 있다. 현대 제강산업에서 가장 보편적으로 활용되고 있는 염기성산소 제강로 *Basic Oxygen Furnace* 에서 강철 1톤을 생산 할 때 필요로 하는 원료는 철광석 *Iron Ore* 1438kg, 석회석 *Limestone* 136kg, 코크 *Coke* 408kg, 공기 및 산소 *Air & Oxygen* 1204kg 등이다. 한편 발생되는 공해물질에는 일산화탄소 *Co* 2064kg, 광재 *Slag* 272kg, 먼지 *Dust* 23kg 등이 있다. 또한 석탄을 코크로 전환 시킬 때도 역시 많은 에너지를 필요로 함과 동시에 다량의 공해물질이 발생된다. 따라서 지속가능 철강재 생산을 위해서는 철강재 원료의 낭비를 방지하고 공해물질의 방출을 감소시킬 수 있는 제강법의 개발이 필요하다.

나. 철골건축물 공사의 특성

철강재의 비강도 *比强度* 는 비교적 큰 편이어서 강철골조 건축물의 중량은 동일 규모의 콘크리트나 석재 건축물의 중량보다 가볍다. 그 결과 강철 골조 건축물의 터파기 및 기초공사는 상대적으로 콘크리트나 석재 건축물의 그 것 보다 규모가 작아 작업량이 감소된다. 또한 건축물의 골조 구축을 위한 철강재의 가공, 조립 및 세우기 작업은 다른 골조용 재료에 비하여 비교적 효율적이고 청정한 작업이다. 반면 철강재의 부식을 방지하기위하여 철강재에 피막을 형성할 때 사용되는 도장용 페인트 또는 기름 및 철골부재의 내화성능을 강화하기 위하여 사용되는 분무용 단열 재료는 공기 중에 흩어져 공기를 오염시키는 결점이 있기는 하다.

다. 철강재의 재순환 활용

강철골조의 건축물 또는 구조물을 철거할 때 발생하는 강철 부재는 상당량이 재순환 재료로 쓰인다. 현재 철골 건축물 공사에서 사용되는 철강재의 약 66% 는 재순환 재료이다. 최근 10년간 세계 전체에서 재순환된 철강재의 양은 약 1.2조 톤에 달한다. 북아메리카 대륙에서 사용되는 건축골조용 철강재의 대부분은 고철, 파쇠 등을 녹여 만든 재순환 철강재이다. 재순환 철강재를 생산할 때 필요로 하는 열량은 철광석을 녹여 새로운 철강재를 생산할 때 필요한 열량의 약 39% 정도일 뿐이다. 따라서 지속가능 강철골조의 건축물을 생산하기 위해서는 재순환 재료의 활용도를 획기적으로 높일 수 있는 재순환 제강법의 개발이 필요하다.

라. 강철골조 건축물의 유지관리

강철 골조 건축물이 공기, 물, 불 등으로부터 완전히 차단될 수 있다면 그 건축물은 별도의 유지관리 없이도 여러 세대에 걸쳐 수명이 유지될 수 있다. 따라서 대기에 노출되어 있는 철골 부재는 주기적으로 페인트 도장을 하거나 아연도금 또는 장기간 성능이 유지될 수 있는 폴리머 재료의 코팅을 하여야 한다. 강철 골조 건축물의 유지관리 핵심요소는 부식 방지와 열 이동의 차단이다. 건축물의 지붕이나 외벽에 쓰이는 철골 부재는 건축물 내외로의 열전도를 차단할 수 있는 조치를 하여야한다. 강철 골조 건축물의 수명연장과 열 차단을 위하여 철골 부재의 표면에 기름을 칠하거나 보호 및 단열 재료로 피막을 형성하는 경우, 재료로부터 발산되는 유해 가스를 제거 했다고 할지라도 때로는 실내공기의 질을 떨어트려 그 건축물에 거주하는 사람들을 불쾌하게 만들 수도 있다는 점을 명심할 필요가 있다.

6) 건축물 외피 공사 *Exterior Closure*

대부분이라고는 할 수 없겠지만 많은 건축물에서 건축물의 외피, 즉 지붕, 외벽, 지하최저 층 바닥판 등은 다른 어떤 구성 요소보다도 건축물 전 생애 동안에 사용되는 에너지 량에 많은 영향을 끼친다. 만일 어떤 건축가가 건축물의 외부 벽면의 재료 및 형태를 모두 획일적으로 동일하게 설계하였다면, 그 건축가는 외벽의 방향이 외벽을 통한 에너지의 이동에 얼마나 많은 영향을 끼치고 있는지에 관한 지식이 전혀 없음을 보여 주는 것이다. 외벽의 설계 및 시공에서 일반적으로 고려해야 할 사항은 다음과 같다:

① 건축물 외피에서 열이 새어나갈 우려가 있는 부분에는 철저하게 단열시공
② 건축물 외피 내에 있는 열교 *Thermal Bridges* 의 제거
③ 건축물 외피 전체에 공기가 유출될 수 있는 틈새가 생기지 않도록 시공; 외부의 신선한 공기 유입은 건축물에 설치된 공기조화 설비에 의존
④ 입주자가 자유롭게 열고 닫을 수 있는 창호는 냉난방 에너지 비용을 최소화할 수 있도록 설계
⑤ 경제적인 측면에서 볼 때, 태양 빛으로 전기를 생산할 수 있는 광전지를 건축물의 남향 외벽에 설치하도록 설계

가. 지붕 외피 공사 *Roof Construction*

가) 지붕의 기능

건축물의 지붕은 지속가능 건축기술의 시현을 위하여 많은 역할을 수행할 수 있는 잠재 능력을 갖고 있다. 경사가 완만한 지붕은 빗물, 눈 녹은 물 등을 일시적으로 잡아 두었다가

저수지, 물탱크 또는 연못 등으로 흘려보내서 가정용수, 산업용수, 관개용수 등으로 활용케 하여 수자원의 효용성을 높인다. 또한 지붕은 다양한 방법으로, 건축물 속의 주거공간이 태양열에 의하여 과도하게 가열되는 것을 조절, 쾌적한 주거공간을 만드는 역할을 한다. 여름철에는 실내온도의 상승을 억제하여 거주자가 쾌적감을 느끼게 함과 동시에 냉방에 필요한 에너지를 절감케 한다. 반대로 겨울철에는 실내온도의 상승을 촉진하여 난방에 필요한 에너지 소비를 억제한다.

나) 지붕외피 단열재료

(1) 재료의 색상

밝은 색 계통의 지붕 자재가 깨끗한 상태로 관리, 유지되고 있다면 대부분의 태양열은 지붕 표면에서 반사되어 실내로 침투하지 못한다. 반면에 검은 색 계통의 지붕 자재는 훨씬 더 많은 태양열을 흡수하여 건축물 내부로 전달한다. 따라서 검은 색 계통의 지붕 자재를 생산하는 기업들은 지붕자재가 과도하게 열을 흡수하는 것을 조절하기 위하여 열을 선별적으로 흡수 할 수 있는 기능이 있는 색소를 개발하여 사용하고 있다. 비록 검은 색 계통의 지붕 자재 일지라도 열 흡수를 선택적으로 할 수 있는 색소를 사용한다면 투사되는 태양열의 약 1/4정도를 반사시킬 수 있다. 이 정도의 반사열량이라면 일반적으로 상업용 건축물에서 여름철 냉방 에너지 비용의 15~20% 를 감소시킬 수 있다.

(2) 지붕 경사에 따른 재료의 분류

(가) 완만한 경사지붕

완만한 경사의 지붕, 즉 평지붕은 친환경 녹색지붕 *Green Roofs* 또는 생태지붕 *Eco-Roofs* 으로 최적의 조건을 갖춘 지붕형태이다. 환경에 미치는 영향이 매우 다양하고 중요한 녹색지붕을 비롯한 일반 평지붕 공사에 사용되는 재료의 상세는 다음과 같다.

[1] 녹색 지붕 재료

친환경 녹색 지붕 *Green Roofs* 또는 생태 지붕 *Eco-roofs* 은 지붕의 방수층 위에 흙을 덮고 잔디나 관목을 심어 환경친화적으로 만든 지붕이다. 생명력이 있는 생태 지붕은 아름다운 지붕 경관을 제공하며 탄산가스를 흡수하여 산소를 만들어내고 지붕 외피를 감싸 보호한다. 생태 지붕은 여름철에는 지붕 표면에서 하수구에 이르는 빗물의 흐름 속도를 완화하고 흐르는 빗물의 양을 감소시켜 홍수피해를 방지한다. 여름철 생태지붕은 수분증발 및 발산작용에 의한 기화열로 인하여 지붕표면이 냉각되어 실내의 주거환경을 쾌적하게 만든다. 또한 생태지붕은 단열효과가 커 겨울철 실내의 온도보존 능력도 탁월하다. 미국의 자동차생산 도시인 시카고에서는 1990년대부터 자연 냉난방 효과를 극대화하기 위한 정책의 일환으로 그린 루프 *Green Roof* 정책을 시행하고 있다. 시카고 시에서는 시청청사 등의 공공건축물을 비롯한 대형 건축물의 지붕에 의무적으로 잔디와 나무를 심고 녹지를 조성하고 있다. 시카고 시는 그린 루프 정책의 연장선상에서 도심의 자투리 땅 등 시내 곳곳에 나무를 심는 그린 시티 *Green City* 정책도 병행하고 있다. 친환경 그린 루프 정책은 시카고 시 뿐만 아니라 중국의 베이징 *北京* 시에서도 활발하게 진행되고 있다. 대표적인 예로 미국 출신 건축가 스티븐 홀 *Steven Holl* 이 설계한 베이징 복합주거단지가 있다. 이 주거단지는 자연환기, 지열을 이용한 냉, 난방 시스템과 단열 보온은 물론 공기정화에 기여하는 그린 루프를 이용하여 지붕위에서 농사까지도 지을 수 있도록 설계되었다.

[2] 아스팔트 및 피치

석유 정제의 부산물인 인공 아스팔트 *Asphalt* 및 피치 *Pitch* 는 지붕공사 현장 원위치에서 사용되는 지붕 방수 및 접착용 재료이다. 뜨거운 아스팔트 및 피치는 공사도중 많은 양의 유해한 증기를 발생한다. 유해 증기는 작업자에게 결정적으로 불쾌감을 주며 작업자의 건강을 해칠 수도 있다. 그러나 일단 냉각된 아스팔트나 피치에서는 유해증기가 더 이상 발생하지 않는다.

[3] 루핑 펠트

오늘날 지붕 단열용으로 사용되고 있는 대부분의 루핑 펠트 *Roofing Felt* 는 발암성분이 없는 식물성 섬유 또는 유리섬유로 만든다.

(나) 급한 경사 지붕

경사가 급한 지붕 공사에서 일반적으로 사용되는 지붕재료에는 싱글 *Shingles* , 슬레이트 *Slates* , 타일 *Tiles* , 금속 박판 *Sheet Metals* 등이 있다. 급한 경사 지붕의 외피로 쓰이는 이들 각각의 재료는 환경에 미치는 영향이 각기 다른 자원을 활용하여 만든다. 경사지붕용 마감 재료의 대부분은 일반적으로 접합제를 이용하여 바탕재료에 부착한다. 그러나 현재 사용되고 있는 다수의 접합제는 공사도중 및 공사완료 직후에 휘발성 유기화합물질 *VOCs: Volatile Organic Composites* 을 증발, 공기를 오염시켜 인체에 해를 끼치고 있다. 현재 일반적으로 사용되고 있는 지붕재료의 종류 및 특성은 다음과 같다.

[1] 합성 고무 및 플라스틱 박판

석유 정제의 부산물인 합성 고무 및 플라스틱 박판은 재순환이 가능한 열가소성 수지 제품이 바람직하다. 열경화성 수지로 만든 박판 재료는 재활용이 불가능하여 건축물의 지붕 해체로 인한 폐기물이 발생할 때 소각 시키거나 쓰레기 매립장으로 보내야 하기 때문이다. 고무 제품 지붕 외피 재료에는 자동차 폐타이어를 재활용하여 생산되는 제품도 있다.

[2] 싱글 *Shingles*

지붕 외피공사용으로 사용되고 있는 일반적인 싱글 *Shingles* 에는 석유정제의 부산물로 만드는 아스팔트 싱글 *Asphalt Shingles* 과 목재 섬유로 만드는 우드 싱글 *Wood Shingles* 이 있다. 천연 목재 섬유로 만드는 우드 싱글은 환경에 미치는 영향이 아주 미미한 환경친화적인 재료이다.

[3] 슬레이트 및 타일

지붕 외피공사용 천연 슬레이트는 채석장에서 나오는 돌 판재를 다듬어서 만든 환경친화적 재료이며 콘크리트 타일은 시멘트와 모래를 주원료로 만든 재료이다.

[4] 금속 박판

동판, 스테인리스 강철판, 알루미늄 판재, 양철, 주석 및 납의 합금판재 등의 지붕 외피용 금속 박판 *Sheet Metals* 은 다른 어떤 재료보다도 재순환 활용성이 우수한 재료이다. 이들 재료 중에는 폐 컴퓨터의 몸체를 재활용한 제품도 있다. 그러나 금속판 지붕재료를 만들기 위해서는 철광석의 채광, 정련, 제조 등의 과정이 필요하며, 각 과정에서는 상당한 환경훼손 비용의 대가를 지불해야 한다.

다) 지붕의 단열공법

(1) 눈썹차양 및 보조지붕 설치

눈썹차양, 지붕 잔디, 태양열 집열판 등은 열을 차단할 수 있는 일종의 보조지붕이다. 눈썹차양은 처마 바로 밑이나 창문의 상단에 돌출되게 설치하되 필요에 따라서 설치 및 해체가 용이하도록 설치한다 차양의 기본원리는 건축물이 이끼에 그늘을 만들어 태양열을 차단하고 통풍이 잘되게 하는 것이므로 차양의 재료 자체보다는 형태가 중요하다. 차양의 재료로는 두꺼운 직물이나 파형철판 등이 쓰이며 형태는 격자창이 일반적이다. 북반구에 있는 건축물의 남향 또는 서향 처마 밑이나 창문 상단에 설치된 눈썹차양은 여름철 뜨거운 태양열을 차단하고 그늘을 만들어 실내온도를 조절하는 보조적 기능을 수행한다. 눈썹차양의 폭은 창 또는 처마의 폭에 따라서 결정하고 깊이는 여름철 태양고도 *High Summer Sun* 에 따라서 결정한다. 고온 다습한 열대지역에서는 이중 지붕을 만들어 겉 지붕에서는 태양열을 차단하고 속 지붕과 겉 지붕 사이의 공간은 통풍이 자유로운 구조로 만들어 열과 습기를 제거한다. 일조량이 풍부한 지역에서는 평평한 지붕위에 태양의 최적 투사각에 경사 및 방향을 맞춘 평판식 태양열 집열기 또는 광기전성 전지를 배열, 태양열을 활용함과 동시에 지붕 표면에 그늘을 만들어 주도록 하기도 한다.

(2) 단열재 시공

지붕 및 외벽, 즉 건축물 외피의 단열재 공사는 아마도 우리가 건축물을 짓기 위한 모든 공사 중에서 가장 비용효율이 높고, 지구자원 환경을 보존하는데 으뜸가는 공사일 것이다. 지붕 및 외벽의 단열 재료는 건축물 외피에서 방사되는 복사열을 조절하여 주거공간의 쾌적성을 증가시키며 냉난방 에너지를 절감시킨다. 건축물 외피의 단열공사에 들어가는 공사비는 아주 짧은 기간 내에 에너지 절약비용에 의하여 보상된다. 그러나 단열 재료는 좀더 복잡한 문제로서 환경과 관련된 또 다른 문제점이 있으며 그 상세는 다음과 같다.

(가) 목재 섬유소 단열재

목재 섬유소 단열재란 원료의 85% 이상을 폐신문지, 폐지 등과 같은 재순환 자원을 사용하여 생산한 재료로서 생산에너지 가 매우 적은 가장 환경 친화적인 단열 재료를 말한다. 목재섬유소 단열재의 내화성능을 높이기 위하여 사용되는 붕산염화합물질은 일반적으로 인체에 무해한 것으로 판명되고 있다. 목재섬유소의 접착용으로 사용되는 순수 아교는 유해 가스가 방출되지 않는 천연재료이다. 목재 섬유소 재료의 공사를 담당하는 작업자는 일반적으로 호흡기 보호 장구를 착용하지만 목재섬유소가 발암성 물질인지의 여부는 아직 밝혀진바 없다.

(나) 유리 및 광물질 솜 단열재

유리솜 및 광물질 솜 단열 재료는 주로 폐자재로 만들어지는 순환재료이다. 유리솜 *Glass Wool* 은 재순환 사용이 가능한 깨진 유리조각으로 만들고, 광물질 솜 *Mineral Wool* 은 고로 *Blast Furnace* 에서 나오는 선철 찌꺼기인 광재 *Slag* 로 만든다. 유리솜 및 광물질 솜 단열재를 생산하기 위해서 필요한 에너지 소비량은 목재 섬유소 단열재를 생산하는데 필요한 에너지의 약 100배 정도나 된다. 많은 과학적 연구에 의하여 유리솜 및 광물질 솜은 발암성 물질이 아니라고 판명되고 있다. 그러나 유리솜 및 광물질 솜은 폐에 염증을 일으키고, 울혈 시킬 수도 있으므로 작업자는 호흡기 보호용 장구를 착용하고 작업에 임하여야 한다. 유리솜 단열재용 접착제의 대부분도 역시 발암성 물질이 아니지만 극히 일부 제품은 발암물질인 포름알데히드를 발산하기도 하므로 선별에 유의하여야 한다.

(다) 석유를 원료로 하는 발포성 단열재

석유를 원료로 하여 생산되는 발포성 합성수지 단열재의 생산 에너지양은 매우 커서 유리솜 단열재를 생산하는데 필요한 에너지의 약 4배 정도에 달한다. 현장에서 흔히 볼 수 있는 발포성 합성수지 단열재의 종류 및 특성은 다음과 같다.

[1] 폴리스티렌 수지 발포성 단열재

발포성 폴리스티렌 합성수지 단열재는 스티렌 또는 폴리스티렌을 재순환 원료로 활용하여 만든다. 폴리스티렌 합성수지를 가압 분출하여 염주 알 형태로 성형할 때 사용되는 발포제는 펜탄 가스 *Pentane Gas* 이다. 현재 사용되고 있는 펜탄 가스는 대기 중의 오존층을 파괴하지 않는다. 그렇지만 과거에 사용하였던 가압분출 발포제인 클로로 플루오로 카본 *Chlorofluorocarbon* 은 오존층 파괴 물질로 판명되어 현재는 사용이 금지되어 있다.

[2] 폴리아이소사이어뉴레이트 발포성 단열재

폴리아이소사이어뉴레이트 발포성 단열재 *Polyisocyanurate Foam Insulaation* 는 폴리스티렌수지 단열재와 마찬가지로 펜탄가스를 이용하여 만든다. 그러나 2003년 이전에 생산된 이 단열재는 오존층을 파괴하는 발포제를 사용한 유해한 제품이었다.

[3] 폴리우레탄 발포성 단열재

폴리우레탄 *Polyurethane* 발포성 단열재는 오존자원을 고갈 시키는 발포제를 이용하여 생산되었으나 현재는 거의 생산되지 않는다.

나. 건축용 판유리 공사 *Glass / Glazing*

가) 원료 및 생산 에너지

유리의 주요 원료인 모래, 석회석, 탄산나트륨 등은 비록 지역적 제한이 있기는 하지만 지구상에서 비교적 풍부하게 존재하고 있는 광물이다. 지금까지의 기술 수준에서 건축용 판유리 생산에는 비교적 많은 에너지를 필요로 하고 있으며 실제로 생산에 소요되는 에너지 소모량은 3750~4167cal/g 정도였다. 그러나 지금은 새로운 생산 기술의 개발로 기존의 생산에너지를 약 30~65% 감소시키고 있다.

나) 내구성 및 재순환

건축공사용 판유리는 변형이나 품질의 저하가 거의 없이 오랫동안 사용할 수 있는 내구성이 우수한 건축 재료이다. 건축용 판유리는 예기치 못한 사고나 불량시공에 의해서 파손되지 않는다면 유리의 수명은 다른 어떤 건축 재료보다도 길다. 그러나 일단 깨진 판유리는 깨진 상태로의 재활용이 매우 어려워 쓰레기 매립장으로 보내지는 것이 일반적이지만 유리병이나 유리용기의 경우는 재순환사용의 빈도가 상당히 높다.

다) 실내공기 품질 및 유지관리

유리는 불활성 물질로서 실내공기의 품질에는 거의 영향을 끼치지 않는다. 또한 유리는 청소하기가 쉽고 곰팡이나 세균류의 번식이 불가능하여 유지관리만 잘한다면 언제라도 청정한 상태를 유지할 수 있는 재료이다.

라) 건축용 판유리의 에너지 효용성

판유리는 건축물을 구성하는 많은 재료 중의 하나이지만 유리의 올바른 사용에 수반되는 많은 이점 利點 은 다른 재료보다 우수하다. 건축물 외벽 판유리의 영향은 건축물의 전 생애를 통하여 지속적으로 나타나고 있기 때문에 그 이점을 돈으로 환산한다면 엄청날 것이다. 건축물 외피 전체가 유리 상자 모양으로 되어 있는 경우 일반적으로 겨울철에는 열 손실이 과도하고 여름철에는 열 획득이 과도하다. 따라서 판유리 외벽은 여름철 햇볕의 흡수가 최소가 되도록 하되 전망은 최적상태가 되도록 설계하여야 한다. 반면 북반구에서 남향의 유리 벽면이나 유리창은 겨울철에 태양열의 최대 흡수 창구로 활용하여야 한다. 건축용 판유리는 에너지 효용성이 큰 모든 건축물에서는 매우 중요한 재료인 반면 에너지 낭비가 가장 큰 건축물에서는 최악의 재료가 될 수도 있다. 건축용 판유리로 인한 건축물의 에너지 낭비가 최악이라면, 이 경우 유리는, 유리에 관해서 무지하거나 잘못된 지식을 갖고 있는 건축설계자와 중요한 공범이 되는 것이다. 다시 말해서 에너지의 효율적 활용 측면에서 볼 때 건축용 판유리의 영향은 매우 손해를 입히거나, 매우 유리하거나 또는 이것도 저것도 아닌 어정쩡한 무엇일 수도 있다. 이와 같은 복잡한 문제의 해결은 판유리를 얼마나 총명하게 사용할 수 있느냐에 달려 있으며 그 상세는 다음과 같다.

(1) 판유리의 활용이 부적절한 건축물

① 여름철 과도하게 태양열 흡수: 실내 냉방에너지 소비 증가
② 겨울철 과도한 열 손실: 유리는 근본적으로 단열성이 낮은 재료
③ 대낮의 눈부심 유발: 태양광선의 입사각 조절 실패로 태양 빛의 전반사
④ 겨울철 냉기에 의한 불쾌감 유발: 복사열 손실에 의한 유리창 표면의 냉기
⑤ 과도한 결로 발생: 판유리에 인접한 모든 건축 재료 손상의 주요 원인
⑥ 과도한 노출 발생: 건축물의 실내 특정부분이 태양 빛에 과도하게 노출되는 경우 강한 자외선에 의해 마감재료, 사무용 집기, 가구 등이 변질, 파손

(2) 판유리의 활용이 적절한 건축물

① 겨울철에는 태양열을 건축물 내부로 흡수하고, 여름철에는 방출하여 냉난방 에너지 절약
② 대낮에 태양빛을 실내로 끌어 들여 주간에 실내조명을 위한 전력 사용량 감소

다. 창호 공사 *Windows & Doors*

건축물 외피를 구성하는 창호, 즉 건축물의 창과 문은 건축물의 출입, 조망, 환기, 에너지의 흡수 및 방출 등 그 기능이 매우 다양하고 중요한 요소이다. 특히 대중에 개방되어 있는 건축물의 출입문은 장애인을 비롯한 모든 사람이 자유롭게 출입할 수 있도록 설계, 시공하되 에너지 절약 측면에서 볼 때 지속가능 건축기술을 시현할 수 있도록 하여야 한다. 지속가능 건축기술의 구현을 위하여 건축물의 창호공사에서 고려하여야 할 사항은 다음과 같다.

가) 창호 재료 및 형태

건축물 출입문의 경우 재료의 열전도성에 의하여 냉난방 에너지 소비량이 상당히 달라진다. 발포단열재를 출입문의 심재로 사용한 경우 다른 재료를 사용한 출입문보다 열적 성능이 우수하다. 에너지 절약을 위하여 고려된 창호의 일반적인 형태는 다음과 같다.

(1) 덧창문 및 덧문

일반 주택의 경우 지난날에는 에너지 보존 및 방범을 위하여 외벽의 채광용 창문 및 출입문의 겉쪽에 덧창문이나 덧문을 설치하였으나 요즈음에는 미관상의 이유로 설치하지 않는

경향이다. 목재 덧창이나 덧문은 겨울철에 열적성능을 획기적으로 개선할 수 있다. 또한 주택의 현관은 기밀 상태를 유지할 수 있도록 설계하여 외부 출입문을 열 때 다량의 외부 공기가 직접 집안으로 들어오지 못하도록 하여야 한다.

(2) 회전문

상업 또는 업무용 건축물의 주요 출입문인 회전문은 사람들이 출입할 때 외부 공기가 실내로 직접 유입되는 것을 제한 할 수 있는 에너지 절약형 출입문이다.

나) 창호틀 재료

건축물 창호의 열적특성을 논할 때는 창호용 판유리뿐만 아니라 창호 틀의 형태 및 재료에 관한 열적특성을 고려해야 한다. 창호 틀 재료의 열전도율 및 창호 틀 틈새로의 공기 유출입 가능성은 건축물의 냉난방 에너지 총량에 상당한 영향을 끼친다. 따라서 모든 창호 및 틀의 틈새에는 문풍지를 설치하여 틈새로 새어나가는 공기를 막아야한다. 건축물에서 흔히 볼 수 있는 창호 틀의 재료 및 그들의 열적 또는 재순환 자원에 관한 특성은 다음과 같다.

(1) 목재 창호틀

목재 창호 틀은 열적 특성은 우수하지만 폐 목재 창호 틀은 재순환 재료로 활용되는 일이 거의 없고 대부분은 땔감으로 쓰이거나 소각장 또는 쓰레기 매립장으로 보내진다.

(2) 알루미늄 창호틀

건축물을 철거할 때 발생하는 폐 알루미늄 창호 틀은 거의 완벽하게 재순환 사용이 가능한 재료이다. 그러나 알루미늄 창호 틀의 불량한 열적 성능을 개량하기 위해서는 획기적인 기술 개발이 필요하다.

(3) PVC 창호틀

단열 성능이 좋은 재료로서 폐 PVC 의 상당량은 재순환 활용이 가능하다.

(4) 강철재 창호틀

대부분의 강철재 창호 틀은 고철이나 파쇠 등을 원료로 사용하여 만들기 때문에 거의 항구적으로 반복 재순환이 가능한 재료이다. 강철재 창호 틀의 열적 성능은 최저 한계치에 머무를 정도로 형편없으므로, 열적 성능을 개량하기 위해서는 강철재 내에서 열의 통과를 차단할 수 있는 재료와의 혼합사용이 불가피하다.

라. 알루미늄 외피 공사 *Aluminum Cladding*

가) 알루미늄 원광석 자원

알루미늄의 원광석인 보크사이트 *Bauxite* 광산은 일반적으로 열대지역에 산재하고 있으며 매장량도 비교적 풍부한 편이다. 그러나 지금 문제가 되는 것은 보크사이트의 채광을 용이하게 하기 위하여 많은 열대우림이 한꺼번에 모두 베어지는 일이 종종 발생한다는 점이다.

나) 보크사이트 정련

보크사이트의 정련은 전기분해에 의존하기 때문에 막대한 양의 전력이 소모된다. 알루미늄을 생산하는데 필요한 전기에너지는 강철의 약 6배에 달한다. 보크사이트의 정련에는 다량의 전력뿐만 아니라 많은 양의 물도 필요로 한다. 따라서 알루미늄 제련소는 종종 다량의 전력과 용수를 저렴한 가격으로 공급 받을 수 있는 수력발전소 근처에 세워진다. 그래도 알루미늄은 건축재료 가운데서 가장 생산에너지의 소모가 큰 재료이다. 보크사이트 정련과정에서 발생하는 폐수에는 청산염 *Cyanide* , 안티몬 *Antimony* , 니켈 *Nickel* , 불화물 *Fluorides* 등의 유해 중금속 물질이 들어 있다. 그러므로 알루미늄 제련소의 자체 폐수 정화시설은 필수적이다.

다) 건축공사용 알루미늄 제품 생산 및 시공

알루미늄은 압출성형이 용이하여 다양한 형태의 제품생산이 가능하다. 또한 알루미늄은 경량이어서 운송비용이 적게 든다. 알루미늄은 열전도성이 매우 큰 재료이므로 알루미늄 제품을 외벽 마감자재 *Aluminum Cladding* 로 사용할 때는 단열성능이 우수한 다른 재료와 병용할 필요가 있다. 알루미늄 박막 *Aluminum Foil* 은 습기와 복사열을 차단하는 성능이 우수하여 고성능의 단열을 요구하는 복합단열자재의 주요 원료로 사용된다. 알루미늄 박막은 소량의 재순환 알루미늄으로도 생산이 가능하다. 알루미늄 외벽자재는 경량이며 조립방법이 단순하여 시공이 편리하다. 또한 공사도중 폐자재나 공해 발생이 거의 없고 소량 발생하는 폐 알루미늄 조각조차도 거의 완벽하게 재순환 재료로 활용된다.

알루미늄 분말도장 *Powder Coatings* 의 경우 대기 속으로 용매 *Solvents* 를 방출하지 아니하므로 용매를 이용하는 도장 *Solvent-based Coatings* 보다 환경보호에 유리하다.

라) 유지관리 및 재순환 활용

알루미늄 외벽 마감자재는 가끔 청소, 보수 등의 유지관리를 해준다면 내구성이 매우 커서 오랜 기간 동안 사용이 가능하다. 또한 건축물이 철거된 후에도 폐 알루미늄 자재는 거의 완전하게 재순환이 가능하다. 폐 알루미늄 자재를 재순환 재료로 재생하는데 필요한 에너지는 보크사이트를 알루미늄으로 정련하기 위하여 필요로 하는 에너지 소비량에 비하면 매우 적은 편이다.

7) 석고보드 및 회반죽 공사 *Gypsum Board & Plastering*

가. 천연석고 자원

자연 상태로 있는 천연석고, 즉 이수석고 $CaSO_4 \cdot 2H_2O$ 는 재생할 수는 없지만 지구상 어느 곳에나 광범위하고 풍부하게 존재하는 광물이다. 천연석고의 주성분은 황산칼슘과 물이다. 대부분의 천연 석고는 지표면의 노천광산에서 채굴하기 때문에 야생동물의 서식지 파괴, 지표면 침식, 수질오염, 파낸 표토 및 석고 부스러기 등의 처리문제가 대두되고 있으므로 환경파괴 대책이 요구된다.

나. 분말석고 및 석고판 생산

현재 건축공사에서 활용되고 있는 분말석고나 석고판은 합성 석고 *Synthetic Gypsum* 이다. 건축재료 용도의 합성 석고는 천연석고에 화학비료 제조의 부산물이나 화력발전소의 굴뚝 연도에서 생기는 연기의 낙진 등을 첨가하여 생산한다. 화학비료의 부산물이나 연기의 낙진은 석고의 접착력과 강도를 증가시킨다.

합성석고는 무 수축으로 경화되기 때문에 수축균열의 위험이 없고 화재가 발생하여 열을 받으면 결합수가 분해되면서 열을 흡수하기 때문에 내화성이 큰 재료이다. 그러나 생산 후 3 개월 이상 경과되면 석고는 풍화되어 경화속도가 빨라지면서 팽창하여 균열이 발생하므로 사용에 주의를 요한다.

이수 二水, $2H_2O$ 석고 상태로 생산되는 합성석고를 물이 끓는 온도보다 약간 높은 120~130℃ 정도로 소성해서 만든 석고를 소석고 또는 반수 半水, $1/2H_2O$ 석고라고 한다. 소석고를 250℃ 정도로 다시 소성하여 만든 석고를 무수 無水 석고라고 한다. 소석고를 미분쇄한 것이 회반죽 재료인 분말석고이고, 고압고열 용기 *Autoclave* 내에서 습식 가열하여 제조한 것이 경질석고이다. 경질석고는 강도가 높아 석고판재나 셀프-레블링 *Self-leveling* 재료로 활용된다. 분말 석고의 생산에 필요한 에너지는 778cal/g 이고, 석고판재의 생산에너지는

1667cal/g 정도이다. 소석고를 만드는 과정에서는 황산칼슘 분말 및 불활성, 양성 화학물질 Inert , benign Chemical 분말이 배출되므로 미세먼지 확산 방지시설의 설치가 필요하다. 또한 석고는 산성이므로 강재의 부식에 주의를 요한다. 석고판재의 양쪽 겉면에 붙인 두꺼운 종이는 주로 폐신문지를 재활용하여 만든다. 지난날에는 화학 비료의 부산물이나 화력발전소 연기의 낙진은 모두 쓰레기로 버려 졌었다.

다. 석고판 시공 및 재순환 활용

석고 판재는 운반 및 공사도중에 손상되기 쉬운 재료이어서 공사 현장이나 운반 과정에서 약 10% 의 손실이 발생한다. 파손된 석고 판재의 일부는 분말로 만들어 점토질의 흙과 혼합하여 농지개량에 활용되거나 석고 판재의 원료로 재활용된다. 그러나 대부분의 폐석고 판재는 쓰레기 매립장으로 보내지고 있는 것이 현실이다. 공사현장에서 석고 판재를 자르거나, 석고 반죽을 바르고 연마하는 과정에서 상당량의 미세먼지가 발생한다. 석고 판재로 인한 미세먼지는 건축물의 보수 또는 철거 공사 때에도 상당량 발생한다. 석고 미세 먼지가 어떤 특정 질병의 유발과 관련되어 있지는 않지만 미세 먼지를 제거하고 청소할 때는 불쾌감과 불안감을 준다.

라. 유해물질의 방출

건축물의 벽이나 천장에 부착되어 있는 석고판재 자체에서는 미세먼지를 비롯한 유해물질이 거의 방출되지 않는다. 그러나 석고판재 표면을 치장하기 위한 페인트, 벽지용 접착제 등에서는 휘발성 유기화합물질 VOCs 이 방출되므로 도장재료나 접착제를 선정할 때는 세심한 주의가 필요하다.

제 3 절 건축생산 공예기술의 변천과 전망

1. 건축생산 공예기술의 변천

1) 건축기술의 역사

건축생산 공예기술의 역사를 통해 볼 때 고대, 고전, 중세 및 근세건축 시대를 거쳐 근대건축의 여명기인 산업혁명 이전까지의 일반적인 건축기술은 수평적 건축생산 기술이었다. 즉, 산업혁명 이전의 건축기술은 특정 지역에 국한된 건축기술과 그 지역 천연의 토속 재료인 흙벽돌, 석재, 목재 등을 인력과 동물의 힘을 이용하여 지상에서 수평선을 따라 축조하는 건축기술이었다.

18세기 중반 산업혁명으로 인하여 가내 수공업 생산체계에서 기계적 공장 생산체계로 산업사회가 전환됨에 따라서 건축기술도 일대 전환기를 맞이하게 되었다. 산업혁명 이전의 수공업적 건축기술은 지역적, 관습적, 주관적 기술이었다. 그렇지만 산업혁명 이후의 건축기술은 공개적, 과학적, 객관적인 새로운 기술로 변천되었다. 산업혁명으로 인하여 기계가 발달하고 교통, 통신 수단이 발달하였으며, 시멘트 *Cement*, 철강재, 유리 등의 공장생산 건축자재가 획기적으로 발달하였기 때문이다. 18세기 후반 과학기술의 혁명으로 인간의 사회는 공업 생산적이고 도시 중심적인 사회로 변모하였다. 이와 같은 사회적 변화는 도심의 제한된 장소에서 대규모의 내부공간을 필요로 하였으며 이러한 사회적 욕구는 필연적으로 고층건축물의 등장을 유발하였다. 그러나 건축기술은 그 범위와 종류가 매우 다양할뿐더러 기술의 활용에 제약이 커서 체계적으로 발전 할 수 있는 여지가 많지 않았다. 게다가 건축기술은 학자들의 이론 연구에 의해서 체계적으로, 점진적으로 발전 할 수 있는 기술도 아니었다. 건축기술은 건축물 생산 현장에서 건설 관련 기술자들이 실무 경험과 인문, 사회적 관습을 바탕으로 오랜 세월에 걸쳐서 서서히 또는 급진적으로 발전되는 기술이었다. 따라서 건축기술은 과학적 방법론에 의한 점진적인 이론의 체계화가 쉽지 않았던 것이다.

그러나 예외는 있다. 강력한 왕권이나 신성, 종교적 경외감 등으로 초인적인 능력을 발휘하는 종교의 힘을 바탕으로 하여 건축된 거대한 건축 구조물이 그런 경우이다. 현존하는 대부분의 고대 건축문화 유산이 그런 경우에 해당한다. 고대의 거대한 왕궁, 신전, 분묘, 성곽 및 종교 건축물 등의 건축기술은 현재의 첨단 과학기술과 건축 이론으로도 풀기 어려운 불가사의한 것이 수두룩하다. 기원전 5세기 이후 고대 중국의 전국시대 *戰國時代* 부터 축조되기 시작하여 수세기에 걸쳐 축조되어 현재까지도 존재하고 있는 만리장성 역시 신비한 고대 건축문화 유산중의 하나이다. 인류문명 발상지 중의 하나인 나일강변에 현존하고 있는 고대 건축문명의 상징인 이집트 *Egypt* 고 왕국 시대의 대 피라미드 *Great Pyramid* 의 축조기술은 현대 첨단 과학기술로도 풀리지 않는 대표적인 수수께끼 중의 하나이다(사진 1-03). 태양신 *Ra* 을 숭배하던 고대 이집트인들의 태양신을 위한 종교적 상징물인 오벨리스크 *Obelisk, 方尖塔* 건축기술 또한 불가사의 한 것이다(사진 1-04).

사진 1-03 : 기자의 피라미드 및 스핑크스 *Giza Egypt*

현재 이집트에는 수도 카이로 서쪽, 아부 라와슈에서 나일강변을 따라서 엘-라훈에 이르기까지의 지역에 80여 기의 피라미드와 스핑크스가 산재하고 있다. 그들 중 거의 완벽하게 외형이 보존되어 있어 이집트를 대표하는 문화 아이콘으로 유명해진 피라미드와 스핑크스는 기자 지구에 있는 3대 피라미드와 스핑크스이다. 유네스코는 이들 피라미드를 세계문화유산 중에서 가장 위대한 건축물로 손꼽고 있다. 피라미드는 고대 이집트의 국왕과 왕비를 비롯한 왕족의 무덤으로 알려지고 있다. 또한 피라미드는 왕, 즉 파라오 자신의 힘과 국력을 과시하고 내세에서도 영혼 불멸을 바라는 마음이 담겨진 건축물이기도 하다. '피라미드' 라는 말은 그리스어 '피라미스' 에서 유래한 것이라 한다. 고대 이집트 사람들은 피라미드를 '메르' 라고 불렀으며, 아랍어로는 '아흐람' 이라고도 한다. 카이로 서남쪽 약 15km 지점인 기자 Giza 지구에는 여왕의 피라미드 2기, 왕의 피라미드 3기 및 스핑크스가 있다. 이 불가사의한 건축물들은 BC 2650년? (또는 BC 4500년?) 경에 건설된 것으로 추정 되며 세 왕의 피라미드를 3대 피라미드라고 한다. 쿠푸 왕(높이: 146.6*m*), 카프레 왕(높이: 143*m*), 멘카우레 왕(높이: 65.5*m*)의 피라미드는 동북-서남의 일직선 축 상에 약 150*m* 의 거리를 두고 나란히 배치되어있다.

가장 큰 피라미드의 주인인 쿠푸는 카프레의 할아버지이고 멘카우레는 카프레의 아들이다. 현재 관광객들이 출입하는 쿠푸 왕 피라미드의 현실 출입구는 9세기에 아바스 왕조의 칼리프 알 마문 왕이 도굴을 위해서 파헤쳐 놓은 곳이다. 피라미드의 내부에는 대회랑, 왕과 왕비의 방, 내려가는 통로, 올라가는 통로, 수평 통로, 환기통 등이 있다. 특히 환기통은 철판에 금도금을 해서 만들었다니 놀라울 뿐이다. 피라미드의 왕의 방, 즉 현실은 피라미드 바닥에서 3분의 1지점의 높이에 있다. 대 피라미드의 현실 및 현실에 이르는 46*m* 의 터널식 대회랑과 같은 주요 구조부는 붉은색 화강석으로 축조되었다. 피라미드의 표면은 원래 화강석 판재로 마감되었으나 현재는 모두 떨어져 나가서 석회석이 노출된 상태로 있다. 피라미드 표면에 부착되었던 화강석 판재의 흔적은, 현재 보존상태가 가장 양호한 카프레 왕 피라미드 정상 부분에 일부 남아 있다. 대 피라미드 Great Pyramid 라고 불려지는 쿠푸 Khufu 왕의 피라미드는 나일강이 범람하는 홍수철의 유휴 노동력을 활용하여 건설한 것으로 전해진다. 케옵스 Cheops 라고도하는 쿠푸왕의 피라미드는 약 10만 명의 장인과 노동자들이 20여 년간에 걸쳐 건설한 것으로 추정된다.

BC 2589?~BC 2566년에 재위했던 쿠푸 왕은 이집트 고왕국 제4왕조의 제2대 파라오이다. 쿠푸 왕의 피라미드는 현존하는 이집트 피라미드 중에서 규모가 가장 커서 사람들은 이를 대 피라미드라고 부른다. 대 피라미드는 '세계 7대 불가사의 건축물' 중에서도 원형이 그대로 보존된 유일한 건축물이다. 대 피라미드의 밑면은 정사각형으로 한 변이 230.5*m* 이고, 사각뿔 정점의 높이는 146.6*m* 에 달한다. 그러나 현재 측정되고 있는 높이는 137*m* 이다. 대 피라미드의 정점 부분이 붕괴, 침하되었기 때문이다. 그러나 원상복구가 어려운 관계로 대 피라미드의 원래 높이 146.6*m* 를 나타내기 위한 방편으로 피라미드의 정점에 길이 9.6*m* 의 철봉을 박아 놨다. 대 피라미드는 사암지반 위에 중량이 개당 1.5t~160t 이나 되는 석회석 230여만 개를 쌓아 올려 건축한 것이다. 그러나 수천년 동안 지반 침하가 불과 5mm 정도에 불과하다는 것은 불가사의한 일이다. 피라미드 건설에 사용된 석회석은 카이로 근교 나일 강 양쪽 기슭에서, 화강석은 기자에서 남쪽으로 950km 이상 떨어진 나일 강 상류, 아스완 지역의 채석장에서 운반해 온 것으로 추정된다. 그러나 최근 미국, 필라델피아 드렉셀 대학 재료공학과의 이집트 태생 미셀 바소움 교수는 피라미드 축조에 쓰인 석회석는 천연 석회석이 아니고 석회, 모래, 점토를 혼합하여 만든 콘크리트라는 주장을 펴 파문이 일고 있다. 지금까지 알려진 콘크리트 제조 기술은 2000여 년 전 로마인들이 항구, 원형극장 등을 건설할 때 처음 사용한 것으로 알려져 왔기 때문이다.

카프레 왕 피라미드의 앞, 즉 피라미드의 동쪽에는 태양신의 상징이며 왕의 권력을 상징하는 신비스러운 스핑크스가 있다. 이 스핑크스는 편안한 자세로 앉아 해가 뜨는 동쪽을 응시하면서 카프레 왕을 지켜주고 있다. 이 스핑크스는 이집트 제4왕조(BC 2700년~BC 2500년) 때 건설된 것으로 추정된다. 거대한 석회석 덩어리를 깎아 만든 이 스핑크스는 전체 길이가 약 70*m* , 너비 6*m* , 높이 20*m* 이다. 인간의 얼굴에 사자의 몸을 가진 이 스핑크스의 얼굴은 카프레 왕의 생전의 얼굴을 본뜬 것이라고 이집트의 학자들은 생각하고 있다.

♣ 쿠푸왕 피라미드의 도굴 구멍: 현재 관광객들의 피라미드 현실 출입구

♣ 3대 왕, 즉 쿠푸, 카프레, 멘카우레 왕의 피라미드: 오른쪽 끝 작은 것은 여왕 피라미드

♣ 멘카우레, 카프레, 쿠푸 왕 피라미드: 왼쪽 작은 피라미드 부터

♣ 카프레 왕 피라미드: 정상에 화강석 표피가 남아 있다. 사진 왼쪽은 모서리 일부분이 붕괴된 쿠푸 왕 피라미드

♣ 모서리 일부가 무너진 쿠푸 왕 피라미드 하단

♣ 스핑크스 신전: 카프레 왕 피라미드의 정 동쪽에 있다.

♣ 스핑크스: 인간의 얼굴에 사자의 몸을 가짐

♣ 나일 강변 채석장: 피라미드 건축용 석회석 채취, 이집트 카이로 근교

사진 1-04 : 오벨리스크 *Obelisk, Luxor Egypt*

♣ 아몬 대신전의 오벨리스크: 오벨리스크에는 태양신 "아몬 라" 에게 바치는 종교적 헌사와 파라오의 생애를 기리는 내용이 새겨져 있다. 허리가 잘려 누워 있는 오벨리스크 뒤편에 보이는 두개의 오벨리스크 중 작은 것이 투트모스 1세의 것이고, 큰 것이 하셉수트 여왕의 것이다. 하셉수트 여왕의 오벨리스크는 높이가 29.5m 이고 무게는 430톤이다. 아몬 대신전의 부속 신전인 룩소르 신전 앞에는 2개의 오벨리스크가 있었으나 이들 중 한 개는 현재 프랑스 빠리의 꽁꼬르흐드 광장에 있다. 아몬 대신전과 "승리의 길" 로 연결돼 있는 카르나크 신전은 현존하는 최대 규모의 고대 이집트 신전이다. 이 신전은 서기전 1567 년경 18 왕조 시대부터 최후의 프톨레마이오스 왕조 때까지 1000여 년간 증축과 개축을 반복하면서 건축되었다. 카르나크 신전에 있었던 높이 33m 의 투트모스 3세의 오벨리스크는 현재 로마의 바티칸 광장에 있다.

♣ 미완성 오벨리스크: 길이 약 42m 이며, 아스완의 화강석 채석장에 있다. 한 개의 붉은 화강석 통돌 Monolith 을 깎아 만든 오벨리스크의 높이는 대략 25~40m , 중량은 140~400톤 정도이다.

♣ 룩소르 신전의 오벨리스크: 원래 신전 정면 제1탑문의 양쪽에 각각 한 개씩 두개의 오벨리스크가 있었으나 현재는 왼쪽에 한개만 남아있다. 오른쪽에 있던 것은 현재 프랑스 빠리의 꽁꼬르흐드 광장에 있다. 탑문 앞쪽에 보이는 동상은 람세스 2세의 좌상과 입상이다. 여러 신전의 전면에 세워져 있었던 수많은 오벨리스크는 근세 제국주의자들의 전리품이 되어 런던, 빠리, 로마 등지로 옮겨졌다. 그러나 공식적인 역사 기록으로는 모두 증정 받은 것으로 되어있다. 룩소르 신전은 아몬 대신전의 부속 신전이다.

♣ 룩소르 신전의 야경

♣ 룩소르 출신 오벨리스크: 프랑스 빠리, 꽁꼬르흐드 광장 Place de la Concorde 에 있다. 이 광장의 원래 명칭은 루이 15세 광장이었다. 그러나 프랑스 혁명당시 1119명을 처형, 피로 물든 이 광장을 프랑스 혁명광장이라 불렀다. 공포정치가 끝난 1794년 말경에는 '화합, 일치' 를 뜻하는 꽁꼬르흐드 광장이 되었다. 오벨리스크는 1830년경 이집트 총독이 루이 필립 왕에게 증정한 것으로 되어 있다. 1836년부터 지금까지 꽁꼬르흐드 광장에 있는 오벨리스크는 첨단 및 표면의 기록이 모두 황금 도금으로 치장되어, 룩소르에 있는 오벨리스크보다도 더 잘 보존되고 있다.

2) 고층 건축물의 변천

19세기 중반 철강, 시멘트, 유리 등의 대량생산 기술과 인공 콘크리트 제조기술의 발달은 바벨탑 *Tower of Babel* 을 쌓아 하늘에 도달하려 했던 고대 인간들의 오래된 꿈이 비로소 실현되는 것이 아닌가 하는 희망을 가질 수 있는 계기가 되었다. 사람들은 고대에서 현대에 이르기까지 끊임없이 주위를 압도하고 하늘 높이 오를 수 있는 높은 건축물을 쌓아올리려고 부단히 노력해 왔다. 고대 이집트의 피라미드 및 오벨리스크, 유프라테스강 어귀에 있었던 고대 수메르 *Sumer* 의 지구라트 *Ziggurat* , 그 중에서도 특히 바벨탑, 고대 중앙아메리카 *Ancient Mesoamerica* 의 아즈텍 *Aztec* , 올멕 *Olmec* , 마야 *Maya* , 자포텍 *Japotec* 및 톨텍 피라미드 *Toltec Pyramids* 그리고 각종 종교건축물의 뾰족탑 등이 그런류의 건축물이다. 바벨탑은 가장 유명한 지구라트중의 하나로 알려지고 있는데, 아마도 십중팔구는 고대 비벨로니아의 수도였던 바빌론 *Babylon* 에 있었던 이티메난키 신전 *Temple of Etemenanki* 이었을 것이다. 서기전 605~563년에 가장 번성하였던 바빌론은 당시 도시들 중 가장 큰 도시였다. 7층인 바벨탑은 나선형 구조 *Spiral Structure* 로 되었으나, 정방형 기층 *Square Base* 은 한 변의 길이가 90m 였다. 탑의 외벽은 청색 유약벽돌 *Blue-glazed Bricks* 로 장식됐다.

고강도의 건축자재와 인간의 힘의 한계를 초월하는 건설기계 및 공사방법의 혁신적 발전에 따라서 수직적 건축생산 기술은 놀라운 속도로 변모하였다. 19세기 중반이후 기능주의에 입각한 건축 기술자들은 유리와 철강재를 활용하는 기술을 습득하여 마침내 철골구조의 초고층 건축물 *Ultrahigh Rise* 을 인간사회에 등장시켰다. 현대 건축사에서 볼 때 높은 건축물을 지칭하는 마천루 *摩天樓, Skyscrapers* 라는 말이 처음 등장한 것은 1880년대였으며, 현재의 기준으로는 200~299*m* 높이의 건축물을 지칭한다. 1885년 미국 시카고에 건설된 최초의 철골구조+점토벽돌 건축물인 높이 42*m*, 10층짜리 보험회사 *Home Insurance Company* 빌딩이 현대적인 고층 건축물의 효시라고 할 수 있다. 초고층 건축물의 등장은 고강도 철골구조, 경량 커튼월 *Curtain Walls* , 즉 장막벽구조 및 초고속 엘리베이터 *Elevators* 기술 등의 발달로 가능하게 되었다.

가. 초고층 건축물의 정의

초고층 건축물의 정의는 시대적, 사회적 여건에 따라서 달라질 수 있는 상대적인 기준이다. 세계 각국이 과시적으로 최고의 높이를 자랑하려는 건축물들을 경쟁적으로 짓다보니 최고 높이를 산정하는 기준 및 명칭도 각양각색이다. 우리나라의 건축법시행령에서는 층수가 50층 이상이거나, 지상 높이가 200*m* 이상인 건축물을 초고층 건축물이라고 정의하고 있다. 미국에서는 높이 100~199*m* 는 하이라이즈 *Highrise* , 높이 200~299*m* 는 스카이스크레이퍼 *Skyscraper* , 300*m* 이상은 수퍼톨 *Supertall* 이라고 부른다. 건축물의 최고 높이는 일반적으로, 건축물의 주출입구가 있는 지표면에서 주거용 실내 층 최상단까지의 높이로 한다. 그러나 세계 최고높이의 건축물을 자랑하려는 각국의 과시욕 때문에 관리 층은 물론 비 거주용의 첨탑이나 안테나까지를 건축물 높이로 간주하는 것이 세계적인 추세이다.

한편 설계, 시공관리, 건축설비 등의 측면에서 볼 때는 난이도가 높고, 구조적인 측면에서는 수평하중에 대하여 저항할 수 있는 고도의 기술을 채택할 필요가 있는 건축물을 초고층 건축물이라고 정의하기도 한다. 세계초고층 빌딩연합, 즉 미국 일리노이공대의 고층빌딩 및 도시주거 평의회 *CTBUH: Council of Tall Building & Urban Habitat* 에서는 주기적으로 세계 100대 초고층 건축물을 선정, 발표하고 있다. *CTBUH* 는 1996년 4월 12일, 지면으로부터 구조체 최상단까지의 높이를 기준으로, 공사 중인 페트로나스 트윈 타워를 세계에서 가장 높은 건축물로 선정했다. 그러나 1997년 7월 10일, 건축물 높이를 정하는 새로운 기준을 마련함으로서 세계 최고층 건축물의 선정에 혼란이 생겼다. 다시 말해서 구조체 최상단까지의 높이를 기준으로 하면 페트로나스 트윈 타워가 제일 높지만, 안테나 또는 첨탑의 높이까지를 포함하는 경우는 뉴욕의 세계무역센터가, 그리고 주거공간의 상단 또는 바닥까지의 높이를 기준으로 하는 경우는 시카고의 시어스 타워가 세계에서 가장 높은 건축물이 되기 때문이다.

CTBUH 는 초고층 건축물의 구조적 안전성을 판단하는 기준으로 세장비 *細長比, Slenderness Ratio* 또는 종횡비 *Aspect Ratio* 를 활용한다. 현재의 건축기술을 기준으로 할 때 구조적으로 안전성이 확보되는 초고층 건축물의 세장비의 범위는 5~10 정도이며 관련 용어의 의미는 다음과 같다:

Aspect Ratio ① In any configuration, the ratio of the long dimension to the short dimension. ② The ratio of the width of a duct to its height.

Slenderness Ratio The ratio of effective length or height of a wall, column, or pier to the radius of gyration. The ratio is used as a means of assessing the stability of the element.

나. 초고층 건축물의 현황

초고층 건축물의 수요증가는 19세기 말까지는 상업의 발달에 기인하였지만, 21세기 초부터는 인구의 도시 집적화를 해소하는 대안의 일환이 되었다. 21세기에는 더욱 발전된 공학기술을 바탕으로 하는 기술표현주의 *High-tech Movement* 를 표방하는 초고층 건축물이 아시아와 중동지역 국가에서 경쟁적으로 건축되고 있다. 19세기 중반이후 세계 각국에서 건설된 초고층 건축물의 연대기적 변천은 다음과 같다.

가) 1851년, 유리의 전당

세계 25개국이 참여한 '만국 산업생산품 대 박람회', 즉 '런던 *London* 세계 박람회' 를 기념하기 위하여 런던의 중심지역인 하이드파크 *Hyde Park* 에 '유리의 전당' 이라고 불리는 건축물이 세워 졌다. '유리의 전당' 은 1851년 5월 1일 세계박람회의 개막에 맞추어 준공된, 길이 554.4m , 너비 122.4m , 높이 19.2~32.4m 규모의 가설 건축물이었다(사진 1-05). '유리의 전당' 은 온실공사 전문가인 정원사 조지프 팩스턴 *Joseph Paxton (1801~1865)* 에 의하여 설계가 시작 된지 불과 8개월 만에 완공됐다. '유리의 전당' 은 현재의 관점에서 볼 때 초고층 건축물은 아니지만 산업혁명의 원동력인 공장생산방식으로 건축된 19세기의 혁신적인 건축물중의 하나이다. '유리의 전당' 은 주철, 유리 및 목재 부재를 공장에서 생산하여 공사 현장에서 조립하는 초고층 건축물 시공방식으로 건축되었다. 1851년 10월 박람회가 끝나자 유리의 전당은 1852년 순식간에 해체됐다. 조지프 팩스톤은 2년간에 걸쳐서 기존 건축물의 설계를 대폭 수정, 해체된 자재를 재활용하여 런던 교외 지역인 시든햄 *Sydenham* 에 '유리의 전당' 을 재조립했다. 재조립된 '유리의 전당' 은 음악회, 전시회 등을 개최하는 건축물로 활용되었으나 건축물 자체로서의 큰 인기는 끌지 못했다. 사람들은 재조립된 이 건축물을 '수정궁 *Crystal Palace*' 이라고 불렀으나 안타깝게도 1936년 11월 30일 밤 대화재로 소실됐다.

사진 1-05 : 유리의 전당 *Crystal Palace Hyde Park, London, U.K.*

나) 1889년, 에펠탑

에펠탑 *Tour d' Eiffel* 은 빠리의 센 *Seine* 강변 서쪽 하늘 높이 치솟아 오르면서 수직 건축생산 기술의 진수를 한껏 자랑하였다. 에펠탑은 프랑스 대혁명 100주년 기념 및 빠리 만국박람회 *Paris World's Fair* 를 기념하기 위하여 1887년 2월에 착공, 1889년 3월 31일에 완공된 연철 구조물이다(사진 1-06). 모리스 케클렝의 기본설계와 귀스타브 에펠 *Gustave Eiffel* 의 실시설계에 따라서 완공된 이 철골 구조물의 본체 높이는 300.51*m* , 안테나를 포함한 최고 높이는 320.75*m* , 총중량은 7300톤이다. 완공당시 에펠탑에는 총 1911단으로 된 나선형 계단이 설치되어 있었지만, 약 100년 뒤인 1983년에 엘리베이터가 설치되면서 계단은 해체되었다. 에펠탑은 15 000개의 철강부재를 250만 개의 리벳 *Rivets* 으로 접합하여 건축되었다. 에펠탑은 빠리 국제만국박람회가 끝나고 한참 지난 1910년 당시 문인, 예술인 등 많은 겉보기 심미가 들의 무참한 혹평과 철거 주장에 당면하여 영원히 사라질 번한 위험에 처한 적도 있었다. 당대의 유력한 작가인 기 드 모빠쌍 *Guy de Maupassant* 은 '눈이 빙빙 도는 듯한 우스꽝스러운 탑' 을 철거하라는 성명서에 서명하는 어리석은 행태를 남겼다. 지상 276*m* 에 있는 전망대에는 탑의 설계자 에펠과 그의 동료들이 생전에 자신의 사무실에서 일하던 모습이 실물 크기의 밀랍 인형으로 재현되어 있다.

다) 1931년, 엠파이어 스테이트 빌딩

20세기 전반 40여 년 동안 세계에서 가장 높은 강철 골조의 초고층 건축물로 군림한 102층의 엠파이어 스테이트 빌딩 *Empire State Building* 이 미국 뉴욕 *New York* 의 맨해튼 *Manhattan* 섬 중심지역 번화가에 세워졌다(사진 1-07). 이 건축물 102층까지의 높이는 1252 ft. *381.6m* 이지만 *TV* 및 라디오 안테나 높이 67m *220 ft.* 를 포함하면 최고 높이는 448*m* *1472 ft.* 가 된다. 엘리베이터는 모두 67개가 설치되었다. 이 건축물의 설계는 슈리브, 램 & 하몬 건축가 사무소 *Shreve, Lamb & Harmon Associates* , 시공은 스타레트 브라더스 & 이켄 *Starrette Brothers & Eken* , 그리고 공사관리는 헤큼슬레이 스피어 *Hekmsley Spear* 가 담당하였다. 이 건축물은 1929년 10월에 착공, 기존 호텔 건축물 철거에 5개월, 터파기 및 기초공사에 2개월, 지하 2층 및 지상 철골골조 조립공사에 5개월, 마감공사에 8개월이 소요되어 불과 20개월 만에 완공되었다. 이 건축물이 매우 짧은 기간 동안에 완공될 수 있었던 것은 당시 대공황의 소용돌이 속에서 생활고에 시달리던 저임의 풍부한 노동력을 8홉석으로 관리하여 밤낮을 가리지 않고 생산성 높은 조립식 공사를 진행할 수 있었던 사회적 배경 및 공사관리기술 때문이었다. 약 6만 톤의 골조용 철강재와 철근콘크리트, 1000만 장의 벽돌, 석회암, 알루미늄 등의 자재가 투입된 이 건축물의 총중량은 36만 5000톤이다.

사진 1-06 : 에펠탑 *Tour d' Eiffel Paris, France*

♣ 에펠탑 2층(57m): 샹-드 마르스 Champ-de Mars, 샤이요 궁 Palais de Chaillot, 프랑스 빠리

♣ 에펠탑 2층, 3층(115m) 및 4층(276m)

사진 1-07 : 엠파이어 스테이트 빌딩 *Empire State Building New York, USA*

♣ 엠파이어 스테이트 빌딩 전경: 강철골조+유리, 85층까지는 사무실, 전망대는 86층과 102층, 미국 뉴욕

♣ 안테나(61 m)+ 첨탑층(86~102층)

♣ 건축물 정면 Façade 출입구: 아르 데꼬 Arts décoratifs 풍의 석회석 장식

라) 1973년, 세계무역센터 Ⅰ & Ⅱ

미국, 뉴욕 *New York* 의 맨해튼 *Manhattan* 섬 남쪽지역 *Lower Manhattan* 허드슨 *Hudson* 강변에 쌍둥이 빌딩 *Battery Buildings* 인 110층의 세계무역센터 *WTC: World Trade Center*, Ⅰ *417 m*, Ⅱ *415 m* 가 세워졌다(사진 1-08). *WTC* 는 1966년 8월에 착공, 1972년에 타워 *Tower* Ⅰ 이, 1973년에 타워 *Tower* Ⅱ 가 완공되었다. *WTC* 는 1958년 솜 *SOM: Skidmore, Owings & Merrill* 이 복합 상업지역의 중심 건축물로 계획하였으나 사업 규모가 너무 방대하여 실현되지 못했다. 1962년에 야마사키 미노루 *山崎實*, 에머리 로스 & 선 컨설팅 *Emery Roth & Sons Consulting* 이 건축설계를, 존 스킬링 & 레슬리 로버트슨 *John Skilling & Leslie Robertson* 이 구조설계를 담당, 무려 7년에 걸친 공사 끝에 완공했으나 초기 계획안과는 상당히 다른 형태가 되었다. 해발 1*m* 의 소택지에 세워진 *WTC* 의 기초는 폭 1*m*, 깊이 7*m*, 가로 152*m*, 세로 305*m* 의 지하연속벽 *Slurry Wall* 을 구축한 다음 화강석 암반층이 있는 21*m* 깊이까지 말뚝을 박아 축조되었다. *WTC* 의 골조는 내부 공간의 활용을 최대화 하면서 동시에 바람, 지진 등에 의한 횡 하중에 대한 저항력을 극대화하기 위하여 강철 각관 *≒300x350 mm* 을 외벽 선을 따라서 일렬로 집중 배치하여 만든 대형 각관 구조 *Hollow Tube System: 63x63 m* 이다.

각각의 강철각관 기둥은 내화용 석고판재와 외벽 마감용 알루미늄 판재로 피복되었으며 각관 외부에는 청소용 로봇 *Robot* 이 자유롭게 오르고 내릴 수 있도록 작은 궤도를 설치하였다. 외벽은 폭이 476*mm 18¾in.* 인 기둥을 중심 간격 1035*mm 40¾in.*, 즉 순 간격 559*mm 22 in.* 로 배치한 다음 기둥의 알루미늄 틀에 유리를 끼워 마감하였다. 3층 이상 외벽의 모든 유리창의 폭은 성인 어깨 너비 정도인 559*mm* 에 불과하다. 이는 3층 이상에서는 어떤 고소공포증 환자일지라도 심리적 불안정감을 느낄 수 없도록 하기 위함이라는 건축가 야마사키의 배려였다.

WTC 는 건축물 자중의 경감을 위하여, 바닥판을 구멍 뚫린 강철 장선 *Open Web Steel Joists* 과 메탈 데크 *Metal Deck* 로 처리하였다. 또한 건축물의 내벽 및 중심 *Core* 부분의 벽체에는 건식벽 공법 *Dry Wall System* 을 채택하였다. 초고속 엘리베이터는 각 타워 *Tower* 의중심 부분에 104대가 설치되었으며 타워의 44층과 78층에는 각각 스카이로비 *Sky Lobby* 를 설치하여 엘리베이터 운용의 효율을 높였다. 초고층 건축물에 대한 새로운 개념과 시공관리 방법으로 건축되어 주목을 받아온 연건축면적 약 929 000m^2 의 *WTC* 는 유감스럽게도 2001년 9월 11일에 발생한 전대미문의 민간 항공기 테러사고에 의한 화재로 완전히 붕괴되어 흔적도 없이 사라졌다. *WTC* 에 설치되어 있었던 스프링클러 *Sprinkler* 는 3시간 정도의 일반적인 화재에 대비한 소방 설비였기 때문에 다량의 항공연료 연소에 의한 1649~1972℃ 의 고열 화재에는 무용지물이었다. 붕괴된 *WTC* 자리, 재앙의 현장, 즉 그라운드 제로 *Ground Zero* 에는 2014년 7월 준공된 원 월드 트레이드 센터를 비롯하여 2~4 월드 트레이드 센터와 추모광장, 기념관 등이 건설되었다.

사진 1-08 : 세계 무역 센터 *World Trade Center New York, U.S.A.*

♣ 붕괴전의 세계 무역 센터 1~2층 외벽기둥 묶음

마) 1974년, 시어스 타워

미국, 시카고 *Chicago, Illinois* 에 미국의 마천루 발달 역사의 정점에 서게 되는 강철골조 건축물, 시어스 타워가 1100일 동안의 공사 끝에 완공되어 세워졌다(사진 1-09). 새로운 구조적 개념, 즉 다발 관 *Bundled Tubes* 형태에 입각한 신세대 마천루인 지하 7층, 지상 103층의 시어스 타워 *Sears Tower* 가 지상 442m *1450 ft.* 높이까지 치솟았다. 옥상에 세워진 안테나 상단 부분까지의 높이는 약 527m *1730 ft.* 로서 향후 20여 년간 세계에서 가장 높은 건축물로 군림하였다. 외벽은 검정색 알루미늄과 청동색 유리로 마감되었다. 시어스 타워의 기초는 직경 2.2~3.0m 의 강관 철근콘크리트 기둥 *Caissons* 을 암반층이 있는 20m 깊이까지 박고 기둥 상단에 두께 1.5m 의 기초판 *Pile Caps* 을 만들어 축조되었다. 이 건축물에 설치된 승강기는 모두 102대이다. 33층과 66층에는 스카이 로비가 있으며 스카이 로비까지는 14대의 대량 수송용 2층 고속 승강기로 이동한다. 스카이 로비부터는 각층마다 정차하는 엘리베이터를 타고 각자의 사무실로 갈 수 있다. 103층에 있는 관광 전망대는 광장층에 설치된 2대의 전용 엘리베이터를 이용하여 직접 오를 수 있다. 건축설계 및 구조설계를 솜 *SOM* 이 담당한 시어스 타워의 구조적 특성은 정방형 *22.5×22.5m* 의 강철 각관 *Tube* 을 층고에 따라서 9개 *3×3 개: 1~55층*, 7개 *56~67층*, 5개 *68~90층*, 2개 *91~100층* 씩 서로 묶어 일체가 되도록 한 다발관구조이다. 시어스 타워는 최근에 윌리스 타워 *Willis Tower* 로 명칭이 변경되었다.

바) 1998년, 페트로나스 트윈 타워

말레이시아, 쿠알라 룸프르 *Kualar Lumpur* 에 지하 4층, 지상 88층+ 첨탑 *74m* , 높이 452m , 연면적 2×21만 8000m² 의 쌍둥이 건축물인 페트로나스 트윈 타워 *Petronas Twin Towers* 가 완공되었다(사진 1-10). 이 건축물은 뉴욕의 엠파이어 스테이트 빌딩 이래 미국 땅 바깥에 세워진 세계 최초의 초고층 건축물이다. 또한 이 건축물은 혁신적인 건축기술과 이슬람 *Islam* 적 상징성을 결합하여 건설되었다는 특성도 갖는다. 이 건축물의 평면은 이슬람교의 상징인 8각별 형태의 변형이고 두 건축물 사이 공간의 중심축은 이슬람 세계의 최고 성지인 메카 *Mecca* 를 향하고 있다. 건축물의 전체 외관은 말레이지아 전통 사리탑 *Stupa* 의 형상이다. 이 건축물의 설계에는, 건축설계, 구조설계, 설비설계, 조경설계 등 모두 16개의 설계업체가 참여했다. 건축설계는 세자르 펠리 종합건축사사무소 *Cesar Pelli & Associates* 가, 그리고 구조설계는 던톤-토마세티/엔지니어 *Thornton-Tomasetti / Engineers* 가 담당했다.

콘크리트 및 철골 혼합골조인 이 건축물 한 동의 중량은 약 30만 톤에 달한다. 건축물의 골조 재료는 기존 대부분의 마천루에서 선택하고 있는 철강재료 대신에 초고강도 *80 Mpa* 콘크리트를 사용하였다. 철강재는 전량 외국에서 수입하여야 하지만 초고강도 콘크리트는 현장에서 생산이 가능하였기 때문이다. 건축물의 외벽 선에는 최대 직경이 2.4m 인 16개의 원형기둥이 층고에 따라서 중심 간격 8~10m 로 배치되었다. 따라서 이 건축물의 골조는 기둥구조 보다는 원형관 구조 *Cylindrical Tube Frame System* 에 가깝다고 할 수 있다. 기초는, 모래 및 실트질의 지반에 1.2×2.8m 크기의 직사각형, 현장타설 철근콘크리트 마찰말뚝 104개를 60~115m 의 깊이로 박아 구축됐다. 건축물의 지하골조 *Substructure* 를 설치할 기초 말뚝머리 *Pile Cap* 는 두께 4.5m 의 콘크리트 판으로 축조됐다. 48시간 동안 일반 레미콘 트럭이 1분 30초 간격으로 쉬지 않고 콘크리트를 쏟아 부었다.

사진 1-09 : 시어스 타워 *Sears Tower Chicago, U.S.A.*

♣ 시어스 타워 전경: 미국 시카고

♣ 시어스 타워의 강철 다발관 구조형태

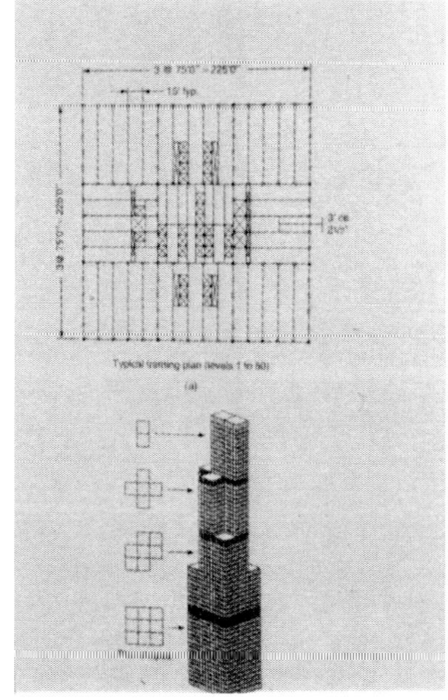

사진 1-10 : 페트로나스 타워 *Petronas Towers Kuala Lumpur, Malaysia*

페트로나스 트윈 타워의 지상 170*m* (41~42층) 높이에는 두 건축물을 연결하는 보행자용 2층 통로, 즉 스카이 브리지 Sky Bridge 가 있다. 스카이 브리지에는 전망대가 있으며, 이 통로를 보행자 다리 Pedestrian Bridge 라고도 한다. 두 건축물 사이에 설치된 이 다리는 하늘 Sky 과 무한 Infinite 에 이르는 문 Door 이라는 상징성을 내포한다. 동양적인 사고에서 공간이 갖는 중요성을 고려한 위치 선정이다. 이 건축물의 축은 두 건축물 사이의 공간에 있으며 두 건축물은 공간을 축으로 하여 대칭적으로 배치되었다. 첨탑 중간부분의 공 모양은 14개의 파이프로 만든 것인데 이는 말레이시아의 14개 주를 상징한다. 외부 벽면의 재료는 빛의 반사율이 큰 유리와 스테인리스강 Stainless Steel 으로 되어 있어, 시간에 따라서 변하는 태양광의 색조를 완벽하게 반사, 변화무쌍한 모습의 건축물 외관을 창출한다. 쿠알라 룸푸르 시 당국은, 아름다운 스카이라인을 보존하기 위해서 페트로나스 타워와 KL 탑 주변에는 이들보다 더 높은 건축물을 짓지 못하도록 규제하고 있다. 이런 규제 덕분에 쿠알라 룸푸르 시는 CNN 이 선정한 "세계 최고 의 스카이라인 20" 중 9위에 선정되었다.

♣ 쿠알라 룸푸르 전경: 왼쪽, 높이 421m 의 KL 탑과 페트로나스 타워

♣ 페트로나스 트윈 타워 하층부 및 정면 출입구

♣ 페트로나스 트윈 타워 전경

♣ 야간조명: 국경일

♣ 건축물 상층부 외벽: 주간 전경

♣ 건축물 정면 출입구 상세

♣ 정오의 첨탑: 밝은 태양 빛을 반사

♣ 석양의 첨탑: 붉은 테양 빛을 반시

♣ 보행자 다리 Pedestrian Bridge

♣ 건축물 야간 원경

♣ 건축물 야간 근경

♣ 기초 및 지상 코어 공사

♣ 지상 골조공사

♣ 외부벽면 *Façade* 상세

♣ 기초 및 지하 골조공사

♣ 말뚝공사 평면도

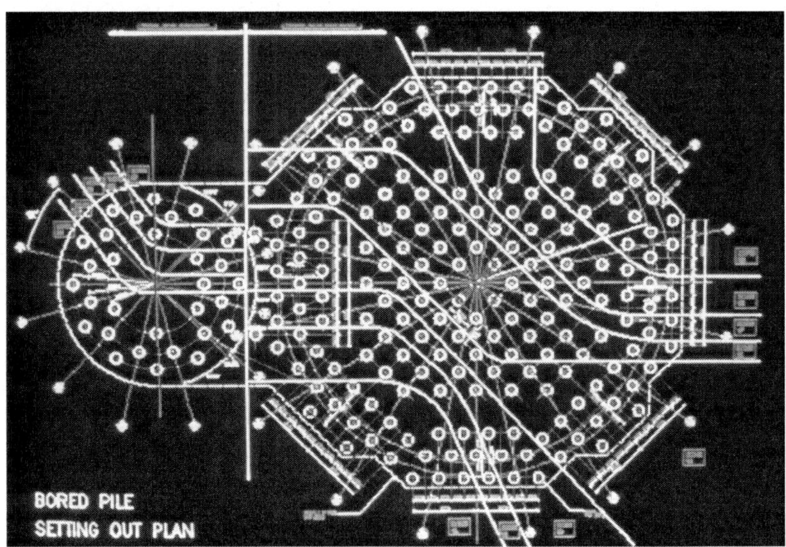

사) 1999년, 진마오 따샤 金茂大厦

중국, 상하이 上海, 푸둥신취 浦東新區, 즉 황푸장 黃浦江 동쪽 신시가지에 진마오 따샤 金茂 大厦, Jin Mao Tower 가 세워졌다(사진 1-11). 이 건축물의 명칭인 중국어 '진마오'는 '수천금' 을 의미한다. 이 건축물은 철골 및 콘크리트 복합골조 건축물로 지하 3층, 지상 88층이며 첨탑 정점까지의 높이는 420.5m 이다. 진마오 따샤는 컴퓨터로 통제되는 건축물 자동화, 방재, 구명, 통신 등의 설비를 갖춘 최첨단 인공지능 건축물 Intelligent Building 중의 하나이다. 외벽에 사용한 단열 창문은 냉난방 에너지를 절감시키고, 공기조절 시스템은 각 층별로 공기량을 조절할 수 있어, 이 건축물은 중국에서 가장 편안하고 에너지가 적게 드는 최고의 건축물로 평가받고 있다. 이 건축물은 1993년에 착공되었고, 설계는 미국의 건축설계회사인 솜 SOM 의 아드리안 스미스 Adrian D. Smith 가 맡았다. 디자인 컨셉 Design Concept 은 중국 전통전탑 塼塔 모습의 형상화와 중국인들이 길상숫자 吉祥數字 로 생각하여 선호하는 경향이 있는 8자 八字 이다. 세장비 8:1을 기준으로 계단식으로 쌓아올린 이 건축물의 평면은 사각형과 부등변 팔각형의 조합으로 이루어 졌다. 이 건축물의 외벽은 강철관으로 장식되어 있는데, 첨탑의 강철 장식은 마치 날카로운 창검을 연상케 한다.

황푸 黃浦 강 동쪽 삼각주의 연약지반 위에 세워진 이 건축물의 기초공사에는 슬러리 월 공법 Slurry Wall 및 영구 탈수공법 Dewatering 이 채택되었다. 슬러리 월의 둘레길이는 700m 이고 깊이는 36m 이다. 건축물 기초는, 두께 20mm 의 강철판 Steel Sheet 으로 직경 914mm 의 콘크리트 말뚝을 만들어 깊이 80m 의 깊이까지 박아 구축됐다. 건축물의 지하골조를 설치할 기초 말뚝머리 Pile Cap 는 두께 4.0m 의 콘크리트 판으로 축조됐으며 레미콘 트럭이 48시간 동안 계속해서 콘크리트를 쏟아 부었다. 골조공사를 위해서는, 기초공사 기간이 상당히 소요될 것으로 판단되었으므로 소위 톱-다운 Top-down 공법을 채택했다. 우리가 흔히 톱-다운이라 말하는 이 공법은 미국에서는 업-다운 Up-down 공법이라 한다.

이 건축물의 지상 50층까지는 일반 업무시설이고, 그 이상의 층은 상하이 시 上海市 의 전경을 조망 할 수 있는 최고급 호텔 Grand Hyatt Hotel 로 쓰인다. 호텔층의 내부는 첨탑층까지 열린 공간으로 되어 있다. 88층, 즉 지상 340.1m 높이에 있는 관망층 Observatory Deck 에서는 상하이 시 전체를 조망할 수 있다. 저층의 부속 건축물은 문화예술, 국제회의 및 상업시설 등의 공간으로 활용된다. 지하층은 자동차 및 자전거의 주차용으로 쓰인다. 건축물의 지상층 4개면 각각에는 똑같은 출입문이 있다.

아) 2003년, 국제금융센터 國際金融中心大厦

홍콩 香港, Hong Kong 에 88층, 높이 415m 의 국제금융센터 國際金融中心, Two International Finance Centre 가 건설되었다.

사진 1-11 : 진마오 따샤 *金茂大厦 上海, 中國*

진마오 타워는 상하이 황푸 黃浦 강 동쪽 신시가지 浦東新區 에 있다. 진마오 타워의 기준 평면은 정사각형과 크기가 다른 부등변 8각형의 조합으로 되어 있으나 기본 개념은 중국인들이 선호하는 8각형이다. 건축 구조 시스템은 정팔각형의 철근콘크리트 코아 월과 외벽을 구성하는 8개의 합성구조 기둥 및 8개의 철골기둥으로 되어 있다. 코아 월은 8개의 아웃리거 Outrigger; Steel Truss Girder 에 의해 외벽쪽의 합성구조 기둥에 연결되어 횡력에 저항한다. 건축물의 출입구는 모두 4개로서, 건축물의 동서남북에 똑같은 형태의 출입구가 각각 1개씩 있다. 스테인리스강과 화강석으로 치장된 정사각뿔대 형태의 지상 1층 기단은 중국의 전통 전탑 塼塔 을 형상화한 것이며, 한 기단의 폭은 54m 이다. 출입구 캐노피 기둥 장식 및 계단식으로 쌓아올린 건축물 최상단 첨탑 층의 형상 역시 중국의 전통 전탑 塼塔 의 모습을 형상화한 것이다. 첨탑의 강철 장식은 마치 날카로운 창검을 연상케 한다.

♣ 푸둥신취 浦東新區 전경: 오른쪽에서 두 번째가 진마오 따샤, 상하이 구시가 쪽 황푸 黃浦 강둑에서

♣ 진마오 따샤 金茂大厦 전경

♣ 진마오 따샤 출입구: 동서남북 쪽에 각 1개씩 모두 4개의 똑같은 출입구가 있다.

♣ 1층 외벽 및 출입구 전경

♣ 중국 전통 전탑 塼塔 형상의 1층 외벽 및 출입구 캐노피 기둥 상세

♣ 첨탑: 날카로운 창검 같은 스테인리스 강철 장식

자) 2004년, 타이베이 101 따뤄 臺北 101 大樓

타이완 臺灣, 타이베이시 臺北市 동남쪽, 신시가지 信義計劃區 에 지하 5층, 지상 101층, 첨탑까지의 높이 508m 인 타이베이 101 따뤄 臺北 101 大樓 가 건설되었다(사진 1-12). 이 건축물의 공식 명칭은 타이베이 101 국제금융센터 타워 臺北 101 國際金融中心大樓, TFC: Taipei World Financial Center 이다. 개발이 진행 중인 신시가지 信義計劃區 에는 세계무역센터 世界貿易中心, 국제무역센터 國際貿易中心, 신의시정센터 信義市政中心, 타이베이 시정부 臺北市政府, 타이베이 시의회 臺北市議會, 백화점, 은행 및 초고층 주택 등, 정치, 경제, 상업, 주거관련 건축물이 집중되어 있다.

지금까지 건축된 세계의 모든 초고층 건축물들은 모두 서양적 사고를 바탕으로 하는 서양인이 설계, 시공했다. 그러나 타이베이 101 따뤄는 최초로, 동양인인 타이완 건축가가 설계했다. 이 건축물에는 기존의 초고층 건축물과는 달리 건축물 설계에 동양적 사상, 특히 중국인의 사상이 잘 반영되어 있다. 건축물 전체의 외관은 중국 전통 불탑의 건축양식인 대나무마디 형상, 즉 죽절식 외관 竹節式 外觀 이다. 대나무 마디가 겹겹이 축적된 형상인 죽절식 외관은 역동적이고 끊임없는 고도의 경제발전, 유연성, 여유로움 등을 상징한다. 건축물의 모든 외벽 면에는 동전, 용머리 龍頭, 여의 如意 등의 장식물을 설치하여 부 富 의 축적과 소원성취에 대한 바람을 상징적으로 표현하고 있다.

이 건축물은 8자 八字 형태, 즉 각뿔대로 된 1~26층의 기단 위에 역 8자 逆 八字 형태, 즉 역 각뿔대의 모듈 Module 8개를 겹겹이 쌓아 올린 형태로 구축됐다. 한 개의 모듈은 8개 층으로 구성됐다. 이 건축물의 디자인의 기본이 8자가 된 것은 아마도 중국인들이 8자를 길상숫자 吉祥數字 로 생각하여 선호하는 경향이 있기 때문인 것 같다. 정방형 각뿔대 밑면의 한 변은 길이가 약 53m 이다. 각뿔대의 경사면 기울기는 5도이고, 역 각뿔대의 경사면 기울기는 7도이다. 각뿔대 및 역 각뿔대의 경사 벽면은 태양빛 및 열의 흡수를 감소시키는 효과가 있으며 역 각뿔대의 경사면은 하향 조망을 좋게 한다. 각뿔대 모듈과 모듈의 접합부분에 경사면의 기울기로 인하여 생긴 공간은 외부 피난공간으로 활용되며 소방, 연기차단, 통신 등의 설비가 설치됐다. 모든 각뿔대 모듈에는 독립적인 방화, 방연 및 안전설비가 설치됐다.

전망대가 있는 91층의 평면은 정방형인 다른 층 평면과는 달리 원형이다. 92~100층의 기계실 및 101층의 브이아이피 클럽 VIP Club 역시 역 8자 형태로 구성되어 있다. 92층에는 물리학의 '작용, 반작용' 의 이론을 활용, 건축물의 흔들림을 제어하기 위한 동조질량 감쇄기가 설치되어있다. 동조질량 감쇄기는 유압범퍼와 직경 6m , 중량 680톤인 강철 공으로 구성되었으며 초속 50m 의 강풍에 의한 건축물의 흔들림을 최소화 할 수 있다. 92층에 설치된 강철 공을 4개의 쇠줄에 매달아 87~88층까지 늘어트려 건축물의 최대 진동치를 33% 정도 감소시킨다.

사진 1-12 : 타이베이 101 따워 *臺北 101 大樓 臺北, 臺灣*

동양인이 설계, 시공한 최초의 초고층 건축물인 101 따워는 중국인의 사상과 생활 철학이 충분히 배어든 기념비적인 건축물이다. 이 건축물의 평면은 원형 및 방형으로 구성되어 있는데, 이는 중국인들의 우주관인 '천원지방 **天圓地方**'을 바탕으로 한 것이다. 중국인들은 정방형, 즉 지방 **地方** 은 땅을 상징하고, 원형, 즉 천원 **天圓** 은 하늘을 상징하는 것으로 생각한다. 또한 천원지방은 주화 **鑄貨**, 즉 동전의 형상으로 부 **富** 를 상징하기도 한다. 이 건축물의 명칭인 '타이베이 101 Taipei 101'의 로고그램 Logogram 이 출입구 상단에 붙어있는데, 이 역시 부를 상징하는 3개의 동전을 바탕으로 만든 것이다. 이 건축물의 외부 벽면 및 모서리는 동전, 용머리, 여의봉 등의 형상을 한 장식물로 치장되었다. 이 건축물의 8자 **八字** 형태와 역 8자 **逆八字** 형태의 접합지점, 즉 건축물의 허리에 해당하는 26층 및 27층의 4개 외벽 면에는 각각 허리띠 **腰帶** 를 둘렀으며 각 허리띠의 중앙부분마다 한 개씩 모두 4개의 동전 **銅錢** 장식물을 설치하였다. 이 허리띠와 동전은 넘쳐흐르는 샘물처럼 풍요로운 재원 **財源** 을 상징한다. 이 건축물의 27층부터는 8개 층 단위마다, 벽면상단 네 모서리에는 용머리 **龍頭** 장식물을, 벽면상단 중앙에는 여의 **如意** 장식물을 설치했다. 용 **龍** 은 중국인들의 사상 속에서 상서롭고 신령한 존재로서 제왕을 의미하므로, 용머리 **龍頭** 장식물은 즐겁고 경사스러운 분위기를 상징하는 것이다. 여의 **如意** 장식물은 26층 이하에서는 외벽면의 모서리에, 27층 이상에서는 8개층 단위마다 외벽면의 중앙에 설치되었다. 여의는 신통력을 발휘하는 손오공의 여의봉을 의미하는 것으로, 외벽면의 상단 중앙에 설치된 여의봉 장식물은 꽃이 만개 **滿開** 한 형상으로 부귀포만 **富貴飽滿** 을 상징한다. 이 건축물의 기둥 구조양식은 8개의 대형 거주 **大型巨柱** 구조 Mega Structure 이다. 이 건축물에는 8개층 단위마다 외부로 통할 수 있는 옥외 안전피난공간이 마련되었다. 이 건축물 외벽 마감자재는 빛의 반사에 의한 보행인들의 눈부심을 방지하기 위하여 무광택 처리한 스테인리스 강 Stainless Steel 및 무광택 투명유리를 채택함으로서 환경친화성을 강조하였다. 2009년부터 2년간은 친환경 에너지관리 시스템을 구축, 2008년 대비 전력소비량 10% 감소, 물 소비량 2만 8000톤 감소, 쓰레기 배출량 1261톤 감소 등의 효과를 얻었으며, 그 효율성이 입증되어 LEED 최고 등급인 플래터넘 Platinum 을 획득했다.

♣ 101 따워 전경: 왼쪽 하단은 순야첸 기념관 **國父紀念館** Sun Yatsen Memorial Hall , 타이완 타이베이

♣ 가설담장 및 대문: 건축물 정면. 보도에 가설담장 광고물+보행자 안전시설 설치

♣ 동전 **銅錢** **및 전대** **腰帶** 장식물: 외벽은 투명 유리+무광택 스테인리스 강철, 동전+전대, 오른 쪽은 철거중인 호이스트

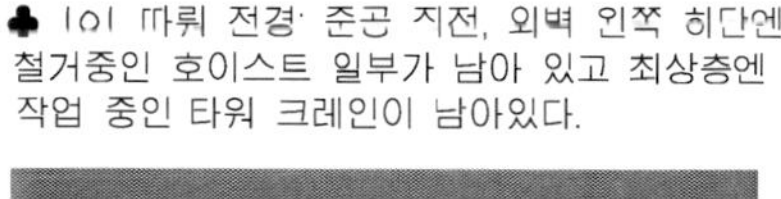

♣ 101 타워 전경: 준공 직전, 외벽 왼쪽 하단엔 철거중인 호이스트 일부가 남아 있고 최상층엔 작업 중인 타워 크레인이 남아있다.

♣ 여의봉 장식물+옥외 안전 피난 공간: 27층 이상은 8개 층마다 외벽에 설치

♣ 열주식 列柱式 유리등 燈: 부속 건물 외벽에 설치된 장식용 유리 기둥은 야간 조명등

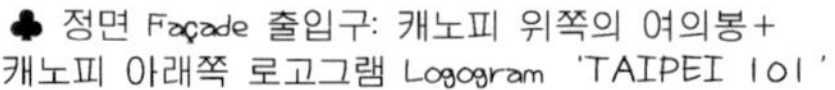

♣ 정면 Façade 출입구: 캐노피 위쪽의 여의봉+캐노피 아래쪽 로고그램 Logogram 'TAIPEI 101'

♣ 여의 如意 장식물: 26층 이하에서 외벽 모서리에 설치

♣ 용머리 龍頭 장식물: 27층 이상에서 매 8개 층마다 외벽 모서리에 설치

♣ 2층 평면도: 사각형, 땅을 의미

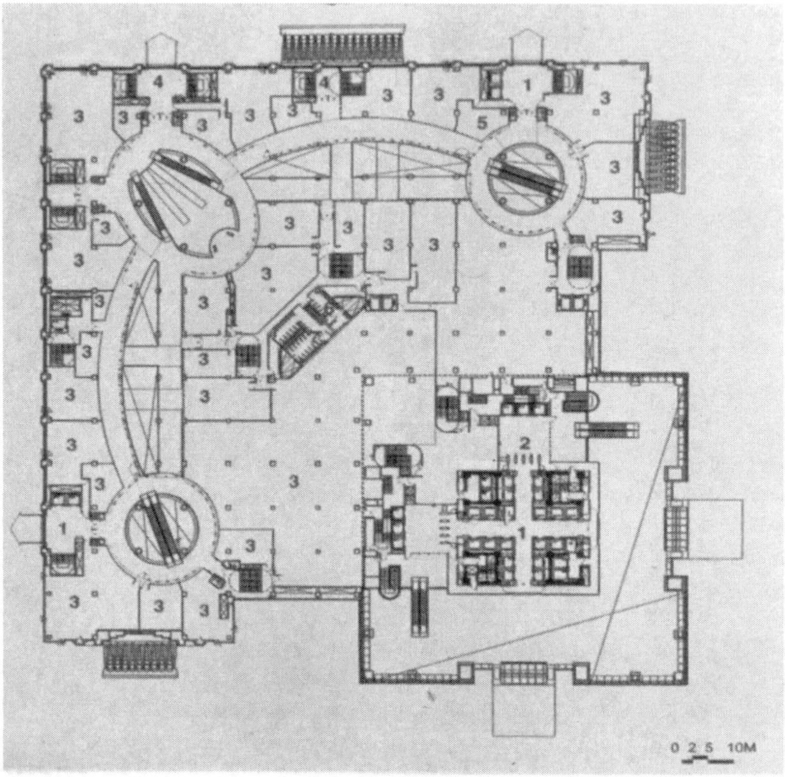

♣ 91층평면도:원형, 하늘을 의미

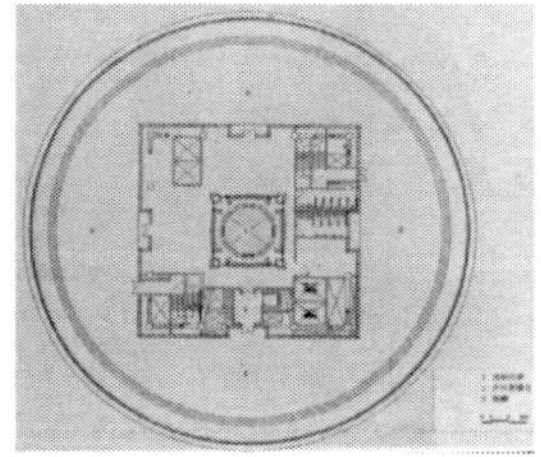

♣ 구조기준평면도:26층 이하

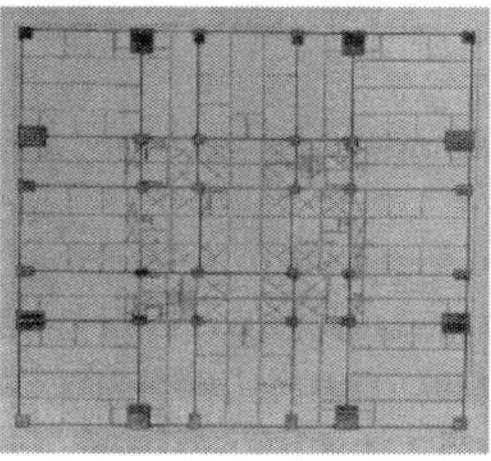

♣ 구조기준평면도:27층 이상

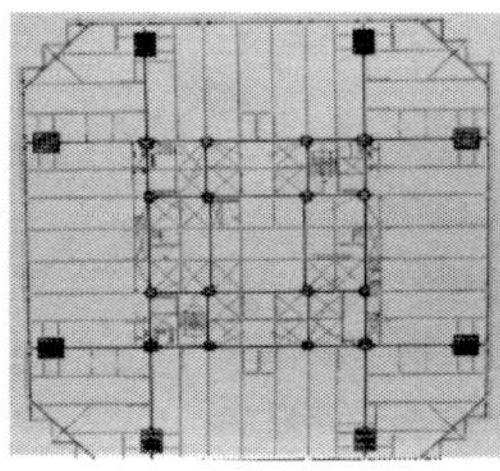

차) 2008년, 상하이 환추진룽중신 上海 环球金融中心, SWFC

중국경제의 견인차인 상하이는 과거와 현재, 그리고 미래가 혼재하는 이국적 분위기의 국제도시이다. 상하이의 전체 면적은 서울의 10배가 넘는 6340.5km² 에 달하지만, 중심부인 구시가지와 건설도상에 있는 신시가지의 면적은 매우 작은 편이다. 창장 長江, 즉 양쯔장 陽子江 삼각주 끝자락에서 동중국해로 흘러가는 황푸장 黃浦江 에서 번영을 누리고 있는 항만도시 상하이에, 번영을 상징하는 또 다른 초고층 건축물이 들어섰다.

상하이 환추진룽중신, 즉 상하이 세계금융센터 上海 环球金融中心, SWFC Shanghai World Financial Center 가 상하이 上海, 푸둥신취 浦東新區, 즉 황푸 黃浦 강 동쪽 신시가지, 진마오 따샤 金茂 大厦 바로 건너편, 동남쪽에 세워졌다(사진 1-13). 2008년 8월 30일에 문을 연 이 초고층 건축물은 연건축면적 38만 1600m², 지하 3층, 지상 101층, 높이가 492m 이다. 이 건축물은 현재 호텔 및 상업시설로 쓰이고 있다. 지하 2층에서 지상 3층까지는 상점과 식당 Shops and Restaurants 으로, 지상 3층에서 5층까지는 국제회의 International Forums, 명품 전시장 Luxury Brand Exhibitions 및 각종 행사용 장소로 쓰인다. 7층부터 77층까지는 미디어 센터 및 사무실 Media Center and Office 로, 79층에서 93층까지는 특급 호텔 Park Hyatt Hotel, Shanghai 로 쓰인다. 특히 관광청 사무소가 있는, 층고 8m 의 94층 Sky Arena, 423m 에서는 관광기념품 판매, 각종 연회, 패션쇼 Fashion Show 및 공연 등이 가능하다. 건축물 최상단부인 사다리꼴 형태의 개구부 위쪽인 100층 및 아래쪽인 97층은 순수 전망대 Sky Walk 로서 그 기리가 무려 55m 에 달한다. 개구부 위쪽인 100층까지의 높이는 474m 이고, 아래쪽인 97층까지의 높이는 439m 이다. 97층은 벽과 천장이, 100층은 벽, 천장, 바닥이 모두 투명한 유리 Transparent Glass 로 되어 있어 방문객들은 완전히 구름위에 두둥실 떠있는 상쾌한 기분을 만끽할 수 있다. 상하이세계금융센터는 일본국의 모리 森 빌딩 주식회사가 발주했으며, 설계는 콘 페더슨 & 폭스 Kohn, Pederson & Fox 가 했다. 이 건축물의 외관상 특성은 태양 빛의 반사 효과를 극대화하기 위한 평탄하고 매끄러운 입면과 최상단부의 거대한 원형 개구부였었다. 직경이 51m 인 이 둥근 구멍은 지상 500m 상공에서 부는 거센 바람이 이 구멍을 통하여 빠져 나가도록함으로서 건축물에 가해지는 풍압을 감소시키는 효과를 내기 위한 것이었다. 그러나 이 원형 개구부의 공기 역학적 특성보다는 형태를 중시해온 일부 중국인들은 이 둥근 구멍이 일본국의 국기를 상징하는 것이 아니냐고 시비를 걸어와서 결국에는 역사다리꼴로 변경된 것이다. 평면은 저층부분은 사각형이지만 상층으로 올라가면서 두 개의 내각선 중 한 개의 대각선이 점진적으로 줄어들어 최상층에서는 다른 한 개의 대각선을 장축으로 하는 타원형 평면으로 변한다. 상하이 세계금융센터 옆에는, 2015년 완공예정인, 중국에서 가장 높은 128층, 632m 의 “상하이 센터”가 공사중에 있다.

사진 1-13 : 상하이 세계금융센터 *上海 环球金融中心, SWFC*

♣ 상하이 세계금융센터 투시도: 건축물 상단 원형 개구부는 역사다리꼴로 설계변경, 중국 상하이

♣ 상하이 세계금융센터 평면도
Not to Scale

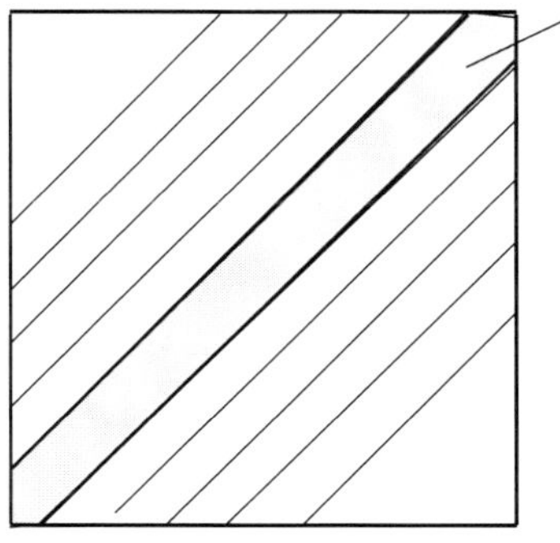

♣ 상하이 세계금융센터의 역사다리꼴 개구부는 곡면벽면의 상단에 있다. 우측은 진마오 따샤

♣ 상하이 세계금융센터(왼쪽)+진마오 따샤: 중국 상하이, 류자쭈이뤼디 陸家嘴綠地

♣ 세계의 자석 Global Magnet : 상하이 세계금융센터 앞에 세워진 이 환경조형물, 즉 거대한 자석은 모든 금속을 끌어 들이는 자석의 본질처럼, 상하이 금융센터가 세계의 모든 사람을 끌어 들여, 세계의 금융허브가 되겠다는 야망을 내포. 영문 원문의 내용은 다음과 같다:

This icon, in the form of a large Magnet, symbolizes the powerful attraction of the Lujiazu i Finance and Trade Zone. The SWFC embodies this concept, drawing people from around the world to this Financial Hub.

♣ 상하이 세계금융센터 지상 1~5층, 국제회의장 주변: 대나무 식재

♣ 상하이 포동 신시가지 푸동신취 浦東新區 파노라마: 중국 상하이 구시가지 쪽 황포강 황푸장 黃浦江 강둑에서 보이는 전경, 사진. 왼쪽에 동방명주탑 동팡밍주타 東方明珠塔, 오른쪽에 2015년에 준공된, 제일 높은 건축물이 상하이 타워, 그 왼쪽에 상하이 세계금융센타와 진마오 따샤가 있다.

카) 2010년, 부르즈 할리파

2010년 1월 4일, 아랍에미리트연방 *UAE: United Arab Emirates* 의 한 토후국 두바이에서, 21세기의 바벨탑이라고 불리는 부르즈 할리파 *Burj Khalifa , 할리파 탑* 가 개장됐다. 2004년 9월에 착공, 2009년 10월에 완공됐다. 162층의 부르즈 할리파는 높이가 828*m* 이나 되는 현존 세계 최고 높이의 초고층건축물로 건축 연면적은 49만 5870m^2 이다. 이 건축물에는 57대의 엘리베이터가 설치되었으며, 123층 스카이 로비와 124층 전망대까지는 1분 이내에 도착할 수 있는 분속 600*m* 이상의 더블 데크 엘리베이터가 있다. 또한 이 건축물에는 138층까지 운행하는 소방용 엘리베이터도 있다. 부르즈 할리파의 설계는 미국 시카고에 소재하고 있는 솜 *SOM: Skidmore, Owings & Merrill* 이 했고, 시공은 우리나라의 삼성물산 건설부문, 벨기에 베식스 그리고 아랍에미리트연방 *UAE* 현지 업체인 아랍텍과의 컨소시엄이 했다(사진 1-14).

아랍에미리트연방 *UAE* 은 라스 알카이마흐, 아쉬샤리카, 아지만, 알푸자이라, 움알쿠와인, 두바이, 아부다비 등의 7개 토후국으로 구성된 나라이다. 수도는 제일 큰 토후국인 아부다비이며, 두바이는 아부다비에 이어 두 번째로 큰 토후국이다. 아랍에미리트 연방의 전체 면적은 8만 3600km^2, 인구는 480만 명이다. 아부다비의 면적은 6만 7340km^2, 인구는 160만 명이고 두바이의 면적은 4144km^2, 인구는 150만 명이다. 두바이는 지난날에는 사막의 한 모퉁이 페르시아만 연안의 한적한 어촌이었다. 그렇지만 현재는 아랍권의 업무 중심지역 *Business Hub* 으로 부상하고 있으며, 물류, 관광, 금융 산업분야에서도 아랍지역의 경제중심으로 떠오르고 있다. 두바이 개발사업의 핵심인 부르즈 할리파의 용도, 평면, 구조시스템, 신기술 공법 등은 다음과 같다.

(1) Y-자 형태의 평면 및 건축물 용도

부르즈 할리파의 Y-형 평면 및 외관은 두바이의 상징인 사막의 꽃, 즉 '푸른 히아신스 *Desert Hyacinth* ' 를 이슬람의 전통문양으로 형상화한 것이다. 원래 푸른 히아신스의 꽃은 여섯 개의 꽃잎으로 구성되어 있지만 하나 걸러서 꽃잎을 떼어낸 다음 남은 세 개의 꽃잎으로 Y-자 형태의 평면을 만들어서 나선형으로 하늘높이 뻗어 올라가도록 설계하였다. Y-자 형태의 평면은 상층부로 올라가면서 나선 형태로 단계적으로 축소되면서 최상층 부분에서는 평면이 원형에 가까워진다. 기능적 측면에서 볼 때 상층부로 갈수록 점차 축소되는 Y-자 형태의 평면 및 불규칙한 나선형 외관구조는 페르시아 만에 대한 전망을 최대한 확보함과 동시에 자연채광을 최대한 보장해준다. 아울러 이런 외관구조는 몰아치는 바람이 모이지 않도록 바람의 통로를 만들어주게 됨으로 강풍의 영향을 최소화해주기도 한다.

부르즈 할리파의 층별 용도는 지하 1~2층은 주차장 및 기계실, 지상 1~16층 및 19~39층은 호텔, 44~72 및 77~108층은 아파트, 111~121층, 125~135층 및 139~154층은 사무실,

사진 1-14 : 부르즈 할리파 *Burj Khalifa, UAE Dubai*

♣ 부르즈 할리파 할리파 탑 : 21세기 바벨탑, 162층, 828m, 건축 연면적 49만 5870㎡, 아랍에미리트연방 두바이

156~159층은 통신 및 방송시설로 되어있다. 기계실은 대략 30개 층 간격으로 배치되었는데 이는 각각의 구획마다 건축물의 운영 및 유지와 관련된 변전소, 물탱크, 펌프, 공기처리기 등을 분산 설치했기 때문이다. 기계실은 17~18층, 40~42층, 73~75층, 109~110층, 136~138층, 155층, 160~162층 등에 설치됐다. 스카이 로비는 43층, 76층 및 123층에 있고 레스토랑은 122층에, 그리고 전망대는 124층에 있다. 162층 상단에는 4000톤 이상의 강철재를 60m 이상 뾰족하게 쌓아올린 첨탑 Spire 이 세워졌다. 이 첨탑에는 각종 통신장비가 장착돼 있으며, 부르즈 할리파의 최종 높이 828m 는 이 첨탑까지의 높이이다.

(2) 구조 시스템

철근콘크리트 말뚝을 포함한 건축물의 골조는 강도 80Mpa 의 콘크리트 33만 3000m^3 와 3만 1400톤의 철강재로 이루어진 복합구조이다. 주요 구조부의 콘크리트 외벽은 두께가 500~1300mm 이고, 유리벽은 두께가 24mm 6mm+공간+6mm 인 반강화 유리로 되어 있는데 이는 두바이의 혹독한 극한기후에 견딜 수 있어야하기 때문이다. 건축물 기초는, 석회암 지반에 직경 1.5m 의 철근콘크리트말뚝 3192개를 50m 깊이로 박아 구축했다. 192개의 말뚝은 건축물 기초 밑에, 나머지 3000개는 기초 주위의 지반에 박았다. 건축물의 지하골조 Substructure 를 설치할 기초 말뚝머리 Pile Cap 는 두께 3.7m 의 콘크리트 판을 삼중으로 중첩하여 축조하였다. 부르즈 할리파는 리히터 규모 7.0이상의 강진 및 초속 55m 의 초강풍에도 견딜 수 있는 내진설계를 채택했다. 바람의 영향에 의한 건축물 상단의 흔들림, 즉 동역학적 진동을 최소화하기 위하여 건축물 전체의 형태를 나선형으로 만들고 건축물의 상층부는 철골구조물의 특성을 활용하였다. 다시 말하면 기초부터 147층까지는 고성능 철근콘크리트구조이고, 148층부터 첨탑 끝부분까지는 철골구조이며, 하늘로 오르면서 건축물의 폭과 형상이 줄어드는 나사못 형태의 구조이다. 이 건축물에는 고강도 철근 콘크리트 골조와 중량이 4000톤 이상인 첨탑이 설치되어 있는 관계로 진동방지용 **무게추가 없다. 그럼에도 불구하고** 초속 50m 이상의 강풍이 불 경우 160층 부분은 1.15m , 첨탑은 4.8~5.0m 정도 좌우로의 흔들림이 생길 것으로 예상하고 있다. 물론 160층에서 일하는 사람들은 이와 같은 흔들림을 느끼지 못하도록 진동제어장치가 설치되었다. 한편 총중량이 54만 톤으로 추정되는 부르즈 **할리파의, 향후 20년간 기초침하와 기둥축소에 의한 전체 '수직변위' 는 약 65cm 정도에 달할 것으로 예상되고 있다.**

(3) 적용된 건설 신기술

부르즈 할리파의 공사에는 각종 세계적인 첨단 건설기술이 총동원됐다. 이 건축물에 적용되었던 첨단 건설기술에는 3대의 인공위성위치측정시스템 GPS 을 이용하여 건축물의 수직,

수평오차를 5mm 이내로 교정하는 수직도관리기술, 유압펌프를 이용하여 10여 분만에 대용량의 콘크리트를 지상 601m 까지 쏘아 올리는 콘크리트 수직 압송기술, 주요 구조부에 700여 개의 센서를 부착하여 구조부의 미세한 움직임과 하중변화를 점검하는 기술, 타워크레인으로 설치가 불가능한 최상단의 첨탑을 건축물 내부에서 가공, 조립한 다음 유압잭을 이용하여 들어 올리는 리프트-업 기술, 지상에서 기둥과 옹벽의 철근을 선조립, 타워크레인과 호이스트를 활용하여 양중시키는 초고층 양중관리기술, 빌딩에너지 최적관리 시스템 구축 기술, 초고층 배관 및 덕트 시스템 구축기술, 3일에 한개 층씩 올리는 층당 3일 공정기술 등이 있다. 이상의 신기술이외에도 향후 높이가 1000m 이상인 극초고층 건축물의 시공에 대비하여 초고강도 100~200Mpa 콘크리트를 수직으로 1000m 까지 압송하는 기술 및 압송 호스 내 잔여 콘크리트를 처리하는 기술도 개발을 완료해놓은 상태이다. 타워크레인과 호이스트의 인양 줄은 쇠줄을 대체할 수 있는 특수섬유소재를 개발했다. 시공속도 개선을 위한 2일에 한개 층씩 올리는 층당 2일 공정기술도 개발 중이다.

타) 21세기 극초고층 건축물

하늘과 맞닿으려는 바벨탑의 꿈을 이루려는 인간들의 끊임없는 욕망으로 인하여 지구 도처에 세계 최고의 높이를 자랑하려는 수직 건축물들이 경쟁적으로 계획되고 건설될 것이다. 세계 도처에서 멈추지 않는 마천루 경쟁은 투기적 벤처 형태, 기업의 상징적 형태, 정부의 과시적 행태 등에 기인하는 것으로 판단된다. 미국에서 시작된 초고층 건축물은 아시아를 거쳐 이제는 중동 산유국으로 번지고 있다. 현재 경쟁적으로 구상중인 1000m 가 넘는 극초고층 건축물에는 바레인 마나마의 머잔 타워 1022m , 쿠웨이트의 무바라크 알 카비르 타워 1001m , 사우디아라비아 제다의 킹덤 타워 1000m 이상 , 두바이 나크힐회사의 하버 & 타워 랜드마크 빌딩 1000~1400m , 등이 있다. 현재 건설 또는 계획 중인 초고층 건축물에는 러시아의 모스크바 타워 Moscow Tower of Russia 125층, 649m , 터키 이스탄불의 트리 엠파이어스 타워 150층, 600m , 미국 시카고의 포덤 스파이어 Fordham Spire 115층, 609m , 인도 뭄바이의 인디아 타워 Fordham Spire 125층, 720m 등이 있다.

우리나라는 부산에 롯데월드 107층, 510m , 월드 비즈니스 센터 108층, 432m , 해운대 관광리조트 118층, 511m 를 비롯하여, 송도의 인천타워 151층, 587m , 서울 상암동의 서울 라이트 Seoul Lite 133층, 640m 및 용산 국제업무지구의 111층 높이 620m 의 마천루, "트리플원", 강남구 삼성동 글로벌 비즈니스 센타 GBC: 105층 569m 등을 계획 또는 건설 중이며 이들 중 일부는 이미 준공됐다. 현존하는 우리나라의 대표적인 고층건축물에는 2017년 준공된 잠실의 롯데월드 타워 123층, 555m , 부산 해운대의 두산 위브 더 제니스 80층, 300m , 서울 도곡동의 타워 팰리스 Ⅲ 69층, 264m 및 목동의 하이-페리온 69층, 252m 그리고 여의도의 63빌딩 60층, 249m 등이 있다. 최근에 건축되었거나 계획 중인 세계적인 초고층 건축물의 현황은 다음과 같다.

(1) 뉴욕의 1776 프리덤 타워 1776 Freedom Tower

미국 뉴욕, 맨해튼 남부 *Lower Manhattan* 의 붕괴된 세계무역센터 *WTC* 자리, 즉 '그라운드 제로 *Ground Zero*' 에는 가장 안전하면서도 친환경적이고 에너지 사용을 최소화한 건축물, 냉난방과 화장실 등에 필요한 생활용수는 빗물을 재활용하는 건축물, 즉 그린 빌딩 *Green Building* 이 세워졌다. '재앙의 현장' 즉, '그라운드 제로' 는 본래는 핵폭탄이 폭발해 폐허가 된 곳을 지칭하는 군사 용어이다. 다시 말해서 제2차 세계대전 때 원자폭탄이 투하되어 폭발, 폐허가 된 일본의 히로시마와 나가사키를 '그라운드 제로' 라고 했다. 그러나 2001년 9월 11일 이후에는 테러로 붕괴된 세계무역센터 *WTC* 건축물터를 지칭하는 말이 되었다. 테러 당시 *WTC* 건축물터에 있었던 7개 동의 건축물은 모두 붕괴되었다. 총 6만4000m^2 넓이의 그라운드 제로 *Ground Zero* 에는, '원 월드 트레이드 센터 *1 WTC: 1 World Trade Center*', 즉 프리덤 타워 *Freedom Tower* 를 포함한 4개의 건축물과 교통 환승센터, 911 추모 박물관, 기념비 및 공원, 폭포수가 있는 2곳의 인공 연못 등으로 구성된 복합단지가 건설되었다. 이들 중 '원 월드 트레이드 센터' 는 2014년 7월 준공, 그해 11월 3일 개장했다(사진 1-15). 이 복합단지의 마스터 플랜은 국제 건축 설계경기에서 우승한 건축가 리베스킨드 *Daniel Libeskind* 의 작품이고, 기념비 및 공원의 설계에는 건축가 아라드 *Michael Arad*, 본드 *Max Bond*, 그리고 조경건축가 워커 *Peter Walker* 가 참여했다. 그라운드 제로에 건축되는 4개의 건축물들은 911 추모 건축물 및 시설물들을 둘러싸는 형태로 배치되었다. 4개의 건축물은 최고층인 프리덤 타워를 시작으로 점점 높이를 낮추어 스카이라인이 조화를 이루도록 배치되었다. 영국 건축가 노먼 포스터가 설계한 왼쪽에서 두 번째 건축물의 상단에는 4개의 거대한 다이아몬드형 조명판을 부착하여 야간에 환상적인 경관이 나타나도록 하였다. 이 조명판을 추모기념관 쪽으로 경사지게 하여 머리를 숙인 모습을 연상하게 한 것은 테러 희생자들에게 경의를 표하기 위한 것이다. 맨 오른 쪽의 가장 낮은 64층짜리 휘 월드 트레이드 센터 *4 World Trade Center* 건축물은 일본인 건축가 마키 후미히코의 작품이다. 2014년 준공된, 지하 5층, 지상 104층의 프리덤 타워는 첨탑 408*ft* 을 포함한 높이가 1776*ft* 541.3 *m* 이다. 그런데, 이 숫자는 미국이 독립선언문을 낭독, 영국으로부터 독립한 해인 1776년을 의미하는 것이라 한다. 또한 프리덤 타워는 횃불을 높이 치켜들고 있는 자유의 여신상을 현대적 감각으로 형상화한 것이다. 프리덤 타워는 미국 시카고에 소재하고 있는 건축설계회사 솜 *SOM* 이 설계했으며, 컴퓨터 3차원 입체영상 건축설계기법인 '빌딩 정보 모델링 기법', 즉 빔 *BIM: Building Information Modeling* 기법을 활용했다. 빔 *BIM* 기법으로는, 건축물의 설계로부터 시공, 유지관리, 철거, 폐기에 이르기까지의 건축물 전생애주기를 시뮬레이션 *Simulation* 해볼 수 있다. 빔 기법이란 건축공사 및 유지관리에 필요한 형강, 철근, 유리 등을 포함한 수만 수천가지의 건축 자재를 모두 컴퓨터에 입력하여 실제와 똑 같은 가상 건축물을 컴퓨터상에서 모의실험 *Simulation* 해보는 기법이다. 빔 기법을 활용, 외벽 두께, 유리벽의 광선 투과율 등, 각종 정보를 입력하여 건축물의 냉난방 에너지 소비량을 최소화했다.

사진 1-15 : 그라운드 제로 *Ground Zero* 의 건축물 투시도 *미국 뉴욕*

♣ 복합단지 건축물 투시도

♣ 원 월드 트레이드 센터 *one world trade cener*

(2) 일본 및 중국의 *TV* 방송탑

1958년에 건축된 도쿄 타워(사진 1-16)는 피뢰침까지의 높이가 333*m* 이며, 약 4000톤의 철강재가 사용되었다. 그러나 도쿄 타워에 쓰인 철강재는 에펠탑에 쓰인 철강재의 약 55% 에 불과하다. 철강재의 품질 및 건축공법의 발달 때문이다. 2010년 10월, 중국에서는 광저우 *廣州* 시에, 높이가 600*m* 에 달하는 신 광저우 *TV* 방송탑을 완공했다. 이 탑의 433.2*m* 의 높이와 460*m* 높이에는 관광용 전망대가 있다. 1995년에 상하이 *上海* 푸동신취 *浦東新區* 에 세워진 탑 동팡밍주 *東方明珠, Oriental Pearl Television Tower* 는 그 높이가 468*m* 이다. 일본은 공영방송 *NHK* 와 5개의 민영방송사가 공동으로, 디지털 텔레비전 *Digital Television* 방송의 보급을 위하여, 2012년 5월에 도쿄도 스미다구에 634*m* 높이의 현존 세계최고의 방송탑, 도쿄스카이트리 *Sky Tree* 를 완공했다. 2010년 10월까지 세계 1, 2위의 높이를 자랑해온 방송탑은 토론토의 *CN Tower Canadian National Railway Tower* 와 모스크바의 *Ostancono TV Tower* 였다. 토론토의 *CN* 타워는 피뢰침까지의 높이가 553.3*m* 이다(사진 1-17).

사진 1-16 : 도쿄 타워 *Tokyo Tower Tokyo, Japan*

♣ 도쿄 타워 전경

♣ 상층부 철골구조 상세

사진 1-17 : 토론토 CN 타워 *Toronto Ontario, Canada*

다. 초고층 건축물에 관한 건설정보

초고층 건축물의 건축이 세계적으로 보편화됨에 따라서 초고층, 좀더 나아가 극초고층 건축기술에 관한 연구개발 또한 활성화되고 있다. 초고층 건축물에 관하여 현재 연구 중인 건축기술 정보와 최근에 건축된 초고층 건축물인 타이베이 *101* 따뤄 *臺北 101 大樓*, 페트로나스 트윈 타워 *PTT: Petronas Twin Towers* 및 시어스 타워 *Sears Tower* 에 관련된 개략적인 건설정보는 다음과 같다.

가) 초고층 건축물의 건축기술정보

초고층 건축물을 안전하게 경제적으로 시공하기 위한 건축기술에 관하여 진행 중인 주요 연구개발 분야는 건설사업 관리기술 *Construction Management Technology*, 설계기술 *Design & Engineering Technology* 및 건축, 기계, 전기 등에 관련된 공사기술 등으로 대별할 수 있으며 해당 연구과제에 대한 정보는 다음과 같다.

(1) 건축 및 구조설계 기술

(가) 구조의 최적화 설계 *Optimum Structure Design*

유전자 연산방식 *Genetic Algorithms* 을 이용한 최적 구조설계 기법을 개발하여 건축물의 중량을 경감하고 공사비를 절감한다.

(나) 기둥 부등 축소량 *Column Differential Shortening* 계측기술

초고층 건축물에서는 기둥 축 축소량 *Axial Shortening* 을 정확히 계측하여 보정함으로서 부등축소 발생을 억제하여야 한다. 초고층 철골철근콘크리트 건축물은 자체 중량이 커 시공 중 및 준공 후 시간의 경과에 따라 불가피하게 탄성과 비탄성, 즉 크리프 및 건조 수축에 의한 기둥 축소가 생긴다. 현재의 기술과 콘크리트 품질 수준으로는 층 당 2~3 *mm* 의 기둥 축소량 발생은 불가피한 것으로 알려져 있다. 철골건축물의 경우에는 하중에 의한 탄성축소만이 존재하므로 축소량 예측 및 보정이 용이하다. 기둥 축소량 계측에는 주로 진동철선 변형 계 *Vibrating Wire Strain Gauge* 가 쓰인다. 건축물 내부 및 외부기둥의 부등축소는 건축물에 심각한 피해를 가져온다. 부등축소로 인하여 예상되는 피해에는 커튼월 파괴, 내벽균열, 수직설비의 비틀림 *Duckling* 등이 있다.

(다) 횡변위 제어 및 연성기술

지진이나 풍압 *Wind Pressure* 등의 강력한 횡력에 의한 변위에 유연하게 저항할 수 있는 구조부재 및 공법을 개발하여 건축물의 안정성을 확보한다.

(2) 공사 기술

(가) 고강도 콘크리트 생산기술

고강도 *60~100 Mpa* , 고-유동 *High Fluidity* 및 조기 강도 발현 콘크리트를 개발하고, 배합설계, 시공 및 품질관리 기술을 발전시킨다. 그리고 수화열을 감소시켜 균열 발생을 억제하여 성공적인 공사품질을 확보한다.

(나) 충전 강관기둥 기술

콘크리트 충전 강관기둥 *CFT: Concrete Filled Steel Tube* 시스템을 개발하여 건축물의 강성을 비롯한 구조성능 및 물리적 특성을 개선하고 시공기술을 발전시켜 경제적 공법을 확보한다.

(다) 보의 유효깊이 *Effective Depth* 축소 기술

보의 유효깊이를 축소하여 층고를 낮추는 기술을 개발하여 활용한다. 이러한 기술 중에는 현재 신기술로 지정되어 활용되고 있는 *iTECH Beam* 기술이 있다. 기존의 공법에서는 *H*-형강의 플랜지 *Flange* 상단에 전단응력 보강용 볼트 *Stud Bolt* 를 용접한 다음 그 위에 콘크리트 슬래브를 시공하였으나, 신기술 지정공법에서는 *H*-형강의 상단 플랜지 및 복부 *Web* 일부를 슬래브 속에 매입, 시공하여 보의 유효깊이를 축소한다. 신기술공법에 의할 경우 보의 유효깊이는 기존공법보다 약 25% 정도 축소된다.

(라) 기계설비 기술

초고층 건축물의 특성을 고려한 에너지, 배관, 환기, 쓰레기 처리 및 발화억제, 감지경보, 연소 확대방지, 연기제어, 피난 등에 관한 합리적 방재방안을 도출할 수 있는 특화된 설계 및 공사기술의 개발이 필요하다. 특히 층고저감 스프링클러 배관 및 소화배관의 내진설계 기법의 특화와 중수도 *中水道* 겸용방안의 개발은 필연적이다.

(마) 전기설비 기술

초고층 건축물의 핵심설비인 초고속 엘리베이터와 전선배선 및 방재관련 전기설비의 개발이 필요하다. 현재 기계식 엘리베이터의 한계 속도를 극복하기 위한 방안으로 자기부상 엘리베이터가 연구되고 있다.

나) 초고층 건축물의 건설정보

(1) 타이베이 101 따뤄 *臺北 101 大樓*

건축물 명칭: *臺北 101 大樓 Taipei World Financial Center*

건축물 위치: *臺北市 松智路 八號 三樓*

소유주: *臺北 金融 大樓 公司*

건축 설계: *李祖原 建築師 事務所*

설계 개념: 중국인들의 '길상숫자 8 *吉祥數字 八*', 우주관인 천원지방 '*天圓地方*', 부富 의 상징인 주화 *鑄貨*, 상서롭고 신령한 존재로서 제왕을 의미하는 용의 머리 *龍 頭*, 신통력을 발휘하는 손오공의 여의봉을 상징하는 여의 *如意* 등을 소재로 하여 건축물의 골격, 평면 및 입면을 구성하였다.

구조 설계: 8개의 거주구조 *巨柱構造, Mega-Column Structure , 240×300 cm*

설계 기간: 1997년 7월~1999년 7월

시공 기간: 1998년 1월~2004년 9월

투자 총액: 신대폐 *新臺幣 NT$, 元* 약 580억

두사 방식 및 기산: *BOT* 방식, 70년

건축 공사비 *建築 工程 造價* : *新臺幣* 약 280억

충수: 지하 5층 *주차장 5~2층*, 지상 101층;

91층:직경 약 57m 의 옥외 원형 전망대, 92~100층: 기계실, 101층: VIP Club

층고: 101층까지 438*m* , 옥정층 *屋頂層* 까지 448*m* , 첨탑까지 508*m*

대지 면적 *基地 面積* : 3만 277m^2

건축 면적: 1만 5138m^2 , *건폐율 建蔽率 50%*

건축 연면적 *總 樓地板 面積* : 지상 37만 4220m^2, 지하 11만 6016m^2

형강 수량 *鋼骨 數量* : 9만 4000톤 *噸*

철근 중량 *鋼筋 重量* : 2만 8288톤 *噸*

콘크리트량 *混凝土量* 및 압축강도: 24만 2852m^3, 69*Mpa*

기초 공사: 톱-다운 공법 *Top-Down , 逆打方式 6층* 및 순타 방식 *順打方式 101층*,
지하연속벽 *폭 1.2m, 최대깊이 45m, 가로 150m, 세로 160m*,
심도 30~80*m* 의 기초말뚝 547개

골조 공사: 지상 골조는 철골, 지하골조는 *SRC*, 내진 *耐震* 및 제진 *制振* 설계로 2500년 주기의 강진 및 초속 60*m* 이상의 강풍에 대비

외벽 마감: 무광택 스테인리스강 *Stainless Steel* 및 무광택 투명 유리 *눈부심 방지*

엘리베이터 *Elevators, 電梯* : 1~2층, 34대+2대, 용량 2040kg,
35~36층 및 59~60층, 각 61대 *34대는 옥탑까지*, 속도 480~1010m/分
에스컬레이터 *Escalators, 電扶梯* : 50대, 총연장 720m

(2) 페트로나스 트윈 타워 Petronas Twin Towers

Formal name of building : Petronas Towers
Loction : Kuala Lumpur, Malaysia
Owner : Kuala Lumpur City Center, Holdings Sendirian Berhad
Architect : Cesar Pelli & Associates
International Design Competition/Completion : 1991/1994~1998
Overall Height of the Towers : 452 meters above street level
Height of Superstructure : 378 meters
Height of Pinnacle : 73.575 meters
Number of Storey : 88 Occupiable floors, 4 below-grade levels
Gross Building Area of Each Tower : 218 000 square meters
Typical Floor-to-Floor Height : 4.0 meters
Finished Ceiling Height : 2.65 meters
Height of Skybridge : 170 meters *levels 41 & 42* from street level
Length of Skybridge : 58.44 meters
Foundation : Raft foundation, 4.5 meters thick, Grade 60 concrete *60 Mpa cube strength*, supported on 104 barrettes *rectangular friction piles : 2.8 m × 1.2 m* in each tower, varying from 60 m to 115m in length
Structure : A core and cylindrical tube frame system, constructed entirely of cast-in-place, high-strength concrete up to Grade 80. Floor framing at tower levels are concrete fill of conventional strength on composite steel floor deck and composite rolled steel framing; beams, truss and reinforcement
Exterior Cladding : Horizontal ribbons of vision glass and stainless steel spandrel panels
Vertical Transportation : 29 Double-Deck high speed *5 m/second*, passenger lift systems in each tower; Lower floors *8-37* are

served by two banks of 6-1600/1600 kg double-deck elevators. Upper floors 44-83 are served by one bank of 6-1600/1600 kg, and two banks of 3-1600/1600 kg double-deck elevators. Skylobby Floors 41 and 42 are served by five 2100/2100 kg double-deck shuttle elevators. 10 escalators in each tower.

(3) 시어스 타워 Sears Tower

Built in 1970 and Opened in 1973: took three years to build, and some 1600 people worked on, during peak times
103 floors above ground level, 7 floors below ground level
Height to highest occupied floor: 1431 ft ≒ 436 m
Height to top of roof: 1450 ft ≒ 442 m
Height to top of spire or antennas: 1730 ft. ≒ 527 m
Floor space: 4.5 million gross square feet ≒ 418 064 m²
Building weight: 225 000 short tons
Steel: more than 76 000 short tons
Bronze-tinted windows: more than 16 000 pieces
Telephone cable: more than 43 000 miles ≒ 69 187 km
Electrical wire: more than 2000 miles ≒ 3218 km
Plumbing: more than 25 000 miles ≒ 40 225 km
Elevators moving speed: 1600 ft per minute ≒ 488 m/min

3) 20세기 10대 건축물

2003년 3월 전 세계 건축기술자들이 미국 라스베이거스 Las Vegas 에 모여 선정한 20세기 10대 건축물은 다음과 같다.

가. 유로 터널 또는 채널 터널 Euro Tunnel or Channel Tunnel

도버 Dover 해협의 영국쪽 포크스톤과 프랑스 쪽 상가트를 연결하는 51.5km 의 해저터널로 해저구간은 37.5km 이다. 영국식 표현인 도버해협을 프랑스에서는 깔레 Calais 해협이라고 한다. 유로터널은 주행용 터널 2개, 서비스 터널 1개 등 모두 3개로 구성된다. 30m 의 간격을 두고 뚫린 주행용 터널의 외경은 8.2m, 내경은 7.6m 이며 서비스 터널의 내경은 5m 이다. 굴착위치, 깊이 및 방향은 위성항법장치 GPS 를 이용하여 조정하였다. 1987년 12월부터 해협양쪽에서 해저지하 평균깊이 45m 지점의 백악층 및 이회암층을 굴착하기 시작하여 1990년 10월 30일 관통, 1993년 말 완공되었다. 유로터널은 파나마운하 및 후버댐과 함께 현대건축물의 3대 기적으로 평가된다.

나. 엠파이어스테이트 빌딩(1929~1931) New York, U.S.A.

102층의 엠파이어스테이트 빌딩은 미국 뉴욕 *New York* 의 맨해튼 *Manhattan* 섬 중심지역 번화가에 세워졌다. 이 건축물은 20세기 전반 40여 년 동안 세계에서 가장 높은 강철골조의 초고층 건축물로 군림해 왔었다. 이 건축물은 2009년 4월부터 5개년에 걸친 대대적인 리모델링 공사를 통해 재생에너지를 활용하는 친환경 그린빌딩으로 다시 태어날 것이며, 건축물에서 소모하는 에너지를 38% 줄이는 것을 목표로 하고 있다.

다. 후버댐 Hoover Dam (1931~1935)

후버댐은 미국, 라스베이거스 동남쪽, 네바다 주와 애리조나 주의 경계지역인 콜로라도 강의 협곡인 블랙 캐년 *Black Canyon* 에 건설되었다. 후버댐의 건설은 전력생산, 홍수통제, 농업용 관개 등 다양한 목적을 가지고 있었다. 후버댐은 1928년 의회의 건설계획 승인 후 1931년 작업용 가설철도 공사를 시작하여 1935년 9월 30일에 준공되었다. 그러나 년 간 40억 *kWh* 의 전력을 생산하는 댐 하단의 수력발전소 공사는 1961년까지 계속되었다. 후버댐은 미국 현대 토목공사의 7대 기적 중의 하나로 평가되는 유명한 콘크리트 중력 아치 *Arch* 댐이다(사진 1-18). 후버댐은 아르데꼬 *Arts décoratifs* 풍의 건축물로서 개발국 *Bureau of Reclamation* 에서 구조설계를, 고든 비 코프만 *Gordon B. Kaufman* 에서 건축설계를 담당했다. 후버댐의 높이는 221m *726 ft*, 상단 곡선 *Arch* 길이는 379m, 상단 폭은 13.7m, 하단 폭은 201m *660 ft* 이다. 후버댐 본체 공사에 사용된 콘크리트는 260만m^3 로 그 중량은 660만 톤에 달한다. 후버댐의 건설은 콜로라도 강, 버진 강 및 마리 강에서 유입되는 강물을 저장, 저수량이 352억m^3 에 달하는 미국 최대의 인공호수인 미드 호 *Mead 湖* 를 탄생시켰다. 후버댐 건설의 경제적 효과는 발전소에서 생산되는 전력의 판매대금으로 이미 댐 공사비 총액은 물론 이자까지 환수한 사실로 입증이 되었다. 또한 후버댐은 미국 남서부 및 멕시코 북서부 일부지역의 황무지를 비옥한 곡창지대로 바꾸어 해당 지역경제에 막대한 이익을 가져왔으며 미드 호에는 년 간 900만 명 이상이 여가를 즐기러 들리고 있으므로 후버댐의 가치를 단순히 경제적인 측면에서만 평가할 수 없게 되었다.

사진 1-18 : 후버 댐 *Black Canyon, Nevada U.S.A.*

라. 세계무역센터 *WTC (1966~1973) New York U.S.A.*

110층의 세계무역센터 *WTC: World Trade Center* Ⅰ&Ⅱ는 미국, 뉴욕 *New York* 의 맨해튼 *Manhattan* 섬 남쪽지역 *Lower Manhattan* 허드슨 *Hudson* 강변에 세워진 쌍둥이 빌딩 *Battery Buildings* 이다. 이 건축물은 유감스럽게도 2001년 9월 11일에 발생한 전대미문의 민간 항공기 테러사고에 의한 화재로 완전히 붕괴되어 흔적도 없이 사라졌다

마. 아스완댐 Aswan Dams

이집트 남단 소도시인 아스완 Aswan 에 있는 2개의 댐이다(사진 1-19). 댐의 건설로 나일 강 상류 줄기에는 인공호수 나세르가 만들어 졌다. 댐은 나세르 호수 북쪽에 위치한다.

가) 아스완댐 카잔 아스완

영국인들이 1898년부터 1902년에 걸쳐 화강석으로 축조한 댐으로 그 높이는 51*m*, 길이는 2140*m* 이다.

나) 아스완 하이댐 앗 사드 알리

독일과 소련이 공동으로 건설하여 1972년에 준공한 댐으로 댐의 높이는 111*m*, 길이는 3600*m* 이다.

사진 1-19 : 아스완 댐 Aswan, Egypt

바. 시드니 오페라 하우스 (1957~1973)

시드니 오페라하우스 *SOH: Sydney Opera House* 는 유럽의 백인들이 오스트레일리아에 최초로 이주하기 시작한 시드니 항구의 중심지역 베네롱곶 *Bennelong Point* 에 세워진 유명한 건축물이다(사진 1-20). 추상주의와 자연주의가 어우러진 이 건축물은 덴마크 건축가 이외른 우촌 *Jørn Utzon* 의 기절할 만큼 환상적인 설계로도 유명하다. 시드니 오페라 하우스의 주요 구성요소는 토대옹벽 *Podium* , 조가비 *Shell* 형태의 지붕 및 유리벽 등이다. 토대옹벽의 길이는 남북축 185m, 동서축 120m 이다. 토대옹벽 위에 대형 오페라 공연이 가능한 대극장 *Major Hall* 과 소규모 오페라를 공연할 수 있는 소극장 *Minor Hall* 을 남북 방향으로 나란히 배치하였다. 진입계단 및 광장은 토대옹벽 전면, 즉 남쪽에 두었다. 출입구가 있는 남쪽외벽 및 바다를 향한 북쪽외벽은 유리로 되어 있다. 조가비 형태인 동쪽 및 서쪽 입면은 벽과 지붕이 일체형인 구조로 되었다. 조가비 형태의 벽 및 지붕은 구멍 뚫린 프리캐스트 콘크리트 리브 *Rib* 를 케이블로 꿰어 조립한 다음 그 사이의 열린 공간을 광택이 나는 백색 세라믹 타일 판을 덮어 마감하였다. 지붕의 총중량은 2만 6100톤, 지붕의 최고 높이는 67m 이다.

시드니 오페라 하우스의 외형은 마치 남태평양의 바람을 받고 하늘 높이 솟아오른 범선의 돛을 연상케 한다. 하지만, 건축물 외형의 디자인에 관한 영감은 아침식사 때 부인이 식탁 위에 까놓은 오렌지 껍질에서 얻었다고 한다. 시드니 오페라하우스는 1957년 국제건축설계경기에서 217대 1의 경쟁을 뚫고 우승한 작품이다. 27개국에서 출품된 작품의 수는 무려 217개에 달했다. 그러나 공사도중 여러 가지 기술적 난관에 봉착하여 1965년부터 공사비용이 폭증하고, 공사기간은 한도 끝도 없이 지연되었다. 그런 연유로 주정부 관료들의 간섭과 정당의 정쟁이 격심해져 결국 공사는 일시 중단되었다. 지루한 정쟁과 간섭으로 작품의 본질을 훼손당한 건축가 우촌은 1966년 4월 28일, 자신의 작품을 포기하고 건설현장을 떠났다. 그 후 교체된 건축 팀 하일, 토드 & 리틀모어 *Hall, Todd & Littlemore* 에 의하여 7년간 공사가 지속되면서 실내구조에서 많은 설계변경이 이루어졌다. 따라서 외벽과 지붕형태를 제외하고는 설계당시 건축가의 의도를 찾아보기 어려울 정도로 변경이 이루어진 채로 예정보다 5년이나 지연된 1973년 10월 20일에 준공되었다. 준공 후 30여년이 지난 *SOH* 는 2004년부터 5개년 계획으로 개수 및 보수공사가 시작되었다. 다행히도 86세 때, 건축가 이외른 우촌은 관료주의 및 정쟁에 의하여 훼손당했던 자신의 작품을 원상 복구할 수 있도록 보수공사에 고문으로 초청 받았다. 우촌은 자신의 작품을 끝까지 지키지 못하고 중도에 포기했기 때문에 *SOH* 를 설계한 건축가로 인정받지 못했다. 우촌은 2003년이 되어서야 인정을 받고 건축계의 노벨상이라 일컫는 프리츠커 상 *Pritzker Prize* 을 수상했다. 우촌은 2008년 11월 29일 코펜하겐 자택에서 90세를 일기로, 지병인 심장병으로 타계했다.

사진 1-20 : 시드니 오페라 하우스 *Sydney, Australia*

♣ 주출입구 Main Entrance 및 계단광장 Concourse : 남향 정면 Façade , 앞줄 왼쪽부터 매점 겸 까페 Café , 대극장 및 소극장의 주출입구. 매점에서는 기념품 및 공연 티켓도 판매.

♣ 계단광장 및 토대옹벽 Podium : 왕립 식물원 Royal Botanic Garden 에서 본 동쪽 측면, 왼쪽부터 매점 겸 까페, 대극장 및 소극장의 주출입구. 매점 및 대극장 뒤편은 시드니 하버 브리지 Bridge

♣ 토대옹벽 및 소극장 지붕: 바다 쪽, 즉 북향 토대옹벽 위에 소극장의 유리벽 및 조가비 형태의 지붕. 토대옹벽 아래쪽 후면 광장에는 바다를 향한 까페가 있다.

♣ 대극장 외벽 및 지붕: 무광 및 유광의 백색 세라믹 타일 뚜껑으로 마감된 외벽 과 지붕의 일체식 구조

♣ 조가비 형태 Shell 의 지붕 골조 및 외벽 상세: 노출 프리캐스트 콘크리트 갈비뼈 Rib 골조를 마룻대에 걸쳐서 지붕 및 외벽의 일체식 골조 구축. 골조와 골조 사이의 공간을 백색 세라믹 타일 뚜껑 Tile Lids 으로 덮어 곡면을 만들었다.

♣ 시드니 오페라 하우스 후면 전경: 바다 쪽에서 보이는 북향 토대옹벽 Podium , 유리벽 및 지붕. 오른쪽이 대극장, 왼쪽은 소극장. 배경은 오스트레일리아 시드니 남부, 중심 시가지

♣ 매점+까페 Café 정면: PC 콘크리트 지붕 골조 및 3개의 평판유리곡면벽+강철외벽골조

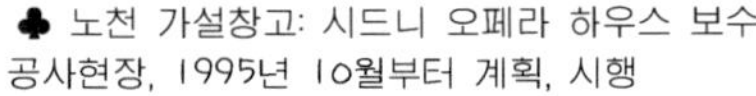

♣ 노천 가설창고: 시드니 오페라 하우스 보수 공사현장, 1995년 10월부터 계획, 시행

♣ 대극장 횡단면도 Cross Section of the Major Hall : 우촌 Utzon 의 실내외 건축기본계획안(1~9)중, **공동 계획안** Both Schemes 을 제외한 나머지 우촌의 설계안 Utzon's design 은 모두, 후임자인 피터 하일 Peter Hall 의 설계안 Hall's design 으로 변경되었다.

공동 계획안 Both Schemes	우촌의 설계(사진 상) Utzon's design (above)	하일의 설계(사진 하) Hall's design (below)
1-Concourse	5-Stage area	5-Organ
2-Stairs	6-Auditorium	6-Concert hall
3-Box office foyer	7-Dressing area	7-Rehearsal rooms
4-South foyer bar area	8-Stage machinery	8-Studio
4a-North foyer bar area	9-Experimental theatre	9-Drama theatre
		10-Play house

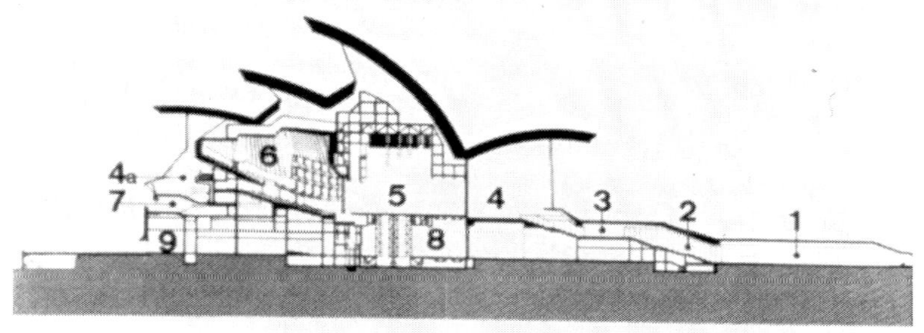

oth schemes	Utzon's design (above)		Hall's design (below)	
Concourse	5	Stage area	5	Organ
Stairs	6	Auditorium	6	Concert hall
Box office foyer	7	Dressing area	7	Rehearsal rooms
South foyer bar area	8	Stage machinery	8	Studio
North foyer bar area	9	Experimental theatre	9	Drama theatre
			10	Playhouse

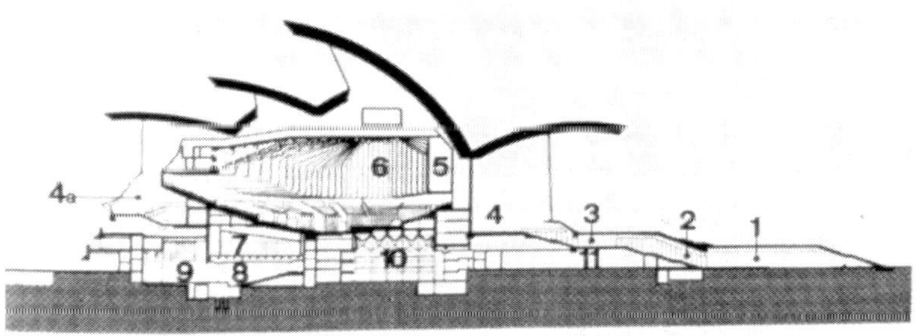

♣ 지붕 골조 및 백색 세라믹 타일 뚜껑 덮는 공사

♣ 콘크리트 갈비뼈 골조 지붕공사: 배경은 1960년대 초반 시드니 도심 전경

♣ 지붕 골조 설계: 1962~1963년에 최종 확정

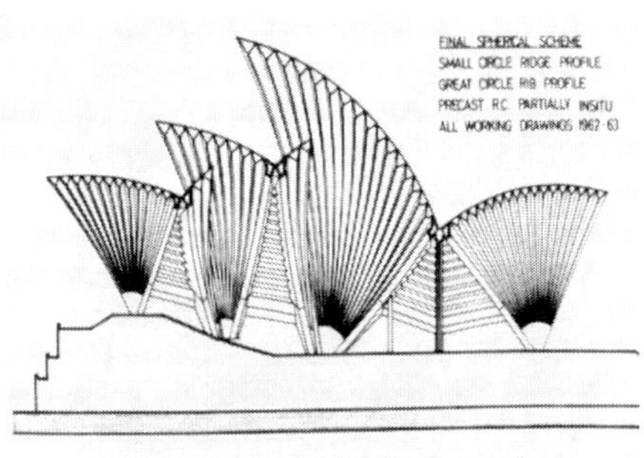

The drawings illustrate how the later solutions were divided into three separate shells.

사. 첵랍콕 공항 Chek Lap Kok (1992~1998)

중국의 홍콩에 있는 공항이다. 해발 6m 높이에 조성된 공항의 전체 면적은 51만 6000m^2, 금속재 볼트 *Metal Vaults* 지붕으로 되어 있는 터미널 *Terminal* 의 전체 길이는 세계 최장인 1.27km 이다. 건축설계는 포스터 & 파트너 *Foster & Partners* 에서 담당했다.

아. CN Tower Canadian National Railway Tower

1976년 6월 26일 캐나다, 토론토 *Toronto* 에 준공된 이래 30여 년 동안 세계에서 가장 높은 구조물로 평가되었다. CN Tower 의 피뢰침까지의 높이는 553.3m 이고, 총중량은 11만 7910톤이다.

자. 도시간 고속도로 Interstate Highway System (1956~1992)

미국 최초의 고속도로는 유타주 코브 포트 *Cove Fort, UT* 인근에서 메릴랜드주 볼티모어 *Baltimore, MD* 를 연결하는 'I-70 *Interstate 70*' 이다. 총연장길이 3465km 에 이르는 미국 동부와 서부를 잇는 대동맥인 이 고속도로는 1956년 8월에 착공, 1992년 10월에 개통됐다. 이 고속도로는 메릴랜드, 펜실베이니아, 인디애나, 미주리, 유타 등 10개주를 관통한다. 이 고속도로의 개통으로, 과거에 철도가 대부분을 담당했던 물류수송의 절반정도를 고속도로가 담당하게 됐다. 특히 80km 이내의 물류수송은 75%가 고속도로를 통해 이뤄지고 있을 정도로 물류수송체계에 변화가 일어났다. 뿐만 아니라 새 길의 개통은 한적한 농촌마을로 사람들이 몰려들게 하면서 대형할인매장, 자동차 판매점 등의 생활 편의시설이 들어와 농촌을 쾌적한 신도시로 탈바꿈시켰다. 현재 미국 각 지역의 주요 도시를 연결하기 위하여 건설된 현대식 고속도로의 총연장은 67 578km *42 000 mile* 에 달한다.

차. 파나마 운하 Panama Canal (1880~1914)

파나마 운하는 중앙아메리카 남동쪽에 있으며, 20세기 세계 최대의 토목공사 중의 하나로 간주되고 있다. 이운하는 대서양의 카리브해와 태평양의 파나마만을 연결하는 갑문식 운하이다. 이 운하의 총 길이는 77km 이며, 파나마 공화국의 북서부 자유무역 지대인 콜론 시티 *Colon City* 의 크리스토발과 남동부 파나마 시티 *Panama City* 의 발보아에 걸쳐있다. 이 운하의 대서양쪽 대륙 분수령 지역에는 가툰 갑문을, 그리고 태평양쪽 대륙 분수령 지역에는 미라플로레스 및 페드로미겔 갑문을 설치, 수로의 표고차를 해결했다. 콜론 시티 인근 대륙 분수령에는 인공적으로 조성된 가툰 호수가 있으며, 이곳에 설치된 가툰 갑문의 표고는 해발 26m 이다. 이 운하의 수문은 철근콘크리트 골조 또는 철골 골조에 강철판을 부착하여 만들었다. 파나마 시티 *Panama City* 로부터 첫 번째 갑문인 미라플로레스에 설치된, 세계 최대의 철근콘크리트 구조물로 평가되는 이 수문의 총중량은 745톤에 달한다.

파나마 운하의 건설은, 프랑스 토목공사 기술자 페르디낭 마리 드 레셉스에 의하여 1880년에 최초로 시도되었다. 프랑스 토목공사 기술자들은 1859년부터 1869년까지, 지중해 쪽의 포트 사이드 *Port Side* 와 홍해 쪽의 수에즈 *Suez* 를 연결하는 약 171*km* 의 수로인, 수에즈 운하(사진 1-21)를 건설한 경험이 있다. 이 경험을 바탕으로 새로운 운하의 건설에 도전하였으나 실패하고 말았다. 파나마 운하는, 수에즈 운하와는 지형 및 기후 조건이 전혀 달랐기 때문이다. 수에즈 운하는 건조하고 평평한 모래사막의 저지대에 건설한 수평식 운하이다. 프랑스인들은 열대 질병인 황열병, 말라리아 등의 방역에 관한 경험 부족과 험한 산악지형에서 폭우로 인하여 발생한 여러 차례의 산사태로 인한 막대한 경제적, 인적 손실을 입고 착공 8년만인 1887년에 공사를 포기했다. 운하건설 실패의 주요원인은 프랑스인들이 설정한 수로의 85% 정도가 정글 및 험악한 산악을 통과하도록 한 것이었다. 이러한 수로 설정은 지형 및 지질에 관한 불확실한 정보를 바탕으로 한 것임이 밝혀졌다. 프랑스인들의 실패원인을 분석, 대책을 마련한 미국인들이 1904년에 공사를 재개, 1914년 8월 15일에 파나마 운하를 완공, 1999년 12월 31일 까지 85년 동안 운영권을 행사하였다.

2000년 1월 1일 미국으로부터 파나마 운하의 운영권을 넘겨받은 파나마 정부는 개통 100년 가까이 된 이 운하를 통과하는 선박의 대형화와 통행량의 증가에 따라서 대대적인 확장공사가 필요하다고 판단했다. 현재 이 운하를 통행 할 수 있는 최대 선박은 파나맥스 *Panamax* 급 *길이 294.1m, 폭 32.3m* 이며, 일일 통행량은 약 40척이다. 확장공사는 새로운 수로와 갑문을 건설하는 것으로서, 새 갑문의 크기는 현재의 갑문보다 길이 40%, 폭 64%, 깊이 43%가 확장된, 길이 427*m* , 폭 55*m* , 깊이 18.3*m* 이다. 이 확장공사가 끝나면 지금까지 파나마 운하를 통과하지 못했던 이른바 신 파나맥스 *Panamax* 급, 즉 선박 길이 366m, 폭 49m 의 초대형 화물선, 액화천연가스 운반선, 유조선, 벌크선 등의 통행이 가능하게 된다. 하루에 통행 가능한 선박의 수도 15척정도 추가된다. 2003년 9월 3일 시작한 운하 확장공사는 운하개통 100주년이 되는 2014년에 맞추어 완공될 예정이다.

4) 21세기 경이로운 세계 10대 건축 프로젝트

영국의 유력 일간지 '더 타임스' 가 2007년 현재, 세계 곳곳에서 건설 중인 건축물을 대상으로 선정한, 가장 크고 중요한 10대 프로젝트 중에는 부루즈 할리파, 베이징 올림픽 주경기장, 재건축중인 뉴욕 세계무역센터, 세계 최대 고고학 박물관이 될 이집트 박물관, 런던 비숍스 게이트타워, 로마 국립예술박물관 등이 있다.

사진 1-21 : 수에즈 운하 *Suez , Egypt*

♣ 수에즈 운하 출입구: 홍해쪽 수에즈만

♣ 운하도시 "수에즈" 파노라마: 홍해 쪽 수에즈만

2. 건축생산 공예기술의 전망

21세기의 도시 건축은 수평 공간보다는 수직 공간을 최대한 이용하려는 경향을 보일 것이다. 이러한 경향은 인간 능력의 한계에 도전하려는 부단한 시도와 어우러져 훌륭한 결실을 맺을 것으로 생각된다. 초고층 건축물을 지으려는 인간의 욕망은 새로운 건축기술과 건축 재료의 발전을 가져올 것이다.

20세기 중반에 건축가 프랭크 로이드 라이트 *Frank LLoyd Wright: 1869~1959* 는 인구 13만 명을 수용할 수 있는 1마일 *1609m* 높이, 528층의 공중도시 *Mile High Illinois Sky-city* 건설을 제안하였지만 현재까지 시행되지는 않았다. 21세기 초인 현재의 건축기술, 건축재료 및 경제적 가치를 감안해 볼 때 인간의 기술능력으로 세울 수 있는 건축물의 최고 높이는 1600m 정도로 추정된다. 현재로서는 매우 황당한 계획처럼 보일 수도 있는 높이 4000m , 1000층 규모의 극초고층 건축물 *Ultra High-rise Building* 을 21세기 중반까지 도쿄 *東京, Tokyo* 에 건축하려는 계획이 일본국에서 논의되고 있는 것도 사실이다. 수직 도시라고도 할 수 있는 이 건축물의 상주인구는 50만 명 이상으로 구상하고 있다. 피라미드 형태로 구상되고 있는 소위 *X-seed 4000* 이라고 알려져 있는 이 계획이 이론상 전혀 불가능한 것은 아니다. 그러나 현존하는 이집트 *Egypt* 최대 피라미드의 구조를 감안해 볼 때 높이 4km 의 건축물이라면 최저층 한 변의 길이는 무려 6.3km 에 달하게 된다. 21세기 건축생산 공예기술의 전망 및 선진국의 건설 산업 전략은 다음과 같다.

1) 공예기술의 전문화

19세기 이전 단순 구조체인 건축물을 생산하던 시절에는 건축주 및 설계자의 의도에 따라서 충실하게 건축물을 생산한다면 건축물 생산자가 누구이던지 상관없이 그 결과에는 큰 차이가 없었다. 즉, 건축물의 구조, 기능, 미가 간단, 단순한 경우에는 특별한 건축생산 공예기술이 필요하지 않았으므로 설계도서가 같은 경우 생산되는 건축물의 품질에 큰 차이가 없었다. 다시 말해서 건축물의 구조와 기능이 비교적 단순하던 시절에는 건축생산 체계에서 건축주 및 설계자의 역할이 생산자의 역할보다 상대적으로 중요시 되었다.

그러나 건축물이 대형화, 복잡화, 고층화 하고 있는 현대에는 설계기술 못지않게 건축생산 공예기술의 중요성이 부각되고 있다. 건축물의 복잡한 기능과 구조가 다양하게 전문화됨과 동시에 건축물의 유지 및 관리가 자동화됨에 따라서 건축공예기술은 필연적으로 실내건축, 조경, 구조, 기계설비, 전기설비, 정보과학, 로봇 *Robot* 기술 등으로 세분화 및 전문화가 진행되고 있다.

2) 설계변경 및 상세시공도 *Shop Drawing* 의 활성화

설계도서란 원래 완벽한 것이라기보다는 개념적, 개략적, 선험적 내지는 형이상학적, 심지어 환상적일 수도 있는 것이므로 최적의 건축물 생산을 위한 모든 조건들이 충분히 반영되어 있다고 생각 할 수는 없다. 더욱이 현대건축물의 기능이 복잡, 다양화되고 있는 추세에서 2 차원적인 설계도서에 건축물에 관한 모든 것을 완전하게 표현 할 수는 없는 것은 분명한 현실이다. 따라서 건축물 생산자가 맹목적으로 미비 된 설계도서에 충실할 경우 무미건조한 결과를 초래하여 당초 건축주 및 설계자가 의도한 건축물의 구조, 기능 및 미적, 경제적 가치 등에 크게 못 미치는 결과가 나타날 수도 있다. 건축물의 설계와 생산의 사이에는 시간적, 공간적 차이가 존재하므로 설계도서에 완벽한 현장조건, 공사방법 및 절차, 자재의 특성 등을 완전하게 나타낸다는 것은 불가능한 일이며, 심지어 설계의 어느 부분이 빠져 있거나 미비하여 공사를 할 수 없는 경우도 생길 수 있다. 따라서 건축물 생산자는 미비된 설계도서의 현장조건 최적화를 위하여 경험적, 형이하학적 공사기술을 바탕으로 설계도서의 부족한 내용을 개선, 보완, 발전시켜야 한다. 다시 말해서 건축물 생산자가 설계자의 입장에 서서 설계에 참여하는 것이다. 실제로 고도의 기술을 필요로 하는 건축물생산 현장에서는 수많은 설계변경과 현장 상세시공도 *Shop Drawing* 작성은 필연적이다. 그렇지만 설계변경의 도가 지나쳐서 건축물에 대한 건축주와 설계자의 원래의 의도를 벗어나는 결과를 초래하는 것은 바람직하지 않다.

3) 정보과학기술의 접목

가. 건축물 생산의 정보화

미시적 관점에서의 건축물 생산 공예기술은 노동 집약적인 재래식 가내 수공업 방식을 벗어나 저비용 고효율의 자동생산 체계로 전환 될 것이다. 경량 고강도 자재 생산의 공업화, 규격화와 공사기술의 정보화 및 기계화 특히 로봇 *Robot* 화로 인하여 단순 조립기능의 인력과 공종은 현장에서 사라지게 될 것이기 때문이다. 실제로 일본국에서는 단순반복 작업이 필요한 건설공사 현장에서 건설기계, 레이저 카메라 *Laser Camera* , 컴퓨터 *Computer* , 로봇 *Robot* 등의 첨단과학 정보기기를 동원하여 무인 자동화 건설현장을 현실화하고 있다. 21세기 지식정보화 시대에 있어서의 건축생산 공예기술은, 설계기술은 물론 정보과학기술이 융해되어 있는 정보화된 건축물 및 도시 건설의 핵심 축으로서 창조적인 역할을 분담하게 될 것이다. 21세기 정보통신 사회에서의 시대적 요구에 부응하는 건축물 생산을 위하여서는 건축기술에 정보기술 *IT: Information Technology* 과 통신기술이 접목되어야 함은 필연적 사실이기 때문이다. 실제로 최근에 건설되고 있는 초고층 건축물에는 최첨단 건축응용 전자기술인 자가진단 시스템을 채택하고 있다. 눈으로 볼 수 없는 건축물의 곳곳에 전자계측 시스템을 설치해 놓고 수집되는 각종 자료를 종합 분석하여 건축물의 현재 상태를 실시간으로 진단한다. 이 시스템을 통하여 화재, 지진, 붕괴 등의 징후를 미리 파악하여 사전에 그 원인을 완전히 차단할 수 있다.

나. 유비쿼터스 도시 *Ubiquitous City* 의 건설

가) 유비쿼터스 *Ubiquitous* 의 의미

'유비쿼터스 *Ubiquitous*' 는 라틴어에서 유래한 용어로서 '언제 어디서나 있는' 또는 '동시에 존재한다.' 라는 뜻이다. 유비쿼터스라는 말이 처음으로 세간의 이목을 끈 것은 1988년 미국 제록스 *Xerox* 사의 팰로앨토연구소 소장인 마크 와이저가 "유비쿼터스 컴퓨팅 *Ubiquitous Computing* 이 제3의 정보혁명 물결을 이끌 것" 이라고 주장했을 때부터이다.

나) *U-City* 의 기술체계 및 정의

도시공간의 기반시설이나 공공시설을 건설하는 건설기술에, 언제 어디서나 자유롭게 정보통신망에 접속할 수 있는 유비쿼터스 *Ubiquitous* 환경을 구현해 내는 정보통신기술을 접목한 융합기술로 구축한 도시가 유비쿼터스 도시 *Ubiquitous City* , 즉 유-시티 *U-city* 이다. 다시 말해서 유-시티는 물리공간과 가상공간을 융합해서 만들어낸 고도로 정교한 지능 공간 *Smart Space* 이다. 현재 유-시티는 생태환경 *Ecology* 기술과 융합하여 지속 가능한 미래형 첨단 친환경 도시인 유-에코 시티, 스마트 시티 *Smart City* , 이데아 시티 *IDEA City: 디지털가상공간을 활용해 만든 미래도시* 등으로 진화하고 있다. 유-시티를 구현해내는 기술체계는 공간의 전자화 *Electronics* , 장소의 이동성 *Mobile* , 시공단축통신 *Telecommunication* , 자율컴퓨팅 *Automatic Computing* , 사물의 인지 *Cognition* , 자율상황인식 *Context Awareness* 등의 융합기술체계이다.

다) *U-City* 에서의 삶의 변화

우리나라에서는 2008년 9월 29일에 유-시티 *U-city* 에 관한 법률이 시행되었다. 21세기 유-시티에서는 새로 건설되는 건축물은 물론이고 기존의 구시대적 건축물도 리모델링 *Remodeling* 을 통하여 인터넷 *Internet* 을 자유롭게 이용할 수 있는 정보통신 환경을 갖춘 환경친화적 사이버 빌딩 *Cyber-building* 이 될 것이다. 지능화 고도화된 유-시티의 지향목표는 건강, 쾌적, 편리한 도시, 안전한 도시이며, 이런 도시에서 기대할 수 있는 인문, 자연과학적 도시환경의 변화, 즉 도시의 공간, 기능 및 도시인들의 삶의 변화는 다음과 같다:

① 쾌적하고 환경 친화적인 도시 관리: 도시에서 발생하는 각종 환경오염, 즉 토양, 대기, 수질 등의 오염 상태를 정확, 신속하게 파악하고 적정한 대책수립 및 조치
② 지능형 도시 시설물의 실시간 관리: 전자태그 *RFID-tag* 를 활용한 원격 모니터링 및 양방향 커뮤니케이션 제어를 통한 도시 시설물의 최적 유지관리 및 재해감시
③ 영상분석 알고리즘 *Algorithm* 을 활용한 지능형 화재진압 시스템 가동: 열상 카메라와 영상분석이 가능한 지능형 기기를 도심 곳곳에 설치, 화재가 발생하는 경우 별도의 신고가 없더라도 시스템을 통하여 인근 소방서와 병원에서 즉각, 자동으로 화재발생 사실을 감지, 소방차와 구급차가 조기에 출동, 화재를 진압하고 인명의 응급구조를 실시한다. 이 경우 실시간 교통신호관리 서비스에 자동접속, 소방차와 구급차의 이동이 용이하도록 도로의 교통신호가 자동으로 조정된다.
④ 실시간 교통정보 및 교통신호관리 서비스 제공: 실시간 교통흐름을 감지하는 신호관리, 도착시간을 알려주는 대중교통정보 서비스, 폐쇄회로 텔레비전 *CCTV: Closed-Circuit Television* 을 통한 불법주차 단속 서비스 등을 제공
⑤ 원-스톱 통합행정 서비스 제공: 유비쿼터스 감지장치인 센서 네트워크 *USN: Ubiquitous Sensor Network* 를 통하여 언제 어디서나 온라인 행정 서비스 제공
⑥ 온라인 초고속 통신망을 통한 복지생활 서비스 제공: 주택 내에서의 온라인 금융, 전자상거래, 원격 교육, 원격 진료, 지능형 홈쇼핑 *i-shopping* 물건의 배송 경로 체크
⑦ 지능형건축물 환경관리시스템 가동: 외부의 기후변화, 즉 비, 눈이 오거나 기온이 상승 또는 내릴 때 이에 상응, 실내 온도, 습기, 환기 등을 쾌적한 상태로 자동조절
⑧ 치안 및 보안관리 서비스 제공: 우범지역, 범죄다발지역 등에 방범 및 안전관리 모니터를 설치, 범죄가 발생하였을 경우 별도의 신고 없이 경찰이 출동하여 범인 제압

4) 신기술 및 신공법제도의 활성화

가 건설신기술 지정제도 개요

가) 시행 목적

건설기술진흥법에서 규정하고 있는 건설신기술 지정제도의 시행목적은 건축, 조경, 토질 및 지반, 토목구조, 도로, 교통, 상하수도, 환경처리, 항만 등의 건설 산업 분야에서 민간 건설업체의 기술개발 의욕을 고취시켜 신기술의 개발을 촉진케 하여 국내 건설기술의 발전을 도모하고 국가 경쟁력을 제고 하는데 있다.

나) 신기술 평가기관

우리나라에서 건설신기술을 지정하기 위한 제도는 1989년부터 시행되어 왔다. 1996년 4월부터 당시의 건설교통부로부터 신기술 지정을 위한 심사업무를 위탁받은 '한국건설기술연구원' 이 심사업무를 수행하였다. 그러나 2003년 6월 1일부터는 당시 건설교통부로부터 신기술 심사 전문기관으로 지정, 고시된 '한국건설교통기술평가원' 이 그 업무를 수행하고 있다. 한국건설교통기술평가원에서는 신기술 및 신공법에 관한 정보를 모든 건설인 들에게 제공하고 그 기술을 육성, 활용, 보급하기 위하여 건설신기술 복덕방 *www. newtech.kict.re.kr* 을 운영하고 있다. 건설교통부는 현재 '국토교통부' 로 명칭이 변경되었다.

다) 신기술 지정요건

새로 개발되었거나 개량, 발전된 건설기술은 그 기술의 신규성, 진보성, 현장 적용성 등의 요건을 평가, 인정하여 그 내용 및 범위를 결정, 신기술로 지정, 활용한다.

(1) 신규성

기술이 새롭게 개발되었거나 개량된 것으로 평가되었을 경우 기술의 신규성을 인정한다.

(2) 진보성

새로 개발된 기술이 기존의 기술에 비하여 품질, 공사비, 공사기간 등에서 향상, 발전이 이루어졌다고 평가되었을 경우 개발된 기술의 진보성을 인정한다.

(3) 현장 적용성

개발된 기술의 시공성, 안전성, 경제성, 환경친화성, 유지관리의 편리성 등이 우수하여 건설현장에 적용할 가치가 있다고 평가되었을 경우 신기술의 현장 적용성을 인정한다.

나. 신기술 지정기준

가) 신기술지정 심사기준

신청된 신기술의 신기술지정을 심사하는데 있어서 요건별 심사기준은 다음과 같다:

① 신청된 기술의 명칭, 범위, 내용의 적정성 여부

② 신청된 기술의 요지 및 지정요건을 증빙하는 자료의 적정성 여부
③ 심사에 필요한 품질검사전문기관의 시험결과 자료의 적정성 여부
④ 해당현장 적용 시방서 및 유지관리지침서의 적정성 여부
⑤ 시험적 시공, 성능시험 및 시공실적 분석 자료의 타당성 여부
⑥ 유사, 선행 건설기술의 존재 여부
⑦ 현장적용을 위한 성능평가시험의 적정성 여부
⑧ 활용실적이 있는 경우 발주처와 감리자의 검증 여부

나) 현장 실사기준

신청된 신기술을 심사하는데 있어서 요건별 실사기준은 다음과 같다:

① 신기술 지정요건의 해당 여부
② 현장 활용실적 및 적용결과의 비교, 분석 자료의 적정성 여부
③ 현장적용 시방서 및 유지관리 지침서 등 관련 자료의 적정성 여부
④ 신기술지정 현장 실사기준에 필요한 근거자료 및 현장을 실사할 때 주요 확인 사항 제시 여부

다. 신기술 보호기간

1999년 10월 30일 개정된 건설기술관리법, 즉 현재의 건설기술진흥법 시행령에 의거한 신기술의 기본 보호기간은 3년이었다. 다만 3년 동안에 신기술의 활용실적이 있을 경우 신기술 신청인은 신기술 보호기간의 연장설정을 신청할 수 있다. 그러나 서류심사에 의존하고 있는 3년 후 재심사제도는 건설신기술 지정제도의 취지에 맞지 않을뿐더러 건설 산업 현장의 실정과는 거리가 먼 일종의 규제가 되어 논란의 대상이 되었다. 따라서 이 기본 보호기간 3년은 2011년 1월부터 5년으로 2년 연장되었다. 신기술지정 고시일로부터 5년 후 신기술 보호기간의 연장을 신청한 신청인은 심사기준을 충족하는 경우 신기술의 보호기간을 1차에 한해 7년 더 연장할 수 있다. 그러므로 신기술 보호기간은 최장 12년으로 확대되었다. 신기술 보호기간의 연장을 신청할 수 있는 요건 및 심사기준은 다음과 같다.

가) 연장 요건

① 활용실적; 신기술 지정 후 5년 동안 활용실적이 있는 기술
② 현장 적용성; 현장시공의 적용성이 검증된 기술로서 지속적으로 보급이 필요한 기술

③ 품질검증; 신기술을 지정할 때 제시된 내용이 시공사례를 통하여 성능 및 효과가 검증된 기술

나) 연장기간별 심사기준 (1999년 10월 개정된 시행령 기준)

① 2~3년; 활용실적 및 보급성이 양호하며, 기술수준이 선진화된 외국기술에는 미달 하나 국내공급에는 수준급인 기술
② 4~5년; 활용실적 및 보급성이 매우 양호하며, 기술수준이 선진화된 외국기술과 동등하여 수입을 대체할 수 있는 기술
③ 6~7년; 활용실적 및 보급성이 아주 우수하며, 외국으로부터 동일기술의 이전이 불가능하고 외국기술의 수준을 능가하여 수출이 가능한 기술

라. 신기술 권익보호 규정

신기술을 개발한자의 권익을 보호하고 개발된 신기술의 활용을 활성화하기 위한 법적조치 사항은 다음과 같다:

① 보호기간의 설정; 신기술지정 고시일로부터 3년간, 다만 3년 후 사용실적이 우수할 경우 7년 이내로 연장 가능
② 기술사용료 지급; 신기술 개발자는 신기술을 사용한 자에게 신기술 사용료 지급청구 가능
③ 신기술과 유사한 외국도입 기술이 있을 경우 신기술을 우선 사용토록 권고
④ 금융관련회사에 신기술 개발 및 관련 사업에 필요한 자금의 지원요청 가능
⑤ 공사, 설계 및 감리용역 등의 입찰참가자격 사전심사에서 가산 점수 부여
⑥ 신기술을 활용하여 창업할 경우 벤처기업으로 인정, 육성
⑦ 신기술 홍보를 위한 전시회 및 설명회 개최
⑧ 건설기술자 교육에 신기술 소개
⑨ 신기술 채택 유공자 및 기관에 대한 포상

마. 신기술관련 법령

국내 건설 산업 분야에서 신기술의 지정, 보호, 활용방안 등의 신기술 발전방안에 관련되는 법령에는 건설기술진흥법, 건설산업기본법, 국토교통부 고시, 국가계약법 등이 있으며 그 상세는 다음과 같다.

가) 건설기술관리법

(1) 법 제18조

국내 최초개발 건설기술 또는 외국 도입기술을 소화, 개량, 발전시킨 개량 건설기술 등에 관하여 기술의 신규성, 진보성, 현장 적용성 등을 검토하여 보급, 활용이 필요하다고 인정되는 경우, 건설기술로 지정, 고시한다. 건설기술관리법은 2014년 5월부터 '건설기술진흥법' 으로 명칭이 변경된다.

(2) 시행령 제32조 및 34조

건설신기술의 지정절차, 고시, 활용, 자금지원 및 보호기간 등에 관하여 규정한다.

(3) 시행규칙 제10조 및 12조

건설신기술의 지정신청, 심사, 증서의 교부, 실적신고절차 등에 관하여 규정한다.

나) 건설산업기본법

신기술의 활용방안은 신기법 시행령 및 시행규칙에 구체적으로 명시되어있다. 건기법에서는 건축물의 설계시 신기술의 사용여부를 확인하고, 우수한 신기술을 채택하여 설계에 반영하도록 규정하고 있으며 그 상세는 다음과 같다.

(1) 시행령 제34조

신기술과 기존기술을 비교, 검토한 후 '신기술적용검토서' 를 작성, 공사설계에 신기술의 적용가능 여부를 명시한다.

(2) 시행규칙 제14조

'신기술적용검토서' 를 기술심의위원회 또는 해당부서에서 심사, 그 결과 신기술이 우월하다고 판단될 경우 신기술을 채택하고, 그렇지 않을 경우에는 그 사유를 명시한다.

다) 국토해양부고시

국토해양부 고시 제1999-383호에서는 신기술의 평가기준 및 평가절차 등에 관하여 규정하고 있다. 국토해양부는 2013년 현재 '국토교통부' 로 명칭이 변경되었다.

라) 국가계약법

국가를 당사자로 하는 계약에 관한 법률 및 시행령에서는 신기술의 활용을 촉진시키기 위하여 신기술을 채택한 공사의 경우 다음과 같은 실용방안을 규정하고 있다:

① 수의계약 공사에 대한 감사 자제
② 제한경쟁입찰 실시 가능
③ 신기술을 채택한 공사의 분리발주 가능

3. 선진국의 21세기 국가전략산업

건설 산업이 한 나라의 경제정책, 사회 간접시설, 건축문화유산 등의 측면에서 국가와 사회에 미치는 영향이 막중하다는 것은 역사적으로 입증되고 있는 주지의 사실이다. 따라서 국가는 대규모 건설사업에는 어떠한 형태로든 참여하고 있는 것이 세계적인 추세이다. 그렇지만 국가의 개입은 시장경제 원칙을 준수하면서 건설 산업의 경쟁력과 생산성을 향상 시킬 수 있는 정책대안을 제시하는 수준에서 그치는 것이 바람직하다. 정부의 지나친 규제와 통제는 건설 산업 발전을 저해할뿐더러 치열한 경쟁이 필연적인 시장의 생리는 시장 참여자들이 가장 잘 알고 있기 때문이다. 1990년대 이후 건설 산업을 21세기 국가 발전의 전략산업으로 설정하고 강력한 혁신운동을 전개, 그 계획을 실천에 옮기고 있는 몇몇 선진국의 사례는 다음과 같다.

1) 미합중국의 건설산업 전략

가. 건설산업 발자취

1760년경부터 산업혁명을 주도해온 영국 *U. K.* 이 200여 년간 향유해 오던 세계의 패권은 2 차 세계대전을 전후하여 새로운 강국 미합중국 *U. S. A.* 으로 넘어가게 되었다. 1776년 영국으로부터 독립한 미국이 독립이후 오늘날까지 이룩한 세계 최강의 경제력과 산업 전반에 걸친 우수한 기술력은 새로운 패권주의를 태동시켰다. 미국의 패권주의는 건설 산업도 예외는 아니어서 세계 건설시장의 1/4이상을 점유하고 있는 것이 오늘의 현실이다. 미국은 이미 1931년 당시 세계 최고층인 102층의 건축물, 엠파이어스테이트 빌딩 *Empire State Building* 을 건축할 수 있을 정도의 건설기술력과 경제력을 보유하고 있었다. 20세기 초반부터 막강한 경제력과 우수한 건설기술 및 관리능력을 바탕으로 성장한 미국 건설 산업의 동향은 곧 세계건설산업의 흐름이라고 해도 지나친 말은 아니다. 19세기 중반 이후 미국의 건설산업 발전에 크게 이바지한 역사적 가치가 있는 주요 건설공사는 다음과 같다:

① *Chicago Sewage Disposal System*(1858~1869)
② *Transcontinental Railroad*(1863~1869)
③ *Brooklyn Bridge*(1869~1883) ④ *Panama Canal*(1904~1914)
⑤ *Empire State Building*(1930~1931)
⑥ *Hoover Dam*(1930~1935) ⑦ *Golden Gate Bridge*(1931~1936)
⑧ *Interstate Highway System*(1956~1990)
⑨ *World Trade Center*(1966~1973)

나. 21세기 미합중국의 건설산업 전략

20세기 세계 최고의 건설규모와 기술력을 보유하고 있는 미국 건설 산업의 발전 원동력은 국가의 규제 및 통제가 거의 없는 건설시장에서 건설기술만을 무기로 하는 자율경쟁에 기인하는 것으로 추정된다. 실제로 미국의 정부조직에는 건설 산업만을 관장하는 장관이 존재하지 않을뿐더러 별도의 건설관련법도 존재하지 않는다. 공공공사를 발수, 입찰하는 경우에는 건설공사의 성격에 따라서 해당부처에서 독립적으로 처리할 뿐이다. 예를 들면 교육관련 시설물은 교육부에서, 도로, 항만, 교량 등의 교통관련 시설물은 교통부에서, 발전소, 석유 및 가스시설 등의 에너지 관련 시설물은 에너지부에서 발주하고 관리하는 식이다. 또한 건설 산업 체계에 관한 규정 및 면허제도도 연방정부가 아닌 주정부의 소관이므로 각각의 주정부는 자체의 특성에 적합하도록 유연하게 운영하고 있다.

1994년부터 건설 산업 혁신운동을 국가 발전 전략산업의 일환으로 강력하게 추진하고 있는 미국은 건설 산업 생산품의 성능과 품질을 향상시켜 건설 산업의 경쟁력을 높이고 삶의 질을 높여나가면서 아울러 세계 건설시장을 지속적으로 주도하기 위한 21 세기의 전략적 목표를 제시하고 있다. 미국이 현재보다 30~50% 정도의 건설 산업 경쟁력 향상을 목표로 하고 방안을 마련, 시행중인 전략적 분야는 건설공기의 단축, 건설인력의 산재발생 감소, 시설물의 내구성 및 유용성 향상, 산업 폐기물 및 공해발생 감소, 유지관리 및 에너지 비용의 절감, 사용자의 질병 및 상해발생 감소, 사용자의 업무 생산성 및 쾌적성 향상 등이다.

2) 영국의 건설산업 전략

영국은 자국의 국토 및 경제규모에 비하여 세계 건설시장에서의 영향력이 매우 큰 나라이다. 18세기 중반에서 20세기 중반까지 동남아시아, 아프리카, 오세아니아 및 중동 등의 지역에서 영국의 식민통치하에 있었던 나라들이 아직도 영국의 국가제도를 답습하고 있기 때문이라고 생각된다. 건설제도 및 법체계가 매우 단순한 대부분의 선진국들과 마찬가지로 영국 정부의 건설정책 기조 역시 법에 의한 통제보다는 시장의 자율기능에 맡기는 것이다. 그러나 공공 건설공사의 입찰조건은 매우 까다로운 편이어서 합당한 경쟁력을 갖추지 못한 건설 회사들은 공공건설 시장의 진입자체가 불가능한 실정이다. 건설 관련법과 제도는 매우 단순하지만 발주 및 입찰체계가 매우 까다로운 영국에서 국가 경제의 효율성을 높이기 위하여 펼치고 있는 건설 혁신 운동의 핵심은 공공 건설공사 발주체계의 개혁이다. 영국의 건설 혁신 정책인 '건설 재평가 Rethinking Construction ' 운동의 입안은 산업계, 학계 및 정부의 공동 협력 체계 하에서 이루어진 것이다. 민간인 건설 관련 전문가 및 학자들이 국가차원의 미래 건설 전략을 마련, 정부에 제시하고 정부가 이를 수용, 실천과정에서 실행효율을 높이기 위하여 철저하게 감독하는 체계이다. 정부와 건설업계는 매년 혁신전략의 이행 상황을 점검, 평가하여 검증된 모범사례를 시장에 공개함으로서 계획보다는 실천을 중시하는 실용적 정책을 펴고 있다. 21세기 세계 건설시장에서의 지속적인 우위 확보를 위한 영국의 전략적 핵심 목표는 건설사업비 절감, 건설공기 단축, 건설 예측가능성, 하자 발생률 감소, 안전사고율 감소, 생산성 향상, 건설이윤 향상 등의 분야에서 매년 전년도 대비 10~20% 정도의 경쟁력을 향상시키는 것이다.

3) 일본국의 건설산업 전략

건설관련 법과 시장 체계가 우리나라와 유사한 일본에는 정부가 주도하는 건설정책의 입안과 제도로 인하여 규제와 보호위주의 건설시장이 형성되어있다. 무한의 자율 경쟁이 필수적인 자본주의 시장의 속성을 거스르는 규제 일변도의 건설시장 환경에서는 국제적인 경쟁력을 갖는 건설 산업의 존속은 기대할 수 없다. 자유 경제 체제하의 선진국 수준에 미달하는 일본의 건설정책 및 제도에도 불구하고 일본 건설 산업의 우수한 기술 경쟁력은 세계적인 수준인 것으로 평가되어 1980년대 말까지는 세계 건설시장에서 일정량의 지분을 확보하고 있었다. 그러나 1990년 이후 일본 경제 침체가 지속되면서 우수한 기술력을 바탕으로 경쟁하던 일본의 건설업체가 심각한 위기에 빠져들기 시작하였다. 따라서 정부는 1995년부터 위기의 건설 산업을 되살리기 위하여 건설 산업 재생전략을 수립, 대형 건설업체들로 하여금 선택과 집중을 통하여 이익실현을 강화하도록 요구하고 있다. 경쟁 우위 부분을 살리고 채산성이 없는 부분을 과감히 정리하는 조직 개혁을 통하여 비용을 절감하도록 주문하고 있다. 동시에 새로운 상품을 개발하여 공사비를 절감하고 품질을 향상시켜 경쟁력을 강화하도록 독려하고 있다. 한편 정부는 2001년부터 시장경제 원칙에 입각하여 투명성과 경쟁성이 동시에 확보되는 입찰방식을 도입, 시행함으로서 행정력을 동원, 경쟁력 있는 시장조성을 위하여 노력하고 있다.

제 2 장
건축재료 정보

제 1 절 골조공사용 재료

1. 개요 187
2. 조적재료 187
3. 목재 260
4. 콘크리트 및 시멘트 관련 재료 324
5. 철근 및 형강 413

제 2 절 접합 재료

1. 용어정의 471
2. 접합재료의 종류 및 특성 471

제 3 절 설비공사용 재료

1. 컨베이어 시스템 498
2. 기계설비 500
3. 전기, 조명, 통신 및 음향설비 538
4. 방범 및 자동화설비 558
5. 주방설비 564

제 1 절 골조공사용 재료
Building Frame Materials

1. 개요

골조용 재료는 건축물 조형에 결정적 영향을 끼치는 중요한 자재이다. 일반적으로 건축물의 규모, 외형 등은 골조용 자재의 하중부담 특성에 따라서 결정된다. 우리가 주변에서 흔히 볼 수 있는 건축물의 규모나 형태가 다양한 것은 바로 골조용 자재가 다르기 때문이다. 현재 건축공사에서 사용되고 있는 주요 골조용 건축자재는 벽돌, 블록, 석재, 목재, 콘크리트 및 철강재 등이다. 골조용 자재를 적절하게 활용하기 위해서는 재료의 물리적, 화학적, 역학적 특성 및 시험에 관련된 상세한 내용을 파악하고 이해하여야 한다. 그러나 골조용 건축 재료를 비롯한 접합재료, 설비공사용 재료 등에 관한 이론적 내용은 건축재료학 및 재료시험 분야에서 상세히 다루고 있다. 따라서 여기서는 건축공사 현장에서 사용되고 있는 기본적인 건축자재의 규격, 거래단위, 용도 등에 관하여 실용적인 자재정보만을 간략하게 기술하기로 한다.

2. 조적 재료

1) 조적재료관련 고대유적

조적공사 기술은 인류 최고 *最古* 의 건축기술 중 하나로서 그 역사는 인류가 찰흙덩이 *Adobe Blocks* 를 햇볕에 건조하여 사용하였던 기원전 5000~3000년경 메소포타미아 문명시대까지 거슬러 올라간다. 현존하는 인류 건축문화 유산의 대부분이 조적기술에 의하여 건축되었다는 사실이 이를 입증하고 있다. 대표적인 조적재료의 고대유적에는 이집트 *Egypt* 고왕국 시대의 석회석 덩어리를 다듬어 쌓아 올린 피라미드 *Pyramids* , 대리석을 가공하여 건축한 고대 그리스의 파르테논 신전 *Parthenon* , 로마제국의 원형 경기장(사진 2-01), 원형 누기장(사진 2-02), 도수로 *導水路* (사진 2-03), 폼페이 유적(사진 2-04) 및 고대 중국의 만리장성 *萬里長城* (사진 2-05) 등이 있다.

사진 2-01 : 로마의 원형 경기장 *Roman Colosseum Roma, Italia*

로마제국에서 가장 큰 이 원형경기장은 기원후 72년 플라비안 왕조의 베스파시아누스 황제 치하에서 공사를 개시, 10년 공사 끝에 완공되었다. 그러나 서기 405년에 격투경기가 중단된 이후로는 폐허상태로 방치되어 있지만 여전히 관광객들로 붐비는 세계 7대 불가사의 중의 하나로 남아 있다. 외벽은 석회석으로 축조한 다음 대리석 판재를 붙여 마감하였다. 접착제로는 화산재로 만든 천연콘크리트를 썼다. 4층으로 건설된 타원형의 이 경기장은, 장축이 190m, 단축은 155m, 높이는 47m 이며, 수용 인원은 약 5만 5000 명이었다. 경기장의 1층 외벽에는 80개의 아치형 출입문이 있다. 경기장 바닥은 흙벽돌로 옹벽을 쌓고 나무 널빤지로 덮은 다음 모래를 두껍게 깔았다. 4층에는 외벽에 장대를 촘촘히 세우고 천막지붕을 설치하였으나 지금은 흔적도 없이 사라졌다. 르네상스 Renaissance (1420년경~16세기중반) 시대에는 왕궁, 성당 등의 건축을 위해서 외벽과 좌석의 일부분을 파괴, 대리석, 석회석 및 천연콘크리트 등을 무단으로 절취해갔다.

♣ 외벽 일부가 붕괴된 원형경기장

♣ 원형경기장 외벽의 기둥양식: 1층은 도리아 Roman Doric , 2층은 이오니아 *Ionic* , 3층은 코린트 Corinthian 양식의 돌기둥과 아치로 장식되었다. 2~3층에는 아치마다 조각상이 있었지만 지금은 모두 없어졌다.

사진 2-02 : 베로나의 원형 투기장 *Arena , Verona Italia*

이탈리아 북동부의 교역 중심도시 베로나에 있는 원형 투기장은 기원후 30년경 로마시대에 분홍빛 석회석과 천연콘크리트를 사용하여 건설. 유네스코 세계문화유산인 이 투기장에서는 지금도 투우, 연극, 오페라 등의 다양한 행사가 열린다. 2만여 관객석은 건설 당시의 돌계단을 그대로 활용. 투기장 내부에는 이탈리아 오페라 작곡가 베르디 Giuseppe Fortunio Francesco Verdi (1813~1901) 의 오페라, "아이다 Aī-da: 1871" 공연을 위한 무대장치 설치.

♣ 베로나 원형 투기장 외부 전경

♣ 투기장 내부: 오페라 "아이다 Aī-da: 1871" 공연 무대장치 및 관객석

사진 2-03 : 퐁 뒤 가르 도수로 *Pont du Gard Nîmes, France*

도수로: 기원전 1세기 후반 고대 로마제국의 통치하에 있었던 프랑스 남부의 도시 님 Nîmes 에 식수를 끌어 오기 위하여 가르강의 다리 Pont du Gard 위에 설치한 도수로의 일부분이다. 접착재료를 사용하지 않고 돌을 쌓아올려 만든 이 도수로는 현재 약 274*m* 가 남아 있으며 강의 수면으로부터 약 55*m* 의 높이에 있다. 이 도수로의 전체 길이는 17*km* 정도로 추정된다.

사진 2-04 : 폼페이 유적 *Pompei, Italia*

폼페이는 기원후 62년에 격렬한 지진에 의해 파괴되었으나 복구되었다. 그러나 79년 8월 24일에 폭발한 베수비오 화산으로 인하여, 폼페이는 4~5*m* 두께의 화산재, 화산석 및 진흙 등으로 뒤덮인 채로 1500여 년 동안 얼어붙은 시간 속에 잠들어 있었다. 고대도시 폼페이는 1594년 헤르쿨라네움의 폐허가 처음 발견되면서 세상 밖으로 아름다운 자태를 드러내기 시작했다. 조직적인 발굴 작업이 시작된 것은 1748년이었다. 현재 발굴된 폼페이의 모습은 전체 유적의 약 80% 정도이며, 발굴 작업은 지금도 계속되고 있다. 폼페이의 성벽, 공공 건축물, 주택 등의 건축양식은 토속 양식에 에트루리아 및 그리스 양식이 혼재된 형태이며 주요 건설자재는 응회암, 석회석, 대리석, 홍토 紅土 벽돌, 타일 (Tile:모래+석회석 또는 홍토), 불록 (Block: 돌 또는 홍토), 천연 콘크리트 (홍토, 석회+모래+자갈 또는 용암조각) 등이었다. 폼페이의 기원은 명백하지 않지만 대체로 기원전 7세기 말에서 6세기 전반에 걸쳐 건설된 것으로 추정된다. 폼페이는 베수비오 화산의 남동쪽, 사르누스강 하구, 해발 30*m* , 63.5*ha* 의 비옥한 평지에 건설된 항구도시였다. 폼페이는 전략적 위치에 자리하고 있었던 관계로 해상 무역을 통하여 많은 부를 축적했다. 또한 폼페이는 비옥한 캄파니아 평야를 배경으로, 농업과 상업의 중심지역으로 번창했다. 폼페이는 다양한 수많은 민족에 의해서 지배되었지만 처음에 폼페이를 지배했던 사람들은 그리스인이었다. 그 후, 폼페이의 주인은 에트루리아인, 삼니트인, 로마인 등으로 바뀌었다. 그리스인들은 사르노 계곡과 나폴리 바다를 시원스럽게 내려다 볼 수 있는 이 곳에 다양한 그리스 문화를 품은 신화의 도시를 건설했다. 그러나 나폴리의 진정한 주인이 된 사람들은, 그리스인들로부터 폼페이를 빼앗은 삼니트인 이었다. 캄파니족으로 알려진 삼니트인은 거칠고 호전적이며 잔인한 사람들이었다. 그들은 타원형으로 성벽을 쌓고, 지금도 볼 수 있는 도로, 구역, 공공 건축물 등을 건설, 폼페이의 기본 틀을 만들었다. 그러나 폼페이는 기원전 343~290년 사이에 완전히 로마제국의 지배 하에 놓이게 되면서 인구 2~5만 명의 독립된 도시로 발전하였다. 로마의 지배에 들어간 폼페이는, 로마 귀족의 별장이 하나둘씩 들어서면서 로마의 휴양지로 변모됐다. 로마의 지배 하에서 폼페이는 본래의 기본 틀을 유지하면서 발전된 도시문명, 즉 문화시설 및 편의시설을 빠른 속도로 흡수, 급속히 로마화가 이루어졌다. 폼페이에는 큰길을 중심으로 각종 신전, 극장, 원형극장, 상점, 일반주택, 공중목욕탕, 빵집, 선술집, 도자기 굽는 집, 빨래터, 검투사의 집, 창녀들의 집 등 현재 우리들이 살고 있는 도시에 있는 거의 모든 시설이 다 있었다. 상업과 무역으로 많은 부를 축적한 폼페이 사람들은 자신들의 집을 마치 작은 왕궁처럼 꾸몄다.

현재 폼페이 유적 관광객들의 주출입구로 활용하고 있는 문은 서쪽 해안 성벽 문 마리나 Porta Marina 이다. 이 문은 현재 발굴된 약 3.2*km* 의 성벽에 있는 7개의 성문 가운데 바다, 즉 티레니아해 쪽으로 통하는 가장 중요한 성벽 문이다. 이 문은 응회암 블록 Block, 홍토 몰탈 및 용암 조각 등으로 축조되었으며 현재 성벽위에는 담쟁이덩굴이 자라고 있다. 폼페이의 도로 및 보도 구조는 오늘 날의 보도 및 차도 구조와 같은 것이었다. 보도와 마차로 사이에는 경계석이 있으며, 높이에 차등을 두었고 건널목도 있었다. 돌로 포장된 마차로 양쪽은 보도이며 건널목에는 중앙부분에 큰 디딤돌이 있다. 마차바퀴는 디딤돌 양쪽 공간으로 지나갈 수 있다. 도시의 중심지역에 있는 중앙 대광장 Foro 에는 마차의 통행이 금지되었다. 광장 주변에는 종교, 정치, 경제 및 시 행정 관련 건축물들이 세워 졌다. 현재 남아 있는 대광장의 열주 列柱 는 초기에는 응회암으로 축조하였으나 로마 제국시대에 백색 석회석으로 대체된 것이다. 공공행정청사 Edifici Amministrazione Pubblica 는 기원후 62년, 대지진후 복구되었다. 이 건축물은 용암 조각, 자갈 및 홍토 모르타르로 벽체와 기둥을 축조한 다음 외부는 돌, 홍토벽돌, 타일 등으로 장식하였다. 재판을 하고 상품을 거래하던 장방형 평면의 대공회당인 바지리카 Basilica 는 기둥과 벽체는 용암 조각 및 홍토 모르타르로 축조되었으며 목재 계단은 흔적만 남아 있다.

기원전 575~550년경에 지어진 아폴로신전 Tempio di Apollo 은 기원전 2세기부터 기원후 62년, 즉 지진이 발생할 때까지 지속적으로 보수공사가 이루어 졌다. 아폴로신전의 주랑은 폼페이에서 가장 오래된 도리아식 주랑이다. 주랑을 구성하는 응회암 기둥의 몸통은 이오니아 양식이고 주두는 도리아식이다. 주랑 옆에는 활 쏘는 사람 射手 의 형상인 아폴로 Apollo 와 다이아나 Diana 의 동상이 있다. 현장에 있는 동상들은 모두 모조품이며 진품은 나폴리 박물관에 있다. 주랑으로 둘러싸여 있는 아이시스 신전 Tempio di Isise 은 이집트의 여신 아이시스를 위한 신전이다. 신전은 정면의 계단을 통하여 들어간다. 아이시스는 의학, 결혼, 농업을 관장하는 신이다. 아이시스 신전은 기원전 2세기경에 건설되었으나 대지진 때 붕괴된 후 다시 복원되었다. 이 신전의 주랑을 이루는 코린트 양식의 기둥은 회반죽으로 마감되었다. 신전의 벽 및 기둥 골조는 잔자갈과 홍토 모르타르로 구축한 다음 그 위에 다시 붉은 벽돌로 쌓아 석회로 장식하였다.

♣ 성벽 문 마리나 Porta Marina : 서쪽 해안, 현재 폼페이 유적 관광객들의 주출입구

♣ 양쪽 보도 및 중앙 마차로: 돌포장 마차로 중앙의 디딤돌은 건널목, 마차통행 가능

♣ 공공행정청사 Edificio Amministrazione Pubblica

♣ 아폴로 신전 Tempio di Apollo

♣ 석재 원기둥: 뒤쪽 건물은 바지리카 Basilica

♣ 중앙 대광장 Foro

♣ 바지리카 Basilica : 기둥 뒤쪽 건축물

♣ 아이시스 신전 Tempio di Isise

사진 2-05 : 완리창청 *萬里長城 北京, 中國*

지구상 최장의 성벽이며, 유네스코 세계유산인 완리창청, 즉 만리장성은 총 길이가 6350km 에 달한다. 만리장성은 현재 중국 북동부 보하이만 渤海灣 에서 고비사막에 이르는 내몽고와의 접경 2400여km 에 산재되어 있다. 장성은 춘추시대 770~475 BC 이후 동란기 動亂期 인 전국시대 戰國時代 475~221 BC 부터 여러 지역의 나라들이 각각 북방 흉노의 침입에 대비하여 쌓아 놓은 성벽이다. 통일중국의 진 秦 나라 시황제 始皇帝 시대 221~206 BC 에 이 성벽들을 모두 연결, 그 이름을 **완리창청** 萬里長城 이라했다. 만리장성은 진나라 이후에도 한 漢 나라, 수 隋 나라, 당 唐 나라를 거쳐 명 明 나라 때까지도 건설이 지속 되었다. 현존하는 만리장성의 대부분은 몽고의 재 침입을 두려워한 명 明 나라가 장성을 확장, 강화하면서 축조된 것이다. 아래 사진은 베이징 北京 서북방 약 70*km* 지점, 해발 888m 빠따링 八達嶺 에, 명나라(1398~1644) 시대인 1505년에 축조된 만리장성을 보수, 복원한 모습이다. 빠따링 창청 長城 의 평균 높이는 7.8*m* , 하단 폭은 6.5*m* , 상단 폭은 5.8*m* 이다. 빠따링 창청의 상단 통행로는 기마나 병사가 열을 지어 이동할 수 있을 정도로 넓다. 빠따링 창청의 외벽은 장방형 돌로 축조되었으며 내부 바닥에는 검정색 흙벽돌 甎, 塼 또는 磚 을 깔았다. 그러나 다른 곳에 있는 대부분의 장성은 일반 흙을 다져 판상 板狀 으로 쌓아올린 토성 *土城* 이다.

♣ 빠따링 창청 팔달령 장성 의 초소: 성벽의 양쪽 끝 사각형 구조물이 초소

♣ 빠따링 창청 전경: 장성 상단의 통행로 폭은 5.8m, 내벽 및 계단은 전돌로 축조

2) 조적공사의 특성

돌, 벽돌, 블록, 구조용타일 등과 같은 각각의 조적재료를 접착재료로 쓰이는 모르타르 *Mortar* 로 접착하면서 쌓아 올려 건축물 또는 구조 체의 벽체를 구축하는 작업을 조적공사 *組積工事* 라고 한다. 조적공사용 자재는 크기가 작으면서도 비교적 중량이 커서 공사에 많은 인력과 숙련된 기술을 필요로 한다. 따라서 조적공사는 단순한 수공업적 건축 공사에는 적합하지만 기계화 시공에는 부적합하다. 조적 자재는 압축강도는 크지만 인장강도가 작아서 전통적으로 압축력을 부담하는 기둥, 벽, 아치 *Arches* , 볼트 *Vaults* 등의 축조에 사용되어 왔다. 조적벽체는 온도 및 습도의 변화에 따라서 수축, 팽창에 의한 균열이 발생할 수도 있으므로 소정의 위치마다 균열 방지용 줄눈을 설치하는 것이 바람직하다. 조적공사의 대부분을 차지하는 벽체는 다음과 같이 분류된다.

가. 위치에 따른 분류

가) 외벽 *Exterior Wall*

벽체의 한 면 또는 양면이 외기에 노출되어 있는 벽으로 구조물의 외부와 내부의 경계를 만들며 경우에 따라서는 상부의 하중을 부담하는 구조적 기능도 한다.

나) 내벽 *Interior Wall*

벽체의 양면이 모두 실내에 있는 벽으로 건축물의 내부공간을 구획하는 단순한 장막벽인 경우가 대부분이지만 경우에 따라서는 상부의 하중을 부담하는 구조적 기능도 갖는다.

나. 구조 및 미적기능에 따른 분류

가) 내력벽 *Load Bearing Wall*

구조물 상부의 기둥, 보, 바닥, 지붕 등으로부터 전달되는 하중을 부담하는 구조벽인 동시에 칸막이 기능을 하는 벽체를 내력벽이라고 한다. 이 벽은 구조용 부재인 기둥 및 보의 대용으로 활용된다.

나) 비내력벽 *Non-load Bearing Wall*

구조물 상부로부터 전달되는 하중을 부담하지 않고 벽 자체의 중량 *Self-weight* 만을 부담하는 단순 칸막이 기능의 벽체이다.

다) 치장 벽 *Masonry Veneers Wall*

구조 및 칸막이 기능보다는 외벽 표면의 장식 *Ornamental Skin* 을 위하여 벽 구조체 *Structural Frame* 또는 내력벽의 외부에 덧 붙여 쌓는 벽이다.

다. 공법 및 재료에 따른 분류

가) 속이 찬 조적 벽 *Solid Masonry Wall*

조적재료 자체에 공동 *空洞* 이 거의 없는 돌, 벽돌, 블록 등으로 구축한 벽체이다. 내화성은 우수하지만 단열성은 떨어진다.

나) 속이 빈 조적 벽 *Hollow Masonry Wall*

조적재료 자체에 공동 *空洞* 이 있는 벽돌 또는 블록으로 구축하거나 공동이 없는 벽돌 또는 블록을 양쪽으로 쌓고 가운데 부분에 공간을 만들어 놓은 벽체이다. 이 벽체의 공동이나 공간은 일반적으로 단열재로 충전되므로 내화성 및 단열성은 우수하다.

다) 골조 조적 벽 *Framed Masonry Wall*

목재 또는 경량형강재로 기둥을 만들고, 기둥과 기둥사이의 공간을 돌, 벽돌 또는 블록으로 쌓아 올린 혼합구조의 벽이다. 벽체의 강도 및 경성은 증가하지만 내화성능은 취약하다.

3) 조적 자재의 원료 및 치수

가. 조적자재의 원료

조적 *組積* 자재란 조적공사 *Masonry* 에 사용되는 돌, 벽돌, 블록, 타일 등과 같이 비교적 크기가 작고 중량이 큰 단위자재 *Masonry Units* 를 총칭하는 말이다. 유사 이래 인간이 오랜 세월에 걸쳐 가장 흔히 사용해온 벽돌 및 블록의 원료는 토속적이고 친환경적인 석회석, 대리석, 화강석, 찰흙 *Adobe* , 점토 *Clay* , 개흙 *Mud* , 가축분뇨 *Dung* , 식물성재료 *Vegetable Matter* , 목재 *Wood* 등이다. 현대적인 벽돌 및 블록의 원료는 점토, 콘크리트, 유리 *Glass* , 금속 *Metal* , 플라스틱 등이 사용된다. 조적공사용 재료는 일반적으로 단열성 및 차음성이 우수하고 내후성이 강하다. 일부 조적자재는 별도의 마감자재를 사용하지 않고 그대로 마감 공사용 자재로도 쓸 수 있는 미적특성도 갖는다. 조적재료에 요구되는 주요 특성은 밀도, 압축강도, 휨강도, 탄성계수, 내구성 및 열전도율 등이다.

나. 조적자재의 치수

가) 자재 치수 *Modular Dimensions* 또는 *Specified Dimensions*

조적공사용 자재 자체의 실제 치수를 말하며 자재치수를 기준치수라고도 한다. 미국에서 사용하는 점토 벽돌의 치수는 그림 2-01 과 같다.

그림 2-01 : 점토벽돌의 자재치수 및 공칭치수

자재 치수: $w \times h \times \ell = 3\frac{5}{8} \times 2\frac{1}{4} \times 7\frac{5}{8}$(in.) ≒ 92×58×194 (mm)

*한국 표준치수: 90×57×190 (mm)

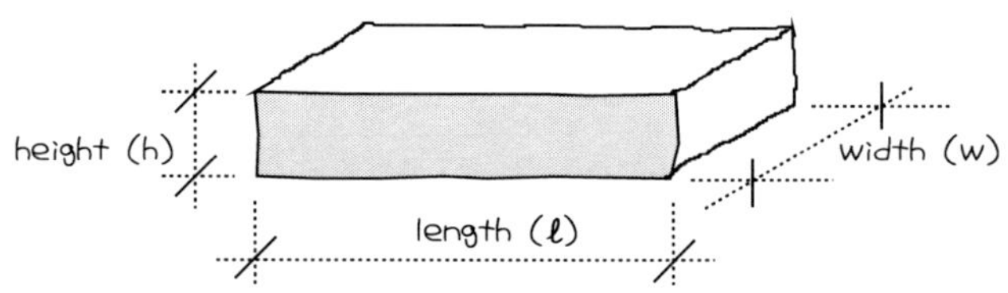

공칭 치수: $w \times h \times \ell = 4 \times 2\frac{2}{3} \times 8$(in.) ≒ 102×68×204(mm)

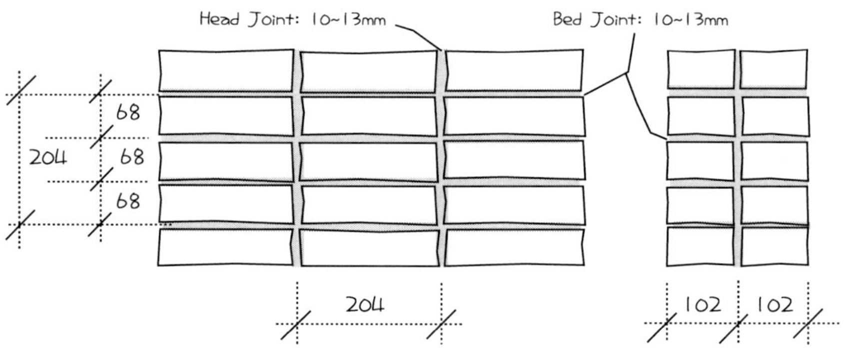

나) 공칭 치수 *Nominal Dimensions*

조적공사용 자재의 공칭 치수란 자재 자체의 치수에 가로 및 세로 방향의 줄눈 모르타르 *Mortar* 두께를 포함한 치수를 말한다. 공칭 치수를 시공 치수라고도 한다. 일반 벽돌의 가로 및 세로줄눈 모르타르 두께는 일반적으로 12.5~20*mm* 정도, 치장 벽돌은 9.5~12.5*mm* 정도로 하며 콘크리트 블록의 줄눈 두께는 10*mm* 정도로 한다. 조적 자재의 치수는 아직도 매우 다양하여 일률적으로 지정할 수는 없지만 북미대륙 국가에서 통용되고 있는 벽돌 및 블록의 공칭 치수는 표 2-01 과 같다.

표 2-01 : 벽돌 및 블록의 공칭 치수

조 적 자 재		공 칭 치 수 (mm)		
		폭(W)	높이(H)	길이(L)
벽 돌	Adobe	300	100	450
	Common	113	60	225
	Facing	90	55	190
	Fire	113	60	225
	Jumbo	150	100	300
	Norman	90	55	290
	Norwegian	100	80	300
	Oversize	80	80	250
	Paving	150	06	150
	Roman	90	40	290
	SCR*	150	65	300
	Split	113	30	225
블 록	콘크리트(大)	200	200	400
	콘크리트(小)	100	100	200
	유리(大)	100	300	300
	유리(小)	100	100	200
	석고	100	300	750
	구조 타일(大)	300	300	300
	구조 타일(小)	50	150	200

*Structural Clay Research

4) 조적 자재의 분류 및 용도

조적 자재는 생산방식에 따라서 양생 자재 *Cured Units* 와 소성 자재 *Fired Units* 로 구별된다. 소성자재는 주로 점토 및 유리를 원료로 생산하며 양생자재는 주로 찰흙, 콘크리트, 석고 *Gypsum* 및 모래-석회 *Sand-lime* 등을 원료로 하여 생산한다. 또한 조적자재는 자재 내부의 공동 *空洞, Cells* 또는 *Cores* 유무에 따라서 유공 *有孔, Hollow* 또는 무공 *無孔, Solid* 자재로, 무늬장식의 유무에 따라서 무지 *無地, Plain* 또는 장식 *Decorated* 자재로, 표면광택 유무에 따라서 유광*Glazed* 또는 무광 *Unglazed* 자재 등으로 분류된다. 좀더 일반적으로 표현한다면 자재 자체에 공동이 있는 자재를 *HMU Hollow Masonry Unit* , 공동이 없는 자재를 *SMU Solid Masonry Unit* 라고 한다. *ASTM* 또는 *PCA Portland Cement Association 1991* 에서는 하중을 부담하는 단면적 총계 *Net Areas* 가 전체 단면적 *Gross Areas* 의 75% 이하인 자재를 *HMU* 로, 75% 이상인 자재를 *SMU* 로 규정하고 있다. 일반적으로 점토벽돌 및 콘크리트 벽돌을 *SMU* , 콘크리트 블록을 *HMU* 라고 한다. 건축공사에서 가장 흔히 쓰이는 다양한 크기의 돌, 벽돌, 블록 및 구조용 타일의 형태(그림 2-02), 종류(그림 2-03) 및 그 용도는 다음과 같다.

가. 양생 조적 자재 *Cured Masonry Units*

가) 찰흙 벽돌 *Adobe*

점토, 섬유 *Fibers* , 결합재 *Binders* 등의 반죽을 목재 또는 강재 형틀에 넣어 성형한 다음 햇볕에 말려 만든 벽돌이다. 찰흙 벽돌을 불에 구워 만든 것이 점토 벽돌이다. 찰흙 벽돌은 밝은 다갈색 *Light Beige* 에서 짙은 갈색 *Dark Brown* 에 이르기까지 다양한 색조로 생산된다.

나) 황토 벽돌 *Ochery Bricks*

새집 증후군 또는 병든 집 증후군 *Sick House Syndrome* 이 문제가 되고 건강한 삶 *Well-being* 을 추구하려는 인간의 심리가 확산되고 있는 요즈음의 사회분위기에서 자연 건조시킨 황토벽돌은 천연의 건강자재로 각광받고 있는 건축자재중의 하나가 되었다. 새집 증후군이라고 통칭되는 화학물질 과민증은 1980년대 중반부터 미국 의학계에서 연구되기 시작하였다. 새집 증후군의 유발을 억제할 수 있는 황토 및 황토 벽돌의 특성은 다음과 같다.

(1) 황토의 정의

황토 *Ocher* 또는 *Loess* 란 양토 *Loam* , 침니 *Silt* , 점토 *Clay* 등의 미세한 입자가 바람에 날려와 쌓여서 조성된 고생대의 퇴적물이다. 북위 24~55° 지역에 대량 분포되어 있는 순수 황

그림 2-02 : 조적공사용 자재의 형태

점토벽돌 Clay Bricks

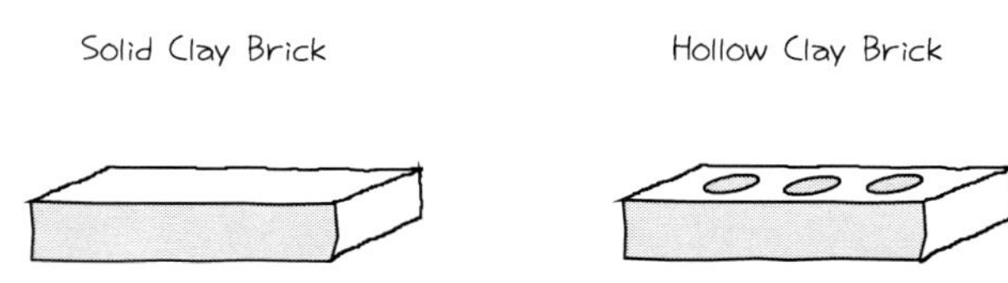

구조용 점토타일 Structural Clay Tiles

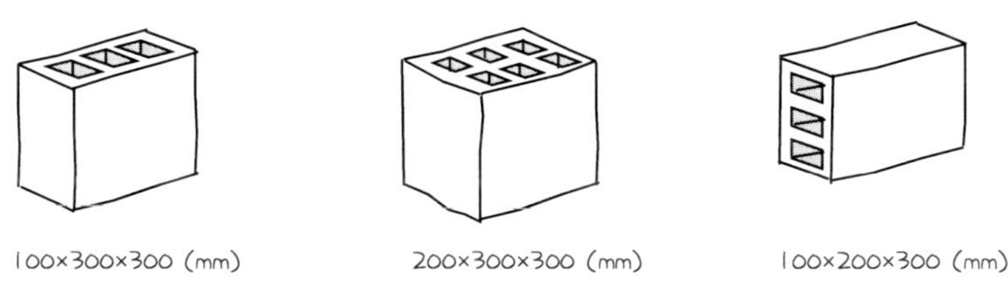

콘크리트 벽돌 및 블록 Concrete Brick & Blocks :

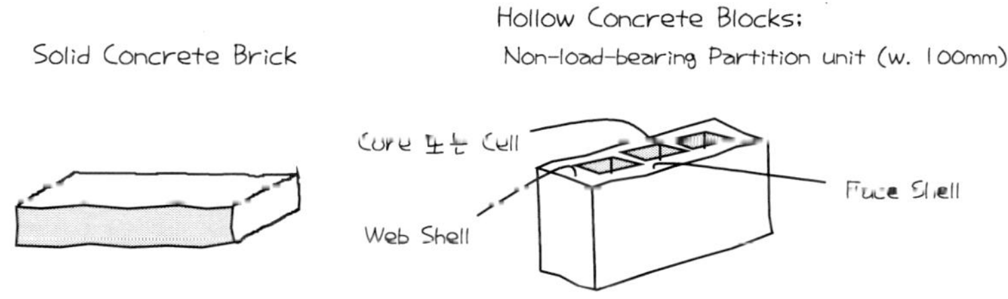

Hollow Concrete Block: Load-bearing Units (w. 200mm)

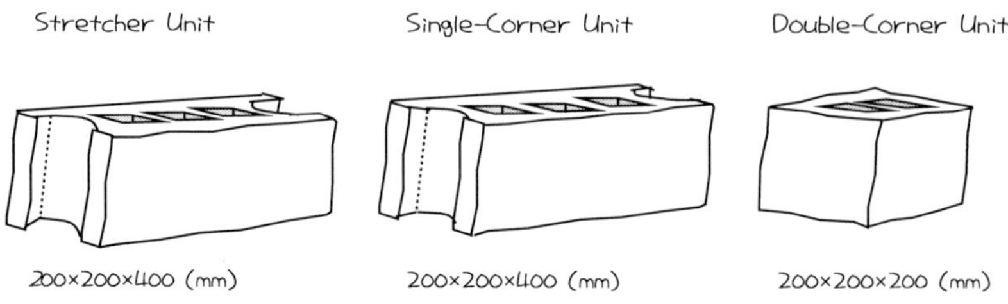

그림 2-03 : 조적공사용 자재 *Masonry Units* 의 분류

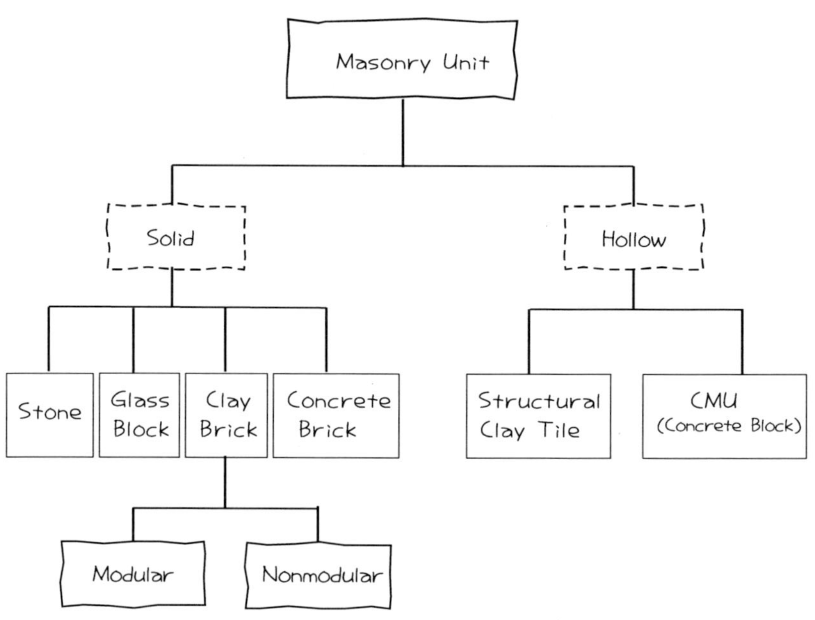

토는 점토보다 거칠고 점성이 크며 입자의 직경은 0.01~0.05mm 이다. 연황색이나 분홍색을 띠고 있는 황토의 무기질 성분은 점토와 유사하며 황토는 인체에 유익한 약성 藥性 물질을 다량 함유하고 있는 살아 숨 쉬는 흙이다. 황토를 가열할 경우 황토에 포함되어 있는 운모성분 Germanium 에서는 원적외선이 방사된다. 주파수가 낮고 파장이 750~1000μm 정도로 긴 원적외선은 인체 내부까지 그 열기를 전달할 수 있다. 따라서 원적외선을 지구상의 모든 생명체가 살아 숨 쉬게 하는 힘, 즉 기 氣 를 주는 빛, 즉 생명의 빛 또는 생명의 열선이라고도 한다. 황토에 함유되어 있는 산소 및 원적외선이 인체에 미치는 영향은 다음과 같다:

① 세포활동의 활성화; 혈액순환 및 이뇨작용을 원활케 하여 신진대사를 촉진, 인체 내의 노폐물, 독성물질 등의 유해물질을 신속 배출
② 열선방사에 의한 찜질효과로 체온상승 및 모세혈관 확장
③ 만성피로 회복 탁월; 3~4시간 동안의 숙면효과 증대
④ 인체 노화지연 및 피부재생 효과; 세포의 산성화 및 노화억제

(2) 황토 벽돌의 특성

① 보습 및 방음효과 탁월; 습도조절 및 흡음기능 우수
② 보온성능 우수; 열전도가 균질하고 축열 효과가 커서 여름철에는 서늘하고 겨울철에는 온난, 쾌적한 실내 환경 조성 및 열에너지 절감효과 우수
③ 항균효과 우수; 곰팡이, 세균, 진드기, 바퀴벌레 등의 서식 억제
④ 탈취 및 정화성능 우수; 실내의 담배, 먼지 냄새 등의 악취를 흡수, 분해하고 시멘트 등의 독소를 중화
⑤ 색조가 아름답다; 별도의 도장이나 도배 불필요
⑥ 압축강도 및 내구성이 비교적 크다; 압축강도 11~12Mpa , 흡수율 10%

(3) 황토 벽돌의 생산규격

자연건조 방식으로 생산하는 황토 벽돌의 생산방법은 찰흙 벽돌 생산 방법과 유사하다. 황토 벽돌의 시공에는 황토 모르타르를 사용한다. 현재 생산되고 있는 황토 벽돌의 자재치수 W×H×L 는 다음과 같다:

① 내벽 공사용; 200×150×300mm , 100×150×300mm , 190×100×300mm , 190×140×300mm

② 외벽 공사용: 250×150×400mm

③ 내벽 치장공사용: 55×130×250mm , 190×100×190mm , 90×57×190mm

다) CMU Concrete Masonry Units

CMU 란 콘크리트로 만든 블록 및 벽돌을 총칭하는 말이지만 보통은 콘크리트블록을 지칭한다. 콘크리트블록을 신더 블록 Cinder Blocks 또는 할로우 블록 Hollow Blocks 이라고도 한다. 속빈 콘크리트 블록 CMU 에 관한 특성은 KSF 4002 에 규정되어 있다. 블록은 모양과 치수에 따라서 기본블록과 이형블록으로, 수밀성에 따라서는 보통블록과 방수블록으로, 품질에 따라서는 A, B, C 종 블록으로 분류한다(그림 2-04). CMU 의 강도, 밀도, 질감, 외관 등의 특성은 원료 및 제조 방법에 따라서 달라진다. CMU 의 형태, 규격, 색조, 질감 등은 매우 다양하며 그 생산방법 및 종류별 특성은 다음과 같다.

(1) CMU 생산방법

CMU 는 소정의 배합 비에 따라서 비벼진 콘크리트를 일정한 형태를 갖는 강철 형틀 Molds 에 부어 넣고 진동, 가압, 성형, 양생하여 생산한다. 생산방식에는 자연양생하는 수공업방식과 공장에서 증기로 대량생산하는 자동생산 방식이 있다. 공장생산의 경우 원료의 정밀한 중량배합 및 적산온도 조절이 가능하므로 정확한 규격 및 중량을 갖는 CMU 의 생산이 가능하다. 일반적으로 CMU 를 생산할 때에는 입도가 좋은 모래 및 잔자갈 또는 부순돌 등을 보통 포틀랜드 시멘트 Portland Cement , 물, 혼화재료 등과 혼합, 된 비빔 Zero-slump 하여 만든 콘크리트를 사용한다. CMU 생산용 콘크리트의 골재 용적비는 90% 정도이고 단위 시멘트량은 220kg/m³ 이상으로 한다. CMU 의 색조는 열은 회색 또는 짙은 회색이지만 무기질 색소를 사용할 경우 다양한 색상의 CMU 생산이 가능하다. 공장에서는 일반적으로 진동 및 저압 증기 양생법을 사용하지만 고압 증기를 사용하는 경우도 있다. 성형된 CMU 는 65℃ 이하의 습윤 상태의 실내에서 적산온도 Maturity 500도시 度時 ℃h 이상으로 1차 양생한 다음 4000도시 度時 이상으로 2차 양생한다. 2차 양생이 끝난 CMU 는 수축균열을 방지하기 위하여 7일 이상 대기 중에서 다시 건조시킨 다음 출하한다.

(2) CMU 의 종류 및 특성

(가) 건축용 콘크리트 벽돌 Concrete Building Bricks

건축물의 내벽 또는 외벽공사에 쓰이는 콘크리트 벽돌의 규격 및 형태는 점토벽돌과 매우 유사하다. 생산 방법은 콘크리트 블록과 유사하며 시멘트, 골재, 물 및 혼화재료 등을 혼합하여 속이 꽉 찬 *Core Solid* 형태로 만든다. 콘크리트 보통벽돌의 압축강도는 일반적으로 콘크리트 보통블록보다 크다. *ASTM C55* 에서는 콘크리트 보통벽돌을 함수율 및 강도에 따라서 고급용 *Grade N* 과 일반용 *Grade S* 으로 분류하고 있으며 고급용 벽돌의 압축강도는 20.7*Mpa* 이상으로, 일반용은 13.8*Mpa* 이상으로 규정하고 있다. 한편 *KSF 4004* 에서는 콘크리트 벽돌의 종류를 자재치수에 따라서 A , B , C 형으로 분류하고 있으며(표 2-02), 압축강도를 7.9 *Mpa* 80 kgf/cm^2 이상, 흡수율을 20% 이하로 규정하고 있다. *ASTM* 에서 규정하고 있는 고급 및 일반 벽돌의 흡수율은 다음과 같다.

표 2-02 : 콘크리트 벽돌의 자재치수

종 류	자 재 치 수 (mm)			허용차
	폭(W)	높이(W)	길이(L)	
A	100	60	210	+ 3 mm - 2 mm
B	90	57	190	
C (유공)	90	90	190	

[1] 고급 콘크리트벽돌

고급 콘크리트벽돌은 일반적으로 압축강도가 크고 방수성 및 동결융해 등에 강하므로 건축물의 외벽공사에 쓰인다. 고급 콘크리트벽돌의 최대 흡수량은 보통벽돌이 160kg/m^3 (흡수율; 8.0%), 중량 中量 벽돌 208kg/m^3 (흡수율; 10.4~12.4%), 경량벽돌이 240kg/m^3 (흡수율; 14.3%) 이다. 최대 수분 흡수량은 수분포화상태의 벽돌 중량에서 절건 중량을 뺀 값이다.

[2] 일반 콘크리트벽돌

건축물의 내벽공사에 주로 사용되는 일반 콘크리트 벽돌의 최대 흡수량은 보통벽돌이 208kg/m^3 (흡수율; 10.4%), 중량 中量 벽돌 240kg/m^3 (흡수율; 12.0~14.3%), 경량벽돌이 288kg/m^3 (흡수율; 17.1%) 이다.

(나) 내력벽 Load-bearing 용 콘크리트블록

콘크리트블록은 하중부담 능력에 따라서 내력벽용과 비 내력벽용으로 구분되며 일반적으로 속이 빈 Hollow Core 형태로 만든다. 콘크리트 블록도 벽돌과 마찬가지로 사용하는 골재의 중량에 따라서 보통, 중량 中量 및 경량 블록으로 분류되며 내력벽용으로는 보통 콘크리트 블록이 쓰인다. 콘크리트 블록의 중량, 강도, 흡수율 및 치수에 관한 상세는 다음과 같다.

[1] 단위 용적중량 및 비중

ASTM C129 에서는 골재의 중량에 따라서 보통 Normal-weight , 중량 中量, Medium-weight 및 경량 Lightweight CMU 로 분류하고 있으며 단위용적 절건중량 Oven-dry Weight 은 보통은 $2t/m^3$ 이상, 중량은 $1.68\sim2t/m^3$ 미만, 그리고 경량은 $1.68t/m^3$ 미만으로 각각 규정하고 있다. 경량 CMU 는 단열성 및 내화성은 증가하지만 강도 및 소음 차단 성능은 떨어진다. KSF 4002 에서는 A 종 블록의 기건 비중은 1.7미만, B 종은 1.9미만으로 규정하고 있다.

[2] 전단면적에 대한 압축강도

ASTM C90 및 C129 는 내력벽용 콘크리트블록의 평균 압축강도를 13.1Mpa 이상, 비내력벽은 4.1Mpa 이상으로 규정하고 있다. 내력벽용 콘크리트블록 중에는 압축강도가 41.4Mpa 에 달하는 것도 있다. 일반적인 내력벽용 블록의 인장강도는 1.7~3.5Mpa , 탄성계수는 0.97~3.1×10Mpa 이다. KSF 4002 에서는 A 종 블록의 압축강도를 3.9Mpa, 40 kgf/cm^2 이상, B 종은 5.9Mpa, 60 kgf/cm^2 이상, C 종은 7.9Mpa, 80 kgf/cm^2 이상으로 규정하고 있다.

[3] 흡수율

CMU 의 수축과 균열은 상대습도와 CMU 자체의 흡수율에 영향을 받는다. ASTM C 55 및 C 90 에서는 CMU 의 흡수율을 규정할 때 공사 현장 지역의 연평균 상대습도에 따라서 영향을 받는 Moisture-controlled CMU 와 그렇지 않은 Non-moisture-controlled CMU 로 분류하고 있다. 전자는 일반적으로 건조한 지역에서 사용되는 CMU 로서 상대습도의 변화에 따르는 CMU 의 건조 수축을 최소화하기 위한 것이다. 후자는 일반 건축공사 현장에서 흔히 볼 수 있는 CMU 이다. KSF 4002 에서는 A 종 블록의 흡수율을 40% 이하, B 종은 30% 이하, C 종은 20% 이하로 규정하고 있다. ASTM C 90 에서는 콘크리트 블록의 최대수분흡수량을 보통블록은 $208kg/m^3$ (흡수율; 10.4%), 중량 中量 블록은 $240kg/m^3$ (흡수율; 12.0~14.3%), 경량블록 은 $288kg/m^3$ (흡수율; 17.1%) 로 규정하고 있다. 콘크리트블록 벽의 선형 수축률은 0.03% 이하로부터 최대 0.065% 로 제한되고 있다. 상대습도가 75% 이상인 습한 지역에서 흡수율이 45% 인 블록의 수축률은 0.03% 이하이지만 흡수율이 35% 인 블록의 수축률은 0.04~0.065% 이다. 반면 상대습도가 50% 이하인 건조한 지역에서는 흡수율이 35% 인 블록의 수축률이 0.03% 이하이고 흡수율이 25% 인 블록의 수축률은 0.04~ 0.065% 이다. 일반적으로 상대습도가 높은 지역일수록 흡수율이 큰 블록을 사용하여야 수축을 감소시킬 수 있다. 흡수율이 같은 블록의 경우에는 상대습도가 증가할수록 수축률은 증가한다. 그러나 CMU 는 흡수율이 크면 클수록 수축이 커져 많은 균열이 발생하므로 흡수율을 제한하고 있다. 따라서 현장에 도착된 블록은 사용하기 전에 눈 또는 비 등의 과도한 수분에 노출되지 않도록 보호되어야 한다. 또한 CMU 는 매우 고온 건조한 지역이 아니라면 사용하기 전에 물을 뿌릴 필요가 없다.

[4] 블록 치수 및 살 두께

현재 미국에서 생산되고 있는 콘크리트 블록의 공칭치수는 폭이 *Widths* 3, 4, 6, 8, 12 *in.*, 높이가 *Heights* 4, 8 *in.*, 길이가 *Lengths* 12, 16, 24 *in* 로 매우 다양하다. 그러나 실제 건축공사에서 보편적으로 사용되고 있는 블록의 공칭 치수 *W×H×L* 는 내력벽 공사용 블록은 200×200×400*mm* , 비 내력벽 공사용 블록은 100×200×400*mm* 이다. 우리나라에서는 블록의 자재 치수가 각각 100×190×390*mm* , 150×190×390*mm* , 190×190×390*mm* 인 기본블록이 생산되고 있다. 블록의 자재치수 허용차는 폭, 높이 및 길이가 각각 ±2 *mm* 이다. 속빈 콘크리트 블록에서 상부로부터 전달되는 하중을 부담하는 길이 방향의 최소 살 두께 *Face-Shell* 는 블록 폭의 공칭치수 *3~12 in.* 에 따라서 19~38*mm* 가 되도록 규정하고 있다. KSF 4002 에서 규정하고 있는 속빈 콘크리트 블록의 공동 *空洞* 면적 및 살 두께는 표 2-03 과 같다.

표 2-03 : 속빈 콘크리트 블록의 공동 면적 및 살 두께

블록 폭 (W)	기본 블록 空洞		상단블록 空洞	살 두 께	
	평면적	가로폭		길이(L) 방향	폭(W) 방향
150 mm 이상 100 mm 이하	60 cm^2 이상 30 cm^2 이상	70 mm 이상 50 mm 이상	폭 60 mm 이상 폭 50 mm 이상	25 mm 이상 20 mm 이상	20 mm 이상 20 mm 이상

(다) ALC 블록

ALC 블록이란 경량기포콘크리트 ALC: Autoclave Lightweight Concrete 로 생산된 블록을 말하며, 상세한 사항은 KSF 2701 에 규정되어 있다. ALC 블록의 절건 비중은 0.45~0.55 정도로, 표면건조 포화상태에서의 압축강도는 2.9Mpa 30 kgf/cm² 이상으로 규정하고 있다. ALC 블록은 내구성, 차음성 및 열적성능이 우수하여 주로 비 내력벽 공사에 쓰인다. 우리나라에서 생산되고 있는 ALC 블록의 자재치수 WxHxL 는 75~300×200~450×600mm 이다.

(라) 치장 블록 Split Block

치장 블록을 쪼갬 블록 Split Block 이라고도 하는데 콘크리트 블록의 표면을 마치 거친돌 과 같은 질감이 나도록하기 위하여 블록의 폭 Widths 치수를 소요 폭의 두배 크기로 생산한 다음 두 조각으로 쪼개서 만들기 때문이다. 치장블록의 생산방법 및 질감, 형태, 색조는 매우 다양하다(사진 2-06). 치장 콘크리트블록에 관한 상세는 KSF 4038 에 규정되어 있다. 일반 콘크리트 블록을 비내력 치장블록으로 사용하는 경우도 흔히 볼 수 있다(사진 2-07).

(마) 슬럼프 블록 Slump Block

반토질 점토 Aluminous Clay 와 짚 Straw 을 혼합한 반죽 덩이를 햇볕에 말려서 만든 거친 벽돌 Adobe Brick 과 같이 조잡하고 고풍 古風 스러운 느낌이 나도록 만든 블록이다. 이 블록은 비교적 묽은 콘크리트를 형틀에 부어 넣은 다음 응결이 시작되면 형틀을 심하게 흔들면서 신속하게 제거, 콘크리트가 자연스럽게 푹 주저앉도록 Slump 하여 만든다. 이렇게 만든 블록은 색조는 균일하지만 두께와 표면상태는 매우 거칠고 다양하다.

라) 석고 벽돌 Gypsum Brick 및 블록

석고와 식물성 섬유 Vegetable Fibers 를 혼합하여 성형, 양생한 조적 공사용 자재로서 주로 하중부담이 없는 칸막이벽 공사에 쓰인다.

마) 모래-석회 벽돌 Sand-lime Brick 및 블록

규토 Silica 와 소석회 Hydrated Lime 를 9:1의 비율로 혼합, 반죽하여 압축, 성형, 반건조 후 증기 양생 Steam-curing, 경화한다. 색조는 옅은 회색 Light Gray 이나 은회색 Silver Gray 이다.

나. 소성 조적 자재 Fired Masonry Units

사진 2-06 : 벽체용 치장 콘크리트블록

♣ 담장 쌓기: 화훼류를 식재한 치장 콘크리트블록

♣ 담장 쌓기: 석재 질감의 쪼갬 치장 콘크리트블록

사진 2-07 : 노출 콘크리트골조+일반 콘크리트블록

1990년대 일본을 대표하는 공동주택 중의 하나이다. 노출 철근콘크리트 골조에 외벽을 콘크리트 블록 CMU 으로 마감했다. 1991년 8월에 준공된 5층의 소규모 공동주택으로 구마모토 현 熊本縣 구마모토 시의 호타쿠보 保田窪 주거단지에 건설됐다. 세대 당 면적이 51~67m^2 인 110세대의 단위주택을 안뜰을 중심으로 'ㄷ' 자 형태로 배치했다. 안뜰은 아파트 주민들의 사회적 행사공간으로 쓰인다. 설계에 참여한 대표 건축가는 야마모토 리켄 山本 理顯 이다.

♣ 아파트 외부 전경: 도로쪽, 비내력 치장 콘크리트 블록

♣ 아파트 안뜰 전경: 음악회, 바자회 등의 사회적 행사공간

♣ 외부 도로쪽 출입계단

♣ 4~5 층 돌출 구조

가) 점토 벽돌 *Clay Bricks*

(1) 점토 벽돌의 역사

점토 반죽을 일정한 크기의 형태로 성형한 다음 햇볕에 말리거나 유약을 발라 불에 구워서 만든 점토 벽돌의 역사는 기원전 수십 세기까지 거슬러 올라간다. 인도의 북서부 지역 귀자라 *Lothal of Ahmedabad, Gujarat* 에서 발굴된 대형 벽돌 가마터는 기원전 2000년경의 것으로 추정된다. 또한 바빌론 *Babylon* 의 유명한 아이슈타 대문 *Ishtar Gate* 은 기원전 7세기말 *605~563 BC* 에 구운 벽돌을 역청 *Bitumen* 으로 접착, 축조한 것으로 기록되어 있다. 그 후 벽돌을 이용한 건축기술은 이집트, 그리스를 거쳐 로마로 전수되면서 더욱 발전되었다. 로마시대에는 벽돌의 형태 및 규격이 표준화되기 시작하였다. 로마인들은 기원전 1세기중엽 이후부터 두께가 38mm를 넘지 않는 넓적한 크기의 벽돌을 사용했다. 잘 구워진 벽돌의 한 면에는 동물의 머리, 새의 형상 등의 무늬가 장식되었다. 로마시대에 쓰였던 벽돌의 흔적은 폼페이 유적에서 흔히 볼 수 있다. 현대적인 벽돌의 형태와 유사한 일정한 규격의 벽돌이 보편적으로 사용되기 시작한 것은 13세기 초 유럽에서이다. 영국에서는 15세기 중반에서 말에 이르는 사이에 벽돌 생산 기술이 획기적으로 발달하였다. 이기간 동안에 영국에서는 수많은 군주의 성 *Castles* , 영주의 저택 *Manor Homes* 및 교회 등의 건축물을 벽돌로 지었기 때문이다.

미국에서 점토벽돌의 사용이 보편화되기 시작한 것은 1600년경 영국에서 건너온 벽돌 기술자들이 버지니아의 리치몬드 *Richmond, Virginia* 지역에서 많은 벽돌 주택을 건설하면서부터 이다. 그 이후 약 200여 년 동안 다양한 공학적 특성을 갖는 벽돌은 주택 공사뿐만 아니라 하수시설 *Sewers* , 교각 *Bridge Piers* , 터널 내벽 *Tunnel Linings* 등의 공사에도 주요자재로 사용되었다. 1891년경에는 미국의 벽돌 건축물 역사상 기념비적인 건축물이 시카고에 세워졌다. 벽돌과 돌을 사용하여 16층으로 건축된 '모나드녹 빌딩 *Monadnock Building* ' 은 처음이자 마지막인 최대의 벽돌 건축물이 되었다. 이 건축물의 기초 옹벽의 두께는 무려 1.8*m* 나 된다. 2차 세계대전의 부산물로 유명해진 벽돌 건축물은 나치 독일이 유대인을 강제로 수용했던 아우슈비츠 *Auschwitz* 수용소이다(사진 2-08). 현재 폴란드 남부의 작은 마을인 오쉬비엥침 *Oswiecim* 에 있는 이 벽돌 건축물은 원래는 폴란드 군대의 막사였다. 우리나라에서 생산되는 붉은 색상의 점토 벽돌은 주로 건축물의 내외 벽 마감자재로 쓰이지만 최근에는 보도포장 공사에서의 사용도 증가되고 있는 추세이다(사진 2-09).

(2) 점토 벽돌의 원료

조적공사에서 일반적으로 쓰이는 점토 벽돌의 주원료는 지구상 어느 곳에서도 흔히 볼 수 있는 천연재료인 점토 *Clay* 이다. 벽돌 생산용 점토는 조성이력 및 성분에 따라서 잔존 殘存 점토 *Surface Clays* , 침적 沈積 점토 *Shales* , 내화 耐火 점토 *Fire Clays* 등으로 구분된다. 점토벽돌 생산에 가장 적합한 점토는 약 30% 의 침니 *Silt* 질 모래를 함유하고 있는 점토이다. 모래는 벽돌을 구울 때 발생하는 수축균열을 억제하기 때문이다. 모래 함유량이 적어 가소성이 너무 큰 점토를 벽돌의 원료로 사용하여야 하는 경우에는 점성을 완화하기 위하여 모래의 대용으로 샤모트 *Chamotte* 를 첨가한다. 샤모트는 내화 점토를 1300~1400℃ 로 구운 다음 분쇄하여 직경 3*mm* 정도의 알갱이로 만든 내화 벽돌용 재료이다. 벽돌 생산용 점토의 물리, 화학적 특성 및 종류는 다음과 같다.

(가) 점토의 화학적 특성

점토의 성분은 점토가 존재하는 지역, 지층에 따라서 매우 다양하게 나타난다. 벽돌 생산용 점토의 주성분은 규석 *Silica* , SiO_2 이 50~70%, 반토 *Alumina* , Al_2O_3 가 15~36% 이지만 석회 *Lime* , CaO , 철 *Iron*, Fe_2O_3 , 망가니즈 *Manganese* , MgO , 칼륨 *Kalium* , K_2O , 나트륨 *Natrium* , Na_2O , 황 *Sulfur* , 인산염 *Phosphates* 등의 성분도 포함되어 있다. 점토의 주성분인 반토는 벽돌의 흡습성과 가소성을 결정하며 가열시 용해재로 작용하여 점토의 용해를 촉진시킨다. 반면 철 성분은 벽돌의 경성과 강도를 증진시키는 반면 소성변형과 건조수축을 증가시킨다. 석고 *Gypsum* 성분을 함유한 점토벽돌은 균열 및 백화 *Efflorescence* 발생의 우려가 크다. 따라서 철성분이나 석고 성분을 다량 함유한 점토는 고급 점토벽돌의 원료로는 사용하지 않는 것이 바람직하다.

사진 2-08 : 아우슈비츠 *Auschwitz* 수용소 *Oswiecim, Cracow, Poland*

1940년 6월부터 유대인 제1수용소로 활용되었던 점토 벽돌 건축물은 원래는 폴란드 군대의 막사였으며 현재는 박물관으로 쓰인다. 30만 명을 수용하는 이 수용소는 폴란드 남부 대도시, 크라쿠프 Cracow 서쪽 55km 지점에 위치한 작은 마을인 오쉬비엥침 Oswiecim 에 있다. 아우슈비츠라는 말은 오쉬비엥침의 독일어식 표현이다. 유대인 강제수용소 입구, 정문 상단에는 '노동이 너희를 자유롭게 만든다 ARBEIT MACHT FREI.' 라는 나치 독일의 독일어 구호가 적혀있는 간판이 그대로 부존돼 있다. 폴란드 사람들은 이 간판을 지난 세기의 참혹했던 역사를 대변하는 가장 소중한 유산중의 하나로 생각하고 있다.

사진 2-09 : 내, 외벽 공사용 점토벽돌

♣ 붉은색 점토벽돌: 유공벽돌 표준규격

♣ 황토벽돌: 삼공, 특수규격

(나) 점토의 물리적 특성

벽돌 생산용 점토의 비중은 일반적으로 2.5~2.6 정도이지만 반토 함유량이 많은 점토는 비중이 3.0 이상인 것도 있다. 110℃ 정도로 구운 미립점토의 압축강도는 1.5~4.9*Mpa* 이다. 모래 함유량이 적은 미립점토의 함수율은 30~100%, 모래 함유량이 많은 사질점토의 함수율은 10~40% 정도이며 선형 수축률은 5~15% 정도이다.

(다) 점토의 종류

[1] 잔존 점토 *Surface Clays*

지표면 가까이 존재하던 암석이 풍화, 분해, 압밀되어 그 자리에 잔류하고 있는 비압밀성 *Unconsolidated* , 무성층성 *無成層性, Unstratified* 의 점토이다. 잔존 점토의 산화물 함유량은 10~20% 정도이며 이 점토를 잔류 점토 또는 1차 점토라고도 한다.

[2] 침적 점토 *Shales*

암석의 풍화물이 빗물, 바람 등에 의하여 이동, 다른 장소에 침적, 상부 지층의 자중 *自重* 에 의한 압력으로 단단히 굳어진 판상 *板狀* 의 점토이다. 이 점토를 2차 점토 또는 이판암 또는 혈암이라고도 한다. 이 점토는 비교적 양질이지만 가열시 용해되는 유기질 성분을 다량 함유하고 있다. 대부분의 침적 점토는 자연 상태에서는 물에 용해되지 않아 물속에서도 경성을 유지하지만 분말로 만들어 물을 첨가하는 경우에는 연화되어 소성이 나타난다.

[3] 내화 점토 *Fire Clays*

내화 점토는 침적 점토보다 더 깊은 지층 속에 존재하며 물리적 특성이 안정적이고 화학적 성분이 균질하다. 내화 점토는 산화물 함유량이 2~10% 정도로 작아서 1500℃ 정도의 고온에서의 내화성도 양호하다. 따라서 내화 점토는 주로 내화 벽돌을 만들 때 사용된다.

(3) 점토 벽돌의 생산방법

벽돌은 일반적으로 공장에서 기계를 사용하여 대량으로 생산하지만 여건에 따라서는 수공업적 방법으로 소량으로 생산하기도 한다. 점토 벽돌의 일반적인 생산과정은 다음과 같다.

(가) 원료의 배합, 반죽 및 성형

점토를 분쇄, 작은 분말로 만든 다음 모래 등의 재료와 소정의 비율로 배합, 물을 첨가, 반죽을 만든다. 재료의 반죽 및 성형공법은 반죽의 정도에 따라서 다음과 같이 분류된다.

[1] 반-건식 공법 *Stiff-mud Process*

대부분의 벽돌과 구조용 점토타일 *Structural Clay Tiles* 을 생산하는 기계식 생산 공법이다. 된 반죽의 점토를 소정의 크기와 형태를 갖는 사출 성형기 *Extrusion Dies* 에 넣어 길게 밀어 낸 다음 철선 절단기 *Wire Cutters* 로 잘라내어 건조, 소성한다. 이 공법을 철선 절단공법 *Wire-cut Process* 이라고도 한다. 이 공법에 의하여 생산되는 벽돌은 강도 및 밀도가 가장 크며 점토 반죽의 함수량은 점토 중량의 12~15% 정도이다.

[2] 습식 공법 *Soft-mud Process*

이 공법은 인류가 수공업적으로 벽돌을 생산하기 시작할 때부터 사용해온 매우 오래된 전통적인 수동생산 *Hand-made* 공법이다. 함수율 30% 정도인 묽은 반죽의 점토를 소정의 크기와 형태를 갖는 목재 또는 강재형틀 *Steel Molds* 에 부어 넣어 성형, 건조, 소성한다. 점토가 형틀에 달라붙지 않도록 하기 위해서는 형틀에 점토반죽을 부어 넣기 전에 형틀의 내부에 물 또는 잔모래를 발라 두어야 한다.

[3] 건식 공법 *Dry Press Process*

소성이 작은 점토 반죽을 강재 형틀 *Steel Forms* 에 넣고 유압식 압축기 *Hydraulic Presses* 로 성형하거나 건식 성형 압축기 *Dry Press Forming Machines* 에 넣고 낮은 압축력으로 성형, 건조, 소성하는 공법이다. 건식 공정에서 사용하는 점토의 함수율은 7~10% 정도이다. 건식공법은 가장 정교한 벽돌을 생산할 수 있는 공법이지만 노동 집약적인 공법이기 때문에 생산비가 높아 현재는 널리 쓰이지 않는다. 이 공법은 콘크리트블록을 생산하는 공법과 유사하다.

(나) 건조 및 유약 바르기

형틀에서 꺼낸 소성 塑性 벽돌 *Plastic Brick* 은 대체로 함수율이 5~18% 정도이다. 함수율이 높은 벽돌을 직접 소성 燒成 할 경우 급격한 수축으로 인한 균열이 발생되므로 굽기 전에 건조과정이 필요하다. 벽돌을 건조할 때는 실내에서 폐열 또는 증기를 이용하는 인공 건조법을 이용하거나 옥외에서 햇볕을 이용하는 자연 건조법을 이용한다. 인공건조의 경우 소성 塑性 벽돌을 건조로 *Dryer Kiln* 에 넣고 43~150℃에서 24~48시간 동안 건조시킨다. 유약 점토벽돌을 생산하여야 하는 경우에는 건조 전 또는 건조 후에 벽돌의 표면에 유약을 바르거나 벽돌 원료의 배합 단계에서 유약을 첨가하는 방식이 있다. 유약 점토 벽돌은 강도가 커지고 미관이 향상되며 오염을 억제하는 기능이 향상된다.

(다) 소성 燒成

건조된 벽돌을 고온에서 굽는 과정을 소성이라고 한다. 건조된 벽돌을 고온으로 구울 경우 점토 벽돌의 성분이 용해되어 체적, 비중, 색조 등의 변화가 생기면서 냉각 시 성분이 밀실 해져 강도가 현저히 증가한다. 점토 벽돌은 조성성분이 매우 다양하여 소성 온도도 벽돌의 종류에 따라서 모두 다르다. 벽돌의 소성 온도를 측정할 때는 벽돌의 원료를 조합하여 만든 삼각추 모양의 세제르 콘 *Seger Cone* 을 이용한다. 세제르 콘은 1886년 세제르 *Seger* 가 고안한 것을 1908년 사이모니스 *Simonis* 가 개량한 것이다. 소성온도는 세제르 콘의 소성상태를 기준으로 세제르-케겔 *Seger-Kegel* 소성 온도 표에서 구한다. 이 온도 표를 이용하면 600~2000℃ 범위의 소성 온도를 측정할 수 있다. 건조가 완료된 벽돌은 일반적으로 약 1315℃의 고온에서 40~150시간동안 구운 다음 48~72시간동안 냉각시킨다. 벽돌은 점토의 조성성분과 굽는 온도에 따라서 다양한 색과 밀도를 갖는다. 소성 온도가 900~1000℃에 다다르면 벽돌은 점토에 함유된 산화철 *Iron Oxides* 의 용해로 빨강색 *Red* 이 된다. 1200~1350℃ 정도에서는 일단 짙은 빨강색 *Dark Red* 또는 자주색 *Purple* 으로 변하다가 점차 갈색 *Brown* 또는 회색 *Gray* 으로 변하면서 강도 또한 증가된다. 석회 *Lime* 또는 백악 *Chalk* 성분이 많은 점토를 구워서 만든 벽돌은 하양색 *White* 또는 크림색 *Cream* 이 된다.

(4) 점토 벽돌의 품질

양질의 점토 벽돌이 갖춰야 하는 물리적 조건은 평활한 표면, 정확한 치수, 모서리선의 평행 및 직각형태, 부드러운 질감 등이다. 잘 구워진 점토 벽돌의 공학적 판별기준은 다음과 같다:

① 허용차 범위 내에서 치수가 작다; 큰 치수는 덜 구워진 것.
② 짙은 빨강색이다; 적황색 또는 황색은 덜 구워진 것이고 자청색은 너무 구워진 것.
③ 두드릴 때 금속성의 청명한 소리가 난다; 둔탁한 소리는 덜 구워진 것이다.

(5) 점토 벽돌의 등급 및 특성

KSL 4201 에서 규정하고 있는 일반 점토 벽돌의 등급에 따른 흡수율 및 압축강도는 표 2-04 와 같다. 일반 점토 벽돌은 불순물이 많아 품질이 떨어지는 점토와 모래를 혼합하여 생산한다. *ASTM* 에서는 벽돌의 내구성 및 내후성에 직접 영향을 줄 수 있는 최소 압축강도, 최대 흡수율, 포화계수 등의 물리적 특성을 기준으로 하여 벽돌의 등급을 분류, 각 지역의 기후 조건에 따라서 취사선택 하도록 권고하고 있다. 점토 벽돌 및 구조용 점토 타일에 요구되는 물리적 특성은 색조 *Color* , 질감 *Texture* , 규격 및 밀도 등이며 역학적 특성은 압

표 2-04 : 일반 점토벽돌의 흡수율 및 압축강도

품 질	24 시간 최대 흡수율(%)	최 소 압 축 강 도*		
		N/cm²	kgf/cm²	Mpa
1 종	10	2059	210	21
2 종	13	1569	160	16
3 종	15	1078	110	11

*강도환산: 1Mpa = 1N/mm² = 10.19kgf/cm² ≒ 10kgf/cm²

축강도, 인장강도, 휨강도, 탄성계수, 흡수율, 열전도율 및 내화성 등이다. 점토벽돌의 일반 특성, 흡수율, 강도 등과 같은 역학적 성질 및 백화에 관한 상세는 다음과 같다.

(가) 일반 특성

오랜 세월에 걸쳐 인류의 역사와 더불어 사용되어온 점토벽돌은 질감이나 색상 등이 시각적, 심리적으로 매우 안정되어 자주, 흔하게 사용하여도 싫증이 나지 않는 건축 자재이다. 점토벽돌의 일반적 특성은 다음과 같다:

① 단열, 보온, 방음, 방수 및 내화성이 크고 균열에 대한 저항력이 크다; 겨울철에 따듯하고 여름철에 시원
② 내후성 및 내마모성이 크고 강도 및 내구성이 커 반영구적; 준공 후 유지관리비가 거의 불필요
③ 통기성 우수; 건축물 내외의 자연적 습도 조절 가능
④ 원적외선 방출; 인간의 생체리듬 활성화, 혈액순환, 신진대사 및 피로 회복 촉진, 노화 방지
⑤ 돌, 타일 등의 공사보다 공기단축 및 공사비 절감 가능
⑥ 유공 점토벽돌; 벽돌의 자중 감소로 고층 건축물에 사용 가능

(나) 흡수율

잘 구워진 경질 점토벽돌의 흡수율은 벽돌 중량의 4~10% 정도이지만 소성 燒成이 불량한 벽돌의 흡수율은 30% 정도에 달한다. 흡수율이 작을수록 벽돌의 내구성은 커진다. 미세

한 구멍이 많은 벽돌은 모세관 현상으로 모르타르의 수분을 초기에 급속히 흡수하여 모르타르의 양생을 방해, 부착력을 저해하는 요인이 된다. 따라서 ASTM C67 에서는 점토벽돌의 초기 수분흡수량 Suction 을 벽돌 표면적 194cm^2 당 30g/min 이하로 규정하고 있다. 일반 점토 벽돌의 실제 수분흡수량은 2~60g/min 정도이다. 양호한 방수와 접착력을 기대할 수 있는 벽돌의 초기 수분 흡수량은 20g/min 이하이다. 초기 수분 흡수량이 30g/min 이상인 경우에는 시공 전 3~24시간 동안 벽돌에 물을 흠뻑 뿌려두어야 한다. 그러나 원칙적으로 초기 수분흡수량이 큰 벽돌은 내력벽에는 사용하지 않는 것이 바람직하다. 흡수량이 큰 벽돌은 건조가 빨라 모르타르 Mortar 의 부착강도가 불량하고 건조 후에도 방수에 문제가 생기기 때문이다. ASTM C62 에서는 5시간 동안 끓는 물에서 벽돌을 삶았을 때의 일반 점토 벽돌의 최대 흡수율을 등급에 따라서 17~22%로 제한하고 있다.

(다) 강도 및 단위용적 중량

점토 벽돌의 강도는 점토의 조성 성분, 벽돌 제조 공법 및 소성 온도 등에 따라서 달라진다. ASTM C62 에서는 점토 벽돌의 최소압축강도를 등급에 따라서 10.3~20.7Mpa 로 규정하고 있다. 잘 구워진 경질 점토 벽돌의 압축강도는 17.3Mpa 이고, 연질 점토 벽돌은 3.5Mpa 이다. 점토 벽돌의 인장 및 전단강도는 압축강도의 30~45% 정도이며 탄성계수는 $1.03 \sim 3.45 \times 10^4$ Mpa 이다. 점토 벽돌의 단위용적 중량은 1.6~2t/m^3 이다.

(라) 백화 Efflorescence

[1] 용어 정의

백화 白華 란 시멘트 및 점토 관련 재료를 사용한 건축물의 외벽 표면에 나타나는 분말 형태의 백색 결정체 White Crystals 를 말한다. 백화는 시멘트 몰탈 및 점토 벽돌에 함유되어 있던 수용성 염류 Soluble Salts 가 물에 용해되어 외벽 표면으로 흘러나온 후 수분이 증발되고 말라붙어 있는 잔류물로서 소량이 매우 불규칙한 형태로 존재한다. 특히 붉은색의 점토벽돌 외벽의 표면에 나타나는 백화는 벽돌 벽의 미관을 치명적으로 해쳐 건축물의 가치를 떨어뜨린다. 백화는 일단 발생하면 제거하더라도 다시 발생하는 경향이 있어 그 원인 제거가 용이치 않지만 백화자체가 벽돌벽을 파괴하지는 않는다. 백화는 발생요인에 따라서 1차 백화 및 2차 백화로 분류된다. 백화의 의미는 다음과 같다:

Efflorescence A whitish, powdery deposit of soluble salts carried to the surface of *stone, brick, plaster, concrete, or mortar by moisture. The moisture evaporates, leaving the residue.*

[가] 1차 백화

점토 벽돌 또는 시멘트 모르타르의 배합 수에 용해되어 있던 수용성 염류가 표면으로 흘러나와 건조된 후의 잔류물질이다. 1차 백화의 원인이 되는 가용성 염류 Na_2CO_3, K_2CO_3 는 물청소로 쉽게 제거된다.

[나] 2차 백화

건조된 점토 벽돌 또는 시멘트 모르타르에 함유되어 있던 수용성 염류가 외부로부터 침투된 빗물, 청소용수, 양생 수 등에 의하여 다시 용해되면서 표면으로 흘러나와 건조된 후 잔류한 물질이다. 2차 백화의 원인이 되는 불용성 염류 $CaCO_3$ 는 물청소로 해결할 수 없으므로 특수 약품을 이용한다.

[2] 백화 발생요인

백화가 발생하는 중요한 원인은 재료, 시공 및 환경 조건으로 분류할 수 있다. 백화는 염류의 양과 종류에 따라서 달리 나타나며 흡수율이 큰 벽돌 벽에서 자주 발생한다.

[가] 재료 조성물질

조적재료의 주요 원료인 점토, 시멘트, 모래 및 혼화제에는 백화를 유발하는 원인물질이 포함되어 있다. 점토벽돌의 주원료인 점토에는 백화의 원인이 되는 수용성 염류인 황산칼슘 *Gypsum*, $CaSO_4$ 을 비롯하여 마그네슘 *Mg* , 칼륨 *K* , 나트륨 *Na* , 알루미늄 *Al* , 바나디움 *V* 등의 황산염이 포함되어 있다. 점토벽돌에는 황산칼슘이 다량 포함되어 있지만 황산칼슘은 용해 성능이 나빠 백화가 나타나기까지 많은 시간을 필요로 하는 반면 황산마그네슘은 용해가 빠르므로 짧은 시간 내에 백화가 되어 벽돌 표면을 오염시킨다. 조적 공사용 모르타르의 원료인 시멘트의 주성분은 백화를 유발하는 산화칼슘 CaO 이다. 산화칼슘은 물 H_2O 과 반응하여 수산화칼슘 $Ca(OH)_2$ 이 되고 수산화칼슘은 다시 공기 중의 이산화탄소 CO_2 와 결합하여 탄산칼슘 $CaCO_3$ 이 된다. 현재 건축물의 외벽에서 볼 수 있는 백화의 대부분은 불용성의 탄산칼슘이다. 점토벽돌 또는 시멘트 모르타르의 원료로 쓰이는 바다 모래에는 일반적으로 백화를 촉진시키는 염화나트륨이 포함되어 있으므로 사용하지 않는 것이 바람직하다. 공기 연행제 *Air-entraining Admixtures* 및 양생 촉진제 등에도 백화를 유발하는 염화나트륨 및 염화칼슘이

용해되어 있으므로 사용할 때 주의할 필요가 있다.

[나] 시공 품질

흡수율이 큰 조적재료의 사용 및 줄눈의 부실시공은 조적벽체의 수밀성을 떨어뜨리고 투수성을 증가시킨다. 투수성이 커지면 외부로부터의 수분 침투가 용이해지고 수량 *水量* 이 많아지므로 백화가 발생한다. 침투된 물의 양이 증가하면 용해된 수용성 염류의 용출량이 많아지므로 백화가 증가한다. 조적벽체에 발생하는 대부분의 백화는 불량줄눈에 기인하므로 줄눈공사를 치밀하게 하여 방수성능을 높여야 한다. 조적벽체의 줄눈 형태는 엇빗 줄눈 *Struck* , *Weathered* 또는 *Veed Joints* 보다는 민 줄눈 *Flush Joint* 이 백화발생 방지에 유리하다. 모르타르를 현장에서 배합, 반죽하여 사용할 경우 배합수가 지나치게 많거나 부족하면 잉여수 *剩餘水* 가 발생하거나 모르타르의 양생이 불량해져 투수성이 커진다. 그러므로 현장에서 모르타르를 비빌 때는 시멘트, 골재, 물 등의 소요량을 정확하게 중량계량 해야 한다.

[다] 환경 조건

점토벽돌 외벽의 표면에 발생하는 백화는 외기 *外氣* 의 수분, 염분 및 유해 가스에 노출되어 있는 옥상 층의 난간 벽 *Parapets* , 굴뚝, 지하실 옹벽 등에서 흔히 볼 수 있다. 백화는 저온 다습한 환경에서 시멘트의 수화작용 지연 및 불량에 의하여 발생한다. 또한 백화는 햇빛이 비치지 않는 그늘진 부분에서 조적재료의 조직 불균일이나 바람이 많아 재료의 표면 건조가 심한 지역에서 많이 발생한다. 백화는 일반적으로 겨울비가 많은 지역 및 대기 중에 염분 함량이 큰 해안 지역에서 자주 발생한다. 백화는 수분함량이 주기적으로 변하거나 젖었다 말랐다하는 상태가 반복적으로 나타날 경우에 쉽게 발생하기 때문이다.

[3] 백화발생 억제대책

백화발생을 억제하기 위해서는 백화발생의 원인을 재료, 시공 및 환경 조건에 따라서 분석, 각각에 상응하는 대책을 세우는 것이 바람직하다. 백화 발생의 원인에 대하여서는 이미 기술하였으므로 상응하는 대책은 생략한다. 백화의 근본 원인은 조적재료의 필수 조성물질인 염류가 물에 용해된 다음 외부로 용출되기 때문에 발생하는 것이므로 백화발생을 억제할 수 있는 최상의 대책은 물의 접근을 차단하는 것이나. 점토벽돌의 벽에는 염분 및 빗물이 스며들지 못하도록 차수 또는 방수 조치하여 벽이 항상 건조한 상태를 유지하도록 하여야 한다. 점토벽돌 벽 공사에서 벽돌에 물을 뿌려 벽돌을 습윤 상태로 만들어 사용하는 경우에는 백화발생의 우려가 크므로 주의하여야 한다.

(6) 점토 벽돌의 종류 및 용도

점토 벽돌은 주택, 교회, 학교 등 저층, 경량 건축물의 외벽공사에 주로 쓰여 왔으나 최근에는 정원공사 등에서 보도포장 공사용 자재로도 자주 쓰인다. 건축공사에서 흔히 사용되는 점토 벽돌은 붉은색을 띠고 있기 때문에 현장에서는 적 벽돌이라는 통칭으로 불리 운다. 점토벽돌은 품질 및 용도에 따라서는 일반벽돌, 건축용 벽돌, 포장용 벽돌 등으로, 기능에 따라서는 내화벽돌, 치장벽돌, 유약벽돌 등으로, 형태에 따라서는 이형벽돌, 유공벽돌 등으로 구별된다. 건축물의 미적 감각을 살리기 위하여 건축물의 모서리나 벽체를 특별히 장식할 필요가 있을 때에는 이형벽돌을 사용한다. 이형벽돌의 규격, 형태, 색조는 매우 다양하다. 벽돌에 구멍 *Cores* 을 뚫어 놓은 유공벽돌은 원칙적으로 벽돌 자체의 중량을 감소시키기 위한 것이지만 생산, 운반 등이 용이하고 모르타르의 접착력을 증대시키는 부수적인 효과도 있다. 벽돌의 종류 및 그 용도는 다음과 같다.

(가) 건축용 벽돌 *Building Bricks*

일반 건축물의 외벽 또는 내벽공사에서 가장 흔히 쓰이는 소위 빨강색 벽돌, 즉 적 벽돌이다. 이 벽돌의 압축강도는 19.6~49.1*Mpa* , 흡수율은 8~16% 로 소요강도 및 내구성이 비교적 커서 내력벽 공사에도 자주 쓰인다. 현재 건축공사 현장에서 사용되고 있는 벽돌의 대부분은 유공벽돌이며 국내산 벽돌의 자재 치수 *WxHxL* 는 다음과 같다:

90×57×190*mm* , 90×75×230*mm* , 90×90×290*mm*
90×180×290*mm* , 95×75×210*mm*
100×60×210*mm* , 100×75×210mm
110×75×230*mm* , 110×170×230*mm*

수입산 벽돌 중에는 치수가 70×76×230*mm* 인 벽돌도 있다. *KSL* 4201 에서 정하고 있는 점토벽돌의 표준규격±허용차(*mm*) 는 다음과 같다:

$$90\pm3.0(W)\times57\pm2.5(H)\times190\pm5.0(L)$$

(나) 치장 벽돌 *Facing and Aesthetics Bricks*

외벽 또는 내벽의 치장을 목적으로 사용되는 벽돌로서 규격은 일반벽돌과 유사하다. 외부에 노출되는 벽돌의 한 면에는 여러 형태의 무늬가 장식된 아름답고 고급스러운 벽돌로서,

정선된 고품질의 점토를 사용하여 만든다. 규격은 매우 다양하며, 색조 및 질감의 표현이 자유롭다. 치장벽돌은 특히 품질이 양호하고 균열과 결점이 없어야 한다.

(다) 바닥 벽돌 *Floor Bricks*

일반 건축물의 바닥마감 *Finished Floor Surfaces* 공사에서 흔히 쓰이는 벽돌로서 포장벽돌과 기능이 유사하다. 이 벽돌은 밀도와 내마모성이 크고 벽돌의 표면은 보행에 지장이 없도록 평탄하다. 바닥의 무늬는 벽돌의 색, 규격, 형태 및 질감 등에 따라서 매우 다양하게 만들 수 있다. 또한 벽돌을 바닥에 붙이는 형태에 따라서도 바닥의 무늬는 매우 다양해진다.

(라) 포장 벽돌 *Paving Bricks*

마모에 강하며 흡수성이 적은 유리질의 포장공사용 벽돌이다. 이 벽돌의 표면에는 일반적으로 미끄럼 방지를 위하여 일정 간격으로 작은 돌기를 만들어 놓았으나 평탄하게 생산하는 경우도 있다. 경질인 이 벽돌은 도로 *Roads* , 보도 *Sidewalks* , 주택의 안뜰 *Patios* 바닥, 진입도로 *Driveways* 등의 포장공사에 주로 쓰이지만 때때로 건축물의 내부 바닥 *Interior Floors* 공사에도 쓰이기도 한다. 벽돌의 색은 매우 다양하지만 빨강색, 갈색 및 회색이 주로 쓰인다. 현재 포장 공사에서 흔히 사용되고 있는 국내산 및 수입산 포장벽돌의 자재 치수 *WxHxL* 는 다음과 같다:

74×114×74mm ,	99×57×200mm
109×50×220mm (수입산) ,	114×50×230mm
114×60×114mm ,	114×60×230mm
114×76×230mm ,	230×60×230mm

(마) 재활용 벽돌 *Used Bricks* 또는 *Salvaged Bricks*

재활용 벽돌은 건축물을 철거할 때 나오는 폐 건축 자재이다. 폐 벽돌은 오랜 세월에 걸쳐 햇빛, 비바람 등에 바랜 오묘한 색조와 자연스럽게 마모된 형태 때문에 고대 풍 *古代風, Antiquity* 의 치장을 필요로 하는 공사에 많이 쓰인다.

(바) 내화 벽돌

점성이 강한 내화 점토에 샤모트, 규석, 탄소, 산화마그네슘, 크롬, 보크사이트 등의 분말을 첨가하여 만든 벽돌로서 내화도는 1500~2000℃ 정도이다. 내화 벽돌의 비중은 2.7~4.0 정도이고 1300℃ 에서의 압축강도는 5.9~35.3*Mpa* 이다. 그러나 보크사이트 내화 벽돌이나 탄소 내화벽돌의 경우에는 압축강도가 각각 72.6Mpa , 98.1Mpa 에 달하는 것도 있다. 내화벽돌 공사에서는 반드시 내화벽돌용 모르타르를 사용하여야 한다.

나) 구조용 점토 타일 *Structural Clay Tiles*

구조용 점토 타일은 고층 건축물이 나타나기 시작하던 현대건축의 여명기에 건축물의 자중을 감소 시켜야할 필요성에 의하여 개발된 새로운 개념의 경량 조적자재이다. 일반 점토 벽돌보다 규격이 약간 큰 이 점토 타일은 점토 벽돌에 공동 空洞을 만들어 개발한 일종의 *HMU* 이다. 이 타일은 건축물의 중량을 감소하기 위하여 바닥판 *Filler Panels* , 칸막이벽 *Partition Walls* 또는 외벽 등의 공사에 쓰인다. 이 타일은 내력벽 또는 비 내력벽에 두루 쓰이며 외벽 마감공사용인 경우 타일의 한쪽 면은 다양한 형태의 무늬로 장식되어있다. 미국에서 이 타일을 사용하기 시작한 것은 1875년경이다.

다) 유리블록 *Glass Blocks*

유리블록은 밀폐된 공간이 있는 블록과 내부에 공간이 없는 일체형으로 된 블록으로 구분된다. 전자는 두 장의 상자형 판유리를 가운데 공간이 생기도록 포갠 다음 둘레를 고열로 녹여 붙여서 일체가 되도록 한 것이고 후자는 공간이 없는 일종의 두꺼운 판유리이다. 유리블록의 밀폐된 공간은 0.3기압 정도의 건조한 공기로 채워지게 되므로 단열성 및 차음성이 커진다.

쌓기 모르타르와 접촉하는 유리블록의 둘레 표면은, 공장에서 생산할 때 먼저 폴리염화비닐 *PVC* 계 도료를 바르고 그 다음에 잔모래나 돌가루를 발라 거칠게 마감한다. 이런 제조방법은 쌓을 때 부착력을 증가시키기 위함이다. 유리블록의 양쪽 표면은 투명, 착색, 광택, 식각 *Etching* , 무늬 *Pattern* , 분광 *Prism* 등의 처리가 가능하므로 매우 다양한 정도의 투광, 투시가 가능한 유리블록의 생산이 가능하다. 유리블록은 내화성이 크며 그 형태에는 정방형, 장방형, 원형, 곡면형 등이 있다. 유리블록은 흡습성이 거의 없으므로 매우 된 비빔의 모르타르를 사용한다. 유리블록은 주로 채광 벽, 천창 또는 투시용 바닥 등에 쓰이며 내력벽에는 사용하지 않는다(사진 2-10). 유리블록의 자재치수 *WxHxL* 는 매우 다양하지만 일반적으로 쓰이는 치수는 다음과 같다:

16×300×300mm , 60×150×150mm
60×200×200mm , 60×300×300mm
60×450×450mm , 60×600×600mm

사진 2-10 : 계단실 벽의 채광용 유리블록

♣ 건축물 계단실 벽의 채광용 유리블록: 옥상 나무 식재+베란다 화분, 이탈리아 밀라노 근교

다. 조적공사용 석재 *Stone Masonry Units*

천연재료인 석재는 석기시대에 생존을 위한 연장을 만들기 위하여 사용되어 온 이래 오늘날까지도 건축공사 현장에서 고급자재로서 다양한 용도로 쓰이고 있다. 석재는 종류에 따라서 무늬와 색상이 매우 다양하며 공사 현장에서 흔히 볼 수 있는 석재의 색상에는 하양색, 회백색, 회색, 암회색, 흑색, 담홍색, 홍색, 녹회색, 암녹회색 등이 있다. 석재는 콘크리트 및 철강재가 발명되기 이전에는 건축물의 주요 구조재로 쓰였으나 오늘날에는 주로 장식 벽 및 바닥 재료로 쓰인다. 석재는 성인에 따라서 화성암, 수성암 및 변성암으로 대별된다. 건축공사에서 흔히 쓰이는 화성암에는 화강석이, 수성암에는 사암석, 석회석 등이 그리고 변성암에는 대리석이 있다. 외벽 장식용 석재로는 빗물이나 탄산, 염산, 황산 등의 산류에 강한 화강석, 사암석 등이 주로 쓰이고 내벽 및 바닥 장식용으로는 빗물에 약한 대리석이 주로 쓰인다. 화강석, 사암석 등은 건축물의 구조용으로도 쓰인다. 건축 공사용 주요 석재의 비중, 흡수율 및 압축강도 등의 역학적 특성은 표 2-05 와 같다.

표 2-05 : 건축공사용 석재의 역학적 특성

석 재	비 중(평균)	흡수율(%)	강 도(Mpa)		
			압축	휨	인장
화강석	2.65	0.35	147.2	13.7	5.4
대리석	2.70	0.30	117.8	10.8	5.4
석회석	2.70	0.5~5.0	49.1	-	-
사암석	2.00	11.0	44.2	6.9	2.5

가) 석재의 장단점

(1) 장점

① 내구성이 크다; 화강석 75~200년, 대리석 60~100년

② 불연성, 내화성이 크다; 500℃까지 피해 없음, 1000℃에서 파괴

③ 내수성, 내화학성, 내마모성이 크다.

④ 매장량이 풍부하여 구입이 용이하다.　　⑤ 광택이 아름답다.
⑥ 압축강도가 크고 풍화에 강하다.

(2) 단점

① 가공이 어렵다.
② 장대재 長大材 가 없어 구조재로 부적합하다.
③ 비중이 커서 운반, 시공이 어렵다.
④ 열에 노출되면 균열 발생, 분해, 파괴된다.

나) 중세 및 현대의 석조 건축물

역사적 건축 문화유산으로 남아 있는 주요 석조 건축물에는 이집트 고왕국 시대의 피라미드 *Pyramids* 을 비롯하여 그리스의 파르테논 *Parthenon* 신전(사진 2-11), 로마제국의 원형 경기장 등이 있다. 그 외에도 역사의 기록이 미흡한 중남미 대륙의 및 아즈텍 *Aztec*, 마야 *Maya* 및 잉카 *Inca* 문명이 존재하였던 곳에서도 많은 조적재료의 유적들이 존재 하였을 것으로 추측되고 있다. 잉카문명의 중심도시 쿠츠코 *Cuzco* 에 남아 있는 거석 담장(사진 2-12)이 그 사실을 입증하고 있다. 중세 스페인 톨레도 *Toledo* 에는 알퐁소 6세 성문(사진 2-13)이, 프랑스 남부의 나르본에는 나르본 *Narbonne* 성문(사진 2-14) 등이 있다. 근대 및 현대적인 석조 건축물로는 프랑스 빠리, 에뚜왈 *Etoile* 광장의 개선문 *Arc de Triomphe* (사진 2-15), 라 데팡스의 대 개선문 *La grande arche de la Défense* (사진 2-16), 씨떼 *Cité* 섬의 노트르담 *Notre-Dame* 대성당(사진 2-17), 이탈리아의 피렌체 *Firenze* 대성당(사진 2-18), 피사 *Pisa* 사탑(사진 2-19), 일본 교토 京都 의 니조성 二條城 (사진 2-20) 등 헤아릴 수 없을 정도로 많다. 석재는 옛날이나 지금이나 변함없이 세계적인 건축가들에게 사랑받는 훌륭한 건축 재료로 활용되고 있다. 스페인의 바르셀로나에는 기괴하기로 유명한 공동주택 까사 밀라 *Casa Mila* (사진 2-21)와 '참회의 성 가족 성당 *Templo Expiatorio de la Sagrada Familia*'(사진 2-22)이 있다. 일본 규슈 九州 의 후쿠오카 시 福岡市 에는 오늘날의 건축 사조를 대표하는 세계적인 포스트모더니즘 *Postmodernism* 건축가들이 석재를 활용하여 건축한 일 팔라조 *Ils Palazzo* 호텔(사진 2-23), 하이얏트 리젠시 호텔(사진 2-24), 공동주택단지인 넥서스 월드 I *Nexus World I* 의 마이클 그레이브스 *Michael Graves* 공동주택 (사진 2-25) 등이 있다.

5) 조적재료 시험

조적 공사용 재료에 관련된 주요시험의 종류에는 *Absorption of Bricks, Saturation Coefficient of Bricks, Suction of Bricks, Compressive Strength of Bricks Modulus of Rupture of Bricks, Compressive Strength of Mortar Cubes, Compressive Strength of Concrete Masonry Prisms, Mortar Flow* 등이 있다.

사진 2-11 : 파르테논 신전 *Parthenon Athens, Greece*

현재 아크로폴리스 바위 언덕 위에 존재하는 파르테논 신전은 페리클레스가 재건축계획의 일환으로, 이전의 아르카이크 신전 자리에 단 9년 만에 완공한 건축물이다. 이 신전은 기원전 **447년에 착공, 기원전 438년**에 준공되어, 파나테나이아 축제 기간에 그리스 신화에 나오는 지혜의 여신 아테나 파르테노스 Athena Parthenos 에게 봉헌되었다. 이 신전의 건축에는 수많은 건축가, 조각가, 화가가 참석하였으나, 대표적인 건축가는 칼리크라테스와 익티노스, 그리고 조각가는 페이디아스와 그의 제자들이다. 그리스 본토에 현존하는 건축 유산 중 가장 큰 이 신전은, 지금은 목재 지붕은 사라지고 대리석 기둥만 남아 있다. 이 건축물은 모르타르를 사용하지 않고 하양색 대리석만으로 기둥을 쌓아 올린 도리아식 신전건축물 Doric Temple Design 이다. 파르테논 신전의 모든 면은 9:4의 비율로 이뤄졌다. 즉, 가로와 세로 및 기둥 높이와 간격의 비도 9:4이다. **모든 기둥은 착시현상을 교정하기 위하여 배불림 Entasis 기법을 적용하였고, 양쪽 가장자리에 있는 기둥은 상단을 약간 안쪽으로 기울여 세웠다.** 파르테논 신전은 당대는 물론 오늘날까지도 세계 최고의 건축물로 평가되어 유네스코의 세계문화유산 1호로 등재되어 있다.

♣ 파르테논 신전: 프리즈 Frieze 와 페디먼트 Pediment 에는 조각 작품 일부가 남아있다.

♣ 파르테논 신전 전경: 남서 방향

사진 2-12 : 잉카 제국의 벽, 쿠스코 *Cuzco, Peru*

페루 Peru 중동부, 안데스 Andes 산맥, 해발 3399m 고지에 있었던 잉카 제국 *1200~1532 ?* 의 수도 쿠스코 Cuzco 의 아우까이빠따 광장 부근, 로레또 골목길 Calle Loreto 에 축조된 거석 巨石 돌담. 돌 하나의 단면 크기가 무려 *4.2×3.6m* 에 달하는 거대한 돌도 있다. 모르타르를 사용하지 않고 돌을 정교하게 다듬어 틈새 없이 맞물려 쌓았으며 내부 홈에는 청동을 녹여 부었다. 사진 왼쪽은 잉카의 돌벽이고 오른쪽은 스페인 식민시대에 쌓은 돌벽이다.

사진 2-13 : 알퐁소 6세 성문 *Alfonso VI Gate Toledo, España*

알퐁소 6세 성문은 스페인의 수도 마드리드 서남쪽에 로마인들이 건설한 고대 도시 톨레도 Toledo 의 성벽에 건축된 성문 城門 이다. 9세기에 건축된 이 성문은 무어 Moor 인들의 대표적인 건축양식으로 원래의 명칭은 비자그라 성문 Bisagra Gate 이었다(Credits by Juan Campos). 톨레도는 AD 3~5세기에 고트족에 정복되어, 6세기에는 서고트족의 수도가 되었으나 8세기에 아프리카 북서부에 살던 이슬람교도인 무어 족에 점령당했다. 이어서 1085년 5월 25일에는 기독교도인 알퐁소 6세가 정복, 성문에 자신의 이름을 붙였다. 톨레도는 로마인, 서고트 Goth 인, 이슬람인, 기독교인들에 의하여 차례로 점령당하였기 때문에 중세의 유대교, 이슬람교 및 기독교 문화가 혼재하면서 조화를 이루는 고도 古都 가 되었다.

사진 2-14 : 나르본 성문 *Porte Narbonnaise Carcassonne, France*

나르본 성문은 프랑스 서남부 랑그독-후시용 Languedoc-Rousillon 지역의 꺄르까손 Carcassonne 에 기원전 2세기부터 존재해온 고대 요새 도시 Fortress Town 의 성벽 문이다. 이 성문은 중세 유럽의 전형적인 성문 형식을 대표하는 유명한 성문 중의 하나이다. 이 성문은 꺄르까손 요새의 동쪽 주출입문이며, 이 성문에는 높이 25*m* 의 쌍둥이 경비 망루가 있다. 이 망루는 사암으로 쌓아 올려졌다. 꺄르까손 요새는, 기원후 1세기에는 로마인 Roman 에 의해서, 기원후 5세기에는 서-고트인 Visigoth **에 의해서 부분적으로 건설되었지만,** 1247년 **시몬 드 몽포르트** Simon de Montfort **에 의해서 함락되었다.** 이 요새는 12세기 종교전쟁의 중요한 거점이었다. 1280~1287년에는, 프랑스 군주 French Monarchy 루이9세 Louis IX 와 그의 후계자 필립3세 Philip III 에 의해서 복원이 이루어졌지만, 1659년 프랑스와 스페인의 피레네 **국경** 조약 이후 거의 폐허상태로 방치되었다가 19세기에 복원됐다.

사진 2-15 : 빠리 에뚜왈 광장의 개선문 *Arc de Triomphe Paris, France*

나폴레옹 1세 Napoléon Bonaparte (1769~1821)은 1805년 오스테흐리츠 Austerlitz 전투에서 대승을 거둔 후, 병사들에게 개선문을 통과하여 집으로 돌아가도록 하겠다고 약속했다. 약속한 개선문 공사를 1806년에 시작하였으나 그 후 패전과 실권(1815)으로 공사가 지연되어 1836년에나 완공되는 바람에 약속은 물거품이 되었다. 아치형 개선문의 높이는 약 50*m* , 폭은 45*m* , 두께는 24*m* 정도이다. 이 개선문의 상단과 벽면에는 전투장면과 방패 무늬가 플랑부와양 Flamboyant 양식의 부조 형태로 장식되어 있으며, 거기에는 승리한 여러 전투의 명칭이 기록되어 있다. 개선문 바닥에는 언제나 타오르고 있는 횃불이 있다. 1920년 11월 11일, 1차 세계대전 휴전 기념일에 1차 세계대전 때 전사한 무명용사들을 추모하기 위하여 한 무명용사를 개선문 밑에 매장하고 그 위에 방패, 비문, 횃불 설비 등을 설치했다. 지금도 많은 참전단체들이 이 추모 비문에 꽃다발을 바치고 영원의 횃불을 밝히고 있다. 2013년에는 한국전쟁(6.25) 참전기념 동판도 설치되었다.

♣ 추모 비문, 꽃다발 및 횃불 점화설비: 프랑스 빠리, 개선문

♣ 개선문 동향, 정면 상단: 방패무늬와 전투 출정식 부조가 있다. 전망대 바로 밑에 있는 30개의 방패에는 나폴레옹이 승리로 이끈 전투장면이 새겨져 있다. 그 밑에는 나폴레옹 군대의 출정식 부조가 있다. 정 반대쪽 뒷면 같은 위치에는 군대가 귀향하는 장면의 부조가 있다. 출정식 부조 아래쪽 왼쪽의 사각형에는 1790년, 나폴레옹이 중위 계급장을 달고 터키 군대와의 전투에서 승리한 장면이, 오른쪽 사각형에는 마르소 장군의 장례식 장면의 부조가 있다. 프랑스 빠리

♣ 개선문 동향, 정면 오른쪽 벽면: 1792년 조국을 지키기 위해서 일어난 시민들의 부조

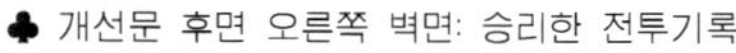

♣ 개선문 후면 오른쪽 벽면: 승리한 전투기록

♣ 개선문과 에뚜왈 étoile 광장: 광장은 12개 방사선 도로의 시발점이자 종점이며 지하엔 지하철역이 있다. 에뚜왈 광장은, 나폴레옹 3세 시절인 1852 년부터 17 년간에 걸쳐 진행된 빠리 시의 현대화 도시계획의 일환으로, 샹젤리제 거리 Avenue des Champs-Elysées 서쪽 끝 지역, 즉 개선문 주변에 조성된 도로광장이다. 샹젤리제 거리 주변은 1667 년까지만 해도 황량한 늪지였으나, 당대 최고의 조경 건축가 앙드레 르 노트르(1613~1700)가 거리 양쪽에 가로수를 심어 가꾸면서 아름다운 거리로 변하기 시작하였다. 현재의 샹젤리제 거리 풍광은, 건축가 쟈크 히토프가 1838 년에 설계한 모습이 거의 변하지 않은 것이다. 이 때부터 샹젤리제 거리에는 가로등, 보도, 까페와 식당이 늘어났으며, 빠리에서 가장 번화한 거리가 되었다. 까페와 식당은 빠리 시민들의 현대적인 거리생활에 활력을 불어 넣었다. 19세기 중반까지 빠리는 중세 도시의 무질서하고 지저분하며, 비좁은 골목길 유산을 간직하고 있었다. 이런 중세 유산들을 무자비할 정도로 정비한 다음, 빠리를 교통이 원활하고 질서 있고 쾌적한 환경을 갖춘 넓은 거리가 있는 최상의 현대 도시로 만드는데 이바지한 가장 큰 공로는 오스만 남작 Baron, Georges Eugenne Haussmann (1809~1891)의 몫이다. 나폴레옹 3세는 1852 년, 오스만 남작을 빠리 지역 행정 책임자로 임명하면서 빠리의 현대화를 책임지도록 했다. 광장 이름 에뚜왈 étoile 은 불어로 별이라는 뜻이다.

사진 2-16 : 라 데팡스 대 개선문 *La Grande Arche de la Défense Paris, France*

1989년 프랑스 혁명 200주년을 기념하여 라 데팡스 지역에 세운 지상 35층, 지하 3층의 현대적인 업무시설 및 문화, 예술 전시용 건축물이다. 1958년부터 빠리 서쪽에 업무단지로 개발되어온 라 데팡스는 총면적이 80헥타르 *ha* , 즉 80만 제곱미터에 달하는 유럽 최대의 비즈니스 지역이다. 이 건축물이 추구하는 기본 개념 Idea 은 열린 육면체 An Open Cube 와 세계로 열린 창문 A Window to the World 이다. 국제건축설계 당선작품인 대 개선문은 덴마크 건축가 스프렉켈슨 Johan Otto Von Spreckelsen 의 작품이다. 1982년에 실시된 국제건축설계경기에 출품된 작품은 이 작품을 포함해서 모두 424개나 되었다. 정육면체인 이 건축물의 한 변의 길이는 110*m* 이다. 건축물 측벽 한 변의 길이는 21*m* 인 정사각형 모듈 5개에 테두리 폭 5*m* 를 더한 것이다. 정육면체의 중앙부분은 동서축으로의 열린 공간 Central Open Space 으로서 그 폭은 샹젤리제대로 폭과 같고 그 높이는 루브르의 유리 피라미드는 물론 노트르담 대성당조차도 통과할 수 있도록 구상되었다.

대 개선문의 골조는 포스트텐션 프리캐스트 콘크리트 PC 로서 건축물의 총 중량은 30만톤에 달한다. 남쪽 및 북쪽의 외벽은 알루미늄 프레임에 대형 판유리로 마감하였다. 이 유리벽은 현대적인 건축사조인 매끄러운 외벽 표면을 창출함과 동시에 태양열의 흡수 및 자동차의 소음을 차단할 수 있다. 동쪽 및 서쪽의 대각선 벽면은 백색의 카라라 Carrara 산 대리석으로 마감하였다. 백색 대리석 판재를 대각선 방향의 벽면에 부착, 전반사되는 강한 햇빛을 완화함으로서 건축물에 접근하는 보행인들의 눈부심을 방지하였다. 대 개선문은 빠리 시의 역사적인 전통 축인 동서 축, 정확히 말하면 동동남-서서북 축의 서쪽 끝에 자리한다. 대 개선문의 동서 축은 지하 대중교통 축으로부터의 접근성을 고려하여 빠리의 동서 축에서 남쪽으로 6° 기울어지게 설계되었다. 총 연장길이가 약 8*km* 에 달하는 빠리의 동서 직선 축 위에는 동쪽 끝으로부터 루브르 *Louvre* 의 유리 피라미드, 카루젤 *Carrousél* 개선문, 꽁꼬흐드 *Concorde* 광장의 오벨리스크, 에뚜왈 *Etoile* 광장의 개선문, 라 데팡스의 대 개선문 등이 나란히 존재한다.

♣ 대 개선문의 동향 정면 *Façade* **및 광장: 열린 공간에는 관광객용 엘리베이터와 전시장 천막 지붕이 있다.**

♣ 대 개선문의 남쪽 내벽 전경 및 전시장 천막 지붕

♣ 북쪽 내벽 상세: 백색 대리석 판재 및 알루미늄 창호 틀에 판유리 마감

♣ 북쪽 외벽 상세: 알루미늄 프레임에 판유리 및 백색 대리석 판재 마감, 남쪽 외벽과 동일

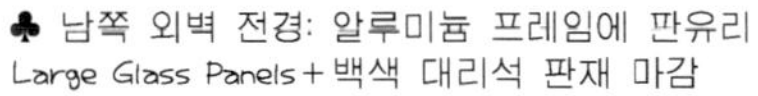
♣ 남쪽 외벽 전경: 알루미늄 프레임에 판유리 Large Glass Panels+백색 대리석 판재 마감

♣ 라 데팡스, 대 개선문 앞 광장: 가운데 아주 멀리 에뚜왈 광장의 개선문이 보인다.

♣ 카루젤 개선문 Arc de Triomphe du carrousel : 장미 빛 대리석으로 치장, 나폴레옹이 오스테흐리츠 전투 대승 기념으로 1806 년에 세움. 카루젤 개선문의 가운데 아치를 통해서 꽁꼬흐드 광장의 오벨리스크, 에뚜왈 광장의 개선문이 보인다. 오벨리스크의 정상부, 피라미드 형태는 황금빛으로 번쩍인다.

사진 2-17 : 노트르-담 대성당 *Notre-Dame Paris, France*

빠리의 발상지인 센 Seine 강의 섬 씨떼 Cité 에 있는 대성당이다. 1163년부터 건축되기 시작한 이 석조 건축물은 무려 167년이 지나서야 완공됐다. 원래 로마네스크 Romanesque 양식의 두 교회를 프랑스 고딕 Gothic 양식으로 개축한 이 대성당은 중세 기독교 건축물의 정수로 평가받고 있다. 대성당의 중앙에 있는 높이 90*m* 의 첨탑은 19 세기에 건축가 비올레 르 뒤크가 설계하여 증축한 것이다. 대성당의 자리에는 원래는 2000여 년 전 로마시대에 세운 주피터 Jupiter 신전이 있었다. 4세기에는 최초의 기독교 교회 셍-에띠엔느 Saint-Etienne 가 그 자리에 세워 졌으며 그 후 옆자리에 교회가 하나 더 건축되면서 성모 마리아 Notre-Dame 에게 봉헌됐다. 이 성당에서는 앙리 4세의 대관식(1422년)과 나폴레옹 1세의 대관식(1804년)도 있었다. 이 성당의 첨탑과 목조 지붕은, 현지 시간 2019년 4월15일 오후 6시50분경 발생한 화재로 소실되었다.

♣ 대성당의 후면: 동쪽 방향 전경, 중앙 첨탑+경간 15*m* 의 플라잉 버트라스

♣ 대성당의 정면 Façade : 서향, 3개의 출입문(왼쪽이 성모의 문) 상단 벽면에는 성모 마리아를 묘사한 장미창, 28명의 유대왕 조각상 등이 있다. 종탑 사이로 높이 90m 의 중앙 첨탑이 보인다. 종탑 주변 연결통로 난간에는 이무기돌과 괴수 석상 Gargoyles 이 있다. 눈 내리는 어느 겨울날 빠리에서. . .

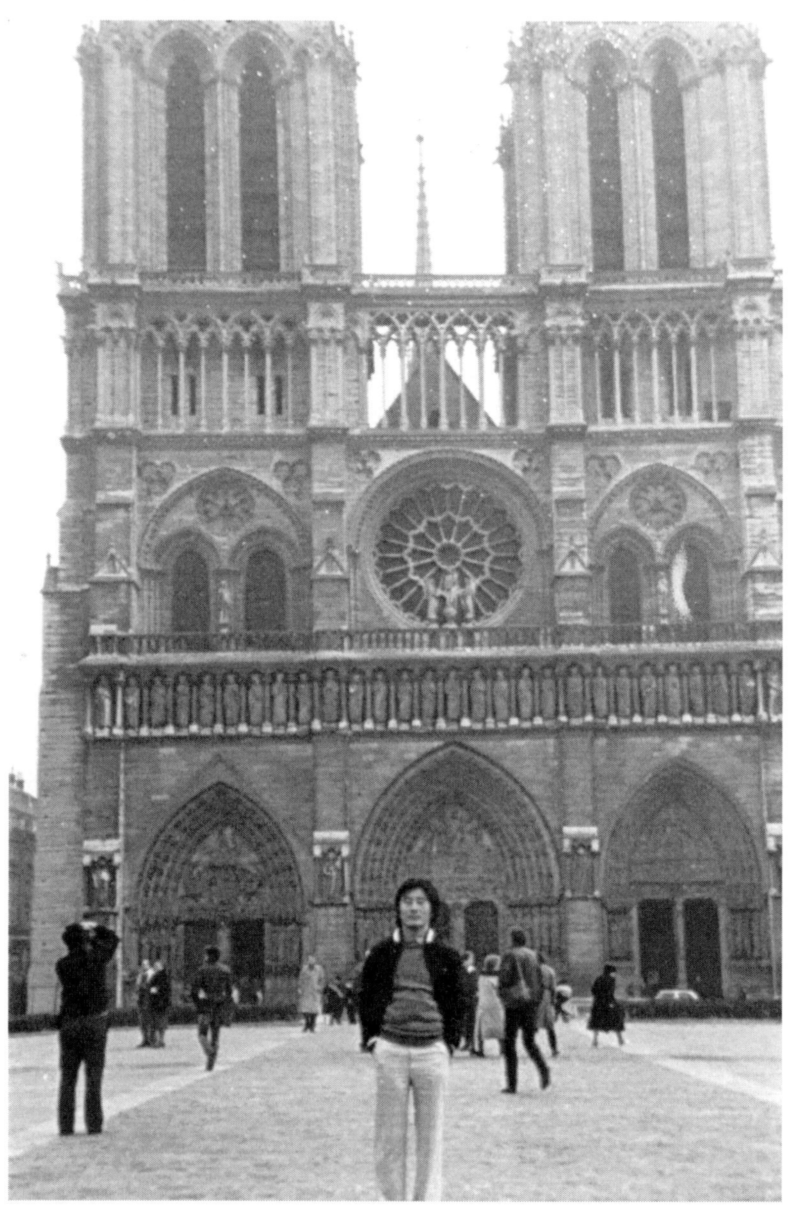

♣ 괴수 석상 및 이무기돌: 종탑 연결통로 난간 상단 및 하단

♣ 괴수 석상: 오른쪽 뿔난 괴수 등너머는 58층의 몽빠르나스 빌딩 La Tour Montparnasse

사진 2-18 : 피렌체 대성당 *Duomo* 의 종탑 및 돔 *Firenze, Italia*

1294~1462년에 걸쳐 건축된 것으로 알려진 피렌체 대성당의 공식명칭은 산타 마리아 델 피오레 Santa Maria del Fiore , 즉 꽃의 성모 마리아 성당이다. 신 고딕양식인 이 성당의 돔은 브루넬레시 Brunelleschi 가 1420년에 설계하여 1436년에 완공했다. 내외, 이중벽 *Two Shells* 으로 된 돔의 높이는 114*m* 이다. 갈비뼈 모양의 외벽 뼈대 *Ribs* 는 백색 대리석을 오늬 모양으로 깎아 연결하여 만들었다. 내벽 Inner Shell 을 지탱하는 가로 방향의 목재 뼈대는 사암 블록 Sandstone Blocks 기단 위에 세워졌다. 돔의 외벽 Outward Shell 은 뼈대 사이에, 오늬 쌓기 Herringbone Brickwork 방식으로 주황색 타일을 덮어 완성했다. 이 성당의 종탑 Campanile 은 높이가 84*m* 에 달하는 고딕 양식으로, 지오또 Giotto 가 1334년에 설계하였으나 완공된 것은 그가 죽은 지 22년이 지난 1359년이다. 성당, 종탑 및 세례당 Battistero 의 외벽은 토스카나 지방에서 생산되는 백색, 연두색, 분홍색 등의 대리석으로 마감되었다. 세례당의 동쪽 문은 성서 이야기를 주제로한 열 개의 부조패널 그림을 조립하여 만든 청동 문으로 1424 년에 시작하여 1452년에 완공됐다. 미켈란젤로는 이 문을 천국의 문이라고 칭송했다. 이 문의 진품 부조패널 그림은 성당작품 박물관인 '무세오 델 오페라 델 두오모 Museo dell'Opera del Duomo ' 에 보관되어 있다.

♣ 피렌체 대성당 전경: 왼쪽 끝은 시뇨리아 광장의 베키오 종탑, 이탈리아 피렌체, 미켈란젤로 광장

♣ 천국의 문: 세례당 동쪽

♣ 돔의 대리석 골조 및 주황색 타일

♣ 피렌체 성당 돔: 하단 보수공사, 가운데 및 오른쪽 상단에 비계 및 안전장막 설치, 이탈리아 피렌체

♣ 피렌체 대성당 정문상단 장식

♣ 종탑: 백색, 연두색, 분홍색 대리석 마감

사진 2-19 : 피사 사탑 및 대성당 *Leaning Tower Pisa, Italia*

이탈리아 피사 지방의 성당 단지는 대성당 Duomo , 묘지 Camposanto , 세례당 Battistero , 종루 Campanile 등으로 구성되어 있다. 이들 중 기울어져 있는 종루를 사탑이라고 한다. 이 사탑은 세계 7대 불가사의 중 하나이다. 이 사탑은 현재 이탈리아 중서부 지방에 있었던 중세 도시국가 피사 Pisa 가 팔레르모 해전의 대승을 기념하기 위하여 세운 것이다. 기울어진 8층탑의 현재 높이는 55.9*m* 이고, 총 중량은 1만 4600톤이다. 이 탑 외부 회랑의 직경은 15.5*m* 이며, 층마다 30개의 하양 대리석 기둥으로 치장되어있다. 이 탑의 내부 직경은 7.4*m* 이며 벽돌을 이용하여 원통형으로 쌓아올렸다. 이 탑의 벽면을 따라서 나선형으로 쌓아올린 296개의 계단을 통하여 최상층 종루까지 올라갈 수 있다. 8층 종루에는 음계가 각기 다른 7개의 종이 설치되어 있다.

이 사탑은 이탈리아 건축가 보라노 피사논의 설계에 따라서 1174년경에 공사를 시작하였다. 그러나 이 탑은 피사 지역 점토 지반의 불안정성으로 인하여 공사 초기인 1178년부터 기울어지기 시작하였다. 그래서 수차례에 걸친 공사중단과 보정작업을 실시하였지만 끝내 기울어진 상태를 바로 잡지는 못하였다. 내부가 비어 있는 이 탑의 기초는 지표면에서 약 3~5.5*m* 깊이에 있으며, 그 직경은 19.6*m* 이다. 이 탑의 기초가 구축된 지반은, 지표로부터 약 10*m* 깊이까지는 침니층, 약 40*m* 깊이까지는 점토층 및 모래층으로 구성되어있다. 지하 상수위 면은 지표 밑 1~2*m* 깊이에 있다. 1174년경에 시작된 공사는 4층 공사도중인 1178년에 중단되어 약 100년 동안 방치되었다. 1272년에 재개된 공사는 7층 공사도중인 1278년에 다시 중단되어 약 80년 동안 또다시 방치되었다. 탑의 자중에 의한 지반의 압밀침하가 약 180년 동안 지속되었던 것으로 추정된다. 탑 공사는 1360년경에 재개되어 1372년경에 8층 종루까지 끝낸 것으로 추정된다.

이 탑은 3층 공사를 끝낸 시점에 이미 북쪽으로 0.25도 정도 기울어져 있었다. 기울기를 바로잡으면서 7층까지 공사를 끝냈을 무렵에는 그 반대 방향인 남쪽으로 0.6도 가량 기울었다. 이 탑은 완공직후부터 매년 남쪽으로 약 1*mm* 씩 지속적으로 기울어, 붕괴 우려가 대두되었다. 무솔리니는 1934년에, 탑을 바로 세우라는 지시를 내렸다. 이어서 탑을 바로 세우기 위한 기초 보강공사가 시도 되었지만 상황은 나아지지 않았다. 그 후 탑은 지속적으로 기울어져 1995년에는 중심축으로부터 5.28도, 즉 5.4*m* 까지 기울어 더 이상 방치할 수 없는 상태에 이르렀다. 탑의 붕괴에 대한 우려가 더욱 심해지자 '피사의 사탑 국제위원회' 가 1999년 2월부터 2년 동안 기울어짐을 억제하기 위한 보수공사를 실시하였다. 보수공사는 탑 북쪽 지반의 흙을 700톤 정도 파내고 기초를 강철 케이블로 묶은 다음 콘크리트로 보강하는 방식으로 시행되었다. 탑을 안정시키기 위해서 탑의 북쪽 기초지반에 30도 각도로 여러 개의 강관을 삽입한 다음 침니 및 점토를 뽑아내어 지반침하를 유도하였다. 보강공사는 2001년까지 지속되었으며, 탑을 4.04도, 즉 4.12*m* 기울어진 상태로 안정시켰다. 현재는 경사각이 3.97도, 즉 3.9*m* 기울어져 있는 상태에서 변화가 없는 것으로 관측되고 있다. 사탑은 기울어진 상태로 존재하면서도 더 이상은 기울어지지 않아 붕괴되지 않고 있다. 1986년에 노벨 물리학상을 수상한 미국의 레온 레더만 박사는 이런 의문점을 '비대칭 구조에 의한 균형이론' 으로 설명하면서 물리학계의 주목을 받고 있다. 비대칭구조에 의한 균형이론은 기존의 표준이론을 뒤엎는 것이기 때문에 최근 물리학계에서 논란이 벌어지고 있다.

사탑 옆에 세워진 조각상은 로마를 건국한 쌍둥이 형제 로물루스와 레무스에게 젖을 물리고 있는 전설속의 늑대이다. 이 늑대 조각상의 원형은 로마 '카피톨리니 미술관' 에 있다. 어린 쌍둥이 형제는 그들의 삼촌인 알바의 왕에 의해서 테베레 강에 버려진 것을 늑대가 물어다가 키웠다고 한다. 쌍둥이 형제는 기원전 753년 4월 21일 테베레 강가에 작은 도시국가를 건설했다. 그러나 형제간의 다툼으로 로물루스가 레무스를 죽이고, 자기의 이름을 따 나라 이름을 로마라 칭했다고 한다. 쌍둥이 형제는, 기원전 13세기에 멸망한 트로이의 왕족 아이네아스의 후손으로 전해진다.

♣ 피사 사탑 및 늑대 조각상, 이탈리아 피사

♣ 기둥 양식: 이탈리아 피사, 사탑

♣ 대성당: 이탈리아 피사

♣ 세례당: 이탈리아 피사

사진 2-20 : 니조성 *二條城* 옹벽 *京都, 日本國*

니조성은 도쿠가와 이에야스 德川家康 가 일본을 통일하고, 1603년 천황이 있는 교토에 머무를 숙소로 지은 성이다. 현재의 규모로 확장, 건축한 것은 쇼군 가네이 將軍 家光 때 였다. 니조성의 남서쪽 해자 垓字 모서리에는 돌을 높게 쌓아올려 구축한 옹벽이 있다. 해자 수면으로부터의 높이는 약 15m 정도이며 이 옹벽 위에는 5층 높이의 망루가 있었으나 1750년에 번개 불로 소실되었다. 옹벽의 길이는 동서 약 500m , 남북 약 400m 이다.

♣ 니조성의 옹벽+해자: 일본국 교토

♣ 니조성 전경

♣ 니조성 안내간판

사진 2-21 : 까사 밀라 *Casa Milá Barcelona, España*

스페인, 바르셀로나의 황금 광장 Quadrat d' Or 근처에는 매우 기괴한 형태를 하고 있는 6층의 공동주택, 즉 까사 밀라 Casa Mila 가 있다. 까사 밀라는 8세대의 아파트먼트로 구성되었으며, 이 아파트먼트들은 당시 그 지역 거상 巨商 들을 위한 것이었다. 당시 까사 밀라는 5층까지는 주거공간으로, 6층은 창고로 쓰였다. 까사 밀라는 당시 주변에 있었던, 화려한 모습의 까사 깔베 Casa Calvet 또는 까사 바뜨 Casa Batlló 와는 달리 매우 간결하고 중량감을 느끼게 하는 외관을 갖고 있다. 이 공동주택은 까타로니아 인 Catalan 건축가 안토니 가우디 Antoni Gaudi (1852~1926) 가 설계하였다. 까사 밀라는 1905년에 착공하여 1910년에 완공되었다. 현재 이 건축물은 상점, 사무실 및 관광객을 위한 전시용 공간 등으로 쓰인다. 전시용 공간으로 쓰이는 아파트 한 채는 당시 거상들의 주거생활 모습을 그대로 재현해 놓았다. 이 건축물의 내부에는 열린 공간인 타원형의 중정이 있다. 중정에서는 하늘이 보인다. 까사 밀라 Casa Mila 는 아르 누보 Art Nouveau 양식의 건축물이다. 도로에 면한 이 공동주택의 외벽 및 정면 Façade 은 밝은 크림색 석재 Creamy White Stone 로 마감되었다. 이 건축물 외벽의 구불구불한 모습은 마치 지중해의 넘실거리는 물결을 연상케 한다. 또한 단일 색상과 질감을 갖는 석재로 마감된 이 건축물 외벽은 마치 코끼리의 피부와도 같은 간결한 모습이다. 당시의 바르셀로나 시민들은 이 건축물의 무미건조한 겉모습을 보면서 바르셀로나 북방 20*km* 지점에 있는 바위산 San Miguel de Fay 을 연상하였다. 그런 연유로 바르셀로나 시민들은 이 건축물을 '라 페드레라 La Pedrera: the Stone Quarry ', 즉 '채석장' 이라는 별칭으로 불렀다. 이 건축물의 별칭, 즉 '라 페드레라' 는 현재까지도 바르셀로나 현지에서는 까사 밀라를 지칭하는 공식 명칭으로 쓰인다.

가우디는 이 건축물의 굵은 곡선과 바위와도 같은 중량감을 바르셀로나 시에서 멀리보이는 산맥들 Collcerola & Tibidabo 의 형상과 일맥상통하는 것이라고 설명했다. 지구상의 거대한 산맥에서 뿜어져 나오는 강력한 토지의 힘을 건축물에서도 느낄 수 있도록 하였다는 것이다. 다시 말해서 이 건축물을 접하는 사람들로 하여금 동식물 왕국, 광물 왕국 등과의 교감 交感 을 얻도록 했다는 것이다. 가우디는 직선은 인간의 것이고 곡선은 신의 것 이라고 생각하였다. 이 건축물의 거의 모든 부분은 곡선으로 구성되었지만, 그 중에서도 가장 환상적이고 꿈과 같은 공간은 지붕 테라스 *Roof Terrace* 이다. 지붕 위에는 환상형 環狀形 의 오솔길이 있는데, 그 오솔길은 굴곡과 높낮이가 심하여 여러 개의 계단으로 연결되었다. 이 오솔길 위에는, 괴상하고 신비스러운 모습을 하고 있는 굴뚝과 환풍구 Chimneys and Ventilation Ducts 들이 점점이 배치되어 있다. 굴뚝과 환풍구 중 일부는 타일 또는 깨진 유리조각 등으로 장식되었다. 이들 굴뚝과 환풍구들이 아침, 저녁에 만들어 내는 그림자 들은 마치 불안한 상태로 헬멧을 쓰고 있는 인간들의 불안정한 느낌을 불러일으킨다. 건축물의 베란다, 내부 및 외부 등에는 단철 Wrought Iron 제품인 검정색 난간들이 여러 개 있다. 베란다의 바닥은 단철 및 반투명 유리로 장식되었다. 특히 베란다에 설치된 단철 제품의 장식용 난간들은 지중해의 해초를 연상하게 한다. 이 단철 난간의 원형 디자인은 바디아 형제 the Badia brothers 가 고안한 것이다.

가우디는 원래 이 건축물의 정면에 성모 마리아 the Virgin Mary 에 대한 존경심을 표현하려는 의도를 가지고 있었다. 아기 예수를 팔에 안고 있는 성모 마리아의 모습이라든지, 출입구 위쪽에서 상부 층으로 올라갈수록 파형이 작아지는 형태를 취하여 겹겹이 밀려오는 지중해의 파도가 성모마리아의 발밑에 도달해서 소멸되는 모습 등을 표현하려 하였다. 그러나 불행하게도, 종교와 무관한 기업인 개인들의 사적인 건축물에 종교적인 상징적 의미를 가미하려하자 이에 반대하는 세력들이 폭동을 일으켰다. 1909년 7월의 폭동으로, 50여점에 이르는 종교적 상징물들이 불태워져 소멸되었다. 건축주의 사전 동의를 받지 못한 건축가의 종교적 과욕이 불러온 참사였다. 가우디는 성모 마리아에 대한 존경심을 표현하려했던 의도가 좌절되자, 건축물에 대한 흥미를 잃고 공사현장을 떠났다. 가우디는 죽는 날까지 카톨릭 교회의 설립이 반열에 오를 만큼 신앙심이 두터운 독실한 카톨릭 신자였다. 가우디는 까사 밀라의 잔여 공사를 자신의 제자인 젊은 건축가 Josep Maria Jujol (1879~1949) 에게 부탁하였다. 라 페드레라, 즉 까사 밀라는 1984년에 유네스코의 세계문화유산으로 등재되었다.

♣ 라 페드레라 전경: 사거리 모퉁이에서 두개의 도로에 면함, 스페인 바르셀로나

♣ 라 페드레라 중정: 아르 누보 풍의 계단 및 중정 내벽, 중정에서 2층으로 통하는 통로

♣ 반지하 상점 출입구+3층 베란다 난간: 아르 누보 풍의 검은색 단조 철재 장식

♣ 평지붕 위의 굴뚝, 환풍구 및 중정을 향한 경사지붕: 스페인 바르셀로나, 라 페드레라

♣ 평지붕 위의 계단, 굴뚝, 환풍구 및 도로쪽 경사지붕: 멀리 보이는 것은 공사 중인 참회의 성가족성당

사진 2-22 : 참회의 성 가족 성당 *Templo Expiatorio de la Sagrada Familia, Barcelona España*

성가족 성당은 1882년 3월 19일에, 한 남루한 옷차림의 남자가 자선을 통해서 모은 몇 푼의 돈으로 공사가 시작되었다. 이 성당은 공사착공이래 1차 세계대전, 스페인 내전, 2차 세계대전을 거치면서 오늘날에도 관광객들의 입장료로 공사비를 충당하면서 공사가 지속되고 있다. 가우디는 지하실 공사가 거의 끝나갈 무렵인 1883년 11월부터 전임 건축가 프란세스크 데 파우라 델 비야르 Francesc de Paula del Villar 로부터 일을 넘겨받아 공사현장에서 숙식을 하면서 일에 몰두하다 현장 근처 도로에서 전차에 치어 비참하게 74년간의 생을 마감했다. 세상을 떠난 후 성인이 된 가우디는 1926년 6월 12일에 이 성당 지하실에 매장되었다. 자연적 상징성과 독창성으로 가득 차 있는 매우 비전통적인 양식의 이 성당은 유럽에서도 그 존재를 찾아볼 수 없는 신 고딕 Neo-Gothic Columns 풍의 건축물이다. 성당의 평면은 전통적인 라틴 십자가 Latin Cross 형으로 중앙에 한 줄의 회중석 *Nave* 과 그 좌우에 각각 두 줄의 측랑 *Aisles* 을 두었다. 회중석의 길이는 90*m* , 폭은 15*m* , 높이는 45*m* 이다. 4개의 거대한 종탑은 성서 4복음서의 저자를, 베니스식 모자이크로 장식된 12개의 뾰족탑은 예수의 12사도를 상징한다. 대형 출입구 Great Portal 가 있는 동쪽 및 서쪽의 폭은 30*m* 이다. 동, 서, 남쪽에는 각각 출입구 및 4개의 종탑 Bell Towers 이 있다. 성당의 동, 서, 남쪽 입면에는 각각 예수의 일생을 상징적으로 나타내는 조각물들이 있다. 동쪽 파사드 Façade 는 탄생 the Nativity 을, 남쪽은 영광 the Glory 을, 그리고 서쪽은 수난 the Passion 을 상징한다. 본당 내부의 기둥은 자연의 땅에서 생장하는 나무의 줄기, 가지 및 잎의 본질적인 형상을 그대로 활용, 마치 숲 속에 들어온 느낌을 받게 하였다. 이 성당 건축물은 1984년에 유네스코의 세계문화유산으로 등재됐다. 성당 주요 부분의 준공 예정은 가우디 사망 100주년인 2026년.

♣ 대형 종탑 4개: 성서 4복음서 저자를 상징

♣ 예수 탄생의 파사드: 성당 동쪽 입면

♣ 예수 영광의 파사드: 성당 남쪽 입면

♣ 뾰족탑 12개: 예수의 12사도를 상징, 베니스식 모자이크 장식, 중앙에 있는 높이 170m 의 첨탑은 성모 마리아와 그리스도를 상징 한다. 이 첨탑의 높이는 현존 세계 최고 最高 인 독일 울름 대성당의 161m 보다 높지만, 바르셀로나 도심에서 가장 높은 몬주익 언덕 보다는 낮다. 몬주인 언덕을 넘어서는 것은 신을 넘보는 것과 같은 것이라는 가우디의 돈독한 신앙심이 녹아있다. 스페인 바르셀로나

♣ 예수 수난의 파사드: 성당 서쪽 입면

♣ 기둥 상세: 나무를 형상화, 본당 내부

♣ 성당 지하실 공사현장

사진 2-23 : 일 팔라조 호텔 *Ils Palazzo 福岡, 九州, 日本國*

일본 규슈 九州, 후쿠오카 시 福岡 市 나카 강변에 위치한 일 팔라조 Ils Palazzo 호텔은 1991년 *AIA* 의 명예 상 수상. 설계는 이탈리아 건축가 알도 로시 Aldo Rossi. 호텔의 정면에는 창이 없으며 강한 힘과 질서를 느낄 수 있도록 하기 위하여 일체의 장식을 배제, 녹색 형강-빔 H-Beam 위에 호박색 원기둥을 세우고 여백은 빨강색 대리석으로 채움. 정면에 사용한 빨강 대리석은 빛과 기상조건의 변화에 민감하게 반응, 비가 올 때는 밝은 빨강으로, 석양의 황혼에는 황금색으로 변함. 호텔의 양 측벽 및 뒷벽 마감재료는 빨강 점토벽돌이다. 호텔의 주출입구는 일층 높이의 기단 위에 있으며 기단의 바닥은 백색 대리석으로 포장.

사진 2-24 : 하이앗트 리젠시 *Hyatt Regency* 호텔 *福岡, 九州, 日本國*

일본 규슈 九州, 후쿠오카 시 福岡市 에 있는 13층 규모의 이 호텔은 Hyatt Regency Hotel 미국 건축가 마이클 그레이브스 Michael Graves 가 설계하였다. 암시와 환상을 주제로 하여 과거, 현재, 미래를 조합한 이미지를 갖도록 설계한 이 호텔의 정면 모습은 마치 이집트의 스핑크스와 유사한 형태를 하고 있기 때문에 이 호텔을 스핑크스 센터 'Spinx Center' 라고도 한다. 남청색 및 붉은 빛이 도는 갈색의 천연 대리석으로 마감한 중앙의 원형 건축물 Rotunda Pavilion 과 연갈색 및 베이지색의 사암 Sandstone 을 사용하여 외벽을 마감한 양쪽의 장방형 건축물이 형태와 색채의 조화를 이루고 있다.

사진 2-25 : 마이클 그레이브스 *Michael Graves* 공동주택 *福岡, 九州, 日本國*

일본 규슈 九州 , 후쿠오카 시 福岡市 의 공동주택 단지인 넥서스 월드 I Nexus World I 에 있는 마이클 그레이브스 동 棟 은 5층 규모의 공동주택이다. 미국 건축가 마이클 그레이브스 Michael Graves 는 공동주택의 도로변 모서리 부분을 6층 규모의 8각 기둥 형태로 처리하였다. 이 부분의 1층은 점포, 2~5층은 주택의 거실, 6층은 옥상 정원으로 쓰인다. 주택단지의 거리에서 제일 먼저 눈에 뜨이는 이 8각 기둥 부분은 거리의 상징적 지표 Landmark 로서의 역할을 한다. 공동주택의 전면 외벽은 연갈색 및 황갈색의 사암 Sandstone 으로 마감하였다.

3. 목재

1) 목재의 원료 및 특성

천연목재, 즉 통나무 *Log* 는 지구상 인류를 포함한 모든 동물의 주거역사 *住居歷史* 를 통해서 볼 때 가장 오랫동안 가장 많이 사용되어온 건축 자재중의 하나이다. 자연 상태에서 생장하는 수목 *樹木, Trees* 의 줄기 *Trunk* 또는 *Stem* 에서 재생산되는 천연목재는 비교적 저렴한 가격으로 언제라도 구할 수 있는 환경친화성 *Environmental Compatibility* 인 건축자재이다. 천연목재는 경량이면서 가공성이 좋아 동서고금 *東西古今* 을 막론하고 다양하고 광범위하게 활용되어 왔다. 수목의 줄기를 제재하여 생산한 제재목재 *Timber* 또는 *Lumber* 는 목조 건축물에서는 기둥, 보, 바닥판 등의 구조 재 및 수장 공사용 재료로, 석조 및 흙 건축물에서는 지붕틀, 바닥 틀 등의 구조재로 활용되어 왔다(사진 2-26). 산업혁명이후 철근, 형강, 콘크리트 등의 고강도 인공 건축자재가 발달되면서 목재는 구조용 자재로서의 역할이 감소되는 추세였었다. 그러나 성능이 우수한 접착제의 발달로 인하여 천연목재는 합판 및 집성목재 등의 건설공사용 가공목재 *Engineered Wood Products* 로 다시 태어나 구조용 자재로서 뿐만 아니라 수장용 자재로서의 수요가 다시 증가하고 있다.

사진 2-26 : 목주 건축물의 골격 *쓰시마 히타카쯔 對馬 比田勝, 日本國*

가. 수목 구조 및 종류

가) 수목의 종류

수목은 성장형태에 따라서 외생장 *外生長* 수목 *Exogenous Trees* 과 내생장 *內生長* 수목 *Endogenous Trees* 으로 구분되며 전자는 다시 활엽수 *Hardwood* 와 침엽수 *Softwood* 로 대별된다. 내생장 수목은 나이테가 없는 대나무, 대추야자나무, 코코넛 *Coconut* 나무 등과 같이 수직방향으로 생장하며 나이테가 있는 외생장 수목은 수평 및 수직방향으로 동시에 생장한다. 경질 *硬質* 의 활엽수 목재는 일반적으로 아름다운 무늬가 많지만 직통대재 *直通大材* 로 취재하기가 어려운 반면 침엽수 목재는 연질 *軟質* 이지만 직통대재가 많다. 따라서 가격이 상대적으로 비싼 활엽수는 수장 공사용 목재로 주로 쓰이고 침엽수는 구조용 목재로 주로 쓰인다. 구조용 목재로 쓰이는 침엽수에 관한 사항은 *KSF* 3020 에 규정되어 있다. 침엽수는 직통대재의 취재가 용이하고 제재 및 가공이 편리하여 주로 구조용 목재로 활용되어 왔지만 가열성이 크고 내구성이 부족하여 근래에는 그 용도가 감소되고 있는 추세이다. 목재는 수종에 따라서 강도, 재질 등이 매우 다르며 같은 수종일지라도 성장지역, 환경, 수령, 벌목시기 등에 따라서 물리적 및 구조적 특성이 달리 나타난다. 따라서 건축자재로서 목재를 선정하고자 할 경우에는 목재의 공학적 특성을 확인할 필요가 있다. 건축공사용으로 쓰이는 목재를 취재할 수 있는 주요 수목(표 2-06)과 이와 관련된 용어의 의미는 다음과 같다:

Softwood A general term referring to any of a variety of trees having narrow, needle-like or scale-like leaves, usually coniferous, and the wood from such trees. The term has nothing to do with the actual softness of the wood; some softwoods are harder than certain of the hardwood species.

Hardwood A general term referring to any of a variety of broad-leaved, deciduous trees, and the wood from those trees. The term does not designate the physical hardness of wood, as some hardwoods are actually softer than some softwood species.

나) 수목의 단면구조 및 용어정의

수목 *樹木* 은 일반적으로 줄기, 가지 및 뿌리의 구조로 되어 있으며 건축자재로 쓰이는 목재는 주로 수목 줄기의 변재 및 심재에서 취재한다. 수목 줄기의 단면구조(그림 2-04) 및 관련 용어의 정의는 다음과 같다.

(1) 생목 *Green Lumber*

생목이란 함수율이 19% 이상인 천연목재를 말한다.

(2) 변재 *Sapwood*

나무의 신생조직 *Cambium* 및 속껍질 *Inner Living Bark* 에 가까운 부분으로 흡습성이 크고 연질이어서 썩기 쉽고 강도가 약하다. 변재는 성장세포의 분열이 활발하고 수액의 이동 및 양분의 저장이 이루어지는 부분이다. 신생조직을 형성층 또는 성장층이라고도 한다.

(3) 심재 *Heartwood*

나무속 *Pith* 에 가까운 부분으로 강도, 내구성, 항균성, 화하저 저항선이 크다. 암갈색을 띄는 심재에는 목질소 *木質素, Lignin* 가 저장되어 있으므로 조직이 단단하고 수분이 적다. 목질소의 의미는 다음과 같다:

Lignin A glue-like substance related to cellulose that holds wood fibres togerher.

표 2-06 : 건축공사 목재용 주요 수목

활 엽 수 (Hardwood)	침 엽 수 (Softwood)
검은 호두나무(*Black Walnut*)	미국 낙엽송(*Tamarack*), 미국 전나무(*Balsam Fir*)
느릅나무(*Elm*), 단풍나무(*Maple*)	더글러스 전나무(*Douglas Fir*), 전나무 류(*White Fir*)
무화과(*Sycamore*), 벚나무(*Cherry*)	미국 삼나무(*Redwood*), 낙엽송(*Western Larch*)
사시나무(*Cottonwood*), 양 물푸레나무(*Ash*)	적삼나무(*Western Red Cedar, Eastern Red Cedar*)
자작나무(*Birch*), 호두나무(*Hickory*)	솔송나무(*Western Hemlock, Eastern Hemlock*)
참나무(*White Oak, Red Oak*)	미국 큰잣나무(*Ponderosa Pine, Western White Pine*)
참피나무(*Bass Wood*)	소나무 류(*Southern Pine, Eastern White Pine*)
사시나무 포플러(*Aspen*)	가문비 나무(*Sitka Spruce*),

그림 2-04 : 수목줄기의 단면구조 상세

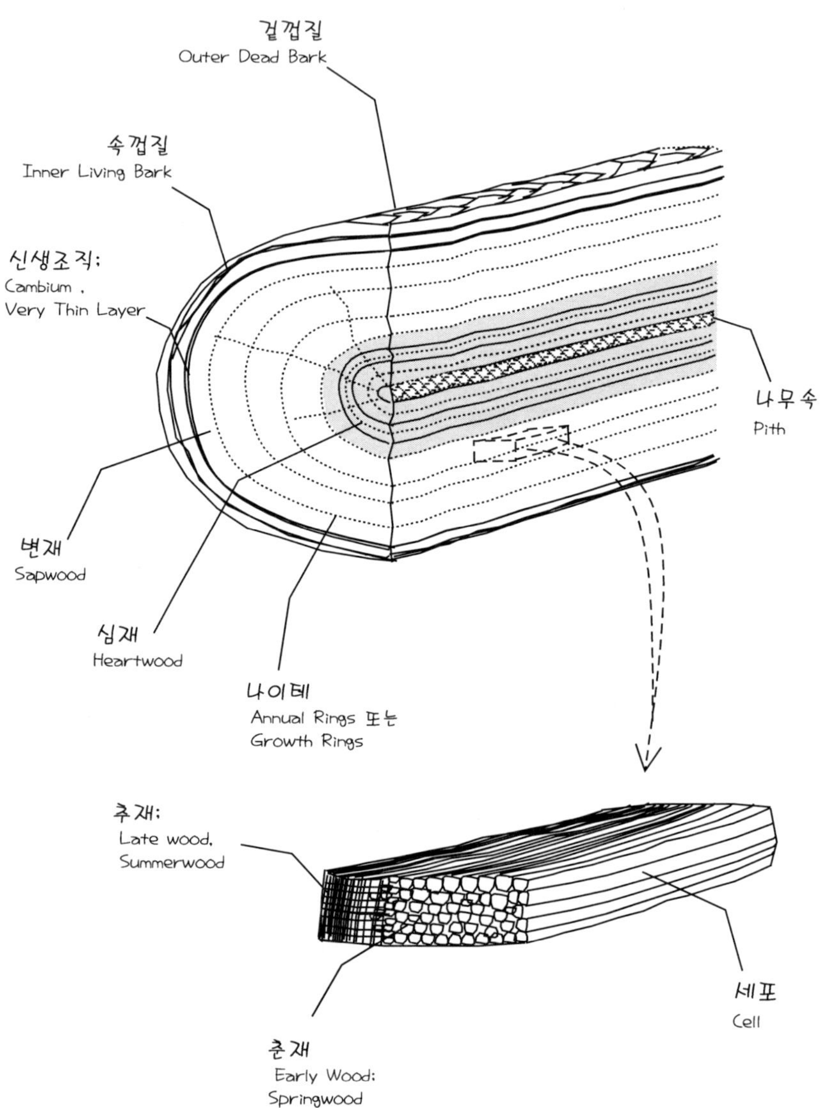

나. 목재의 특성 및 장단점

가) 목재 장점 및 단점

(1) 구조용 자재로서의 장점

① 비강도, 즉 강도/비중 이 크다(표 2-07)
② 온도변화에 따른 신축성이 적다.
③ 일직선의 통재 *通材* 로의 취재가 가능하다.
④ 연질, 경량으로 가공, 조립 및 취급이 용이하다.
⑤ 탄성 및 소성이 커 충격 및 진동에 유연하다.

(2) 마감용 자재로서의 장점

① 외관이 아름답다; 나뭇결, 색조, 광택, 향기
② 열, 음, 전기 등의 전도성이 적다; 세포 공극이 많아 단열성 및 차음성 우수
③ 적절한 흡습성이 있어 습도 조절 성능이 우수
④ 천연자재로서 종류 및 특성이 매우 다양하고 친환경적이다.

(3) 목조 건축물 시공상의 장점

① 경량 자재; 가공, 조립, 운반용이
② 경제적; 건축공기가 짧고 공사비용 저렴
③ 경량 건축물; 기초 부담 하중 최소
④ 자재가 다양하고 수량이 풍부
⑤ 자재의 이음방법이 단순
⑥ 공사변경 및 개보수공사 용이
⑦ 간단한 건축공구로 시공 가능

표 2-07 : 건설자재의 비강도

건설자재	Concrete	동	강 철	Aluminum	목 재
*비 강 도	100	250	333	833	1167

*Concrete 의 비강도를 100 으로 가정

(4) 건축 자재로서의 단점

① 부패 우려가 크다; 내구성 부족
② 천연산이므로 품질이 균일하지 않다.
③ 건조될 경우 가열성이 커져 화재에 취약
④ 건조 불량시 부패용이
⑤ 함수량의 증감에 의한 수축 및 팽창이 크다.
⑥ 수종 및 목재의 방향에 따른 강도 편차가 크다.
⑦ 길이 및 단면 크기에 제약이 있어 규격이 큰 단일 구조자재의 확보가 어렵다.

나) 목재의 공학적 특성

(1) 목재 색조

목재의 색조는 수종에 따라서 그리고 같은 수종일지라도 변재와 심재에 따라서 다르며 그 상세는 표 2-08 과 같다.

(2) 목재 광택

목재의 광택은 수목의 재질이 단단하고 나이테가 치밀할수록 우수하며 변재보다는 심재가, 그리고 침엽수보다는 활엽수가 우수하다.

표 2-08 : 건축공사용 주요 목재의 색조

수목의 종류	목재의 색조		수목의 종류	목재의 색조	
	심재	변재		심재	변재
가문비나무	백	백	붉가시나무	암홍	갈
전나무	갈백	갈백	갈참나무	담황	담황백
너도밤나무	담갈	담갈	오동나무	담황	담황백
육송, 적송, 해송	황갈	황백	비자나무	황	백
솔송, 흑송	황갈	황백	잣나무	적	백
밤나무	암갈	담갈	느릅나무	암적	갈
낙엽송, 들매나무	적갈	황갈	엄나무	담회	담황
피나무	담홍	담홍	녹나무	갈홍	회백
단풍나무	담홍갈	담갈	벚나무	홍갈	담갈

(3) 목재 향기

건강에 이롭고 기분 좋은 향기가 나는 수목에는 소나무, 잣나무, 전나무, 낙엽송, 삼송, 회나무 등의 침엽수와 녹나무 등의 장과식물, 열대산 수목 등이 있다.

(4) 수목 수액 *樹液*

수목의 수액은 침엽수에서는 크고 긴 세포, 활엽수에서는 직경이 비교적 큰 도관 *導管, Vessels* 을 따라서 이동한다. 수액은 두 가지 형태의 물, 즉 자유수와 흡착수로 구성된다. 자유수 *Free Water*, 즉 유리수 *遊離水* 또는 응축 수는 수증기 형태로 나무의 세포공극 *Cell Cavities* 에 존재하는 반면 세포수라고도 불리 우는 흡착수 *Bound Water* 또는 *Absorbed Water* 는 겔 *Gel* 상태로 세포벽 *Cell Walls* 에 흡착되어 있다. 목재가 건조되기 시작할 때는 먼저 자유수가 증발되고 이어서 흡착수가 완전히 건조되면 목재는 절건 상태가 된다.

(5) 목재 함수율 *Percentage of Moisture Content*

목재의 함수율은 목재의 강도, 건조수축, 중량 등의 물리적 특성에 직접적인 영향을 끼치는 중요한 요소이다. 건축자재로 쓰이는 인공 건조된 목재의 함수율은 대개 15% 이하이며 기건 상태에 있는 일반목재의 함수율은 보통 12~18% 정도이다. 자연 상태로 있는 생목의 함수율은 수종에 따라서 다르지만 보통 19~30% 정도이며 함수율 30% 이상에서는 목재의 수축, 팽창 및 강도 등에 거의 변화가 생기지 않는다. 일반적으로 목재는 함수율이 증가할수록 압축강도는 떨어지지만 함수율이 30% 이하가 되기 시작하면 목재에 수축균열이 발생하기 시작하고 강도는 증가한다. 일반침엽수의 경우 함수율 19% 이하일 때의 휨강도는 함수율 30% 이상일 때의 2.5배 이상이다. 실험실에서 목재의 함수율을 측정할 때에는 원칙적으로 목재의 절건중량 *Oven-Dry Weight* , 즉 100~105℃ 의 온도에서 완전히 건조된 목재의 불변 중량을 사용하지만 실무적으로는 함수율 측정기 *Moisture Meters* 를 사용하여 측정한다. 목재의 함수율 산정식은 아래와 같다:

$$w = \frac{\text{물의중량}}{\text{목재의절건중량}} \times 100\% = \frac{\text{생목중량} - \text{목재의절건중량}}{\text{목재의절건중량}} \times 100\%$$

(6) 목재 섬유 포화점 *FSP: Fiber Saturation Point*

목재의 섬유 포화점이란 목재가 건조되기 시작할 때 자유수가 모두 증발하고 흡착수만이 최대한도로 존재하고 있는 상태를 말한다. 목재의 물리적 공학적 특성에 큰 영향을 미치는 요소인 목재의 섬유 포화점은 수종에 따라서 다르기는 하지만 일반적으로 함수율이 25~32% 일 때가 목재의 섬유 포화상태가 된다.

(7) 목재 밀도 *D : Density*

모든 수종의 변재 및 심재의 주성분인 섬유소 *Cellulose* 자체의 밀도는 $1.45g/cm^3$ 으로 동일하다. 그러나 목재는 수종에 따라서 목부세포에 포함되어 있는 공극의 총량과 함수량이 다르기 때문에 목재의 밀도는 수종에 따라서 달라진다. 목재의 밀도는 일반적으로 함수율 12%, 즉 대기의 습도가 65% 정도일 때를 기준으로 하여 측정하며 이 때 주요 목재의 밀도와 강도는 표 2-09 및 표 2-10 과 같다. 절건 상태인 목재의 밀도는 $0.3\sim0.8g/cm^3$ 이며 일반적으로 활엽수의 밀도가 침엽수의 밀도보다 크다. 실험실에서 목재의 밀도를 측정하는 산정 식은 다음과 같다:

$$D = \frac{\text{목재의절건중량}}{\text{생목의체적}} \ (g/cm^3)$$

(8) 목재 결점 *Defects*

목재의 미적, 역학적 특성을 손상시키는 결점은 생장과정에서의 질병, 곤충 및 동물의 기생 등에 의하여 자연 발생적으로 생성되지만 벌채, 제재, 건조, 운송, 보관 등의 취급 과정에서 부주의로 발생하는 인위적 결점도 무시할 수는 없다. 목재의 결점은 목재의 미적가치를 손상 시킬 뿐만 아니라 구조적 강도 및 내구성을 떨어뜨려 목재의 이용가치를 약화시킨다. 목재의 결점에 관한 한국산업규격은 *KSF 1551* 이다. 건축공사 현장에서 쓰이는 목재에서 흔히 볼 수 있는 결점에는 옹이 *Knots*, 벌레구멍 *Holes*, 터짐 *Check*, 균열 *Shake*, 찢어짐 *Splits*, 이지러짐 *Wane*, 수액흔적 *Sap Streaks*, 과대목질조직 *Reaction Wood*, 수지주머니 *Pitch Pockets*, 껍질조각매몰 *Bark Pockets*, 뒤틀림 *Warping*, 나뭇결보풀 *Fuzzy Grain*, 나뭇결 찢김 *Torn Grain*, 기계 그슬림 *Machine Burn* 등이 있다(그림 2-05).

다) 목재의 물리적 특성 *Physical Properties*

① *Specific Gravity and Density*
② *Thermal Properties*
③ *Thermal Conductivity*
④ *Specific Heat*
⑤ *Thermal Diffusivity*

⑥ *Coefficient of Thermal Expansion*

⑦ *Electrical Properties*

라) 목재의 역학적 특성 *Mechanical Properties*

① *Modulus of Elasticity*

② *Strength Properties*

③ *Creep Properties*

④ *Damping Capacity*

표 2-09 : 건축공사용 주요 목재의 밀도 (g/cm³)

침 엽 수		활 엽 수	
수 종	밀 도	수 종	밀 도
삼나무 류 (Cedar)	0.32	단풍나무 (Maple)	0.48
소나무 류 (Pine)	0.35	자작나무 류 (Birch)	0.62
전나무 류 (Fir)	0.48	참나무 류 (Oak)	0.68

표 2-10 : 건축공사용 주요 목재의 최대강도 (Mpa*)

목 재 의 종 류		압 축 강 도		인 장 강 도	
		섬유 평행	섬유 직각	섬유 평행	섬유 직각
활엽수 목재	너도밤나무 류	50.3	7.0	86.3	7.0
	느릅나무 류	38.1	4.8	120.7	4.5
	단풍나무 류	54.1	10.1	108.3	7.6
	참나무 류	42.8	5.6	78.0	6.5
침엽수 목재	삼나무 류	41.5	6.4	45.5	2.2
	전나무 류	37.7	4.2	78.0	2.6
	소나무 류	33.1	3.0	73.1	2.2
	가문비나무 류	38.7	4.0	59.4	2.6

*강도 환산: 1 Mpa = 10.19 kgf/cm²

그림 2-05 : 목재의 결점

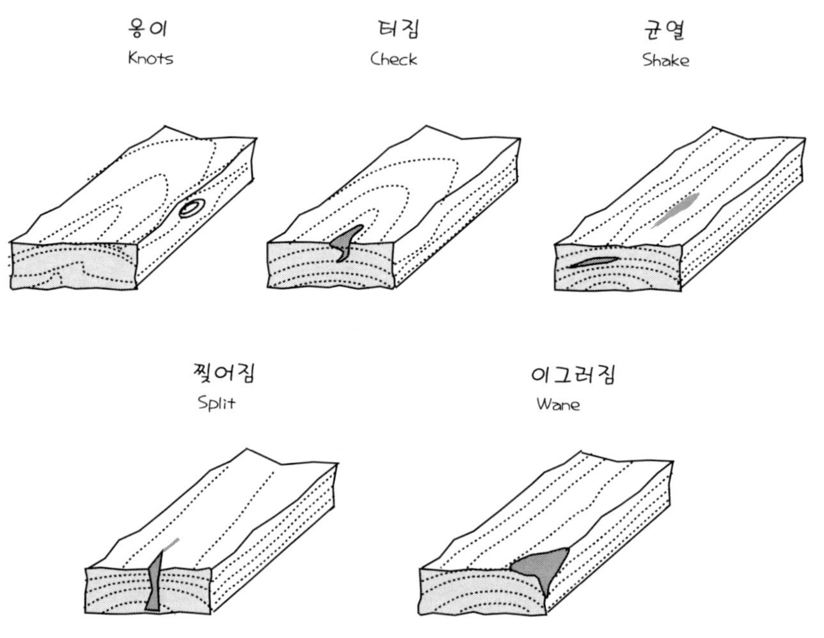

다. 목재의 부패 및 손괴

가) 자연환경에서의 부패 및 손괴

목재는 비, 바람, 열, 자외선, 공기 등의 자연환경 요소에 노출되어 풍화되거나, 균류에 의하여 썩거나, 해충류의 공격으로 손괴되거나, 또는 물리적 작용으로 마모되거나, 화학적 작용으로 변질된다. 특히 자연 상태에 있는 목재가 적정량의 수분, 열 및 공기를 함유할 경우 균류의 번식으로 급속하게 부패된다. 따라서 목재의 부패 억제를 위하여서는 이와 같은 요인을 제거하는 것이 바람직하다. 또한 목재는 목재를 쏠아먹는 벌레 *Feeders* , 세월의 경과에 따른 자연 노화 *Aging* 에 의해서도 손괴된다. 자연환경 속에서 목재를 부패 또는 손괴시키는 주요 원인은 다음과 같다.

(1) 물 *Water* 및 불 *Fire*

자연발화의 산불은 목재를 가장 급속하고 완전하게 파손시키는 대표적인 요인이며 물은 장기간에 걸쳐 지속적으로 목재의 섬유구조를 용해시켜 파괴한다. 그러나 물에 의한 목재의 파괴는 물 자체의 직접적인 파괴보다는 물에 의하여 증식되는 목재-부패균류 *Wood-rot Fungi* 에 의한 피해가 더욱 심각하다. 공기 및 수분은 목재 부패 균류의 생장, 증식에 절대 필요한 요소이다.

(2) 균류 *Fungi*

목재의 섬유소는 곰팡이, 박테리아 *Bacteria* 등 각종 부패균이 성장하는데 필요한 영양소이기 때문에 이 들 미생물이 목재에 생장할 수 있는 환경이 된다면 목재는 급속하게 부패된다. 목재의 부패균이 생장할 수 있는 최적의 환경은 적정량의 산소 공급이 가능하면서 기온이 20~35℃, 대기습도가 95~99% 일 때이다. 지하 상수위면 이하에 박아둔 목재말뚝이 썩지 않는 이유는 지하 깊은 곳에서는 산소가 부족하여 부패균류가 생장할 수 없기 때문이다. 목재의 부패 균류는 목재의 섬유 구조 *Fibrous Structure* 를 파괴, 분해하면서 목재를 부패시킨다. 목재를 부패시키는 균류는 크게 건생-부패균 *Dry-rot Fungus* 과 습생-부패균 *Wet-rot Fungus* 으로 분류할 수 있다. 후자는 항상 습한 환경에서 생장, 증식하면서 목재의 표면을 액상 상태 *Wet Mushy State* 로 부패시키고, 전자는 건조한 상태에서 생장하면서 목재의 표면을 분말형태로 부패시켜 목제 제품의 외관 등을 심각하게 손상 시킨다.

(3) 곤충 *Insects*

자연환경 속에서 흔히 볼 수 있는 목재의 해충에는 목재를 쏠거나 목재에 구멍을 뚫어 목재의 기능을 상실케 하는 하늘소 유충, 나무 좀벌레류 *Borers* , 흰개미 *Termites* , 목수개미 *Carpenter Ants* , 딱정벌레 *Ambrossia Beetles* 또는 *Powderpost Beetles* 등이 있다.

나) 인위적 환경에서의 부패 및 손괴

인위적 환경에서 목재를 손괴시키는 대표적인 원인은 인간의 부주의로 인한 화재이다. 또한 잘못된 설계 및 부실시공에 의한 부적절한 환경은 목재의 부패를 촉진시키는 빌미가 된다. 인간과 더불어 살면서 건축물에 사용된 목재를 쏠아내는 쥐, 구멍을 파내고 둥지를 틀거나 배설물로 목재를 오염시키는 새 등 작은 동물의 침입에 의한 손상도 무시할 수는 없다. 실제로 대부분의 목조 문화재의 처마부분에는 철망을 설치하여 새의 접근을 막고 있으며 쥐의 침입을 방지하기 위한 조치도 취하고 있다. 인위적인 환경에서 목재를 부패 또는 손괴시키는 주요원인은 다음과 같다.

(1) 작은 동물 *Small Animals*

목조 건축물의 바닥, 벽, 천정, 지붕 등에 둥지를 틀거나 통행로를 만들기 위하여 구멍을 뚫어 목재를 손상시키는 작은 동물에는 새 *Birds*, 쥐 *Rats*, 생쥐 *Mice*, 다람쥐 *Squirrels*, 미국너구리 *Raccoons* 등이 있다.

(2) 가축 *Domestic Animals*

개, 고양이, 큰 쥐 *Hamsters* 등의 가축들이 본능에 의하여 지나다니는 길목에 있는 목재는 손상을 피할 수 없다.

(3) 불량 설계 및 시공

설계의 잘못이나 시공 상의 부주의에 의하여 발생하는 부적절한 인위적 환경으로 인한 목재의 부패 및 손상 사례는 다음과 같다:

① 배수관, 냉난방 배관 등의 파열에 의한 누수
② 처마홈통에서의 빗물의 넘침
③ 여름철 수도관 표면의 결로
④ 난방용 배관의 과열
⑤ 모세관현상에 의한 실내의 습도 상승
⑥ 물흘림 *Flashings* 의 파괴로 인한 누수
⑦ 기름, 페인트 *Paints* 등의 흘림

라. 목재용도

지구상에서 생산되는 목재의 약 반 정도는 건설공사용 목재로 활용되고 나머지는 일반산업용으로 활용된다. 건축공사용 목재는 크게 구조용 및 비구조용으로 분류할 수 있다. 구조 공사용 목재 *Structural Lumber* 는 주로 건축물의 골조공사에 쓰이고 비구조용 목재, 즉 수장 공사용 목재 *Appearance Lumber* 는 창호, 실내 장식 및 가구 등의 치장공사에 쓰인다. 오늘날에는 접착제 및 접착기술의 발달로 인하여 공장에서 생산하는 인공목재의 활용이 점증하고 있다. 집성목재 및 합성판재 등의 인공목재는 내화성, 내구성 및 강도가 자연목재 보다 훨씬 우수하여 여러 규격으로의 생산이 가능하다. 목재의 용도 및 상세는 다음과 같다.

가) 구조공사용 목재 *Structural Lumber*

노출되지 않는 목구조 공사 *Rough Carpentry* 용도의 원통형 목재 *Round Stock*, 각재 및 판재 *Board* 는 외부에 노출되지 않는 연약지반 기초공사의 말뚝, 흙막이 공사의 흙막이 벽, 콘크리트공사용 거푸집, 철도침목, 조경 식재 지주목, 해양구조물의 가새 *Bracing*, 구조용 속 널 *Sheathing*, 기둥, 샛기둥 *Stud*, 보, 장선 *Joist*, 각종 도리 *Sill & Top Plate*, 인방 *Lintel*, 바닥판 *Decking*, 서까래 *Rafter*, 천정 *Ceiling*, 건식 벽 *Drywall* 등의 공사에 쓰인다. 미국, 캐나다 등 북미 지역에서 일반 목조건축물의 골조용 목재 *Framing Lumber* 로 생산되는 목재의 표준길이는 3~7.2m 이다. 목재의 길이는 일반적으로 0.6m 단위로 증감되지만 주문생산에 의하여 특별 규격의 목재 생산도 가능하다. 목조 건축물에 사용되는 샛기둥 *Studs* 용 목재는 2.4m 길이로, 보 *Beams* 는 두께 127mm 이상, 폭 200mm 이상으로, 기둥 *Posts* 은 한 변이 127mm 이상인 정방형 각재로 각각 생산된다.

나) 수장 공사용 목재 *Appearance Lumber*

건축물의 지붕, 벽, 바닥 등의 마감공사 *Finish Carpentry* 에 쓰이는 판재 및 각재의 표면은 사람의 시각에 노출되므로 구조적 특징보다는 미적요소가 중요시된다. 건축공사의 수장 공사는 건축물의 내부 수장 공사와 외부 수장 공사로 구분된다. 수상 공사에서 보편적으로 활용되고 있는 수입목재인 적삼나무 *Western Red Cedar* 는 외관이 아름답고 습기, 부식, 충해 등에 강하여 원목의 특성을 그대로 살려 사용할 수 있는 고급목재중의 하나이다. 적삼목은 별도의 방부처리를 하지 않아도 적절한 관리를 한다면 그 수명을 약 50년 이상까지 유지할 수 있다.

(1) 외부 공사용

건축물의 외부 치장공사에 쓰이는 목재는 주로 벽판 및 치장 재 *Siding & Trim*, 현관마감 *Porch Finish*, 수평홈통 *Gutter*, 처마 *Eave*, 처마옆널 *Fascia*, 외부 창호 틀 장식 *Molding around Exterior Window & Door* 등의 공사에 활용된다.

(2) 내부 공사용

건축물의 내부 치장공사에 쓰이는 목재는 주로 걸레받이 및 돌림띠 *Baseboards & Running Trims*, 카운터 상판 上板, *Countertops*, 방열기 및 장식용 휘장 덮개 *Convector Cabinets & Drapery Valances*, 목재 벽판 *Wood Paneling* 및 칸마이 *Partitions*, 내부 창호 틀 및 계단 장식 *Moldings around Interior Window, Door & Stair*, 조립식 목재 *Prefabricated Wood Items* 등에 활용된다.

다) 목재관련 제품 생산용 목재 *Industrial Lumber*

지구상에서 생산되고 있는 목재의 약 50% 가 소비되고 있는 산업용 목재는 펄프 및 종이의 원료, 집성목재 및 합성판재 등의 인공목재의 원료, 각종 가구 및 치장재의 원료, 광산의 갱목, 가축의 깔 짚 *Animal Bedding* , 농지 개간 *Soil Reclamation* 의 원료, 전력생산의 연료, 혼합비료 *Compost* 의 원료 등으로 쓰인다.

(1) 가구 및 목 공예품 제작용 목재 *Shop Lumber*

목 공예품 및 가구 등의 건축 실내장식용 목재공사 *Architectural Wood Works* 용도로 쓰이는 각재 및 판재는 실용성 및 미적가치, 위엄성 등을 나타낼 수 있는 특성이 있어야 한다. 가구, 목공예품 등의 제작 및 설치를 위한 실내 목재공사는 건축주의 안목, 경제력, 공예기술 및 재료의 품질 등에 따라서 경제적 *Economy* , 맞춤 *Custom* 및 고급 *Premium* 등으로 등급 *Class* 을 정하고 있다. 실내 목재공사의 등급에 따른 특성 및 용도는 다음과 같다.

(가) 실내 목재공사의 용도

[1] 주거 및 업무용 건축물의 실내장식용 집물 *什物*

캐비넷 *Cabinets* , 카운터 *Counters* , 선반부재 *Shelving Units* , 칸막이 *Partitions* , 계단 및 난간 *Stairs & Railings* , 장식난간 및 난간기둥 *Ornamental Balustrades* 등

[2] 교회, 성당 등의 예배의식 및 장식용 집물

신도 석 *Church Pews* , 고해 실 *Confessionals* , 파이프 오르간 실 *Organ Lofts* , 본당 칸막이 *Screens* , 성찬 대 *Altars* 등

[3] 일반법정 및 소매상점의 의식 및 장식용 집물

법정의 긴 의자 *Courtroom Benches* , 탁자 *Tables* , 칸-막이 난간 *Railings* , 피고석 *Bars* , 증인석 *Witness Boxes* 및 소매상점 등에서 필요로 하는 각종 내부 시설물 *Retail Store Fitments* 등

(나) 실내장식용 목재공사의 등급

[1] 일반 등급 *Economy Class*

일반 등급은 미적 가치보다는 기능의 효율성을 우선시하는 목재공사로서 저장소 *Storage*

Areas, 창고 *Warehouses*, 기계공작실 *Machine Shops*, 시골 오두막 *Country Cabins* 등에서의 공사가 이러한 범주에 속한다. 경제적 등급의 목재공사에서는 미적가치는 거의 고려하지 않는 편이므로 미적 특성보다는 주로 구조적 특성이 우수하면서도 가격이 저렴한 목재를 사용한다.

[2] 맞춤 등급 *Custom Class*

맞춤 등급의 목재공사에서는 여전히 기능의 효율성이 우선시 되지만 경우에 따라서는 미적가치도 상당히 고려한다. 이 등급에 속하는 목재공사에는 상점 *Stores*, 학교 *Schools*, 식당이 있는 고급여관 *Ordinary Homes*, 공동주택 *Apartment Buildings* 등이 있으며 이와 같은 공사에서는 중급품질의 목재를 사용한다.

[3] 고급 등급 *Premium Class*

고급 등급의 목재공사는 최상급의 미적가치와 사용의 편의성을 추구하는 공사이므로 최상급 품질의 목재를 사용한다. 이 등급의 공사범주에는 고급주택, 성공한 법률가 사무실, 개인의원 *Medical Offices*, 칵테일 바 *Cocktail Bars*, 특급호텔 로비 *Lobby* 의 숙박등록 데스크 *Registration Desks*, 고급 상가 *Shopping Malls* 의 상품정보실 *Information Booths*, 법정의 의자 및 증인석 등의 목재공사가 속한다.

(2) 구조부재 및 판재 *Factory Lumber*

활용빈도가 점증하고 있는 대형 건축물의 골조용 각재 및 각종 치장용 판재를 생산하는데 쓰이는 목재이다. 공장에서 인공적으로 생산되는 대표적인 가공목재에는 집성목재 *Glulam*, 판재 *Panel* 및 조립 목구조 부재 등이 있다.

2) 목재 생산

가. 제재 목재의 생산과정

벌채된 수목의 줄기를 소요 길이로 절단한 다음 겉껍질을 벗기고 필요한 형태로 마름질, 제재 *Sawing*, 건조 *Seasoning* 시키는 과정으로 목재를 생산한다. 이어서 거친 표면을 대패질 *Surfacing* 또는 *Planing* 하고 품질의 등급 *Grading* 을 결정한 후 소비자에게 판매한다. 선택적 사항이기는 하지만 건설공사용 목재의 대부분은 방부처리 및 병충해 방지처리 *Treating with Preservatives* 하여 사용한다. 방부제는 일반적으로 수목의 구조적 특성상 변재부분에 쉽게 스며든다. 목재의 등급결정은 나라마다 기준의 차이는 있으나 대체로 목재의 강도, 내구성 및 시공성 등에 영향을 줄 수 있는 옹이 *Knots* , 나뭇결 *Grain* , 찢어짐 *Splits* , 벌레구멍 *Holes* 등과 같은 목재의 결점의 정도가 등급판정의 기준이 된다. 제재목재를 생산하는 개략적인 과정은 그림 2-06 과 같고, 통나무 제재용 각종 톱의 정의는 다음과 같다:

Head Saw A large circular saw used to make the first cut in a log before it is sent to other saws for further processing.

Circular Saw A circular steel blade fitted with cutting teeth and mounted on an arbor.

Band Saw An endless ribbon, toothed on one or both edges, held in tension on two pulley wheels, and powered by one or both of them.

나. 마름질 방법

통나무 제재를 위한 보편적인 마름질 방법에는 임의 *Plain* 또는 *Slash* , 4-등분 *Quarter* , 복합 *Combination* 마름질법 등이 있다(그림 2-07). 마름질 치수를 결정할 때는 톱질 및 대패질에 의한 목재의 손실을 감안하여 여유 있게 하여야한다. 임의 마름질 법은 통나무 단면을 무작위의 한 방향으로 평행되게 마름질하여 두껍고 폭이 큰 무늬 결 판재와 곧은결 판재를 가장 신속하고 경제적으로 제재할 수 있는 방법이다. 4-등분 마름질 법은 곧은결 판재를 최대한 제재할 수 있는 방법이며 복합 마름질 법은 다양한 무늬와 나무 결이 있는 각재와 판재를 다양하게 제재할 수 있는 방법이다.

다. 제재방법 및 요령

벌목된 통나무는 제일 먼저 대형 원형 톱 *Head Saws* 을 사용하여 소정의 길이에 맞춰 횡 방향으로 절단한 다음 껍질을 벗긴다. 절단된 통나무를 용도에 맞도록 마름질한 다음 규모가 조금 작은 원형 톱 *Circular Saws* , 띠톱 *Band Saws* 또는 틀톱 *Frame Saws* 등을 이용하여 각재 및 판재로 제재한다. 통나무를 건설공사용 각재 또는 판재로 제재할 때의 취재 율은 일반적으로 침엽수가 60~70%, 활엽수가 50~60% 정도이며 목재 제재시의 손실을 최소화하기 위하여 톱날의 두께를 줄이는 경향이다. 목재를 제재할 때 사용되고 있는 단위는 두께 및 폭은 cm , 길이는 m , 재적 載積 은 m^3 로 하며 제재치수에 관한 내용은 KSF 1519 에 규정되어 있다. 판재의 특성은 통나무 나이테의 접선과 톱날이 이루는 각도에 따라서 결정된다. 목재를 제재하는 가장 보편적인 방법은 그림 2-08 과 같다.

그림 2-06 : 목재 생산공정 Sawmill Process

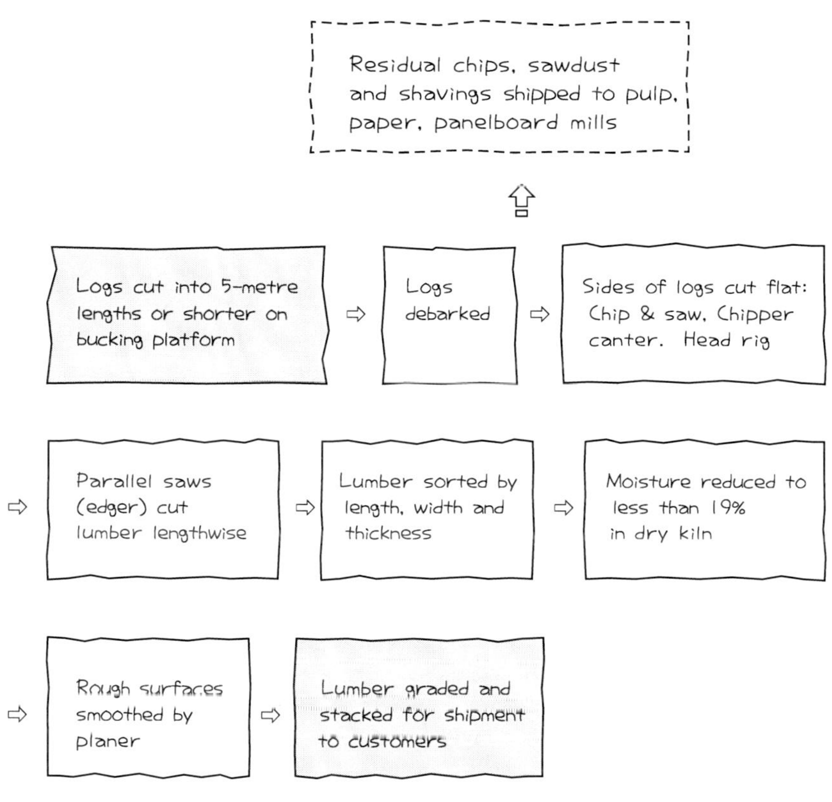

그림 2-07 : 목재 마름질 형태

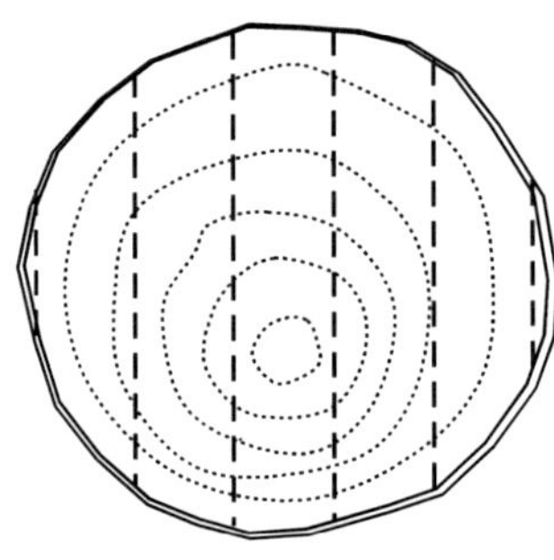
Plain 또는 Slash

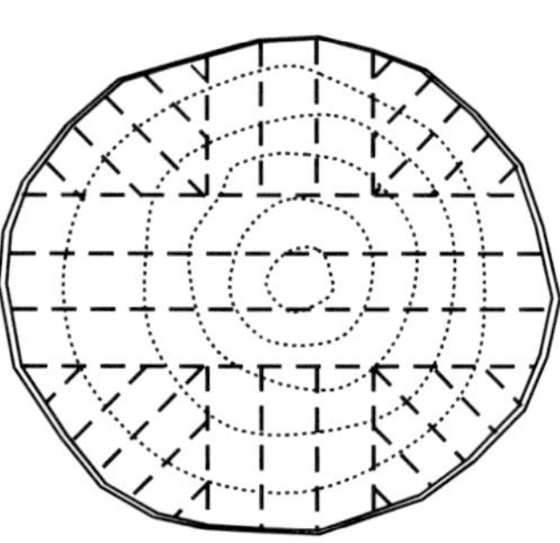
Quarter

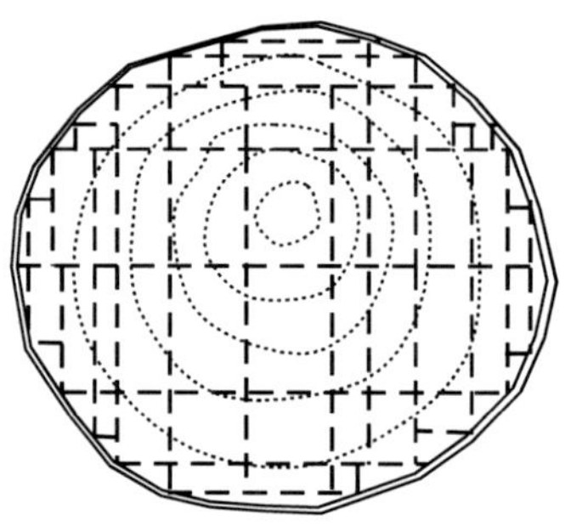
Combination

그림 2-08 : 목재 제재방법

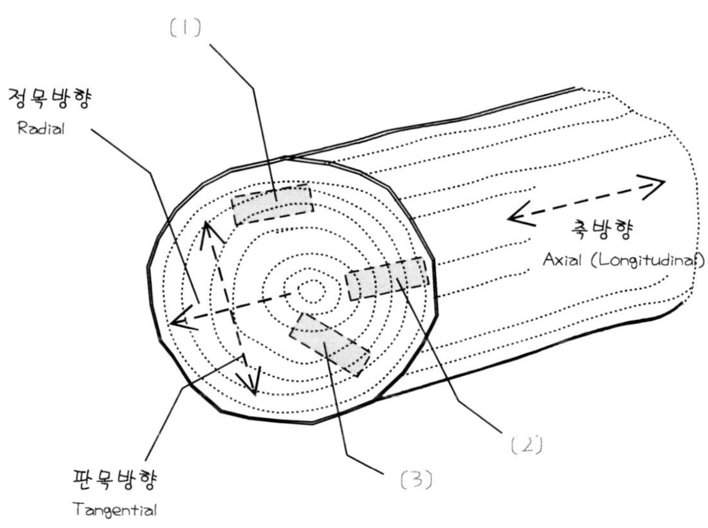

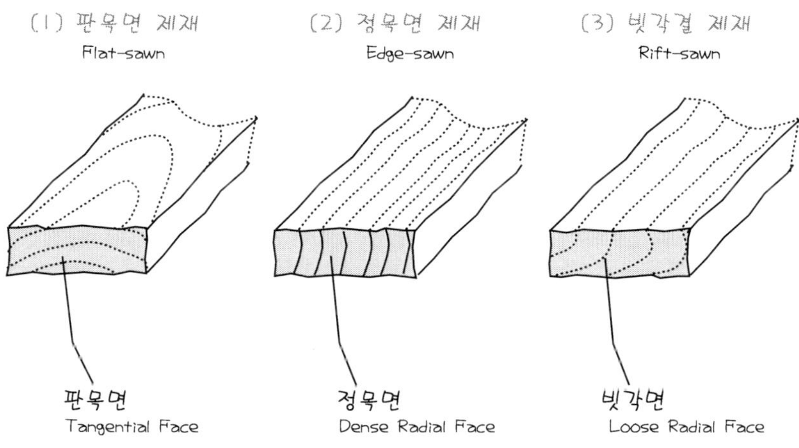

가) 제재 방법 *Cutting Techniques*

(1) 곧은결 제재 *Edge-sawn* 또는 *Vertical-sawn*

나이테의 접선과 톱날이 이루는 각도가 80~90°가 되도록 제재하는 가장 이상적인 목재 제재방법이다. 곧은결 또는 정목 *柾目* 제재에 의한 제재목은 탄성에 의한 틀어짐, 휘어짐, 갈라짐 등의 건조수축 변형이 적고 단단하여 일반적으로 구조용 목재, 가구용 목재 등으로 사용된다. 특히 곧은결의 간격이 치밀한 목재는 고급가구 또는 수장용 목재로 쓰인다.

(2) 빗각결 제재 *Rift-sawn*

나이테의 접선과 톱날이 이루는 각도가 빗각, 즉 45~80° 가 되도록 제재하는 방법이다. 빗각결 또는 사각목 *斜角目* 제재에 의한 목재는 곧은결 목재보다 결의 간격이 큰 특성이 있으며 일반적으로 곧은결 제재목과 널결 제재목의 중간 형태이다. 빗각결 제재의 의미는 다음과 같다:

Rift-sawn 또는 *Quartersawn Lumber sawn so that the annual rings form angles from 45°to 80°with the surface of the piece.*

(3) 널결 제재 *Flat-sawn*

나이테의 접선과 톱날이 이루는 각도가 45° 이하가 되도록 제재하는 방법이다. 나이테의 방향을 실질적으로 무시하고 잘라내기 때문에 목재의 취재 율이 다른 어떤 방법보다 높아 60~70% 정도에 달한다. 널결 또는 판목 *板目* 제재에 의한 판재는 일반적으로 나뭇결이 표면에 노출되어 아름답기 때문에 주로 수장용 목재로 사용된다. 그러나 널결 제재에 의한 목재는 나이테에 따라서 성장률과 강도가 다른 수목의 특성 때문에 습도변화에 따라서 갈라지거나 뒤틀어지는 등변형의 우려가 크므로 습기에 노출되지 않도록 주의하여야 한다. 실제로 목재의 나이테 접선방향의 건조 수축률은 접선과 직각방향의 건조수축률의 2배 정도이다.

나) 제재 요령

벌목된 통나무를 건축공사용 목재로 활용하기 위한 제재요령은 취재율의 최대화, 목재의 용도에 맞게 나뭇결 및 무늬 고려, 건조수축 변형 및 톱질, 대패질 등을 고려하여 여유 있게 제재하기 등이다. 건축공사에서 내부 수장 공사용으로 쓰이는 가문비나무의 최대 취재 *Typical Yield of a Spruce Tree* 실례는 그림 2-09 와 같다.

그림 2-09 : 가문비나무의 최대 취재형태

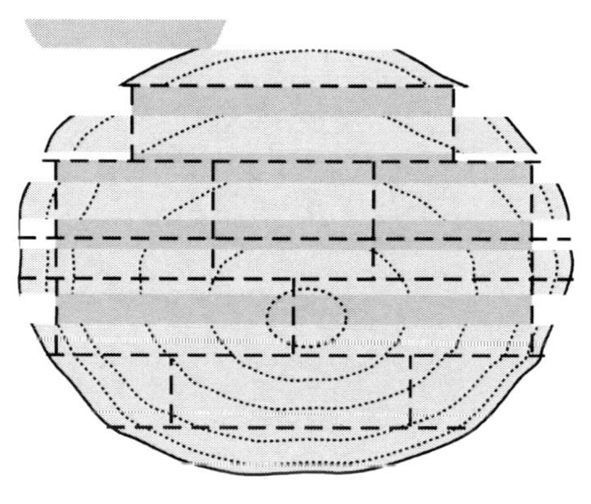

취재 수량:

1 - 2"× 8", 길이 16ft.

3 - 2"× 4", 길이 16ft.

3 - 1"× 4", 길이 16ft.

2 - 2"× 6", 길이 16ft.

1 - 2"× 6", 길이 16ft.

주: 통나무 직경(D) = 12in. (≒30cm)　　통나무 길이 = 50ft. (≒15m)
취재면적 총계 = 88sq.in.　　통나무 횡단면적 = 113sq.in.
취재율 = 78%

라. 제재 목재의 분류 및 치수

가) 제재 목재 분류

제재 목재 *Cut Wood* 또는 *Sawn Lumber* 는 목재치수의 크기 및 나뭇결, 색조, 향기 등의 미적요소에 따라서 크게 구조공사용 목재, 수장 공사용 목재 및 인공목재 생산을 위한 가공용 목재 등으로 분류할 수 있다. 구조용 목재는 주로 건축물의 골조에 쓰이는 목재 *Framing Lumber* 이고 수장 공사, 즉 비구조용 목재는 건축물 내외의 치장에 쓰이는 목재 *Appearance Lumber* 이다. 건축물 구조공사용 목재의 공칭치수는 표 2-11 과 같고, 목재의 분류 상세는 그림 2-10 과 같다. 목재분류에 관련된 용어의 정의는 다음과 같다:

표 2-11 : 건축물 구조공사용 목재의 공칭 치수

목 재	구 조 재	기준 치수(in.)		목재의 공칭 치수(in.)
		두께	폭	
Dimension Lumber	Joists, Rafters, Studs, Truss	2~4	2 이상	2×2, 2×4, 4×4, 4×12, 4×16
Decking	Floor, Roof, Solid Wall	2~4	4~12	2×4, 2×8, 4×8
Timbers	Beams, Headers	5 이상	(2+두께)이상	6×10, 6×12, 8×12
	Columns, Posts	5 이상	(2+두께)이하	6×6, 6×8, 8×8

그림 2-10 : 제재 목재의 분류

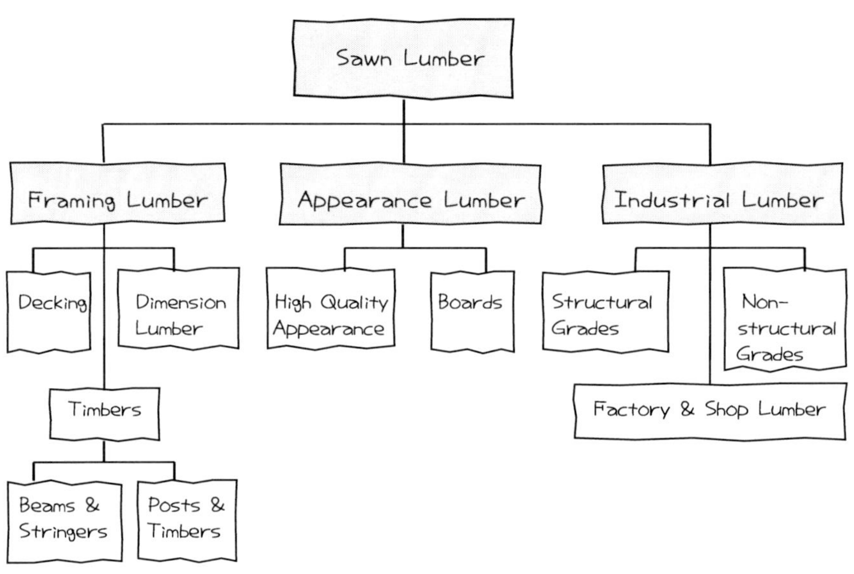

Dimension Lumber 또는 Dimension Stuff Dried, Planed, graded Lumber in a variety of sizes that is cut from 2" to less than 5" thick, and 2" or more wide, used for construction.

Dimension Shingles Shingles cut to a uniform size, usually 5" or 6" wide, and used for special architectural effects.

Lumber Timbers that have been split or processed into boards, beams, planks, or other stock that is to be used in construction and is generally smaller than heavy timber.

Yard Lumber General building construction lumber graded according to its size, length, and intended use, stockpiled in a lumber yard.

Shop Lumber Lumber graded, in a shop or factory, according to the number of pieces, of designed size and quality, into which it may be cut.

Timber ① Uncut trees or logs suitable for cutting into lumber. ② Wood sawn into balks and planks, suitable for use in carpentry or construction. ③ Square-sawn lumber having a minimum nominal dimension of 5" in U.S., or approximately equal cross dimension greater than 4" x 4-1/2" in Britain. ④ Any heavy wood beam used for shoring or bracing.

Heavy Timber ① A type of construction requiring noncombustible exterior walls with a minimal fire-resistance rating of two hours, solid or laminated interior members, and heavy plank or laminated wood floors and roofs. Also called mill construction. ② Rough or surface pieces with a least dimension of 5".

Structural Timber Structural lumber with a nominal dimension of 5" or more on each side, used mainly as posts or columns.

Structural Lumber Any lumber with nominal dimensions of 2"or more in thickness and 4"or more in width and which is intended for use where working stresses are required. The working stress is based on the strength of the piece and the use for which it is intended, such as beams, stringers, joists, planks, posts, and girders.

Decking ① Light-gauge, corrugated metal sheets used in constructing roofs or floors. ② Heavy planking used on roofs or floors. ③ Another name for slab forms that are left in place to save stripping costs.

Board Lumber ranging from 4" to 12" wide and less than 2" thick.

나) 목재 치수

제재 목재의 치수는 제재 과정에 따라서 마름질 치수, 제재 정 치수 *Nominal Sizes*, 마무리 치수 *Dressed Sizes* 또는 *Net Sizes* 등으로 분류된다. 마름질 치수는 목재를 재단하기 위하여 원목 단면에 그려놓은 먹줄의 치수이고, 제재 정 치수는 먹줄 치수에 따라서 톱으로 거칠게 재단한 후의 목재 치수이다. 끝으로 마무리 치수는 거칠게 제재된 목재의 표면을 대패 등으로 매끄럽게 밀어 깎아 낸 목재의 최종 치수이다. 상업상의 거래 단위로는 제재 정 치수가 쓰이고 설계용의 단위로는 마무리 치수가 사용된다. 목재의 마무리 치수를 실제 치수 *Actual Dimension* 또는 *Smooth Surface Dimension*, 라고도하며 제재 정 치수를 호칭 치수 또는 공칭 치수 *Nominal Dimension* 또는 *Rough-sawn Dimension* 라고도 한다(사진 2-27). 마름질 치수와 공칭 치수의 차이는 톱날 두께의 차이로 거의 비슷하지만 공칭 치수와 실제 치수의 차이는 목재의 한 면당 5~10mm 의 차이가 나므로 설계 및 시공 시 주의를 요한다. 현재 우리나라에서 통용되고 있는 국내 생산 목재 및 수입 목재의 치수는 표 2-12 및 표 2-13 과 같다.

다) 목재 거래단위

건설 공사용 자재로 쓰이는 목재를 거래할 때는 영국, 미국, 캐나다 등 영국과 관련이 있 는 국가에서는 보드 푸트 *Board Foot : BF, bd. ft.* 또는 보드 피트 *Board Feet* 를, 이들 국가이외 대부분의 국가에서는 국제적으로 통용되는 미터법인 세제곱미터 *Cubic metre : m^3* 를 사용 한다. 일본국에서는 시장에서 목재를 거래할 때 재래식 단위인 '사이 才: さい'를 사용하지만 우리나라에서도 지난날의 도량형법인 척관법 尺貫法 의 관습 때문에 일부계층에서는 아직도

'사이' 단위를 사용하고 있다. 목재의 시장 거래단위의 상세는 다음과 같다:

① 1세제곱미터 m^3 = 1m × 1m × 1m
② 1사이 才 = 1치 寸 × 1치 寸 × 12자 尺
③ 1000보드 피트 BF = 1000×(1″×1″×12′) = 1000×(1′×1′×1″)

사진 2-27 : 목재의 공칭치수 및 실제치수

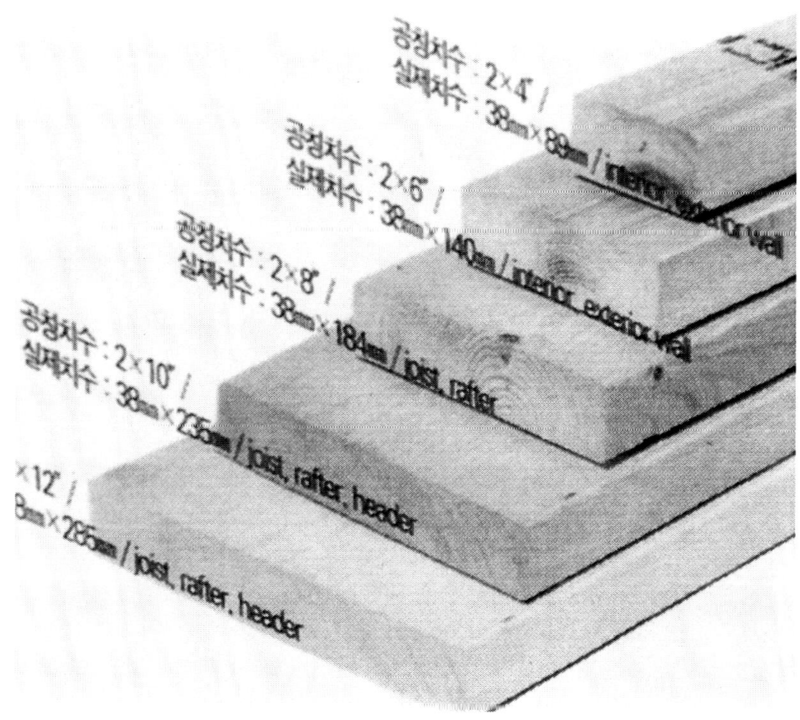

표 2-12 : 국내 생산 목재의 치수

제재목 의 종류		공칭치수	
		두께	폭
판 재	후판재	30~75 mm 미만	두께의 4 배 이상
	보통판재	30 mm 미만	120 mm 이상
	소폭판재	30 mm 미만	두께의 4 배 이상 또는 120 mm 미만
보통각재	정각재 (정방형)	75 mm 이상	두께의 4 배 미만 또는 75 mm 이상
	평각재 (장방형)		
소 각 재	정소각재	75 mm 미만	두께의 4 배 미만 또는 75 mm 미만
	평소각재		

표 2-13 : 내, 외부 마감 및 구조용 수입 목재의 치수

공칭치수 (inch)	실 제 치 수		공칭치수 (inch)	실 제 치 수	
	가로×세로(mm)	길 이		가로×세로(mm)	길 이
1 × 4	19 × 89	12, 14 & 16 ft.	2 × 4	38 × 89	8~20 ft. @+2 ft.
1 × 6	19 × 140		2 × 6	38 × 140	
1 × 8	19 × 184		2 × 8	38 × 184	
1 × 10	19 × 235		2 × 10	38 × 235	
1 × 12	19 × 285		2 × 12	38 × 285	

마. 목재 건조 *Seasoning*

생목 *生木, Green Lumber* 은 일반적으로 완전 건조 목재 중량의 30~200% 에 해당하는 수분을 함유하고 있으므로 건축공사용 목재로 활용하기 위하여서는 포화상태인 생목의 함수량

이 대기 중의 습도 수준, 즉 기건 함수율에 도달하도록 건조시켜야 한다. 건축공사에서 사용되는 구조용 목재의 함수율은 지역의 대기습도에 따라서 달라지지만 7~14% 정도가 적합하다. 일반적으로 침엽수 *Softwoods* 는 활엽수 *Hardwoods* 보다 빨리 건조되며 대부분의 수분을 함유하고 있는 변재는 심재보다 훨씬 더 빨리 건조된다. 목재를 자연 상태에서 건조 시킬 경우 많은 시간이 필요하고 오랜 시간동안의 건조 과정에서 건조수축에 의한 결함이 발생할 우려가 크므로 목재는 인공적으로 건조시키는 것이 바람직하다. 목재를 건조시키는 목적과 방법은 다음과 같다.

가) 건조 목적

① 해충피해 억제; 좀 벌레, 흰개미, 곤충 등
② 부패 및 변질에 대한 내성 증가; 곰팡이, 박테리아
③ 공사후의 건조수축 및 균열 억제
④ 방부처리 및 도장 효과 증대
⑤ 구조적 특성 향상; 강도 및 내구성 증가
⑥ 중량감소; 운반 및 가공, 조립용이
⑦ 못, 나사, 접착제 등의 접착성능 향상
⑧ 전기, 열 등의 절연성능 개선

나) 건조 방법

(1) 자연 건조법 *Air Drying*

목재 건조 시 통상적으로 활용되는 자연 건조법에는 공기 건조법과 침지법이 있다. 자연 상태의 대기 중에 목재를 쌓아 놓고 건조시키는 공기 건조법은 비용은 저렴하지만 건조에 많은 시간을 필요로 한다. 그러므로 목재의 자연건조 시간을 단축하기 위하여 인위적으로 온풍 또는 냉풍을 불어 넣거나 진동 또는 원심력 장치를 이용하는 경우도 있다. 목재의 공기 건조에 소요되는 기간은 지역의 기후에 따라서 다르지만 온대지방에서의 건조에는 대체로 3~4 개월 정도 소요된다. 공기 건조는 여름철 뜨거운 햇볕을 피해 겨울철에 실시하는 것이 바람직하다. 공기 건조는 생목의 함수량이 대기 중의 습도수준에 도달하면 건조가 종료된 것으로 간주한다. 그러나 자연 건조법만으로는 건축자재로서 필요로 하는 목재의 최적함수율에 도달할 수 없기 때문에 자연건조 후 다시 인공건조 시키는 것이 일반적이다

(2) 인공 건조법 *Kiln Drying*

목재의 인공 건조법에는 자비건조법, 열기건조법, 증기건조법, 훈연건조법, 전기건조법, 진공건조법, 약품건조법, 고주파건조법 등이 있으나 가장 보편적으로 쓰이는 건조법은 열기건

조법이다. 인공 건조법으로 목재를 건조할 경우 대체로 4~10일 정도가 소요되며 이 때 목재의 함수율은 50% 정도에서 19% 정도로 감소된다. 그러나 목 공예품, 가구, 구조용 보 등의 용도로 사용될 특수 목재는 함수율이 6% 에 도달 할 때까지 건조시키는 경우도 있다. 열기 건조법으로 목재를 건조시킬 때에는 일반적으로 커다란 건조로 乾燥爐, Kiln 또는 건조실을 활용한다. 건조로를 가열 시킬 때는 일반적으로 천연가스 또는 제재 후의 폐목재 등을 사용한다. 건조로 또는 건조실에서 목재를 건조시킬 경우에는 20~50℃ 의 더운 공기를 불어 넣으면서 환풍 시켜 적절한 습도와 환기가 유지 되도록 하여 목재의 수분이 급속히 증발되지 않도록 하여야 한다. 인공 건조 시 목재를 지나치게 빨리 건조시킬 경우에는 목재가 휘거나 터질 우려가 있으므로 적절한 건조속도의 유지가 필요하다. 인공 건조된 목재는 대기 중에 노출될 경우 대기의 습기를 흡수하여 함수율이 다시 증가될 수 있으므로 건조된 목재의 저장 및 운반 도중에 수분 흡수 방지를 위한 적절한 보호조치가 필요하다. 건조로는 일반적으로 설치비용관계로 소형을 선호하는 경향이 있으므로 규격이 큰 목재를 인공 건조하여야 하는 경우에는 비용이 많이 필요하다. 따라서 규격이 큰 목재의 경우에는 자연건조법으로 건조하는 것이 경제적인 측면에서 바람직하다.

바. 목재 방부처리 *Treatment with Preservative*

가) 방부 목재의 필요성

건설공사에서 습기 찬 흙, 콘크리트 및 금속재와 밀착되는 부분, 강한 햇볕, 해로운 날씨, 부적절한 통풍 등에 노출되는 부분, 고열과 습기가 지속되는 부분, 주기적인 침수, 동결 및 융해가 되는 부분, 소금물에 노출되는 부분 등에 일반 목재를 사용한다면 곧 부패하거나 해충의 침해를 받아 파손되어 목재로서의 구조적, 미적 기능을 상실하게 된다. 따라서 이와 같은 특정 장소에는 수분에 의한 부식, 흰개미 등의 해충 및 각종 버섯곰팡이균 등에 의한 피해에 저항할 수 있는 방부 처리된 목재를 사용하여야 한다. 목재의 방부처리는 일반적으로 방부 및 내화성능이 강한 화학약제를 가압상태에서 목재에 주입하여 완성한다. 방부목재는 외부의 습기에 노출되어도 부식에 대한 저항성이 크므로 반영구적으로 오랫동안 목재의 특성을 유지할 수 있다.

나) 방부 목재의 수명

핀란드, 캐나다, 뉴질랜드, 미국 등 여러 나라에서 수입되고 있는 방부목재는 사실상의 영구 건축자재로 분류되고 있다. 일반 방부 목재는 수명이 보통 25~30년에 달하며 사후관리를 철저히 할 경우 그 수명은 거의 영구적으로 지속되는 것으로 간주된다. 특히 미국의 연방주택관리국 *FHA: Federal Housing Administration* 이 품질을 보증하는 방부목재는 덧칠 등의 보수관리를 철저히 할 경우 대부분의 용도에서 그 수명이 반영구적인 것으로 판명되고 있다.

다) 방부 목재의 치수 및 용도

(1) 방부 목재 치수

현재 전원주택공사 및 일반 건축물공사 등에서 활용되고 있는 수입산 방부목재는 북미산 솔송 *Hemfir* 또는 *Hemlock* 및 적송 *Red Pine* 을 방부처리 것이며 그 치수는 표 2-14 와 같다.

표 2-14 : 방부처리 수입 목재의 치수

공칭치수 (inch)	실 제 치 수		공칭치수 (inch)	실 제 치 수	
	가로×세로(mm)	길 이		가로×세로(mm)	길 이
2 × 2	40 × 40	10~16 ft.	2 × 12	40 × 292	10~16 ft.
2 × 4	40 × 90		4 × 4	90 × 90	
2 × 6	40 × 144		4 × 6	90 × 144	
2 × 8	40 × 191		6 × 6	144 × 144	
2 × 10	40 × 241		5 / 4 × 6	28 × 144	

(2) 방부 목재의 용도

방부 처리된 목재는 농업, 광산업, 철도공사, 조선 산업, 건설 산업 등 다양한 산업분야에서 광범위하게 사용되고 있다. 그러나 건축공사에서 외부에 노출되는 부분에 사용되는 방부목재는 미적외관, 인간과의 지속적 또는 간헐적으로 밀접한 접촉에 따르는 유해성 여부 등을 고려하여 선정하여야 한다. 또한 방부 목재는 일반적으로 맑은 청록색 *Pale Green* 또는 짙은 갈색 *Dark Brown* 을 띄고 있으므로 미적인 관점에서 볼 때 인접한 치장재의 도장에 영향을 줄 수도 있다. 현재 건축공사 현장에서 방부목재를 사용하여야 하는 부분의 상세는 다음과 같다:

① 기초 및 토대도리 *Sill Plate* ② 지하옹벽 *Below-Grade Basement Walls*
③ 콘크리트 거푸집 ④ 외부난간, 계단, 바닥판 *Decking*
⑤ 지붕공사의 삼각막대 *Cant Strips* 및 테두리 막음 막대 *Edge Blocking*
⑥ 외부 목재 벽판 *Wood Siding* ⑦ 목재 문턱 *Wood Thresholds*
⑧ 천정 틀 뼈대 *Strapping & Furring*
⑨ 창호 *Doors & Windows* 의 속 틀 *Rough Bucks*
⑩ 조경공사 *Landscaping Projects* 용 담장 *Fences*, 경계표지용널판 *Border Boards*, 계단 및 버팀벽 *Steps and Retainers* 등

라) 방부제의 종류 및 특성

건설 산업에서 활용되는 목재의 방부 및 방염처리를 위하여 사용되는 방부제는 재료의 용해특성에 따라서 유성 油性, 유용성 油溶性, 수용성 水溶性 등으로 분류된다. 대부분의 방부제는 일반적으로 동 *Copper*, 나트륨 *Sodium*, 아연 *Zinc* 성분의 화합물로 구성되어 있다. 특히 방부제에 함유되어 있는 주요성분인 동 銅 성분의 비소화합물 *Arsenic* 은 독성이 매우 강하므로 취급 시 주의를 요한다. 목재 방부제의 성능 및 특성에 관련된 내용은 *KSF* 2250~2255 에 규정되어 있다. 건설현장에서 목재의 방부처리를 위하여 보편적으로 사용되고 있는 방부제는 유성의 크레오소트 용액 방부제 *Creosote Liquid* 와 수용성의 *PF* 방부제 *Phenol & Inorganic Fluoride*, *CCA* 방부제 *Chromated Copper Arsenate* 등이다. 방부제로 쓰이는 여러 종류의 화합물 및 적용 특성은 다음과 같다.

(1) 크레오소트 용액 *Creosote Liquid*

석탄 *Coal* 의 고온 *235~315* ℃ 건류 부산물인 크레오소트 용액은 독성이 약간 있고 강한 악취가 오래 지속되는 유성의 방부제이기는 하지만 가격이 저렴하고 사용법이 간단하여 많이 이용된다. 이 방부제는 담장의 기둥 하단, 목 골조 건축물의 기초, 모르타르 *Mortar* 바름의 바탕 재 등 주로 외부에서 눈에 뜨이지 않는 부분에 쓰이는 목재를 방부 처리할 때만 사용하는 것이 바람직하다. 방부처리된 목재의 표면은 짙은 갈색내지는 검정색으로 착색되므로 다른 색으로의 도장 *Painting* 은 곤란하다. 방부처리 할 때는 50% 의 희석 용액을 사용하며 곤충, 좀-벌레 등 모든 해충에 의한 피해 방지에 탁월한 효과가 있지만 인화성이 크므로 화재예방에 주의가 필요하다. 재료의 특성은 *KSM* 1670 에 규정되어 있다.

(2) *PF* 화합물 *Phenol & Inorganic Fluoride*

페놀, 무기질 불소, 비소, 크롬 등의 화합물로 이루어진 수용성 방부제로서 상당히 오랫동안 사용되어 왔지만 정착성능이 떨어져 *CCA* 로 대체되는 추세이다. 이 방부제는 독성이 있

고 방부 처리후의 목재 표면은 주황색~청록색으로 착색되며 추가의 도장이 가능하다. 재료의 특성은 *KSM 1701* 에 규정되어 있다.

(3) CCA 화합물 *Chromated Copper Arsenate*

주성분인 크롬화합물에 동 및 비소화합물을 첨가한 수용성 방부제로 약간의 독성은 있지만 정착성능이 우수하여 사용빈도가 증가하는 추세이다. 방부처리된 목재의 표면은 시간이 경과되면 옅은 초록색으로 착색되며 추가의 도장이 가능하다. *CCA* 화합물로 가압 처리된 방부목재는 독성이 있기는 하지만 시방서의 지침에 따라서 올바르게 사용한다면 인체에는 무해하다. 이 화합물의 특성은 *KSM 1703* 에 규정되어 있다.

(4) PCP 화합물 *Pentachlorophenol*

염소 *Chlorine* 와 석탄산 *Carbolic Acid* 을 함유한 독성과 자극적인 냄새가 있는 화합물로서 방부성능이 가장 우수하지만 가격이 비싼 것이 흠이다. 투명 용매 *Clear Solvent* 에 5% 를 용해하여 사용할 경우에는 방부 처리 후 목재표면에 도장이 가능하다. 방부처리 직후 목재의 표면은 갈색 *Brown surface* 으로 착색되지만 시간의 경과에 따라서 은색 *Silver* 에서 투명색으로 변색된다. 거의 모든 균류 *Fungi* 및 곤충의 침입방지에 효과적이지만 나무좀 *Borers* 에는 대항력이 약하다. 재료의 특성은 *KSM 1671* 에 규정되어 있다.

(5) 인산암모늄 *Ammonium Phosphate*

내화성능이 있는 수용성 방부제로서 목재 내부까지 완전 착색이 가능하고 방부처리된 목재의 표면에 도장이 가능하다.

(6) 물유리 *Sodium Silicate*

인산암모늄 화합물과 유사한 방부제이지만 내화 성능이 우수하다.

(7) 퀴놀린제 *Quinolinolate* 또는 *Copper-8*

동물 및 음식물에 안전한 방부제로서 외부계단, 일광욕장 *Sundecks* 등 지상에 노출되는 목구조물용 목재의 방부처리에 적합하다. 방부처리 후 목재 표면에 착색 및 도장이 가능하다.

(8) 비산 동 *Copper Arsenate*

지하수 또는 바닷물과 접하는 장소에 사용될 목재의 방부처리에 적합한 방부제이다. 목재의 방부 처리 후 착색 또는 도장이 가능하지만 독성이 있는 화학약품이므로 인체, 동물, 식료품 등과의 직접 접촉은 피하는 것이 바람직하다.

(9) 크롬산 동 *Copper Chromate*

수중에 사용할 목재의 방부 처리에 적합한 방부제이며 방부 처리 후 도장이 가능하고 나무좀의 침입방지에 효과적이다.

(10) 나프텐 동 *Copper Naphthenate*

조경공사에 쓰이는 목재의 방부처리에 쓰이는 방부제이다. 지중에 쓰이는 목재는 2% 용액을, 지상에 쓰이는 목재는 1% 용액을 사용한다. 방부 처리 후 도장이 가능하다.

(11) 황산 동 *Copper Sulfate*

수용성, 내화성의 방부제로서 외부의 대기, 빗물 등에 노출되는 목재 문이나 창에 쓰일 경우 방부성능이 단축된다.

(12) 비산 아연 *Zinc Arsenate*

비산 동 銅 화합물과 유사한 방부제로서 건조한 상태에서 사용하는 것이 유리하다.

(13) 염화 아연 *Zinc Chloride*

황산동 銅 화합물과 유사한 방부제로서 내화성능이 우수하다.

(14) 나프텐 아연 *Zinc Naphthenate*

나프텐 동 銅 화합물과 유사한 방부제이지만 방부성능이 떨어진다. 특히 함수량이 많은 습기 찬 흙과 접촉하는 목재의 방부처리에는 부적합하다.

마) 방부처리 방법 및 주의사항

(1) 방부처리 전 준비사항

목재 방부처리용 방부제를 선정할 때는 해당지역에서의 방부제 사용 규정에 따라야하므로 해당지역의 방부처리 전문가와 상의하여 결정하는 것이 바람직하다. 목재를 공장 또는 건설공사 현장에서 방부처리 *Preservative Treatments* 및 방염처리 *Fire-resistive Treatments* 할 때 사전에 준비하여야 할 사항은 다음과 같다:

① 목재의 제재 및 가공: 필요한 규격대로 자르고 잘 다듬어 대패질한 다음 필요한 곳에 구멍을 뚫는다.
② 훼손되었거나 옹이, 찢겨진 조각 등 결함이 있는 부분은 잘라 버린다.
③ 방부 처리할 목재는 방부 처리 전 수주일간 햇볕이나 빗물 등으로부터 보호 하기 위하여 덮개를 덮고 통풍이 잘되는 상태에서 자연 건조시킨다.
④ 목재를 인공 건조할 경우 건조기간은 짧지만 비용이 더 든다. 특히 증기건조 목재는 강도가 감소하고 방부 처리 후 휨 등의 변형우려가 크므로 방부처리에 부적합하다.
⑤ 밀도가 큰 전나무, 자작나무, 참나무 등을 방부처리 할 경우에는 방부용액이 목재 표면으로부터 깊숙이 침투되도록 절개 도구 *Slitting Machine* 로 절개하여야 한다.
⑥ 목재의 함수율이 방부처리에 적합한 수준인지를 확인한다.
⑦ 목재의 표면에 먼지, 기름 등의 오염물질을 깨끗이 청소한다.

(2) 방부 처리 방법

(가) 공법에 의한 분류

[1] 인공차폐 공법 *Mechanical Shields*

목재의 표면에 내식성이 강한 얇은 철판, 폴리염화비닐 *PVC* , 두꺼운 천 또는 시멘트 모르타르 등을 밀착시키거나 도장 *Painting* , 장식용 피막 *Decorating* 등으로 목재의 부식을 억제하는 공법이다(사진 2-28).

[2] 화학약품 처리법 *Chemical Treatments*

방부성능이 강한 화학약품을 이용, 공장 또는 현장에서 목재를 방부 처리하는 공법이다.

(나) 방부처리 장소에 의한 분류

[1] 공장처리공법

공장에서 목재를 방부 처리하는 기술은 건축시공학과는 다른 전문분야의 일이므로 여기서는 그 내용을 개략적으로 간단히 기술하기로 한다. 목재의 방부처리 효과는 목재가 흡수한 방부제의 양이 많을수록 오랫동안 지속된다. 따라서 목재의 방부처리는 방부제의 흡수량을 최대한으로 증가 시킬 수 있는 공장의 압력처리공법이 바람직하다. 공장에서 기계장치를 활용하여 방부처리를 하는 방법은 다음과 같다.

사진 2-28 : 인공 차폐 목재 기둥 *쯔진청 紫禁城, 北京 中國*

♣ 와이차오 外朝 의 빨강 목재 기둥 : 쯔진청 황제 집무실 오른쪽 건축물, 중국 베이징

♣ 티엔안먼 天安門 의 목재 기둥 : 황궁의 남쪽 정문 뒷면, 정문 상단에 빨강 기둥

♣ 빨강 목재 기둥 시공상세: 목재 표면+망사+시멘트+빨강 유광 페인트 마감

[가] 압력 처리법 Pressure Processes

밀폐된 강철제 압력용기 Sealed Steel Tanks 에 목재를 집어넣고 수 시간 동안 가압 또는 감압하면서 방부제를 주입하여 방부 처리하는 공법이다. 이 공법은 압력의 증감에 따라서 목재 세포의 공동 부 空洞部, 즉 세포 공극 Cell Cavities 에 방부제를 침투시키는 적극적인 방법 In-depth Treatment 이다. 그러나 이 공법은 압력용기의 크기 제약으로 인하여 규격이 큰 목재를 방부 처리하는 데는 문제가 있다. 이 공법은 압력을 가감하는 방법에 따라서 다음과 같이 분류할 수 있다.

① 가압법 Positive Pressure

압력용기에 목재를 넣고 압력펌프를 이용하여 압력을 가하면서 강제로 방부제를 침투시키는 방법이다. 높은 압력을 받은 방부제는 목재의 섬유조직에 틈새를 만들면서 Incising 침투되어 세포공극을 가득 채운다. 이 방법은 방부제의 침투 깊이가 깊고 균일하며 흡수량이 많아 방부효과가 매우 크다. 이 방법은 방부처리 과정이 간단하여 활용빈도가 높다. 목재의 가압식 방부처리 방법은 KSF 2219 에 규정되어 있다.

② 감압법 Negative Pressure

압력 펌프를 이용하여 목재를 채워 넣은 압력 용기 내부를 감압, 진공상태로 만들면서 방부제를 침투시키는 방법이다. 진공 상태인 압력 용기에서 목재의 세포 공극이 진공 상태가 되면 압력 용기의 진공 상태를 해제하여 고압에서 저압 쪽으로 흐르는 압력의 흐름을 따라서 방부제가 목재의 세포 공극으로 스며들게 하는 공법이다.

[나] 비압력 처리법 Nonpressure Processes

대기 중의 상압상태에서 방부제가 목재의 표면에 흡수, 확산되게 하는 소극적인 방부처리 방법이다. 이 방법으로 방부 처리할 경우 방부제는 목재의 세포 공극에는 침투되지 않고 목재의 표면에만 정착된다. 그러나 이 방법은 방부처리 비용이 적게 들고 방법이 간단하여 공사현장에서는 활용빈도가 크다. 목재 표면에 방부제를 흡수확산 또는 도포하는 방법은 다음과 같다.

① 냉온침지 확산법 Diffusion

뜨거운 Warm 또는 Hot 수용성 방부용액 통속에 목재를 수일간 담그어 두었다가 꺼내서 헹군다. 잘 헹구어진 목재를 냉각 Cool 또는 Cold 시킨 동일한 종류의 방부용액에 다시 며칠 동안 더 넣어 두어 방부제가 목재의 표면에 잘 흡수, 확산되도록 숙성시킨 다음 꺼낸다. 방부제의 성분이 목재표면의 섬유 조직으로 확산되는 정도는 방부 용액의 온도에 따라서 달라지므로 방부용액의 온도 관리를 철저히 하여야한다. 방부 용액에서 꺼낸 목재는 흐르는 물에 담그어 잘 헹군 다음 표면을 건조시켜 통풍이 잘되는 곳에 쌓아 놓고 통풍이 가능한 덮개로 수주일 동안 덮어 두어 건조, 숙성시켜 방부처리를 완료한다. 목재의 가열 침지 식 방부 처리 방법은 *KSF* 2220 에 규정되어 있다.

② 분출 도포법 *Deluging*

방부 처리할 목재를 세차시설 *Carwash* 과 유사한 짧은 통로 *Tunnel* 속으로 통과시키면서 목재표면에 방부제를 분사 *Jet-Sprays* , 도포하여 방부 처리하는 방법이다. 이 방법은 방부처리 방법이 매우 간단하지만 방부 효과가 떨어지므로 반드시 2회 이상 반복 처리하는 것이 바람직하다.

[2] 공사현장 처리공법

건축공사 현장에서 인력으로 목재를 방부처리 할 경우에는 일반적으로 솔, 붓, 분사 총 *Spray Guns* , 또는 방부 용액을 담은 커다란 통 등의 방부처리용 도구를 이용한다. 현장에서는 황산동 *Copper Surfate* , 염화아연 *Zinc Chloride* , 크레오소트 *Creosote* 등의 화합물을 방부제로 사용한다. 현장에서 방부 처리하는 방법이 가장 손쉬운 방부처리 방법이기는 하지만 방부효과가 떨어진다. 따라서 현장에서 직접 방부처리를 할 때는 반드시 2회 이상 반복처리를 하는 것이 바람직하다. 현장에서 활용 빈도가 높은 목재의 방부처리법은 도포, 분사 및 침지법이며 그 용법은 다음과 같다.

[가] 도포법 및 분사법 *Brushing* 또는 *Spraying*

솔, 붓 또는 분사 총 등을 이용하여 목재의 표면이 흠뻑 젖어 포화상태가 되도록 방부용액을 바르거나 분사하는 방부 처리법이다.

[나] 침지법

방부용액을 담은 커다란 통 *Bath* 또는 *Tub* 속에 방부 처리할 목재를 단순히 담그었다 꺼내는 방법이다. 이 방법은 목재를 담그어 두는 시간에 따라서 순간 침지법 *Dipping* 또는 *Submerging* 과 장시간 침지법 *Steeping* 으로 구분한다. 순간 침지법은 목재를 수초내지 수분 동안 담그었다 즉시 꺼내는 방부 처리법이고 장시간 침지법은 방부 처리할 목재를 수일 내지 수주일 동안 담그어 두고 숙성시킨 다음 꺼내는 방부 처리법이다.

(다) 방부처리 매개체에 의한 분류

목재를 방부 및 방염 처리할 때 방부제의 희석 및 침투 성능을 향상시키기 위하여 사용하는 매개체 *Vehicles* 에는 물 *Water* , 기름 *Oil* , 가스 *Gas* 등이 있으며 각각의 매개체를 활용한 방부처리 공법의 특성은 다음과 같다.

[1] 물 매개공법 *Water-borne Salts*

민물 *Fresh Water* 을 매개체로 하는 공법으로 주로 건축공사용 내, 외장 목재의 방부처리에 활용된다. 이 공법은 취급이 용이하며 악취가 없어 불쾌한 냄새가 거의 나지 않고 방부 처리한 다음에도 목재의 표면이 깨끗한 상태로 유지되므로 도장 *Painting* 이 가능하다. 다만 물을 과도하게 사용할 경우 목재가 불어서 부피가 팽창될 우려가 있으므로 주의를 요한다. 이 공법의 공장 및 현장 처리방법은 다음과 같다.

[가] 공장처리 방법 *In-plant Types*

비수용성 영구방부제를 사용하여 공장에서 목재를 기계적으로 방부 처리하는 상업적 목적의 방법이다. 공장에서는 비산 동 *Copper Arsenate* , 크롬 *Chrome* , 암모니아 *Ammonia* 등의 화합물을 방부제로 사용한다.

[나] 현장처리 방법 *On-site Types*

공사현장에서 솔이나 붓 등의 수동도구 또는 분사 총 *Spray Gun* 등의 동력공구를 이용하여 목재의 표면에 방부제를 도포하는 방법이다. 건축공사 현장에서 흔히 볼 수 있는 방부제에는 염화아연 *Zinc Chloride* 및 황산동 *Copper Sulfate* 등의 화합물이 있다. 그러나 염화아연 및 황산동 등의 화합물은 수용성이므로 방부처리된 목재가 지하수, 빗물 등에 노출될 경우 방부처리 효과가 오래 지속되지 않을 수도 있다.

[2] 기름 매개공법 *Oil-Borne*

약간의 휘발성이 있는 등유 *Kerosene* , 디젤유 *Diesel Oil* 등의 석유 부산물 또는 크레오소트 *Creosote* 등의 석탄 부산물을 매개체로 사용하는 방부처리 공법이다. 이 공법으로 방부 처리된 목재는 건축공사의 수장용 자재로 사용하기에는 부적합한 측면이 있으며 이 공법의 공장 및 현장처리법은 다음과 같다.

[가] 공장처리 방법 *In-plant Types*

주로 *PCP Pentachlorophenol* , 나프텐 아연 *Zinc Naphthenate* 등의 유용성 油溶性 화합물을 방부

제로 사용하는 상업적 용도의 기계적 방부처리 공법이다.

[나] 현장처리 방법 *On-site Types*

석탄 *Coal* 을 고온 건류할 때 생기는 부산물인 콜-타르 *Coal Tar* 를 증류, 정제하여 만든 유성 油性 의 크레오소트 *Creosote* 용액을 솔이나 붓 등을 이용하여 목재의 표면에 도포하는 방부처리 방법이다.

[3] 가스 매개공법 *Gas-borne*

가스 *Gas* 를 매개체로 하는 방부처리 공법은 건설현장에서는 거의 사용되지 않는 방법이므로 여기서는 기술을 생략한다.

(3) 방부제 사용할 때의 문제점

① 설계 *Design* 상의 하자유발; 강도저하, 목재의 아름다움 손상, 도장장애
② 부착 및 인접재료 손상; 금속재료 부식, 플라스틱 *Plastic* 재료의 분해
③ 인간 및 동물에 유해; 민감 체질의 알레르기반응 *Allergic Reaction*
④ 접착제의 성능 저하
⑤ 지구 생태환경 파괴

(4) 현장에서 방부 처리할 때의 주의사항

① 폐 방부용액은 폐기처리 허가를 받은 전문가가 처리; 하수도에 무단방류 금지
② 폐 방부 목재는 법으로 지정된 장소에 안전하게 매립; 현장에서 소각 처리할 경우 독가스 발생
③ 현장내의 유독성 방부용액은 잠금장치가 있는 곳에 안전하게 보관
④ 방부용액을 직접 바르는 작업자는 긴소매 옷을 입고 장갑을 끼어 피부가 방부용액이나 방부 처리된 목재에 장시간 노출, 접촉되지 않도록 한다.
⑤ 눈과 귀는 보호대로 보호하되 부주의로 방부용액, 유독성 화학약품 등이 눈과 귀에 튀어 들어간 경우 즉시 깨끗한 물로 씻어낸다.
⑥ 작업도중 베이거나 상처가 날 경우 즉시 상처를 깨끗이 씻고 응급 처치한 다음 의사의 치료를 받는다.
⑦ 방부용액이나 방부 처리된 목재에서 증발되는 유독 증기를 들여 마시지 않도록 주의한다.
⑧ 부주의로 방부용액이나 화학약품 등을 마셨을 경우 즉시 구급요원의 처치를 받은

다음 내과의사의 치료를 받는다.

⑨ 방부용액의 분사는 엄격한 통제 하에서 실시하되 바람이 부는 날에는 분사 작업을 금지한다.

⑩ 방부제가 지나치게 많이 묻어 있는 목재는 사용하기 전에 방부제를 적절하게 씻어 내야한다. 또한 방부 처리된 목재를 가공 조립할 때 생기는 절단면이나 구멍 등 방부처리가 손상된 부분에는 이미 사용하였던 방부제와 동일한 방부제를 흘려 붓거나 잘 도포하여 부분적인 부식을 방지하여야 한다.

⑪ 목재 표면 중 일부 방부 처리되지 않은 부분에는 부식방지를 위하여 크라프트-지 *Kraft Paper* 또는 폴리-에틸렌 시트 *Polyethylene Sheeting* 로 덮어 둔다.

⑫ 방부용액의 화학성분 분석 및 현장시험: 방부목재에 접착되는 구조용 접합 및 이음철물, 마감자재 등에 미치는 영향을 사전 검토한다. 일반적으로 방부목재의 외부에 노출되는 구조용 철물은 아연도금 제품 또는 도장된 제품을 사용한다.

⑬ 화학약품에 의하여 인접 목재의 표면이 변질될 우려가 있는 경우에는 목재와 목재 사이에 간지를 끼워 목재표면이 서로 밀착되지 않도록 한다.

3) 건설공사용 가공 목재

건설공사용 가공 목재 *Engineered Wood Products* 란 자연목재의 미적 또는 구조적 단점을 보완하기 위하여 공장에서 생산한 모든 인공목재를 말한다. 가공목재는 천연목재에서 취재한 소각재, 판재, 박판 재, 나무 조각, 나무 섬유 *木毛* 등을 공장에서 가공, 조립, 일체형으로 접착하여 각재, 판재 또는 조립목구조 부재 등의 형태로 생산된다. 목재를 접착할 때 사용하는 접착제에는 천연물질의 접착제와 인공적으로 합성하여 만든 합성수지 접착제가 있다. 오늘날 흔히 사용되고 있는 합성수지 접착제에는 *PF Phenol Formaldehyde* , *UF Urea Formaldehyde* , 레조르시놀 *Resorcinol* , 폴리비닐 *Polyvinyl* , 에폭시수지 *Epoxy Resins* 등이 있고, 천연 접착제에는 카세인 *Casein* , 식물성 단백질 *Vegetable Protein* , 동물성 단백질 *Blood Protein* 접착제 등이 있다. 목재 가공제품은 특정 설계 하중을 부담할 수 있도록 맞춤 생산 되며 생산품은 소정의 하중시험을 실시하여 구조적 안정성을 확인한 후 판매한다. 목재 가공제품은 그림 2-11 과 같이 분류할 수 있으며 각각의 특성은 다음과 같다.

가. 집성목재 *Glulam, Glue-laminated Timber*

집성목재는 19세기후반 유럽에서 소개되었다. 그러나 1934년에 집성목재의 일종인 집성목재 아치 *Glulam Arch* 를 먼저 사용한 것은 미국이었다. 집성목재란 천연판재를 나뭇결이 평

그림 2-11 : 가공목재의 분류

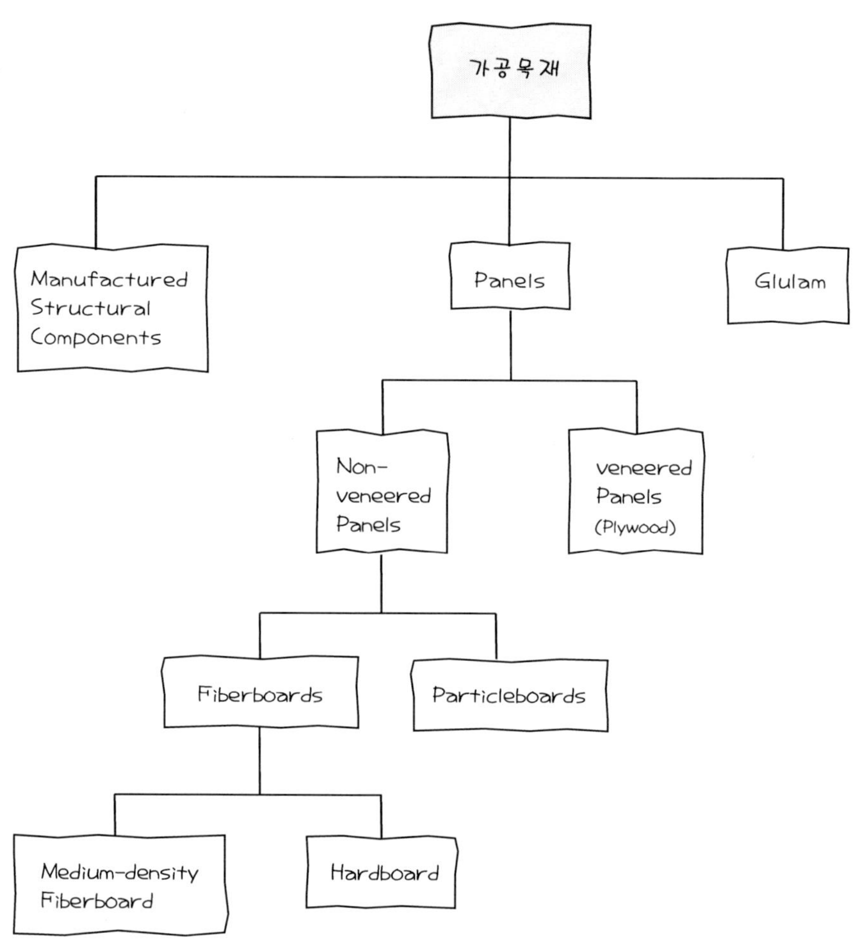

행이 되도록 두 개 이상 포개어 접착제로 붙여서 만든 중량 구조물의 골조용 인공 목재를 말한다(그림 2-12). 집성목재의 제작에는 역학적 및 물리적 특성이 적합한 모든 종류의 천연목재를 사용할 수 있지만 현재는 침엽수종인 더글러스 전나무 *Douglas-Fir* 와 소나무류 *Southern Pine* 에서 취재한 천연목재가 일반적으로 활용되고 있다. 집성목재의 제작에는 공칭치수로 폭 76~305 *mm 3~12 in.* , 두께 25~51 *mm 1~2 in.* , 함수율 10~16% 정도의 천연목재가 사용된다. 두께 51*mm* 의 천연판재는 주로 직선 구조재용으로 쓰이고 두께 25*mm* 의 판재는 곡선 구조 재를 만드는데 쓰인다.

집성목재는 주로 구조용도로 쓰이는 목재이므로 한국에서는 KSF 3021 의 규정에 따라서 그리고 미국에서는 *ANSI American National Standards Institute* 및 *AITC American Institute of Timber Construction* 의 규정에 따라서 생산되고 있다. 현재 시장에서 거래되고 있는 집성목재 보의 치수는 주로 4×10, 4×12, 6×10, 6×12*in.* 등이며 기타 다양한 형태 및 규격은 주문생산에 의하여 가능하다(사진 2-29 및 그림 2-13). 곡신 아치형 집성목재 *Glulam Curved Arches* 의 경간은 91*m* 이상 가능하고 집성목재 돔 *Glualm Dome* 의 직경은 152*m* 이상도 가능하다. 집성목재 *Glulam* 의 생산절차 및 장점은 다음과 같다.

가) 집성목재 생산절차

소정의 길이로 절단된 침엽수종의 목재를 이용하여 다양한 형태를 갖는 집성목재를 생산하며 일반적인 절차는 다음과 같다:

목재의 인공건조→가열 및 가압하여 접착제로 접착→냉각양생→
표면마감처리 *Sanded &Sealed* 등의 순서로 생산한다.

나) 집성목재의 장점

(1) 경제적 시공 가능

품질이 균일하고 부재의 길이, 단면, 형상, 강도 등을 임의로 조절이 가능하다.

(2) 장서의 구조부재 생산가능

장척의 보 *Beams* , 기둥 *Columns* 또는 *Posts* , 아치 *Arches* 등의 생산이 가능하므로 교회, 강당, 극장, 공장, 격납고 등의 장 경간 *Long Span* 의 구축이 가능하다(사진 2-30).

그림 2-12 : 구조용 집성목재 *Glulam* 단면상세

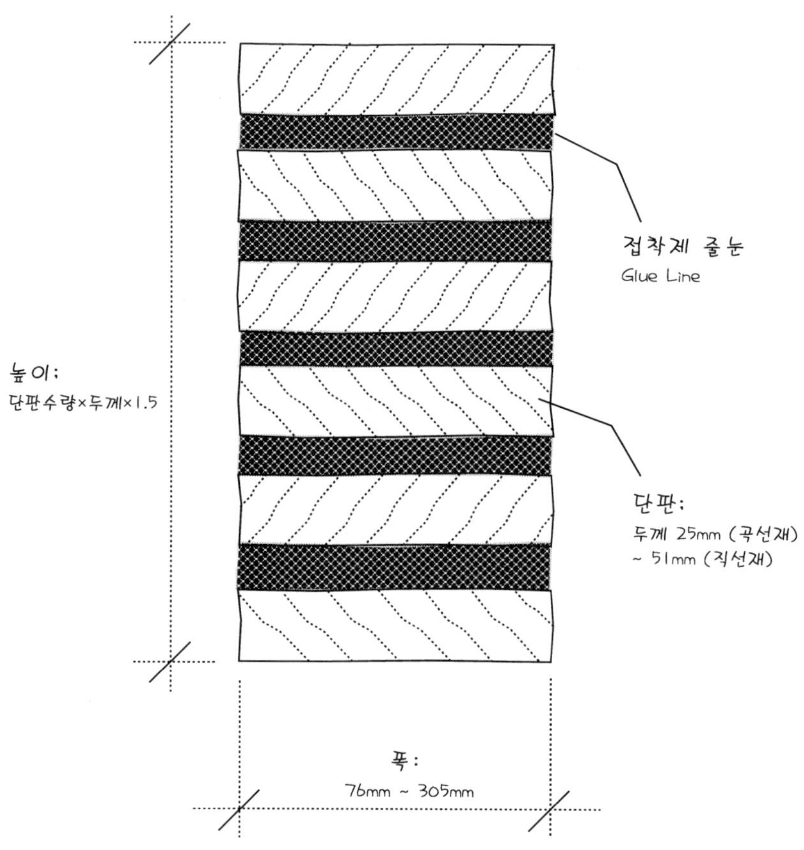

사진 2-29 : 집성목재 *Glulam* 기둥 및 보

그림 2-13 : 구조용 집성목재 *Glulam* 형태

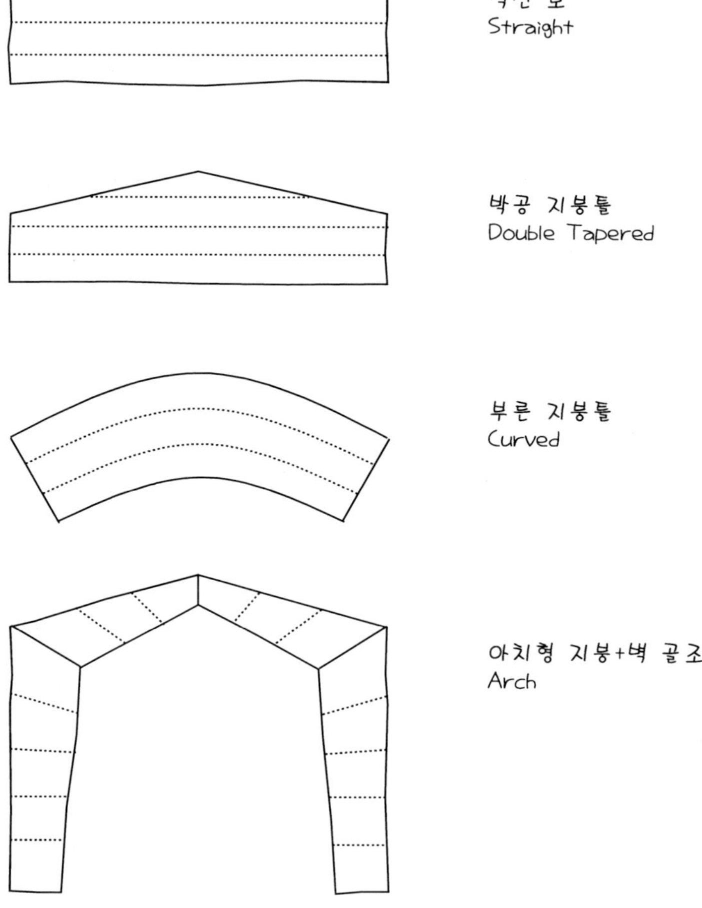

사진 2-30 : 집성목재 *Glulam* 골조 곡물처리 공장

1995년에 벨기에의 마르슈-안-파멘느 Marche-en-Famenne 에 건설된 이 곡물처리 공장 Grain Treatment Plant 은 달걀 형태의 지붕을 하고 있다. 집성목재 아치 Glulam Arches 와 유리를 이용하여 건설된 이 공장의 바닥면적은 1400m^2 이다. 이 공장은 벽과 지붕의 경계가 없는 몽고 유목민들의 이동주거 Yourte 또는 남아프리카 공화국의 전사 줄루 Zulu 족의 오두막을 연상케 한다.

♣ 지붕 목골조 내부

♣ 달걀 형태의 지붕: 목재골조 + 유리, 벨기에 마르슈-안-파멘느

(3) 정확한 치수의 고강도 부재 생산가능

같은 단면의 천연 제재목재 보다 강도가 크고 뒤틀림의 불량이 생기는 일이 거의 없다.

나. 합판 *Plywoods; Veneered Panels*

가) 합판의 출현 및 생산 공정

1905년경부터 생산되기 시작한 합판은 2차 세계대전 이후 급속히 발전 보급되었다. 합판은 보통 얇은 목재 단판 *Single Ply* 또는 *Veneer* 3장 이상을 목재의 섬유방향 *Fiber Direction* 이 서로 직교하도록 포개어 접착제로 붙여 만들며(그림 2-14), 생산 공정은 그림 2-15 와 같다.

그림 2-14 : 합판 접착구조 *Plywood Construction*

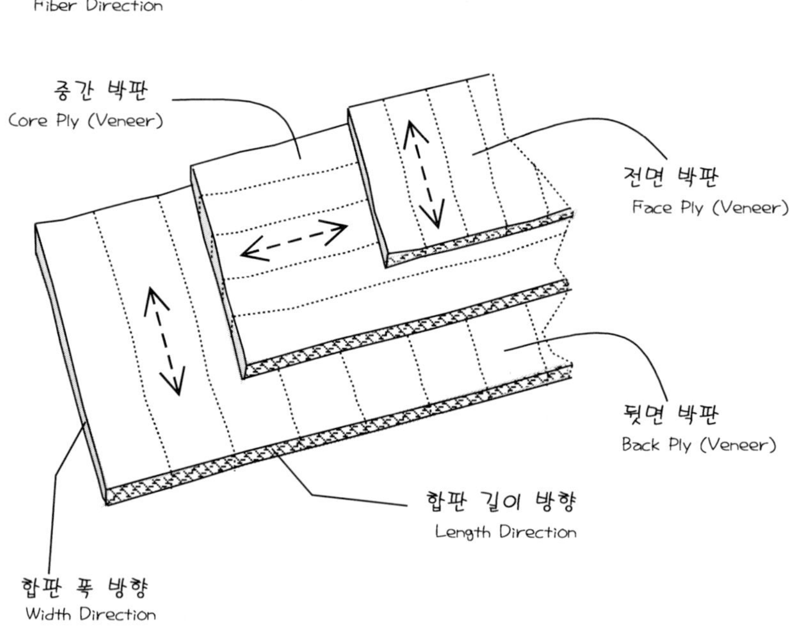

그림 2-15 : 합판 생산 공정 *Plywood Process*

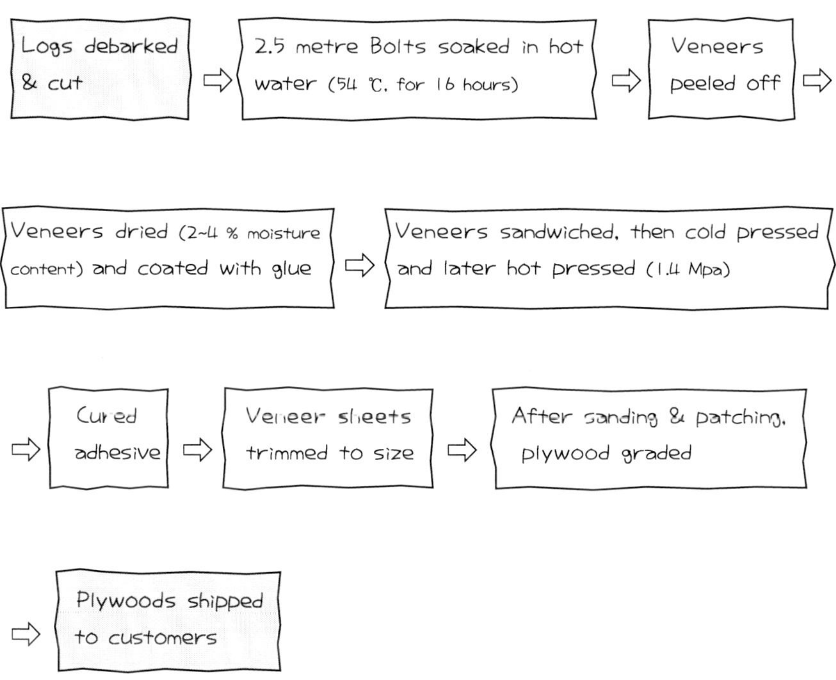

나) 합판의 용어정의 및 생산방법

합판을 만들 때는 일반적으로 3, 5, 7 등 홀수 수량의 박판을 사용하지만 짝수 수량의 박판을 사용하는 경우도 있다. 다만 4, 6, 8 등의 짝수 수량의 박판을 사용하여 합판을 만드는 경우에는 중심부의 박판 두 장은 나뭇결이 평행이 되도록 접착하여 두 장의 박판이 일체가 되도록 함으로서 실질적으로는 두꺼운 난판 *Single Thick Ply* 의 기능을 하도록 한다. 그럼에도 불구하고 구조용 합판 *Structural Plywood* 을 제작할 때는 홀수 수량의 박판을 사용하는 것이 구조적으로 안전하다. 접착제를 바른 단판의 함수율은 일반적으로 5% 정도 증가하므로 합판은 생산직후 일정시간 동안 건조, 양생하여야 한다. 완성된 합판의 함수율은 일반적으로 6~10% 정도이다. 대기 중의 상대습도가 80% 이하일 경우에는 합판의 구조적 특성의 변형은 거의 없지만 상대습도가 80% 이상이 되는 경우에는 합판은 급격하게 변형된다. 합판은 구조용과 비 구조용이 있으며 후자는 가구 및 수장 공사에 쓰이고 전자는 바닥판, 벽판 또는 지붕판재 등의 구조용도로 쓰인다. 합판 *Plywood* 의 의미는 다음과 같다:

Plywood A flat panel made from a number of thin sheets, or veneers, of wood in which the grain direction of each ply, or layer, is at right angles to the one adjacent to it. A bonding agent unites the veneer sheets, under pressure.

다) 합판용 박판의 생산방법

통나무로부터 합판용 박판 *Ply* 또는 *Veneer* 을 깎아내는 방법은 크게 절단 *Cutting* 과 베어내기 *Slicing* 로 구분되며 깎아 내는 방향에 따라서 단판의 무늬 *Veneer Patterns* 가 달라진다(그림 2-16). 베어내기 *Slicing* 방법은 임의 베기 *Plain Sliced* 와 4-등분 베기 *Quarter Sliced* 로 세분되고, 절단 *Cutting* 방법은 역 절단 *Back Cut*, 빗각 절단 *Rift Cut*, 회전절단 *Rotary Cut* 등으로 분류된다. 합판용 단판의 두께는 일반적으로 1.6~7.9*mm* 정도이며 넓은 폭의 단판을 벗겨낼 수 있는 회전절단 *Rotary Cut* 방식의 경우에는 0.5*mm* 두께의 박판 생산도 가능하다.

라) 합판의 특성

인공적으로 생산되는 합판의 건축자재로서의 특성은 다음과 같다:

① 경제적; 저렴한 가격으로 외관이 아름다운 판재 구매 가능
② 온도 및 습도의 변화에 의한 수축변형 최소: 신축변형의 방향성이 없고 변형률이 일반 천연목재의 1/10정도
③ 합판의 방향에 따른 강도의 차이가 없고 곡면 가공이 가능
④ 규격의 표준화; 재료의 손실 없이 능률적으로 사용가능
⑤ 접착이 잘된 경우 원목보다 강도가 크다; 합판의 강도는 원목, 접착제, 제조공법 등의 요소에 따라서 달라진다.

그림 2-16 : 합판용 박판의 생산방법

Rotary Cutting

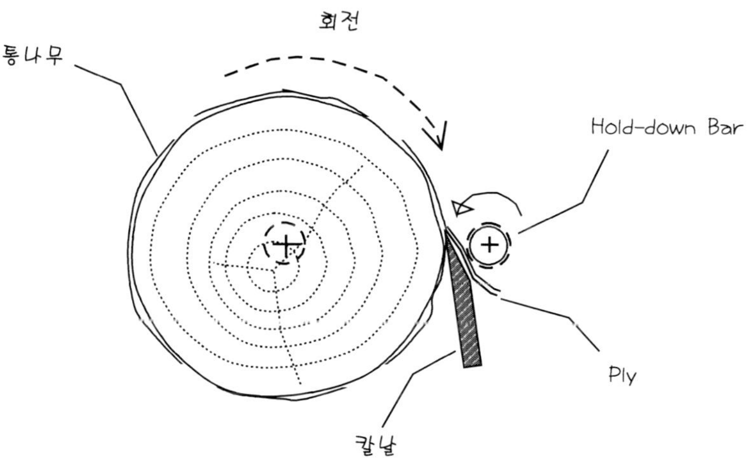

Slicing

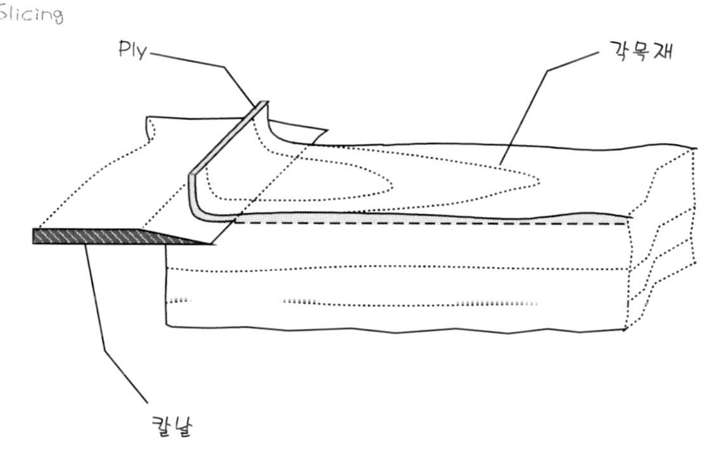

마) 합판 치수

건설공사 현장에서 가장 보편적으로 쓰이는 보통합판의 표준 공칭치수는 4ft.×8ft. 1220×2440 mm 또는 3ft.×6ft. 910×1820 mm 이며 그 두께는 2.7~11.5mm 이다. 그러나 주문생산에 의할 경우 합판의 두께는 29mm 이상으로도 생산이 가능하다.

바) 합판의 분류 및 등급

합판의 품질 등급 및 분류 기준은 국가마다 약간의 차이가 있지만 일반적으로 사용한 목재의 종류 Softwood 또는 Hardwood, 단판의 수량 및 품질, 접착제의 종류 등을 기준으로 한다.

(1) 우리나라의 분류기준

우리나라에서 생산되고 있는 합판은 내수성 및 합판의 표면 가공처리 방법에 따라서 다음과 같이 분류하고 있다.

(가) 내수성에 의한 분류

합판은 내수성 및 내수 성능의 정도에 따라서 완전 내수성, 고도 내수성, 보통 내수성, 비 내수성, 기타 등의 5종류로 분류한다.

(나) 표면가공 처리방법에 의한 분류

합판의 표면에 도장, 프린팅 등의 덧 판 가공을 한 특수합판과 전혀 가공 처리를 하지 않은 보통합판으로 분류한다. 보통합판은 품질에 따라서 다시 1급, 2급, 3급으로 세분한다. 시장에서 거래되고 있는 특수합판의 종류에는 각종 합성수지 및 강철판치장합판, 투명 도장합판, 유색 도장합판 등이 있다.

(다) 합판관련 KS 규정

합판의 품질 등에 관한 KS 규정에는 KSF 3101: 보통합판, KSF 3102: 나왕 비니어 코어 합판, KSF 3106: 특수가공 치장합판, KSF 3107: 천연무늬 치장합판, KSF 3110: 콘크리트 거푸집용 합판, KSF 3112: 나왕 비니어 코어 난연 합판, KSF 3113: 구조용 합판, KSF 3114: 마루판용 합판 등이 있다.

(2) 미국 및 캐나다의 분류 기준

미국 및 캐나다에서 생산되는 합판은 합판이 사용될 장소에 따라서 또는 합판 제작 시 사용된 목재의 수종에 따라서 아래와 같이 분류되며 합판의 등급은 표 2-15 와 같다.

표 2-15 : 미국 및 캐나다의 합판 등급

Selected U.S. Plywood Grades		Selected Canadian Plywood Grades	
Softwood Plywood	Hardwood Plywood	Softwood Plywood	Hardwood Plywood
A - A A - B A - D B - D	Technical - Special Uses Type I - Waterproof Type II - Weatherproof Type III - Nonweatherproof	Good 2 sides Good 1 side Select (2 Types) Overlaid (2 Types) Sheathing (2 Types)	Good both sides Good 1, sound other Good 1, backing other Sound both sides Sound 1, backing other

(가) 합판 사용 장소에 의한 분류

[1] 외부용 합판 *Exterior Type*

등급이 비교적 낮은 침엽수 또는 활엽수 목재박판을 외부용 접착제 *PF: Phenol-formaldehyde* 로 접착하여 만든 합판이다.

[2] 내부용 합판 *Interior Type*

등급이 가장 낮은 활엽수 목재박판을 내부용 접착제 *UF: Urea-formaldehyde* 로 접착하여 만든 합판이다. 그러나 침엽수 목재박판으로 내부용 합판을 만들 경우에는 외부용 접착제를 이용한다.

[3] 노출-1형 합판 *Exposure-1 Type*

내부용 합판의 목재박판을 외부용 접착제로 접착하여 만든 합판이다.

(나) 목재의 수종에 따른 분류

[1] 침엽수 합판 *Structural Plywood*

침엽수, 주로 더글러스전나무 *Douglas Fir*, 소나무류 *Southern Pine* 등의 박판으로 생산된 합판으로 건축공사 현장에서 바닥판재 *Floor Panel*, 지붕판재 *Roof Panel*, 벽 속 널 *Wall Sheathing*, 외벽 마감 널 *Siding* 등의 구조공사 및 콘크리트 거푸집 *Concrete Forms*, 기성 구조용 부재 *Manufactured Structural Components* 등의 생산 원료로 쓰인다.

[2] 활엽수 합판 Non-structural Plywood

활엽수, 주로 참나무 류 *Oak*, 단풍나무 *Maple*, 자작나무 류 *Birch* 등의 박판으로 생산된 합판으로 장식벽널 *Paneling*, 산업용 부품 재 *Industrial Parts*, 가구 *Furniture* 등의 생산원료로 활용된다.

다. 합성 판재 Nonveneered Panels

가) 개요

합성판재란 목재박판으로 만드는 합판과는 달리 다양한 형태의 작은 나무 조각이나 나무섬유를 접착제와 혼합하여 넓게 골고루 편 다음 고온에서 압축하여 만든 판재를 총칭하는 말이다. 합성판재의 주원료인 나무 조각 및 나무 섬유는 합판공장의 찌꺼기, 톱밥, 통나무, 대팻밥, 나뭇가지 등을 이용하여 만든다. 합성판재는 구조용과 비 구조용이 있으며 생산량의 절반 이상은 일반가구, 건축공사 현장의 붙박이 가구 및 벽, 바닥, 지붕 등 구조물의 속 널로 쓰인다. 구조용 합성판재의 사용이 보편화된 것은 1980년경이다.

나) 합성판재의 분류

(1) 나무 조각 판재

합성판재의 원료로 쓰이는 나무 조각은 형태 및 두께에 따라서 칩 *Chips*, 파티클 *Particles*, 플레이크 *Flakes*, 웨이퍼 *Wafer*, 스트랜드 *Strands* 등의 용어로 불리운다. 합성판재는 사용된 나무 조각의 형태, 두께, 섬유방향 등에 따라서 칩 보드 *Chipboards*, 스프린터 보드 *Splinterboards*, 파티클 보드 *Particleboards*, 프레이크 보드 *Flakeboards*, 웨이퍼 보드 *Waferboards*, 스트랜드 보드 *Strandboards* 등으로 분류된다.

(가) 파티클보드 Particleboards

파티클 *Particles* 을 원료로 사용한 합성판재이며 이 판재와 관련된 사항은 *KSF* 3104~5 에 규정되어 있다. 파티클은 목재섬유 *Wood Fiber* 보다는 크고 비니어판 *Veneer Sheets* 보다는 작다. 이 판재의 부피 팽창률은 일반적으로 같은 두께의 천연판재보다 크다. 파티클보드의 생산과정 및 용어의 의미는 다음과 같다:

Particleboard A generic term used to describe panel products made from discrete particles of wood or other ligno-cellulosic material rather than from fibers. The wood particles are mixed with resins and formed into a solid board under heat and pressure.

[1] 생산 과정

합성판재의 생산은 원목을 조각으로 분쇄→건조 *함수율 2~5%* →미세먼지 제거 및 선별→접착제 첨가→저밀도판 성형→압축, 가열 및 양생→냉각→표면 다듬기→출고 등의 순으로 진행된다.

[2] 밀도에 따른 분류

파티클보드는 밀도에 따라서 저밀도 *590 kg/m³ 미만* 판재, 중 밀도 *590~800 kg/m³ 미만* 판재, 고밀도 *800 kg/m³ 이상* 판재 등으로 분류된다. 비중이 0.72인 호두나무 류 *Hickory* 수종의 목재를 이용하여 만든 합성판재의 실제 밀도는 1025kg/m³ 이고 비중이 0.48인 더글러스 전나무 *Douglas Fir* 로 만든 합성판재의 밀도는 689kg/m³ 이다.

(나) 프레이크 보드 *Flakeboards*

프레이크 보드는 일반적으로 비중이 작고 가격이 싼 수종인 사시나무포플러 *Aspen* , 소나무류 *Pine* 등의 얇은 조각, 즉 프레이크 *Flakes* 를 이용하여 만든 판재이다. 프레이크는 폭보다 길이가 약간 더 길고 두께가 0.25~0.5mm 정도이다. 1950년대부터 생산되기 시작한 프레이크 보드는 건축공사 현장에서 지붕, 벽 및 마루바닥의 구조용 속 널 *Sheathing* 등으로 쓰여 값이 비싼 침엽수 합판 *Softwood Plywood* 의 용도를 대체하고 있다. 프레이크 보드의 구조 역학적 장점은 크지 않지만 저급품질의 목재를 원료로 사용하여 생산하므로 생산단가가 저렴하여 소비가 확산되고 있는 추세이다.

(다) 웨이퍼 보드 *Waferboards*

웨이퍼보드는 두께 0.5~1.0mm 정도, 길이 최소 30mm 이상인 직사각형 모양의 얇은 나무 조각, 즉 웨이퍼 *Wafers* 를 접착제와 혼합하여 만든 판재로서 구조적 특성은 일반 천연판재

Solid Panels 와 비슷하다. 웨이퍼 보드의 휨 인장파괴강도, 즉 파괴계수 f_r: *Modulus of Rupture* 및 탄성계수는 합판이나 *OSB* 의 절반에도 못 미친다. 합판을 포함한 인공 판재의 평균 휨-인장강도 특성 *Bending Properties* 은 표 2-16 과 같다.

표 2-16 : 인공판재의 휨 인장 특성(Mpa*)

판 재 종 류	탄 성 계 수	휨-인장 강도	비 고
Waferboards	3.45×10^3	21.05	-
보통합판	8.63×10^2	44.85	나뭇결 방향
OSB	8.63×10^2	48.30	나뭇결 방향

1 Mpa*=10.19 kgf/cm²=1 N/mm²

(라) *OSB Oriented Strand Boards*

OSB 는 일반적으로 삼중 층 *三重層, Three Layers* 으로 만든다. *OSB* 의 각층은 목재 박판 쪼가리 *Wood Strands* 또는 *Wafers* , 방수성능이 있는 밀랍 *Wax* , 분말접착제 *Powdered Glue* 등을 혼합하여 일정한 두께로 균일하게 편 다음 고온에서 압축하여 만든다(그림 2-17). *OSB* 의 주원료인 스트랜드 *Strands* 는 전기장 *Electrical Field* 또는 진동철망 *Moving & Vibrating Wire Screen* 등을 이용하여 섬유방향이 서로 직교가 되도록 배열한다. 목재 스트랜드와 웨이퍼 *Wafers* 는 형태가 비슷한 나무 조각 이지만 스트랜드는 길이가 폭보다 2배정도 크다. 1980년대에 생산되기 시작한 *OSB* 는 현재 건축공사 현장에서 벽 또는 지붕 구조 체의 속 널 *Wall & Roof Sheathing* 용도로의 사용이 점증하고 있으며 *OSB* 를 *OWB Oriented Wafer Boards* 라고도 한다. *OSB* 는 일반적으로 200*mm* 두께의 혼합 재료 판 *Mats* 이 25*mm* 정도의 두께가 되는 비율로 압축하여 만든 구조체용 판재이다. 시장에서 거래되고 있는 *OSB*의 규격은 1220×2440*mm* , 두께 6.5, 7.9, 11.1, 18.3*mm* 등이다(사진 2-31). *OSB* 의 역학적 특성은 합판과 유사하지만 휨 인장 파괴계수는 합판보다도 크다. *OSB* 의 의미는 다음과 같다:

Oriented Strand Boards Panels made of narrow strands of wood fiber oriented lengthwise and crosswise in layers, with a resin binder.

그림 2-17 : OSB 생산공정

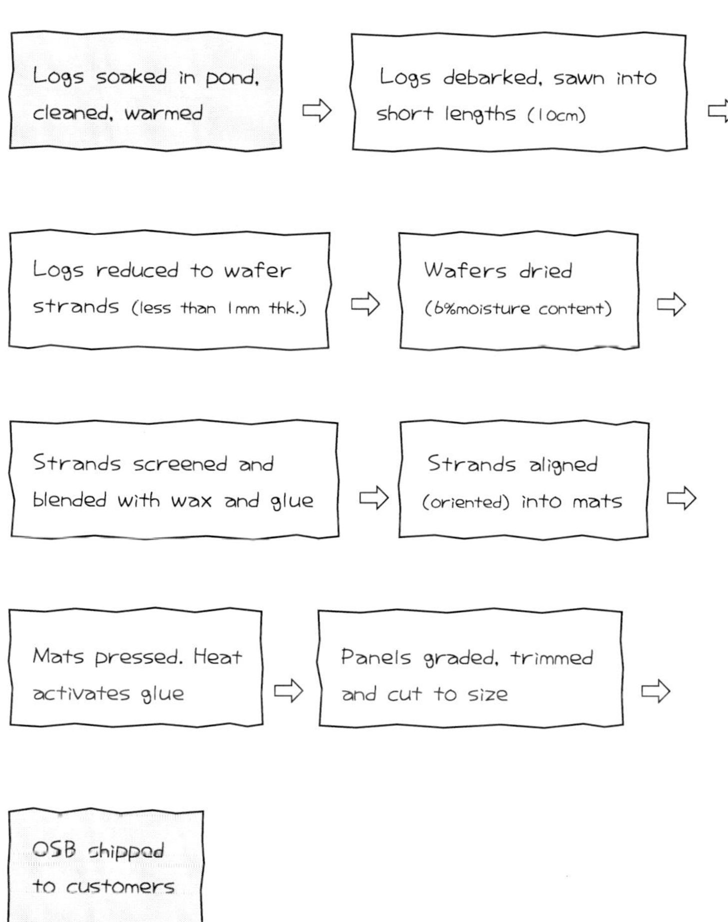

사진 2-31 : *OSB* 시판 제품

(2) 나무섬유 판재 *Fiberboards*

나무섬유 판재란 나무 조각이 아닌 나무섬유 *Wood Fibers* 를 넓게 골고루 펴 판상으로 성형한 다음 압축하여 만든 판재를 총칭하는 말이다. 나무섬유는 나무 조각을 기계적 및 화학적으로 열처리하여 잘게 비벼 분쇄한 직경 1*mm* , 길이 8.5*mm* 정도의 가는 실과 같은 형태로 만든 것이다. 나무섬유의 원료로는 목재가공 찌꺼기, 사탕수수 찌꺼기, 폐 종이, 펄프 칩 *Pulp Chips* 등이 쓰인다. 나무섬유 판재는 나무섬유의 섬유소 *Cellulose* 와 접착제 역할을 하는 목질소 木質素, *Lignin* 에 합성 또는 천연수지, 파라핀 *Paraffin* , 아스팔트 *Asphalt* 등의 접착제를 첨가, 펠트 *Felts* 화한 것이다. 나무섬유 판재에는 경질섬유판, 중밀도 섬유판, 단열판재 *Insulation Boards* , 종이부착판재 *Laminated Paperboards* 등이 있다. 일반적으로 나무섬유 판재의 밀도는 160~500kg/m^3 정도이다. 섬유판재에 관한 사항은 *KSF* 3200 에 규정되어 있다.

(가) 경질섬유판 *Hardboard*

경질섬유판재는 중밀도 또는 고밀도 목재섬유를 압축하여 두께 0.16~1.27*mm* 정도로 만든 섬유판재로서 건식압축 또는 습식압축공법이 있다. 1924년에 개발된 이 섬유판은 수분을 거의 함유하지 않지만 목질소가 남아 있어 천연의 목재처럼 습도 변화에 따라서 수축, 팽창이 생긴다. 경질 섬유판재의 밀도는 500~1450kg/m^3 정도로 자연의 목재보다 크며 나뭇결이 없기 때문에 모든 방향의 강도가 동일하다. 경질 섬유판재의 휨 인장 파괴계수는 13.8~48.2*Mpa* 이며 인장강도는 6.9~24.2*Mpa* 이다. 경질 섬유판재는 일반적으로 가구, 붙박이 가구, 외벽 속 널, 마루 속 널, 콘크리트 거푸집 등을 제작하는데 쓰인다. 또한 고밀도 목재섬유를 사용하여 만든 경질 섬유판재는 목재가공 구조부재인 I-빔 *I-beams* 의 복부 *Web* 부재로도 사용된다.

(나) 중밀도 섬유판 *MDF: Medium-density Fiberboard*

중밀도 섬유판은 1960년대에 개발되었으며 밀도는 500~880kg/m^3 정도이다. *MDF* 는 주로 침엽수를 제재한 다음에 남는 목재 찌꺼기를 원료로 하여 만들며 원료의 구성비율은 나무 조각 *Wood Chips* 15%, 톱밥 *Fines* 15%, 대팻밥 *Planer Shavings* 70% 이다. *MDF* 는 파티클 보드보다 밀도가 균일하고 표면 및 가장자리가 매우 평활하여 주로 가구공장에서 일반천연 판재, 합판, 파티클보드 등을 대체하여 사용되고 있다. 표면이 평활한 *MDF* 는 나뭇결 프린팅 *Wood-Grain Printing* 또는 박판 붙임 *Veneering* 에 적합하여 활용 빈도가 증가하는 추세이다. *MDF* 는 일반가구, 창호, 몰딩 *Mouldings* 등의 제작 및 카운터 상판 *Countertops* , 캐비넷 *Cabinets* , 마루 박판 *Laminate Flooring* 등의 공사에 쓰인다. 시장에서 거래되고 있는 *MDF* 의 규격은 1220×440*mm* , 두께 3~30*mm* 이다. *MDF* 의 생산과정(그림 2-18)은 파티클 보드 및 경질 섬유판 *Hardboards* 과 유사하다. 관련 용어의 의미는 다음과 같다:

Chips Manufactured pieces of wood (sometimes the byproduct of manufacture of other wood products) used as feedstock for pulp mills.

Fines ① Soil which passes through a No. 200 sieve. ② Fine-milled chips used in the production of particleboard. Fines are larger than sander dust or wood flour and are used on the faces of particleboard panels, with coarser chipa used as the core of the board. ③ An undesirable by-product of cutting wafers and strands for waferboard and oriented strand board.

Medium-density Fiberboard A dry-formed panel product manufactured from wood fibres combined with a synthetic resin or other suitable binder and compressed in a hot press to a density of from 31~50 pounds per cubic foot.

그림 2-18 : 중밀도 섬유판 MDF 생산공정

라. 구조용 조립식부재 및 재료

비교적 규모가 큰 목조건축물의 골조공사에는 인공목재를 사용하여 공장에서 생산된 기성 구조용 부재 *Manufactured Structural Components* 가 사용된다. 건축공사 현장에서 흔히 볼 수 있는 조립식 목조건축물 부재 *Prefabricated Building Components* 에는 큰 보 *Main Beams* , I-형 보 *I-beams* , 서까래 틀 *Trussed Rafters* , 바닥판 *Decks* , 상인방 *Headers* 등이 있다.

가) 목재 I-형 보 Wood I-beams 또는 I-joists

구조용 합판, *OSB* , 경질섬유판 등을 이용하여 I-형 보의 복부 *Webs* 를 만들고, 일반 각목재, *LVL* 등으로 프랜지 *Flangs* 를 만들어 조립한 목재 보 또는 장선이다(그림 2-19 및 사진 2-32). 목재로 된 막힌 복부 *Solid Web* 를 갖는 I-형 보의 최장 길이는 6*m* 정도이지만 강관 *Tubular Steel* 으로 된 열린 복부 *Open Web* 를 갖는 I-형 보의 길이는 25*m* 까지도 가능하다. 현재 시장에서 거래되고 있는 목재 I-형 보의 치수는 주로 2×10, 2×12*in.*, 길이는 16, 18, 20, 24*ft.* 등이다. 목재 및 철재를 조합하여 만든 I-형 보는 기존의 천연목재보 보다 경량이지만 강도는 더 크다.

그림 2-19 : 목재 I-형 보(I-Beam)의 가공형태

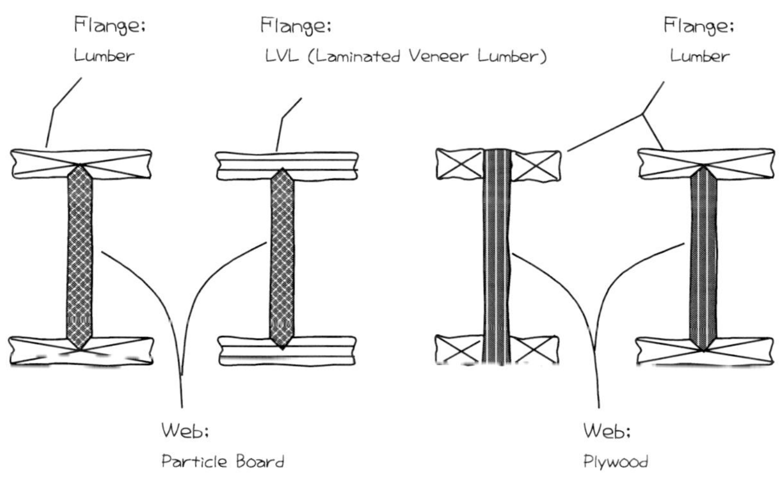

사진 2-32 : 목재 *I-beam* 가공제품

나) 기성 조립판재 *Preformed Decks*

두께 50, 75, 100*mm*, 폭 100, 150, 200*mm*, 길이 2~6*m* 의 천연 목재 또는 집성 목재판 *Planks* 을 조립하여 만든 바닥판 또는 지붕판이다.

다) 목재 단판 적층재 *LVL: Laminated Lumber Veneer*

LVL 은 두께 2.5~3.2*mm* 의 건조된 단판 *Veneers* 을 여러 장 서로 포개어 접착제 *PF* 로 접착, 제조한 장척의 판재 *Long Panels* 이다(사진 2-33). *LVL* 은 단판의 나뭇결이 서로 평행이 되도록 접착하여 생산하므로 *PLL Parallel Laminated Lumber* 이라고도 한다. *LVL* 제조방법은 합판과 유사하지만 *LVL* 은 고품질의 침엽수 단판을 사용하며 단판마다 소정의 강도시험을 통과하여야 한다. *LVL* 은 결점이 거의 없고 품질이 균일하며 역학적 특성이 천연의 목

재보다 우수한 신뢰할 수 있는 인공목재이지만 가격이 비싼 것이 흠이다. *LVL* 의 탄성계수는 1.24~1.43×10*Mpa*, 휨 인장 파괴계수는 15.2~29*Mpa* 이다. 길이가 긴 판재 형태로 생산된 *LVL* 은 필요에 따라서 적당한 치수의 각목 *Billets* 형태로 절단하여 사용한다. 약 38*mm* 두께의 *LVL* 은 접착제의 두께를 포함해서 일반적으로 12 장의 박판을 접착하여 만든다. *LVL* 은 일반적으로 두께 100*mm*, 폭 610*mm*, 길이 2.4~24*m* 로 생산되며 현재 목재 시장에서 거래되고 있는 각목 형상의 *LVL* 의 치수는 2×12, 4×10*in.*, 길이 20, 24, 28*ft.* 등이다. *LVL* 은 목조 건축물의 큰 보 *Main Beams* 로 주로 활용되지만 개구부의 상인방 *Headers*, 목재 I-형 보 *I-beams* 의 프랜지 *Flanges*, 비계발판 *Scafflod Planks*, 병렬구조 트러스 *Parallel-chord Trusses* 등의 용도로도 쓰인다. 목재 단판적층재에 관한 사항은 *KSF* 3119 에 규정되어 있으며 *LVL* 의 의미는 다음과 같다:

Laminated Veneer Lumber Structural wood members constructed by gluing thin sheets of wood veneer together.

사진 2-33 : *LVL* 및 I-형 보 (*I-beam*)

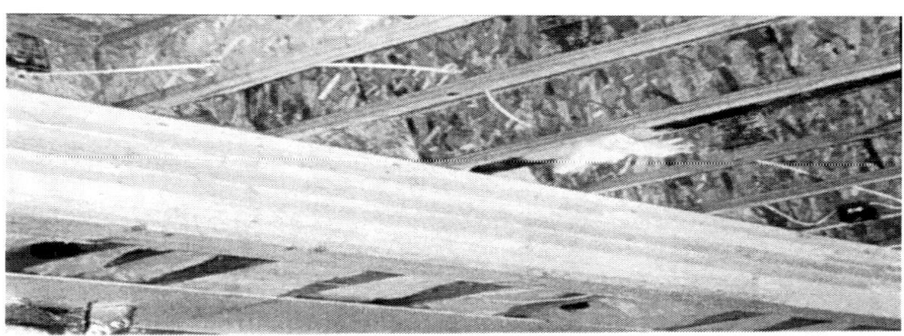

라) 핑거-조인트 목재 *Finger-jointed Lumber*

핑거-조인트 *Finger Joint* 로 이어진 목재로 이음부분의 강도저하가 거의 없고 견고하여 길이가 긴 구조용 부재로 사용이 가능하다. 핑거-조인트란 집성목재를 잇는 방법 중 하나로 이음부분의 형태가 마치 두 손의 손가락을 깍지 낀 모습과 유사하여 붙여진 이름이다(사진2-34). 핑거-조인트 목재에 관한 사항은 *KSF* 3023 에 규정되어 있으며 그 의미는 다음과 같다:

Finger-jointed Lumber Small pieces of wood glued together (a set of projecting fingers is sawn into the end of each piece so the pieces "interlock") to produce a longer, stronger type of board.

사진 2-34 : 핑거-조인트 *Finger Joint* 인공목재

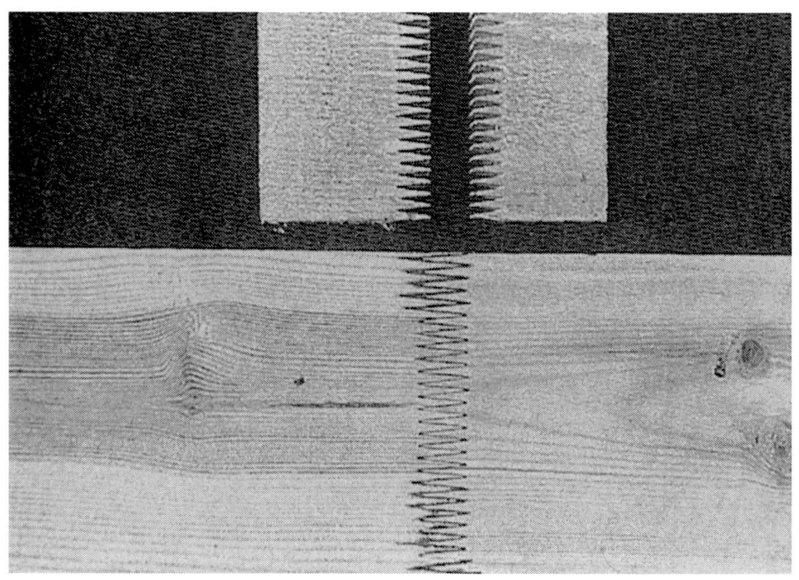

마) 복합판재 Composite Panel

1975년경에 개발된 판재로서 OSB, 파티클보드 또는 천연판재를 중심부 Core 판재로 하고 그 표면에 마감용 박 판재를 접착하여 만든다. 이 판재를 중첩 Com-ply 판재라고도 한다.

바) 패러램 Paralam

목재섬유 Wood Fibers 와 합성수지 Synthetic Resins 접착제를 혼합한 다음 금속형틀 Metal Dies 에 넣고, 압출, 사전에 결정된 규격과 형상의 목재를 만들어 낸다. 형틀에서 나온 목재를 산업용 초단파 가마 Oven 에서 가열 양생, 경화시킨다. 이 공법으로는 형태가 매우 다양한 목재를 거의 무한대의 길이로 생산할 수 있으므로 생산단가가 매우 저렴하다. 패러램은 목재의 품질이 균등하고, 우수하며 시공 효율성이 매우 크다.

사) LSL: Laminated-strand Lumber

길이 약 305mm 정도의 실과 같은 형태의 목재섬유 Wood Strands 를 서로 평행되게 포갠 다음 접착제로 접착, 고압증기로 압착, 성형한 목재이다. LSL 중에서 목재섬유의 방향이 서로 직교하도록 접착하여 생산한 목재를 OSL Oriented-strand Lumber 이라고 한다.

아) PSL: Parallel-strand Lumber

일종의 인공 각목 Solid Billets 이다. PSL 은 통나무를 약간 길게 절단하여 만든 길이가 긴 실모양의 목재섬유 Long Strands 를 평행이 되도록 포개어 합성수지계 접착제로 접착하여 만든다. 산업용 극초단파를 이용하여 가열, 가압, 경화시킨다.

5) 목재의 재료시험

건설 산업에서 활용되고 있는 각종 목재 및 관련 제품의 구조적 안전을 담보하기 위해서는 재료시험을 통하여 목재의 특성을 파악하여야 한다. 그러나 목재의 시험방법에 관한 상세한 내용은 건축 재료학 및 재료시험 분야에 속하는 사항이므로 상세한 기술은 생략한다. 여기서는 미국 상무성의 NSI National Standard Institute 및 WWPA Western Woods Product Association, ASTM 등에서 규정하고 있는 역하적 성능시험에 관한 내용 중 건설 현장에서 이해하여야 할 필요가 있는 주요 시험의 제목만을 기술하기로 한다:

① Static Bending
② Impact Bending
③ Shear Parallel to the Grain

④ *Compression Perpendicular to the Grain*
⑤ *Tension Parallel to the Grain*
⑥ *Nail Withdrawal*
⑦ *Radial and Tangential Shrinkage*
⑧ *Toughness*
⑨ *Compression Parallel to the Grain*
⑩ *Hardness*
⑪ *Cleavage*
⑫ *Tension Perpendicular to the Grain*
⑬ *Moisture Determination*
⑭ *Specific Gravity and Shrinkage on Volume*

4. 콘크리트 및 시멘트 관련 재료

1) 콘크리트의 역사 및 장단점

가. 콘크리트 역사

석고, 석회 *Burned Lime*, 화산재 *Pozzolana*, 화산흙 *Volcanic Soil* 및 깨진 돌조각 등의 천연재료를 혼합하여 만든 천연콘크리트를 최초로 사용한 사람들은 로마인들이라고 추정된다. 그러나 오늘날 공사현장에서 흔히 쓰이는 콘크리트는 거의 모두 인공콘크리트이다. 인공콘크리트는 그 종류가 매우 다양하지만 건설공사 현장에서 쓰이는 콘크리트의 대부분은 보통 포틀랜드 시멘트 콘크리트 *Portland Cement Concrete* 이다. 포틀랜드 시멘트라는 명칭은 인공시멘트의 색이 영국 돌셋 카운티 *Dorset County* 의 포틀랜드 *Portland* 섬에서 생산되는 석회석의 색과 유사한데서 붙여진 이름이다. 1824년 영국의 조지프 아스프딘 *Joseph Aspdin* 이 포틀랜드 시멘트를 발명한 이후 인공콘크리트의 생산은 가능하게 되었지만 인공콘크리트의 사용이 보편화된 것은 1867년 철근콘크리트 공법이 개발된 이후이다. 미국에서는 1871년에 데이비드 세일러 *David Saylor* 가 시멘트 생산특허를 취득하였다. 1886년에는 뉴욕 *New York*, 라운다우트 *Roundout* 의 시멘트 공장에서 회전식 소성 가마 *Rotary Kiln* 를 사용, 시멘트를 대량으로 생산할 수 있는 길을 열었다. 현재 대부분의 시멘트 공장에서는 예전의 어떤 가마보다도 성능이 우수한 *NSP New Suspension Preheater* 가마 *Kiln* 를 이용하여 다양한 특성을 갖는 시멘트를 대량생산하고 있다.

나. 콘크리트의 장점 및 단점

가) 장점

① 배합설계에 의하여 강도와 특성을 임의로 조절 가능; 굳기 전에 성능이 다양한 혼화재료 첨가 가능

② 구조물의 크기 및 형태 무제한; 초기 유동성이 커 거푸집으로 구조물의 크기 및 형태를 자유롭게 조절 가능

③ 기둥, 보 등과 같이 기능이 서로 다른 구조 부재의 접합이 용이 하고 완벽; 구조적 일체성, 연속성 및 효율성 우수

④ 일체형 구조인 철근콘크리트는 보통, 물에 약한 목재나 철강재와는 달리 물에 대한 저항력이 크고 흙 속의 황산, 바닷가 염분 등 화학적 환경에 대한 내성이 크다.

⑤ 역학적 취약점을 철근, 형강 등으로 보완; 취약한 인장강도 및 휨강도를 열팽창 계수가 유사한 철강재로 보강 가능

⑥ 시공 및 유지관리가 경제적; 공법이 간단하여 기계화 시공이 가능하고 숙련기능인 및 유지관리가 거의 불필요

⑦ 조성재료의 확보, 운반이 용이하고 비교적 가격이 저렴

⑧ 내구성, 내화성, 내마모성, 내후성, 내진성, 방수성 등이 우수

⑨ 철골구조에 비하여 바닥판 진동 *Floor Vibrations* 이 적고 경직성 *Stiffness* 이 크다.

나) 단점

① 균열 저항성 부족; 양생 시 소성수축, 건조수축이 크고 열팽창 및 수축이 커 균열 발생 우려

② 구조부재의 중량 및 체적이 크다; 공간 활용 효율저하

③ 강도발현을 위한 경화기간 *28일 이상* 이 길어 건설공기 증가

④ 인장강도 및 휨강도가 작아 구조부재로는 단독사용이 제한적

⑤ 응력에 대한 변형능력 최소; 연성이 작아 에너지 흡수능력 최저

⑥ 구조물의 개보수가 어렵고 철거 시 파괴 곤란

⑦ 콘크리트 폐자재의 재활용이 제한적이고 환경친화성이 적다.

⑧ 양질의 콘크리트를 얻기 위해서는 많은 노력과 관리기술이 필요

2) 콘크리트의 원료 및 용도

가. 콘크리트 원료 및 품질

혼합재료인 콘크리트를 조성하는 물질의 구성비는 그림 2-20 과 같다. 콘크리트의 원료는 주성분인 시멘트 및 자갈, 모래, 물, 혼화재료 등이다(그림 2-21). 콘크리트는 생산 후 수 시간 정도는 가소성물질로 존재하지만 시간의 경과와 함께 응결, 경화되는 성질이 있다. 콘크리트의 품질은 재료의 특성, 배합설계, 수화작용 및 제조, 운반, 시공, 양생 등에 이르기까지의 전 과정에 따라서 결정되므로 이들 과정을 종합적으로 관리할 수 있는 기술의 터득이 필요하다. 콘크리트는 강도 및 제반 특성을 생산 전에 결정하여 주문형식으로 생산할 수도 있는 재료이다. 콘크리트의 의미는 다음과 같다:

Concrete A composite material consisting of sand, coarse aggregate (gravel, stone, or slag), cement, and water. When mixed and allowed to harden, it forms a stone-like material.

그림 2-20 : 콘크리트 조성물질의 구성비

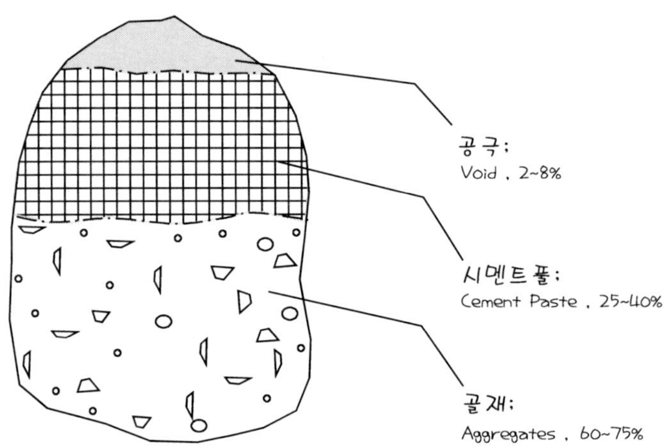

그림 2-21 : 콘크리트 및 관련재료

* Stucco = Mortar = Grout & Shotcrete

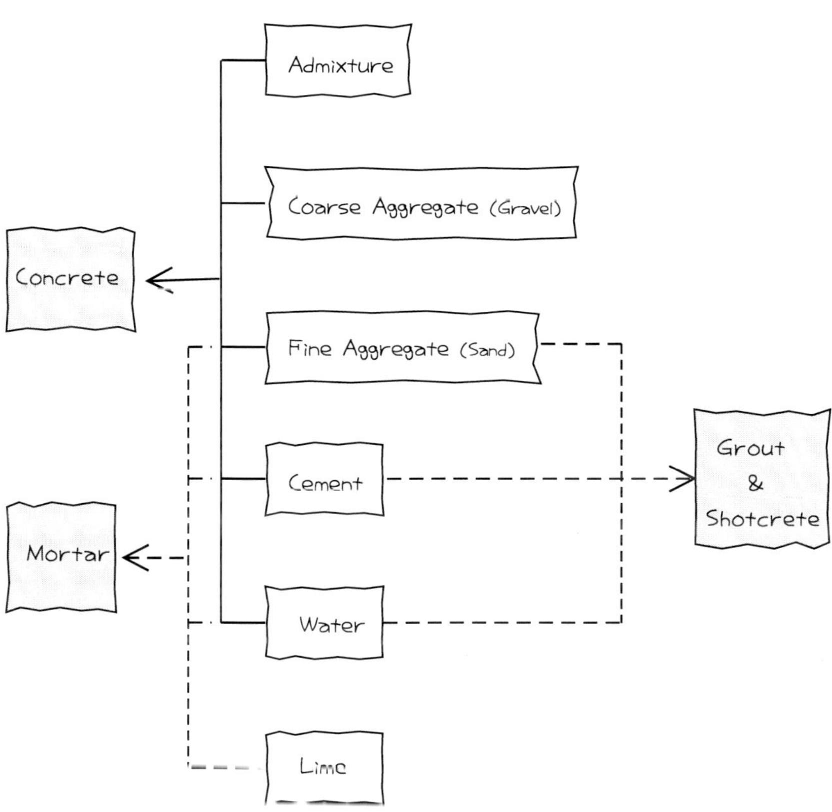

나. 콘크리트의 용도

콘크리트는 목재, 석재 및 철강재 등과 함께 건설공사 현장에서 가장 흔하면서도 가장 중요한 재료중의 하나이다. 압축강도가 크고 내화, 내구성 및 수밀성이 좋은 콘크리트는 공학적으로 보완관계에 있는 철강재의 발명으로 댐, 운하, 도수로 *Aqueduct* , 교량 등의 대형 구조물이나 초고층건축물의 건설에서 필수적인 구조용 재료가 되었다. 콘크리트와 철근의 합성재료를 철근 콘크리트 *RC: Reinforced Concrete* , 콘크리트와 형강의 합성재료를 철골 철근 콘크리트 *SRC: Structural Steel RC* 라고 한다(사진 2-35 및 사진 2-36).

사진 2-35 : 테네리페 음악당 *Auditorio de Tenerife Canaries, España*

♣ 착공 79개월 만인 2003년 9월 26일 준공된 이 음악당은 스페인 최상의 휴양지인 카나리아 제도 Canaries 의 작은 섬 테네리페, 산타 크뤼즈 Santa Cruz de Tenerife 의 해안에 있다. 카나리아 제도는 스페인 서남쪽, 아프리카 북서부 모로코 Morocco 연안의 대서양 상에 있는 섬이다. 이 음악당은 스페인 건축가 산티아고 칼라트라바가 설계하였다. 백색 콘크리트 구조체의 형상은 남국 해변의 풍광과 잘 어우러져 보는 사람들로 하여금 파도, 투구, 야자수 잎, 거북이 등을 연상케 하면서, 상상의 나래를 펴게 해준다.

사진 2-36 : 빛나는 도시 *La Cité Radieuse Marseille, France*

이 건축물은 프랑스의 남쪽 항구 도시인 마르세이유에 있는 철근콘크리트 골조의 공동주택이다. 르 꼬르뷔지에 Le Corbusier 가 설계한 이 건축물은, 1946년에 착공, 1953년에 완공되었다. 이 공동주택은 주거공동체 Communauté d'Habitation 라는 기능적 상징성 때문에 '빛나는 도시 La Cité Radieuse ' 라고도 불려진다. 이 건축물에는 23개의 서로 다른 평면으로 구성된 337세대의 아파트 Appartements 가 있으며, 옥상에는 운동시설이 설치되어 있다. 전체 18층인 이 건축물의 1층은 V 字형 기둥 Pilotis 으로 구성되었으며 출입구는 호텔의 로비처럼 장식되었다. 이 건축물의 가로는 165*m* , 높이는 56*m* 이다. 이 건축물의 옥상에서는 남쪽의 마르세이유 구항 및 지중해가 보인다.

♣ 빛나는 도시 전경

♣ 빛나는 도시 정면 및 측면

3) 콘크리트의 물리적 특성

건설공사용 재료로 쓰이는 콘크리트는 비빔직후 굳지 않았을 때와 시간의 경과에 따라서 굳어진 다음에 요구되는 물리적 특성은 명백하게 다르다. 콘크리트는 비빔직후 응결되기 시작하면서 수 시간 정도는 가소성물질로 존재하지만 시간의 경과와 함께 경화되는 성질이 있기 때문이다.

가. 굳지 않은 콘크리트 *Fresh Concrete* 또는 *Plastic Concrete*

건설공사 현장에서 굳지 않은 콘크리트에 요구되는 가장 중요한 공학적 특성은 시공성 *Workability* 이다. 즉, 굳지 않은 콘크리트의 특성은 운반, 타설, 다짐 및 표면 마감 작업에 이르기까지의 수 시간 동안에 적정수준의 유동성을 유지하면서 골재분리 *Segregation* 가 일어나지 않는 상태로 존재하는데 필요한 요건을 갖추는 것이다.

가) 시공성능 *Workability*

굳지 않은 콘크리트의 시공성능이란 콘크리트의 타설, 다짐 및 표면 마감공사 등에서 공사의 용이성 내지는 편의성의 정도를 상대적으로 나타 낼 수 있는 특성을 말한다. 현재 콘크리트의 시공성능을 정량적으로 *Quantitatively* 평가할 수 있는 기본 틀은 없지만 공사현장에서는 연경도 *Consistency* , 유동성 *Mobility* , 다짐성 *Compactability* , 표면 마감성 *Finishability* , 소성 *Plasticity* , 점성 *Viscosity* 등을 기준으로 하여 콘크리트의 시공성능을 평가한다. 콘크리트의 시공성능은 혼합수 *混合水, Mixing Water* 량 量 의 변화에는 민감한 반면 시멘트 함유량에는 비교적 둔감하다. 일반적으로 수화반응 및 수분증발 속도가 빨라질수록 시공성능은 감소되며 시공성능이 지나치게 낮을 경우 공사시행에 어려움이 따른다. 반면 시공성능이 지나치게 높은 경우에는 골재분리현상이 발생하여 불량시공이 되거나 콘크리트를 사용할 수 없게 된다. 시공성능의 증가와 감소요인 및 관련용어의 정의는 다음과 같다:

Workability That property of freshly mixed concrete or mortar that determines the ease and homogeneity with which it can be mixed, placed, compacted, and finished.

(1) 시공성능 증가 요인

① 혼화제 사용: 감수제 *Water-Reducing Admixture* 또는
공기 연행제 *Air-Entraining Admixture*

② 최대 치수가 큰 골재 사용: 골재의 단위 표면적 감소

③ 굵은 골재 비율 증가

(2) 시공성능 감소 요인

① 분말도가 큰 시멘트 사용

② 잔골재 비율 증가; 골재의 단위표면적 증가

나) 연경도 *Consistency*

굳지 않은 콘크리트의 유동성 및 가소성을 나타내는 특성으로 슬럼프 시험으로 판별할 수 있으며 그 의미는 다음과 같다:

Consistency A reference to the relative mobility or plasticity of freshly mixed concrete or mortar, as measured by a slump test for concrete, and by a flow test for mortar and grout.

다) 골재 분리 *Segregation*

굳지 않은 콘크리트에서 잔골재, 굵은 골재 및 혼합수가 서로 분리되는 현상을 골재분리라고 한다. 골재분리는 일반적으로 혼합수량이 많고 잔골재량이 부족한 때 발생한다. 골재분리는 공기연행제 등을 사용하면 어느 정도까지는 방지할 수 있다.

골재가 분리된 콘크리트는 비 균질 배합이 되어 경화 후 강도 및 내구성에 나쁜 영향을 끼침은 물론 콘크리트 속에 기포가 발생하면서 콘크리트 표면에 작은 구멍이 생기고 곰보자국이 발생한다(사진 2-37). 골재 분리는 일반적으로 콘크리트의 응결 및 경화 과정에서 블리딩 *Bleeding* 및 레땅스 *Laitance* 현상을 수반한다. 골재분리에 관련된 용어의 의미는 다음과 같다:

Segregation The differential concentration of the components of mixed concrete, aggregate, or the like, resulting in nonuniform proportions in the mass.

Bleeding 또는 *Water Gain ① The autogenous flow of mixing water within, or its emergence from, freshly placed concrete or mortar. Bleeding is caused by the settlement of the solid materials within the mass. ② In painting, seepage of resin or an undercoating of paint through the finish coat. ③ In lumber, the exuding of sap or resin.*

Laitance In concrete, a weak, crumbly, and dusty surface layer caused by excessive water that has bled to the surface and subsequently weakened it. Over-working the surface during finishing can aggravate the problem. If laitance forms between pours, it must be brushed and washed away.

사진 2-37 : 콘크리트 내력벽의 골재분리 현상

♣ 사진 중간 부분에 골재가 분리된 현상이 보인다.

(1) 블리딩 *Bleeding*

블리딩 *Bleeding* 이란 콘크리트의 조성성분 가운데 시멘트, 골재, 혼합수가 서로 분리되면서 중량이 큰 시멘트 및 골재는 침하되고 상대적으로 중량이 작은 혼합수는 콘크리트 표면으로 떠오르는 현상을 말한다. 이와 같이 혼합수가 떠올라 콘크리트 표면에 고이는 현상을 부가수 附加水, *Water Gain* 현상이라고도 한다. 부가수는 증발되거나 거푸집의 틈새로 빠져나가기 때문에 수화작용의 불량을 유발하여 콘크리트의 강도 및 수밀성을 저하시킨다. 또한 혼합수가 상승할 때는 미세한 시멘트 입자 및 불순물을 동반하므로 콘크리트는 비균질화 되면서 이방성 異方性 을 갖게 되고 굵은 골재의 하단부에는 미세한 균열이 발생한다. 이와 같이 과도한 블리딩은 콘크리트의 품질을 떨어뜨리지만 적정한 수준의 블리딩은 바닥판, 지붕판, 도로포장 등의 마감공사에서 표면을 평탄하고 매끄럽게 마감하는데 도움이 된다. 블리딩 현상의 증감원인은 다음과 같다.

(가) 블리딩이 적은 콘크리트 생산요인

① 분말도가 큰 시멘트 ② 초 속경 시멘트 ③ 공기연행 *AE* 제
④ 낮은 물-시멘트 비 ⑤ 부순돌 보다는 강자갈
⑥ 최대치수가 작은 굵은 골재

(나) 블리딩 증가를 유발하는 공사요인

① 빈배합 *Lean Mixes* 콘크리트
② 적절한 응결이전의 과도한 진동 및 흙손질
③ 과도한 타설 높이 및 속도 ④ 지나치게 큰 구조물 단면치수

(2) 레땅스 *Laitance*

레땅스 *Laitance* 의 어원은 '묽은 모르타르' 이라는 의미의 프랑스어로 추정되며 이에 상당하는 미국어는 '물때'를 의미하는 '스케일 *Scale* ' 이다. 레땅스란 통상적으로 콘크리트 표면에 혼합수와 함께 과도하게 떠오른 석고, 석회, 시멘트 등의 미세한 불순물 입자가 혼합수의 증발로 콘크리트 표면에 고착되어 형성된 우유 빛깔의 얇은 피막 층을 의미한다. 레땅스는 접착성이 없어 콘크리트 이어 치기할 부분의 부착강도 저하가 우려되므로 이어 치기할 부분에 생기는 레땅스는 깨끗이 긁어내고 물청소하여야 한다.

나. 굳은 콘크리트 *Hardened Concrete*

건설공사의 구조용 재료로서 굳은 콘크리트에 요구되는 중요한 물리적 특성은 강도, 내구

성, 탄성 등이다. 특히 구조재료로서 콘크리트에 요구되는 강도에는 압축, 인장, 휨, 전단, 부착, 피로강도 등이 있다. 콘크리트의 역학적 특성은 배합 비, 양생방법 및 여러 가지 환경적 요소에 의하여 결정된다. 그러나 물리적 특성에 관한 상세한 설명은 건축 재료학 및 재료시험 분야에 속하는 사항이므로 여기서는 기술을 생략한다. 군은 콘크리트에 관하여 건설현장에서 이해할 필요가 있는 물리적 특성의 종류는 다음과 같다:

① 응결 및 경화에 의한 체적변화 *Early Volume Change*
② 일정하중에 대한 장기간 미세변형 특성 *Creep Properties*
③ 응력 및 변형의 상관관계 *Stress-Strain Relation*
④ 압축강도 *Compressive Strength* ⑤ 탄성계수 *Modulus of Elasticity*
⑥ 내구성 *Durability* ⑦ 수축성 *Shrinkage* ⑧ 투수성 *Permeability*

4) 콘크리트 생산 및 관리

건설공사 현장에서 사용되는 콘크리트의 대부분은 콘크리트 생산 공장에서 생산된다. 콘크리트의 생산과정을 파악하기 위해서는 골재, 시멘트, 혼화재료 등의 종류 및 특성, 배합설계 등을 이해하여야 하지만 이와 관련된 내용은 재료학이나 재료시험 분야에서 상세히 다루고 있으므로 여기서는 간략하게 그 개요만을 기술한다.

가. 콘크리트 배합 및 혼화재료

가) 배합 설계

콘크리트의 배합설계란 경제적인 가격으로 소요강도 및 내구특성을 갖는 콘크리트를 생산하기 위하여 시멘트, 골재 및 물의 비율을 결정하는 일을 말한다. 콘크리트 생산을 위한 배합에는 중량배합과 용적배합이 있으나 콘크리트 생산 공장에서는 중량배합을 원칙으로 한다. 콘크리트 생산 공장에서 중량배합으로 보통 포틀랜드 시멘트 콘크리트 $1m^3$를 생산하는데 필요한 재료 소요량의 실례는 표 2-17 과 같다. 배합설계를 할 때는 산정 식에 따라서 배합강도, 물-시멘트비 등을 산정하여야 하지만 상세한 설명은 생략한다. 콘크리트를 배합설계 할 때 유념해야 할 기본원칙과 순서는 다음과 같다.

(1) 배합설계의 기본원칙

① 혼합수량의 최소화 ② 시멘트 량의 최소화
③ 최대골재 규격의 최대화

④ 최적밀도 창출을 위한 골재비율 결정
⑤ 소요 시공성능(슬럼프) 확보
⑥ 소요강도 및 내구성에 따라 물-시멘트 비 결정

(2) 배합설계 순서

① 배합강도(f_{cr}) 결정
② 물-시멘트 비 결정
③ 굵은 골재 최대치수 결정
④ 혼합수량 및 공기량 결정
⑤ 슬럼프 결정
⑥ 재료의 단위 소요량 산정; 물, 시멘트, 잔골재, 굵은 골재, 혼화재료
⑦ 시험 비빔 후 재료 소요량 보정 및 확정

표 2-17 : 콘크리트 중량배합 재료 소요량

배 합 조 건	재료 소요량
Portland Cement Concrete: 1m³, 콘크리트 압축강도: 27.3 Mpa 물-시멘트 비: 0.45, 슬럼프: 75 mm 굵은 골재 최대치수: 25 mm	물(W): 99 kg, 시멘트(C): 334 kg 잔골재(S): 623 kg, 굵은골재(G): 1195 kg, 혼화제: 147 ml

나) 현장계량 용적배합

건설공사 현장에서는 일반적으로 콘크리트 생산 공장에서 생산된 콘크리트 *Remicon* 를 사용한다. 그러나 현장에서 한번에 쓰일 콘크리트 소요량이 기계비빔 1회 분량인 1.5~9m^3 정도에 해당되지 않는 소량인 경우 레미콘을 사용하는 것은 비경제적이다. 따라서 이러한 경우에는 현장에서 직접 콘크리트를 비벼서 사용하여야 한다. 현장에서 혼화재료를 사용하지 않고 습윤 상태의 골재와 보통포틀랜드시멘트를 사용하여 용적배합으로 콘크리트 1m^3 를 비빌 때 소요되는 재료의 양은 표 2-18 과 같다. 일반적으로 용적배합 생산의 경우 콘크리트를 비비기전 재료의 총체적은 비빈 후에는 2/3정도로 압축된다. 공사 현장에서 직접 소량의 콘크리트를 생산하여야 할 필요가 있는 경우에는 손 비빔 또는 소형의 드럼믹서 *Drum Mixer* 비빔 방법을 활용한다.

(1) 손 비빔 *Hand Mixing*

공사현장에서 소량의 콘크리트가 필요한 경우에 실용적으로 활용할 수 있는 방법은 현장 계량 용적배합에 의한 손 비빔 방식이다. 손 비빔 콘크리트의 배합비는 일반적으로 시멘트:모래:자갈 *C:S:G* 의 배합비가 1:2:4, 1:3:6, 또는 1:4:8 이다. 소요 혼합수량 混合水量 은 시멘트 중량과 물-시멘트 비를 이용하여 산정할 수 있다. 요즈음에는 시멘트와 모래를 공장에서 적정비율로 미리 혼합한 제품인 레미탈 *Remitar: Ready Mixed Mortar* 의 사용이 보편화되어 손 비빔이 훨씬 용이하게 되었다. 건축공사 현장에서의 일반적인 손 비빔 순서는 다음과 같다:

① 비 흡습성의 강철판 또는 플라스틱판 위에 소요량의 모래를 넓게 펴 깔고 그 위에 시멘트를 쏟아 붓는다.
② 건비빔 3회 이상하여 모래와 시멘트를 잘 혼합한다.
③ 모래와 시멘트의 혼합물을 잘 펴서 깔되 가운데는 낮게, 둘레는 둑을 만들어 높게 쌓아 올린다.
④ 모래와 시멘트 혼합물의 가운데 부분에 자갈을 넣고 물을 서서히, 골고루 붓되 물이 밖으로 새어 나가지 않도록 주의 한다.
⑤ 물 비빔 4회 이상하여 콘크리트를 만든다.

표 2-18 : 콘크리트 용적배합 재료 소요량

굵은 골재 최대치수 (mm)	보통 Portland Cement			모 래 (m^3)	자 갈 (m^3)	물 (kg)
	m^3	*kg	**포			
9.5	0.273	410	10.3	0.683	0.408	0.137
12.5	0.251	377	9.5	0.626	0.499	0.125
19.0	0.229	344	8.6	0.578	0.578	0.116
25.0	0.222	333	8.4	0.555	0.612	0.111
37.5	0.215	323	8.1	0.536	0.644	0.107

*시멘트 단위용적 중량: 1500 kg/m^3
**시멘트 단위포장 중량: 40 kg/포

(2) 소형 드럼믹서 *Drum Mixer* 비빔

주택공사 등의 소규모 건축공사 현장에서 소량의 콘크리트를 수시로 사용할 필요가 있는 경우에는 소형의 드럼믹서 *Drum Mixer* 를 이용하여 콘크리트를 생산하는 것이 합리적이고 경제적이다(사진 2-38). 소형의 드럼믹서 *Drum Mixer* 를 이용하여 콘크리트를 비비는 일반적인 순서는 다음과 같다:

① 소요 혼합수량 混合水量 의 약 10% 정도를 드럼믹서에 넣는다.
② 자갈의 소요량 일부를 넣고 평탄하게 골고루 편다.
③ 평평하게 펴진 자갈 위에 시멘트 소요량을 넣는다.
④ 자갈 및 모래 소요량을 넣는다.
⑤ 혼합 수 소요량의 약 80% 정도를 넣는다.
⑥ 약 3분간 드럼믹서로 비빈다. ⑦ 약 2분간 비빔을 정지한다.
⑧ 잔여 혼합수량 10%를 마저 넣고 2분 동안 다시 비빈다.
⑨ 믹서를 돌리면서 비벼진 콘크리트를 쏟아 낸다.

사진 2-38 : 소형 드럼 믹서 *Drum Mixer Milano, Italia*

♣ 소형 드럼 믹서: 대성당 보수공사 현장, 이탈리아 밀라노

(3) 현장계량 용적배합 산정식

건축공사 현장에서 현장계량 용적배합 방식으로 콘크리트를 비벼낼 때 혼합수량은 산정된 시멘트 중량과 소정의 물-시멘트 비에 따라서 구할 수 있다. 현장계량 용적배합 방식에서 시멘트 : 모래 : 자갈 *C:S:G* 의 배합비가 1 : m : n 인 경우에 콘크리트 1m^3 생산에 필요한 재료의 개략적 소요량 산정식은 다음과 같다:

$V = 1.1\ m + 0.57\ n$ 에서

$C = \frac{1500}{V}$ (kg) 또는 $\frac{37.5}{V}$ (포), $S = \frac{m}{V}$ (m^3),

$G = \frac{n}{V}$ (m^3)

다) 혼화재료 *Admixtures*

혼화재료는 콘크리트 또는 시멘트 모르타르 *Cement Mortar* 의 소성 증대, 강도발현 촉진, 수화열 감소 등의 성능을 개선 또는 변경할 목적으로 사용하는 재료이다. 혼화재료는 일반적으로 콘크리트의 배합직전 또는 직후에 투입한다. 그러나 혼화재료의 오용은 콘크리트의 일반특성을 손상시킬 수도 있으므로 배합비율의 조절만으로는 성능 개선이 불가능한 경우에만 사용하는 것이 바람직하다. 혼화재료의 사용목적 및 종류는 다음과 같다.

(1) 혼화재료 사용목적

혼화재료의 선정 및 사용량은 배합 비, 골재의 종류 및 굵기, 시멘트의 종류, 양생 중 대기온도 등의 여러 가지 요소에 따라서 결정하여야 한다. 미국의 *PCA Portland Cement Association* 가 정의한 혼화재료의 사용목적은 다음과 같다:

① 콘크리트 공사의 원가절감
② 좀 더 효과적인 특성을 갖는 콘크리트 생산
③ 콘크리트의 품질확보; 제조, 운반, 타설 과정 및 악천후에서 양질 양생의 품질유지
④ 콘크리트 제조, 운반, 타설시 돌발적인 응급상황에 대처할 수 있는 유연성 확보

(2) 혼화재료의 종류

콘크리트의 성능개량에 사용되는 혼화재료는 크게 화학물질 혼화제와 광물질 혼화재로 분류되지만 콘크리트의 특정 성능을 개량하기 위하여 제조된 혼화재료도 있다. 혼화재료에 관

한 상세한 설명은 건축 재료학에 관련된 사항이므로 여기서는 혼화재료의 종류 및 용도만을 간략하게 기술한다.

(가) 화학물질 혼화제 *Chemical Admixtures*

합성 화합물질 혼화 제는 일종의 화학약품이므로 공사 시방서 또는 제조회사의 권장사항에 따라서 사용하여야한다. 콘크리트 중량 배합 시 화학물질 혼화 제는 극소량을 사용하거나 혼합 수에 용해하여 사용하므로 혼화제 자체의 중량은 무시한다. *ASTM* 에서 규정하고 있는 화학물질 혼화제의 종류 및 용도는 다음과 같다:

① 감수제 *Water-reducers* ; 양질의 시공성을 필요로 하는 된 비빔용 콘크리트에 사용
② 응결지연제 *Retarders* ; 응결 및 경화의 지연을 필요로 하는 여름철 또는 대형 구조물에 쓰이는 콘크리트에 사용
③ 경화촉진제 *Accelerators* ; 신속한 응결 및 조기 강도의 발현을 필요로 하는 겨울철 공사용 콘크리트에 사용
④ 감수 및 응결지연제 *Water-reducers & Retarders* ; 감수와 응결지연을 동시에 필요로 하는 콘크리트에 사용
⑤ 감수 및 경화촉진제 *Water-reducers & Accelerators* ; 감수와 경화촉진이 동시에 필요한 콘크리트에 사용
⑥ 고성능 감수제 *High-range Water-Reducers* 또는 *Superplasticizers* ; 방수 및 시공성 개량이 필요한 고강도 콘크리트에 사용
⑦ 고성능 감수 및 응결지연제: 응결 지연, 방수 및 시공성 개선을 필요로 하는 고강도 콘크리트에 사용
⑧ 공기연행제 *Air-entrainers* ; 시공성 및 내구성 향상을 필요로 하는 콘크리트에 사용
⑨ 동결방지제 *Antifreezers* ; 굳지 않은 콘크리트의 겨울철 동결방지를 필요로 하는 콘크리트에 사용

(나) 광물질 혼화재 *Mineral Admixtures*

광물질 혼화재는 석탄재 *Fly Ash*, 고로광재 *Slag* 등과 같이 산업생산의 부산물을 분말화한 인공 혼화재와 화산재 *Pozzolana* 와 같이 자연에서 구할 수 있는 천연 혼화재료 분류된다. 포조라나 *Pozzolana* 는 이탈리아어로서 나폴리 *Napoli* 근처의 포조우리 *Pozzouli* 라는 지명에서 유래하였다. 인공 광물질 혼화 재는 산업폐기물을 이용하여 만들기 때문에 환경 친화적인 제료

라고도 한다. 광물질 혼화 재는 모래 또는 자갈의 일정량을 대체하여 다량 사용하는 재료이므로 콘크리트 배합시 혼화재의 중량을 계량하여야 한다. 콘크리트 배합시 광물질 혼화재의 사용량은 대체로 시멘트 중량의 20~100% 정도이다. PCA 가 물리화학적 특성에 따라서 분류하고 있는 광물질 혼화재의 종류 및 기능은 다음과 같다.

[1] 광물질 혼화재의 종류

① 시멘트성분 *Cementitious* 혼화재 ; 고로광재, 천연시멘트, 수산화석회 등의 미세한 분말
② 천연 포조라나 *Pozzolana* 혼화재 ; 천연 화산재 *Volcanic Ash*
③ 합성 포조라나 혼화재 ; 석탄재 *Fly Ash* , 규석훈연 *Silica Fume* 또는 *Microsilica*
④ 포조라나-시멘트 *Pozzolanic-cementitious* 혼화재
⑤ 비활성 *Nominally Inert* 혼화재 ; 석영 *Quartz*, 대리석 *Marble* , 석회석 *Limestone* 등의 미세한 분말

[2] 광물질 혼화재의 기능

[가] 굳지 않은 콘크리트에서의 기능

① 소요 혼합수량 *Water Requirements* ; 플라이 애시 *Fly Ash* 를 사용할 때는 수량 水量 감소 가능, 그러나 실리카 흄 *Silica Fume* 은 수량 水量 증가 필요
② 공기량 *Air Content* ; 플라이 애시와 실리카 흄은 공기량을 감소시키므로 공기연행제를 사용하여 보완
③ 시공성 *Workability* ; 플라이 애시, 광재 및 비활성 광물질 분말은 시공성을 증가, 그러나 실리카 흄은 시공성을 감소시키므로 고성능 감수제 *Superplasticizers* 를 사용하여 보완
④ 수화작용 *Hydration* ; 플라이 애시는 수화열을 감소, 고성능 감수제를 실리카 흄과 함께 사용할 경우에는 수화열 증가, 그러나 실리카 흄 자체는 수화열과 무관하다.
⑤ 응결시간 *Set Time* ; 플라이 애시, 천연 포조라나 및 고로광재는 응결 시간을 증가 시키므로 경화촉진제를 사용하여 보완한다.

[나] 굳은 콘크리트에서의 기능

① 강도 *Strength* ; 플라이 애시는 극한강도를 증가시키는 반면 강도발현 속도를 감소, 실리카 흄은 포조라나 보다는 강도발현 속도증가에 미치는 영향이 적다.
② 내황산 *Sulfate Resistance* ; 방수성능 개선용 혼화재를 사용하여내 황산 성을 개량한다.

③ 투수성 및 흡수성 *Permeability & Absorption* ; 실리카 흄은 투수성 및 흡수성 감소에 효과적이다.

④ 알칼리골재 반응성 *Alkali-aggregate Reactivity* ; 골재의 알칼리반응을 최소화하기 위하여 저알칼리 시멘트 *Low-alkali Cement* , 플라이 애시 및 광재분말을 사용한다.

⑤ 건조수축 및 변형 *Drying Shrinkage & Creep* ; 광재분말 또는 프라이 애시를 소량 사용할 경우에는 건조수축의 영향이 거의 없지만 사용량이 많을 경우에는 수축균열이 증가할 수도 있다. 실리카 흄은 건조수축을 감소시킨다.

[3] 광물질 혼화재의 용도

① 소성 또는 천연화산재 *Pozzolana* ; 내구성, 방수성, 내 황산 성 및 내알칼리 골재 반응성 등이 필요한 수중콘크리트

② 석탄재 *Fly Ash* ; 내황산성, 내알칼리 골재 반응성, 수화열 완화, 높은 유동성 및 장기양생 강도 발현을 필요로 하는 매스 *Mass* 콘크리트

③ 규석훈연 *Silica Fume* ; 고성능방수성 및 고강도를 필요로 하는 콘크리트 및 쇼트크리트 *Shotcrete*

④ 고로광재 *Blast Furnace Slag* ; 고성능 소성, 화학적 침식에 대한 저항성 및 장기 양생강도 발현을 필요로 하는 지하구조물 및 기초용 콘크리트

(다) 특수 성능 혼화재료 *Specialty Admixtures*

① 시공성 개량 혼화제 *Workability Agents*

② 방청 혼화재료 *Corrosion Inhibitors*

③ 방습 혼화제 *Damp Proofing Agents* ④ 착색 혼화제 *Coloring Agents*

⑤ 내 항균성 혼화재료 *Fungicidal, Germicidal & Insecticidal Admixtures*

⑥ 펌프타설 보조재료 *Pumping Aids*

⑦ 부착성 개량 혼화제 *Bonding Agents*

⑧ 충전 혼화제 *Grouting Agents*

⑨ 기포형성 혼화제 *Gas Forming Agents*

⑩ 투수성 감소 혼화제 *Permeability Reducing Agents*

나. 콘크리트 치기 및 양생관리

가) 콘크리트 치기 *Concrete Placing*

(1) 기계와 시공

콘크리트공사는 기계화 시공이 가장 잘된 공종중의 하나이다. 요즈음 대부분의 건설공사 현장에서는 콘크리트의 운반에서 치기에 이르기까지 거의 모든 작업에서 건설기계를 활용한다. 공사현장에서 흔히 볼 수 있는 콘크리트 치기공사에 쓰이는 건설기계에는 믹서트럭 *Mixer Trucks*, 콘크리트펌프 *Concrete Pumps*, 벨트 컨베이어 *Belt Conveyors*, *CPB Concrete Placing Booms*, 휠배로우 *Wheelbarrows*, 크레인 및 호퍼 *Cranes & Hoppers*, 슈트 *Chutes* 등이 있으나 고층건축물에서는 콘크리트 펌프(사진 2-39), 크레인 및 호퍼(사진 2-40), *CPB*(사진 2-41) 등이 주로 사용된다.

현재 건설공사 현장에서 사용 가능한 콘크리트 펌프의 최대 운반성능은 수직 높이 420~1000m 이상, 시간당 타설량 130m^3 정도이다. 콘크리트 펌프-호스 *Concrete Pump-Hose* 의 배출구는 콘크리트 치기 면에서 900mm 이하의 높이에 위치하여야 치기 중에 생길 수도 있는 골재분리현상을 억제할 수 있다(사진 2-42). 콘크리트 펌프로 콘크리트를 칠 때 콘크리트의 슬럼프는 40~100mm 정도가 적절하다.

왜냐하면 이 정도의 슬럼프를 갖는 콘크리트는 실제 펌핑 *Pumping* 할 때는 12~25mm 정도의 슬럼프를 갖는 콘크리트와 같은 특성을 보이기 때문이다. 이러한 현상은 펌프-호스 *Pump-Hose* 또는 펌프-파이프 *Pump-Pipe* 에 가해지는 압력 때문에 기계의 틈새로 물이 빠져나가 호스 또는 파이프 내부의 마찰력이 증가하기 때문에 발생한다. 그러나 펌프-호스 또는 펌프-파이프의 막힘 현상이 나타날지라도 시공성 향상을 위하여 물 타기를 해서는 안 되며 필요한 경우에는 혼화 제를 사용하여야 한다. 콘크리트의 물 타기는 콘크리트의 품질 및 강도에 심각한 손상을 초래하기 때문이다.

(2) 콘크리트 이어치기

콘크리트는 일반적으로 상온에서 비빔 후 2~2.5시간이 경과하면 유동성을 상실하고 경화되기 시작한다. 따라서 공사 계획상 미리 만들어 놓은 콘크리트 줄눈이 없는 곳에서 콘크리트 이어치기를 할 경우에는 콘크리트가 유동성을 상실하기 이전에 연속해서 이어치기를 실시하여야 콘크리트의 일체성이 확보된다. 일단 시간이 경과되어 경화되기 시작한 콘크리트면 위에 이어치기를 할 경우에는 이어 치기한 콘크리트에는 구조적으로 분리되는 경계면, 즉 불연속줄눈 *Cold Joints* 이 생긴다(사진 2-43). 불연속줄눈은 일반적으로 시공 상의 부주의로 인하여 발생하며 그 의미는 다음과 같다:

Cold Joint The joint between two consecutive pours of concrete if the time elapsed between the first and second pours is such that the first pour has started to set.

(3) 콘크리트 표면마감

건축물의 바닥판 또는 도로 포장 면과 같이 넓은 수평면을 이루는 콘크리트의 경우 콘크리트 타설 후 콘크리트가 경화되기 이전에 표면 마감공사를 실시하여야 한다(사진 2-44). 콘크리트 표면 마감공사의 의미는 다음과 같다:

Concrete Finish The smoothness, texture, or hardness of a concrete surface. Floors are trowelled with steel blades to compress the surface into a dense protective coat. Walls that are exposed to the weather are often ground with a carborundum stone or wheel, with cement then added to fill the small voids. A smooth surface is desired so that water cannot enter the small holes, freeze, and deteriorate the surface.

사진 2-39 : 콘크리트 펌프 *Concrete Pumps Chicago, U.S.A.*

사진 2-40 : 크레인+콘크리트 호퍼 Crane+Concrete Hopper Tokyo, Japan

사진 2-41 : 콘크리트 플레이싱 붐 *CPB: Concrete Placing Booms*

♣ 레미콘 트럭+콘크리트 펌프+콘크리트 플레이싱 붐의 협동작업

♣ 콘크리트 플레이싱 붐 작업: 건축물 고층 슬래브 공사

사진 2-42 : 콘크리트 펌프 호스 *Concrete Pump Hose* 의 배출구 높이

♣ 콘크리트 타설 높이 조절: 호스 배출구를 줄로 매어 달고 작업.

♣ 대용량 콘크리트 펌프 호스의 배출구 높이 조절

사진 2-43 : 콘크리트 벽의 불연속 줄눈 Cold Joint

사진 2-44 : 콘크리트 표면 마감공사

나) 슬럼프 시험 *Slump Test*

1913년경 미국에서 개발된 슬럼프 시험은 콘크리트 타설 현장에서 굳지 않은 콘크리트의 시공성, 즉 연경도를 간접적으로 확인할 수 있는 상대평가 시험방법이다(사진 2-45). 그러나 슬럼프 시험의 결과는 콘크리트의 일반적인 품질이나 강도를 판단하는 기준은 아니다. *ACI* 에서 권장하고 있는 콘크리트의 기준 슬럼프는 표 2-19 와 같다. 슬럼프는 시멘트 성분, 골재 등급, 배합 비 및 수량, 혼화재료의 특성, 기온, 공장 배합 후 현장 도착까지의 경과시간 등 여러 가지 요인에 따라서 달라진다. 현장에서 슬럼프 시험을 할 때는 콘크리트 운반용 트럭의 배출구에서 직접 콘크리트를 받아서 즉시 시험하여야 한다. 포틀랜드 시멘트 콘크리트의 슬럼프 시험방법은 *KSF* 2402 에 규정되어 있으며 슬럼프 시험에 관한 용어의 정의 및 미국의 건설현장에서 통용되고 있는 슬럼프 시험의 일반절차는 다음과 같다(그림 2-22):

Concrete Slump Test A test to determine the plasticity of concrete. A sample of wet concrete is placed in a cone-shaped container 12″ high. The cone is removed by slowly pulling it upward. If the concrete flattens out into a pile only 4″ high, it is said to have an 8″ slump. This test is done on the job site. If more water is added to the concrete mix, the strength of the concrete decreases and the slump increases.

① 평평한 수밀성 강철판 위에 슬럼프 콘을 설치하고, 그 내부를 물로 깨끗이 청소한다.
② 강철제 슬럼프 콘 *Slump Cone* 하단의 발판 *Foot Piece* 을 두발로 단단히 밟고 콘의 1/3 높이까지, 작은 삽으로 굳지 않은 콘크리트를 부어 넣는다.
③ ϕ 16mm , 길이 610mm 24″ 의 다짐용 강철막대 *Tamping Rod* 를 수직으로 세워 바닥까지 닿도록 찔러 넣으면서 25회 다짐
④ 같은 방법으로 2/3까지 콘크리트를 채우고 다짐막대로 1/3지점까지 25회 다짐
⑤ 같은 방법으로 나머지 1/3부분에 콘크리트를 채우고 다진 다음 다짐막대를 이용하여 콘 상단부분의 콘크리트를 평평하고 매끄럽게 잘라낸다.
⑥ 콘크리트 상단 표면을 흙손으로 매끈하게 마무리한 다음 즉시 콘을 수직방향으로 서서히 들어 올린다.
⑦ 들어 올린 콘을 뒤집어 내려앉은 콘크리트 더미 옆에 세우고 주저앉은 높이 *Slump*를 눈금자를 이용하여 측정한다.

사진 2-45 : 슬럼프 측정 및 시험기구

♣ 슬럼프 측정: 오른쪽은 콘크리트 공기량 측정기기

♣ 손잡이 및 발판이 부착된 강철제 슬럼프 콘+강철판+강철막대

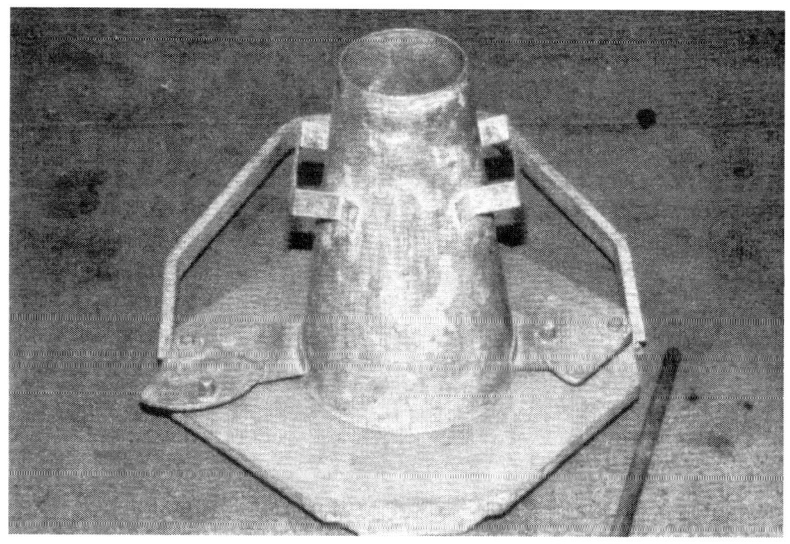

그림 2-22 : 슬럼프 시험절차

(1) 콘 속에 콘크리트 채우기:

3단계로 각 1/3씩 채우고 다짐용 강철막대로 각각 25회 다짐.

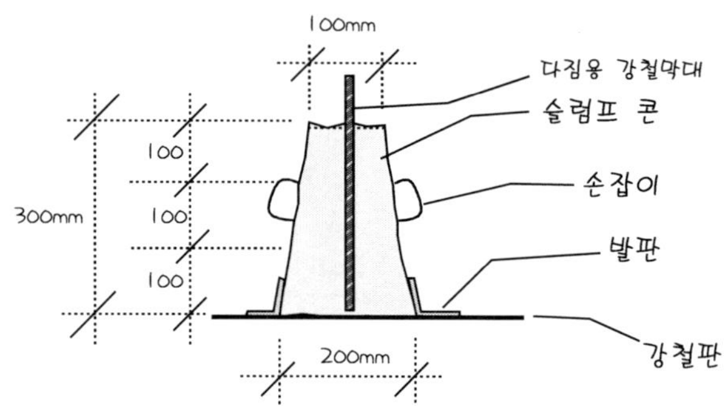

(2) 콘의 상단 표면 고르기:

다짐막대를 이용하여 콘 상단에 여분의 콘크리트를 제거한 후 흙손으로 그 표면을 평평하고 매끄럽게 고름.

(3) 슬럼프 측정:

콘을 수직방향으로 서서히 들어 올린 다음 콘을 뒤집어 내려앉은 콘크리트 더미 옆에 세우고 주저앉은 높이 (Slump)를 눈금자로 측정.

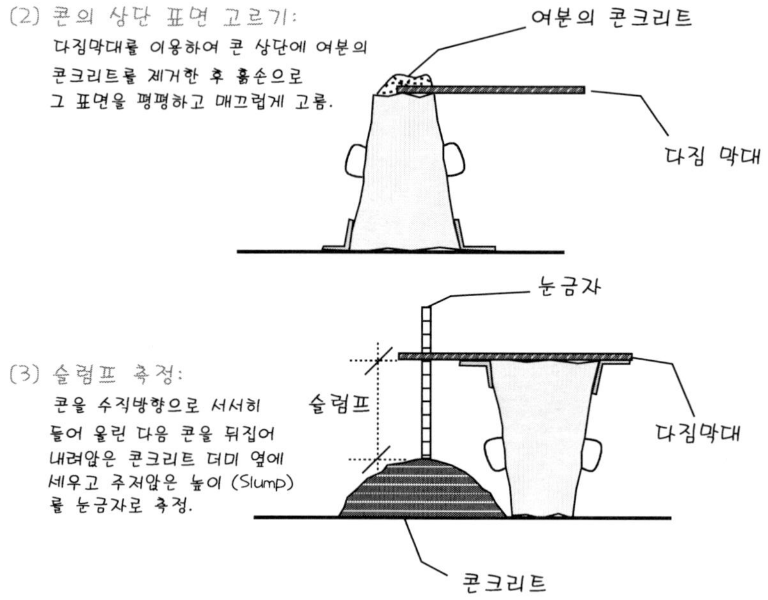

표 2-19 : 콘크리트 기준 슬럼프 (ACI)

콘크리트 용도	슬럼프(mm)
철근콘크리트 기초옹벽 및 기초 판	25 ~ 75 (100)*
무근콘크리트 기초 판, 잠함기초 및 지하 구조 벽	25 ~ 75 (100)
보 및 철근보강 벽	25 ~ 100 (125)
건축물 기둥	25 ~ 100 (125)
도로포장 및 건축물 바닥판	25 ~ 75 (100)
Mass Concrete	25 ~ 50 (75)

( )*: 현장계량 손 비빔일 경우의 슬럼프

다) 콘크리트 수축 및 줄눈

(1) 콘크리트 수축

콘크리트의 체적은 배합 후 거푸집에 부어 넣을 때 최대로 되었다가 시간의 경과에 따른 응결 및 경화과정에서 수축이 발생하면서 점차 체적이 감소된다. 콘크리트는 일반적으로 소성 수축 및 건조 수축에 의하여 체적이 감소되며 체적 감소는 균열을 수반한다. 콘크리트는 일단 경화된 다음에도 탄화, 기온 급강하 등에 의해서 소량이지만 지속적으로 체적이 감소하면서 균열이 발생되므로 유지관리에 유의하여야 한다.

(가) 소성 수축 *Plastic Shrinkage*

소성 수축이란 체적이 최대 상태였던 가소성의 콘크리트가 응결 초기에 체적이 감소되는 현상을 말한다. 소성 수축을 초기 수축 *Initial Shrinkage* 이라고도 한다. 굳지 않은 콘크리트가 응결되면서 체적이 감소되는 이유는 콘크리트 속에 포함되어 있던 수분 및 공기가 빠져 나오면서 생기는 공간을 골재와 시멘트가 메우면서 밀착되기 때문이다. 소성 수축은 대부분 콘크리트 타설 첫날에 발생하며 이 때 발생하는 수축 총량은 건조 수축 총량의 약 5~10배에 달한다. 콘크리트가 경화되기 이전에 비정상적인 소성 수축에 의하여 조기 균열이 발생한다면 콘크리트의 내구성에 심각한 영향을 줄 수 있으므로 주의 하여야 한다. 습윤 상태인 가소성의 콘크리트가 고온 건조한 대기에 갑자기 노출되면 콘크리트 표면의 수분이 급격히 증발하면서 과도한 소성 수축이 나타난다. 일반적으로 수분의 증발 속도가 시간당 $1kg/m^2$ 이상일 경우 과도한 소성 수축에 의한 균열이 발생한다. 이 때 콘크리트 표면에 생성되는 인장력으로 인하여 콘크리트 표면에는 짧고 불규칙한 방향의 균열이 나타나지만 균열의 폭은 대개 $0.1mm$ 이하로 허용범위 이내이다. 소성 수축 균열은 수평 표면적이 커 수분 증발이 잘 되는 콘크리트 바닥판 *Slabs*, 포장 *Pavements* 등에서 쉽게 볼 수 있다. 그러나 땅속에 묻혀 있는 콘크리트에서도 어떤 특정부분이 이상 건조되면서 그 부분에 조기 수축이 발생할 수도 있다. 이 경우 콘크리트 내부의 수분이동으로 인하여 골재가 분리되면서 부등침하를 유발한다. 콘크리트의 소성 수축 발생에 영향을 끼칠 수 있는 요소 및 소성 수축에 의한 균열 발생 억제대책은 다음과 같다.

[1] 소성 수축 유발요소

① 시멘트 품질, 특성 및 단위 소요량
② 골재, 혼합수 및 혼화재료의 성분
③ 콘크리트 배합비, 혼합수량 *水量* 및 콘크리트 비빔시간
④ 공기량 및 온도
⑤ 굵은 골재 최대치수, 형상 및 소요량

[2] 소성 수축 증가요인

① 환경요소: 고온, 습도 감소, 건조한 바람, 일사량 과다
② 시멘트의 고분말도
③ 과도한 비빔시간

[3] 소성 수축 억제 대책

① 공기연행제 사용으로 혼합수량 최소화; 된 비빔 콘크리트 *Dry Mixes* 는 묽은 비빔 콘크리트 *Wet Mixes* 보다 응결시간이 짧아 수축균열 발생감소
② 수분손실방지; 수분증발이 심한 고온 건조한 기후에서는 방풍막 *Windbreaks*, 차양 또는 덮개 설치
③ 콘크리트의 온도저하; 혼합수 및 골재 냉각, 얼음물 사용
④ 과도한 흙손질 *Floating* 및 *Troweling* 억제; 콘크리트 표면에 나타나는 육각형 형태의 균열발생 억제

(나) 건조 수축 *Drying Shrinkage*

콘크리트의 응결작용에 의한 소성수축에 이어서 진행되는 경화과정에서 체적이 감소되는

현상을 건조 수축이라고 한다. 건조 수축은 수화작용에 의한 경화과정에서 시멘트 젤 *Cement Gel* 의 수분손실에 기인한다. 건조 수축은 점진적으로 발생하며 수축률은 시간의 경과에 따라서 감소된다. 보통 콘크리트의 경화 초기 3개월 이내에 발생하는 수축양은 20년 동안에 발생하는 수축 총량의 40~80% 에 달한다. 그러나 일단 수축된 콘크리트 일지라도 상대습도 100% 의 대기 중에 장시간 방치된다면 콘크리트의 부피는 팽창된다. 건설공사 현장에서 일반적으로 사용되고 있는 보통 콘크리트의 건조 수축률은 0.035~0.065% 이다. 예를 들어 3000mm×3000mm 인 콘크리트 슬래브의 건조 수축률이 0.05% 라고 한다면 그 슬래브는 2998.5mm×2998.5mm 로 축소된다. 콘크리트의 건조수축 발생에 영향을 끼칠 수 있는 요소 및 건조수축에 의한 균열발생을 억제할 수 있는 대책은 다음과 같다.

[1] 건조 수축 유발요소

① 굵은 골재 최대치수 및 골재함량; 가장 중요한 요소

② 시멘트 특성 및 함량; 순수한 시멘트 젤 *Cement Gel* 의 수축률은 시멘트 모르타르 *Cement Mortar* 의 3배, 시멘트 콘크리트 *Cement Concrete* 의 7배 정도이다.

③ 콘크리트 배합 비 및 한수량

④ 온도, 습도 등의 양생환경 및 양생방법

⑤ 구조물의 크기 및 형태

⑥ 보강철근; 콘크리트의 수축력을 구속하여 균열을 발생시킨다. 따라서 무근콘크리트의 건조 수축률은 철근콘크리트 보다 크다.

[2] 건조 수축 증가요인

① 굵은 골재 최대치수 저하 및 함량 감소

② 흡습성이 큰 골재 사용

③ 물-시멘트비 증가; 물-시멘트비 100% 증가시 건조수축률은 3~4배 증가

④ 모래 및 시멘트 함량 과다

⑤ 습도 감소; 급격한 수분손실 발생

⑥ 기온 급강하; 기온 37℃ 급강하시 0.057% 수축

⑦ 경화지연제 사용

[3] 건조 수축 억제대책

① 굵은 골재 함량 최대화; 인장력 증가로 수축 억제

② 밀도가 크고 흡습성이 작은 골재 사용

③ 고압증기 양생

④ 콘크리트 함수량 최소화; 감수제 및 공기연행제 사용

⑤ 합성섬유 보강 콘크리트 *Fiber-reinforced Concrete* 활용

⑥ 강도가 큰 골재 사용; 골재의 압축응력이 커 시멘트 풀의 수축을 억제한다. 일반적으로 보통 또는 중량콘크리트의 수축률은 경량콘크리트의 수축률보다 작다. 화강석 및 석회석을 골재로 사용한 콘크리트의 수축률은 보통 강자갈 및 사암 *Sandstone* 을 골재로 사용한 콘크리트의 수축률보다 작다.

(2) 콘크리트 균열 및 줄눈

(가) 콘크리트 균열

콘크리트의 균열은 콘크리트의 수축력이 수축억제 응력보다 클 때 발생한다. 만일 콘크리트 내에 수축을 억제하려는 응력이 없어 콘크리트가 자유롭게 수축 할 수 있다면 균열은 발생하지 않는다. 그러나 대부분의 콘크리트 건축물의 부재는 보강철근, 기초지반, 다른 구조부재 등에 의해서 수축 저항을 받아 균열이 발생한다. 콘크리트에 발생하는 유해한 균열의 허용 폭 범위는 환경 조건에 따라서 대체로 0.1~0.41mm 정도이다. 일반 콘크리트 벽 및 기초 옹벽은 건조수축에 의하여 수직방향의 균열이 발생한다. 그러나 지하에 존재하는 콘크리트 기초 및 지하골조 부재는 건조 수축이 거의 없으므로 균열이 발생하지 않는다. 콘크리트 골조부재중 가장 많은 균열이 발생하는 부재는 바닥판이다. 바닥판에 균열이 많이 발생하는 원인은 주로 건축물의 내부에서 발생하는 열에 의한 비정상적인 건조수축 때문이다.

(나) 콘크리트 줄눈

콘크리트의 줄눈이란 콘크리트를 이어치기 할 때 생겨나는 선형 *線形* 의 접점을 말하며 일반적으로 시공 줄눈, 기능성 줄눈, 구조적 줄눈, 불연속 줄눈 등으로 대별된다. 기능성 및 구조적 줄눈은 콘크리트의 건조수축 작용이나 온도 및 습도 변화에 의해 발생하는 균열의 확산을 방지하기 위해 만들어 놓은 완충기능의 줄눈이고, 시공 줄눈은 단순히 콘크리트 치기 작업상의 편의를 위한 공사구획용 줄눈이다. 콘크리트 줄눈의 종류 및 기능은 다음과 같다.

[1] 시공 줄눈 Construction Joints

시공줄눈이란 콘크리트를 이어 치기할 때 단순히 선행치기와 후속치기 작업의 편의를 위하여 작업 범위를 구획하여 놓은 선형의 접합면을 말한다(그림 2-23). 콘크리트 이어 치기 작업을 할 때는 거푸집의 반복사용 빈도, 작업가능 콘크리트 량, 수화열, 콘크리트 품질검사

범위 등을 고려하여 작업범위를 구획하여야 한다. 시공줄눈을 설치하는 방법은 여러 가지가 있지만 대체로 두꺼운 콘크리트 바닥판에는 은촉이음 *Tongue-and-groove Joint* 방법과 철근보강 맞댐 이음 *Doweled Butt Joint* 방법이 적당하고, 얇은 콘크리트 바닥판에는 맞댐 이음 *Butt Joint* 방법이 적합하다. 그러나 이어치기 줄눈은 강도상 불리하고 누수의 원인이 되어 콘크리트의 내구성에 심각한 문제를 초래할 수도 있으므로 줄눈 설치를 최소화하는 것이 바람직하다. 시공 줄눈의 의미는 다음과 같다:

Construction Joint The interface or meeting surface between two successive pours of concrete.

[2] 신축 줄눈 *Expansion Joint*

콘크리트 건축물의 골조는 부재의 종류에 따라서 부담하는 응력의 크기 및 종류, 건조 수축률 등에 다소 차이가 있다. 따라서 기능이 서로 다른 구조 부재의 접합부에는 수축변형에 의한 균열이 발생한다. 이와 같은 균열을 사전에 억제하기 위하여 설치하는 기능성 줄눈을 신축 줄눈이라고 한다(사진2 46).

신축 줄눈은 균열을 유발하는 콘크리트의 인장력을 완화시킬 수 있는 위치, 즉 균열 발생이예상되는위치에설치된다.신축줄눈은일반적으로응력이 서로 다른 부재를 구조적으로 완전히 분리시키는 기능을 한다. 그러므로 신축 줄눈을 분리 줄눈 *Isolation Joints* 이라고도 한다. 콘크리트 건축물 공사에서는 기초 옹벽 *Foundation Wall* 과 지층 바닥판 *Slab-on-grade* 이 만나는 부분에 분리 줄눈을 설치하여 옹벽과 바닥판을 분리시킨다(그림 2-24). 신축줄눈의 재료로는 소성이 있는 합성수지 또는 목재가 주로 쓰이며 줄눈의 폭은 6mm 이하로 한다. 신축줄눈 또는 분리줄눈의 의미는 다음과 같다:

Expansion Joint In a building structure or concrete work, a joint or gap between adjacent parts which allows for safe and inconsequential relative movement of the parts, caused by thermal variations or other conditions.

Isolation Joint A joint positioned so as to separate concrete from adjacent surfaces or into individual structural elements which are not in direct physical contact, such as an expansion joint.

그림 2-23 : 시공줄눈 *Construction Joints* 의 형태

Butt Type

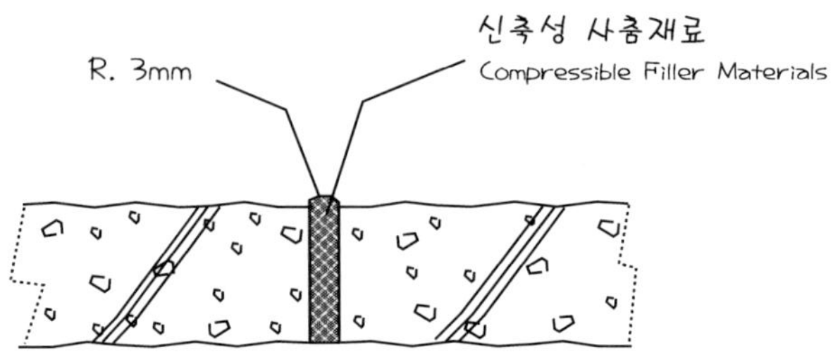

Butt Type w/Dowels

Tongue & Groove Type

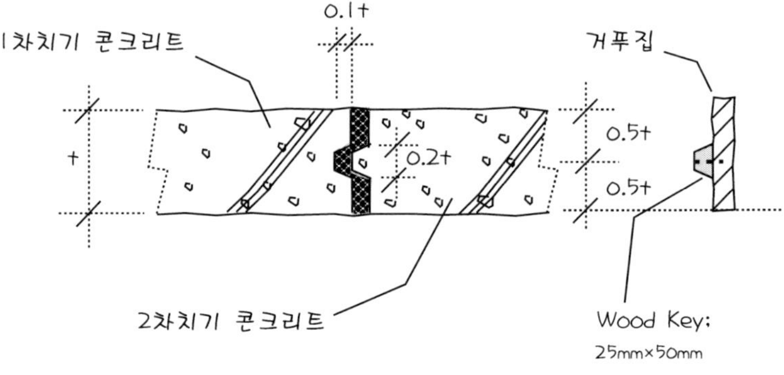

사진 2-46 : 방파제의 신축줄눈 *Expansion Joint* 比田勝 對馬, 日本國

그림 2-24 : 분리줄눈 *Isolation Joint* 단면상세

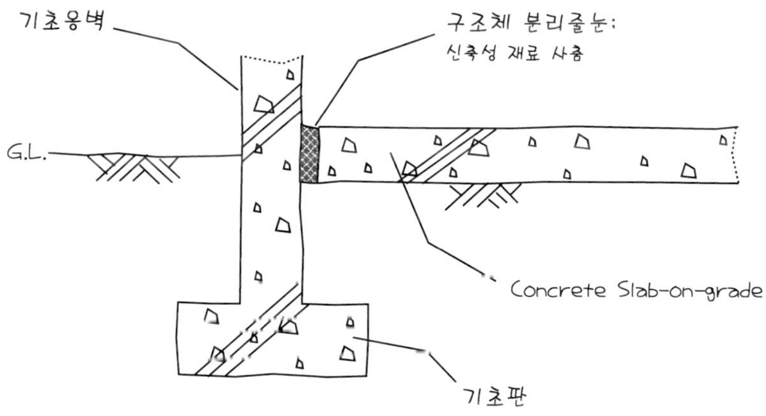

[3] 균열 조절 줄눈 *Control Joints*

콘크리트 건축물의 바닥판 또는 벽체에서 콘크리트의 수축력에 취약한 부분에 임의의 방향으로 불규칙하게 발생하는 유해한 균열의 확산을 억제하기 위하여 설치하는 기능성 줄눈이다(그림 2-25). 균열 조절 줄눈은 콘크리트 균열 발생의 원인인 수축력을 흡수하는 완충기능을 한다. 이 줄눈은 보도, 진입 도로, 건축물 바닥판, 벽체, 창호 및 배수구의 개구부 주위 등 균열의 발생이 예상되는 위치에 설치한다.

균열 조절 줄눈 *Control Joint* 을 수축 줄눈 *Contraction Joint* 또는 명목 줄눈 *Dummy Joint* 이라고도 한다. 콘크리트 표면에 이 줄눈을 만드는 방법에는 홈파기 *Grooving* , 정으로 쪼아내기 *Tooling* , 성형하기 *Forming* , 새김 눈 만들기 *Scoring* , 톱으로 켜내기 *Sawing* 등이 있다.

균열 조절 줄눈의 재료로는 소성이 있는 합성수지 또는 목재가 주로 쓰인다. 줄눈은 대체로 콘크리트 바닥판에는 3m, 벽판에는 6m 정도의 간격으로 설치하는 것을 원칙으로 한다. 줄눈의 폭은 6mm 이하, 깊이는 콘크리트 판 두께의 1/5~1/4 정도로 한다. 다만 철근콘크리트 바닥판 *Flat Slabs* 표면에 줄눈을 설치할 경우에는 줄눈 방향과 직교되는 철근은 하나 걸러 교대로 절단하여야 균열방지 효과가 크다. 균열 조절 줄눈의 의미는 다음과 같이 요약 할 수 있다:

Contraction Joint 또는 Control Joint A formed, sawed, or tooled groove in a concrete structure. The purpose of the joint is to create a weakened plane and to regulate the location of cracking resulting from the dimensional change of different parts of the structure.

[4] 명목 줄눈 *Dummy Joint*

명목상 줄눈의 일반적 기능은 균열조절 줄눈의 기능과 유사하다. 그러나 명목상 줄눈을 설치하는 목적은 콘크리트 바닥판 또는 벽면에 발생하는 불규칙한 균열억제 기능 보다는 단순히 콘크리트 외벽이나 바닥 면을 아름답게 꾸미려는 의도가 더 크다. 용어의 의미는 다음과 같다:

Dummy Joint A groove formed on the surface of a concrete slab or wall for appearance and crack control.

그림 2-25 : 균열조절줄눈 Control Joints 의 형태

Grooved Joint

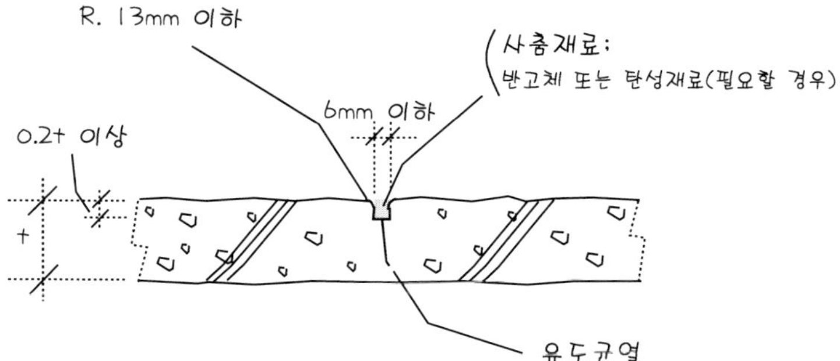

Sawed Joint

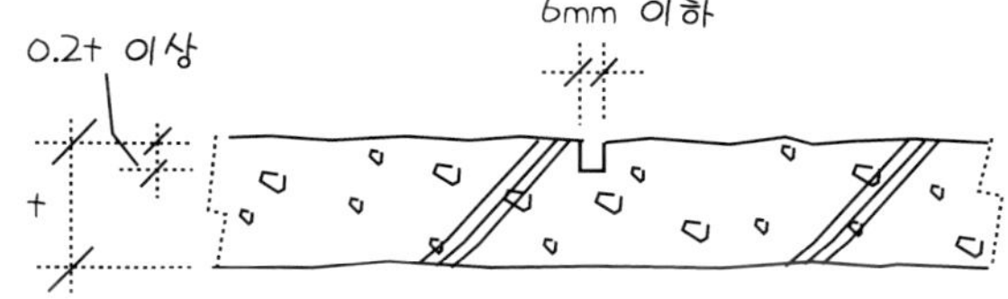

Wood Strip

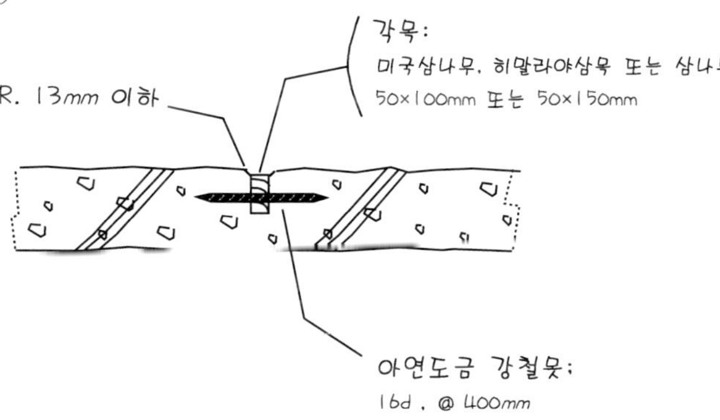

라) 콘크리트 양생 Concrete Curing

콘크리트는 시멘트와 물의 수화작용에 의하여 응결 및 경화현상이 장기간에 걸쳐 지속되면서 강도가 증가하는데 이러한 과정을 양생이라고 한다. 콘크리트가 양생초기에 고온 건조한 바람이 부는 대기에 노출될 경우 콘크리트가 급속히 건조되면서 수화작용은 정지된다. 일단 수화작용이 정지되면 그 시점부터 강도 증가도 정지되기 때문에 그 이후 시간이 경과되더라도 콘크리트가 얻을 수 있는 강도는 대체로 소요강도의 50% 정도에 그친다. 보통 포틀랜드 시멘트 콘크리트의 경우 3일 양생시 소요강도의 60%, 7일 양생시 소요강도의 80% 가 발현된다. 콘크리트의 응결, 경화 및 양생에 관한 상세는 다음과 같다.

(1) 응결 및 경화 Setting and Hardening

굳지 않은 콘크리트가 시간의 경과에 따라서 점성이 나타나면서 굳어지는 현상을 응결 및 경화라고 한다. 콘크리트의 응결 및 경화시간은 시멘트의 성분, 혼합수량, 기온 등 여러 가지 요소에 따라서 달라진다. 보통 포틀랜드 시멘트 콘크리트는 주성분인 시멘트와 물의 화학적 반응, 즉 수화작용으로 비빔 후 45분 정도 지나면 발열과 함께 응결이 나타나면서 점성이 생긴 다음 굳기 시작한다. 따라서 콘크리트는 배합 후 90분 이내에 타설을 완료하는 것이 바람직하다.

발열량은 시멘트의 성분, 분말도, 대기온도 등에 따라서 달라지며 정상적인 수화작용에서의 수화열은 일반적으로 23℃ 정도로 측정된다. 콘크리트의 응결은 초기응결 *Initial Set* 과 최종응결 *Final Set* 로 구분된다. 후자는 비빔 후 3.5시간 전후에 경화 후 강도가 발현되기 시작하는 현상이고 전자는 비빔 후 2.5시간 이내에 콘크리트가 유동성을 상실하고 경화되기 시작하는 현상을 말한다. 콘크리트의 응결은 일반적으로 비빔 후 수 시간 이내에 종결되지만 경화는 35~40년간 지속된다. 우리나라의 경우 공사현장에서의 콘크리트 경화는 겨울철에는 비빔 후 4시간이 지나면서, 여름철에는 2시간이 지나면서 시작된다. 콘크리트의 응결 및 경화에 관한 화학 반응식은 다음과 같다.

$$CaO + H_2O \rightarrow Ca(OH)_2 + \text{발열} \uparrow$$

(2) 양생 조건

양질의 콘크리트 구조물을 얻기 위해서는 콘크리트 양생초기에 적절한 온도와 습도를 유지하여야 한다. 양생초기에는 수분증발 및 흡수를 억제하여 혼합수량의 손실을 최소화하면서 필요한 경우 보온 조치하는 것이 바람직하다. 콘크리트 양생의 이론상 최적온도는 21.6~ 32.2℃, 습도는 80% 이상이다. 콘크리트 양생 초기 7일 동안의 기온은 적어도 10℃

이상, 습도는 80% 이상으로 하여 콘크리트가 습윤 상태를 유지하면서 경화 되도록 하는 것이 바람직하다. 그러나 겨울철 습기 차고 찬 대기 중에서 양생할 경우에는 대기 중 수분증발 속도가 매우 느리므로 별도로 수분을 공급할 필요가 없다. 일반적으로 양생 기간 중 기온 및 습도가 상승하면 수화작용의 속도가 빨라져 강도 발현이 촉진되지만 습도가 80% 이하인 경우에는 수화작용이 중단되는 경우도 있다. 혼화제를 사용하지 않는 경우, 콘크리트의 수화작용에 필요한 최소한도의 물-시멘트 비는 0.35이상이다. 일반적으로 물-시멘트비가 0.5이하인 경우 콘크리트는 매우 딱딱하여 *Stiff* 시공성이 떨어진다. 콘크리트를 최적의 양생조건 아래서 양생할 경우 기대할 수 있는 결과는 다음과 같다:

① 강도, 내구성, 방수성 및 내마모성 증가　　② 수축팽창 최소
③ 동결융해 저항성 증가　　④ 제빙 화학 제에 대한 내성 증가

(3) 양생기간

콘크리트 양생기간은 여러 요인에 따라서 결정되지만 이론적으로는 양생기간이 길면 길수록 강도가 증가되므로 양생기간은 충분히 길수록 좋다. 그러나 현실에서는 경제적 논리에 따라서 최적 양생기간을 선택할 수밖에 없다. 일반 콘크리트 건축물의 경우는 5℃ 이상의 기온에서 최소 7일 이상 양생하거나 소요압축강도 및 휨강도의 70% 이상 발현될 때까지 양생해야 한다. 정상적인 기후 조건에서 콘크리트의 함수량이 적절한 경우 28일 양생에 최종 소요강도의 75% 정도가 발현된다. 그러나 기온 10℃ 이상에서 조기강도 발현 콘크리트를 사용하는 경우에는 양생기간을 3일로 단축할 수도 있다. 최근에는 35~55℃ 의 발열이 가능한 전천후 거푸집을 개발, 콘크리트 양생기간을 19시간정도까지로 단축시켰지만 아직은 실험단계에 있다. 한국콘크리트학회 *KCI* 에서 규정하고 있는 일반콘크리트의 표준 습윤 양생기간은 표 2-20 과 같다. 콘크리트의 양생기간을 결정하는 주요 요인은 다음과 같다:

① 시멘트 특성
② 배합조건: 배합 비, 소요강도
③ 양생방법
④ 기후조건: 대기 중 상대습도, 기온
⑤ 공사의 종류: 건축물의 규모 및 형태
⑥ 공사 준공 후 노출 환경

(4) 양생 방법

(가) 수중 양생 *Ponding* 또는 *Immersion*

표 2-20 : 콘크리트의 표준 습윤 양생기간

시멘트 종류	일평균 기온에 따른 습윤 양생기간(일)		
	15℃ 이상	10℃ 이상	5℃ 이상
보통 포틀랜드	5	7	9
고로 슬래그	7	9	12
플라이 애시(B종)	7	9	12
조강 포틀랜드	3	4	5

수중 양생법 *Water-curing* 에는 콘크리트 바닥판 또는 도로포장 주위에 일반 흙이나 사질 점토 등으로 작은 둑을 쌓아 물을 가두어 두고 *Ponding* 양생하는 방법과 침수통을 활용하여 양생하는 방법이 있다. 후자는 주로 재료 시험실에서 콘크리트 공시체를 물속에 담그어 두고 *Immersion* 양생하는 방법이다. 물가두기 양생법은 소규모 공사에 효율적이기는 하지만 많은 노동력과 철저한 감독을 필요로 하므로 인건비가 비싼 선진국에서는 비경제적이다.

(나) 습윤 양생 *Sprinkling* 또는 *Fogging*

습윤 양생법 *Moist Curing* 에는 콘크리트 표면에 스프링클러 *Sprinkler* 와 같은 분사기로 물을 분사하는 *Sprinkling* 방법과 분무기로 수분을 분무하는 *Fogging* 방법이 있다. 습윤 양생법은 분사 또는 분무 법을 이용하여 콘크리트 표면에 물 또는 수분입자를 뿌려 양생기간동안 습윤 상태를 유지케 하는 방법이다. 양생기간동안 영상의 기온이 유지된다면 양생기간 내내 콘크리트 표면에 수막을 형성할 수 있는 가장 효율적인 양생 방법 중 하나이다. 콘크리트 표면의 습윤 상태를 지속적으로 유지하기 위해서는 물 뿌리기 수량 및 물 뿌리기 간격의 조절이 필요하다. 물 뿌리기는 하루에 2~3회가 적당하다. 이 방법은 다량의 물이 필요하며, 인건비가 비싼 나라에서는 비용이 많이 들지만 고온건조한 지역의 양생에는 유리하다.

(다) 젖은 덮개 양생 *Wet Coverings*

이 양생법은 콘크리트 건축물 바닥판 또는 도로 포장 표면 등을 양생할 때 가장 보편적으으로 활용되는 간단한 양생 방법 중의 하나이다. 수중 양생 또는 습윤 양생의 대안으로 쓰이나 양생 효율은 떨어진다. 올이 굵은 삼베 *Burlaps* , 무명깔개 *Cotton Mats* , 모포 *Rugs* 등 흡습성이 큰 두꺼운 천에 물을 뿌려 콘크리트 표면에 덮는 아주 단순한 방법이다. 덮개 위에는 주기적로 물을 뿌려 덮개가 마르지 않도록 해야 한다. 그러나 콘크리트 경화시작 직후에 습윤 상태에서 젖은 덮개를 덮고 그 위에 수분증발을 억제하기 위하여 폴리에틸렌 필름 *Polyethylene Film* , 플라스틱 박막 *Plastic Sheet* , 방수지 등을 덮어두는 경우 추가적으로 수분을 공급할 필요는 없다. 덮개와 덮개의 겹침 폭은 30cm 정도로 하는 것이 바람직하다. 일반 온대기후 지역에서는 검정색 덮개를, 열대 건조기후 지역에서는 하양색 덮개를 사용하는 것이 효율적이다. 소규모 공사에서는 흙, 모래, 톱밥, 건초, 볏짚 등을 약 50mm 두께로 덮어 두고 하루에 한번정도 물을 뿌리면서 양생하기도 한다. 젖은 덮개 양생법의 경우 덮개에서 염색물이 빠져 나와 콘크리트를 변색시키거나 오염시킬 우려가 있으므로 주의할 필요가 있다.

(라) 방수포 양생 *Impervious Paper* 또는 *Plastic Sheets*

콘크리트 표면의 수분증발을 억제하기 위하여 방수성이 큰 크라프트지 *Kraft Papers* , 플라스틱 박막 *Plastic Sheets* , 폴리에틸렌 필름 *Polyethylene Films* 등을 덮어두는 양생방법이다. 크라프트지 및 플라스틱박막은 평평한 콘크리트 표면에 폴리에틸렌 필름은 형태가 복잡하고 입체적인 표면에 적합하다. 별도의 물 뿌리기 작업은 필요하지 않지만 콘크리트 표면의 오염 및 변색에 주의하여야 한다.

(마) 피막형성 양생제 *Liquid Membrane-forming Compounds*

건축물의 콘크리트 바닥판 *Flat Slabs* 또는 도로포장 *Pavements* 등의 표면 마감손질 직후 피막형성 양생제 *Liquid Membrane-forming Compounds* 또는 *Liquid Curing Compounds* 를 도포, 피막을 형성하여 수분증발을 억제하면서 양생하는 공법이다. 피막 양생 제 도포 시 콘크리트 표면은 습윤 상태이어야 하므로 경화개시 직전에 또는 거푸집 제거 즉시 도포하는 것이 효율적이다. 건조한 콘크리트 표면에 피막 양생 제를 도포할 경우 콘크리트에 흡수되어 착색, 오염될 우려가 있으므로 주의하여야 한다. 이 양생제가 비록 비독성이기는 하지만 실내공사에는 사용하지 않는 것이 안전하다.

도포 방법은 현장조건에 따라서 솔질 *Brushing* , 롤링 *Rolling* 및 분사 *Spraying* 등을 선택할 수 있다. 도포는 2회 연속으로 하되 두 번째 도포방향은 첫 번째 도포방향과 직교되도록 한다. 피막형성 양생제 양생법은 효율성이 크고, 간단, 용이, 편리하며 가격이 저렴하고 수분 증발억제 효과가 커서 가장 보편적으로 활용되고 있다. 다만 콘크리트를 이어 치기해야 하는 부분이나 페인트 도장을 하여야하는 부분에는 접착력 *Bonding* 이 감소될 우려가 있으므로 이 양생제를 사용해서는 안 된다. 피막형성 양생제의 주성분은 수지 *Resin* 와 용제 *Solvent* 이며 도포 후 휘발성이 큰 용제는 증발되고 수지만 남아 콘크리트 표면에 피막을 형성하는 것이다. 콘크리트 표면에 형성된 피막은 약 1개월간 남아 있다가 열적작용으로 터지면서 저절로 떨어져 나간다.

(바) 거푸집 양생 *Forms left in Place*

콘크리트 거푸집을 이용한 양생법은 경제적 여건이 허락한다면 가장 바람직한 양생법이다. 거푸집을 콘크리트의 양생이 끝날 때까지 제거하지 않고 존치시키는 것이 바람직하기 때문이다. 콘크리트 보나 옹벽의 경우 노출된 부분에 습기가 충분하다면 하단이나 측면의 거푸집을 제거하지 않는 것이 수분 손실을 억제하는데 도움이 된다. 특히 목재 거푸집의 경우 함수량이 크므로 양생에 유리하다.

(사) 증기 양생 *Steam Curing*

고온, 고압의 수증기를 이용하여 콘크리트를 양생하는 방법은 추운 날씨에 콘크리트의 조기강도 발현이 필요한 경우에 유리한 양생법이다. 증기 양생은 상압 또는 가압상태에서 진행된다. 대기압 증기양생은 밀폐된 대형 공간에 증기를 공급하여 현장치기 콘크리트 *Cast-in-place Concrete* 구조물 또는 규모가 큰 프리캐스트 콘크리트 *Precast Concrete* 부재를 양생하는 방법이고 소형의 구조부재는 주로 고압증기 압력용기 *Autoclave* 로 양생한다.

(아) 단열보온 양생 *Insulating Blankets* 또는 *Covers*

기온이 영하로 내려갈 경우에는 양생중인 콘크리트는 보온을 위하여 잘 건조된 다공질의 단열 재료로 덮어 두어야 한다. 콘크리트 양생용 단열 보온 재료에는 건초, 볏짚, 유리섬유 *Fiberglass* , 섬유소섬유 *Cellulose Fiber* , 해면고무 *Sponge Rubber* , 광물질 모직물 *Mineral Wool* , 기포비닐 *Vinyl Foam* , 오픈-셀 폴리우레탄 기포 *Open-cell Polyurethane Foam* , 방습담요 *Moisture Proof Blanket* 등이 있다.

(자) 전기, 기름 또는 적외선 양생

전기 양생 *Electrical Curing* , 뜨거운 기름 양생 *Hot Oil Curing* 또는 적외선 양생 *Infrared Curing* 이란 전기, 기름, 적외선 등을 이용하여 강철판 거푸집을 가열, 프리캐스트 콘크리트 *Precast Concrete* 부재를 양생하는 방법이다. 전기담요를 이용할 때도 있으며 콘크리트 속에 묻혀 있는 철근에 전기를 통하여 양생하는 방법도 있다.

5) 콘크리트의 종류 및 공학적 특성

콘크리트는 골재, 시멘트 및 혼화재료의 특성, 강도의 크기, 반죽 질기 정도, 품질의 정도, 콘크리트 제조방법, 공사방법 등 다양한 기준에 의하여 분류된다. 콘크리트는 천연상태의 단일재료에서 시작하여 복합재료, 기능성재료, 스마트 재료 *Smart Materials* 의 순서로 변천, 발전되고 있다. 현재 건설 산업현장에서 활용되고 있는 구조공사용 콘크리트는 여러 가지 재료를 적정비율로 혼합하여 연성, 인성, 강도 등을 증가시킨 재료이다. 거대, 복잡, 정교한 구조물을 창조하려는 인간의 욕구를 충족시키기 위하여 21세기에 필요로 하는 콘크리트 재료의 지향적 특성은 순환 재료 *Recycle Materials* , 컴퓨터화한 고성능 재료 *Smart Materials* , 환경 친화적 재료 *Environment-compatible Materials* 등이다. 주요 콘크리트의 종류 및 공학적 특성은 다음과 같다.

가. 생산 및 시공방법에 의한 분류

가) 현장비빔 보통콘크리트 *Conventional 또는 Ordinary Concrete*

보통 포틀랜드 시멘트 및 강자갈, 부순 돌, 강모래, 바다모래 등을 골재로 사용하여 생산하는 콘크리트의 총칭이다. 일반적으로 건설공사 현장에서 직접 생산하여 현장 원위치 치기 *Cast-in-place* 용으로 쓰인다.

나) 레미콘 *Ready-mixed Concrete*

레미콘 *Remicon* 이란 콘크리트 전문생산 공장에서 생산된 굳지 않은 콘크리트를 말한다. 공장에서 생산된 레미콘은 생산 즉시 레미콘 운반용 트럭(사진 2-47)으로 현장까지 운반하여 사용하지만 운반도중 품질이 저하될 우려가 크므로 유의해야 한다. 레미콘은 응결 및 경화시간을 고려해 볼 때 제조 후 90분 이내에 공사 현장에서 콘크리트 치기를 완료하도록 *ASTM C 94* 는 권고하고 있다. 레미콘의 제조방법 및 품질검사에 관한 사항은 *KSF 4009* 에 규정되어 있다. 레미콘의 제조방법, 생산규격, 생산 공정, 장단점 및 사용할 때의 유의할 사항은 다음과 같다.

레미콘관련 용어의 의미는 아래와 같다:

Ready-mixed Concrete Concrete manufactured for delivery to a purchaser in a plastic and unhardened state.

사진 2-47 : 레미콘 운반용 트럭 *Agitator Trucks*

♣ 일반 레미콘 트럭: 용량 $6m^3$

♣ 대용량 레미콘 트럭: 콘크리트 펌프 장착

(1) 제조 방법

레미콘의 제조방법은 응결, 경화 및 운반시간을 고려하여 다음과 같이 3가지 방법으로 분류되며 용어의 의미는 다음과 같이 정의된다.

(가) 쎈트럴-믹스트 콘크리트 *Central-mixed Concrete*

레미콘 공장의 고정 믹서 *Stationary Mixer* 에서 완전히 비빈 다음 운반용 트럭 *Truck Agitator* 에 실어 응결되지 않도록 휘저으면서 공사현장으로 운반되는 콘크리트이다. 일반적으로 공장과 공사현장의 거리가 가까울 때 사용된다. 관련 용어의 의미는 다음과 같다:

Central-mixed Concrete Concrete that is mixed in a stationary mixer and then transported to the site, as opposed to transit-mixed concrete.

Agitator A mechanical device used to maintain plasticity and to prevent segregation, particularly in concrete and mortar.

(나) 슈링크-믹스트 콘크리트 *Shrink-mixed Concrete*

레미콘 공장의 고정 믹서에서 반쯤 비빈 다음 운반용 트럭 *Truck Mixer* 에 실어 공사현장으로 운반하면서 완전히 비비는 콘크리트이다. 일반적으로 공장과 공사현장의 거리가 가깝지도 멀지도 않은 경우에 사용된다. 관련 용어의 의미는 다음과 같다:

Shrink-mixed Concrete Ready-mixed concrete mixed partially in a stationary mixer and then mixed in a truck mixer.

Truck Mixer A concrete mixer suitable for mounting on a truck chassis and capable of mixing concrete in transit.

(다) 트랜짓-믹스트 콘크리트 *Transit-mixed Concrete*

레미콘 공장의 고정 믹서에서 물을 넣지 않고 콘크리트 재료를 건비빔 *Dry Mix* 한 다음 운반용 트럭 *Truck Mixer* 에 실어 공사 현장 가까이 가서 물을 첨가하면서 비비는 콘크리트이다. 일반적으로 공장과 현장의 거리가 아주 멀 때 사용되며 그 용어의 의미는 다음과 같다:

Transit-mixed Concrete Concrete that is wholly or mainly mixed in a truck mixer, usually while in transit to the job site.

(2) 생산 규격

우리나라에서 생산되고 있는 레미콘은 굵은 골재 최대치수 *mm* , 호칭강도 *Mpa* , 슬럼프 *mm* 등에 따라서 생산규격이 100여종에 달한다. 현재 가장 보편적으로 생산되는 보통 레미콘의 규격은 25-21-120 *굵은 골재 최대치수-호칭강도-슬럼프* 이다. 굵은 골재 최대치수 25*mm* 이하의 레미콘은 주로 철근콘크리트 공사에 사용되고 40*mm* 는 무근콘크리트 공사 등에 사용된다. 레미콘에는 보통콘크리트와 경량콘크리트가 있으며 현재 생산되는 규격은 다음과 같다.

(가) 보통 레미콘

보통 레미콘 생산용 굵은 골재의 최대치수는 20, 25, 40*mm* , 호칭강도는 18~50*Mpa* , 슬럼프는 25~210*mm* 이다.

(나) 경량 레미콘

경량 레미콘 생산용 굵은 골재의 최대치수는 15*mm* , 20*mm* , 호칭강도는 18, 21, 24, 27, 30*Mpa* , 슬럼프는 80, 120, 150, 180, 210*mm* 이다.

(3) 생산 공정

레미콘의 공장생산에서 현장치기에 이르기까지의 일반적인 공정은 다음과 같다:

굵은 골재 및 잔골재 운송, 저장용 통에 저장→
시멘트 운송, 사일로 *Silo* 에 저장→골재 및 시멘트, 각각의 배합 통으로 이동→
골재, 시멘트 및 물, 중량 계량, 배합→비빔→
레미콘 운반용 트럭에 넣어 현장으로 운송→
현장 도착 직후 시료채취, 재료시험→현장치기

(4) 레미콘의 장단점

(가) 장점

① 콘크리트의 성능이 다양하고 품질이 균일, 양호
② 공사현장에 콘크리트 생산설비 및 숙련 기능사 불필요

③ 치기작업이 효율적; 공기단축 가능
④ 평상시 콘크리트 소요량의 수요공급이 용이

(나) 단점

① 운반 또는 작업 중 돌발사고시 품질저하 대책 곤란
② 대형, 중량인 건설기계의 출입 및 작업 공간 확보 필요

(5) 레미콘 사용할 때의 유의 사항

① 공장에서 현장까지의 운반 및 작업 소요시간 준수
② 콘크리트 운반트럭의 공사현장 대기시간 최소화
③ 콘크리트 소요량 확보

다) 프리캐스트 콘크리트 *Precast Concrete*

건설공사 현장의 원위치가 아닌 콘크리트 생산 공장에서 콘크리트 말뚝, 벽판, 바닥판, 보, 기둥 등의 구조용 및 장식용 부재를 생산할 때 사용하는 콘크리트이다. 구조용 부재를 생산할 때는 콘크리트를 형틀에 부어 넣고 진동, 가압 또는 원심력법 등으로 잘 다진 후 상압에서 증기 양생한다. 최적 상압 양생온도는 55~75℃ 이며 85℃ 이상일 경우 불량양생이 될 우려가 있다. 콘크리트 부재의 생산기간을 단축하기 위하여 생산온도가 50~55℃ 정도인 핫 콘크리트 *Hot Concrete* 를 사용하기도 한다. 공장에서 생산된 콘크리트 부재는 정밀계량에 의한 배합 및 양호한 양생조건으로 인하여 품질이 우수하고 강도가 크다. 그러므로 *PC Precast Concrete* 부재의 강도 및 품질은 현장치기 *CIP: Cast-in-place* 콘크리트 부재보다 우수하다. 콘크리트 강도 보강용 철강재에는 저탄소강 보강철근 *Mild Steel Reinforcing Bars* 및 고 탄소강재 *Prestressing Steel* 가 있다. *PC* 부재는 주로 하중부담이 큰 주차장 건축물의 골조 및 아름다운 외관을 필요로 하는 초고층 건축물의 외벽 등에 쓰인다. 공사현장에서는 공장에서 생산된 *PC* 부재를 조립하여 건축하므로 건설공기를 획기적으로 단축할 수 있다. *PC* 부재를 현장에서 조립, 시공한 건축물의 사례는 사진 2-48, 2-49 및 2-50 과 같다.

라) 롤러-다짐 콘크리트 *RCC : Roller-compacted Concrete*

슬럼프가 거의 영 零, *Zero slump* 인 새로운 개념의 콘크리트이다. 시멘트 함유량이 매우 적은 매스콘크리트 *Mass Concrete* 공사용으로 쓰이며 물-시멘트 비는 강도보다는 시공성을 조절하기 위하여 결정된다. 내구성과 강도가 큰데 비하여 시공방법이 간단하고 공사기간이 짧아 댐 공사를 비롯하여 도로, 공장바닥, 광장 등의 포장공사에 널리 쓰인다. 다만 표면이 거

칠어서 필요한 경우에는 아스팔트 포장 층을 얇게 덧씌우기도 한다. 1960년대에 이탈리아의 댐, 아이케 게레 *Alke Gere* 공사 및 캐나다의 저급콘크리트 공사인, 매니쿠갠 아이 프로젝트 *Manicougan I Project* 에서 쓰이기 시작하였다. 1970년대 초에는 미국에서도 사력 *砂礫, Earth & Rockfill* 댐 공사현장에서 이 콘크리트를 활용하기 시작하였다. 일본국의 건설현장에서 보고 된 롤러-다짐 콘크리트 *RCC* 의 장점은 다음과 같다:

① 시멘트 함유량이 적은 경제적인 배합
② 거푸집이 거의 불필요
③ 수화열량 최소
④ 기계화 시공속도가 빨라 공사비 경제적
⑤ 공사기간 및 양생기간 최소

사진 2-48 : 프리캐스트 노출콘크리트 아파트 *Vichy, France*

♣ 노출 콘크리트 아파트 정입면 Façade : 비쉬 Vichy , 프랑스 중부 휴양 및 온천 도시

사진 2-49 : 프리캐스트 콘크리트 고층 빌라 *臺北市, 臺灣*

♣ 프리캐스트 콘크리트 고층 빌라: 건축물 바닥판에 타워 크레인 설치. 타이뻬이쓰 씬이취 **臺北市 信義區**

사진 2-50 : 킹 사우드 *King Saud* 대학교 캠퍼스 *Riyadh, Saudi Arabia*

약 400만 m^2 의 방대한 부지 위에, 40여 개월의 공사 끝에 1984년 말, 사우디아라비아의 수도 리야드에 준공된 종합대학교 건축물이다. 총공사비는 약 US$ 25억, 연건축면적은 약 60만 m^2 이다. 이 프로젝트의 계획 및 설계에는 약 10여년이 소요되었다. 캠퍼스는 주요 건축물 16개동과 이들을 연결하는 주랑 Mall 및 축구장을 비롯한 각종 부대시설로 구성되었다. 캠퍼스에서 가장 높은 건축물은 7층인 대학본부이다. 건축물 및 주랑은 프리캐스트 콘크리트 Precast Concrete 골조 및 패널로 구축된 조립식이다. 건축물의 주요 골조 및 외벽은 모두 베이지 Beige 색의 프리캐스트 콘크리트 부재 및 패널이다. 비구조 내부 칸막이벽 Non-Bearing Walls 은 모두 샌드위치 패널이다. 외벽 및 주랑의 베이지 색은 사우디아라비아 리야드 지역, 주위 사막의 자연환경과 잘 조화되는 건축 재료의 색이다. 외벽 및 주랑의 베이지 색 프리캐스트 콘크리트 표면을 샌드블라스트 Sandblast 처리하여, 사막지역에 있는 자연석의 질감이 나도록 하였다. 또한 수시로 몰아치는 사막의 모래 바람에 의하여 건축물에 들러붙어 쌓이는 미세 먼지의 색과도 잘 조화되도록 대비했다.

♣ 대학본부 및 진입도로: 오른쪽 건축물 지붕 위의 유리 피라미드는 실내 만남의 광장 지붕

♣ 단과대학 강의동: 강의동 외벽에는 세로변이 긴 직사각형 창문을 나란히 배치, 햇빛이 강의실 깊숙이 들어오도록 했다. 창문 하단에는 경사를 두어 그림자의 시각적 효과를 노렸다. 아울러 일 년에 서너 차례 쏟아지는 폭우의 배수에도 대비하였다.

♣ 강의동 연결 주랑 Mall : 단과대학 강의동을 연결해 주는 통로이다. 이 통행로의 교차로에는 연못, 분수 및 조경수목 등이 있다. 연못과 분수에서는 기화열이 발생, 주변의 온도를 낮춰 청량감을 준다. 통행로 바닥에는 꽃무늬가 있는 테라초 Terrazzo 타일을 깔고, 군데군데 야자나무를 무리지어 심었다.

♣ 실내 광장 천장: 대학본부에 있는 7층 높이의 실내 만남의 광장 천장이다. 광장 골조는 프리캐스트 콘크리트 기둥+격자형 강철 지붕골조+유리 피라미드 지붕으로 구성 되었다. 광장 바닥은 각종 조경 수목, 연못, 분수, 조명시설 등으로 장식되었다. 광장 바닥은 꽃무늬가 있는 테라초 Terrazzo 타일을 깔았다.

♣ 주랑의 기둥, 천장 및 조명등: 주랑의 기둥과 천장은 야자나무를 형상화한 것이다. 기둥과 지붕은 모두 프리캐스트 콘크리트 부재를 조립, 설치한 것이다. 검은색 조명등이 베이지색 콘크리트 부재와 잘 조화된다. 주랑은 간접조명을 하여 눈부심을 방지했다. 조명등은 주광색 불빛을 상향 발산하는데, 그 불빛은 야간에 주랑 천장에 있는 유리 피라미드를 통하여 하늘로 발산된다.

♣ 주랑 천장의 유리 피라미드: 주랑 기둥에 설치된 수많은 조명등에서는 야간에 주광색 불빛이 상향 발산된다. 이 불빛은 주랑 천장에 있는 유리 피라미드를 통하여 하늘로 발산된다. 유리 피라미드는 지상과 천국의 통로이다. 조명등이 밝혀진 주랑의 천장에서 흘러나오는 불빛은 마치 공항의 활주로와 같은 분위기를 연출한다.(참조: 375쪽 조명등)

♣ 킹 사우드 대학교 캠퍼스의 회교사원

마) 환경친화적 콘크리트

(1) 에코-시멘트 콘크리트 *Ecology-cement Concrete*

에코시멘트 콘크리트는 도시 쓰레기 소각장에서 발생하는 소각 회와 하수처리장의 슬러지 *Sludge* 등을 사용하여 만든 일종의 자원 재순환형 재료 *Recycle materials* 이다. 에코시멘트는 1994년부터 일본국에서 개발하기 시작했으며 현재는 품질, 안정성, 시공성, 내구성 등이 검증되어 건설재료로 상용화됐다. 에코시멘트는 석회석 52%, 소각회 38%, 슬러지 9%, 기타재료 1% 등으로 조성된다. 물론 소각 회나 슬러지에는 중금속, 다이옥신 *Dioxin*, 염소 등의 환경유해성분이 포함되어 있으므로 시멘트 제조 전에 유독성을 제거해야한다. 에코시멘트는 화학조성물질 및 광물조성물질의 함유량에 따라서 보통 및 속경에코시멘트로 구별된다.

(2) 투수 콘크리트 *Pervious* 또는 *Porous Concrete*

투수 콘크리트, 즉 포러스 콘크리트 *Porous Concrete* 는 물과 공기가 자유롭게 통과할 수 있도록 만든 다공질 콘크리트이다. 비교적 큰 틈새를 많이 포함하고 있는 투수 콘크리트의 공극률은 약 15% 정도이다. 이 콘크리트는 생태계 및 생물 보호 차원에서 생태계와 조화 또는 공존할 수 있도록 개발된 일종의 생태재료 *Ecological Materials* 이다. 이 콘크리트는 용도에 따라서 생물 대응 형 콘크리트와 환경부하 저감 형 콘크리트로 대별된다. 투수 콘크리트는 시멘트, 굵은 골재 및 광물질 색소 등의 혼합물로서 균일한 연속공극을 갖도록 제조된다. 투수 콘크리트를 생산할 때에는 투수성을 증대시키기 위하여 모래를 거의 사용하지 않기 때문에 이 콘크리트를 무-잔골재 콘크리트 *No-fine Concrete* 라고도 한다. 다만 소정의 압축강도를 필요로 하는 경우에는 굵은 골재 용적의 약 10~20% 에 해당하는 모래를 사용한다. 압축강도를 필요로 하면서 빗물 등을 신속하게 배수하여야 하는 도로, 보도, 체육시설 등의 포장공사에 쓰이는 투수 콘크리트는 다짐과 양생을 필요로 한다. 투수 콘크리트는 수질 정화 재, 흡음재, 녹화기반재 등으로도 활용된다.

바) 고-지능, 고기능 콘크리트

(1) 스마트 콘크리트 *Smart Concrete*

스마트 콘크리트란 무기질인 콘크리트에 생명체의 속성인 감각과 외부의 자극에 대한 대응력을 부여하여 살아있는 생명체처럼 거동할 수 있도록 만든 콘크리트이다. 콘크리트 구조 체에 감각과 외부 자극에 대한 대응력을 부여하기 위한 도구로는 압력, 빛, 자력 등의 감지기 *Sensors* 또는 광촉매, 조습제, 알칼리 회복제, 자가보수제, 소취제, 항균제, 방충제, 진기

전도제 등의 기능성 물질이 사용된다. 광섬유를 사용하여 만든 콘크리트에는 빛이 투과되어 해가 뜰 때와 질 때 콘크리트의 색상이 변하게 된다.

(2) 자가-응력 콘크리트 *Self-stressed Concrete*

콘크리트 자체가 스스로 수축, 팽창하는 화학에너지를 활용하여 건조 경화시 균열이 발생하지 않는 범위까지만 수축한다. 또한 철근콘크리트 구조물의 본질을 악화시키거나 파괴하지 않는 범위 내에서 팽창케 하여 밀실한 구조를 갖게 함으로서 콘크리트 구조물의 내구성을 향상시키는 콘크리트이다. 이러한 범주의 콘크리트에는 스스로 수평을 조절하는 콘크리트, 소음을 방지하는 콘크리트, 균열이 발생하지 않는 콘크리트 등이 있다.

사) 루나 콘크리트 *Lunar Concrete*

미국의 항공우주국 *NASA: National Aeronautics and Space Administration* 에서 21세기 초에 달에 우주기지를 건설할 목적으로 개발하고 있는 콘크리트이다. 루나 콘크리트는 달 표면에 존재하는 천연자원을 활용하여 시멘트와 골재를 생산하고 현재 존재하지 않는 것으로 알려진 물은 산소와 수소를 생산하여 인공물을 만들 계획이다.

나. 골재 중량에 의한 분류

가) 경량콘크리트 *Lightweight Concrete*

경량콘크리트는 경량골재콘크리트와 기포콘크리트로 분류하고 있으나 경우에 따라서는 이들을 다시 구조용과 비구조용으로 분류하기도 한다. 경량 골재를 사용한 비구조용 경량콘크리트 중에는 단위용적 중량이 물보다 가벼운 것도 있다. 발포합성수지 *Styrofoam* 알갱이를 골재로 사용한 콘크리트는 매우 가볍고 단열성능이 우수하여 일반적으로 단열공사에 쓰이지만 작은 배 *Canoe* 를 만들 때도 사용된다. 경량골재의 종류는 매우 다양하지만 건축물의 구조공사용 경량콘크리트를 생산할 때는 발포 發泡 혈암 *Expanded Shale* 및 발포점토 *Expanded Clay* 등이 흔히 쓰이고 경량콘크리트 조적공사용 블록 *Masonry Blocks* 을 생산할 때에는 속돌 *Pumice*, 화산암 찌꺼기 *Scoria* 등이 쓰인다. 현재 건축물의 벽판 재 또는 블록 등으로 흔히 쓰이고 있는 경량기포콘크리트에는 *ALC Autoclave Lightweight Concrete* 가 있다. *ALC* 는 석회, 규산질 재료, 시멘트, 알루미늄 분말과 같은 기포제 및 혼화재료를 물과 혼합한 다음 철근을 넣고 180℃ 정도의 고온 및 10기압 정도의 고압으로 증기 양생하여 생산한다. *ALC* 의 절건 중량은 보통콘크리트의 약 25%, 열전도율은 약 10% 정도이다. 일반적으로 경량콘크리트의 강도는 보통콘크리트보다 작고 신율 및 크립 *Creep* 변형은 크며 열전도율은 대체로 보통 콘크리트의 50% 정도이다.

구조용 경량골재는 일반적으로 다공질이기 때문에 흡수성이 커서 배합수를 흡수하여 콘크리트의 시공연도를 저하시킬 우려가 있다. 따라서 경량 골재를 사용할 때에는 습윤 상태를 만들어 사용하는 것이 바람직하다. 일반적으로 경량콘크리트의 흡습특성은 콘크리트 경화 후에도 오랜 기간에 걸쳐 지속되는 경향이 있어 동결융해에 의한 피해가 우려되고 건조수축률 또한 크지만 균열은 거의 발생하지 않는다. 경량골재는 가볍기 때문에 양생 중에 콘크리트 표면으로 물과 함께 떠올라 골재분리를 유발할 수도 있으며 콘크리트 펌핑 *Pumping* 작업도 쉽지 않다. 이와 같은 문제점들을 해결하기 위하여 경량콘크리트를 생산할 때는 슬럼프 *Slump* 를 작게 하고 공기 연행 제를 사용하여 물시멘트비를 최소화 하여야 한다. *ACI* 는 구 조용 경량 콘크리트의 요구조건을 28일 압축강도는 17*Mpa* 이상, 기건 상태의 단위용적 중량은 1850*kg/m³* 이하로 규정하고 있다. 현재 건축공사에서 사용되고 있는 구조용 경량콘크리트의 압축강도는 20.7~34.5*Mpa* 이다. *ASTM C330* 에서는 경량골재의 절건 단위용적 중량을 잔골재는 1120*kg/m³*, 굵은 골재는 880*kg/m³* 이하로 규정하고 있다.

나) 중량콘크리트 *Heavyweight Concrete*

중량콘크리트는 인공 또는 천연의 중량골재와 보통 포틀랜드 시멘트, 고로시멘트 *Slag Cement* 또는 포조라나 시멘트 *Pozzolana Cement* 등을 사용하여 수화발열을 억제하면서 고밀도로 생산된다. 수화발열을 작게 하기 위해서는 플라이 애시 *Fly Ash* 등을 사용한다. 이 콘크리트는 핵발전소, 병원, 원자력 연구소, 방사선시험실 등에서 x, γ, 중성자선 등의 방사선 차폐용으로 사용된다. 중량콘크리트용 천연골재에는 중정석 *重晶石, Barite*, 자철광 *Magnetite*, 적철광 *Hematite*, 인철 *燐鐵, Ferrophosphorus*, 지오타이트 *Geothite*, 일미나이트 *Illmenite* 등이 있다. 중량골재의 비중은 3.4~6.5 정도이며 필요한 경우에는 강철 *Steel* 을 가공하여 골재로 사용하기도 한다. 중량콘크리트의 단위용적 중량은 2.5~5.5*t/m³* 이다. 중량골재는 자중이 커서 골재분리의 원인이 되며 시공성능 *Workability* 을 저하시킬 수도 있다. 따라서 감수 제를 사용, 혼합수량 및 시멘트 소요량을 최소화하여 물-시멘트 비를 55% 이하, 슬럼프 *Slump* 를 100*mm* 이하로 하는 것이 바람직하다. 골재분리 방지 및 시공성능 저하와 같은 문제점은 모래 사용량을 증가 시키거나 콘크리트치기 방법을 변경하여 개선할 수도 있다. 중량 콘크리트는 우선 거푸집 속에 중량골재를 채운다음 골재 사이의 틈새를 시멘트, 물, 모래, 혼화재료 등으로 메꾸는 방식으로 치는 것이 바람직하다. 중량콘크리트에 관한 상세한 내용은 *ASTM C637* 에 규정되어 있다.

다. 기후조건에 따른 분류

콘크리트의 강도는 양생기간 동안의 기온의 영향에 민감하게 반응한다. 기온이 낮은 경우에는 물과 시멘트의 수화작용이 지연되거나 정지되며 기온이 높은 경우에는 수화작용이 지나치게 촉진되어 콘크리트의 품질이 저하된다. 우리나라의 경우 겨울 및 여름철에는 일반적으로 콘크리트 제조 및 공사에 적합한 기온의 범위 20±3℃ 를 벗어나는 날이 많다. 따라서 우리나라에서 여름철과 겨울철에 콘크리트 공사를 할 경우에는 특별한 대비책이 필요하다. 외부기온에 대응하여 콘크리트는 한중콘크리트, 서중콘크리트, 한랭기 콘크리트 및 보통콘크리트 등으로 분류된다. 물론 우리나라의 건축공사 표준시방서에서는 배합강도 결정시 기온에 따른 강도를 보정하는 방법을 규정하고 있다.

가) 한중 寒中 콘크리트

한중콘크리트란 어떤 특정기능을 갖는 특수콘크리트가 아니고 콘크리트 치기 후 응결, 경화 전에 초기 동결될 우려가 있는 가장 추운 겨울철에 사용하는 콘크리트를 통상적으로 지칭하는 말이다. 우리나라의 경우 일반적으로 소한 小寒 부터 대한 大寒 사이의 기간을 겨울철 동안에 가장 추운시기로 인정한다. 콘크리트 관련 시방서에서는 동결위험의 기후조건을 일평균 기온이 4℃ 이하 또는 28일 양생기간 동안의 평균기온이 3.2℃ 이하로 규정하고 있다. 한중 콘크리트는 일반적으로 수화반응속도가 늦어 응결 및 경화가 불량해지므로 강도 발현이 지연된다. 양생초기에 동해 凍害 가 발생한 콘크리트는 내구성이 저하되고 균열이 발생하며 압축강도는 5Mpa 정도로 측정되고 있다. 추운 겨울철에 매스콘크리트 Mass Concrete 공사를 할 경우에는 수화발열을 고려하여 보온 양생하여야 한다. 한중콘크리트 치기를 할 경우의 일반적인 대책은 다음과 같다:

① 응결 및 경화 촉진제 사용: AE 감수 제 또는 AE 제
② 조강 포틀랜드 시멘트 사용: 가열 불가
③ 골재 및 배합수의 간접 가열: 40℃ 이하
④ 혼합 수량 水量 의 최소화; 물시멘트비 60% 이하
⑤ 부어 넣을 때의 콘크리트 온도를 10~20℃ 로 유지
⑥ 소요강도가 나타날 때까지 보온양생: 5℃ 이상유지

나) 서중 暑中 콘크리트

서중콘크리트란 특정기능의 특수콘크리트가 아니고 콘크리트 치기 후 응결촉진 및 급격한

수분증발로 인하여 균열이 발생하고 장기강도가 저하될 우려가 있는 가장 더운 여름철에 사용하는 콘크리트를 통상적으로 지칭하는 말이다. 우리나라의 경우 일반적으로 초복 初伏 에서 말복 末伏 에 이르는 기간 중에는 일평균 기온이 25℃ 를 넘는 날이 많으므로 이 기간 중에는 서중콘크리트 치기를 하는 것이 바람직하다. 더운 여름철에 콘크리트 치기를 할 경우의 일반적인 대책은 다음과 같다:

① 응결 및 경화 지연제 사용; 지연형 AE 감수제 또는 감수제
② 중용열 포틀랜드시멘트 사용; 냉각 가능
③ 골재 및 혼합수의 냉각; 콘크리트 치기할 때의 콘크리트 온도를 35℃ 이하로 유지
④ 콘크리트 치기 전 거푸집에 물을 충분히 뿌려 습윤 상태 유지
⑤ 소요강도가 나타날 때까지 습윤 양생
⑥ 배합, 운반 및 치기 시간의 단축; 60~90분, 수분 증발량의 최소화

라. 강도보강 재료 및 방법에 의한 분류

철강재를 보강하지 않은 무근콘크리트 *Plain Concrete* 는 압축강도는 크지만 인장강도, 휨강도 및 전단강도가 압축강도의 10~30% 정도밖에 되지 않아 구조용 재료로서 쓰이는 일은 거의 없다. 그러나 콘크리트에 철강재를 보강한 철근콘크리트 또는 철골철근 콘크리트는 압축, 인장 및 휨강도가 모두 커서 휨, 압축, 인장 및 전단응력 등 거의 모든 응력에 대응하는 역학적 성능이 뛰어난 합성재료가 된다. 뿐만 아니라 이 합성재료는 내화성, 내구성 등도 우수하여 지구상의 거의 모든 대형 건축물이나 구조물의 골조 공사에 두루 쓰이고 있다. 강도보강 콘크리트의 종류 및 특성은 다음과 같다.

가) 무근콘크리트 *Plain Concrete*

무근콘크리트란 일반적으로는 철강재, 합성섬유, 혼화재료 등의 강도 보강 재료를 포함하지 않은 순수한 콘크리트를 말한다. 그러나 한국콘크리트학회의 콘크리트구조설계기준에서 규정하고 있는 좀 더 엄밀한 의미의 무근콘크리트는 최소철근비 이하의 철근을 포함하고 있는 콘크리트이다. 관련 용어의 정의는 다음과 같다:

Plain Concrete ① Concrete without reinforcement ② Reinforced concrete that does not conform to the definition of reinforced concrete. ③ Used loosely to designate concrete containing no admixture and prepared without special treatment.

나) 철근콘크리트 *Reinforced Concrete*

콘크리트 속에 보강철근 *Reinforcing Bars* , 철선 *Wires* , 철망 *Welded Wire Mesh* 또는 구조형강 *Structural Shapes* 등의 철강재를 묻어 일체가 되게 한 콘크리트를 총칭하여 철근콘크리트라고 한다(그림 2-26). 철강재는 콘크리트의 취약한 인장, 휨 및 전단 강도를 보강한다. 관련 기록에 의하면 프랑스인 쟝-루이 랑보 *Jean-Louis Lambot* 가 1850년에 노로 젓는 소형의 배 *Rowboat* 를 건조하면서 최초로 철근콘크리트를 사용한 것으로 되어 있다. 이어서 1853년에 프랑수아 꽈녜 *François Coignet* 가 건축물 지붕공사에, 1867년에는 빠리의 정원사 *Gardener* 인 조지프 모니에 *Joseph Monier* 가 화분 *Flower Tubs* 을 제작하는데 철근콘크리트를 사용하였다. 그러나 건축물 골조공사에서 철근콘크리트를 사용한 것은 1890년경이었다. 프랑스 현대건축의 아버지라고 불리우는 오귀스트 뻬레 *August Perret* 는 1890년에 영불해협의 해안도시 디쁘 *Dieppe* 근처에 철근콘크리트 골조 건축물을 건축하였다. 1955년에는 르 꼬르뷔지에가 유명한 철근콘크리트 건축물인 롱샹 성모마리아 성당(사진 2-51)을 완공하였다. 용어의 의미는 다음과 같다:

Reinforced Concrete Concrete containing adequate reinforcement, prestressed or not prestressed, and designed on the assumption that the two materials(steel and concrete)act together in resisting forces.

다) 프리스트레스트 프리캐스트 콘크리트 *Prestressed Precast Concrete*

이 콘크리트는 보통콘크리트 속에 고강도 강철선 *鋼鐵線, High-strength Steel wire* 다발 또는 강철봉을 묻어 일체가 되도록 하여 콘크리트 부재의 강도를 확보하고 균열발생을 억제할 수 있도록 만든 콘크리트이다. 콘크리트 구조부재를 생산하는 방법에는 독립 몰드 *Individual Mold* 공법 및 롱-라인 몰드 *Long-line Mold* 공법이 있다. 후자는 부재를 길게 만들어 소요 길이에 따라서 절단하는 공법이고, 전자는 부재를 소요 길이대로 한 개씩 생산하는 공법이다. 이 콘크리트로 구조부재를 생산 할 때에는 일반적으로 고탄소강을 담금질, 냉간 인발 또는 냉간 압연하여 만든 강철선 *Cold-drawn Wires* 을 꼬아서 다발로 만든 강선 *Stranded Cables* 또는 *Strands* 또는 합금강봉 *Alloy-steel Bars* 등을 사용한다. 꼬아서 만든 강철선 다발 *Strands* 또는 *Tendons* 또는 강봉에는 소정의 인장력이 가해지며 그 크기는 측정계기로 측정된다. 강선에 가해진 인장력의 크기는 길이 150*mm* 당 1*mm* 정도의 신장이 생길 정도이며 강선의 인장강도는 1622~1860*Mpa* 이다. 이 콘크리트에 사용되는 경강선재, 피아노선재, 고장력강선재 등에 관한 상세한 내용은 *KSD* 3505, 3509, 3510, 3556 및 3559 등에 규정되어 있다.

그림 2-26 : 콘크리트 보 및 기둥 속의 철근배근

기둥철근

Reinforcing Steel in Concrete Column

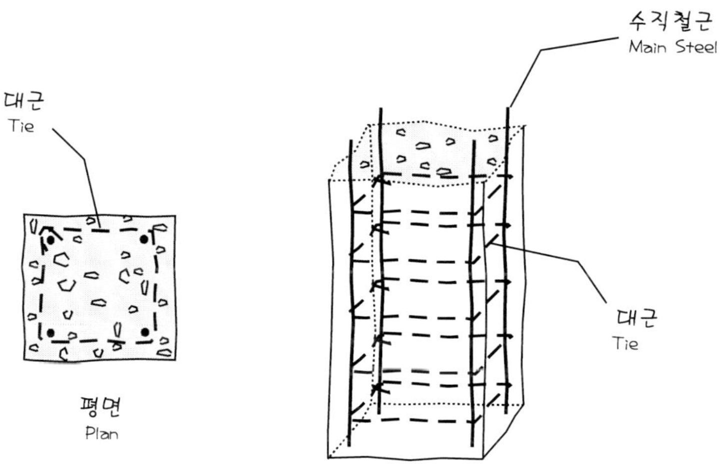

보철근

Reinforcing Steel in Concrete Beam

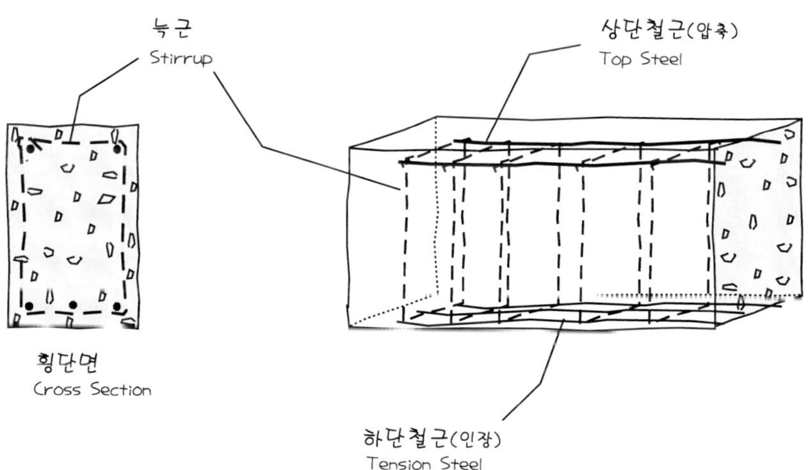

사진 2-51 : 롱샹 성모마리아 성당 *Nôtre Dame du Haut Ronchamp, France*

롱샹 성당은 르 꼬르뷔지에 Le Corbusier(1887~1965) 가 도미니꾸스회 신부인 알랭 꾸뛰리에의 의뢰를 받아들여 건축한 성당이다. 르 꼬르뷔지에는 알랭 꾸뛰리에의 조언을 받아들여 성당의 설계 및 시공을 했다. 이 성당은 1950년에 착공되어 1955년에 완공됐다. 이 성당은 프랑스 중동부 보쥬산맥 기슭, 롱샹 Ronchamp, Haute Saône 에 있다. 그런 연유로 사람들은 이 성당을 '롱샹 교회당' 이라고 부르기도 한다. 롱샹은 프랑스와 스위스의 국경지역에 있는 광산 도시이다.

이 성당의 지붕은, 르 꼬르뷔지에가 자신이 좋아하던 투구게의 둥글 넙적한 방패 모양의 껍질 형상에서 영감을 얻어 설계했다고 한다. 투구게는 4억 4000만 년 전부터 지구상에 생존해온 것으로 알려져 있다. 현재 생존하고 있는 투구게는 그들의 조상들이 살았던 쥐라기 시대(1억 7500만~1억4000만년)의 모습과 거의 같은 형태를 유지하고 있다. 그런 까닭으로 사람들은 투구 게를 '살아있는 화석' 이라고 부른다. 절지동물인 투구게는 사실 게가 아니라 게의 아주 먼 친척일 뿐이다. 파란 피를 가지고 있는 투구게는 특별한 응고 능력이 있어 출혈로는 죽지 않는다. 투구게는 바다에서 살면서 알을 낳을 때만 육지에 올라온다. 현재 미국 델라웨어만 동부해안에서는 어둠이 깔리면 수십만 마리의 투구게가 달가닥 달가닥 소리를 내면서 육지로 기어 올라와 집단 산란에 나선다. 산란을 마친 투구게들은 해가 완전히 떠오르기 전에 일제히 바다로 돌아간다. 육중한 투구 게 Crab 껍질 형상을 한 성모마리아 성당의 지붕은 두께 60*mm* 의 노출 철근콘크리트 판과 7개의 큰 보 및 360개의 작은 보로 구성되었다. 그러나 일각에서는 지붕은 소라 껍질을 본 따서 만들었다는 주장을 하기도 한다. 실제로 성당의 동남쪽에서 올려다본 노출 콘크리트 지붕의 형상은 마치 공중에 떠있는, 울퉁불퉁하게 제멋대로 생긴 소라 껍질 같은 느낌을 주기도 한다. 성당 내부의 크기는 길이 25*m* , 너비 13*m* 정도이다. 이 성당의 외벽에는 방향과 높이가 서로 다른 반원기둥-돔 형태의 예배 실이 3개 있다. 남쪽 벽면의 한쪽 끝에 있는 큰 예배 실은 높이가 22*m* 이고, 북쪽을 향해 있다. 북쪽 벽면에 있는 두 개의 예배 실의 높이는 15*m* 로 같지만 아침 예배 실은 동쪽을 향하고, 저녁 예배 실은 서쪽을 향해 있다.

성당의 동쪽 벽면 Façade 에는 성모마리아 상을 안치한 벽감과 성가대 좌석이 있다. 성모 마리아 조각상은 예배당 안팎에서 모두 볼 수 있다. 벽면의 외부에 설치된 성가대석에는 내부의 성가대석으로 통할 수 있는 문이 있다. 벽면의 외부, 지붕의 처마 밑에는 옥외 성찬 대, 연단 등이 설치되어 있어 성당에 들어가지 못한 신도들이 옥외의 잔디밭에서도 예배를 볼 수 있도록 하였다. 곡면으로 되어 있는 남쪽 벽면은 마치 10*m* 높이 이상의 성벽을 쌓아 올리듯이 축조되었다. 벽을 쌓을 때 사용된 돌은 성당이 세워진 자리에 있었던 로마 시대의 태양 신전 및 중세의 성모 마리아 순례 사원의 유적지에 버려져 있었던 것이다. 육중한 돌 벽의 하단 두께는 4.5*m* , 상단은 1.5*m* 이며 회반죽 뿌림으로 마감되었다. 빛의 벽이라고 불리 우는 남향의 돌 벽면에는 햇빛의 변화에 상응하도록 고안된 여러 개의 창이 나 있다. 창에는 색유리를 끼웠으며 창의 크기는 르 꼬르뷔지에 자신이 생각해낸 건축용 표준치수 Modulor 에 기초하여 결정되었다. 남쪽 벽면의 내부는, 각기 다른 크기 및 다른 위치에 있는 색유리 창을 통하여, 새벽부터 황혼까지 실내로 들어오는 햇빛의 조화에 따라서 감응, 변화무쌍한 빛의 예술을 창조해낸다. 남쪽 벽면의 한쪽 끝에는 행렬을 위한 대형 철문도 있다.

♣ 투구게 Crab 껍질 형상의 지붕: 동향 및 남향 입면:

♣ 아침 및 저녁 예배실: 동향 및 북향 입면

♣ 남쪽 벽면의 크기 및 형태가 다양한 창문: 남향 입면 Façade

♣ 남쪽 벽면의 내부: 신비로운 빛의 조화 창출

미리 가해지는 압축력 *Pre-stressing Force* 이라는 의미는 콘크리트 구조 부재에 소정의 설계하중 *Design Loads* 이 작용하여 인장응력이 발생하기 전에 미리 압축력을 가하여 하중에 의하여 발생되는 인장응력을 상쇄함으로써 콘크리트 부재의 역학적 성능을 개선한다는 뜻이다. 보통 철근콘크리트의 경우 구조부재에서 인장응력이 발생하는 위치에 단순히 철근을 배치하여 콘크리트의 인장력을 보강한다. 그러나 인장강선 보강콘크리트는 보통 철근콘크리트와는 달리 인장력이 가해진 강선다발 또는 강철봉을 배치하여 콘크리트의 역학적 특성, 즉 휨강도의 증대 및 건조 수축에 대한 저항 성능을 더욱 발전시킨 콘크리트이다. 이 콘크리트는 강선 다발에 인장력을 가하는 시기에 따라서 프리-텐션드 *Pre-tensioned* 또는 포스트-텐션드 콘크리트 *Post-tensioned Concrete* 로 분류된다. 이 콘크리트는 1940년대에 프랑스의 유명한 기술자 외제느 프레시네 *Eugene Freyssinet* 에 의하여 개발된 이래 수많은 교량, 주차장 건축물, 기초 판, 저수통, 초고층 건축물 등의 공사에서 장경간 *長徑間, Long Span* 의 구조용 부재에 활용되고 있다.

(1) 프리-텐션드 프리-캐스트 콘크리트 *Pre-tensioned Precast Concrete*

콘크리트를 치기 전에 거푸집에 강선 다발 *Strands* 을 설치하고 인장력을 가한 다음 이 강선 다발 위에 콘크리트를 부어 넣고 양생하여 만든 콘크리트를 프리 텐션드 프리-캐스트 콘크리트라고 한다. 거푸집 한쪽 끝에 임시로 설치한 앵커 *Anchor* 에 강선 다발의 한쪽 끝을 정착시킨 다음 다른 한쪽에서 잭 *Jack* 을 이용하여 강선 다발을 당겨 인장력을 증가시킨다. 강선 다발은 직경이 약간 큰 고탄소 강선을 중심에 두고 그 주위를 직경이 약간 작은 6가닥의 강선으로 단단히 꼬아서 일차적으로 직경이 6.35~15.24*mm* 정도 되게 한 다음 다시 이 강선 다발을 수십 가닥으로 꼬아서 굵게 만든다(그림 2-27). 강선 다발 *Uncoated Seven-wire Stress-relieved Strand* 에 관련된 미국의 규정은 *ASTM A416* 이다. 콘크리트의 강도가 충분히 발현된 다음에는 임시로 설치한 앵커 *Anchor* 및 잭 *Jack* 을 제거하고 강선 다발의 양쪽 끝을 절단한다. 인장력이 가해진 상태로 절단된 강선 다발에는 원상복구하려는 강한 탄성이 생기며 이와 같은 복원력은 콘크리트와의 부착력에 의하여 콘크리트에 전달된다. 강선 다발의 탄성에 의하여 생긴 콘크리트의 압축응력은 부재의 휨강도를 증가시킨다. 프리-텐션드 프리캐스트 콘크리트의 생산 절차는 그림 2-28 과 같다.

(2) 포스트-텐션드 프리캐스트 콘크리트 *Post-tensioned Precast Concrete*

포스트-텐션드 프리캐스트 콘크리트 부재의 역학적 특성은 프리-텐션드 프리-캐스트 콘크리트 부재와 유사하다. 그러나 이 콘크리트를 제작할 때에는 먼저 인장력이 가해지지 않은 강선 다발 또는 강철봉을 보호용 관 *Protective Sheathing, Hollow Tubes* 또는 *Conduits* 속에 넣어 거푸집 속의 소정의 위치에 정착시킨 다음 콘크리트 치기를 한다(그림 2-29). 콘크리트가 충분히 경화되어 소정의 강도가 발현되면 미리 설치해둔 강선 다발 또는 강철봉에 인장력을 가한다. 인장력을 가할 때는 강선 다발 또는 강철봉의 한쪽 끝을 앵커 *Anchor* 에 정착 시키고 다른 한쪽에서 잭 *Jack* 으로 당겨 인장력을 가한다음 영구 정착 시킨다. 강선 다발과 보호용관 사이의 틈새는 그라우트 *Grout* 로 밀실하게 충전한다. 강선 다발에 가해진 인장력으로 인하여 콘크리트 부재에는 강한 압축력이 작용하므로 콘크리트 부재의 휨강도는 증가한다. 이 콘크리트에서 사용되는 강선 다발은 직경이 4.88~7.01*mm* 정도인 원형 강선 *Round Wires* 을 여러 가닥 꼬아서 만든 것이며 관련된 규정은 *ASTM A421* 에 있다. 포스트-텐션드 프리캐스트 콘크리트 관련 구조용 부재는 사진 2-52 와 같다.

그림 2-27 : 강선 鋼線 다발 및 보호관

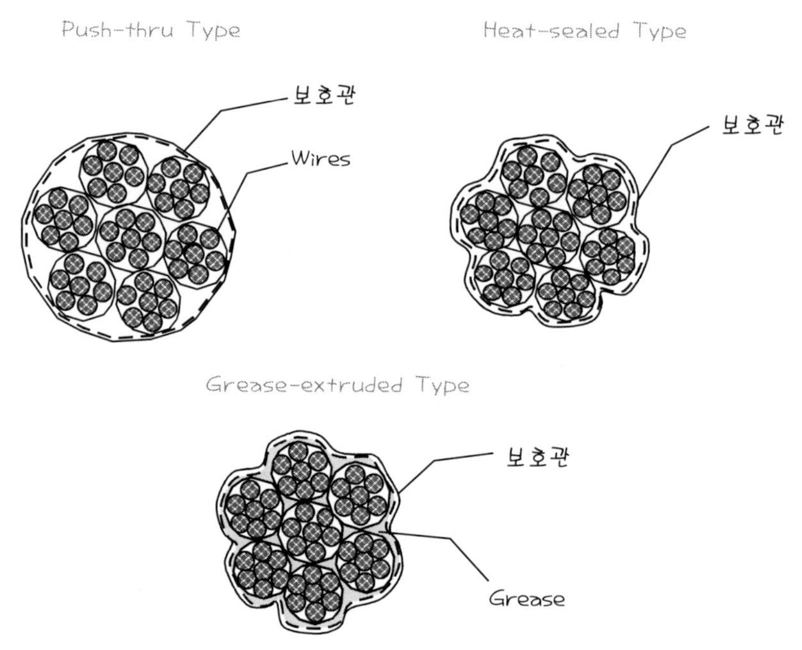

그림 2-28 : 프리-텐션드 프리캐스트 콘크리트 생산절차

강선설치 및 인장 Tensioning Strand

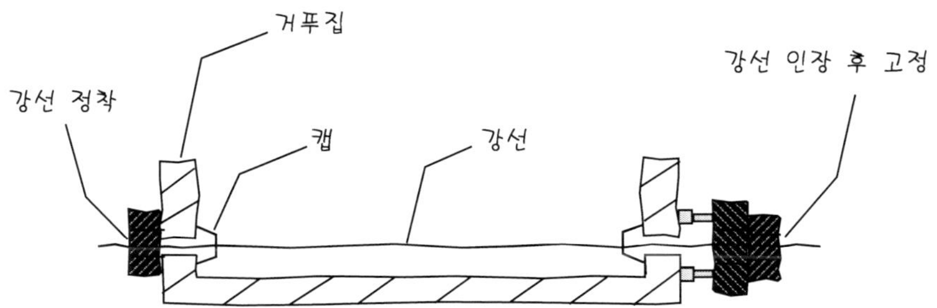

콘크리트타설 Casting of concrete

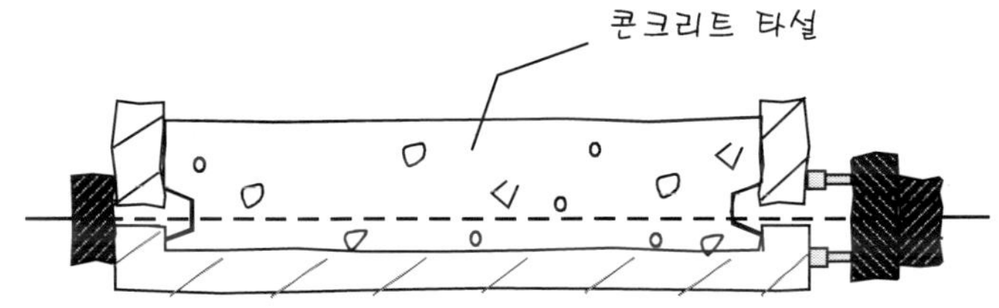

콘크리트 경화 후 강선 절단

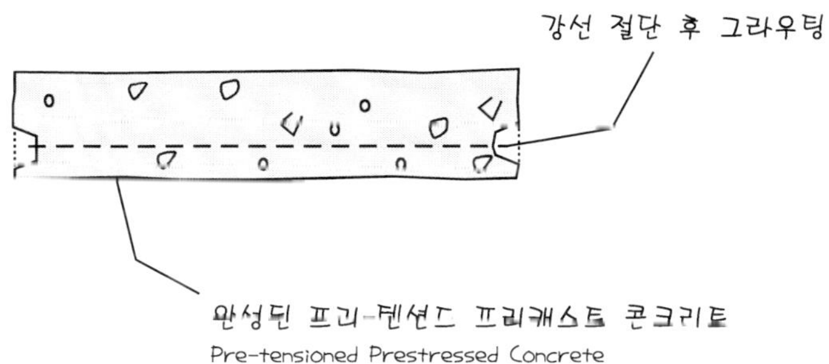

그림 2-29 : 포스트-텐션드 프리캐스트 콘크리트 생산절차

보호관 설치 후 강선 삽입

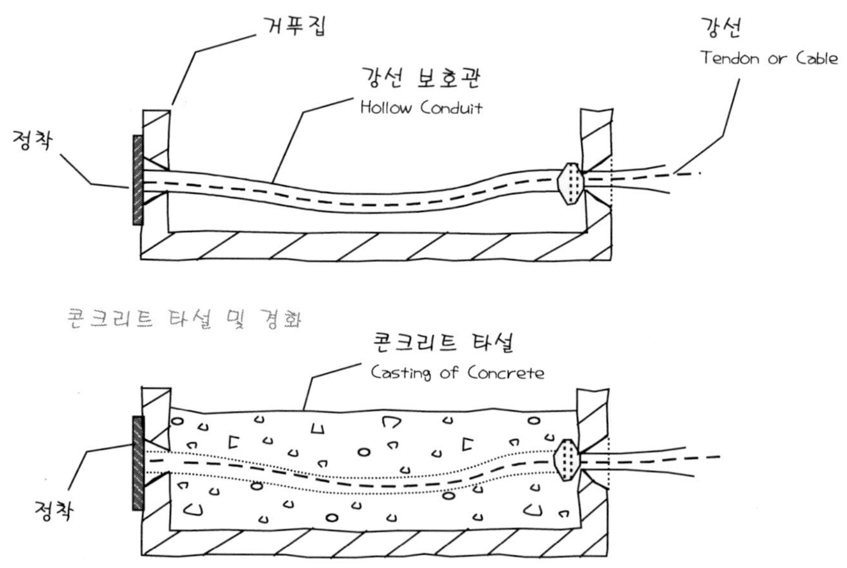

유압재 Hydraulic Jack 으로 강선 인장, 절단, 정착

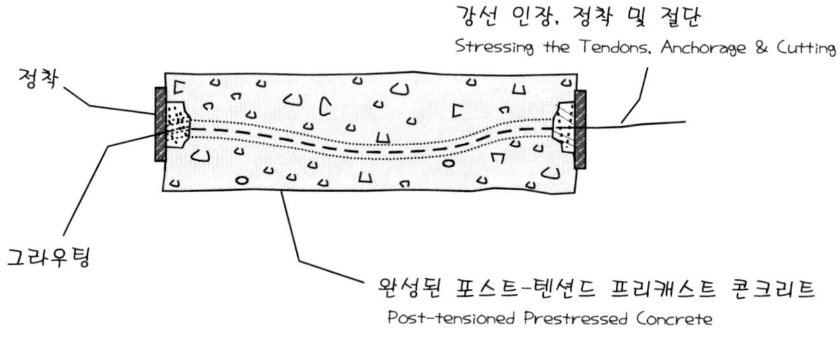

사진 2-52 : 포스트-텐션드 프리캐스트 콘크리트 골조

♣ 포스트-텐션드 프리-캐스트 콘크리트 보. 생산현장

♣ 포스트-텐션드 프리-캐스트 콘크리트 보. 시공현장: 미국 시카고

라) 섬유보강 콘크리트 Fiber-reinforced Concrete

섬유보강 콘크리트란 콘크리트의 연성 *Ductility* , 인성 *韌性, Toughness* 등을 증대시켜 인장강도, 휨강도 및 충격흡수 능력, 즉 파괴 역학적 성능개선 효과를 극대화한 콘크리트이다. 콘크리트를 배합할 때는 작게 절단한 섬유 *纖維, Discontinuous Discrete Fibers* 를 넣는다. 섬유보강 콘크리트는 미세균열의 확대, 파괴 및 변형에 대한 저항성이 크다. 보통콘크리트는 양생 초기에 수많은 미세균열 *Microcracks* 이 발생한다. 이러한 균열은 경미한 인장력에 의하여 발생하지만 보강을 하지 않을 경우 지속되는 하중의 작용으로 점차 균열의 폭이 확대되어 콘크리트 구조부재 파괴의 원인이 된다. 하중을 부담하고 있는 보통콘크리트의 경우 양생초기의 미세한 균열은 시간의 경과와 함께 그 폭이 점차 확대된다.

섬유보강 콘크리트는 일반적으로 섬유가 균등하게 분산되지 않고 둥글게 뭉쳐지는 경향이 있어 시공성능 *Workability* 이 저하되므로 섬유의 사용 총량을 제한하고 있다. 섬유보강 콘크리트의 시공성은 일반적으로 섬유의 길이 및 엉클어져 뭉쳐진 정도에 따라서 결정되지만 혼화제를 사용하여 시공성능을 어느 정도 개선할 수 있다. 섬유보강 콘크리트에는 블리딩 *Bleeding* 현상이 거의 없어 골재분리가 생기지 않으므로 일반적인 콘크리트치기 작업이나 펌핑 *Pumping* 작업은 용이하다. 현재의 기술수준에서는 보통섬유보강 콘크리트는 압축강도가 개선되지 않기 때문에 구조부재용 재료로는 사용하지 않는 것이 원칙이다. 콘크리트의 응력 보강용 섬유 및 섬유보강 콘크리트의 종류는 다음과 같다.

(1) 보강섬유의 종류 및 특성

콘크리트의 응력보강을 위하여 사용되는 섬유는 크기, 형태 및 재료의 종류가 매우 다양하다(표 2-21). 가장 보편적으로 사용되는 섬유재료는 강철, 유리, 나일론 *Nylon* 등이지만 합성수지 *Plastic* 및 자연소재인 나무도 자주 쓰인다. 일반적으로 섬유의 길이는 섬유직경의 30~150배 정도로 한다. 콘크리트제조에 사용되는 주요 섬유의 특성은 다음과 같다.

(가) 강철 섬유 Steel Fibers

강철 섬유 보강콘크리트 *SFRC: Steel Fibers RC* 는 1969년 미국에서 개발 되었다. 콘크리트 보강용으로 사용되는 강철섬유의 규격 및 형태는 매우 다양하다. 저탄소강 또는 스테인리스강 *Stainless Steel* 으로 만드는 원형 강철 섬유 *Round Steel Fibers* 의 직경은 0.25~0.9*mm* 정도이다. 또한 전단 강판 *Shearing Sheet* 이나 압연 강선 *Flattening Round Wire* 으로 만드는 각형 강철 섬유 *Flat Steel Fibers* 의 두께는 0.152~0.406*mm* 이다. 강철섬유 콘크리트의 섬유 함유량은 일반적으로 콘크리트 체적의 0.5~2.0% 정도로 제한하고 있으나 콘크리트의 시공성능을 고려하여 0.25~1.5% 로 하는 것이 바람직하다. 강철섬유로 보강된 콘크리트는 일반적으로 인장, 휨, 전단강도 및 내구성이 크게 향상된다. 특히 휨강도 및 인장강도는 일반 무근콘크리트 *Plain Concrete* 보다 보통 50~70% 정도 증가하고, 섬유의 함유량이 1.5% 인 경우 인장강도는 약 45% 증가하는 것으로 입증되고 있다. 그러나 콘크리트에 강철섬유를 첨가하더라도 일반적인 공법으로는 압축강도를 획기적으로 개선할 수 없을 뿐더러 열전도율이 높아지므로 유의할 필요가 있다. 또한 강철섬유가 콘크리트 표면에 노출될 경우 녹슬 우려가 크므로 유의하여야 한다. 물론 이론상 콘크리트 피복두께가 2.5*mm* 이상인 경우에는 녹은 확산되지 않는 것으로 보고되고 있다. 강 섬유 보강 콘크리트는 주로 건축물 최저 층 바닥판, 도로 및 보도 포장, 터널내벽 *Tunnel Linings* , 기계설비의 기초공사 및 콘크리트 말뚝 생산용 등으로 쓰인다.

표 2-21 : 콘크리트 제조용 섬유의 종류 및 특성

섬 유	직 경(mm)	인장 강도(Mpa)
Polypropylene	0.102 ~ 0.203	449
Polyester	0.01 ~ 0.076	552 ~ 1173
Polyethylene	0.025 ~ 1.016	200 ~ 3036
Acrylic	0.005 ~ 0.018	207 ~ 966
Carbon	0.008	1794 ~ 2622
Glass	0.01 ~ 0.013	2484 ~ 3450
Steel	0.102 ~ 1.016	345 ~ 1725

(나) 유리 섬유 *Glass Fibers*

유리를 고온에서 용해시켜 섬유형상으로 만든 무기질 섬유로서 인장강도 가 크고 내알칼리성이 우수하다. 유리섬유 보강콘크리트 *GRC: Glass fiber Reinforced Concrete* 는 인장강도 및 내화성이 향상되고 양생초기의 충격강도가 커지지만 붓기, 다지기 및 양생 방법에 따라서 역학적 성질이 크게 달라지므로 유의하여야 한다. *GRC* 에 사용되는 유리섬유의 직경은

0.01mm 정도 이며 함유량은 5~6% 가 바람직하다. 함유량이 6% 이상이 될 경우 공극이 증가하여 인장강도가 저하될 우려가 있다. 유리섬유가 내알칼리성이기는 하지만 시멘트의 강력한 알칼리 성분에 의하여 유리섬유가 손상될 경우에는 유리섬유 콘크리트의 강도 증진은 기대하기 어렵다. GRC 는 경량타일 *Tiles*, 치장용 경량 장막벽 *Curtain Wall* (사진 2-53), 칸막이용 내벽 판 *Panels*, 지붕 판재 *Shingles*, 수목용 상자 *Planter* (사진 2-54) 등을 생산하는데 주로 사용된다.

사진 2-53 : GRC 치장 외벽공사 *Kuala Lumpur, Malaysia*

♣ GRC 판재 생산 가설공장: 골프리조트 호텔공사 현장, 말레이시아 쿠알라 룸푸르 근교

♣ **생산된** GRC 제품: 야자나무 잎을 형상화한 완제품 표면은 갈색 페인트로 마감

♣ GRC 제품 뒷면의 경량 철골구조: 건축물 외벽에 매립된 철구조물에 부착

♣ 기둥 치장 GRC 판재: 건축물 콘크리트 외벽 기둥에 부착

♣ 기둥 치장 GRC 판재: 건축물 외벽 기둥에 부착후 표면에 갈색 페인트 마감

사진 2-54 : 킹 사우드 대학교의 GRC 수목상자 *Riyadh, Saudi-Arabia*

♣ GRC 수목상자: 재료는 백색 시멘트+베이지색 색소+유리섬유, 킹 사우드 대학교 주랑

(다) 탄소 섬유 *Carbon Fibers*

탄소섬유는 일반적으로 아크릴섬유 *Acrylic Fiber* , 역청물질 *Pitch* 등의 유기질 섬유를 태워서 만들며 주성분은 탄소이다. 탄소섬유 보강콘크리트는 인장강도, 휨강도, 내마모성, 내수성, 내열성 등의 역학적 성질이 향상되고 내알칼리성과 같은 화학적 안정성이 양호해진다. 그러나 섬유 함유량이 과다할 압축강도가 저하될 우려가 있으므로 유의하여야 한다. 이 콘크리트는 *GRC* 보다 내 충격성 및 동결융해에 대한 저항성이 크다. 인장강도는 보통 콘크리트보다 재료에 따라서 1.5~2.4배, 휨강도는 2.2~3.5배 향상된다. 탄소섬유 보강 콘크리트는 초고층 건축물의 장막벽 *Curtain Wall* , 곡면 지붕 판 *Shell Structure* , 해양구조물, 도로포장 등의 공사 및 콘크리트말뚝 생산 등에 주로 쓰인다.

(라) 합성 섬유 Synthetic Fibers

석유화학 및 섬유 *Textile* 산업에서 생산되는 폴리바이닐 아세테이트 *Polyvinyl Acetate* , 나일론 *Nylon* , 아크릴 *Acrylic* , 폴리에틸렌 *Polyethylene* , 폴리에스테르 *Polyester* , 폴리프로필렌 *Polypropylene* 등의 섬유는 유리섬유나 강섬유와는 달리 휨강도가 거의 없는 유연한 섬유이다. 특히 나일론, 폴리에틸렌과 같은 합성섬유는 인장강도 및 탄성이 크고 내후성, 내산성, 내 알칼리성 등이 모두 우수하면서도 가격이 저렴하여 활용도가 높다.

유연성이 뛰어난 합성섬유는 콘크리트의 소성수축 및 건조수축에 의한 균열 억제와 동결 융해에 대하여 매우 효과적인 것으로 알려져 있다. 합성섬유 함유량이 0.2% 이하일 경우 콘크리트의 강도 증가가 거의 없는 것으로 간주되지만 함유량이 2% 이상일 경우에는 콘크리트의 모든 강도가 증가됨과 동시에 건조 수축에 의한 균열이 감소되는 것으로 조사되고 있다. 그러나 합성섬유는 서로 얽혀 뭉쳐지기 쉬워 콘크리트의 접착력 및 시공성이 떨어질 우려가 크므로 비빌 때나 부어 넣을 때 유의해야 한다. 합성섬유 보강콘크리트는 경량 건축물의 지붕판 *Roofing Slate* , 벽판 *Panel* , 경사면 안정 *Slope Stabilization* 구조재, 블록 *Block* , 옥외계단 등의 생산에 쓰인다.

(2) 합성섬유 보강 고-인성 콘크리트

고-인성 高-靭性 콘크리트 *High Toughness Concrete* 란 콘크리트 배합 시 합성섬유를 보강하여 콘크리트의 충격에너지 흡수능력, 즉 인성 *Toughness* 과 연성 *Ductility* 을 높인 콘크리트를 말한다. 고 인성 콘크리트의 종류 및 특성은 다음과 같다.

(가) ECC Engineered Cementitious Composites

ECC 는 1990년대 초반, 미국 미시건 대학교의 빅터 *Victor C. Li* 교수가 마이크로 역학 *Micromechanics* 에 근거한 재료설계 개념 *Materials Design Strategy* 을 도입, 개발한 콘크리트이다. 압축강도가 70Mpa 정도인 이 콘크리트는 연성이 매우 커 인장변형 능력이 높고 변형경화 특성이 있다. 콘크리트 배합 시에는 길이가 비교적 짧고 매우 가느다란 PE *Polyethylene* , PVA *Polyvinyl Acetate* 등의 합성섬유 *Synthetic Fibers* 를 약 2% 정도 혼입한다. 합성섬유는 길이가 20mm 이내, 직경 0.05mm 이하, 비중 1.5이하, 탄성계수 40Gpa *Giga-pascal* 정도이다.

(나) SIFCON Slurry Infiltrated Fibered Concrete

합성섬유 뭉치 *Bulk Fiber* 와 유동성 슬러리 모르타르 *Fluid Mortar Slurry* 를 혼합하여 만든 콘크리트이다. 섬유 함유량은 5~15% 정도이며 섬유는 비표면적 *High Length-diameter Ratio* 이 큰 것을 사용한다.

(다) SIMCON Slurry Infiltrated Mat Concrete

비교적 길이가 긴 합성섬유를 이용하여 만든 매트 Mat 와 그라우트 Grout 를 혼합하여 만든 콘크리트이다. 섬유 함유량은 6% 정도이며 휨강도가 매우 큰 콘크리트이다.

(3) 강철섬유보강 초고성능 콘크리트

DSP 공법을 활용하여 만든 초고성능 콘크리트 Ultra HPC 는 다짐성능이 높아 High Compactness 내구성이 우수하며 높은 인장강도와 휨 인성을 갖는다. 짧고 매우 가는 강철섬유 또는 짧은 섬유와 긴 섬유를 적절한 비율로 혼합, 다량 사용하여 만든 이 콘크리트의 압축강도는 150Mpa 정도이다. 현재 연구개발 중인 초고성능 콘크리트에는 CRC , RPC , MSFRC 등이 있다.

(가) CRC Compact Reinforced Composites

직경 0.15㎜ , 길이 6mm 정도의 매우 가늘고 짧은 강철섬유 Steel Fiber 를 5~10% 혼합하여 만든 콘크리트이다. 이 콘크리트는 덴마크의 알보그 포틀랜드 Aalborg Portland 회사가 개발하였다.

(나) RPC Reactive Powder Concrete

직경 0.16mm , 길이 13mm 정도의 강철섬유 Steel Fiber 를 2.5% 혼합하여 만든 초고강도의 반응성 분말 콘크리트이다. 이 콘크리트는 프랑스의 건설회사 뷔그 Bouygues 가 1994년에 개발하였다. RPC 는 콘크리트라기보다는 일종의 모르타르이며 그 압축강도는 무려 200~ 800Mpa 에 달한다. 강철섬유 대신에 강철잔골재 Steel Fine Aggregate 를 사용하는 경우에는 압축강도는 810Mpa 에 달한다. RPC 의 특성은 다음과 같다:

① 굵은 골재는 사용하지 않고 0.6mm 이하의 잔골재만 사용
② 미세한 강철 섬유 또는 강철 잔골재 사용
③ 조성재료 입자크기의 분포를 최적화: 다짐 성 극대화
④ 시멘트 풀 Cement Paste 과 실리카 흄 Silica Fume 의 구성비가 높다.
⑤ 고온 90~100℃, 고압 양생
⑥ 물시멘트비 및 공극률이 매우 낮다.
⑦ 고 연성 및 고 인성 40 000 J/m²
⑧ 밀도가 매우 높다.

(다) MSFRC Multi-scale Fiber Reinforced Concrete

가늘고 짧은 강철섬유 5% 와 긴 섬유 2% 를 혼합하여 만든 콘크리트이다. 이 콘크리트는 미세균열 및 구조적 균열의 억제력이 크고 초고강도 및 초고인성의 특성을 갖는다. 이 콘크리트는 프랑스의 '교량 및 도로 중앙연구소 LCPC: Laboratoire Central des Ponts et Chaussées' 가 개발하였다.

마) 폴리머 콘크리트 Polymers Concretes

콘크리트를 배합, 생산할 때 재료로 유기 중합물질 Organic Polymer 을 사용한 콘크리트를 말한다. 중합물질 Polymer 이란 라텍스 Latex 또는 합성수지 Synthetic Resin 와 같은 탄성중합유상액 Elastomeric Emulsion 을 지칭하는 말이다. 폴리머를 사용하는 방법에 따라서 콘크리트의 강도, 접착성, 수밀성, 기밀성, 내약품성, 내마모성 등을 자유롭게 조절할 수 있다. 그러나 현실적인 문제는 폴리머의 가격이 너무 비싸서 보편적인 사용이 제한적일 수밖에 없다는 점이다. 폴리머를 사용하여 매우 다양한 용도의 콘크리트를 생산할 수 있으며 그 상세는 다음과 같다.

(1) 수지 콘크리트 Resin Concrete

시멘트와 물을 사용하지 않고 폴리머만을 사용하여 고강도 골재를 접착시킨 콘크리트이다. 그러므로 이 콘크리트를 폴리머콘크리트 Polymer Concrete 라고도 한다. 폴리머의 기능은 매우 다양하여 콘크리트 타설 후 1시간 이내에 응결 및 경화를 종료시킬 수 있고, 강도를 140Mpa 까지 발현시킬 수도 있으며 유해한 화학물질에 대한 저항성도 증대시킬 수 있다. 이 콘크리트로 는 신속, 정확한 시공이 가능하다.

(2) 폴리머-포틀랜드 시멘트 콘크리트

폴리머-포틀랜드 시멘트 콘크리트 Polymer-portland Cement Concrete 는 보통 포틀랜드 시멘트 콘크리트가 응결되기 전에 폴리머를 첨가한 콘크리트이다. 이 콘크리트는 방수 및 방식성능이 우수하므로 주로 개보수공사 및 타일 접착용으로 쓰인다.

(3) 폴리머-침투 콘크리트 Polymer-impregnated Concrete

경화된 콘크리트 표면에 폴리머를 침투시키고 열처리하여 콘크리트와 폴리머가 일체가 되게 한 콘크리트이다. 이 콘크리트는 수밀성, 강도, 내마모성, 내약품성 등이 우수하여 건축물 외벽마감, 옥상 층 마감, 화학공장의 바닥판, 교량의 상판 등의 공사에 쓰인다.

마. 혼화재료 및 시멘트 특성에 따른 분류

가) 고강도 콘크리트 High-strength Concrete

우리나라에서 현재 고강도 콘크리트라고 정의하고 있는 콘크리트의 설계기준강도는 보통 고강도 콘크리트는 40Mpa 400kgf/cm² 이상, 경량 고강도 콘크리트는 27Mpa 이상이다. 그러나 현재 건설공사 현장에서 흔히 쓰이는 구조공사용 보통 포틀랜드 시멘트 콘크리트의 압축강도가 18~50Mpa 임을 감안해볼 때 고강도의 기준은 상향되어야 할 것이다.

미국의 경우 일반 골재로 만든 콘크리트 중에서 압축강도가 42Mpa 이상인 콘크리트를 고강도 콘크리트라고 한다. 현재 미국에서 사용 중인 보통콘크리트의 압축강도는 21~41Mpa 이지만 83Mpa 의 고강도 콘크리트도 실용화 되고 있다. 최근에 건축된 세계적인 초고층 건축물들의 골조공사에 사용되고 있는 콘크리트의 강도는 60~80Mpa 정도이다. 고강도 콘크리트를 생산 할 때는 일반적으로 고성능 감수 제, 즉 유동화 제를 사용하여 시공 성을 좋게 하면서도 물-시멘트 비는 55% 이하로 낮춘다. 또한 강도 및 수밀성 중대를 위하여 플라이 애시 Fly Ash , 실리카 흄 Silica Fume 등의 혼화 재를 사용하며 생산 및 양생과정에서도 세심한 품질관리를 실시한다. 일반적으로 고강도 콘크리트는 강도와 밀도가 크므로 내구성이 좋아 수로 초고층 건축물의 골조공사에 활용된다. 고강도 콘크리트를 사용한 구조물에서는 구조부재의 단면축소가 가능하다.

나) 초고강도 콘크리트 Ultra High-strength Concrete

최근에는 특수 시멘트 및 양생기술의 개발로 압축강도가 98~200Mpa 에 달하는 초고강도의 콘크리트도 생산이 가능하게 되었으며 그 시공 사례는 사진 2-55 와 같다. 1960년대 이후 고온고압 양생공법의 도입으로 콘크리트의 강도와 내구성은 날로 향상되고 있다. 1980연대 초반부터는 콘크리트의 미세공극을 채우고 밀도를 높이는 미세구조 Microstructure 개선공법인 DSP Densified with Small Particle 및 MDF Macro Defect Free 시멘트 공법을 도입하여 콘크리트의 강도 및 역학적 성능을 획기적으로 개선하고 있다.

다) 고성능 高性能 콘크리트 HPC : High-performance Concrete

지금까지 콘크리트의 배합설계, 운반, 치기, 양생 등의 과정에서 제일 중요한 성능은 소요강도의 발현이었다. 그러나 건축물이 대형화, 초고층화 됨에 따라서 건축물의 형태, 구조 및 기능 등이 복잡하고 정교해지고 있어 지금까지 사용된 콘크리트와는 성능이 다른 새로운 콘크리트가 필요하게 되었다. 이와 같은 시대적 욕구를 충족시키기 위해 고강도, 고내구성,

사진 2-55 : 선유교의 초고강도 콘크리트 아치형 바닥판

서울 영등포구 양화대교 인근, 한강에 있는 섬 선유도와 양평동을 잇는 선유교의 대경간 아치형 교량 바닥판은 강도가 무려 176*Mpa* 에 이르는 초고강도 콘크리트로 시공되었다. 바닥판의 두께는 3*cm* 이고, 길이는 125*m* 이다. 선유교의 설계는 프랑스에서 했다. 선유도 공원의 조경설계는 미국 조경건축가협회 ALSA 의 디자인상, 세계 조경건축가협회 IFLA 의 아세아-태평양지역 조경 작품상, 한국건축가협회의 작품상을 받았다.

♣ 선유교 전경: 초고강도 콘크리트 아치, 강재 및 콘크리트 교각, 샛강+선유도 공원

♣ 아치형 콘크리트 교각 및 보도+강재교각

♣ 선유교 간판+방부목재 난간 및 보도

고수밀성, 고유동성 및 고시공성을 갖도록 개발된 새로운 콘크리트를 고성능 콘크리트 *HPC* 라고 한다. 1989년 캐나다에서 개발, 사용되기 시작한 *HPC* 의 성능은 골재 율 및 등급, 특수 혼화재료, 배합설계, 치기방법, 양생방법 등에 따라서 달리 나타난다. *HPC* 를 생산할 때에는 일반적으로 입자의 크기가 2~15μm 정도인 *MDF Macro Defect Free* 시멘트 및 고성능 감수 제, 실리카 흄 *Silica Fume* 등의 혼화재료를 사용한다. *HPC* 부재는 주로 고온 및 고압장치 *Autoclave* 를 이용하여 양생하며 강도는 98~118*Mpa* 정도이다. *HPC* 의 일반적인 성능은 다음과 같다:

① 치기 및 다짐의 용이; 재료분리가 없다.
② 자가 충전성이 커서 다짐이 불필요
③ 물시멘트비의 현저한 감소; 단위 시멘트 량 증가
④ 굵은 골재 최대치수의 감소
⑤ 양생초기 재령강도가 높다.
⑥ 인성 *Toughness* 및 탄성계수가 크다.
⑦ 혹독한 환경에서의 내구성 우수
⑧ 체적의 불변성; 역학적 특성이 장기적으로 유지

라) 고-유동 콘크리트 *High-workability Concrete*

감수제를 사용하여 유동성 *Fluidity* 을 향상시킨 콘크리트로서 슬럼프는 18~230*mm* 정도이다. 이 콘크리트는 형태가 매우 복잡한 구조물을 만들어 낼 때 유리하다. 이 콘크리트의 일반적인 장점은 다음과 같다:

① 철근이 빽빽하게 배근되어 틈새가 작은 부분이나 보통콘크리트의 유입이 곤란한 좁은 공간에서도, 진동기를 사용하지 않아도 스스로 골고루 잘 스며들어간다.
② 바닥판, 지붕판과 같이 면적이 넓은 곳에서도 스스로 잘 퍼져 수평면이 쉽게 형성되므로 시공속도가 빨라지고, 치밀하고 균질한 콘크리트 표면의 시공이 가능하다.
③ 콘크리트 펌핑 *Concrete Pumping* 작업에 막힘이 없고 신속, 원활하다.
④ 트레미 *Trémie* 를 이용한 수중콘크리트 치기가 용이하다.

마) 팽창콘크리트 *Shrinkage Compensating Concrete*

콘크리트 균열발생의 원인이 되는 과도한 수축을 억제하기 위하여 사용하는 콘크리트를 팽창콘크리트라고 한다. 보통콘크리트는 응결 및 경화 초기에 양생이 부적절할 경우 과도한 수축에 의한 균열이 발생한다. 팽창 콘크리트는 응결 및 경화과정에서 부피가 팽창하는 특성이 있는 시멘트 또는 혼화재료를 이용하여 만든다. 팽창콘크리트용 혼화재료로는 팽창성이 매우 큰 산화알루미늄 분말 *Alumina Powders* 이 쓰인다. 콘크리트 양생초기에 산화알루미늄 분말의 팽창력이 콘크리트의 수축력을 상쇄하므로 수축에 의한 균열발생을 억제할 수 있다. 대기습도 50% 정도의 조건에서 28일 동안 기건 양생한 공시체의 팽창률은 0.05% 이고, 수중양생의 경우는 0.15% 정도이다. 팽창콘크리트의 팽창력에 의한 압축응력으로 인하여 콘크리트가 수밀화 되므로 콘크리트의 강도는 증대된다. 콘크리트의 팽창은 부어 넣은 후 7일 정도가 경과되면 효력이 떨어지므로 양생개시 후 7일 이내에 최대한으로 팽창할 수 있도록 양생하는 것이 바람직하다. 특히 콘크리트의 비빔시간이 길어지면 팽창률이 떨어지므로 유의하여야 한다. 이 콘크리트는 수축균열이 거의 발생하지 않기 때문에 장경간 *Long Span* 의 구조부재 및 대형판재 등의 생산에 적합하며 콘크리트 균열 보수공사에도 유효하다. 팽창콘크리트의 배합 및 용법에 관한 상세한 내용은 *ACI C223* 에 규정되어 있다.

바) 기포 *氣泡* 콘크리트 *Air-entrained Concrete*

연행기포 *連行氣泡 AE: Air-entrained* 콘크리트란 기포발생용 혼화제를 이용하여 콘크리트의 공기량을 증가시킨 콘크리트를 말한다. *AE* 제 *Air-entraining Admixture* 는 콘크리트 속에 무수한 독립된 기포를 만들어 기포가 균등하게 분산 되도록 함으로서 콘크리트의 시공성 향상, 동결융해 및 수축균열에 대한 저항성을 증가시킨다. *AE* 제가 만드는 기포의 지름은 0.025~ 0.25*mm* 정도이다. 콘크리트의 공기량이 증가하면 시공성은 좋아지지만 강도가 저하되므로 유의하여야 한다.

AE 제를 사용한 콘크리트의 28일 압축강도는 일반적으로 *AE* 제를 사용하지 않은 콘크리트 보다 25% 정도 감소한다. 공기량이 1% 증가할 때의 시공성 향상 효과는 수량 *水量* 3% 의 증가 효과와 같지만 강도는 3~5% 감소하면서 철근과의 부착력이 저하된다. 공기량이 2% 이하인 경우 동결융해에 대한 저항성의 증가를 기대할 수 없는 반면 6% 이상인 경우에는 내구성이 저하된다. 콘크리트의 공기량은 비빔시간 및 온도에 영향을 받을뿐더러 운반 및 다짐을 할 때 어느 정도 감소되므로 적정 공기량보다 20% 정도 증가시켜 생산하는 것이 바람직하다. 한국콘크리트학회 *KCI* 의 콘크리트표준시방서에서 규정하고 있는 *AE* 콘크리트의 표준공기량은 표 2-22 와 같다. 보통 포틀랜드 시멘트 콘크리트는 일반적으로 체적의 2~8% 의 공기를 함유한다. 콘크리트를 비빌 때와 치기할 때 공기가 자연스럽게 콘크리트 속으로 빨려 들어감은 물론 콘크리트 체적의 60~75% 를 점유하는 골재에 의해서도 공기가 유입되기 때문이다. 직경이 38*mm* 정도의 굵은 자갈에 의하여 유입되는 공기량은 1%, 직경이 13*mm* 정도인 잔자갈에 의해서 유입되는 공기량은 2.5% 정도이다.

따라서 콘크리트의 공기 함유량은 어느 정도까지는 *AE* 제를 사용하지 않더라도 골재의 크기 및 배합비율을 조절하여 결정할 수 있다. 현장에 도착한 레미콘은 공기량 시험을 실시, 공기량을 확인할 필요가 있다(사진 2-56).

표 2-22 : *AE* 콘크리트의 표준 공기량 (%)

굵은 골재 최대치수(*mm*)		10	15	20	25	40
공 기 량	심한 노출	7.5	7.0	6.0	6.0	5.5
	보통 노출	6.0	5.5	5.0	4.5	4.5

사진 2-56 : 콘크리트 공기량 측정시험

콘크리트 속에 내포된 공기량은 경화된 콘크리트의 공극과 관련이 있으며, 적정 이상의 공극은 경화된 콘크리트의 수밀성 및 강도를 떨어뜨리고, 용적을 증가시킨다.

6) 시멘트 관련 재료

콘크리트를 포함해서 보통 포틀랜드 시멘트를 주원료로 하여 생산되는 건설재료는 수를 헤아릴 수 없을 정도로 많다. 시멘트와 다양한 특성의 골재 및 혼화재료를 혼합하여 생산된 재료 중 건설현장에서 흔히 볼 수 있는 재료의 종류 및 특성은 다음과 같다.

가. 스터코 Stucco 또는 플라스터 Plaster

스터코 Stucco 는 시멘트 플라스터 Cement Plaster 의 일종으로 주로 외벽 공사에 쓰이는 마감 재료이며 플라스터 Plaster 는 내벽 및 외벽의 마감 공사에 두루 쓰이는 재료이다. 스터코는 시멘트, 모래, 석회 및 물 등의 혼합물로서 방수, 단열, 내화 및 흰개미방제 Termite-proof 등의 보호 Protection 기능과 미적 美的, Appearances 기능을 갖는 마감 재료이다. 스터코는 목재, 시멘트 벽돌, 시멘트블록 Cement Block 또는 콘크리트 외벽 등에 사용되는 가장 흔한 마감 재료로서 다양한 형태 및 질감 Textures 의 표현이 가능하다. 일반적으로 쓰이는 스터코의 28일 압축강도는 13.8Mpa , 용적 배합 비는 시멘트 : 모래 : 석회=1:3~4:3/4 정도이다. 스터코의 표준배합비는 ASTM C926 에 규정되어 있으며 배합에는 일반적으로 감수 제를 첨가한 소성시멘트 Plastic Cement 를 사용한다. 혼합수량은 충분한 연성 Plastic Consistency 이 나타날 정도로 조절한다. 혼합수량이 과다한 경우 강도가 떨어지고 동결융해 피해가 우려되며 수축에 의한 미세균열 Crazing 이 표면에 증가한다. 또한 과다한 시멘트 함량, 급속한 건조, 과도한 흙손질 등도 미세 균열 발생의 원인이 된다. 바탕재인 콘크리트블록 Concret Block 벽의 수축은 스터코 표면의 균열을 초래하며 스터코 조성물질에 의해서 벽돌 벽에 발생하는 백화 Efflorescence 는 벽돌 벽면을 심각하게 손상시킨다.

일반적인 블록 Block 또는 콘크리트 외벽공사에서는 스터코를 직접 매끄럽게 펴 바르고 도장 Painting 마감을 하지만 거친 질감의 외관을 필요로 하는 공사에서는 스터코를 분사하여 마감한다. 외벽의 바탕 재와 스터코의 부착력을 증가시킬 필요가 있는 경우에는 외벽의 바탕 재에 메탈라스 Metal Lath 를 설치하고 그 위에 스터코를 바르거나 분사한다. 스터코의 바름 또는 분사는 일반적으로 초벌 Scratch Coat , 재벌 Brown Coat , 정벌 Finish Coat 등의 3단계로 마무리된다. 초벌 및 재벌 바름 두께는 각각 약 10mm 정도, 정벌은 3mm 정도로 한다. 각각의 바름은 단계별로 최소 2일간의 습윤 양생이 필요하며, 초벌 바름이 완전히 건조된 다음에 재벌 바름을 시작하는 것이 균열발생 억제에 도움이 된다. 정벌바름은 재벌 바름 후 최소한 7일이 경과한 다음에 시작하는 것이 바람직하다. 스터코는 공법이 복잡하고 공기가 길어 비경제적인 측면이 있다. 초벌 및 재벌용 스터코에는 비교적 굵은 모래를 사용하고, 정벌용 스터코에는 가는 모래를 사용하지만 지나치게 작은 입자의 모래는 미세균열의 원인이 된다. 고온 건조한 기후조건에서 미세균열의 발생이 우려되는 경우에는 석회를 첨가 하는 것이 바람직하다. 석회는 굳지 않은 스터코의 부피를 팽창시키고 함수기간을 연장시키며 시공성을 향상시킬 수 있기 때문이다. 또한 석회는 경화된 스터코의 방수성능을 향상시키기도 한다. 유색 *Color* 의 스터코 마감을 필요로 하는 경우에는 정벌용 스터코에 검정색, 빨강색, 노랑색 등의 고급 무기질 색소 *Mineral Pigments* 산화물을 첨가하여 사용한다. 스터코 *Stucco* 의 의미는 다음과 같다:

Stucco A cement plaster used to cover exterior wall surfaces; usually applied over a wood or metal lath base.

나. 모르타르 *Mortar*

스터코와 유사한 재료이지만 스터코가 주로 벽면의 기능과 미적 성능의 향상을 위한 공사에 사용되는 반면 모르타르 *Mortar* 는 일반적으로 조적 재료의 접착 *Bonding* , 정착 *Seating* , 수평잡기 *Leveling* 및 줄눈공사 등에 쓰인다. 모르타르는 접착성 조성재료의 종류에 따라서 포틀랜드 시멘트 모르타르, 포틀랜드 시멘트-석회 *Portland Cement-lime* 모르타르, 석회모르타르 *Lime Mortar* 등으로 구분된다. 모르타르용 접착성 재료는 시멘트와 석회 *Quicklime* 가 주로 사용된다. 모르타르 사용량이 많은 경우 공장에서 생산되는 다양한 품질의 기성모르타르 *Ready-mixed Mortar* 를 활용할 수도 있다. 다만 공장생산 모르타르는 비빔 후 2.5시간 이내에 모두 사용하는 것이 바람직하다.

가) 포틀랜드 시멘트 모르타르 *Portland Cement Mortar*

시멘트, 모래, 물 및 혼화재료를 섞어 만든 혼합물을 포틀랜드 시멘트 모르타르라고 한다. 필요한 경우, 적정량의 석회를 첨가하여 사용한다. 이 모르타르는 건설공사 현장에서 가장 흔히 볼 수 있는 재료중의 하나이다. 이 모르타르는 조적조 벽체의 접착 및 충전 공사, 바닥 및 벽면의 기능 향상을 위한 공사 등에 두루 쓰인다. 이 모르타르를 조적 공사용 모르타르 *Masonry Mortar* 라고도 한다.

이 모르타르를 만들 때는 조적공사용 시멘트를 사용하여야 하며 *ASTM* 에서 규정하고 있는 모르타르의 강도 및 구성배합 비는 표 2-23 과 같다. 조적공사용 시멘트란 보통 포틀랜드 시멘트에 시공성, 소성 및 수분 보존성 등을 증진 시키는 혼화재료를 첨가한 시멘트를 말한다. 이 시멘트에는 일반적으로 고로 광재 *Blast Furnace Slag* , 화산재 *Pozzolana* , 수경성

석회 *Hydraulic Lime* 등의 혼화재가 포함된다. *ASTM C144* 에서 규정하고 있는 조적공사용 모르타르에 쓰이는 모래의 규격은 표 2-24 와 같다. 구조용 조적벽체에 사용되는 시멘트 모르타르에 요구되는 주요 특성은 압축강도 보다는 내구성, 방수성 및 강력한 접착력이다. 조적벽체의 전단강도 및 휨강도에 직접적인 영향을 미치는 시멘트 모르타르의 접착 *Tensile Bond* 강도는 대체로 0.14~0.55*Mpa* 정도이지만 경우에 따라서는 0.7*Mpa* 이상도 가능하다. 한편 시멘트 모르타르의 28일 최소평균 압축강도는 석회의 함유량에 따라서 2.4~ 17.2*Mpa* 정도인 것으로 파악되고 있다. 석회 함유량이 많을수록 시멘트 모르타르의 접착강도는 증가하지만 압축강도는 감소한다. 접착강도를 최대화 할 수 있는 석회의 최적 함유량은 시멘트 용적의 1/4~1배 정도인 것으로 알려져 있다.

시멘트 모르타르의 강도는 석회 함유량 이외에 배합 비, 연경도, 바탕재료의 흡습성, 양생조건 등에 따라서도 달라진다. 시멘트 모르타르는 조적재료 중 강도가 가장 작은 재료이므로 벽체의 강도를 높이기 위해서는 접착용 모르타르의 두께를 최소화하여야 한다. 시멘트 모르타르 *Cement Mortar* 의 의미는 다음과 같다:

Cement Mortar A plastic building material made by mixing lime, cement, sand, and water. Cement mortar is used to bind masonry blocks together or to plaster over masonry.

나) 포틀랜드 시멘트-석회 모르타르

포틀랜드 시멘트-석회 모르타르 *Portland Cement-lime Mortar* 는 포틀랜드 시멘트, 석회, 모래 및 물의 혼합물로서 시공성이 좋고 부피가 팽창하는 특성이 있다. 굳지 않은 이 모르타르는 수분을 오래 보전할 수 있으며 굳은 다음에는 방수성능이 우수하고 수축균열 방지효과가 크다. 이 모르타르에서 석회 함량을 적절히 증가시킬 경우 조적벽체의 휨강도 및 전단강도가 증가된다. 조적벽체의 강도는 모르타르의 접착강도 및 조적재료의 강도에 의하여 결정되기 때문이다. 시멘트-석회 모르타르 *Cement-lime Mortar* 의 의미는 다음과 같다:

Cement-lime Mortar A lime, cement, and sand mortar used in masonry and cement plaster. In addition to imparting a favorable consistency to the mix, the lime also increases the flexibility of the dried mix, thus limiting cracks and minimizing water penetration.

표 2-23 : 모르타르의 용적 배합비

용 도	용 적 배 합 비		
	시멘트	모 래	석 회
기초 공사	1.00	2.50 ~ 3.00	0.25
철근 보강 벽 공사	1.00	3.50 ~ 4.50	0.50
굴뚝 공사	1.00	4.50 ~ 6.00	1.00
일반 조적 공사	1.00	6.50 ~ 9.00	1.50
칸막이벽 공사	1.00	2.50 ~ 4.50	1.00

표 2-24 : 모르타르용 모래의 규격

체 치수		체 통과 중량 백분율(%)	
No.	mm	자연 모래	인공 모래
4	4.760	100	100
8	2.380	95 ~ 100	95 ~ 100
16	1.190	70 ~ 100	70 ~ 100
30	0.590	40 ~ 75	40 ~ 75
50	0.297	10 ~ 35	20 ~ 40
100	0.149	2 ~ 15	10 ~ 25
200	0.074	-	0 ~ 10

다) 석회 모르타르 *Lime Mortar*

시멘트 대신에 석회 *CaO* 를 접착재료로 사용한 모르타르이다. 석회 모르타르용 석회는 칼슘을 다량 함유하고 있으며 백토 *White Chalk* 또는 석탄 성분의 석회석 *Carboniferous Limestones:* $CaCO_3$ 을 약 900℃ 로 구워서 만든다. 석회의 비중은 2.3 정도이며 석회는 자중의 25% 에 해당하는 물을 급속히 흡수하면서 수화열을 발산한다. 고대 이집트 시대에는 불에 구운석고 Gypsum 를 조적공사용 접착재료로 사용하였으며 고대 그리스 시대에는 천연석회를 조적공사에 사용하였다.

석회 모르타르는 응결 및 경화 속도가 완만하여 강도 발현이 매우 늦다. 일 년 정도 경과한 석회 모르타르의 압축강도는 0.7~2.8Mpa , 인장강도는 0.3~1.0Mpa 정도이다. 석회 모르타르는 석회와 물 H_2O 의 혼합물인 수산화석회 $Ca(OH)_2$ 에 모래를 첨가하여 만든다.

잔모래를 사용하는 경우 굵은 모래를 사용할 때보다 더 큰 강도를 얻을 수 있다. 석회 모르타르는 강도가 비교적 작기 때문에 가설공사용 조적 조 건축물에 주로 사용된다. 가설건축물을 철거할 때 벽돌이나 블록의 손상을 최소화하여 조적재료의 재활용 비율을 높일 수 있기 때문이다. 이 모르타르는 흙손질 Troweling 이 용이할 정도의 연경도와 조적재료를 단단히 접착시킬 수 있을 정도의 점성이 확보되어야 한다. 석회 모르타르 Lime Mortar 의 의미는 다음과 같다:

Lime Mortar An uncommon mix of lime putty and sand that is not often used because it hardens at a very slow rate.

다. 그라우트 Grout

그라우트는 슬럼프가 매우 큰 일종의 유동화 콘크리트로서 시멘트, 잔모래, 콩 자갈 Pea Gravel: ϕ10mm 이하 , 혼화재료, 물 등이 혼합된 재료이다. 그라우트의 종류는 매우 다양하지만 일반적으로 미세 그라우트 Fine Grout 와 거친 그라우트 Coarse Grout 로 대별된다. 후자를 조적공사용 그라우트라고하며 콩 자갈의 배합양은 시멘트 용적의 1~2배, 잔모래의 양은 2.25~3배로 한다. 경우에 따라서는 콩 자갈 대신에 경량골재를 사용하기도 한다. 고운 그라우트는 콩 자갈을 사용하지 않는 그라우트이다. 조적공사용 그라우트의 골재 및 배합에 관한 상세한 사항은 ASTM C404 와 C476 에 규정되어 있다. 유동성 증대 및 함수성능의 개선이 필요한 경우에는 석회를 첨가하는데 그 분량은 시멘트 용적의 약 10% 정도로 한다. 그러나 철근이 보강된 조적벽체에 쓰이는 그라우트에는 철근을 부식시킬 우려가 있는 AE 제 Air-entraining Admixture 를 사용하지 않는 것이 바람직하다. 벽돌 또는 블록벽체의 공극 Cores 또는 Voids 을 충전하는데 쓰이는 그라우트는 조적재료 개체를 일체화하거나 공극에 보강된 수직철근과 조적재료를 일체화하여 조적벽체의 수평하중에 대한 저항력과 수직하중에 대한 부담 능력을 개선한다. 또한 그라우트는 조적 바탕재의 단면적을 증대, 벽체의 자중을 증가시킴으로서 내화성능을 증진시키고 벽의 전도를 억제하며 하중부담 능력을 증대하는 기능도 갖는다. 그라우트가 작은 틈새에까지도 골고루 충분히 스며들 수 있도록 하기 위해서는 충분한 유동성이 확보되어야 한다. 그러나 함수량이 많아 그라우트가 지나치게 묽어지는 경우 과도한 건조 수축에 의한 체적감소로 침하와 공극이 발생하므로 소요강도를 기대할 수 없다. 수축침하가 우려될 경우에는 된 비빔으로 하는 것이 바람직 하지만 너무 된 비빔은 공극의 상단부에서 막혀 하단부에는 충전이 안 되는 경우가 있으므로 유의할 필요가 있다. 그라우트는 어떠한 경우에도 부어 넣을 때 골재 분리가 발생하지 않을 정도의 점성과 230*mm* 정도의 슬럼프는 필요하다. 그라우트 *Grout* 의 의미는 다음과 같다:

Grout ① *A hydrous mortar whose consistency allows it to be placed or pumped into small joints or cavities, as between pieces of ceramic clay, slate, and floor tile.* ② *Various mortar mixes used in foundation work to fill voids in soils, usually through successive injections through drilled holes.*

라. 쇼트크리트 *Shotcrete*

쇼트크리트 *Shotcrete* 를 건 나이트 *Gunite* , 스프레이 모르타르 *Spray Mortar* 또는 스프레이 콘크리트 *Spray Concrete* 라고도 한다. 쇼트크리트는 주로 모래를 이용하여 만들지만 경우에 따라서는 직경 10*mm* 이하의 잔자갈을 25~30% 정도 포함시키기도 한다. 쇼트크리트는 압축공기에 의하여 건식 *Dry Mix* 또는 습식 *Wet Mix* 공법으로 분사된다. 건식공법은 시멘트와 모래가 고압공기에 의해서 흩뿌려지지 않을 정도로 약간의 수분을 가하여 된 비빔 한 다음 고압분사기 *Gun* 의 노즐 *Nozzle* 을 통과한 때 물을 첨가하여 분사하는 방식이다. 건식공법은 분진발생 우려가 크고 되 튀김 *Rebound* 량이 많아 품질관리가 어렵다. 반면 습식공법은 시멘트, 모래, 물을 혼합, 완전히 비빈 다음 고압공기를 이용하여 분사하는 방식으로 품질관리가 용이하고 분진발생이 적다. 쇼트크리트 시공은 대부분 건식방식으로 시행되며 주로 터널 *Tunnel* , 물탱크, 수영장 등의 내벽공사에 쓰인다. 한편 건축물, 댐, 교각 등의 보수 공사, 철골구조의 내화공사, 조적벽체의 보강 및 치장공사, 경사지의 보강공사 등에서도 사용 빈도가 증가하고 있는 추세이다. 쇼트크리트 시공에서 가장 문제가 되는 되튀김 량을 최소화하기 위해서는 분사기의 노즐과 시공 표면 사이의 거리를 900*mm* 이상 유지하되 잔골재 율을 낮추고, 단위 시멘트 량을 증가시키며 굵은 골재 량을 최소화하여야 한다. 쇼트크리트 전체 두께가 25*mm* 이상인 경우에는 20*mm* 이하로 나누어 시공하는 것이 바람직하며 처음 시공한 층이 경화되기 전에 다음 층을 이어 시공해야 접착성이 유지된다. 쇼트크리트 *Shotcrete* 또

는 건 나이트 *Gunite* 의 의미는 다음과 같다:

Gunite Concrete mixed with water at the nozzle end of a hose through which it has been pumped under pressure. Gunite is applied or placed pneumatically, as shot, onto a backing surface.

마. 흙-시멘트 *Soil-cement*

흙-시멘트 *Soil-cement* 는 보통포틀랜드시멘트와 흙 *Soil* 을 골고루 섞은 다음 물을 부어 넣어서 만든 시멘트 혼합물이다. 흙-시멘트는 주로 건축물의 연약지반 및 도로포장 또는 경사면 등의 연약지반 안정화 공사에 쓰인다. 안정화 지반의 두께는 여러 가지 요소에 따라서 달라지지만 대체로 100~200*mm* 정도로 한다.

흙-시멘트에 쓰이는 흙은 점토 *Clay Soil* 가 효율성이 크다. 시멘트 함유량은 흙 중량의 5~10% 정도가 적절하다. 흙-시멘트는 다짐 작업을 해야 하며, 일정기간 동안의 양생을 필요로 한다. 흙-시멘트는 투수성이 작아서 폐수 유수지 *Waste Water Lagoons* , 침전지 *Settling Ponds* , 석탄 야적장 *Coal Storage Yards* 등의 바닥공사에 유효하게 쓰인다. 또한 흙-시멘트는 흙 벽돌을 만들 때도 주요 원료로 쓰인다. 흙-시멘트를 다진 흙 *Rammed Earth* , 시멘트 혼합 골재 *Cement-treated Aggregates* , 시멘트 안정화 흙 *Cement-Stabilized Soil* 또는 흙 안정화 *Soil-stabilization* 라고도 한다. 흙-시멘트의 보편적 의미는 다음과 같이 설명할 수 있다:

Soil-cement Soil, Portland cement, and water mixed and compacted in place to make a hard surface for sidewalks, pool linings, and reservoirs, or for a base course for roads.

7) 콘크리트 재료시험

건축물이나 구조물의 주요 골조공사에 활용되고 있는 콘크리트는 구조적 안전을 확보하고 역학적 특성을 파악하기 위하여 각종 시험을 실시한다. 그러나 시험방법에 관한 상세한 내용은 건축 재료학 및 재료시험 분야에 속하는 사항이므로 여기서는 상세한 기술은 생략하기로 한다. 굳지 않은 또는 굳은 콘크리트에 관하여 *ASTM* 등에서 규정하고 있는 물리적, 역학적 성능시험의 종류는 다음과 같다.

가. 굳지 않은 콘크리트의 물리적 성능시험

굳지 않은 콘크리트의 물리적 성능시험에는 *Slump Test, Ball Penetration Test, Unit Weight and Yield Test, Air Content Test, Mixing Test, Capping Procedure Test* 등이 있다.

나. 굳은 콘크리트의 역학적 성능시험

굳은 콘크리트의 역학적 성능시험에는 *Compressive Strength Test, Split-Tension Test, Flexure Strength Test, Rebound Hammer Test(Schmidt Hammer Test), Penetration Resistance Test(Windsor Probe Test), Ultrasonic Pulse Velocity Test, Maturity Test* 등이 있다.

5. 철근 및 형강

1) 철강의 제조역사

인류가 일상생활에서 철을 사용하기 시작한 것은 3000~1500BC 로 추정된다. 그러나 인류는 중세기 이전에는 철을 용융시키는 기술이 없었기 때문에 중세 이전에는 자연에서 발견한 철을 이용한 것으로 추정된다. 철광석은 450℃ 전후의 온도로 50분 정도 가열하면 해면상 海綿狀 의 철 *Spongy Metal* 로 환원되며 600℃ 전후에서는 물방울 모양의 쇠 덩이로 변하기 시작한다. 이상과 같은 철의 용융 특성을 고려해 볼 때 중세 이전에 사용된 철의 대부분은 자연의 산불 또는 운석에서 얻은 것으로 추정된다. 인류가 산업용 철을 생산하기 시작한 것은 14세기 초로 기록되어 있다. 수공업 수준인 독일의 대장간에서 대장장이 *Blacksmith* 들이 원시적인 고로 高爐 *Blast Furnace*, 즉 용광로에 불을 때서 철광석을 녹여 쇳물을 생산하였다. 목재와 석탄에 불을 붙이고 강한 바람을 불어 넣으면 용광로 내의 온도가 1200℃ 까지 상승하므로 철광석 *Iron Ore* 을 용융시켜 선철 銑鐵, *Pig Iron* 을 생산할 수 있었다. 그러나 이러한 방식으로 생산된 선철은 탄소 함유량이 과다하고 유황 *S*, 인 *P* 등의 불순물이 많이 포함되었다. 이러한 불순물은 연료인 석탄으로부터 유입된다. 탄소량이 많은 선철은 깨지기 쉬워 단조용으로는 쓸 수 없지만 용융 온도가 낮아 주조용으로는 사용이 가능하다.

영국에서는 18세기 초에 석탄대신 코크스 *Cokes* 를 연료로 사용하는 고로가 발명되었다. 이어서 18세기 말에는 반사로 反射爐 를 이용하여 석탄연료를 직접 용융된 철에 접촉시키지 않고 제철할 수 있는 정련법 *精練法, Puddling Process* 이 발명되었으나 여전히 수공업 수준을 벗어나지 못하였다. 현대적 의미의 산업용 철, 즉 강철 *鋼鐵, Steel* 의 생산이 시작된 것은 19세기 중반 이후부터이다. 1856년에 영국인 헨리 베세머 *Henry Bessemer: 1813~1898* 가 베세머 전로 *轉爐, Bessemer Converter* 를 발명하여 강철생산의 터전을 마련하였다. 이어서 1865년에는 프랑스인 마르땡 *Martin* 형제가 평로 *平爐, Open-hearth Furnace* 를 발명하였다.

19세기 후반부터는 현대 산업에서 필수적인 강철수요의 폭증으로 양질의 강철 제조기술이 급속히 발전하였다. 현재의 강철 및 합금강 *合金鋼, Alloy Steel* 의 제조기술은 19세기 후반에 확립된 근대적인 강철 제조기술을 바탕으로 한 것이다. 오늘날의 강철 및 합금강 생산은 주로 효율성과 생산성이 뛰어난 염기성 산소전로 *BOF: Basic Oxygen Furnace* 에 의존하고 있으며 부분적으로는 소규모 제련설비인 전기 아크로 *Electric Arc Furnace* 를 이용하기도 한다. 최근에는 연속주조공법 *Continuous Casting Methods* 및 컴퓨터제어 제강법을 도입, 생산효율을 높임으로서 산업용 철강제품의 생산원가를 절감하고 있다.

우리나라는 선진국보다는 한참 뒤늦은 1968년에야 제철공장을 건설하여 강철을 생산하기 시작하였다. 그러나 우리나라는 강철을 생산한지 불과 30여 년만인 2004년에 10여 년간의 연구 끝에 세계 철강의 역사를 다시 쓸 정도의 혁신적이고 환경친화적인 제철기술을 개발하여 상용화하였다. 과거 500여 년간 세계 철강산업을 지배하던 고로 *高爐* 공법을 대체할 신공법인 파이넥스 *Finex* 공법에서는 기존의 고로에서 필요로 하는 소결광 및 코크스 생산 공정이 생략된다.

2) 철강 원료 및 철강의 분류

가. 철강 원료

가) 철광석 Iron Ore

지구상에 알루미늄 *Aluminum* 다음으로 풍부하게 존재하는 철광석은 지구 껍질의 4~5% 를 차지한다. 제철용으로 쓰이고 있는 대표적인 철광석에는 적철광 *Hematite*, 자철광 *Magnetite* 및 갈철광 *Limonite* 등이 있다. 제철용 철광석은 소결공장에서 소결광으로 만든 다음 용광로에 투입한다. 적철광은 순철 *Fe* 을 가장 많이 함유한 철광석으로 순철의 함유량은 70% 에 달한다. 순철은 비중이 4.5~5.3 정도로 은백색의 광택이 나는 금속으로 비교적 무르고 *Soft*, 전성 *Ductility* 이 크기 때문에 건설 산업에서 실용적으로 쓰이는 일은 거의 없고 몇몇 특수용도에 쓰일 뿐이다.

나) 코크스 *Cokes*

철광석 용융연료로 사용되는 코크스는 고품질 유연탄을 고온 건류하여 만든 다공질의 단단한 고체연료이며 코크스 생산 공장에서 생산된다. 코크스는 연소 시 일산화탄소 CO 를 발생, 철광석의 산화물 Fe_2O_3 과 작용하여 탄산가스 CO_2 를 발생시키면서 철광석을 순철 Fe 로 환원시킨다. 강철의 탄소 함유량은 코크스 사용량에 따라서 결정된다. 간접 환원방식인 일산화탄소에 의한 철광석의 환원반응식은 다음과 같다:

$$3\,Fe_2O_3 + CO \rightarrow 2\,Fe_3O_4 + CO_2 \uparrow$$

$$Fe_3O_4 + CO \rightarrow 3\,FeO + CO_2 \uparrow$$

$$FeO + CO \rightarrow Fe + CO_2 \uparrow$$

다) 석회석 *Limestone*

철광석의 용제 *Flux* 인 석회서 $CaCO_3 \rightarrow CaO + CO_2$ 은 연소 시 용해되어 불순물을 흡수, 제거하는 역할을 한다.

나. 철강의 분류

산업용 철강재 생산의 소재로 쓰이는 철강의 종류 및 특성은 표 2-25 와 같다. 철강재는 탄소 함유량이 증가하면 일반적으로 융해점 *Melting Point* 은 낮아진다.

표 2-25 : 철강의 종류 및 특성

철강의 종류	탄소 함유량(%)	융 해 점(℃)	인장강도(*Mpa*)
Pig Iron	3.5 ~ 7.0	1670	-
Cast Iron	1.7 ~ 6.68	1140	110
Pure Iron	0.01 ~ 0.02	1535	335
Wrought Iron	0 ~ 0.1	-	310 ~ 380
Mild Steel	0.25 이하	탄소량에 따라 다름	450
High-Carbon Steel	1.4	탄소량에 따라 다름	900

가) 선철 Pig Iron

용광로 *Blast Furnace* 에서 환원된 선철은 대부분 강철 생산용 원료로 쓰이지만 극히 일부분은 주물 제작용으로도 활용된다. 선철은 탄소 함유량이 많고 규소 *Si* , 망간 *Mn* , 황 *S* , 인 *P* 등의 불순물도 다량 함유하고 있다. 선철이 함유하고 있는 탄소의 대부분은 코크스 *Cokes* 로부터 유입된다.

나) 주철 Cast Iron

무쇠 또는 생철 生鐵 이라고도 하는 주철은 선철, 고철조각, 코크스, 석회석 등을 혼합하여 재 가열, 용해, 정련한 합금으로 품질이 균일하다. 주철은 탄소 함유량이 크고 바탕이 연하며 강철보다 낮은 온도에서 용해되어 주조에 적합하다. 실용적인 주철의 탄소 함유량은 2.5~ 5.0% 정도로 주철의 물리적 특성은 탄소 함유량에 따라서 결정된다. 탄소 *C* 는 철 *Fe* 과 화학적으로 결합하여 탄화철 *Cementite:* Fe_3C 을 만들며 주철의 강도 *Strength* , 경도 *Hardness* 및 취성 *Brittleness* 을 높인다. 주철은 색에 따라서 검은 회색 *Gray* 또는 은백색 *White* 주철로 분류된다. 검은 회색주철은 탄소 함유량이 작고 흑연조각 *Graphite Flakes* 이 함유되어 있어 부드럽고 약한 반면 은백색 주철은 탄소 함유량이 많아 강하고 깨지기 쉽다. 현재 가장 광범위하게 다양한 용도로 쓰이고 있는 주철은 검은 회색주철이다. 1800년경까지 생산된 주철은 압축강도는 큰 반면 인장강도가 작아서 건축물의 기둥 *Column* 에만 사용되었으나 그 후에 인장강도를 개선하여 보 *Beam* 에도 사용하였다. 주철의 의미와 용도는 다음과 같다:

Cast iron ① An iron alloy usually containing 2.5% to 5% carbon and silicon, possessing high compressive but low tensile strength, and which, in its molten state, is poured into sand molds to produce castings. ② An iron alloy cast in sand molds and machined to make many building products, such as ornamentation, pipe and pipe fittings, and fencing.

다) 순철 Wrought Iron

탄소를 포함한 불순물이 거의 없는 순수한 철로서 탄소 및 불순물을 많이 함유한 선철과 구별하기 위한 용어이다. 순철은 용해된 선철을 1~3% 의 광재 *Hot Slag* 와 혼합하여 고 순도 *99.98%* 로 정제한 철로서 섬유구조를 갖는 유일한 철이다. 순철의 역학적 특성은 순수한 철 *Pure Iron* 과 유사하다. 순철의 전성 *展性, Ductility* 은 강철보다 약간 낮으며 부식에 강하고 상온에서 용접, 단조 및 주조가 가능하다. 따라서 순철을 단철 鍛鐵 이라고도 한다. 순철은 1850년대까지 교량 및 건축물의 구조재로 활용되었으나 19세기 말부터는 강철로 대체되었다. 순철의 의미와 용도는 다음과 같다:

Wrought iron ① The purest form of iron metal, which is fibrous, corrosion-resistant, easily forged or welded, and used in a wide variety of applications, including water pipes, rivets, stay bolts, and water tank plates. ② Nearly pure ductile iron with a very small percentage of silica throughout. Once the surface iron decomposes, the silica surfacing prevents further oxidation. Wrought iron is no longer commercially available. ③ A number of easily welded or wrought irons with low impurity content used for water pipes. tank plates. or forged work.

라) 강철 *Steel*

강철은 선철을 1~2차 정련하여 탄소량을 감소시키고 강도와 인성 靭性, *Toughness* 을 높인 철과 탄소의 합금이나. 강철의 미세구조 및 특성은 탄소량에 의하여 결정된다. 강철에 함유된 이론상 최대탄소량, 즉 한계이론 탄소 함유량은 1.7% 이다. 탄소 함유량이 0.1% 이하인 강철을 저탄소강 *Low-carbon Steel* 이라고 하고 탄소 함유량이 1.4% 정도인 강철을 고탄소강 *High-carbon Steel* 이라고 한다. 강철은 탄소량이 증가하면 일반적으로 경도, 강도는 증가하지만 전성 *Ductility* 은 낮아진다. 보통 강철의 비중은 7.85, 융점은 1540℃ 이다. 일반 산업용 철강재의 대부분은 강철로 만든다. 강철의 의미는 다음과 같다:

Steel Any of a number of alloys of iron and carbon, with small amounts of other metals added to achieve special properties. The alloys are generally hard, strong, durable, and malleable.

마) 합금강 *Alloy Steel*

합금 강철이란 강철에 탄소 *C* 이외에 망가니즈 *Mn*, 동 *Cu*, 니켈 *Ni*, 크롬 *Cr*, 몰리브덴 *Mo*, 바나듐 *V*, 알루미늄 *Al*, 규석 *Si*, 황 *S*, 인 *P* 능 20여 종류의 원소를 필요에 따라서 첨가하여 만든 특수 강철을 말한다. 합금강에 쓰이는 합금원소의 함유량 및 합금원소 고유의 기능성은 표 2-26 과 같다. 현재 생산되는 산업 및 연구용 합금강은 무려 25만여 종에 달하지만 건설공사에서 사용되고 있는 합금강은 약 200여 종에 불과하다. 합금 원소는 합금강의 특성을 다양하게 변화시킬 수 있지만 원소의 함량이 부적절 할 경우 합금강의 기능이 저하되므로 합금강의 특성에 맞도록 원소의 함량을 적절하게 조절하여야 한다. 고강도 이형철근의 용접접합성능을 높이기 위하여 *ASTM A706* 에서는 탄소당량 *C.E.: Carbon Equivalent* 의 최고 한계를 0.55% 로 제한함과 동시에 탄소의 최대 함유량은 0.3%, 망가니즈의 최대 함유량은 1.5% 로 제한하고 있다. 합금강 *Alloy Steel* 의 의미는 다음과 같다:

Alloy Steel Steel with one or more added materials(other than carbon and the allowed impurities) which give it desired physical or chemical characteristics.

탄소당량 *C.E.* 또는 *Ceq.* 의 산정식은 다음과 같다:

$$Ceq.\ (\%) = C + \frac{Mn}{6} + \frac{Cu}{40} + \frac{Ni}{20} + \frac{Cr}{10} - \frac{Mo}{50} - \frac{V}{10}$$

표 2-26 : 합금강의 합금 원소 함유량 및 기능성

합금원소	함유량(%)	금속원소 의 기능성
Nickel (Ni)	0.3 ~ 5.0	강도, 경도, 내식성 및 내열성 증가
Silicon (Si)	0.2 ~ 2.5	인장강도, 경도, 취성 및 내열성 증가, 가공성, 용접성 저하
Manganese (Mn)	0.3 ~ 2.0	강도, 경도 및 압연성 향상, 냉간 가공성, 전성 저하
Aluminum (Al)	2.0 이하	기포억제, 산소제거, 결정 입자의 미세화, 질소화 촉진
Copper (Cu)	0.2 ~ 0.5	내식성 증가, 전성감소
Sulfur (S)	0.5 이하	취성 및 기계가공성 증가, 용접성 및 연성 감소
Molybdenum (Mo)	0.1 ~ 0.5	강도, 경도, 인성 및 내열성 증가
Chromium (Cr)	0.3 ~ 0.4	강도, 경도, 내식성, 내산성, 내열성 및 내마모성증가
Vanadium (V)	0.1 ~ 0.3	강도, 경도, 인성 및 내열성 증가
Phosphorus (P)	0.05 이하	충격 특성 및 내식성 증가

3) 철강 생산로 및 생산 공정

가. 철강 생산로

가) 고로 *Blast Furnace*

고로, 즉 키가 큰 용광로는 코크스를 연료로사용하여 소결광을 선철 *Pig Iron* 로 환원하는데 사용 되는 가장 보편적인 제선로 중의 하나이다. 현재 제철공장에서 가장 흔히 볼 수 있는 제선로인 고로는 일반적으로 지름이 10~25m 인 원통형으로 키가 비교적 크다. 개량된 용광로의 내부 온도는 1200~1600℃ 정도이다.

나) 베세머 전로 *Bessemer Converter*

영국인 헨리 베세머 *Henry Bessemer* 가 1856년에 전로 轉爐 를 발명하여 근대적인 강철생산의 터전을 마련하였다. 전로는 상부 및 하부에서 고 순도의 산소를 불활성 가스, 탄산가스 및 연료용 가스 등과 함께 고압으로 불어 넣어 제강로의 온도를 2000℃ 까지 높일 수 있도록 고안되었다. 고로에서 생산된 선철 *Pig Iron* 을 원료로 하여 강철을 생산할 때 전로는 산소 공급량을 자유롭게 조절할 수 있으므로 강철의 탄소 함유량을 임의로 조절할 수 있다. 베세머 제강법 *Bessemer Process* 으로 균질한 강철을 신속하게 생산할 수 있으며 이 방법으로 생산된 강철 *Steel* 을 특히 베세머강 鋼 이라고 한다.

다) 평로 *Open-hearth Furnace*

평로 平爐 는 1865년에 프랑스인 마르텡 *Martin* 형제가 발명하였으나 산업 현장에서 평로가 활용되기 시작한 것은 1900년대 초부터이다. 평로는 축열식 반사로의 일종으로서 1500 ~1600℃ 까지의 가열이 가능하고 8시간 동안에 약 300톤의 강철 생산이 가능하다. 고로에서 생산된 선철 *Pig Iron* 과 약간의 고철을 원료로 하여 강철을 생산하는 평로 제강법 *Open-hearth Process* 을 지멘스-마르텡 *Siemens-Martin* 제강법이라고도 한다.

라) 염기성 산소로 *BOF: Basic Oxygen Furnace*

염기성산소로는 생산성 및 효율성이 뛰어나 현재 가장 많이 활용된다. 이 제강로는 25분간에 300톤의 강철생산이 가능하다(그림 2.30). 고순도의 산소를 고속으로 공급하여 제강로의 온도를 높여 선철 *Pig Iron* 의 융해를 촉진하고 탄소를 비롯한 여러 가지 불순물의 산화를 촉진시킨다. 산화물은 제강로 속에 가스 상태로 남아 있거나 슬래그 *Slag* 에 함유된다.

그림 2-30 : 고로 및 산소로의 제강 개념도

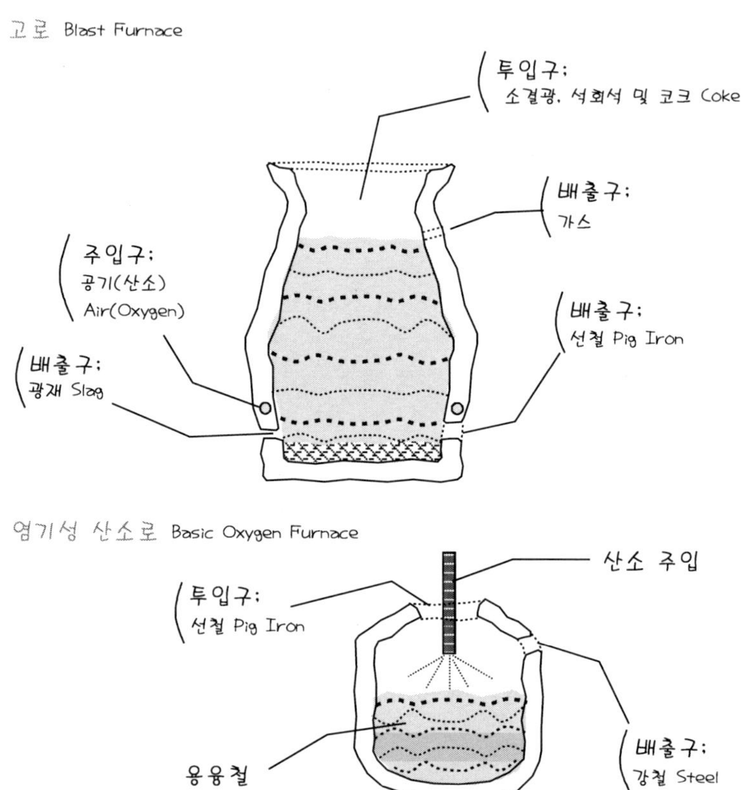

마) 전기 아크로 *Electric Arc Furnace*

전기아크로는 전기 *電氣* 의 아크 *Arc* 방전 *放電* 을 이용, 고철 또는 파쇠 *Scrap Metal* 또는 *Steel Scrap* 등을 용융하여 강철을 생산하는 비교적 간단한 설비의 제강로이다(그림 2-31). 전기아크로에서 용융된 쇳물은 다시 정련 로로 보내서 정련한 다음 연속주조기로 보내진다. 전기아크로의 시설규모는 비교적 간단하고 작은 편이지만 에너지 소모가 매우 큰 것이 단점

이다. 전기아크로는 탄소 전극에서 발생하는 아크열에 의하여 가열된다. 최신식 전기아크로는 가열온도나 강철의 성분을 자유롭게 조절할 수 있으므로 특수강 생산에 적합하여 주로 탄소강, 공구강, 스테인리스강 등을 생산하는데 사용된다. 전기아크로는 주로 고철이나 파쇠를 사용하지만 경우에 따라서는 약간의 냉각 또는 용융상태의 선철을 함께 사용하기도 한다. 고철이나 파쇠 등에 부착되어 있는 오염물질이나 불순물은 고철이나 파쇠를 제강로 속에 넣기 전에 깨끗이 제거되어야 한다.

나. 철강 생산 공정

건설 산업에서 쓰이는 철강 제품 *Steel Products* 은 일반적으로 제선 製銑, 제강 製鋼 및 압연공정을 거쳐 반성형 제품으로 생산한 다음 특정제품으로 생산된다. 철강의 원료 및 일반적인 생산과정은 그림 2-32 와 같다.

그림 2-31 : 전기아크로 *Electric Arc Furnace* 의 제강 개념도

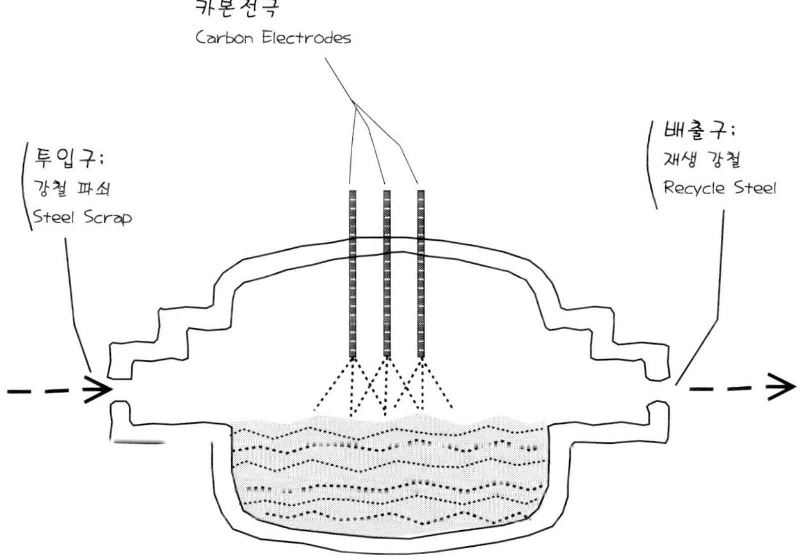

그림 2-32 : 철강 생산단계 및 관련제품

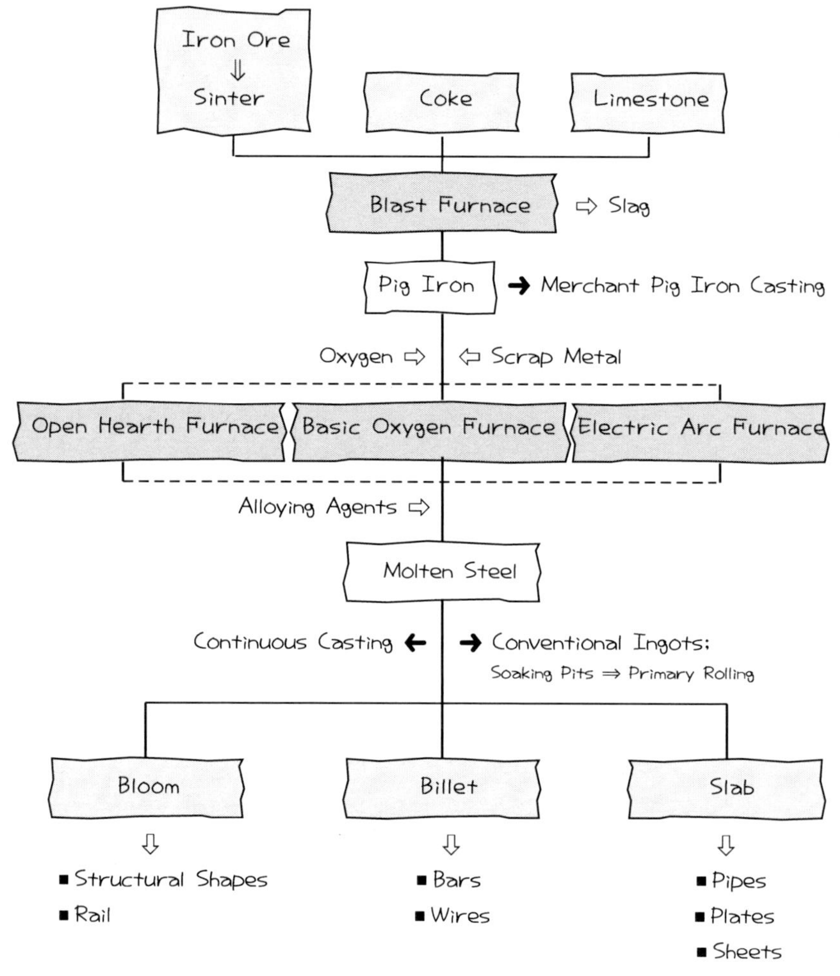

가) 선철 생산 공정

채굴된 철광석 *Iron Ore* 을 선철 *Pig Iron* 로 만드는 공정이다. 19세기말 이후 지금까지 100여 년간 전통적으로 사용되어온 용광로 공법과 우리나라에서 최근에 새로 개발한 파이넥스 *Finex* 공법이 있다. 이 공법에서는 용광로 대신에 용융로를 사용한다. 용융상태의 선철은 용광로 또는 용융로 하부에 고이고 상부에는 고로 광재 *Blast-furnace Slag* , 부유물, 불순물 등이 남게 된다. 광재는 미세한 분말로 만들어 특수 시멘트의 원료로 사용한다. 고로 광재의 의미는 다음과 같다:

Blast-furnace Slag The nonmetallic waste that develops simultaneously with iron in a blast furnace. Consists essentially of silicates and aluminosilicates of calcium and other bases.

(1) 용광로 공법

소결광, 코크스 및 석회석 *Limestone* 또는 벤토나이트 *Bentonite* 알갱이 ϕ 10~20mm 를 혼합하여 함께 고로, 즉 용광로 *Blast Furnace* 에 넣고 1650℃ 까지 가열하여 선철을 만든다. 원료의 배합은 소결광 70%, 코크스 20%, 석회석 1%, 기타 재료 9% 정도로 한다. 용광로 공법으로 선철을 생산할 때에는 소결광을 만드는 공장과 코크스를 만드는 공장을 필요로 한다. 원료를 단단한 덩어리로 만들어 통기성을 높이기 위함이다. 용광로 공법에서는 가루 형태의 재료를 사용할 수 없다. 가루 형태의 재료를 용광로에 투입하는 경우 용광로 하단부에서 불어 넣는 열풍에 의해 재료가 날아가 버리므로 연소율이 떨어진다. 소결광 및 코크스 공장의 생산 공정은 다음과 같다.

(가) 소결광 공장

철광석괴 *鐵鑛石塊* , 즉 철광석 덩어리를 우선 ϕ 25mm 이하의 작은 알갱이로 분쇄한 다음, 다시 미세한 분말 *Fine Powder* 로 만들고 자석을 이용하여 철성분 분말을 추출한다. 추출된 철성분의 분말을 소결공장에서 구워 직경이 10~50mm 정도인 소결광 *Pellets* 또는 *Sinters* 으로 만든다. 소결광은 65% 정도의 철을 함유한 단단한 다공질 덩어리이다.

(나) 코크스 공장

용광로에서 철광석 용융연료로 사용되는 코크스 ϕ 20~81 mm 는, 코크스 공장에서 점결탄을 고온 건류하여 만든다. 점결탄은 덩어리 형태로 잘 뭉쳐지는 성질을 갖는 점도가 높은 유연탄이다. 점결탄은 유연탄 전체 매장량의 15~20% 에 불과하므로 가격이 비쌀 뿐만 아니라 고갈 위기에 직면해 있다.

(2) 파이넥스 공법

우리나라의 제철회사인 포스코 *posco* 에서는 세계 최초로 용융환원 제철공법인 파이넥스 *Finex* 공법을 개발하여 상용화에 들어갔다. 환경 친화적인 21세기 새로운 제철기술로 평가 받고 있는 파이넥스 공법의 핵심기술 및 제선공정은 다음과 같다.

(가) 핵심기술 및 특성

파이넥스 공법은 천연 가루 철광석과 일반 유연탄 가루를 가공하지 않고 직접 사용하여 선철을 제조하는 기술이다. 이 공법의 핵심은 분말형태의 철광석 원료를 성형철광 *HCI: Hot Compacted Iron* 으로 제조하는 유동환원 조업기술과 유연탄 가루를 덩어리 형태로 만드는 성형탄 제조기술이다. 물론 성형철광과 성형탄을 용융로에 넣어 쇳물로 만드는 용융로 조업기술도 핵심기술 중의 하나이다. 파이넥스 공법에서는 기존의 용광로 공법에서 필수적인 소결광 공장과 코크스 공장이 필요 없다. 따라서 선철 제조공정이 단축되고 원료의 사전 가공공정에서 발생하는 환경오염물질 방지설비가 불필요하다. 또한 가격이 저렴하고 매장량이 풍부한 가루형태의 철광석 및 유연탄을 사용할 수 있는 것도 장점중의 하나이다.

직경 8*mm* 이하인 가루 형태의 철광석은 철광석 매장량의 80% 이상을 차지할 뿐만 아니라 전 세계적으로 골고루 매장되어 있어, 덩어리 형태의 철광석보다 가격이 20% 정도 저렴하다. 파이넥스 공법에서는 소결광 및 코크스 공정이 생략되기 때문에 공해물질의 배출이 90% 이상 감소되는 것으로 확인되었다. 실제로 대표적인 환경오염 물질인 황산화물 *SOx* 과 질소산화물 *NOx* 의 발생량은 각각, 용광로 공법의 3% 와 1% 수준에 불과하며, 비산 먼지 발생량도 28% 수준에 불과하다.

파이넥스 공법은 원가절감은 물론 지구환경 보존에 대한 효과도 매우 커, 친환경성과 경제성이 모두 탁월한 것으로 판명되었다. 이에 따라 지금까지는 공해산업으로 인식되어왔던 철강산업도 환경 친화적인 산업이 될 수 있다는 인식전환의 계기를 마련할 수 있을 것으로 전망된다. 실제로 파이넥스 공법은, 동일한 규모의 용광로 공법에 비하여 투자비는 80%, 생산원가는 85% 정도인 것으로 입증되고 있다.

(나) 제선 공정

천연 철광석분 *鐵鑛石粉* 을 유동환원로에 띄우고 섭씨 700도 이상에서 압력을 가하면서 압축하여 덩어리 모양의 성형철광을 만든다. 철광석분에는 산소를 포함하여, 알루미나, 아연 등 많은 불순물이 포함되어있으므로, 유동환원로에서는 여러 단계를 거쳐 철광석 분말로부터, 산소 및 불순물을 완전히 제거한 다음 순수한 철성분만을 추출한다. 또한 가루 형태의 일반 유연탄에 첨가제 등을 균일하게 혼합한 후 압력을 가해 조개탄 모양의 덩어리인 성형탄을 만든다. 이와 같이 만들어진 성형탄 및 성형철광을 용융로에 넣어 선철을 만든다.

나) 강철 생산 공정

제강공정은 선철 또는 고철을 강철 *Steel* 로 만드는 공정으로 철강제품의 품질에 가장 큰 영향력을 미치는 핵심공정이다. 제강공정은 원료 및 제강로에 따라서 다음과 같이 분류된다.

(1) 선철을 원료로 하는 공정

선철은 탄소와 불순물을 다량 함유하고 있어 산업용 철강재의 소재로 사용하기에는 부적합하여 정련을 필요로 한다. 용광로에서 운반된 선철에 합금원소, 석회석 등의 부재료를 혼합, 평로, 전로 또는 산소로 등에 넣고 약 2000℃ 까지 가열하면서 탄소량을 줄이고 불순물을 제거한다. 이와 같이 1차 정련한 용융된 철을 진공가스 제거기 *Vacuum Degasser* , 미분탄 취입기 *Powder Injector* , 정련로 *Ladle Furnace* 등에서 최종 정련하여 소정의 산업용 강철로 생산한다. 오늘날 선철을 원료로 하여 만드는 강철의 대부분은 염기성산소로에서 생산된다.

(2) 고철을 원료로 하는 공정

고철을 이용하여 산업용 강철을 생산할 경우에는 일반적으로 전기로를 활용한다. 제강과정은 선철을 활용하는 제강법과 유사하지만 전기로에서는 선철보다는 주로 폐자동차 또는 폐기계 등의 고철을 활용한다. 전기로는 강철의 성분조성이 용이하여 주로 고급강철을 생산하는데 쓰이지만 경제적인 이유가 합당할 경우에는 소형의 형강 및 철근도 생산한다.

4) 철강 제품의 종류 및 생산규격

건설공사용 철강재는 2차 정련이 끝난 강철을 최종 제품의 형태와 유사한 반 성형 철강괴, 즉 블룸 *Bloom* , 빌렛 *Billet* , 슬래브 *Slab* 등으로 만든 다음 열간 또는 냉간압연 작업을 거쳐 생산된다(사진 2-57). 블룸은 횡단면이 정방형 또는 장방형으로 단면적이 232cm^2 이상이고 빌렛은 횡단면 한 변의 길이가 100~150mm 인 정방형이며 슬래브는 널빤지 형상이다(그림 2-33). 건설공사용 철강재의 대부분은 제강에서 최종 압연작업에 이르기까지 연속적으로 작업이 진행되는 연속주조 *Continuous Casting* 공법에 의하여 생산된다. 연속주조 공법은 가열

되어 있는 철강 괴를 그대로 사용하기 때문에 연료비 절감, 생산성 및 품질향상 등의 장점이 있다. 기존의 강철 괴 *Conventional Ingots* 생산 법은 일단 냉각된 철강 괴를 재 가열, 압연하는데 많은 비용과 시간이 필요하므로 점차 경제성을 상실하고 있다. 한국에서 일반적으로 생산되는 강괴의 중량은 개당 個當 3.6~65.5ton 이며 미국에서 생산되는 강괴의 중량은 4.53~45.3ton 이다.

그림 2-33 : 강철괴 형상

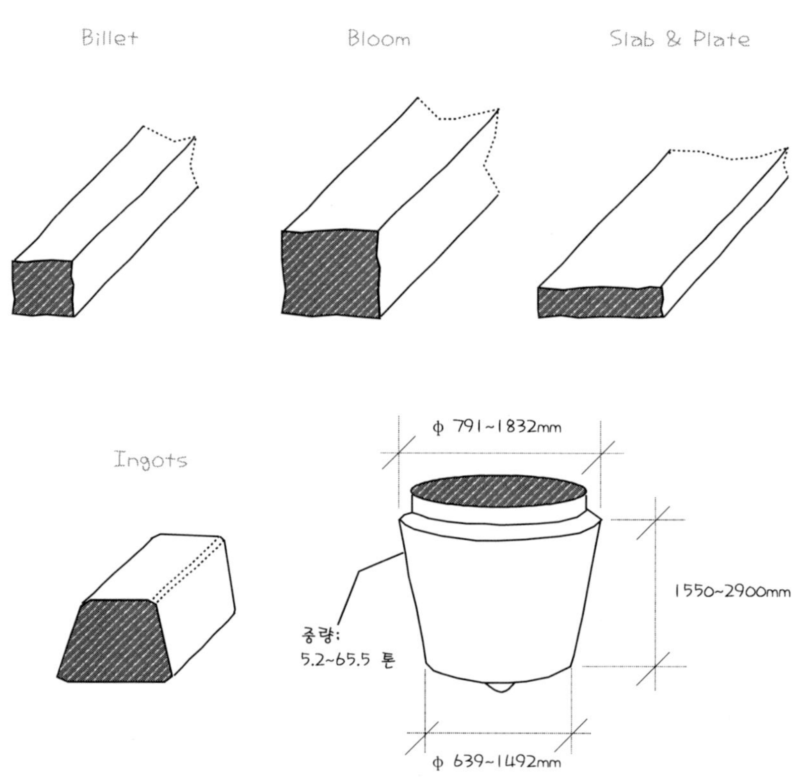

사진 2-57 : 강철괴 생산 공장

가. 철강 제품의 특성

철근, 철선, 철판, 형강 등의 철강제품은 19세기의 시작과 더불어 철도, 조선, 자동차, 군수 軍需 및 건설 산업이 활성화됨에 따라서 그 수요가 급증했다. 강철로 만든 철강제품은 오늘날 인간이 만든 건설자재 중 용도가 가장 큰 대표적인 건설 자재중 하나이다. 철 *Fe* 과 탄소 *C* 의 합금인 강철은 건축물의 기둥, 보, 가새 등 어떤 구조적 용도에도 적응 능력이 뛰어나며 건축물 전체 부피에서 철골구조의 부피가 차지하는 비율은 다른 자재에 비하여 상대적으로 적은 편이다. 그러나 강철은 화학적 특성이 불안정하여 고온에서 연화 軟化 되기 쉽고 대기 중에서 쉽게 산화, 부식되는 결점이 있다 강철 원료인 철 *Iron* 의 의미는 다음과 같다:

Iron A lustrous, malleable, magnetic, magnetizable, metallic element mined from the earth's crust as ore in hematite, magnetite, and limonite. These minerals are heated together to 1650℃ in a blast furnace to produce pig iron, which emerges from the furnace as 95% iron, 4% carbon, and 1% other elements.

강철의 장점은 다음과 같다:

① 품질 균일; 압축강도 및 인장강도가 거의 동일
② 가공 및 조립용이; 다른 금속에 비하여 강도가 크면서도 연성 및 전성이 있다.
③ 크립 *Creep* 변형이 적고 항복강도 이하에서 응력 및 변형 관계의 이론적 해석이 명확
④ 대량생산 및 재활용 가능; 강철제품은 원료인 철광석의 매장량이 풍부하고 제강기술이 발달하여 대량생산이 가능하므로 비교적 저렴한 가격에 언제, 어디서라도 구입이 가능할뿐더러 재활용이 가능

나. 철강 제품의 생산규격

우리나라에서 생산되고 있는 건설 산업용 철강재의 명칭, 치수, *KS* 기호, 표준규격 등에 관한 개략적인 내용은 표 2-27 과 같다. 철강재의 생산규격은 일반적으로 인장강도의 등급을 기준으로 구분하며 인장강도의 단위로는 종전에는 kgf/mm^2 를 사용하였으나 요즈음에는 *Mpa* 을 사용한다. 1*Mpa* 은 $0.1019kgf/mm^2 \fallingdotseq 0.1kgf/mm^2$ 에 해당한다. 철강 제품 중 고층 건축물 공사에서 일반적으로 사용되는 건축구조용 후판강재의 명칭, *KS* 규격, 열처리 방법 등은 다음과 같다.

가) 강재 명칭 및 *KS* 규격

① 일반구조용 압연강재; *SS Steel Structure* - *KSD* 3503
② 용접구조용 압연강재; *SM Steel Marine* - *KSD* 3515
③ 건축구조용 압연강재; *SN Steel New* - *KSD* 3861
④ 건축구조용 내화강재; *FR Fire Resistance* - *KSD* 3865
⑤ 용접구조용 내후성 열간 압연강재;
SMA Steel Marine Atmosphere - *KSD* 3529
단, 내후성 등급 *W* ; 압연 그대로 또는 녹안정화 처리 후 사용
P ; 일반도장 처리한 후 사용

표 2-27 : 건설 산업용 철강재의 명칭, 치수 및 규격

명 칭	공칭치수(mm)	KS 기호	표준규격
H-형강 H-형강 말뚝 경량 H-형강 CT(Cut Tee)-형강 I-형강 등변 ㄱ-형강 부등변 ㄱ-형강 ㄷ-형강	H-100×100~900×300 H-200×200~400×400 H-150×75~350×175 50×100~400×300 125×75~600×190 25×25~250×250 100×75~150×90 75×40~380×100	SS 400, 490, 540 SM* 400A, 400B SM 490A, 490B SM 490YA, 490YB SM 520B	KS D 3503, 3515/3502 KS F 4603 JIS G 3101, 3106/3192 JIS A 5526 ASTM A36, 36M, 242, 572 BS 4360/4, 4848 DIN 17100/1019, 1020, 1025~1029
강재 널말뚝	400×100~500×200 600×130~600×210	SY30, 30A SY40, 40A	KS F 4604 JIS A 5528
이형 철근	D 10~57	SD 30A, 30B SD 35, 40, 50	KS D 3504, JIS G 3112 DIN 488, BS 4449
원형 봉강	직경 19~300	SR 24, 30 SS 400, 490, 540 SM 10C~58C SCM 415~445	KS D 3503, 3515/3051, 3707~9, 3711, 3723~4, 3752, 3754
스테인리스 강판	두께 0.3~4.0	STS 304, 304L STS 316, 316L STS 410, 430 STS 409L, 410L, 436L	KS D 3698, JIS G 4305 ASTM A240

SM*=SWS

나) 강재 열처리 방법

① 소준 또는 불림: *N Normalizing*

② 소입 및 소려 또는 담금질 및 뜨임질: *QT Quenching & Tempering*

③ 열 가공 제어: *TMC Thermo-mechanical Control*

다) 내 耐 라메라테어 등급

철강재 두께 방향의 단면 수축율의 크기는 라메라테어, 즉 용접구속으로 인한 강재 내부의 균열 발생 현상에 대한 저항 성능의 크기로 나타내며 그 저항 성능은 다음과 같이 표기된다. 라메라테어의 저항성은 *ZD* 등급이 가장 우수하고 *ZA* 등급이 가장 열등하다:

① *ZA* ; $S \leq 0.008\%$
② *ZB* ; $S \leq 0.008\%$, $RAav \geq 15\%$, $RAmin \geq 10\%$
③ *ZC* ; $S \leq 0.006\%$, $RAav \geq 25\%$, $RAmin \geq 15\%$
④ *ZD* ; 수요에 따라 조절

다. 철강 제품의 종류 및 용도

건설 산업용 철강재는 일반적으로 탄소함유량이 소량~중간 정도인 강재로 생산되며 그 종류에는 구조용 형강, 레일 *Rails* , 봉강 棒鋼, 선재 線材, 강판 鋼板 등이 있다. 수영장, 해안지역의 지하 콘크리트 구조물, 배수관 등과 같이 부식의 우려가 큰 곳에 쓰이는 철강제품은 스테인리스강 *Stainless Steel* 으로 생산되기도 한다. 철강제품은 주로 철골건축물의 기둥 *Column* , 보 *Beams* , 가새 *Bracings* , 골격 *Frames* , 지붕틀 *Trusses* 및 교량의 상판용보 *Bridge Girders* 등에 쓰인다(사진 2-58). 현재 우리나라에서 생산되고 있는 건설 산업용 철강재의 종류 및 개략적인 용도는 다음과 같다.

가) 구조용 형강 Structural Shapes

건설현장에서 쓰이는 구조용 형강이란 일반적으로 강철 괴 *Bloom* 를 열간 압연하여 소정의 형태로 형상화한 강재를 말한다. 모든 구조용 형강은 일반적으로 소량의 동 *Copper* , 0.15~0.27% 정도의 탄소, 그리고 1.35% 정도의 망가니즈 *Manganese* 를 함유한다. 20세기 초에 개발된 구조용 형강을 건축자재로 활용함으로서 비로소 초고층, 대경간 *Long Span* 및 대공간 건축물의 건축이 가능하게 되었다(사진 2-59). 오늘날 형강은 건축물뿐만 아니라 거의 모든 산업분야에서 활용되고 있다. 우리나라에서 형강재가 보편적으로 활용되기 시작한 것은 대규모 사회 간접자본 시설 및 대도시에서 고층 건축물의 건축이 활성화되기 시작하였던 1990년대 초반부터이다. 구조용 형강 중 건축공사 현장에서 가장 흔히 볼 수 있는 표준규격의 H-형강은 주로 열간 압연방식으로 공장에서 생산된다. 그러나 교량과 같은 대형구조물에서 경간 *Span* 이 긴 교각을 잇는데 쓰이는 대형 H-형강은 공사현장에서 두께 6mm 이상의 후판을 절단, 용접하여 생산하거나 주물로 생산한다(사진 2-60). 주물 또는 절단, 용접

생산방식의 경우 압연방식보다 생산 기간이 단축된다. 구조용 형강 *Structural Shapes* 의 의미는 다음과 같다:

Structural Shapes A hot-rolled or cold-formed member of standardized cross section and strength, generally used in a structural frame. Common structural shapes are angle irons, channels, tees, H-sections, and wide flange beams.

(1) 형강의 종류 및 용도

(가) 형상 및 등급에 의한 분류

[1] 우리나라

우리나라에서 생산되는 건설 산업용 형강에는 H-형강, H-형강말뚝, 무늬 H-형강, 경량 H-형강, CT *Cut Tee* -형강, I-형강, 광산용 I-형강, ㄱ-형강, ㄷ-형강, 강재 널말뚝 *Steel Sheet Piles* , 트랙 슈 *Track Shoes* , 마스트 빔 *Mast Beams* , 레일 *Rails* , 스틸 데크 플레이트 *Steel Deck Plates* 등이 있다.

[가] H-형강

H-형강은 단면계수, 단면 2차 모멘트, 단면 2차 반경 등의 단면 성능이 우수하고 단면의 조합 및 접합이 용이하여 고층 건축물, 공장, 교량 등의 구조용 강재로 널리 쓰인다. 건축물의 골조용으로 쓰이는 H-형강은 일반적으로 프랜지 *Flange* 의 폭은 비교적 넓고 살 두께는 두꺼운 반면 복부 *Web* 의 살 두께는 비교적 얇아 휨재 *Beams* 및 기둥 부재 *Columns* 로 적합하다.

[나] I-형강

형태가 H-형강과 유사하지만 프랜지 *Flange* 의 안쪽표면은 경사 *16.67%* 지고 폭이 좁은 반면 복부 *Web* 의 살 두께는 비교적 두껍다. 이 형강은 H-형강이 생산되기 이전에는 조립부재 및 휨 부재로 사용되었으나 단면효율이 적어 지금은 건축공사에서는 거의 사용되지 않는다.

[다] ㄷ-형강

복부 *Web* 의 한쪽 방향에만 두 개의 프랜지 *Flange* 를 갖는 비대칭의 형강으로 프랜지의 안쪽표면은 경사 *16.67%* 를 이룬다. 이 형강은 외력이 가해질 경우 뒤틀림의 우려가 있으나 조립 및 접합이 편리하여 트러스 *Truss* , 가새, 샛기둥, 경미한 휨 부재 등에 이용된다.

사진 2-58 : 루브르의 철강재+유리 피라미드 *Paris, France*

1983~1989년에 걸쳐 루브르 박물관 Musée du Louvre 의 나폴레옹 안뜰 Cour Napoléon 에는 한 개의 대형 유리 피라미드와 3개의 소형 유리 피라미드 Glass Pyramid 가 건축되었다. 대형 유리 피라미드는 루브르의 새로운 출입문으로 쓰이고 3개의 소형 유리피라미드는 지하 박물관 채광용이다.

중국계 미국인 건축가 이오 밍 뻬이 Ieoh Ming Pei 가 설계하였다. 이집트의 피라미드가 석회석으로 만들어진 죽은 사람들을 위한 집이라면, 유리와 철강재로 지어진 유리 피라미드는 살아 있는 사람들을 위한 집으로 탈바꿈 된 현대적인 생활공간이다. 유리 피라미드의 기하학적 외관은 고대 이집트 피라미드를 모방한 것이지만, 이집트의 전통적 피라미드의 비례와는 달리 유리피라미드의 외관 구성비는 가로, 세로 및 높이가 모두 20*m* 이다. 이 피라미드의 동, 남, 북쪽에는 각각 한 개씩의 채광용 소형 피라미드와 연못, 보행로 등이 있다. 대형 유리 피라미드의 바닥에 있는 개구부는 지상과 지하의 넓은 박물관 공간을 연결하는 통로이다. 다시 말해서 유리 피라미드는 지하로부터 지상을 지나 하늘 공간으로 이어지는 햇빛의 통로이자 무한대로 열려 있는 시야이다. 대형 유리 피라미드 서쪽 면에는 박물관 지하로 통하는 출입구가 있으며, 이 출입구에서는 카루젤 개선문과 뛸르히 정원이 잘 보인다. 이 정원을 지나면 오벨리스크가 있는 꽁꼬흐드 광장이 있다.

현대적인 유리 피라미드와 고전적인 루브르 궁전 Palais du Louvre 의 문화적 충돌은 당시 뜨거운 논쟁거리가 되기도 하였다. 루브르는 1190년 필립 오귀스트 Philippe Auguste 가 바이킹의 침략으로부터 빠리를 수호하기 위하여 건축한 성채이었으나 프랑수와 1세 François Ier: 1515~1547 가 르네상스 양식의 건축물로 개축한 이래 나폴레옹 3세 Napoléon III: 1852~1870 시대에 이르기까지 지속적으로 개축, 확장 되었다.

♣ 나폴레옹 안뜰의 유리 피라미드: 주위 건축물은 루브르 궁전

♣ 4개의 유리 피라미드: 가운데 큰 피라미드 앞과 그 좌우에 작은 피라미드가 있다. 큰 피라미드 뒤편은 카루젤개선문, 더 멀리 마로니에 숲은 뛸르히 정원, 프랑스 빠리

♣ 연못에 드리운 유리 피라미드 영상: 연못 가장자리 경계벽 위엔 휴식중인 사람들. 프랑스 빠리

♣ 건축물 외부 석회석 기둥: 루브르 리슐리외 별관, 프랑스 빠리

사진 2-59 : 뽕삐두 문화예술회관 *Paris, France*

조르즈 뽕삐두 문화예술회관 Centre d'Art et de Culture Georges Pompidou 은 빠리 도심 재개발의 일환으로 빠리의 중심, 제4구의 재개발구역인 보부르 Beaubourg 에 1977년 1월 준공된 건축물이다. 이 건축물은 1969년 12월 당시 프랑스 대통령이던 조르즈 뽕삐두의 제안으로 시행된 국제 건축설계경기에서 당선된 건축가 리차드 로저스 R. Rogers , 렌조 피아노 R. Piano 및 쟝-프랑코 프랑키니의 공동작품이다. 건축물의 서쪽 광장에서는 연중무휴로 세계 각국에서 모여든 젊은 예술인들의 음악, 연극, 미술 등의 공연이 벌어진다.

유리와 강철재를 이용하여 지은 이 건축물은 소위 공학기술주의 또는 기술표현주의를 표방하는 하이테크 High-Tech 양식의 건축물이다. 이 건축물의 길이는 166.4m , 너비 60m , 높이는 42m 이다. 지상 6개층의 각층은 내부 기둥이 없는 길이 160m , 폭 45m 의 대형 전시공간으로 되어 있다. 내부에는 가변식 계단이 설치되어 있다. 넓은 광장에 면해있는 건축물의 서쪽 입면 Façade 에는 에스컬레이터, 엘리베이터, 계단 등 모든 통로와 출입구가 설치되어 있다.

도로에 면한 동쪽 입면에는 전기, 가스, 수도, 냉난방 등의 기능성 설비를 위한 배관용 파이프 및 케이블은 물론 강철골조도 모두 건축물 외부에 노출되어 있다. 설비용 수직 배관 및 배선 재료는 도로에서 발생하는 자동차 소음을 상쇄, 전시공간을 소음으로부터 보호하는 기능도 있다. 배관 및 배선재료는 공업적 색깔 분류법에 따라서 강철골조는 하양, 승강기 설비는 빨강, 물은 파랑, 전기는 노랑, 냉난방 설비는 하양 및 파랑 색을 사용했다.

♣ 노출 에스컬레이터 및 강철골조: 서쪽 입면

♣ 백색의 노출 강철골조: 남쪽 입면

♣ 에스컬레이터 출입구: 서쪽 입면

♣ 설비 배관 및 강철골조: 동쪽 입면

사진 2-60 : 철강재 교량: 현장 원위치 가공조립

[라] ㄱ-형강

ㄱ-형강은 가로변과 세로변이 직각으로 접합된 압연형강으로 주로 트러스 *Truss* 부재로 활용된다. 이 형강은 형태에 따라서 등변, 부등변, 부등변 부등 후 형강 등으로 세분된다.

[마] *CT Cut Tee* -형강

H-형강의 복부 *Web* 중앙부분을 절단 *Cut* 하여 만든 형강으로 주로 트러스 *Truss* 부재로 활용된다.

[바] 강재 널말뚝 *Steel Sheet Piles*

주로 토목공사 현장에서 옹벽 및 흙막이 벽으로 쓰이는 형강으로 그 형태는 매우 다양하다. 현재 우리나라에서 생산되는 널말뚝의 형태는 사다리꼴이며 규격은 폭 *400~600mm* , 춤 100~210*mm* , 살 두께 10.5~24.3*mm* 이다.

[2] 미국

미국에서 생산되는 구조형강 생산용 강철은 *ASTM* 기준에 따라서 *A36, A529, A572, A242, A588* 및 *A514* 등 6개 등급으로 분류된다(표 2-28). 이들 강철 가운데 가장 보편적으로 쓰이는 강철은 *A36* 이다. *A36* 은 건축물, 교량, 송전탑 *Transmission Towers* 등의 구조 형강 제조에 쓰인다. 미국의 건설현장에서 흔히 볼 수 있는 구조용 형강에는 광폭 프랜지 *Wide-Flange: W, HP, M-shape*, I-빔 *I-Beam: S-shape*, C-형강 *Channel: C, MC-shape*, 등변ㄱ-형강 *Equal-Legs Angle: L-shape*, 부등변ㄱ-형강 *Unequal-Legs Angle: L-shape*, 티 *Tee*, 널말뚝 *Sheet Piling*, 레일 *Rail* 등이 있다. 각각의 형강은 횡단면 형상에 따라서 W-, HP-, M-, S-, C-, MC- 및 L-형 등으로 불려진다(그림 2-34). 광폭-프랜지 *Wide-flange* 중 프랜지의 폭이 비교적 넓은 W-형은 주로 구조물의 보 및 기둥 용도로 쓰이고, 프랜지 및 복부 *Web* 의 크기가 같은 HP-형은 지지말뚝 *Bearing Piles* 용으로 쓰인다. 또한 I-빔 *I-Beam* 은 대형 구조물의 보 *Beams* 또는 *Girders* 용도로 쓰이고 널말뚝 *Sheet Piling* 은 옹벽 및 흙막이 벽 등에 쓰인다.

표 2-28 : 구조용 강철의 등급 및 특성

ASTM 기호	*등급	소요강도				강철의 특성 및 용도
		인장		*최소 항복점		
		Mpa	ksi	Mpa	ksi	
A36	36	400~550	58~80	250	36	탄소강: 모든 형강, 강판 및 봉강
A529	42	415~585	60~85	290	42	일반강: 두께 13mm 이하의 형강, 강판, 봉강
A572	42	415	60	290	42	고강도, 저합금강: 모든 형강, Sheet Pile, Tee
〃	50	450	65	345	50	〃 : 〃
〃	60	520	75	415	60	〃 : 형강일부, Sheet Pile, Tee
〃	65	550	80	450	65	〃 : 형강일부, Tee
A242	42~50	435~485	63~70	290~345	42~50	고강도, 저합금, 내식성강: 형강일부, 강판, 봉강
A588	50	435~485	63~70	290~345	42~50	〃 : 형강, 강판, 봉강
A514	90~100	690~895	100~130	620~760	90~110	극한강도, 단조 합금강: 강판

*등급 = *최소항복점 소요강도(ksi), 1 ksi = 0.7031 kgf/mm² = 6.8999 Mpa

그림 2-34 : 구조용 형강의 횡단면

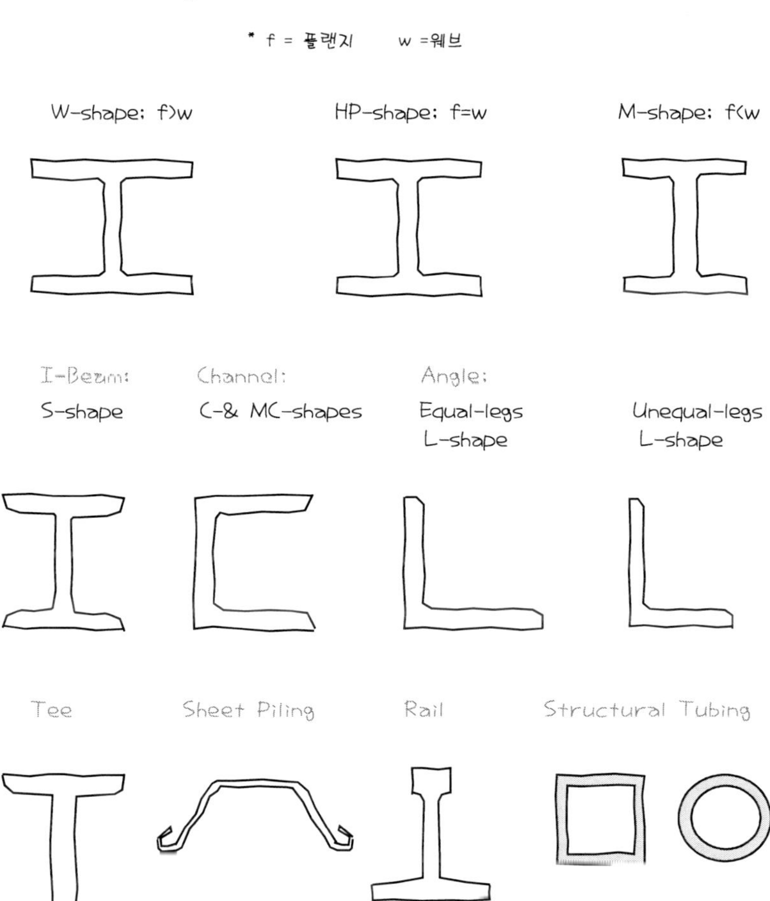

(나) 강재 규격에 의한 분류

우리나라의 건설공사 현장에서 흔히 볼 수 있는 형강은 일반구조용 압연강재 SS 와 용접 구조용 압연강재 SM 또는 SWS 로 대별된다(표 2-29). 그밖에 건설현장에서 자주 쓰이는 강재에는 용접구조용 내후성 압연강재 SMA , 일반구조용 탄소 원형강관 SPS 및 각형강관 SPSR , 용접구조용 원심력 주조 강관 SCW 또는 SCF , 내화 강 FRS: Fire Resistant Steel , 스테인리스 강 STS 등이 있다. 한편 초고층 건축물에서는 탄소 함유량이 적고 용접성 및 연성이 우수한 열 제어 가공 TMCP: Thermo-Mechanical Control Process 고장력 강판을 사용한다.

[1] 일반구조용 압연강재

일반구조용 열간압연강재 중 건축공사 현장에서 가장 많이 사용되는 형강은 SS 400 이다. 기호 SS 는 강재의 용도를 나타내고 숫자 400은 인장강도 N/mm^2 또는 Mpa 를 나타낸다. SS 400 은 탄소당량이 0.3% 정도인 일반구조용 압연강재이기는 하지만 살 두께 25mm 까지는 용접접합이 가능하기 때문에 활용빈도가 매우 큰 강재이다. 강재의 탄소 함유량을 증가시켜 강도를 높인 SS 490 및 SS 540 강재도 생산되고 있다. 그러나 이들 강재는 탄소당량이 0.4% 이상으로 탄소 함유량이 많기 때문에 용접이 불가능하므로 건축물 공사에서는 쓰이지 않는다. 송전용 철탑 건설에는 주로 SS 540 이 쓰인다.

표 2-29 : 구조용 형강의 규격 및 강도

용도구분	KS		인장파괴강도 (N/mm^2)	*최소항복강도 (N/mm^2)	*연신율 (%)
	규 격	기 호			
일반구조용	KSD 3503	SS 400 SS 490 SS 540	400~510 490~610 540 이상	235 이상 275 이상 390 이상	21 19 17
용접구조용	KSD 3515	SWS 400 A SWS 490 A SWS 490 YA SWS 520 B	400~510 490~610 490~610 520~640	235 이상 315 이상 355 이상 355 이상	22 21 19 19

*항복강도 및 *연신율 : 철강재 두께 16 mm 이상
$1\ N/mm^2 = 1\ Mpa = 0.1019\ kgf/mm^2 = 10.19\ kgf/cm^2$

[2] 용접구조용 압연강재

용접구조용 열간압연강재 중 건축공사 현장에서 가장 많이 사용되는 형강은 SWS 490 이다. SWS 490 은 SS 490 과 강도는 같지만 탄소당량을 낮추고 미량의 특수 합금원소를 첨가하여 용접성을 확보한 저탄소 고장력강재이다. 강재를 용접할 경우 용접을 전후하여 강재의 용접부위는 온도가 급변하여 노치 *Notch* 나 터짐이 생길 우려가 커진다. 이와 같은 강재의 미세한 터짐은 지진과 같은 강력한 단기응력이 작용할 경우 취성파괴의 원인이 된다. 따라서 용접구조용 강재에 대하여서는 인성을 확보할 목적으로 0℃ 에서의 파괴 인성 값을 규정하고 있다. 파괴 인성 값은 샤르피 *Charpy* 충격시험에 의한 흡수에너지 줄 *Joule* 의 크기로 결정한다.

SWS 490 은 충격 에너지를 흡수하는 정도에 따라서 SWS 490 A , SWS 490 B , SWS 490 C 등으로 세분된다. SWS 490 A 는 충격에너지 흡수성능과는 무관한 등급이고, B 등급은 27J 이상, C 는 47J 이상의 충격 에너지를 흡수할 수 있는 등급이다. 다시 말해서 SWS 490 C 는 지진 발생시에 형강의 용접 부분에서 발생할 수 있는 취성파괴 *Brittle Failure* 에 대응이 가능한 강재이다. 한편 SWS 490 Y 는 SWS 490 과 인장강도는 동일하지만 항복강도를 증가시킨 강재이다.

(2) 형강의 규격표시

(가) 우리나라

우리나라의 건설자재 시장에서 거래되고 있는 형강 가운데 수요가 많은 H-형강, H-형강 말뚝, I-형강, 등변 ㄱ-형강, ㄷ-형강 및 강재 널말뚝 *Steel Sheet Piles* 등의 규격표시 실례는 다음과 같다. 열간압연 형강의 모양, 치수, 무게 및 허용차 등은 KSD 3502 에 규정돼 있다.

[1] H-형강

$H \times B \times t_1 \times t_2 \times r$ (386×299×9×14×22)

$H \times B$: 호칭 치수 (400×300), 실제 치수 (386×299)

H : Web 깊이 (mm), B : Flange 폭 (mm), t_1 : Web 살 두께 (mm)

t_2 : Flange 살 두께 (mm), r : Flange 와 Web 교점의 오목 반경 (mm)

[2] H-형강 말뚝

$H \times B \times t_1 \times t_2 \times r$ (344×354×16×16×20)

$H \times B$: 호칭 치수 (350×350), 실제 치수 (344×354)

[3] I-형강

$H \times B \times t_1 \times t_2 \times r_1 \times r_2$ (400×150×10×18×17×8.5)

$H \times B$: 호칭 치수 = 실제 치수 (400×150)

t_1 : Web 살두께 (mm), t_2 : Flange 평균 살두께 (mm)

r_1 : Flange 와 Web 교점의 오목 반경 (mm), r_2 : Flange 안쪽 끝 부분 볼록 반경 (mm)

[4] 등변 ㄱ-형강

$A \times B \times t \times r_1 \times r_2$ (250×250×35×24×18)

$A \times B$: 호칭 치수 = 실제 치수 (250×250)

A : 세로변 길이 (mm), B : 가로변 길이 (mm), t : 세로변 및 가로변 살두께 (mm)

r_1 : 세로변 및 가로변 교점의 오목 반경 (mm), r_2 : 세로변 및 가로변 끝부분 볼록 반경(mm)

[5] 부등변 ㄱ-형강

$A \times B \times t \times r_1 \times r_2$ (150×90×9×12×6)

$A \times B$: 호칭 치수 = 실제 치수 (150×90)

A : 세로 긴 변 길이 (mm), B : 가로 짧은 변 길이 (mm),

t : 세로변 및 가로변 살 두께 (mm)

r_1 : 세로변 및 가로변 교점의 오목 반경 (mm), r_2 : 세로변 및 가로변 끝부분 볼록 반경 (mm)

[6] 부등변, 부등후 ㄱ-형강

$A \times B \times t_1 \times t_2 \times r_1 \times r_2$ (350×100×12×17×22×11)

$A \times B$: 호칭 치수 = 실제 치수 (350×100), A : 세로 긴 변 길이 (mm)

B : 가로 짧은 변 길이 (mm), t_1 : 세로변 살 두께 (mm), t_2 : 가로변 살두께 (mm)

r_1 : 세로변 및 가로변 교점의 오목 반경 (mm),

r_2 : 세로변 및 가로변 끝 부분 볼록 반경 (mm

[7] ㄷ-형강

$H \times B \times t_1 \times t_2 \times r_1 \times r_2$ (380×100×13×20×24×12)

$H \times B$: 호칭 치수 = 실제 치수 (380×100), H : Web 길이 (mm)

B : Flange 폭 (mm), t_1 : Web 살두께 (mm), t_2 : Flange 평균 살두께 (mm)

r_1 : Flange 와 Web 교점의 오목 반경 (mm), r_2 : Flange 끝 부분 볼록 반경 (mm)

[8] 강재 널말뚝

$B \times H \times t$ (400×100×10.5)

B : 널말뚝 폭 (mm), H : 널말뚝 길이 (mm), t : 널말뚝 살 두께 (mm)

(나) 미국

미국의 건설자재 시장에서 거래되고 있는 구조용 형강 가운데 광폭 플랜지 *Wide-flange* 와 등변 ㄱ-형강 *Equal-legs Angle* 의 규격표시가 함유하고 있는 의미는 다음과 같다.

[1] 광폭 플랜지 *Wide-flange*

W 44 × 335

W : 횡단면 형상 (*Cross-Sectional Shape*), 44 : 공칭 깊이 (*Nominal Depth, in.*)
335 : 단위 중량 (*Weight, lb/linear foot*)

[2] 등변 ㄱ-형강 *Equal-legs Angle*

L 4 × 4 × 1/2

L : 횡단면 형상 (*Cross-Sectional Shape*),
4×4 : 직교하는 두 변의 길이 (*Leg Dimensions, in.*)
1/2 : 직교하는 두 변의 살두께 (*Leg Thickness, in.*)

(3) 형강의 장점 및 결함

철골조의 구조물 또는 건축물은 강철의 물리적, 역학적 특성 및 가구식 *架構式* 공법의 특성상 지진피해에 강하다. 또한 구조용 형강은 일반적으로 열간압연 방식으로 생산되므로 통상적인 온도변화에 의해서 형강의 접합부분이 깨져 파괴 *Brittle Failure* 되는 경우는 거의 없다. 그러나 형강은 소정의 온도 이하에 노출되는 경우에는 연성 *Ductility* 및 전체신장도 *Total Elongation* 가 감소되므로 통상적인 인장력에도 소성변형에 의한 아주 미세한 균열이 용접부분에 발생, 순간적으로 파괴되는 경우는 있다. 따라서 혹독한 추위가 예상되는 경우에는 용접 구조용 내후성 압연강재를 사용하여야 한다. 철골 구조물이 붕괴되는 가장 보편적인 결함은 형강의 소요강도 부족 및 접합부분의 불량이다. 철골 구조물은 용접, 볼팅 *Bolting* , 리베팅 *Riveting* 등에 의한 접합부분의 미세한 결함에 의해서도 붕괴되는 일이 있으므로 주의 하여야 한다. 한편 철골기둥에서는 가끔 뒤틀림 *Buckling* 결함이 발생하기는 하지만 이 결함으로 인하여 건축물이 붕괴되는 경우는 거의 없다. 철골 건축물 공사에서 흔히 볼 수 있는 형강의 전형적인 장점은 다음과 같다:

① 기계화시공 가능: 건식공법이 간단하고 가공 및 조립성능 우수
② 공장생산, 현장조립 가능: 품질보장 및 공기단축
③ 손상된 부분의 보수 및 보강 용이
④ 환경 친화적: 형강의 재활용 가능

⑤ 용접성 *Weldability* 우수: 탄소 함유량 0.25% 이하의 형강
⑥ 형강의 품질균등: 재료의 성분은 철 *Fe* 이 대부분
⑦ 형강의 품질다양: 다양한 강도 및 형상의 제품생산 가능
⑧ 일정 범위 내에서는 기온 하강 시에도 역학적 특성 불변: 항복강도, 인장강도, 탄성계수, 피로강도 등
⑨ 비강도가 크다: 인장강도가 커 초고층, 장 경간 *Long Span* 의 건축물 및 구조물 가능
⑩ 연성 *Ductility* 이 크다: 항복점 이후 파괴에 이르기까지의 변형 능력이 커서 외력에 대한 대응력 우수

나) 경량 형강 *Light-gauged Steel Shapes*

두께 3*mm* 이하의 박판 또는 띠강판을 냉 간 압연하여 성형한 경량 구조용 형강으로 그 형태는 구조용 형강과 유사하다. 경량형강은 철판 두께가 얇기 때문에 국부좌굴이 발생하기 쉽고 부식에 취약하다. 따라서 경량형강은 일반 건축물의 칸막이벽 골조, 바닥판 *Deck Plates* 및 주택과 같은 경량 건축물의 구조부재로 쓰인다(사진 2-61).

다) 보강 철근 *Rebars: Reinforcing Steel Bars*

보강철근이란 콘크리트의 역학적 취약점을 보강하기 위하여 사용되는 철근이다. 콘크리트는 압축강도는 크지만 인장강도 및 휨강도는 매우 약하다. 따라서 콘크리트를 인장응력이나 휨 응력을 부담하는 구조재로 사용하기 위해서는 철근의 보강이 필요하다. 콘크리트와 철근의 합성구조는 인장강도, 휨강도 및 연성이 증가되며 콘크리트의 균열을 억제하는 효과가 있다. 다만 합성구조의 성능개선 효과는 콘크리트와 철근이 완전히 부착되어 단일구조체가 된다는 전제하에서 기대할 수 있는 것이다. 보통콘크리트용 보강철근에는 원형철근, 이형철근 및 용접철망 *Welded Wire Fabrics* 등이 있고 프리스트레스트 콘크리트 *Prestressed Concrete* 용 보강 철강재에는 강철봉 및 강철선 다발이 있다. 강철선 *Wires* 을 꼬아서 만든 강선다발에는 스트랜드 *Strands* 또는 케이블 *Cables* 등이 있다.

(1) 철근의 종류 및 용도

(가) 원형 철근 *Plain Bars*

원형철근은 표면에 돌기나 마디가 없이 매끈한 철근으로 콘크리트와의 부착력은 제한적이다. 따라서 원형철근은 인장응력이나 휨 응력이 작용하는 콘크리트 부재에 사용해서는 안

사진 2-61 : 경량형강 주택골조

♣ 기둥 세우기: 경량형강 주택

♣ 기둥 및 지붕 골조: 경량형강 주택

된다. 실제 건설현장에서 콘크리트의 보강철근으로 원형 철근을 사용하는 경우는 거의 없다. 원형철근의 직경은 현장에서 직접 측정이 가능하다. 현재 우리나라에서 생산되고 있는 원형 철근은 ϕ 19~300*mm* 로 매우 다양하다. 원형철근의 의미는 다음과 같다:

Plain Bar A reinforcing bar without surface deformations, or one having deformations that do not conform to the applicable requirements.

(나) 이형 철근 *Deformed Bars*

이형철근은 콘크리트와의 부착력을 증대 시키고 미끄러짐을 방지하기 위하여 표면에 돌기나 마디로 요철 *凹凸* 을 만들어 놓은 철근이다(사진 2-62). 이형철근은 콘크리트 기초, 보, 기둥, 바닥판, 내력벽 등 거의 모든 합성구조 및 보강 콘크리트 블록 벽 등에 두루 쓰인다. 이형철근의 직경은 현장에서 직접 측정할 수 없기 때문에 단위중량을 이용하여 직접 계산하여야한다. 따라서 이형철근의 직경은 편의상 공칭 직경을 사용한다. 공칭직경이란 중량이 같은 원형철근의 직경에 해당하는 이형철근의 직경을 말한다. 이형철근의 의미는 다음과 같다:

Deformed (Reinforcing) Bar A reinforcing bar manufactured with surface deformations to provide bonding strength when embedded in concrete.

이형철근의 장점은 다음과 같다:

① 부착강도; 원형철근의 1.8~2.0배
② 이음 및 정착 길이; 원형철근보다 축소 가능
③ 철근 단부의 갈고리 *Hook* ; 기둥 주 철근 이외에는 불필요

(다) 용접 철망 *WWF; Welded-wire Fabrics*

직경이 3.4~5.7*mm* 인 원형 또는 이형 철근을 가로 및 세로 방향이 서로 직교하도록 용접하여 만든 콘크리트 보강용 철근망이다. *WWF* 는 주로 냉간 압연 철선 *Cold-drawn Steel Wires* 으로 만들며 *WWF* 를 *WWM Welded-wire Mesh* 이라고도 한다. *WWF* 는 하중을 부담하는 구조적 기능보다는 콘크리트의 건조수축, 온도 및 습도의 변화 또는 지반의 부등침하 등으로 발

생하는 콘크리트의 균열을 억제하는 기능이 더 크다. 우리나라에서 생산되는 용접 철망의 일반적인 규격은 1×2m, 2×4m, 2.45×6m 등이며 평판 형 *Sheet Type* 과 두루마리 형 *Roll Type* 형이 있다. 미국에서 생산되는 *WWF* 의 규격 및 용어의 의미는 다음과 같다:

Welded-wire Fabric 또는 *Welded-wire Mesh* *A series of longitudinal and transverse wires of various gauges, arranged at right angles to each other and welded at all points of intersection; used for concrete slab reinforcement.*

사진 2-62 : 이형철근의 형상 및 나사, 슬리브 이음매

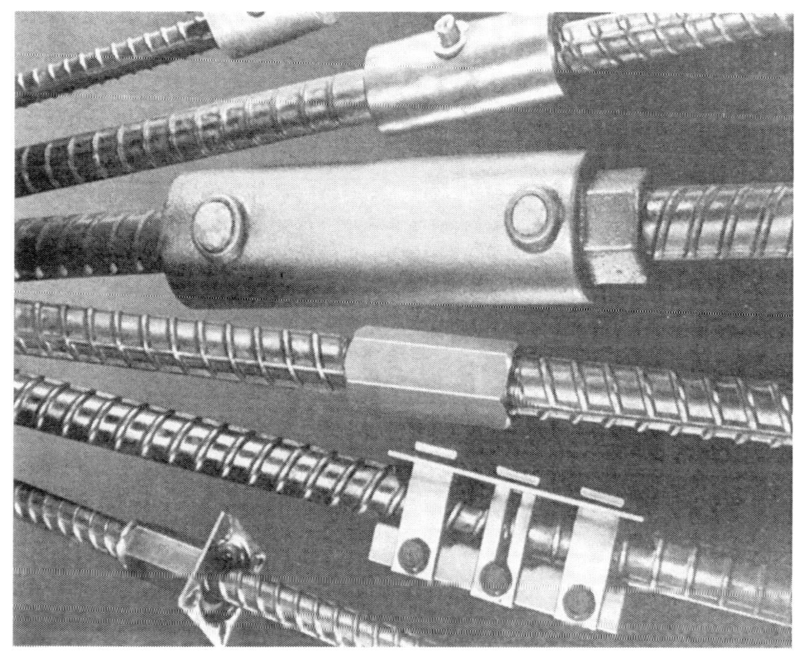

[1] 생산 규격

WWF 는 폭 1.5~2.1m , 길이 45~60m 의 두루마리 Rolls 또는 폭 1.5~3.0m , 길이 3~6m 의 평판 Flat Sheets 형태로 생산되며 건축공사 현장에서 가장 보편적으로 사용되고 있는 규격은 다음과 같다:

6×6-W 1.4 × W 1.4 (10Gage) 및 6×6-W 2.9 × W 2.9 (6Gage)

6×6 : 가로 철근 간격 × 세로 철근 간격 (in.)
W1.4 × W1.4 : 가로 철근 횡단면적 × 세로 철근 횡단면적 (1.4/100 in^2, 직경 3.4 mm)
W : 원형 철근 (이형 철근은 D)

[2] 공사 방법

철근콘크리트 공사에서 WWF 를 사용하는 경우에는 공사의 신뢰성 향상, 생산성 향상 및 공기단축 등을 기대할 수 있다. WWF 는 공법이 간단하고 경제적이어서 주택 및 경량 건축물의 콘크리트 바닥판, 지붕 판, 진입도로 및 보도의 콘크리트 포장공사 등에 주로 쓰이지만 콘크리트 관을 생산할 때에도 쓰인다. WWF 를 콘크리트 바닥판에 사용할 경우 기존의 철근배근 공사보다 공기가 40~70% 정도 단축되는 것으로 조사되고 있다. WWF 의 바닥판 공사는 아래 두 가지 방법 중 한가지로 시행할 수 있다:

① 높이가 콘크리트 피복두께에 해당하는 강철 Steel 또는 PVC 받침대를 0.6~0.9m 간격으로 설치하고 받침대 상단에 WWF를 깐 다음 콘크리트를 친다.
② 콘크리트를, 두께 50mm 또는 전체두께의 1/3~1/2 정도로 우선 친다. 1차 치기한 콘크리트가 응결되기 직전, 즉 약 45분 이내에 콘크리트 표면에 WWF 를 깔고 나머지 콘크리트를 친다.

(2) 철근 등급 및 규격 표시

(가) 우리나라

우리나라에서 생산되는 철근은 형태, 강도, 공칭직경, 길이 등에 따라서 다음과 같이 분류된다.

[1] 형태 및 강도

건설현장에서 흔히 볼 수 있는 철근의 형태는 SR 24, SR 30, SD 30, SD 35, SD 40, SD 50, SRR 24, SDR 30 등이며 이와 관련된 KS 기호의 의미는 다음과 같다:

① SR ; 원형철근
② SD ; 이형철근
③ SRR ; 재생 원형철근
④ SDR ; 재생 이형철근
⑤ 24, 30, 35, 40, 50 ; 항복점 최소강도 kgf/mm^2

[2] 공칭 직경

현재 건설 현장에서 사용되고 있는 이형철근에는 D 10, 13, 16, 19, 22, 25, 29, 32 등의 보통철근과 D 35, 38, 41, 51, 57 등의 특수 철근이 있다. 이형철근의 기호 D 10 에서 D 는 이형철근을, 10 은 공칭 직경 mm 을 표시한다. 특수 철근이란 항복점 강도가 400Mpa 40 kgf/mm^2 이상인 고장력 강철로 생산한 고강도 철근을 말하며 직경은 35 mm 이상이다. 특수 철근의 제품 사양은 KSD 3504 에 규정되어 있다. 현재 수요가 증가하고 있는 고강도 이형철근은 HD 35 등으로 표기한다.

[3] 표준 길이

현재 생산되고 있는 이형철근의 표준 길이는 3.5, 4.5, 5.0, 5.5, 6.5, 7.0, 7.5, 8.0, 9.0, 10 m 등이며 그 밖의 철근 길이는 주문생산에 의한다.

(나) 미국

미국에서 생산되는 철근은 최소항복점강도 ksi 에 따라서 40ksi (Grade 40), 50ksi (Grade 50), 60ksi (Grade 60), 75ksi (Grade 75) 등 4개 등급으로 분류되며 강철의 형태에 따라서는 비렛강 Billet Steel: ASTM A615, 레일강 Rail Steel: A616, 액슬강 Axle Steel: A617, 저탄소 합금강 Low-Alloy Steel: A706 등으로 분류된다. 지금까지 미국 건설현장에서 가장 보편적으로 사용되어온 철근은 A615이었지만 현재는 고강도 철근인 A706의 사용이 증가하는 추세이다. 미국에서 생산되는 철근의 등급 및 소요 강도는 표 2-30 과 같다:

(3) 철근 보관

건설공사 현장에 반입된 철근은 길이, 직경, 강도 등이 동일한 철근끼리 묶어서 보관해 둔다(사진 2-63). 철근의 묶음에는 제조회사, 반입일자, 길이, 직경, 강도 등을 기입한 꼬리표를 부착한다. 현재 우리나라 현장에서 쓰이는 이형 철근의 단면에는 강도를 쉽게 구별할 수 있도록 페인트를 칠해 놓았다. 일반 이형철근은 파랑색 *SD 24* 과 초록색 *SD 30* 이고, 고강도 이형철근은 빨강색 *SD 35* 과 노란색 *SD 40* 이다. 현장에 반입된 철근을 야적장에 보관할 때 주의할 사항은 다음과 같다:

① 녹슬음 방지; 수분, 오염물질 등을 차단하기 위하여 철근 밑에 각목을 깔고 철근 위에는 습기 방지 덮개를 덮어 둔다.

② 부착력 손실방지; 보관했던 철근을 사용할 때는 철근표면의 흙은 물청소하고, 기름은 불에 태워 버리거나 용제 *Solvent* 등으로 깨끗이 씻어 내야 한다. 철근표면에 산화물 *Rust*, *Scale* 이 심하게 부착되어 있는 경우에는 모래분사기 *Sandblast* 로 제거한다.

표 2-30 : 철근의 등급 및 소요강도

ASTM 기호	강철형태 (Steel)	철근 종류	이형철근 공칭(*#)	*등급 (Grade)	소요 최소강도			
					인장 강도		항복 강도	
					Mpa	ksi	Mpa	ksi*
A615	Billet	원형철근 이형철근	3~ 6 3~18 11~18	40 60 75	483 621 690	70 90 100	276 414 517	40 60 75
A616	Rail	원형철근 이형철근	3~11 3~11	50 60	552 621	80 90	345 414	50 60
A617	Axle	원형철근 이형철근	3~11 3~11	40 60	483 621	70 90	276 414	40 60
A706	Low-Alloy	이형철근	3~18	60	552	80	414~538	60~78

*# : 미국 철근의 공칭번호 #3~18은 3/8~18/8(in.) 를 의미한다.
*등급=최소 항복강도(ksi)

사진 2-63 : 이형 철근의 보관

♣ 철근 보관: 도매상점 야적장

♣ 철근 검사 꼬리표

♣ 철근 보관: 공사현장 작업장

♣ 철근 보관: 공사현장 주변 보도

라) 강판 鋼板, *Steel Plates & Sheets*

우리나라에서 생산되고 있는 강판에는 열연강판 *Hot Coil* , 무늬강판, 냉연강판, 석도원판, 용융아연도금강판, 전기아연도금강판, 전기강판, 스테인리스강판, 무늬 복개판 *Steel Deck Plates* 등이 있다(사진 2-64). 현재 우리나라에서 일반적으로 생산되고 있는 강판의 규격은 두께 0.1~123*mm* , 폭 700~1900*mm* 이다. 현재 건설공사용 철강재로 활용되고 있는 강판의 종류 및 용도는 다음과 같다.

사진 2-64 : 열연강판 *Hot Coil* 생산 공장

(1) 생산 방법에 따른 분류

(가) 열간압연 강판

① 일반 내후성 고장력 강판; 두께 12.7mm 이하, 항복점 강도 400Mpa 40kgf/mm² 이상인 강판이다. 철골 구조물 및 교량공사 또는 선박건조에 쓰인다.

② 용접구조용 고장력 후판; 두께 6~50mm, 항복점 강도 440~700Mpa 44~70kgf/mm² 인 강판이다. 건축 구조물 및 교량공사 또는 건설기계 제작용으로 쓰인다.

③ TMC 고장력 강판; 두께 6~50mm, 항복점 강도 330Mpa 33kgf/mm² 인 강판으로 건축 구조물 공사에 쓰인다.

(나) 냉간 압연 강판

① 구조용 냉간압연 강판; 두께 0.4~3.0mm 이하, 항복점 강도 180~560Mpa 18~56 kgf/mm² 이상인 강판으로 강 구조물 공사에 쓰인다.

② 냉간압연 고장력 강판; 두께 0.4~2.3mm 이하, 항복점 강도 170~600Mpa 17~60 kgf/mm² 이상인 강판으로 철골 구조물, 강철문 Door 등의 보강철물 용도로 쓰인다.

(다) 용융 아연도금 강판

① 구조용 아연도금 강판은 데크 플레이트 Deck Plate, 중도리 Purlin, 벽판 Panel 등에 쓰이는 경량 철골 부재이며 그 종류는 다음과 같다:

㉮ 아연도금 냉연강판; 두께 0.2~2.3mm 이하, 항복점 강도 200~570Mpa 20~57 kgf/mm² 이상인 강판

㉯ 아연도금 열연강판; 두께 1.4~4.5mm 이하, 항복점 강도 340~410Mpa 34~41 kgf/mm² 이상인 강판

② 굴곡가공용 아연도금 강판; 건축용 자재, 가구, 가전기기 등의 부품제작에 쓰인다.

(라) 전기 아연도금 강판

구조용 강판, 고장력 강판 등이 있으며 건축물 내장 및 외장재의 변형 방지 및 보강재용으로 쓰인다.

(마) 스테인리스 강판

두께 0.2~100mm 인 강판으로 건설 산업 분야에서 건축자재, 주방용품, 강관, 창호철물 등의 용도로 쓰이는 내후성, 내식성, 가공성 등이 우수한 강판이다.

(2) 건축구조 용도에 따른 분류

(가) 후판 강재

[1] 분류 체계

건축구조용 후판강재는 인장강도 등급 및 제조공정에 따라서 다음과 같이 분류된다.

[가] 인장강도에 의한 분류

① 400Mpa 등급: SS 400, SM 400, SN 400, FR 400, SMA 400
② 500Mpa 등급: SM 490, SM 490 TMC (PILAC-BT 33), SN 490, FR 490 (POS-FR 50), SMA 490, SM 520, SM 520 TMC (PILAC-BT 36)
③ 600Mpa 등급: SM 570, SM 570 TMC (PILAC-BT 45), SMA 570

[나] 제조공정에 의한 분류

① 일반 압연강재: SS 400, SM 400, SN 400, FR 400, SMA 400, SM 490, SN 490, FR 490, SMA 490, SM 520
② QT 처리 강재: SM 570, SMA 570
③ TMC 처리 강재: SM 490 TMC, SM 520 TMC, SMA 570 TMC

[2] 규격

건축 구조용 후판강재의 생산규격은 다음과 같은 기호로 표시 된다:

SMA 490 B W N ZC

SMA : 강재의 명칭 (SS, SM, SN, FR, SMA 등), 490 : 인장강도 (Mpa)
B : 샤르피 흡수에너지 등급 (A,B,C 등), W : 내후성강재의 내후성 등급 (W, P 등)
N : 열처리방법 (N, QT, TMC 등), ZC : 내라메라테어 등급 (ZA, ZB, ZC, ZD 등)

(나) TMC 강재

TMC 강재란 TMC 제조법, 즉 TMCP Thermo Mechanical Controlled Process 에 의하여 생산된 모든 강재를 말한다. 우리나라에서 고성능 TMC 강재를 고층 건축물의 구조용으로 활용하기 시작한 것은 1996년경부터이지만 지금은 초고층 건축물공사에서 보편적으로 사용되는 강재가 되었다. *TMCP* 란 제어압연기술과 가속냉각기술을 조합한 가공열처리제어 제강기술로서 고강도의 저온 고 인성 高靭性 을 갖는 강재를 생산하는데 활용된다. 가공열처리를 통해서 제조된 건축구조용 *TMC* 강재는 용접구조용 압연강재보다 가격은 비싸지만 용접성, 가공성 및 시공성이 우수하여 전체공사비는 절감되는 것으로 조사되고 있다. 건축 구조용 *TMC* 강재의 탄소당량 *Ceq*, 용접 갈라짐 감수성조성비 *Pcm*, 항복강도 *YS*, 항복 비 *YR*, 샤르피 흡수에너지 *vE* 등에 관한 특성은 표 2-31 과 같다.

표 2-31 : *TMC* 강재의 역학적 특성

KS 규격	Ceq(%)		Pcm(%)		YS(Mpa)	YR(%)	vE(J)	
	t≤50	t>50	t≤50	t>50			0℃	-5℃
SM490TMC	≤0.38	≤0.40	≤0.24	≤0.26	325	≤80	≥27	-
SM520TMC	≤0.40	≤0.42	≤0.26	≤0.27	355	≤80	≥27	-
SM570TMC	≤0.37	≤0.37	≤0.15	≤0.15	440	≤85	-	≥100

마) 강관 *Steel Pipes*

구조용 탄소강관은 일반 건축물에서 주로 건축물의 기둥이나 기초용 말뚝으로 쓰인다. 강관의 횡단면은 보통 원형이지만 각형인 강관도 있다. 원형 강관은 강판을 상온에서 둥글게 *U→O* 또는 띠강판을 나선형 *Spiral* 으로 둥글게 말아 올려 접합부분을 용접 또는 단접하여 만들거나 원심력을 이용하여 이음매 없이 주물로 생산한다. 반면 각형강관은 원형강관을 각형으로 냉 간 성형하거나 강판을 각형으로 구부려 접합부분을 용접하여 제조한다. 용접구조용 원심력 주물강관은 이음부분이 없고 재질이 균등하여 구조물의 말뚝이나 기둥부재로의 사용이 확대되고 있다. 원형단면 강관기둥의 경우, 강 축 및 약 축의 방향성을 갖는 H-형강 기둥과는 달리 방향성이 없기 때문에 기둥상단에 임의의 각도로 보를 접합시킬 수 있다. 또한 주물강관은 살 두께를 임의로 조정할 수 있을뿐더러 기둥과 보의 접합부분을 일체형으로 주조할 수 있어 구조적 안정성과 시공의 편의성을 동시에 확보할 수 있는 장점이 있다. 주물강관을 말뚝이나 기둥부재로 사용하는 경우 강관의 역학적 성능증대를 위하여 강관의 속을 콘크리트로 채우는 것이 일반적인 시공법이다.

바) 선재 *線材* 및 강선다발 *Wires, Strands & Cables*

건설 산업 분야에서 필요한 자재의 생산을 위하여 쓰이는 ϕ 5.5~20mm 선재의 종류 및 용도는 다음과 같다:

① 용접봉 선재; CO_2 용접봉, 수중 *Submerged* 용접봉, 일반 용접봉 제조용
② 경강 선재; 탄소량 0.5~0.8%, 인장강도 1550~2150Mpa *155~215 kgf/mm²* 정도인 고탄소강 선재이다. 와이어로프 *Wire Rope*, 일반 PSC *Prestressed Concrete* 용 강선다발 등의 제조용
③ 피아노 선재; 고탄소 청정강의 선재로 내 피로성이 우수하고 인장강도는 1760~1900 Mpa *176~190 kgf/mm²* 이다. 고강도 PSC 용 강선다발 또는 피아노선 *Music Wire* 또는 *Piano Wire* 등의 제조용
④ 고장력강 선재; 탄소강 선재로 콘크리트 말뚝 *Concrete Pile* 제조용
⑤ 연강 선재; 저탄소강 선재로 철선, 못, 철조망 등의 제조용

사) 레일 *Rails*

건설 산업 분야에서 쓰이는 레일에는 경량 레일 *Light Rails*, 승강기용 레일, 철도용 레일 등이 있다.

5) 철강재 부식 및 방식

가. 철강의 부식

가) 부식의 정의

철강재의 부식 *腐蝕, Corrosion* 이란 부식 환경 속에서 철강의 화학적 조성성분이나 물리적 정체성 *正體性* 이 변화되는 것을 말한다(그림 2-35). 대기 중의 습도와 기온이 상승하면 산화물이 생성, 촉진되므로 철강의 부식은 가속된다. 그러나 물과 공기 중의 산소가 공존하지 않는다면 철강재의 부식은 결코 발생하지 않는다. 철강재의 부식은 화학적부식과 전기화학적 부식으로 분류되며 부식의 의미는 다음과 같다:

Corrosion The oxidation or eating away of a metal or other material by exposure to chemical or electrochemical action such as rust.

그림 2-35 : 국부전지에 의한 철강재의 부식

물방울과 철강재의 계면 끝부분에서 발생하는 붉은 녹

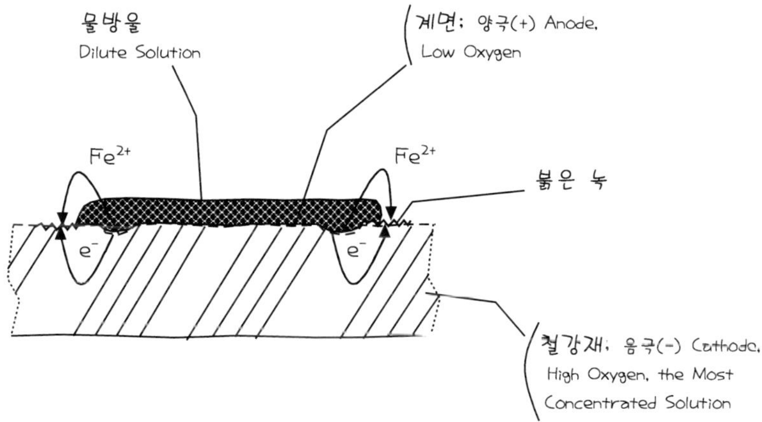

철강재의 접합부 틈새 끝부분에서 발생하는 붉은 녹

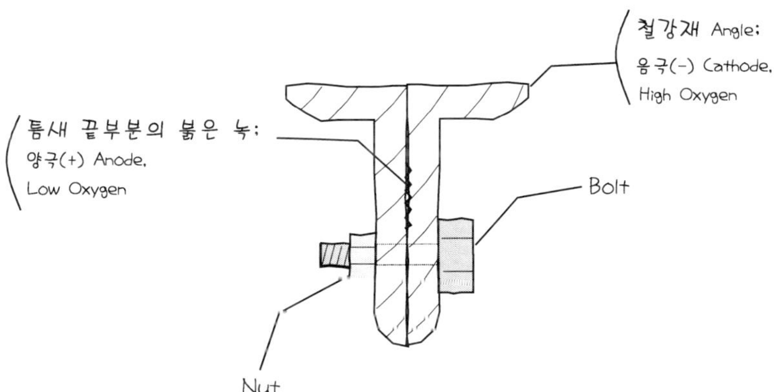

(1) 화학적 부식 *Chemical Corrosion*

화학적 부식이란 철강재가 화학약품, 대기 중의 유해가스, 방사선, 세균류 *Bacterias* 또는 용융금속 *Liquid Metal* 등의 부식 환경에 노출되어 화학적 반응을 일으키면서 본질이 변형되는 현상을 말한다. 유해 부식 환경에서 기온이 상승할 경우 철강재의 산화가 활성화되면서 화학적 부식은 급속히 진행된다. 소금물과 같은 부식용액은 철을 직접 용해, 부식시키며 부식은 부식용액이 제거되거나 포화상태에 이를 때까지 지속된다. 소금물은 철강을 직접 부식시키는 가장 흔하고 일반적인 부식용액이다.

(2) 전기화학적 부식 *Electrochemical Corrosion*

철강재의 전기화학적 부식은 가장 보편적인 철강재의 부식 형태이다. 철강재의 부식이란 철강재가 습윤 상태에서, 국부전지 *Concentration Cells* 의 생성으로 철의 원자 *Metal Atoms* 가 전자 e-, *Electrons* 를 상실하면서 이온화 Fe^{2+}, *Ions* 되어 철강물질의 본질이 물리, 화학적으로 변형을 일으키는 현상을 말한다. 국부전지란 어떤 물질에 발생하는 국소적인 전기회로 *Electric Circuit* 를 말하며 국부전지를 전기화학전지 *Electrochemical Cell* 라고도 한다. 국부전지는 전해물질의 상위 *Differences* 에 의해서 발생되며 양극(+) *Anode* , 음극(-) *Cathode* , 전도체 *Electrical Conductor* , 전해물질 *Electrolyte* 등의 4가지 요소로 구성된다(그림 2-36). 철강재가 물을 매개로 다른 금속과 접촉되어 있을 때 국부전지의 생성은 활성화된다. 철강재가 물을 매개로 국부전지에 의해서 대전 帶電 될 경우 전기화학적 작용으로 철강재에는 붉은 녹 $Fe(OH)_3$ 이 발생하게 되며 그 전기화학적 구조 *Mechanism* 는 다음과 같다:

$$Fe \rightarrow Fe^{2+} + 2e^- \; : \; 2e^- + \tfrac{1}{2}O_2 + H_2O \rightarrow 2(OH)^-$$

$$Fe^{2+} + 2(OH)^- \rightarrow Fe(OH)_2$$

$$Fe + \tfrac{1}{2}O_2 + H_2O \rightarrow Fe(OH)_2$$

$$2Fe(OH)_2 + \tfrac{1}{2}O_2 + H_2O \rightarrow 2Fe(OH)_3$$

나) 부식의 물리적 형태

철강재의 부식은 부식되는 형태에 따라서 전면부식과 부분부식으로 분류할 수 있으며 그 상세는 다음과 같다.

(1) 전면 부식

철강재 표면 전체에 거의 같은 정도로 진행되는 부식으로 부식의 정도가 확실히 드러나므로 방식대책이 용이하다.

(2) 부분 부식

나무좀에 의하여 목재에 작고 깊은 구멍이 뚫리는 것과 같이 강재의 어느 한부분에 국부전지가 생성되어 작고 깊은 구멍 형태 또는 접합부의 틈새 등에 극히 제한적으로 발생하는 부식이다. 염분이 많은 해안 지방에서 흔히 발생하며 눈에 잘 띄지 않는 어느 한 부분에 집중적으로 부식이 발생하므로 방식 대책이 쉽지 않다.

그림 2-36 : 전기화학전지 *Electrochemical Cell* 의 구성요소

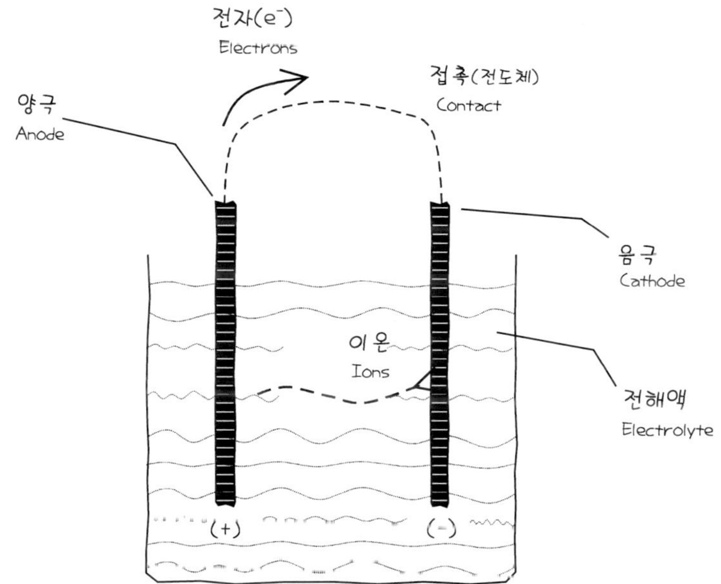

다) 부식촉진 요인

철강재가 화학적으로 중성 상태에 있는 대기 중에 노출되는 경우 여러 가지 요인에 의하여 녹슬기 시작한다. 강재의 부식을 촉진시키는 일반적인 요인은 다음과 같다:

① 강재 표면의 오염
② 결빙 방지용 염화 제 및 해안 지역의 염분을 함유한 공기: 차량, 교량 등의 강철부재, 콘크리트 속의 철근 및 철골 등을 부식
③ 수분에 반복적으로 노출되는 빈도 및 시간의 증가
④ 대기 중에 산, 유황 등 유해 물질의 농도가 증가
⑤ 석탄을 원료로 이용하는 공장 및 화력 발전소, 화학 약품 공장 등이 많은 지역에 내리는 산성비

라) 철근 콘크리트의 부식억제 조건

콘크리트 속에 있는 철강재 부식의 직접적인 원인은 콘크리트의 중성화 및 염화물이온이다. 철근 콘크리트 구조물에서 콘크리트가 철강재의 부식을 억제할 수 있는 최소한의 물리, 화학적 조건은 다음과 같다.

(1) 탄산화

콘크리트의 탄산화 *Carbonation* 란 강알칼리성의 시멘트 수화물, 즉 수산화칼슘 $Ca(OH)_2$ 이 대기 중의 수분, 산성가스, 산성비 등과 화학적으로 반응하여 약알칼리성의 탄산칼슘 $CaCO_3$ 으로 변하는 현상을 말한다. 대기 중의 산성가스, 즉 이산화탄소 CO_2 의 농도는 비교적 낮은 수준인 0.03% 정도이지만 대기 중의 다른 성분보다 무거워 대기에 노출된 콘크리트 표면에 쉽게 부착되므로 콘크리트 탄산화, 즉 중성화의 주원인으로 작용한다. 따라서 대기 중의 이산화탄소의 농도가 커지면 콘크리트의 중성화는 가속된다. 대기 중의 CO_2 는 콘크리트 표면의 미세한 기공 *氣孔* 을 통하여 콘크리트 속으로 확산되면서 $Ca(OH)_2$ 과 반응하여 콘크리트의 특성을 약알칼리성 내지는 약산성으로 변화 시킨다.

콘크리트의 중성화는 콘크리트 표면으로부터 진행되어 서서히 콘크리트 속으로 확산된다. 이 때 콘크리트의 수소지수 *pH* 는 10이하로 낮아지면서 중성화된 콘크리트는 철강재의 방식 능력을 점차 상실한다. 중성화된 콘크리트에 적정량의 산소, 수분, 염분 등이 공급되면서 기온이 상승한다면 철강재의 부식은 급격히 진행된다. 양질의 콘크리트는 중성화가 매우 느리게 진행되며 그 속도는 년 간 1*mm* 두께 정도이다. 콘크리트의 중성화는 콘크리트가 습윤, 건조 상태를 반복할 경우에 활발하게 진행되며 항상 물속에 잠겨 있거나 건조한 상태로 있

는 경우에는 중성화는 거의 진행되지 않는다. 콘크리트의 중성화에 관한 화학 반응식은 다음과 같다:

$$Ca(OH)_2 + CO_2 \rightarrow CaCO_3 + H_2O \uparrow$$

(2) 허용 균열 폭

콘크리트의 균열은 철근의 부식, 온도 변화에 의한 건조수축, 부적절한 설계하중, 배합설계 불량, 시공 및 양생불량 등 여러 가지 원인에 의하여 발생한다. 콘크리트의 미세한 균열이나 이어치기 줄눈 등의 틈새를 통하여 제빙 화학제 *除氷 化學劑, De-icing Salts* 와 같은 유해한 부식 촉진 물질이 콘크리트 속으로 스며들면 철근이 부식되면서 콘크리트의 균열은 점점 확대된다.

개정된 *KCI* 의 설계기준에서는 수밀 성을 요하는 수조 *Water Tank* 의 허용균열 폭을 0.1*mm* 에서 0.2*mm* 로 완화하였다. 다만 수밀 성을 요하면서 부식 환경에 노출되어 있는 경우에는 0.13*mm* 로 하였다. 철근부식 방지를 위하여 *ACI 224R-90* 이 규정하고 있는 콘크리트의 허용 균열 폭은 다음과 같다:

① 0.41*mm* 이하; 보호 피막이 있고, 건조한 대기에 노출
② 0.30*mm* 이하; 습기를 함유한 흙 및 대기에 노출
③ 0.18*mm* 이하; 제빙 제 살포에 노출
④ 0.15*mm* 이하; 바닷가 염분에 간헐적으로 노출
⑤ 0.10*mm* 이하; 물을 저장하는 수조처럼 수분에 상시 노출

(3) 최소 피복두께

콘크리트 속의 철근 부식은 콘크리트 피복두께, 철근의 직경, 콘크리트 인장강도 및 품질, 철근과 콘크리트의 부착력 등 다양한 요소에 따라서 달라진다. 철근의 부식 방지를 위한 콘크리트 최소 피복두께는 철근콘크리트 부재의 용도 및 위치에 따라 달라진다. 철근콘크리트의 최소 피복두께는 *KCI* 의 '콘크리트 구조설계기준' 제5장에 상세히 규정되어 있다. 콘크리트 속에 있는 철근의 부식은 부피팽창을 유발하여 콘크리트의 균열을 확대시킨다. 콘크리트의 균열발생 요소 중 피복두께, 철근직경 및 철근부식과 같은 요소 사이의 상관관계에 관한 실례는 다음과 같다:

① *D13* 의 4% 부식; 피복두께 89*mm* (철근직경의 약 7배) 인 콘크리트에 균열발생
② *D13* 의 1% 부식; 피복두께 38*mm* (철근직경의 약 3배) 인 콘크리트에 균열발생

(4) 염화물 함유량

건설공사용 보통콘크리트에 소량의 염분이 포함되는 것은 피할 수 없는 자연적 현상이다. 다만 일정량 이상의 염분이 콘크리트에 포함될 경우 철강재를 부식시켜 구조물의 붕괴 원인이 될 수도 있는 것이 문제가 되는 것이다. 실제로 콘크리트 속에 들어 있는 염분은 시멘트의 수화작용을 약간 촉진시킬 뿐 콘크리트 자체의 특성에는 어떤 영향도 끼치지 않는다.

(가) 염화물 유입경로

철강재의 부식 촉매인 염화물 *NaCl* 이 콘크리트에 유입되는 경로는 내부적인 경우와 외부적인 경우가 있다. 후자는 굳은 콘크리트의 표면을 통하여 외부로부터 염분이 스며드는 경우이고 전자는 콘크리트 조성재료인 자갈, 바다 모래 *Beach Sand*, 혼합 수 *Mixing Water* 및 혼화재료 *Admixtures* 등에 포함되어 있던 소량의 염분이 원천적으로 유입되는 경우이다. 특히 바다 모래를 사용하는 경우에는 염화물 함유량이 증가할 우려가 있으므로 깨끗한 물로 세척하여 사용하여야 한다.

(나) 염화물의 용해 溶解 특성

염화물은 물에 녹는 것과 산에 녹는 것이 있는데 철근콘크리트에 유해한 염화물은 수용성 *Water Soluble* 염화물이다. 수용성 염화물은 주로 혼화재료에 포함되어 있으며 초기에 철강재를 녹슬게 하는 주요 원인물질이다. 반면 골재 *Aggregates* 에 포함되어 있는, 산에 녹는 *Acid Soluble* 염화물은 콘크리트의 알칼리성이 강한 초기에는 강재부식에 거의 영향을 끼치지 않는다. 수용성 염화물에 의하여 철근이 녹슬 우려가 큰 지역에서는 철근을 에폭시 수지로 도장하여 사용하기도 한다. 그러나 에폭시 도장 철근을 사용할 경우에는 운반, 가공, 조립시 세심한 주의가 필요하다. 부주의로 인하여 에폭시 도장이 부분적으로 파괴된 철근의 경우 파괴된 부분에 집중적인 부식이 발생할 수 있기 때문이다.

(다) 염화물 함유량 제한

한국콘크리트학회 *KCI* 의 '콘크리트 구조설계기준' 에서는 철근의 부식 방지를 위해서 굳지 않은 콘크리트 1m^3 에 함유되어 있는 염소이온 Cl^- 총량을 0.3*kg* 이하로 규정하고 있다. 다만 에폭시 수지와 같은 내식성 재료로 도장한 철근 사용이 승인되는 경우에는 콘크리트

1 m^3 당 0.6kg 이하로 완화될 수 있다. 또한 바다 모래에 함유된 염분의 총량은 모래 중량의 0.04% 이하로 규제하고 있는데 실제로 모래에 함유된 염분의 총량이 모래 중량의 0.1% 를 초과하는 경우에는 철강재의 부식이 급속히 진행된다는 사실이 실험에 의하여 입증되고 있다. ACI 기준을 원용하여 개정된 KCI 의 '콘크리트 표준시방서' 및 '구조설계기준' 에서는 재령 28일 이후의 콘크리트에 함유된 수용성 염소이온 총량에 대한 허용기준을 정하고 있다(표 2-32). 반면 ACI 201.2R 에서 규정하고 있는, 콘크리트 치기 직전의 굳지 않은 콘크리트의 용도 用途 에 따른 시멘트 중량 Weight of Cement 에 대한 수용성 염화물 이온 Chloride Ion 의 허용함유량 % 은 다음과 같다:

① 0.06% 이하; PSC Prestressed Concrete 제작용 콘크리트
② 0.10% 이하; 습기 및 염분에 노출되는 일반 철근콘크리트 구조물 공사용 콘크리트
③ 0.15% 이하; 염분을 함유하지 않은 습기에 노출되는 일반 철근콘크리트 구조물 공사용 콘크리트
④ 염화물 이온 함유량의 제한이 없는 경우; 지상 Above-ground 의 건조한 대기에 노출되는 선축물의 골조 공사용 콘크리트

표 2-32 : 수용성 염소이온 함유량의 허용기준

콘크리트 부재의 종류	*최대 허용량(%)
프리스트레스트 콘크리트	0.06
염화물에 노출된 철근콘크리트	0.15
건조상태 또는 습기로부터 차단된 철근콘크리트	1.00
기타 철근콘크리트	0.30

*최대허용량; 철근부식 방지를 위한, 콘크리트 속에 함유된 수용성 염소이온 총량의 시멘트 중량에 대한 최대허용 백분율

(5) 수소지수 水素指數, pH

콘크리트는 강염기성 High Alkalinity 재료로서 철강재의 부식을 억제하지만 세월의 경과에

따라서 콘크리트가 염기성을 상실하면 철근은 부식된다. 생 콘크리트 *Fresh Concrete* 의 수소지수 *pH* 는 12~13 정도의 강알칼리성으로 철강재의 표면에 방식 피막 *防蝕皮膜, Passivating Film* 을 형성하여 부식을 방지한다. 그러나 방식피막은 콘크리트가 중성화되면 파괴되어 방식기능을 상실한다. 콘크리트의 수소지수와 철강재 부식 속도 *Corrosion Rate* 의 상관관계는 다음과 같이 추정 된다:

① *pH* 0~4미만(강산성); 부식두께 0.8이상~0.3mm/년
② *pH* 4이상~10미만(약산성~약알칼리성); 부식두께 0.25mm/년
③ *pH* 10이상~14(강알칼리성); 부식두께 0.2~0.0mm/년

(6) 부재단면 손실

철근콘크리트 건축물에서 발생하는 심각한 구조적 문제는 철근의 부식 및 콘크리트의 탄산화에 의한 철근콘크리트 부재의 단면손실이다. 콘크리트가 탄화되고 철근이 녹슬면 부피팽창과 동시에 콘크리트 및 철근의 밀도가 감소 *Oxidation-reduction* 되므로 철근콘크리트 골조의 하중 부담능력이 저하된다. 실제로 휨 응력을 받는 철근콘크리트 보 *Flexural Beams* 에서의 콘크리트 및 철근의 유효단면 손실에 의한 설계하중 감소 추정치는 다음과 같다:

① 철근부식 1.5%; 극한 설계하중의 감소 시작
② 철근부식 4.5%; 극한 설계하중의 12% 감소

나. 콘크리트 속의 철강재 부식

콘크리트 골조 속에 묻혀 있는 철근, 형강, 봉강 등의 철강재는 세월의 경과에 따라서 점진적으로 부식된다. 세월이 흘러 콘크리트가 탄화 *Carbonation* 되고 균열이 발생되면서 방식 능력을 상실하였을 때 콘크리트 속의 철강재가 수분, 염화물, 유해한 화학약품 등에 노출되면 철강재는 급속히 부식되기 시작한다.

또한 철강재는 성질이 다른 금속재와 인접해 있는 경우에도 이질 *異質* 금속재간의 복잡한 전기화학적 부식구조 *Mechanism* 에 의하여 부식이 진행된다. 철 *Fe* 자체는 불균질 물질인 전도체로서 양극과 음극을 함유 하고 있기 때문에 전해질 역할을 하는 수분, 탄산가스 등에 노출될 경우 국부전지가 발생, 매우 복잡한 전기화학적 반응을 일으키면서 부식된다. 또한 철은 화학적 불균형 상태의 환경에 기인하는 표류전류 *漂遊電流, Stray Electrical Currents* 및 국부전지, 즉 농축전지 *Concentration Cells* 등에 의해서도 부식된다.

가) 철근 부식

철근콘크리트 속에 묻혀 있는 철근 *Rebars* 은 물, 산소, 탄산가스, 바닷가의 염분 또는 겨울철 도로의 방빙제, 즉 염화칼슘 등 유해한 화학약품에 노출되면 부식이 생긴다. 또한 다른 금속과 인접해서 존재할 경우에도 부식된다. 따라서 콘크리트 속의 철근이 유해한 부식 환경에 접할 우려가 큰 경우에는 부식 방지를 위하여 에폭시 피막 *Epoxy Coating* 철근을 사용하는 것이 바람직하다. 그러나 이 경우 에폭시 피막에 손상이 생길 경우 심각한 철근 부식이 발생할 수 있으므로 주의하여야 한다.

나) 형강 부식

콘크리트와 형강 *Structural Shapes* 으로 조합된 합성구조 부재 *Composite Members* 중 콘크리트 보 *Beams* 에 묻혀 있는 형강의 플랜지 *Flange* 상단 면은 부식에 매우 취약한 부분이다(그림 2-37). 보와 접합되어 있는 콘크리트 바닥판 *Concrete Slabs* 에 균열이 발생하여 수분이나 염분이 침투되면 플랜지 상단 면은 부식되기 시작하면서 부피가 팽창한다. 플랜지 상단면의 부피 팽창이 심할 경우 콘크리트 바닥판을 들어올려 결국에는 보와 바닥판이 분리되는 현상이 발생하여 구조체로서의 기능을 상실하게 된다.

다) 강선다발 부식

콘크리트 구조부재의 응력을 증가시키기 위하여 수백~수천 가닥의 강철선을 꼬아서 만든 강선 다발 또는 강 봉은 인장력을 가하는 시기에 따라서 사후인장 강선다발 *Post-tension Strands* 과 사전인장 *Pre-tension* 강선 다발로 분류할 수 있다. 후자는 강선 다발이 인장력이 가해진 상태로 직접 콘크리트에 부착되므로 부식의 우려가 적다. 그러나 전자는 보호용관 속에 넣어둔 강선다발에 인장력을 가한다음 그라우팅 *Grouting* , 정착시키기기 때문에 틈새가 생길우려가 있어 부식이 발생할 수도 있다. 특히 콘크리트 보의 양단 정착 부분이나 콘크리트의 피복 두께가 얇은 부분에서는 보호용 관이 파손되어 강선의 부식이 자주 발생하므로 주의가 필요하다(그림 2-38). 강선 다발 또는 강재 봉이 비록 녹 방지를 위한 보호용 관 속에 있다고는 하지만 철강재에는 인장력이 가해진 상태이기 때문에 유해한 물질에 노출되면 부식이 급속히 진행된다. 인장력이 가해진 강선다발이 부식으로 인하여 끊어질 경우 강선의 탄성으로 인하여 강선다발이 콘크리트 골조 밖으로 튕겨 나가는 경우도 있다 그러나 콘크리트 속에 묻혀 있는 인장 강선다발은 절단되기 전에 일반적으로 콘크리트 표면에 세로방향의 균열이 생기는 등의 파괴 전조를 보이므로 사전에 보강조치를 취할 수 있다.

그림 2-37 : H-형강 보 상단 플랜지 표면의 부식과정

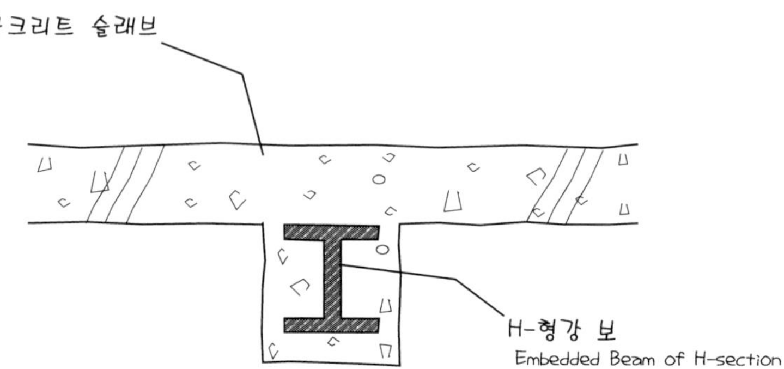

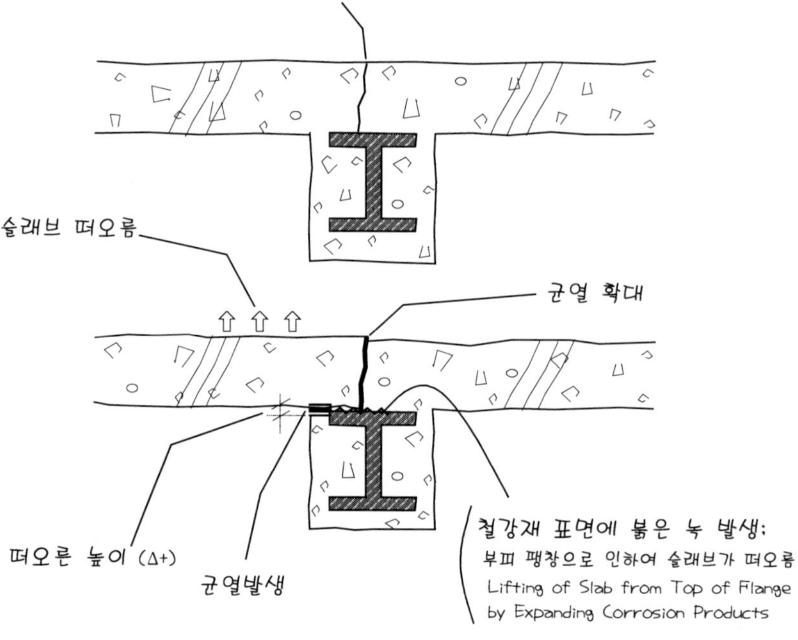

그림 2-38 : 포스트텐션 강선 *Post-tension Strand* 의 부식

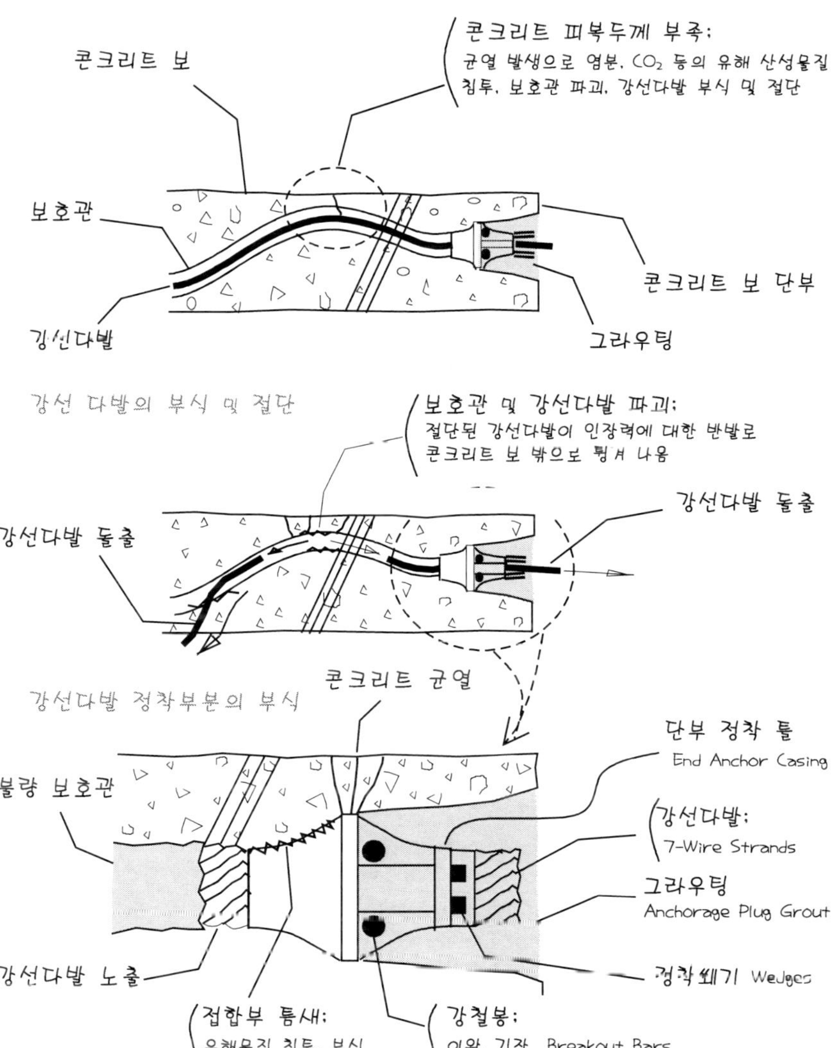

라) 이질 금속 부식 *異質金屬, Dissimilar Metal*

서로 접촉되어 있는 이질의 두 금속사이에는 부식이 발생한다. 즉, 두 금속 중에 이온화 경향이 큰 금속에 부식이 발생한다. 다시 말해서 전기화학적 활성도 *Electrochemical Activity* 가 서로 다른 금속이 활성 전해질 *Active Electrolyte* 을 매개로 접촉되어 있는 경우 활성도가 낮은 금속에서 부식이 발생한다. 즉, 접촉되어 있는 두 금속중 이온화 경향이 큰 금속에서 부식이 발생하는 것이다. 일반적으로 습기를 함유한 콘크리트는 훌륭한 활성 전해질이 된다. 이와 같은 구조의 부식을 동전기 *動電氣* 에 의한 부식 *Galvanic Corrosion* 이라고 한다. 실제로 건축공사에서 강철관 *Steel Pipe* 을 동 *銅* 부속품 *Copper Fitting* 으로 연결할 경우 강철관에 부식이 발생한다(그림 2-39). 마찬가지로 강철과 알루미늄이 인접되어 있다면 알루미늄에 녹이 생긴다. 콘크리트 속에서 강철과 알루미늄이 인접해 있는 경우 강철은 순수해지는 반면 알루미늄의 표면은 산화되면서 부피가 팽창하여 콘크리트에 균열을 만든다. 따라서 철근콘크리트 건축물에서는 알루미늄이 직접 콘크리트에 접촉되지 않도록 설계, 시공하는 것이 바람직하다. 그러나 대기 중에 노출되어 있는 스테인리스강 *Stainless Steel* , 알루미늄 *Aluminum* , 동 *Copper* 등의 경우에는 대기 중에서 표면에 자연 산화막이 생성되어 부식의 진행을 억제하기도 한다. 전기화학적 활성도가 가장 낮은 금속은 아연 *Zinc* 이고 가장 높은 금속은 금 *Gold* 이며 그 순서는 다음과 같다:

Zinc < Aluminum < Steel < Iron < Nickel < Tin < Lead < Brass < Copper < Bronze < Stainless Steel < Gold

다. 철강재 방식대책

철강재의 주성분인 철은 그 자체가 철을 부식시키는 4가지 요소 중 3가지를 함유하고 있으므로 철강재의 부식을 방지하기 위한 최선의 방책은 제4의 요소인 수분을 차단하는 것이다. 철강의 녹은 일반적으로 절단된 부분, 구멍 뚫린 부분, 휘어진 부분(그림 2-40)등과 같이 물리적 또는 화학적 특성에 변형이 생긴 부분에서 먼저 발생하기 시작한다. 철강의 방식 방법 중 가장 일반적인 방법은 철강의 표면에 산소 및 수분의 침투를 원천적으로 봉쇄할 수 있는 막을 입히는 방법이다. 철강의 표면에 부식방지 막을 입히는 방법에는 차기성 *遮氣性* 피막 *Barrier Coatings* , 불투과성 초벌피막 *Inhibitive Primer Coatings* , 전기방식용 *電氣防蝕用* 초벌피막 *Sacrificial Primer Coatings* 등이 있다. 전기방식용 초벌피막을 음극방식 *陰極防蝕, Cathodic Protection* 법이라고도 한다. 부식방지 피막 *Corrosion Inhibitor* 의 의미는 다음과 같다:

Corrosion Inhibitor A protective layer or coating of material, paint, or other surface finish applied to prevent oxidation of, or chemical attack on, the base material.

건축공사 현장에서 일반적으로 시행할 수 있는 철강재의 방식 대책은 다음과 같다:

① 내식성 철강재 사용: 스테인리스강, 내후성강 등의 합금강
② 강재 표면의 방식처리: 도금, 도장
③ 전기화학적 방식처리 *Cathodic Protection*
④ 부식 환경 억제: 습기, 산화, 염분제거
⑤ 강재의 변형된 부분에 방식처리
⑥ 이질 異質 금속의 인접 또는 접촉사용 억제

그림 2-39 : 인접 이질 금속재의 부식

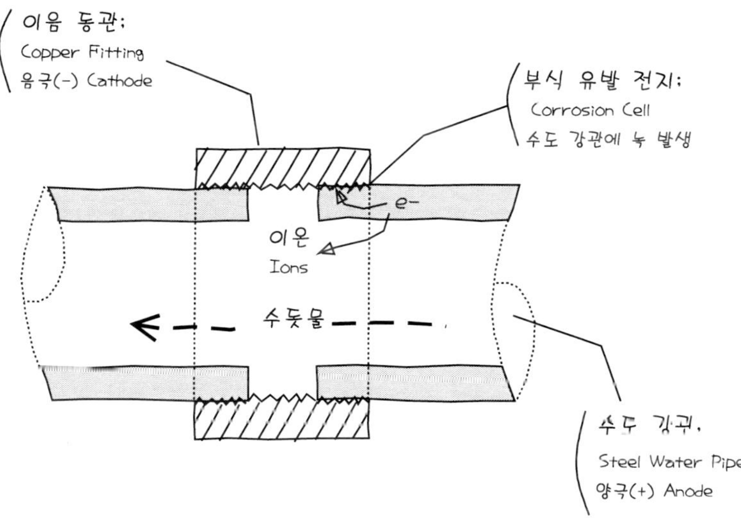

그림 2-40 : 철근의 휘어진 부분의 부식

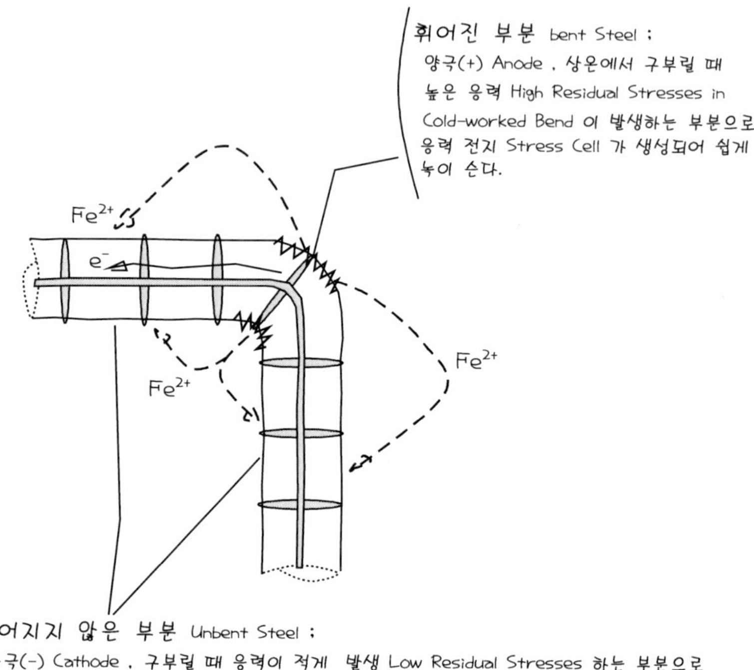

6) 철강재 시험

건설 산업에서 활용되고 있는 철강재는 건축물 또는 구조물의 안전을 확보하고 역학적 특성을 파악하기 위하여 철강자재의 시험을 실시한다. 그러나 시험 방법에 관한 상세한 내용은 건축 재료학 및 재료시험 분야에 속하는 사항이므로 여기서는 *ASTM* 에서 규정하고 있는 다음과 같은 역학적 성능시험의 종류만을 기술 한다;

① Tension Test
② Torsion Test
③ Charpy V Notch Impact Test
④ Bend Test
⑤ Hardness Test

제 2 절 접 합 재 료

Fasteners & Adhesive

1. 용어 정의

접합재료란 재료의 물리, 화학적 특성을 이용하여 두 가지 이상의 서로 다른 자재를 결합 또는 접착시킬 때 사용하는 재료를 말한다. 접합재료는 우리들의 일상생활을 비롯하여 건설 산업 및 첨단 과학 분야에서도 가장 흔히 쓰이는 산업용 재료 중의 하나이다. 현존하는 거의 모든 건축물은 동일한 재질 또는 이질 異質 의 건축자재를 접합철물 *Metal Fastener* 또는 접착제 *Glue, Adhesive* 등을 이용하여 서로 접합하여 만든 것이다. 오늘날의 건축물은 일반적으로 철강재, 목재, 조적재료 등의 동질자재를 상호 결합시키거나 이들 재료를 콘크리트 구조물에 접착시켜 축조된다. 접합재료에 관련된 주요 용어의 정의는 다음과 같다:

Fasteners Any mechanical device used to hold together two or more pieces, parts. members, etc.

Glue A general term for any natural or synthetic viscous or gelatinous substance used as an adhesive to bind or join materials.

Adhesive Generally, any substance that binds two surfaces together. In construction, the term is used principally in the wallboard and roofing trades.

2. 접합재료의 종류 및 특성

접합재료는 기원전 수십 세기 이전에 바빌론, 고대 이집트 등에서 건축물을 지을 때도 사용하였을 정도로 그 역사가 깊지만 접합재료의 생산 및 응용기술은 20세기까지도 크게 발전하지 못하였다. 그러나 2차 세계대전이후 합성수지계 접착제의 등장으로 그 발전 속도는 비약적으로 빨라졌다. 현재 건설공사에서 사용되고 있는 접합재료는 접합특성에 따라서 기계적 재료, 열적 재료, 충전 재료, 화학적 재료 등으로 분류할 수 있다. 철강 및 금속 자재는 리벳 *Rivet* , 볼트 *Bolt* , 핀 *Pin* 등의 접합철물을 이용하여 기계적으로 결합하거나 일반용접 *Welding* , 놋쇠 땜 *Brazing* , 납땜 *Soldering* 등과 같이 열을 이용한 융합방식으로 접합한다. 목재는 볼트, 나사못 *Screw* , 거멀못 *Staple* , 못 *Nail* 등의 접합철물을 이용하여 기계적으로 결합하거나 화학적 재료인 합성수지계 접착제를 이용하여 접합한다. 한편 조적재료는 일반적으로 시멘트 모르타르를 충전하여 접합하며 콘크리트 구조 체에 목재 또는 철강재를 접착할 때는 주로 금속제 또는 플라스틱제 정착철물 *Anchor* 을 이용한다. 접합재료의 종류 및 그 특성은 다음과 같다.

1) 접합철물 *Metal Fasteners*

가. 접합철물의 소재

건축공사에서 철강재, 목재, 조적자재 및 콘크리트 공사의 결합에 쓰이는 접합철물의 주요 원료는 강철 *Steel* , 알루미늄 *Aluminum* , 황동 *Brass* , 청동 *Bronze* , 구리 *Copper* 등이다. 접합철물은 특수 용도를 위한 보호 또는 장식이 필요한 경우를 제외하면 일반적으로는 마감처리를 하지 않는다.

나. 접합철물의 선정기준

접합철물을 선정할 때에는 재료의 물리적 적합성, 화학적 병용성 및 미적 조화성 등을 고려하여야 한다. 건축공사 현장에서 접합철물을 선정할 때 일반적으로 고려하여야 할 기준은 다음과 같다:

① 접합공법에 적합한 형태
② 적정 소요강도
③ 노출될 결합자재와의 조화
④ 전기화학적 부식방지 고려
⑤ 접합재료의 노출 또는 매립 확인
⑥ 결합할 자재의 두께 고려

다. 접합철물용 공구

건축공사에서 접합철물을 이용하여 자재를 결합할 경우에는 수동공구 *手動工具* 를 사용하는 경우도 있지만 일반적으로는 전동공구 *電動工具* 를 사용한다. 건설공사 현장에서 쓰이는 전동공구는 그 종류가 너무 많고 용법 또한 공구마다 다른 것이 현실이다. 따라서 전동공구를 사용할 경우에는 해당 공구의 제조회사에서 권고하는 사용설명서 *Manual* 를 숙지하고 사용하는 것이 바람직하다. 전동공구를 숙련되게 사용할 경우에 기대되는 효과는 다음과 같다:

① 사고방지로 인한 인명손상 억제
② 작업효율 증대로 공기단축
③ 공구의 수명증가로 공사비 절감
④ 기존 바탕재료의 손상방지로 재료손실 억제

라. 접합철물의 종류 및 특성

가) 볼트 *Bolts*

사각, 육각 또는 원형으로 된 머리와 원통형인 몸통으로 구성된 접합철물이다. 머리 반대편 몸통의 끝 부분에는 나삿니가 있다. 볼트는 너트 *Nut* 및 와셔 *Washer* 와 한 쌍을 이루어 자재를 결합시킨다(그림 2-41). 너트는 몸통의 나삿니에 끼워 단단히 조이는 부속재이며 와셔는 볼트의 풀림을 방지하고 접촉 면적을 크게 하여 하중을 분산시킨다. 볼트는 철골, 콘크리트 및 목재 공사에서 두루 쓰이며 그 의미는 다음과 같다:

Bolt An externally threaded, cylindrical fastening device fabricated from a rod, pin, or wire, with a round, square, or hexagonal head that projects beyond the circumference of the shank to facilitate gripping and turning. A threaded nut fits onto the end of a bolt and is tightened by the application of torque.

(1) 볼트의 종류 및 특성

(가) 앵커 볼트 *Anchor Bolt*

미리기 없는 볼트로서 몸통의 상단에는 너트를 끼울 수 있는 나삿니가 있으며 용도에 따른 종류는 매우 다양하다. 앵커볼트는, 콘크리트 기초 또는 바닥판에 정착시켜 상단의 철강재 또는 목재 구조부재, 즉 도리, 기둥, 보 등을 결합하는데 쓰인다. 특히 기초 콘크리트에 정착시키는 앵커볼트는 하단이 갈고리 형으로 되어 있다.

그림 2-41 : 볼트, 너트 및 와셔 *Bolts, Nuts & Washers*

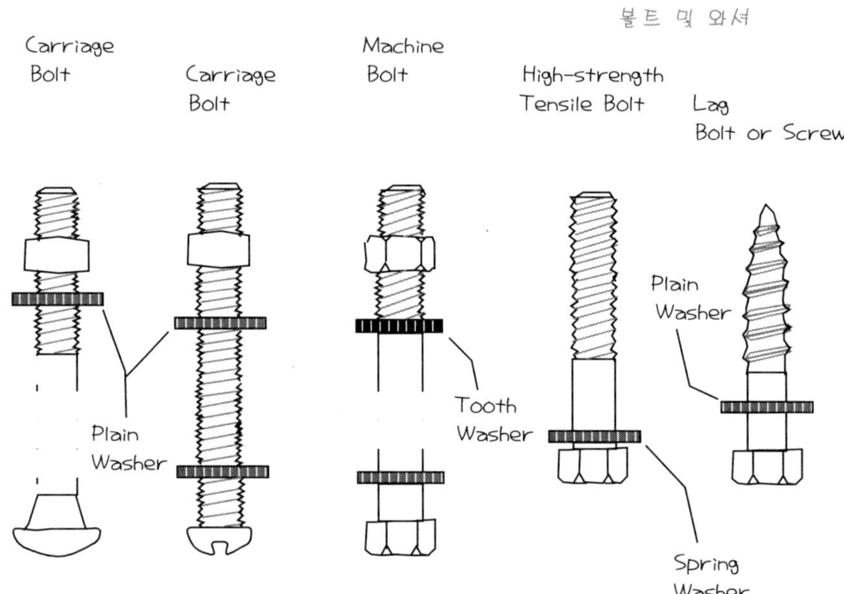

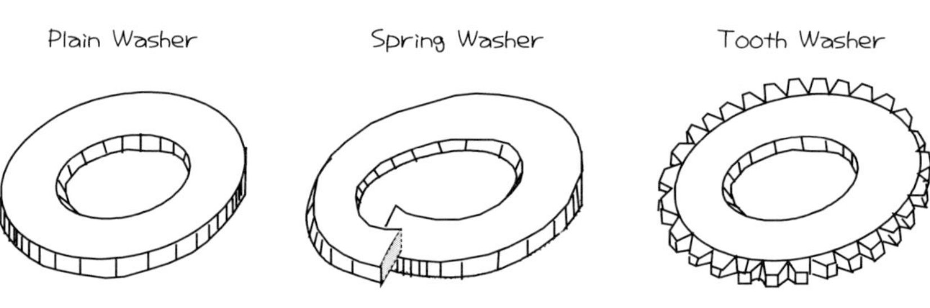

(나) 캐리지 볼트 *Carriage Bolt*

머리는 타원형이며 머리 바로 하단의 몸통 일부분은 정사각형인 볼트이다. 머리쪽 몸통의 일부분을 사각형으로 만든 것은 자재를 결합할 때 볼트의 공회전을 억제하기 위함이다.

(다) 익스팬션 볼트 *Expansion Bolt*

보통볼트에서 결합할 때 사용하는 너트 대신에 확장형 연강 관 *Soft Metal Expansible Shield* 을 사용하는 볼트이다. 익스팬션 볼트의 종류는 매우 다양하다. 이 볼트는 주로 콘크리트 바닥이나 벽체에 띠장, 문틀 등을 결합할 때 주로 사용된다. 몸체에 틈이 벌어져 있는 확장형 연강 관을 바탕 재에 미리 뚫어 놓은 구멍에 넣고 볼트를 회전, 삽입하면 확장형 관 *Expansible Shield* 의 끝이 벌어지면서 단단히 고정된다. 콘크리트 구조 체에 정착된 이 볼트의 인발 저항력은 대체로 26.5~50.1*Mpa* 이다. 이 볼트를 익스팬션 앵커 *Expansion Anchor*, 익스팬션 패스너 *Expansion Fastener* 또는 익스팬션 쉴드 *Expansion Shield* 라고도 하며 그 의미는 다음과 같다:

Expansion Bolt An anchoring or fastening device used in masonry, which expands within a predrilled hole as a bolt is tightened.

(라) 케미컬 앵커 *Chemical Anchor*

보통볼트에서 사용하는 너트 대신에 에폭시 캡슐 *Epoxy Capsule* 을 사용하는 앵커볼트로서 그 종류는 매우 다양하다. 이 볼트는 주로 콘크리트 바닥이나 벽체에 중량 구조물을 결합할 때 사용된다. 콘크리트 구조 체에 구멍을 뚫고 먼저 에폭시 캡슐을 넣은 다음 앵커볼트를 박아 고정시킨다. 볼트를 박을 때의 압력으로 캡슐이 파괴되면 입자형의 에폭시가 용해, 경화되면서 볼트를 단단히 고정시킨다.

(마) 필드 볼트 *Field Bolt*

철골공사에서 구조 부재를 영구 접합하기 전에 가 조립용으로 사용하는 볼트이다.

(바) 고장력 볼트 *High-strength Bolt*

탄소 함유량에 따라서 강한 것, 긴 것, 땅딸막한 것 등으로 분류되는 고장력 볼트 *High- tension Bolt* 이다. 이 볼트는 주로 철골 공사용으로 쓰인다. 이 볼트를 결합할 때에는 토크렌치 *Torque Wrenches* 를 사용하며 접합부의 강성이 높아 변형이 거의 없다.

(사) 머신 볼트 *Machine Bolt*

고장력 볼트와 유사한 볼트이지만 몸통이 훨씬 더 길고 가늘다.

(아) 스토브 볼트 *Stove Bolt*

둥근 머리 또는 평 머리의 볼트로서 길이가 50mm 이하인 경우 몸통 전체가 나삿니로 되어 있다.

(자) 터글 볼트 *Toggle Bolt*

중공 中空 벽체에 어떤 자재를 결합할 때 사용되는 작고 경량인 볼트이다. 볼트 몸통의 한 끝에는 용수철의 작용으로 펼쳐지는 날개가 장착된 너트가 달려 있다. 한쪽 면에서만 진입이 가능한 중공 벽체에 구멍을 뚫고 이 볼트를 넣으면 벽체의 중공에서 날개가 펼쳐진다. 이 상태에서 볼트를 회전시키면 너트가 볼트 몸통의 나삿니를 따라 머리 쪽으로 움직이면서 결합재의 접합이 가능해진다. 터글 볼트의 의미는 다음과 같다:

Toggle Bolt A bolt and nut assembly used to fasten objects to a hollow wall or a wall accessible from only one side. The nut has pivoted wings that close against a spring when the nut end of the assembly is pushed through a hole and is open on the other side.

(차) 언피니시드 볼트 *Unfinished Bolt*

경량철골 건축물 조립용 저탄소강 볼트이다. 이 볼트의 외관은 고 장력 볼트와 유사하다.

(2) 볼트 작업순서 및 방법

① 결합할 자재에 볼트 직경보다 약간 큰 *+0.5 mm 이하* 구멍을 뚫는다.
② 볼트 몸통에 머리 쪽 와셔 *Washer* 를 끼우고 볼트를 구멍에 밀어 넣는다.
③ 볼트 끝 부분에 다시 와셔를 끼우고 너트로 조인다; 수동공구, 전동공구 또는 토크 렌치 *Torque Wrenches* 사용

나) 리벳 *Rivets*

원통형인 몸통과 몸통의 한쪽 끝에 둥근 머리가 있는 접합철물로서 몸통에는 나삿니가 없

다(그림 2-42). 결합할 자재에 리벳 직경보다 약간 큰 구멍을 뚫고 리벳을 집어넣은 다음 결합재 밖으로 튀어 나온 몸통의 끝 부분을 쇠망치로 가격하여 둥글게 만들어 접합한다. 리벳은 일반적으로 붉어질 정도로 달구어 타격한다.

리벳 구멍은 리벳의 직경에 따라서 ϕ16mm 이하는 +1.0mm, ϕ 18이상~30mm 미만은 +1.5mm, ϕ 30mm 이상은 +2.0mm 의 크기로 뚫는다. 리벳 구멍을 리벳의 직경보다 1~2mm 정도 크게 뚫는 이유는 리벳을 달구어 가격할 경우 리벳 몸통의 종방향의 길이는 수축되고 횡방향의 직경은 팽창되기 때문이다. 리벳은 주로 철골 부재의 결합용으로 쓰이며 그 의미는 다음과 같다:

Rivet A metal cylinder or rod with a head at one end which is inserted through holes in the materials to be fastened. The protruding end is flattened to tie the two pieces together.

(1) 리벳의 종류 및 특성

(가) 버튼-헤드 리벳 Button head Rivet

철골공사에서 가장 흔히 사용되는 리벳 중의 하나이다. 버튼-헤드 리벳의 머리는 둥근 형태이고 몸통은 땅딸막하다. 철골부재를 결합할 때는 부재에 뚫어 놓은 구멍에 가열된 버튼-헤드 리벳을 밀어 넣고 결합재 밖으로 튀어 나온 몸통의 끝 부분을 타격하여 둥글게 만들어 접착시킨다.

(나) 폭약 장전 리벳 Chemical-expansion Rivet

리벳머리 반대쪽 몸통의 구멍에 폭약을 채워둔 리벳이다. 철골 부재를 결합 할 때에는 결합할 부재에 뚫어 놓은 구멍에 리벳을 밀어 넣고 열 또는 전기 충격으로 폭약을 폭파시켜 폭파된 리벳의 한 끝이 결합재에 접착되도록 한다.

(다) 카운터성크 리벳 Countersunk Rivet

버튼-헤드 리벳 Button-head Rivet 의 일종이지만 리벳 머리가 평평하고 머리의 바로 아래쪽과 몸통의 끝부분이 원뿔대 모양으로 되어 있다. 결합할 자재의 구멍도 표면부분은 원뿔대 모양으로 파져 있어 자재 결합 시 리벳의 머리 및 몸통의 끝 부분이 결합할 자재의 표면에 돌출되지 않는다.

그림 2-42 : 리벳 Rivets 의 형태

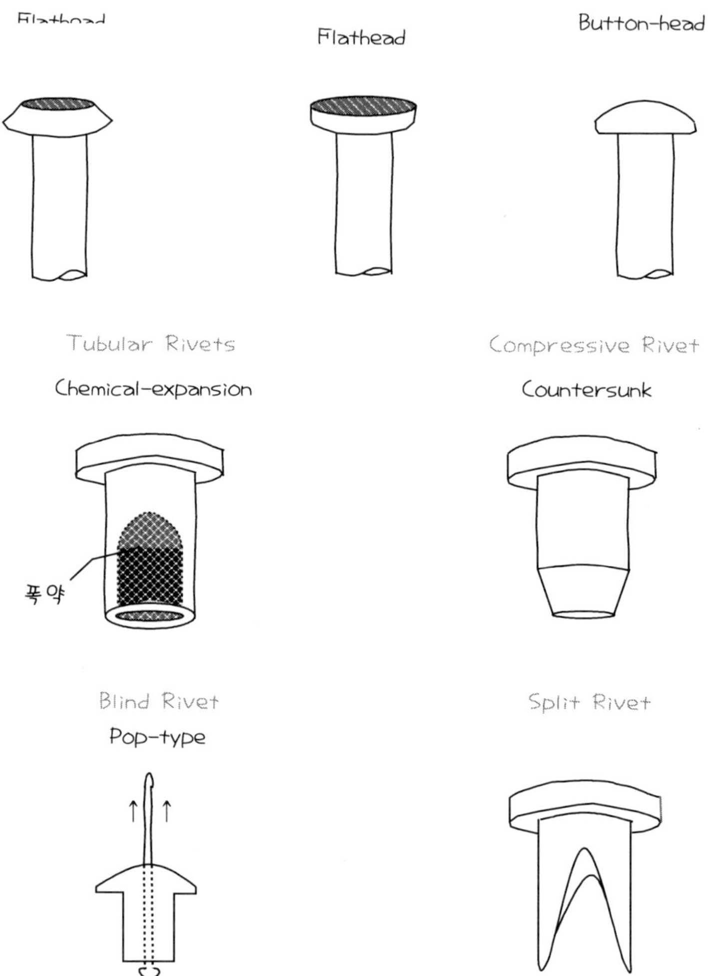

(라) 평머리 리벳 *Flathead Rivet*

리벳의 머리가 평평한 일종의 버튼-헤드 리벳 *Button-head Rivet* 이다.

(마) 팝-타입 리벳 *Pop-type Rivet*

리벳의 몸통 중앙에 머리 쪽으로 가늘고 긴 축대가 돌출되어 있는 리벳이다. 결합할 자재에 구멍을 뚫고 팝-타입 리벳을 밀어 넣은 다음 머리 쪽에 돌출된 축대를 인발 기 *引拔機, Gripping Tool* 를 이용하여 잡아당기면 리벳 머리 반대쪽에 새로운 머리가 형성되면서 결합재를 접합시킨다. 결합이 종료되면 머리 쪽에 돌출된 축대는 자동으로 절단된다.

(2) 리벳 작업순서 및 방법

① 결합할 자재에 리벳 직경보다 약간 큰 구멍을 뚫는다.
② 리벳을 구멍에 밀어 넣고 붉게 달군다; 경량 철골 공사에서는 가열할 필요가 없는 팝-리벳 *Cold Pop-rivet* 을 사용한다.
③ 결합할 자재 밖으로 돌출된 리벳 몸통 끝 부분을 쇠망치 또는 압축공기 리벳 망치 *Pneumatic Rivet Gun* 로 두드려 새로운 머리를 만들어 접착 시킨다.

다) 보통 못 *Nails*

보통 못은 머리 *Head*, 몸통 *Shank* 및 끝 *Point* 부분으로 구성된 접합 철물이다. 일반 못은 주로 목재와 목재의 결합에 사용되지만 콘크리트용 못은 목재와 콘크리트 바탕재의 접합에 사용된다(그림 2-43). 못은 철선을 절단하거나 철판을 찍어 내어 생산한다. 못의 종류나 박는 방법은 무궁무진하지만 오늘날 건축공사 현장의 못 박기 작업에서는 수동 망치보다는 자동 망치, 즉 건 *Gun* 의 사용이 보편화되어 있다(사진 2-65). 건축공사 현장에서 흔히 사용되고 있는 보통 못의 종류 및 작업할 때 주의할 사항은 다음과 같다.

(1) 못의 종류 및 특성

(가) 애뉴얼 링 네일 *Annual Ring Nail*

몸통에, 수목의 나이테 *Annual Ring* 와 같은 고리 모양의 수많은 수평 날개가 부착된 못이다 이 못은 건식 벽널 *Drywall Panels*, 바닥널 *Floorboards*, 지붕널 *Shingles* 등을 바탕재에 접합할 때에 쓰인다.

그림 2-43 : 못 Nails 의 형태

몸통 형태 Categories

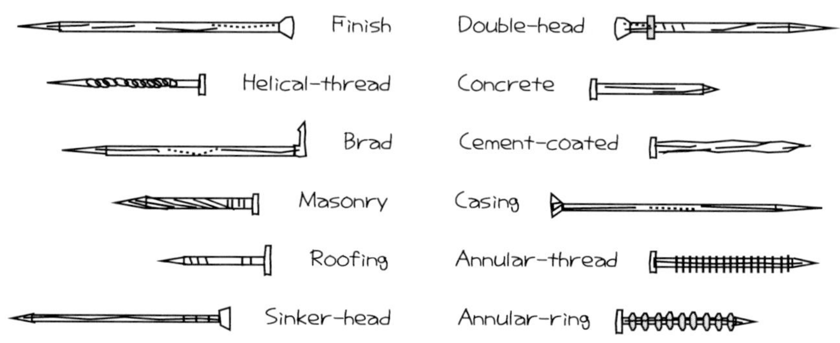

머리 형태 Heads

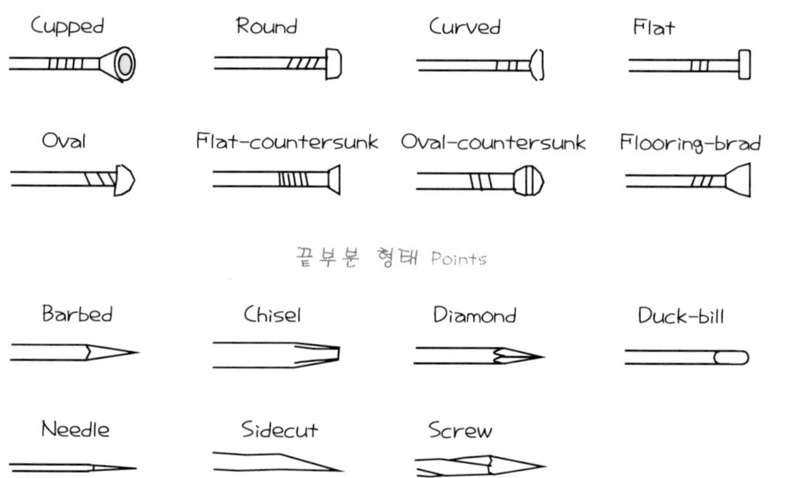

사진 2-65 : 자동망치 및 못

♣ 자동 망치

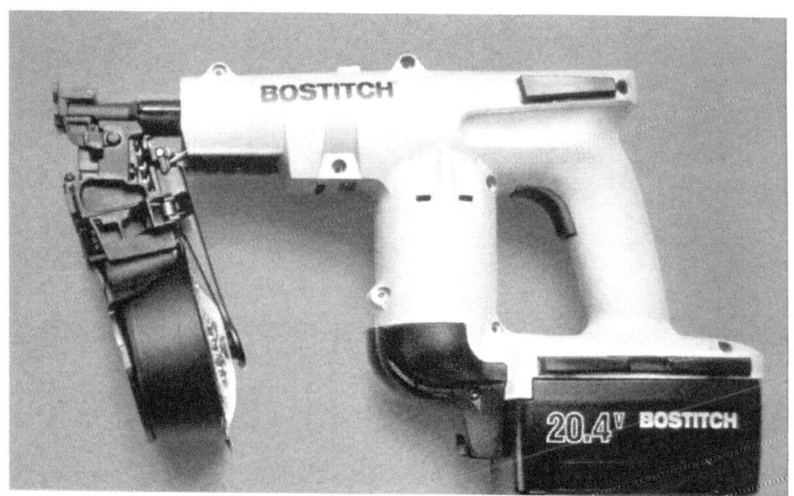

♣ 못 카트리지 Cartridge : 자동 망치 장착용

(나) 박스 네일 *Box Nail*

목재 공사에서 일반적으로 쓰이는 작은 못의 총칭이다.

(다) 곡정 *曲釘, Brad*

몸통의 길이가 짧고 가늘며 머리는 갈고리처럼 굽은 못이다. 소형 벽장 *Cabinetry* 또는 붙박이 장식장 *Casework* 등의 정교한 가구공사에 주로 쓰인다.

(라) 케이싱 네일 *Casing Nail*

원뿔대 모양의 머리 *Countersunk Conical Head* 와 길고 가는 몸통을 가진 못으로 바탕 재에 벽판 *Sidings* 또는 장식부재 *Trims* 등을 부착할 때 사용된다.

(마) 컴먼 네일 *Common Nail*

평평한 머리, 곧은 몸통에 끝 부분이 다이아몬드 형인 중간 크기의 못으로 목재를 결합할 때 가장 흔히 사용된다.

(바) 이중머리 못 *Double-head Nail*

머리가 두 개 달린 못으로 콘크리트용 목재 거푸집 조립 등과 같은 임시 공사에 사용되는 못이다. 이중머리는 임시 조립 구조물을 해체할 때 못을 쉽게 빼어내기 위한 것이다.

(사) 피니시 네일 *Finish Nail*

작고 둥근 물통 모양의 머리가 달린 못으로 못 머리의 표면이 결합자재의 표면에 돌출되지 않는다. 못 머리의 표면과 결합 자재의 표면이 동일 표면이 되도록 하기 위하여 못 박는 기구 *Nail-Set* 를 이용한다. 이 못은 주로 마감 공사용 벽판 작업 *Paneling* 이나 고급가구 제작 *Cabinetwork* 용으로 쓰인다.

(아) 콘크리트블록 못 *Masonry Nail*

작고 단단한 머리와 날카로운 끝을 가진 강철제 못으로 콘크리트 또는 콘크리트 블록 구조 체에 목재 판재 또는 각재를 부착할 때 사용된다.

(자) 패널 네일 *Panel Nail*

유색의 작은 머리에 짧고 가는 몸통을 갖는 못으로 활엽수 *Hardwood* 장식용 판재 또는 플라스틱 박판 *Veneer* 을 바탕 재에 부착할 때 사용된다.

(차) 콘크리트 못 *Powder-set Nail*

콘크리트 구조 체에 경량 철골 부재를 접합할 때 사용되는 강철제 못이다. 이 못은 화약의 폭발력을 이용하는 못 박기 총 *Powder-activated Gun* 을 사용하여 박는다. 이와 같은 못을 콘크리트 못 *Concrete Nail* 이라고도 한다.

(카) 루핑 네일 *Roofing Nail*

카드뮴 *Cadmium* 또는 아연 도금을 한 못으로 넓고 평평한 머리에 몸통은 짧고 끝은 뾰족하다. 목재 또는 플라스틱 바탕 재에 방수 및 단열 기능의 피막 재 *Membrane* 또는 루핑 펠트 *Roofing Felt* 를 부착시킬 때 사용되는 못이다.

(타) 긴 못 *Spikes*

몸통 길이가 긴 보통 못 *Common Nail* 과 유사한 못으로 주로 목재 마루틀 *Wood Deck* 을 장선 *Joist* 에 접합할 때 사용된다.

(파) 납작 못 *Tacks*

카펫 *Carpet* , 실내 장식물 *Upholstery* 또는 가구의 직물 등을 바탕 재에 부착 시킬 때 사용하는 못으로 머리가 크고 납작하거나 둥글다. 이 못은 강철을 담금질하여 만든 다음 살균 처리한다.

(2) 못 박을 때의 고려사항

① 소정의 결합력 *Holding Power* 확보
② 못 머리의 외기 外氣 노출 여부
③ 결합 자재의 두께; 못의 길이 및 직경 결정 기준
④ 노출된 못 머리의 미적 美的 상태
⑤ 못 박기 불가 개소; 자재의 가장자리 또는 목재의 마디
⑥ 경도 硬度 가 큰 자재; 못의 직경보다 약간 작은 구멍을 먼저 뚫는다.
⑦ 수동 手動 망치 못 박기; 적정 크기와 형태의 망치 선정, 못의 머리가 자재의 평면 과 동일 평면에 이를 때까지 못의 축 방향과 일직선이 되도록 박는다.
⑧ 자동망치 못 박기; 못과 총의 선정은 제조회사의 권고 사항을 준수한다. 발사강도가 너무 클 경우 못이 결합할 자재를 뚫고 통과하는 일이 있기 때문이다.

라) 나사못 *Screws*

나사못 또는 나사볼트는 머리, 몸통 및 끝부분으로 구성된 접합 철물로서 목재, 금속 및 기계 부품의 접합 등에 사용된다. 목재 공사에서 흔히 사용되는 나사못의 몸통에는 머리로부터 1/3지점까지에는 나삿니가 없고, 몸통 끝에서 2/3지점까지에만 나삿니가 있다. 나사못은 일반적으로 일반 못보다 가격이 비싸고 작업비용이 많이 들지만 제거가 용이하고 보기가 좋으며 결합자재의 손상이 적고 결합력이 큰 장점이 있다. 나사못 또는 나사볼트의 종류는 매우 다양하다. 건축공사용 나사못 머리의 평면 및 단면의 형태는 그림 2-44 와 같다.

(1) 나사못의 종류 및 특성

(가) 건식벽 나사못 *Drywall Screw*

나팔 모양 *Bugle-shape* 의 머리에는 별 모양의 홈 *Star Slot* 이 파져 있다. 몸통은 끝부분으로 갈수록 가늘어지며 몸통 전체에는 높낮이가 다른 나삿니가 교대로 부착되어 있는 강철재 나사못이다. 이 나사못은 주로 석고 판재 *Gypsum Board* 를 목재 바탕 재에 결합시킬 때 사용된다. 나삿니의 높이를 달리한 것은 결합재의 결합력을 증가시키기 위함이다.

(나) 제너럴 스크루 *General Screw*

목공사에서 가장 흔히 쓰이는 일반 나사못의 총칭이며 이 나사못을 목공사용 나사못 *Wood Screw* 이라고도 한다. 이 나사못의 머리는 노출면이 평활한 원뿔대의 형상이고 몸통은 끝부분으로 갈수록 가늘어지며 몸통 끝에서 2/3지점까지에만 나삿니가 있다. 이 나사못은 머리, 몸통 및 끝부분의 형태가 매우 다양하므로 그 종류 및 형태 또한 매우 다양하다.

(다) 래그 스크루 *Lag Screw*

규격이 비교적 큰 볼트 *Lag Bolt* 의 일종으로서 매우 큰 결합력을 필요로 하는 구조용 목재의 접합에 사용된다. 그러나 이 볼트에서는 일반 볼트와는 달리 결합할 때 너트를 사용하지 않는다. 이 볼트의 머리는 사각 또는 육각형이고 몸통은 원통 형태 *Straight Shank* 이다. 이 볼트를 돌려 박거나 뺄 때에는 일반 나사못에 사용하는 나사못-드라이버 *Screwdriver* 대신에 렌치 *Wrench* 또는 너트-드라이버 *Nutdriver* 를 사용한다.

(라) 머신 스크루 *Machine Screw*

몸통은 원통형, 끝부분은 뭉툭한 *No Points* 볼트의 일종이다. 나삿니는 몸통 전체에 있다.

그림 2-44 : 나사못 Screws 의 종류 및 머리형태

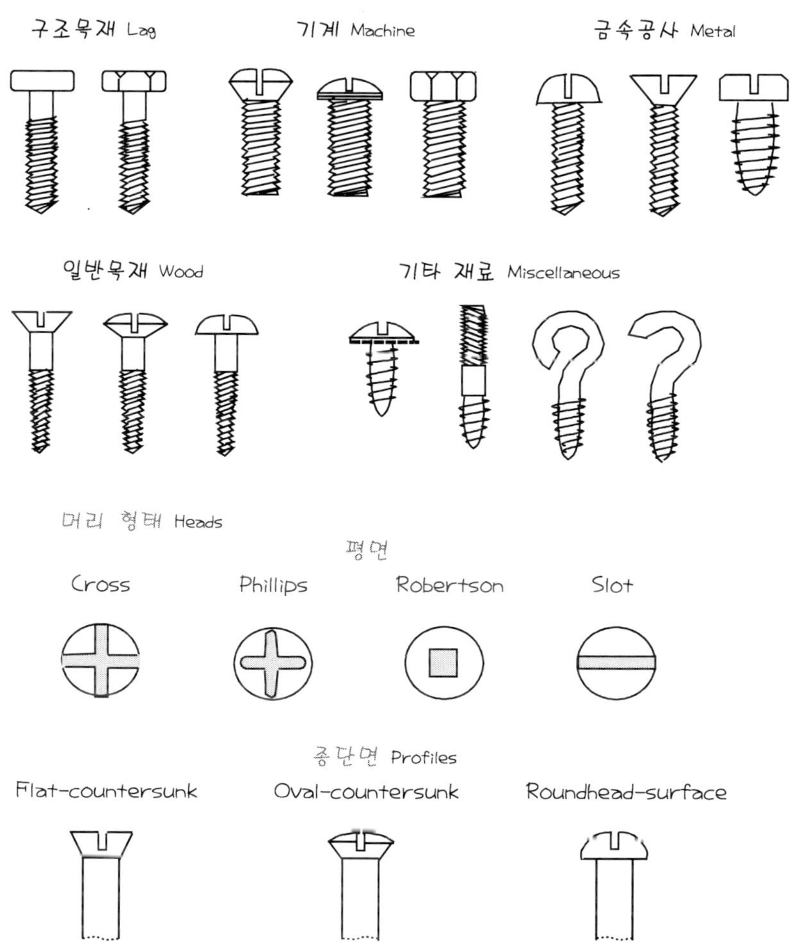

(마) 콘크리트블록 나사못 *Masonry Screw*

건식 벽 나사못 *Drywall Screws* 과 유사하지만 규격이 좀 더 크고 경도가 큰 강철로 만든다. 콘크리트 또는 콘크리트 블록 구조물에 미리 나사못 직경보다 조금 작은 구멍을 뚫은 다음 그 구멍에 나사못을 돌려 박는다.

(바) 셀프-탭핑 스크루 *Self-tapping Screw*

머신 스크루 *Machine Screws* 와 유사한 나사못이지만 끝부분이 매우 날카롭고 경도가 커서 연철 *Soft Metal* 구조물을 뚫고 들어갈 때 연철 구조물에 스스로 나사골을 만든다.

(2) 나사못 작업시 주의사항

① 결합재에 나사못 몸통 직경보다 약간 작은 구멍을 몸통 길이의 2/3깊이로 뚫는다.

② 나사못 머리의 표면이 결합재 표면과 동일 평면상에 있도록 해야 하는 경우, 결합재 표면에 원뿔대 형태의 구멍을 뚫고 같은 형태의 머리가 달린 나사못을 사용한다.

③ 나사못 돌리개의 끝부분 *Bit* 은 나사못 머리의 홈에 밀착되는 형태여야 한다.

마) 거멀못 *Staples*

꺾쇠에는 목조 건축물에서 구조 부재를 연결하기 위하여 사용하는 대형 꺾쇠 *Clamp* 와 건축물의 실내 목공사에서 주로 사용되는 소형 꺾쇠, 즉 거멀못 *Staple* 이 있다. 거멀못은 일반적으로 원형 또는 각형의 강철선 *Steel Wire* 을 *U*-형으로 구부린 다음 절단하여 만든다. 거멀못은 철선의 굵기 *Wire Gauge* , 다리 길이 *Leg Length* , 머리 폭 *Crown Width* , 끝부분의 생김새 *Point Profile* 등을 기준으로 하여 분류한다(그림 2-45). 거멀못의 의미는 다음과 같다:

Staple A double-pointed, U-shaped piece of metal used to attach wire mesh, insulation batts, building paper, etc.; usually driven with a staple gun.

(1) 거멀못의 종류 및 특성

(가) 치즐 포인트 스테이플 *Chisel Point Staple*

목재와 같은 연질의 자재에 꺾쇠를 박을 때 꺾쇠의 다리가 평행 상태를 유지할 수 있도록 만들어진 꺾쇠이다.

그림 2-45 : 거멀못 Staples 의 형태

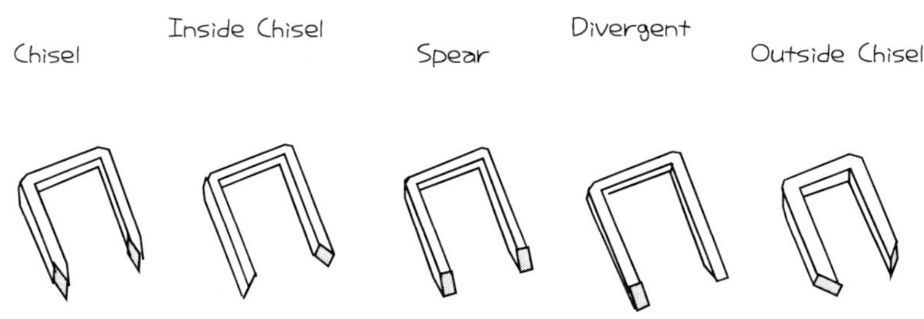

(나) 다이버전트 포인트 스테이플 *Divergent Point Staple*

연질 섬유판과 같은 연질 자재에 꺾쇠를 박을 때 꺾쇠의 다리가 서로 반대 방향으로 틀어지도록 만들어진 소위 엇꺾쇠를 말한다.

(다) 스피어 포인트 스테이플 *Spear Point Staple*

경질 섬유판과 같은 경질의 자재에 꺾쇠를 박을 때 꺾쇠의 다리가 똑바로 박혀지도록 만들어진 꺾쇠이다.

(2) 거멀못 작업시 고려사항

① 수동공구 *Stapler* ; 작업량이 적거나 세밀한 작업이 필요한 경우에 사용
② 전동공구 *Staple Gun* ; 작업량이 많은 경우에 거멀못 통 *Staple Cartridge* 이 부착된 전동공구가 편리하다. 전동공구는 압축공기 또는 전력 *電力* 으로 작동된다.

2) 접착제 *Glues*

접착제란 끈적끈적한 화학적 특성으로 인하여 어떤 물체를 서로 들러붙게 만드는 기능을 갖는 물질을 말한다. 접착제는 오랜 옛날부터 전통적으로 사용해온 천연고분자재료 접착제 및 반 합성 고분자재료 접착제와 20세기 이후 개발된 순수합성 고분자재료 접착제로 분류할 수 있다. 천연 고분자재료 접착제란 동물성 아교, 점성고무, 식물성풀 등과 같은 점성이 있는 천연물질의 접착제를 말하며 반 합성 고분자재료 접착제는 천연물질을 가공하여 만든 접착제이다. 반면 순수합성 고분자재료 접차제는 단량 *單量* 물질 *Monomer* 을 화학적으로 중합

또는 축합 반응시켜 만든 고분자 중합 重合 물질 Polymer 을 이용하여 만든 접착제를 말한다. 합성수지 Plastic 계 인공 접착제는 천연 접착제 보다 더욱 강력한 접착력을 갖기 때문에 오늘날에는 건설 산업 분야에서도 그 활용빈도가 점차 커지고 있다. 현재 건축공사 현장에서는 목재, 금속, 유리, 콘크리트 제품 등의 접합 및 접착에 합성수지계 접착제를 두루 사용하고 있다. 건축공사 현장에서 흔히 접할 수 있는 접착제의 종류, 형상, 시공방법 및 용도는 표 2-33 과 같다.

가. 접착제 조성물질

접착제는 주결합 재료 主結合 材料, 용제 溶劑 및 조제 助劑 등으로 조성된다. 주 결합 재료는 접착제에 점성을 부여하는 핵심 물질이고, 용제는 결합 제를 용해, 희석시키는 물질이며 조제는 접착제의 특성을 개선시키는 물질이다. 합성수지계 접착제는 일반적으로 가소제, 경화제, 착색제, 안정제, 충전재, 보강재 등의 조제를 첨가하여 그 특성을 개선시킨다. 가소제는 결합 제에 유연성을 부여하여 성형을 용이하게 하는 기능을 갖는다. 충전재는 접착제의 겉보기 점성을 높이고 생산원가를 낮추기 위하여 사용되는 물질이며 보강재는 강도 향상을 주요 목적으로 사용되는 물질이다.

표 2-33 : 접착제의 종류, 공법 및 용도

종 류	형 상	시공 방법	접착 용도
Animal	액 상	고온, 가압	가구
Asphalt	유상 액	냉각 접착	바닥판
Casein	분말	미온, 가압	일반 목공사
Starch	반죽 상	냉각 접착	벽지
Epoxy	반죽 상	미온 접착	목재, 금속
Melamine	분말	미온, 가압	붙박이 장
Neoprene	반죽 상	고온, 가압	금속 줄눈
Phenolic	액 상	고온, 가압	합판
Polyvinyl	유상 액	미온, 가압	문, 창틀
Resorcinol	액 상	미온, 가압	집성목재
Urea	액 상	냉각, 가압	목재 박판

나. 접착제의 용도

건설 산업용 접착제는 건축공사 현장에서 바탕 재에 마감자재를 접착 시킬 때 주로 사용된다. 또한 목재공장에서 집성목재 또는 판재를 생산할 때도 접착제는 필수 재료로 쓰인다. 얇고 작은 목재를 접착제를 활용하여 넓고, 길고, 중량이 나가는 구조용 목재로 만들어 사용할 수 있으므로 실내에 기둥이 없는 넓은 공간을 필요로 하는 건축물의 건축이 가능하게 되었다. 접착제로 접합된 목재는 천연의 목재보다 인장, 전단, 압축강도가 비교적 크지만 불량 접착제를 사용할 경우 접합부분이 터지거나 표면이 벗겨지는 일이 있으므로 유의할 필요가 있다. 목재의 접착성능은 수종에 따라서 다르지만 일반적으로 나뭇결이 밀실한 침엽수 *Close-grain Softwood* 및 마호가니 *Mahogany* , 오크 *Oak* , 티크나무 *Teak* 등의 활엽수가 접착이 잘된다. 반면 너도밤나무 *Beech* , 자작나무 *Birch* , 단풍나무 *Maple* 등과 같이 나뭇결이 성긴 활엽수 *Open-grain Hardwood* 는 접착성능이 떨어진다. 공사현장에서 접착제를 사용할 때, 품질에 관하여 의심이 가는 경우에는 사전에 접착성능에 관한 시험을 하는 것이 바람직하다. 건축공사 현장에서 사용되는 접착제의 일반적인 용도는 다음과 같다:

① 손상된 목재의 보수

② 각종 건축자재의 접착; *Cabinets, Carpets, Ceramic Tiling, Claddings, Floor Systems, Glazing Systems, Glued-Laminated Timbers, Heavy Timbers, Insulation Materials, Metal Fascias, Paneling and Trim, Plastic Laminates, Precast Concrete, Prefabricated Masonry and Other Panels, Roofing Systems, Sandwich Spandrel Panels, Sidings, Stressed-Skin Plywood Panels, Trusses, Underlays, Vapor barriers, Wall Coverings* 등

다. 접착제 선정시 고려사항

건축공사 현장에서 접착제를 선정할 때는 접착제의 특성, 현장의 조건, 효용성 등은 물론 생산성, 가격 등의 경제적인 요소도 아울러 고려하여야 한다. 현장에서 접착제를 선정, 시공할 때 일반적으로 고려하여야 할 사항은 다음과 같다:

① 외력에 대한 허용성; 갈라짐, 압축, 충격, 이동, 전단, 인장, 진동 등에 대한 적응성

② 신속, 간결한 응결 및 경화성; 최적 시공속도 및 저렴한 시공비용 확보

③ 강한 내습성, 내열성 및 크립 *Creep* 변형에 대한 저항성

④ 접합부의 마감상태 청결 여부

⑤ 다른 재료와의 병용 가능성 및 유독성
⑥ 접착제의 간결한 혼합 및 사용법
⑦ 사용 전 접착 성능시험의 가능성
⑧ 재료 혼합 후 사용할 때까지의 충분한 여유시간

라. 접착제의 분류 및 특성

접착제는 일반적으로 주 결합 재료의 종류에 따라서 분류하지만 접착제의 형태, 유형, 색, 원료, 시공온도, 내습성 등의 물리, 화학적 특성에 따라서 분류할 수도 있다.

가) 물리, 화학 및 열적 특성에 의한 분류

(1) 형상 *Form* 에 의한 분류

접착제의 형상에는 박막 *Thin Film* , 액상 *Thick Liquid* , 분말 *Light Powders* , 알약 *Small Pellet* , 막대 *Heavy Solid in Stick* , 밧줄 *Rope* 형 등이 있다.

(2) 색상 *Colour* 에 의한 분류

대부분의 접착제는 외부에 노출되지 않으므로 접착제의 색은 중요한 요소는 아니지만 줄눈용으로 쓰이는 접착제의 경우에는 색을 고려하여야 한다. 현장에서 흔히 볼 수 있는 접착제의 색은 하양색 *White* , 회색 *Gray* 및 검정색 *Black* 등이다.

(3) 내습성 *Moisture Resistance* 에 의한 분류

내습성은 접착제 사용 환경의 가용성 *可溶性* 을 판단하는 척도이며 그 기준은 다음과 같다.

(가) 건식 접착제 *Nonmoisture Resistant*

습기가 완전히 제거된 건조한 상태에서 사용 가능한 접착제이다.

(나) 습식 접착제 *Moisture Resistant*

습기 또는 수증기가 있는 상태에서 사용 가능한 접착제이다.

(다) 방수 접착제 *Waterproof*

장기간 동안 빗물에 노출되어 빗물이 가하는 압력에서도 견딜 수 있는 상태에서 사용 가능한 접착제이다.

(4) 접합 온도에 의한 분류

접착제의 접합온도는 공장 또는 현장에서의 사용 적합성을 결정하는 중요한 요인이며 그 기준은 다음과 같다.

(가) 고온 접합 *High Heat*

접착제 시공 시 70℃ 이상의 고온이 필요하므로 공장에서 주로 사용된다.

(나) 중 고온 접합 *Medium Heat*

시공 시 30~70℃ 정도의 온도를 필요로 하는 접착제이므로 주로 공장에서 사용하고 있으나 현장에서 사용할 경우에는 세심한 주의가 필요하다.

(다) 상온 접합 *Low Heat*

30℃ 이하의 상온에서 시공이 가능하므로 현장에서 별도의 가열 장치 없이 사용이 가능한 접착제이다.

(5) 경화 특성에 의한 분류

(가) 열경화성 접착제 *Thermosetting*

고온의 가열 및 가압 상태에서 촉매 *Catalyst* 에 의한 중합반응으로 경화되는 접착제이다. 열경화성 접착제는 가열 중합반응으로 경화되기 때문에 반응-경화형 *硬化型* 접착제라고도 한다. 열경화성 수지계 접착제에는 페놀 *Phenol* , 멜라민 *Melamine* , 요소 *Urea* , 에폭시 *Epoxy* , 우레탄 *Urethane* 및 불포화 폴리에스테르 *Polyester* 수지 접착제가 있다. 이 접착제들은 주로 목재 공장에서 합판, 파티클보드 *Particleboard* , *OSB* 등의 판재를 생산할 때 사용된다.

(나) 열가소성 접착제 *Thermoplastic*

상온에서 접착제에 함유되어 있던 케톤 *Ketone* , 에스테르 *Ester* 등의 용매 *溶媒, Solvent* 가 증발되면서 중합물질 *重合物質, Polymer* 이 응집, 융착, 경화되는 접착제이다. 이 접착제는 상온에서 증발, 경화되므로 건조-경화 형 *硬化型* 접착제라고도 한다. 대부분이 용매 형 및 유제 *乳劑, Emulsion* 형 접착제는 열가소성 접착제이며 대표적인 열가소성 접착제에는 폴리초산비닐 *Polyvinyl Acetate* 수지 접착제가 있다.

나) 주 결합재료 *Material Origin* 에 의한 분류

접착제의 주 결합 *主結合* 재료는 천연유기질 재료와 합성무기질 재료로 대별할 수 있다. 접착제의 주 결합 재료는 결합할 자재와의 병용 가능성을 판단하는 기본요소이다. 접착제 주 결합 재료의 종류 및 관련 접착제의 특성은 다음과 같다.

(1) 유기질 천연재료 *Organic or Natural Materials*

천연유기질 재료의 접착제는 내화성이 비교적 큰 수용성 *水溶性* 접착제이며 그 종류 및 특성은 다음과 같다.

(가) 동물성 접착제

동물성 접착제에는 여러 가지가 있으나 보편적으로 쓰이는 접착제는 동물의 젖 또는 생선의 부산물 등에서 나오는 점성이 큰 단백질 *Casein* 을 원료로 하여 생산된 단백질 접착제 *Protein Glue* 이다. 합성수지 계 접착제의 사용이 보편화되기 이전에는 아교 또는 알부민 *Albumin* 접착제 등도 합판 및 가구 생산에 사용되었으나 현재는 거의 사용하지 않는다. 아교는 동물의 가죽, 근육 또는 뼈 등을 진하게 고아 굳힌 접착제이고 알부민 접착제는 동물의 혈액이나 알의 흰자위에 포함되어 있는 단순 단백질, 즉 알부민의 점성을 활용하여 만든 접착제이다. 동물성 접착제는 내구성 및 접착력은 비교적 크고, 내수성도 약간 있기는 하지만 옥외용으로는 부적합하다. 동물성 접착제는 값이 싸서 쉽게 구할 수 있는 특징이 있다.

(나) 식물성 접착제

식물의 씨, 열매, 뿌리, 줄기, 껍질 등에 들어 있는 섬유소 또는 탄수화물을 원료로 하여 생산되는 접착제이다. 전분 *澱粉, Starch* 의 점성을 이용한 전통적인 밀가루 풀, 타닌 *Tannin* 및 목질소 *木質素, Lignin* 접착제 또는 섬유소 접착제 *Cellulose Glue* 등이 이 범주에 속한다. 식물성 접착제는 내수성, 내구성 및 접착강도는 비교적 약하지만 저렴한 가격에 쉽게 구할 수 있다.

(다) 고무 *Rubber* 계 접착제

고무계 접착제에는 천연고무 접착제와 인공고무 접착제가 있다. 천연 고무계 접착제는 고무나무의 수액인 라텍스 *Latex* , 점성고무 *Gum* 등을 응고시켜 만든 천연고무를 벤젠 *Benzene* 이나 석유계 에테르 *Ether* 에 용해시켜 만든다. 점성고무 *Gum* 는 고무나무 껍질에서 분비되는 액체로 점성이 강하며 물에는 용해되지만 알코올에는 녹지 않는다. 천연고무 접착제는 목재, 가죽, 천, 종이 등의 접착에 쓰이지만 내수성이 적은 것이 단점이다. 인공 고무 계 접착제는 합성고무인 니오프린 *Neoprene: 상표명* , 사이오우콜 *Thiokol: 상표명* 등을 이용하여

만든다. 고무계 접착제 관련 용어의 의미는 다음과 같다:

Rubber ① A highly resilient natural material manufactured from the juice of rubber trees and other plants. ② Any of various synthetically manufactured materials with properties similar to natural rubber. ③ A cushioned backing for a carpet.

Latex ① The sap of a rubber tree. ② An emulsion in water of very fine particles of rubber or plastic.

(2) 무기질 합성재료 *Inorganic or Synthetic Materials*

합성물질을 원료로 하여 만든 불용성 *不溶性* 접착제로 이 범주에 속하는 접착제에는 인화성이 큰 접착제도 있다. 합성수지계 접착제의 특성 및 종류는 다음과 같다.

(가) 합성수지계 접착제의 특성

합성수지계의 물질로 만드는 접착제는 접착력이 강하고 경량이며 내구성, 접착성 및 내 부식성이 우수하고 열, 습기 및 크립 *Creep* 변형 등에 강하다. 또한 이 접착제는 악취가 거의 없고 양생기간이 짧으며 시공 품질이 우수하고 그 종류가 매우 다양하다. 그러나 이 접착제는 시공 시 가열을 하거나 특수 경화제를 사용하여야 하는 불편한 점이 있으며 가격이 매우 비싼 것도 있다.

초정밀 기술을 필요로 하는 우주항공 산업 및 전자, 통신 산업의 발달과 더불어 비약적인 발전을 거듭해온 초강력 합성수지계 접착제는 항공기, 우주선, 우주복, 전자통신 제품 등을 조립할 때 요긴하게 쓰이는 핵심 재료가 되었다. 우주항공 산업에서 접착제를 이용한 붙이는 기술의 개발은 공사기간을 단축하고, 항공기의 중량을 감소시킬뿐더러 접합부분의 표면에 돌기가 없어 우주선 및 항공기의 운항 시 공기저항을 크게 감소시킬 수 있다. 초강력 접착제의 뛰어난 장점으로 인하여 접착제의 사용이 산업 전 분야에서 점증하고 있는 추세이므로 건설현장에서도 리벳 *Rivet*, 볼트 *Bolt*, 못 등과 같은 금속 접합재료가 사라질 날도 멀지는 않은 것 같다. 초강력 접착제의 생산 및 활용기술의 발달은 기존의 건축공법을 혁신할 것으로 기대한다. 합성수지계 접착제의 특성은 다음과 같다:

① 접착성능이 우수, 건축공사에 매우 적합한 접착제지만 접착성능이 뛰어난 일부 접착제는 가격이 비싸고 공법이 복잡하여 현장에서 직접 사용하기에는 불리한 점도 있다.

② 시공 시 별도의 고온 가열 장치가 필요한 접착제가 있으므로 공사현장에서 직접 사용하는 데는 제약이 따른다.

③ 대부분의 접착제에 독성이 강한 포름-알데히드 *Formaldehyde* : CH_2O 가 포함되어 있다. CH_2O 가 포함된 접착제는 사용하기 전에 자주 가열 시켜 CH_2O 를 발산 시켜야 하며 사용 중에는 환기가 잘되도록 하여야 한다.

(나) 합성수지계 접착제의 종류

합성수지계 접착제중 건설공사 현장에서 가장 흔히 볼 수 있는 접착제는 에폭시 *Epoxy* 수지 접착제와 폴리초산비닐 *Polyvinyl Acetate* 수지 접착제이다. 합성수지계 접착제는 주결합제로 사용된 중합물질 *Polymer* 의 종류에 따라서 *Epoxy, Silicone, Chloroprene, Phenol, Acrylic, Asphalt, Butadiene, Furan, Melamine, Neoprene, Polyester, Polyurethane, Polyvinyl, Resorcinol, Thiokol, Urea* 수지 접착제 등으로 분류된다.

다) 접합공법 *Application Techniques* 에 의한 분류

접착제를 이용한 건축자재의 접합기술은 접착제의 종류만큼이나 다양하지만 핵심 기본기술은 가열 및 가압기술의 적절한 조합이다. 건축공사 현장에서 목수들이 목재를 접합할 때는 일반적으로 죔쇠 *Clamps* 또는 *Braces* , 고무줄 등을 사용하여 접합할 목재를 단단히 묶어 두거나 접합할 목재 위에 중량물을 올려놓는다. 또한 약간의 가열이 필요한 경우에는 햇볕이나 손바닥을 이용하며 고온가열이 필요한 경우에는 프로판-가스 *Propane Gas* 나 전열기구 등을 이용한다.

접착제에는 1-액상 *One-part* 형과 2-액상 *Two-part* 형이 있다. 후자는 성질이 서로 다른 두 가지 이상의 접착제를 각기 다른 용기 容器 에서 꺼낸 다음 혼합, 가열하여 사용하는 것이고 전자는 한 개의 용기에서 꺼내어 직접 사용하는 것이다. 접착제는 매우 춥거나 덥거나 습도가 높을 때에는 사용하지 않는 것이 바람직하다. 접착제 시공을 할 때에는 통풍, 환기가 잘되게 하여야 한다. 시공 시 발생되는 유독 증기를 신속하게 제거하여 접착제의 경화를 촉진시키고 작업자의 호흡에 유해하지 않도록 하기 위함이다. 가열 및 가압 기술의 적절한 조합공법에 쓰이는 접착제의 종류 및 특성은 다음과 같다.

(1) 상온, 상압 공법 *No Pressure, No Heat*

상온에서 가압을 하지 않고 접착이 가능한 가장 보편적인 접합공법이다. 이 공법에 쓰이는 가장 보편적인 접착제는 다음과 같다.

(가) 에폭시 수지 접착제

에폭시 수지 *Epoxy Resin* 와 경화용 촉매 *Activating Catalyst* 를 상온에서 혼합하여 만든 2-액상형의 접착제이다. 에폭시 접착제는 점성이 매우 크며 내수성, 내약품성, 전기절연성, 내구성 등이 모두 우수한 접착제로서 최대 접착강도는 혼합 후 5분 이내에 발현된다. 에폭시 접착제는 금속, 플라스틱, 도자기, 유리, 콘크리트 등의 접합에 두루 쓰이는 만능형 접착제이다. 에폭시 접착제를 사용할 때에는 제조회사의 사용설명서에 명시된 배합비에 따라서 혼합한 다음 주걱이나 솔 등을 이용하여 바른다. 공사 종료 후에는 인화성이 있는 바르는 도구, 혼합용 도구, 접착제용기 등은 규정에 따라서 적절하게 폐기처분한다. 수지 *Resin* 의 일반적 의미는 다음과 같다:

Resin ① A natural or synthetic solid, or semisolid organic material of indefinite and often high molecular weight having a tendency to flow under stress. It usually has a softening or melting range and fractures conchoidally. ② A natural vegetable substance occurring in various plants and trees, especially the coniferous species, used in varnishes, inks, medicines, plastic products, and adhesives.

(나) 용제 혼합 무기질 접착제

점성이 있는 무기질 재료와 용제 *Solvent* 를 혼합하여 만든 접착제로서 주로 모르타르 벽 또는 바닥, 건식 벽 *Dry Wall* 등의 표면에 세라믹 타일 *Ceramic Tile* 을 접착할 때 사용된다. 접착제를 벽이나 바닥에 군데군데 한 덩어리씩 붙여 놓은 다음에 끝 부분이 톱날처럼 생긴 흙손 *Trowel* 을 이용하여 소정의 두께가 되도록 골고루 펴 바른다. 그 다음에 접착제가 경화되기 전에 타일을 접착한다.

(다) 물 혼합 유기질 접착제

점성이 있는 유기물질을 물에 타서 만든 수용성 접착제이다. 목판 재 또는 플라스터 벽면에 종이, 천 또는 비닐 *Vinyl* 벽지를 부착할 때 사용한다. 접착제는 롤러 *Roller* 또는 솔 등을 이용하여 벽면에 직접 가볍게 펴 바르거나 벽지 뒷면에 바른다.

(2) 가열, 가압 공법 *Some Pressure, Some Heat*

접착제를 사용할 때 높은 온도와 압착이 필요한 접합공법이다. 이 공법은 시작공정이 다소 복잡하여 현장에서 사용하기에는 부적합하므로 주로 공장에서 사용된다. 이 공법에 쓰이는 보편적인 접착제는 다음과 같다.

(가) 동식물성 접착제

동물의 젖, 단백질 및 식물의 섬유소, 탄수화물 등을 원료로 하는 접착제로서 가구, 붙박이 장 등을 접합할 때 사용된다.

(나) 네오프린 및 페놀 수지 접착제 *Neoprene & Phenol*

내수, 내열, 내한성이 우수한 접착제로서 목재 공장에서 합판, 금속 샌드위치 패널 *Metal Sandwich Panel* 등을 생산할 때 사용된다. 목재, 금속, 유리 등의 접합에 두루 쓰인다.

(다) 멜라민- 및 우레아-포름알데히드 접착제 *Melamine- & Urea-formaldehyde*

멜라민 *Melamine* 또는 요소 *Urea* 수지에 포름알데히드 *Formaldehyde* 를 혼합하여 만든 열경화성 접착제이다. 멜라민 수지 접착제는 내수성이 우수하여 내수합판 제조용으로 쓰이지만 금속, 고무, 유리 등의 접합에는 쓰이지 않는다. 요소 수지 접착제는 폴리염화비닐 *PVC* 박판 등을 접착할 때 사용하며 접착력은 매우 강하지만 습기에 약하여 외부용으로는 부적합하다. 경화 시간이 길어 접합부분을 일시적으로 압력을 가하여 죄어둘 필요가 있다.

(3) 가열, 상압 공법 *No Pressure, Some Heat*

접착제를 사용할 때 약간의 가열과 일시적인 압박을 필요로 하는 접합공법이다. 접착제가 충분히 경화될 때까지 일시적으로 접합재료가 떨어지지 않을 정도의 압력을 필요로 한다. 따라서 공사현장에서 사용할 때는 약간의 불편한 절차가 따른다. 이 공법에 쓰이는 접착제는 다음과 같다.

(가) 고무계 접착제

접착력이 강하고 양생이 빠르므로 죔쇠 등으로 가압할 필요가 없으나 독성이 강하므로 피부에 오래 묻어 있거나 냄새를 들이 마실 경우 호흡기 점막 및 폐를 자극하여 질병을 유발할 우려가 있다. 목조 건축물의 목골 조 바탕에 폴리염화비닐 *PVC* 박판을 부착하는데 적합한 접착제이다. 접착제를 약한 열로 가열하여 솔이나 롤러 *Roller* 로 얇게 펴 바른 후 손으로 만져보아 약간 끈적끈적해질 때까지 양생시킨다.

(나) 레소시놀-포름알데히드계 접착제 *Resorcinol-formaldehyde*

목재 공장에서 구조용 집성 목재를 생산할 때 사용하는 접착제로 접착력이 크고 습기에 강하다. 접착제를 100℃ 이상으로 가열하여 사용하며 접착제가 경화될 때까지 조여 둘 필요가 있는 경우도 있다. 공사현장에서 직접 사용하기에는 부적합하다.

(4) 상온, 가압 공법 *Some Pressure, No Heat*

접착제를 사용할 때 가열할 필요는 없지만 접착제 사용 직후에 일시적 또는 항구적인 가압을 필요로 하는 접합공법이다. 이 공법에 쓰이는 접착제는 다음과 같다.

(가) 비닐 수지계 접착제

하양색 접착제 *White Glue* 라고도 하는 비닐 수지계 접착제에는 용매형 *溶媒型* 과 유제형 *乳劑型, Emulsion* 이 있다. 후자는 물과 혼합시킨 접착제이고 전자는 알코올 *Alcohol* , 케톤 *Ketone* , 아세톤 *Acetone* , 에스테르 *Ester* 등의 용제에 용해시킨 접착제이다. 비닐 수지 계 접착제의 기본성분은 폴리초산비닐 *Polyvinyl Acetate* 또는 폴리초산비닐과 폴리염화비닐 *PVC* 의 공중합체 *共重合體* 이다. 이 접착제를 사용할 때에는 우선 바탕 재에 솔실로 박막을 만든 다음 종이, 목재, 창호, 논-스립 *Non-slip* 등을 접합하고 접착제가 경화될 때까지 가볍게 조여 둔다. 비닐 수지 계 접착제는 독성이 없고 가격이 비교적 저렴할뿐더러 작업성과가 우수하여 가장 보편적으로 사용되는 접착제중의 하나이다. 그러나 이 접착제는 기온의 변화에 취약하여 0℃ 이하 또는 60℃ 이상에서는 접착력이 떨어지며 내수성과 크립 *Creep* 변형에도 약하다.

(나) 탄력성 접착제

고무 *Rubber* 를 주 성분으로 하는 1-액상 형 탄력 합성물질 *Compound* 로 만든 접합제로서 접착력이 강하고 신축성이 크다. 용기 *容器, Tube* 에 들어 있는 접착제를 코킹 총 *Caulking Gun* 등을 이용하여 마치 치약처럼 짜내면서 접착한다. 이 접착제는 약간의 독성이 있으므로 먹거나 냄새를 들이마시지 않도록 하여야 한다. 목재 마루판 또는 벽판을 장선이나 샛기둥에 접합시킬 때처럼 비교적 규모가 큰 접합공사에서 주로 쓰인다. 접합부분에는 접착력을 증가시키기 위하여 임시로 못을 박아 압착시키든가 아니면 나사못 등을 이용하여 영구적으로 압착시킨다.

(다) 액상형 아스팔트계 접착제

탄력이 큰 고무질의 바닥 재료를 접합시킬 때 사용되는 접착제이다. 접착제를 마닥에 군데 군데 덩어리지게 붓고, 고무 롤러 *Roller* 를 이용하여 신속하게 일정한 두께로 펴바르고 이어서 끝 부분이 톱날처럼 생긴 흙손 *Trowel* 으로 얇게 펴지도록 바른다. 이 때 적어도 바닥 면적의 75% 이상이 접착제로 덮여 있는지를 확인한다.

제 3 절 설비 공사용 재료
Building Facilities Materials

1. 컨베이어 시스템 *Conveying Systems*

컨베이어 시스템, 즉 운반설비란 사람과 물품을 수평, 수직 또는 경사방향으로 운반할 수 있도록 만들어 놓은 설비를 말한다. 운반설비는 매우 복잡하고 전문화된 기계장치 전문분야이므로 여기서는 개략적인 내용만을 기술한다. 건축물에서 일반적으로 사용되고 있는 운반설비는 *Elevators, Escalators, Moving Walks, Material Handling Systems, Vertical Conveyer, Dumbwaiter* 및 *Pneumatic Tube Systems* 등 이다. *Pneumatic Tube Systems* 은 건축물 내에서 압축공기 관을 이용하여 문서를 신속하게 운반할 수 있는 설비이다.

1) 사람 및 화물 운반 설비

건축물에서 주로 사용되는 사람 및 화물을 운반하는 설비는 운행방향에 따라서 수직 승강기 *Elevators* , 수평 이동기 *Moving Walks* 및 계단식 경사 승강기 *Escalators* 등으로 구별할 수 있다. 운반설비 중 가장 보편적으로 사용되는 설비는 엘리베이터이다. 고속 엘리베이터는 초고층 건축물의 핵심설비로서 주거, 교육, 상업 및 산업용 건축물 등 거의 모든 고층 건축물에 두루 쓰인다. 엘리베이터 문의 형태는 문의 수량 및 여는 방법에 따라서 *Center Opening, Two Speed Sliding, Single Sliding* 등으로 분류된다. 엘리베이터 캡 *Elevator Cab* , 즉 카 *Car* 의 가로×세로의 크기는 승객용은 1370×1090~2340×1650mm , 병원용은 1630×2340~1730×2620mm , 화물용은 1630×2140~2540×4270mm 정도이다. 엘리베이터는 작동원리에 따라서 유압실린더 *Hydraulic Cylinder* 식과 전기 모터 *Electric Motor* 식으로 대별된다. 사람 및 화물 운반용 설비관련 용어의 정의는 다음과 같다:

Elevator A "car" or platform that moves within a shaft or guides and is used for the vertical hoisting and/or lowering of people or material between two or more floors of a structure. An elevator is usually electrically powered, although some short-distance elevators (serving fewer than six or seven floors) are powered hydraulically.

Escalator 또는 *Moving Stair* A continuously moving, power-driven, inclined stairway used to transport passengers between different floor levels of a building or into and out of underground stations.

Moving Walk 또는 *Moving Ramp* A continuously moving belt or other system designed for carrying passengers on a horizontal plane or up an incline.

가. 유압식 엘리베이터

유압식 엘리베이터는 일반적으로 주행거리 *Vertical Travel Distance* 가 짧고 운행속도 *Travel Speed* 가 8~46m/min. 정도의 저속이다. 따라서 유압식 엘리베이터는 높이가 21m 를 초과하지 않는 저층의 모텔, 호텔 등의 주거용 건축물을 비롯하여 상업 및 산업용 건축물 등에 설치된다. 승객용 유압식 엘리베이터의 용량 *Load Capacity* 은 10~23인승 정도이며 화물용의 용량은 1130~4540kg 정도이다. 유압식 엘리베이터는 *Elevator Cab, Cab Doors, Hoistway Doors, Guide Rail, Machinery Unit, Hydraulic Piston* 및 *Casing* 등으로 구성된다.

나. 전기 모터식 엘리베이터

전기 모터식 엘리베이터는 5층 이상의 중층 내지는 고층의 건축물에 설치된다. 전기 모터식 엘리베이터의 운행거리는 거의 무제한이며 현재 사용되고 있는 최신형 엘리베이터의 속도는 550~1100 m/min. 정도에 달하므로 100층 이상의 초고층 건축물에서도 기능상의 문제는 없다. 초고속 엘리베이터의 개발이 없다면 100층이 넘는 초고층 건축물의 건축은 의미가 없을 것이다. 전기 모터식 엘리베이터를 로프 *Rope* 식 엘리베이터라고도 한다. 현재 우리나라에서 보편적으로 사용되고 있는 로프 식 엘리베이터의 적재중량은 450 1600kg 6인승 ~24인승 , 속도는 45~105m/min. , 모터 용량은 5.5~22kW, 변압기 용량은 14~18kVA 정도이다. 최근에는 엘리베이터의 운송성능을 높이고 건축공간의 효용성을 높이기 위하여 기계실이 없는 엘리베이터와 쌍동카 *Two Cars* 시스템 *Twin-System* 의 엘리베이터가 개발되어 사용되고 있다. 쌍동카식 엘리베이터는 한 개의 엘리베이터 운행통로 *Single Shaft* 에서 상하로 배치된 2 대의 카가 동시에 독립적으로 운행될 수 있도록 설계된 엘리베이터이다. 전기 모터식 엘리베이터는 *Elevator Cab, Cab Doors, Hoistway Doors, Counter Weight, Controls, Hoisting Machinery, Hoist Cables, Guide Rail* 및 *Safety Buffer* 등으로 구성된다. 한편 에스컬레이터 *Escalators* 는 *Handrail, Balustrade, Face of Support, Truss Bottom, Floor Opening Enclosure* 등으로 구성된다.

2) 식품 및 식기 운반 설비 *Dumbwaiter*

소형 화물용 엘리베이터의 일종인 덤웨이터는 소량의 화물을 운반하는데 사용된다. 음식점 건축물에서는 아래층의 주방에서 만든 음식물 및 식기를 상부 층의 객실로 운반하거나 객실의 빈 그릇을 주방으로 옮길 때 주로 덤웨이터를 사용한다. 중세 말기인 14세기 유럽 거상 *巨商* 들은 수레바퀴와 밧줄을 이용하여 만든 덤웨이터를 5~6층 주택 안에 설치하여 지상의 화물을 상층부의 창고로 올리거나 다시 지상으로 내릴 때 사용하였다. 현재 사용되고 있는 덤웨이터는 수동식 *Manual Dumbwaiter* 과 전기식 *Electric Dumbwaiter* 이 있으며 *Car, Bi-Parting Doors, Power Unit, Guide Rail* 및 *Lifting Cable* 등으로 구성된다. 덤웨이터 *Dumbwaiter* 의 의미는 다음과 같다:

Dumbwaiter A small hoisting mechanism or elevator in a building used for hoisting materials only. The dumbwaiter was originally developed by Thomas Jefferson for use in his home at Monticello.

2. 기계 설비 *Mechanical Systems*

1) 배관, 환풍 및 위생 설비

가. 배관 *Plumbing* 재료 및 펌프

건축물에 상수, 오수, 기름, 가스, 증기 등을 공급 또는 배출시키기 위하여 상수도관, 하수도관, 가스관 등을 부설하는 일을 배관이라고 한다. 건축물 속의 상수도관, 하수도관, 가스관 등은 인체의 혈관과 같은 역할을 한다. 상수도관으로는 깨끗한 물을 공급하고 하수도관은 건축물에서 발생하는 오수 및 폐수의 배출통로로 쓰인다. 한편 가스관으로는 난방 및 취사에 필요한 가스를 공급한다.

건축물 내부의 압력 또는 중력을 필요로 하는 배관용 재료에는 황동 *Brass*, 구리 *Copper*, 주철 *Cast Iron*, 연철 *Ductile Iron*, 납 *Lead*, 플라스틱 *Plastic*, 아연도금 강철 *Galvanized Steel* 등이 있다. 그리고 건축물 외부 지하에서 중력 처리하는 빗물, 오수 등을 위한 배관용 재료에는 석면 시멘트 *Asbestos Cement*, 철근콘크리트 *Reinforced Concrete*, 역청섬유 *Bituminous Fiber*, 주철 *Cast Iron*, 점토 *Clay*, 파형금속판 *Corrugated Metal*, 플라스틱 *Plastic* 등이 있다. 높은 압력을 필요로 하는 가스나 상수도용 배관재료로는 금속재료가 주로 쓰인다. 건축물의 수명 및 가치는 배관재료의 성능에 따라서 결정되는 것으로 평가되고 있으므로 배관재료의 내구성 및 경제성은 매우 중요하다. 일반적으로 정상적인 건축물에서는 건축물이 경제적으로 활용되고 있는 동안에 통상 3회 이상 배관재료의 교체를 위한 개수 및 보수공사가 시행되는 것으로 알려져 있다. 일반적인 건축물에서 사용되는 배관재료의 종류 및 특성은 다음과 같다.

가) 파이프 *Pipes*

(1) 주철관 鑄鐵管, *Cast Iron Soil Pipe*

주철관은 내 부식성, 내산성이 강하여 수명이 길며 강도도 비교적 크다. 건축공사용 주철관의 직경은 50~300*mm* 정도이며 직경이 75*mm* 이상인 주철관은 지중매설 송수관, 상수도 인입 관 또는 오수 배수용 관 등으로 쓰인다. 주철관용 연결 부속품에는 *Eighth Bend, Sanitary Tee, Deep Seal Trap, P-trap, Running Trap with Vent, S-trap, Floor Type Cleanout, Cleanout Tee, Heelproof Floor Drain, Shower Drain* 등이 있다.

(2) 동관 銅管 *Copper Pipe & Tubing*

동관은 내식성, 신축성, 유연성 등이 우수하여 급수, 냉방, 난방, 소화 및 가스설비의 배관용으로 두루 사용된다. 동관은 기밀성이 우수하고 300*m* 정도까지도 이음매 없이 사용이 가능하여 건축물의 가스 배관에 적합하다. 또한 동관은 열전도율이 크고 동관 내부의 마찰저항이 적어 관내부에 물때 *Scale* 가 생기지 않으므로 난방 배관용으로도 적합하다. 동관은 연신율이 커 기온의 급강하에도 쉽게 동파되지 않으며 유연성이 커 지진 등의 외력에도 강하다. 또한 가공 및 시공성이 우수하고 경량이어서 운반 및 취급이 용이하고 건축물의 자중감소에도 일조한다. 건축공사에서 쓰이는 동관의 직경은 25~200*mm* 정도이며 용도에 따라서 직경 및 살 두께 *Wall Thickness* 가 달라진다. 동관용 연결 부속품에는 *Tee-solder Joint*, *90° Elbow-solder Joint*, *45° Elbow-solder Joint* 등이 있다. 동관은 일반적으로 보수 없이 반영구적으로 사용이 가능하지만 가격이 비싼 것이 흠이다.

(3) 연질 플라스틱 관 *Flexible Plastic Tubing*

유연성이 커서 자유롭게 구부릴 수 있는 연질의 플라스틱관은 일반적으로 *PB Polybutylene* 또는 *PE Polyethylene* 제품이다. 30*m* 이상의 길이로 생산되며 직경이 13~76*mm* 정도인 이 관을 사용하는 경우 이음매가 거의 없어 설치가 간단하고 이음용 부품이 최소화되어 공사비 절약과 공기단축이 가능하다. *PE* 제품은 *PB* 제품보다 가격은 저렴하지만 고온 및 고압에 대한 내성은 *PB* 제품이 우수하다. *PE* 관은 일반적으로 수돗물이나 가스관으로 쓰이고 *PB* 관은 냉수, 온수 및 방화용 스프링클러 시스템 *Fire Sprinkler Systems* 에 쓰인다.

PE 및 *PB* 관의 연결용 부속품에는 *90° Elbow-acetal Insert, Coupling-acetal Insert, Tee-acetal Insert, 90° Elbow-nylon Insert, Coupling-nylon Insert, Tee-nylon Insert, Stainless Steel Clamp Ring, 90° Elbow-acetal Flare Type, Coupling-acetal Flare Type, Tee-acetal Flare Type, 90° Elbow-fusion Type, Coupling-fusion Type, Tee-Fusion Type, 90° Elbow-brass Insert Type, Coupling-brass Insert Type, Tee-brass Insert Type* 등이 있다.

(4) 경질 플라스틱 관 *Plastic Piping*

형태와 규격이 매우 다양한 플라스틱 관에 대한 건축공사 현장에서의 선호도는 점증하고 있는 추세이다. 플라스틱관이란 경질의 *PVC Polyvinyl Chloride*, *ABS Acrylonitrile-butadiene- Styrene* 또는 *PE Polyethelene* 를 원료로 하여 만든 합성수지 관을 총칭하는 말이다. 플라스틱관은 부식에 강하고 내한성이 비교적 우수하며 관 내부에 물때 *Scale* 가 생기지 않아 수명은 반영구적이다. 그러나 불연 재료가 아니고 충격 및 유기용제에는 약하다. 특히 열경화성 플라스틱 관 일지라도 고온 환경에서는 연화되어 늘어지는 경향이 있으므로 주의할 필요가 있다. 플라스틱관은 경량이며 설치가 매우 용이하여 가스, 배수, 상수, 관개, 통신, 전기, 냉난방 및 방화설비 등 매우 다양한 분야에서 두루 쓰이지만 주로 상하수도 및 오폐수용 배관으로 쓰인다. 또한 플라스틱관은 전기절연성이 우수하여 전기설비공사에서 전선의 보호용 관으로도 사용된다. 건축물 내부의 전기, 통신 및 기계 설비공사에서 사용되는 플라스틱관의 직경은 대개 13~200*mm* 정도이며 관의 연결용 부속품에는 *Quarter Bend-socket Joint, Eighth Bend-socket Joint, Vent Tee-socket Joint, 90° Elbow-socket Joint, Coupling-*

Socket Joint, Tee-Socket Joint, 45° Elbow-threaded Joint, Coupling-threaded Joint, Tee-threaded Joint 등이 있다.

(5) 강관 鋼管 *Steel Pipes*

강관은 연관이나 주철관에 비하여 충격에 강하고 인장강도가 크며 굴곡성이 좋다. 건축공사용 강관은 일반적으로 탄소강류 *Carbon Steel, Black Steel* 또는 *Black Iron* 로 만든다. 강관은 상대적으로 가볍고 접합방법도 용이하여 사용빈도가 매우 크고 경제적인 배관재료중의 하나이다. 그러나 강관은 관의 외부 및 내부가 부식되기 쉽고 내구성이 떨어지는 단점이 있다. 이러한 단점을 보완한 강관에는 아연도금강관, 분체라이닝강관, 스테인리스강관 등이 있다. 특히 스테인리스강관은 내식성, 내화성 및 강도가 크고 가공이 용이하며 표면이 아름답다. 스테인리스강관의 강도는 아연도강관의 2배, 동관의 3배에 달한다. 강관은 용도에 따라서 일반배관용, 특수배관용, 송유 및 유전시설용, 기계구조용, 건설구조용 등으로 분류된다.

건축공사용 강관의 직경은 대개 13~300mm 정도이다. 강관의 연결용 부속품에는 *Flanged Steel Pipe, 90° Elbow-flanged, Tee-flanged, Flanged Joint, Grooved Joint Steel Pipe, Grooved Joint Coupling, Mechanical Joint Elbow 90°- Plain End Pipe, Tee-plain End Pipe, Threaded and Coupled Steel Pipe, 45° Elbow-malleable Iron, Tee-cast Iron, Union-malleable Iron, Bevel End Steel Pipe, 90° Elbow Butt Weld Long Radius-Steel Pipe, Tee Butt Weld-steel Pipe, Weld Neck Flange-steel Pipe, Slip-on Weld Flange-steel Pipe* 등이 있다.

(6) 연관 鉛管

연관은 유연성이 커서 굴곡가공이 용이하고 가격이 저렴하여 굴곡이 심한 수도인입관이나 위생기구와 주철관을 연결하는 오수관용으로 주로 사용된다. 연관은 일반적으로 산성에는 강하지만 알칼리성에는 약하다.

나) 밸브 *Valves*

기계설비의 배관체계에서 밸브는 관속을 흐르는 유체 및 기체의 흐름을 조절하는 역할을 한다. 관속을 흐르는 유체에는 물, 기름 등이 있으며 기체에는 수증기, 가스 등이 있다. 밸브는 유체 및 기체의 흐름을 개폐, 전환하거나 온도, 압력 등을 조절하는데 쓰인다. 밸브는 용도에 따라서 다양한 형태로 만들어지며 밸브의 재료로는 스테인리스강 *Stainless Steel* , 합금강 *Steel Alloy* , 탄소강 *Carbon Steel* , 단조강 *Forged Steel* , 철 *Iron* , 청동 *Bronze* , 플라스틱

Plastic 등이 쓰인다. 기계설비의 배관체계에서 일반적으로 쓰이는 밸브에는 *Rising Stem-outside Screw and Yoke, Rising Stem-inside Screw, Non-rising Stem-inside Screw, Gate, Globe, Angle, Check, Life Check, Ball, Butterfly, Plug, Reduce Pressure-threaded, Double Check, Reduced Pressure-flanged Valve* 등이 있다.

다) 파이프 지지대 *Piping Supports* 또는 *Pipe Hangers*

전기 및 기계설비용 파이프는 일반적으로 천정 또는 벽체에 매어 달거나 바닥면으로부터 소정의 높이에 지지하여 설치한다. 파이프를 설치할 때 필요로 하는 지지대의 재료로는 아연-도금강 *Black Steel* 또는 *Galvanized Steel* , 크롬-도금강 *Chrome-plated Steel* , 동-도금강 *Copper-Plated Steel* , 스테인리스강 *Stainless Steel* , 주철 *Cast Iron* , 플라스틱 *Plastic* 등이 쓰인다. 전기 및 기계설비용 파이프를 설치할 때 사용되는 파이프 지지대에는 *Clevis Type Hanger, Side Beam Bracket, Medium Welded Steel Bracket, C-clamp, Extension Pipe or Riser Clamp, Split Ring Pipe Clamp, Alloy Steel Pipe Clamp, Medium Pipe Clamp, Pipe Alignment Guide, Adjustable Band Hanger, Adjustable Pipe Ring, Adjustable Clevis, Pipe Covering Protection Saddle, Adjustable Steel Yoke Pipe Roll, Adjustable Two-rod Roller Hanger, Roller Chair, Pipe Strap, Standard U-Bolt, U-hook* 등이 있다.

라) 펌프 *Pumps*

건축물의 배관공사에 사용되는 펌프는 관내부의 냉수, 온수, 기름, 오수 등의 액체에 압력을 가하여 액체를 수평 또는 수직방향으로 이동시키는 역할을 한다. 건축공사에서 가장 일반적으로 사용되는 펌프는 주로 전기모터 *Electric Motor* 또는 디젤엔진 *Diesel Engine* 으로 작동된다. 펌프의 배출구 쪽에는 액체의 역류를 방지하기 위한 체크밸브 *Check Valve* 가 장착되어 있다. 대부분의 펌프 몸체는 주로 주철 *Cast Iron* 로 만들어 지지만 휴대용 소형 펌프는 가격이 좀더 비싼 청동 *Bronze* 으로 만들기도 한다. 배관공사에서 일반적으로 사용되는 펌프에는 *In-line Centrifugal Pump, Close Coupled Centrifugal Pump, Base Mounted Centrifugal Pump, Submersible Sump Pump* 등이 있다.

나. 지붕 빗물 배수설비 *Roof Storm Drainage Systems*

건축물의 지붕 또는 상부 층으로부터 빗물을 모아 안전하게 지하의 우수처리 하수구 *Storm Sewer* 로 보내는 설비이다. 빗물은 일반적으로 오수 및 하수와는 별도로 처리하므로 오폐수 처리시설 *Public Sanitary Sewage Line* 에 직접 연결하지 않는다. 높은 지붕의 빗물이 제어설비 없이 바로 지상으로 떨어지는 경우 건축물을 손상시키고 보행자들에게 위해를 가할 수도 있다. 건축물의 빗물 배수 시스템은 Roof Drain, Flashing, Elbow, No Hub Pipe Coupling, Pipe, Cleanout Tee 등으로 구성된다. 배수 기구들을 만들 때에는 일반적으로 황동 Brass, 주철 Cast Iron, 동 Copper, 아연도금 강 Galvanized Steel, 납 Lead, ABS, PVC 등을 사용한다. 특히 우수처리를 위하여 지하에 우수처리용관을 매설하는 경우에는 주철관, 살 두께가 두꺼운 동관 Heavy Wall Copper Pipe, 고강도 유약 점토관 Extra-strength Vitrified Clay Pipe 등을 비롯하여 ABS, PVC 및 콘크리트관 등이 쓰인다. 지붕의 빗물을 배수하기 위하여 사용되는 우수관의 직경은 시간당 강수량이 100mm 일 경우를 기준으로 하여 지붕의 면적에 따라서 결정된다. 지붕의 면적이 $50m^2$ 일 경우에는 직경 51mm 의 우수 관을, $150m^2$ 는 76mm, $320m^2$ 는 102mm, $580m^2$ 는 127mm, $950m^2$ 는 152 mm, $2050m^2$ 는 203mm 의 우수관을 각각 사용한다. 우수관의 형태에는 원형, 정사각형, 직사각형 등이 있다.

다. 송풍 및 환풍 설비

가) 송풍관 설비 Ductwork

송풍관이란 냉방, 난방 및 환기설비에서 공기를 이동시킬 때 사용되는 통로를 말한다. 송풍관의 형태는 일반적으로 원통형이나 직사각형이지만 굴곡이 심한 장소에 설치하는 경우에는 유연성 및 신축성이 뛰어난 나선형으로 만들기도 한다. 송풍관은 주로 아연도금 강철판으로 만들지만 요즈음에는 알루미늄 판이나 유리섬유판으로도 만든다. 그러나 대기에 노출되어 부식이 우려되는 경우에는 스테인리스 강철판이나 플라스틱판으로 만든 송풍관을 사용하는 것이 바람직하다. 송풍관 설비는 Rooftop Air Handling Unit, Supply Plenum, Return Air Duct, Branch Supply Duct, Flexible Duct, Duct Insulation, Duct Support, Wire Hanger, Supply Diffusers, Return Air Grille, Suspended Ceiling 등으로 구성된다.

나) 송풍기 Fan

건축물의 외부, 지붕 또는 외벽이나 송풍관에 장착된 송풍기는 건축물의 내부로 신선한 공기를 공급하고 오염된 공기를 외부로 배출하는 역할을 한다. 송풍기는 송풍원리에 따라서 축류 軸流 송풍기 Axial-flow Fan 와 원심력 송풍기 Centrifugal Fan 로 대별된다. 건축공사에서 사용되는 송풍기에는 Axial flow Belt Drive Centrifugal Fan, Centrifugal Roof Exhaust Fan, Ceiling Exhaust Fan, Belt Drive Utility Set, Paddle Blade Air Circulator, Belt Drive Propeller Fan with Shutter 등이 있다.

다) 지붕 환기설비 *Roof Ventilators*

지붕에 설치된 환기설비는 건축물 내에서 발생되는 악취가 나고 오염된 더운 공기를 자연 바람의 원리, 즉 중력의 원리에 따라서 배출시키는 기구이다. 건축물 내에서 더워진 공기는 외부의 찬 공기에 의하여 대체되면서 상승, 배출된다. 찬 공기는 밀도가 크고 무겁기 때문에 하강하는 반면 더운 공기는 가벼워 쉽게 상승하므로 자연환기가 가능하다. 따라서 지붕 환기설비에는 일반적으로 강제로 작동되는 송풍기 *Motor Driven Fan* 를 설치하지 않는다. 그러나 오염된 공기를 신속하게 배출할 필요가 있는 경우에는 송풍기를 설치하기도 하지만 강제 환기설비의 경우 중력환기의 경우보다 설치비용이 2~3배 더 든다.

지붕에 설치하는 환기구는 안전덮개 *Relief Hood* 및 풍양 조절 판 *Damper* 으로 구성된다. 조절판은 풍양에 따라서 자동으로 작동되는 일종의 뚜껑 *Self-acting Shutters* 이다. 환기구는 일반적으로 아연도금 철판이나 알루미늄 판으로 만든다. 환기구에는 *Rotary Syphon, Spinner Ventilator, Stationary Gravity Syphon, Rotating Chimney Cap, Intake/Exhaust Relief Hood* 등이 있다.

라. 음료수대 *Drinking Fountains & Water Coolers*

사무실, 학교, 식당, 호텔, 병원, 극장 등의 다중 *多衆* 이용 건축물의 복도에서 흔히 볼 수 있는 냉각 음료수 대이다. 음료수대는 일반적으로 벽에 부착하거나 바닥에 세워 설치한다. 음료수대의 재료로는 자기 *China* , 법랑 주철 *Porcelain-enameled Cast Iron* , 알루미늄 *Aluminum* , 콘크리트 *Concrete* , 돌 *Stone* , 유리섬유 *Fiberglass* , 스테인리스강 *Stainless Steel* , 청동 *Bronze* 등이 사용된다.

마. 위생 기구 *衛生器具 Plumbing Fixtures*

건축공사에서 사용되는 위생 기구라 함은 인체의 신진대사를 원활하게 하여 건강을 유지하고 증진시켜 질병을 예방하는데 필요한 대변기, 소변기, 세면기, 욕조 등을 말한다. 건축공사용 위생 기구의 종류 및 그 재료의 특성은 다음과 같다.

가) 위생기구용 재료

위생기구를 생산할 때 사용하는 재료에는 도토 *陶土, Ceramics* , 법랑철판, 스테인리스강, 합성수지, 대리석, 옥 *玉* 돌, 유리 등이 있으나 보편적으로 사용되는 재료는 도토와 합성수지이다. 한편 위생기구용 부속철물의 재료로는 청동, 황동, 동, 납, 주철 등이 쓰인다. 위생기구용 재료의 특성 및 종류는 다음과 같다.

(1) 재료의 특성

이상적인 위생기구의 생산을 위한 사용 재료의 필요충분조건은 다음과 같다:

① 위생적이고 아름다워야 한다.
② 오수, 악취의 흡입률 최소
③ 때가 잘 안타고 청소용이
④ 설치가 간단하고 유지관리가 용이
⑤ 강도 및 내구성이 커야한다.
⑥ 산, 알칼리 등 화학약품에 강하여 침식, 변질이 안 되어야 한다.

(2) 재료의 종류

(가) 도토 陶土 *Ceramics*

위생 기구를 만들 때 가장 보편적으로 사용되는 도토의 장단점은 다음과 같다.

[1] 장점

① 견고하고 내구성이 크다.
② 산과 알칼리에 침식되지 않는다.
③ 색조가 산뜻하고 표면이 매끄럽다.
④ 오수와 악취를 쉽게 흡수하지 않는다.
⑤ 때가 잘 안타고 변질되지 않는다.

[2] 단점

① 탄력이 없어 깨지기 쉽다.
② 열팽창계수가 낮아 열팽창계수가 큰 부속철물로 고정시킬 경우 파손될 우려가 있다.
③ 형태를 만든 다음 소성하므로 소성수축이 일어나 정밀한 치수를 기대하기 어렵다.
④ 철물과의 접속, 결합이 어렵다.

(나) 법랑철판

철판을 압연 성형한 다음 광택 유약 釉藥 을 빌라 구워낸 법랑 琺瑯 철판은 위생적이고 보온성이 우수하여 욕조, 세면기, 식기 및 청소도구 세척용 개수통 *Sink* 생산에 주로 쓰인다.

그러나 법랑철판은 제작 및 시공이 어렵고 가격이 비쌀뿐더러 충격을 받으면 균열이 생기고 법랑이 박리 剝離 되어 철판이 노출되면 녹이 발생하는 단점이 있다.

(다) 스테인리스 강판

스테인리스 강판은 강도, 내구성, 탄력성, 가공성이 우수하면서도 경량이어서 가공, 조립 및 설치가 용이하다. 스테인리스 강판을 압연 또는 용접 가공하여 욕조, 개수통 등을 생산한다(사진 2-66).

(라) 합성수지 *FRP* 또는 *PVC*

합성수지 재료로는 주로 욕조, 물탱크, 소형 정화조 등을 생산한다. 합성수지의 가장 큰 장점은 가격이 저렴하고 경량이며 부드럽고 파손율이 적어서 취급이 용이한 점이다. 또한 합성수지는 내한성, 내열성, 내식성 등이 우수하고 열전도성이 작다. 반면 합성수지는 흠집이 잘생기고 더러워지기 쉬우며 강알칼리에 약하다. 합성수지 제품은 온도에 민감하므로 5~50℃ 의 범위 내에서 사용하는 것이 바람직하다.

사진 2-66 : 식기 세척용 쌍동 개수통 *Double Bowl Sink*

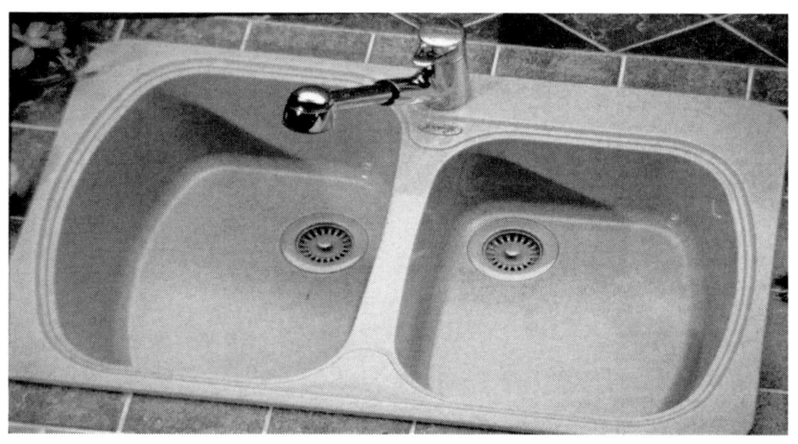

(마) 대리석

대리석은 도토와 유사한 장점이 있으나 가공이 어렵고 고가이므로 보편적으로 쓰이지는 않는다. 위생기기 생산용 대리석에는 천연 대리석, 인조 대리석, 물갈기 대리석 등이 있다.

(바) 유리 또는 수정

유리 *Glass* 또는 수정 *Crystal* 은 도토나 대리석보다도 장점이 많지만 아직은 위생기기 생산용 재료로 활성화 되지는 않고 있다. 현재 위생기구 생산용 유리는 주로 세면기 생산에 쓰인다.

나) 위생 기구의 종류 및 특성

건축물에서 흔히 볼 수 있는 위생기구에는 대변기, 소변기, 세면기, 욕조 등이 있다. 요즈음에는 향후 물 부족 사태에 대비하기 위하여 절수 형 위생기기의 설치를 의무화하고 있으므로 절수 형 위생기구의 개발이 활발하게 진행되고 있다. 위생기구의 종류 및 특성은 다음과 같다.

(1) 대변기 및 비데 *Water Closet & Bidet*

대변기나 비데는 일반적으로 도토 *陶土, Ceramics* 로 만들지만 인조 대리석이나 옥돌로 만드는 경우도 있다. 대변기는 생활 및 종교적 관습에 따라서는 서양식, 화식 *和式* 및 이슬람식 등으로, 오물 배출시 사용되는 물의 양에 따라서는 일반형 및 절수형으로 분류된다. 기존 일반형 대변기의 1회 세정시 소요되는 물의 양은 13ℓ 정도이고 절수형은 4~9ℓ 이다. 또한 대변기는 수세방식에 따라서는 세출식 *Wash-out Type* , 세락식 *Wash-down Type* , 사이펀식 *Syphon Type* 및 사이펀 제트식 *Syphon-jet Type* 등으로, 물탱크의 위치에 따라서는 물탱크 분리형, 물탱크 일체형 및 후러쉬 밸브 *Flush Valve* 형 등으로 분류된다. 수세 방식에 의하여 분류된 대변기중 악취 발생이 적고 세척기능이 우수하여 가장 보편적으로 사용되고 있는 대변기는 사이펀 제트식이다. 비데의 경우에는 독립형과 대변기 부착형이 있는데 대변기 부착형이 주로 쓰이는 추세이다. 대변기 부착용 비데에는 일반적으로 순간 온수 가열장치, 공기방울 세정장치, 살균 정수필터, 수압 조절기 및 누전 차단기 등이 부착되어 있다 (사진 2-67).

(2) 소변기 *Urinal*

소변기는 대부분 도토 *陶土, Ceramics* 로 만들며 설치 장소에 따라서 벽에 부착하는 벽걸이형 *Wall-hung Type* 및 바닥에 세워 둔 스톨형 *Stall Type* 으로 대별된다. 또한 설치방법에 따라

사진 2-67 : 대변기 및 비데

♣ 오리지널 비데 및 대변기: 벽걸이형

♣ 착-탈식 비데: 일반 대변기에 부착

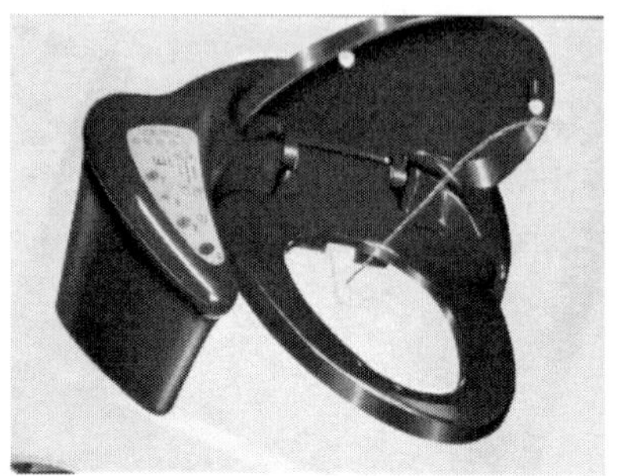

♣ 비데+대변기: 스탠드형

♣ 대변기: 벽걸이형

사진 2-68 : 세척용 물이 필요 없는 소변기

서는 노출형 및 매립형으로, 물을 흘려 세척하는 방식에 따라서는 수동식 및 전자동식 등으로 분류할 수 있다. 수동식 소변기는 수도관, 밸브, 핸들, 배수관 등으로 구성되며 전자동식 소변기는 핸들 대신에 전자 또는 적외선 작동 센서가 부착된다. 벽걸이형 소변기는 1회 세척에 4ℓ 정도의 물이 필요하고 스톨형은 6ℓ 정도의 물이 필요하다. 최근에는 세척용 물이 이 필요 없는 구조 *Waterfree System* 의 소변기도 개발되어 사용되고 있다(사진 2-68). 이 소변기는 교체 가능한 여과기 *Cartridge* 와 배수관만으로 구성되므로 설치가 간단하고 제품가격이 매우 저렴하여 사용이 확대되고 있다. 여과기는 밀폐 용액 *Sealant Liquid* 으로 채워져 있으며 소변기에서 흘러내린 소변이 용액 속에 갇혀 외부공기와 차단되므로 냄새가 나지 않는다. 여과기에는 소변을 침전물, 염분 및 정화된 소변 등으로 분해하는 기능도 있으며 분해 된 침전물 및 염분은 별도로 수거된다. 염분 및 침전물이 제거된 깨끗한 소변은 배수관을 통하여 배출된다. 염분이 제거된 소변은 배수관을 부식시키지 않으므로 배수관의 수명을 연장시킬 수 있다.

(3) 세면기 *Lavatory* 또는 *Basin*

세면기의 재료는 도토 *陶土, Ceramics* , 인조대리석, 합성수지, 법랑철기, 스테인리스 강판, 옥돌, 유리, 수정 등 매우 다양하며 그 종류에는 벽걸이형, 스탠드 형 및 카운터 형이 있다. 세면기에는 일반적으로 냉수 및 온수용의 수도꼭지 *水道栓, Faucet* 가 부착되어 있으며 왼쪽은 온수용, 오른쪽은 냉수용으로 약속이 되어있다. 수도꼭지는 투 핸들 *Two Handle* 방식과 싱글 레버 *Single Lever* 방식이 있으나 사용상의 편리성 때문에 요즈음에는 싱글 레버 방식을 선호한다. 절수 형 세면기에는 버튼을 한번 누르면 일정시간동안만 물이 나오는 형과 전자감응장치를 부착하여 손을 댈 때만 물이 나오는 형이 있다. 최근에는 사용자의 신장에 맞추어 세면기 자체의 높이를 자유롭게 조절할 수 있는 세면기도 개발되었다(사진 2-69).

사진 2-69 : 유리 및 도토 세면기

♣ 도토 세면기: 카운터형

♣ 도토 세면기: 스탠드형

♣ 도토 세면기: 카운터형

♣ 도토 세면기: 높낮이 조절 스탠드형

♣ 도토 세면기: 벽걸이형

♣ 도토 세면기: 스탠드형

♣ 치장 도토 세면기: 스탠드형

♣ 치장 도토 세면기: 벽걸이형

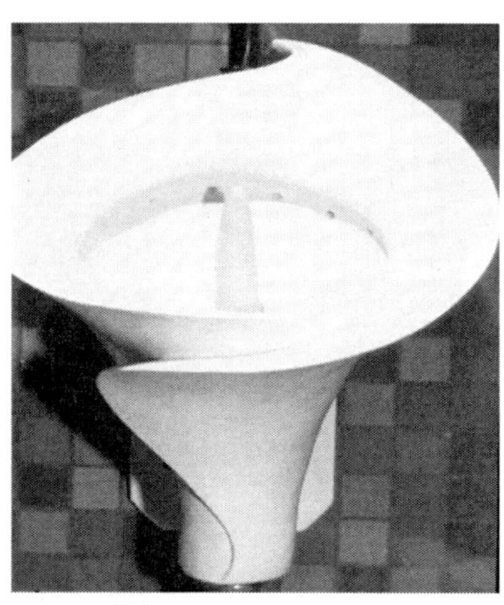

♣ 치장 도토 세면기: 벽걸이형

♣ 치장 유리 세면기: 스탠드형

♣ 치장 유리 세면기: 스탠드형

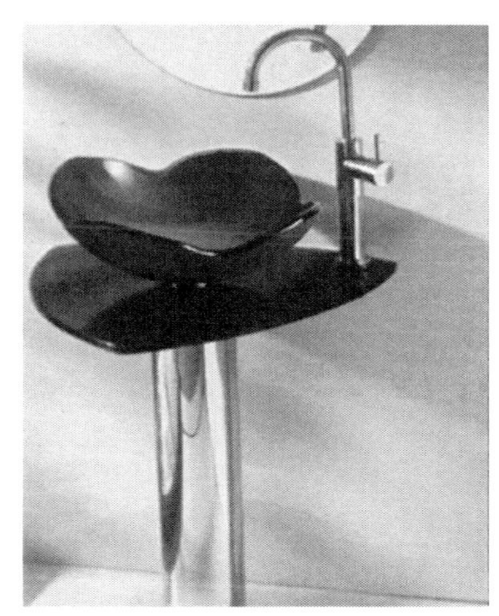

♣ 치장 유리 세면기: 벽걸이형

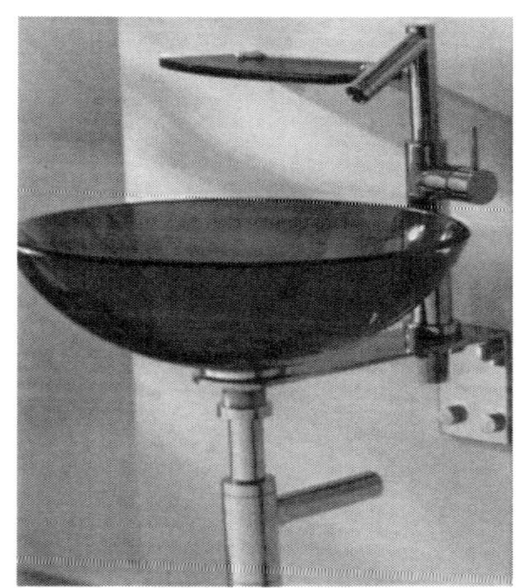

♣ 치장 유리 세면기: 벽걸이형

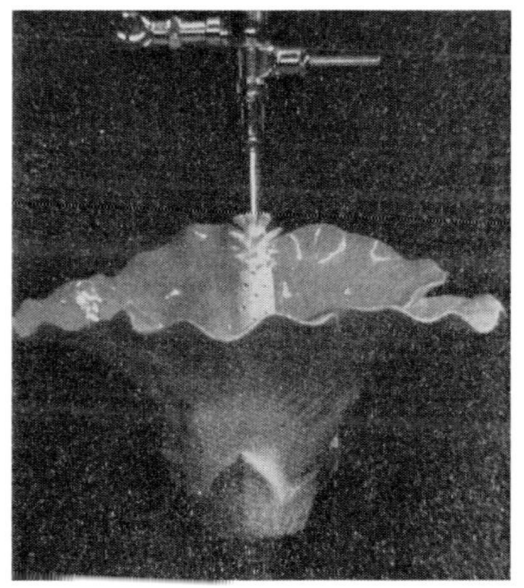

(4) 욕조 *Bathtub*

욕조는 인조대리석, 천연대리석, 옥돌, 타일, 주철, 합성수지, 목재 등으로 만들며 붙박이 형, 이동형 등이 있다(사진 2-70). 욕조에는 일반적으로 포말 형 또는 마사지 형의 샤워 *Shower* 기가 부착되어 있으며 샤워기에는 원터치 방식과 수온 자동조절 방식이 있다. 욕실에 대한 개념이 단순히 몸을 씻는 공간에서 안락한 휴식을 취할 수 있는 공간으로 변화하면서 욕조는 점차 편리하고 화려하면서도 다양한 기능을 갖게 되었다. 건강에 관한 관심이 고조되고 있는 요즈음에는 별도의 설치공사 없이 자유롭게 이동할 수 있는 반신 半身 욕조가 유행하고 있다.

기능성 욕조인 월풀 *Whirlpool* 욕조 및 스파 *SPA* 욕조는 마사지 *Massage*, 피부노화 방지, 혈액순환 증진 등의 의학적 치료 *Medical Therapy* 및 건강증진 *Wellness* 기능이 있는 것으로 알려지고 있다. 스파란 원래 광천 鑛泉 또는 탕치장 湯治場 을 뜻하는 말로서 그 어원은 로마시대 때부터 광천온천으로 유명한 벨기에의 남쪽마을 스파우 *SPAU* 에서 유래한다. 스파 욕조에는 물의 온도를 조절할 수 있는 히팅 스위치 *Heating Switch* 와 초당 수십만 개의 공기방울을 발생시키는 기포발생장치가 부착되어 있다. 기포발생장치에서 발생된 공기방울이 파열될 때 생기는 에너지를 이용하여 전신 마사지를 함으로써 전신의 근육을 풀어주는 기능을 한다. 스파 욕조는 물-안마 치료 *Hydro-massage Therapy* 이외에 향기 치료 *Aroma Therapy* 및 음이온 치료 *Anion Therapy* 기능도 갖는다. 욕실이 좁은 경우에는 일반적으로 욕조 대신에 샤워배스 *Shower Bath* 를 설치한다(사진 2-71). 샤워 배스는 투명유리, 반투명유리, 강화유리, 아크릴 등으로 만들며 사우나 *Sauna* 및 월풀 기능이 첨가된 것도 있다. 욕조가 갖추어야할 기본적인 특성은 다음과 같다:

① 물이 빨리 더워지고 냉각은 서서히
② 보온성 양호
③ 때가 안타고 잘 더러워지지 않는 재료
④ 수돗물 청소가 용이
⑤ 피부가 닿을 때 부드러운 촉감
⑥ 색상 불변

욕조관련 용어의 정의는 다음과 같다:

Shower, Shower Bath 또는 *Shower Stall The compartment and plumbing provided for bathing by overhead spray.*

Sauna A room in which a person bathes in steam produced when water is sprayed or poured over heated rocks or another heated surface.

사진 2-70 : 욕조

♣ 월풀 Whirlpool 욕조

♣ 도토 반신 半身 욕조

♣ 타일 치장 욕조

♣ 대리석 치장 욕조

사진 2-71 : 샤워 배스 *Shower Bath*

♣ 유니트형 샤워 배스: 기성 완제품 설치

♣ 투명 유리벽 샤워 배스: 부품 현장조립

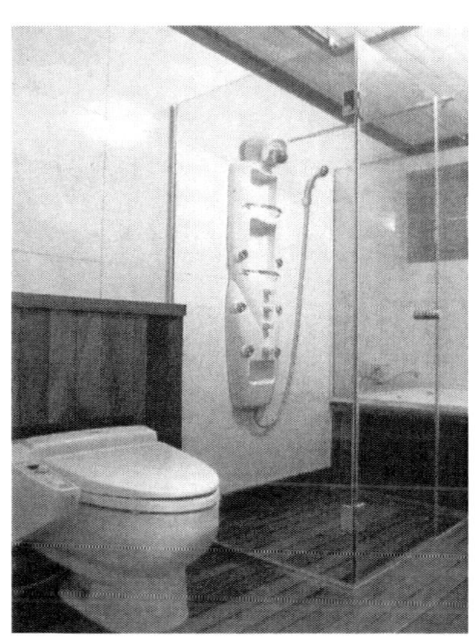

(5) 조립식 욕실

건식공법의 조립식 욕실 *UBR: Unit Bathroom* 은 습식공법에 비하여 공법이 단순하여 공기단축이 가능하고 품질이 균일하고 자재를 절감할 수 있는 특성이 있다. 조립식 욕실은 공장에서 단위 부품별로 생산하여 현장에서 조립한다. 조립식 욕실의 재료는 *FRP Fiberglass Reinforced Plastics* 와 타일이 주로 쓰인다.

2) 소방 및 소화설비 *Fire Protection Systems*

건축물의 소방 설비는 소화설비, 화재경보장치 및 피난설비 등으로 구성된다. 피난설비에는 피난출구 표시등, 유도등, 탈출용 사다리 및 활강통로 *Chute* 등이 있으며 경보설비에는 감지기 및 방송설비가 있다. 소방 및 소화설비는 소방법 시행령에 따라서 설치하여야한다.

가. 소화설비

소화설비란 화재발생시 직접 불을 끄는 설비로서 소화기, 소화전, 스프링클러 등이 있다. 소화기는 이동 및 휴대가 자유롭고 화재발생 초기, 다른 소화설비가 작동하기 이전에 화재를 진압할 수 있는 유일한 소화기구이다. 소화기에는 수동식 소화기, 적용 소화기, 자동 확산 소화기, 해론 *Halon* 소화기, 이산화탄소 소화기 등이 있다. 해론 소화기 *Halon Fire Extinguisher* 의 의미 및 현재 대형 건축물에 일반적으로 설치되어 있는 소화설비는 다음과 같다:

Halon Fire Extinguisher A suppressing system for use on all classes of fires. Its extinguishing agent is bromotrifluoromethane, a colorless, odorless, and electrically nonconductive gas or exceptionally low toxicity. Considered to be the safest of the compressed gas fire-suppressing agents. Although often used in computer equipment rooms, the use of halon is severely restricted because of its properties(which destroy the ozone layer).

가) 스프링클러 소화설비 *Fire-Protection Sprinkler Systems*

건축물에 화재 발생시 자동소화를 위하여 설치되어 있는 스프링클러 소화설비에는 습식 *Wet Pipe*, 건식 *Dry Pipe*, 프리액션 *Preaction*, 델류즈 *Deluge*, 파이어사이클 스프링클러 시스템 *Firecycle Sprinkler* Systems 등이 있다. 이들 가운데 프리 액션식 소화설비는 동파로 인한 감지기의 오작동이 자주 발생하므로 사용에 유의할 필요가 있다. 습식 소화설비 *Wet Pipe Sprinkler System* 역시 추운지역에서는 동파의 우려가 있기는 하지만 화재 발생시 신속하게 작동되어 화재를 초기에 진압할 수 있으며 설치비용도 저렴하여 가장 인기가 있다. 이 습식설비는 *Riser, Alarm Check Valve, Control Valve, Riser Clamp, Drain, Fire Dept. Siamese Connector* 등으로 구성된다. 이 소화설비는 압력이 걸려있는 공공의 상수도 본관 *Municipal Supply* 또는 개별 수원 공급원 *Private Supply* 에 연결되어있다. 따라서 파이프에는 언제나 강한 압력을 받는 물이 가득 채워져 있다. 화재 발생시에는 파이프에 있던 물이 파이프에 연결되어 있는 여러 개의 스프링클러 헤드 *Heads* 를 통하여 자동으로 분사된다. 파이프의 직경은 25~100*mm*, 스프링클러 헤드의 직경은 12~25*mm* 정도이다. 추운 날씨로 인하여 파이프 속의 물이 동결될 우려가 있는 지역에서는 건식 소화설비 *Dry Pipe Sprinkler System* 가 활용된다. 건식 설비의 파이프에는 평상시에는 압축공기가 채워져 있으며 화재 발생시 자동적으로 물로 대체된다. 이 설비는 화재발생시 반응이 늦고 압축공기 생산 및 유지관리에 많은 비용이 필요하므로 사용은 제한적이다. 관련용어의 의미는 다음과 같다:

Fire-protection Sprinkler System An automatic fire-suppression system, commonly heat-activated, that sounds an alarm and deluges an area with water from overhead sprinklers when the heat of a fire melts a fusible link.

나) 소화전 소화설비 *Fire Standpipe System*

소화전은 건축물의 복도, 로비 및 도로상에서 가장 흔히 볼 수 있는 소화설비이다. 소화전에는 옥내소화전, 옥외소화전 및 상수도 소화전이 있으며 옥내소화전은 일반적으로 옥내소화전함에 소방호스와 함께 설치되어 있다. 소화전은 소방법을 준수하여 설치하고 유지관리가 잘 되고 있다면 대형 화재발생시 짧은 시간 내에 효율적으로 화재를 진압할 수 있는 소화설비이다. 이 소화설비는 상수도 본관 또는 지붕 층이나 건축물의 상부 층에 설치된 물탱크에 연결되어 있으며 수압을 증대시키기 위하여 승압펌프 *Booster Pump* 를 설치하기도 한다. 이 설비는 *Roof Mainfold with Valves, Siamese Inlet Connector, Fire Hose Rack* 또는 *Cabinet* 등으로 구성되어 있다. 이 설비에서 쓰이는 소방호스의 직경은 38*mm* 와 64*mm* 가 있으며 후자는 소방서의 소방대원용이고 전자는 건축물의 일반 거주자용이다. 이 설비는 고층 건축물의 상층부분, 대형 상업 및 산업시설 등과 같이 출동한 소방차가 소방호스를 펼치기 곤란하거나 펼치는데 많은 시간을 요하는 장소에서의 소화 작업에 매우 유용하다. 이 설비는 화재진압 효과를 극대화하기 위하여 자동 스프링클러 소화설비와 병용하기도 한다. 관련용어의 의미는 다음과 같다:

Standpipe System A system of tanks, pumps, fire department connections, piping, hose connections, connections to an automatic sprinkler system, and an adequate supply of water used in fire protection.

다) 헤론 가스 소화설비 *Halon Fire Suppression System*

화재 발생시 불연성 가스인 헤론 가스 *Halon Gas* 를 사용하여 신속하게 효율적으로 소화할 수 있는 설비로서 화재진압 후 잔존 폐기물이 생기지 않아 화재현장이 매우 청결하다. 이

소화설비는 물이나 화학약품을 사용하여 진화할 수 없는 화물 및 승객용 항공기, 도서관, 박물관, 은행의 금고, 전산실, 변전실, 자료보관소, 전화 교환실, 실험실, 라디오 및 텔레비전 방송실, 발화성 액체 화공약품 보관창고, 정밀기계공장 등의 소화에 유효하다. 해론 가스 *Bromotrifluoromethane* 는 공기만큼 무거우며 무색, 무취의 전기적 부도체이다. 해론 가스는 농도가 5% 이하인 경우에는 거의 독성이 없지만 농도가 5~7% 인 경우는 저 독성 *Low Toxicity* 이 된다. 농도가 7~10% 인 경우에는 누출 시 1분 이내에 탈출하여야 하고 농도가 10% 이상인 해론 가스는 독성이 강하므로 누출시켜서는 안 된다. 이 설비는 *Discharge Nozzle, Electro/Mechanical Release, Halon Storage Cylinder, Heat Detector, Smoke Detector, Abort Switch, Manual Pull Station, Battery Standby, Control Panel, Audio Alarm Signal, Pneumatic Damper Release* 등으로 구성된다.

라) 이산화탄소 소화설비 *CO_2 Fire Suppression System*

이산화탄소 소화설비는 화재 발생시 화원 火源 에 불연성 가스인 이산화탄소, 즉 탄산가스를 분사하여 공기의 유입을 차단, 질식작용에 의한 소화를 목적으로 하는 설비로서 고정식과 이동식이 있다. 불연성 가스에는 탄산, 할로겐, 질소, 아르곤 등이 있으나 소화설비에는 주로 탄산 및 할로겐이 쓰인다. 질소 및 아르곤은 액화비용이 많이 들기 때문에 사용이 곤란하다. 탄산가스는 무색, 무취의 기체로서 독성이 없으며 공기보다 1.52배 정도 무겁다. 액체화된 탄산가스를 액화 탄산가스, 고체화된 탄산가스를 드라이아이스 *Dry Ice* 라고 한다.

나. 감지 및 경보설비

화재감지 및 경보설비란 화재발생을 조기에 감지하여 경보음 및 비상조명을 발생시키는 설비로서 감지기, 수신기, 중계기, 발신기, 음향 및 조명장치 등으로 구성된다. 화재발생 감지기에는 화재 시 발생하는 연기입자, 즉 빛의 강약을 감지하는 광전식과 온도가 70도 이상 상승할 때 경보가 울리는 정온식이 있다. 현재 대형 건축물에는 일반적으로 중앙제어식 화재감지 시스템이 설치되어 있으나 이 시스템은 발화 후 경보음이 울리기까지의 시간이 길어 화재 발생 장소내의 사람들이 대피할 시간이 짧을뿐더러 건축물 공사 시 배선 공사를 별도로 하여야 하는 단점이 있다. 요즈음에는 이러한 단점을 보완한 무선 화재경보기가 개발되어 사용되고 있다. 무선 화재경보기는 단독형으로 어느 장소에나 자유롭게 부착 및 탈착을 할 수 있으며 부착된 장소에서 화재가 발생할 경우 즉각 경보가 울리는 특성이 있다. 무선 화재경보기 근처에는 화재발생 초기에 화재를 진압하기 위한 이동식 소화기를 비치해 두는 것이 바람직하다. 화재감지 및 경보설비 *Fire Detection System* 의 의미는 다음과 같다:

Fire Detection System A series of sensors and interconnected monitoring equipment which detect the effects of a fire and activate an alarm system.

3) 난방 설비 *Heating Systems*

난방설비란 쾌적한 실내 환경을 유지할 수 있도록 인위적으로 실내의 온도를 외기 外氣 외 온도보다 높이고 적정 수준의 습도를 유지하기 위하여 활용되는 설비를 말한다. 난방을 할 때는 따뜻한 공기가 높은 곳으로 모이게 되므로 온풍은 낮은 곳에서 높은 곳으로 흐르도록 하는 것이 원칙이다.

가. 난방 방식

난방 방식은 난방 범위에 따라서는 중앙난방, 개별난방, 보조난방 등으로 분류할 수 있고 난방 원리에 따라서는 온수난방과 온풍난방으로 분류할 수 있다. 온수난방에서 사용되는 대표적인 난방기구는 보일러 *Boiler* 이다. 현재 난방 설비를 가동하기 위하여 사용되는 연료에는 연탄, 기름, 가스, 전기, 태양열, 지열 地熱 등이 있으나 도시 지역에서는 주로 도시가스에 의존하고 있다. 난방의 원리 및 난방기구의 종류는 다음과 같다.

나. 난방 기기의 종류

가) 보일러 *Heating Boiler*

보일러는 물에 열을 가하여 온수 또는 증기를 생산하는 난방 기계이며 보일러를 만들 때는 일반적으로 주철, 강철 또는 동을 사용한다. 난방 및 온수에 사용하는 주요 난방기구인 보일러는 연료 및 난방문화의 변천에 따라서 연탄 또는 장작보일러에서 기름, 가스, 전기보일러로 진화하고 있는 중이다. 전기보일러는 공해가 발생되지 않으므로 건축물의 어느 장소에나 간단히 설치할 수 있지만 연탄, 기름 및 가스보일러는 유독가스 및 유해 부산물이 발생하므로 환기가 잘되는 장소에 설치하고 유독물질의 배출장치가 필요하다. 연료에 따른 보일러의 특징 및 관련 용어의 의미는 다음과 같다:

Boiler A closed vessel in which a liquid is heated or vaporized, either by application of heat to the outside of the vessel, by circulation of heat through tubes within the vessel, or by circulating heat around liquid-filled tubes in the vessel.

(1) 연탄보일러

연료비와 시공비가 저렴하여 서민들이 가장 폭넓게 사용하는 난방 기구로서 난방과 온수의 기능이 가능하다. 난방 효과도 비교적 우수한 편이지만 연탄을 연료로 사용하므로 가스중독 사고에 유의할 필요가 있다. 연탄이란 무연탄 가루를 점결제 粘結劑 와 함께 가압하여 원통 모양의 덩어리로 만든 연료를 말한다. 연탄에는 연소를 원활하게 하기 위하여 많은 구멍이 뚫려 있다. 연탄보일러용 연소통의 종류에는 1, 2, 3통식이 있으며 굴뚝의 직경은 연소통의 종류에 따라서 각각 ϕ 80, 121, 148*mm* 이상으로 정하고 있다.

(2) 기름보일러

기름보일러는 보일러 자체는 가격 경쟁력이 있으나 기름값의 변동이 심하고 기름값이 가스 값의 거의 두 배에 달하는 현실에서 볼 때 활용의 활성화를 기대하기는 어렵다. 기름보일러는 난방과 온수 기능의 병용이 가능하고 비교적 간단하게 설치할 수 있지만 기름 탱크를 필요로 한다. 기름보일러는 가스나 전기보일러보다 약간의 소음이 있으며 연소 안전장치, 과열 방지장치, 동파 방지장치 등이 필요하다.

(3) 가스보일러

세칭 청정에너지인 액화 석유가스 *LPG: Liquefied Petroleum Gas* 또는 액화 천연가스 *LNG: Liquefied Natural Gas* 를 연료로 사용하는 보일러로서 난방과 온수 기능의 병용이 가능하다. 가스보일러의 열효율은 90% 이상으로 매우 높고 청결, 간편하며 보일러실이 필요하지 않아 공간의 활용성도 크다. 그러나 가스 누출사고를 방지하기 위해서는 가스 누출 탐지기를 설치해야 한다. 가스보일러는 기름보일러보다 연료비가 저렴하고 설치 및 유지관리가 유리하다. 도시가스를 사용할 경우에는 가스통이 필요하지 않다. 가스보일러에는 벽걸이형과 스탠드 형이 있다.

(4) 전기보일러

현재 사용빈도가 높은 전기보일러는 일반적으로 전기요금이 저렴한 심야전기를 활용하는 축열식 심야전기 보일러이다(사진 2-72). 심야전기 보일러 시스템은 보일러, 온수기, 중앙 집중 난방조절기, 인공지능 시스템의 실내 룸 조절기 *Room Controller* , 전동 구동기, 리모콘 *Remote Controller* 등으로 구성되며 과열방지기, 저수위 低水位 차단기, 누전 차단기 등의 안전장치가 장착돼 있다. 과열방지기는 온수의 온도가 95℃ 이상 상승하면 과열방지 감지기가 작동, 전원을 자동차단 시키는 기기이고 저수위 차단기는 축열부 수조 *Water Tank* 에 물이 부족하면 전원을 자동 차단하는 기기이다. 누전 차단기는 보일러 시스템에 누전이 발생하면 전원을 자동 차단하는 기기로서 월 2회 정도 시험작동을 하여 이상 유무를 사전에 확인해 두는 것이 바람직하다. 전기보일러는 난방연료의 저장, 주입이 불필요하고 화재, 폭발 및 가스 중독사고 등의 위험은 거의 없지만 원통형의 보일러 및 온수기가 차지하는 공간이 크다. 현재 시중에서 유통되고 있는 축열식 심야전기 보일러의 직경은 1000~1400mm , 높이는 1660~2230mm 이며 전기온수기의 직경은 630~780mm , 높이는 1460~1480mm 이다. 일반전력요금이 저렴해진다면 전기 보일러는 차세대 청정 난방기구로서 각광을 받게 될 것이다.

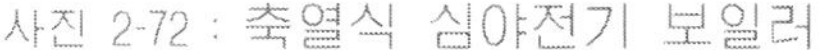
사진 2-72 : 축열식 심야전기 보일러

나) 강제 온수난방설비 *Forced Hot Water Heating Systems*

이 난방설비는 온수를 만들어 강제 순화시켜 난방을 하는 설비로서 지난날 증기를 이용하는 난방기인 주철제 방열기를 대체하고 있다. 주철제 방열기는 지난날 대부분의 주거, 업무, 상업 및 산업용 건축물에 설치되었던 난방기이다. 이 설비의 핵심기기는 보일러이며 연료로는 기름, 가스, 석탄, 장작, 전기 등을 사용하지만 대도시에서는 가스의 사용이 보편화되고 있다. 이 설비는 온수파이프의 설치 량을 최소로 하면서도 일정한 온도의 온수를 난방지역 전체에 골고루 순환시킬 수 있는 장점이 있다. 또한 82~93℃ 의 고온인 온수를 순환용 펌프를 사용하여 보일러로부터 멀리 떨어진 곳까지 순환 시킬 수 있으므로 파이프의 직경은 중력 순환 식 보다 휠씬 작아도 난방효율은 떨어지지 않는다. 이 설비에서 사용되는 파이프의 직경은 20mm 정도이며 난방 단말기 *Terminal Units* 에는 *Baseboard Radiators, Convectors, Fin Tube, Coils, Fan Coil Units* 등이 있다. 가스를 연료로 하는 난방설비는 *Boiler, Pressure Relief Valve, Expansion Tank, Draft Hood, Flow Control Valve, Hot Water Supply Piping, Baseboard Radiation, Return Piping, Pressure Regulating Valve, Circulating Pump, Chimney, Cold Water Makeup Piping, Gas Piping* 등으로 구성된다.

다) 강제 온풍난방설비 *Forced Warm Air Systems*

기름 또는 가스난로 *Gas Fired Furnace* 를 이용하여 뜨거운 바람을 생산, 강제로 순환하여 난방 하는 설비로서 주택을 비롯하여 상업 및 산업용 건축물에 두루 사용된다. 청정공기를 공급하고 적정 습도를 유지하기 위하여서는 *Dust Filters, Electrostatic Air Cleaner, Humidifier* 등을 장착하는 것이 바람직하지만 문제는 약 10% 정도의 설치비용이 추가된다는 점이다. 가스난로 식 온풍 난방설비는 *Return Duct, Supply Duct, Smoke Pipe, Gas Supply Piping, Future Cooling Coil, Supply Plenum, Draft Hood, Return Air Plenum, Gas Fired Furnace* 등으로 구성된다.

라) 태양에너지 온수설비 *Solar Domestic Hot Water System*

석탄, 석유, 기름 등과 같은 화석에너지에서 발생하는 연소 가스가 전혀 없는 무한 청정에너지인 태양광 또는 태양열을 이용하는 온수 및 난방기기이다. 태양에너지는 태양열 온수기이외에 태양광 발전, 태양광 전지 등에도 활용되고 있다. 태양열 온수기는 사용과 작동의 간편성 및 경제적인 유지관리 등이 뛰어난 자연형 온수기로서 독립주택의 온수 *Hot Water* , 난방 *Space Heating* 및 수영장의 온수공급 *Swimming Pool Heating* 등에 적합하다. 다만 장마철과 같이 일조량이 부족할 경우에 대비하여 보조적 난방수단 *Auxiliary or Backup system* 으로 심야 전력을 이용하는 축열식 심야전기 난방기 등을 병용하는 것이 바람직하다. 또한 겨울철 한밤중에는 집열판을 흐르는 열매체가 동결될 우려가 있으므로 부동 不凍 설비를 해둘 필요가 있다. 태양열 온수기는 태양열 집열판 *Solar Collector Panel-liquid*, 열매체 축열 탱크 *Storage Tank*, 태양열 순환펌프 *Controls & Circulating Pumps* 및 태양열 교환기 *Heat Exchanger* 등으로 구성되어 있다. 집열판은 저철분 강화유리 *Glazing*, 티타늄 코팅 집열판 *Absorptive Coating Plate*, 동관, 단열재 *Insulation*, 방수판 *Moisture Barrier*, 알루미늄 외부 프레임 *Frame* 및 바닥판 *Bottom Panel* 등으로 구성된다. 집열판에 모아진 태양열이 집열판 내부의 동관을 흐르는 열매체를 가열시킨 다음 가열된 열매체를 물탱크에 내장된 열교환기로 보내서 온수를 생산한다. 태양열 온수기는 일반적으로 동, 알루미늄, 스테인리스 강판 등으로 만들기 때문에 부식 및 물때의 염려가 거의 없고, 열교환기는 수시로 교체할 수 있는 구조로 되어 있으므로 반영구적으로 사용할 수 있다.

마) 축열식 심야전기 난방설비

전력요금이 저렴한 심야전력을 이용하여 난방 하는 축열식 심야전기 난방기구에는 난방용과 온수용이 있다. 후자에는 축열식 전기온수기가 있으며 전자에는 축열식 전기보일러, 전기온돌 및 전기온풍기 등이 있다. 축열시 심야전기 난방기구의 특성 및 종류는 다음과 같다.

(1) 특성

① 전력수요의 분산효과
② 냄새 및 소음 발생이 거의 없다.
③ 유독 가스에 의한 중독사고 및 폭발, 화재 등의 우려가 거의 없다.
④ 항상 일정한 온도의 온수로 난방이 가능하므로 균일한 실내 온도의 유지가 가능하다.

(2) 종류

(가) 축열식 전기온수기 *Automatic Storage Water System*

심야전력으로 축열, 저장하면서 목욕, 세탁 등에 필요한 45~90℃ 의 온수를 생산하는 온수기이다. 온수는 사람들이 잠자는 심야 深夜 에 자동으로 생산되어 저장되므로 언제라도 적정량의 사용이 가능하다. 순간온수기보다 에너지 비용이 경제적이므로 기존의 기름보일러를 사용하는 경우 연료비 절약을 위하여 축열식 전기온수기를 보조용 온수기로 활용한다. 축열식 전기온수기에는 온수저장 탱크와 심야전력용 타임스위치가 필요하다.

[1] 심야 전력용 타임스위치 *Time Switch*

심야 전력 요금이 적용되는 밤 10시부터 다음날 아침 8시까지 10시간 동안 자동으로 작동하는 전원 차단 및 연결용 스위치이다. 이 스위치는 수온이 설정 온도에 도달하면 언제라도 전원을 자동 차단하는 기능도 있다.

[2] 온수 저장탱크

온수 저장탱크는 온수의 오염 우려가 거의 없는 스테인리스 강판이나 특수 코팅 *Coating* 한 강판을 사용하여 만든다. 주택용 온수 저장탱크의 용량은 1일 1인당 50ℓ 정도를 기준으로 하되 1일 최대 사용량의 130% 정도의 크기로 산정한다. 주택용 온수의 온도는 85℃ 정도가 적정하다. 미국 사회에서 일반적으로 소비되고 있는 온수 량은 표 2-34 와 같다.

표 2-34 : 건축물에 따른 온수 소비량

건축물의 종류		단위	일일 소비량(ℓ)
아파트		세대	133~159
기숙사	남성	인	50
	여성	인	47
병원		침상	341
호텔	욕실 딸린 1인실	실	190
	욕실 딸린 2인실	실	303
모텔		실	38~76
업무용 빌딩		인	3.8
식당	정식	식	9.1
	간이	식	2.7
학교	초등	인	2.3
	중. 고등	인	6.9

(나) 축열식 전기온풍기

심야전력으로 고밀도 세라믹 벽돌을 달구어 열을 저장하였다가 낮 시간에 온풍을 뿜어내는 온풍기이다. 가열시 산소가 불필요하므로 맑고 깨끗한 실내공기를 유지할 수 있다. 개별 보조 난방기구인 온풍기는 크기가 작고 이동이 자유로워 부분적으로 난방이 필요한 곳에 자유롭게 설치할 수 있다.

(다) 축열식 전기온돌

전기온돌은 우리나라의 전통적인 온돌문화를 상징하는 두한족열 頭寒足熱 을 시현할 수 있는 방바닥 난방방식이다. 구들장이나 점토와 같이 잠열 潛熱 이 큰 재료를 방바닥 재료로 사용하면 열손실이 거의 없어 방바닥의 열기는 24시간 지속된다. 난방에 온수가 필요하지 않으므로 누수나 동파 凍破 의 염려가 전혀 없고 별도의 배관이나 보일러와 같은 온수순환용 기계장치도 필요하지 않다. 따라서 축열식 전기온돌은 기계장치 등의 고장을 염려할 필요가 없는 청결하고 간단한 난방방식이다.

(라) 걸레받이 전열기 *Electric Baseboard Heaters*

건축물 실내의 외벽과 바닥의 접선부분, 즉 걸레받이 부분에 설치하는 대류식 전열기이다. 이 전열기는 건축물 바닥 마감 면으로부터 5cm 높이의 벽면에 부착하되 그 위치는 창문 아래쪽이 바람직하다. 이 전열기는 온도 조절기 *Thermostat* , 전류차단기 *Circuit Breaker* 및 방열기 *Baseboard Heater* 등으로 구성되며 그 규격 및 방열량은 매우 다양하다. 일반적으로 사용되고 있는 전열기의 단위 길이는 60~300cm , 단위 소비전력은 225~1200watts / 30cm , 정격전압은 120~277volts 이다.

바) 보조 난방기구

중앙난방 및 개별난방에서 보조적으로 활용되고 있는 난방 기구에는 벽난로 *Fireplace* , 난로 *Stove* , 전열기 *Heater* 등이 있다. 난로나 전열기는 우리주변에서 가장 흔히 볼 수 있는 누구나 잘 아는 난방 기구이므로 논의의 대상이 될 수 없지만 벽난로의 경우는 웰-빙 *Well-being* 바람이 일고 있는 요즈음의 사회풍조에 편승하여 독립주택, 특히 전원주택에서는 필수적으로 설치하는 난방기기가 되었다. 그러나 벽난로는 난방이라는 고유의 목적보다는 장식용으로 설치하는 경향이 있다. 벽난로는 사용하는 연료 및 설치방법에 따라서 다음과 같이 분류할 수 있다.

(1) 연료에 의한 분류

(가) 장작 벽난로

장작을 태워서 실제로 난방을 하는 벽난로이므로 비산하는 그을음, 재, 불똥 등이 빠져 나갈 수 있는 내화벽돌로 쌓아 올린 굴뚝은 필연적이다. 실내로 먼지나 불꽃, 재 등이 역류, 비산하는 것을 방지하기 위하여 장작 벽난로의 전면에는 내화성 세라믹 그라스 도어 *Ceramic Glass Door* 를 장착하는 것이 바람직하다.

(나) 전기 벽난로

전기조명을 이용하여 실제로 장작이 타고 있는 것과 같은 효과를 내는 장식용 난방장치이다. 따라서 전기벽난로의 경우에는 지붕위에 굴뚝을 만들지 않아도 된다. 열기 *熱氣* 는 물론 그을음이나 재의 비산도 전혀 없다. 전기 벽난로에는 공기정화기, 세라믹 전기히터, 불꽃 스크린 등이 장착된다.

(다) 가스 벽난로

가스버너 *Gas Burner* 위에 내화성 세라믹 인조 장작을 올려놓고 불을 붙여 실제로 장작이 타고 있는 것과 같은 효과를 내는 벽난로이므로 환기장치 이외에 별도의 굴뚝은 필요하지 않다. 가스 벽난로는 장식용과 실제 난방용을 절충시킨 난방장치이다.

(2) 설치방법에 의한 분류

(가) 노출형 벽난로

기존의 난로 *Stove* 를 장식화한 난방기기로 아무 곳에나 간단히 세워 놓기만 하면 된다. 노출형 벽난로를 프리스탠딩 *Freestanding* 형 이라고도 한다.

(나) 매립형 벽난로

매립형 벽난로는 실질적이고 전통적인 개념의 벽난로이다(사진 2-73). 벽 속 또는 벽면에서 약간 노출시켜 설치한다. 실제로 불을 때어 난방을 하는 경우에는 내화벽돌로 내벽 및 굴뚝을 쌓아올리고 대리석이나 화강석으로 전면을 장식하여 마감한다. 러시아의 북부지역과 같이 겨울철이 몹시 추운 지역에서 난방장치로 쓰이는 페치카 *Pechka* 가 대표적인 매립형 벽난로이다.

사진 2-73 : 매립형 벽난로

♣ 아궁이 덮개가 없는 벽난로: 내화벽돌 및 일반석재

♣ 내화유리 아궁이 덮개가 있는 벽난로: 치장용 대리석 및 주철제품

♣ 아궁이 덮개가 없는 벽난로: 내화벽돌+조경수목 장식

4) 냉방 설비 *Cooling Systems*

냉방설비란 쾌적한 실내 환경을 만들기 위하여 실내의 온도를 외기 外氣 온도보다 낮추고 적정 수준의 습도를 유지할 필요가 있을 때 사용되는 설비를 말한다. 쾌적한 냉방의 조건은 실내의 온도가 외기의 온도보다 4~5℃ 낮으면서 습기가 적은 상태이다. 우리나라의 경우 한 여름철에 실내적정 온도는 28℃ 이다. 실내 온도가 실외 온도보다 5℃ 이상 낮을 경우, 건강에 유해하여 냉방병, 감기 등에 걸릴 우려가 크다. 냉방을 할 때 찬 공기는 낮은 곳으로 모이게 되므로 냉풍은 높은 곳에서 낮은 곳으로 흐르도록 하는 것이 원칙이다. 요즈음에는 냉난방을 동시에 할 수 있는 냉난방기기도 있다. 냉방 방식 및 냉방기기에 관한 상세는 다음과 같다.

가. 냉방 방식

가) 중앙냉방 방식

중앙냉방 방식은 냉각탑 *Cooling Tower* 을 포함하는 쿨링 플랜트 *Cooling Plant* 에 의해서 작동되며 그 방식에는 냉풍 식 *Air-cooled System* 과 냉수 식 *Chilled Water System* 이 있다. 냉수 식에서는 냉수 파이프에서 냉풍을 생산하고, 냉풍 식에서는 냉각 코일 *Cooling Coil* 에서 냉풍을 생산한다. 생산된 냉풍은 원심력 송풍기 *Centrifugal Fan* 를 이용하여 송풍관 *Air Duct* 으로 보내져 건축물의 각 실로 들어간다. 각 실의 온도는 냉풍의 양으로 조절되므로 송풍관에는 냉풍의 양을 조절할 수 있는 조절판 *Damper* 이 장착되어 있다. 효율적인 냉방을 위하여서는 냉풍의 온도는 항상 각 실의 온도보다 낮아야 한다. 쿨링 플랜트 및 댐퍼의 의미는 다음과 같다:

Cooling Plant The machinery that produces chilled water or cool refrigerant gas, such as the condenser, cooling tower, and condenser water pumps for water shed plants; air-cooled condensers for air-cooled systems; and chilled water pumps and expansion tanks for chilled water systems.

Damper ① A blade or louver within an air duct, inlet, or outlet that can be adjusted to regulate the flow of air. ② A pivotal cast-iron plate positioned just below the smoke chamber of a fireplace to regulate drafts

나) 개별냉방 방식

건축물 전체를 냉방하는 중앙냉방 방식과 달리 개별냉방 방식은 개별 냉방기기를 이용하여 각 실마다 냉방을 하는 방식으로 냉방전용 또는 냉난방 겸용이 있다. 개별냉방 방식에서 가장 보편적으로 쓰이는 냉방기기는 냉방 및 난방 겸용의 소위 전천후 또는 멀티 형 룸-에어컨 *Room-air-conditioner* 이다. 요즈음에 생산되는 초절전, 멀티 형 룸-에어컨에는 자동작동 및 온도조절, 제습, 저소음, 공기청정 및 환기, 작동예약, 필터 오염여부의 자가진단 등 매우 다양한 기능이 부가되어 있다. 그러나 아무리 초절전형일지라도 에어컨의 소비전력은 선풍기의 약 30배 정도이다.

룸-에어컨은 냉각기 *Condenser* 일체형과 분리형이 있으며 설치방법에 따라서 창문이나 벽에 매어다는 벽걸이형, 바닥에 세워 놓는 패키지 스탠드 형, 천장에 부착시키는 천장 카세트 형, 자유롭게 움직일 수 있는 이동 형 등으로 분류한다. 천장 카세트 형은 바람의 출구 수에 따라서 1-방향 형과 4-방향 형으로 분류된다. 요즈음에는 냉방 및 환기시설의 실 외기에서 뿜어져 나오는 열기, 소음 및 오염된 바람이 보행자들을 불쾌하게 만들고 건강을 위협하고 있어 실외기가 사회문제화 되고 있기 때문에 실외기를 설치하지 않고 응축수를 재활용하는 수냉식 냉방기의 사용이 점증하고 있는 추세이다. 이 냉방기는 기존의 공냉식 냉방기에 비하여 절전효과가 탁월하고 에너지 효율이 높으며 실외기의 소음 및 열 방출이 없다. 또한 실외기가 없으므로 공간의 활용도가 크고 이동과 설치가 간편하다. 냉각기기를 실내에만 설치하므로 외부환경의 영향을 거의 받지 않아 내구연한이 길어진다. 개별 냉방기기를 사용할 경우에는 공기필터 *Air Filter* 관리에 유념하여야 한다. 공기 필터에 먼지가 낄 경우 냉방효율이 저하됨은 물론 각종 병균의 서식으로 건강에 유해하기 때문이다. 개별 냉방기기에 관련된 용어의 정의는 다음과 같다:

Condenser The heat exchanger in a refrigeration system that removes heat from the high pressure refrigerant gas and transforms it into a cool liquid.

Air Filter A device for removing undesirable gaseous or solid particles from ambient air. All HVAC(Heating, Ventilating, and Air-Conditioning) systems include some type of air filter.

Fan-coil Unit An air-conditioning unit that houses an air filter, heating or cooling coil, and a centrifugal fan, and operates by moving air through an opening in the unit and across the coils.

나. 냉방 기기의 종류

가) 냉각탑 *Cooling Tower*

냉각탑은 액체가 기체화 할 때 발생하는 기화열 *氣化熱* 의 자연원리를 이용하여 냉방을 하는 설비이다. 냉각탑 설비에는 밸브형 *Water Regulating Valve System* , 자연 기화형 *Spray Pond & Natural Draft Cooling Tower System* , 기계식 기화형 *Mechanical Draft Cooling System* 등이 있다. 밸브형은 소규모 설비이므로 소형 건축물에 적합하지만 자연 기화형은 물소모량이 많고 설치 및 운전에 넓은 공간을 필요로 하므로 일반 건축물에는 부적합하다. 일반 건축물에는 일반적으로 기계식 기화형 냉각탑이 설치된다. 기계식 냉각탑은 물을 낙하, 분사하는 방법에 따라서 유도식 *Induced Draft Tower* 과 강제식 *Forced Draft Tower* 으로 분류된다. 일반 건축물에서 냉각탑은 실용성 및 미적요소를 감안하여 일반적으로 건축물의 지붕이나 옥외의 지표면에 설치하지만 내부공간에 여유가 있는 경우에는 건축물 내부에 설치하기도 한다. 건축물 내부에 냉각탑을 설치하는 경우에는 소음이 심한 기존의 프로펠러형 *Propeller Type* 대신에 원심력 송풍기 *Centrifugal Fan* 를 사용하고 공기 흡입구 *Air Intake* 및 배기관 *Exhaust Ductwork* 을 설치해야한다. 냉각탑에서 사용되는 물은 수시로 화학약품 또는 오존 *Ozone* 처리를 하여 부패 *Corrosion* , 이끼 *Algae* , 세균 번식 *Bacterial Growth* , 물때 *Scale Buildup* 등이 발생하지 않도록 청결상태를 유지하여야 한다. 냉각탑 및 응축수 설비 *Cooling Tower & Condenser Water System* 는 냉각탑, *Water Makeup* , *Condenser Water Piping & Pump* , *Heating Coil* , *Return* , *Supply Duct & Diffuser* 등으로 구성된다. 일반 건축물에서 사용되는 냉각탑은 미국삼나무 *Red Wood* , 일반 방부목재 *Treated Woods* , 석면 *Asbestos* , 금속 *Metals* , 플라스틱, 콘크리트, 세라믹 등으로 만든다. 냉각탑 *Cooling Tower* 의 의미는 다음과 같다:

Cooling Tower An outdoor structure, frequently placed on a roof, over which warm water is circulated for cooling by evaporation and exposure to the air. A natural draft cooling tower is one in which the airflow through the tower is due to its natural chimney effect. A mechanical draft tower employs fans to force or induce a draft.

나) 패키지 냉각기 *Packaged Water Chillers*

냉수 또는 냉각 공기를 이용하여 냉방을 하는 설비로서 이 설비의 핵심요소는 냉수 생산기 *Water Chillers* 이다. 패키지 냉각기에는 냉각수 펌프 및 응축수 펌프는 물론 배관, 전기배선, 조절장치 등이 포함되어 있다. 냉각기에는 왕복운동형 *Reciprocating Type* , 원심력형 *Centrifugal Type* , 흡수 형 *Absorption Type* 등이 있다. 원심력형은 주로 냉각수를 생산하고 왕복운동형은 냉각수 또는 냉각 공기를 생산한다. 흡수형은 가스연료를 이용하여 냉각 공기를 생산하거나 수증기를 이용하여 냉각수를 생산한다. 직접-팽창 냉각기 *Direct-expansion Water Chillers* 인 왕복운동형과 원심력형은 전기모터와 공기압축기 *Compressor* 를 이용하며 흡수형은 물을 냉각제로, 염분과 브롬화 리듐 *Lithium Bromide* 을 흡착제로 사용한다. 흡수형 냉각기를 작동하는데 필요한 전력량은 직접 팽창형 냉각기가 필요로 하는 전력 소모량의 10% 정도에 불과하므로 전력사정이 좋지 않은 지역에 유리하다. 관련용어의 정의는 다음과 같다:

Chiller A piece of equipment that utilizes a refrigeration cycle to produce cold (chilled) water for circulation to the desired location or use.

Absorption Chiller Heat-operated refrigeration unit that uses an absorbent (lithium bromide) as a secondary fluid to absorb the primary fluid (water), which is a gaseous refrigerant in the evaporator. The evaporative process absorbs heat, thereby cooling the refrigerant (water) which, in turn, cools the chilled water circulating through the heat exchanger.

Compression Chiller A system in which water is cooled by liquid refrigerant that vaporizes at a low pressure and proceeds into a compressor. The compressor increases the gas pressure so that it may be condensed in the condenser.

다) 에어 핸들링 유닛 *AHU: Air Handling Units*

AHU 는 청결한 온풍 및 냉풍을 생산하여 건축물에 공급하는 냉난방 및 환풍용의 복합기기로서 송풍기 *Fan-motor* , 코일 *Coil* 및 여과기 *Filter* 등으로 구성되어 있다. *AHU* 는 형태와 작동방법이 매우 다양하며 건축물에 설치된 *AHU* 의 바람 생산량은 기계의 용량에 따라서 분당 6~수천 m^3 이다. 소형 *AHU* 는 형태, 구조, 작동 및 설치방법이 매우 간단하다. 바닥, 벽, 천정 등 필요한 장소에 간단히 설치할 수 있으며 별도의 송풍관 *Discharge Ductwork* 을 장착하지 않는다. 그러나 *AHU* 로부터 멀리 떨어져 있는 곳까지 바람을 보내야하는 대형 *AHU*

는 매우 복잡하고 정교한 형태의 코일배치 및 여과장치, 용량이 매우 큰 송풍기 등을 필요로 하므로 구조 및 작동방법이 매우 복잡해진다. 대형 *AHU* 는 신선한 공기의 흡입 및 송풍 시 발생할 수 있는 오염, 열손실, 열 획득 및 소음발생 등을 최소화 할 수 있도록 정교한 여과장치, 보온장치 및 진동흡수장치 등을 필요로 한다. 대형 *AHU* 의 경우 공기를 가열 *Heating* 할 때 전기 또는 순환수식 循環水式, *Hydronic* 코일이 필요하고 냉각 *Cooling* 할 때는 냉각수 또는 직접 팽창 *Direct Expansion* 코일을 필요로 한다. 그러나 소형 *AHU* 는 가열 및 냉각 겸용의 코일을 사용한다.

계획적으로 습도를 조절하기 위해서는 다양한 기능을 갖는 코일 및 가습기를 *AHU* 에 별도로 장착해야 한다. 실내 습도가 높은 경우에는 일시적으로 공기의 온도를 내려 습기를 제거한 다음 다시 정상온도로 환원시킬 수 있는 재 가열 코일 *Reheat Coil* 을 필요로 한다. 반대로 실내가 건조한 경우에는 가습기를 장착하여 습도를 높여야 한다. 또한 외부의 온도가 영하인 경우에는 냉각된 공기가 *AHU* 에 유입되므로 외부공기 흡입구에 예열코일 *Preheat Coil* 을 장착하여 찬 공기를 덥혀야 한다. *AHU* 의 종류에는 *Room Size Fan Coil Unit, Packaged Vertical Fan Coil Air Handling Unit, Fan Coil Direct Expansion Cooling Unit, Central Station Air Handling Unit* 등이 있다. *AHU* 의 의미는 다음과 같다:

AHU: Air-handling Unit The traditional method of heating, cooling, and ventilating a building by which single- or variable-speed fans push air over hot or cold coils, then through dampers and ducts and into one or more rooms.

라) 패키지형 지붕 공기조절기 *Packaged Rooftop Air Conditioner*

건축물의 지붕에 설치하는 냉온 공기 및 습도 조절기로서 *AHU* 가 내장되어 있으며 공장에서 완제품으로 생산된다. 설치 및 운전이 간단하고 비용이 저렴하여 저층 건축물에 개별적으로 설치하는 경우에는 매우 경제적이다. 이와 같은 형태의 냉난방기는 냉각할 때는 일반적으로 전기를 사용하고 가열할 때는 가스를 사용한다. 물론 가열할 때 전기 또는 기름을 사용하는 공기조절기도 있지만 널리 쓰이지는 않는다. 그 의미는 다음과 같다:

Air-conditioner A mechanism that controls temperature, humidity, and/or the cleanliness of air within an enclosure.

3. 전기, 조명, 통신 및 음향설비

1) 용어정의

가. 정격 定格 전류 및 전압

정격 전류 및 전압이란 발전기, 변압기, 전동기, 진공관 등의 전기 기기 및 전선, 플러그, 콘센트, 스위치 등의 전기 기구를 안전하게 사용하기 위하여 제조회사가 제품에 표시해 놓은 적정 전압 및 전류를 말한다. 정격 전류 15A , 정격 전압 125V 인 플러그에는 15A-125V 등으로 정격이 표시되어 있다. 전기 기기 또는 기구에 정격 전류 이상의 전류가 흐르면 과전류에 의한 발열로 화재가 발생할 수도 있다. 과전류에 의한 발열량은 흐르는 전류와 정격전류의 비 값의 제곱에 비례한다. 예를 들어 정격 전류가 15A 인 플러그에 18A 의 전류가 흐를 때 발생하는 발열량은 정격 전류가 흐를 때 보다 1.44 $(18/15)^2$ 배 증가한다.

나. 주파수

주파수란 1초 동안에 양극(+)과 음극(-)이 바뀌는 횟수를 말하며 그 단위로는 사이클 Cycle 또는 헤르츠 Hz: Hertz 가 사용된다. 전기 기기에 표시된 주파수와 사용하는 전기의 주파수가 다를 경우에는 전기 기기의 기능 및 효율이 떨어지고 고장의 원인이 될 수도 있다. 특히 전기시계, 선풍기, 냉장고, 세탁기, 스테레오 Stereo 등의 유도전동기를 사용하는 가전제품의 경우에는 고장이 발생할 우려가 크므로 주파수를 확인하고 사용할 필요가 있다. 마찬가지로 백열전구, 형광등, 전자레인지, 전열기, TV 등도 주파수의 영향을 받는다. 우리나라에서 생산되는 전기는 주파수가 60Hz 로 통일 되어 있으나 50Hz 의 전기를 생산하는 국가도 많으므로 가전제품을 구입할 때는 주의하여야 한다.

다. 배선 Service & Distribution

배선 配線 이란 건축물에 전선을 부설, 각종 전기 및 통신기기에 연결하여 전기가 통하도록 하는 작업을 말한다. 건축물의 배선에 필요한 전선은 일반적으로 건축물 근처에 있는 지상의 전주 電柱 또는 지하의 맨홀 Manhole 에 부설되어 있는 전선에 연결된다. 발전소에서 보내오는 높은 전압의 교류전류는 변전소에서 변압기로 강압정류 降壓整流 된다. 전주의 전선을 흐르는 강압 정류된 전기는 각종 배전설비를 통하여 최종 전기 소비자에게 전달된다. 배전설비에 연결된 여러 가지 전기 기기 및 통신 기구를 사용할 때는 전력량을 적정수준으로 제어하기 위하여 각종 전력제어 기구가 필요하다. 건축물에서 흔히 볼 수 있는 전력제어 기구에는 각종 계량기, 차단기, 개폐기, 꽂음 접속기 등이 있다.

2) 배전설비 및 공사

가. 배선 재료 및 기구

가) 전선 電線 의 종류

전선 *Wire & Cable* 또는 *Electrical Conductors* 이란 배선선로의 핵심재료로서 전류가 통하도록 만든 도체의 금속선을 말한다. 전선을 전기선, 전깃줄, 전선줄, 전신선이라고도 하며 그 재료는 동 銅, *Copper* 또는 알루미늄이다. 와이어와 케이블은 재료나 성능이 거의 비슷하지만 와이어는 일반적으로 동으로 만드는 가는 전선을 말하며 케이블은 직경이 큰 알루미늄으로 만든 전선을 말한다. 알루미늄은 동보다 전기저항은 크지만 가격이 싸고 경량이기 때문에 주로 굵은 전선의 소재로 쓰인다. 그러나 알루미늄은 대기 중에 노출될 경우 산화가 급속히 진행되므로 피복에 유의하여야한다. 산화된 알루미늄 전선은 전기저항이 커져 송전효율이 떨어진다. 전선은 일반적으로 전선의 직경, 보호피막의 종류, 송전용량 등에 따라서 분류된다. 전선의 의미는 다음과 같다:

Conductor ① Any substance that can serve as a medium for transmitting light, heat, or sound. ② In electricity, a wire or cable that can carry an electric current. ③ A pipe that leads rainwater to a drain.

(1) 나동선 裸銅線

나동선이란 피복을 하지 않은 동선을 말한다. 나 동선은 에나멜선, 기기선, 피복선, 전력선, 통신선 등의 모재 母材 로 쓰이며 그 직경은 0.02~4.0mm 정도이다.

(2) 권선 捲線, Coil

통신 또는 알루미늄선의 표면을 절연체인 바니시 *Varnish* 로 피막을 만들어 코일처럼 둥글게 말아서 사용하는 전선이다. 변압기, 발전기 및 각종 모터 등에 쓰여 전기적 에너지를 기계적 에너지로 또는 그 역으로 에너지를 변환시키는 역할을 한다.

(3) 전기 기구용 전선

TV, 선풍기 등의 전기 및 전자기기, 자동차, 항공기, 통신망 등에 사용되는 전선이다. 일반적으로 비닐코팅이 되어 있으므로 습기에 강하다.

(4) 절연전선

동선의 표면을 비닐, 폴리에틸렌 등의 절연재료로 피복하여 변전소에서 각각의 건축물에 이르는 배전선로에 쓰이는 전선이다. 건축공사에 사용되는 대부분의 전선은 절연전선이다.

(5) 고무전선

동선의 표면을 고무계 복합물질 및 면 綿, Cotton 으로 피복한 전선으로 절연저항, 절연내력 및 내수성이 커서 일반 전기공사에서 가장 널리 쓰인다. 고무전선에는 선박용, 철도차량용, 원자력 발전용 등도 있다.

(6) 통신용 전선

통신용으로 쓰이는 전선에는 동 銅 통신선, 광통신케이블, 광섬유선 등이 있다.

나) 배선선로 및 지지대

(1) 전선 도관 導管, Conduit

건축물의 전기 내선공사에서 사용되는 배선선로의 일종인 전선 도관 Electrical Conduits 은 전선의 물리적 손상, 부식, 화재 및 감전사고 방지 등의 역할을 한다. 내선 공사에서 사용되는 도관은 건축물의 벽, 바닥, 기둥, 보 등의 구조 체 내부에 매설하거나 노출하여 설치된다. 외선 공사에서 사용되는 도관은 일반적으로 콘크리트로 피복하여 지하에 매설된다.

건축공사에서 사용되는 전선용 도관은 재료에 따라서 아연도금 강철 도관 Rigid Galvanized Steel Conduit , 알루미늄 도관, IMC Intermediate Meal Conduit , EMT Electrical Metal Tubing , PVC-coated Rigid Steel Conduit , PVC Nonmetallic Plastic Conduit 등으로 분류된다. 일반 건축공사에서 사용되는 전선용 도관의 표준길이는 3m 정도이고 직경은 13~150mm 정도이다. 전선용 도관의 연결용 부품에는 Elbow, Coupling, Connector, Adapter, Locknut, Bushing, Union 등이 있다. 전선용 도관의 개략적 의미는 다음과 같다:

Conduit 또는 *Cable Conduit* ① *A pipe, tube, or channel used to direct the flow of a fluid.* ② *A pipe or tube used to enclose electric wires to protect them from damage.*

(2) 케이블 트레이 *Cable Tray Systems*

케이블 트레이란 전선을 올려놓기 위하여 격자 구조로 만들어 놓은 일종의 배선 선로용 구거 溝渠 이다. 트레이는 단절 없는 연속 구조로 되어 있으며 상단 부는 열려있다. 따라서 전선의 설치 및 제거가 용이하며 설치비용이 저렴하다. 트레이의 재료로는 알루미늄과 전기아연도금 강판 *Electro-galvanized Steel Sheet* 이 주로 사용되지만 특수 환경 및 용도에 따라서는 침지아연도금 강판 *Hot-dipped Galvanized Steel Sheet* , 스테인리스 강판 *Stainless Steel Sheet* , 피브이시도막 강판 *PVC-coated Steel Sheet* , 유리섬유판 *Fiberglass Panel* 등도 사용된다. 트레이의 형태에는 *Ladder Tray* , *Ventilated Trough Tray* , *Solid Bottom Tray* 등이 있다. 트레이의 단위 생산길이는 3.6~7.2*m* , 폭은 15~91*cm* , 깊이는 76~178*mm* 이다. 케이블 트레이 관련 용어의 의미는 다음과 같다:

Cable Tray An open, metal framework used to support electrical conductors. Similar to cable duct except that the cable tray has a lattice-type construction and an open top.

Cable Duct 또는 *Cable Conduit A rigid, metal, protective enclosure through which electrical conductors are run. For underground installations, concrete or plastic pipes are usually used.*

(3) 레이스웨이 시스템 *Raceway Systems*

레이스웨이 시스템이란 전선용 주로 走路, 즉 밀폐된 배선선로를 말하며 그 의미 및 종류는 다음과 같다:

Raceway ① *Any furrow or channel constructed to loosely house electrical conductors.*

These conduits may be flexible or rigid, metallic or nonmetallic, and are designed to protect the cables they enclose. ② A man-made channel for directing water flow as in a hydroelectric plant.

(가) 언더플러 레이스웨이 시스템 *Underfloor Raceway System*

언더플러 레이스웨이 *Underfloor Raceway* 설비란 현장치기 콘크리트 슬래브에 닥트 *Duct* 를 매설하여 전선은 물론 전화선을 포함한 다양한 종류의 통신선의 통로로 사용하는 설비를 말한다. 언더플러 레이스웨이의 형태에는 일층형 *Single-level Type* 과 이층형 *Two-level Type* 이 있다. 후자는 향후 전선이나 통신선의 증설이 예상되는 경우에 필요한 설비이고 전자는 증설의 가능성이 없이 공사비용이 제한되어 있는 경우에 유용한 설비이다. 언더플러 레이스웨이의 의미는 다음과 같다:

Underfloor Raceway A raceway suitable for use in a concrete floor and in carrying electric conductors.

(나) 셀룰러 콘크리트 플러 레이스웨이 시스템 *Cellular Concrete Floor Raceway System*

길이 방향으로 긴 구멍이나 도랑을 만들어 놓은 프리캐스트 콘크리트 판 *Cellular Concrete Plank* 을 건축물의 바닥으로 사용할 때 그 구멍이나 도랑을 전선 및 통신선 등의 통로로 활용하는 설비이다. 전선 보호용관을 별도로 설치하지 않고 콘크리트 판의 구멍이나 도랑을 전선의 통로 *Raceway* 로 사용하므로 매우 안전하고 경제적이다. 고강도 콘크리트 판의 두께는 150~300*mm* , 구멍의 직경은 105~155*mm* 정도이다.

(4) 닥트 시스템 *Duct Systems*

(가) 트렌치 닥트 *Trench Duct System*

트렌치 닥트 설비란 언더플러 레이스웨이 시스템 *Underfloor Raceway System* 의 분기 分岐 닥트 *Distribution Duct* 또는 셀룰러 스틸 플러 시스템 *Cellula Steel Floor System* 의 급전기 給電器, *Feeder* 로 쓰이는 배선선로의 분기점 分岐點, *Flush Electrical Raceway* 을 말한다. 건축물 바닥판에 설치되는 트렌치 닥트는 그 뚜껑이 바닥판의 마감 면과 동일한 높이로 설치되어 있으며 배전선로의 고장 시 수리를 위하여 개폐가 가능하도록 되어있다. 트렌치 닥트는 *Siderail Assembly* , *Cover Plates* , *Bottom Plates* , *Dividers* , *Elbows* , *Riser* , *Cabinet Connector* 등으로 구성된다. 트렌치 닥트는 일반적으로 강철판으로 만들며 폭은 23~91*cm* , 깊이는 6.5~8.3*cm* 정도이다. 트렌치 닥트는 컴퓨터실, 연구실, 병원 등에서 유용하게 쓰이는 설비이다. 트렌치 닥트의 의미는 다음과 같다:

Trench Duct A trough with removable covers through which electric power and control cables are run. It can be a metal unit that is set in concrete or formed in a concrete slab. The top of the covers are level with the floor.

(나) 버스 닥트 *Bus Duct System*

버스 닥트란 동 또는 알루미늄 봉 *Copper or Aluminum Bus Bar*, 즉 직격이 매우 큰 전선이 내장된 닥트 *Sheet Metal Enclosure* 를 말한다. 버스 닥트는 일반적으로 저 전압 전기를 많이 사용하는 상업, 산업 또는 공공시설물 등에 설치된다. 버스 바에는 225~5000암페어 *amps.* 의 전기가 흐른다. 버스 닥트 관련 용어의 의미는 다음과 같다:

Bus Duct 또는 *Busway A prefabricated unit containing one or more protected busses.*

Bus 또는 *Bus Bar An electric conductor, often a metal bar, that serves as a common connection for two or more circuits. A bus usually carries a large current.*

(5) 카펫 배선 *Undercarpet Power Systems*

상업 또는 산업용 건축물의 건조한 바닥에 카펫을 깔 때 카펫 밑에 부설하는 배신신고이디. 이 시스템에서는 기존의 둥근 전선 *Round Cable* 대신에 납작한 전선 *Flat, Low Profile Copper Conductor* 을 사용한다. 납작한 전선은 폴리에스터 필름 *Polyester Film* 에 내장되어 있으므로 접착제 또는 접착테이프를 사용하여 목재, 콘크리트 또는 세라믹 바닥에 그대로 부착한 다음 그 위에 카펫을 깔 수 있다. 그러나 카펫 밑 배선은 습기의 침투로 누전 및 부식의 우려가 있는 건축물의 외부 또는 주택, 학교, 병원 등의 건축물에는 부적합하다. 이 시스템은 바탕재 *Plastic Bottom Shield* , 케이블 *Flat Flexible Cable with Separate Conductor Legs* , 덮개 *Protective Zinc Plate Steel Top Shield* 및 여러 가지 부품 등으로 구성된다. 관련 부품에는 *Flat Cable Splice* , *Flat Cable Tap* , *Connectors* , *Direct Connect Receptacle* , *Pedestal Duplex Receptacle* , *Flush Wall Transition Fitting* 등이 있다. 이 시스템의 바탕 재는 절연재료인 비닐 *Vinyl Film* 로 만들며 바닥의 습기, 화학약품, 마손 磨損 등으로부터 전선을 보호한다. 한편 전선 보호용의 덮개는 내 부식성이 강한 두께 0.25*mm* 의 아연도금 강판으로 만들며, 누전에 의한 화재 및 감전사고를 방지하기 위하여 접지 接地 되어 있다.

다) 전력계량 및 제어기구

(1) 계량기

전류의 흐름을 계량화한 전력계기로서 전력요금 산정의 기준이 된다. 계량기는 일반적으로 외선 인입을 위한 차단기 뒤에 설치된다.

(2) 리셉터클 및 플러그 *Receptacle & Plug*

리셉터클 *Receptacle* , 즉 콘센트 *Concent* 또는 소켓 *Outlet Socket* 이란 플러그 *Plug* 를 꽂을 수 있도록 만든 접속기구이다. 플러그는 휴대용 전기기구 또는 전기장치의 코드 한쪽 끝에 붙어있으며 이 플러그를 콘센트에 꽂아 전기기구를 사용한다. 콘센트는 일반적으로 상자 *Box* , 콘센트 및 뚜껑 *Cover* 또는 *Cap* 등으로 구성되며 벽이나 기둥 속에 묻어두거나 표면에 부착한다. 콘센트 가운데 특히 전구를 돌려서 끼울 수 있도록 만든 것을 소켓 *Outlet Socket* 이라고도 한다. 콘센트의 용량은 125~600*volts* , 10~400*amps.* 정도이며 접지형 *Grounded Type* 과 비접지형 *Ungrounded Type* 이 있다. 화재 및 전기 충격 *Electric Shock* 에 의한 재산 및 인명 손실이 예상되는 장소에는 접지형 콘센트를 설치하도록 법으로 규정하고 있다. 콘센트는 일반적으로 플라스틱이나 세라믹 *Ceramics* 으로 만든다. 실제로 전류의 전압이 220*V* 또는 직류일 경우에는 접지 接地, *Earth* 또는 *Grounded* 선을 포함한 3-선식으로 되어있는 콘센트 및 플러그를 사용하여야 감전 사고를 방지할 수 있다. 콘센트에는 일반적으로 여러 개의 플러그를 동시에 꽂을 수 있도록 만들어진 것도 있는데 이러한 용도의 콘센트를 멀티-탭 *Multi-tap* 이라고 한다. 코드와 코드를 연결할 때 사용하는 콘센트 및 플러그를 코드 커넥터 *Cord Connector* 라고도 한다. 관련용어의 의미는 다음과 같다:

Receptacle A contact device installed in an electric outlet box for the connection of portable equipment or appliances.

Receptacle Plug A device, usually attached to a flexible chord, that is inserted in a receptacle to connect portable equipment or appliances to an electric circuit.

Electric Receptacle A contact device, usually installed in an outlet box, which provides the socket for the attachment of a plug to supply electric current to portable power equipment, appliances, and other electrically operated devices.

(3) 배전반 配電盤, Panelboard

금속 케이스에 동 *Copper* 또는 알루미늄 봉 *Aluminum Bus Bar* 과 퓨즈, 회로 차단기 등의 안전장치가 내장된 전력배분기이다. 전압과 전류의 세기에 따라서 분류된 배전반의 종류 및 관련 용어의 의미는 다음과 같다:

① Lighting and Appliance Branch Circuit Panelboard
② Service Equipment Panelboard ③ Feeder Distribution Panelboard
④ Distribution Panelboard

Panelboard A board on which electric components and/or controls are mounted.

Electric Panelboard A panel or group of individual panel units capable of being assembled as a single panel and designed to include fuses, switches, and circuit breakers. The units are housed in a cabinet or cutout box positioned in or against a wall or partition and accessible only from the front.

(4) 회로 차단기 Circuit Breaker

전기회로를 흐르는 과다전류 *Overcurrent* 를 차단하는 기기로서 일반적으로 안전장치인 퓨즈 *Fuse* 가 설치되어 있다. 차단기는 전기회로에 과도한 전기가 흐르는 상황이 되면 전류의 흐름을 자동으로 차단한다. 차단기에는 진공, 가스, 오일, 기중차단기 등이 있다.

(5) 스위치 Switch

전등을 포함한 각종 전기기구에 전원을 연결 또는 차단하는 용도로 쓰이는 전력 개폐기이다. 건축물 내부에서 흔히 볼 수 있는 스위치에는 텀블러, 로터리, 눌름 버튼, 폴, 펜던트 형 등이 있다. 계단실이나 긴 복도의 경우에는 입구, 출구 및 중간지점 등 어느 곳에서나 각각 점멸이 가능한 3-로 *3-路, 3-way* 또는 4-로 *4-路, 4-way* 스위치를 설치하는 것이 바람직하다. 스위치의 의미는 다음과 같다:

Switch A device used to open, close, or change the connection of an electric circuit.

(6) 안전 스위치 *Safety Switch*

안전 스위치는 일반적으로 건축물의 내벽에 부착되어 있으며 건축물에 공급되는 전기를 안전하게 접속 또는 차단하는 기능을 한다. 안전 스위치의 용량은 일반 전류용이 120~240*volts* , 30~600*amps.* , 고압 전류용이 250~600*volts* , 30~1200*amps.* 정도이다. 안전 스위치는 개폐가 가능한 문이 달린 금속 또는 주철제 케이스에 내장되어 있다. 안전 스위치에는 일반적으로 퓨즈 *Fuse* 가 장착되어 있어 과전류가 흐를 경우 퓨즈가 녹아 떨어져 전류를 차단함으로서 과부하에 의한 화재를 사전에 예방해준다. 퓨즈는 융점이 낮은 납과 주석의 합금으로 만든 일종의 전선이다. 안전 스위치의 의미는 다음과 같이 요약된다:

Safety Switch In an interior electric wiring system, a switch enclosed within a metal box that has a handle protruding from the box to allow switching to be accomplished from outside the box.

(7) 스위치기어 *Switchgear*

스위치기어는 금속 케이스에 내장된 전력접속 및 차단기기로서 전력생산, 전송, 배전, 변환 등을 집중적으로 조정, 제어, 계량하는데 쓰인다. 스위치기어의 형태, 용량, 크기 등은 매우 다양하며 안전성과 편의성이 우수하다. 건축물의 실내 및 실외에 모두 설치가 가능하지만 외부용기기는 가격이 비싸고 관리유지비가 많이 필요하므로 실내용기기를 설치하는 것이 바람직하다. 스위치기어에는 고압전류 *KV Metal-clad Switchgear* 용과 저압전류 *Low Voltage Metal-enclosed Switchgear* 용이 있으며 관련 용어의 의미는 다음과 같다:

Switchgear Any switching and interrupting devices combined with associated control.

regulating, metering, and protective devices, used primarily in connection with the generation, transmission, distribution, and conversion of electric power.

(7) 스위치보드 *Switchboard*

스위치보드란 대형 패널 *Panel* 의 전후 면에 스위치, 브레이커, 계량기 등의 전기기기 및 과전류에 대한 안전기기 등을 부착한 전력제어 패널을 말한다. 스위치보드에는 *Metering Switchboard* , *Multi-section Service / Distribution Switchboard* 등이 있다. 스위치보드의 의미는 다음과 같다:

Switchboard A large panel, frame, or assembly with switches, overcurrent and other protective devices, fuses, and instruments mounted on the face and/or back. Switchboards are usually accessible from front or rear and are not intended to be mounted in cabinets.

(9) 변압기 *Transformer*

변압기란 전자유도작용을 이용하여 교류 전류 *Alternating Current* 의 전압이나 전류의 세기를 바꾸는 전기기기를 말한다. 변압기는 단상교류 *單相交流, Single-phase* 또는 삼상교류 *三相交流, Three-phase* 용이 있다.

변압기에는 입력 *Incoming Wire* 및 출력 *Outgoing Wire* 용 단자 *端子, Terminals* 가 있어 교류 전류의 전압을 올리거나 내려 사용할 수 있다. 변압기의 용량은 *KVA Kilovolt-amperes* 또는 *VA* 로 표시된다. 변압기는 기능 및 내장된 코일 *Coils* 을 냉각 및 보온시키는 재료의 종류에 따라서 *General Purpose Dry Type* , *Load Center Type* , *Line Distribution Type* , *Substation Type* 등으로 분류된다. 변압기의 코일을 냉각시키거나 보온을 하기 위한 재료로는 일반적으로 공기와 기름이 사용된다. 변압기의 의미는 다음과 같다:

Transformer An electric device with two or more coupled windings, with and without a magnetic core, for introducing mutual coupling between circuits; generally used to convert a power supply at one voltage to another voltage.

나. 배선공사

가) 배선공사 계획

배선공사는 외선공사 및 내선공사로 구분할 수 있다. 전자는 전주 電柱 에서 전기 수용장소인 건축물의 내선 인입까지의 공사를 말하며 후자는 수용자의 건축물 내부의 전기공사를 말한다. 외선공사를 할 때는 예상 최대사용 전력량을 산정하여 반영하여야 한다. 전선 및 전기기기는 사용 전력량에 적합하게 선정하고 설치 위치 및 수량을 결정한다. 주택의 경우 세탁기, 냉장고, 환풍기, 보일러 등과 같이 용도가 확실한 전기기기는 전용 콘센트를 설치하는 것이 바람직하다. 콘센트나 스위치의 위치는 가구나 문의 개폐에 지장이 있는 곳은 피하되 스위치는 출입구 부근에 설치하는 것을 원칙으로 한다. 주택의 현관이나 외부에 설치하는 전등은 정해진 시간에 자동으로 소등 및 점등이 가능한 타임스위치 *Time Switch* 를 사용하는 것이 경제적이고 편리하다.

나) 전기 안전점검

전기설비는 사용이 편리한 반면 누전에 의한 화재, 감전사고 등의 위험이 따른다. 또한 예고 없는 단전 시에는 방송, 통신기기의 피해는 물론 공장의 기계, 냉난방 기기, 냉장고 등의 가동중단으로 인한 피해도 발생할 수 있으므로 전기설비의 유지관리 및 안전점검에 유의하여야 한다. 기본적인 전기기기는 수시점검을 통하여 이상유무를 확인하고 2 년마다 정기점검을 실시하여 사고에 대비하는 것이 바람직하다.

3) 조명설비

가. 조명방법

조명방법은 발광방법, 광원위치 및 조명범위 등에 따라서 분류할 수 있다. 조명방법에 따라서 조도는 달라질 수 있지만 일상생활에 지장을 초래하지 않을 표준조도는 침실 50lx , 거실 100lx , 아이들 공부방 200~300lx , 책상면 500~700lx 등이다.

가) 발광방법에 의한 분류

(1) 직접 조명

물체나 주변을 직접 비추는 조명방법으로 명암의 강한 대비현상이 나타나므로 극적인 그림자가 창출된다. 광원에 의한 눈부심 현상이 생길 수도 있으므로 적절한 대책이 필요하다.

(2) 간접 조명

광원에서 발생되는 빛을 반사면으로 반사시켜 조명하는 방법이다. 반사면으로는 일반적으로 벽이나 천정면을 활용한다. 따라서 간접조명의 효과는 벽면이나 천정면 재료의 질감, 색채 등의 특징에 따라서 달라진다. 조명은 부드러운 느낌을 주며 그림자를 흐리게 하고 눈부심을 감소시킨다. 간접조명은 일반조명이나 배경조명에 적합하다.

(3) 광원확산 조명

광원 전체를 반투명 유리로 감싸는 조명방법이다. 반투명 유리를 통해서 나오는 부드러운 빛의 확산광이 전체로 확산되므로 그림자가 부드러워 안락한 분위기가 창출된다.

(4) 반직접 조명

가장 보편적으로 사용되고 있는 조명방식이다. 광원에서 나오는 빛의 60~90%가 직접 투사되고 나머지는 반사광으로 투사된다. 반사광은 반투명 유리 또는 플라스틱 등으로 만든 덮개 또는 갓 등을 통해서 나온다. 강하지는 않지만 그림자가 생기고 눈부심이 생기는 단점이 있다.

(5) 반간접 조명

광원에서 나오는 빛의 60~90% 가 반투명 유리를 통해서 확산광으로 투사되는 조명방법이다. 확산광과 반사광을 병용한 조명방법으로 은은한 빛을 얻을 수 있다. 조도의 균질성이 확보되고 그림자도 부드럽고 눈부심도 거의 없다.

나) 조명기구에 의한 분류

(1) 천장 조명 *Ceiling Area Light*

천장 전체를 하나의 광원으로 사용하는 조명방법이다. 천장표면에 형광등과 같은 조명기구를 직접 부착하여 조명하는 방법도 일종의 천장조명이다. 천장조명의 이미는 다음과 같다.

Ceiling Area Light A lighting system in which the entire ceiling functions as a single large luminaire. This lighting includes luminous and louvered ceilings.

Luminous Ceilings An area lighting system, mounted on a ceiling, that has a surface of light-transmitting materials with light sources installed above it.

(2) 다운 라이트 *Downlight*

천장 속에 조명기구를 매입하는 방법으로 국부조명에 활용된다(사진 2-74). 일반적으로 바닥 반사 형이므로 천장 쪽은 어둡고 바닥 쪽은 밝다. 다운 라이트의 의미는 다음과 같다.

Downlight A small direct-lighting unit, usually recessed in the ceiling and directing light downward only.

사진 2-74 : 다운 라이트 *Down Light*

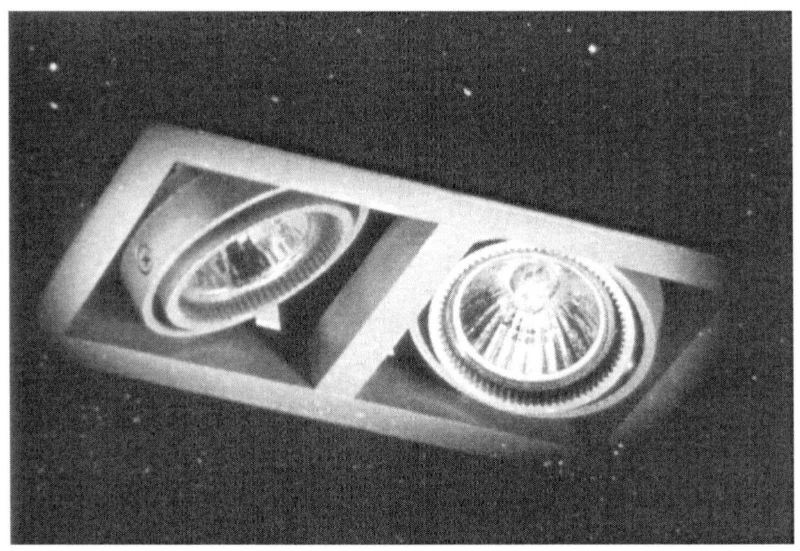

(3) 워셔 다운라이트 *Washer Downlight*

다운 라이트와 유사한 조명방식이지만 주로 벽면 전체를 쓸어내리듯이 조명한다.

(4) 스포트라이트 *Spotlight*

벽면 또는 천장 면에서 돌출되게 조명기구를 설치하여 특정물체에 조명이 집중되도록 하는 조명방법이다. 미술관 등에서 전시 미술품 등을 부각시키기 위한 조명방법으로 활용된다. 벽면이나 천장 면에 부착된 트레이 *Tray* 에 조명기구를 설치하면 조명기구의 위치이동이 자유롭고 조명각도 또한 자유롭게 조절할 수 있다.

(5) 펜던트 *Pendent*

천장이나 보 등에서 내려진 줄에 조명기구를 매달아 조명하는 방법이다. 조명기구를 설치할 때에는 눈높이를 고려하여 광원에 의한 눈부심 현상이 발생하지 않도록 하여야 한다. 전체 조명보다는 국부조명에 활용되며 주로 식탁이나 거실의 탁자 등 특정장소를 조명할 때 활용된다.

(6) 바닥 스탠드 *Floor Lamp*

특정부분에 조도를 높이기 위하여 사용되는 보조적인 조명방법이다. 조명기구는 일반적으로 건축물의 바닥에 세워두므로 이동이 자유롭다.

(7) 데스크 라이트 *Desk Light*

바닥 스탠드와 유사한 조명방법이지만 독서나 높은 조도를 필요로 하는 정밀작업용 책상 등을 조명한다(사진 2-75).

(8) 브래킷 *Bracket*

출입구, 벽난로, 세면대 등의 벽면위에 설치하여 조명하는 실용적이고 장식적인 조명방법이다. 출입구 위에 설치한 조명기구는 인포메이션 조명의 기능도 한다.

(9) 샹들리에 *Chandelier*

천장에 매단, 화려한 장식이 있는 전등 또는 촛대를 말하며 주로 대형 연회장 *Banquet Room* 등에 설치한다. 샹들리에를 설치할 때에는 실내의 다른 장식물 등과 잘 조화될 수 있는 형태 및 빛을 선정하여야 한다(사진 2-76).

사진 2-75 : 데스크 라이트 *Desk Light*

사진 2-76 : 샹들리에 *Chandelier*

다) 조명 범위에 의한 분류

(1) 전체 조명

조명 대상 전체를 조명하는 방법으로 주로 배경 조명으로 활용된다. 균등한 조도를 부여하여 편안한 느낌을 주는 반면 단조로움을 유발할 수도 있다. 거실이나 미술관 등에서 전체조명을 택할 경우에는 일반적으로 액센트 조명을 병행하는 것이 조명 효과가 크다.

(2) 국부 조명

정해진 작은 공간에 조명을 집중시켜 시각적 즐거움과 관심을 유발시키는 조명방법이다. 국부 조명의 핵심요소는 위치, 방향성, 설치의 가변성, 광원의 연색성 등이다. 광원의 연색성이란 기본광원의 빛이 특정물체에 의해서 반사되면서 다른 색의 빛으로 발광되는 성질이다.

(3) 액센트 *Accent* 조명

조명렌즈 등을 사용하여 특정물체에 조명을 집중하여 관심을 유도케 하는 조명방법이다. 제품전시장이나 홍보관 등에서 특징제품을 부각시키기 위하여 사용된다.

(4) 유도 *Information* 조명

계단, 출입구 등에 조명기구를 설치하여 방향지시, 안전유도 등을 목적으로 사용되는 조명방법이다.

나. 조명 기구

조명 기구는 조명 장소의 특성에 어울리는 형태와 적절한 밝기를 기준으로 선정돼야 한다. 현재 사용되고 있는 조명 기구는 열방사 방식과 빛 방사 방식으로 대별된다. 후자에는 형광등, 수은등, 나트륨 등 *Sodium Lamp* , 발광 다이오드 *LED* 등 燈 이 있고, 전자에는 백열등이 있다. 또한 조명 기구는 빛의 세기, 즉 광속 光束, *Lumen* , *lm* 의 크기에 따라서 백열등, 형광등과 같은 일반 건축물용과 넓은 지역의 조명이 가능한 수은등, 할로겐 등 *Metal Halide Lamp* , 나트륨등으로 분류할 수 있다. 고강도의 빛 *High Intensity Discharge Lighting* 을 낼 수 있는 수은등, 할로겐 등 및 나트륨 등은 공장, 체육관, 운동경기장, 주차장, 도로, 고속도로 등의 조명에 주로 쓰인다. 단위 소비전력 *Watt* 당 발광 효율 *Efficacy of Light* 은 백열등 24*lm/w* , 수은등 63*lm/w* , 형광등 84*lm/w* , 할로겐 등 103*lm/w* , 고압 나트륨 등 140*lm/w* , 저압 나트륨 등 183 *lm/w* 이다. 우리가 흔히 볼 수 있는 여러 가지 조명 기구의 특성은 다음과 같다.

가) 백열등 *Incandescent Lamp*

전기 에너지를 열에너지로 전환시킬 때 발생하는 빛을 이용하는 전구이다. 즉, 백열등은 필라멘트에 전기를 직접 흘려 빛과 열을 동시에 발생하도록 한 전구이다. 백열등의 규격, 형태 및 정격 소비전력 *Wattage* 은 매우 다양하다. 일반 백열등의 정격 전압은 220v, 정격 소비전력은 2~1500w 정도이지만 가로 조명용은 그 소비전력이 15 000w 에 달하기도 한다. 석영 수은등 *Quartz Lamp* 및 텅스텐 할로겐 등 *Tungsten Halogen Lamp* 은 특수 백열등의 일종이다. 석영 수은등의 정격 소비전력은 36~1500w, 수명은 2000~4000시간으로 일반 백열등보다 훨씬 길지만 가격이 비싼 것이 흠이다.

백열등은 일반적으로 투명하거나 우유 빛을 띠고 있다. 일반, 반사, 장식 조명용으로 두루 쓰이는 백열등의 용도는 매우 다양하지만 일반적으로는 *Simple Lampholders*, *Decorative Multi-lamp Chandeliers*, *Down Lights*, *Spotlights*, *Accent Wall Lights*, *Track Lights*, *Exterior Floodlights*, *Emergency Lights* 등의 용도로 쓰인다. 백열등은 진공 또는 아르곤 *Argon* 과 질소 *Nitrogen* 를 혼합한 기체 *Gas* 를 넣은 유리공 안에 융해점이 높은 금속 코일 *Filament* 을 넣어 만든다. 백열등의 한끝은 전구를 소켓에 쉽게 끼울 수 있는 나선형 캡 *Cap with Screw* 으로 밀봉되어있다. 이 캡은 일반적으로 황동 *Brass* 이나 알루미늄으로 만든다.

백열등 속에서 밝은 빛을 내는 필라멘트는 일반적으로 텅스텐 *Tungsten* 으로 만들기 때문에 백열등을 백열 텅스텐 전구라고도 한다. 발광체로 쓰이는 필라멘트는 텅스텐 철사를 이중 二重 코일 형태로 감아서 만든다. 필라멘트를 이중으로 감아서 만드는 것은 열손실을 방지하기 위함이다. 전기가 흘러 발광상태에 있는 필라멘트의 온도는 3400℃ 정도이며 조명용 광선이 나오는 최저온도는 2000℃ 이다. 필라멘트가 적색상태일 때의 온도는 700℃ 이다. 백열전구 속에는 텅스텐 필라멘트가 고온에서 용융, 증발되지 않도록 하기 위해서 불활성 가스인 아르곤 *Argon* 또는 질소를 주입한다. 백열등의 의미는 다음과 같다:

Incandescent Lamp A lamp in which electricity heats a (tungsten) filament to incandescence, producing light.

백열등의 장단점은 다음과 같다:

(1) 장점

① 빛의 색이 부드러워 따뜻한 느낌을 준다.

② 제광 장치 *Dimmer* 를 이용하여 빛의 강약을 자유롭게 조절할 수 있다.
③ 초소형에서 대형에 이르기까지 크기가 매우 다양하여 조명이 필요한 곳에서는 어느 곳에서도 사용할 수 있다.
④ 가격이 저렴하고 취급이 간단하여 유지관리가 용이다.
⑤ 점등장치가 단순하고 빨라 순간적인 점멸이 가능하다.

(2) 단점

① 투명전구의 경우 눈부심이 강하다.
② 동일한 에너지를 사용하는 형광등보다 발광효율이 낮다.
③ 수명이 1000~2000시간 정도로 비교적 짧다.

나) 형광등 *Fluorescent Lamp*

오늘날 조명 기구의 대명사라고 할 수 있는 형광등은 열 발생량이 적고 에너지 효율이 높아 가장 흔히 쓰이고 있다. 형광등은 관 내벽에 형광물질 *Fluorescence* 을 바른 진공 유리관 *Phosphor-coated Tube* 속에 소량의 수은 증기 *Mercury Vapor* 와 비활성 기체 *Inert Gas* 를 넣고 밀봉한 다음 양 끝에 고압전극 *Hot Cathode* 을 붙여 만든다. 방전을 쉽게 하기 위하여 사용되는 비활성 기체로는 주로 아르곤 *Argon* 이 쓰인다. 전극 사이에 전압을 걸면 수은의 방전 *Mercury Arc* 으로 자외선 *Ultraviolet Light* 이 생성되며, 이 자외선을 받은 형광물질은 눈으로 볼 수 있는 고유의 빛을 낸다. 수은의 방전에 의하여 방사되는 빛은 90% 정도가 눈에 보이지 않는 자외선이며 가시광선인 청록색 빛은 10% 정도뿐이다. 10% 의 가시광선으로는 조명이 불가능하므로 유리관 안쪽에 형광물질을 칠하여 눈에 보이지 않는 자외선을 가시광선으로 변환시키는 것이다. 형광등의 색은 형광물질의 종류에 따라서 연분홍색, 베이지색, 청회색, 자연광색 등으로 매우 다양하게 나타난다. 현재는 자연광에 가까운 빛을 얻기 위하여 적색, 녹색, 청색의 3파장을 내는 형광물질을 사용한다. 자연광 색 형광등은 기존의 형광등보다 조도가 20% 정도 향상된다.

형광등은 생김새에 따라서 U-형 *U-shaped Model* , 원형 *Circular Model* , 선형 *Straight Tube* 등으로 분류할 수 있으며 선형의 길이는 150~2440mm 정도이다. 형광등의 발광 형태에는 예열형 *Preheat Type* , 순간형 *Instant Start Type* , 쾌속형 *Rapid Start Type* 등이 있다. 시동기 *Starter* 를 필요로 하는 예열형과 그 이후에 개발된 순간형은 구형으로 지금은 거의 생산 되지 않는다. 요즈음에 생산되고 있는 형광등의 대부분은 쾌속형이며 형광등의 관경도 절전효과를 높이기 위하여 기존의 32mm 에서 26mm 로 작아지고 있다. 현재 생산되고 있는 형광등의 정격 소비전력 *Wattages* 은 4~215 *watts* , 정격 소비전류는 425~1500mA 이다.

현재 우리가 가장 일반적으로 사용하고 있는 선형 형광등의 길이 및 소비전력은 610mm / 20watt, 910mm / 30watt, 1220mm / 40watt, 1830mm / 55watt, 2440mm / 75watt 등이다. 형광등의 수명은 일반적으로 2만 시간 이상이며 형광등의 의미는 다음과 같다:

Fluorescent Lamp A low-pressure mercury electric-discharge lamp in which a phosphor coating on the inside of the tube transforms some of the ultraviolet energy generated by the discharge into visible light.

다) 수은등 *Mercury-vapor Lamp*

고압 수은 증기 *High Pressure Mercury Vapor* 속에서의 아크 *Arc* 방전 放電 으로 생기는 강한 열과 밝은 빛을 이용하는 조명기구이다. 수은등의 기본원리는 고압 수은 증기를 이용하는 것을 제외한다면 형광등과 같으며 백열전구와 같이 소켓에 돌려서 끼울 수 있는 금속제 나사 *Metal Screw* 가 달려있다. 수은등의 형태는 매우 다양하지만 대개는 길쭉한 유리 공 *Glass Bulb*, *Side-prong Base* 모양이다. 일반 수은등의 정격 소비전력은 40~1000watts 정도이다.

청록색 *Blue-green Color* 의 빛을 내는 투명한 유리 공 모양의 수은등은 실외용으로 쓰이는 반면 형광등과 유사한 빛을 내는 은빛 피막이 된 수은등은 실내용으로 쓰인다. 수은등은 수은증기 압력의 크기에 따라서 저압, 고압, 초고압 수은등으로 분류된다. 투명한 유리 공 모양의 저압 수은등은 다량의 자외선을 방출하므로 병원, 약국, 주방 등에서 살균용으로 활용되기도 한다. 고압 수은등은 휘도와 광속 光束, *Lumen* 이 크면서 조명효율이 높아 도로, 정원, 운동경기장 등에서 활용된다. 수은등은 조명목적 이외에 의료, 영화, 탐조 등의 용도로도 널리 쓰인다. 수은등의 수명은 일반적으로 24 000시간 이상이며 전력의 효율은 백열등보다는 높지만 할로겐 등이나 나트륨등보다는 낮다. 또한 수은등은 점등 또는 점멸 후 재 점등 시 예열 및 냉각에 일정한 시간을 필요로 하는 단점도 있다.

라) 할로겐램프 *Halogen Lamp*

할로겐램프는 일종의 수은등이지만 조명 효율이 높고 균질한 백색광을 얻을 수 있는 특징이 있으며 정격 소비전력은 175~1500watts 정도이다. 그러나 할로겐램프는 발열량이 커서 사용이 제한적일뿐더러 수명도 수은등보다 짧다. 할로겐램프는 석영 발광관 속에 수은 가스, 아르곤, 금속 할로겐 화합물 *Halide* 등을 넣고 밀봉하여 만든다. 할로겐램프를 만들 때 금속

할로겐 화합물을 사용하기 때문에 할로겐램프를 메탈 핼라이드 램프 *Metal Halide Lamp* 라고도 한다. 할로겐은 불소, 염소, 브롬, 옥소, 아스타틴 등의 할로겐족 원소를 총칭하는 말이다.

마) 나트륨램프 *Sodium Lamp*

열은 노란색 빛을 내는 나트륨 램프에서는 나트륨, 수은, 크세논 *Xenon* 등이 혼합된 증기를 사용하며 고압 램프와 저압 램프가 있다. 고압 나트륨 램프 *High Pressure Sodium Lamp* 의 정격 소비전력은 35~1000*watts* 이고, 저압 램프는 18~180*watts* 이다.

나트륨 램프는 수은등과는 달리 예열 및 냉각을 위한 대기 시각이 짧으므로 즉각적인 점등 및 재 점등이 가능하다. 고압 나트륨 램프는 형광등보다 크기가 작고 발광 효율이 높으며 사용이 편리하다. 따라서 나트륨 램프의 사용빈도는 증가되고 있지만, 일반 사무실에서는 노란색의 빛이 부적합한 경우도 있다. 저압 나트륨 램프는 고압등보다 발광 효율이 더욱 크기는 하지만 짙은 노란색의 빛이 실내에서는 부적합한 경우가 있다. 따라서 저압 램프는 일반적으로 도로, 주차장, 보안지역 등의 조명에 쓰이고 있다. 저압 나트륨등의 수명은 1만 8000시간 정도이다.

바) 일렉트로루미네슨스 램프 *Electroluminescence Lamp*

형광체의 전자발광 원리를 이용하는 일렉트로루미네슨스 램프는 소비전력도 적고 조명효과가 환상적이어서 미래의 조명기구로 각광받고 있는 조명등이다. 이 램프를 이엘 램프 *E L Lamp* 라고도 하며 두장의 전극사이에 형광물질을 분산시킨 유전체 誘電體 를 끼워 넣어 만든다. 이엘 램프에 교류전압을 걸면 형광이 발생된다. 이엘 램프를 천장에 사용할 경우 천장전체의 조명이 가능하며 그림자도 생기지 않는다.

사) U-램프 *U-lamp*

백열등과 형광등의 장점을 결합하여 조명효율을 높인 조명기구이다.

4) 통신 및 방송설비

건축물에 설치되는 통신 및 방송설비에는 전화, 정보자료 송수신 단말기 및 통신망, 인터폰 *Interphone* , *CATV Community Antenna Television* , 스피커, *CCTV Closed-circuit Television* 및 영상송출기기, 부선통신 중계기기, *FM Frequency Modulation* 방송기기 등이 있다. 통신 및 방송설비는 건축시공 이외의 전문분야이므로 상세한 내용은 생략한다. 건축공사에서 흔히 볼 수 있는 카펫 밑 전화선 및 통신선의 설치 방법은 다음과 같다.

가. 카펫 전화설비 *Undercarpet Telephone Systems*

카펫 밑에 부설하는 전화선은 기존의 둥근 케이블 *Round Cable* 대신에 납작한 케이블 *Flat, Low Profile Cable* 을 사용한다. 이 시스템은 상단 덮개 *Top Shield*, 하단 덮개 *Bottom Shield*, 케이블 *Cable Assembly* 및 *Pedestal Duplex Modular Fitting*, *Right Angle Bend*, *Transition Fitting with Cover* 등의 부품으로 구성된다. 이 시스템의 하단 덮개는 절연재료인 비닐 *Vinyl Film* 로 만들며 바닥의 습기, 화학약품, 마손 *磨損* 등으로부터 케이블을 보호한다. 한편 케이블 보호용 덮개로는 내 부식성이 강한 비닐 플라스틱 테이프 *Vinyl Plastic Telephone Tape* 를 사용한다.

나. 카펫 정보통신 설비 *Undercarpet Data Systems*

카펫 밑에 정보통신 자료 송수신용 통신선을 부설할 때에는 납작한 동축 *同軸* 케이블 *Flat, Low Profile Coaxial Cable* 을 사용한다. 카펫 밑에 부설된 통신선은 메인 컴퓨터 *Main Computer* 와 원격조정 자료 송수신 터미널 *Remote Data Processing Terminals* 에 연결된다. 이 시스템은 유연성이 크고 설치가 용이하며 사용이 편리하여 열린 공간의 사무실에서는 매우 유용하지만 공간이 구획되어 있는 학교나 병원 등에는 부적합하다. 이 시스템은 *Coaxial Cable*, *Notch Cable for Storing Extra Cable Length*, *Notch Cable at Floor to Allow Cable to Curve onto Floor*, *Pedestal Floor Fitting*, *Flush Transition Fitting* 등으로 구성된다. 이 시스템에서 사용되는 케이블의 전기저항은 50, 75, 93ohms 등이며 케이블은 알루미늄 박판 덮개 *Aluminum Foil Shield*, 나일론 인대 *Two Nylon Cord* 및 플라스틱 외피 *PVC Protective Jacket* 등으로 보호되어 있어 습기침투 및 마모에 의한 손괴의 우려가 거의 없다. 따라서 이 시스템에서는 케이블을 보호하기 위한 별도의 상단 덮개 *Top Shield* 및 하단 덮개 *Bottom Shield* 를 설치할 필요가 없다.

4. 방범 및 자동화설비

1) 방범 및 안전설비 *Security Systems*

방범 및 안전설비는 감지기와 통신망으로 구성되며 통신망은 공중회선과 전용회선으로 분류된다(사진 2-77). 개인 주택의 방범 및 안전 서비스는 주로 민간경비업체가 담당하고 있으며 범죄 발생시 일차적으로 5분 이내에 출동, 경찰서 및 소방서 등에 연락하여 사건을 해결한다. 민간 경비업체는 기본적인 방범 서비스이외에 전기, 가스, 화재 등으로 인한 사고 예방 및 환자, 독거노인 등의 생활관리, 정보제공 등의 일상적인 안전사고 예방에 관한 서비스도 시행하고 있다. 그러나 홈-네트워크 시스템 환경은 편의성과 함께 악의적인 침입자에 의한 위험성도 함께 내포하고 있으므로 관련 보안대책의 수립은 필연적이다. 보안에 대한 안일한 인식이 한 가정의 안전과 행복을 일시에 무너뜨릴 수 있기 때문이다. 방범 및 안전 설비용 기기의 종류 와 방범 및 생활안전에 관하여 민간 경비업체가 시행하고 있는 서비스의 종류 및 특성은 다음과 같다.

사진 2-77 : 방범 및 안전설비

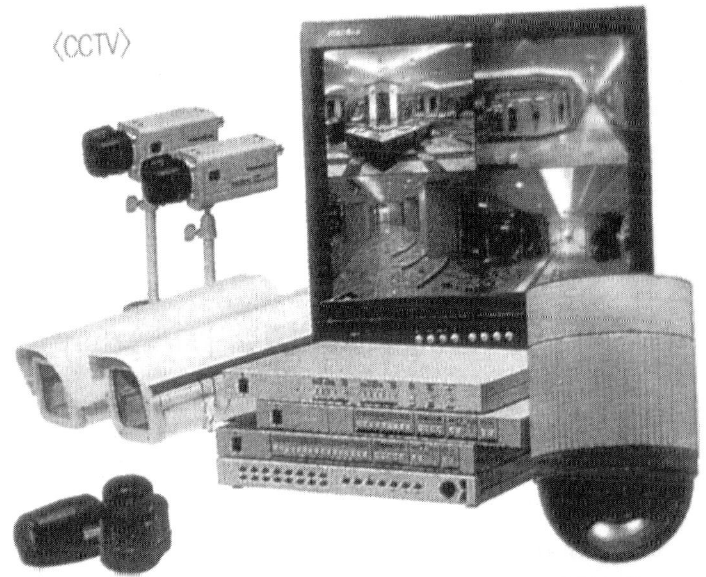

가. 방범 및 안전설비기기

가) 건축물 외부 감지기

건축물의 외부에 설치하여 침입자의 접근을 감지, 사전에 무단침입을 방지하는 장치에는 적외선 감지기, 극초단파 *Microwave* 감지기, 진동 감지기, 건축물 음파 감지기, 지중시설 감지기, 전파교란 감지기, 폐쇄회로 카메라 *CCTV* , *E-field* 등이 있다.

나) 창호 감지기 및 방범 구조물

건축물의 출입문이나 창에 설치하여 침입자의 무단침입을 감지, 예방하는 장치로서 그 종류는 다음과 같다:

① 건축물 진동 감지기
② 창호개폐 감지기: 적외선식, 자기식 *Magnetic Type*
③ 강철제 방범창틀
④ 창호 유리부착 필름: 방탄, 방범, 단열, 방화 기능

나. 방범 및 안전 서비스

가) 방범 서비스

(1) 무인방범 서비스

중앙관제센터에서의 24시간 감시를 통해서 도둑 등의 무단침입을 사전에 방지하고 범행을 조기에 발견하여 공권력에 조치한다. 무단침입자를 사전에 설치해 놓은 열선감지기 또는 자석감지기 등으로 감지하여 즉시 경광 등을 작동하거나 사이렌 *Siren* 을 울려 1차 방어하고 이어서 자동경보기를 통하여 파출소와 본인에게 통보하여 2차 방어한다.

(2) 비상통보 서비스

민간 경비업체의 서비스에 가입한 고객이 인적, 자연적 원인에 의한 비상상태에 처하게 될 때 고객으로부터의 비상 신호를 감지, 경비요원을 출동시키고 경찰서에 신고한다.

나) 생활안전관련 서비스

(1) 화재감시 서비스

화재 수신기 및 감지기 *Sensor* 를 설치하여 화재발생 여부를 감시하면서 화재발생시 관제센터에서 소방서에 신고한다.

(2) 가스 누출 통보 서비스

가스 누출 감지기 *Sensor* 를 설치하여 가스 누출 여부를 감시하면서 이상이 있을 시 관제센터에서 고객에게 통보하고 도시가스 관할지역 관리소에 신고하여 안전 조치토록 한다.

(3) 설비이상 통보 서비스

전기보일러, 냉장고 등 각종 가전설비의 작동 이상유무 및 정전, 누전, 누수 등에 의한 피해를 사전에 감지하여 고객에게 통보, 조치토록 한다.

(4) 구급통보 서비스

고혈압, 심장마비 등 위험성 질환을 앓고 있는 환자가 갑자기 건강에 이상이 생길 때 환자가 구급버튼으로 보내는 이상 신호를 관제센터에서 모니터링 하여 신고, 구급차량이 출동할 수 있도록 한다. 구급버튼은 목걸이형과 벽체 고정 형이 있다.

(5) 생활리듬 감시 서비스

홀로 생활하는 독신 노인의 생활공간에 감지기를 설치하고 생활리듬을 감시하면서 24시간 이상 정상적인 활동을 하지 않으면 관제센터에서 감지, 사전에 약속된 연락처로 통보하여 조치토록 한다.

2) 경보 및 비상등 설비 *Alarm & Emergency Lighting Systems*

도난 방지용 경보설비는 수신기 *Control Box* , 감지기 *Sensor* , 경광 등 *Emergency Light* , 경음기 *Speaker* 등으로 구성된다. 경계지역 내에 침입자가 침입하면 강력한 경보음이나 빛을 발생시켜 도난을 방지한다. 경보설비에서 쓰이는 각종 기기의 종류 및 특성은 다음과 같다.

가. 인체 열감지기

침입자의 체온에서 발생하는 열을 감지하여 경보를 발하는 기기이나. 인세 열 감지기는 화재발생 감지용 기기로도 활용된다.

나. 극초단파 감지기

안테나 *Antenna* 로 극초단파 *Microwave* 를 방사하여 침입자로부터 되돌아오는 반사파로 침입자를 식별하여 경보한다. 극초단파란 파장이 1*m* 이하인 전자파로 빛처럼 직진하는 특성이 있어 전파탐지기 *Radar: Radio Detecting and Ranging* 또는 *TV Television* 등에 쓰인다. 극초단파 감지기는 기능 및 성능이 우수하고 가격이 비교적 저렴하여 보급률이 높다.

다. 초음파 감지기

발전기를 이용하여 사람의 귀로 들을 수 없는 주파수 20 000*Hz* 이상의 초음파 *Supersonic* 를 방사하면서 무단침입자의 움직임이 포착되면 경보가 울린다. 설치작업이 난해하고 감시범위가 10~12*m* 정도로 작아 보편화되지는 않고 있다.

라. 자성 감지기 *Magnetic*

자석의 원리를 이용한 감지소자를 창틀 또는 문틀 등에 부착 또는 매립하고 수신기에 연결해 놓으면 문이나 창이 열릴 때 감지소자가 분리되면서 경보음을 발생한다. 그러나 자기감지기는 창호의 개폐빈도가 지나치게 많은 경우 오작동의 우려가 있다.

마. 폐쇄회로 카메라 *CCTV*

CCTV Closed-circuit Television 는 무단 침입자를 촬영, 실내에서 영상으로 확인할 수 있는 감시용 방범설비로서, 저조도, 고조도, 흑백, 천연색 등으로 촬영이 가능하다. *CCTV* 는 카메라. 모니터 *Monitor*, *VCR Videocassette Recorder*, 스위치, 케이블, 팬틸트 하우징 등으로 구성된다. *VCR* 에 연결할 경우 *CCTV* 는 24시간 녹화가 가능하므로 범죄행위의 사후 추적에 증거자료로 활용할 수도 있다.

바. 중앙제어 시스템; 수신기

각종의 방범감지기로부터 수신한 감지내용을 기록하고 그 결과를 바탕으로 하여 경음기, 경광 등, 비상통보기 등을 작동시키는 기기이다. 자동통보장치가 입력된 수신기는 기억된 전화번호를 자동으로 연결, 파출소나 경비실 등에 적시에 통보한다.

3) 자동화 설비 *Automation Systems*

건축물 자동화 설비의 초기 개념은 단순 방범 및 방재 개념이었으나 생활의 효율성, 편리성 및 경제성을 추구하는 추세에 따라서 방범 및 방재는 물론 제어 및 정보의 개념으로 발전하고 있다. 자동화 설비의 최종단계는 건축물내외에서 사람의 감각으로 느낄 수 있는 여러 가지 상황을 자동화 설비의 중앙제어 감지장치가 감지하고 명령을 하달하여 각각의 자동화 설비기기가 자동으로 작동할 수 있는 인공지능 건축물 *IB: Intelligent Building* 을 구축하는 것이다. 그러나 건축물 자동화설비 *BAS: Building Automation Systems* 는 건축시공과는 별도의 분야이므로 여기서는 현재 우리나라에서 진행 중인 홈오토메이션 시스템 *HAS: Home Automation Systems* 에 관하여 간략하게 기술한다. *IB* 의 의미는 다음과 같다:

Intelligent Building 또는 *Smart Building A building that contains some degree of automation, such as centralized control over HVAC systems, fire safety and security access systems, telecommunication systems, and so forth.*

가. 주택 보안 및 방재 시스템

화재, 가스누출, 외부인 침입 등의 사건이 발생할 경우 각 가정에 설치된 경음기 *Speaker* 등의 경보기기를 통하여 경보를 발하는 시스템이다. 경보 발령 시 자동전화가 사고내용 및 위치, 해당 전화번호 등을 경비실, 이웃집, 파출소, 소방서 등에 자동으로 연결한다.

나. 주택 제어 시스템

홈-게이트웨이를 통하여 인터넷 망에 연결된 각종 디지털가전기기, 즉 전기, 가스 및 조명기기, *TV* , 오디오, 무선카메라, 냉난방기기, 냉장고, 부엌의 조리기구 등의 작동상태를 휴대전화, 개인정보단말기 *PDA* , 노트북컴퓨터 등으로 주택의 외부 및 내부에서 원격 제어하는 시스템이다. 주택 제어 시스템이 구축되고 우리 일상생활 어디에나 무수히 많은 다양한 컴퓨터가 서로 네트워크로 연결되어 있다면 개인들은 언제, 어디서나 인터넷 망에 접속할 수 있는 통신환경, 즉 유비쿼터스 컴퓨팅 *Ubiquitous Computing* 환경 속에서 생활할 수 있을 것이다. 유비쿼터스 환경이 성공적으로 이루어지기 위해서는 우선적으로 가전제품 및 정보통신기기 상호간에 호환 및 통신을 위한 표준규격이 정해져야 한다.

다. 가정 정보시스템

개인용 컴퓨터 *PC: Personal Computer* 통신, 케이블 *TV* , 주문 형 비디오 등을 통하여 생활에 필요한 각종의 정보를 취득하는 시스템, 즉 홈-네트워크 시스템이다.

5. 주방설비

주거환경이 급속히 서구화 되면서 주방 즉, 부엌에 대한 사회적 인식이 변하고 있다. 예전 전통한옥에서의 부엌이란 주부가 조리, 식기세척 등의 가사노동을 하는 단순기능의 노동공간이었다. 그러나 요즈음의 현대적 주거공간에서의 부엌이란 대체로 식사공간을 겸하고 있으므로 조리 및 식기세척은 물론 가족과의 대화를 즐기면서 휴식을 취할 수 있는 복합기능의 가족문화공간으로 변모하고 있다. 부엌 및 식당은 기능성, 편의성 및 안락함을 추구 할 수 있는 가정생활의 중심공간으로 자리매김하고 있는 것이다. 그러므로 주택의 공간 배치에서 부엌 및 식당을 북향에 배치하는 기존의 관념에서 벗어나 밝고 일조량이 많은 동남향에 배치하는 것이 위생상으로는 물론 가족의 문화공간으로서의 기능에도 합당할 것으로 생각한다. 현대적인 주방의 집기, 가구 및 첨단 가전기기를 맞춤 생산하여 조립하여 넣는 빌트인 시스템 *Built-in-system* 을 지향하는 콤팩트 키친, 시스템키친에 관한 사항은 다음과 같다.

1) 주방 집기 및 가구 *廚房, Kitchen*

가. 주방 작업대

부엌에 설치된 작업대에는 개수대, 조리대, 가열대 등이 있다. 개수대에는 개수통과 수도전이 장착되고 가열대에는 오븐 또는 가스레인지, 후드 등이 장착된다(사진 2-78). 주방의 작업대를 구성하는 주요부품의 종류 및 특성은 다음과 같다.

가) 작업대 상판 *Countertop*

부엌 작업대의 상판은 목재, 천연 및 인조 대리석, 스테인리스 강판, 타일, 합성수지판 등의 재료를 사용하여 만든다. 그러나 주로 물을 사용하는 개수대의 상판은 일반적으로 스테인리스 강판으로 만든다. 작업대 상판용 재료의 특성은 다음과 같다:

① 목재; 외관은 아름답지만 내구성 부족
② 천연 대리석; 외관이 아름답고 재료로서의 모든 특성이 우수하여 사용이 편리 하지만 값이 비싸다.
③ 인조 대리석; 색상 및 질감이 다양하고 우수하며 가격도 천연산보다 훨씬 싸다. 또한 내구성, 내수성, 내열성도 우수하며 때도 잘 타지 않는다.
④ 스테인리스 강판: 강도 및 강판의 크기가 크고 접합이 용이하여 대규모 식당이나

급식 시설의 대형 작업대의 상판 제작용으로 쓰인다. 사용 및 유지 관리가 편리하지만 사용 중 약간의 소음이 발생한다.

⑤ 합성수지판; 재료의 성능은 우수하고 값이 싸지만 품위는 없다.

⑥ 타일; 외관이 아름답고 재질은 우수하지만 줄눈 처리가 까다롭다.

나) 개수통 Sink

개수대의 개수통은 일반적으로 스테인리스 강판이나 인조 대리석으로 만든다. 개수통 즉, 식기 세척 통은 하나 *Single Bowl* 인 것과 두 개 *Double Bowl* 인 것이 있다. 개수통이 두 개인 것은 하나는 세척용으로 하나는 헹굼용으로 사용된다. 개수통에는 일반적으로 물기가 있는 식기의 물을 뺄 때 사용하는 장치가 부착되어 있다. 그러나 요즈음에는 식기 자동 세척기가 보편화되고 있는 추세이므로 개수대의 크기도 점차 축소될 것으로 생각된다.

사진 2-78 : 주방의 작업대

다) 수도전 *水道栓, Faucet*

개수통에 연결되어 있는 수도전 즉, 수도꼭지에는 세면기의 수도꼭지와는 달리 식기세척의 편의를 위해서 필터 및 샤워장치가 부착되어 있다. 개수통용 수도꼭지는 일반적으로 한 개뿐이지만 수도꼭지에는 온수관과 냉수관이 동시에 연결되어 있기 때문에 싱글 레버 *Single Lever* 를 조절하여 적정 온도의 물을 자유롭게 사용할 수 있다.

라) 후드 *Hood*

부엌에서 음식물을 조리할 때 발생하는 냄새, 연기, 증기 등을 제거하기 위하여 가열 대 상부에 장착한 환기용 설비이다. 후드에는 작업의 편의와 소음을 최소화하고 흡입력을 최대화하기 위한 풍량 조절계, 적외선 감지계, 전등 등이 부착되어 있다. 후드는 수납장에 넣어 설치하는 부착형과 천장이나 벽에 매달아 설치하는 독립형이 있다. 후드의 의미는 다음과 같다:

Hood ① A protective cover over an object or opening. ② A cover, sometimes including a fan, a light fixture, fire extinguishing system, and/or grease filtration /extraction system, and supported, hung, or secured to a wall such as above a cooking stove chimney, or to draw smoke, fumes, and odors away from the area and into a flue. ③ A curved baffle used to minimize scattering and separation of material discharged by a conveyor belt.

나. 주방기구 수납장, 가구 및 가전기기

주방기구용 붙박이 수납장은 일반적으로 작업대의 상부 또는 하부 공간에 설치하여 작업동선을 최소화 하고 공간의 효율성을 높이고 있다. 주방에 설치되는 가전기기에는 오븐 *Oven* 또는 레인지 *Range* , 냉장고, 식기세척기 등이 있으며 가구에는 주방기구용 장식장, 식탁 및 의자 등이 있다.

2) 콤팩트 키친 *Compact Kitchen*

주로 독신자용 주택의 좁은 부엌공간에 주방의 기능과 작업동선을 최소화하면서 주방집기 및 가구를 과학적으로 집적, 배치한 소위 미니키친이다. 콤팩트 키친에는 문형 *門型, Door Type* 과 개방형 *Open Type* 이 있다. 후자는 주방기기가 모두 노출되는 형태이지만 설치비가 저렴한 특징이 있다. 문형 콤팩트 키친은 주방의 노출을 원치 않을 때 유효한 형태로서, 부엌일을 하지 않는 평상시에는 콤팩트 키친 전체를 문으로 막아 놓을 수 있다. 문을 닫을 경우 주방기기가 전혀 보이지 않으므로 깨끗하고 쾌적한 분위기를 연출할 수 있다.

3) 시스템키친 *System Kitchen*

생활관습, 작업동선 및 조리과정 등을 고려한 주방공간을 인체공학적 차원에서 체계화하여 주방집기 및 가구 등의 주방기기 전체가 합리적이고 과학적인 기능을 발휘할 수 있도록 꾸며놓은 부엌이다. 주방기기 및 가구의 높이, 폭 등을 사용자의 신체조건에 맞추어 완전자동식으로 조절할 수 있으며 사용자의 기호에 따라서 형태, 색상 등을 주문 생산하여 설치한다. 식기세척기, 냉장고, 레인지 *Gas Range* 또는 *Electronic Range* 등의 가전제품은 물론, 수납장이나 개수대조차도 불박이식으로 맞추어 설치 *Built-in* 한다. 시스템키친의 경우 주부의 작업량이 40% 정도 감소되고 작업시간도 25% 정도 단축되는 것으로 평가되고 있다.

제 3 장

흙의 특성 및 지반공사정보

제 1 절 흙의 특성 및 건축물 침하

1. 흙의 역학적 특성 571
2. 흙의 유형 및 분류기준 595
3. 건축물의 심하 및 붕괴 602

제 2 절 대지 및 지반조사

1. 개요 609
2. 지반의 분류 612
3. 지반조사 618
4. 지반의 응력분포 및 허용지내력 678
5. 지반의 압밀시험 및 침하 684

제 3 절 지반개량 원리 및 공법

1. 지반개량 개요 695
2. 지반개량 목적 및 원리 695
3. 지반개량 공법 701

제 1 절 흙의 특성 및 건축물 침하

1. 흙의 역학적 특성

1) 개요

가. 흙의 정의 및 기능

흙의 공학적 정의는 '기층암반 위에 있는 굳어지지 않는 물질' 이다. 흙에 관련된 용어 및 정의는 한국산업규격 *KSF* 1003 에 있다. 건설공사에서의 흙의 기능은 다음과 같다:

① 상부에서 내려오는 모든 하중을 받는다. 건축물, 교량, 저수탱크, 도로 등 지상에 구축되는 모든 구조물은 흙에 의해서 지지된다.
② 콘크리트와 유사한 기능을 갖는다. 다진 흙이나 흙-시멘트 *Soil-cement* 는 콘크리트와 마찬가지로 건축물의 기초뿐만 아니라 댐의 축조에도 쓰인다.
③ 내력벽의 기능을 한다. 흙으로 만든 각종 벽돌 *Soil-cement Bricks, Mud Bricks* 은 내력벽 구축에 쓰인다.

나. 흙의 용도

입도가 좋은 모래, 자갈, 또는 모래와 자갈의 혼합지반은 배수성능이 커 압축 즉, 다지기가 용이하고 전단력이 매우 우수하지만 압축에 의한 지내력의 개선효과는 그다지 크지 않다. 그러나 모래와 자갈은 작업의 용이성과 우수한 전단력 때문에 도로공사의 필수재료로 쓰인다. 점토질 자갈은 흙댐 축조용 재료로 쓰이며, 잘다져진 사질점토나 사질 침니는 운하의 측벽 축조용으로 쓰인다. 사질점토는 압축성과 방수성능은 비교적 우수하지만 전단력은 약하다.

다. 흙의 생성변화

흙은 암석이 수백만 년에 걸쳐 물리, 화학적 풍화작용과 용해작용 등으로 인하여 분해 되어 생긴 작은 입자의 무기물질과 동식물 등이 유기적으로 분해되어 생긴 유기물질의 혼합체이다. 암석은 오랜 세월에 걸쳐 지속, 반복적인 물리적 풍화작용 즉, 온도 변화, 서리, 폭우, 물의 흐름, 바람, 빙하이동, 침식작용 등의 자연현상으로 인하여 동결, 융해, 분쇄, 마모되어 작은 입자의 흙으로 변한다.

원래의 암석과 화학적 성분이 같은 작은 입자의 비 점성 흙은 이후 지속적인 화학적 풍화작용으로 인하여 입자의 크기가 눈으로 식별 할 수 없을 정도로 미세하게 분해되면서 종국에는 광물질 본래의 물리, 화학적 특성이 완전히 변하게 된다. 원래 점성이 없는 흙 입자의 광물질 성분은 공기 중의 수분, 염분, 산소, 이산화탄소, 유기산 등의 작용에 의해서 다시 산화, 탄화, 침출, 가수분해 등의 화학적 풍화작용과 용해 등의 물리적 풍화작용을 거치면서 점성을 갖게 된다.

라. 흙의 삼상 *三相*

일반적으로 흙이라고 일컬어지는 물질은 성질이 서로 다른 삼상 즉, 고체 *Solid* , 액체 *Water* , 기체 *Air* 의 결합체이다. 다시 말해서 흙은 흙 입자, 물, 공기 또는 가스 *Gas* 등으로 결합되어 있는 물질이다. 흙의 강도와 거동은 흙 입자의 집단 활동과 삼상의 상호작용의 결과로 나타나는 것이다. 흙의 삼상 중 기체는 다짐 *Compaction* 에 액체는 압밀 *Consolidation* 에 반응한다. 흙의 삼상에 따른 질량, 중량 및 체적의 상관관계는 그림 3-01 과 같다.

2) 흙의 구조 및 입도

가. 흙의 구조

흙의 구조라 함은 흙 입자를 이루고 있는 원자나 분자 등의 형태 및 배열상태를 말하며 흙의 구조에는 이산구조, 면모구조, 단립구조 *單粒構造, Single-grained Structure* , 벌집구조 *Honeycombed Structure* 등이 있으며 각 구조의 역학적 특성은 다음과 같다.

가) 이산구조

흙의 이산구조는 점성 흙의 전기적 반발력이 우세한 개개의 입자가 교란된 상태에서 현탁액 속으로 서서히 가라앉아 평평한 형태로 퇴적되어 이루어진 구조이다. 이산구조의 흙은 이중층의 두께가 두껍고 전단강도가 작다.

그림 3-01 : 흙의 질량, 중량 및 체적의 상관관계

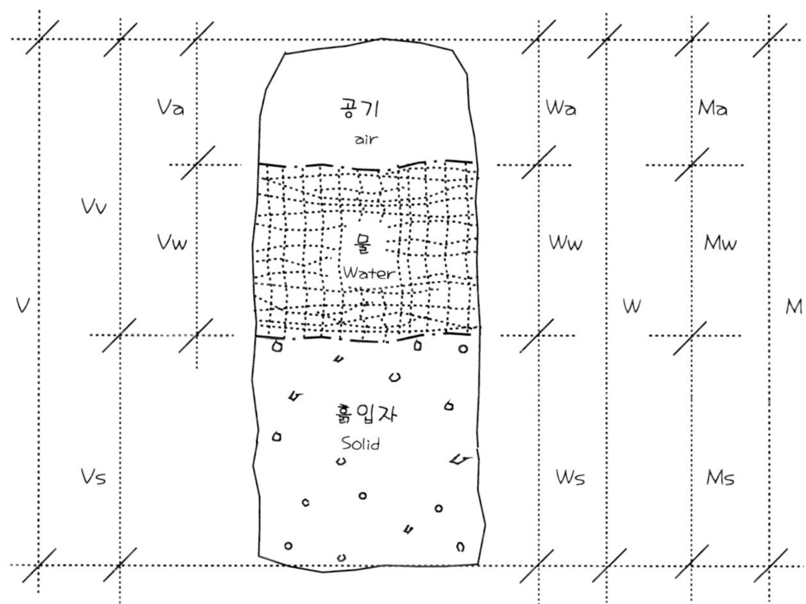

나) 면모구조

흙의 면모구조라 함은 점성 흙의 미세한 입자가 자연 상태에서 물속으로 가라앉으면서 퇴적되어 아주 헐렁하게 줄 모양으로 연결되는 배열을 보이는 구조이다. 면모구조는 흙 입자부분보다 공산부분이 더 큰 구조이므로 외부의 힘에 매우 취약하여 흙 입자를 통해서는 외부의 힘을 전달할 수 없기 때문에 역학적 가치는 크지 않다. 면모구조의 흙은 공극비가 크기 때문에 압축변형이 커서 기초지반의 흙으로서는 부적당하지만 전기적 인력이 우세하고, 전단강도가 커서 진동에 대한 저항력 즉, 내진성은 크다. 면모구조는 점성 흙 입자의 음이온(-)과 흡착수의 양이온(+)이 형성하는 이중층 두께가 얇다.

다) 단립구조

단립구조는 자갈, 모래, 침니 등과 같이 비교적 입자가 크고 점성이 거의 없는 흙의 여러 입자가 섞여서 집합되어 있는 구조이다. 단립구조인 흙은 중력에 의한 압축으로 흙 입자의 접촉면에 마찰력이 생겨 서로 단단하게 결합되어 있으므로 외부의 힘에 잘 견딜 수 있다. 따라서 단립구조인 흙으로 된 지반은 접촉면이 파괴되지 않는 한 지반의 변형도 생기지 않으므로 입자가 밀실하게 존재된다면 완벽하고 건전한 지반상태를 유지할 수 있다. 비점성흙의 구조는 역학적으로 매우 안정된 구조로서 입자가 클수록, 그리고 상대밀도가 클수록 흙의 압축강도는 커진다.

라) 벌집구조

벌집구조란 잔모래, 침니, 양토 등과 같은 점성이 거의 없는 흙의 미세한 입자가 물속에 가라앉아 퇴적되어 기하학적인 골격형태를 이루고 있는 구조를 말한다. 벌집 구조의 골격형상이 마치 벌집과 같은 모양을 하고 있어 이 구조를 벌집구조 또는 봉소구조라고 한다. 외부에서 작용하는 힘은 이 골격을 통하여 전달되며 골격이 파괴되지 않는 한 힘의 전달이 가능하므로 외력에 비교적 강한 구조이다.

벌집구조는 공극비가 단립구조보다 크기는 하지만 장기하중에는 비교적 안정된 구조이다. 그러나 충격, 진동 등의 단기하중에는 골격이 파괴되어 침하를 유발하는 불안정 구조이기도 하다.

나. 입도분포 *粒度分布, Particle-size Distribution*

입도란 자갈, 모래 따위의 낱알 즉, 입자 *粒子* 의 평균적 크기를 말하며 크기가 다른 입자가 혼재되어 있는 상태를 입도분포라 한다. 일반적으로 흙은 성질과 크기가 서로 다른 낱알의 집합체로 되어 있다. 건설재료로 쓸 수 있는 좋은 흙이란 입도분포가 잘되어 있는 흙을 말한다. 즉, 작은 낱알과 굵은 낱알이 골고루 잘 섞여 있는 흙을 좋은 흙이라고 하며 일반적으로 좋은 흙은 안정성이 높고 잘 다져져 있으며 침식에 강하다.

흙 입자의 공칭직경은 입자가 통과한 체의 눈금의 크기로 결정한다. 건설공사 현장에서 쓰이고 있는 체의 직경은 10mm~0.01μm *0.00001mm* 이다. 그러나 일반적으로 사용되고 있는 체의 눈금은 정사각형이다. 체 눈금인 정사각형의 크기는 101.6mm~0.037mm *No. 400체* 이다. 일반적으로 비점성 흙의 입자는 눈으로 식별할 수 있지만 점성흙의 입자는 현미경을 통해서만 관찰이 가능하다.

흙의 입자가 작은 점성 흙 즉, *No.200*체를 통과하는 점성 흙은 방수성능이 뛰어나다. 흙 입자의 입도분포 시험방법에는 체분석 *Sieve Analysis* 시험법과 비중계분석 *Hydrometer Analysis* 시험법이 있으며 후자는 점성 흙을, 전자는 비 점성 흙을 위한 입도분포 시험법이다. 건설재료로서의 흙의 적합성을 판단하기 위해서는 흙의 입도분포 조사를 통해서 흙의 안정성, 압축성, 침식 성, 투수성, 모세관 현상, 지내력, 전단력 등을 파악해야 한다. 흙의 입도시험에 관한 한국산업규격은 *KSF* 2301 과 2302 이다.

다. 체 *Sieves* 의 종류 및 눈금 크기

건설공사에서 쓰이는 체는 굵은 골재용과 잔골재용이 있다. 체는 일반적으로 골재입자의 크기 및 분포를 판별하는 골재 입도분포 시험 즉, 체분석 시험법에 사용된다. 체분석 시험법에는 *No.4*, 10, 20, 40, 60, 100, 200체 등이 사용된다. 체의 공칭 및 눈금 크기는 우리나라, 일본, 미국, 영국 등에서 각각 약간의 차이가 있음은 물론 우리나라에서도 *KS* 와 건축학회 및 토목학회의 공칭은 다르다. *KS* 및 미국의 잔골재용 표준체의 공칭 및 눈금 크기는 표 3-01 과 같다.

표 3-01 : 표준체의 공칭번호 및 눈금 크기

공칭 번호(No.)	4	10	20	40	60	100	200
눈금 크기(mm)	4.75	2.00	0.85	0.425	0.25	0.15	0.075

3) 물리적 특성 *Physical Properties*

가. 상대밀도 *Dr: Relative Density*

흙의 상대밀도는 모래와 같은 비 점성 흙 입자의 배열상태가 조밀한지, 아니면 느슨한지의 정도를 판단하는 기준으로 쓰이는 지표이다. 비 점성 흙의 상대밀도 시험방법에 관한 한국산업규격은 *KSF* 2345 이다. 흙 입자의 배열상태는 공극비와 단위중량으로 나타낼 수 있

으며 그 산정식은 다음과 같다:

$$Dr = \frac{emax - eo}{emax - emin} \times 100\ \% = \frac{\gamma max(\gamma - \gamma min)}{\gamma(\gamma max - \gamma min)} \times 100\ \%$$

단. e_{max} : 최대 공극비 (흙 입자 사이가 가장 느슨한 상태의 흙)
e_{min} : 최소 공극비 (흙 입자 사이가 가장 조밀한 상태의 흙)
e_o : 자연 상태의 공극비 γ: 자연 상태의 단위중량
γ_{max} : 최대 단위중량 γ_{min} : 최소 단위중량

나. 비중 Gs: Specific Gravity

흙 입자의 비중은 진비중 *Gs* 과 겉보기 비중 *G* 으로 분류할 수 있다. 진비중은 절건 상태의 흙 입자 자체의 질량 *Ms* 을 흙 입자와 체적이 같은 증류수의 질량 $1m^3=1t$ 으로 나눈 값이고, 겉보기 비중은 공기 중에서 수분을 포함한 흙의 질량 *M* 을 그것과 같은 체적의 증류수의 질량으로 나눈 값이다. 일반 흙의 겉보기 비중은 2.5~2.80 이며, 비중의 크기는 광물질의 종류에 따라서 달라진다. 그러나 유기질 흙이나 다공질 흙의 비중은 2.0 이하이다. 흙의 비중시험과 관련된 한국산업규격은 *KSF* 2308 이며 흙의 종류에 따른 겉보기 비중과 공극비는 표 3-02 와 같다.

표 3-02 : 흙의 겉보기 비중 및 공극비

흙의 종류	겉보기 비중(G)	공극비(e)
자갈	2.50 ~ 2.80	0.25 ~ 0.33
모래	2.60 ~ 2.70	0.30 ~ 0.54
침니	2.64 ~ 2.66	0.35 ~ 0.85
점토	2.55 ~ 2.75	0.42 ~ 0.96

다. 단위용적 중량 γ: Unit Weight

흙의 단위용적 중량은 흙의 중량과 체적의 비를 말하며 흙의 밀도라고도 한다. 흙의 단위용적 중량은 흙의 공극 속에 포함되어 있는 물의 양에 따라서 기건 단위용적 중량 γ_t, 절건 단위용적 중량 γ_d, 포화 단위용적 중량 γ_s 등으로 분류한다. 일반적으로 흙의 단위용적 중량이라고 말할 때에는 기건 단위용적 중량을 의미한다. 흙의 단위용적 중량은 흙이 함유하고 있는 물의 중량에 따라서 달라지며 흙 입자의 크기, 모양, 성질, 함유된 광물질의 종류 등도 중량을 결정짓는 주요 요소이다.

흙의 체적 V 은 흙 입자 체적과 공극 체적의 합계로 계산되고, 흙의 중량 W 은 흙 입자 중량과 수분중량의 합계로 계산된다. 여기서 공극 또는 간극이란 흙 입자 사이의 틈새를 말하며 이 틈새는 물, 공기 또는 가스 등으로 채워진다. 공극에 물이 가득 차 있는 상태를 수분포화 상태라고하며 수분이 전혀 없는 상태를 절건 상태 絶乾狀態 라고 한다. 절건 상태에 있는 흙의 중량으로 계산한 단위용적 중량을 절건 단위용적 중량이라고 하며 이 중량은 흙의 밀도에 따라 달라진다.

일반 흙의 절건 단위용적 중량은 1280~2080kg/m³ 이며 점토 Clay 는 800~1680kg/m³, 양토 Loam 는 960~2080kg/m³ 이다. 유기물질은 중량이 작기 때문에 유기물질이 많이 포함된 침니 Silt 나 점토 Clay 의 절건 단위용적 중량은 480kg/m³ 에 지나지 않는다. 일반적으로 흙에 수분이 증가하면 흙의 중량도 증가하지만 흙이 완전히 물에 잠긴 상태가 되면 이때의 중량은 오히려 절건 상태의 중량보다도 작아진다. 절건 상태에서 수분포화 상태에 이르기까지의 흙의 단위 용적 중량 γ 은 다음 식으로 구한다:

$$\gamma = \frac{W}{V}$$

라. 함수량 Water Content

함수량이란 흙이 함유하고 있는 물의 중량을 말하며 그 크기는 일반적으로 함수비 또는 함수율 및 포화도 등으로 나타낸다. 일반적으로 흙의 입자가 작을수록 함수량은 증가한다. 예를 들면 해변이나 호수바닥에 있는 점토 Clay 의 함수율은 보통 300~400% 이며 최대 함수율은 800% 에 이르기도 한다. 반면 습기 찬 모래의 함수율은 겨우 60% 정도일 뿐이다 그러나 같은 지역의 지반일지라도 표층의 함수량과 바닥 층의 함수량에는 상당한 차이가 있다. 실제로 기건 상태인 표층 흙의 함수율은 불과 2~3% 에 지나지 않는다. 흙의 함수량은 흙의 성질 가운데 가장 변화가 심한 성질이기는 하지만 습윤 상태인 점토 Clay 지반의 전단력을 나타내는 지표로 쓰이는 중요한 성질이다. 건조 상태의 점토에 물을 부으면 점토의 입자가 물을 흡수하여 입자를 둘러싸는 수막이 형성된다. 이 수막으로 인하여 입자에 부력이 생기게 되며, 부력은 입자간의 활동응력을 바꾼다. 수막의 두께는 물의 양이 증가 할수록 즉, 함수량이 커질수록 점점 더 두꺼워 진다. 점토 입자를 둘러싸고 있는 수막이 두꺼울수록 점토 입자들은 서로 더 잘 미끄러지게 되므로 전단력은 작아진다. 반면 함수량이 감소하면 전단력은 커진다. 그러나 모래지반의 전단력은 함수량의 변화에 크게 영향을 받지 않는다. 함수량은 흙을 다질 때, 특히 미세한 입자의 흙을 다질 때 매우 중요한 역할을 한다. 흙을 다지는 목적은 흙의 전단력을 높이고 침하를 방지하기 위함이다. 이러한 목적을 달성하기 위해서는 우선 흙의 투수성을 높여야 한다. 건설공사 중 흙다짐이 필요한 공사는 흙댐 즉, 사력 *砂礫* 댐, 고속도로, 활주로, 건축물기초 및 성토공사 등이다. 함수량이 큰 흙의 일반적 성질은 다음과 같다:

① 전단강도가 작다.
② 압축성이 커 압밀침하가 크다.
③ 질척한 액상상태가 된다.
④ 사질토 지반에서 보일 *Boils* 현상이 발생한다.
⑤ 연약 점성토 지반에서 히빙 *Heaving* 현상이 발생한다.
⑥ 사질토 지반의 내부 마찰력이 작다.
⑦ 점성토 지반의 점착력이 작다.

가) 함수비 및 함수율

함수비 *ω: Ratio of Moisture Content* 라 함은 흙 입자의 절건 중량 *Ws* 과 흙 입자가 함유하고 있는 물의 중량 *Ww* 의 비 *Ratio* 말한다. 함수비를 산정할 때에 흙 입자 및 물의 중량대신에 질량 *Ms, Mw* 을 사용하기도 한다. 함수비를 백분율 *%* 로 표시한 값을 함수율 *ω: Percentage of Moisture Content* 이라고 한다. 흙 입자의 절건 중량은 수분을 함유한 흙을 우선 건조시킨 다음 다시 화덕에 넣고 100~110℃ 로 약 24시간 구어낸 후에 계량하여 구한 값이다. 한편 물의 중량은 수분을 함유한 흙의 중량에서 절건 상태의 흙의 중량을 빼서 구한다. 흙의 함수비 시험방법에 관련된 한국산업규격은 *KSF* 2306 이다. 함수율은 다음 식으로 산정된다;

$$\omega、 = \frac{Ww}{Ws} \times 100\ \% = \frac{Mw}{Ms} \times 100\ \%$$

그러나 흙의 함수율에 관해서는 다른 이론식이 제기되는 경우도 있다. 즉, 함수율을 산정할 때 흙의 절건 중량대신에 물을 포함한 흙의 조성 물질 전체의 중량 W, 즉 표건 중량을 사용하는 경우이다. 이와 같은 경우의 함수율을 표면(흡)수율이라고 하며 그 산정식은 다음과 같다;

$$\omega_{、} = \frac{Ww}{W} \times 100\ \%$$

나) 포화도 S: Degree of Saturation

흙의 포화도는 흙이 함유하고 있는 물의 체적 Vw 과 공극의 체적 Vv 의 비를 백분율 % 로 나타낸 것이다. 포화도는 흙의 전단력, 투수성, 압밀성과 관계가 있다. 절건 상태 즉, 흙의 모든 공극이 공기로만 가득 채워져 있는 상태일 때의 흙의 포화도는 0% 이고, 수분포화상태 즉, 흙의 모든 공극에 물이 가득 차 있는 상태의 포화도는 100% 이다. 일반적으로 천연의 지하수면 아래 있는 시반의 포화도는 100% 이다. 포화도는 다음 식으로 산정 한다;

$$S = \frac{Vw}{Vv} \times 100\ \%$$

마. 공극 특성

가) 공극비 e: Void Ratio

공극 비란 흙 입자 사이의 공극 체적 Vv 과 흙 입자 자체의 체적 Vs 의 비 값을 말하며 흙의 조밀 稠密 정도를 나타낸다. 흙의 공극 비를 간극 비라고도 한다. 수분포화 상태인 흙의 공극 비는 함수량에 비례한다. 공극 비는 함수량보다 흙의 투수성, 전단력 등에 더 많은 영향을 미친다. 일반적으로 사질토의 공극 비는 0.6이하이고 점질토의 공극 비는 0.7이상이다. 공극비가 큰 흙의 일반적 성질은 함수량이 큰 흙의 성질과 유사하다. 흙의 공극 비는 다음 식으로 계산 된다;

$$e = \frac{Vv}{Vs}$$

나) 공극률 n: Porosity

공극률은 흙 입자 사이의 공극의 체적 V_V과 흙의 구성성분 전체의 체적 V과의 비를 백분율 %로 표시한 것으로 농, 공학 農, 工學 분야에서 활용도가 크다. 공극률은 공극비와 유사한 성질이지만 공극의 변화를 측정하는 데는 공극비가 용이하고 용출수량을 계산하는 데는 공극률이 용이하다. 흙이 압축되거나 부풀어 오를 때 공극의 체적은 변하지만 흙 입자의 체적은 변하지 않기 때문이다. 공극률의 산정식과 공극 비 e 와의 상관관계는 다음과 같다;

$$n = \frac{V_V}{V} \times 100\ \%$$

여기서 공극 비는 $e = \dfrac{n/100}{1-n/100}$ 이므로 $n = \dfrac{e}{1+e} \times 100\ \%$ 이다.

바. 예민비 Sensitivity Ratio

예민비란 자연 상태의 흙을 교란시켜 비볐을 때 약해지는 정도를 나타내는 비율을 말한다. 다시 말해서 자연 상태에서의 흙의 강도와 그 흙이 교란되어 비벼졌을 때의 강도의 비를 예민비라고 한다. 여기서 강도란 전단강도와 압축강도를 말한다. 점토는 일반적으로 자꾸 이겨 반죽하면 특유의 구조가 파괴되어 원래의 성질과 전혀 다른 성질을 나타내게 되거나 점착력, 부피 등이 크게 변한다. 자연 상태의 점토는 함수량을 변화시키지 않고 다지면 오히려 강도가 약해지는 성질이 있는 반면 모래는 다지면 강도가 자연 상태일 때보다 커진다. 일반적으로 점토지반의 예민 비는 1~8이고 모래지반의 예민비는 1미만이다. 예민비는 다음식 으로 계산된다;

$$\text{예민비} = \frac{\text{자연상태의흙의강도}}{\text{교란된흙의강도}}$$

사. 성상변화 한계 Atterberg Limits

함수량이 많은 점성 흙을 건조시켜 나가면 흙은 액체상태, 소성상태, 반고체상태, 고체 상태로 그 성상이 변하면서 연경도 軟硬度, Consistency 와 체적이 변한다(그림 3-02). 흙의 성상이 변화할 때 그 경계가 되는 함수비를 연경도 한계, 즉 성상변화 한계 Atterberg Limits 라고 한다. 점성 흙의 연경 도는 외력에 대한 유동성 및 변형에 저항하는 정도를 나타내는 지표로서 점성 흙의 거동을 개략적으로 판별할 수 있는 기준이 된다. 다만 여기서 논하는 성상한계 및 성상지수는 교란된 시료에 대한 실험치 이므로 자연 상태의 흙 입자의 성상과는 약간의 차이가 있을 수도 있다는 점에 유의해야 한다. 흙의 액성한계 및 소성한계 시험 방법에 관련된 한국산업규격은 KSF 2303 과 2304 이며 함수비로 결정되는 점성흙의 성상한계와 성상 지수의 활용실례는 다음과 같다.

가) 성상한계

(1) 수축 한계 SL: Shrinkage Limit

흙의 성상이 고체 상태에서 반고체 상태로, 또는 그 역으로 변화하는 한계를 수축 한계라고 하며 그 크기는 함수비로 나타낸다. 점성 흙의 성상이 고체 상태로 변하기 시작하면 함

그림 3-02 : 흙의 성상변화 한계

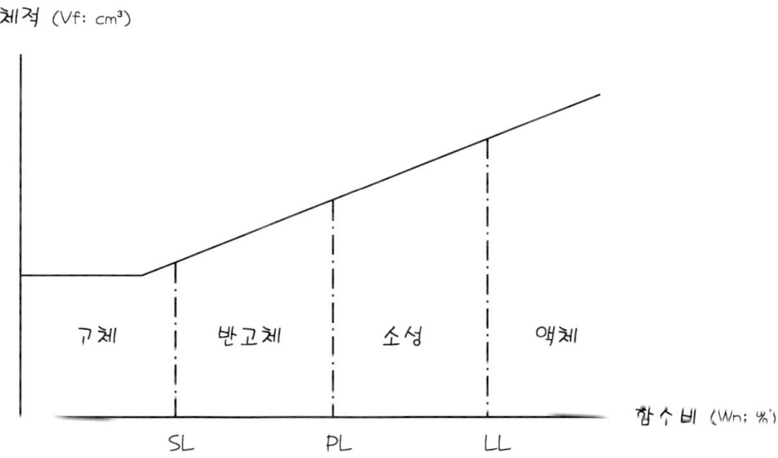

수량을 감소시켜도 흙의 체적이 감소하지 않는다. 반면 고체 상태에서 함수량이 어느 정도 이상으로 늘어나기 시작하면 흙의 체적은 증가하기 시작한다. 고체 상태의 흙이란 절건 상태의 흙을 말하고 반고체 상태의 흙이란 바삭바삭하고 끈기가 없는 상태의 흙을 말한다.

(2) 소성 한계 *PL: Plastic Limit*

흙의 성상이 반고체 상태에서 소성 상태로, 또는 그 역으로 변화하는 한계를 소성 한계라고 하며 그 크기는 함수비로 나타낸다. 반고체 상태의 흙은 함수량이 증가하면 끈기가 있고 반죽할 수 있는 성질 즉, 소성으로 변하기 시작한다. 흙의 소성 한계는 흙의 압축성, 투수성, 강도 등을 추정 할 때 사용한다.

(3) 액성 한계 *LL: Liquid Limit*

흙의 성상이 소성 상태에서 액체 상태로 변화하는, 또는 그 역으로 변화하는 한계를 액성한계라고하며 그 크기는 함수비로 나타낸다. 소성 상태에서 함수량이 증가하면 흙의 유동성이 커져 외력에 저항하는 전단력이 영 零 이 된다. 흙의 액성 상태란 질퍽한 상태를 말한다.

나) 성상지수

(1) 소성지수 PI 또는 I_P

점성 흙이 소성 상태를 유지할 수 있는 함수비의 범위를 나타내는 지수를 소성지수 *PI: Plasticity Index* 라고 한다. 소성지수가 클수록 함수량이 많고 소성이 풍부하므로 역학적으로는 불안정한 상태가 된다. 일반적으로 점성이 큰 흙일수록 소성지수는 크게 나타나며 그 식은 다음과 같다;

$$PI = LL - PL$$

(2) 액성지수 LI 또는 I_L

액성지수 *LI: Liquidity Index* 는 점성 흙의 구조적 안정성과 이력상태 즉, 정상 압밀 $LI≒1$, 예민 $LI>1$, 과 압밀 $LI≒0$, 극한 압밀 $LI<0$ 등의 상태를 판별하는 기준으로 이용된다. 액성지수가 0 에 접근할수록 흙은 구조적으로 안정된 상태를 보인다. 액성지수의 산정식은 다음과 같다;

$$LI = \frac{Wn - PL}{PI}$$

단, Wn : 점성 흙 시료의 자연 함수비

(3) 연경도 지수 CI 또는 Ic

연경도 지수 CI: Consistency Index 는 점성 흙의 자연 함수비가 소성 영역의 어느 부분에 해당하는지를 보여주는 지수이다. 연경도 지수는 점성 흙의 구조적 안정성과 상대적인 경도를 나타내는 지표로 사용된다. 연경도 지수가 0 에 가까울수록 흙의 상태는 불안정하고, 1에 가까울수록 안정상태가 된다. 연경도 지수의 산정식과 액성 지수와의 상관관계는 다음과 같다;

$$CI = \frac{LL - Wn}{PI}, \qquad CI + LI = 1$$

(4) 압축지수 Cc: Compression Index

압축지수는 점성 흙의 압축 특성을 나타내는 기준 지표이다. 압축지수의 값은 일반적으로 0.2~0.9의 범위 내에 있으며 흙이 연약 할수록 커지고, 단단할수록 작아진다. 유기질 점토나 예민비가 큰 점성 흙의 압축지수 값은 1 보다 훨씬 크다. 압축지수는 흙의 압밀 침하량 및 압밀 침하에 소요되는 시간을 산정하는데 활용된다. 압축지수 값을 결정하는 방법에는 X-Y 좌표를 이용하는 방법과 액성 한계 LL 를 이용하는 개략적 방법이 있다. 전자는 흙의 압밀하중과 공극비에 관한 실험 결과를 구하여 좌표상의 Y-축에 공극비의 크기를, X-축에 로그자 Log Scale 의 눈금으로 압밀 하중의 크기를 표시하여 이루어지는 곡선의 기울기를 이용하는 방법이다. 이 방법은 정밀도는 신뢰할 수 있지만 많은 비용과 시간이 필요하다.

반면 후자의 방법은 간단하고 용이하지만 정밀한 값을 구할 수 없을뿐더러 예민비가 작은 점토에 한해서만 유효하다는 제약이 있다. 액성한계를 이용하여 구한 압축지수는 개략적인 값이므로 계획 설계용 자료로만 활용해야 한다. 액성한계를 이용하여 압축지수를 추정할 수 있는 스킴프톤 Skempton 식은 다음과 같다;

불교란 시료; $Cc = 0.009\ (LL-10)$

교란된 시료; $Cc = 0.007\ (LL-10)$

실험에 의해서 작성되는 좌표에 관한 상세한 설명은 토질공학 분야에 속하는 사항이므로 여기서는 생략한다. 좌표 상에서 압밀 하중(p_1 , p)과 공극 비(e_1 , e_2)가 이루는 곡선의 기울기를 이용하여 압축 지수를 구하는 수식은 다음과 같다;

$$Cc = \frac{e_1 - e_2}{\log p_2 - \log p_1} = \frac{e_1 - e_2}{\log(p_2 / p_1)}$$

아. 흙의 모양과 크기

자갈이나 굵은 모래의 기능은 고유한 물리적 특성 이외에 그 생김새 즉, 모양과 크기에 따라서도 달라진다. 자갈의 생김새는 암석이 변형을 시작한 세월의 크기에 따라서 모난 형, 불완전 둥근형, 둥근형 등으로 변한다. 자갈이나 굵은 모래의 생김새는 마찰력이나 조밀성에 영향을 끼친다. 모가 난 자갈끼리의 맞물리는 힘 즉, 마찰력이나 조밀 도는 둥근 자갈끼리의 그것들 보다 강하다. 일반적으로 모가 난 자갈이 많은 지반은 둥근 자갈이 많은 지반보다 압축성이 좋고 전단력이 강하다.

4) 공학적 특성 *Engineering Properties*

가. 흙 속 물의 거동 *Behavior of Water in Soils*

물은 흙을 구성하고 있는 중요한 요소 중의 하나로서 흙 속에 포함되어 있는 물의 양에 따라서 흙의 공학적 거동 *Engineering Behavior* 이 달라진다. 흙 속에 포함되어 있는 물의 양은 공극을 가득 채우는 포화상태에서 최대가 되며 공극에 물이 전혀 없는 건조 상태에서는 물의 양이 최소가 된다. 배수가 불량한 점성토에 있어서는 흙 속의 물이 흙의 거동에 미치는 영향은 거의 절대적이다.

사람들은 체험을 통해서 건조한 진흙이나 포화상태의 모래 위에서는 걸어 다니기가 용이한 반면 포화상태의 진흙이나 건조 상태의 모래 위로는 쉽게 걸어 다닐 수가 없다는 사실을 잘 알고 있다. 또한 점성토 중 일부는 포화상태가 되면 부피가 팽창하고 건조 상태에서는 부피가 수축되는 성질을 갖기 때문에 기초 설계 시 세심한 주의가 필요하다. 흙 속에서 이동하는 물이 지반에 미치는 영향에 관한 상세한 연구는 토질공학 분야에 속하는 일이므로 여기서는 함수량과 직접적인 관계가 있는 3가지 현상 즉, 투수성, 모세관현상, 동상 *凍上* 현상에 관해서 개략적으로 설명한다.

가) 투수성 *Permeability*

투수성이라 함은 물이 지층의 틈새, 균열 및 흙 입자의 공극 사이를 중력의 작용에 의해 연직 및 수직방향으로 흐르려는 성질을 말한다. 흙은 생성과정에서 수평방향으로 층이 생기고 수직방향으로 서로 크기가 다른 균열이 생긴다. 또한 흙은 종류에 따라 각각 서로 다른 구조와 공극을 갖고 있으며 흙을 아무리 잘 다진다고 해도 흙의 틈새, 균열, 공극 등은 존재하게 된다. 따라서 투수성의 크기는 흙 속의 공극의 크기에 비례한다. 일반적으로 입자가 굵은 모래지반은 입자가 미세한 점토지반보다 투수성이 크다. 흙 속을 흐르는 물의 종류는 그 존재형태에 따라서 지하수, 중력수 또는 자유수, 흡착수 또는 화학적 결합수 등으로 분류 할 수 있다. 지하수란 지하 상수면 아래 존재하는 물이고, 자유수란 빗물 등의 지표수가 중력의 작용으로 지형이나 기후의 영향에 따라 상에서 하로 흐르면서 지하로 스며든 물로서 이를 중력수라고도 한다. 흡착수란 상온에서 물리, 전기, 화학적 작용에 의해 흙 입자의 표면에 굳게 흡착되어 있는 반고체형 물질로서 빙점이 낮고 표면장력이 크다. 흡착수를 화학적 결합수라고도 하며 이 물은 원칙적으로 이동과 변화가 없는 물질로서 역학적으로는 흙 입자와 동일체인 물이다. 투수성은 흙 파기 공사의 배수와 밀접한 관계가 있는 흙의 공학석 특싱이다. 투수성의 대소는 점토지반의 압밀침하 속도와도 관련이 깊다. 흙의 투수성을 활용한 연약점토질 지반의 대표적인 개량공법에는 샌드 드레인 *Sand Drain* , 페이퍼드레인 *Paper Drain* , 팩 드레인 *Pack Drain* 공법 등이 있으며 모래지반의 경우에는 웰-포인트 *Well-point* 공법이 있다. 흙의 투수성 및 투수계수에 따른 흙의 종류는 표 3-03 과 같다.

표 3-03 : 흙의 투수성 및 투수계수 (k: cm/s)

투수성										
투수성	양호			←▼→		불량	←▼→		불투수	
투수 계수	10^{2}	10^{0}	10^{-2}	10^{-3}	10^{-4}	10^{-5}	10^{-6}	10^{-7}	10^{-8}	10^{-9}
흙의 종류	순수 자갈		순수 굵은 모래 및 자갈	잔모래, 침니, 부식토, 풍화 점토 등				균질 점토, 비풍화 점토		

(1) 달시의 법칙 *Darcy's Law*

흙 속에서의 물의 이동은 물이 흐르는 두 지점간의 중력 차 즉, 수위 차 또는 수두 차 *水頭差, Hydraulic Head Difference* 에 기인한다. 다시 말해서 물은 수위가 높은 쪽에서 낮은 쪽으로 이동한다. 단위시간 동안에 소요 투수단면적을 통과하는 물의 양 즉, 투수량은 달시 *Darcy* 의 법칙을 이용하여 정량적으로 분석할 수 있다.

달시의 법칙은 18세기에 달시가 모래 여과기 *Sand Filters* 를 이용하여 실험한 결과 치를 근거 자료로 하여 도출한 실험식이다. 달시의 실험 장치는 그림 3-03 과 같다. 달시의 실험식에 의하면 투수량 q 은 물길의 경사 *傾斜*, 투수계수 및 투수 단면적 등에 비례하고 침투수의 평균 이동속도 v 는 물길의 경사와 투수계수에 비례한다. 그러나 실제 지반에서의 투수량 및 이동속도는 이들의 단순 산술 평균값에 비례하지는 않는다. 또한 실험의 결과는 흙의 균질성을 전제로 한 것이기 때문에 여러 가지 다른 성질을 갖는 흙이 혼재되어 있는 실제의 지반에서 투수성을 측정할 경우에는 균질한 흙의 실험에서 얻은 여러 가지 자료를 복합적으로 활용하여야 한다. 달시의 법칙은 다음과 같은 식으로 표시된다;

$$q = k \cdot i \cdot a , \qquad v = k \cdot i$$

단, q : 투수량 (m^3/min, m^3/s 또는 cm^3/s)
v : 침투수의 평균 이동 속도, 즉 겉보기 유속 (cm/min 또는 cm/s)
k : 투수 계수 Coefficient of Permeability　　a : 흙의 단면적 (m^2 또는 cm^2)
$i = \dfrac{\Delta h}{L}$: 물길의 경사도 Hydraulic Gradiant, 즉 동수 動水 기울기

위의 두식에서 $v=q/a$ 가 되며 이식에서 물이 통과하는 흙의 단면적 a 은 흙 입자의 단면적과 공극 단면적의 합계로 계산된 것이다. 그러나 실제로 물이 통과하는 곳은 흙의 공극이므로 물이 흙의 공극을 통과하는 실제 이동속도 v_{actual} 를 구하기 위해서는 흙의 공극률 n 을 고려하여 다음과 같이 산정해야 한다;

$$v_{actual} = \frac{v}{n} = \frac{v(1+e)}{e}$$

단, $n = e/(1+e)$

그림 3-03 : 달시의 실험장치

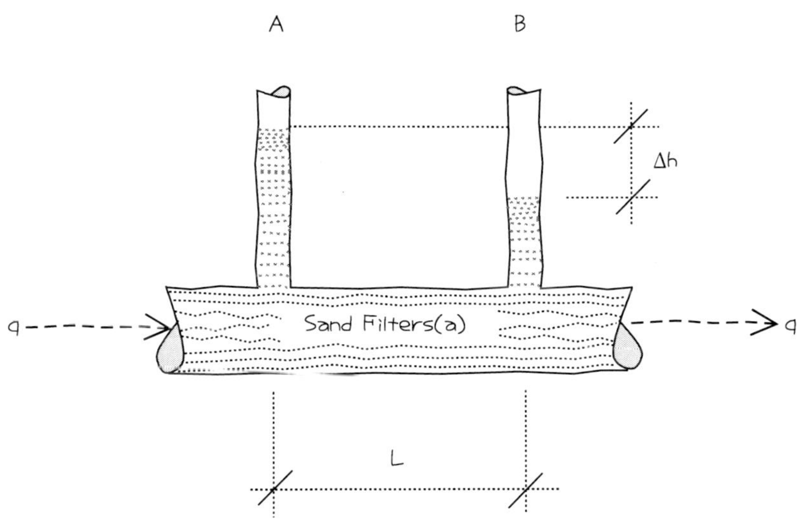

(2) 투수계수 *k: Coefficient of Permeability*

투수계수는 흙의 투수성을 수량적 數量的 으로 나타내는 계수로서 침투유수 浸透流水 의 겉보기유속과 동수 動水 기울기를 관련짓는 비례상수 *Constant of Proportionality* 이다. 다시 말해서 투수계수는 흙 속에서 물의 흐름을 파악하기 위하여서는 절대적으로 필요한 계수이다. 자연 상태에서 일반 흙으로 퇴적된 지반 또는 성토에 의한 지반은 수직방향에 작용하는 압축력이 수평방향보다 커 일반적으로 수평방향으로 층을 이루고 있다 그러므로 일반지반에서의 수평방향의 투수계수는 수직방향의 투수계수보다 10배 정도 더 크다. 그러나 황토층의 경우는 연직방향으로 생기는 균열이 많아 수직방향의 투수계수가 수평방향의 투수계수보다 크다. 대표적인 유효투수계수 또는 등가투수계수는 모래지반이 10^{-2}~10^{-3}*cm/s* , 실트 지반이 10^{-4}~10^{-5}*cm/s* , 점토지반이 10^{-6}~10^{-7}*cm/s* 정도이다. 투수계수는 *cm/sec* 또는 *m/min* 등의 단위로 표시되며 투수계수를 측정하는 방법에는 직접측정법과 간접측정법이 있다. 투수계수 측정을 위한 직접측정법에는 실내투수시험법 및 현장투수시험법 등이 있고 간접측정법에는 하젠 *Hazen* 의 경험식 또는 압밀시험의 결과를 이용하는 방법이 있다. 실내 실험실에서 투수계수를 측정할 때에는 정 수위 투수시험 또는 변 수위 투수시험을 실시한다. 그러나 채취된 불교란 시료를 이용하여 실험실에서 투수계수를 측정하는 경우에는 실제 현장에 존재하는 흙의 상태를 그대로 재현할 수 없기 때문에 오차의 범위가 커 정밀도가 떨어진다. 따라서 대규모의 중요한 건축공사 현장에서는 현장투수시험을 실시하여 투수계수를 구하는 것이 바람직하다. 현장 투수시험 방법에는 수위 변화 법, 압력 주수 법, 관 측정 법 등이 있다. 투수 시험의 적용 범위, 투수계수 측정 관련 공식 등에 관한 상세한 설명은 토질 공학의 분야에 속하는 사항이므로 여기서는 생략한다. 투수계수의 일반적 성질은 다음과 같다:

① 모래의 투수계수는 점토 보다 크다.
② 투수계수가 큰 흙은 투수 양이 많다.
③ 사질토의 투수 계수는 흙 입자 지름의 제곱에 비례하며 공극비의 제곱에 유사하게 비례한다.
④ 흙 입자의 모양, 크기, 공극 비, 포화도, 공극수의 점성과 밀도 등은 투수 계수를 결정하는 중요한 요소이다.
⑤ 공극 비, 포화도의 증가 또는 공극수 밀도의 증가는 투수계수의 증가를 초래한다.
⑥ 공극수의 점성이 증가하면 투수계수는 감소한다.

나) 모세관 현상 *Capillarity*

모세관 현상이란 액체 속에 직경이 작은 유리관 즉, 모세관을 세워 놓을 때 관안의 액체 면이 관 밖의 액체면 보다 높아지거나 낮아지는 현상을 말한다. 물속에서의 모세관 물오른 높이 및 자연 상태인 지반에서의 물오름 현상은 다음과 같다.

(1) 모세관 물오름 높이

물속에 모세관을 세울 경우 물 분자의 표면장력과 모세관의 인력에 의하여 관 안쪽의 수면이 관 밖의 수면보다 올라오는 현상이 일어난다. 이러한 현상을 모세관의 물오름 현상이라고 하고 이때 물이 올라온 높이를 모세관 물오름 높이라고 한다(그림 3-04). 외력이 작용하지 않은 물 분자는 자체의 응집력이 커서 표면을 작게 하려는 특성을 갖는데 이러한 특성을 표면장력이라고 한다. 한편 모세관 인력이란 유리관 내벽에 물 분자가 접근할 경우 고체가 액체를 끌어당겨 부착시키려는 힘을 말한다. 모세관의 물오름 높이는 모세관의 직경에 반비례한다. 다시 말해서 유리관의 직경이 작을수록 물오름 높이는 커지고 유리관의 직경이 클수록 물오름 높이는 작아진다. 수온을 20℃, 모세관 벽과 표면장력의 방향선이 이루는 접촉각 a 을 영 o 이라고 가정하고 증류수와 같은 순수한 물로 모세관현상 실험을 했을 때의 개략적인 물오름 높이는 다음과 같이 산정할 수 있다;

$$\frac{\pi d^2}{4} h \gamma = \pi d T \cos \alpha$$

$$\therefore h = \frac{4T}{d\gamma} \cos \alpha = \frac{0.030}{d}$$

단, h : 물오름 높이 (mm) T : 물의 표면장력 (0.0728 N/m) d : 모세관 직경 (m)
γ : 물의 단위 용적중량 (9790 N/m³) α : 모세관 벽과 표면장력의 방향선이 이루는 접촉각

그림 5-04 : 모세관 물오름 현상

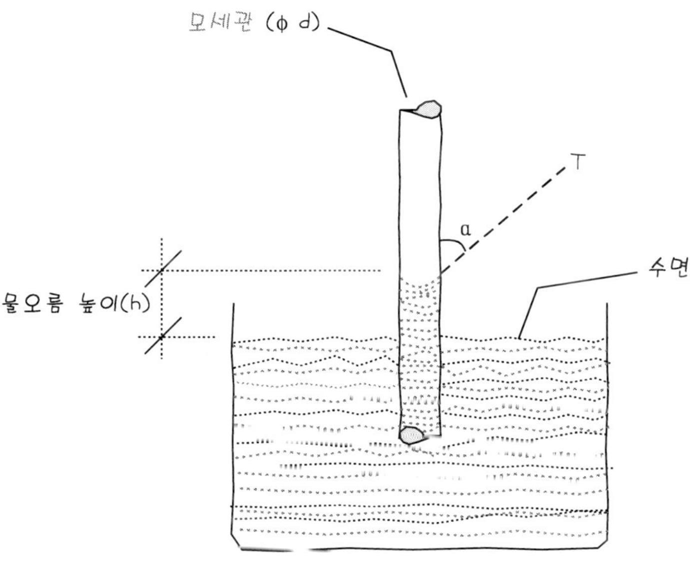

(2) 지반의 물오름 현상

자연 상태로 존재하는 흙 지반에서의 물오름 현상은 지하수면 *Groundwater Table* 을 경계로 하여 발생한다. 그 이유는 흙의 공극이 모세관 역할을 하기 때문이다. 지하수면 이하에 있는 포화상태의 지반으로부터 지하수면 이상에 있는 건조 내지는 부분포화 상태에 있는 지반으로 흙 입자의 공극을 통하여 물이 올라온다.

그러나 지반에는 여러 종류의 흙이 혼재되어 있기 때문에, 일정한 방향과 직경을 갖는 모세관과는 달리 공극의 방향, 형태 및 크기가 매우 불규칙하고 다양하다. 그러므로 지반 속에서 상승하는 물의 높이를 정확하게 산정한다는 것은 불가능한 일이다. 그렇지만 대체적으로 그 높이는 모세관의 물오름 현상과 유사하다. 다시 말해서 물오름 높이는 흙 입자 공극의 평균 크기에 반비례한다. 입자의 크기가 작은 흙일수록 공극의 크기도 작아지며 따라서 물오름의 높이는 증가한다. 아주 미세한 입자의 점토로 이루어진 점토지반은 이론상 물이 가장 높게 올라와야 하지만 실제로 짧은 기간 동안에 물이 가장 높게 올라오는 지반은 점토보다 입자가 크고 투수성이 좋은 침니 및 잔모래로 이루어진 지반이다. 투수성이 나쁜 점토지반에서는 물오름 현상이 장기간에 걸쳐 지속되기 때문이다. 아주 고운 입자의 흙 지반은 비록 지하수면 이상에 있을지라도 장기간에 걸쳐서 진행되는 모세관 현상에 의해서 수분포화 상태로 존재하는 경우가 있다. 이러한 모세관 현상은 지하수면 이상에 있는 지하실 콘크리트바닥에 결로가 생기는 원인이 되기도 한다.

지반 속에서 물오름의 높이를 산정할 때는 공극의 평균 유효직경의 1/5을 모세관의 직경으로 간주하여 산정한다. 그러나 공극과 공극이 물로 연결되어 있기는 하지만 모든 공극 내에 물이 가득 차 있는 것도 아니므로 물오름 높이에 대한 오차의 범위가 커 신빙성이 떨어지므로 여기서는 상세한 설명을 생략한다. 일반 모래지반에서의 개략적인 물오름 높이는 10~40cm , 잔모래지반은 40~100cm , 침니 및 점토지반은 100~1000cm 정도이다.

다) 동결 및 융해현상

(1) 동상 凍上 현상 *Frost Heaving*

물은 냉각되어 얼기 시작하면 부피가 팽창한다. 그러므로 기온이 떨어져 지표에 가까운 흙 속의 온도가 결빙점 이하로 내려가면 지중의 공극 내에 존재하는 물은 결빙되어 약 9% 의 부피팽창을 일으키면서 얼음 층 *Ice Lens* 을 형성한다. 이 얼음층은 점차 아래쪽으로 확산되면서 부피가 불규칙하게 팽창, 부분적으로는 지반을 위쪽으로 밀어 올려 지표면이 부풀어 오르게 한다. 이와 같은 물리적 현상을 동상현상 凍上現象 이라고 한다.

(가) 동상 현상 발생요인

① 지반의 모세관 상승 높이 > 동결 깊이
② 물오름 현상이 용이한 침니질 지층 밑의 풍부한 지하 수량
③ 기온이 0℃ 이하로 지속되는 기간
④ 흙의 투수성

(나) 동상 현상 억제방안

동해의 염려가 있는 지역에서는 동상으로 인한 피해를 최소화하기 위해서는 구조물의 기초 판을 동결깊이 이하에 설치하는 것이 바람직하다. 도로 또는 건축물과 같은 구조 체의 기초 지반에 동상현상이 생기면 구조물에 균열이 생겨 붕괴되는 심각한 문제가 발생 할 수도 있기 때문이다. 이상저온으로 인하여 영하의 기온이 장기간 지속되는 지역에서는 동결깊이가 예상 평균값보다 더 깊어 질수도 있다. 따라서 동상피해를 방지하기 위해서는 동상현상을 억제하기 위한 유효한 대책이 필요하며 그 상세는 다음과 같다:

① 물오름 현상이 용이한 침니질 지반을 모세관 상승고가 낮은 모래 섞인 점토질지반으로 개량
② 지하수위 이상에 물오름 차단 층 설치
③ 지표에 가까운 지층에 단열층 설치
④ 지표면을 $MgCl_2$, $NaCl$, $CaCl_2$ 등의 화학용액으로 단열 처리
⑤ 동결심도 상부의 흙을 자갈, 쇄석, 석탄재 등의 비동결성 흙으로 치환
⑥ 동결깊이 이하에 배수관 설치: 지하수위를 낮춤

(다) 동결 깊이 Depth of Frost Penetration

동결 깊이 또는 동결 심도라 함은 보통 동결전의 지표로부터 지중의 온도가 0℃인 지점까지의 수직거리를 말한다. 지반에서 동결깊이를 결정하는 요인은 매우 다양하고 복잡한 물리적 자연현상이기 때문에 어떤 특정지반의 동결 깊이를 정확하게 산정하는 데는 많은 어려움이 따른다. 따라서 특정 지역의 동결 깊이를 결정해야 하는 경우에는 동결 깊이 산정 식을 이용하기보다는 실무적 경험을 통해서 얻은 통계자료를 기준으로 하는 것이 일반적 관행이다.

지반의 동결 깊이는 구조물 기초 판의 심도를 결정하는데 필요한 결정적인 요소 중의 하나이다. 현재 우리나라에서 관행적으로 사용하고 있는 동결 깊이 즉, 동결선은 북부지방 90~120cm , 중부지방 70~90cm , 남부지방 60~70cm 정도이다. 동결깊이 및 동결지수 산

정에 관한 상세한 내용은 토질공학 분야에 속하는 사항이므로 여기서는 개략적으로 동결 깊이를 산정할 수 있는 공식만을 소개하기로 한다:

$$Z = C\sqrt{F}$$

단, Z : 동결 깊이 (cm) F : ℃ · day C : 동결 지수

(2) 융해 현상

기온이 올라 얼음이 녹기 시작하는 경우 지표 또는 지표에 가까운 얼음부터 녹기 시작하는데 얼음이 녹아 생긴 물은 지반속의 얼음 층으로 스며들지 못하고 지표 가까운 지반에 머물게 된다. 다시 말해서 지표 근처의 지반에서 얼음이 녹은 물의 증가 속도가 기존의 배수 속도보다 커짐으로 인하여 지표에 가까운 지반의 함수량이 증가하면서 지반이 연화, 지내력을 상실하고 붕괴되는 현상이 일어난다. 이러한 현상을 지반의 융해현상이라고 하며 융해현상이 일어나는 지반의 함수량은 일반적으로 액성한계보다 높다. 지반의 융해현상은 지표수의 유입 또는 지하수위의 상승 등에 기인하는 경우도 있다. 기온의 변화에 따라서 지반이 동결, 융해를 반복하게 되면 지반의 부상 浮上, 침하가 반복되므로 구조물이 붕괴될 우려가 크다. 물오름 현상이 용이한 침니질 지반은 동상현상에 취약함은 물론 융해현상에도 취약하므로 침니질 지반은 구조물의 지반으로는 바람직하지 않다.

나. 압축성 *Compressibility*

흙에 압축하중이 작용하면 공극내의 물과 공기가 배출되면서 공극이 축소되고 흙 입자가 파괴되어 부피가 감소, 지반침하가 일어난다. 반면 지반에 물이 스며들게 되면 부피가 팽창, 지반을 들어 올려 지반 위의 건축물을 전도 시킬 수도 있다. 일반적으로 점토의 압축성은 모래 또는 침니 보다 크게 나타나는데 그 이유는 점토내의 물의 거동이 점토 입자의 상호작용에 미치는 영향이 크기 때문이다. 모래와 침니로 이루어진 사질토 지반은 압축하중이 가해지는 즉시 침하가 일어나는 특징이 있는 반면 점토지반의 압축침하는 장기간에 걸쳐 서서히 진행된다. 자연 상태에서의 흙의 용적을 100이라고 가정할 경우 흙을 파낸 후 다시 압축할 때 즉, 다시 다질 때의 흙의 용적변화는 대체로 표 3-04 와 같다.

다. 전단강도 *Shear Strength*

전단강도는 흙의 공학적 성질 중 가장 중요한 성질로서 그 크기는 흙 입자 사이의 내부

표 3-04 : 흙의 용적 변화

흙의 종류	용 적 변 화(%)		
	자연 상태	파 낸 후	다 짐 후
자갈	100	110 ~ 115	105 ~ 100
모래	100	110 ~ 115	100 ~ 95
점토	100	130 ~ 150	95 ~ 85
자갈+모래	100	110 ~ 120	110 ~ 105

마찰 저항력과 응집력의 크기에 따라서 결정된다. 외력에 의해서 생기는 전단응력에 흙이 저항할 수 있는 능력의 크기를 흙의 전단강도라고 한다. 건축물의 기초에 작용하는 하중의 크기가 흙의 전단강도보다 커지게 되면 지반에 전단파괴 현상이 일어나 지반이 붕괴되면서 건축물의 기초가 침하, 건축물이 전도된다. 따라서 지반에 작용하는 기초의 하중이 흙의 전단강도 이하가 되도록 결정하는 일은 건축물 설계에서 가장 중요한 의미를 갖는다. 건축물의 골조에 사용되는 일반 구조재료는 압축, 인장 및 전단응력에 두루 저항할 수 있는 능력을 갖지만 흙의 경우는 주로 전단응력에만 저항하는 능력을 갖는다. 전단응력은 주로 경사면에 존재하며 구조물의 자중 및 매립토의 자중에 의해서 발생한다. 모래지반에서 전단강도를 결정해야 하는 경우 가장 유의해야 할 사항은 액상화 *Liquefaction* 현상의 발생에 대비하는 일이다. 액상화 현상이란 모래지반에 지진이나 진동과 같은 순간충격이 가해지는 경우 공극수압이 상승하여 순간적으로 지반이 액체상태가 되면서 유효수직응력이 감소, 전단저항력을 상실하게 되는 현상을 말한다. 액상화 현상으로 인하여 발생할 수 있는 피해에는 건축물의 부동침하, 맨홀, 정화조 등과 같은 경량구조물의 부상 *浮上*, 지반의 미끄러짐 등이 있다.

가) 전단강도 시험법

흙의 전단강도는 일반적으로 실내시험으로 결정하거나 현장시험을 통해서 결정한다. 일반 점토지반의 경우 불교란 시료를 채취하여 실내실험실에서 시험 결과를 이용하여 응집력을 산정할 수 있다. 그러나 연약 점토지반과 모래 지반의 경우에는 불교란 시료의 채취가 사실상 곤란하므로 현장시험으로 전단강도를 구한다. 흙의 전단강도 산정을 위한 실내 시험방법에는 일면 전단 시험, 이면전단시험 등이 있으며 현장에서 간편하게 활용되는 시험에는 베인 테스트 *Vane Test* 가 있다. 지반파괴에 관한 대표적 이론에는 프랑스 물리학자 꿀롱 *C. A. de Coulomb* 의 이론과 독일의 응용역학자 모르 *Mohr* 의 응력 원 *Circle of Stress* 이론이 있지만 여기서는 꿀롱의 이론에 관해서만 논하기로 한다.

나) 꿀롱 *Coulomb* 이론

프랑스 물리학자 꿀롱 *C. A. de Coulomb* 은 흙의 응집력과 내부 마찰각을 실험에 의하여 측정, 흙의 전단강도를 산정하는 실험이론을 창안하였다. 내부 마찰각이란 흙 입자의 접촉저항과 엇물림의 강도를 나타내는 값으로 전단 저항 각이라고도 한다. 입자가 촘촘한 상태의 흙은 내부 마찰각이 크고 입자가 성근상태의 흙은 내부 마찰각이 작다. 꿀롱의 실험이론은 그림 3-05 와 같은 그라프 및 다음과 같은 공식으로 표현 된다:

$$S = C + \delta \tan \phi$$

단, s : 전단강도 (kgf/cm^2) c : 응집력 (kgf/cm^2) δ : 유효 수직 응력 (kgf/cm^2)
ϕ : 내부 마찰각 $\tan \phi$: 마찰 계수

일반적인 흙의 전단강도에 관한 꿀롱의 공식은 그라프에서 보는 바와 같이 선 *A* 로 나타낼 수 있다. 그러나 모래의 경우는 선 *B* 로, 점토의 경우는 선 *C* 로 나타난다. 모래와 같이 점성이 없는 흙은 응집력이 거의 없으므로 $C≒0$ 가 되어 꿀롱의 공식은 $S≒\delta \tan\phi$ 가 되기 때문이다. 한편 점토와 같이 점성이 큰 흙의 경우 초기에는 내부 마찰 저항력이 거의 나타나지 않으므로 $\phi≒0$ 가 되어 꿀롱의 공식은 $S≒C$ 가 되기 때문이다. 습윤 상태의 점성 흙 지반에 압축하중이 작용하면 초기단계에서는 공극속의 물이 압축하중을 부담하기 때문에 입자간의 마찰력은 나타나지 않는다. 그러나 시간이 경과함에 따라서 공극속의 물이 서서히 빠져 나가면서 입자간의 마찰력이 점진적으로 나타나게 된다. 따라서 점성흙 지반에서의 전단강도는 초기에 $S≒C$ 에서 점차 $S=C+\delta \tan\phi$ 로 증가하게 된다. 그러나 점토지반에서는 상당한 시간, 심지어 수년 동안에 걸쳐 서서히 물이 빠져 나가기 때문에 건축물의 기초를 설계할 때 전단강도는 $S≒C$ 로 간주하여야 하는 것이다. 투수성이 크고 점성이 거의 없는 습윤 상태의 모래지반에서는 압축하중이 작용하면 물은 즉시 지반에서 빠져나가므로 전단강도

는 거의 일정한 상태를 유지해 나간다. 비교적 입자가 굵고 점성이 없는 흙으로 이루어진 모래지반에서는 입자 사이의 마찰 저항력이 초기에 나타나며 입자 사이의 응집력은 무시되므로 전단강도는 $S=\delta \tan \phi$ 로 간주한다.

2. 흙의 유형 및 분류기준

흙의 유형은 활용목적에 따라서 공학적 또는 물리적으로 분류할 수 있다. 흙 공사용 재료로서의 흙의 품질판별, 건설기계의 선정 등을 목적으로 하는 공학적 분류에서는 투수성, 압축성, 전단강도 등의 공학적 거동을 기준으로 하여 흙을 분류하고 시험을 통하여 흙의 물리적 특성을 파악하고자 하는 경우에는 흙의 입도, 소성, 액성 등을 기준으로 한다. 한편 흙의

그림 3-05 : 쿨롱의 공식에 의한 흙의 전단강도

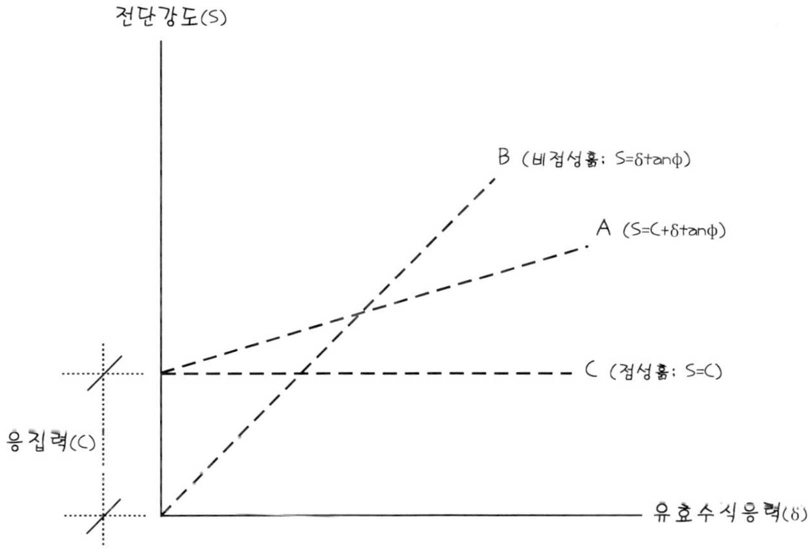

생성, 소멸과정에서 물리, 화학적 변화에 따라서 생기는 흙의 점성에 따라서 흙의 유형을 분류한다면 비 점성 흙, 점성 흙 및 유기질흙 등으로 분류할 수도 있다. 그러나 일반적으로 말하는 흙의 의미는 자갈, 모래, 침니, 점토, 유기물질 등 흙을 구성하는 모든 조성물질의 혼합물을 지칭한다. 실제로 흙은 한 가지 이상의 조성 물질로 혼합되어 있다. 흙의 공학적 분류 방법에 관련된 한국산업규격은 *KSF* 2324 이다.

1) 점성에 의한 흙의 유형

가. 비점성 흙 *Cohesionless Soils*

비점성 흙이란 그 입자의 크기를 맨 눈으로 식별할 수 있을 정도인 모래, 침니 등으로 형성된 흙 즉, 사질토 *砂質土* 를 말한다. 사질토는 수분을 함유한 상태에서는 입자가 일시적으로 들러붙지만 건조되면 입자가 다시 떨어진다. 따라서 사질토는 습윤 상태에서는 단단하고 안정되어 있지만 건조 상태가 되면 느슨해져 안정성이 사라진다. 해변에서 물기가 있는 모래로 모래성을 쌓을 수 있는 것은 바로 이러한 이유 때문이다. 사질토는 수분을 함유한 상태에서는 일시적으로 점성을 갖는 것처럼 보이지만 실제로 흙 입자 자체는 점성을 갖지 않는다. 이와 같은 점성을 가점성 *Apparent Cohesion* 이라 한다. 수분을 함유한 모래가 점성상태로 되는 것은 모래입자 자체에 점성이 생기는 것이 아니라 물의 표면장력 *Surface Tension Forces* 때문이다. 흙의 입자를 둘러싸고 있는 수막은 물의 표면장력으로 다른 입자를 끌어 당겨 서로 잡아두는 기능을 한다. 사질토의 구조적 특성을 지배하는 요소는 입도분포이며 물다짐을 할 경우 약간의 압밀상태가 되어 큰 경성이 나타난다. 점성 흙과 대비한 사질토의 특성 및 그 종류는 다음과 같다:

① 투수계수가 커 배수가 잘된다.
② 압밀속도는 빠르지만 압밀성은 적다.
③ 가소성이 없고 건조수축이 안 된다.
④ 불교란 시료의 채취가 어렵다.

가) 자갈 *Gravel* 또는 *Boulder*

천연 암석이 풍화 작용으로 인하여 역학적으로 분쇄, 마모되어 작고 둥글게 된 돌덩이로서, 일반적으로 ϕ *2mm* 이상인 돌을 자갈이라고 한다. 자갈의 성분은 풍화 작용 이전의 암석의 본질과 같다.

나) 모래 Sand

모래는 천연암석이 풍화, 침식되면서 역학적 분해를 일으켜 잘게 부스러지는 과정 즉, 역학적 분해과정의 마지막 단계에 있는 φ 0.1~2mm 의 암석가루이다. 모래입자에는 화학적 변화가 생기지 않았기 때문에 그 본질은 암석의 본질과 근본적으로 같다. 모래의 주요 성분은 암석과 같은 석영, 운모 *Mica*, 석고 *Gypsum*, 석회석 등이다.

다) 침니 沈泥, Silt

침니는 여러 종류의 암석이 풍화작용 및 상호 마찰작용으로 인하여 아주 미세하게 분쇄된 φ 0.005~0.1mm 정도의 돌가루이다. 침니의 주성분은 석영 및 규석 *Silica* 이고 입자는 둥글고 매끄럽고 점성은 없다. 다만 침니 입자가 지속적으로 화학적 변화를 일으키면 그 본질이 변하면서 점성이 생기기 시작한다. 침니 층 *Silt Deposit* 은 지표의 평지에서 흔히 볼 수 있다.

나. 점성 흙 Cohesive Soils

점성 흙 즉, 점질 토 粘質土 란 진흙 덩어리처럼 입자가 젖었다 마를 경우 서로 강력하게 들러붙는 성질을 갖는 흙이다. 따라서 점성 흙은 건조 상태에서는 바위처럼 단단하여 안정성이 뛰어나지만 수분이 침투되면 연화되어 강도를 상실한다. 다시 말해서 점성 흙은 젖어 있을 경우 소성을 갖지만 건조 상태에서는 경성이 된다. 점성 흙의 입자는 너무 미세하여 맨 눈으로는 볼 수 없을 정도이다. 점성 흙은 미세한 입자의 표면에 작용하는 전기화학적인 힘에 의하여 입자에 흡착된 물이 상호작용을 일으킬 경우 특수한 구조가 되어 흡착력, 소성, 큰 압밀 성 등을 갖게 된다. 점성 흙은 흙 입자, 흡착수, 자유수 및 공기 등으로 구성되어 있으며 점성 흙이 점성을 띠는 것은 흡착수 때문이다. 점성 흙이 건조 상태에서 경성이 되는 것은 흡착수를 둘러싸고 있는 자유수가 건조, 증발되면서 물이라기보다는 고체 상태에 가까운 성질을 가지고 있는 흡착수가 경화되기 때문이다. 이 흡착수가 수축 또는 팽창할 때 흙의 체적변화가 생긴다. 점성 흙의 구조적 특성을 지배하는 것은 연경도이며 점성 흙의 종류는 다음과 같다.

가) 점토 Clay

점토는 화성암 또는 수성암에 포함되어있던 장석, 운모 등이 풍화에 의해 분해되어 본격적인 화학변화를 일으키면서 물질의 본질이 변화, 압밀되어 생긴 흙이다. 따라서 점토는 점성이 매우 크다. 점토의 주성분은 규석, 알루미늄 *Aluminum*, 철, 마그네슘 *Magnesium* 등의 산화물과 동식물의 분해 물질인 유기물질이다. 점토는 호수바닥이나 해안선 근처의 강 하구

바닥에 널리 분포 되어 있다. 점토입자의 지름은 0.005mm 이하로서 침니의 입자보다도 작다. 점토는 물에 이기면 점성을 띠며, 기와, 도자기, 벽돌 등의 원료로 쓰인다.

나) 양토 壤土, Loam

양토는 모래, 침니, 점토 등이 알맞게 섞인 황갈색 또는 적갈색의 흙으로 서 주로 경작지의 지반을 이룬다. 예를 들면 사질 砂質 양토 Sandy Loam 는 모래 60% , 침니 10% , 점토 30% 로 구성된 흙이다.

다) 진흙 Slime

입자 지름이 0.005~0.001mm 의 붉고 점착력 큰 흙으로 장기 하중에 대하여 압밀 현상을 갖는다.

라) 개흙 Mud

갯가나 늪지의 바닥 등에 있는 거무스름하고 미끈미끈한 아주 미세한 입자의 점성 흙이다. 개흙은 요즈음 화장품의 재료로 쓰이고 있다.

다. 유기질 흙 Organic Soils

유기질흙은 나뭇잎, 나무뿌리, 조개껍질, 동물사체 등의 유기물질의 부패물을 20% 이상 함유하고 있는 암회색, 암록 색 또는 암갈색을 띄는 소위 썩은 흙 Humus 을 말한다. 유기질흙은 일반적으로 흡습성은 크지만 투수성이 낮고, 잘 부스러지며 압축성이 큰 특성이 있으므로 건축물의 기초지반용으로는 부적합하다. 유기질흙의 함수비는 자연 상태에서 200~ 300% 에 달하며, 장기 하중에 대한 압밀침하량이 크다. 흙 속에 부패한 유기물질이 2~4% 이상 함유되어 있을 경우 흙의 연경도 및 강도에 나쁜 영향을 끼칠 수도 있다.

2) 흙의 유형분류 기준

흙의 유형분류는 분류목적에 따라 달라지며 같은 목적일지라도 국가마다 그 세부 기준에는 약간의 차이가 있다. 또한 국가기준과 건설현장에서 관행적으로 분류하는 기준에도 역시 차이는 있다. 현장에서 흙을 분류할 때는 입자의 크기에 따라서 입자가 큰 것은 자갈, 작은 것은 모래로 분류하며 이 들은 다시 굵은 자갈, 잔자갈과 굵은 모래, 중모래, 잔모래 등으로 세분된다. KS, JIS, USCS, AASHTO 등의 흙의 유형 분류기준은 다음과 같다.

가. 공사현장의 실무적 분류기준

가) 모래

입자의 크기에 따라서 지름 5*mm* 이하의 돌가루를 속칭 굵은 모래, 지름 0.5*mm* 이하의 돌가루를 잔모래라고 하며 굵은 모래와 잔모래의 중간크기의 모래를 중 모래라고 한다. 모래는 생산지에 따라서 강모래, 육지모래, 바다모래 등으로 구분하기도 한다.

나) 자갈

지름이 20~75*mm* 인 둥근 돌을 굵은 자갈, 지름이 5~20*mm* 인 작고 둥근 돌을 잔자갈이라고 부른다. 자갈은 생산지에 따라서 강자갈, 육지자갈, 바다자갈 또는 부순 돌 碎石 등으로 구분하기도 한다. 자갈은 주로 콘크리트 공사에 쓰이지만 철근콘크리트공사에 쓰이는 자갈의 크기는 지름이 25~40*mm* 정도로 한정된다. 지난날 건축물공사에 주춧돌로 많이 사용되던 속칭 호박돌이라고 불리 우는 둥근 돌의 크기는 지름이 20~30*cm* 정도이다.

나. 한국산업규격의 분류기준

한국산업규격 *KS* 에서 정하고 있는 골재의 용어정의 및 표준치수는 다음과 같다.

가) 잔골재 *Fine Aggregate*

잔골재란 눈금 10*mm* 체에는 전부 통과하고 *No.4* 체 ϕ *4.75mm* 에는 거의 다 통과하며 *No.200* 체 ϕ *75µm = 0.075mm* 에는 거의 다 남아 있는 골재를 말한다.

나) 굵은 골재 *Coarse Aggregate*

굵은 골재란 *No.4* 체에 거의 다 남아 있는 골재를 말한다.

다. 일본국의 분류기준

일본국 토질공학회 및 산업규격 *JIS* 의 통일토질분류법에서는 흙 입자의 직경에 따라서 흙을 자갈, 모래, 침니, 점토 등으로 분류하고 있다. 이러한 호칭은 우리나라 건설현장에서 흔히 사용되고 있는 흙의 명칭이다. 비교적 입자가 큰 비 점성 흙은 체분석시험으로 분류하고 입자가 미세한 점성 흙은 비중계 분석 시험으로 분류한다. 분류된 흙 입자의 직경은 자갈이 ϕ 2.0*mm* 이상, 모래 ϕ 0.075~2.0*mm* , 침니 ϕ 0.005~0.075*mm* , 점토 ϕ 0.001~0.005 *mm* , 콜로이드 *Colloid* ϕ 0.001*mm* 이하 등이다.

라. 미국의 통일 분류법에 의한 분류기준

미국에서 통용되는 흙의 통일 분류법 *USCS: Unified Soil Classification System* 에서는 흙을 흙 입자의 입도에 의하여 조립토와 세립토로 분류한다. 여기서 조립토는 굵은 입자의 흙을 많이 함유하고 있는 흙이고 세립토는 작은 입자의 흙이 많이 포함되어 있는 흙을 말한다. 조립토와 세립토는 다시 입도분포와 점성 등에 따라서 세분된다. 이탄 *泥炭* , 고 유기질토 등과 같이 고유한 기질을 갖는 흙은 유기질로 분류된다. *USCS* 는 자갈 및 모래의 분류 기준이 명백하고 유기질토의 개략적 분류가 가능하다. *USCS* 는 세계적으로 가장 널리 쓰이는 흙의 분류법으로서 흙을 총 25종으로 분류하고 있으며 분류된 모든 흙은 영문 알파벳 2개 문자의 조합으로 표시한다. 조합된 2개 문자 중 첫 번째 문자는 흙의 종류를 두 번째 문자는 흙의 입도, 소성, 압축성 등을 나타낸다. 첫 번째 문자는 *G 자갈, S 모래, M 무기질 침니, C 무기질 점토, O 유기질 침니 및 점토, Pt 이탄 및 고유기질 점토* 등이고 두 번째 문자는 *W 입도분포 양호, P 입도분포 불량, M 침니질 혼합토, C 점토질 혼합토, L 점성이 낮은 흙, H 점성이 높은 흙* 등이다. 따라서 2개 문자로 표시된 *USCS* 의 분류는 이해가 쉽고 의사 전달이 편리한 특징이 있으며 그 분류 기준은 다음과 같다.

가) 굵은 입자의 흙 *Coarse-grained Soils*

굵은 입자의 흙, 즉 조립토라 함은 입자의 50% 이상이 *No.200* 체를 통과하지 못하는 흙으로서 자갈과 모래가 이 범주에 속한다.

(1) 자갈 *G: Gravels*

자갈이라 함은 흙 입자의 50% 이상이 *No.4* 체를 통과하지 못하는 흙을 말한다. 입자의 지름이 19~75*mm* 인 자갈을 굵은 자갈, 4.75~19*mm* 인 자갈을 잔자갈이라고 한다. 자갈은 다시 깨끗한 자갈과 미립자의 흙을 함유한 자갈로 세분되며 그 상세는 다음과 같다.

(가) 깨끗한 자갈

GW ; 입도분포가 양호한 자갈 또는 자갈 및 모래 혼합토
GP ; 입도분포가 불량한 자갈 또는 자갈 및 모래 혼합토

(나) 미립자의 흙을 함유한 자갈

GM ; 침니질 자갈 또는 자갈, 모래, 침니 혼합토
GC ; 점토질 자갈 또는 자갈, 모래, 점토 혼합토

(2) 모래 *S: Sands*

모래란 흙 입자의 50% 이상이 No.4 체를 통과하는 흙을 말한다. 입자의 지름이 0.075~ 0.425mm 인 모래를 잔모래, 0.425~2.00mm 를 중모래, 2.00~4.75mm 를 굵은 모래라 한다. 모래는 다시 깨끗한 모래와 미립자의 흙을 함유한 모래로 세분되며 그 상세는 다음과 같다.

(가) 깨끗한 모래

SW ; 입도분포가 양호한 모래 또는 자갈 섞인 모래

SP ; 입도분포가 불량한 모래 또는 자갈 섞인 모래

(나) 미립자의 흙을 함유한 모래

SM ; 침니질 모래 또는 침니 섞인 모래

SC ; 점토질 모래 또는 점토 섞인 모래

나) 작은 입자의 흙 *Fine-grained Soils*

작은 입자의 흙, 즉 세립토라 함은 입자의 50% 이상이 No.200 체를 통과하는 흙으로 입자의 지름이 0.075mm 이하인 무기질 또는 유기질의 흙을 말한다. 침니 *Silts*, 점토 *Clays* 등이 세립토에 속하며 그 상세는 다음과 같다.

(1) LL < 50 의 침니 및 점토

ML ; 소성이 중간이하인 무기질 침니 또는 극히 가는 모래

CL ; 소성이 중간이하인 무기질 점토

OL ; 소성이 중간이하인 유기질 침니 또는 유기질 점토

(2) LL > 50 의 침니 및 점토

MH ; 소성이 중간 이상인 무기질 침니

CH ; 소성이 중간 이상인 무기질 점토

OH ; 소성이 중간 이상인 유기질 침니 또는 유기질 점토

마. 미국의 고속도로 및 공공교통 협회의 분류기준

미국의 주정부 고속도로 및 공공교통 협회 *AASHTO American Association of State Highway and Transportation Officials* 는 주로 도로공사 및 활주로공사의 기층에 사용할 흙의 적합성 여부

를 판별하기 위하여 흙을 분류한다. *AASHTO* 는 흙의 입도, 액성한계, 소성지수, 군지수 *GI: Group Index* 등의 기준에 따라서 흙을 *A-1~7* 의 군 *群* 으로 분류한다. 그러나 *AASHTO* 는 자갈 및 모래의 분류 기준이 확실하지 않고, 유기질 토의 분류 기준이 없다. *AASHTO* 의 군지수 산정식 및 분류 기준은 다음과 같다:

$$GI = (F\text{-}35)\times[0.2+0.005\times(LL\text{-}40)]+0.01\times(F\text{-}15)\times(PI\text{-}10)$$

단, *F* : 흙 입자의 No. 200 체 통과 비율(%)

가) 입상토 *粒狀土*

입상토라 함은 *No.200* 체를 통과하는 흙 입자의 비율이 35% 이하인 흙을 말한다. 입상 토는 체통과 비율 *10~35%* , 액성한계, 소성지수, 군지수 등의 기준에 따라서 *A-1~3* 군으로 세분된다. 둥근 돌 *Boulder: ϕ 76.2 mm 이상* , 자갈 *ϕ 2.00~76.2 mm* , 굵은 모래 *ϕ 0.425~2.00mm* , 잔모래 *ϕ 0.075~0.425mm* 등이 여기에 속하며 이들은 도로공사용 재료로 적합하다.

나) 침니-점토

침니-점토라 함은 *No.200* 체를 통과하는 흙 입자의 비율이 35% 이상인 흙을 말한다. 이 범주의 흙은 액성한계, 소성지수, 군지수 등의 기준에 따라서 *A-4~7* 군으로 세분된다. 침니 *ϕ 0.002~0.075mm* , 점토 *ϕ 0.002mm 이하* 등이 여기에 속하며 이들은 도로공사용 재료로 부적합하다.

3. 건축물의 침하 및 붕괴

건축물은 지반에 의하여 지탱되고 있으므로 건축물과 지반은 불가분 *不可分* 의 관계를 갖는다. 건축물의 침하, 균열 및 붕괴원인은 대체로 지반의 파괴에 기인하지만 건축물 자체의 구조적 결함 또는 기초공사의 부실 등에 기인하는 경우도 적지 않다. 건축물이 침하되어 균열이 나타나기 시작하면 즉시 구조안전 전문회사에 조사를 의뢰한다. 균열의 크기를 측정하고 균열의 진행여부를 확인하여 원인을 분석하고 이에 상응하는 조치를 취한다. 안정적인 지반의 조건 및 지반붕괴에 의한 건축물의 침하, 균열, 붕괴 원인 다음과 같다.

1) 건축물의 허용 침하량 및 침하량 측정방법

건축 구조물에 위해 危害 를 가할 수 있는 침하량의 허용한계는 건축물의 종류, 형태, 기초의 형태, 지반의 특성 등 다양한 요소에 따라서 달라진다. 또한 침하량의 크기는 부등침하, 균등침하, 즉시침하, 압밀침하 등의 침하형태에 따라서도 상당한 차이를 보인다. 따라서 건축물에 침하가 발생한 경우 우선 침하의 원인을 분석하고 대비책을 세워야 한다. 저층의 일반 물류창고나 공장과 같은 건축물은 균등침하량이 다소 크더라도 건축물의 구조나 성능에 큰 장해가 없지만 정밀기계를 생산하는 공장의 경우에는 약간의 부등침하량일지라도 장해가 생길 수 있다. 미합중국 사회에서 일반적으로 허용되고 있는 구조물의 형태 및 종류에 따른 최대 허용 침하량의 기준은 표 3-05 와 같다. 한편 일본국 건축학회 JASS 에서 철골조, 철근 콘크리트조 및 콘크리트블록조 등 많은 건축물의 장기하중에 대한 침하량을 실제로 측정하여 제정한 허용 침하량의 기준은 표 3-06 과 같다.

표 3-05 : 미합중국의 구조물 최대 허용 침하량

구조물의 형태 또는 종류	최대 허용 침하량	
	부등 침하	균등 침하(mm)
Drainage of Floors	0.01~0.02 L*	152~305
Warehouse Lift Trucks Stacking	0.01 L	152
Silos Tilting of Smokestacks	0.004 B*	76~305
Simple Framed Structure	0.005 L	51~102
Continuous Framed Structure	0.002 L	25~51
Framed Structure with Diagonals	0.0015 L	25~51
Reinforced Concrete Structure	0.002~0.004 L	25~76
One-story Brick Walls	0.001~0.002 L	25~51
High Brick Walls	0.0005~0.001 L	25
Cracking of Panel Walls	0.003 L	25~51
Cracking of Plaster	0.001 L	25
Noncritical Machine Operation	0.003 L	25~51
Crane Rails	0.003 L	None
Critical Machine Operation	0.0002 L	None

L* : 인접 기둥 간격, B* : 기초판 폭

표 3-06 : 일본국 건축학회의 건축물 허용 침하량

건축물 골조	기초형태	허용 침하량(mm)			
		즉시 침하		압밀 침하	
		표준	최대	표준	최대
콘크리트블록조	연속기초	15	20	20	40
철골조 또는 철근콘크리드조	독립기초	20	30	50	100
	연속기초	25	40	100	200
	온통기초	30~40	60~80	100~150	200~300

나. 침하량 측정방법

건축물의 시공 중 또는 시공 후에 발생하는 침하량을 측정하는 방법, 측정 지점 및 기준점 설치, 침하량 측정기구 등에 관한 상세는 다음과 같으며 이와 관련된 한국산업규격은 *KSF* 2101 이다.

가) 기준점 선정 및 점검

기준점은 가급적 측정 지점으로부터 먼 곳에 선정, 설치한다. 측정 지점과 기준점이 가까운 거리 내에 있을 경우 건축물 하중에 의하여 생기는 지반변위의 영향을 두 점이 함께 받을 수 있기 때문이다. 침하측정 대상 건축물의 인근 도로상에 기존의 *BM* 이 있는 경우에는 그 *BM* 을 기준점으로 정하는 것이 바람직하다. 그러나 *BM* 을 기준점으로 활용할 수 없는 경우에는 변형이 정지된 기존의 고정 구조물 상에 *TBM* 을 선정, 고착시켜야 한다. 선정된 기준점은 수시로 점검하여 기준점 표고의 변형여부를 확인해야 한다.

나) 측정지점 위치 및 선정

측정지점은 관찰이 용이하고 손괴, 멸실의 우려가 없는 곳에 고착시켜야 한다. 측정 지점을 선정할 때는 설계자 및 토질기술자의 동의를 얻어야하며 측정 지점은 여러 개를 설치하는 것이 바람직하지만 그 수는 현장 여건에 따라서 임의로 결정한다.

다) 침하 측정 기구

건축물의 침하량을 측정하기 위해서는 레벨 *Level*, 수준척, 수면준기, 침하량 측정계기 등의 측정 기구를 사용하며 이들 측정 기구를 선정, 사용할 때는 매번 정밀도를 확인하여야 한다. 건축물 침하를 측정할 때는 측정 지점 설계를 하여야하며 측정 및 관찰내용 모두를 설계도면 상에 표기하여야 한다.

라) 측정 방법

침하측정 대상 건축물의 한 지점에 측정점을 고착시킨 다음 그 점의 높이 변화를 관찰하여 건축물의 침하여부를 판별한다. 측정점의 높이 변화를 측정할 때는 수준점 *BM* 또는 가 수준점 *TBM* 을 기준으로 한다.

2) 건축물 붕괴원인

가. 주변지반의 붕괴

건축물 주변지반의 붕괴로 인하여 건축물이 균열, 붕괴되는 현상은 주로 건축물 주변의 높은 축대 붕괴, 경사지 사태 또는 도심에서의 부적절한 깊은 흙 파기 공사 등에서 기인함을 알 수 있다. 주변 지반의 붕괴로 인하여 건축물이 붕괴되는 상세한 원인은 다음과 같다.

가) 불량 흙파기 공사

적절한 흙막이 공사를 하지 않으면 주변 건축물의 기초를 지탱하던 측 토압이 사라지거나 지하수위가 낮아지면서 지반의 일부분이 붕괴, 침하되어 건축물이 균열, 붕괴된다. 이러한 현상은 지반을 깊게 수직으로 파내려 가는 도심의 건축공사 현장 주변에서 가장 흔하게 나타난다. 이 경우 지반이 붕괴되는 면과 직각을 이루는 면을 따라서 건축물에 균열이 생긴다.

나) 경사지 사태

건축물 주위의 비탈면은 집중호우, 중량물의 이동 및 충격 등에 의한 진동으로 인하여 붕괴될 수 있다. 비탈면의 붕괴는 비탈면 상부에 있는 건축물에는 균열 및 붕괴를 촉발하고 하단에 있는 건축물에는 타격을 가하여 파괴하거나 매몰시킬 수도 있다.

다) 높은 축대 붕괴

건축물 주변의 축대를 견고하게 쌓지 않으면 축대가 붕괴되면서 흘러내리는 토사의 압력으로 인하여 건축물이 파손되는 경우가 있다.

나. 해당 지반 붕괴

가) 지반 액상화

지반에서 물이 빠져나가는 경우 지하수위의 저하로 지반이 침하하는 반면에 지반에 물이 유입되는 경우 지반이 액상화 하여 지반의 지지력을 상실한다. 특히 느슨한 모래지반이 포화상태가 되면 모래입자가 물위에 떠 있는 상태가 되므로 지반은 전단강도를 상실하고 모래는 물과 함께 이동한다. 이와 같은 상황에서 지진이 발생한다면 액상화 된 모래가 지상으로 분출하므로 지중에 있는 가벼운 구조물은 지상으로 떠올라 오고 중량의 구조물이나 건축물은 전도되어 붕괴된다. 지금까지 액상화가 발생한 경험적 사례에 의하면 침니 및 점토와 같은 세립토의 함유율이 30% 이하인 사질토 지반은 지진과 같은 외력의 작용에 의하여 쉽게 액상화 된 반면 점토 및 진흙과 같은 미 세립토의 함유율이 20% 를 초과하는 점성토 지반은 액상화의 우려가 크지 않은 것으로 밝혀졌다. 지반에서 액상화가 일어나기 쉬운 조건과 액상화 방지대책은 다음과 같다.

(1) 액상화 발생조건

① ϕ 0.05mm 이하인 세립토의 함유율이 낮은 포화지반
② N 값이 10 이하인 모래 지반의 포화
③ 지하수위가 지표면에 가까운 지반
④ 지진과 같은 외력의 영향을 크게 받는 지반

(2) 액상화 방지대책

① 액상화가 우려되는 모래지반을 다지거나 고결화
② 모래지반으로 유입되는 물의 차단 ③ 과잉공극수의 배출
④ 유효응력의 증대
⑤ 사질토지반을 점성토지반으로 치환

나) 지반 부등침하

건축물을 지탱하고 있는 지반의 일부분이 어떤 원인에 의하여 취약해질 경우 지반이 파괴되어 부등침하 *不等沈下, Differential Settlement* 가 생긴다. 지반의 부등침하는 건축물의 붕괴와

직결된다(그림 3-06). 반면 균등침하의 경우는 건축물 전체가 균등하게 침하되므로 건축물의 전도나 파괴 정도가 심각한 경우는 거의 발생하지 않는다. 부등침하의 의미와 지반에 부등침하가 생기는 원인 및 그 대책은 다음과 같다:

Differential Settlement Uneven, downward movement of the foundation of a structure, usually caused by varying soil or loading conditions and resulting in cracks and distortions in the foundation.

그림 3-06 : 부등침하에 의한 건축물의 붕괴형상

건축물의 전도

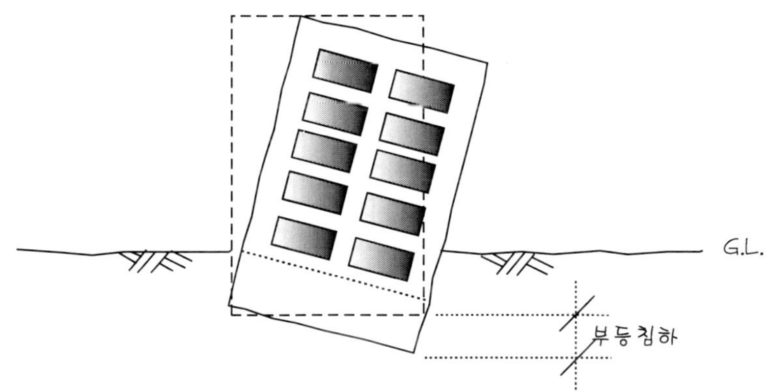

건축물의 파괴

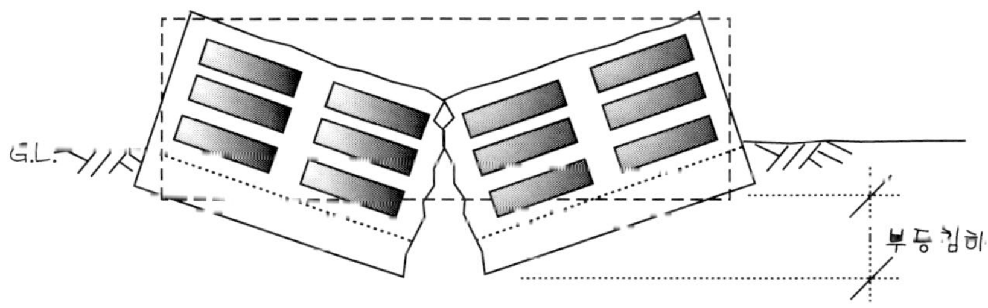

(1) 부등침하의 원인

건축물의 붕괴는 주로 취약지반의 파괴에 의한 부등침하이며 지반파괴는 무리한 증축 및 개축에 의한 건축물의 하중 증가, 지반의 불 균질성, 기초 말뚝의 파손 및 환경변화 등이 원인이 되는 경우가 많다. 우리 주변에서 흔히 볼 수 있는 부등침하의 원인은 다음과 같다:

① 지반의 불 균질성; 같은 지반 내에 압축성이 큰 점토층과 압축성이 작은 모래, 자갈 등의 사질토층이 혼재되어 있는 경우 각 지반의 지내력에 큰 차이가 생긴다.
② 매립 후 10년 미만의 성토지반과 원지반이 인접해 있는 경우
③ 점토층 두께의 차이로 인하여 생긴 지층 내 경사면이 있는 경우
④ 지반 일부의 다짐 불량 및 액상화; 지반 일부의 연약화 발생
⑤ 기초판과 건축물 중심 重心 의 불일치; 설계 및 시공불량, 건축물 특정 부분의 수평, 수직방향으로의 무리한 증축, 개축 등으로 인한 하중증가로 편심하중 발생
⑥ 기초공사불량; 말뚝의 파손, 지지층의 불일치, 상이한 기초형태
⑦ 지층의 환경변화; 지하 상 수위면의 변화, 지층의 침식 및 침하, 지하매설물 공사 등으로 인한 지하공동 발생

(2) 부등침하 방지대책

부등침하에 의한 건축물의 균열 및 붕괴를 방지하기 위한 대책은 부등침하의 원인분석에서 찾을 수 있다. 건축물의 기초, 즉 하부구조 *Substructure* 와 상부구조 *Superstructure* 의 불량으로 발생하는 부등침하에 대한 방지대책은 기초 공사의 불량 시공 사례와 부등침하의 원인 등을 분석, 보강하여 방안을 마련할 수 있다.

다. 기초공사의 부실

건축물의 하중을 최종적으로 지반에 전달하는 매개체 구실을 하는 기초의 불량 시공은 건축물 붕괴의 직접적 원인중의 하나이다. 기초공사에서 부주의로 인하여 발생할 수 있는 불량 시공의 사례는 다음과 같다:

① 설계불량으로 건축물 기초의 지반 매입 깊이가 부족한 경우
② 독립기초의 경우 구조계산, 설계, 또는 시공 상의 부주의로 인하여 편심하중 발생
③ 말뚝기초의 경우 운송도중에 부주의로 금이 갔거나 부러진 말뚝을 검사, 교체하지 않고 그대로 사용하는 경우

④ 연속기초 지반을 다질 때 부주의로 인하여 다짐이 불량한 부분과 다짐이 양호한 부분이 발생하는 경우
⑤ 지중에 말뚝을 박는 도중 부러진 말뚝을 그대로 사용하는 경우
⑥ 마찰말뚝의 마찰력이 부족한 채로 공사를 종료하는 경우
⑦ 지지말뚝이 균등하게 지지층에 도달되지 못하는 경우

제 2 절 垈地 및 지반조사

Ground & Soil Exploration

1. 개요

1) 용어 정의

가. 대지

건축법에서 규정하고 있는 대지 *垈地* 란 건축물의 터 즉, 건축물을 건축 할 수 있는 모든 토지를 지칭한다.

나. 지반 및 지반조사

건축공사에서 말하는 지반이란 건축물의 기초를 설치 할 수 있는 땅을 의미한다. 그러나 일반적으로 지반이라 함은 땅의 표층 즉, 지구의 껍질을 말한다. 지구의 껍질, 다시 말해서 지각은 성질과 강도가 각기 다른 여러 종류의 흙과 암석의 복합층으로 되어 있다. 특히 지각의 표층은 대부분 다양한 종류의 흙, 즉 자갈, 모래 및 유기물질과 수성암으로 되어 있다. 지표면으로부터 상층 맨틀 *Mantle* 에 이르는 지각의 두께는 약 5~70km, 즉 태평양 심해에서는 약 5km 정도이고, 알프스 산맥 정상에서는 약 70km 정도이다.

지반조사란 보공사 또는 기초공사와 관련된 지반의 설계 및 시공에 필요한 자료를 얻기 위한 조사를 말한다. 지반조사를 할 때 유의해야 한 사항은 흙의 성질, 지층의 분포, 지하수

위 및 용수량, 지하매설물의 유무 등이다. 지반조사의 결과는 준공 후 건축물의 안전과 직결되는 것이므로 정확한 조사가 요구된다. 지반조사를 할 때는 공사 및 지반의 특성에 따라 적절한 방법으로 지반을 조사하기 위한 계획을 수립해야 한다.

2) 지층의 생성 및 구조

가. 지층 생성

지층은 자갈, 모래, 진흙, 생물체 등이 오랜 세월에 걸쳐 물이나 지표 밑에 퇴적하여 이루어진 지각의 층이다. 지층은 일반적으로 지질시대의 구분에 따라서 분류되며 지질시대는 시생대, 원생대, 고생대, 중생대, 신생대로 구분된다. 지질시대란 지층이 생성된 이래 오늘날까지의 지층의 시대를 말한다. 일반적으로 지질시대가 빠르면 빠를수록 지반의 지내력은 점점 더 커진다. 지질학상 가장 새로운 지층인 충적층은 연약지층이 많아 경량구조물의 지반이나 마찰말뚝기초의 지반으로 쓰인다. 일반적인 구조물의 기초나 지지말뚝기초를 지탱하는 지층은 홍적세에 퇴적되어 이루어진 홍적층이다. 지층의 생성연대는 표 3-07 과 같다.

나. 지층 구조

지구는 지각 층, 상층맨틀 층 *Mantle* , 전이대층, 하층맨틀 층 및 핵 등으로 구성되어 있다. 하층맨틀 층과 핵 사이에는 약 *200km* 두께의 경계면이 있다. 지구 각 층의 두께 및 특성은 표 3-08 과 같다.

3) 대지의 분류

대지는 지형에 따라서 크게 평지, 구릉지, 산악지 등으로 구분되며 지형이란 땅의 생긴 모양을 말한다. 이들 지형 중 일반적인 건축공사의 대상이 되는 지반은 평지와 구릉지이다. 평지와 구릉지의 지반은 여러 종류의 흙의 층으로 되어 있으며 산악지의 지반은 주로 암석층으로 되어 있다. 한편 평지의 지반에는 퇴적층이나 매립층이 많아 지반조사를 할 경우 세심한 주의가 요구된다.

가. 평지

건축과 농경이 용이한 평지는 대부분 도시나 농경지로 개발되었다. 평지는 일반적으로 해안 평지와 내륙 평지로 구별되며 그 지형적 특징은 다음과 같다.

표 3-07 : 지층의 생성연대 및 조성물질

지질 시대			생성 연대	지층	조성 물질
시생대			26억 년전	-	-
원생대			26억~5억7천만 년전	-	-
고생대			5억7천만~2억2500만 년전	고생층	-
중생대			2억2500만~6500만 년전	중생층	역암, 사암, 혈암, 석회암
신생대	제 3 기		6500만~200만 년전	제3기층	석유, 석탄, 석회
	제4기	홍적세	200만~1만 년전	홍적층	자갈, 점토
		충적세	1만 년전~현재	충적층	모래, 침니

표 3-08 . 지층의 구조 및 두께

지 층		지 층 두 께
지각	흙 (자갈 및 모래입자, 유기물질 등)	지표로부터 5Km(대양)~70Km(Alps)
	암석 (암반층)	
맨틀 Mantle (섭씨 3700도)		지표로부터 2885Km 깊이 까지
핵 (섭씨 4300도)		지표로부터 6371Km 깊이 까지(적도반경)

가) 해안 평지

강어귀에 형성된 해안 평지는 주로 강물에 의해 운반된 흙의 침전으로 형성된 내삼각주 또는 수 삼각주 *Delta* 로 되어 있다. 대삼각주의 평지 구배는 1/2000 1/5000 , 표고는 0~5 m , 흙층의 두께는 일반적으로 30m 이상이다. 반면 소 삼각주의 구배는 1/200~1/1000.

표고는 0~15m, 흙층의 두께는 30m 이하이다. 삼각주의 지반은 연약지반이며 대개 점성토, 사질토, 모래, 자갈 등으로 되어 있다.

나) 내륙 평지

내륙 평지는 홍수에 의해 운반된 흙의 침전으로 만들어 진다. 내륙평지는 주로 큰 강의 배후에 형성되며, 구배는 극히 평탄하다. 이러한 배후지 *Hinterland* 의 표고는 0~15m, 흙층의 두께는 5~15m 이다. 흙의 층은 점성토, 사질토, 조약돌 등으로 되어 있다.

나. 구릉지

구릉지라 함은 일반적으로 표고 10~100m 의 완만한 경사지와 골짜기가 있는 지역을 말한다. 구릉지의 표층은 일반적으로 토사와 연암 혹은 풍화된 경암으로 구성되어 있다. 표층의 두께는 수m~10m 이다. 그러나 구릉지는 지하수 또는 이질적인 지층으로 인한 지층의 미끄러짐 *Sliding* 이 우려되는 불안정 지반이다. 따라서 구릉지는 일반적으로 계단식으로 개발된다.

다. 산악지

단층운동으로 생긴 산악지의 지반은 주로 굵은 모래, 연암, 경암, 점토 등으로 구성되어 있다. 산악지의 연암 또는 경암은 풍화작용 또는 침식작용으로 부스러져 점진적으로 점토 화 된다.

2. 지반의 분류

지반은 일반적으로 지질, 지형, 흙의 구조, 흙 입자의 직경 등의 특성에 따라서 분류 할 수 있다. 그러나 건설공사에 관련해서 지반을 분류할 경우에는 지반의 구성 재료인 흙 또는 암석의 종류에 따라서 분류하는 것이 바람직하다. 암석은 고결재료로서 암석으로 된 지반은 강도가 충분하여 건축공사에서 문제가 되는 점이 별로 없지만 모래나 점토와 같은 미 고결 재료로 된 지반에서 건축공사를 할 때는 많은 문제점이 발생한다. 물리적 특성상 흙과 암석의 명백한 차이는 없지만 일반적으로 흙은 폭파하지 않고 파내서 옮길 수 있고, 암석은 폭파에 의해서 운반이 가능하다. 지반은 각기 다른 특성과 강도를 갖는 여러 종류의 흙 또는 암석이 혼재되어 있지만 지반의 주요조성 물질에 따라서 개략적으로 흙 지반과 암석지반으로 구분할 수 있다. 이들 지반은 암석 및 흙의 종류에 따라서 다시 세분할 수도 있다.

1) 암석 지반 *Rock*

암석지반이란 지반의 주요 조성 물질이 암석인 지반을 말한다. 그러나 인간이 건축물 생산 활동을 하는 주요 공간인 평지 및 구릉지에서 암석이 지표에 노출되어 있는 경우는 극히 드물다. 간혹 암석지반이 나타난다고 할지라도 대개의 암석층은 수십 *m* 깊이의 흙 속에 묻혀 있는 것이 일반적이다. 지각을 조성하는 암석의 95%는 화성암이며 나머지 5% 는 수성암과 변성암으로 되어있다. 그러나 암석지반의 대부분이 화성암 임에도 불구하고 지표에 노출된 암석의 75% 는 수성암이다. 암석을 조성하고 있는 주요 광물질은 장석 *長石, Feldspar* 이며 그 밖에, 석영 *Quartz* , 고령토 *Kaolinite* , 백운모 *Muscovite* , 방해석 *方解石, Calcite* 등이 있다.

가. 생성과정에 의한 분류

암석지반의 종류는 암석의 생성과정, 용도, 형상, 경도, 색상, 결, 질감 등 다양한 특성에 따라서 분류할 수 있다. 암석의 생성과정 및 경도의 크기에 따라서 분류된 암석지반의 종류는 다음과 같다.

가) 화성암 지반 *火成岩, Igneous Rocks*

화성암 지반은 지층 깊은 곳에 있던 암장 *Magma* 이 화산 활동으로 인하여 지표로 분출, 냉각되면서 굳어진 암석 즉, 화성암으로 이루어진 지반이다. 화성암의 대부분은 선 *先* 캄브리아기의 암석 *Precambrian Rock* 이며 암장의 냉각속도에 따라서 그 성질이 달라지고, 암석 중 경도가 가장 크다. 용융상태의 암장이 지표가까이에서 급히 냉각된 화성암은 결이 거칠며 석영성분이 많다. 이렇게 생성된 대표적인 암석은 화강석 *Granite* 이며, 화강석은 경도가 커서 건축공사 및 조각 작품용으로 가장 보편적으로 쓰인다. 결이 거친 화성암에는 섬장암 *閃長岩, Syenite* , 섬록암 *閃綠岩, Diorite* , 유리 암 *斑糲岩, Gabbro* 등이 있다. 반면 산맥으로 된 지각의 깊은 곳에서 서서히 냉각된 암석은 결이 곱고 단단하며 철과 마그네슘 성분이 풍부하다. 결이 고운 화성암에는 현무암 *Basalt* , 안산암 *安山岩, Andesite* , 부석 *浮石, Pumice* , 유문암 *Rhyolite* , 화산암찌꺼기 *Scoria* 등이 있다. 이들 가운데 도로 및 보도포장 공사용으로 가장 많이 쓰이는 암석은 검은색을 띄는 현무암이다.

나) 수성암 지반 *火成岩, Sedimentary Rocks*

수성암지반은 물, 얼음, 바람 등에 의하여 운반된 생물의 유해, 조개껍질, 화학물질의 찌꺼기, 돌가루 등의 유기물질 또는 무기물질이 오랜 세월에 걸쳐 층층이 충적되면서 지열과 지압에 의하여 굳어진 암석 즉, 수성암으로 된 지반이다. 수성암을 성층암, 침적암, 침전암 또는 퇴적암 이라고도 한다. 일반적으로 수성암은 암석 중 경도가 가장 낮다. 수성암은 일반적으로 여러 층으로 구성되어 있으며 층의 상태를 눈으로 식별할 수 있어 그 종류를 쉽게 판별할 수 있다. 수성암의 종류에는 이판암 *泥板岩, Shale* , 사암 *Sandstone* , 석회석 *Limestone* , 백운암 *白雲岩, Dolomite* 등이 있으나 대부분은 이판암이다. 이판암의 주성분은 침니 또는 점토이며 약간의 유기물질과 석회가 섞여 있다. 이판암의 강도는 연약한 것에서 단단한 것에 이르기 까지 다양하지만 장시간 물에 잠겨 있을 경우 침니 또는 점토상태로 되돌아가려는 성질이 있다. 사암은 주로 석영으로 조성되어 있지만 사암의 조성 물질을 점착, 경화시키는 점착성 광물질은 규석 *Silica:* SiO_2 , 산화철 *Iron Oxides* , 탄산칼슘 *Calcium Carbonate:* $CaCO_3$, 점토 등이다. 석회석은 주로 물속에서 탄산칼슘이 점착, 경화되어 생성되며 석회석 내의 균열이나 공극 속에는 점토나 유기물질 등이 포함되기도 한다. 백운암의 주성분은 탄산칼슘마그네슘 *Calcium Magnesium Carbonate:* $CaMg(CO_3)_2$ 이며 결의 구조 및 색상은 석회석과 유사하다. 이판암, 사암, 석회석, 백운암 중에서 비교적 강도가 큰 것 들은 건축공사현장에서 흔히 쓰이는 수성암이다.

다) 변성암 지반 *變成岩, Metamorphic Rocks*

변성암 지반은 지표층 *地表層* 속에 있던 수성암 또는 화성암이 열, 압력, 전단응력, 수분 등의 복합작용으로 그들의 화학적 성질, 광물성분, 분자구조 및 조직 등이 변해서 된 암석 즉, 변성암으로 된 지반이다. 따라서 변성암은 수성암과는 달리 지표층에는 거의 드러나 있지 않으며 그 종류에는 편마암 *Gneiss* , 편암 *Schist* , 점판암 *Slate* , 규암 *硅岩, Quartzite* , 대리석 *Marble* 등이 있다. 변성암의 경도는 화성암과 수성암의 중간쯤 된다. 편마암은 화강석의 변형이고, 편암은 현무암과 이판암이 고도로 변질된 암석이다. 점판암은 이판암이 약간 변질된 암석으로 아주 고운 질감을 가지며 얇은 판으로 잘 쪼개지고, 내후성이 아주 큰 규암은 사암이 변질된 암석 이다. 광택이 크고 강도가 커서 건축용 및 조각 작품용 재료로 가장 많이 쓰이는 대리석은 석회석과 백운암의 변형이다. 변성암중 얇은 판 모양으로 쪼개지는 성질을 갖는 암석은 편마암, 편암, 점판암 등이다.

나. 경도의 크기에 의한 분류

가) 연질암 지반

압축강도가 10Mpa *100kgf/cm²* 미만인 암석으로 이루어진 지반으로 이 지반의 대부분은 수성암이다. 암석지반의 갈라진 틈이 100~300mm 인 경우 폭약 없이 채석이 가능하다.

나) 경질암 지반

압축강도가 50Mpa 500kgf/cm² 이상인 암석으로 이루어진 지반으로 대부분이 화성암으로 되어 있다. 암석지반의 갈라진 틈이 50~100mm 인 경우 폭약 없이 채석이 가능하다.

2) 흙 지반 Soil

인간이 건축 활동을 하고 생활하는 공간은 주로 평지 및 완만한 구릉지이며 이러한 공간의 지반은 일반적으로 흙으로 구성되어 있는 경우가 많다. 지반을 조성하고 있는 주요 물질이 흙인 지반을 흙 지반이라고 한다. 흙은 고체인 흙 입자, 액체인 물, 기체인 공기 또는 가스 등으로 구성되어 있다. 흙 입자에는 둥근 돌 Boulder, 자갈 Gravel, 모래 Sand 등과 같이 굵은 입자가 있는가 하면 침니 Silt, 점토 Clay Deposits, 부패한 유기물질 Organic Matters 등과 같은 작은 입자도 있다. 흙 지반은 당해 지반을 구성하고 있는 흙의 생성원천, 생성형태 및 입도분포에 따라서 다음과 같이 분류할 수 있다.

가. 생성원천에 의한 분류

흙 지반을 이루고 있는 흙의 성질은 풍화된 암석의 종류에 따라서 결정된다. 점성을 갖는 점토 와 약간의 침니로 구성된 흙 즉, 점성 흙 지반은 주로 현무암, 이판암, 점판암 등의 암석이 풍화되어 이루어진 지반이다. 반면 침니, 모래, 자갈 등과 같이 점성이 없는 비 점성 흙으로 구성된 지반은 주로 화강석, 사암, 편마암, 편암, 규암 등의 암석이 풍화작용에 의해 이루어진 지반이다. 또한 미세하고 다양한 성질의 흙으로 된 지반은 주로 석회석 및 대리석 등이 풍화된 흙이 퇴적되어 이루어진 지반이다.

나. 생성형태에 의한 분류

흙 지반은 흙이 생성되어 최종적으로 어떤 형태로 존재하고 있는가에 따라서 다음과 같이 분류할 수도 있다.

가) 잔류 흙 지반 Residual Soils

암석이 풍화되면서 모암 母岩 의 위치에 잔손되어 있는 흙으로 이루어진 지반이다. 잔류 흙 지반은 암석이 풍화되는 속도가 충력, 침식 또는 빙하작용에 의한 흙 입자의 이동속도보다 클 때 형성되며 주로 침니, 모래 등으로 구성되어 있으므로 모암의 광물성질을 그대로 유지한다. 그러나 그 특성은 풍화기간, 풍화된 흙의 양, 부식 매개체의 존재여부 등에 따라서 매우 다양하다. 이 지반은 과 다짐할 경우 지반 파괴가 일어나 강도가 저하될 우려가 있지만 과도한 하중이 걸리지 않는 기초의 지반으로는 적합하다.

나) 퇴적 흙 지반 *Transported Soils*

암석이 풍화되면서 모암 母岩 의 위치를 떠나 다른 장소로 이동, 퇴적되어 이루어진 흙으로 된 지반이다. 퇴적 흙 지반은 흙 입자를 이동, 퇴적시키는 중력, 흐르는 물, 빙하이동, 바람 등의 매개체에 따라서 다음과 같이 분류할 수 있다.

(1) 붕적토 지반 *Gravity Deposits*

붕적토지반이란 흙 입자가 중력효과에 의하여 구릉지 또는 야산의 비탈면을 서서히 그리고 장기간에 걸쳐 미끄러져 내려와 산기슭에 퇴적되거나 절벽 등이 무너져 내려 쌓이면서 생긴 지반이다. 비탈면 또는 절벽의 암석은 지속적인 온도변화 및 동결융해 작용으로 풍화되어 비탈면을 따라서 흘러 내려와 산기슭에 퇴적된다. 이 지반은 느슨한 층을 이루고 있기 때문에 지하수 유출이 많고 투수성이 커서 절토, 성토 시 매우 위험하므로 기초지반으로는 부적합하다. 또한 이 지반은 매립지반과 유사한 특성을 갖는 경우가 많다.

(2) 충적토 지반 *Alluvial Deposits*

여러 종류의 흙 입자가 빗물 또는 강물 등의 흐르는 물에 침식, 파쇄, 마모되면서 혼합되어 실려 내려와 층을 이루면서 강바닥에 퇴적되어 생긴 지반이다. 충적토 지반은 해변, 호수의 가장자리, 강둑주변 및 강 하구의 삼각주 등에서 흔히 볼 수 있다. 강의 상류지역 바닥에는 입자가 큰 자갈, 굵은 모래 등이, 하류지역에는 입자가 작은 잔모래, 침니, 점토 등이 퇴적된다. 이 지반의 층은 느슨한 편이고 유기물질이 많이 함유되어 있어 압축성이 크다.

(3) 빙하토 지반 *Glacial Deposits*

미세한 점토입자에서 큰 바위에 이르기까지 다양한 종류의 흙 입자가 빙하의 압력, 이동, 융해 등으로 인하여 이동, 분쇄되면서 퇴적된 지반이다. 빙하의 이동 및 융해 속도는 계절에 따라 달라지므로 당연히 융해수의 유량과 유속도 변한다. 따라서 유량이 많고 유속도 빠른 여름철에는 비교적 굵은 입자의 흙이 퇴적되고 유량이 적고 유속도 느린 겨울철에는 미세한 입자의 흙이 퇴적된다. 이 지반을 이루고 있는 주성분은 모래와 점토이지만 일반적인 모래 및 점토지반과는 다르게 압축성이 크고 지지력이 매우 작으며 수직투수계수가 수평투수계수에 비하여 매우 작은 특징이 있다. 따라서 이 지반은 기초지반으로는 부적합한 경우가 많다. 이 지반은 북유럽과 캐나다의 북부지역에 많이 분포되어 있다.

(4) 풍성토 지반 Wind Deposits

ϕ 0.01~0.05mm 인 미세한 흙 입자 즉, 침니 성분이 함유된 황토 Loess 가 바람에 아주 먼 곳까지 날려가 퇴적되어 이루어진 지반으로 풍적토 지반이라고도 한다. 우리나라에는 매년 중국의 사막지대로부터 다량의 황토가 편서풍을 타고 날려 와 퇴적되고 있다. 반면 사막지대에서는 황토보다 입자가 큰 잔모래가 바람의 힘에 의해 지표면상을 가까운 거리 내에서 이동하면서 사구 砂丘, Dune 를 만든다. 사구의 모래는 건설공사용 재료로 활용된다. 일부 특정지대에는 화산재가 바람에 날려 퇴적된 풍성토지반도 있다. 불포화 상태에서 황토가 단단하고 안정된 상태를 유지할 수 있는 것은 탄산칼슘과 산화철에 의한 교착성 때문이다. 그러나 황토가 물을 머금기 시작하면 황토는 교착성을 상실하여 부드럽고 흐늘흐늘한 죽처럼 변한다. 황토의 퇴적으로 이루어진 황토지반은 황색을 띄고, 입도가 고르고, 공극비가 크며 밀도가 작아 경량이다. 점토성분이 거의 없는 황토지반은 점성이 없고 연직방향으로 균열이 생기기 때문에 수직방향의 투수성이 커 포화상태가 되면 쉽게 지내력을 상실하고 침하, 붕괴되는 성질이 있어 기초지반으로서는 부적합하다.

다) 매립 흙 지반 Reclaimed Lands

매립지반은 일반 흙을 매립한 지반과 쓰레기 및 폐기물 등을 매립한 지반이 있다. 매립 흙 지반을 성토지반이라고도 하며 주로 도시계획 등에 의하여 조성된다. 일반 흙 매립지반은 매립된 흙의 종류에 따라서 그 성질이 결정된다. 반면 장기간에 걸쳐 부패, 퇴적되는 쓰레기 및 폐기물 매립지반은 구성물질의 종류가 다양하고 비 균질성을 갖기 때문에 일반 흙 매립지반과는 물리적, 역학적 성질이 매우 다르다. 폐기물 매립지반은 인간 의식주 생활의 부산물인 가정의 생활쓰레기, 음식점, 상점, 사무실 등에서 배출되는 음식물 쓰레기 및 상업용 폐기물, 각종 건설현장 및 공장 등의 산업시설에서 나오는 산업폐기물 등이 혼합되어 있는 지반으로 성질이 매우 다른 여러 개의 층을 이루고 있다. 폐기물 매립지반의 물리적 특성은 매립 층 깊이, 폐기물 종류, 매립경과 기간, 다짐상태의 양호, 불량 등에 따라서 다르다. 이러한 지반의 단위용적 중량은 일반적으로 0.4~1.2t/m^3 , 함수비는 10~50% 정도이다.

매립지반은 부패, 상부 매립물의 자중, 인위적 다짐 등에 의해서 장기적으로 침하가 지속된다. 매립초기 수개월 동안에 일어나는 탄성침하량은 매립 층 전체 높이의 약 5% 정도이고 그 이후 약 1년여에 걸친 압밀침하량 역시 약 5 % 정도이다. 탄성 및 압밀침하 후에도 약 10~15년에 걸쳐 폐기물이 부패, 분해되면서 부패침하가 지속되며 그 최종 침하량은 약 25% 정도에 달한다. 매립 층이 깊은 지반에 하중이 큰 고층 건축물을 세울 때에는 말뚝기초로 하는 것이 바람직하고, 하중이 적은 경량의 건축물일지라도 지반을 적절하게 보강하여야 한다. 매립 층 속에서는 기초 철근의 부식이 우려되기 때문에 일반 흙 지반보다 철근피복두께를 증가시켜야 한다.

다. 입도분포에 의한 분류

흙 지반을 이루고 있는 흙 입자의 입도분포에 따라서 흙 지반을 점토지반, 모래지반, 자갈지반, 호박돌지반 등으로 분류할 수 있다. 점토지반이란 지층이 주로 점토 및 침니 등의 점성토로 되어 있는 지반이고, 모래지반이란 지층의 주성분이 모래 및 사질토로 되어 있는 지반을 말한다. 자갈지반의 지층은 주로 자갈 및 모래 섞인 자갈로 이루어졌고, 호박돌지반은 지층이 주로 전석 *轉石* 및 자갈 섞인 호박돌로 구성되어 있다. 각 지반의 특성은 각 지반을 이루고 있는 흙의 성질과 유사하다.

3. 지반조사

지반조사 및 토질시험의 방법과 절차에 관한 내용은 *KS, JIS, ASTM, AASHTO* 등에 상세히 규정되어 있으므로 지반조사를 할 때에는 해당규정의 방법과 절차에 충실해야 한다. 그러나 지반조사에 관한 관련규정을 모두 설명한다는 것은 불가능한 일이므로 여기서는 건축공사에 관련된 지반조사의 분류 및 방법 등에 관하여 간략하게 설명하기로 한다.

1) 지반조사의 중요성

건축공사에서 지반조사 *Soil Exploration* 는 건축물의 합리적이고 안정적인 설계 및 공사를 위해서 반드시 필요한 요소이다. 인간이 생활하기 위하여 필요한 건축물의 기초는 어떠한 형태로든 지반과 접하게 되어 있기 때문이다. 그러나 지반을 구성하고 있는 재료인 흙은 철강재나 콘크리트 같은 인공재료가 아니고 오랜 세월에 걸친 지각변동에 의하여 생성된 천연재료인관계로 사용에 어려운 점이 따른다. 더욱이 건축공사를 하기위해서는 특정지역에서 땅속 깊이까지 파내려가야 하는 경우가 많은데 지표에 나타난 흙을 보고서는 깊은 땅속에 있는 흙의 특성을 파악하기가 곤란하다는 점이다. 장소의 구속을 받는 인위적 건축행위가 자연의 힘에 의하여 오랜 세월 동안 형성된 특정 지역에서 이루어 져야한다는 필연성 때문에 발생할 수 밖에 없는 상충 점의 해법을 찾기 위한 방편으로 이루어지는 것이 지반조사이다. 따라서 지반조사의 중요성은 더욱 절실해지는 것이며 지반에 관한 정확한 평가가 필요한 것이다. 지반에 관한 정확한 평가와 경제적 활용을 위해서는 관련기술자 *Soil Engineers* 가 직접 현장을 방문하여, 시료를 채취, 시험을 하고 그 결과를 기록하고 정리하여 공학적으로 활용할 수 있는 자료를 만들어야 한다. 정확한 지반조사를 수행하기 위해서는 사전에 다음과 같은 사항을 숙지할 필요가 있다.

가. 지반조사의 목적

건축공사 현장에서 시행하는 지반조사의 목적은 지반이 건축물을 충분히 지지할 수 있는지의 여부를 파악하여 건축물의 기초설계와 시공을 안정되게 하기 위함이다. 지반조사를 할 때에는 지층상태, 토질, 지하수위, 지내력의 크기 등의 파악은 물론 건축물의 공사 중 및 완공 후 일정기간 동안에 압밀침하가 어느 정도 진행될 것인가 등을 사전에 결정하여 공사에 안전을 기하도록 하여야 한다. 아울러 연약지반의 경우 지반개량 공법을 결정하거나 지지층 즉, 경 지반까지의 깊이, 마찰말뚝의 사용 가능성 등을 확인하는 일도 지반조사 목적 중의 하나이다.

나. 지반조사 계획시 고려사항

택지조성이나 건축공사를 위한 지반조사 계획을 수립할 때에는 우선 주변지반에 대한 기존의 조사 자료를 참고하여 개괄적인 판단을 한 후 상세조사 계획을 세운다. 상세조사 계획을 세울 때에는 상세조사의 결과가 건축예정인 건축물의 면적, 규모, 형상, 구조설계, 기초형식 등을 결정하는 기본적인 자료로 활용될뿐더러 흙막이, 흙 파기, 배수 및 탈수공사 등의 공법선정에도 필수적인 자료로 쓰인다는 점을 염두에 두어야 한다. 지반조사는 일반적으로 문헌조사와 현지답사의 과정을 반복하면서 진행된다. 현지조사를 위한 답사를 할 때에는 지형의 특성, 노출된 암석의 풍화상태 및 특성, 지반의 건습상태, 식생상태, 수종 *樹種*, 지반의 붕괴 및 균열 상태 등을 관찰한다. 문헌조사와 현지조사에서 얻은 개략적인 자료를 바탕으로 상세 지반조사 계획을 수립한다. 지반조사 계획을 수립할 때 일반적으로 고려해야 할 사항은 다음과 같다:

① 조사범위 및 조사지점의 확정
② 조사 깊이 결정: 예정 굴착 깊이의 1.5배
③ 조사방법 선정
④ 시험방법 및 특수시험방법 결정

다. 지반조사 부실에 의한 문제점

지반조사를 할 때 정밀한 사전 계획 없이 많은 항목을 조사하고 그 수량을 증대시키는 것은 비용의 낭비를 초래할뿐더러 과다한 정보량으로 인하여 오히려 정확한 판단을 하는데 장애를 초래할 수도 있다. 따라서 지반조사는 부족해서도 안 되지만 철저한 사전계획에 의하여 적정한 조사항목과 그 수량을 결정하는 일이 중요하다. 부족한 지반조사에 의한 불량한 결과를 바탕으로 건축물을 기획, 설계 및 시공할 경우에는 단순히 경제적으로 해결할 수 없는 심각한 문제에 봉착할 수도 있으므로 주의가 필요하다. 불량한 지반조사 결과에 따른 기본설계는 정밀도가 저하되어 설계 자체가 위험하거나 과다하게 될 우려가 있다. 잘못된 기본설계를 기준으로 하여 실시 설계도서를 작성하고 이어서 시공단계에 이르게 된다면 공사를 진행할 수 없는 상황이 발생하여 설계자체를 크게 변경해야하는 불상사가 발생할 수도 있다. 불량한 자료에 의하여 설계가 과다하게 되었다면 경제적인 손실로 끝나겠지만 위험한 설계가 되었을 경우 문제는 심각해진다. 위험한 설계임에도 불구하고 공사현장에서 위험을 감지하지 못하고 공사를 진행하였다면 이는 곧 사고로 이어지게 된다. 다행히 공사초기에 설계가 잘못된 사실을 알게 되었을지라도 추가조사에 의한 설계변경을 해야 하는 경제적 부담을 피할 수 없을뿐더러 공사 중단에 따르는 손해배상에 대해서도 책임을 져야한다.

2) 지반조사 절차

건축공사를 위한 지반조사의 절차는 시기에 따라서 크게 예비조사, 본 조사, 추가조사 등으로 구분할 수 있다. 정확한 사업계획, 건축물의 설계 및 시공 등을 위하여서는 설계 및 공사 진행시기에 따라서 여러 차례에 걸쳐 반복적으로 지반조사를 실시하는 것이 바람직하다. 지반조사 시기에 따른 지반조사의 특성은 다음과 같다.

가. 예비 조사

예비조사란 우선 기존의 문헌, 보고서, 지형도, 지반도 등을 바탕으로 사무실의 책상 위에서 조사를 실시 한 다음 현장을 답사하여 개략적으로 실시하는 일종의 사전조사이다. 예비조사는 일반적으로 건축주 또는 설계자가 사업계획서 또는 건축물의 배치 및 기초설계용 자료를 얻기 위하여 실시한다. 그러나 예비조사의 자료는 일반적으로 개략적인 것이므로 실제 공사 수행을 위한 자료로 활용 하기 에는 불안한 요소가 많다. 예비조사는 일반적으로 문헌조사, 현장 예비답사, 개략 지반조사 등의 순으로 진행한다.

가) 문헌자료 조사

건축공사현장 대지에 관한 문헌자료 조사는 지반조사를 위한 첫 단계 조사이다. 건축공사 현장에 대한 정확한 지반조사를 위해서는 직접 현장을 답사하기 전에 해당 대지에 대한 인문, 자연환경에 관한 충분한 문헌자료의 조사가 우선되어야 한다. 일반적인 지반조사에 유용한 기존의 공학적 문헌자료에는 항공사진, 지질도, 지형도 등이 있으며 이러한 자료를 활용할 때에는 자료 자체의 현실적 신빙성을 사전에 검증해야 한다. 일반적으로 항공사진을 공학적 견지에서 해석할 경우 공사현장 주변의 광범위한 지역에 대한 도로, 철도, 수로 등에 관한 도시계획학적 자료를 얻을 수 있다. 또한 지형도의 공학적 해석을 통해서는 공사현장 지반의 형태 및 지표면 수계 水系 에 관한 정보를, 그리고 지질도에서는 토질의 특성 및 구조 등에 관한 정보를 얻을 수 있다.

나) 현장 예비답사

문헌조사를 끝낸 다음 실제로 현장을 방문, 눈에 보이는 지반 표층의 현상에 관하여 개략적인 조사를 실시, 문헌조사 내용을 비교 검토한 후 지반조사의 윤곽을 결정하는 일을 현장 예비답사라고 한다. 예비답사를 할 때에는 노출되어 있는 지형을 통해서 지반의 침식, 절토, 복토 및 습지, 쓰레기 매립더미, 배수현상 등을 주의 깊게 관찰할 필요가 있다. 아울러 현장주변의 상하수도관, 전기 및 통신선 등에 관한 현황도 조사해 두는 것이 좋다. 특히 지하수의 분포상태는 흙 파기 공사에 매우 중요한 영향을 끼칠 수 있으므로 세밀하게 관찰할 필요가 있다. 지하수의 기본적인 분포상태를 파악하기 위해서는 현장 주변지역의 우물 깊이, 홍수기록, 침수기록 등을 조사하여야 한다. 이러한 조사 내용은 문헌자료에 누락되어 있는 경우가 있으므로 해당지역에 오래 거주한 주민을 대상으로 하는 탐문조사를 실시하는 것이 바람직하다. 지반조사에 관한 폭넓은 경험이 있는 유능한 전문가라면 예비답사를 하는 동안에, 문헌조사를 통해서 습득한 지반에 관한 예비지식을 활용하여 실제 지반의 표면적인 특성을 파악, 해당 지반에 관한 공학적인 대책을 효율적, 경제적으로 마련할 수 있다. 다시 말해서 지반조사의 방법, 범위, 규모 등을 명확하게 결정할 수 있다. 예비답사를 할 때 드러나는 특이한 현황 즉, 노출된 지층, 노출된 매설 구조물, 수목, 주변 기존 건축물의 상태 등에 관해서는 사진촬영을 하여 보존해둘 필요가 있다. 이러한 기록들은 기초공사를 위한 공학적 자료로서 뿐만 아니라 공사 전의 공사현장 현황보존 기록으로서의 효용가치가 큰 필수적인 자료이기 때문이다.

다) 개략 지반조사

개략 지반조사 *Subsurface Soil Investigation* 라 함은 건축물 기초의 형태를 결정하고 잠정적인 배치도를 작성하기 위한 자료를 얻기 위해서 실시하는 지반조사를 말한다. 개략 지반조사를 할 때에는 현장 예비답사 자료를 참조하여 공사현장의 지반에 대하여 부분적으로나마 실제로 시험을 실시하여야 한다. 다시 말해서 개략 지반조사를 할 때에는 현장 대지 내에서 중요한 몇몇 개소를 선정하여 오거 보링 *Auger Boring*, 표준관입시험 또는 평판재하시험 등의 간단한 조사방법을 이용하여 지반을 구성하고 있는 흙의 특성과 지내력 등을 조사해야 한다.

나. 본 조사

본 조사는 착공하기 이전에 예비조사 자료를 바탕으로 현장을 정밀 답사하여 실시하는 조사이다. 본 조사는 시공자가 실제 공사를 진행하기 위해서 착공 전에 지반에 관한 정밀한 공학적 자료를 얻기 위하여 시행한다. 따라서 공사 개시 전에 정밀 지반조사를 할 때는 지반속의 정확한 지하수위, 수압의 크기 등은 물론 지반을 형성하고 있는 흙에 관한 물리적, 역학적 특성, 암반의 종류 및 깊이, 지층의 경사, 단층의 유무 등에 관하여 상세하게 조사하여야 하며 그 상세는 다음과 같다.

가) 현장 정밀답사

현장 예비답사가 현장의 기존현황에 대한 겉보기 답사라고 한다면 현장 정밀답사는 공사 진행을 위해서 기존의 장애물을 제거, 공사에 지장이 없도록 정리정돈되어 있는 상태의 현장을 조사하기 위하여 방문하는 것이다. 현장 정밀답사를 할 때에는 예비답사 자료 및 설계도서의 내용이 현장의 조건과 일치하는지를 확인하고 미비점이 있다면 수정 보완해야 한다. 특히 예비조사를 바탕으로 작성한 설계도서가 실제 현장의 조건과 일치하는지의 여부를 반드시 재확인 하여야 한다.

나) 정밀 지반조사

정밀 지반조사는 예비조사 때에 결정된 지반조사의 방법, 범위, 정도, 규모 등의 지침을 참고로 하여 현장조건에 적합한 방법으로 시행 되어야 한다. 정밀 지반조사의 대상은 현장의 원위치 지반 전체이며 정밀 지반조사를 할 때에는 정확한 공학적 자료를 추출해 내기 위해서 기존의 개략 지반조사 자료를 보완하고 실내 및 현장 토질시험을 실시해야 한다. 정밀 지반조사의 궁극적 목표는 지반의 물리적, 역학적 특성과 지내력을 정확하게 파악하여 공사의 안전을 도모하는데 있다. 건축공사 현장에서는 일반적으로 흙 공사 및 기초공사를 개시하기 직전에 정밀 지반조사를 실시한다. 정밀 지반조사를 착오 없이 진행하기 위해서는 현장 조건에 적합한 조사기계와 숙련된 기술자의 확보가 필연적이다. 기계의 성능이 떨어지거나 기술자의 경험부족으로 인하여 나타나게 되는 부정확한 자료는 공사 진행에 치명적인 결과를 초래하기 때문이다. 건축공사 현장에서의 정밀 지반조사는 일반적으로 시추 *Boring*, 시료채취 *Sampling*, 토질시험 *Testing* 및 지반조사 결과의 기록 *Record of Field Exploration* 등의 순서로 진행된다.

다. 추가 조사

추가조사란 이미 시행한 예비조사 및 본 조사에서 드러나지 않았던 새로운 문제점이 나타나거나 부실조사로 인한 불량 자료를 보완하기 위하여 추가로 실시하는 조사이다. 추가 지반조사는 이미 시행한 조사의 내용이 현장조건에 부적합하다고 판단되거나 조사결과가 의심스러울 때 또는 공사 진행 중 예상치 못했던 상황이 돌출될 경우에 시행한다. 추가조사 자료는 설계변경 자료로 활용할 수 있다.

3) 지반조사 방법의 종류 및 특성

건설공사 현장에서 실시하고 있는 지반조사 방법은 간접 지반조사 방법과 직접 지반조사 방법으로 대별된다. 직접 조사방법에는 공사현장 대지내의 해당 지반에서 직접 실시하는 원위치조사, 즉 원위치시험과 현장에서 채취한 시료를 실험실로 가지고 와서 실시하는 실내토질시험, 그리고 실존하는 구조물이나 건축물을 대상으로 하는 계측 및 관측에 의한 조사방법 등이 있다. 원위치 시험과 실내토질시험은 지반을 종합적으로 판단하기 위하여 필요한 상호 보완적인 관계에 있다. 원위치시험은 직접 조사방법의 기본이지만 이 시험이 불가능한 경우에는 간접 조사방법으로 대체 하거나 두 가지 이상의 조사방법을 병행하기도 한다. 직접 조사방법에서는 현장에서 직접 흙의 경도, 강도 등의 특성은 물론 지반상태, 침하현상, 지하수위, 지하수의 흐름 정도 및 방향 등을 파악할 수 있다. 직접 조사방법은 간접 조사방법보다 상세하게 지반의 특성을 조사할 수 있는 장점은 있지만 조사에 많은 시간과 비용을 필요로 함은 물론 정확한 조사 자료를 얻을 수 있는 범위가 극히 제한적이라는 단점이 있다. 다시 말해서 정확한 조사 자료를 얻을 수 있는 범위는 현장 원위치의 시추 또는 파보기 지점에 국한되므로 실제 조사하는 지반 이외의 부분에 대해서는 지반의 조건을 추정해야 하는 어려움이 따른다. 따라서 시추조사 등의 직접 조사방법을 실시 할 경우에는 시추구멍과 시추구멍사이의 확인되지 않은 지반의 특성을 신빙성 있게 추정하기 위하여 간접 조사방법을 병행하는 것이 바람직하다.

건설현장에서 볼 수 있는 간접 조사방법에는 지구물리학적 탐사법이 있고 직접 조사방법에는 시험파보기, 시추조사, 관입시험, 재하시험, 말뚝박기시험 등이 있다. 실제 건축공사 현장에서의 지반조사 방법은 매우 다양하므로 건설공사의 종류 및 규모, 지반의 종류 등에 따라서 적합한 방법이 선정 되어야 한다. 대규모 건축공사의 경우 우선 사업계획서 작성 및 설계를 위한 예비 지반조사를 실시한 후 착공 전에 다시 정밀 지반조사를 하는 것이 경제적이다. 건설공사 현장에서 실제로 지반조사를 할 때에는 일반적으로 지반조사 전문회사에 의뢰하여 실시한다. 지반조사 방법의 종류 및 그 특성은 다음과 같다.

가. 지구물리학적 탐사법

지구물리학적 탐사법 *Geophysical Methods of Soil Exploration* 이란 지표 또는 지중의 얕은 곳에 탐사기기를 설치하고 시험을 실시하여 지층의 변화 및 심도를 판단하는 간접지반조사 방법이다. 이 탐사방법을 통하여 지하수위, 지하수의 유동속도, 지층의 두께, 풍화정도, 비저항분포, 밀도분포, 지하 동굴의 유무 등을 판별할 수 있다. 지구물리학적 탐사법에는 전기비저항 탐사법, 탄성파 탐사법, 음파 탐사법 등이 있으나 대규모 건설공사 현장에서는 전기비저항 탐사법이 보편적으로 쓰인다. 음파탐사법은 주로 준설, 해안선 매립, 방조제 공사 등의 해상관련 공사에서 쓰인다. 요즈음에는 벽이나 땅속을 뚫고 직진하는 성질이 우수한 주파수가 낮은 전파를 활용한 지하 투시 형 레이더를 사용하기도 한다. 전파로 투시된 땅속 지층의 모습은 지상의 컴퓨터 모니터에 그대로 나타난다.

가) 특성 및 장단점

지구물리학적 탐사방법은 광범위한 지역 전체를 포괄적으로 조사할 때 유용한 방법이므로 조사대상 지역이 제한적인 건축공사 현장보다는 고속도로 공사 현장과 같이 조사대상 지역이 넓은 토목공사 현장에 더 적합하다. 이 방법은 넓은 지역의 지반조사를 저렴한 비용으로 신속하고 편리하게 실시할 수 있는 장점은 있으나 간접조사 방법이기 때문에 지반의 공학적 특성을 정밀하게 판별할 수 없는 것이 최대의 단점이다. 이 방법에 의해서 수집된 자료는 일반적으로 사용자가 주관적 판단에 의해 분석, 해석 및 도식화 할 수 있는 개연성이 크다. 따라서 개인의 주관적 해석이 정확하지 못할 경우 잘못 해석된 결과에 의한 부실공사를 유발할 우려가 있다. 그러므로 지구물리학적 탐사방법에서 신뢰할만한 결과를 얻기 위해서는 경험과 전문지식이 풍부한 전문가가 수집된 자료를 해석하는 것이 바람직하다. 지구물리학적 탐사방법을 시행할 때에는 수집된 자료의 정확성 여부를 확인하기 위해서 상호보완관계에 있는 시추조사법 *試錐調查法, Boring* 또는 시험파보기 등의 직접 조사방법을 적절하게 병행하는 것이 안전하고 경제적이다.

나) 탐사법의 종류

(1) 전기 비저항 탐사법 *Electrical Resistivity Method*

땅속을 흐르는 전류 *Electrical Current* 는 땅속에서 전기의 흐름을 억제하려는 저항을 받는다. 땅속에서 전류가 받는 저항력의 크기는 지반을 구성하고 있는 흙의 종류에 따라서 다르게 나타난다. 이와 같이 전류에 대한 흙의 비저항 특성 즉, 전기저항률을 측정하여 지반의 특성을 파악하는 방법을 전기비저항 탐사법이라고 한다. 이 방법은 연약지반 및 경 암반 지반에서 두루 활용이 가능하며 지반의 특성은 물론 지층의 두께, 지하수의 깊이 등을 조사 할 수 있다. 일반적으로 함수량과 이온농도가 큰 습윤 상태의 점토 지반에서는 전기가 가장 잘 흐른다. 다시 말해서 흙의 전기 저항률은 함수량과 용해된 이온농도에 반비례 한다. 습윤 상태의 점토 지반은 전기 저항률이 가장 작은 반면 굵은 모래, 자갈 또는 경 암반으로 구성 되어 있는 건조한 지반은 전기 저항률이 가장 크다. 그러나 전기 저항률은 같은 지반에서도 함수량에 따라서 달리 나타나기 때문에 자료의 해석상 오류가 발생할 수 있다. 전기 저항 식 탐사방법은 여러 가지가 있으며 웨너법 *Wenner Method* 에 의한 탐사방법 및 전기 저항률 산정식은 다음과 같다.

(가) 전기 비저항 탐사장치 및 방법

그림 3-07 에서 보는 바와 같이 4개의 전극을 같은 간격으로 지반의 표층에 일직선으로 매설한다. 소형 발전기 또는 축전지 즉, 전원을 가동하여 바깥쪽 두 개의 전극에 전기를 흘려보내면 전극의 간격에 해당하는 지중의 범위 내에 전기장이 생기면서 안쪽 두 개의 전극에는 전위차가 생긴다. 바깥쪽 두 전극사이에 장치한 전류계로 전류의 세기를 측정하고 안쪽 두 개의 전극 사이에 장치한 전압계로 전위차를 측정한다. 이와 같은 장치에 의해서 계측된 전위차와 전류세기를 이용하여 해당지반의 전기 저항률을 산정, 지반의 특성을 파악한다. 그러나 최초의 전기저항 시험에서 얻은 자료는 전기장의 범위 내에 있는 모든 흙에 대한 가중평균 값이다. 따라서 여러 지층의 특성을 파악하기 위해서는 최초의 시험에서 설정한 전극간의 간격을 점차 증가 시키면서 여러 차례 반복시험을 실시하여야 한다. 전극의 간격을 넓혀 나갈 때는 최초시험에서 설치한 4개의 전극의 중앙 지점을 기준으로 하여 좌우로 넓혀 나가야 한다. 전극간의 간격을 달리하여 시험할 때마다 산정한 전기 저항률을 해당 시험에서 설정한 전극간의 간격으로 나누어 비례상수를 구한다. 각각의 시험에서 산정한 비례상수를 비교 분석하면 각 지층의 특성 및 두께를 파악할 수 있다.

(나) 전기저항률 산정식

흙의 종류에 따른 지반의 전기저항률 *ρ: Electrical Resistivity* 은, 표 3-09 에서 보는 바와 같은 기존의 연구 자료를 활용한다. 지반에 설치한 전기비저항 탐사장치로부터 계측된 자료를 바탕으로 하는 전기저항률 산정식은 다음과 같다.

$$\rho = 2\pi \times D \times \frac{V}{I} = 2\pi \times D \times R$$

단, ρ : 지반의 전기 저항률 (ohm·m)　　D : 전극간의 간격 (m)
V : 전위차 (volts)　　I : 전류 세기 (amperes)　　R : 전기 저항 (ohms)

그림 3-07 : 전기 비저항 탐사장치

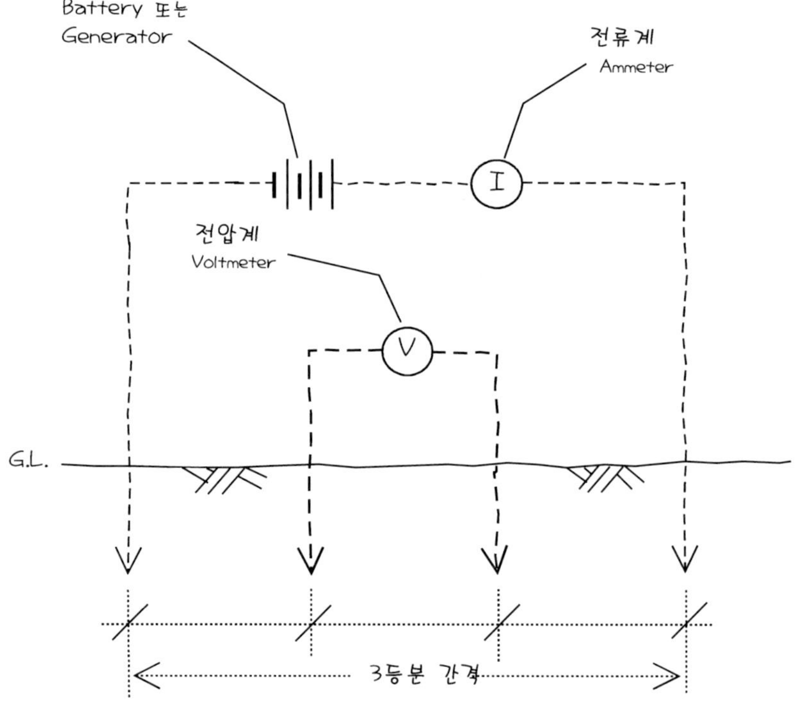

표 3-09 : 지반의 전기저항률

지반의 특성	전기저항률 (ohm · m)
습윤 상태의 점토	1.52 ~ 3.05
습윤 상태의 점토+침니	3.05 ~ 15.24
표건 상태의 침니+모래	15.24 ~ 152.40
표건 상태의 흙+작은 쇄석	152.40 ~ 304.80
기건 상태의 침니+모래+자갈	304.8
기건 상태의 흙+큰 쇄석	304.8 ~ 2438.4
기건 상태의 굵은 모래+자갈	2438.4 이상
기건 상태의 경암반	2438.4 이상

(2) 탄성파 탐사법 *Seismic Refraction Method*

탄성파 *Seismic Waves* 가 땅속에서 이동할 때는 저항을 받게 되며 이 때 생기는 저항력의 크기는 지반을 구성하고 있는 흙의 특성에 따라서 다르게 나타난다. 일반적으로 탄성파의 이동속도는 흙의 밀도와 탄성의 크기에 영향을 받으며 흙의 밀도가 클수록 탄성파의 이동속도는 빨라진다. 일반 흙, 모래, 자갈 등으로 구성된 다져지지 않은 지반에서의 탄성파의 이동속도는 흙의 종류에 따라서 244~1067m/s 정도이며, 화성암, 수성암, 변성암 등의 암반층에서의 속도는 915~6096m/s 정도이다. 진원 震源 을 출발한 탄성파는 수평 및 수직방향으로 퍼져 나간다. 수평방향으로 직진하는 탄성파는 주로 지표층을 따라서 이동하며 수직방향의 탄성파는 지중으로 침투하여 암반층까지 도달한 후 굴절, 암반층을 따라서 수평방향으로 빠른 속도로 직진한 후 다시 상향 굴절하여 지상의 감지기에 도달한다. 경 암반층에 도달한 탄성파는 상향 굴절하는 특성이 있기 때문에 연약지층이 경 암반층 이하에 있는 지반에서는 탄성파 탐사법은 적용이 곤란하다. 일반적으로 진앙에서 멀리 떨어진 곳에 설치한 감지기에는 속도가 늦은 지표층의 직선경로를 따라서 이동하는 탄성파보다 지중의 굴절경로를 따라서 이동하는 탄성파가 먼저 도달한다. 이와 같이 인공지진을 일으켜 지반의 특성을 조사하는 방법을 탄성파탐사법이라고하며 그 시행절차는 다음과 같다:

① 강제 진동의 유발; 지표하 수십 cm 지점에 소량의 폭약을 매설한 후 폭파하거나, 지표면에 두꺼운 철판을 깔고 중량이 큰 떨 공이를 낙하시켜 진동을 유발
② 진앙 震央 으로부터 정해진 수평거리 5~10m 간격으로 탄성파 감지기 Geophone 를 설치
③ 진원을 출발한 탄성파가 지중의 여러 경로를 통해서 각각의 감지기에 도달하는 시간을 측정, 경로별로 탄성파의 진행 속도를 산정
④ 경로별 탄성파의 속도에 따라서 흙의 종류 및 특성 파악

나. 시험 파보기 Test Pits

주택 등 소규모 건축물의 기초를 설치할 지반을 삽, 곡괭이 등의 간단한 굴착도구를 이용, 인력으로 구덩이를 파보는 방법이다. 직접 조사방법중의 하나인 시험 파보기의 주요 목적은 흙을 파낸 구덩이에 직접 들어가서 자연 상태 그대로의 지층을 육안으로 판단, 확인해본 후 지내력의 크기를 추정하고 블록 Block 또는 벌크 Bulk 상태로 시료를 채취하여 토질의 특성을 조사하는 것이다. 인력 시험 파보기가 번거롭고 비경제적이며 파는 깊이가 1.5~3.0m 정도로 제한적이기는 하지만 생땅의 깊이, 토질, 지층상태, 지하수위 등의 자연 상태를 직접 확인해 볼 수 있다는 장점도 있다. 인력 시험 파보기를 할 경우 일반적으로 구덩이의 지름은 60~90cm , 간격은 5~10m 정도로 한다. 좀더 규모가 큰 시험파보기가 필요한 경우에는 굴착기 Power Shovel , 드래그 쇼블 Drag Shovel , 백호 Backhoe , 또는 불도저 Bulldozer 등의 건설기계를 사용하기도 한다.

다. 시추 조사법 Boring

직접 조사방법중의 하나인 시추조사의 주요 목적은 지반에서 시료를 채취하여 토질을 조사하는 것이다. 시추조사 또는 시굴조사는 종래부터 땅에 구멍을 뚫고 시료를 채취하여 지반을 조사하는 기본적 수단으로 활용되어 온 방법이다. 시추조사는 땅속에 있는 조사대상인 흙의 특성을 지상에서 직접 눈으로 확인할 수 있는 가장 효과적인 방법 중의 하나이다. 시추조사는 지하상수위조사, 지하수개발, 표준관입시험용 예비 구멍 뚫기, 암반두께 확인 등을 위한 용도로도 활용된다. 시추조사는 땅에 구멍을 뚫을 수 있는 깊이에 한계가 있기 때문에 초고층 건축물 공사를 위한 지반조사에는 제한적으로 활용된다. 일반적으로 초고층 건축물의 경우 지반조사 대상이 되는 깊이는 땅속 수십~백여m 에 달하기 때문이다. 시추조사를 할 때에는 해당지반의 특성에 적합한 오거 Augers 또는 드릴 Drills 등의 구멍 뚫는 기계를 선정, 땅에 수직으로 구멍을 뚫어서 시료를 채취하여 실험실에서 토질시험을 한다. 시추조사에서는 구멍 뚫는 기계의 종류에 따라서 시료를 교란 또는 불교란 상태로 채취할 수 있으며

암반으로부터의 시료채취도 가능하다(표 3-10). 시추조사에 관련된 용어의 정의 및 그 상세는 다음과 같다:

Auger A hand-held or rotary-powered tool with a helical cutting edge used for drilling holes in soil. Augers are used for taking soil samples, drilling for caissons, or drilling for cast-in-place piles.

Drill ① A machine capable of taking core samples in rock or earth. ② A large machine capable of drilling 4 inches diameter blast holes 100 feet deep in rock cuts or quarries.

Boring 또는 *Borehole A hole drilled in the ground to obtain samples for subsoil investigation. Borings are important in determining the load-bearing capacity of the soil and the depth of the water table.*

표 3-10 : 시추용 건설기계의 특성

시추용 건설기계	시 추 구 멍	
	최대직경(mm)	최대깊이(m)
Percussion Drill :	-	-
Jackhammer	63	6.1
Drifter	114	4.6
Wagon Drill	152	15.3
Track Drill	152	15.3
Rotary Drill	1830	305.0 이상
Rotary-percussion	152	46.0

가) 시추 방법 및 특징

(1) 오거보링 Auger Borings

오거보링 *Auger Boring* 은 가장 간단한 시추조사방법 중의 하나로서 오거 *Auger* 를 지반에 회전압입, 굴진하면서 구멍을 뚫고 교란시료를 채취한다. 이 시추방법은 일반적으로 지반에서 흙의 분류를 위한 토질조사용 교란시료를 채취하거나 지하수위를 조사하는데 적합한 방법이다. 그러나 지하수위 이하의 지반이나 매우 연약한 점토 또는 굵은 모래지반에서는 오거를 뽑아 올릴 때마다 구멍이 붕괴될 우려가 크기 때문에 시료 채취가 곤란하다. 오거보링에 의한 토질조사 및 시료채취 방법에 관한 한국산업규격은 *KSF* 2319 이다. 나선의 길이가 긴 연속 형 오거를 장착한 경우에는 빈번하게 오거를 지상으로 끌어 올리지 않고도 지속적으로 구멍을 뚫어 내려가면서 시료를 채취할 수 있다. 오거는 동력원에 따라서 수동식 오거 *Hand Auger* 와 기계식 오거 *Machine Auger* 로 분류된다. 오거 *Augers* 란 나선형의 날개가 달린 송곳의 일종으로서 그 종류는 다음과 같다.

(가) 수동식 오거 Hand Auger

수동식 오거 *Hand Auger* 는 소규모 건축물공사 또는 도로공사의 토질조사를 위한 시료채취에 적합한 시추기기이다. 길이가 짧은 나선형 송곳을 인력으로 지반에 비틀어 박아 구멍을 뚫어 내려가면서 주기적으로 오거를 지상으로 뽑아 올려 시료를 채취한다. 수동식 오거는 가볍고 편리한 장점은 있으나 굴진속도가 느리고 깊은 시추는 불가능하다. 수동식 오거의 적정 굴착심도는 3~5*m* 정도이다. 따라서 좀 더 깊게 굴착해야 하는 경우에는 ϕ 38*mm* 정도의 나선형 오거 *Helical Auger* 또는 ϕ 50~305*mm* 의 말뚝 구멍 뚫기용 오거 *Post Hole Auger* 를 사용하기도 한다.

(나) 기계식 오거 Machine Auger

기계식 오거 *Machine Auger* 는 인력대신 기계의 동력을 이용하므로 보다 빠른 속도로 좀 더 깊게 구멍을 뚫어 시료를 채취할 수 있다. 기계식 오거에는 중공 오거, *Continuous Flight Auger*, 나선형 오거 *Helical Auger:* ϕ *76~406 mm* , 디스크 오거 *Disk Auger:* ϕ*1066 mm* , 버킷 오거 *Bucket Auger:* ϕ *1219mm* 등이 있으며 기계식 시추기기의 굴착 최대심도는 *60~70m* 정도이다. 중공 오거는 지하수위 이하에 있는 지층의 굴착에 적합한 기계이다. 또한 기계식 오거는 건설공사 현장에서 지반의 지하수 탈수, 말뚝 박기 또는 현장치기 제자리콘크리트 말뚝 제작 등을 위하여 지반에 구멍을 뚫을 때도 보편적으로 활용되고 있다(사진 3-01).

사진 3-01 : 오거 보링 *Auger Boring*

(2) 수세식 시추 *Wash Borings*

수세식 시추는 기계적으로 지반에 구멍을 뚫은 다음 고압으로 물을 뿜어내면서 교란된 시료를 채취하는 방법이다. 먼저 외부철관 *Casing* 을 연약 사질토 지반에 박고 끝 부분에 칼날이 달린 내부철관 *Wash Pipe* 을 외부철관 속으로 때려 박는다. 내부철관의 칼날 끝을 통해서 강한 압력으로 물을 아래쪽으로 내뿜는 동시에 내부철관을 회전시켜 외부철관 속의 흙을 분쇄한다. 이때 물의 순환으로 외부철관을 통해서 지상으로 떠오르는 흙탕물을 침전시켜 흙의 성분을 분석, 판별한다. 교란된 시료는 채취 과정에서 일단 물속에 잠기게 되므로 실제보다 과다한 함수비를 갖는다.

(3) 충격식 시추 *Percussion Borings*

자갈, 호박돌 등이 압밀되어 있는 단단한 지반을 분쇄, 구멍을 깊게 뚫어 내려가면서 파쇄 된 교란시료를 바가지 *Bailer* 로 퍼 올려 토질을 분석하는 조사법이다. 끝 부분에 파쇄용 칼날 *Chopping Bit* 이 달린 강철선 다발 *Wire Rope* 을 장착한 철관을 낙하높이 60~70cm 정도로 상하 반복운동을 시켜 그 충격으로 지반을 파쇄하면서 구멍을 뚫는다. 충격식 시추방법은 주로 우물, 지하수, 석유시추 등에 이용되므로 시추구멍의 직경이 10cm 이하인 경우에는 경제성이 없고, 연약 점토 또는 느슨한 잔모래 지반에는 부적합하다. 충격 식 시추에서 채취된 교란시료에는 여러 가지 종류의 흙이 분쇄, 혼합되어 있어 시료로서의 순수성이 떨어지므로 토질시험용 시료로는 부적합하다. 지반에 구멍을 뚫을 때 구멍 내벽이 파쇄 되어 토사가 흘러내리는 일을 억제하기 위해서 황색 점토용액 또는 벤토나이트 *Bentonite* 용액과 같은 안정액을 사용한다. 안정 액을 구멍으로 흘러 내려 보내면 구멍 내벽에 피막이 형성되어 내벽의 붕괴를 방지할 수 있다. 안정액은 사용하기 전에 교반기로 잘 휘저어 그 성분이 골고루 분포되도록 하여야 하며 안정액을 지속적으로 순환시켜 굴착 시 발생하는 불순물을 걸러낸다. 벤토나이트는 주로 몬트모릴로나이트 *Montmorillonite* 계의 광물질 즉, 응회암, 석영, 조면암 *粗面岩* 등의 유리질 성분이 풍화, 분해되어 만들어진 점토 *Clay* 의 일종이다. 벤토나이트는 물기를 흡수 *吸收* 하는 성질이 매우 크고, 일단 물기를 흡수하면 체적이 급격히 팽창하는 특성이 있다. 이러한 특성 때문에 벤토나이트를 팽창 점토라고도 한다.

(4) 회전식 시추 *Rotary Borings*

지반 내 암반층의 변화를 비교적 정밀하게 조사할 필요가 있을 때, 자연 상태인 암반층의 불교란 시료를 원통형 *Core* 모양으로 채취할 수 있는 최적의 시추 방법이다. 시추할 때는 시추기의 굴착철봉을 지반에 삽입, 굴착철봉을 고속으로 회전, 압력을 가하면서 지층에 구멍을 뚫어 시료를 채취한다. 시추기의 굴착 철봉 *Drilling Rod* 의 밑 부분에는 칼날 *Drill Bit* 이 달린 원통형 시료 채취기 *Core Barrel Sampler* 가 부착되어 있다. 이 시추방법은 사질지반에서 경암 지반에 이르기까지 거의 모든 지반에 두루 적용이 가능하지만 큰 돌이 다량으로 매립된 지반, 균열이 심하고 공동이 있는 암석지반, 지하에 유속이 빠른 침투수가 있는 지반 등에는 부적합하다.

이 시추방법에서는 일반적으로 케이싱 *Casing* 을 사용하지 않지만 지반이 매우 연약하여 시추 중 구멍이 붕괴될 우려가 큰 지반의 경우는 예외적으로 케이싱을 사용할 때도 있다. 회전식 시추는 굴진성능이 우수하고 굴진 중 구멍의 직경을 일정하게 유지할 수 있다. 또한 구멍의 내벽에 평활성이 유지되기 때문에 구멍 밑에 있는 지반의 교란이 적어 순수한 시료를 채취하거나 구멍 밑 지반에서의 원위치 지내력시험 등을 실시하기에 적합하다. 굴진 중에는 굴착철봉, 시료채취기 및 칼날을 통해서 안정 액을 계속 순환시켜 불필요한 굴착 부스러기를 시추구멍 밖으로 걸러냄은 물론 안정 액이 구멍의 내벽에 점착되어 피막을 형성하므로 구멍의 붕괴를 방지한다. 그러나 안정 액으로 형성된 피막은 방수 막의 역할을 하는 경우가 있으므로 지하수위 관측이나 현장투수시험에 장애요소가 될 수도 있다. 회전식 시수에서 사용하는 시료채취기에는 *Single, Double* 또는 *Triple Tube Core Barrel Sampler* 등이 있고, 시료채취기에 부착된 칼날의 명칭은 그 생김새에 따라서 각각 *Fish Tail Bit, Crown Bit, Short Crown Bit, Cutter Crown Bit* 등으로 불리 운다. 칼날의 재료는 일반적으로 금속 *Metal* 또는 공업용 다이아몬드 *Diamond* 가 쓰인다.

나) 시추할 때의 유의사항

지반조사를 위하여 지반에 시추할 때 시추공 즉, 시추구멍의 간격 및 직경, 시추 깊이, 지하수위 조사 등에 관하여 일반적으로 주의해야 할 사항은 다음과 같다.

(1) 지하수위 조사 및 시추공 보호

시추공에서 시료채취가 끝나면 지하수위를 조사한다. 투수계수가 큰 사질토의 경우 시추완료 후 약 24시간이 경과하면 지하수위가 안정되어 지하수위를 측정할 수 있다. 그러나 투수계수가 작은 점질토의 경우 여러 주일이 지나도 지하수위가 안정되지 않는 경우가 있어 정확한 지하수위의 조사가 어렵다. 조사 중인 시추공에는 이물질의 침입을 막기 위하여 반드시 덮개를 하고 시추공에 관한 조사가 완전히 끝나면 사람, 동물 등의 안전사고 방지에 대비하기 위하여 깨끗한 사질토모 시추공을 완전히 되 메운다.

(2) 시추공 간격 및 직경

시추공의 간격은 지반을 구성하고 있는 흙의 균질성, 건설공사의 종류 등에 따라서 달라진다. 지반의 균질 범위가 넓고 깊다면 적은 수량의 시추공으로도 소기의 조사목적을 달성할 수 있지만 일정범위 내에서의 지반의 특성이 다양하다면 지반의 특성을 정확하게 조사하기 위해서는 많은 수량의 시추공이 필요하다. 시추공의 수량이 증가하면 증가할수록 조사의 정밀도가 커지는 것은 사실이지만 무조건 시추공의 수량을 증가시키는 것은 경제적으로 불합리한 방법이므로 최소의 비용으로 적정한 조사결과를 얻을 수 있도록 계획하여야 한다. 보통의 균질성을 갖는 지반에서 시추공의 간격은 고층 건축물의 경우 15~30m , 저층 건축물은 30~60m , 고속도로는 150~300m 가 적절하며 같은 현장 내에서는 3개소 이상에서 시추를 실시하는 것이 바람직하다. 시추공의 지름은 35~500mm 이지만 일반적으로 직경 100mm 정도의 철관이 가장 많이 사용된다.

(3) 시추 깊이

조사해야할 지반의 시추 깊이는 일반적으로 건설공사의 종류, 건축물의 중량, 지반의 특성 등에 따라서 결정된다. 건축물의 지반으로서 부적합한 지반 즉, 압밀이 진행 중인 매립지반, 유기질 흙 지반, 압축성이 큰 연약 점토지반 등에서의 시추 깊이는 충분한 지내력이 확보되는 단단한 지층에 이를 때까지 확장되어야 한다. 시추공사 진행 중 예상 이외의 얇은 지층에서 충분한 지내력이 나타날 경우일지라도 지반의 지내력에 대한 확실한 안정성을 확보하기 위하여 지반 깊은 곳까지 1~2개의 구멍을 더 뚫어 볼 필요가 있다. 압축성이 큰 연약 점토층이 두꺼운 지반에서는 건축물과 흙의 자중에 의한 응력이 충분히 감소되어 지반침하에 미치는 영향이 무시될 정도로 미미해지는 깊이까지 구멍을 뚫어 내려가는 것이 바람직하다. 주택과 같은 경량 구조물의 경우 기초 계획고로부터 정방형 기초 판 *Footing* 폭의 1.5~ 2.0 배의 깊이로, 일반 구조물의 경우 공사의 성격이나 지반의 종류에 따라서 다르지만 10~ 20m , 또는 지지층 이하 2m 정도의 깊이까지 구멍을 뚫어 보는 것이 일반적이다. 그러나 초고층 건축물의 경우는 어떠한 조건일지라도 경암반 층까지 시추하는 것이 바람직하다. 지반의 특성, 지하수위, 흙의 단위중량, 기초 판의 종류 및 크기, 건축물 하중에 의한 응력 등을 고려한 상세한 시추 깊이는 기존의 도표에서 산정할 수 있다. 그러나 시추 깊이 산정에 필요한 도표에 관한 상세한 설명은 토질공학 분야에 속하는 내용이므로 여기서는 생략한다.

라. 관입 시험법 *Sounding*

관입시험법 *Sounding* 이란 현장 원위치 토질시험으로 불교란 시료의 채취가 곤란하거나 역학적으로 매우 민감한 지반의 강도를 자연 상태 그대로 측정하는 시험법이다. 관입시험법은 간편하고 기동성은 크지만 시험성능이나 정밀성이 떨어지므로 다른 조사방법과 병용하는 것이 효과적이다. 끝부분에 날개 형, 원추 형 또는 나사 형 등의 저항체가 달린 굴착철봉에 압력을 가하거나 타격하여 지중에 관입, 회전 또는 인발시킬 때 생기는 저항력의 크기를 감지하여 지반의 강도, 밀도 등의 성질을 조사한다. 관입시험법 *Sounding* 은 사질토지반에서 효과적인 동적관입시험법과 점성토지반에 적합한 정적관입시험법으로 분류할 수 있다. 동적관입시험법에는 표준관입시험, 동적원추 *Dynamic Cone* 관입시험 등이 있으며 정적관입시험법에는 스웨디쉬 *Swedish* , 더치 콘 *Dutch Cone* , 베인 *Vane* , 아이스카이미터 *Iskymeter* 관입시험 등이 있다. 저항체의 종류에 따라서 분류된 관입시험의 상세는 다음과 같다.

가) 짚어 보기

짚어 보기, 즉 찔러 보기는 지름 9*mm* 정도의 탐사 봉 *Sound Rod* 을 가지고 조사대상 지반의 서너 곳을 손으로 찌르거나 때려 박아 보면서 꽂히는 속도, 저항 울림, 손에 느껴지는 압력 등으로 지반의 무르고 단단함을 판단하는 지반 탐사법이다. 이 탐사법은 주로 얕은 지층에서 생땅의 위치를 파악하기 위하여 쓰이며 숙련된 기술자의 경우 정확도가 상당히 크다.

나) 표준관입시험 *SPT: Standard Penetration Test*

(1) 개요

표준관입시험은 지반조사를 위한 대표적인 관입시험중의 하나로서 시험기기를 이용하여 현장 원위치에서 *N*-값을 구함과 동시에 흙의 시료를 채취하는 시험방법이다. 이 시험은 시험방법이 간단하고 비용이 싸기 때문에 미국의 건설현장에서 가장 선호하는 동적지반조사 방법 중의 하나이며 영국 및 일본을 비롯한 아시아 각국에서도 흔히 쓰인다. *SPT* 는 불교란 시료의 채취가 어려운 사질토 지반의 특성을 조사하는데 유용하며 주로 현장 원위치 지반의 시추구멍에서 직접 시행한다. 샘플러 *Sampler* 설치를 위한 시추구멍은 일반적으로 깊이 1~1.5*m* 마다 또는 다른 지층이 나올 때마다 뚫고 시추구멍의 깊이는 특기시방에 따른다. 조사결과는 시험조건에 따라서 다소 편차가 있는 편이므로 조사결과를 건축물 기초설계용 자료로 활용하기 위해서는 적절한 보정이 필요하다.

(2) 시험 목적

SPT 의 목적은 *N*-값을 측정하고 시료를 채취하여 토질분류 및 실내시험을 위한 자료를

확보하는데 있다. 측정된 *N*-값을 이용하여 지반의 경도, 기초의 지지층 설정, 흙 공사의 시공 성 등을 판단할 수 있지만 *N*-값의 의미는 사질토 지반과 점토질 지반에서는 서로 다르다. 사질토 지반에서는 흙의 상대밀도, 내부마찰각, 탄성침하, 지내력 등을 추정할 수 있으며 점토질 지반에서는 흙의 점착력, 압축강도, 지내력, 탄성침하 등을 추정할 수 있다. 그러나 점토질 지반에서의 조사결과는 편차가 커 신뢰성이 떨어진다. 따라서 점토질 지반의 경우에는 불교란 시료를 채취, 시험실에서 압축시험을 하여 공학적 자료를 구하는 것이 효과적이다. 채취된 시료를 시험하여 지반의 경연, 조밀도, 흙의 종류, 토층의 분포, 지지층 심도, 연약 층 유무, 액상 화 가능성 유무 등을 파악할 수 있다. *SPT* 의 진정한 공학적 목적은 측정된 *N*-값과 시료의 시험결과를 상호 검토하여 지반에 대한 평가를 하는데 있다.

(3) 표준관입시험의 장단점

(가) 장점

① *N*-값에 관한 연구 자료가 풍부하여 시험결과의 활용가치가 크다.

② *N*-값의 측정과 동시에 시료채취 가능

(나) 단점

① 연약점토지반 및 ϕ 10mm 이상의 자갈, 암석지반에서는 시험곤란

② 교란시료로 채취되므로 지반의 역학적 특성조사에는 부적합

(4) 시험장치 및 기기

표준관입시험을 할 때는 샘플러 *Sampler*(그림 3-08), 떨공이 *Ram* , 굴착철봉 등과 같은 주요기기를 현장 원위치에 설치한다. 시험을 할 때는 시추 구멍을 뚫고 그 구멍의 붕괴를 방지하기 위해 시추구멍 상단부에 케이싱 *Casing* 을 설치한다. 시험기기의 규격 및 설치방법은 *KS, JIS, BS, ASTM* 등에 따라서 약간의 차이가 있다. 표준관입시험에 관련된 한국산업규격은 *KSF* 2307 이다. *KS* 와 *ASTM* 의 시험기기 규격 및 설치방법은 다음과 같다:

① *Split-spoon Sampler* ; 외경 51(≒50)mm *2 in* 내경 35mm *1⅜ in* .
길이 813(≒810)mm *32 in* 중량 6.8kg *15 lb.*

② 굴착 철봉 *Drilling Rod* , 노킹 헤드 *Knocking Head* 및 케이싱 *Casing*

③ 떨공이 *Ram* ; 63.5kg *140 lb.*

④ 시추 구멍; ϕ 65~150mm

⑤ 가설 장치

(5) 시험절차 및 시험할 때의 주의사항

(가) 구멍 뚫기

① 시험예정 원위치 지반의 정지 整地
② 샘플러 Sampler 의 규격에 맞추어 현장 원위치에 ϕ65~150mm 정도의 시험 구멍을 소정의 깊이까지 뚫고 케이싱 Casing 설치
③ 시험구멍 바닥에서 이수 泥水 및 흙 찌꺼기 제거
④ 시험구멍 바닥 이하의 지반이 흐트러지지 않도록 유지

그림 3-08 : 표준관입시험용 샘플러 Split-spoon Sampler

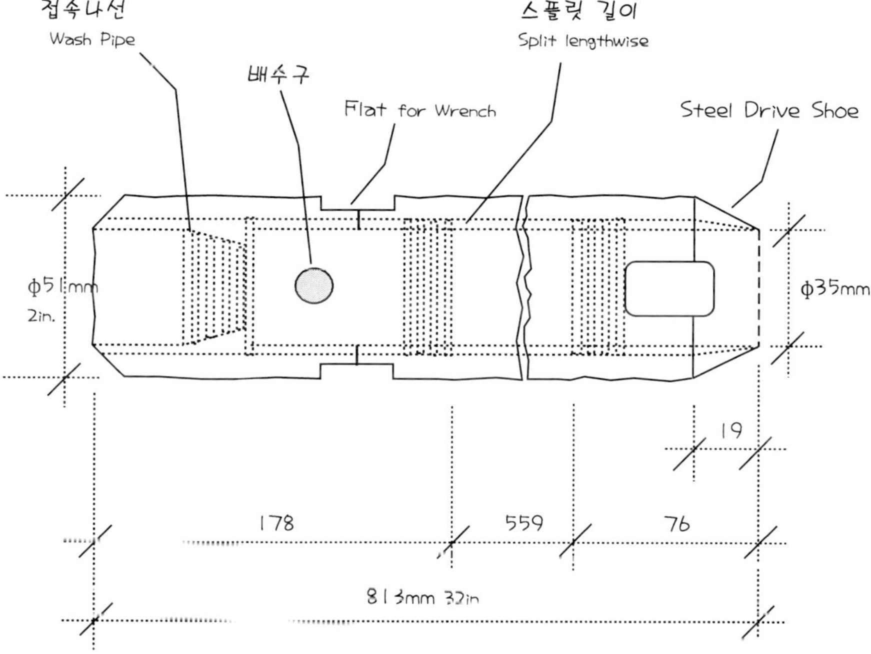

(나) 시험절차 및 N-값 측정

표준관입시험에서 N-값을 측정할 때는 아래와 같은 시험절차에 따르며 타격회수와 누계 관입량의 관계를 도표로 작성하여 기록 한다:

① 샘플러 Sampler 를 굴착철봉 하단에 부착한 다음 가설장치를 이용하여 서서히 시험 구멍 바닥으로 내린다.
② 굴착 철봉 상단에 타격 완충장치인 노킹 헤드 Knocking Head 설치
③ 샘플러가 수직 상태를 이루도록 조절한 다음 규정높이 이하에서 샘플러를 떨공이로 타격, 15cm 정도 박아 넣어 불교란 지반에 정착 시킨다; 이때의 예비 타격 회수는 N-값에 포함하지 않는다. 예비 타격은 구멍바닥 지반의 흐트러진 상태를 피하여 정확한 N-값을 측정하기 위하여 실시하는 것이다.
④ 샘플러가 30cm 관입할 때까지 지속적으로 타격, 실제타격 회수, 즉 N-값을 측정한다; 타격할 때마다 샘플러의 수직상태와 떨 공이의 자유낙하 높이 75cm 를 확인한다.
⑤ 타격 1회마다 누계 관입 량 기록; 다만 1회 타격 관입 량이 2cm 미만인 경우는 관입량 10cm 마다 타격회수 측정 가능
⑥ 측정된 N-값을 현장조건에 따라 보정, N-값을 확정한다.
⑦ N-값 측정 종료 후 샘플러를 지상으로 끌어 올린다음 샘플러에서 시료를 꺼내어 밀봉, 시험실로 보내 토질시험을 실시한다. 시료채취에 필요한 경우 N-값 측정 후 샘플러를 5cm 더 깊게 박아 넣은 다음 시료를 채취하기도 한다.

(다) 표준관입시험 할 때의 주의 사항

① 시추 구멍을 청소하고 샘플러를 수직 상태로 설치
② 떨공이의 자유낙하를 방해하지 않도록 굴착 철봉의 수직 상태 유지
③ 일반 지반조사일 경우 150cm 깊이마다 시험
④ 정밀 지반조사를 할 경우 50cm 깊이마다 시험
⑤ 표준관입시험 최대 깊이를 40m 정도로 제한; 굴착 철봉의 좌굴변형 방지
⑥ N > 50 인 경우 측정 곤란; 타격 회수 과다로 샘플러 손상
⑦ 타격 중에 시험장치 각 부분의 조임 상태가 헐거워지지 않도록 단단히 조인다; 조임 상태의 불량은 N-값의 신뢰도 하락

(6) N-값 N-values

(가) N-값의 정의

지반조사에서 말하는 토질정수 N-값은 지반에 관한 전문용어 중에서도 이용가치가 가장 높은 용어이다. N-값은 표준관입시험을 할 때 타격하는 회수 Number 를 나타낸 값으로서 기호 'N'는 타격회수 Number 의 머리문자에서 따온 것이다. N-값에 대한 JIS 의 정의는 다음과 같다; "N-값이란 중량 63.5kg 의 떨 공이를 75cm 의 높이에서 반복적으로 자유 낙하시켜 표준관입 시험용 샘플러 Sampler 를 지반에 30cm 깊이로 박아 넣는데 필요한 타격 회수를 말 한다". 표준관입시험의 N-값은 일반적으로 시추 구멍이 수직 상태가 아니거나 지중에 직경 10mm 이상의 자갈이 많으면 N-값 즉, 타격회수가 증가하는 경향이 있다. 또한 사질토 지반의 N-값은 밀실도가 클수록, 즉 지내력이 클수록 커진다. 박아 넣는 깊이에 대한 특기 사항이 없을 때에는 일반적으로 실제 N-값은 점토지반 30회, 모래지반 50회를 한도로 한다. N-값은 지반의 토질에 따라서 그 평가가 달라지므로 주의할 필요가 있다(표 3-11).

(나) N-값 보정 방법

N-값은 흙의 유효압밀하중 Effective Overburden Pressure, 굴착 철봉의 길이, 토질 등에 따라서 실제보다 크게 또는 작게 나타나는 수가 있으므로 시험할 때의 조건을 고려하여 N-값을 보정하여야 하며 그 보정식은 다음과 같다.

표 3-11 : N-값에 따른 지반의 밀도 및 연경도

모래지반		점토지반	
N-값	상대밀도	N-값	연경도
0 ~ 4	Very Loose	0 ~ 2	Very Soft
4 ~ 10	Loose	2 ~ 4	Soft
10 ~ 30	Medium	4 ~ 8	Medium
30 ~ 50	Dense	8 ~ 15	Stiff
50 이상	Very Dense	15 ~ 30	Very Stiff
		30 이상	Hard

[1] 유효압밀하중에 대한 보정

큰 유효압밀하중 즉, 유효상재하중이 작용하고 있는 지층의 경우 N값은 현저하게 크게 측정되지만 지표면 부근의 지반에서는 유효상재하중에 대한 구속응력이 없으므로 N값은 실제보다 작게 측정되기 때문에 이를 보정해야 한다. 보정값 산정식은 다음과 같다:

$$N' = N \times Cn$$

단, N' : 보정값, N : 측정값, $Cn = 0.77 \log(20/Po)$
Po : 유효 압밀하중 > 0.25 kg/cm^2

[2] 굴착 철봉의 길이에 대한 보정

굴착 심도가 깊어 굴착 철봉의 길이가 길어질 경우 굴착 철봉의 변형에 의한 타격력의 손실로 떨 공이의 효율이 저하되어 N값이 실제보다 크게 나타나므로 이를 보정해야 한다. 보정값 산정식은 다음과 같다:

$$N' = N\left(1 - \frac{L}{200}\right)$$

단, L : 굴착 철봉의 길이 (m)

[3] 토질에 대한 보정

N값이 15이상인 조밀한 침니질 사질토 지반이 포화상태로 있는 경우에는 N값이 실제보다 크게 측정되므로 이를 보정해야 한다. 보정값 산정식은 다음과 같다:

$$N' = 15 + \left(\frac{N-15}{2}\right)$$

(7) 시험결과 기록 및 정리

(가) 시험할 때 기록해야할 사항

① 지점 번호 및 지반 높이
② 시험 일자 및 시험 담당자

③ 실제타격의 개시 깊이 및 종료 깊이
④ 타격회수와 누계 관입량의 상관관계에 관한 도표
⑤ 30cm 깊이까지 관입할 때의 실제 타격에 대한 타격 회수 정수값(N-값)

(나) 시료 채취할 때 기록해야할 사항

① 샘플러에서 시료 채취 과정
② 시료 밀봉 과정
③ 지점 번호, 시험 깊이, N-값, 토질명 등을 시료용지에 상세히 기재

다) 베인 테스트 *Vane Test*

(1) 개요

베인 시험기구 *Vane Tester* 의 회전력을 이용하여 연약하고 포화된 점성토 지반의 응집력 *Cohesion* 을 판별하여 전단응력을 구하는 가장 간단한 현장 원위치 시험방법중의 하나이다. 이 시험법은 예민 비가 큰 연약 점성토의 지반조사에 매우 유용하지만 시료를 채취할 수 없는 단점이 있다. 굳은 점성토 지반에서는 베인 시험기를 때려 박기가 곤란하며 유기질 섬유를 많이 포함한 이탄층 泥炭層 이 있는 지반에서는 응집력의 판별이 곤란한 시험법이다. 베인 시험 기구를 박는 깊이가 10m 이상이 되면 수직 굴대에 비틀림 현상이 발생함으로 시험결과에 오류가 생길수도 있다. 점성토의 현장 원위치 베인 전단시험 방법에 관련된 한국산업규격은 KSF 2342 이다.

(2) 시험용 기구

이 시험에서 쓰이는 기구를 베인 시험기구 *Vane Tester* 라고 한다(그림 3-09). 현장에서 일반적으로 쓰이는 베인 시험기구는 날개 *Vane* 와 수직 굴대 *Vertical Shaft* 로 이루어져 있다. ϕ12.7mm 정도의 수직 굴대 하단에는 십자형 강철판 날개가 달려 있고 상단에는 회전용 손잡이가 달려있다. 회전용 손잡이는 수동식과 기어식이 있다. 베인 시험기구의 상세는 다음과 같다.

(가) 베인 *Vane* 의 형태 및 규격

베인 시험기구의 날개 *Vane* 는 4개의 강철판으로 구성되어 있다. 시험 기구는 신형과 구형이 있으며, 구형은 날개의 형태가 장방형이고, 신형은 날개의 상단 및 하단이 뾰족한 형태로

되어 있다(그림 3-10). 지반조사 현장에서 보편적으로 사용하고 있는 베인의 지름 d 은 38.1~92.1*mm* 이고, 높이 h 는 76.2~184.1*mm* 이다. 베인의 지름 : 높이는 1:2 이며 철판 날개의 두께는 1.6~3.2*mm* 정도이다.

그림 3-09 : 베인 시험기구 *Vane Tester*

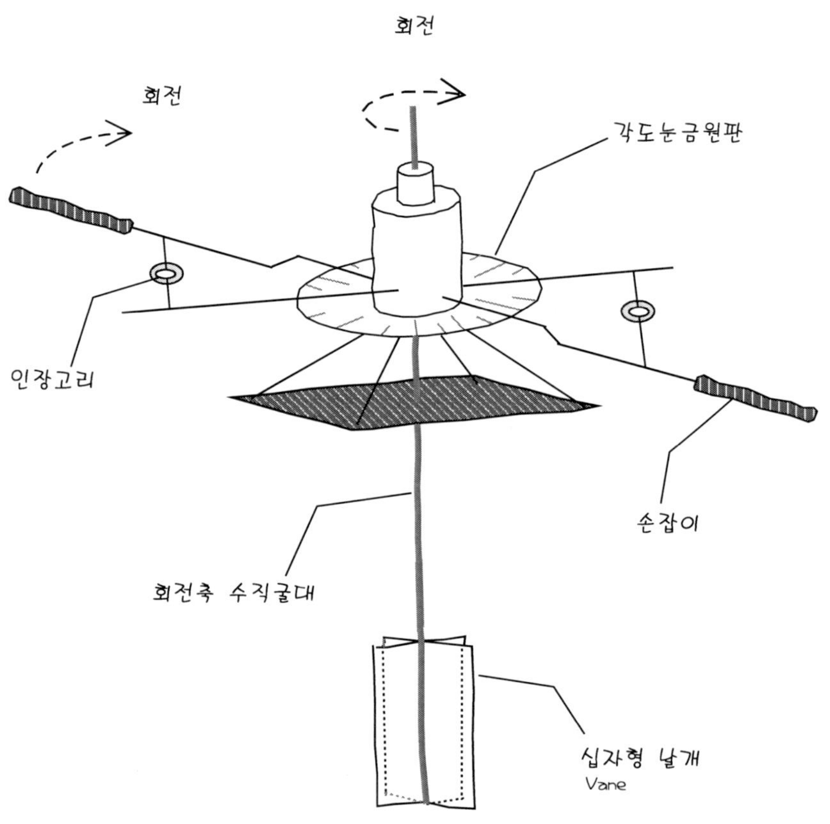

그림 3-10 : 베인 *Vane* 의 형태

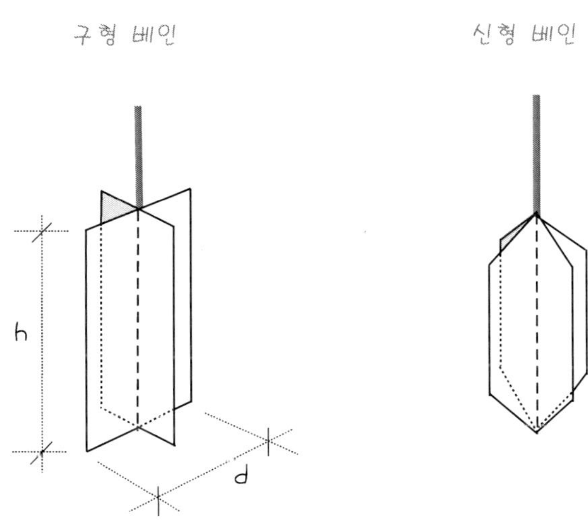

(나) 베인 *Vane* 의 선택기준

현장에서 베인의 크기를 결정하는 기준은 흙의 연경도이다. 다시 말해서 베인의 크기는 흙의 반죽질기의 정도에 따라서 결정되는 것이다. 좀 더 신뢰할 수 있는 시험결과를 얻기 위해서는 베인의 지름은 흙이 연하면 연할수록 더욱더 커져야 한다.

(3) 시험 방법

시험을 할 때는 베인 시험기 *Vane Tester* 에 압력을 가하면서 연약하고 포화된 점성토 지반에 밀어 넣거나 날개의 지름보다 약간 작게 미리 뚫어 놓은 지반의 구멍 *Borehole* 에 베인 시험기를 때려 박아 넣는다. 베인 시험기는 지중의 시험 대상 깊이까지 한 번에 밀어 넣어야 하며 그 깊이는 베인 지름의 5배 정도로 한다. 지중에 박아 넣은 베인 시험기를 초당 0.1° 정도의 속도로 회전시키면서 회전우력 *Torque* 또는 *Moment* 에 의한 지반의 저항력을 측정하여 점토의 응집력 *Cohesion* , 즉 지반의 전단강도를 산정한다. 베인 시험을 할 때 지반이 완전히 파괴되는데 소요되는 시간은 아주 연약한 지반의 경우는 10~15분, 그 이외의 일반 지반은 2~5분 정도이다. 기어 *Gear* 식 시험 기구를 사용할 때는 15초 마다 중간 값을 기록하고 베인이 찌그러졌거나 마모되었을 경우를 확인하기 위하여 주기적으로 검사하는 것이 중요하다.

(4) 지반의 전단강도 산정

(가) 점토의 응집력 산정

베인 시험기 *Vane Tester* 의 회전우력을 측정하여 점토지반의 전단강도 즉, 점토의 응집력을 산정할 때는 다음과 같은 공식을 이용 한다:

$$C = \frac{T}{K}$$

단, C : 점토의 응집력(N/m²), T : 회전 우력(N · m)
K : Vane 의 규모와 형태에 따른 상수(m)

그러나 소성이 큰 점토의 경우 이 시험에 의해서 산정되는 응집력은 과도하게 산정되는 경향이 있으므로 보정을 필요로 한다. 이 때 사용하는 보정값 μ 은 브제럼 *L. Bjerrum* 이 소성지수 *PI: Plasticity Index* 에 관한 실험에 의하여 작성한 그라프에서 구할 수 있다. 이 그라프(그림 3-11)에 의하면 점토의 소성지수가 커질수록 보정값은 작아진다. 다시 말해서 소성지수가 큰 점토는 전단력이 작아지는 것이다. 점토의 소성지수를 알고 있으면 이 그라프 상에서 쉽게 보정값을 구할 수 있다.

(나) 상수 K-값 계산

상수 K-값은 베인 *Vane* 의 크기와 형태에 따라서 다음과 같이 산정한다.

[1] 장방형 베인의 K-값

$$K = \pi\left(\frac{d^2 \cdot h}{2} + \frac{d^3}{6}\right) = 3.6633\ d^3$$

단, d : Vane 의 지름(m), h : Vane 의 높이(m), h = 2d

[2] 보족한 베인의 K-값

$$K = \pi d^3 + 0.37(2d^3 - D^3) = 3.88d^3 - 0.37D^3$$

단, D : 수직 굴대의 지름(m)

그림 3-11 : 베인 시험의 보정 값과 소성지수와의 관계

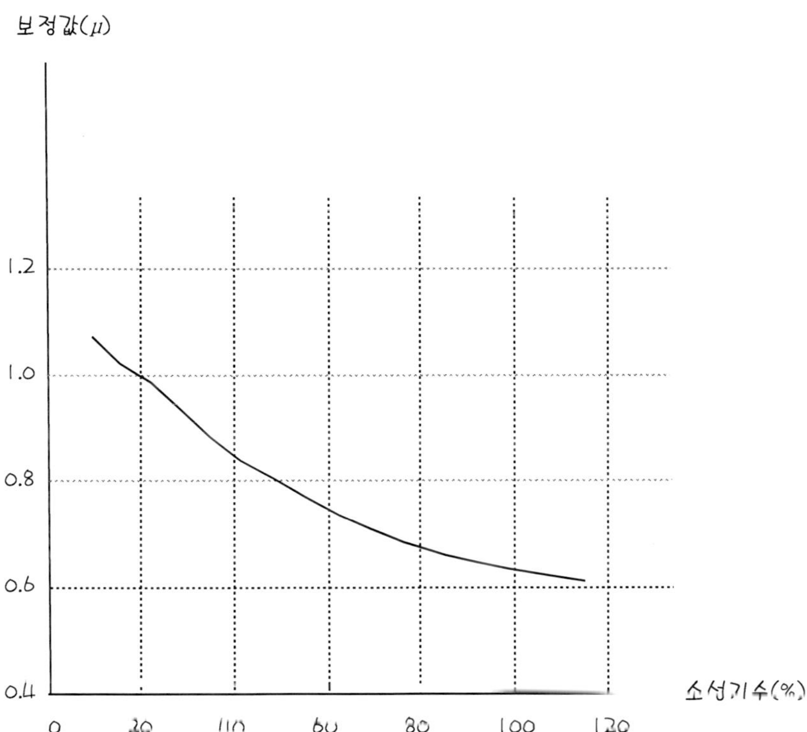

(5) 시험결과 기록 및 정리

(가) 구멍 뚫기 할 때의 기록 사항

구멍번호 및 위치, 흙의 상태에 관한 주상도, 지반높이, 구멍을 내는 방법, 회전력 측정 및 적용방법, 구멍 뚫기 담당자의 성명 등을 상세히 기록한다.

(나) 시험할 때의 기록 사항

시험 일자, 담당자 및 구멍번호, 베인의 규격 및 형태, 베인 하단 부분의 깊이, 최대 회전력, 지반이 파괴될 때까지의 소요시간, 다른 종류의 시험결과와의 차이점 등을 기록한다.

라) 콘 관입시험 CPT: Cone Penetration Test

(1) 개요

CPT 는 영국 이외의 유럽 전 지역에서 오랫동안 활용되어 왔으며 현재는 미국에서도 그 활용빈도가 점차 커지고 있다. CPT 는 주로 연약한 점토질 지반에 원추형 기기가 부착된 경도계 硬度計, Penetrometer 를 직접 관입할 때 생기는 저항력을 계측기로 측정하여 지반의 무르고 단단한 정도를 조사하는 일종의 보완적 지반조사 방법이다. CPT 는 현장 원위치에서 시추공 없이 단순, 신속하게 지반의 경연정도 硬軟程度 를 조사할 수 있는 장점은 있지만 정밀조사를 위한 시료채취는 불가능하다. 따라서 지층에 대한 정밀한 토질조사가 필요한 경우에는 시료채취가 가능한 조사방법을 병행하여야 한다.

(2) 콘 관입시험의 종류

CPT 는 콘 Cone 을 관입하는 방법에 따라서 다음과 같이 분류할 수 있다.

(가) 정적 콘 관입시험 Static Cone Penetration Test

느슨한 사질토 지반 또는 연약한 점토질 지반에서 지층의 구조를 교란시키지 않고 지반조사를 실시할 수 있는 정적관입시험 방법이다. 이 시험 방법에서는 시험을 실시하고 있는 동안에 작은 변화에도 민감하게 반응하는 흙의 성상한계를 자연 상태 그대로 유지하도록 해야 한다. 따라서 경도계를 지반에 박아 넣을 때에는 충격과 진동이 없는 유압식 잭 Hydraulic Jack 등으로 밀어 넣는 방법이 합리적이다. 정적관입 지반조사 방법은 지반의 조건에 따라서 다음과 같이 분류된다.

[1] 더치 콘 관입시험 *Dutch Cone Penetration Test*

N-값이 $4 < N < 30$ 인 보통 점토질 또는 사질토 지반에 적합한 시험 방법으로 유효심도는 약 25m 정도이다. 압입 이중 관을 사용하므로 굴착 봉 주변의 마찰력을 분리하는 효과가 있다. 이 시험방법의 결과 치는 표준관입시험 보다 정밀도가 높고 조사능률도 우수하다.

[2] 휴대용 콘 관입시험 *Portable Cone Penetration Test*

N-값이 $N < 4$ 인 연약 점토질 지반에서 건설기계의 주행성 및 작업성 등을 파악하기 위한 간단한 시험으로 조사 유효심도는 약 5m 정도이다. 이 시험에서 사용하는 기기는 압입단관으로 되어 있어 조작이 가장 간단하고 휴대가 가능하다.

[3] 피에조 콘 관입시험 *Piezo Cone Penetration Test*

사질토 지반 및 점토질 지반에서 두루 유용한 유효심도 40~50m 의 최첨단 전자식 시험방법이다. 전자변형계측기 *Strain Gauge* 또는 *Load Cell* 와 다공질 필터가 장착된 기기를 이용하여 지반의 지지력, 마찰저항력, 간극수압 등을 동시에 지속적으로 정밀 측정할 수 있으며 이러한 자료를 바탕으로 지반의 투수성 및 압밀특성을 추정할 수 있다. 측정된 자료는 관입심도마다 시험기기에 연결되어 있는 별도의 계측기에 시험과 동시에 기록된다.

(나) 동적 콘 관입시험 *Dynamic Cone Penetration Test*

동적관입 지반조사 방법은 자갈층 및 암반지반을 제외한 거의 모든 지반에 적용 가능한 시험방법이지만 주로 사질토 지반에서 심도변화에 따른 지반의 특성변화를 판별하는데 유용한 방법이다. 이 시험방법을 통해서 지반의 동적응력 및 전단강도 등의 특성을 측정할 수 있다. 이 시험방법에서는 경도계를 지반에 연속적으로 관입할 수가 있으므로 지표로부터 최종심도에 이를 때까지 연속적으로 자료를 구할 수 있다. 이 시험에서는 경도계를 지중에 관입할 때 일반적으로 비교적 충격과 진동이 심한 드롭 해머 *Drop Hammer* 를 이용하며 타격방법은 표준관입시험과 유사하다.

(2) 시험 목적

이 시험의 목적은 지반조사의 범위가 비교적 넓을 경우 시추공과 시추공 사이의 조사되지 않은 지반의 특성을 개략적으로 확인하여 지반의 선단력을 추정 또는 확인하는데 있다. 이 시험을 통해서 지반의 전단강도, 지반의 성질 및 구성 상태 등을 파악하여 지반의 개량방법을 결정하고 현장의 지반 조건에 적합한 건설기계를 선정한다.

(3) 경도계 硬度計, Penetrometer 의 종류

(가) 기계식 콘 경도계 Mechanical Cone Penetrometer

이 경도계는 이중 굴대 Push Rod + Inner Rod 를 중심축으로 하여 두 개의 강관 Sleeve 을 상하로 결합한 구조로 되어 있으며 외경 外徑 은 23~35.7mm 이고 강관을 확장했을 때의 최대길이는 278.5mm 이다. 아래쪽 강관의 한 끝은 원뿔체 Cone 로 되어 있으며 강관의 직경은 원뿔체 밑면부분과 위쪽 강관의 상단 부분이 최대이고 중앙 부분이 최소가 된다. 이 경도계는 원뿔체 밑면 부분의 최대직경이 35.7mm 이므로 그 단면적은 $1000mm^2$ 가된다. 이 경도계를 지반에 관입할 때는 원뿔체에 저항이 발생되며 저항력의 크기는 내부굴대 Inner Rod 에 의해서 산정된다. 이 경도계가 한 번에 관입하는 깊이는 대체로 203mm 8in. 를 넘지 않도록 하여야하며, 관입속도는 초당 10~20mm 정도로 해야 한다. 이 경도계를 더치 맨틀 콘 Dutch Mantle Cone 이라고도 한다.

(나) 기계식 마찰-콘 경도계 Mechanical Friction-cone Penetrometer

이 경도계는 중앙부분에 ϕ 35.7mm 의 마찰 강관 Friction Sleeve 이 추가된 것 이외에는 기계식 콘 경도계 Mechanical Cone Penetrometer 의 구조와 완전히 같은 구조로 되어 있다. 이 경도계의 강관을 모두 확장 했을 때 이 경도계의 최대 길이는 447mm 가 된다. 이 경도계를 이용할 경우에는 원뿔체에 의한 저항력의 크기와 중앙부분의 강관에 의해서 발생되는 마찰 저항력의 크기는 물론 원뿔체의 저항력에 대한 강관의 마찰력의 비율도 산정할 수 있다. 다시 말해서 한번의 시험으로 지반의 깊이에 따라 달라 질수도 있는 여러 가지 토질에 대한 지지력, 마찰력 및 그들 간의 비율에 대한 특성을 파악할 수 있는 이점이 있다. 일반적으로 지지력에 대한 마찰력의 비율은 비 점성 흙에서 보다는 점성 흙에서 더 크게 나타난다. 따라서 이 비율을 근거로 하여 지반을 구성하고 있는 흙의 특성을 파악할 수 있다.

마) 스웨디쉬 사운딩 Swedish Sounding

북유럽국가에서 주로 사용되는 스웨덴식 사운딩 Swedish Sounding 은 굴착 철봉을 지반에 관입할 때 철봉과 추의 자중 및 회전력에 대항해서 생기는 관입저항의 크기를 측정하여 지반의 특성을 조사하는 방법이다. 관입저항의 크기는 추의 점진적 재하로 인한 중량 증가에 따른 굴착 철봉의 관입 량과 회전수로 판별한다. 이 방법은 모든 지반에 두루 사용할 수 있으며 관입심도는 25~30m 정도이다. 굴착 철봉의 하단에는 스크루 포인트 Screw Point 가 달려 있고 상단에는 회전용 손잡이와 중량 재하용 장치가 되어 있다. 중량을 5, 15, 25, 50, 75, 100kg 으로 점진적으로 증가시키면서 중량이 증가할 때마다 관입량을 계측하고 중량이

100*kg* 에 달하면 손잡이를 회전시켜 반회전마다 관입량과 피치 *Pitch* 25*cm* 마다 반회전수를 기록한다.

마. 재하 시험법 *Loading Test* 또는 *Bearing Test*

재하시험은 현장 원위치의 허용지내력을 구하기 위한 방법으로 구조물의 기초를 설치할 지반 자체의 지지력을 구하는 방법과 지반에 박을 말뚝의 지지력을 구하는 방법으로 대별할 수 있다. 재하 시험법 *Loading Test* 을 지내력 시험법 *Bearing Test* 이라고도 한다. 재하시험은 일반적으로 재하 장치의 설치 및 중량물의 재하에 많은 시간과 비용을 필요로 할뿐더러 예상지내력이 실제 구조물의 하중보다 작은 경우에는 활용할 수 없는 단점이 있다. 건축공사 현장에서 흔히 볼 수 있는 평판 및 말뚝재하시험 방법은 다음과 같다.

가) 평판 재하시험 *Plate Load Test*

(1) 개요

평판 재하시험은 도로의 노반 *路盤* 또는 건축물의 원위치 지반에 설치한 평판에 가해지는 재하 하중의 시간 경과에 따른 침하량을 변위계 *Dial Gauge* 로 측정, 실제 지반의 허용 지내력을 구하는 시험이다. 건축물의 지반은 얕은 기초 지반과 깊은 기초 지반으로 구별되며 깊은 기초 지반의 재하시험을 할 때는 시추 구멍을 이용한다. 깊은 기초의 평판 재하시험에서는 중량의 실물을 평판에 재하 하는 대신에 시추 구멍 속에 측정관을 집어넣은 다음에 압력계기 *Pressure Meter* 를 이용하여 지내력을 측정하기도 한다. 한편 개략적인 지내력 시험이 요구될 경우에는 비용과 많은 시간을 필요로 하는 일반 재하시험 대신에 간편 말뚝재하 시험을 실시하는 것이 유리하다. 평판 재하시험에서 재하 하중에 의하여 영향이 미치는 깊이는 평판 즉, 재하판의 폭 또는 지름의 1.5~2.0배 정도로 한정된다. 재하판의 크기에 따라서 조사할 수 있는 재하판 밑 지반의 범위가 달라지고, 균질한 지반에서 동일한 하중을 재하할지라도 재하판의 크기가 다를 경우 침하량은 달라진다. 따라서 이러한 시험 결과를 감안할 때 직경 30*cm* 의 표준 재하판에 의한 시험 결과만을 가지고 대형, 고층 건축물을 설계하기에는 부담이 커진다. 따라서 재하판 밑의 깊은 곳에 있는 지층의 변형 및 특성을 좀더 상세히 조사하기 위해서는 지반 깊은 곳까지 조사가 가능한 다른 방법을 병행하는 것이 바람직하다. 도로의 노반에서 실시하는 이 시험에 관련된 한국산업규격은 *KSF* 2310 이다. 건축물 지반의 평판 재하시험에 관한 *JIS* 의 규격과 *KSF* 2310 사이에는 약간의 차이가 있으나 여기서는 두 규격을 모두 참조하였다.

(2) 시험 목적

평판 재하시험의 목적은 지반의 즉시 침하량, 변형계수, 지지력계수, 극한지지력 등을 산정 또는 추정하여 지반이 실제 구조물의 하중을 지지할 수 있는 지의 여부를 판별, 구조물의 기초설계에 반영하는데 있다.

(3) 시험장치 및 기구

평판 재하시험의 시험 장치는 하중 재하 방법에 따라서, 직접(그림 3-12) 또는 간접재하 장치(그림 3-13) 및 계측기기로 구성된다. 공사 현장에서 재하판에 중량물을 직접 재하 할 경우에는 현장 조달이 용이한 건설기계 또는 시멘트, 형강, 철근 등의 중량자재를 사용한다.

(가) 재하판

JIS 에서는 건축공사 현장에서 건축물 지반의 평판 재하시험을 할 때는 지름 30cm 의 밑면이 평활한 원형 또는 한 변의 길이가 30cm 정도인 정방형의 강판을 표준 재하 판으로 사용할 것을 권고하고 있다. 강판의 두께는 일반적으로 25mm 이상으로 하고 있다. 지금까지 건축공사 현장에서는 대체로 한 변이 30cm 정도의 정방형 재하 판을 이용하였으나 요즈음에는 면적이 2000cm^2 , 즉 한 변의 길이가 45cm 인 정방형 2025cm^2 또는 지름이 50cm 인 원형 1963cm^2 의 재하 판을 사용하는 추세이다. 지반에 작용하는 응력의 영향 범위를 확대하여 좀 더 상세한 지반의 지지특성과 변형특성을 조사할 필요가 있는 경우에는 지름이 큰 재하 판을 사용하는 것이 바람직하다. KS 에서 규정하고 있는 재하 판은 두께 22mm 이상, 지름 30, 40, 75cm 등의 강철재 원형 판이지만 지름 75cm 의 재하 판은 중량물이므로 사용이 불편하여 거의 사용하지 않는다.

(나) 재하 및 반력 장치

평판 재하시험에서 하중을 가하는 시험 장치에는 평판에 직접 중량의 실물을 재하 하는 직접 재하 장치와 앵커 Anchor 및 잭 Jack 의 반력을 이용하는 간접 재하 장치가 있다. 이 시험에서 사용되는 유압잭의 능력은 설계하중에 따라서 50~400kN 5~40tf 정도가 적정하다.

(다) 계측 장치

평판 재하시험에서 지반의 변형을 측정하기 위한 계측 장치로는 재하 실물의 중량을 측정하기 위한 하중계, 지반의 침하량을 측정하는 변위계, 재하중의 시간을 측정하는 시계 등이 필요하다. 변위계의 정밀도는 1/100~20mm 범위의 침하량을 측정할 수 있어야 한다.

그림 3-12 : 평판 재하시험의 직접 재하 장치

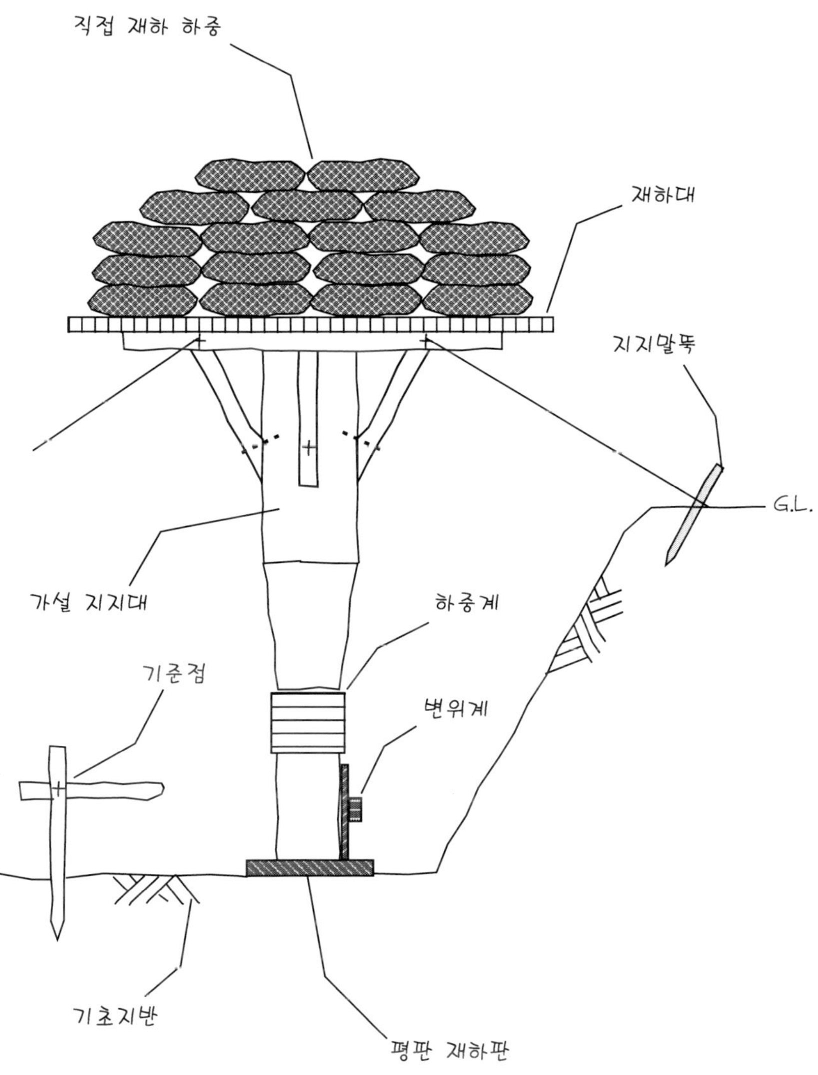

그림 3-13 : 평판 재하시험의 간접 재하 장치

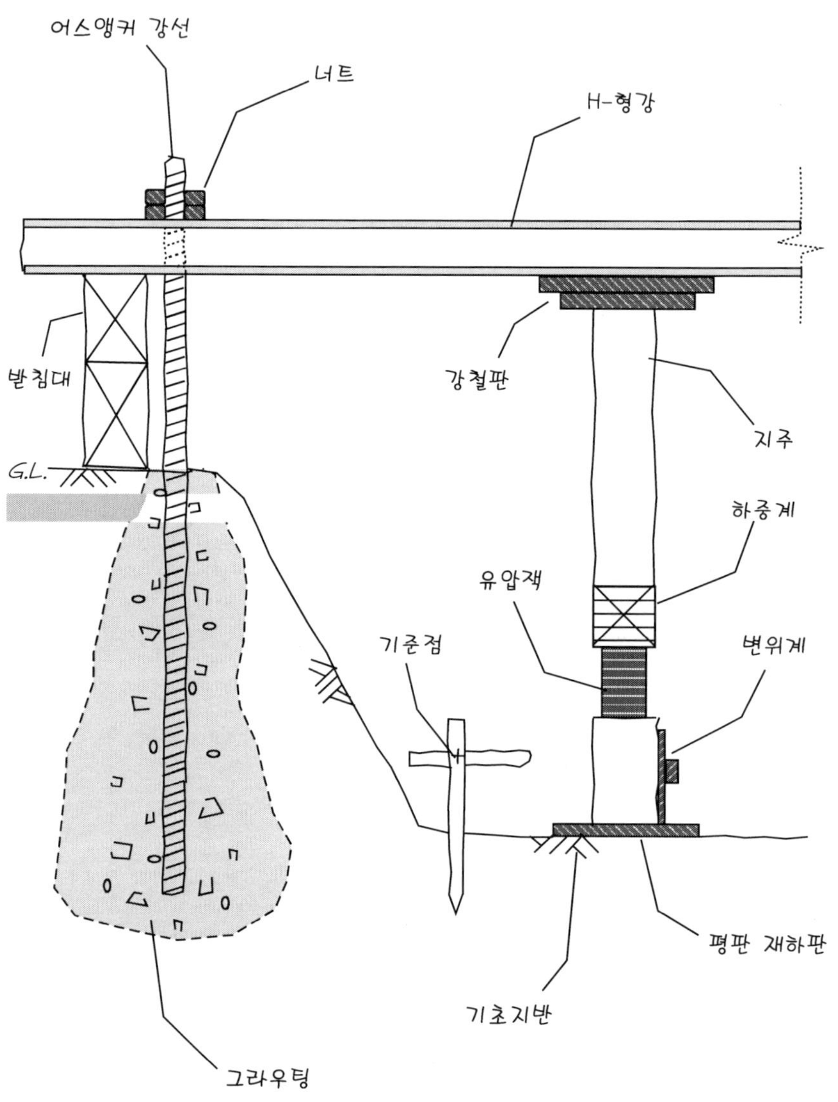

(4) 재하 방법

평판 재하시험에서 하중을 재하 하는 방법에는 실제로 중량물을 재하판 위에 쌓아 올리는 직접재하 방법과 어스앵커 *Earth Anchor* 및 잭 *Jack* 의 반력을 이용하는 간접재하 방법이 있다. 직접재하 방법은 설계기준 하중이 비교적 작은 경우에 현장에서 간편하게 지내력을 조사할 수 있는 방법이다. 중량의 실물을 재하 할 경우에는 재하 판에 충격이 가해지지 않도록 하고 하중의 편심현상이 생기지 않도록 균등하게 재하 하여야 한다. 실제로 재하 할 총 하중이 2~3*kN* *0.2~0.3tf* 정도인 경우에는 현장에서 흔히 구할 수 있는 포장시멘트, 차량 또는 건설기계 등의 실물을 이용한다. 건축물의 기초를 구축할 지반이 지중 깊은 곳에 있을 때는 재하 판을 시추구멍 바닥에 설치한 다음 하중을 가하여야 한다. 시추 구멍을 이용하는 재하 시험 방법에는 연직평판 재하시험, 측정 관 재하시험, 자가 굴착 식 재하시험 등이 있으나 상세한 내용은 토질 및 기초공학 분야에 속하는 일이므로 여기서는 생략한다. 시추 구멍을 이용하는 재하시험 방법은 지반의 균질성이 떨어지고 균열이 많은 단단한 점토질 지반에서 가장 신뢰할 수 있는 결과를 기대할 수 있다.

(5) 시험순서 및 유의사항

재하판 지름 30*cm*; 706.5*cm*², 매회 재하하중 2.5*kN* *0.25 tf* 의 조건으로 평판 재하시험을 할 때 한국산업규격 *KSF* 2310 에서 규정하고 있는 시험 순서, 시험방법, 시험측정 기록표 작성, 하중강도-침하량 곡선도 작성, 지지력계수 산출, 시험할 때의 유의할 사항 등은 다음과 같다.

(가) 시험순서 및 방법

① 시험을 실시할 지반을 평평하게 고르고 필요하면 건조시킨 모래를 2~3*mm* 두께로 깔아둔다.

② 재하판, 재하장치, 계측장치 등의 설치; 모든 시험장치의 지지점은 재하판 외곽선으로부터 1*m* 이상 떨어지게 배치하고 변위계는 2~4개를 설치

③ 매회 재하하중의 범위 내에서 예비재하 실시; 재하판의 안정을 위하여 미리 하중강도 35*kN/m²* *3.5tf/m²* 상당의 하중을 가한다음 이때의 침하량을 침하원점으로 기록

④ 하중강도 35*kN/m²* 에 상당하는 하중을 단계적으로 재하, 매번 동일하중을 가할 때 마다 그 하중에 의한 침하량이 진행을 멈추는 것을 확인한 다음 시간 및 하중계와 변위계의 눈금을 기록

⑤ 누계 침하량이 15*mm* 에 달하거나 하중강도가 현장에서 예상할 수 있는 가장 큰

접지압력의 크기 또는 지반의 항복점을 넘으면 시험을 종료

⑥ 시험측정 기록표(표 3-12) 및 하중-침하량 곡선도를 작성한다(그림 3-14).

⑦ 지지력계수, 단기 및 장기 허용지내력을 kN/m^2 산출한다.

⑧ 시험결과 보고서를 작성한다.

표 3-12 : 평판 재하시험의 침하량 측정 기록표

시 간 (분 : 초)	하 중			침 하			
	하중계 눈금	재하하중 (kN)	하중강도 (*kN/m²)	변위계 눈금			누계 침하량 (mm)
				좌	우	평균	
00 : 00	0	0	0	0.05	0.07	0.06	0.00
05 : 05	13	2.5	35	0.30	0.28	0.29	0.23
10 : 03	26	5.0	70	0.60	0.52	0.56	0.50
14 : 58	40	7.4	105	0.85	0.80	0.83	0.77
18 : 42	53	9.9	140	1.19	1.09	1.14	1.08
22 : 30	66	12.4	175	1.48	1.32	1.40	1.34
26 : 02	79	14.8	210	1.77	1.61	1.69	1.63
29 : 15	93	17.3	245	2.04	1.84	1.94	1.88
31 : 45	106	19.8	280	2.36	2.16	2.26	2.20
35 : 10	119	22.3	315	2.68	2.46	2.57	2.51
38 : 30	132	24.7	350	3.05	2.77	2.91	2.85

*1 tf/m^2 = 9.81 kN/m^2 ≒ 10 kN/m^2

(나) 지지력 계수 *Ks* 산출

지지력 계수란 일정 침하량에서 그 때의 하중 강도를 침하량으로 나눈 값을 말하며 재하시험에서 사용한 재하 판의 지름에 따라서 K_{30}, K_{40}, K_{75} 등으로 표시한다. 같은 조건에서의 재하시험일지라도 침하량은 재하 판의 크기에 따라서 달라지지만 그 침하량의 차이는 정량적으로 계산된다. 따라서 지름 30*cm* 의 표준재하 판에 의한 시험결과를 표준값으로 할 경우 재하 판의 크기 차이에 의한 지지력계수는 아래와 같이 환산할 수 있다:

$$K_{30} = 1.3\ K_{40} = 2.2\ K_{75}$$

침하량과 하중강도는 '하중강도-침하량 곡선도' 에서 구할 수 있으며 이 들의 상관관계에 의한 지지력계수 산출 식은 다음과 같다:

$$Ks = \frac{P}{S}$$

단, Ks : 지지력계수, P : 하중강도 (kN/m²), S : 침하량 (mm)

그림 3-14 : 평판 재하시험에 의한 하중강도-침하량 곡선

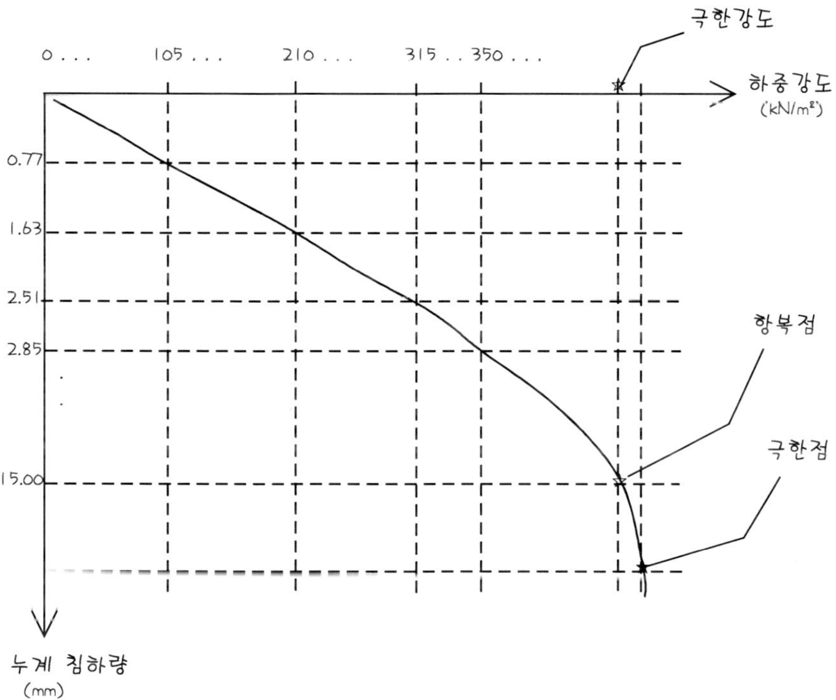

(다) 시험할 때의 유의사항

① 시험은 실제 기초를 설치할 지반에서 실시
② 매회의 재하하중은 1~2.5kN 또는 예정파괴하중의 1/5이하로 한다.
③ 매회 재하하중을 증가 시킬 때는 약 5분간에 걸쳐 일정한 속도로 신속하게 실시
④ 매회 침하량 측정은 동일한 시간간격으로 최소 6회 이상, 침하정지 때까지 실시
⑤ 매단계마다 1 분간의 침하증가량이 해당단계 침하량의 1% 이하의 비율이 될 때는 그 단계에서의 침하진행이 정지된 것으로 보고 다음단계의 하중을 가한다.
⑥ 장기하중에 대한 허용지내력은 다음 값중 작은 것으로 한다:
  ㉮ 총 침하량이 15~20mm 에 도달하였을 때 하중강도의 1/2
  ㉯ 침하곡선이 항복상태를 보이는 항복하중강도의 1/2
  ㉰ 지반파괴현상이 나타나는 극한하중강도의 1/3
⑦ 단기하중에 대한 허용지내력은 장기하중의 2배로 한다.

(라) 시험결과 기록사항

① 시험실시 지점 地點 번호, 시험일시, 시험기사의 성명 등
② 재하판 지름 ③ 측정내용; 하중강도 및 침하량
④ 하중강도-침하량 곡선 ⑤ 계산에 사용한 침하량 ⑥ 지지력 계수

나) 말뚝 재하시험

(1) 개요 및 시험목적

말뚝 재하시험은 실제로 사용할 말뚝을 현장 원위치에서 직접 사용하여 실시하는 시험이다. 말뚝의 소요길이, 지지력 *Supporting Strength of a Pile* 등의 산출을 목적으로 한다. 말뚝의 지지력을 산출하는 방법에는 말뚝 재하시험과 같은 직접시험에 의한 방법과 말뚝박기시험, 표준관입시험, 지반의 허용응력도, 토질시험 등의 결과를 이용하는 간접 산정방법이 있다.

(2) 말뚝 재하시험 실시기준

말뚝 재하시험의 실시는 건축공사 표준시방서와 국토해양부 구조물 기초설계 기준에서 다음과 같이 규정하고 있다:

① 말뚝 250개당 1회 실시 ② 지반 조건이 현저히 다를 때 실시
③ 말뚝의 규격이 다를 때 실시

(3) 말뚝 재하시험의 종류 및 방법

말뚝 재하시험에는 정재하 시험, 동재하 시험, 정동재하 시험, 간편 말뚝 재하시험 등이 있으나 상세한 사항은 토질 및 기초공학에 관한 사항이므로 여기서는 기본이 되는 정재하 靜在荷 및 동재하 動在荷 시험에 관하여 간단히 요약, 설명한다. 말뚝시험의 방법 및 규정은 KSF 2445, ASTM D-1143, ASTM D-4945 등을 참고로 하였다.

(가) 정 재하시험

정 재하시험, 즉 말뚝 재하시험은 시험대상 말뚝위에 재하 하중을 정적으로 증가시키면서 말뚝의 등속도 침하량을 측정하여 말뚝의 극한 및 항복 지지력을 판정하는 직접지지력 시험이다. 이 시험은 점성토 지반의 마찰 말뚝에 적합한 시험방법으로 재하용 평판대신 말뚝을 이용한다는 점이 평판재하시험과 다르다. 정 재하시험의 재하 방법에는 중량의 실물을 직접 재하 하는 실물 재하 방법과 지중에 박아놓은 앵커 Anchor 말뚝의 반력을 이용하는 반력 재하 방법(사진 3-02)이 있다. 이 시험방법은 말뚝 박기가 끝난 다음 10일쯤 경과한 시점에서 이미 실시한 말뚝박기 시험에 의하여 간접적으로 산정된 말뚝의 허용지지력을 재확인, 검토하는데 유효하게 쓰인다. 정 재하시험은 공사현장에서 실제 말뚝의 지지력이 발생되는 현상과 거의 동일한 조건으로 실시되기 때문에 시험의 결과에 대한 신뢰도가 상당히 크다. 그러므로 정 재하시험의 결과는 다른 시험의 결과치를 보정하는 기준값 역할을 하지만 시간과 비용이 많이 소요되는 단점이 있다. 따라서 요즈음에는 표준관입시험 등의 결과를 이용하여 3시간 이내에 말뚝의 지내력을 예측할 수 있는 퀵 로드테스트 Quick Load Test 를 선호하는 경향이 있다. 정 재하시험은 지반이 파괴될 때까지 실시하는데 이 시험에서 말뚝이 침하하는 속도는 대체로 0.5~2.5mm/분 정도이다. 정 재하시험에서 단일 말뚝의 허용지지력, 즉 안전하중 Safe Load 을 산출하기 위하여 중량 실물을 재하 하는 절차와 방법은 다음과 같다:

① 최대 재하하중은 설계하중의 200~250%
② 각 단계별 재하하중의 한도는 설계하중의 25%
③ 각 단계별 재하하중의 지속시간은 90~120분 정도로 하되, 이 시간 동안에 침하량이 시간당 0.25mm 미만일 경우는 다음 단계로 진행
④ 최종재하는 24시간 동안 지속
⑤ 재하하중 가삼 시는 신속하게 하되 단계별 시간, 하중, 침하량 등을 정확하게기록
⑥ 허용지지력은 하중-침하곡선에서 극한 하중강도의 1/3 값과 항복 하중강도의 1/2 값 중 작은 값을 선택

사진 3-02 : 말뚝 재하시험의 반력 재하 장치

♣ 말뚝 재하시험을 위한 반력 재하 장치

♣ 말뚝 재하시험

정 재하시험에서 안전 하중 *Safe Load* 의 정의는 다음과 같다:

Safe Load The maximum load on a structure that does not produce stresses greater than those allowable.

(나) 동 재하시험

동 재하시험이란 쇠메 *Ram* 또는 *Hammer* 를 자유낙하 타격 또는 기계식 낙하 타격 등의 방법으로 시험말뚝을 박아 말뚝의 지지력을 간접적으로 산정하는 시험이다. 말뚝 박기 공사에서 말뚝공사 개시 전에 시험적으로 박아 보는 말뚝을 시험말뚝이라고 한다. 시험말뚝을 박을 때는 현장에서 실제의 말뚝을 박을 때와 똑같은 조건과 방법으로 실시한다. 이 시험에서는 말뚝 박기 과정의 관찰기록 자료를 바탕으로 하여 소정의 산정 식으로 말뚝의 허용지지력을 구한다. 동 재하시험은 사질토 지반의 말뚝시험에 적합하다. 동 재하시험 방법은 전자계측기기가 도입되기 이전에는 지지력 산정이 매우 단순하고 간편하여 누구나 쉽게 시험을 할 수 있었기 때문에 보급이 많이 되어 있었다. 그러나 전자계측기기를 활용하여야하는 요즈음에는 동 재하시험의 시행과 결과분석은 전문성을 요하는 작업이 되어서 전문가를 필요로 하게 되었다. 말뚝을 타격할 때 말뚝의 관입 량과 반발력은 말뚝표면에 전자기록장치를 설치하여 측정한다. 말뚝의 상단표면에 가속도와 변형률을 측정할 수 있는 전자계측기기를 부착하고 이 계기를 항타 분석기 *PDA: Pile Driving Analyzer* 에 연결하면 말뚝을 때려 박을 때 일어나는 지반의 거동을 즉시 정량화할 수 있으므로 짧은 시간 내에 말뚝의 지지력을 판정할 수 있다. *PDA* 를 이용하면 말뚝의 지지력 산정은 물론 압축 및 인장응력, 응력분포, 말뚝의 손상여부, 항타기계의 효율 등도 파악할 수 있다. 말뚝을 박을 때 말뚝의 머리부분이 파손되는 경우 지지력이 과대평가 될 수 있고, 지반조건, 항타기계의 성능 및 효율 등에 따라서 지지력의 편차가 커질 수도 있으므로 주의할 필요가 있다. 그러므로 동 재하시험을 할 때는 정 재하시험을 병행 실시하여 신뢰도를 높이는 것이 바람직하다. 말뚝 박기 시험의 목적, 유의사항, 관입량 측정기준 및 지지력 산출식 등은 다음과 같다.

[1] 시험말뚝 박기 목적

원위치 지반에 시험말뚝을 박는 목적은 말뚝의 반발력, 지지력, 소요깊이, 관입량 등을 예측하여 공사에 적합한 항타기 *Pile Hammers* 의 종류, 쇠메의 낙하력, 말뚝의 종류 및 길이 등을 결정하기 위함이다.

[2] 시험말뚝 박을 때의 유의사항

① 실제 말뚝과 동일한 조건으로 박는다.

② 3개 이상의 동일한 말뚝을 사용한다.

③ 말뚝은 중단 없이 연속적으로 박는다.

④ 말뚝은 정확하게 수직으로 박는다.

⑤ 소정의 깊이에 도달한 말뚝은 무리하게 박지 않는다.

⑥ 쇠메 중량; 말뚝 중량의 1/2 이상 *Powered Hammers* 또는 1/4 이상 *Diesel Hammer*

⑦ 쇠메 타격력; 3.048kN·m 0.3048tf·m/말뚝 중량 1톤

[3] 최종 관입량 및 반발력 측정기준

① 최종 관입량; 최종 5~20회 타격한 관입량의 평균

② 최종 관입량의 허용 변동범위; 관입량은 항타기의 1회 타격력과 말뚝의 종류에따라 달라지며 그 허용범위는 2~8mm 정도로 한다.

③ 최종 관입량 측정을 위한 1회 표준 타격력; 57~105kN·m 5.7~10.5 tf·m

④ 관입 거부현상의 간주; 5회 연속타격시의 총관입량이 6mm 이하인 경우

⑤ 말뚝의 반발력은 말뚝이 50cm 관입할 때마다 측정하되 말뚝이 최종 3m 정도 남았을 때는 말뚝 관입량 10cm 마다 측정한다.

[4] 동 재하시험 말뚝의 허용 지지력 산정

동 재하시험에 의하여 말뚝의 허용지지력을 산정할 때는 말뚝과 흙의 관입 저항력, 타격 손실 량, 항타기 *Pile Hammers* 의 효율, 안전율 등 수많은 변수를 복합적으로 고려하여야한다(표 3-13). 그럼에도 불구하고 타격에 의하여 산정되는 동적 허용지지력은 실제 상황인 정적지지력과는 근본적으로 다르다. 동 재하시험에 의한 지지력 산정은 현장조건에 대한 가설 및 기존의 경험적 자료에 의한 효율을 기준으로 하기 때문에 그 결과가 현장마다 달라 신뢰도가 떨어진다. 실제로 동 재하시험에 관한 산정 식으로 얻어지는 말뚝의 지지력은 그 어느 값 일지라도 신뢰할 수 없는 경우가 많으므로 그 결과를 실제 말뚝의 지지력으로 확정하기보다는 공사관리상의 참고자료로 활용하는 것이 바람직하다. 말뚝의 지지력 산정식 및 이론에 관한 상세한 사항은 토질 및 기초공학에 관한 사항이므로 여기서는 보편적으로 사용되고 있는 개략적인 산정식에 관하여 간단히 기술한다. 말뚝의 지지력을 산정하는 이론공식에는 정역학적 산정식인 *Terzaghi* , *Meyerhof* , *Dunham* , *Dorr* 공식과 동역학적 산정식인 *Wellington* , *Sander* , *Hiley* 공식 등이 있다. 현재 미국에서 가장 보편적으로 활용되고 있는

말뚝 지내력 산정의 실용 식은 *Engineering News Equations* 이며 이 식의 실용성은 정확성 보다는 간결성에 있다. *Engineering News Equations* 및 기타 여러 가지 산정식에 관한 개요는 다음과 같다.

[가] Engineering News Formulas 또는 Equations

① 드롭 해머 Drop Hammer 또는 단동 증기해머 Single-acting Steam Hammer

드롭 해머(사진 3-03) 또는 단동 증기해머를 이용하여 말뚝의 허용 지지력을 산정하는 공식을 웰링톤 *Wellington* 공식이라고도 한다. 이 항타기를 이용하여 말뚝의 지지력을 산정할 경우에는 그 결과의 신뢰도를 감안하여 안전율을 6배로 적용한다.

$$R = \frac{1000\,WH}{6(S+C)}$$

단, R : 말뚝의 지지력 (kN) W : 쇠메의 중량 (kN) H : 쇠메의 낙하높이 (m),
S : 최종 5~10회 타격의 평균 관입량 (mm)
C : 항타기 효율 (25=Drop Hammer, 2.5=Steam Hammer)

② 드롭 해머 Drop Hammer

$$R = \frac{2\,WH}{S+1.0}$$

단, R : 말뚝의 지지력 (lb) W : 쇠메의 중량 (lb) H : 쇠메의 낙하높이 (ft),
S : 최종 5~10회 타격의 평균 관입 량 (in.)

표 3-13 : 타격식 항타기 효율

타격식 항타기	효 율
Drop Hammers	0.75~1.00
Steam, Single-acting Hammers	0.75~0.85
Steam, Double-acting Hammers	0.85
Diesel Hammers	0.85~1.00

사진 3-03 : 드롭 해머 *Drop Hammer*

③ 단동 증기해머 *Single-acting Steam Hammer*

$$R = \frac{2WH}{S+0.1}$$

④ 복동 증기해머 *Double* 또는 *Differential Acting Steam Hammer*

$$R = \frac{2E}{S+0.1}$$

단, R : 말뚝의 지지력 (lb) E : 쇠메의 최대 타격력 (ft-lb)
S : 최종 5~10회 타격의 평균 관입량 (mm)

[나] *Powered Hammers* 에 의한 식

Powered Hammers 를 이용한 말뚝 박기시험에 의한 말뚝의 허용지내력 예측에 관하여 미국 일부 주의 건축법 *U.S. Building Codes* 에서 규정하고 있는 지지력 산정식은 다음과 같다.

$$R = \left(\frac{2E}{S+0.1}\right)\left(\frac{Wr + KWp}{Wr + Wp}\right)$$

단, R : 말뚝의 지지력 (lb) E : 쇠메의 최대 타격력 (ft-lb)
S : 최종 6회 타격의 평균 관입량 (in.)
Wr : 쇠메의 중량 (lb) Wp : 타격관련 부품을 포함한 말뚝중량 (lb)
K : 복원계수 (말뚝중량 50lb/ft 이하 = 0.2, 50~100lb/ft = 0.4, 100lb/ft 이상 = 0.6)

[다] 구근 球根 말뚝 *Bulb Piles* 의 지지력 산정식

드롭 해머 *Drop Hammer* 와 슬럼프가 25*mm* 이하인 콘크리트를 이용하여 현장 원위치에서 제작한 구근 말뚝 *Bulb Piles* 의 안전하중 *Safe Load* 예측에 관하여 미국 일부지역의 건축법과 건설단체의 시방서에서 규정하고 있는 지지력 산정식은 다음과 같다:

$$R = \frac{W \times H \times B \times V^{2/3}}{K}$$

단, R : 말뚝의 지지력 (tons) W : 쇠메의 중량 (tons) H : 낙하고 (ft)
B : 타격횟수/cu ft of Concrete (회) V : Concrete 총 용량 (cu.ft.)
K : 흙 및 Pile Shaft 의 특성에 따른 상수
(자갈지반의 다져진 Shaft Pile = 9, 잔모래지반의 Cased Shaft Pile = 40)

[라] 미합중국 국방부 공병단 *COE* 방식

말뚝의 재하시험 결과에 의한 하중-침하곡선 *Load-settlement Curve* 을 이용하여 말뚝의 파괴 하중 *Failure Load* 을 결정하는 방법은 매우 다양하지만 여기서는 미합중국 육군공병단 *COE: U.S. Army Corps of Engineers* 이 활용하고 있는 방법에 관하여 개략적으로 기술한다. *COE* 는 하중-침하곡선의 해석을 통하여 구할 수 있는 아래 3 가지 하중의 평균값을 말뚝의 극한 지내력 *Ultimate Pile Load Capacity* 으로 결정 한다:

① 침하량 6.35*mm* 에 해당하는 지점의 하중
② 접선 법 *Tangent Method* 으로 구한 파괴하중
③ 하중-침하곡선의 기울기가 2.8*mm/ton* 인 지점의 하중

파괴 하중 *Failure Load* 을 구하는 접선법의 절차는 다음과 같다:

① 재하하중-침하량 곡선의 시작부분과 끝부분에서 각각 접선을 그린다 (그림 3-15).
② 두 접선의 교차점(*A*)의 하중을 파괴하중으로 한다.

그림 3-15 : 재하하중-침하량 곡선에 의한 말뚝의 파괴하중 결정

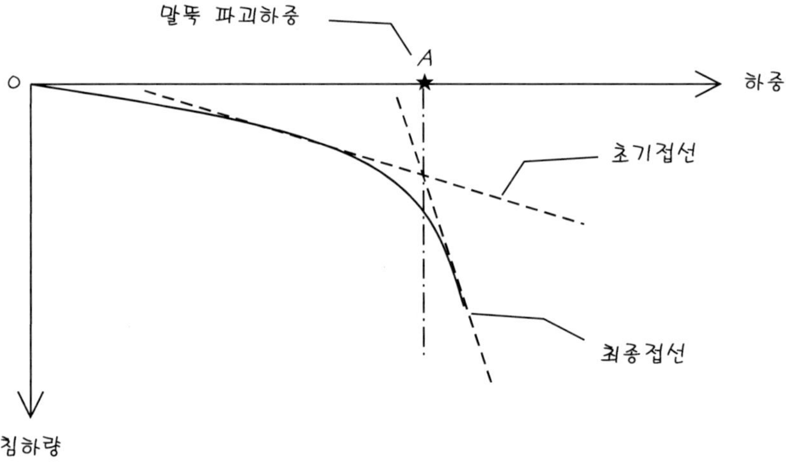

이상의 방법에 의해서 산출된 말뚝의 극한지지력을 이용하여 말뚝의 안전 지지력 *Safe Pile Load Capacity* 을 산정할 때에는 안전율을 적용한다. 말뚝의 안전율은 소일 파일 *Soil-pile* 의 특성과 재하조건 및 방법 등 여러 가지 요인에 따라서 달라지지만 이상의 경우에서는 최소안전율을 2배로 적용하고 있다. 다시 말해서 말뚝의 극한지지력과 안전지지력의 관계는 다음 식으로 표현 된다:

$$\text{안전지지력} \leq \frac{\text{극한지지력}}{2}$$

일반적으로 말뚝 박기 종료 후 몇 일 이내에 말뚝의 지지력은 일시적으로 증가 또는 감소하는 현상이 발생한다. 말뚝의 지지력 증가는 소일 셋업 *Soil Setup* , 다시 말해서 소일 프리즈 *Soil Freeze* 에 기인하고 지지력 감소는 소일 리랙션 *Soil Relaxation* 에 기인하는 것으로 알려져 있다. 따라서 말뚝공사 종료 후 지지력의 안정을 위해서는 말뚝재하 또는 박기시험 등의 방법으로 지지력을 다시 확인하는 것이 바람직하다. 공사종료 후 지내력 재확인시험을 위해서 기다려야하는 최소한의 기간은 각 지역의 건축법에서 정하고 있는 기준을 따른다.

[마] WEAP Programs

말뚝을 박을 때 발생하는 파동의 속도와 응력은 말뚝의 형태, 길이, 항타기계의 종류, 공법, 지반의 특성 등 여러 가지 요소에 따라서 달라진다. 이와 같이 말뚝을 박는 조건에 따라서 달라지는 파동의 속도와 응력의 차이를 분석하여 좀 더 정확하고 새로운 방법으로 말뚝의 지지력을 예측할 수 있는 컴퓨터 프로그램 *Computer Programs* 중의 하나가 *WEAP Wave Equation Analysis of Pile Driving* 이다. 항타 분석기 *Pile Driving Analyzers* 로 응력과 파동속도 차이의 특성을 분석함으로써 예측이 가능한 내용은 다음과 같다:

① 항타 중인 말뚝의 거동 및 파손 여부
② 항타기계의 효율성 및 항타력
③ 말뚝공사의 품질 확인
④ 말뚝 박기 기준 설정

[5] 무리 말뚝의 지지력 산정

건설공사의 기초 보강용 말뚝은 단일 말뚝의 경우는 거의 없고 일반적으로 무리 말뚝의 형태이다. 무리 말뚝이란 지반에 박은 2개 이상의 말뚝에 의하여 지반에 생기는 응력이 상쇄되지 않을 정도의 범위까지 접근해 있는 말뚝을 말한다. 무리 말뚝의 판정기준 및 지지력 산정 식은 다음과 같다.

[가] 무리 말뚝의 판정기준 산정식

$$S \leq 1.5\sqrt{r \cdot l}$$

단, S : 말뚝의 중심 간격 r : 말뚝의 반경 l : 말뚝의 근입 길이

[나] 무리 말뚝의 지지력 산정식

현장에서 실질적으로 필요한 지지력은 단일 말뚝의 지지력이 아니고 무리 말뚝의 지지력이다. 무리 말뚝의 지지력에 대한 안전율은 일반적으로 3배를 적용한다. 무리 말뚝의 지지력 산정에 활용되고 있는 컨버스-래바르 *Converse-labbarre* 의 식은 다음과 같다:

$$Rg = E \times n \times R$$

단, Rg : 무리 말뚝의 지지력 E : 무리말뚝의 효율
n : 말뚝의 수 R : 단일 말뚝의 지지력

무리 말뚝 효율, 즉 판정기준의 의미와 산정식은 아래와 같다:

$E > 1$; 단일 말뚝으로 작용
$E < 1$; 무리 말뚝으로 작용

$$E = 1 - \phi \left[\frac{(n_1 - 1)n_2 \times (n_2 - 1)n_1}{90 \cdot n_1 \cdot n_2} \right]$$

단, $\phi = \tan^{-1} \dfrac{d}{s}$ d : 말뚝의 직경 S : 말뚝의 중심 간격
n_1 : 각 열 말뚝의 수 n_2 : 말뚝열의 수

4) 토질시험

지반을 구성하고 있는 다양한 흙의 특성을 판별하기 위하여 현장 원위치에서 시료를 채취, 실내 실험실에서 조사, 분석하는 시험을 실내 토질시험 또는 토질시험이라고 한다. 지반조사를 위하여 시료채취 방법을 결정할 때는 예비조사의 결과에 따라서 현장의 실제 지반조건에 적합하고 경제적인 방법을 택하여야 한다. 시료를 채취할 때는 주로 시험파보기 또는 시추에 의한 방법을 택한다. 흙의 특성, 시험장소 등에 따른 토질시험의 분류 및 시료에 관한 상세는 다음과 같다.

가) 토질시험의 분류

(1) 흙의 특성에 따른 분류

(가) 물리적 특성 시험

흙의 물리적시험이란 흙의 입도분포, 단위중량, 함수비, 함수율, 포화도, 공극비, 공극률, 비중, 예민비, 성상한계 등에 관한 흙의 기본성질을 조사하기 위한 시험이다.

(나) 공학적 특성 시험

건축물 하중 및 흙의 자중에 대응하는 지반의 응력을 조사하기 위한 시험을 공학적시험이라고 한다. 건축공사의 지반조사를 위해서 활용되고 있는 중요한 공학적 시험은 다음과 같다.

[1] 압축 시험

압축 시험이란 흙의 압축력을 조사하기 위한 시험으로 여러 가지 시험방법이 있으나 주로 삼축압축 시험법이 활용된다. 이 시험법을 간접전단 시험법 이라고도 한다.

[2] 전단 시험

흙의 전단 시험이란 흙의 공학적 성질 중 전단강도를 조사하는 시험을 말한다. 이 전단시험 방법에는 일면전단 시험과 이면전단 시험이 있는데, 이들 시험법을 직접전단 시험법 이라고도 한다.

[3] 압밀 시험

압밀 시험이란 외력에 의한 지반의 압밀침하를 조사하는 시험이다. 압밀침하는 일반적으로 흙의 투수성과 압축성에 의하여 지배된다.

[4] 투수 시험

투수 시험이란 포화상태에 있는 흙 속을 층류 層流 상태로 침투할 때의 투수계수를 구하기 위한 시험 방법을 말한다. 투수 시험은 시험 장소에 따라서 실내 투수시험과 현장 투수시험으로 분류할 수 있으며 실내 실험실에서 투수계수를 측정할 때에는 정 수위 투수시험 또는 변 수위 투수시험을 실시한다. 실내 투수시험은 모든 종류의 흙을 대상으로 현장에서 시료를 채취하여 실험실에서 실시하는 시험이고 현장투수시험은 현장에서 직접 시행하는 시험이다. 특히 모래 또는 자갈층에서 실시하는 시험을 양수 揚水 시험 Pumping Test 이라고 하며 양수시험에서는 저류 貯溜 계수, 용수량 湧水量 의 영향범위, 동수 動水 기울기 등을 조사한다. 흙의 투수시험 방법에 관한 한국산업규격은 KSF 2322 이다.

(2) 시험장소에 따른 분류

(가) 실내 시험 Laboratory Testing

현장에서 시료를 채취, 실내 실험실에서 실시하는 시험에는 흙의 입도분포, 단위중량, 함수비, 함수율, 비중, 성상한계, 전단강도, 체적변화, 압축성, 투수성, 다짐, 노상토 지지력비 CBR: California Bearing Ratio 시험 등이 있다. CBR 시험방법에 관한 한국산업규격은 KSF 2320 이다.

(나) 현장 시험 Field Testing

불교란 시료의 채취가 불가능하거나 현장 원위치에서의 지반조사가 필요한 경우에는 현장시험을 실시한다. 공사현장에서 실시하는 시험에는 다짐, 전단강도, 상대밀도, 투수성, 지내력시험 등이 있다. 현장시험의 특성에 적합한 시험방법은 다음과 같다:

① 연약 점토지반의 전단강도 시험: 베인 시험 Vane Test
② 사질토 지반의 상대밀도 시험: 관입 시험 Penetration Test
③ 투수시험: 양수 시험 Pumping Test
④ 지내력 시험: CBR Test 도로, Load Test 말뚝, Plate Bearing Test 기초바닥

나) 토질시험 재료

(1) 시료의 종류 및 판별방법

토질시험을 위한 흙의 시료는 주로 시추 구멍으로부터 채취한다. 채취된 시료는 시료의 교란정도에 따라서 불교란 시료와 교란시료로 분류된다. 시료의 교란정도는 시료 채취기 Sampler 의 단면적과 시료 자체 단면적의 백분비로 판별한다. 시료의 교란정도를 산정하는 공식과 판별하는 공식은 그림 3-16 과 같다.

그림 3-16 : 샘플러 선단의 단면상세 및 시료 판별식

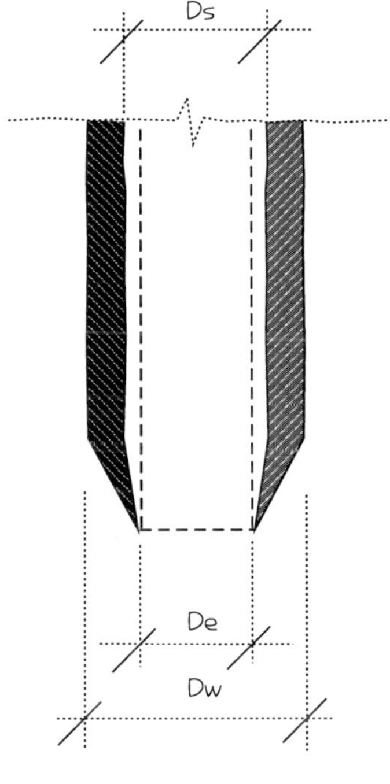

Ds : 시료의 최대직경

$$A_R = \frac{Ds^2 - De^2}{Dw^2} \times 100\ \%$$

$A_R \leq 10\ \%$: 불교란 시료

$A_R > 10\ \%$: 교란 시료

(2) 시료의 특성

(가) 교란 시료

교란 시료라 함은 자연 상태의 지층이 파괴되어 토질이 흐트러진 상태로 채취된 시료를 말한다. 교란시료는 일반적으로 오거보링 Auger Boring, 수세시시추, 충격식 시추, 표준관입시험 등의 방법으로 채취할 수 있으나 채취되는 순간에 흙의 역학적 또는 공학적 특성은 변한다. 따라서 교란시료는 건조시키거나 물을 가하지 않는 한 성질이 변하지 않는 흙의 물리적

특성을 조사하는데 쓰인다. 조사 대상인 흙의 물리적 특성에는 입도분석, 성상한계, 비중, 다짐성, CBR , 토량환산계수 등이 있다. 시료의 채취에서 시험에 이르기까지의 과정에서 시료가 흐트러지는 요인은 다음과 같다:

① 교란시료를 얻기 위하여 채취하는 경우
② 밀봉, 운반, 보관 중 부주의로 인한 경우
③ 시료채취용 샘플러 Sampler 에서 부적절하게 밀려 나오는 경우
④ 시료를 공시체로 형성할 때 부주의 하는 경우
⑤ 시험기계에 장착할 때 부주의 하는 경우

(나) 불교란 시료

자연 상태 그대로의 흐트러지지 않은 상태로 채취한 흙의 시료를 불교란 시료라 한다. 그러나 엄밀한 의미에서 자연 상태 그대로의 시료를 채취할 수는 없다. 땅속 깊숙이 있던 흙을 지상으로 끌어 올리게 되면 그때까지 그 흙에 작용하던 응력이 사라져 흙에 변형이 생기기 때문이다. 따라서 불교란 시료의 의미는 가급적 자연에 가까운 상태로 채취된 시료라는 뜻일 뿐이다. 사질토를 불교란 상태로 채취한다는 것은 거의 불가능한 일이기 때문에 불교란 상태로 시료를 채취할 수 있는 흙의 대상은 주로 점성토이다. 불교란 시료를 채취하는 목적은 습윤밀도, 압축강도, 전단강도, 압밀성, 투수성 등 주로 흙의 역학적 특성을 조사하기 위함이다. 불교란 시료는 일반적으로 시험파보기의 벽면에서 채취하거나 회전식 시추 즉, 코어보링 Core Boring 등의 방법으로 채취한다. 연약 점토질 지반에서는 살 두께가 얇은 관 Thin Tube 을 지반에 서서히 밀어 넣었다 빼 올리는 방법으로 불교란 시료를 채취하기도 한다. 얇은 관은 16게이지 Gauge 의 강철판으로 이음매 없이 원통형으로 만든 ϕ 51~76mm 의 관으로 이관을 쉘비 튜브 Shelby Tube 라고도 한다. 시료채취용 샘플러 Sampler 를 선정할 때에는 시료의 사용목적, 흙의 성질 등을 고려하여 적정한 성능과 사용법을 갖는 기기를 선정하여야 한다. 점성토 지반에서 불교란 시료를 채취할 때 사용할 수 있는 샘플러 Sampler 에는 Open Dry, Thin Wall, Composite, Denison, Foil, Raymond, Tube, Twin Sampler 등이 있다.

(3) 시료채취 Sampling 방법

시료는 일반적으로 시추공 깊이 1.5m 마다 채취하지만 흙의 성질이 달라질 때에는 달라지는 지층마다 시료를 채취한다. 채취된 시료는 즉시 밀폐된 용기에 보관하고 채취 날짜, 장소, 지층깊이, 시추공번호 등을 기재한 후 실험실로 보낸다. 특히 불교란 시료는 채취 즉시

파라핀 왁스 석랍, Paraffin Wax 로 밀봉하여 밀폐용기에 담아야 한다. 토질시험에서 좋은 결과를 얻기 위해서는 좋은 시료가 필요하며 좋은 시료란 흐트러짐이 적은 시료를 말한다. 흙의 역학시험이나 물리시험에서는 흐트러지지 않은 시료를 필요로 하지만 그런 시료의 채취는 점토지반에서나 가능하고 모래지반에서는 거의 불가능하다. 따라서 사질토의 역학시험이 필요한 경우에는 일반적으로 흐트러진 상태로 채취된 시료를 재조립하여 시험을 실시하므로 실험 결과에 대한 신뢰성이 떨어진다. 토질시험을 위한 시료채취 방법에 관한 한국산업규격은 KSF 2317 , 2318 , 2319 이다.

(가) 블록 샘플링 Block Sampling

시료를 채취할 지반에 시험파보기를 위한 구덩이를 판 다음 그 벽면으로부터 육면체 형상으로 시료를 잘라내어 파라핀왁스 석랍, Paraffin Wax 등으로 밀봉한다. 구덩이 파기가 가능한 거의 모든 지반에서는 흐트러지지 않은 상태로 시료를 채취할 수 있다.

(나) 코어 보링 Core Boring

주로 연암, 경암 등의 암석지반으로부터 기둥형상의 시료를 흐트러지지 않은 상태로 채취하는 방법이다. 시료채취를 위한 보링 Boring 의 직경은 일반적으로 ϕ 66mm 정도로 한다.

(다) 표준관입시험 시료채취

표준관입시험을 실시할 때 샘플러 Sampler 로부터 흐트러지지 않은 상태로 시료를 채취하는 방법이다. 시료채취는 거의 모든 지반에서 가능하며 표준관입시험을 할 때는 직경 ϕ 66mm 정도의 구멍을 뚫고 샘플러를 구멍에 넣은 다음 타격한다. 표준관입시험에서는 레이먼드 샘플러 Raymond Sampler 등이 주로 사용된다.

(라) 동결 샘플링

자연 상태의 시료채취가 거의 불가능한 모래, 자갈 등의 지반으로부터 시료를 채취하여야 할 경우에는 액체질소 등을 이용하여 우선 지반을 동결시킨 다음에 코어 보링 Core Boring 방식으로 시료를 채취한다. 이 방법은 미세한 입자로 된 흙 지반에서는 동결팽창이 크게 나타나기 때문에 비효율적이다. 동결되어 흐트러지지 않은 상태로 채취된 시료는 시험실에서 융해시킨 다음에 토질시험을 실시한다. 이 방법은 비용이 많이 들고 고도의 기술을 필요로 하기 때문에 건설현장에서 보다는 사질토 지반의 액상 화에 대한 지반의 저항을 연구하기 위한 목적으로 시료가 필요할 때 이용된다.

(마) 신월·튜브 샘플링 *Thin-walled Tube Sampling*

ϕ 50.8~127*mm* 정도의 신월샘플러 *Thin Wall Sampler* 를 *N* 값이 4이하인 점토지반에 압입하여 시료를 흐트러지지 않은 상태로 채취하는 보편적인 방식중의 하나이다.

(바) 데니슨 샘플링 *Denison Sampling*

ϕ 116*mm* 정도의 내외 이중관 구조로 되어있는 데니슨 샘플러 *Denison Sampler* 를 *N*-값이 4~30 정도인 점토지반에 압입하여 시료를 채취하는 방법이다. 구멍을 뚫을 때는 먼저 외관을 회전시키고 나중에 내관을 압입한다.

(사) 트리플 튜브 샘플링 *Triple Tube Sampling*

ϕ 116*mm* 정도의 내외 삼중관 구조로 되어있는 트리플 튜브 샘플러 *Triple Tube Sampler* 를 경질 점성토 또는 사질토 지반에 압입하여 흐트러지지 않은 상태로 시료를 채취하는 방법이다.

5) 지하수 조사

지하수란 땅속의 토사나 암석 따위의 틈새를 채우고 있는 물로서 수맥을 따라서 중력방향으로 흐른다. 지하수위는 지표의 상태와 반드시 일치하는 것은 아니기 때문에 수위를 오판할 우려가 있으므로 주의하여야 한다. 지하수의 증가는 지반내의 유효응력을 감소시켜 지반의 전단력을 저하시키고 많은 용수량은 기초터파기 공사에 많은 지장을 초래할뿐더러 지반의 붕괴를 초래할 수도 있다. 따라서 용수량과 피압수에 관한 조사는 공사 착공 전에 반드시 이루어져야 한다.

가. 지하수 조사에서 검토할 사항

건축물공사를 위해서 지하수를 조사할 때 검토할 대상은 건축물의 설계, 시공 및 현장 주변 환경에 관한 사항이며 이들 각종 사항을 검토하기 위한 기본은 지반을 구성하고 있는 흙의 투수성과 지하수위이다. 지하수 조사에서 지하수위는 모든 것에 우선하여 확인해야 할 항목이다. 지하수를 취급할 때 대체로 사질토는 투수층, 점성토는 불투수층이라고 간주하면 큰 문제는 없다. 지하수 조사에서 건축설계와 관련해서 검토할 사항은 지반의 액상화, 부력발생, 기초 판의 형태, 지하외벽의 방수 설계 등이며 시공과 관련된 사항은 흙막이, 흙 파기, 배수, 탈수, 말뚝공사 등에 관한 계획이다. 또한 현장주변 지반 및 인접 건축물의 침하, 인근 우물의 고갈, 지하수의 수질오염 등에 관한 사항도 검토해야 한다.

나. 지하수위 변동원인

흙막이 벽 또는 건축구조물의 기초에 큰 영향을 미치는 지중 피압수의 수위가 달라지는 주요원인은 다음과 같다:

① 해수 간만의 차로 인한 일일 변동
② 폭우, 폭설 등에 의한 계절적 변동
③ 인근 하천의 수위
④ 주변 현장에서의 배수, 탈수, 복수로 인한 일시적 변동
⑤ 불투수층인 점토층 상하에서의 수압의 분포 상태

다. 지하수위 판별방법

지표에서 눈으로 확인할 수 없는 지하수는 사질 토층, 점성토 속 또는 지층의 경계 등 여러 곳에 다양한 형태로 존재한다. 공사현장에서 지하수위를 설정할 때는 일반적으로 보링구멍 내의 수위를 조사한다. 그러나 보링구멍 내의 수위는 보링방법에 따라서 여러 가지로 존재할 수 있으므로 지하수위 설정에 주의할 필요가 있다. 이수 *泥水* 를 사용하지 않은 보링구멍의 경우 점성토 지반은 고여 있는 물을, 사질토 지반은 자유수를 지하수위로 설정한다. 반면 이수를 사용한 보링구멍의 경우는 이수가 보링구멍 벽에 난투수성의 막을 형성하기 때문에 실제의 지하수위는 보링구멍내의 수위보다 깊은 것으로 판단해야 한다. 그러나 이수를 사용한 보링구멍의 벽을 깨끗한 물로 충분히 씻어 내었다면 이러한 경우는 이수를 사용하지 않은 보링구멍으로 간주할 수도 있다.

라. 피압수 *被壓水* 조사

피압수란 특이한 지형 또는 지반의 성질로 인하여 일반 지하정수 *地下靜水* 보다 큰 압력을 받는 지하수를 말한다. 특히 불투수층인 점토층과 점토층 사이에 있는 지하수는 높은 압력을 받고 있어 분출구가 생기면 스스로의 힘으로 지반을 뚫고 솟아오른다. 샘물이 솟아나는 지반에는 피압수가 있으므로 세심한 조사가 필요하다. 토공사에서 피압수의 용출로 인하여 발생되는 문제점은 다음과 같다.

가) 터파기중의 용출현상

상층부 흙의 자중으로 분출이 억제되고 있던 피압수가 터파기부 상층부의 흙이 제거되면서 분출되는 현상이다.

나) 흙막이 벽의 붕괴

굴착 면에서 피압수가 분출되면 흙막이 벽면이 붕괴된다.

다) 부력 발생

지하수위 차가 커지면서 기초저면에 있던 피압수가 더욱 큰 압력을 받게 될 경우 기초가 떠오르는 현상이 발생한다.

마. 용수량 *湧水量* 조사

일반적으로 지하의 용수량은 지중을 침투하는 물의 속도 v 와 물이 흐르는 길의 단면적 a 에 비례하며 용수량을 산정할 때에는 달시의 법칙 *Darcy's Law* 과 유선망 *流線網, Flow Net* 을 이용한다. 여기서 유선망이라 함은 지중의 침윤선을 따라 흐르는 물입자의 경로인 유선 *流線, Flow Lines* 과 등수두선 *等水頭線* 으로 이루어지는 사각망을 말한다. 지반의 대수층 *帶水層* 이 실험실의 시료와 같이 정형적일 경우 용수량은 달시의 법칙을 이용하여 개략적으로 산정할 수 있다. 그러나 일반적인 지반의 경우 지반 속을 흐르는 물의 방향이 불규칙하고 흐르는 범위가 넓거나 지반의 특성이 정의되어 있지 않기 때문에 달시의 법칙의 적용은 의미가 없다. 따라서 이런 경우에는 그림 3-17 과 같은 유선망을 작성하여 용수량을 산정한다. 유선망의 작성절차, 특성 및 용수량의 산정식은 다음과 같다.

가). 유선망 작성절차

그림 3-14 에서 보는바와 같이 흙막이를 설치한 지반에서 침투수는 왼쪽지반의 투수층을 따라 불투수층 근처까지 내려갔다가 흙막이 아래쪽을 돌아서 오른쪽의 투수층을 따라 올라와 용출된다. 이와 같은 현상으로 생기는 여러 가지 물길 *Flow Channel* 또는 *Flow Path* 의 경계선을 유선 *流線, Flow Lines* 또는 유동선이라고 하며 각각의 물길의 출발 지점을 상류 *Upstream* , 종점부분을 하류 *Downstream* 라고 한다. 지반의 대수층을 통과하는 침투수의 일부는 지반에 흡수 또는 누출되는 과정에서 손실된다. 이때 손실수가 흐르는 여러 가지 물길의 경계선을 등수위선 *等水位線, Equipotential Lines* 또는 등수두선 *等水頭線* 이라고 한다. 등수위선은 여러 개의 유선 상에서 에너지 준위 *準位, Energy Level* 가 같은 점들을 연결한 선이다. 등수위선과 유선이 서로 만나 이룬 그물 형태를 유선망이라고 하며 그 작성 절차는 다음과 같다:

① 축척에 맞추어 지반의 단면을 그리고 물길의 횡단면, 투수층과 불투수층의 범위 등을 표시한다.

② 지반의 단면에 2~4개의 물길을 개략적으로 표시한다. 물길방향은 대체로 불투수층과 평행을 이루면서 투수층에서는 중력방향 즉, 수직방향을 유지하도록 한다. 각각의 물길의 경계선을 따라서 유선을 그린다.

③ 각각의 유선상의 에너지준위가 같은 점들을 연결하여 등수위선을 그린다. 등수위선은 대개 유선과 역방향을 이루면서 서로 직교하여 사각그물망 형상을 이룬다.

그림 3-17 : 지반의 유선망

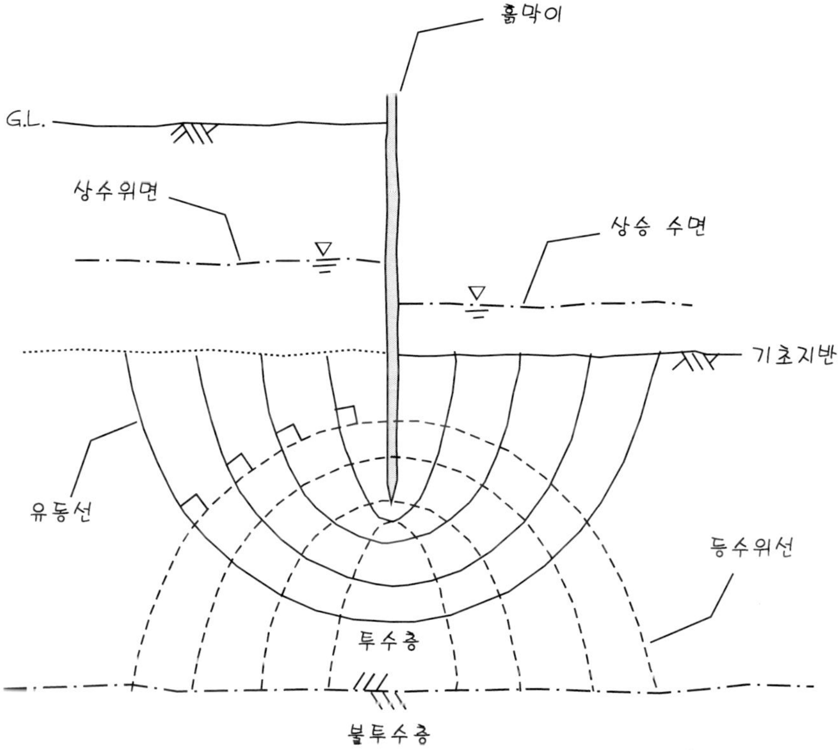

나) 유선망의 특징

자연 상태로 존재하는 지반은 실험할 때 쓰이는 가상의 등방성 *等方性, Isotropic* 구조의 지반과는 달리, 일반적으로 수평방향의 투수계수와 수직방향의 투수계수가 서로 다른 이방성 *異方性, Nonisotropic* 구조로 되어 있다. 이방성구조와 등방성구조는 각기 다른 유선망을 갖는다. 등방성구조의 유선망은 정방형의 그물망 형태를 갖는 반면 이방성 구조에서는 수평방향의 물길의 폭이 작아지기 때문에 유선망은 직사각형에 유사한 그물망 형태를 갖는다. 그러나 이방성 구조의 지반일지라도 수평, 수직방향의 투수계수가 유사하여 등방성 구조의 지반으로 간주하여도 큰 무리가 따르지 않는 경우가 많다. 수평방향 및 수직방향은 물론 지반 내 모든 방향의 투수계수가 같은 경우의 지반을 등방성 구조 지반이라고 한다. 등방성 지반의 유선망 특징은 다음과 같다:

① 인접한 유선 사이의 물길을 흐르는 침투수량은 같다.
② 인접한 등수위선 사이의 물길을 흐르는 손실수량은 같다.
③ 유선과 등수위선은 서로 직교한다.
④ 유선망은 이론상 유사 정사각형의 그물망으로 형성된다.
⑤ 침투수의 속도는 물길의 폭에 반비례한다.

다). 용수량 *湧水量* 산출

유선망의 작성이 완료되면 달시의 법칙 *Darcy's Law:* $q=kia$ 의 원리를 원용하여 용수량 산출식을 유도할 수 있다. 그러나 용수량 산출 식은 지반의 구조에 따라 등방성구조와 이방성구조로 분류되어야 한다. 특히 다층구조로 되어있는 지반의 경우 수평방향의 투수계수는 수직방향의 투수계수보다 훨씬 크므로 등방성구조인 지반의 용수량과는 큰 차이를 보인다. 등방성 및 이방성구조의 지반에서의 용수량 산출식은 다음과 같다;

$$q = k\,h\frac{Nf}{Nd} \quad \text{또는} \quad q = \sqrt{\frac{kv}{kh}}\;h\frac{Nf}{Nd}$$

단, q : 용수량 (cm^3/s per unit width of sheet pile)　　k : 等方性 지반의 투수계수 (cm/s)

$\sqrt{\frac{kv}{kh}}$: 異方性 지반의 투수계수 (cm/s)　　kh : 수평방향 투수계수

kv : 수직방향 투수계수　　h : 물길의 상류와 하류의 수위 차 (cm)

Nf : 유선으로 구획된 물길의 수 (개)　　Nd : 등수위선으로 구획된 물길의 수 (개)

6) 지반조사 자료의 정보화

지반조사 및 토질시험이 끝나면 이들 결과를 해당공사의 공학적 용도에 적용할 수 있도록 정보화해야 한다. 조사 자료의 정보화 작업은 주로 실내시험실에서 이루어지는데 자료의 정보화 과정에서 시료가 서로 바뀌는 일이 없도록 특별히 주의해야 한다. 일반적으로 지반조사 및 토질시험의 결과는 시추구멍 배치도, 시추조사표 및 토질주상도 등의 매개 수단을 통하여 정보화된다.

가. 시추구멍 배치도 *Map of Boring Locations*

시추구멍 배치도란 공사현장의 지반에 시추할 시추구멍의 위치를 표시한 도면을 말한다. 시추구멍 배치도에는 시추구멍의 번호, 간격, 직경 및 시추 깊이 등을 표시하여 시추현황을 파악할 수 있도록 한다.

나. 시추 조사표 *Boring Log*

시추 조사표의 양식은 시추 전문회사마다 약간의 차이는 있겠지만 일반적으로 시추 조사표에 기재하는 사항은 다음과 같다:

① 시추회사 및 시추기사의 실명
② 공사명
③ 시추개시 및 종료일
④ 시추기계의 종류 및 규격
⑤ 시추구멍 번호 및 표고
⑥ 지하수위 조사 기록
⑦ 시추 깊이 또는 지층의 변화에 따라서 채취한 시료의 번호 및 특성

다. 토질 주상도 *Geologic Profile*

자연 상태에서 지층의 교란 없이 채취한 불교란 시료는 지층의 구성상태를 있는 그대로 잘 나타내 보이므로 이를 관찰하여 지층도 地層圖 또는 柱狀圖 를 작성할 수 있다. 주상도는 *CAD* 용 컴퓨터에 연결된 내시경을 지반의 구멍에 삽입하여 간단하고 정확하게 작성할 수도 있다. 일반적으로 주상도는 시추 구멍마다 작성하며 주상도에 기재하는 사항은 시추 구멍 번호, 표고, 지층 및 흙의 종류, 지하수위, 기초판의 예상 깊이 등이다. 시추시 *SPT* 를 병행하는 경우에는 시추 깊이에 해당하는 *N*-값을 기재한다.

4. 지반의 응력분포 및 허용지내력

지반 속의 응력분포를 확인하는 일은 구조물 기초의 안정과 침하문제를 해결할 수 있는 핵심요소이므로 건축물의 기초를 설계할 때 간과해서는 안 될 중요한 사항이다. 그러나 지반의 응력과 침하에 관한 상세한 이론은 토질 및 기초공학 *Soils and Foundations* 에 속하는 분야이므로 여기서는 건축공사에 관련되는 사항에 관하여서만 간략하게 설명하기로 한다.

1) 지반의 응력분포

건축물 또는 공작물 등이 세워진 지반 속에는 위치에 따라서 크기가 서로 다른 응력이 분포되어 있다. 일반적인 경우 건축물이 세워진 지반 속에 분포되어있는 응력은 주로 지반면에 대해 수직방향으로 작용하는 하중에 대한 반작용으로 생기는 수직응력이다. 구조물의 기초 판을 통해서 지반에 작용하는 수직압력은 기초판과 지반의 접촉면에서 가장 크게 나타나며 지반 속으로 깊게 들어 갈수록 그리고 수직하중의 중심축으로부터 멀어 질수록 작아진다. 지반의 단위 면적을 통하여 지반에 작용하는 힘의 크기, 즉 구조물에 작용하는 여러 가지 하중의 크기에 대한 반작용으로 생기는 힘의 크기를 지반의 응력 *Stress* 또는 응력도 *Stress Intensity* 라고 하며 kgf/cm^2, tf/m^2, kN/m^2, Mpa 등으로 표기한다. 지반에 수직 방향으로 작용하는 집중하중에 대한 지반속의 응력분포 형상은 그림 3-18 과 같으며 응력의 크기를 산정하는 방법은 지반에 작용하는 하중의 분포 상태에 따라서 달라진다.

가. 집중하중에 의한 응력분포

지반에 집중하중 *Concentrated Load* 이 작용할 때 지반 내에 생기는 수직응력을 산정하는 이론식에는 고전적인 웨스터가드 *Westergaard* 제안식과 부시네스크 *Boussinesq* 제안식이 있다. 이 식들은 모두 흙이 등방성을 갖는다는 전제 조건하에서 탄성 이론 *Theory of Elasticity* 을 근거로 하고 있다. 이 들은 지중 응력의 크기를 지반 내 깊이와 집중하중의 영향이 미치는 반경에 관한 함수로 표시하였다. 그러나 실제에 있어서 지반을 이루고 있는 대부분의 흙은 이방성을 갖고 있으므로 이들 두식은 실용적이라기보다는 개념적이다.

가) 웨스터가드 산정식

웨스터가드 *Westergaard* 가 제안한 수직응력 산정 식은 지반이 탄성 흙과 비탄성 흙의 얇은 층이 서로 교대 되면서 퇴적되어 형성되었다는 가설아래 성립되는 식이다. 집중하중을

받고 있는 지반 내 임의의 깊이에서 생기는 수직응력의 크기를 산정하는 웨스터가드의 제안 식은 다음과 같다:

$$q = \frac{Q\sqrt{(1-2\mu)/(2-2\mu)}}{2\pi z^2[(1-2\mu)/(2-2\mu)+(r/z)^2]^{32}}$$

단, q : 지반 내 z 지점에서의 수직응력 (kN/m²) Q : 기초 판이 부담하는 전체하중 (kN)
μ : Poisson's Ratio z : 기초 판 하단 면으로부터의 깊이 (m)
r : 지반 속 수직하중의 중심축으로부터의 수평거리 (m)

그림 3-18 : 지반의 응력분포 형상

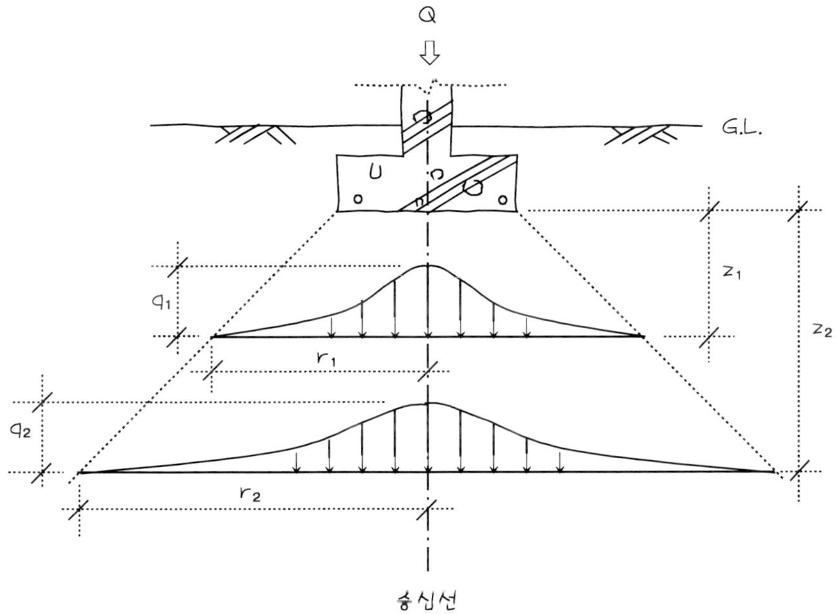

단, Q : 기초 판이 부담하는 전체하중 z : 기초 판 하단 면으로부터의 깊이
r : 지반 속 수직하중의 중심축으로부터의 수평거리 q : 지반 내 z 지점에서의 수직응력

나) 부시네스크 *Boussinesq* 산정식

부시네스크의 식은 웨스터가드의 제안 식 보다 좀 더 보편적으로 쓰인다. 이 식으로 구하는 q 값은 r/z 의 값이 작을 경우 즉, 하중이 작용하는 중심축 가까이에서는 웨스터가드의 식에서 구하는 q 값보다 커지는 경향이 있다. 부시네스크 *Boussinesq* 의 식을 이용하여 산정한 q 값은 다음과 같다:

$$q = \frac{3Q}{2\pi z^2[1+(r/z)^2]5/^2}$$

나. 등분포 하중에 의한 응력분포

건설공사에서 기초 판 *Footing* 이나 기초 기둥 *Pier* 을 통해서 실제로 지반에 전달되는 하중은 집중하중이 아니고 등분포 하중 *Uniform Load* 이다. 그러나 실무분야에서 등분포 하중에 의한 지반 내 특정 지점의 수직응력을 계산할 때는 계산의 편의상 집중하중으로 가정하여 계산한다. 등분포 하중에 의한 응력의 크기를 산정할 때는 다음과 같은 근사 계산법 또는 탄성이론을 바탕으로 하는 해법을 이용하여야 한다.

가) 근사 계산법

가장 간단하면서 가장 흔히 사용되는 개략적인 근사 계산방법을 쾨글러 *Kögler* 의 2:1 분포법이라고 한다. 쾨글러 *Kögler* 는 그림 3-19 에서 보는 바와 같이 등분포 하중을 부담하는 지반 내 응력작용 범위는 깊이가 증가함에 따라서 대략 수직방향 : 수평방향 = 2:1 의 비율로 확장된다고 가정하였다. 등분포하중을 받는 지반내의 수평면적은 지반 속으로 깊게 들어갈수록 증가하게 되므로 해당면적이 부담하는 단위수직응력은 감소한다. 아래 식에서 보는 바와 같이 *Q, B, L* 은 상수이기 때문에 지반 내에서 생기는 수직응력의 크기는 기초 판 하단부로부터의 깊이 z 에 반비례 하게 된다. 그러나 이 공식으로 산정되는 수직응력은 개략치 이므로 중요한 건축물인 경우에는 보다 엄밀한 계산을 필요로 한다. 개략적인 q 값은 아래와 같이 구할 수 있다:

$$q = \frac{Q}{(B+z)(L+z)}$$

단, q : 지반 내 z 지점에서의 수직응력 (kN/m²) Q : 기초판이 부담하는 전체하중 (kN)
B : 기초판 폭 (m) L : 기초판 길이 (m) z : 기초판 하단 면으로부터의 깊이 (m)

그림 3-19 : 근사 계산법에 의한 지반 내 응력분포

독립기초 평면

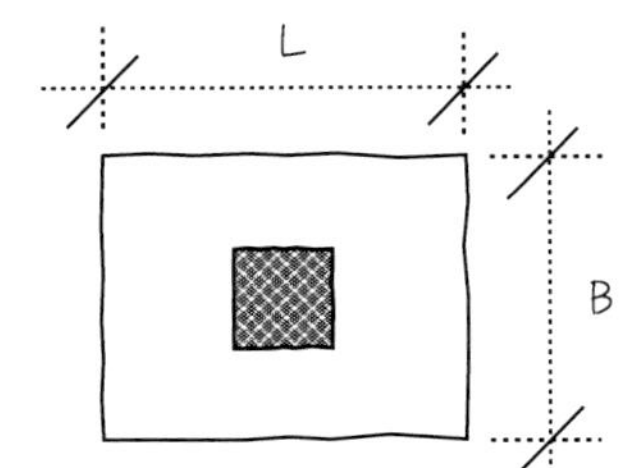

독립기초 단면

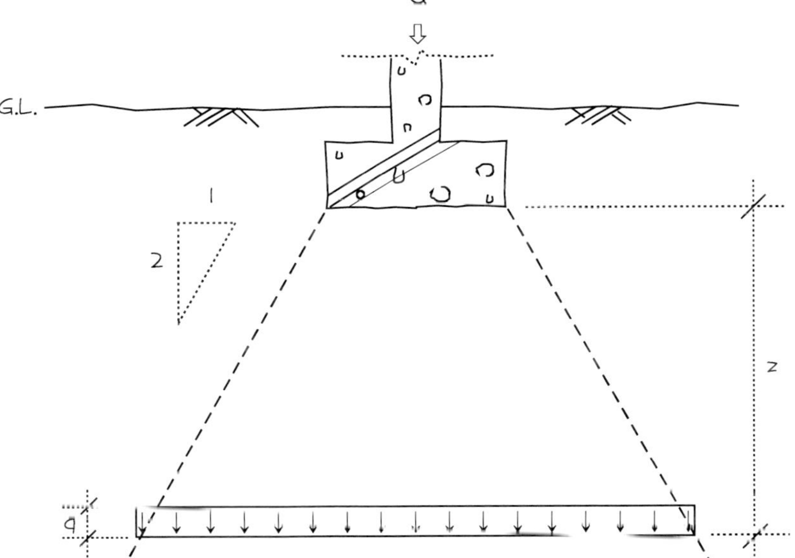

나) 탄성이론 해법

탄성이론 해법이라 함은 탄성이론을 바탕으로 작성해 놓은 유도계수 *Influence Coefficients* 수표 數表 에서 유도계수를 구하여 등분포하중을 받는 지반 내 임의의 지점에 작용하는 수직응력을 산정하는 해법을 말한다. 지중의 수직 응력은 유도계수에 원형, 장방형 또는 임의형태의 기초 판이 부담하고 있는 등분포하중을 곱하여 산정한다. 탄성이론 해법을 이용하여 수직응력을 계산할 때는 유도계수 수표 대신에 유도계수 도표 圖表, *Influence Charts* 를 활용하기도 한다. 그러나 이와 같은 수표 또는 도표에 관한 상세한 설명은 토질공학 *Soil Engineering* 의 범주에 속하는 사항이므로 여기서는 생략한다.

2) 지반의 허용 지내력

지반의 허용지내력이란 지반에 작용하는 하중에 대하여 지반이 파괴 없이 견딜 수 있는 응력의 한계를 말한다. 지반에 작용하는 하중은 그 하중이 작용하는 기간에 따라서 장기하중과 단기하중으로 구분된다. 장기하중이란 고정하중, 적재하중 등과 같이 장기간 계속해서 작용하는 하중을 말하고, 단기 하중이란 풍하중, 적설하중, 지진하중 등과 같이 일시적으로 작용하는 하중을 말한다. 다만 적설하중의 경우 장기간에 걸쳐 눈이 내리는 지역에서는 장기 하중으로 취급해야 한다. 구조물을 설계할 때에는 편의상 단기하중에 대한 허용응력은 장기하중에 대한 허용응력의 2배로 간주한다. 지반의 장기 하중에 대한 허용지내력은 국가 또는 학술단체에 따라서 약간의 차이가 있다. 오늘날 일반적으로 용인할 수 있는 '*Soil Mechanic Design Manual*' 과 일본국의 '토질공학회 규정' 에 의한 지반의 허용지내력은 표 3-14 와 같다.

3) 안정지반의 조건

지반은 건축물의 상부구조를 통해서 전달되는 모든 하중을 부담한다. 건축물의 자중 및 관련 활하중을 모두 부담해야하는 지반의 안정 조건은 기초골조의 종류에 따라서 달라지겠지만, 일반적으로는 다음과 같은 조건을 충족해야 한다:

① 지반 부등침하 요인의 부재 不在
② 지반의 허용지내력은 지반이 부담할 수 있는 최대하중에 대하여 안정적이어야 한다.
③ 지반의 총 침하량이 허용 침하량 이하
④ 기술적 및 경제적인 시공이 가능

표 3-14 : 장기응력에 대한 지반의 허용 지내력

지반의 특성	허용 지내력	
	* tf/m²	* kN/m²
경 암반: 괴상 塊狀 구조의 화성암 및 변성암	600~1000	6000~10000
중경 암반: 층상구조의 변성암	300~400	3000~4000
중경 암반: 퇴적암	150~250	1500~2500
연 암반: 균열이 있는 풍화암, 점토질퇴적암	80~120	800~1200
매우 조밀한 자갈 및 모래 혼합토	60~100	600~1000
보통 조밀한 호박돌 및 자갈 혼합토	40~70	400~700
매우 조밀한 굵은 모래	40~60	400~600
매우 단단한 무기질 점토	30~60	300~600
매우 조밀한 잔모래	30~50	300~500
느슨한 모래 및 자갈	20~60	200~600
보통 조밀한 자갈 섞인 모래, 침니 및 점토질 굵은 모래	20~40	200~400
매우 단단한 무기질 침니	20~30	200~300
느슨한 모래,, 점토질 및 침니질 모래	10~30	100~300
보통 단단한 사질 및 침니질 점토, 점토질 침니	10~20	100~200
연약한 무기질점토	5~10	50~100

*1 $tf/m^2 = 9.81\ kN/m^2 \fallingdotseq 10\ kN/m^2$

5. 지반의 압밀시험 및 침하

시간의 흐름에 따라서 건축물 또는 구조물이 구축된 지반에 자연현상 또는 인위적 조작 등으로 인하여 점진적으로 침하가 생기는 것은 불가피한 현상이다. 다만 문제가 되는 것은 짧은 기간 내에 과도한 부등침하가 발생하는 것이다. 그 결과 다중이 이용하는 중요한 건축물에 균열이 생겨 붕괴되는 일이다. 따라서 침하원인을 사전에 정확하게 분석, 예상되는 침하량과 침하기간 등을 산정하여 지반침하에 의한 건축물의 붕괴를 방지할 수 있는 대책을 세우는 일이 중요하다. 지반침하는 흙의 공극 내에 존재하는 눈에 보이지 않는 공기와 물이 외력에 의하여 배출, 공극이 압축되면서 흙의 부피가 축소되어 일어나는 현상이지만 외견상으로는 충격하중, 지하수위 변동, 주변 지반 굴착 등의 원인에 의하여 지반이 침하되는 것처럼 보인다.

지반을 구성하고 있는 흙의 공극 내 공기는 압축성이 큰 물질이므로 압밀하중이 가해지는 즉시 압축, 분출되므로 큰 문제가 될 것은 없지만 비압축성 물질인 물은 사정이 다르다. 투수성이 큰 모래, 자갈 등의 사질토 지반에서는 배수가 용이하여 물이 지반침하에 미치는 영향은 미미하다. 그러나 투수성이 작아 배수가 불량한 점토 지반에서는 물은 침하문제를 해결하기 위한 핵심대상이 된다.

일반적으로 지반침하가 지속되는 기간은 흙의 투수성과 압축성에 따라 달라지며 압축성은 공극비의 크기에 따라 좌우된다. 지반의 침하량과 그 소요기간의 산정에 관한 상세한 이론은 토질공학 분야에 속하는 일이므로 여기서는 건축물의 붕괴와 관련이 있는 압밀시험, 지반의 액상화, 지반의 침하 등에 관하여 그 개념만을 간단하게 기술하도록 한다. 지반침하의 원리는 그림 3-20 과 같다.

1). 압밀시험 *Consolidation Test*

압밀시험이란 지반의 압밀침하에 소요되는 시간 t 과 침하량 S 을 결정하기 위하여 현장에서 채취된 시료를 시험하는 것을 말한다. 그러나 상세한 시험방법 및 시험에 관한 규정 또는 그라프 작성법 등은 건설재료시험에 관한 사항이므로 여기서는 시험의 결과에 관한 개요만을 약술한다. 흙의 압밀 시험방법에 관한 한국산업규격은 *KSF* 2316 이다. 압밀시험 결과를 이용하여 침하특성곡선, e-$\log p$ 곡선, Cv-$\log p$ 곡선 등의 도표를 그릴 수 있다. 침하특성곡선 도표에서는 공극비 e 와 압밀계수 Cv 를 결정할 수 있고, e-$\log p$ 곡선 도표에서는 침하량을, Cv-$\log p$ 곡선 도표에서는 침하발생 시점을 규명할 수 있다. 지반의 압밀침하에 관계되는 중요한 정수 定數 에는 압밀계수와 시간계수가 있으며 그 상세는 다음과 같다.

그림 3-20 : 지반의 침하원리

D : 자연 상태의 점토층 전체 두께
Ds=1 : 점토층의 흙 입자 두께
ΔD : 압밀하중에 의한 침하량
(Dv)o : 자연 상태의 점토층에 포함되어 있는 공극두께

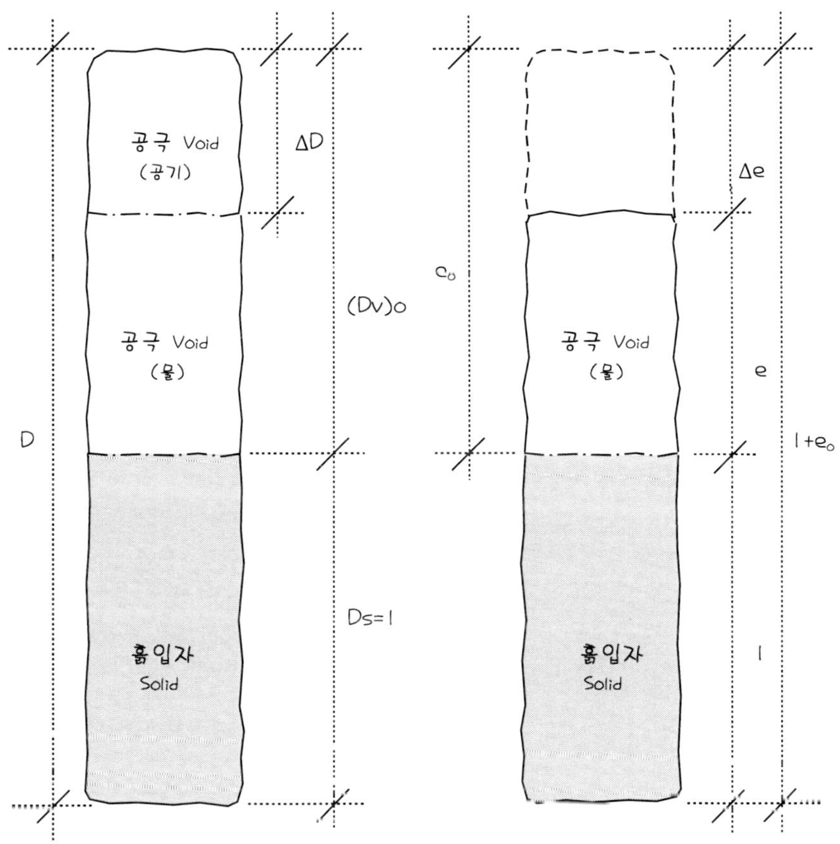

가. 압밀계수(*Cv*)

가) 정의

압밀계수 *Coefficient of Consolidation: cm²/s* 또는 *cm²/min* 는 흙의 체적변화 속도, 즉 압밀침하속도에 영향을 미치는 상수 常數 로서 지반의 압밀침하속도를 알기 위해서는 압밀계수의 값을 알아야한다. 압밀계수의 값은 실내시험 또는 아래와 같은 수식으로 산정할 수 있다:

$$Cv = \frac{k(1+e)}{av \cdot \gamma w}$$

단, *k* : 투수 계수, *e* : 공극비, *av* : 압축 계수, γw : 물의 단위 용적 중량

위의 식에서 압축계수 *av: Coefficient of Compressibility* 는 다음 식으로 대체할 수 있다:

$$av = \frac{\Delta e}{\Delta p}$$

단, Δe : 공극비 감소량 Δp : 압축 응력 증가량

나) 실내 시험법

실내 압밀시험에서 임의의 하중에 대한 불교란 시료의 압밀속도를 측정하여 압밀계수의 값을 구할 수 있으며 그 방법은 시간변수에 따라서 $\sqrt{t}$ 법, 즉 테일러 *Taylor* 법과 $\log t$ 법 즉, 카사그랜드 *Casagrande* 법으로 분류된다. 같은 시료로 시험을 하더라도 압밀계수의 값이 $\sqrt{t}$ 법과 $\log t$ 법에 따라서 달라질 수도 있지만 어느 방법이 더 정확하다고는 말할 수 없다. 다만 정규 압밀구간에서는 $\log t$ 법에 의한 값이 보다 적게 나타난다.

(1) $\sqrt{t}$ 법

시험의 결과로 얻어지는 시간($\sqrt{t}$)과 침하량 *s* 곡선도표에서 압밀도 90% 에 해당하는 시간계수 *Tv* 를 구하여 아래와 같은 식으로 압밀계수를 추정할 수 있는 방법이다:

$$Cv = \frac{TvD^2}{t90} = \frac{0.848D^2}{t90}$$

단, Tv : 시간 계수 (압밀도 90% 일 때 Tv=0.848), D : 일면 배수 일 때 점토층 두께(cm)
단, 상하 양면 배수일 때는 D/2, t_{90} : 압밀도 90% 에 해당하는 시간

(2) $log\ t$ 법

시험의 결과로 얻어지는 시간($log\ t$)과 침하량 S 곡선도표에서 압밀도 50% 에 해당하는 시간계수 Tv 를 구하여 아래와 같은 식으로 압밀계수를 추정할 수 있는 방법이다:

$$Cv = \frac{TvD^2}{t50} = \frac{0.196D^2}{t50}$$

단, Tv : 시간 계수 (압밀도 50% 일 때 Tv=0.196), t_{50} : 압밀도 50% 에 해당하는 시간

나. 시간계수(Tv)

시간계수 *Time Factor* 는 지반의 압밀침하가 진행되는 기간에 관련되는 정수 定數 로서 다음과 같은 식으로 표시 된다:

$$Tv = \frac{Cv \cdot t}{D^2}$$

단, t : 압밀 침하에 소요되는 시간($t_{10} \sim t_{100}$)

다. 압밀도(U)

압밀도 *Percent of Primary Consolidation* 라 함은 압밀침하가 진행되는 정도 또는 공극수압의 소산정도를 총량에 대한 백분율 % 로 표시한 값을 말하며 실험결과에 따라서 작성된 그래프 상에서의 압밀도와 시간계수의 상관관계는 표 3-15 와 같다.

2) 지반 침하

지반에 외력이 가해지면 지반은 시간의 경과에 따라서 압밀되어 침하한다. 지반이 침하하는 형상은 그림 3-21 에서 보는 바와 같이 지반을 구성하는 흙의 특성에 따라서 약간 다르게 나타난다. 일반적으로 지반 침하는 탄성침하, 압밀침하, 압축침하의 단계로 진행된다. 탄

표 3-15 : 압밀도와 시간계수의 상관관계

U	10	20	30	40	50	60	70	80	90	100
Tv	0.0077	0.0314	0.0707	0.126	0.196	0.286	0.403	0.567	0.848	∞

그림 3-21 : 지반의 하중-침하량 곡선

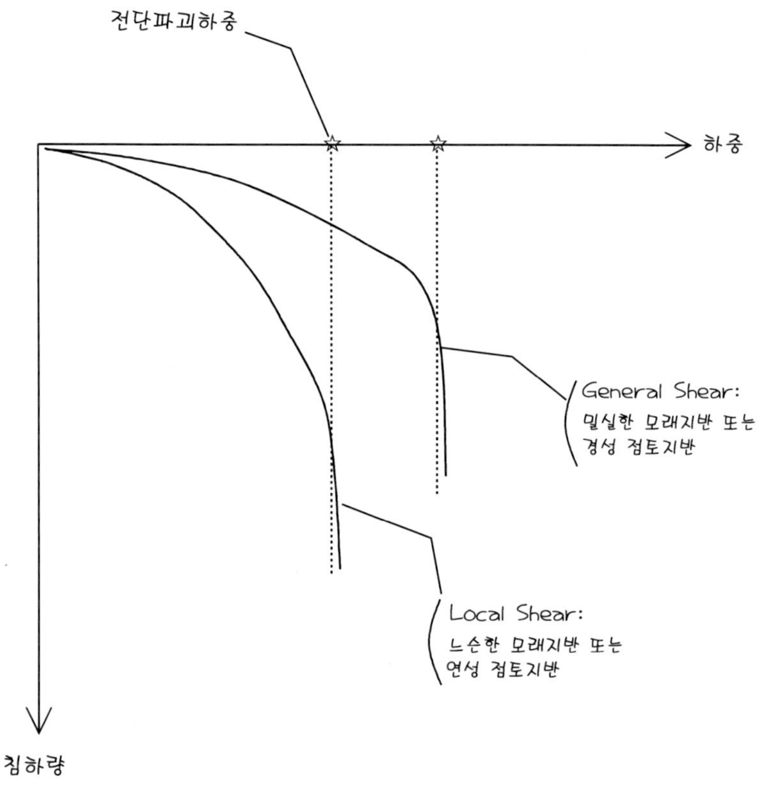

성침하란 외부하중이 가해지자마자 흙 입자의 위치변화로 인한 전단변형에 의하여 발생하는 침하를 말하며 주로 사질토지반에서 발생한다. 탄성침하는 재하와 동시에 일어나기 때문에 이를 즉시침하라고도 하며 이 침하는 외부 하중을 제거하면 이론상 원상태로 환원하는 침하이다. 반면 압밀 및 압축침하는 수십 년 이상에 걸쳐서 진행되는 침하로서 주로 포화상태의 점토질 지반에서 발생한다. 사질토지반의 침하량은 주로 현장에서의 경험적 방법에 의하여 산출되지만 점토질지반의 침하량은 실험을 통해서 얻어진 시간의 함수에 의한 수식으로 결정된다.

가. 사질토 지반의 침하

투수계수가 큰 순수한 사질토 지반에서는 하중재하와 동시에 흙 입자의 공극에서 물이 빠져나가 즉시 체적이 감소하면서 침하되므로 즉시 침하량을 전체 침하량으로 간주한다. 투수성이 큰 사질토 지반은 압밀하중이 가해지면 즉시 침하가 시작되어 짧은 시간 내에 침하정지 상태를 보인다. 다시 말해서 모래 지반에서는 지반위에 건축물이 완공되는 시점에서 침하가 거의 종료되는 특성이 있다. 일반적으로 사질토 지반의 즉시침하는 재하 후 10일 이내에 발생하며 이 기간 동안에 발생하는 침하량은 예상 총 침하량의 약 85% 에 달한다. 모래 지반의 침하량 산출은 일반적으로 이론적 방법보다는 현상에서의 표준관입시험, 콘 *Cone* 관입시험, 평판재하시험 등의 경험적 방법에 따른다. 건축물이 축조된 모래지반에서 표준관입시험의 결과를 이용하여 침하량을 산정할 경우에는 건축물의 하중에 대한 보정이 필요하다. 표준관입시험방법을 이용하여 지반의 침하량을 산정할 경우에는 기초 판 *Footing* 하단부로부터 기초 판 폭 만큼의 깊이까지의 범위에서 깊이에 따라서 측정한 *N*-값의 누적평균값을 사용한다. 그러나 설계상의 안전을 위하여서는 최저 *N*-값 N_{lowest}*-Value* 을 사용하는 것이 바람직하다. 지하수위가 보이지 않는 건조한 모래지반에서 표준관입시험의 결과를 이용하여 최대 침하량을 산출하는 식은 다음과 같다:

$$S = \frac{2q}{N}\left[\frac{2B}{1+B}\right]^2$$

단, S : 최대 침하량 (in.) q : 압밀 하중 (tons/ft²) N : 최저 N-값 (回)
B : 정방형 기초 판의 폭 (ft)

그러나 모래지반의 지하수위가 기초 판 하단부로부터 기초 판 폭의 1/2정도의 범위 내에 있는 경우는, 위의 식에 보정계수를 곱하여 다음과 같이 최대 침하량을 구해야한다.

$$S = \frac{2q}{N}\left[\frac{2B}{1+B}\right]^2 \times \frac{pd}{pw}$$

단, p_d : B/2 깊이에 지하수가 없을 때의 유효 압밀하중 (lb/ft²)
p_w : B/2 깊이에 지하수가 있을 때의 유효 압밀하중 (lb/ft²)

나. 점토질 지반의 침하

투수계수가 작은 점토질지반에서는 재하초기에는 흙 입자의 공극에서 물이 거의 빠져나가지 않으므로 지반전체의 체적에는 변화가 생기지 않는다. 그러므로 점토질 지반에서 외부하중이 가해지는 초기에 일어나는 즉시침하는 지반의 체적변화가 없는 상태에서 일어나는 침하이다. 점토질지반에 하중이 가해질 경우 힘이 작용하는 방향으로 침하가 발생하는 것은 사실이지만 이 침하는 힘이 작용하지 않는 다른 방향으로의 체적팽창으로 상쇄된다. 그러므로 점토질지반에서는 이론상의 실질적인 즉시 침하량은 없는 셈이다. 다만 하중재하 초기에 발생하는 겉보기침하량은 총 침하량의 약 15% 정도로 간주된다.

가) 점토의 과압밀비 *OCR*

점토의 과압밀비 *OCR: Over Consolidation Ratio* 는 현존하는 점토지반의 이력을 파악하는데 쓰이는 지표이다. 과압밀비는 선행 압밀하중을 현재 작용하고 있는 유효 압밀하중으로 나눈 값이다. 선행 압밀하중이라 함은 흙의 이력을 통해서 볼 때 과거 어느 시점에 흙이 경험했던 최대 압밀하중을 말한다. 점성토 지반의 침하특성을 분석하기 위해서는 우선 지반을 형성하고 있는 점토의 존재 상태를 파악해야 한다. 점토는 압밀이 진행 중인 상태의 점토 *UC: Under Consolidating Clay* , 정상 압밀 상태의 점토 *NC: Normally Consolidated Clay* 및 과 압밀 상태의 점토 *OC: Overconsolidated Clay* 로 분류할 수 있다(그림 3-22). 이들 점토의 특성은 *e-log p* 곡선도표를 이용하여 판별할 수 있으나 이 곡선도표는 채취된 시료를 이용하여 실험실에 서 시험한 결과를 바탕으로 한 것이기 때문에 엄밀하게 말하면 현장조건과는 다소 차이가 있다. 이런 차이를 해소하기 위하여 수정된 *e-log p* 곡선을 현장 압밀선 *Field Consolidation Line* 이라고 하며 수정하는 방법은 정상 압밀상태와 과 압밀상태에 따라서 달라진다. 정상 압밀상 태의 점토는 자연 상태에서 퇴적, 생성이후 외력에 의한 변화 없이 압밀이 완료된 상태 그 대로 존재하는 점토로서 선행압밀하중이 현재 부담하고 있는 유효압밀하중과 평형상태를 이룬다. 우리나라에 존재하는 대부분의 연약점토지반은 정상압밀 상태의 점토로 형성된 지반이다. 반면 과압밀 상태의 점토라 함은 과거 점토층 상부에 존재하던 지층의 제거 또는 지하수위의 변동 등으로 인하여 점토에 작용하는 압밀하중이 변함에 따라서 선행 압밀하중이 현재의 유효압밀하중보다 큰 상태를 보이는 점토이다. 과압밀 상태의 점토지반은 공학적으 로는 안정된 지반이다. 과압밀 비에 따른 점토의 존재 상태는 다음과 같다:

① 압밀이 진행 중인 점토 U.C. : OCR < 1
② 정상 압밀 점토 N.C. : OCR = 1
③ 과 압밀 점토 OC. : OCR > 1

그림 3-22 : 점토의 존재 상태

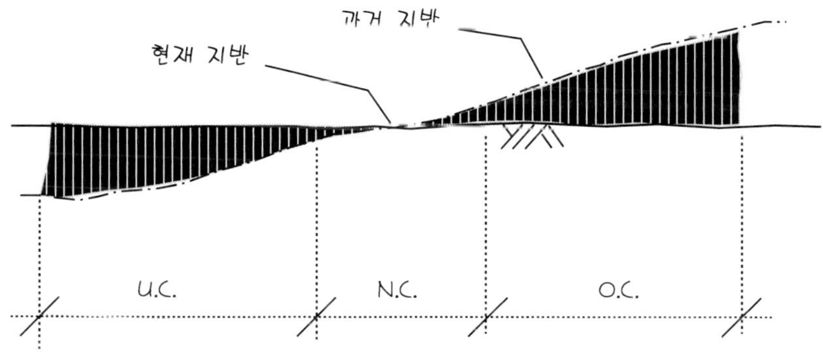

나) 압밀침하 *Primary Consolidation Settlement*

투수성이 나쁜 포화상태의 점토지반에 압밀하중이 가해지면 공극 내 물과 공기가 서서히 빠져나가기 때문에 압밀 초기에는 급히 침하되지 않는다. 압밀 초기단계에서 즉시 공극을 빠져나가지 못한 공극수는 물 자신이 압축응력을 부담하기 때문에 지반침하는 장시간에 걸쳐 지속적으로 진행된다. 이 단계에서 발생하는 침하를 압밀침하 또는 1차 압밀침하라고 한다. 그러나 지속적으로 하중이 작용할 경우 공극 내의 물이 지속적으로 빠지면서 지반의 침하는 가속된다. 특히 유기물질을 많이 함유한 점토지반은 장기적인 침하량이 크다. 압밀침하량과 압밀침하에 소요되는 기간을 구하는 산정식은 다음과 같은 과정으로 유도 된다:

$$\frac{\Delta D}{D} = \frac{\Delta D}{Ds + (Dv)o}$$

단, D : 자연 상태에 있는 점토층 두께 (m)　　Ds : 점토층의 고체(흙)입자 두께 (m)
ΔD : 압밀하중에 의한 침하량 (m)　　(Dv)o : 점토층의 공극두께 (m)

자연 상태에 있는 점토층의 초기 공극비를 e_o 라고 한다면, 점토의 체적은 단면적 A 에 점토층 두께 D 를 곱한 식으로 나타낼 수 있으므로 다음과 같은 식이 성립된다:

$$e_o = \frac{(Vv)o}{Vs} = \frac{A \times (Dv)o}{A \times Ds} = \frac{(Dv)o}{Ds}$$

위의 식의 결과로부터 압밀침하 전후의 공극비 변화량의 크기 Δe 는 다음과 같은 식으로 나타낼 수 있다:

$$\Delta e = \frac{\Delta D}{Ds}$$

이상의 모든 식에서 $Ds=1$ 이라고 가정한다면 다음과 같은 간략한 식을 구할 수 있다:

$$\frac{\Delta D}{D} = \frac{\Delta D}{1 + (Dv)o}, \quad e_o = (Dv)o, \quad \Delta e = \Delta D$$

따라서　$$\frac{\Delta D}{D} = \frac{\Delta e}{1 + eo} \quad 즉, \quad \Delta D = D \times \frac{\Delta e}{1 + eo}$$

여기서 $\Delta e = e_o - e$, $\Delta D = S$ 라고 할 수 있으므로 위의 식은 아래와 같이 정리된다:

$$S = D \times \frac{eo - e}{1 + eo}$$

단, S : 압밀에 의한 총 침하량 (m)　　e : 점토층 중앙부분의 공극비한편 실험의 결과로 얻어지는 압축지수 Cc 를 이용하여 1차 압밀에 의한 총 침하량을 구하기 위한 식을 다음과 같이 유도할 수 있다:

$$Cc = \frac{e_1 - e_2}{\log(p_2 / p_1)}$$

위의 압축지수 식에서 $e\text{-}e = e_o\text{-}e$, $p_2 / p_1 = p / p_o$ 이므로

$$Cc = \frac{eo - e}{\log(p/po)} \quad \text{즉,} \quad e_o - e = Cc\,(\log(p/p_o))$$

따라서 $$S = D \times \frac{Cc[\log(p/po)]}{1+eo} \quad \text{또는} \quad S = Cc\left(\frac{D}{1+eo}\right)\log\frac{p}{po}$$

단, p : 총압밀하중 ($p_o+\Delta p$) p_o : 유효압밀하중 (kN/m²)
Δp : 건축물에 의한 순압밀하중 (kN/m²)

압밀침하에 소요되는 시간 $t = t_{10} \sim t_{100}$ 은 시간계수 Tv 와 압밀계수 Cc 에 관한 식으로부터 다음과 같이 유도할 수 있다:

$$t = \frac{Tv}{Cv} D^2$$

다) 압축침하 Secondary Compression Settlement

포화상태의 점토지반에 건축물이 구축되면 압밀하중에 의하여 공극에서 대부분의 공기와 물이 빠져나가 공극이 축소되면서 1차 압밀침하가 종료된다. 그러나 그 이후에도 지반에는 건축물 및 흙의 자중에 의한 하중재하 상태가 지속된다. 따라서 흙 입자의 공극수가 부담하고 있던 수압이 소멸되면서 흙 입자 사이에 응력이 발생, 부피가 서서히 지속적으로 축소되어 점토 지반은 장기간에 걸쳐 침하된다. 이러한 침하는 흙 입자 사이에 작용하는 새로운 응력에 의해서 입자가 점진적으로 파괴되고, 입자간의 응집력이 약해지면서 입자구조가 재형성되는 과정에서 부피가 축소되어 발생되는 현상이다. 이 때 생기는 침하를 압축침하, 2차 압축침하, 2차 압밀침하, 또는 크립 Creep 침하라고 한다. 크립침하는 압축성이 큰 점토

지반, 운모성분이 많은 흙 또는 유기물질의 부식토 지반 등에서 현저하게 나타난다. 반면 압축성이 적은 무기질점토 지반에서는 2차 압축침하가 거의 나타나지 않는다. 그림 3-23 에서 시간의 경과에 따른 2차 압축침하량을 구할 수 있다. 시간의 경과에 따른 2차 압축침하량은 다음 식으로도 산정할 수 있다:

$$Ss = C_a D \log \frac{ts}{tp}$$

단, Ss : 압축침하량 (m)　　C_a: 압축지수 (압밀시험에서 함수비에 따라 결정)
D : 압축 지층 두께 (m)　　t_s : 1차 침하 종료 후 경과된 시각 (년)
t_p : 1차 침하 종료시각 (년)

그림 3-23 : 시간-침하량 곡선

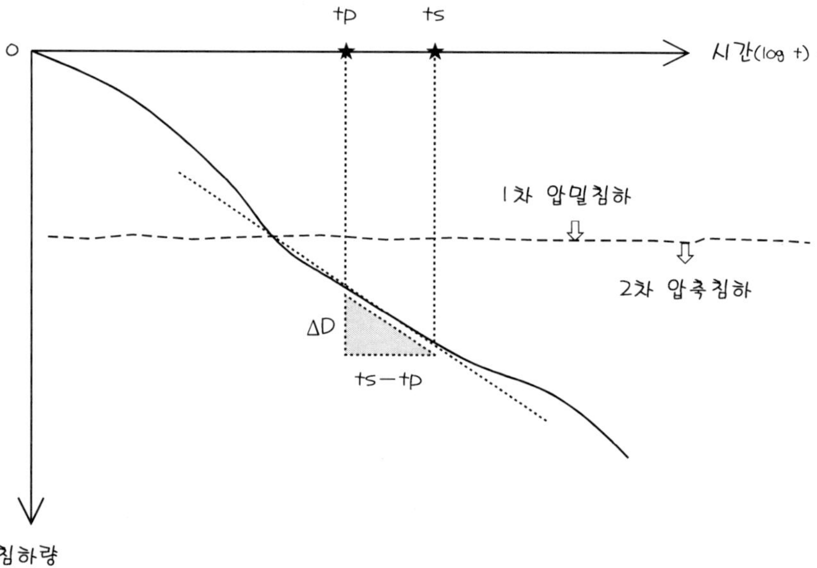

제 3 절 지반개량 원리 및 공법

Soil Improvement

1. 지반개량 개요

지반 개량 *Soil Improvement* 이란 건축물을 지탱하기 위한 지지력이 부족한 연약지반을 다지고 굳혀서 건축물의 하중을 부담할 수 있는 적당한 강도를 갖는 양질의 지반으로 변형시키는 작업을 말한다. 지반개량 공사를 지반 안정화 *Soil Stabilization* 또는 *Ground Modification* 공사라고도 하는데 이 공사는 일반적으로 공법이 단순하고 공사비가 비교적 저렴하다. 건축물을 지탱하기에 부적합한 연약지반은 단단한 바닥이 없는 깊은 수렁일 수도 있다. 이러한 연약지반은 성토 공사를 하거나 건축물을 지을 경우 수평력 또는 수직력에 저항하지 못하므로 유해한 지반침하를 일으킨다. 연약지반은 지지력이 부족하여 건축물의 얕은 기초 설치가 불가능한 지반이다. 따라서 연약지반에는 건축물을 세우지 않는 것이 최선의 방책이다. 그러나 오늘날까지 존재하는 대도시는 일반적으로 물이 가까이 있는 지역에 건설되었기 때문에, 대지가 부족한 대도시에서 연약지반을 피하여 건축공사를 하기가 용이치 않은 것이 현실이다. 도시에는 일반적으로 연약지반이 많이 존재하는데, 이것은 연약지반의 원인이 되는 물이 도시형성의 필수조건이기 때문이다. 대도시에서 건축공사를 해야 하는 건설기술자는 연약지반을 만나는 일이 흔한 일이므로 연약지반에서 공사를 원활하게 진행하기 위해서는 연약지반에 대처할 수 있는 기술과 지식을 습득해야 한다. 연약지반을 개량할 때 현장에서 기술적으로 참조할 수 있는 정량적 정수는 KS, *JIS*, *ASTM* 및 도로주택공사의 표준시방서 등에 상세히 기록되어 있다.

2. 지반개량 목적 및 원리

1) 지반개량 목적

연약지반을 개량하는 중요한 목적은 침하가 예상되는 연약 점토지반 또는 액상화가 우려되는 느슨한 사질토지반 등을 개량, 지반의 강도를 증가시켜 외력에 의한 지반의 변형 량을 감소시키는데 있다. 연약지반의 개량에 대한 기대 효과는 전단강도 증대, 지반침하 감소, 지하수 이동 억제, 지진 파괴 억제, 흙 파기 공사 등의 안전성 확보 등이다. 지반개량의 목적은 크게 두 가지로 요약할 수 있으며 그 상세는 다음과 같다.

가. 구조물의 기초공사를 위한 개량

구조물의 기초공사를 위한 목적으로 지반을 개량할 경우에는 지반의 전단강도를 증가시켜 지지력을 높일 수 있는 구조상의 보강과 시공 상의 문제점 해소 방안에 주안점을 두어야 한다. 지반의 전단강도를 증가시켜 전단파괴 및 전단변형을 방지하고 토압을 경감시켜 터파기, 흙막이 등의 공사에서 작업상의 안전성을 확보할 수 있도록 하여야 한다. 기초공사를 위한 지반의 구조상 보강과 시공 상의 문제점 해결방안에 관한 상세는 다음과 같다.

가) 수직 및 수평 지지력 증강

연약 점토질 층이 깊은 지층에서의 압밀침하, 느슨한 사질토 지반의 액상화, 일반 얕은 지층에서의 압축침하 등을 감소시키기 위해서는 지반의 수직 및 수평지지력을 증진시킬 수 있는 지반개량이 필요하다. 말뚝기초를 필요로 하는 연약지반의 경우 말뚝의 수평 마찰 저항력을 증대시키기 위해서는 말뚝의 표면적을 증대시키기보다는 지반을 개량하여 말뚝의 수평 저항력을 증대시키는 방법이 바람직하다(그림 3-24).

나) 지반 변형방지

흙 파기 및 흙막이 공사에서 연약 지반의 변형으로 인한 흙막이 벽의 붕괴를 방지하고 지반 부풀음, 히빙 *Heavings* , 보일 *Boils* , 파이핑 *Pipings* , 댐 업 *Dam Up* 등을 예방하기 위해서는 지반을 개량하여야 한다. 특히 지하수위가 높은 사질토 지반에서 흙막이 공사의 결함은 지반붕괴 사고에 직결되므로 주의하여야 한다. 흙막이 결함부분으로의 지하수 유입방지를 위한 지반개량 방법은 그림 3-25 와 같다.

다) 지하수위 저하방지

지하수위가 높은 사질토 지반에서 깊은 흙 파기를 할 때 지하수를 지나치게 많이 뽑아 올릴 경우 과도한 지하수 유출로 인하여 주변에 지반침하가 발생한다. 따라서 현장 주변 지반의 지하수위 저하를 방지해야만 할 경우에는 지반을 개량하여 불투수층을 만드는 것이 바람직하다. 그러나 사질토 지반 아래쪽에 불투수층이 있는 경우에는 지반개량 보다는 단순히 흙막이 벽을 불투수층까지 깊게 설치하여 지하수의 유출을 방지하는 공법이 유리하다. 반면

그림 3-24 : 지반의 수평저항력 증대 공법

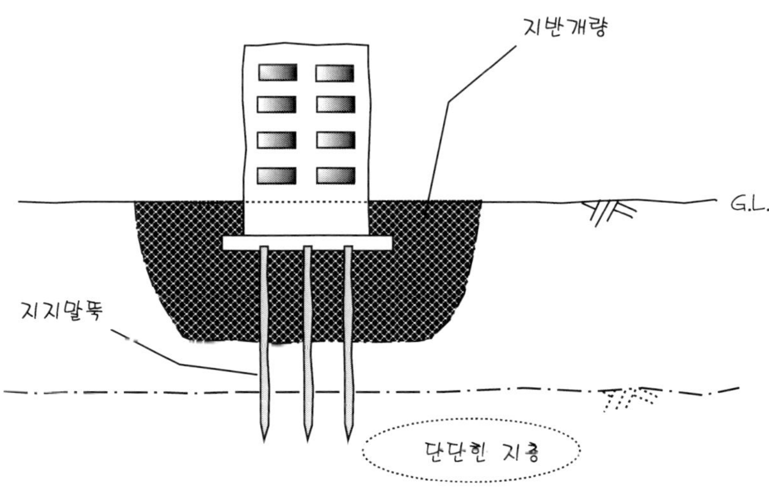

그림 3-25 : 흙막이 결함부분의 지반개량

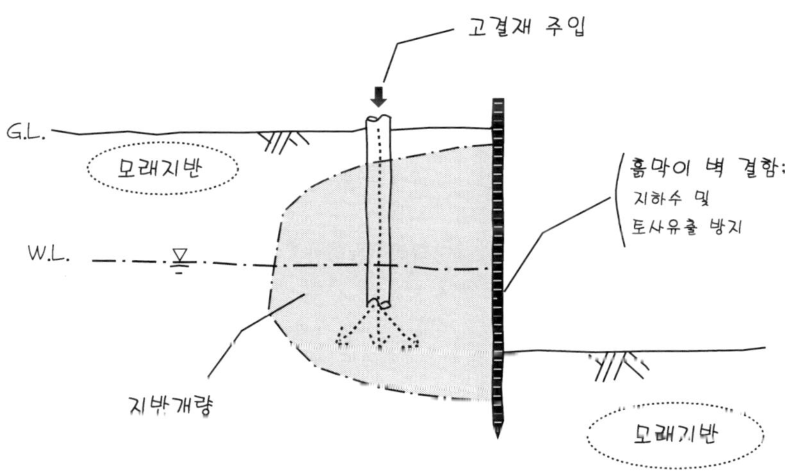

사질토 지반 아래쪽에 불투수층이 없는 경우에는 소요 깊이에 있는 지층을 개량하여 불투수층으로 만들어야 한다(그림 3-26).

나. 지표면의 기능향상을 위한 개량

지표면의 기능을 개선할 목적으로 지반을 개량할 때는 지표층을 다지고 굳혀서 공사현장의 가설도로, 작업장소 등에서 건설기계의 작업 및 주행 성능을 향상시켜 작업 생산성을 높일 수 있도록 하여야 한다. 연약 점토 표층의 경우 압축성을 감소시켜 지표의 압축 및 압밀침하를 방지하고, 사질토 표층에서는 지표의 투수 저항성을 증가시켜 누수방지 및 차수성능을 높여야 한다. 특히 전단강도가 거의 없고 물에 약한 느슨한 사질토 표층에서는 동적 특성을 개량하여 지진 및 진동에 의한 액상화와 토질의 손실을 방지하여야 한다.

2) 지반체질의 개량원리

지반을 구성하고 있는 대표적인 흙인 사질토와 점성토의 연약 체질을 개량하는 원리는 다음과 같다.

가. 점성토 지반의 개량원리

연약 점성토는 자연 상태로는 다져서 굳히기가 곤란한 흙이다. 두꺼운 연약점성토 층으로 된 지반에 단순히 중량물을 재하 하여 다지려고 한다면 지반의 침하는 수년이상에 결쳐서 진행될 것이다. 그러므로 단기간 내에 지반의 침하를 촉진시켜 밀도와 결합강도를 증대, 지반의 체질을 개선시키기 위해서는 탈수, 재하압밀, 치환 등의 인위적 방법을 복합적으로 동원해야한다. 만일 지반에서 단순히 탈수만 한다면 그 지반은 사용목적에 적합하게 개량되지 않으므로 소정의 개량목적을 달성하기 위해서는 다른 공법과 병행하여야 한다. 지반에 하중이 작용하고 있는 기간과 그 하중에 의한 지반침하량의 상관관계는 그림 3-27 과 같다. 점성토는 흙 입자가 작고 표면적 비율이 커서 점착력이 크며 그 점착력은 입자 사이에 존재하는 흡착수의 결합강도의 크기에 따라서 결정된다. 그러나 자연 상태에서의 흡착수의 결합은 약하고 불완전하여 점성토 지반에 하중이 가해지면 일시적으로 탄성, 압밀 또는 압축침하가 발생하고 장기적으로는 크립 *Creep* 침하가 일어난다. 여기서 압밀침하는 주로 포화점성토 지반에서, 압축침하는 불포화점성토 지반에서 일어난다. 그러므로 연약 점성토지반의 침하를 방지하기 위해서는 흡착수의 기능을 보완할 수 있는 생석회, 시멘트 등의 고결재료를 이용하여 결합강도를 증가시켜야 한다.

그림 3-26 : 사질토 지반의 지하수위 저하 방지 공법

불투수층이 있는 경우

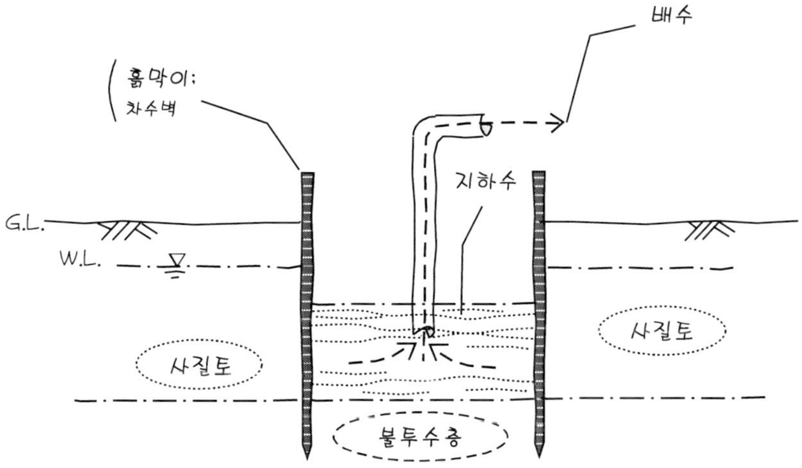

지반개량에 의한 경우

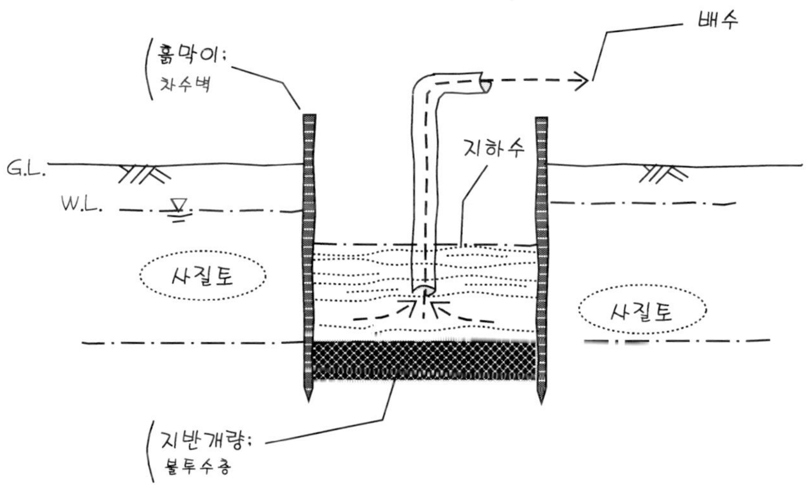

그림 3-27 : 재하중량에 의한 시간-침하 개념도

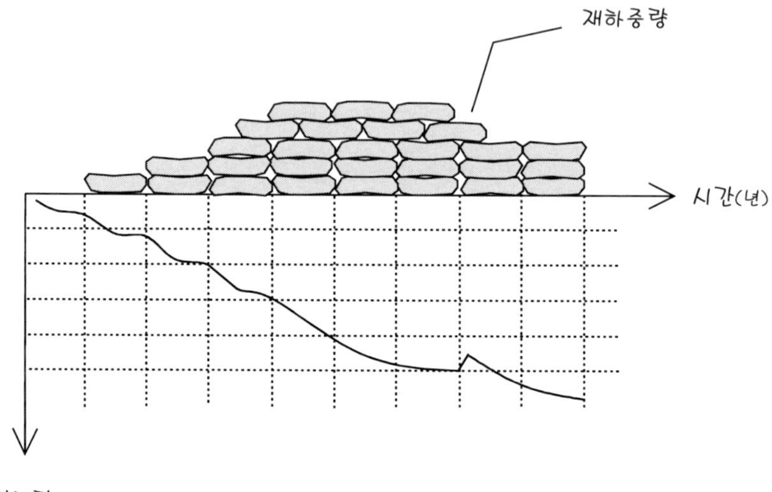

나. 사질토 지반의 개량 원리

연약 사질토지반의 체질을 개선하는 최적의 공법은 다짐공법이다. 다짐공법은 연약지반에 정하중, 충격, 또는 진동을 가하여 지반의 밀도를 증가시켜 흙의 역학적 강도를 높이고 투수성을 감소시키는 공법이다. 연약 모래지반을 개량하는 주안점은 느슨한 지반을 밀실하게 다져 밀도를 증대시키거나 약액을 주입하여 지반을 고결시키는 것으로 짧은 시간 내에 강제적인 지반개량이 가능하다. 모래는 입자가 크고 표면적 비율이 적아서 점착력이 작은 반면 입상체 粒狀體 이기 때문에 진동, 충격을 가하거나 물을 분사하면 입자가 움직여 느슨한 배열이 밀실한 배열로 변하면서 밀도가 증가하므로 모래지반의 성능은 개량된다. 모래지반을 다지는 다짐공법 가운데 중요한 공법은 진동 및 충격다짐 공법이다. 막대다짐이나 물의 침투력을 이용하는 물다짐 공법은 모래지반을 충분히 밀실하게 다질 수 없어 보조적인 공법으로 쓰인다. 흙의 다짐효과는 밀도증가에 의한 전단강도 증가, 압밀감소, 투수성 감소 등이다. 흙의 다짐성능은 함수율에 따라서 달라지며 흙의 종류에 따른 최적함수율은 표 3-16 과 같다. 지반은일반적으로 여러 개의 층으로 나누어 소정의 밀도에 이를 때까지 서서히 다진다. 느슨한 사질토의 경우 1개 층의 다짐두께는 다지기 전 약 200mm 정도에서 다진 후 약 150mm 정도가 되도록 다지는 것이 효과적이다.

표 3-16 : 다짐을 위한 흙의 최적함수율

지반을 구성하는 흙의 종류	최적 함수율(%)	다 짐 성 능
모래+자갈+쇄석	7 ~ 15	우수 ~ 최상
침니 및 점토 섞인 모래+자갈	9 ~ 18	보통 ~ 최적
비소성의 가는 모래	9 ~ 15	보통 ~ 우수
사질침니+침니	10 ~ 20	조악 ~ 우수
탄성침니+점토	20 ~ 35	불량
침니+점토	10 ~ 30	조악 ~ 우수
탄성침니질 점토	20 ~ 35	불량
점토	15 ~ 30	조악 ~ 보통

3. 지반개량 공법

연약지반의 개량공법은 지반개량의 원리, 흙의 종류, 공사방법 또는 공사목적 등에 따라서 분류할 수 있다. 연약지반의 정의, 판정기준 및 개량공법 분류에 관한 상세는 다음과 같다.

1) 연약지반의 정의 및 판정기준

가. 연약지반의 정의

연약지반의 기준은 지반의 활용목적에 따라서 매우 유동적일 수밖에 없다. 지반의 모든 조건이 같을지라도 역학적 측면에서 볼 때 지반 위에 구축되는 건축물의 규모, 종류, 요구사항, 하중강도, 시공방법 등에 따라서는 연약지반일 수도 있고 그렇지 않을 수도 있기 때문이다. 그러므로 같은 장소에 있는 동일한 조건을 갖고 있는 지반이라고 해서 획일적으로 연약지반이라고 정의 할 수는 없는 것이다. 그러나 공학적 측면에서 연약지반이라고 정의 할 수 있는 가장 일반적이고 보편적인 사항은 다음과 같다:

① 구조물의 안정에 큰 문제를 일으킬 수 있다.
② 성토공사 또는 건축공사를 할 경우 유해한 지반침하를 일으킬 수 있을 정도로 불안정하다.

③ 지하수위가 높아 포화된 상태로 존재하는 지반으로 함수비가 크고 지지력이 낮다.

④ 점성 및 압축성이 크고 입자가 매우 미세한 점토, 진흙, 개흙 및 썩은 흙으로 구성되어 있다.

⑤ 진동, 지진 등에 의하여 액상화 또는 분사되기 쉬운 느슨한 사질토 및 매립토로 구성되어 있다.

⑥ 물에 약하고 과 압밀 상태에 있는 풍화된 화강암으로 되어 있다.

나. 연약지반의 판정기준

연약지반이라고 생각되는 지반은 일반적으로 점토, 유기질 토, 매립 토, 침니, 느슨한 모래 등의 층으로 구성된 지반이다. 그러나 연약지반을 판정 할 때는 지층의 종류, 두께, 넓이, 구성상태 및 토질시험에서 얻어지는 정량적 토질정수 등의 요소를 기준으로 하면서 동시에 구축될 구조물의 특성을 고려 하여야한다. 연약 지반이라고 판정할 수 있는 일반적인 기준은 다음과 같다.

가) 지반의 구성상태

지지층에서 수평 저항을 받을 수 없는 지반이나 지지층 하부에 압밀층 및 활동층이 있는 지반은 일반적으로 연약지반으로 판정한다.

나) 정량적 토질정수

(1) 점성토 지반

점성토 지반은 자연 함수비, 비 배수 전단강도, 일축 압축강도, 연경도 N-값 등의 토질정수를 기준으로 연약지반 여부를 판정한다. 점성토 지반의 지층 두께에 따라 일반적으로 압축강도와 N-값이 다음과 같을 경우에는 연약지반으로 판정 한다:

① 지층두께 < 10m ; 일축 압축강도 $\leq 60kN/m^2$ $6tf/m^2$, $N \leq 4$

② 지층두께 $\geq$ 10m ; 일축 압축강도 $\leq 100kN/m^2$ $10tf/m^2$, $N \leq 6$

(2) 사질토 지반

사질토 지반은 자연 상태의 공극비, 상대밀도 등의 토질정수에 따라서 연약 지반 여부를 판정하며 일반적으로 $N \leq 10$ 인 사질토 지반을 연약지반으로 간주한다.

(3) 유기질토 지반

유기질의 흙을 다량 포함하고 있는 지반은 토질정수에 관계없이 연약 지반으로 간주한다.

다) 구조물의 특성

동일한 지반일지라도 지반 위에 구축될 구조물 또는 건축물의 규모, 하중강도, 중요성 등의 요소에 따라서 연약지반일수도 아닐 수도 있다.

다. 연약지반의 문제점 및 대책

가) 압밀 및 압축침하

지반의 과대침하 또는 부등침하가 생길 경우 해당 지반의 건축물, 지하매설물 등에는 부등침하 및 변형이 생겨 균열, 파손되므로 이러한 문제점 발생을 방지하기 위해서는 지반의 압축성을 개선하여야 한다.

나) 성토 파괴

전단강도가 부족한 지반위에 성토를 할 경우 재하하중이 증가되면 해당시반의 전단파괴로 인한 주변지반의 유동, 융기, 침하 등의 변위를 일으킬 수 있으므로 성토에 의한 지반파괴를 방지하기 위해서는 지반의 전단특성을 개선하여 전단강도를 향상시켜야 한다.

다) 구조물 변위

구조물 기초 밑 지반의 지지력이 부족하면 구조물은 침하, 경사 등의 변위를 일으키므로 구조물의 변위를 방지하기 위해서는 지반의 전단 특성을 개량하여 전단강도를 높여야 한다.

라) 지반 액상화

느슨한 모래 지반의 액상화는 구조물의 기울음, 침하 등의 문제를 야기하므로 액상화 방지를 위한 동적 특성을 개선하여 지반의 전단강도를 향상시켜야 한다.

마) 작업 주행성 (Trafficability) 저하

지반의 표층이 연약할 경우 공사용 건설기계의 작업성, 주행성이 떨어지므로 지반표층의 지지력을 향상시켜 작업성, 주행성을 높여야 한다.

바) 히빙 *Heaving*, 보일 *Boil* 현상 발생

연약지반에서 구조물의 기초구축을 위하여 흙 파기를 할 경우 굴착 바닥 면에서는 히빙 *Heaving* , 보일 *Boil* 등의 지반파괴 현상이 발생하므로 이러한 문제의 발생을 방지하기 위하여서는 지반의 점착력을 증대 시켜야 한다.

2) 공법의 분류

가. 개량 원리에 의한 분류

연약지반의 개량원리는 크게 내과적인 원리와 외과적인 원리로 구별할 수 있으며 그 상세는 다음과 같다.

가) 내과적 개량공법

지반을 개량하는 이치나 법칙이 마치 내과적 치유방법과 유사한 공법을 말한다. 지반개량에 있어서 내과적 원리는 원래 지반을 구성하고 있는 흙의 고유한 성질을 지반개량 목적에 부합하도록 개선하는 것이다. 내과적 개량 원리에 따르는 공법의 종류는 다음과 같다.

(1) 탈수 공법

모래기둥 탈수 *Sand Drain* , 모래자루기둥 탈수 *Sand Pack Drain* , 종이기둥 탈수 *Paper Drain* , 플라스틱기둥 탈수 *Plastic Drain* , 미나드 탈수 *Menard Drain* , 자갈기둥 탈수 *Gravel Drain* , 전기침투, 생석회말뚝, 침투압 공법 등이 있다.

(2) 다짐 공법

모래 또는 부순 돌 다짐말뚝 *Compaction Pile* , 바이브로-플로테이션 *Vibro-flotation* , 막대다짐 *Rod Compaction* , 동적다짐 *Dynamic Compaction* , 지오-팩션 *Geo-paction* , 폭파다짐공법 등이 있다.

(3) 압밀 및 고결 공법

압밀공법에는 선재하 *先在荷, Preloading* , 샌드 매트 *Sand Mat* , 사면 선단재하, 압성토, 진공압밀, 전압공법 등이 있고, 고결공법에는 약액주입, 소결 및 동결공법이 있다.

나) 외과적 개량공법

지반을 개량하는 이치나 법칙이 마치 외과적 수술방법과 유사한 공법을 말한다. 지반개량에 있어서의 외과적 원리는 원래 지반의 불량한 흙의 전부 또는 일부를 걷어 내고 양질의 새로운 흙으로 치환하거나 보강하는 것이다. 외과적 개량원리에 따르는 공법의 종류는 다음과 같다.

(1) 지하수위 저하공법

웰-포인트 *Well-point* , 깊은 우물 *Deep Well* 공법 등이 있다.

(2) 치환 공법

동적치환 *Dynamic Replacement* , 폭파, 활동, 굴착 및 치환 공법 등이 있다.

(3) 재료혼합 및 보강 공법

재료혼합 공법에는 흙시멘트 *Soil Cement* , 화학약제, 입도조정 및 심층, 천층 혼합 공법 등이 있고, 보강공법에는 말뚝망 *Pile Net* 공법이 있다.

나. 흙의 특성에 의한 분류

지반을 구성하고 있는 흙은 점성의 유무에 따라서 사질토와 점성토로 분류 할 수 있다. 그러나 실제에 있어서 대부분의 지반은 점성토와 사질토가 혼합되어 있으므로 지반 개량에 적합한 공법을 선정하기 위해서는 흙의 특성에 관한 많은 경험과 지식이 필요하다. 연약 사질토 및 점성토 지반의 토질정수 개량에 적합한 공법은 다음과 같다.

가) 사질토 지반 공법

$N \leq 10$ 의 사질토 지반을 개량할 때는 모래다짐말뚝 *Sand Compaction Pile* , 동적다짐 *Dynamic Compaction* , 바이브로-플로테이션 *Vibro-flotation* 등의 다짐공법과 약액, 흙시멘트 *Soil Cement* , 흙석회 *Soil Lime* 등의 주입공법이 효과적이다. 사질토 지반을 일시적으로 개량하고자 할 때는 웰-포인트 *Well-point* , 깊은 우물 *Deep Well* , 진공압밀, 동결 및 소결공법 등이 바람직하다.

나) 점성토 지반 공법

$N \leq 4$ 의 점성토 지반을 개량할 때는 선 재하 *Preloading* , 모래자루기둥탈수 *Sand Pack Drain* , 모래기둥탈수 *Sand Drain* , 종이기둥탈수 *Paper Drain* , 전기침투, 침투압, 사번신단재허, 압성

토, 진공압밀 등의 압밀탈수 공법, 굴착치환, 활동치환, 폭파치환, 동적치환 *Dynamic Replacement* 등의 치환공법 및 생석회말뚝, 소결, 동결 등의 물리화학적 공법이 효과적이다.

다) 사질토 및 점성토 혼합지반 공법

현존하는 대부분의 지반은 사질토 및 점성토의 혼합지반이므로 이러한 지반을 개량할 경우에는 사질토 및 점성토의 혼합비율에 따라 적합한 공법을 선정하여야 한다. 혼합지반의 개량에 일반적으로 채택되는 공법에는 입도조정, 흙시멘트 *Soil Cement* , 지오-팩션 *Geo-paction* , 화학약제 혼합공법 등이 있다.

다. 지반의 거동에 의한 분류

건설공사 현장에서 흔히 나타나는 지반의 거동에는 지반의 침하, 액상화 및 경사면활동 등이 있다. 지반개량을 위하여 지반의 침하를 촉진하고, 액상화를 방지하며 경사면활동을 억제하기에 유효하고 적합한 공법은 다음과 같다.

가) 침하촉진 공법

지반 개량을 위하여 지반의 침하를 촉진시킬 수 있는 유효한 공법에는 모래기둥 탈수 *Sand Drain* , 모래자루기둥 탈수 *Sand Pack Drain* , 플라스틱판 기둥탈수 *Plastic Board Drain* , 미나드 탈수 *Menard Drain* , 선 재하 *Preloading* , 진공압밀, 전기침투공법 등이 있다.

나) 액상화 방지 공법

지반의 액상화를 방지하는데 유리한 공법에는 웰-포인트 *Well-point* , 깊은 우물 *Deep Well* , 모래다짐말뚝 *Sand Compaction Pile* , 바이브로-플로테이션 *Vibro-flotation* , 자갈기둥탈수 *Gravel Drain* , 다짐, 치환공법 등이 있다.

다) 사면 斜面 활동 방지 공법

지반의 경사면활동을 방지하기에 적합한 공법에는 모래다짐말뚝 *Sand Compaction Pile* , 압성토, 경량성토, 고강도 토목섬유, 생석회말뚝, 심층혼합, 치환 공법 등이 있다.

라. 공사방법에 의한 분류

가) 기계적 공법 *Mechanical Methods*

진동 또는 충격 등의 물리적 힘을 이용하여 지반을 개량하는 공법으로 주요 공법에는 동적 *Dynamic*, 진동 *Vibratory* 및 깊은 다짐 *Deep Compaction* 공법과 바이브로-플로테이션 *Vibro-flotation* 공법 등이 있다.

나) 수력학적 水力學的 공법 Hydraulic Methods

포화상태의 점성토 지반은 흙의 공극에서 물과 공기가 빠져 나가지 않으면 다져지지 않으며 자연 상태에서의 압밀, 침하에는 수개월 내지는 수년이 걸린다. 따라서 짧은 기간 내에 지반을 압밀, 탈수하기 위해서는 강제적인 외력이 필요하며 강제적으로 하중을 가하여 압밀탈수를 촉진하는 공법이 수력학적공법이다. 주요한 수력학적 공법에는 배수 *Drainage*, 선 재하 *Preloading*, 전기침투공법 등이 있다.

다) 물리적 보강 공법 Physical Reinforcement Methods

지반의 구조를 물리적으로 보강하여 지반을 개량하는 공법으로 작은 말뚝 *Minipiles*, 흙못 박기 *Soil Nailing*, 부순돌 기둥 *Stone Columns* 공법 등이 있다. 부순돌 기둥공법을 진동치환 *Vibro-replacement* 또는 *Vibratory Replacement* 공법이라고도 한다.

라) 물리화학적 공법 Physiochemical Methods

물리화학적 공법이란 물리적 또는 화학적 재료를 혼합 *Admixtures*, 동결 *Freezing*, 충전 *Grouting*, 가열 *Heating* 하여 지반을 개량하는 공법이다. 이 공법에서 사용되고 있는 물리적 또는 화학적 재료에는 과립상 재료 顆粒狀 材料, *Granualr Materials*, 포틀랜드시멘트 *Portland Cement*, 석회 *Lime*, 아스팔트 *Asphalt*, 플라이 애시 *Fly Ash*, 염화칼슘 *Calcium Chloride* 등이 있다. 염화칼슘을 시멘트 또는 석회 *Lime* 중량의 0.5~1.5% 정도 혼합하면 초기강도 발현이 빨라지며 소량의 플라이 애시 *Fly Ash* 를 첨가하면 일반적으로 지반의 강도가 증진된다. 물리화학적 공법에서 흔히 쓰이는 혼화재료의 특징은 표 3-17 과 같다.

마. 공사목적에 의한 분류

연약지반 개량공사의 목적은 지반의 활용기간에 따라서 영구적 목적과 일시적 목적으로 분류할 수 있다. 지반위에 영구적 구조물을 구축하여야 할 경우에는 지반을 영구적으로 개량할 수 있는 공법을 채택하여야하지만 일시적으로 공사의 편의 또는 안전을 위하여 지반을 개량하여야 할 경우에는 간략하고 한시적으로 유효한 공법을 선택한다. 그러나 극히 일부공법을 제외한다면 거의 모든 공법은 영구적 목적과 일시적 목적의 공사에 두루 쓰인다. 일시

표 3-17 : 지반개량용 혼화재료

혼 화 재 료	양생 기간	지 반 특 성	소요량(%)
Portland Cement	24 시간	자갈 모래 침니/점토질 침니 점토	3 ~ 4 3 ~ 5 4 ~ 6 6 ~ 8
Hydrated Lime	7 일	점토질 자갈 침니질 점토 점토	2 ~ 4 5 ~10 3 ~ 8
Quicklime	4 시간	점토질 자갈 침니질 점토 점토	2 ~ 3 3 ~ 8 3 ~ 6
Asphalt	1~3 일	모래 침니/점토질 모래	5 ~ 7 6 ~10
일반 골재	불필요	일반 혼합 흙	임의

적 지반개량공사에 주로 쓰이는 공법에는 웰-포인트 *Well-point* 공법, 깊은 우물 *Deep Well* 공법, 진공압밀공법, 동결공법 등이 있다.

2) 소요자재 및 용도

연약지반 개량공사용 자재는 공법에 따라서 약간씩 달라지겠지만 이 공법에서 일반적으로 필요로 하는 자재에는 양질의 모래, 자갈, 물, 공기, 그라우트 *Grout* , 생석회, 시멘트, 화학약제 및 약액 등이 있다.

3) 지반개량 공사용 건설기계 및 공구

지반개량 공사에서 건설기계 및 공구를 필요로 하는 주요공정은 지반에 구멍을 뚫거나 굴착하고 다지는 공정이다. 이와 같은 공정에서 일반적으로 필요한 건설기계에는 *Boring*

Machine, Pumping Equipment, Compaction Wheel, Vibratory Plate Compactor, Small Vibratory Rammer, Tamper, Vibratory Tamping Foot Compactor, Smooth Steel Wheel Roller, Small Multitired Pneumatic Roller, Towed Sheepfoot Roller, Self-propelled Tamping Foot Roller, Self-propelled Vibrating Roller, Heavy Pneumatic Roller, Self-propelled Segmented Steel Wheel Roller, Grid Roller, Walk-behind Vibratory Roller, Crawler Tractor Bulldozer, Wheel Tractor Bulldozer, Rear-dump Trucks 등이 있다.

4) 작업팀 및 생산성

건축물 기초를 구축하기 위한 지반개량 공사는 일반적으로 기계화 시공에 의하므로 작업의 생산성은 건설기계의 성능에 직결된다. 이 작업에 필요한 작업팀 구성, 건설기계 및 공구, 생산성 등에 관한 실례는 표 3-18 및 3-19 와 같다:

표 3-18 : **평판 진동다짐 공사** *Vibratory Plate Compaction*

작 업 내 용	작 업 팀	건설기계 및 공구	생산성/일
사질토지반에 양질 골재 메워 다지기, 두께 200 mm	1-Building Laborer	1-Gas Eng. Power Tool	216 C.Y.

표 3-19 : **바이브로-플로우테이션 공사** *Vibro-flotation*

작 업 내 용	작 업 팀	건설기계 및 공구	생산성/일
사질토 지반의 모래말뚝 상단부분 다지기	1-Labor Foreman 2-Labors 1-Equip. Oper. Crane 2-Equip. Oper. Light 1-Equip. Oper. Oiler	1-Crawler Crane, 40 Ton 45-L.F. Leads,15K Ft. Lbs 1 Backhoe Loader 48H.P.	325 V.L.F.

5) 공법 선정할 때의 고려사항

연약지반 개량공사를 할 때 지반개량 목적에 적합한 공법을 선정하기 위해서는 해당 지반의 토질, 지반구성 형태 등의 지반증상과, 건축물의 특성 및 현장의 공사조건 등을 파악하여야 한다. 지반개량을 위하여 탈수를 할 때는 지하수가 급격히 빠져나가지 않도록 투수성을 낮출 수 있는 공법의 선정이 필요하다. 특히 연약 점성토 지반 및 부식토 지반은 탈수하면 오랜 기간에 걸쳐 지반침하가 일어나므로 지반의 변형에 유의하여야 하며 지반변형에 의한 사고를 방지하기 위해서는 사용목적에 적합한 계측기기를 설치하여야 한다. 지반의 변형을 조사하기 위한 계측기기에는 침하계, 경사계, 공극 수압계, 지하수위계, 토압계 등이 있다. 연약지반의 개량공법을 선정할 때 일반적으로 고려해야 할 사항은 다음과 같다.

가. 지반 증상

가) 지반을 구성하는 흙의 특성

(1) 사질토 지반

사질토는 상대밀도에 따라서 전단강도와 공극비가 달라지므로 사질토지반의 개량공법에는 지반을 잘 다져서 입자간격을 조밀하게 할 수 있는 다짐 또는 고결공법이 적합하다.

(2) 점성토 지반

점성토 지반은 충격, 진동에 의하여 쉽게 교란되어 강도가 저하되고 투수성이 높아지는 경향이 있으므로 연약 점성토 지반을 개량할 때는 정적으로 함수율을 감소시킬 수 있는 정적재하, 침하촉진, 치환, 고결, 생석회 말뚝공법 등이 유리하다.

나) 지반구성 형태

① 연약 층이 얇은 지반; 치환, 다짐, 재하, 지표처리공법 등이 유리

② 연약 층이 두꺼운 지반; 심층다짐, 연직탈수, 심층혼합처리공법 등이 유리

③ 사질토층이 적당한 두께로 분포하고 그 밑에 점성토 층이 있는 지반에서 침하 문제가 주요 해결 사항이므로 재하 또는 연직탈수공법이 유리

나. 건축물 특성

① 기초구조물의 강성, 형상, 넓이 및 배치

② 재하중의 크기 및 분포상태
③ 침하량 및 변형 량에 대한 허용치

다. 공사현장 조건

가) 지반개량 공사의 공사기간

지반개량 공사를 위한 공사기간이 충분할 경우 오랜 시간에 걸쳐 다짐 및 탈수 작업이 가능하므로 완속재하공법을 택할 수 있고 탈수용 모래말뚝의 간격을 넓게 잡아 모래말뚝의 수를 감소시킬 수 있으므로 공사비 절감이 가능하다.

나) 공사자재 야적장소 및 건설기계 작업주행성

치환 및 성토 재하공법을 적용할 경우 공사자재의 야적장소 확보와 자재의 야적으로 인한 건설기계의 작업 및 주행에 지장이 없도록 하여야 한다.

라. 주변 환경에 미치는 영향

① 강제치환공법; 주변 지반의 융기, 유동 등의 변형유발
② 다짐공법; 소음, 진동 및 주변 지반의 융기, 측방변위 유발
③ 탈수공법; 주변 지반의 침하 유발
④ 약액주입공법; 지하수 오염 유발

6) 공법의 특성

건설공사에서 지반을 개량하는 주요 목적은 구조물의 기초공사를 안전하게하기 위함이다. 따라서 지반개량을 통하여 이와 같은 목적을 달성하기 위해서는 현장의 조건에 적합한 공법의 특성을 파악하는 일이 우선되어야 한다. 그러나 건설공사 현장에서 접하게 되는 지반의 실제 모습은 교과서의 논리처럼 명료하지 않고 공법 또한 그 종류가 무궁무진하므로 이 모든 사실에 관하여 상세하게 기술한다는 것은 불가능한 일이다. 또한 지반개량분야는 토질 및 기초공학에 속하는 전문분야이므로 여기서는 건축공사현장에서 기본적으로 알고 있어야 할 대표적인 몇몇 공법의 특성에 관하여 간략하게 논하기로 한다.

가. 역학적 다짐공법

가) 동적 다짐 Dynamic Compaction 공법

(1) 특징 및 활용 분야

크레인 Crane 등의 건설기계를 이용하여 중량 떨공이를 들어 올렸다가 자유 낙하시켜 지반에 반복적인 충격과 진동을 가하여 다지는 단순한 공법이다. 지반에 강한 충격이 가해지면 사질토 지반은 충격에 의하여 다져지고, 점성토지반은 충격으로 지반을 구성하고 있는 흙의 공극 수압이 상승하면서 흙 입자의 공극으로부터 자유수가 빠져 나감과 동시에 흙의 구조가 파괴되어 밀실하게 다져진다.

그러나 점성토 지반에서의 개량성과는 다소 신뢰성이 떨어진다. 이 공법은 1969년 프랑스에서 개발되었다고 알려져 있다. 그렇지만 이 공법은 인류가 아주 오래전부터 알고 있었던 다짐공법중의 하나이다. 이 공법을 중량다짐공법, 동 다짐공법, 동 압밀공법 또는 깊은 다짐 Deep Compaction 공법이라고도 한다. 이 공법의 원리를 이용하여 특허를 받은 공법에 지오-팩션 Geo-paction 이라는 공법이 있다. 이 공법은 지반의 지지력을 증가시키는 효과보다는 지반의 침하량을 감소시키는 효과가 더 크다. 이 공법은 사질토 지반 및 점성토 지반은 물론 쓰레기로 매립된 지반의 다짐에도 유효하지만 특히 느슨한 사질토 지반에서의 다짐효과가 크다.

(2) 충격 하중의 영향이 미치는 범위

중량 떨 공이의 낙하에 의한 물리적 충격하중의 영향은 지표면에서 최대이고 지표면에서 깊어질수록 감소한다. 또한 지반을 구성하고 있는 흙이 사질토인지 점성토인지에 따라서도 그 영향의 범위는 달라지며 수평방향으로의 충격의 영향은 떨공이의 접지면적에 따라서 달라진다. 사질토 지반에서의 일반적인 개량심도는 10m 정도이지만 타격에너지를 증가시키면 40m 정도까지도 개량이 가능하다. 이 공법으로 개선할 수 있는 지반지지력의 한계는 모래지반이 $300kN/m^2$ $30tf/m^2$, 점토지반이 $150kN/m^2$ $15tf/m^2$ 정도이다. 흙의 특성에 따른 충격하중의 영향범위를 산출하는 식은 다음과 같다.

(가) 사질토 지반

$$D = 0.5 \times \sqrt{Wh}$$

단, D : 충격하중의 영향이 미치는 깊이 (m)　　W : 떨공이 중량 (t)　　h : 낙하높이 (m)

(나) 점성토 지반

$$D = \sqrt{Wh}$$

(3) 공사방법 및 주의사항

중량이 2~40t, 접지면적이 2~4m^2 정도인 강철제 공 Steel Wrecking Ball 또는 콘크리트 덩어리를 크레인 Crane 등의 건설기계를 이용하여 6~30m 높이로 달아 올렸다가 반복적으로 자유 낙하시켜 지반에 충격을 가하여 다진다. 이 공법은 지반에 가해지는 충격에너지가 커서 주변지반에 커다란 진동이 발생하게 된다. 따라서 진동에 의하여 인접건축물의 침하 및 균열이 발생할 우려가 있으므로 충격을 흡수할 완충장치가 필요하다. 충격에 의한 지반 진동의 영향이 미치는 범위는 현장에서 50~100m 정도이다. 또한 한번에 과도한 충격에너지를 가할 경우에는 주변지반이 유동화 되어 필요한 지반압축은 일어나지 않으므로 1회 타격 에너지를 적절하게 조절할 필요가 있다. 이 공법은 시공면적이 작은 경우에는 비경제적이므로 최소 시공면적은 사질토 지반의 경우 5000m^2, 점성토 지반의 경우 10 000 m^2 정도로 하는 것이 바람직하다. 포화상태의 세립도 지반을 다질 경우에는 1일~수일간의 간격을 두고 다지는 것이 효과적이다. 충격다짐으로 높아진 지중의 공극수압에 의한 탈수에 일정한 시간이 필요하기 때문이다. 또한 느슨한 지반에 충격을 가하면 지표면에 움푹 패어진 자국이 생기게 되는데 이 자국은 바로 양질의 흙으로 되 메우기 한 다음 다시 다지는 것이 다짐의 효과가 크다. 지반을 다질 때 순서 없이 아무데나 임의로 다지면 충격다짐의 효과가 없으므로 그림 3-28 과 같이 효율적인 다짐계획을 세워 다져야하며 공사순서는 다음과 같다:

① 다짐간격, 떨 공이 중량, 낙하고, 다짐회수 결정
② 정삼각형 또는 정사각형 형태의 다짐망상도 작성
③ 한 지점 당 5~10회 충격다짐으로 전체 지반을 다진다.
④ 같은 방법으로 전체 지반을 2~3차례 더 다진 후 지표면 전체를 다진다.
⑤ 다짐 종료직후 원위치에서 밀도시험 실시, 성과를 판정

나) 바이브로-플로테이션 Vibro-flotation 공법

(1) 특징 및 활용 분야

진동 다짐 *Vibratory Compaction* 또는 *Vibro-compaction* 공법이라고도 지칭되는 이 공법은 1930년대 초 러시아에서 개발된 특허공법으로서 진동 다짐과 물다짐을 병행하여 포화상태의 사질토 지반을 개량한다. 이 공법으로 사질토 지반을 개량할 수 있는 한계는 $N = 25$ 정도이며 일반적으로 말뚝 박기 공법보다 경제적이다. 이 공법은 주로 고속도로나 공항의 활주로공사에서 기층 지반을 개량하는데 쓰인다. 이 공법의 다짐효율은 침니질 흙의 함유량이 15% 이하이거나 점토질 흙의 함유량이 10% 이하인 자갈 섞인 모래지반에서 최대로 나타난다. 그러나 침니질 흙의 함유량이 20% 이상인 사질토 지반에서는 이 공법에 의한 공사결과는 신뢰성이 없으며 침니질 흙의 함유량이 30% 이상일 경우에는 이 공법의 적용은 불가능하다. 공사비가 저렴한 이 공법은 지반 전체를 깊은 곳까지 비교적 짧은 기간 내에 균질하게 다질 수 있으며 지하 상수위와 관계없이 시공이 가능하다. 이 공법과 유사한 점성토 지반의 개량공법에는 부순돌 기둥 *Stone Column* 공법이 있는데 이 공법을 진동치환 *Vibro- replacement* 또는 *Vibratory Replacement* 공법이라고도 한다. 부순돌 기둥공법에서는 말뚝을 만들 때 모래대신에 ϕ 20~40mm 정도의 자갈 또는 부순돌을 이용하는데 이 말뚝의 지지력은 100~400kN/Ea *10~40tf/Ea* 정도이다.

그림 3-28 : 효율적 충격다짐 형태

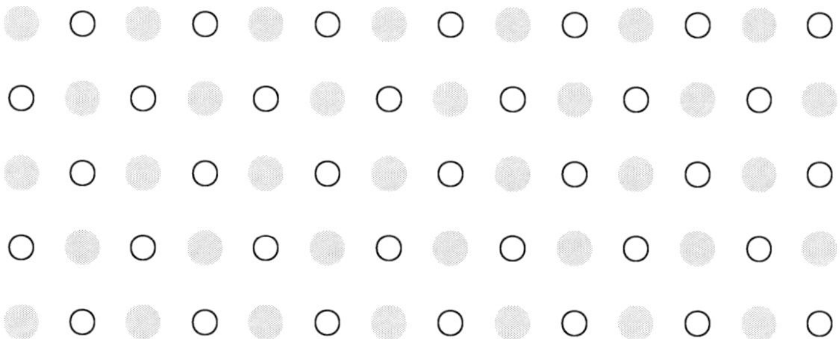

(2) 공사방법 및 주의사항

물분사기 *Water-jet* 가 부착된 ϕ 200mm 정도의 막대 형상인 진동 기구 *Vibro-float* 를 수평방향, 다시 말해서 좌우로 고속 진동시키면서 물을 하향 분사하여 지반을 뚫고 내려간다(그림 3-29). 이 때 생기는 틈새로 모래를 넣으면서 진동말뚝 *Vibro-pile* 을 만들면서 다져 지반의 상대밀도를 높인다. 그러나 이 말뚝은 중력에 의하여 조성되는 말뚝이므로 말뚝 자체의 강도는 크지 않다. 말뚝의 간격은 1.2~4.0m , 직경은 400~600mm 정도로 하고 배치는 정삼각형 또는 정사각형의 망상으로 한다. 시공 가능한 구멍의 깊이는 지반조건 및 기계의 성능에 따라서 다르나 일반적으로 13.5m 정도이지만 20~30m 까지도 가능하다. 이 공법으로 개량된 지반은 500kN/m² 정도의 지내력을 갖는다. 이 공법은 SCP 공법에 비하여 소음, 진동은 약간 적지만 다량의 물이 필요하므로 200~400ℓ/min 정도의 물을 공급할 수 있는 급수시설이 필요하다. 이 공법은 공사방법이 비교적 간단하고 공기가 짧아 시공능률이 비교적 우수하다. 이 공법을 요약하면 다음과 같다:

① 현장 원위치에 바이브로-플로우트 *Vibro-float* 설치
② 바이브로-플로우트에 수평진동을 가하면서 물을 하향 분사하여 지반에 구멍을 뚫고 주변을 다진다.
③ 바이브로-플로우트와 구멍 사이의 틈새에 모래를 채운다.
④ 진동하는 바이브로-플로우트를 상하 폭 30~50cm 정도로 반복 운동 시키면서 물을 수평 분사하여 모래를 물다짐, 모래말뚝 *Vibro-pile* 을 완성한다.

다) 막대 다짐공법 *Rod Compaction*

진동 해머 *Vibro-hammer* 에 부착된 막대 *Rod* 를 지중에 관입, 상하로 진동시키면서 지반을 다지는 공법이다. 지반을 다질 때 막대 주변에 생기는 공극은 모래, 부순 돌 등의 골재로 메운다.

나. 탈수 공법

가) 연직 탈수공법 *Vertical Dewatering*

연직탈수 공법의 기본 원리는 투수계수가 작은 연약 점성토 지반에 연직말뚝 형태로 구멍을 뚫은 다음 투수성이 양호한 모래, 종이, 플라스틱 *Plastic* 등의 재료를 넣고 물길을 만들어 압밀 탈수하는 것이다. 이 공법은 지중에 많은 연직 물길을 만들어 수평방향의 압밀탈수 시

리를 단축함으로써 짧은 시간 내에 지하수를 뽑아내어 지반의 침하를 조기에 완료하고 잔류 침하량을 감소시키며 압밀에 따른 전단강도를 증가시키는 공법이다. 점성토내의 수분탈수에 요하는 시간은 탈수거리의 제곱에 비례하므로 탈수를 촉진하기 위해서는 탈수거리의 단축이 필연적이다. 1930년대에 개발된 연직탈수공법은 미국에서는 모래기둥탈수 *Sand Drain* 공법으로, 스웨덴에서는 종이기둥탈수 *Paper Drain* 공법으로 각각 발전되었다. 이 공법을 사용할 때는 탈수촉진을 위하여 여러가지의 수평압밀공법을 병행한다(그림 3-30). 이 공법은 연약층이 두꺼운 지반의 개량에 효과적이지만 압밀에는 다소 시간이 필요하다. 연직탈수공법의 종류 및 상세는 다음과 같다.

그림 3-29 : 바이브로 플로우트 *Vibro-float*

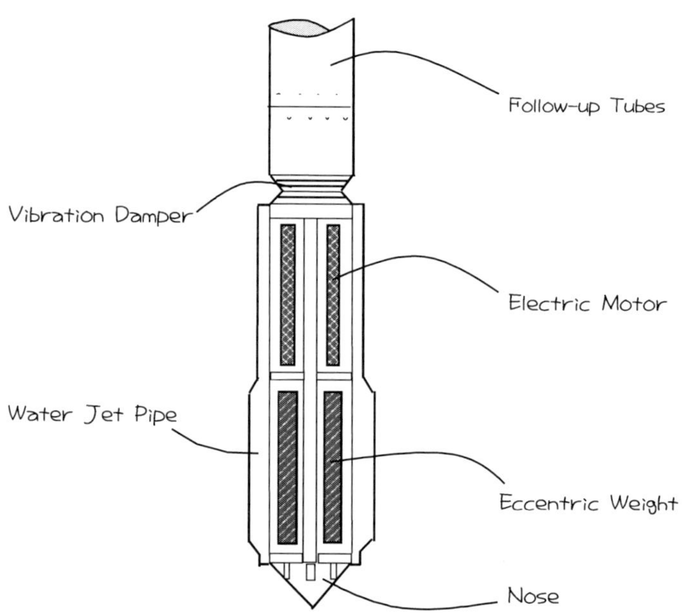

그림 3-30 : 수평 압밀공법과 연직 탈수공법의 병행

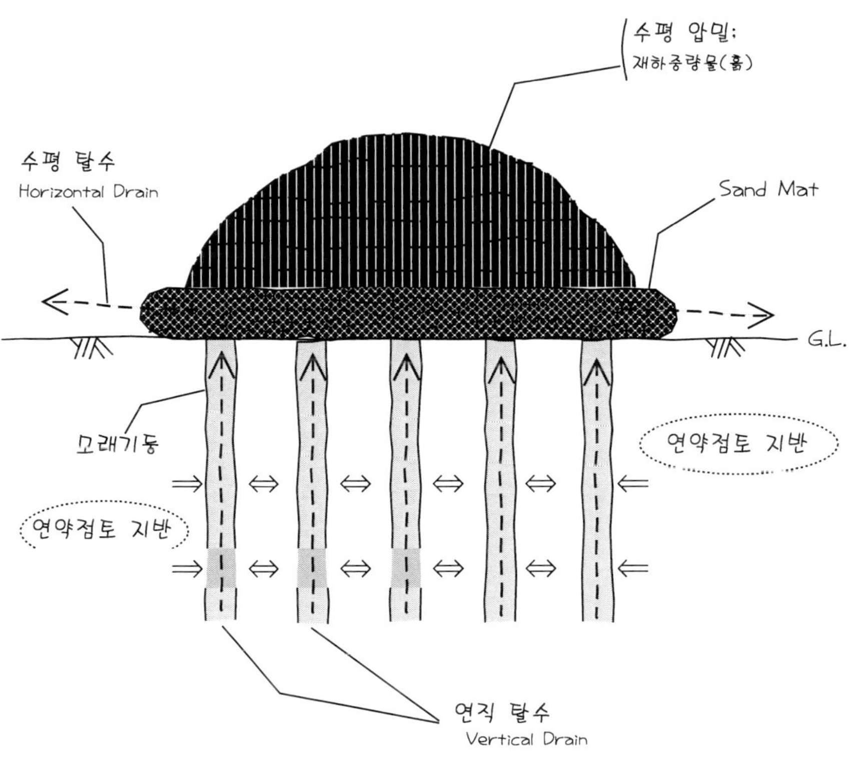

(1) 모래기둥 탈수공법 *Sand Drain*

지반에 영향원의 범위 내에 연직 구멍을 뚫고 투수성이 좋은 약간 굵은 모래를 구멍에 압입하여 모래 기둥으로 된 문길을 만들어 압밀, 탈수시키는 공법이다. 모래 기둥의 직경 및 간격은 현장 조건에 따라서 조정이 가능하지만 대체로 말뚝중심 간격은 1.5~2.5m, 직경은 250~400mm, 심도는 20~25m 정도이다. 모래기둥의 배열은 정삼각형 또는 정사각형이 되도록 한다. 이 공법에서 사용하는 탈수용 모래는 투수계수가 $10^{-3}cm/sec$ 이상, No.200 체 통과 율이 3% 이하가 적절하다. 이 공법은 $N < 4$ 인 두꺼운 점성토 지반에서의 작업 조건

이 가장 양호하며, N = 15~20 의 경질지반으로의 개량이 가능하다. 점성토층이 두꺼운 지반에 구멍을 뚫을 때에는 진동케이싱 *Vibro Casing* , 케이싱오거 *Casing Auger* , 물 분사 *Water Jet* 등의 방법을 이용한다. 인천 신 공항 고속도로, 김해공항 활주로 공사 등에서 이 공법이 활용되었다. 지중의 흙 입자가 미세한 경우에는 흙 입자가 모래기둥의 틈새에 침투하여 물길을 막을 수도 있으므로 흙 입자가 침투하지 못하도록 조치할 필요가 있다. 이 공법은 짧은 시간 내의 탈수효과가 크고 공법이 간단하여 시공실적이 많고 신뢰도가 높다. 그러나 이 공법은 단독으로 쓰일 때 보다는 샌드 매트 *Sand Mat* 공법과 병행할 경우에 효율성이 더욱 커진다. 이 공사의 단점은 다음과 같다:

① 양질의 모래가 다량 필요하므로 모래 확보에 제약이 따르고 비교적 시공속도가 늦어 공사비가 많이 필요하다.
② 함수율이 높거나 침하량이 큰 지반에서의 불량 시공으로 연직 물길이 막히거나 붕괴 될 수 있다.
③ 시공용 건설기계의 중량이 커서 극도로 연약한 지반에서는 공사가 불가능하며 주변 지반을 교란시킬 가능성이 있다.
④ 심도가 깊어지면 물길 내에 흐름 저항이 커진다.
⑤ 건설기계의 접지 압이 커서 작업성 및 주행성이 떨어진다.

(2) 모래자루기둥 탈수공법 *Sand Pack Drain*

이 공법은 모래기둥이 막힐 우려가 있는 모래기둥 탈수 *Sand Drain* 공법의 결점을 보완한 공법으로 이 공법의 적용 조건은 모래기둥 탈수공법과 유사하다. 직경이 100~150mm , 심도 25~30m 정도인 모래 기둥을 투수성이 좋은 합성섬유로 감싸서 마치 모래자루처럼 만드는 공법이다. 시공 중 모래자루 *Pack* 의 꼬임을 방지하기 위해서 *PTCD Pack Twist Check Drain* 을 이용하기도 한다. 지반에 구멍을 뚫을 때는 일반적으로 굴착축이 4개인 기계를 사용하므로 시공속도가 빠르기는 하지만 구멍간의 간격 및 깊이의 조절이 용이치 못하다. 모래기둥탈수 *Sand Drain* 공법보다 구멍의 직경이 작은 것은 이 공법의 투수성이 우수하기 때문이다. 이 공법은 서해안 및 남해안 고속도로 공사 등에서 채택되었다. 이 공법은 모래기둥 탈수공법보다 시공기간이 짧고 공사 방법이 용이하며 수평저항력이 커 물길이 붕괴될 우려가 없는 장점이 있는 대신 다음과 같은 단점이 있다:

① 양질의 모래와 합성섬유가 다량 필요하므로 공사비가 높다.

② 시공깊이 및 구멍의 간격조절이 어렵고 시공실적이 적다.
③ 심도가 깊어지면 물길 내에 물의 흐름저항이 커진다.
④ 건설기계의 접지 압이 커서 작업성 및 주행성이 떨어진다.

(3) 종이기둥 탈수공법 Paper Drain

투수성이 낮고 자연 함수비가 액성한계 이상인 초연약점성토 지반에 적합한 공법이다. 말뚝을 만들 때 모래대신에 투수성이 좋은 판지 Cardboard 를 사용한다. 말뚝의 직경은 50mm , 심도는 15~20m 정도로 한다. 이 공법은 N < 4 인 두꺼운 점성토 지반에 유리한 공법으로 특히 액성 지수가 1이상인 지반에서 작업효과가 크다. 그러나 N < 10 인 사질토층의 두께가 1~2m 정도일 경우에는 작업이 곤란하다. 이 공법은 판지 Cardboard 의 탈수 유효기간이 짧고 장기간 사용할 때는 열화현상이 생길뿐더러 심도가 깊어지면 물의 흐름저항이 커져 탈수효과가 감소된다. 또한 가격이 비싼 특수 타입 打入 기계가 필요하므로 깊은 심도에서는 공사비가 많이 필요한 단점이 있는 반면 다음과 같은 장점도 있다:

① 공장제품인 판지 Cardboard 는 품질균일, 대량생산 가능
② 판지가 경량이므로 운반, 시공용이
③ 시공속도가 빠르고, 탈수효과 양호
④ 타입 打入 기계가 경량이어서 초 연약 지반에서도 공사 가능
⑤ 판지 타입 할 때 주변 지층의 교란이 거의 없다.
⑥ 말뚝의 단면 크기가 깊이에 관계없이 일정
⑦ 시공실적이 많아 탈수 성능의 신뢰도가 높다.
⑧ 건설기계의 접지 압이 작아 작업성과 주행성이 양호
⑨ 얇은 심도에서 대량 사용할 때 공사비 저렴

(4) 미나드 탈수공법 Menard Drain

지반에 수십 센티미터 cm 간격으로 직경 50mm , 심도 30m 정도의 연직구멍을 뚫고 투수성이 좋은 원형 배수관 Menard Drain , 즉 플라스틱 배수관 Plastic Drain Tubes 을 지반의 구멍에 압입하여 물길을 만들어 탈수시키는 공법이다. 이 공법은 일종의 심지박기 공법으로서 해외공사에서는 많이 활용되고 있지만 국내에서는 시공실적이 미미하다. 이 공법의 장점은 다음과 같다:

① 원형 배수관 *Menard Drain* 은 공장 제품이므로 품질이 균일, 탈수성능이 일정하다.
② 원형 배수관 *Menard Drain* 이 경량이어서 운반 및 시공이 용이하다.
③ 시공속도가 빠르고 공사비가 저렴하다.
④ 심도가 깊어도 물길 내에서 물의 흐름저항이 작다.
⑤ 탈수 유효기간이 길다.

(5) 플라스틱기둥 탈수공법 *Plastic Drain*

특수기계로 폭 90~100*mm* , 두께 3.0~7.5*mm* 인 *PDB Plastic Drain Board* 를 지반에 압입한 후 탈수하는 일종의 심지박기 공법이다. *PDB* 의 표면은 여과기능을 할 수 있는 흡수성이 큰 부직포로 되어있으며 내부는 물이 연직방향으로 쉽게 이동할 수 있는 구조로 되어 있다.

나) 재하압밀 탈수공법

주로 포화된 연약점토 또는 침니질 지반위에 흙 또는 암석의 성토, 물통 등의 중량 실물을 일정기간 동안 재하 하여 강제로 압밀, 탈수한 다음 지반이 개량되면 재하하중을 제거하는 방법으로 다음과 같은 공법이 있다.

(1) 중량재하 압밀공법

(가) 선행 재하공법 *Preloading*

이 공법은 두께가 얇고 침하량이 큰 연약점토 지반을 개량하는데 적합한 공법으로서 공사개시 전까지 시간적 여유가 충분한 경우에 유리하다. 구조물의 기초를 구축하기에 앞서 수개월이상 구조물의 중량에 상당하는 하중을 해당 지반위에 가하여 미리 압밀침하를 유도함으로써 구조물 축조 후에 유해한 잔류침하와 지반의 전단파괴를 방지한다. 그러나 이 공법에서 재하 하중의 영향이 미치는 범위는 지반밑 1~2*m* 정도에 불과하다. 중량물을 재하 할 때 일시에 과도하게 재하하면 지반의 전단강도가 증가하기 전에 전단파괴를 일으켜 미끄러짐 현상이 발생할 수도 있다. 그러므로 한 번에 재하 할 수 있는 한계 재하하중을 정하여 여러 차례로 나누어 재하 하는 것이 바람직하다. 재하하중은 소정의 침하가 완료된 후 제거하며 압밀침하를 촉진하기 위해서는 모래기둥 탈수 *Sand Drain* 공법과 같은 연직탈수 공법을 병행하는 것이 바람직하다. 현장근처에 토취장이 있는 경우 선행재하를 위한 재료의 획득이 용이하며 재하 작업에 필요한 시간이 짧고 공법이 간단하여 경제적이다. 그러나 압밀침하를 유도하기 위해서는 재하하중을 수개월이상 방치해 두어야하는 단점이 있다.

그림 3-31 : 압성토 공법

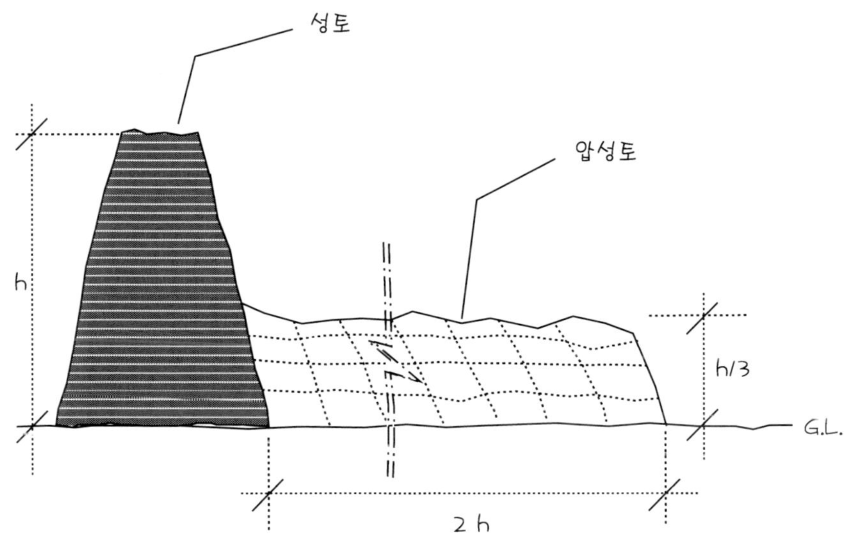

(나) 사면선단 재하공법

도로공사 등에서 사면을 조성할 때 사면의 안정 효과를 위하여 성토사면의 끝부분, 즉 사면선단을 계획보다 0.5~1.0m 정도의 폭으로 더 확대하여 돋음 하는 공법이다. 확대 돋음 된 부분의 전단강도가 증진되면, 더 돋음 한 부분을 제거하여 계획된 비탈면을 마무리하는 공법이다. 이 공법과 유사한 공법에 압성토 *Surcharge* 공법(그림 3-31)이 있다.

(다) 샌드 매트 공법 *Sand Mat*

연약 점토지반 위에 50~150cm 의 두께로 모래 또는 자갈 섞인 모래를 깔고 그 위에 재하, 압밀하여 탈수를 촉진하는 공법이다. 이 공법에서 사용되는 모래는 투수계수가 10^{-3}cm/sec 이상, No.200 체 통과 율이 15% 이하가 바람직하다. 연약 점토지반과 샌드 매트 *Sand Mat* 사이에는 투수성이 큰 합성섬유를 깔아 물은 통과하되 지반점토와 모래가 혼합되지 않도록 한다. 샌드 매트 내에서의 탈수가 용이치 못한 경우에는 샌드 매트 내에 5~20m 간격으로 유공 관을 매립하여 탈수를 촉진케 한다. 이 공법은 주로 지표층의 배수기능을 확보하고 접지 압을 개선하여 건설기계의 주행성 및 작업성의 향상을 도모하는데 쓰인다. 실제로 건설공사 현장에서 사용할 건설기계의 최대 접지압이 0.25Mpa 2.5kgf/cm² 인 경우 모래 두께는 150cm 이상으로 하는 것이 바람직하다. 또한 이 공법은 연직탈수공법에서 탈수를 촉진시키기 위한 보조공법으로도 활용된다.

(2) 진공 압밀공법 Vacuum Consolidation

(가) 공법원리 및 특성

대기압 공법이라고도 하는 이 공법은 중량의 실물대신 대기압을 재하하중으로 이용하는 공법이다. 지반의 표면을 기밀성이 큰 불투수성의 진공 막 Impervious Membrane 으로 덮고 진공펌프로 내부기압을 감소시켜 진공상태로 만든 다음 이에 상응하는 대기의 압력으로 압밀, 탈수, 침하를 촉진한다. 대기압으로 지반에 전 응력이 일정하게 작용하면 지반의 공극수가 탈수되면서 유효응력이 증가되어 압밀이 진행된다. 진공 막 내부가 진공상태로 되는 과정에서 지반에 작용하는 이론상의 대기압은 약 98kN/m² 9.8tf/m² 이지만 실제 유효재하중은 50~60kN/m² 5~6tf/m² 정도이다. 따라서 이 이상의 재하중이 필요한 경우에는 성토재하를 병행하여야 한다.

(나) 공법의 적용 분야

투수가 불량하고 성토재하가 불가능할 정도로 연약한 점성토 지반의 개량에 유효하며 이 공법은 성토재하의 증가에 의한 지반사면활동의 위험이 없다. 이 공법은 유지관리비가 많이 소요됨에도 불구하고 단독으로 쓰이기보다는 연직탈수공법, 특히 종이기둥탈수 Paper Drain 공법에서 탈수를 촉진시키기 위한 보조공법으로 활용된다.

(다) 시공할 때의 유의 사항

① 진공 막은 완전 밀봉상태가 되도록 하고 대기압 측정계기 설치

② 지하수위가 너무 깊은 지반에서는 압력이 누출될 우려가 있으므로 압력누출 차단벽의 설치 필요

③ 공기누출이 우려되는 부분에는 벤토나이트 Bentonite 용액 등을 이용하여 완전 밀봉

(3) 전압공법

양질의 흙으로 되 메워진 지반을 건설기계의 중량을 이용하여 전압 轉壓 하면서 지반을 개량하는 공법이다. 전압으로 지반을 다질 때는 점성토보다는 사질토가, 완전 건조된 흙보다는 약간 습기가 있는 흙이 더 잘 다져진다. 전압공법의 효율을 높이기 위해서는 양질의 흙이 최적함수율을 유지한 상태로 정성스럽게 되메우기 하고 흙의 특성에 적합한 건설기계를 선정하여야 한다. 전압공사를 할 때 흙의 특성에 적합한 건설기계의 다짐성능은 표 3-20 과 같다.

다) 전기침투 공법 *Electroosmosis*

(1) 공법 원리

전기침투 공법은 땅속에 직류전류가 흐르면 물 분자가 양극(+)에서 음극(-)으로 이동하

표 3-20 : 건설기계의 다짐성능 적합성

☆☆☆: 최적, ☆☆: 우수, ☆: 최소한계

흙의 특성	Steel Wheel	Pneumatic	Vibratory	Tamping Foot	Grid
암석	☆☆☆	☆	☆☆☆	☆☆☆	☆☆☆
순자갈/침니질 자갈	☆☆☆	☆☆	☆☆☆	☆☆☆	☆☆☆
점토질 자갈	☆☆☆	☆☆	☆☆	☆☆☆	☆☆
순모래/침니질 모래	☆	☆	☆☆☆	☆	☆☆
모래, 점토질 침니	☆	☆☆	☆☆	☆☆☆	☆
사질 점토/침니질 점토	☆	☆☆☆	☆☆	☆☆☆	☆
점토	☆	☆☆☆	☆☆	☆☆☆	☆

는 원리를 이용하여 지중 자유수의 흐름을 촉진시켜 탈수하는 공법이다. 이 공법은 19세기 실험실에서 실험도중 우연히 발견하였으나 실제 공사현장에서 실용화된 것은 1939년이다. 이 공법에서 발열 및 전력 손실을 최소화 할 수 있는 적정 소요 전력량은 흙의 특성에 따라서 0.5~2.5*kW/well* 정도이다.

(2) 탈수성능에 영향을 미치는 요소

전기적 성질에 의한 물 분자의 이동 특성을 이용하는 이 공법에서 탈수성능에 영향을 끼칠 수 있는 요소는 다음과 같다.

(가) 전기분해로 발생하는 가스

해안지대의 염분을 함유하고 있는 지반의 경우 지중에 전류가 흐르면 음극에 수소가스가, 양극에 염소가스가 발생하게 되는데 이 때 생기는 기포가 물의 이동을 방해한다.

(나) 전압크기 및 흙의 조성물질

탈수 량은 전위차가 커질수록 증가하지만 탈수에 필요한 전압의 적정크기는 흙의 조성 물질에 따라서 달라진다. 일반적으로 *Na*, *H*, *Cu* 를 많이 포함하고 있는 점토는 낮은 전위차에서도 탈수가 용이하지만 *Ca*, *Al* 등을 많이 포함한 점토에서의 탈수는 큰 전압을 필요로 한다.

(다) 함수율 및 전해질 농도

탈수 량은 흙의 함수율, 전해질 농도, 전극의 재료 등에 따라서도 달라지지만 일반적으로 함수율이 높은 지반에서는 탈수가 원활하다.

(3) 활용 분야

전기침투 공법은 주로 입자의 유효직경이 0.0017*mm* 정도인 점토, 침니 등과 같은 불투수성의 흙으로 조성된 포화상태의 초 연약 지반이나 준설 매립 지반의 탈수에 활용된다. 지반의 탈수 목적이외에 이 공법의 원리를 활용하는 사례는 다음과 같다:

① 말뚝공사; 말뚝 주변을 탈수할 경우 말뚝의 마찰력이 증가되는 반면 말뚝을 박거나 뽑아 낼 때 말뚝 주변으로 물을 모으면 마찰력이 감소되어 작업이 용이해진다.

② 오염지반 및 지하수의 정화; 이온성 중금속 물질의 제거

③ 차수막의 차수 성능 보강 및 보수

(4) 공사방법 및 순서

① 약 10.7*m* 간격으로 우물통 구축
② 한 쌍의 우물통 사이에 접지봉 설치
③ 직류전류 전원의 음극(-)을 우물통에 연결
④ 직류전류 전원의 양극(+)을 접지봉에 연결
⑤ 접지봉과 우물통 사이에 4.9~13*V/m* 의 전력공급
⑥ 우물통에 고인 물을 배출

라) 침투압 공법

두께 1~3*m* 의 극히 연약한 점성토 지반에서 삼투작용의 원리를 이용하여 탈수하는 공법이다. 내부에 반투막을 부착한 구멍이 뚫린 원통형의 관을 지반에 박고 관 내부에 농도가 큰 용액을 부어 넣어 지반의 물이 관내부로 흘러들게 한다. 반투막을 사용하므로 탈수 효과가 크지 않고 관 내부 용액의 농도가 낮아지면 탈수 효과가 감소한다.

다. 물리적 보강공법

가) 모래다짐 말뚝공법 *SCP: Sand Compaction Pile*

(1) 특징 및 활용분야

SCP 공법을 다짐말뚝공법이라고도 한다. 이 공법은 주로 느슨한 모래지반을 효과적으로 개량하여 지반의 액상화 방지, 침하방지 및 구조물 기초의 활동파괴 방지를 목적으로 하는 공법이다. 이 공법으로 조성되는 다짐 모래 말뚝은 건축기초 공사에서 말뚝 대용으로도 쓰인다. 모래대신에 부순 돌을 다져 넣을 경우에는 부순 돌 다짐 말뚝공법이라고 한다. *SCP* 공법은 일반적으로 느슨한 모래지반에 유효한 공법이지만 점성토 지반의 개량에도 쓰인다. 점성토 지반에 모래말뚝을 만들어 넣을 경우 말뚝의 체적만큼 지반이 압축되면서 모래와 점토로 구성되는 복합상노 지반이 생성되어 지반의 지지력이 향상된다. 이 공법으로 느슨한 모래 지반을 $N > 25$ 이상 상대밀도를 갖는 밀실 한 지반으로 개량할 수 있다. 그러나 침니질 점성토를 20% 이상 함유한 지반에서는 시공 중 발생하는 진동으로 인한 다짐 효과의 감소로 지반의 강도 저하가 우려되므로 주의할 필요가 있다.

(2) 공사방법 및 주의사항

지반에 모래 또는 부순 돌을 다져 넣어 말뚝을 만든다. 말뚝의 배치는 일반적으로 정사각형 또는 정삼각형 모양의 망상으로 한다. 말뚝의 간격은 대체적으로 1.2~2.5m , 직경은 700mm 정도로 한다. 시공 가능한 깊이는 일반적으로 15m 정도이지만 용량이 큰 진동해머 Vibro-hammer 를 사용할 경우 35m 정도까지도 가능하다. 모래를 다져넣는 방법에는 진동식 Vibro-composer 과 타격식 Hammering-composer 이 있으나 요즈음에는 타격 식을 개량한 진동식이 주로 쓰인다. 타격식으로 지반에 모래를 다져 넣을 때는 소음 및 진동이 발생하므로 대책이 필요하며 직경이 큰 말뚝은 지반의 변형 및 융기를 유발할 수 있으므로 주의하여야 한다. 또한 시공심도가 깊을 경우 대형건설기계가 필요하므로 기계운전상의 안전관리도 필요하다. SCP 는 다음과 같은 순서로 진행 한다:

① 현장 원위치 소정의 깊이에 케이싱 Casing 을 설치하고 하단에 자갈 또는 부순돌을 채운다.
② 케이싱에 내관을 넣고 진동 또는 타격을 가하여 자갈 또는 부순 돌을 다져 지반에 박아 넣는다.
③ 압축공기를 이용하여 내관 내부로 모래를 밀어 넣는다.
④ 내관에 진동 또는 타격을 가해 모래를 다지면서 케이싱을 서서히 들어 올린다.
⑤ 이상과 같은 작업을 반복하여 말뚝을 완성한다.
⑥ 유효 상재하중이 적어 다짐 효과가 적은 말뚝 상단을 롤러 Roller 등으로 다져 복합지반을 완성한다.

나) 점보 특수말뚝공법 JSP: Jumbo Special Pile

(1) 특징 및 활용분야

JSP 공법은 거의 모든 종류의 연약지반 개량에 유효한 공법이다. 지반에 직경 800~ 1000mm 의 고결 말뚝을 만들어 연약지반의 강도와 지수 성을 효과적으로 높일 수 있다. 이 공법의 말뚝제조 방식은 충격, 진동, 소음 등이 거의 없는 약액주입 공법과 유사하므로 주변 구조물이나 지하 매설물 등에 나쁜 영향을 미치는 일은 거의 없다. 다만 고압에 의한 구멍 주위 지반의 교란을 배제할 수는 없다. 이 공법의 주요 활용 분야는 건축물 기초공사, 지하철공사, 지하 저장탱크 공사 등에서 기초지반의 보강말뚝, 물막이 벽 또는 흙막이 벽의 구축 등이다. 이 공법에 의해 개량된 지반의 강도는 다음과 같다:

① 점성토 지반; 1000~4000kN/m^2 100~400tf/m^2
② 사질토 지반; 4000~1000kN/m^2 400~1000tf/m^2

(2) 공사방법 및 순서

하단에 분사 노즐 *Jetting Nozzle* 이 장착된 두 짝의 굴착 봉 *Double Rod* 으로 소정의 깊이까지 지반에 구멍을 뚫은 다음 분사노즐을 통하여 2000~4000kN/m^2 200~400kgf/cm^2 의 초고압으로 압축공기와 시멘트 풀 *Cement Paste* 등의 고결재료를 분사한다. 이 때 구멍에 채워지는 고결재료와 파쇄 된 흙이 혼합, 경화되면서 지중에 고결말뚝이 만들어진다. 이 공법에서 쓰이는 굴착기계 자체는 간단하고 소형이지만 기계작동을 위해서는 발전기 *Generator* , 공기 압축기 *Air Compressor* , 펌프 *Pump* , 믹서 *Mixer* , 교반기 攪拌機, *Agitator* , 물탱크 *Water Tank* , 사일로 *Silo* 등의 보조기계가 필요하다.

다) 치환공법

외과적인 수술로 환부를 도려내는 것과 같은 공법으로 짧은 기간 내에 얕은 연약지층을 개량하는 효과가 크다. 지반으로부터 강제로 연약토를 제거한 다음 양질의 모래, 자갈 등으로 되 메워 지반을 개량하는 공법이다. 치환공법의 종류 및 장단점은 다음과 같다.

(1) 공법의 종류

(가) 동 치환공법 *Dynamic Replacement*

[1] 공법원리 및 특징

중량 떨공이를 반복적으로 자유 낙하시키면서 연약 점성토 지반위에 깔아놓은 양질의 모래, 자갈, 또는 부순 돌 등을 지반에 박아 넣어 골재 말뚝을 조성하는 공법이다. 말뚝 사이의 지반에 있는 과잉 공극수는 말뚝을 조성할 때 발생하는 충격과 진동으로 인하여 말뚝을 통하여 탈수된다. 따라서 말뚝사이의 지반의 강도가 크게 증가하며 조성된 말뚝 자체도 큰 지지력을 발휘하게 되므로 지반의 개량이 이루어진다. 그러나 이 공법으로 조성할 수 있는 말뚝 깊이의 한계는 4.5m 정도이므로 그 이상 깊은 연약 지반을 개량할 경우에는 깊은 지층의 개량이 가능한 다른 공법과 병행하여야 한다.

[2] 공사방법

중량 떨공이의 낙하에 의한 큰 충격 에너지를 이용하여 지표상에 있는 모래, 자갈, 또는 부순돌 등을 소정의 깊이에 이를 때까지 지속적으로 지반에 박아 넣어 말뚝을 조성한다. 이 공법으로 조성할 수 있는 말뚝 깊이의 한계는 4.5m , 직경은 600~1000mm 정도이다.

(나) 폭파 치환공법

연약 점토 지반 위 또는 옆에 양질의 흙을 쌓아 놓고 폭파하여 연약 점토를 제거하고 양질의 흙으로 되 메우는 공법이다. 이 공법은 폭파 방법에 따라서 트렌치 슈팅 *Trench Shooting* , 토우 슈팅 *Toe Shooting* , 언더 필 *Under Fill* 등으로 분류 할 수 있다. 그러나 폭파만으로는 연약점토를 완전히 제거할 수 없을뿐더러 폭파 깊이에 제한이 있어 지층이 깊을 경우에는 비경제적이다. 또한 폭파 작업 시 소음, 진동 및 먼지의 비산 등으로 환경오염 문제를 야기할 수 있다. 포화상태의 사질토 지반을 개량할 때에는 이 공법과 유사한 폭파다짐 공법을 활용한다. 폭약의 폭발력을 이용, 포화상태의 사질토에 충격을 가하여 전단파괴를 일으켜 침하를 유발하고 다진다.

(다) 활동 치환공법

연약 점성토 지반 위에 양질의 흙을 재하 하여, 흙의 자중으로 지반파괴를 일으켜 연약 층을 밀어 내는 공법이며 이 공법을 강제치환공법 또는 압출공법이라고도 한다. 연약점토의 압출을 촉진하기 위하여 압출될 지반에 구덩이를 파고 물을 채워 지반을 연화시키기도 한다. 이 공법은 연약층의 두께가 얇은 지반에 효과적이며 시공이 간단하고 공사비가 적게 드는 반면 공사 후에도 지반 밑에 연약점토가 남아 있을 가능성이 커서 잔류침하가 우려된다.

(라) 굴착 치환공법

일반 굴착용 건설기계를 이용하여 필요한 깊이까지 연약 층을 굴착, 제거한 다음 양질의 흙으로 치환하는 공법이다. 이 공법은 모든 치환공법 가운데 가장 간단하고 시공성 및 효과 측면에서는 가장 우수하다. 연약 층의 두께가 3~4m 정도인 경우에는 지층을 모두 제거하고, 연약 층이 두꺼울 경우에는 강도가 약하여 침하가 우려되거나 활동파괴가 예상되는 부분만을 치환한다. 불량 흙이 제거된 지반에는 투수성이 좋은 양질의 사질토를 70~120cm 정도의 두께로 깔고 잘 다진 다음 약 50mm 두께로 생석회를 깐다. 생석회 층과 일반흙층 사이에는 여과용천 *Filter Fabric* 을 깔아 흙이 생석회와 혼합되지 않도록 하고 이와 같은 방법을 반복하여 소정의 깊이로 지반을 개량한다. 개량된 지반은 향후 지하 상수위면 이하에 위치하더라도 충분히 지지력이 확보되도록 하여야 한다.

(2) 공법의 장단점

(가) 장점

다른 지반개량공법에 비하여 개량효과가 확실하고 시공관리가 거의 필요 없으며 건설기계의 성능에 따라서 공기단축이 가능하다.

(나) 단점

이 공법은 연약 점토층이 두꺼울 경우 대량의 양토가 필요하다. 따라서 공사현장 근처에서 많은 양의 양토를 구할 수 없을 경우에는 시공이 불가능하며 시공 후 지반의 부동침하 우려가 있다.

라) 말뚝망 공법 *Pile Net*

일반 말뚝 또는 팽이말뚝을 일정 간격으로 지반에 박고, 말뚝의 상단을 철근, 철골 또는 콘크리트 등의 구조재로 보강한 다음 합성섬유로 된 망 *Net* 을 깔아서 상부의 성토하중을 지지하는 공법이다. 이 공법은 이탄, 부식토 등으로 조성된 연약지반의 측방유동을 억제하는데 적합한 공법이다. 이 공법의 장점은 연약지층의 두께가 3~10m 정도일 경우 심층혼합공법 등에 비해서 공사비가 다소 싸게 먹히는 것이다. 하지만 이 공법으로는 원지반의 강도를 근본적으로 개량할 수 없으므로 장기적인 측면에서는 바람직한 공법은 아니다.

마) 언더피닝 공법 *Underpinning*

(1) 특징 및 활용분야

기존 건축물의 침하 및 붕괴는 주로 건축물 주변의 환경변화로 인한 건축물 기초 자체의 강도 부족 또는 지반의 지내력 부족 현상의 발생에 기인한다. 이와 같은 구조적인 문제를 해결하기 위하여 기존 건축물의 기초를 보강, 지반의 지내력을 증강시키는 공법을 언더피닝 *Underpinning* 이라고 한다.

일반적으로 이 공법은 인접 지반에 건축물 신축 또는 지하수의 증가 등으로 인하여 기존 지반의 지내력이 저하될 우려가 있을 때 이를 보강하기 위하여 활용된다. 또한 이 공법은 기존 건축물의 증축으로 인하여 증가한 건축물의 하중이 기존의 설계하중보다 커져 건축물의 안정이 우려될 때 기초 및 지반의 지내력을 증강시키기 위하여 활용된다. 관련 용어의 사전적 의미는 다음과 같다:

Underpinning The construction of new substructure support beneath a column or a wall, without removing the superstructure, in order to increase the load capacity or return it to its former design limits.

(2) 건축물 지지 및 기초 보강공사 방법

(가) 기존 건축물 지지방법

기존의 지상 건축물을 그대로 보존한 상태에서 건축물의 기둥 기초 또는 지하옹벽의 기초 밑 부분에서 지반의 지내력 보강을 위한 언더피닝 공사 *Underpinning Work* 를 진행하기 위해서는 공사하는 동안에 임시로 건축물을 지지 해주어야 한다. 언더피닝 공사에서 건축물을 지지하기 위해서 일반적으로 활용되고 있는 공법에는 도랑 *Trenches* 파기 공법(그림 3-32) 과 니들링 *Needling* 공법(그림 3-33)이 있다.

도랑파기 공법은 기존 건축물의 기초 밑 부분을 일정한 간격을 두고 도랑 형태로 하나씩 파내서 기초를 보강한 다음 되 메우고 이어서 다른 기초의 보강공사를 하는 점진적 공법이다. 이 때 아직 파내지 않은 나머지 대부분의 기초는 기존의 지반에 의해서 지지된다. 반면 니들링 공법은 기초 전체를 동시에 파내서 보강하는 공법이다. 이 공법에서는 먼저 건축물의 지내력 외벽 또는 기초 옹벽에 구멍을 뚫고 그 구멍에 니들-빔 *Needle Beam* 을 끼워 넣은 다음 니들-빔의 양단에 지지대 *Hydraulic Jacks* 를 설치하여 건축물을 지탱하면서 기초 보강 공사를 진행하는 공법이다. 기초 보강공사가 끝나면 임시로 설치해두었던 니들-빔 및 지지대를 제거하고 파낸 부분을 되 메우기 하여 공사를 종료한다. 니들링 공법에 관련된 용어의 정의는 다음과 같다:

Needling The placing of needles, or a support system using needles.

Needle 또는 Needle Beam ① In underpinning, the horizontal beam that temporarily holds up the wall or column while a new foundation is being placed. ② In forming or shoring, a short beam passing through a wall to support shores or forms during construction. ③ In repair or alteration work, a beam that temporarily supports the structure above the area being worked on.

그림 3-32 : 언더피닝 Underpinning 공사의 도랑파기 공법

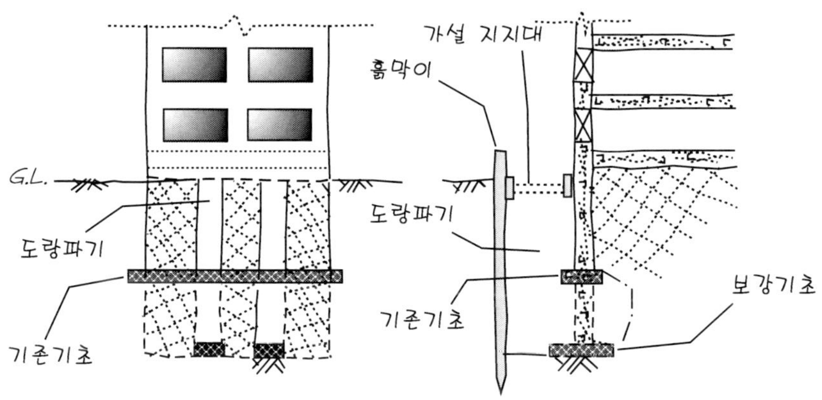

그림 3-33 : 언더피닝 Underpinning 공사의 니들링 Needling 공법

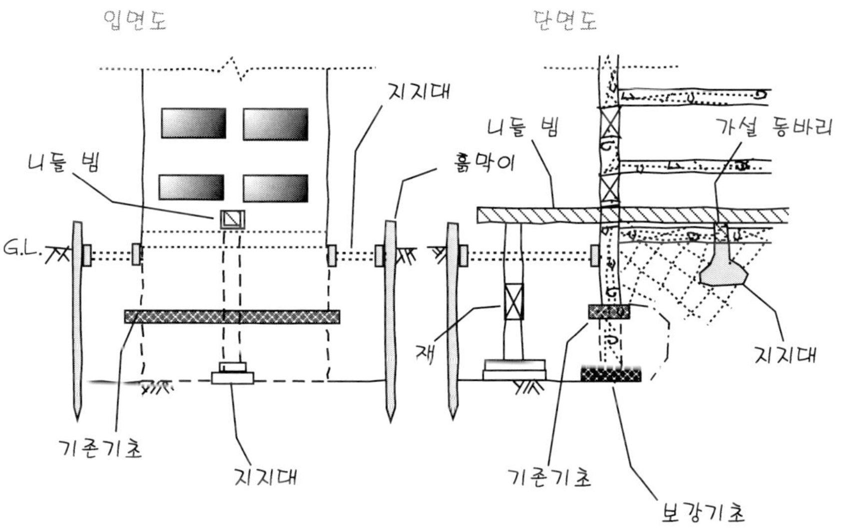

(나) 기존 건축물의 기초 보강방법

기초 지반의 강도를 증강시키기 위해서 활용되는 보강기초 구축공법에는 기존의 기초 하단에 새로운 기초옹벽 및 기초를 보강 구축하는 공법, 기존의 기초 양단에 기성 말뚝 *Piles or Caissons* 을 박는 공법, 기존의 기초하단 지반에 대각선 방향으로 구멍을 뚫고 콘크리트를 부어 넣어 짧은 말뚝 *Mini-piles* 을 구축하는 공법 등이 있다(그림 3-34). 지반에 짧은 말뚝을 구축할 때는 별도의 지반굴착이나 임시로 기존 건축물을 지지하기 위한 가설 시설물이 필요치 않다. 건축물의 기초 보강 방법 중 가장 간단한 방법은 기존의 기초 하단, 지반에 새로운 기초옹벽 및 기초를 보강, 설치하는 방법이다. 우선 기존 건축물의 기초판 밑 일부분을 굴착함과 동시에 유압잭 *Hydraulic Jacks* , 말뚝 등을 활용하여 임시 버팀대를 설치하고 새로운 기초를 보강, 구축한다(그림 3-35). 지반이 연약하여 새로운 기초 판의 보강만으로 건축물을 지탱할 수 없는 경우에는 그라우팅 *Grouting* 공법 등의 지반개량 공법을 병용하여 지반 자체의 지내력을 증가시킨다. 기존 건축물의 안정을 위한 기초 구조 또는 연약 지반을 보강할 경우에는 말뚝, 지하 연속벽, 지중보, 잭-업 *Jack-up* 기둥, 파이프 루프 *Pipe Roof* , 그라우팅 *Grouting* 등의 공법을 이용한다.

그림 3-34 : 언더피닝 *Underpinning* 공사의 보강기초의 종류

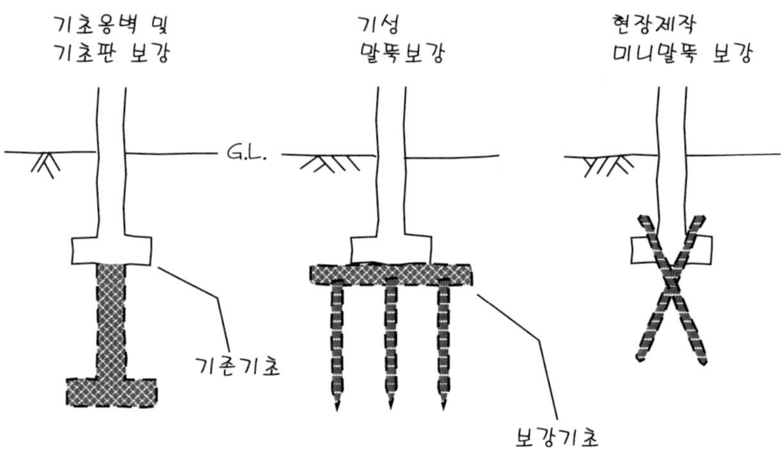

그림 3-35 : 언더피닝 Underpinning 공사의 기초옹벽 및 기초판 보강 상세

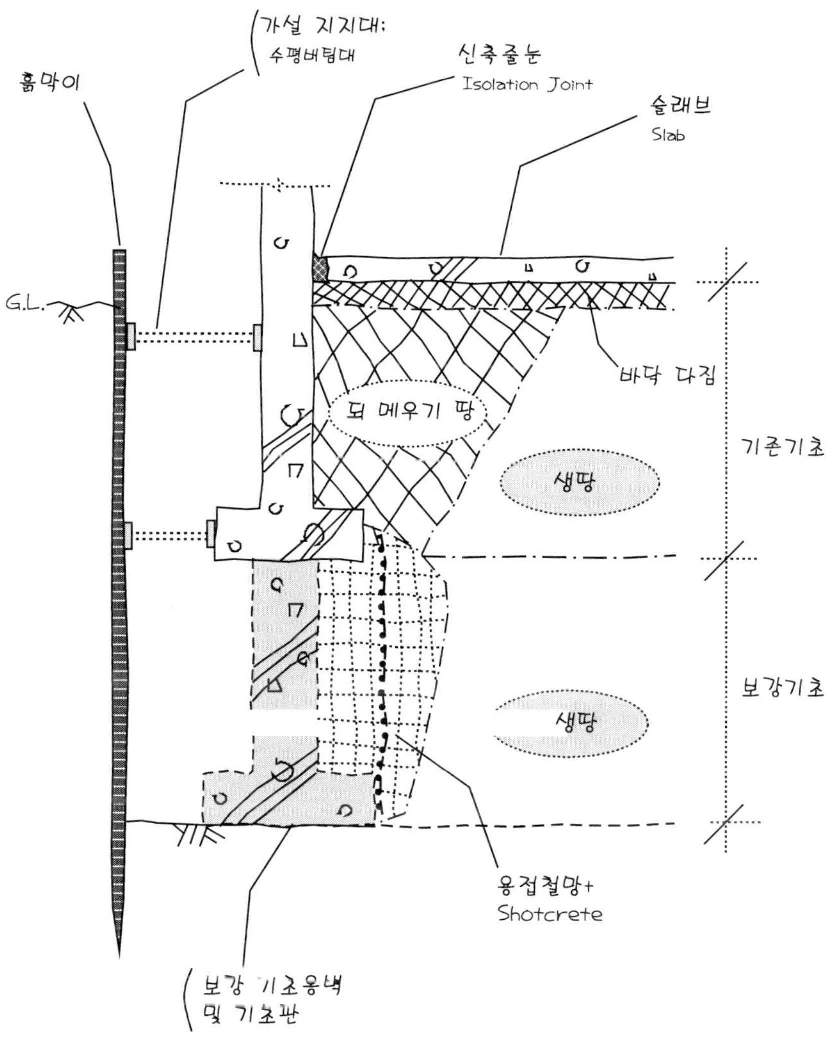

(3) 공법 선정할 때의 유의 사항

언더피닝 공사에서 현장조건에 적합한 공법을 선정하기 위하여 고려할 사항은 다음과 같다:

① 설계도서 검토, 구조 안전진단 및 측량
② 현재 가치와 투입될 공사비에 대한 경제성 검토
③ 변형파괴 진행 확인을 위한 계측기 설치 여부 검토
④ 지반조사; 지하수위 조사, 흙의 특성 등

라. 물리화학적 공법

가) 약액 주입공법

(1) 공법 원리 및 특징

지반에 삽입한 주입 관을 통해서 지반을 구성하는 흙의 공극에 응결 약액을 주입, 지반을 고결시켜 강도를 증가시키거나 투수성을 저하시켜 용수, 누수를 방지하여 지반을 개량하는 공법이다. 이 공법을 그라우팅 *Grouting* 공법이라고도 한다. 양호한 지반개량을 위해서는 균일한 약액 주입이 필수적이므로 전문기술자의 도움이 필요하다. 지반에 약액을 주입하는 방법에는 압력을 이용한 침투 주입방식과 고압분사를 이용한 고압분사 주입방식이 있으며 사질토 지반에는 침투주입이, 점성토 지반에는 고압 분사주입이 효과적이다. 이 공법의 특징은 다음과 같다:

① 작업이 간편하고 소음, 진동이 거의 없는 반면 약액에 의한 대기 및 지하수 오염 등의 환경공해 발생의 우려가 있다.
② 전문기술과 경험이 필요하여 공사비가 고가이지만 공기는 짧다.
③ 약액 주입범위를 정확하게 판정하기 곤란하므로 공사효과에 대한 신뢰도가 떨어진다.
④ 설비가 간단하여 협소한 장소에서도 작업이 가능하다.

(2) 약액의 종류 및 특성

약액주입 공법에서 쓰이는 약액은 현탁액 유형과 용액 유형이 있으며 각각의 특성 및 용도는 다음과 같다.

(가) 현탁액 유형

현탁액 유형의 약액에는 아스팔트 *Asphalt* 계, 시멘트 *Cement* 계, 벤토나이트 *Bentonite* 계 등이 있다. 현탁액 유형의 약액은 일반적으로 물유리계의 용액과 혼합하여 사용한다. 현탁액 유형의 약액은 흙 입자의 공극에 충전이 잘되며 응결시간이나 고결강도는 약액의 혼합비율로 조정이 가능하다. 시멘트 계의 약액은 비교적 굵은 모래 지반의 강도를 증진시키는데 효과적이다. 그리고 벤토나이트 계와 아스팔트 계의 약액은 지수 목적의 지반개량에 효과적인 현탁액 유형의 약액이다.

(나) 용액 유형

용액 유형의 화학약액에는 물유리 계와 고분자계가 있으며 이들은 각각 무기 반응제와 유기 반응제로 세분된다. 화학 약액은 주로 댐, 제방, 터널, 지하철 등의 토목공사 현장에서 용수 및 누수 방지용으로 쓰인다. 특히 고분자계의 약액은 긴급공사 시에만 일시적으로 사용하며 그 종류에는 아크릴아미드 *Acrylamide* , 요소 *Urea* , 우레탄 *Urethane* 등이 있다. 일반적으로 물유리계 약액은 침니 및 모래층에 충전이 잘되고 고결 효과가 크다.

나) 소결공법

연약 점토질 지반에 일정한 크기의 구멍을 뚫고 가열하여 지반을 구워서 단단하게 굳히는 공법이다. 지반을 굽는 방법에는 밀폐식과 개방식이 있다. 밀폐 식 방법은 석유, 가스 등의 연료를 구멍 내에서 연소시켜 지반을 굽는 방법이고 개방식은 외부에서 가열한 뜨거운 공기를 관을 통하여 구멍 속으로 불어 넣는 방식이다.

다) 동결공법

이 공법은 일시적 가설 공법이며 근본적이고 영구적인 지반개량 공법은 아니다. 공사기간이 부족하거나 다른 공법의 적용이 여의치 못할 경우 일시적으로 지반의 수분을 동결, 전단강도와 차수 성 등을 개선하는 임시공법이다. 동결공법은 주로 상하수도, 지하철, 지하 저장탱크 등의 공사에 적용된다. 특히 지하철 공사에서 강의 바닥을 통과하는 경우 강바닥의 지반을 일시적으로 동결시켜 용수를 막는데 유효한 공법이다. 동결방법 및 시공 시 주의할 사항 그리고 이 공법의 장단점은 다음과 같다.

(1) 동결 방법

동결공법에서 지반을 동결시키는 방법과 특성은 다음과 같다.

(가) 저온 액화가스 이용법

액체질소 LN_2 와 같은 저온의 액화 가스를 지중에 묻어둔 동결 관에 주입 또는 순환시켜 지반을 동결한다.

(나) 냉각 소금물 이용법

냉동기에서 -20~-30℃ 로 냉각시킨 염화칼슘이나 염화마그네슘 용액을 지중에 묻어둔 동결 관에 주입 또는 순환시켜 지반을 동결한다.

(2) 공사할 때의 주의사항

① 동결장비의 지상 부분에는 단열처리를 한다.
② 구조물 공사도중 동결된 지반이 융해되지 않도록 한다.
③ 구조물 공사 완료 후 동결된 지반을 융해, 원상 복구한다.

(3) 장점 및 단점

(가) 장점

① 어떤 지반일지라도 동결이 가능
② 동결범위가 균일하고 확실
③ 콘크리트 등과의 부착성능 우수
④ 공법이 간단하고 관리가 용이
⑤ 예기치 않은 사고에 대하여 안전시공이 가능
⑥ 지반이 동결되어있는 동안은 강도가 크고 차수성이 높다.

(나) 단점

① 공사비가 고가이고 작업자가 동상에 걸릴 우려가 있다.
② 지반 동결 시 부피팽창으로 인한 주변 지반의 변형이 우려된다.
③ 지하수량의 유출입이 많을 경우 동결이 불가능하다.
④ 공사도중 예기치 못한 융해에 의한 피해가 수반된다.
⑤ 공사 종결 후 동결지반의 융해 시 지반침하가 우려된다.

라) 재료혼합 공법

원지반의 흙에 양질의 모래, 자갈, 부순 돌 등의 골재를 섞어 입도조절을 하거나 시멘트 *Cement* , 석회 *Lime* , 아스팔트 *Asphalt* , 플라이 애시 *Fly Ash* , 염화칼슘 *Calcium Chloride* 등의 화학 약제를 혼합하여 지반을 개량하는 공법이다. 이 공법은 사용재료의 종류 및 연약 지층의 두께에 따라서 다음과 같이 분류된다.

(1) 혼합 재료에 의한 분류

(가) 흙-시멘트 Soil-cement 공법

원래 지반의 흙과 시멘트를 혼합, 반죽하여 지반을 개량하는 공법이다. 흙-시멘트 Soil-cement 로 지층을 조성할 때는 한 층의 두께가 200mm 정도가 되도록 한다. 이와 같은 지층을 여러 겹으로 쌓아 소정의 두께를 갖는 지반을 만든다. 이 공법은 흙의 소성지수가 15이상인 경우에는 효과가 감소된다. 따라서 점토질 지반에서의 강도 증진은 기대할 수 없다. 그렇지만 사질토 지반에서는 강도 증가 효과가 크다. 그렇더라도 구조적으로 필요한 강도를 기대할 수는 없다.

(나) 화학약제 혼합공법

원지반의 흙과 생석회, 염화석회, 물유리, 합성수지, 아스팔트 Asphalt 등의 화학약제를 혼합하여 연약지반을 개량하는 공법이다. 아스팔트는 잔모래의 함유율이 30% 이상이거나 소성지수가 10 이상인 흙으로 구성된 지반에는 효과가 적다. 화학약제 혼합공법에 의한 지반개량 효과는 흙-시멘트 Soil-cement 공법에 의한 지반개량 효과와 유사하다.

(다) 입도 조정공법

지반의 안전성과 투수성을 개량하기 위하여 원지반의 흙에 모래, 자갈, 쇄석 등 양질의 골재를 섞어 흙의 입도를 조절하는 공법이다. 입도조정이 끝난 흙은 재료분리가 생기지 않도록 골고루 펴서 깔고 즉시 전압공법으로 잘 다진다. 이 공법은 주로 도로, 활주로, 운동장 등의 기층공사에 적용효과가 크다.

(2) 연약지층의 두께에 의한 분류

(가) 심층 혼합공법

깊은 연약점성토 지반의 개량에 효과적이지만 사질토 지반에서 차수 층을 조성할 때도 유효한 공법이다. 이 공법은 고결재료를 혼합하는 방법에 따라서 다음과 같이 분류할 수 있으며 고결재료로는 물유리계의 약액, 시멘트계의 약액 등이 사용된다.

[1] 교반 攪拌 혼합공법

굴착축이 1~3개인 교반굴착기계를 이용하여 연약지반에 φ 600~1200mm 의 구멍을 뚫으면서 원지반의 흙과 고결재료를 기계적으로 교반, 죽 상태로 만들어 지중에 고결 체 말뚝을 조성하는 공법이다. 비교적 고강도의 개량효과는 있지만 중력에 의한 말뚝의 조성이므로 말뚝 깊이에 한계가 있고 공사비가 다소 많이 든다. 환경공해가 비교적 적은 공법이므로 주변지반에 끼치는 나쁜 영향은 거의 없다.

[2] 분사 혼합공법

분사혼합 공법을 대표하는 공법은 JSP Jumbo Special Pile 공법이다. 이 공법은 20Mpa 200kgf/cm² 정도의 압축공기를 이용하여 고결재료를 지반의 구멍에 분사, 원지반의 흙과 혼합, 고결 체 말뚝을 만들어 지반을 개량하는 공법이다. 경량, 소형인 건설기계를 이용하여 품질이 균일한 고강도의 말뚝조성이 가능하지만, 공사비가 고가이고 환경공해를 유발할 수 있으므로 주의하여야 한다.

(나) 얕은층 혼합공법

느슨한 사질토 또는 연약점성토 지반, 포화 또는 불포화 지반 등 모든 조건의 지반 천층 淺層, 즉 얕은 지표층을 개량할 수 있는 가장 보편적인 공법이다. 이 공법으로 개량하는 지표층의 두께는 일반적으로 150~250mm 정도이지만 기계의 종류에 따라서는 1.0m 까지도 가능하다. 원지반의 불량 흙을 굴착, 토질개량 재료와 혼합해서 되 메우기 한 다음 전압, 고결하여 개량 지반을 조성한다. 토질개량에 쓰이는 재료와 적합한 용도는 다음과 같다:

① 시멘트; 사질토에 효과적
② 시멘트 계 고결재료; 침니, 유기질 토에 효과적
③ 석회 계 고결재료; 점성토에 효과적

마) 생석회 말뚝 공법

(1) 원리 및 활용분야

생석회가 물과 반응하여 소석회 Hydrated Lime 로 변할 때 부피가 팽창하면서 고결되는 원리를 이용하여 연약점토 지반을 개량하는 공법이다. 지중에 만들어 놓은 생석회말뚝은 주변의 물을 흡수하면서 팽창되기 때문에 말뚝 주변의 지반은 탈수되고 생석회의 팽창압력으로 압밀되어 다져지면서 강도가 증가한다. 또한 생석회말뚝 자체가 고강도로 되는 것은 아니지만, 고결되어 견고한 말뚝으로 작용하므로 지반의 강도는 배가된다. 이 공법은 연약 점성토사면의 활동파괴를 방지하거나 연약점성토 지반의 흙 파기 공사에서 히빙 Heaving 을 제어하는데 유효한 공법이다. 또한 이 공법은 지표면의 성능을 개량하여 건설기계의 작업주행성 Trafficability 를 개선하는데 유효하게 쓰인다.

(2) 공사방법 및 주의사항

0.75~2.0m 간격으로 ϕ 300~1500mm 정도의 구멍을 연약점성토 지반에 뚫고 생석회 Quicklime 를 주요 성분으로 하는 지반개량 재료를 압입하여 지중에 말뚝을 조성, 지반을 개량한다. 생석회는 가루가 바람에 날려 주변 환경을 오염시킬 수 있고 취급상 유해하므로 주의가 필요하다. 이 공법은 공사방법이 간단하여 시공능률은 비교적 양호하지만 지반에 구멍을 뚫을 때 발생하는 진동, 소음을 억제하고 주변지반의 수평변형에 유의하여야 한다. 석회 Lime 에 관련된 용어의 정의는 다음과 같다:

Lime Specifically, calcium oxide (CaO). Also, a general term for the various chemical and physical forms of quicklime, hydrated lime, and hydraulic hydrated lime.

Quicklime Calcium oxide (CaO).

Hydrated Lime A dry, relatively stable product derived from slaking quicklime.

Hydraulic Hydrated Lime The dry, hydrated, cementitious product resulting from the process of calcining a limestone containing silica and alumina to a temperature just below incipient fusion. The resultant lime will harden under water.

부 록
Appendix

참고문헌

Ⅰ. 한글 참고문헌 743.
Ⅱ. 외국어 참고문헌 744.

참고자료

Ⅰ. 도량형 환산단위 747
Ⅱ. 도형의 길이, 면적 및 체적 산출식 749
Ⅲ. 해외건설 전문용어 약어 782

찾아보기

Ⅰ. 표 목록 793
Ⅱ. 그림 목록 795
Ⅲ. 사진 목록 798 .
Ⅳ. 한글 용어 801.
Ⅴ. 외국어 용어 823

참고문헌

Bibliography

Ⅰ. 한글 참고문헌

건설교통부, *건축공사표준시방서*, 대한건축학회, 서울, 기문당, 1999
공동주택연구회, *일본의 현대하우징*, 서울, 시공문화사, 2002
과학기술편집부, *건축공사 시공핸드북*, 서울, 과학기술, 1999
대한건설진흥회, *건설공사 표준품셈*, 서울, 동아출판사, 2007
대한건축학회+대우건설, *건축기술지침 건축 (Ⅰ)*, 서울, 공간예술사, 2006
대한건축학회+대우건설, *건축기술지침 건축 (Ⅱ)*, 서울, 공간예술사, 2006
대한건축학회+대우건설, *건축기술지침 기계*, 서울, 공간예술사, 2006
대한건축학회+대우건설, *건축기술지침 전기*, 서울, 공간예술사, 2006
대한건축학회, *콘크리트 우수성과 미래기술방향에 관한 국제세미나*, 서울, 달고은네, 2005
삼성물산건설부문, *건축기술 실무이야기*, 서울, 공간예술사, 2001
신영측기, *Surveying Instruments Total Catalogue Vol 15*, 부천, 신영측기 영업부, 2004
주택문화사, *주택건축자재백과*, 서울, 주택문화사, 2000
포스코, *기술자료집: 건축구조용 TMC 후판강재*, 서울, 포스코 강구조연구소, 2004
한국콘크리트학회, *콘크리트 구조설계기준 해설*, 서울, 한국건설기술인협회, 2004
A+CM 건축사사무소, *공동주택감리 이야기*, 서울, 공간예술사, 2006

강 도안 外, *건축구조개론*, 서울, 공간예술사, 2004
김 광만 外, *건축시공이야기 (Ⅰ)*, 서울, 건설기술네트워크, 2000
김 광만 外, *건축시공이야기 (Ⅱ)*, 서울, 건설기술네트워크, 2001
김 우시, *건축시공기술사 용어설명*, 서울, 세진사, 2005
김 예상 外, *미국건설산업 왜 강한가 ?*, 서울, 보성각, 2003
노 성훈 外, *건축시공이야기 (Ⅲ)*, 서울, 건설기술네트워크, 2003
목 찬상 外, *측량학*, 서울, 구미서관, 2000
윤 성원 外, *초고층 건물의 국내외 사례*, 서울, 구미서관, 2004

이 춘석, *토질 및 기초공학 이론과 실무*, 고양, 예문사, 2001
정 용식 外, *건축시공기술사: 용어설명편*, 부천, 2004
최 한영 外, *지적기술사*, 고양, 예문사, 2001

II. 외국어 참고문헌

日本建築技術, *건축기초*, 건설도서편집부 옮김, 서울, 건설도서, 1996
McDonald, Angus J., *건축의 구조와 디자인*, 유우상 外 옮김, 서울, 기문당, 2003
Morgan, M.H., *Vitrvius: 건축십서*, 오덕성 옮김, 서울, 기문당, 1997
Parkyn, Neil, *우리세계의 70 가지 경이로운 건축물*, 남경태 옮김, 서울, 오늘의 책, 2004

臺灣建築報導雜誌, *臺灣建築 12/2003*, 臺灣, 2003
ESCAP et al., *Building Materials for Low-Incom Housing*, London, SPON, 1987
MICGOAU, *Architectures Capitales*, Paris, Electa Moniteur, 1987
RS Means, *Building Construction Cost Data*, Kingston, 2006
RS Means, *Graphic Construction Standards*, Kingston, 1986
RS Means, *Means Illustrated Construction Dictionary*, Kingston, 1991
RS Means, *Residential Cost Data*, Kingston, 2006
RS Means, *Square Foot Costs*, Kingston, 2006
US Army Engineer School, *Technical Manual: CM*, Fort Belvoir, 1972

Allen, Edward & Iano, Joseph, *Fundamentals of Building Construction*, New Jersey, Wiley, 2004
Allen, Edward & Iano, Joseph, *Exercises in Building Construction*, New Jersey, Wiley, 2004
Askeland, Donald R., *The Science and Engineering of Materials*, Boston, PWS, 1997
Bannister, A. et al., *Basic Surveying*, London, Longman, 1995
Brandon, P.S., *Building Cost Techniques*, New York, SPON, 1982
Bisharat, Keith A., *Construction Graphics*, New Jersey, Wiley, 2004
Calson, Reinhold A., *Understanding Building Automation Systems*, Kingston,

RS Means, 1991
Cook, Paul J., *Quantity Takeoff for Contractors*, Kingston, RS Menas, 1989
Dishongh, Burl E., *Essential Structural Technology for Construction and Architecture*, Upper Saddle River, Prentice Hall, 2001
Emmons, Peter H., *Concrete Repair and Maintenance Illustrated*, Kingston, RS Means, 1993
Fleming, John et al., *A Dictionary of Architecture*, Harmondsworth Middlesex, Penguin Books, 1974
Glancey, Jonathan, *The Story of Architecture*, London, DK, 2000
Hancock, Graham et al., *Heaven's Mirror*, New York, Three Rivers Press, 1998
Hardie, Glenn M., *Building Construction*, Englewood Cliffs, Prentice Hall, 1995
Kibert, Charles J., *Sustainable Construction: Green Building and Delivery*, New Jersey, Wiley, 2005
Liu, Cheng et al., *Soils and Foundations*, Englewood Cliffs, Prentice Hall, 1992
Mamlouk, Michael S. et al., *Materials for Civil and Construction Engineers*, Menlo Park, Addison Wesley, 1999
Murray, Peter, *The Saga of Sydney Opera House*, London, Spon, 2004
Neufert, Ernst, *Les Eléments des Projets de Construction*, Paris, Dunod, 1983
Nunnally, S.W., *Construction Methods and Management*, Upper Saddle River, Prentice Hall, 2001
Nunnally, S.W., *Managing Construction Equipment*, London, Prentice Hall, 2001
Pelli, Cesar et al, *Petronas Towers*, London, Wiley-Academy, 2001
Peurifoy, Robert L. et al., *Construction Planning, Equipment, and Methods*, New York, McGraw-Hill, 1996
Rossi, Guido Alberto et al., *Over Malaysia*, Singpore, Archipelago Press, 2002
Scott, John S., *A Dictionary of Building*, Harmondsdworth Middlesex, Penguin Books 1979
Scott, John S., *The Penguin Dictionary of Civil Engineering*, Harmondsdworth Middlesex, Penguin Books 1981
Singh, Gurdip, *Sculpting The Sky: Petronas Twin Towers*, Kuala Lumpur, Times Offset, 2001

Sitt, Fred A., *Constructions Specifications Portable Handbook*, New York, McGraw-Hill, 1999

Smit, Kornelis et al., *Means Illustrated Construction Dictionary*, Kingston, RS Means, 1991

Somayaji, Shan, *Civil Engineering Materials*, Englewood Cliffs, Prentice Hall, 1995

Spiegel, Leonard et al., *Applied Structural Steel Design*, Upper Saddle River, Prentice Hall, 1997

Spiegel, Leonard et al., *Reinforced Concrete Design*, Upper Saddle River, Prentice Hall, 1997

Thiébaut, Philippe, *Gaudi: Builder of visions*, London, Thames & Hudson, 2002

Whyte, W.S. et al., *Basic Surveying*, Oxford, Laxtons, 1997

참고자료
References

Ⅰ. 도량형 환산단위

1) 길이 *Length*

1 inch = 1000 mils = 2.54 cm.

1 cm. = 0.3937 inch

1 foot = 12 inchs = 30.48 cm.

1 yard = 3 feet = 91.44 cm.

1 m. = 3.2808 ft. = 1.0936 yd.

1 fathom = 2 yards = 6 feet = 1.8288 m.

1 rod = 5-1/2 yards = 16-1/2 feet = 5.0292 m.

1 furlong = 40 rods = 660 feet = 201.168 m.

1 mile = 8 furlongs = 5280 feet = 1.6093 km.

1 km. = 0.6214 mile

1 nautical mile[knot] = 1.15156 miles = 6080.24 feet = 1.8532 km.

1 league = 3 nautical miles = 18 240.71 feet = 5.5597 km.

2) 면적 *Area*

1 square inch = 6.4516 sq. cm.

1 square cm. = 0.1550 sq. in.

1 square foot = 144 square inches = 0.0929 sq. m.

1 square meter = 10.7639 sq. ft. = 1,1960 sq. yd.

1 square yard = 9 square feet = 0.8361 sq. m.

1 square rod = 30 1/4 sq. yds. = 272-1/4 sq. ft. = 25.292 sq. m.

1 acre = 160 square rods = 43 560 sq. ft. = 4046.724 sq. m.
= 0.4047 hectare

1 hectare = 2,4710 acres

1 square mile = 640 acres = 27 878 400 sq. ft. = 2.5899 sq. km.

1 sq. km. = 0.3861 sq. mile

3) 체적 *Volume*

1 cubic inch = 16.3871 cu. cm.

1 cu. cm. = 0.0610 cu. in.

1 cubic foot = 1728 cu. in. = 28 316.9088 cu. cm. = 0.0283 cu. m.

1 cu. m. = 35.3146 cu. ft. = 1.3079 cu. yd.

1 cu. yd. = 0.7646 cu. m.

4) 용량 *Capacity*

1 quart = 2 pints

1 peck = 8 quarts

1 bushel = 4 pecks = 2150.42 cu. in. = 1.2445 cu. ft. = 35.2383 liters

1 liter = 61.0250 cu. in. = 0.0353 cu. ft. = 1000.027 cc (cu. cm.)
= 0.2642 gal. 미국 = 0.0284 bushel

1 gallon = 3.7853 liters 미국 = 4.546 liters 영국

5) 중량 *Weight*

1 oz. (ounce) = 437.5 grains = 28.3495 gram 常衡 = 31.1035 g. 金衡

1 grain = 0.0648 gram 常衡

1 gram = 15.4324 grains = 0.0353 oz. 常衡

1 lb. *pound* = 16 ounces 常衡 = 453.592 grams = 12 ounces 金衡
= 373.242 grams

1 kg. = 2.2046 lbs. 常衡

1 cwt *hundred weight* = 0.5 ton = 112 pounds = 50.8 kg.
영국 = 100 pounds = 45.36 kg. 미국

1 gross ton 또는 long ton = 20 cwt = 2240 pounds = 1016 kg.

1 net ton 또는 short ton = 20 cwt = 2000 pounds = 907.2 kg.

1 metric ton = 2204.6 pounds = 1000 kg.

6) 압력 *Pressure*

1 normal atmosphere = 1.0332 kg. per sq. cm. = 1.0133 bars
= 1013 millibar = 14.696 lbs. per sq. in.

7) 멱수기호 *Prefixes for Metric Units*

백경: 엑사, exa(E) = 1 000 000 000 000 000 000 = 10^{18}
천조: 페타, peta(P) = 1 000 000 000 000 000 = 10^{15}
조: 테라, tera(T) = 1 000 000 000 000 = 10^{12}
십억: 기가, giga(G) = 1 000 000 000 = 10^{9}
백만: 메가, mega(M) = 1 000 000 = 10^{6}
천: 킬로, kilo(k) = 1 000 = 10^{3}
백: 헥토, hecto(h) = 100 = 10^{2}
십: 데카, deka(da) = 10 = 10
1/십: 데시, deci(d) = 0.1 = 10^{-1}
1/백: 센티, centi(c) = 0.01 = 10^{-2}
1/천: 밀리, milli(m) = 0.001 = 10^{-3}
1/백만: 마이크로, micro(μ) = 0.000 001 = 10^{-6}
1/십억: 나노, nano(n) = 0.000 000 001 = 10^{-9}
1/조: 피코, pico(p) = 0.000 000 000 001 = 10^{-12}
1/천조: 펨토, femto(f) = 0.000 000 000 000 001 = 10^{-15}
1/백경: 아토, atto(a) = 0.000 000 000 000 000 001 = 10^{-18}

II. 해외건설 전문용어 약어 *Abbreviations*

해외 건설 산업 분야의 건설기술자 및 설계분야의 건축가들은 일반적으로 건설 관련 전문용어를 약어화 하여 사용하지만 그 표현방법에는 기술자마다 약간의 차이가 있어 혼선이 생기는 경우가 종종 있다. 따라서 약어가 나타 내고자하는 전문적 의미는 다수의 전문가들이 공감할 수 있는 의미로 통일 할 필요가 있다. 같은 의미를 갖는 전문용어를 약어화 하여 표현할 때 대문자, 소문자, 또는 구두점의 유무 등으로 달리 표현하는 경우도 있지만 이것은 특수한 경우를 제외한다면 편의상의 표현일 뿐 특별한 의미가 부여되는 것은 아니다. 이 책의 본문에 기재한 용어의 정의 및 다음의 약어는 영어권 국가의 설계도면, 시방서, 계약서 등에서 흔히 볼 수 있는 전문용어의 약어로서 아래 참고문헌에서 발췌, 정리하였다:

Encyclopedia of Architecture, Design, Engineering & Construction : AIA
Interior Graphic and Design Standards: The Architectural Press Ltd.
Graphic Construction Standard: RS Means
Illustrated Construction Dictionary: RS Means
Residential Cost Data: RS Means
Technical Manual: US Army Engineer School
Time-Saver Standards: McGraw-Hill
Time-Saver Standards for Architectural Design Data: McGraw-Hill

A

a acre, ampere
A area, ampere
Amp 또는 amp ampere
A&E architect and engineer
ab anchor bolt
ABC aggregate base course
ABS acrylonitrile butadiene styrene 또는 asbestos-bonded steel
ABT air blast transformer 또는 about
ac, a-c, 또는 a.c. alternating current
a.c. asphaltic concrete
A.C. 또는 AC air-conditioning, alternating current(on drawings), armored cable (on drawings), plywood grade A&C 또는 asbestos cement
ACB asbestos-cement board 또는 air circuit breaker
ACC accumulator
Access. accessory
ACD automatic closing device
A.C.I. american concrete institute
ACM asbestos-covered metal
ACSR aluminium cable steel reinforced 또는 aluminium conductor steel reinforced
Acst acoustic
Actl actual
a.d. air-dried
AD access door, air-dried, area drain, plywood grade A&D as drawn
ADD addendum 또는 addition
Addit. additional

ADF after deducting freight (목재산업 용어)
ADH adhesive
adj. adjacent, adjoining, adjust 또는 adjustable
ADS automatic door seal
A&E architect-engineer
af audio-frequence
AG above grade
A.G.A. american gas association
AGC associated general contractors of america, inc.
Agg. 또는 Aggr aggregate
AGL abov ground level
A.H. 또는 amp hr ampere hours
A hr ampere-hour
A.H.U. air-handling unit
A.I.A. american institute of architects
AIC ampere interrupting capacity
AL, al 또는 alum aluminium 또는 allow
Allow. 또는 ALLOW allowance
ALM alarm
ALS American Lumber Standards
alt. altitude
ALT alternate
ALTN alteration
Alum. aluminum
ALY alloy
a.m. ante meridiem
AMB asbestos millboard
AMD air-moving device
amp 또는 Amp. ampere(s)
ANL anneal
Anod. anodized
AOA activity on arrow
AON activity on node
AP access panel
APC acoustical plaster ceiling
APF acid-proof floor
Appd approved
Approx. 또는 appr approximate
APR air-purifying respirator
Apt. apartment
APW Architectural Projected Window
AR as required 또는 as rolled
arch. architect
ARC W 또는 ARC/W arc weld
ARS asbestos roof shingles
ART. arificial
AS automatic sprinkler
asb 또는 Asb asbestos
A.S.B.C. American Standard Building Code
Asbe asbestos worker
ASC asphalt surface course
ASEC American Standard Elevator Code
A.S.H.R.A.E. american society of heating, refrig. & ac engineers
A.S.M.E. american society of mechanical engineers

asph asphalt
ASR automatic sprinkler riser
A.S.T.M. american society for testing and materials
AT asphalt tile, airtight
ATB asphalt-tile base
ATC acoustical tile ceiling, architectural terra-cotta 또는 automatic temperature control
ATF asphalt-tile floor
atm atmosphere 또는 armospheric
Attchmt. attachment
aux auxiliary
Avg, ave 또는 av average
A/W all-weather
AW actual weight
A.W.G. American Wire Gauge

B

B beam, boron, 또는 brightness
BA bright annealed
BAS building automation system
bat. batten
B.&B. grade B and better (목재산업 용어) 또는 balled & burlapped
b&cb beaded on the edge and center
B.&S. bell and spigo
B.&W. black and white
bbl, Bbl. 또는 brl barrel(s)
BC building code
b.c.c. body-centered cubic
BCM broken cubic meter 또는 bank cubic meter
B.C.Y. broken cubic yards 또는 bank cubic yards
bd. board
bdl bundle
BE bevel end
BET. between
Beth. B Bethlehem beam
bev beveled
bev sid beveled siding
BF backfill
B.F., bf 또는 bd.ft. board feet
BFP backflow preventer
bft bottom of footing
bg bag 또는 below grade
BG below ground 또는 below grade
Bg. cem. bag of cement
Bh Brinell hardness
Bhn Brinell hardness number
BHP 또는 bhp brake horsepower 또는 boiler horsepower
BI black iron
Bit. 또는 Bitum. bituminous

Bk. backed

Bkrs. breakers

B/L bill of lading

BL building line

bldg 또는 Bldg building

Blk block 또는 black

BLKG blocking

BLO blower

BLR boiler

Blt built 또는 borowed light

Bm beam

bm bank measure, volume of earth prior to losening

b.m. board measure (목재산업 용어)

BM bench mark 또는 beam

B/M 또는 BOM bill of materials

BMEP brake mean effective measure

B&O back-out punch

b of b back of board

Boil. boilermaker

bot bottom

BP blueprint, base plate, bearing pile 또는 building paper

bpd barrels per day

BPG beveled plate glass

B.P.M. blows per minute

BR bedroom

brc brace

brcg bracing

Brg. bearing

Brhe. bricklayer helper

Bric briclayer

Brk. brick

BRKT 또는 bkt bracket

Brng. bearing

Brs. brass

Br Std 또는 BS British Standard

Brz. bronze

BRZG brazing

B&S beams and stringers, bell and spigot 또는 Brown and Sharpe gauge

BSMT basement

Bsn. basin

BSR building space requirements

BTB bituminous treated base

Btr. 또는 btr better

BTU British thermal unit(s)

BTUH BTU per hour

B.U.R. built-up roofing

but. buttress

BW butt weld

B&W black and white

BX interlocked armored cable

B1S banded one side 또는 bead one side

B2E banded two ends

B2S banded two sides, bead two side 또는 bright two sides

B2S1E bande two sides and one end

B3E beveled on three edges

B4E beveled on four edges

C

c candle, cathode, channel, conductivity, copper sweat 또는 cycle

C carbon, Celsius, centigrade 또는 hundred

℃ celsius temperature

C/C center to center, cedar on cedar

Cab. cabinet

CAB cabinet 또는 cement-asbestos board

Cair. air tool laborer

cal calorie

Calc calculated

cap. 또는 Cap. capacity

Carp. carpenter

CAT. catalog 또는 catalogue

CATV community antenna television

CATW catwalk

cb concrete block

CB catch basin

C.B. circuit breaker

CB1S center beam one side

CB2S center beam two sides

CBMA Certified Ballast Manufacturers

CBR California bearing ratio

C&Btr. grade C and better (목재산업 용어)

cc cubic centimeter

C/C center to center

C.C.A. chromate copper arsenate

C.C.F. hundred cubic feet

CCTV closed-circuit television

CCW counterclockwise

cd candela

CD grade of plywood face and back

cd/sf candela per square foot

CDX plywood, grade C and D, exterior glue

Cefi cement finisher

ceil ceiling

Cem. cement

cem. fin. cement finish

cem. m cement mortar

cent. cenrtal

cer ceramic

cf 또는 C.F. cubic feet

CF centrifugal force, cooling fan, cost and freight 또는 hundred feet

cfm 또는 CFM cubic feet per minute

cfs 또는 CFS cubic feet per second

c.g. center of gravity

cgs centimeter-gram-second

CG ceiling grille, center of gravity, coarse gram 또는 corner guard

CG2E center groove two edges

chfr chamfer

chkd checked

CHIM chimney

CHU centigrade heat unit

CHW chilled water 또는 commercial hot water

CI cast iron 또는 certificate of insurance
C.I. cast iron
c.in. cubic inch
cin bl cinder block
CIP cast iron pipe
C.I.P. cast in place
CIR 또는 cir circle, circuit 또는 circular
Circ. circuit
CIRC 또는 circum circumference
cl closet
CL center line
C.L. carload lot
Clab. common laborer
C.L.F. hundred linear feet
CLF current limiting fuse
clg ceiling
clk caulk
CLP cross-linked polyethylene
clr clear
cm centimeter
cm^2 square centimeter
cm^3 cubic centimeter
CM cneter matched 또는 construction management
CMP corrugated metal pipe
CMPA corrupted metal pipe arch
C.M.U. concrete masonry unit
CN change notice
CND conduit
c-o cleanout
Co company
CO certificate of occupancy, change order, cleanout 또는 cutout
CO_2 carbon dioxide
coef coefficient
Col. 또는 col. column
com common
COMB. 또는 Comb. combination
comp compartment, compensate, component 또는 composition
COMPF composition floor
COMPR 또는 Compr. composition roof, compress 또는 compressor
conc 또는 Conc. concrete
conc b concrete block
conc clg concrete ceiling
conc fl concrete floor
cond conductivity
const constant 또는 construction
constr construction
Cont. continuous 또는 continued
CONTR contractor
conv convector
cop. coping 또는 copper
corb corbeled
corn. cornice
Corr. corrugated
Cos cosine
Cot cotangent

Cov. cover
C/P cedar on paneling
CPFF cost plus fixed fee
C.P.M. Critical Path Method
C.Pr. hundred pair
CPVC chlorinated polyvinyl chloride
Creos. creosote
CRN cost of reproduction [replacement] new
CRP controlled rate of penetration
Crpt. capet and linoleum layer
CRSI Concrete Reinforcing Steel Institute
CRT cathode-ray tube
CS cast stone, carbon steel, constant shear bar joist 또는 commercial standard
Csc cosecant
CSI construction specifications institute
ct coat 또는 coats
CTB cement treated base
ctr center 또는 counter
Cu cubic 또는 copper
cu. in. cubic inch
cur. current
cu yd/h cubic yard per hour
CV2S center vee two sides
C.W. cool white 또는 cold water
Cwt. 또는 cwt hundred weight(100 pounds US customary)
C.W.X. cool white deluxe
C.Y. 또는 cy cubic yard(s)
Cyl. 또는 cyl. cylinder
cyp cypress
2/C two conductors
CP candlepower 또는 cesspool
CPA control point adjustment
Cplg. coupling
cpm cycles per minute
cps cycles per second(hertz)
CRC cold-rolled channel
crib. cribbing
cr pl chromium plate
cr rk crushed rock
c/s cycle per second
C.S.F. hundred square feet
CSK countersink
C.T. current transformer
c to c center to center
CTS copper tube size
Cu. Ft. 또는 cu ft cubic foot (또는 feet)
cu m cubic meter
cu yd cubic yard
CV1S center vee one side
cw clockwise 또는 continuous wave
C.W.Pt. cold water point
CY cycle
C.Y./Hr. cubic yards per hour
CYL L cylinder lock
1/C single conductor

D

d degree, density, depth 또는 penny (못 길이 단위)

D deep, depth, diameter, dimensional 또는 discharge

D&CM dressed and center matched

D&M dressed and matched

D&MB dressed and matched beaded

D&SM dressed and standard matched

D1S dressed one side

D2S dressed two sides

D2S&CM dressed two sides and center matched

D2S&SM dressed two sides and standard matched

D4S dressed four sides

DAD double acting door

dB 또는 Db. decibel

DBA a unit of sound level (as from the A-scale of a sound-level meter) 또는 doing business as

DB. Clg double-headed ceiling

DBG distance between guides

Dbl. double

DBT dry-bulb temperature

DC direct current

DDC direct digital control

DEC docimal

ded deduct

DEG 또는 deg degree, degrees

DEL delineation

Demo demolition

Demob. demobilization

DEPT department

DET detached, detail 또는 double end trimmed

DF damage free, direction finder, drainage free 또는 drinking fountain

dflct deflection

d.f.u. drainage fixture units

D.H. double-hung

DHW domestic hot water 또는 doubel-hung window

DIA 또는 Diam. diameter

Diag. diagonal

DIM. dimension

Dis. 또는 Disch. discharge

disp disposal

Distrib. distribution

DIV division

Dk. deck

D.L. dead load, deadlight 또는 diesel

DLH deep long span bar joist

DN down

Do. ditto

DOZ dozen

dp deep

Dp. depth, degree of polymerization, dew point 또는 double pitched
DPC dampproof course
D.P.S.T. double pole single throw
dr door
Dr. dining room, drain, dessing room 또는 driver
DRG drawing
Drink. drinking
drn drain 또는 drainage
drwl drywall
D.S. double strength 또는 downspout
D.S.A. double strength A grade
D.S.B. double strength B grade
DSGN design
DT drum trap
DT&G double tongue and groove
Dty. duty
DU disposal unit
DUP duplicate
DVTL dovetail
dwg 또는 DWG drawing(s)
DWV drain waste vent
DX deluxe white 또는 direct expansion
dyn dyne

E

e eccentricity 또는 erg
E east, engineer, equipment only 또는 modulus of elasticity
ea. 또는 Ea. each
EA exhaust air
E and OE errors and omissions excepted
eastern S-P-F eastern spruce, pine or fir
E.B. encased burial
EB1S edge bead one side
ecol ecology
Econ. economy
EDP electronic data processing
E.D.R. equivalent direct radiation
EE eased edges, electrical engineer 또는 errors excepted
EEO equal opportunity employer
eff efficiency
EG edge (vertical) grain
ehf extremely high frequency
EHP effective horsepower, electric horsepower
EIFS exterior insulation finish system
Elec. electric 또는 electrical
elev 또는 EL elevation 또는 elevator
Elev. elevating 또는 elevator
EM end matched
EMF electromotive force

EMI electromagnetic interference
EMT electrical metallic conduit, thin wall conduit
emu electromagnetic unit
enam enameled
encl enclosure
eng 또는 Eng. engine 또는 engineered
engr engineer
EOL end of line termination
EPDM ethylene propylene diene monomer
EPS expanded polystyrene
eq equal
Eq. equation
Eqhv. equip. oper., heavy
Eqlt. equip. oper., light
Eqmd. equip. oper., medium
Eqmm. equip. oper., master mechanic
Eqol. equip. oper., oilers
Equip. equipment
equiv equivalent
erec erection
ERW electric resistance welding
E.S. energy saver
Est., EST. 또는 est estimated
esu electrostatic unit
ET ethyl
EV electron volt
evap evaporate
EV1S edge vee one side
E.W. each way
EWT entering water temperature
ex excmple 또는 extra
exc excavation 또는 except
excav 또는 Excav. excavation
exh exhaust
exist'g existing
exp 또는 Exp. expansion 또는 exposure
exp bt expansion bolt
ext 또는 Ext. exterior
extg extracting
extru 또는 Extru. extrusion
exx examples

F

f fine, focal length, force 또는 frequency
F Fahrenheit, female, fill 또는 fluorine
f. fiber stress
°F fahrenheit temperature
FA fresh air fire alarm
Fab. fabficate 또는 fabricated
fac facsimile
FAI fresh air intake
FAO finish all over
FAR floor-area ratio
FAS free alongside ship 또는 firsts and seconds

FBGS fiberglass

FBM 또는 fbm foot board measure

f.c. 또는 F.C. footcandles

f'c. compressive stress in concrete 또는 extreme compressive stress

f.c.c. face-centered cubic

FDB forced draft blower

FDC fire department connection

fdn, fdtn, fds, 또는 FDN foundation 또는 foundations

fdry foundry

Fe ferrum [iron]

FE fire escape

F.E. front end

Fed spec Federal specification

FEP Fluorinated Ethylene Propylene (또는 Teflon)

FFA full freight allowance

fg finish grade

FG fine grain 또는 flat grain

F.G. finished grain 또는 flat grain

FHA federal housing administration

FHC fire hose cabinet

Fig. figure

fill. filling

Fin. finished

Fixt. fixture

fl floor 또는 fluid

FL floorline, floor 또는 flashing

flash. flashing

FLG flooring

Fl. Oz. fluid ounce

Flr. floor

FLUOR fluorescent

fm 또는 fth fathom

F.M. frequency modulation 또는 Factory Mutual

Fmg. framing

FMT flush metal threshold

FMV fair market value

Fndtn. foundation

FOB free on board

FOC free of charge

FOHC free of heart centers

FOK free of knots

Fori. foreman, inside

Foro. foreman, outside

foun foundation

Fount. fountain

fp fireplace 또는 freezing point

f.pfg. fireproofing

FPM 또는 fpm feet per minute

FPRF fireproof

FPS 또는 fps feet per second

FPT female pipe thread

Fr. frame

F.R. fire rating

FRK foil reinforced kraft

frmg framing 또는 forming

FRP fiber reinforced plastic

frwy freeway

FSC cast body, cast switch box

Ft. 또는 ft foot 또는 feet

ftg footing

Ft. Lb. 또는 ft-lb foot-pound

Ftg. footing

ft/s foot per second

fus fusible

FVNR full voltage non-reversing

fwd forward 또는 four wheel drive

Fy. minimum yield stress of steel

frt freight

FS federal specifications 또는 forged steel

FST flat seam tin

ftc footcandle

ft kips foot kips

Ftng. fitting

ft/min foot per minute

Furn. furniture, furnish 또는 furnished

fv face velocity

FW flash welding

FXM female by male

G

g gram, gravity, gauge 또는 girth

Ga. gauge

Gal./Min. gallon per minute

Galv. galvanized

GB glass block

GCF greatest common factor

G.F.C.I. ground-fault circuit-interrupter

GI galvanized iron

Glaz. glazier

GM grade marked

GOB general obligation bonds

gov 또는 govt government

GPH gallons per hour

GR grade, gravity, gross, ground 또는 grains

G/R grooved roofing

grd grade

G gas 또는 gauss

Gal. 또는 gal gallon(s) (US customary)

gal/hr, gph 또는 GPH gallons per hour

gar garage

GC general contractor

Gen. general

G.F.I. ground fault interrupter

gl glass 또는 glazing

glu-lam glue-laminated

GMV gram molecular volume

Goth Gothic

GPD gallons per day

GPM 또는 gpm gallons per minute

Gran granular

gr fl ground floor

gr.fl.ar ground floor area
gr.wt gross weight
gtd guaranteed
GYP gypsum
Grnd. ground
GT gross ton
g.u.p. grading under pavement

H

h harbor, hard, hours, house 또는 hundred
h 또는 ht height
H 'head' on drawings, high, high strength bar joist, henry 또는 hydrogen
HA hour angle
hc hollow core
HC 또는 H.C. high capacity
HD 또는 H.D. heavy duty 또는 high density
H.D.O. High Density Overlaid
Hdr. header
Hdwe. 또는 Hdwr. hardware
Hdwd. hardwood
He. helium
HE. high explosive
Help. helpers average
hem. hemlock
HEPA high efficiency particulate air filter
hex hexagon
hf half 또는 high-frequency
H.F. hot finished
hg hectogram
Hg mercury
hgt height
HI height of instrument
HIC high interrupting capacity
HID high intensity discharge
hip. hipped (roof)
hl hectoliter
hm hectometer
HM hollow metal
H.O. high output
Hor. 또는 Horiz. horizontal
HOW. Home Owners Warranty
hp 또는 H.P. horsepower, high pressure 또는 steel pile section
H.P.F. high power factor
Hr. 또는 hr hour(s)
H.S. high strength
Hrs./Day hours per day
HSC high short circuit
ht 또는 Ht. height
HT high-tension
htg 또는 Htg. heating
Htrs. heaters

HUD Department of Housing and Urban Development
hv 또는 HV high voltage
HVAC heating, ventilation and air-conditioning
hvy 또는 Hvy. heavy
HW high-water 또는 hot water
HWM high-water mark
hwy highway
hyd 또는 hydraul hydraulic, hydrostatics
Hyd. 또는 Hydr. hydraulic
hyp 또는 hypoth hypothesis 또는 hypothetical
Hz. hertz(cycles)(electrical)

I

I. moment of inertia
IARC International Agency for Research on Cancer
IBI Intelligent Buildings Institute
I.C. interrupting capacity, ironclad 또는 incense cedar
ID inside diameter
I.D. inside dimension 또는 identification
I.F. inside frosted
IFB Invitation for Bids
ihp indicated horsepower
I.M.C. intermediate metal conduit
imp imperfect
In. 또는 in. inch(es)
in/min inches per minute
inc included, including, incorporated, increase 또는 incoming
Incan. incandescent
Incl. included 또는 including
Ins insulate 또는 insurance
Inst. installation
Insul. insulation 또는 insulated
Int. intake, interior 또는 internal
I.P. iron pipe
I.P.S. iron pipe size
I.P.T. iron pipe threaded
IR inside radius at the start, or initiation, of an activity
I.W. indirect waste

J

J jack 또는 joule

J.I.C. Joint Industrial Council

JP jet propulsion

junc junction

jct junction

jour journeyman

jt 또는 jnt joint

jsts joists

K

k kilo 또는 knot

K Kalium, thousand, thousand pounds 또는 heavy wall copper tubing

Ka cathode

kc kilocycle

KCMIL thousand circular mils

KD kiln-dried

K.D.A.T. kiln dried after treatment

kG kilogauss

kHz kilohertz

Kip. 1000 pounds

KJ kilojoule

K.L. effective length factor

km kilometer

kn knot

K.S.F. kips per square foot

K.V. kilovolt

K.V.A.R. kilovar(s)(reactance)

Kwh 또는 Kwhr kilowatt-hour

K.A.H. thousand amp. hours

kcal kilocalorie

kc/s kilocycle per second

KD 또는 KDN knocked down

kg keg 또는 kilogram

kgf kilogram force

KΩ kilohm

KIT. kitchen

kl kiloliter

K.L.F. kips per linear foot

kmps kilometers per second

Kr krypton

K.S.I. kips per square inch

K.V.A. kilovolt ampere(s)

KW 또는 kW kilowatt(s)

L

L Lambert, labor only, length, long 또는 large

l left, liter 또는 lumen

Lab. labor 또는 laboratory

LAG lagging

lam plas laminated plastic

LAM laminated

LAN local area network

lat latitude 또는 lattice

Lath. lather

Lav. lavatory

lb., #, lb 또는 lbs pound(s)(US customary)

L.B. load bearing

L.&E. labor and equipment

lbf/sq. in. pound-force per square inch

lb./hr. pounds per hour

lb./L.F. pounds per linear foot

Lbr lumber

L.C.L. less-than-carload lot

LCM least common multiple 또는 loose cubic meter

L&CM lime and cement mortar

LCY loose cubic yard

Ld. load

LDG landing

LE leading edge 또는 lead equivalent

LECA light expanded clay aggregate

LED light emitting diode

lf lightface 또는 low frequency,

L.F. lineal feet 또는 linear foot(또는 feet)

Lg. large, length 또는 long

LG liquid gas

lgr longer

lgt lighting

lgth length

L&H light and heat

LH left hand 또는 labor hours

L.H. long span high-strength bar joist

LIC license

LIFO last in, first out

lin linear 또는 lineal

lin ft linear foot 또는 lineal foot

lino linoleum

L.J. long span standard-strength bar joist

L.L. live load

L&L latch and lock

LL&B latch, lock, and bolt

L.L.D. lamp lumen depreciation

lm lumen

LM lime mortar

lm/sf lumen per square foot

lm/W lumen per watt

lng 또는 Lng lining

L&O lead and oil (paint)

L.O.A. length over all

log logarithm

L-O-L lateralolet

L.P. liquefied petroleum 또는 low pressure

L&P lath and plaster

L.P.F. low power factor

LPG liquid petroleum gas
LR living room, long radius 또는 law reports
L.S. left side, lump sum 또는 loudspeaker
Lt. long ton 또는 light
Lt. Ga. light gauge
L.T.L. less than truckload lot
Lt. Wt. lightweight
LUST leaking underground storage tank
L.V. low voltage
LVL laminated veneer lumber
LW low water
LWC lightweight concrete
LWM low water mark

M

m meter
M thousand, material, male, light wall copper tubing 또는 bending moment (on drawings)
m^3 cubic meter
MΩ megohm
ma 또는 mA milliampere
MA mechanical advantage
Mach. machine 또는 machinist
mag magazine 또는 magneto
Mag. Str. magnetic starter
Maint. maintenance
MAN manual
manuf manufacture
Marb. marble setter
mas masonry
Mat 또는 Mat'l. material
Max. 또는 max maximum
mb millibar 또는 machine bolt
MBF thousand board feet
M Btu/hr thousand Btu per hour
MBH thousand BTU's per hour
MBM 또는 M.b.m. thousand feet board measure
MC moisture content, metal clad cable 또는 mail chute
M.C.F. thousand cubic feet
M.C.F.M. thousand cubic feet per minute
M.C.M. thousand circular mils
M.C.P. motor circuit protector
md man-day(s)
MD medium duty
M.D.O. medium density overlaid
me marbled edges
ME mechanical engineer
meas measure
mech mechanic 또는 mechanical
Med. medium

memb member

membr membrane

mep mean effective pressure

MER mechanical equipment room

met metal 또는 metallurgy

mezz mezzanine

mf mill finish

MF thousand feet

M.F.B.M. 또는 M fbm thousand feet board measure of lumber

Mfg. manufacturing

Mfrs. manufacturers

mg milligram

Mg magnesium

MG motor generator

MGD million gallons per day

MGPH thousand gallons per hours

mgt management

MH 또는 M.H. manhole

mhr, mh, M.H. 또는 m/hr man-hour(s)

MHW mean high water

MHz megahertz

Mi. mile

MI malleable Iron 또는 mineral insulated

mid middle

Mill. millwright

Min. 또는 min minimum, minute(s) 또는 minor

Misc. miscellaneous

mix, mixt mixture

mks meter-kilogram-second

ml milliliter

ML material list

mldg 또는 Mldg molding

M.L.F. thousand linear feet

MLW mean low water

mm millimeter

MMF magnetomotive force

Mn manganese

MN magnetic North 또는 main

mnfr manufacturer

Mo. molybdenum 또는 month

Mobil. mobilization

mod 또는 modif modification

MOD model

Mog. mogul base

MOL maximum overall length

MOT motor

mp melting point

mpg miles per gallon

mph 또는 MPH miles per hour

MPT male pipe thread

mr moisture resistant

MRT mean radiant temperature 또는 mile round trip

ms millisecond

MSDS Material Safety Data Sheet

M.S.F. thousand square feet

msl mean sea level

Mstz. mosaic & terrazzo worker

M.S.Y. thousand square yards

Mtd. mounted
mtg 또는 mtge mortgage
Mthe. mosaic & terrazzo helper
Mtng. mounting
Mult. multiple, multiply 또는 multiplier
mun 또는 munic municipal
MV megavolt
M.V.A. million volt amperes
M.V.A.R. million volt amperes reactance
MW megawatt
mW milliwatt
mxd mixed
MXM male by male
MYD thousand yards

N

n 또는 N noon, number, nail, nitrogen 또는 normal
N natural 또는 north
Na sodium
nA nanoampere
NA not available 또는 not applicable
nm nanometer
NAT natural
N.B.C. National Building Code
NC noise criterion 또는 normally closed
NCM noncorrosive metal
NCX fire-retardent treated wood
NEC National Electrical Code
NEHB bolted circuit breaker to 600V.
N.E.M.A. national electrical manufacturers assoc.
NESC National Electrical Safety Code
NFC National Fire Code
Ni nickel
NIC not in contract
N.L.B. non-load-bearing
NM non-metallic cable
nm nanometer
no., # 또는 No. number
NO normally open
N.O.C. not otherwise classified
NOM nominal
NOP not otherwise provided for
norm normal
Nose. nosing
NPS nominal pipe size
N.P.T. national pipe thread
nr near 또는 noise reduction
N.R.C. noise reduction coefficient
N.R.S. non-rising stem
ns nanosecond
NS not specified
ntp normal temperature and pressure
NTS not to scale
nt. wt. 또는 n. wt. net weight

num numeral

N1E nosed one edge

N2E nosed two edges

nW nanowatt

O

O oxygen

OA overall

O/A on approval

OAI outside air intake

OB opposing blade

O.B.M. ordinance bench mark

OBS obsolete, open back strike

OC 또는 oc on center

OCT octagon

OD outside diameter

O.D. outside dimension

ODS overhead distribution system

OFF. office

O.G. 또는 o.g. ogee

O/H, Ovhd. 또는 O.H. overhead

OHS oval-headed screw

O.J.T. on-the-job-training

O&P overhead and profit

op operation

Oper. operator

Opng. opening

opp opposite

opt optional

OR. outside radius 또는 owner's risk

ord order 또는 ordinance

ORIG original

Orna. ornamental

O.S.&Y. outside screw and yoke

OSB oriented strand board

OSHA Occupational Safety and Health Administration, Department of Labor 또는 Occupational Safety and Health Act

Ovhd Overhead

OWG oil, water or gas

Oz. 또는 oz. ounce(s)

P

p. page, part, per, pint, pipe, pitch, post, port 또는 power

P. phosphorus, pressure, pole, projection 또는 applied load

P1E planed one edge

P1S planed one side

P1S2E planed one side and two edges
P4S plande four sides
PA particular average, power amplifier, purchasing agent, public address system 또는 professional association
pan. panel
P&G post and girder
P&P point and patch
Pape. paperhanger
P.A.P.R. powered air purifying respirator
PAR. paragraph, part 또는 partition
par. parapet
p.a.r. planed al round
partn partition
PASS. passenger
Pat. pattern
pat. patent
PAX private automatic (telephone) exchange
Pb lead
P.C. portland cement 또는 power connector
pc. 또는 Pcs. piece(s)
PCB polychlorinated biphenon compound
PCE pyrometric cone equivalent
P.C.F. pounds per cubic foot
pc 또는 pct percent
P.C.M. phase contract microscopy
pcs pieces
PD per dime, potential difference
pd paid
Pd palladium
P.E. professional engineer, porcelain enamel, plain end 또는 polyethylene
PE professional engineer, probable error, plain end 또는 polyethylene
p.e. plain edged
pecky cyp pecky cypress
PEP Public Employment Program
per. perimeter, by the 또는 period
Perf. perforated
perim perimeter
PERM permanent
PERP perpendicular
PERT project evaluation and review technique
P.E.S.B. pre-engineered steel building
PF power factor
PFA pulverized fuel ash
PFD preferred
pg paint grade
ph. phase 또는 phot
Ph phenyl
PH phase 또는 Phillips head
P.I. pressure injected
PIB polyisobutylene
PID photoionization detector
pil pilaster
Pile. pile driver
piv pivoted

pk park, peak 또는 plank
pk.fr. plank frame
Pkg. package
pkwy parkway
P/L plastic laminate
PL pile, plate, plug, power line, pipe line 또는 private line
Pl. place, panel 또는 plate
Plah. plasterer helper
Plas. plasterer
platf platform
plf pounds per linear foot
PLG piling
plmb, plb, plbg 또는 PLMB plumbing
plt plate
Pluh. plumbers helper
Plum. plumber
Ply. 또는 PLYWD plywood
p.m. post meridiem
pmh production man-hour
PNEU pneumatic
PNL panel
P&T post and timbers
Pntd. painted
PO purchase order
POL polish
PORC porcelain
Pord. painter, ordinary
PORT. CEM portland cement
pos 또는 POS positive
pot. potential
PP pages
PP 또는 PPL polypropylene
PP-AC air-conditioning power panel
ppd prepaid
PPE personal protective equipment
PPGL polished plate glass
P.P.M. 또는 ppm parts per million
ppt 또는 pptn precipitate 또는 precipitation
PR 또는 Pr. payroll(s) 또는 pair(s)
PRCST precast
preb prebend
prec preceding 또는 precast
PREFAB. 또는 Prefab. prefabricated
Prefin. prefinished
prelim preliminary
prin principal
prod. production
proj project 또는 projection
PROJ project
Prop. property 또는 propelled
prov provisional
prs pairs
PRV pressure-regulating valve
ps pieces
p.s.e. planed and square-edged
PSF 또는 psf pounds per square foot
PSI 또는 psi pounds per square inch
PSIG pounds per square inch gauge
p.s.j. planed and square-jointed
PSP plastic sewer pipe

Pspr. painters, spray

Psst. painters, structural steel

P.T. pipe thread 또는 potential transformer

PT part 또는 point

P.&T. post and timbers 또는 pressure and temperature

pt paint, pint, payment, port 또는 point

Ptd. painted

ptfe polytetrafluorethylene

ptg painting

p.t.g. planed, tongued, and grooved

PTN, Ptns. 또는 pt'n partitions

Pu pickup 또는 ultimate load

PUD pickup and delivery

pur purlins

PVA polyvinyl acetate

PVC polyvinyl chloride

Pvmt. pavement

Pwr. power

pwt pennyweight

1PH single phase

3PH three phase

Q

q quart

Q quantity heat flow

Q.C. quick coupling

qda quantity discount agreement

QF quick firing

qr quarter

QR quarter-round

qs quarter-sawn

QS quantity sheet

qt quart

QTR quarry-tile roof 또는 quarter

quad. quadrant

Quan. 또는 Qty. quantity

QUAD. quadrangle

QUAL quality

quar quarterly

R

r radius of gyration, rain, range, rare, red, river, roentgen 또는 run

R resistance, radius 또는 right

Ra radium

R.A. registered architect

rab rabbeted

RAB rabbet

rad radiator

raft. rafter

R&G rub and grind

ran random
RC 또는 R/C reinforced concrete
rcp 또는 R.C.P. reinforced concrete pipe
1/2 RD half-round
RD roof drain 또는 round
RBM reinforced brick masonry
RC asphalt rapid-curing asphalt
1/4 RD quarter-round
rd road, rod 또는 round

rebar reinforcing bar 또는 reinforcing steel
recd received
RECP receptacle
Rect. rectangle 또는 rectified
ref reference 또는 refining
REFR refractory 또는 refrigerate
reg registered
REG register 또는 regulator
recap. recapitulation
recip reciprocal
rec. room recreation room
red. reduce 또는 reduction
REF refer 또는 reference
refrig refrigeration
Reg. regular

rein. 또는 Reinf. reinforced 또는 reinforcing steel

REINF reinforce 또는 reinforcing
remod remodel
rep 또는 REP repair
REPRO reproduce
res 또는 Res. resawn 또는 resistant
ret retain, retainage
rev revenue, reverse 또는 revised
rf roof
Rfg roofing
rgh 또는 Rgh. rough
RH relative humidity
REM removable
rent. rental
repl 또는 REPL replace 또는 replacement
reqd, Req'd 또는 REQD required
Resi. residential
RET. return
REV revise
RF roof 또는 radio frequency
RFP request for proposal
Rh rhodium 또는 Rockwell hardness
RHN Rockwell hardness number

R.H.W. rubber, heat and water resistant 또는 residential hot water

RI refractive index
riv river
R/L random lengths
rms root mean square
r. mld. raised mold
rib. gl. ribbed glass
RJ road junction
rm ream 또는 room
RM room
rms root mean square

Rnd. round
Rodm. rodman
Rofc. roofer, composition
Rofp. roofer, precast
Rohe. roofer helpers(composition)
ROP record of production
ROPS roll-over protection system
rot. rotating 또는 rotation
Rots. roofer, tile and slate
R.O.W. right of way
rpm 또는 RPM revolutions per minute
RRGCP reinforced rubber gasket concrete pipe
RRS railroad siding
R.S. rapid start
Rsr riser
RSJ rolled steel joist
rt right
RT raintight 또는 round trip
Rub. 또는 rub. Ruberoid 또는 rubble
r.w. redwood, roadway 또는 right-of-way
R/W right-of-way
R/W&L random widths and lengths
rwy 또는 ry railway

S

S side, south, southern, suction, single entrance, seamless, subject 또는 sulphur
s second
S1E surfaced one edge
S1S surfaced one side
S1S1E surfaced one side and one edge
S1S2E surfaced one side and two edges
S2E surfaced two edges
S2S surfaced two sides
S2S1E surfaced two sides and one edge
S2&CM surfaced two sides and center matched
S2S&SL surfaced two sides and shiplapped
S4S surfaced four sides
S4S&CS surfaced four sides and caulking seam
S/A shipped assembled
SAF safety
SAN sanitary
sanit sanitation
sar supplied air respirator
sat. saturate 또는 saturation
SBC Standard Building Code
sc solid core
Scaf. scaffold
scba A self-contained breathing apparatus utilizing an air tank connected directly to a respirator face mask

sch school
Sch. 또는 Sched. schedule
SCFM standard cubic feet per minute
scp spherical candlepower
S.D. sound deadening, sea-damaged 또는 standard deviation
S/D shop drawings
SDA specific dynamic action
S.D.R. standard dimension ratio
Sdg siding
S.E. surfaced edge
S&E surfaced one side and edge
Se selenium
S/E square-edged
sec second(s)(of time)
SECT 또는 sec. section
sed sediment 또는 sedimentation
sel select 또는 selected
Sel. select
sep 또는 SEP separate
S.E.R. 또는 S.E.U. service entrance cable
SERV service
SE&S square edge and sound
SE Sdg 또는 S.E. Sdg. square-edge siding
SEW. sewer
sf 또는 S.F. square feet, square foot(또는 feet)
sfca square foot contact area
S.F.C.A. square foot contact area
SFCS square feet of contact surface
S.F.G. square foot of ground
S.F.Hor. square foot horizontal
S.F.R. square feet of radiation
S.F.Shlf. square foot of shelf
Sftwd. softwood
sfu supply fixture unit
S&G studs and girts
SGD sliding glass door
S&H staple and hasp
SH sheet, shower 또는 single-hung
sh shingles
Shee. sheet metal worker
shf superhigh frequency
sh met sheet metal
shp shaft horsepower
sht sheet 또는 sheath
Si silicon
SIC Standard Industrial Classification
sid siding
SIM 또는 sim similar
Sin. sine
s. in square inch
SK sketch
sk sack(s)
Skwk. skilled worker
sky. skylights
SL saran lined
S.L. slimline
SL&C shipper's load and count
Sldr. solder
SLH super long span bar joist

slid. sliding
S/L 또는 S/LAP shiplap
SM standard matched, surface measure
S&M surfaced and matched
s. mld. stuck mold
SMS sheet-metal screw
S.N. solid neutral
so. south
SO. seller's option
S-O-L socketolet
soln solution
SOV shutoff valve
sp specific, specimen, spirit 또는 stand-pipe
S.P. soil pipe, single pitch(roof), static pressure, single pole 또는 self-propelled
S.P.D.T. single pole, double throw
SPEC 또는 specs specification
SPF spruce pine fir
sp. gr. 또는 SP GR specific gravity
sp. ht. specific heat
SPKR loudspeaker
spl spline
SPL special
spr spruce
Spri. sprinkler installer
S.P.S.T. single pole, single throw
SPT standard penetration test 또는 standard pipe thread
sp. vol. specific volume
sq 또는 Sq. square
sq e. square edge
sq E&S square edge and sound
sq ft square foot
Sq. Hd. square head
sq in. square inch(es)
square 100 square feet of area
sq yd 또는 sy square yard(s)
SR sedimentation rate
ss, S.S., S/S 또는 SST stainless steel 또는 single strength(glass)
S.S.B. single strength B grade
sst standing seam tin(roof)
Sswk. structural steel worker
Sswl. structural steel welder
st stairs, stone 또는 street
St. 또는 Stl. steel
ST steam 또는 street
S.T.C. sound transmission class(또는 coefficient)
Std., std 또는 STD standard
Std., M standard matched
STG storage
STK stock 또는 select tight knot
STL 또는 stl steel
STP standard temperature and pressure
Stpg stepping
Stpi. steamfitter 또는 pipefitter
str stringers

Str. structural, strength, starter 또는 straight

STR. strike

Strd. stranded

Struct. structural

st. sash. steel sash

ST W storm water

Sty. story

sty. hgt. story height

SUB. substitute

sub. fl. subfloor

Subj. subject

subpar subparagraph

Subs. subcontractors

subsec subsection

sup supplementary 또는 supplement

SUP supply

supp supplement

SUPSD supersede

supt, SUPT 또는 SUPER superintendent

SUPV supervise

supvr supervisor

Surf. 또는 SUR surface

surv survey, surveying 또는 surveyor

susp suspended

svc service

Sw. switch

SW switch, seawater 또는 southwest

Swbd. switchboard

SWG 또는 S.W.G. standard wire gauge

S.Y. square yard

sy jet syphon jet (water closer)

SYM 또는 Sym. symmetrical

SYN 또는 Syn. synthetic

S.Y.P. southern yellow pine

SYS 또는 Sys. system

T

t. thickness

T tee, township, true, thermostat, temperature, time 또는 ton

Ta tantalum

Tan tangent

t.b. turnbuckle

TB through-bolt

TBE threaded both ends

T.C. terra-cotta

T&C threaded and coupled

T.D. temperature difference

Te tellurium

TE table of equipment 또는 trailing edge

tech technical

TEL telephone

T.E.M. total energy management 또는 transmission electron microscopy

temp temperature 또는 temporary

TEMP temperature

TER terrazzo

tf top of footing

T.&G. 또는 T and G tongue and groove 또는 tar and gravel

TG&B tongued, grooved, and beaded

t.g.&d. tongued, grooved, and dressed

Th. THK, thk. 또는 Thk. thick

TH true heading

THERMO thermostat

thou thousand

Thrded threaded

Ti titanium

Tilh. tile layer, helper

tlr trailer

T.M. track mounted

TN true north

t.o. 또는 t/o take-off (estimate)

T-O-L threadolet

topog 또는 topo topography

tp tar paper

tps townships

trans transom

transp transportation

trf turned radio frequency

trib tributary

Trlr. trailer

ts tensile strength

TU trade union 또는 transmission unit

TV terminal velocity 또는 television

twp township

t.f. tar felt

TFE tetra-fluoro-ethylene(teflon)

therm thermometer

Thn. thin

thp thrust horsepower

THRU through

Tilf. tile layer, floor

T.L. transmission loss 또는 truckload

TM technical manual

tn ton, town 또는 train

tnpk 또는 tpk turnpike

TOL tolerance

tonn tonnage

TOT 또는 Tot. total

tph tons per hour

tr tread

TRANS 또는 Transf. transformer

trds 또는 Tr. trade(s)

Trhv. truck driver, heavy

trib. ar tributary area

Trlt. truck driver, light

T.S. trigger start

TUB. tubing

T.W. thermoplastic water resistant wire

TYP 또는 typ typical

U

u unit

U uranium

UBC uniform building code

UCI uniform construction index

UDC universal decimal classification

U/E unedged

UF 또는 UGND underground feeder

uhf 또는 U.H.F. ultra high frequency

UL underwriter's laboratories

ult ultimate

Unfin. unfinished

unins. uninsurable

uns unsymmetrical

uon unless otherwise noted

up upper

ur 또는 UR urinal

URD underground residential distribution

US united states

USG united states gauge

USP united states primed

UTP unshielded twisted pair

UV ultraviolet

V

V volt, valve, vacuum 또는 V-groove

V/A 또는 V.A. volt ampere(s)

val value 또는 valuation

van vanity

VAP vapor

var variation 또는 varnished

VAR visual-aural range 또는 volt-ampere reactive

VAT vinyl-asbestos tile

VAV variable air volume

vc vitrified clay

VC veneer core

V.C.T. vinyl composition tile

VD vapor density

vel velocity

ven veneer

vent., Vent. 또는 VENT. ventilation, ventilator 또는 ventilate

vert, Vert. 또는 VERT vertical

VF video frequency

V.F. vinyl faced

V.G. vertical grain

vhf 또는 V.H.F. very high frequency

VHO very high output

Vib. vibrating

vic vicinity

vlf 또는 V.L.F. vertical linear foot

VIF verify in field

vil village

vis visibility 또는 visual

VIT vitreous
v.j. V-joint
VLR very long range
vol, Vol. 또는 VOL volume
VRP vinyl reinforced polyester
VS versus, vent stack 또는 vapor seal
VU volume unit
vit. ch. vitreous china
vlf very low frequency
voc volatile organic compound
vou voussoirs
VP vent pipe
VT vacuum tube 또는 variable time
V1S vee one side

W

w water, watt, weight, wicket, wide, width, 또는 work
W wire, watt, west, western 또는 width
WA with average
WB welded base, water ballast 또는 waybill
WC 또는 W.C. water closet 또는 water column
wd wood 또는 window
Wdr wider
wfl waffle
W.G. wire gauge 또는 water gauge
WH water heater
whr watt-hour
WI wrought iron
wk hr working hour(s)
wm wattmeter
W/M weight or measurement
w/o water-in-oil 또는 without
W-O-L weldolet
WP 또는 wp waterproof, weatherproof 또는 white phosphorus
wpc watts per candle
w/ with
WAF wiring around frame
WBT wet-bulb temperature
wdw window
W.F. wide flange
wg wing 또는 wire gauge
wh watt-hour
WHP water horsepower
whse 또는 WHSE warehouse
WK 또는 wk week 또는 work
Wldg. welding
W.Mile wire mile
WM wire mesh
W/O without
w proof waterproofing

W.R. water resistant
wrt wrought
wsct/wains wainscoting
wt, WT. 또는 Wt. weight
WT water table 또는 watertight
WWF welded wire fabric
Wrck. wrecker
WS weather strip
W.S.P. water, steam, petroleum
wt% weight percent
ww white wash
WWM welded wire mesh

X

X experimental
XFER transfer
XH 또는 X HVY extra heavy
XL extra large
X STR extra strong
xw without warrants
XBAR crossbar
XFMR transformer
XHD extra heavy duty
xr without rights
X thk extra thickness
XXH double extra heavy

Y

y yard
yd yard
YP yield paint
YS yield strength
Y yttrium, wye 또는 Y-branch
y.p. yellow pine
YR 또는 yr year

Z

z zero 또는 zone
ZI zone of interior
Z modulus of section
Zn azimuth 또는 zinc

Ⅲ. 도형의 길이, 면적 및 체적 산출식

*범례: A-평면적
V-체적
S-표면적
P-둘레 길이
d-대각선 길이

1) 정방형 *Square*

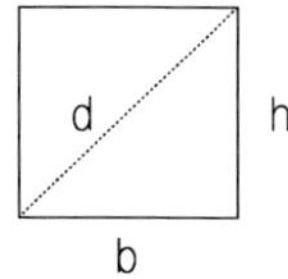

$$A = b \cdot h = b \cdot b = b^2$$
$$P = 2 \times (b + h) = 2 \times (b + b) = 4 \times b$$
$$d = \sqrt{2} \times b, \quad h = b$$

2) 장방형 *Rectangle*

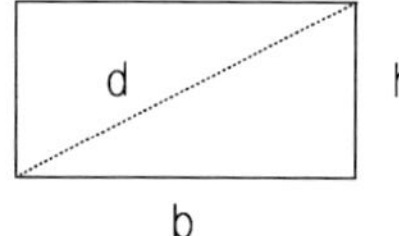

$$A = b \cdot h$$
$$P = 2 \times (b + h)$$
$$d = \sqrt{b^2 + h^2}$$

3) 평행 4 변형 *Parallelogram*

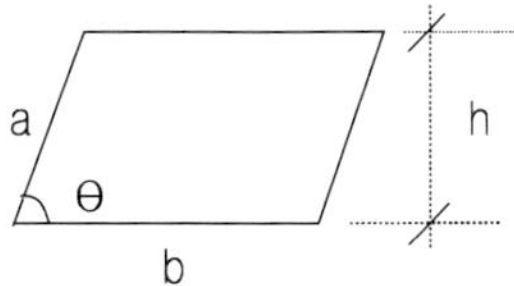

$$A = b \cdot h = b \cdot a \cdot \sin\theta$$
$$P = 2\times(a+b)$$
$$a = \frac{h}{\sin\theta}$$

4) 마름모형 *Rhombus*

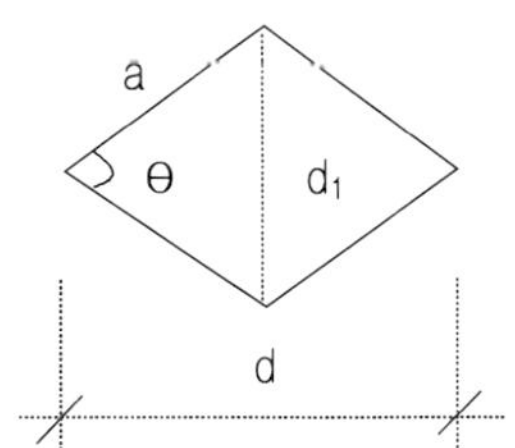

$$A = \frac{1}{2}\times d_1 \cdot d_2 = a^2 \cdot \sin\theta$$
$$d_1 = 2 \times a \cdot \sin\frac{\theta}{2}$$
$$d_2 = 2 \times a \cdot \cos\frac{\theta}{2}$$

5) 평행 2 변형 *Trapezoid*

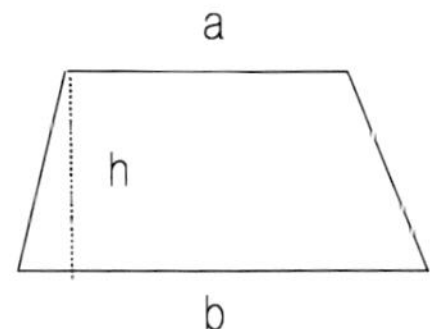

$$A = \frac{1}{2}\times(a+b)\times h$$

6) 4 변형 *Trapezium*

$$A = \frac{1}{2} \times b \times (h_1 + h_2) + a \cdot h_1 + c \cdot h_2$$

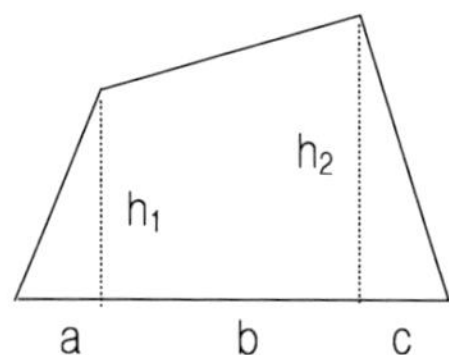

7) 정삼각형 *Regular Triangle*

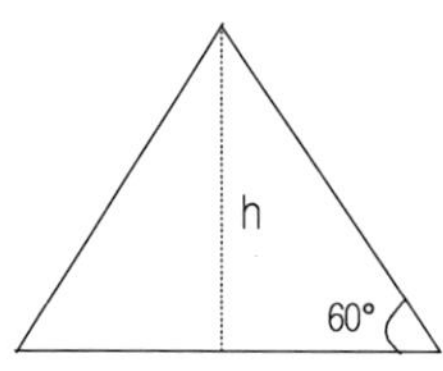

$$A = \frac{1}{2} \times b \cdot h = \frac{\sqrt{3}}{4} \times b^2$$

$$h = \frac{\sqrt{3}}{2} \times b$$

8) 삼각형 *Triangle*

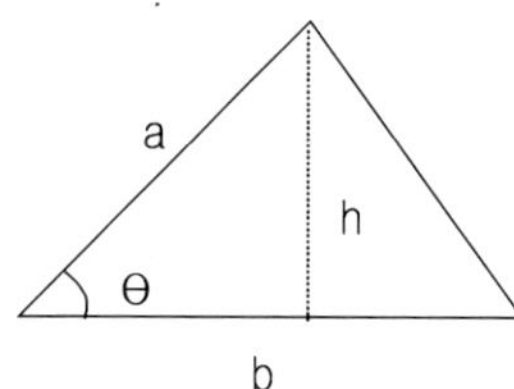

$$A = \frac{1}{2} \times b \cdot h = \frac{1}{2} \times b \cdot a \cdot \sin \theta$$

9) 정육각형 *Regular Hexagon*

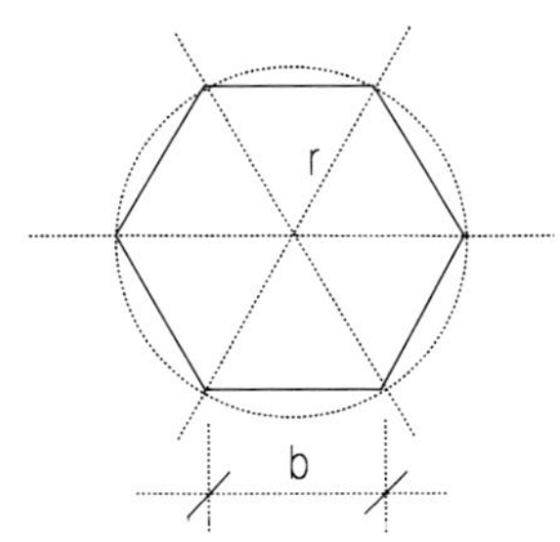

$$A = \frac{3\sqrt{3}}{2} \times b^2$$

$$b = \frac{2}{\sqrt{3}} \times r$$

r = 반지름

10) 정팔각형 *Regular Octagon*

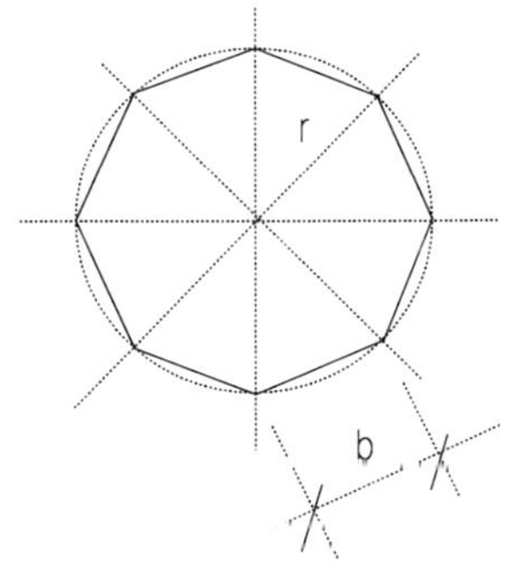

$$A = 2 \times (\sqrt{2} + 1) \times b^2$$

$$b = \sqrt{2 - \sqrt{2}} \times r$$

$$r = \sqrt{4 + {}^{2}\sqrt{2}} \times \frac{b}{2}$$

r = 반지름

11) 원형 *Circle*

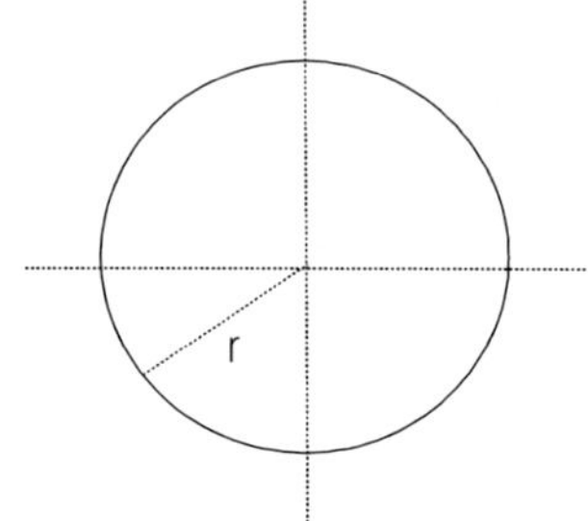

$$A = \pi \cdot r^2 = \frac{\pi}{4} \times D^2$$

$$\ell = 2 \cdot \pi \cdot r = \pi \cdot D$$

ℓ = 원둘레, r = 반지름

D = 지름, π = 3.1416

12) 나뉜 원형 *Segment of a Circle*

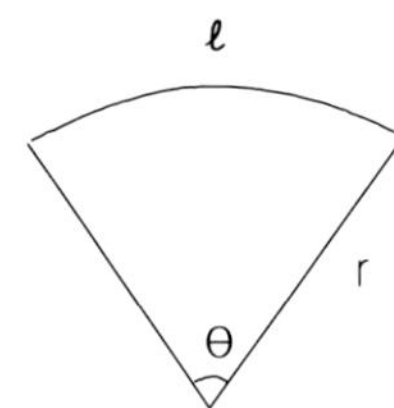

$$A = \pi \cdot r^2 \times \frac{\Theta}{360^\circ}$$

$$= \frac{1}{2} \times r \cdot \ell$$

$$\ell = \frac{\pi \times r \times \Theta}{180^\circ}$$

13) 타원형 *Ellipse*

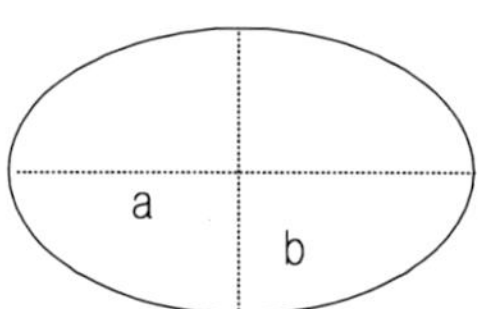

$$A = \pi \cdot a \cdot b$$

$$\ell = \pi \times \sqrt{2 \times (a^2 + b^2)}$$

ℓ = 타원 둘레

14) 포물선형 *Parabola*

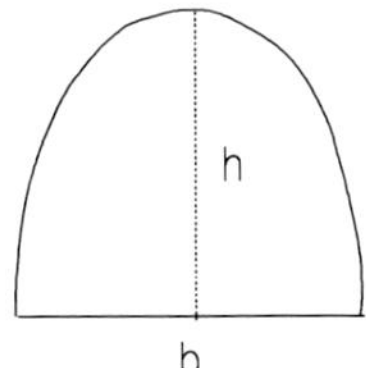

$$A = \frac{2}{3} \times b \cdot h$$

15) 정육면체 *Cube*

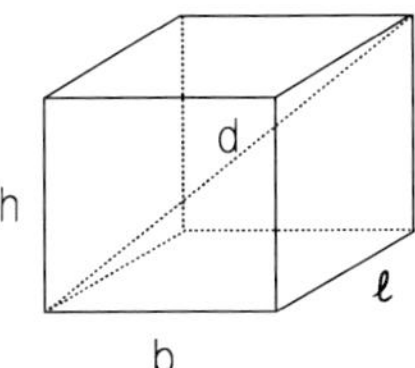

$$V = b \cdot \ell \cdot h = b^3$$

$$S = 2 \times (b \cdot h + \ell \cdot h + b \cdot \ell) = 6 \cdot b^2$$

$$d = \sqrt{3} \times b$$

$$b = \ell = h$$

16) 직육면체 *Solid Block*

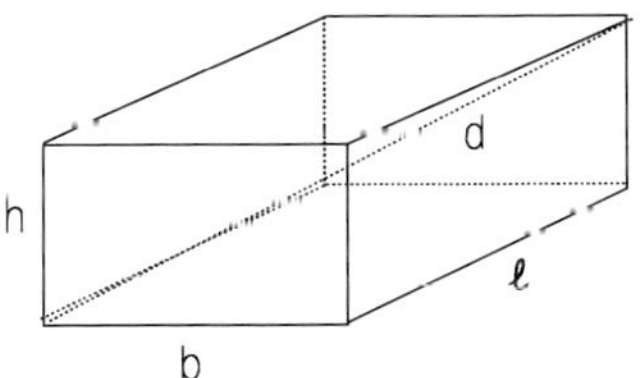

$$V = b \cdot \ell \cdot h$$

$$S = 2 \times (b \cdot h + \ell \cdot h + b \cdot \ell)$$

$$d = \sqrt{h^2 + \ell^2 + h^2}$$

17) 사각추 *Pyramid*

$$V = \frac{1}{3} \times b \cdot \ell \cdot h$$

$$S = b \times \sqrt{(\frac{\ell}{2})^2 + h^2} + \ell \times \sqrt{(\frac{b}{2})^2 + h^2}$$

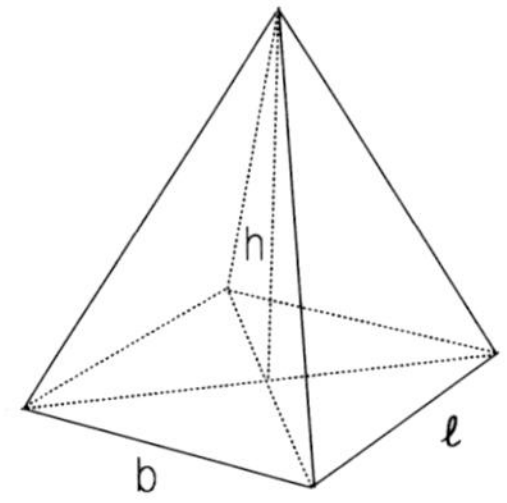

18) 삼각추 *Trigonal Pyramid*

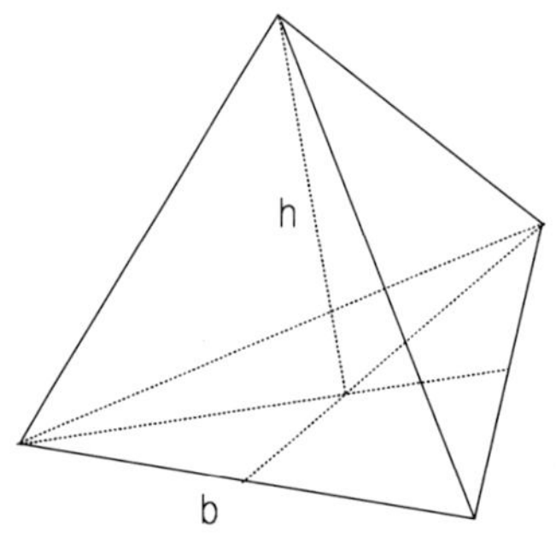

$$V = \frac{A \times h}{3}$$

A = 바닥 면적

* 정 4면체일 경우 :

$$V = \frac{\sqrt{2}}{12} \times b^3$$

$$S = \sqrt{3} \times b^2$$

19) 각추대 *Frustum of a Pyramid*

$$V = \frac{h}{3}\left(A_1 + A + \sqrt{A_1 \times A_2} \right)$$

A_1 = 상단 면적

A_2 = 하단 면적

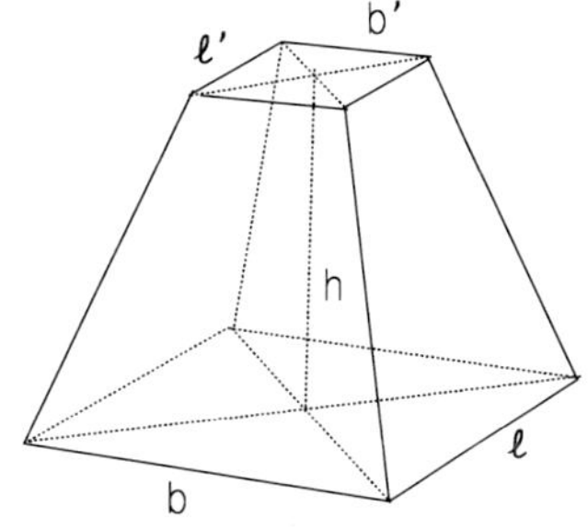

또는

$$V = \frac{h}{6}\{ (2 \cdot \ell + \ell') \cdot b + (2 \cdot \ell' + \ell) \cdot b' \}$$

20) 직각 원주 *Cylinder*

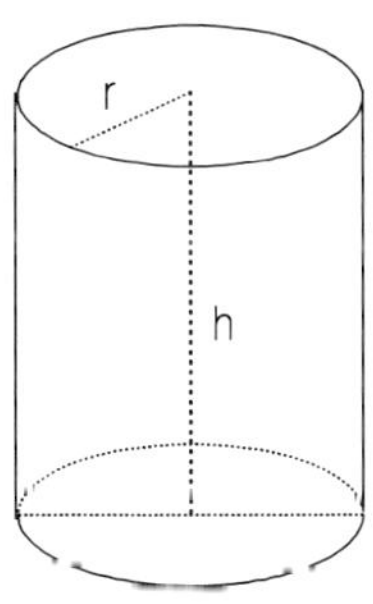

$$V = \pi \cdot r^2 \cdot h$$

$$S = 2 \cdot \pi \cdot r \times (r + h)$$

21) 상단 빗각 원주 *Cylinder with Slant Top*

$$V = \pi \cdot r^2 \cdot h$$

$$S = 2 \cdot \pi \cdot r \cdot h + 2 \cdot \pi \cdot r^2 + \frac{\pi}{4}(h_1 - h_2)^2$$

$$h = \frac{1}{2}(h_1 + h_2)$$

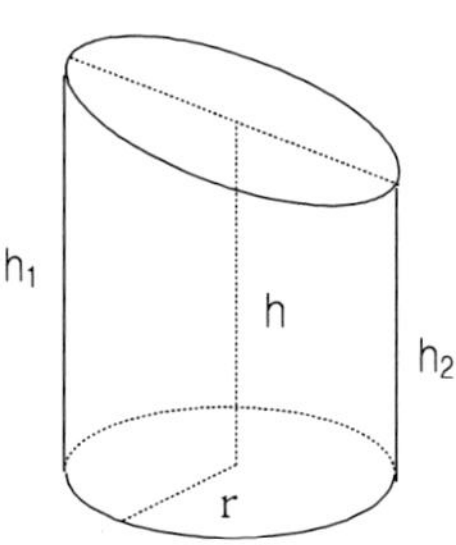

22) 상, 하단 빗각 원주 *Oblique Cylinder*

$$V = \frac{1}{4}\{(A_1 + A_2) \times (h_1 + h_2)\}$$

A_1 = 상단 면적

A_2 = 하단 면적

$$S = \frac{1}{2}\{A_1 + A_2 + 4 \cdot \pi \cdot r \times (h_1 + h_2)\}$$

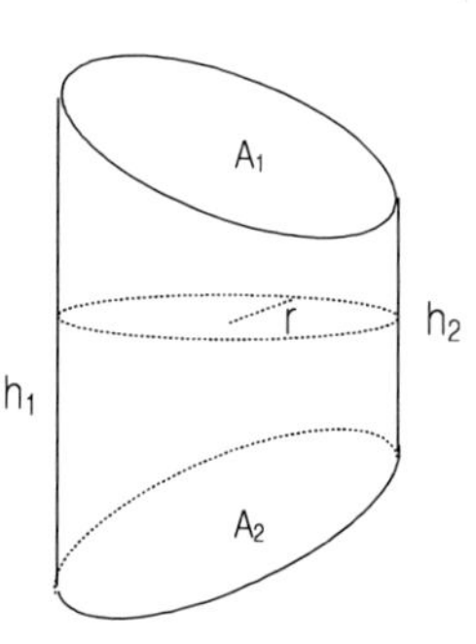

23) 원추체 Cone

$$V = \frac{1}{3} \times \pi \cdot r^2 \cdot h$$

$$S = \pi \cdot r \times (r + \ell)$$

$$\ell = \sqrt{r^2 + h^2}$$

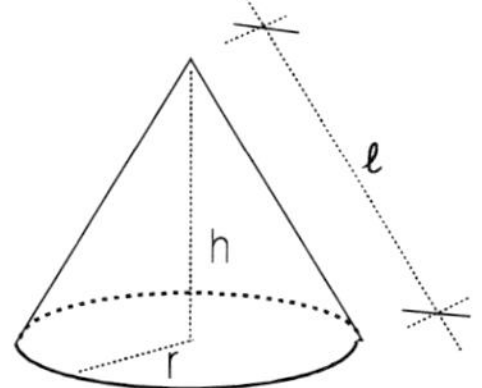

24) 원추대 Frustum of a Cone

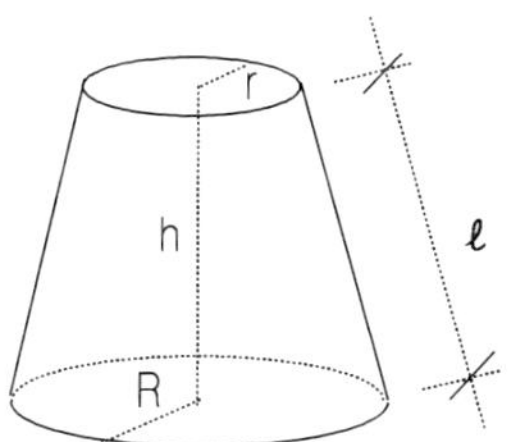

$$V = \frac{1}{3} \times \pi \cdot h \times (R^2 + R \cdot r + r^2)$$

$$S = \pi \times \{\ell \times (R + r) + R^2 + r^2\}$$

$$\ell = \frac{1}{2} \times \sqrt{(R - r)^2 + 4h^2}$$

25) 구체 *Sphere*

$$V = \frac{3}{4} \times \pi \cdot r^3$$

$$S = 4 \cdot \pi \cdot r^2$$

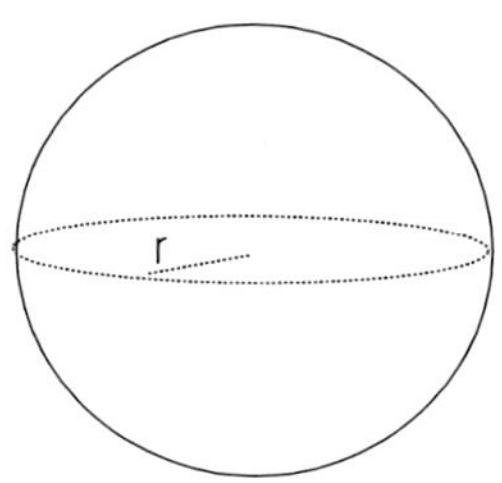

26) 타원구체 *Ellipsoidal Solid*

$$V = \frac{4\pi}{3} \cdot r_1 \cdot r_2 \cdot r_3$$

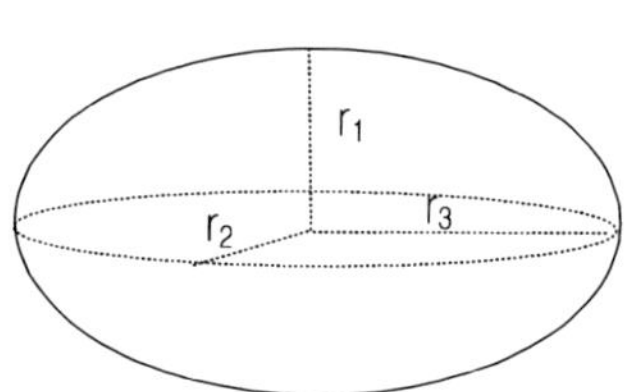

찾아보기

Index

Ⅰ. 표 목록

표 1-01 : 건축물의 공종별 공사원가 비중 / 29
표 1-02 : 건축물의 감가상각 비율 / 59
표 1-03 : 건축자재 생산에 소요되는 에너지 소모량 / 65

표 2-01 : 벽돌 및 블록의 공칭 치수 / 201
표 2-02 : 콘크리트 벽돌의 자재치수 / 207
표 2-03 : 속빈 콘크리트 블록의 공동면적 및 살 두께 / 209
표 2-04 : 일반 점토벽돌의 흡수율 및 압축강도 / 220
표 2-05 : 건축공사용 석재의 역학적 특성 / 228
표 2-06 : 건축공사 목재용 주요 수목 / 263
표 2-07 : 건설자재의 비강도 / 265
표 2-08 : 건축공사용 주요 목재의 색조 / 266
표 2-09 : 건축공사용 주요 목재의 밀도 / 269
표 2-10 : 건축공사용 주요 목재의 최대강도 / 269
표 2-11 : 건축물 구조 공사용 목재의 공칭 치수 / 282
표 2-12 : 국내 생산 목재의 치수 / 286
표 2-13 : 내, 외부 마감 및 구조용 수입 목재의 치수 / 286
표 2-14 : 방부처리 수입 목재의 치수 / 289
표 2-15 : 미국 및 캐나다의 합판 등급 / 311
표 2-16 : 인공판재의 휨 인장 특성 / 314
표 2-17 : 콘크리트 중량배합 재료 소요량 / 335
표 2-18 : 콘크리트 용적배합 재료 소요량 / 336
표 2-19 : 콘크리트 기준 슬럼프 / 351
표 2-20 : 콘크리트 표준 습윤 양생기간 / 362

표 2-21 : 콘크리트 제조용 섬유의 종류 및 특성 / 393
표 2-22 : AE 콘크리트의 표준 공기량 / 405
표 2-23 : 모르타르의 용적 배합비 / 409
표 2-24 : 모르타르용 모래의 규격 / 409
표 2-25 : 철강의 종류 및 특성 / 415
표 2-26 : 합금강의 합금 원소 함유량 및 기능성 / 418
표 2-27 : 건설 산업용 철강재의 명칭, 치수 및 규격 / 429
표 2-28 : 구조용 강철의 등급 및 특성 / 438
표 2-29 : 구조용 형강의 규격 및 강도 / 440
표 2-30 : 철근의 등급 및 소요강도 / 450
표 2-31 : TMC 강재의 역학적 특성 / 455
표 2-32 : 수용성 염소이온 함유량의 허용기준 / 463
표 2-33 : 접착제의 종류, 공법 및 용도 / 488
표 2-34 : 건축물에 따른 온수 소비량 / 528

표 3-01 : 표준체의 공칭번호 및 눈금 크기 / 575
표 3-02 : 흙의 겉보기 비중 및 공극비 / 576
표 3-03 : 흙의 투수성 및 투수계수 / 585
표 3-04 : 흙의 용적 변화 / 593
표 3-05 : 미합중국의 구조물 최대 허용 침하량 / 603
표 3-06 : 일본국 건축학회의 건축물 허용 침하량 / 604
표 3-07 : 지층의 생성연대 및 조성물질 / 611
표 3-08 : 지층의 구조 및 두께 / 611
표 3-09 : 지반의 전기저항률 / 627
표 3-10 : 시추용 건설기계의 특성 / 629
표 3-11 : N-값에 따른 지반의 밀도 및 연경도 / 639
표 3-12 : 평판 재하시험의 침하량 측정 기록표 / 654
표 3-13 : 타격식 항타기 효율 / 661
표 3-14 : 장기응력에 대한 지반의 허용 지내력 / 683
표 3-15 : 압밀도와 시간계수의 상관관계 / 688
표 3-16 : 다짐을 위한 흙의 최적 함수율 / 701

표 3-17 : **지반 개량용 혼화재료** / 708
표 3-18 : **평판 진동다짐 공사** / 709
표 3-19 : **바이브로-플로우테이션 공사** / 709
표 3-20 : **건설기계의 다짐성능 적합성** / 723

Ⅱ. 그림 목록

그림 1-01 : 지속가능 건축기술의 상관도 / 61

그림 2-01 : 점토벽돌의 자재치수 및 공칭치수 / 200
그림 2-02 : 조적공사용 자재의 형태 / 203
그림 2-03 : 조적공사용 자재의 분류 / 204
그림 2-04 : 수목 줄기의 단면구조 상세 / 264
그림 2-05 : 목재의 결점 / 270
그림 2-06 : 목재 생산공정 / 277
그림 2-07 : 목재 마름질 형태 / 278
그림 2-08 : 목재 제재방법 / 279
그림 2-09 : 가문비나무의 최대 취재형태 / 281
그림 2-10 : 제재 목재의 분류 / 282
그림 2-11 : 가공목재의 분류 / 300
그림 2-12 : 구조용 집성목재 단면상세 / 302
그림 2-13 : 구조용 집성목재 형태 / 304
그림 2-14 : 합판 접착구조 / 306
그림 2-15 : 합판 생산 공정 / 307
그림 2-16 : 합판용 박판의 생산방법 / 309
그림 2-17 : OSB 생산공정 / 315
그림 2-18 : 중밀도 섬유판 생산공정 / 318
그림 2-19 : 목재 I-형 보의 가공형태 / 319
그림 2-20 : 콘크리트 조성물질의 구성비 / 326
그림 2-21 : 콘크리트 및 관련재료 / 327

그림 2-22 : 슬럼프 시험절차 / 350
그림 2-23 : 시공 줄눈의 형태 / 356
그림 2-24 : 분리 줄눈 단면상세 / 357
그림 2-25 : 균열 조절 줄눈 / 359
그림 2-26 : 콘크리트 보 및 기둥 속의 철근배근 / 383
그림 2-27 : 강선 다발 및 보호관 / 388
그림 2-28 : 프리-텐션드 프리캐스트 콘크리트 생산절차 / 389
그림 2-29 : 포스트-텐션드 프리캐스트 콘크리트 생산절차 / 390
그림 2-30 : 고로 및 산소로의 제강 개념도 / 420
그림 2-31 : 전기아크로의 제강개념도 / 421
그림 2-32 : 철강 생산단계 및 관련제품 / 422
그림 2-33 : 강철괴 형상 / 426
그림 2-34 : 구조용 형강의 횡단면 / 439
그림 2-35 : 국부 전지에 의한 철강재의 부식 / 457
그림 2-36 : 전기화학전지의 구성요소 / 459
그림 2-37 : H-형강 보 상단 플렌지 표면의 부식 과정 / 466
그림 2-38 : 포스트-텐션 강선의 부식 / 467
그림 2-39 : 인접 이질 금속재의 부식 / 469
그림 2-40 : 철근의 휘어진 부분의 부식 / 470
그림 2-41 : 볼트, 너트 및 와셔 / 474
그림 2-42 : 리벳의 형태 / 478
그림 2-43 : 못의 형태 / 480
그림 2-44 : 나사못의 종류 및 머리 형태 / 485
그림 2-45 : 거멀못의 형태 / 487

그림 3-01 : 흙의 질량, 중량 및 체적의 상관관계 / 573
그림 3-02 : 흙의 성상변화 한계 / 581
그림 3-03 : 달시의 실험장치 / 587
그림 3-04 : 모세관 물오름 현상 / 589
그림 3-05 : 쿨롱의 공식에 의한 흙의 전단강도 / 595
그림 3-06 : 부동침하에 의한 건축물의 붕괴현상 / 607

그림 3-07 : 전기 비저항 탐사장치 / 626
그림 3-08 : 표준관입시험용 샘플러 / 637
그림 3-09 : 베인 시험 기구 / 642
그림 3-10 : 베인의 형태 / 643
그림 3-11 : 베인 시험의 보정 값과 소성지수와의 관계 / 645
그림 3-12 : 평판 재하시험의 직접 재하 장치 / 651
그림 3-13 : 평판 재하시험의 간접 재하 장치 / 652
그림 3-14 : 평판 재하시험에 의한 하중강도-침하량 곡선 / 655
그림 3-15 : 재하하중-침하량 곡선에 의한 말뚝의 파괴하중 결정 / 664
그림 3-16 : 샘플러 선단의 단면상세 및 시료 판별식 / 669
그림 3-17 : 지반의 유선망 / 675
그림 3-18 : 지반의 응력분포 형상 / 679
그림 3-19 : 근사 계산법에 의한 지반 내 응력분포 / 681
그림 3-20 : 지반의 침하원리 / 685
그림 3-21 : 지반의 하중-침하량 곡선 / 688
그림 3-22 : 점토의 존재 상태 / 691
그림 3-23 : 시간-침하량 곡선 / 694
그림 3-24 : 지반의 수평저항력 증대 공법 / 697
그림 3-25 : 흙막이 결함부분의 지반개량 / 697
그림 3-26 : 사질토 지반의 지하수위 저하 방지 공법 / 699
그림 3-27 : 재하중량에 의한 시간-침하 개념도 / 700
그림 3-28 : 효율적 충격다짐 형태 / 714
그림 3-29 : 바이브로 플로우트 / 716
그림 3-30 : 수평 압밀공법과 연직 탈수공법의 병행 / 717
그림 3-31 : 압성토 공법 / 721
그림 3-32 : 언더피닝 공사의 도랑파기 공법 / 731
그림 3-33 : 언더피닝 공사의 니들링 공법 / 731
그림 3-34 : 언더피닝 공사의 보강기초의 종류 / 732
그림 3-35 : 언더피닝 공사의 기초옹벽 및 기초판 보강 상세 / 733

Ⅲ. 사진 목록

사진 1-01 : 스위스 리 타워 / 73
사진 1-02 : 아그바 타워 / 74
사진 1-03 : 기자의 피라미드 및 스핑크스 / 105
사진 1-04 : 오벨리스크 / 110
사진 1-05 : 유리의 전당 / 116
사진 1-06 : 에펠탑 / 118
사진 1-07 : 엠파이어 스테이트 빌딩 / 119
사진 1-08 : 세계 무역 센터 / 121
사진 1-09 : 시어스 타워 / 123
사진 1-10 : 페트로나스 타워 / 124
사진 1-11 : 진마오 따샤 / 132
사진 1-12 : 타이베이 101 따뤄 / 138
사진 1-13 : 상하이 세계금융센터 / 144
사진 1-14 : 부르즈 할리파 / 149
사진 1-15 : 그라운드 제로의 건축물 투시도 / 153
사진 1-16 : 도쿄 타워 / 154
사진 1-17 : 토론토 CN 타워 / 154
사진 1-18 : 후버 댐 / 161
사진 1-19 : 아스완 댐 / 162
사진 1-20 : 시드니 오페라 하우스 / 164
사진 1-21 : 수에즈 운하 / 173

사진 2-01 : 로마의 원형 경기장 / 188
사진 2-02 : 베로나의 원형 투기장 / 190
사진 2-03 : 뽕 뒤 가르 도수로 / 191
사진 2-04 : 폼페이 유적 / 192
사진 2-05 : 완리창청 / 196
사진 2-06 : 벽체용 치장 콘크리트 블록 / 211
사진 2-07 : 노출 콘크리트 골조+일반 콘크리트블록 / 212

사진 2-08 : 아우슈비츠 수용소 / 215
사진 2-09 : 내, 외벽 공사용 점토벽돌 / 216
사진 2-10 : 계단실 벽의 채광용 유리블록 / 227
사진 2-11 : 파르테논 신전 / 230
사진 2-12 : 잉카 제국의 벽, 쿠츠코 / 231
사진 2-13 : 알퐁소 6세 성문 / 232
사진 2-14 : 나르본 성문 / 233
사진 2-15 : 빠리 에뚜왈 광장의 개선문 / 234
사진 2-16 : 라 데팡스 대 개선문 / 237
사진 2-17 : 노트르담 대성당 / 241
사진 2-18 : 피렌체 대성당의 종탑 및 돔 / 244
사진 2-19 : 피사 사탑 및 대성당 / 246
사진 2-20 : 니조성 옹벽 / 250
사진 2-21 : 까사 밀라 / 251
사진 2-22 : 참회의 성 가족 성당 / 255
사진 2-23 : 일 팔라조 호텔 / 258
사진 2-24 : 하이얏트 리젠시 / 259
사진 2-25 : 마이클 그레이브스 공동주택 / 260
사진 2-26 : 목조 건축물의 골격 / 261
사진 2-27 : 목재의 공칭치수 및 실제치수 / 285
사진 2-28 : 인공 차폐 목재 기둥 / 294
사진 2-29 : 집성목재 기둥 및 보 / 303
사진 2-30 : 집성목재 골조 곡물처리 공장 / 305
사진 2-31 : *OSB* 시판 제품 / 316
사진 2-32 : 목재 I-*beam* 가공제품 / 320
사진 2-33 : *LVL* 및 I-형 보 / 321
사진 2-34 : 핑거-조인트 인공목재 / 322
사진 2-35 : 테네리페 음악당 / 328
사진 2-36 : 빛나는 도시 / 329
사진 2-37 : 콘크리트 내력벽의 골재분리 현상 / 332
사진 2-38 : 소형 드럼 믹서 / 337

사진 2-39 : **콘크리트 펌프** / 343
사진 2-40 : **크레인+콘크리트 호퍼** / 344
사진 2-41 : **콘크리트 플레이싱 붐** / 345
사진 2-42 : **콘크리트 펌프 호스의 배출구 높이** / 346
사진 2-43 : **콘크리트 벽의 불연속 줄눈** / 347
사진 2-44 : **콘크리트 표면 마감공사** / 347
사진 2-45 : **슬럼프 측정 및 시험 기구** / 349
사진 2-46 : **방파제의 신축줄눈** / 357
사진 2-47 : **레미콘 운반용 트럭** / 366
사진 2-48 : **프리캐스트 노출콘크리트 아파트** / 370
사진 2-49 : **프리캐스트 콘크리트 빌라** / 371
사진 2-50 : **킹 사우드 대학교 캠퍼스** / 372
사진 2-51 : **롱샹 성모마리아 성당** / 384
사진 2-52 : **포스트-텐션드 프리캐스트 콘크리트 골조** / 391
사진 2-53 : *GRC* **치장 외벽공사** / 394
사진 2-54 : **킹 사우드 대학교의** *GRC* **수목상자** / 397
사진 2-55 : **선유교의 초고강도 콘크리트 아치형 바닥판** / 402
사진 2-56 : **콘크리트 공기량 측정시험** / 405
사진 2-57 : **강철괴 생산 공장** / 427
사진 2-58 : **루브르의 철강재+유리 피라미드** / 432
사진 2-59 : **뽕삐두 문화예술관** / 435
사진 2-60 : **철강재 교량** / 437
사진 2-61 : **경량형강 주택골조** / 445
사진 2-62 : **이형 철근의 형상 및 나사, 슬리브 이음매** / 447
사진 2-63 : **이형 철근의 보관** / 451
사진 2-64 : **열연강판 생산 공장** / 452
사진 2-65 : **자동 망치 및 못** / 481
사진 2-66 : **식기 세척용 쌍동 개수통** / 508
사진 2-67 : **대변기 및 비데** / 510
사진 2-68 : **세척용 물이 필요 없는 소변기** / 511
사진 2-69 : **유리 및 도토 세면기** / 512

사진 2-70 : **욕조** / 517
사진 2-71 : **샤워 배스** / 519
사진 2-72 : **축열식 심야전기 보일러** / 525
사진 2-73 : **매립형 벽난로** / 531
사진 2-74 : **다운 라이트** / 550
사진 2-75 : **데스크 라이트** / 552
사진 2-76 : **샹들리에** / 552
사진 2-77 : **방범 및 안전설비** / 559
사진 2-78 : **주방의 작업대** / 565

사진 3-01 : **오거 보링** / 631
사진 3-02 : **말뚝 재하시험의 반력 재하 장치** / 658
사진 3-03 : **드롭 해머** / 662

Ⅳ. 한글 용어

ㄱ

가공 목재 / 261, 299
가스난로 / 526
가스 매개공법 / 298
가스보일러 / 524
가열, 가압 공법 / 495
가점성 / 596
가축 / 272
간접 조명 / 549
감압법 / 295
강관 / 455, 503
강선다발 부식 / 465
강재 규격 / 440
가설도로 / 80
가스 누출 통보 / 561
가스 벽난로 / 524
가압법 / 295
가열, 상압 공법 / 496
가정 정보시스템 / 563
각관 구조 / 120
감가상각 / 58
감지기 / 560
강선 다발 / 387, 456
상업시설 / 463
강재 널말뚝 / 437

강재 형틀 / 218
강제 온수난방설비 / 526
강철 / 417
강철 섬유 / 392
개략 지반조사 / 621
개선문 / 229, 234
개흙 / 598
거석 담장 / 229
거푸집 / 90
건생-부패균 / 271
건설기술관리법 / 177
건설신기술 / 177
건설 폐기물 / 80
건식 성형 압축기 / 218
건조 수축 / 352
건축기술 / 21
건축기술 / 103
건축물 / 65
건축물 공사현장 / 82
건축물 붕괴원인 / 604
건축물 시공 / 70
건축물 유지관리 / 70
건축물 침하 / 602
건축생산 공예기술 / 19, 174
건축 재료의 원천 / 69
걸레받이 전열기 / 529
경도계 / 646, 648
경량 목재 / 85
경량 형강 / 444
경질섬유판 / 317
경질 플라스틱 관 / 502
강재 명칭 / 428
강제 온풍난방설비 / 526
강철 골조 / 90
강판 / 452
개별냉방 / 534
개수통 / 565
거멀못 / 486
거친 벽돌 / 210
거푸집 양생 / 364
건설기계 선정 / 80
건설산업기본법 / 181
건설 재평가 / 184
건식 공법 / 218
건조 로 / 218
건축가 / 22
건축공사 원가분석 / 28
건축기술체계 / 22
건축물 공사원가 / 28
건축물 방향 / 70
건축물 생산계획 / 21
건축물 외피 단열 / 79
건축물 철거 / 71
건축법규 / 24
건축용 벽돌 / 224
건축조례 / 23
겉보기 비중 / 576
경량레미콘 / 368
경량콘크리트 / 378
경보 설비 / 561
경질암 지반 / 615
경화 / 360

계량기 / 544
계획식재 / 80
고강도 콘크리트 / 156, 401
고기능 콘크리트 / 377
고급 주택 / 52
고든 비 코프만 / 160
고무계 접착제 / 492, 496
고성능 콘크리트 / 401
고-유동 / 156
고-인성 콘크리트 / 398
고-지능 콘크리트 / 377
곡정 / 482
곧은결 제재 / 280
골재분리 / 331
공극률 / 580
공동주택 / 28
공장처리공법 / 293
공칭 직경 / 449
과압밀비 / 690
관입 시험법 / 634
광물질 혼화재 / 339
광폭 플랜지 / 443
교반 혼합공법 / 738
구릉지 / 612
구조물 변위 / 703
구조용 형강 / 430
국가전략산업 / 182
국부 조명 / 553
국토해양부고시 / 181
굳지 않은 콘크리트 / 330
굴삭 치환공법 / 728
계측 장치 / 650
고강도 강철선 / 382
고결 공법 / 704
고급 등급 / 275
고급 콘크리트벽돌 / 207
고로 / 419
고무전선 / 540
고온 접합 / 491
고-유동 콘크리트 / 403
고-장력 볼트 / 475
고층 건축물 / 113
곤충 / 271
골재 / 89
골조 조적 벽 / 199
공극비 / 576, 579
공사관리 / 80
공중도시 / 114
공칭 치수 / 201, 282, 284
관습적 건축기술 / 64
광물질 솜 / 96
광원확산 조명 / 549
교란 시료 / 669
구급통보 / 561
구조 말뚝 / 663
구조용 점토 타일 / 226
국가계약법 / 182
국부전지 / 458
국제금융센타 / 131
굳은 콘크리트 / 333
굴착 철봉 / 640
굴착도 / 79

굵은 골재 / 599
권선 / 539
균류 / 271
그라우트 / 410
그린 빌딩 / 67, 152
그린 빌딩 등급 / 67
극초단파 감지기 / 562
근사 계산법 / 678
기계식 마찰 콘 / 648
기계식 콘 / 648
기둥 부등 축소량 / 155
기 드 모빠쌍 / 117
기름보일러 / 524
기성 구조용 부재 / 319
기술 표현주의 / 115
기존 환경 / 77
기포 콘크리트 / 404
까사 밀라 / 229, 251
꿀롱 이론 / 591
귀스타브 에펠 / 117
균열 조절 줄눈 / 358
그라운드 제로 / 120, 152
그린 빌딩 기준 / 67
극초고층 건축물 / 151, 174
극한 지내력 / 664
금속 박판 / 95
기계식 오거 / 630
기계적 공법 / 706
기둥 축 축소량 / 155
기름 매개공법 / 297
기름 양생 / 364
기성 조립판재 / 320
기존 토지 / 77
기초 보강방법 / 732
긴 못 / 483

ㄴ

나동선 / 539
나무섬유 판재 / 316
나사못 / 484
나트륨램프 / 557
나프텐 아연 / 292
난방 설비 / 523
내력벽 / 198
내벽 / 198
내생장 수목 / 262
내화 벽돌 / 225
나르본 성문 / 229, 233
나무 조각 판재 / 312
나사못-드라이버 / 484
나프텐 동 / 292
난방 방식 / 523
납작 못 / 483
내륙 평지 / 612
내부용 합판 / 311
내화 점토 / 217
냉각 소금물 / 736

냉각탑 / 535
냉간 압연 철선 / 446
냉방 설비 / 533
너트-드라이버 / 484
네오프린 수지 접착제 / 496
노출-1형 합판 / 311
노트르담 대성당 / 229, 241
녹색기술 / 67
농축전지 / 464
니조성 / 229, 250
냉간 압연 강판 / 453
냉난방 / 79
냉온침지 확산법 / 295
널결 제재 / 280
노먼 포스터 / 152
노출형 벽난로 / 530
노후화 / 58
녹색지붕 / 93
눈썹차양 / 95

ㄷ

다발관 / 122
다이버전트 포인트 스테이플 / 487
다짐성능 / 723
단동 증기해머 / 661, 663
단열보온 양생 / 364
단열재 시공 / 96
달시의 법칙 / 586, 674
대기 / 63
대량판매점 / 47
대변기 / 509
대지 선정 / 71
대지 정리 / 77
대피하미드 / 104
더치 콘 / 647
덧문 / 99
데니슨 샘플링 / 672
데이비드 세일러 / 324
도수로 / 187
다운라이트 / 550
다짐 공법 / 704
닥트 / 542
단립구조 / 574
단열재료 / 93
단위용적 중량 / 208, 577
대 개선문 / 229, 237
대기오염 / 65
대리석 / 509
대지 / 609
대지의 분류 / 610
대지 정지 작업 / 77
대학 강의동 / 31
던톤-토마세티 / 122
덧창문 / 99
데스크 라이트 / 551
노금강 / 504
도시간 고속도로 / 171

도쿄 타워 / 153
도포법 / 296
동결공법 / 735
동결 샘플링 / 671
동결 심도 / 591
동관 / 501
동상 현상 / 590
동적 다짐 공법 / 712
동 재하시험 / 659
동팡밍주 / 153
드롭 해머 / 661
등변 ㄱ-형강 / 443
등수두선 / 674
도토 / 507
독립 몰드 / 382
동결 깊이 / 591
동결선 / 591
동결지수 / 591
동물성 접착제 / 492
동식물성 접착제 / 496
동적 콘 / 647
동 치환공법 / 727
드럼믹서 / 337
등방성 / 676
등분포 하중 / 680
등수위선 / 674

ㄹ

라메라테어 / 430
레미콘 / 365
레소시놀-포름알데히드계 접착제 / 497
레일 / 456
롤러-다짐 콘크리트 / 369
롱샹 성모마리아 성당 / 384
루핑 네일 / 483
리모델링 그린 빌딩 / 71
리셉터클 / 544
래그 스크루 / 484
레미탈 / 336
레이스웨이 / 541
레땅스 / 333
롱-라인 몰드 / 382
루나 콘크리트 / 378
루핑 펠트 / 94
리벳 / 476

ㅁ

마름질 / 276
마무리 치수 / 284
마름질 치수 / 284
마을회관 / 32

마이클 그레이브스 / 229, 260
마키 후미히코 / 152
말뚝망 공법 / 729
맞댐 이음 / 355
매립형 벽난로 / 530
머신 볼트 / 476
멜라민-포름알데히드 접착제 / 496
명목 줄눈 / 358
모래 / 597, 599, 601
모래다짐 말뚝공법 / 725
모래-석회 블록 / 210
모르타르 / 407
모세관 물오름 / 588
목재 / 260
목재 건조 / 286
목재 광택 / 266
목재 밀도 / 263
목재 부패 / 270
목재 색소 / 266
목재 섬유소 / 96
목재 손괴 / 270
목재 I-형 보 / 319
목재 운송 / 75
목재의 역학적 특성 / 269
목재 최대강도 / 269
목재 함수율 / 267
목조 건축물 / 261
무근콘크리트 / 381
무인 방범 / 560
문헌자료 조사 / 620
물리적 보강 공법 / 707
마천루 / 114
막대 다짐공법 / 715
말뚝 재하시험 / 656
맞춤 등급 / 263
매립 흙 지반 / 617
머신 스크루 / 484
면모구조 / 573
모나드녹 빌딩 / 214
모래기둥 탈수공법 / 717
모래-석회 벽돌 / 210
모래자루기둥 탈수공법 / 718
모리스 케클렝 / 117
모세관 현상 / 588
목재 거래단위 / 284
목재 결점 / 268
목재 단판 적층재 / 320
목재 방부처리 / 288
목재-부패균류 / 271
목재 생산 / 80, 275
목재 섬유포화점 / 267
목재 수액 / 267
목재용도 / 272
목재의 물리적 특성 / 268
목재 장단점 / 265
목재 치수 / 284
목재 향기 / 267
목질소 / 263
무기질 합성재료 / 493
무-잔골재 콘크리트 / 377
물길 / 674
물리화학적 공법 / 707

물 매개공법 / 297
물유리 / 291
물 자원 / 63
미나드 탈수공법 / 719
미라플로레스 갑문 / 171
미합중국 국방부 공병단 / 664
물오름 현상 / 590
물의 거동 / 584
물 혼합 무기질 접착제 / 495
미노루 야마사키 / 120
미세균열 / 392
미합중국의 건설산업 / 182

ㅂ

바닥 벽돌 / 225
바벨탑 / 113
박스 네일 / 482
반건식 공법 / 218
반직접 조명 / 549
발포성 단열재 / 97
방범 서비스 / 560
방부 목재 / 288
방송설비 / 557
방식 피막 / 464
배관설비 / 500
배선 / 538
배선선로 / 540
배합설계 / 334
백열등 / 554
백화점 / 46
버스 닥트 / 543
벌집구조 / 574
베세머 전로 / 419
벽난로 / 529
변성암 지반 / 614
병든 집 증후군 / 202
바닥 스탠드 / 551
바이브로 플로우트 / 716
반간접 조명 / 549
반력 장치 / 650
반토질 점토 / 210
방범 구조물 / 560
방범설비 / 558
방부처리 / 292
방수포 양생 / 363
방염처리 / 292
배수시설 / 78
배선공사 / 548
배전반 / 545
배합용수 / 89
백화 / 221
밸브 / 503
버튼-헤드 리벳 / 477
법랑철판 / 507
베인 테스트 / 641
벽돌 조적공사 / 86
변압기 / 547
보강 철강재 / 90

보강 철근 / 444
보드 피트 / 284
보일 / 704
보조지붕 / 95
보통 레미콘 / 368
보통콘크리트 / 365
복합판재 / 323
볼트 / 473
부가수 / 333
부분 부식 / 459
부식방지 피막 / 468
부재단면 손실 / 464
분사 노즐 / 727
분사 혼합공법 / 738
불교란 시료 / 670
불량 시공 / 272
불연속 줄눈 / 342, 347
붕적토 지반 / 616
블록 살 두께 / 209
블록 치수 / 209
비내력벽 / 198
비데 / 509
비산 동 / 291
비상등 설비 / 561
비압력 처리법 / 295
비중 / 576
비표면적 / 398
빌딩 정보 모델링 / 152
빙하토 지반 / 616
보드 푸트 / 284
보의 유효깊이 / 156
보일러 / 523
보크사이트 / 101
보통 못 / 479
복동 증기해머 / 663
본 조사 / 622
뽕삐두 문화예술회관 / 435
부르즈 할리파 / 148
부시네스크 / 678
부식촉진 / 460
분말석고 / 102
분사법 / 296
분출 도포법 / 296
불량 설계 / 272
불량 토지 / 77
불투과성 초벌피막 / 468
브래킷 / 551
블록 샘플링 / 671
블리딩 / 333
비닐 수지계 접착제 / 497
비례상수 / 587
비산 아연 / 296
비상통보 / 560
비점성 흙 / 596
비중계분석 / 575
빈배합 / 333
빗자결 제개 / 280

ㅅ

사람 운반 설비 / 498
사면선단 재하공법 / 721
사이 / 284
사질토 지반 / 700, 702, 705, 710, 712
상세시공도 / 175
상온, 상압 공법 / 494
상하이 세계금융센터 / 143
샌드 매트 공법 / 721
생석회 말뚝 / 738
생태계 / 64, 77
생활리듬 감시 / 561
샤모트 / 214
서중콘크리트 / 380
석고보드 / 102
석고판 / 102
석조 건축물 / 229
석회석 / 415
선철 / 416, 423
설계변경 / 175
섬유 구조 / 271
성상변화 한계 / 580
성상한계 / 581
세계무역센터 / 120, 161
세면기 / 512
세장비 / 115
세제르 케겔 / 219
셀룰러 콘크리트 플러 레이스웨이 / 542
소결광 / 423
소변기 / 509
소성 벽돌 / 218
사리탑 / 122
사면활동 방지 / 706
사이버 빌딩 / 176
산악지 / 612
상수 K-값 / 644
상온 접합 / 491
새집 증후군 / 202
생목 / 286
생애주기 / 83
생태지붕 / 93
샤르피 / 441
샹들리에 / 551
석고 벽돌 / 210
석고 블록 / 210
석재 / 228
석회 모르타르 / 409
선재 / 456
선행 재하공법 / 720
설비이상 통보 / 561
섬유보강 콘크리트 / 392
성상지수 / 582
성토 파괴 / 703
세립토 / 601
세자르 펠리 / 122
세제곱미터 / 284
세제르 콘 / 219
소결공법 / 735
소방설비 / 519
소성 / 219
소성 수축 / 351

소성 자재 / 202
소성지수 / 582
소화설비 / 519
속이 빈 조적 벽 / 199
손 비빔 / 336
송풍기 / 505
숏크리트 / 411
수동식 오거 / 630
수력학적 공법 / 707
수목의 종류 / 262
수성암 지반 / 613
수소지수 / 463
수에즈 운하 / 172
수은등 / 556
수정궁 / 116
수지 콘크리트 / 400
수축 줄눈 / 358
수퍼톨 / 114
숙박시설 / 39
순환 재료 / 365
슈리브, 램 & 하몬 / 117
스마트 콘크리트 / 377
스위스 리 타워 / 75
스위치기어 / 546
스타레트 브라더스 & 이켄 / 117
스터코 / 406
스토브 볼트 / 476
스프링클러 / 520
슬럼프 블록 / 210
슬레이트 / 95
습식 공법 / 218
소성 조적 자재 / 218
소성 한계 / 581
소화전 / 521
속이 찬 조적 벽 / 199
송풍관 설비 / 505
송풍 설비 / 505
수도전 / 566
수두 차 / 586
수목 식재 / 79
수분포화 상태 / 577
수세식 시추 / 632
수신기 / 562
수위 차 / 586
수정 / 509
수중 양생 / 361
수직 지지력 / 696
수축 한계 / 581
수평 지지력 / 696
순철 / 416
슁글 / 95
스마트 재료 / 365
스웨디쉬 사운딩 / 648
스위치 / 545
스위치보드 / 547
스타타 센터 / 76
스테인리스 강판 / 453, 508
스포트라이트 / 551
스피어 포인트 스테이플 / 487
슬럼프 시험 / 348
습생-부패균 / 271
습윤 양생 / 362

시간계수 / 687
시공자 / 22
시드니 오페라하우스 / 163
시스템키친 / 567
시추공 / 634
시추 깊이 / 634
시추 조사법 / 628
시험 파보기 / 628
식물성 섬유 / 210
식품 운반 설비 / 500
신월-튜브 샘플링 / 672
신축 줄눈 / 355
실내 시험 / 668, 686
심층 혼합공법 / 737
시공성능 / 330
시공 줄눈 / 354
시료채취 / 670
시어스 타워 / 72, 115, 122, 159
시추구멍 배치도 / 677
시추 방법 / 630
시추 조사표 / 677
식기 운반 설비 / 500
식물성 접착제 / 492
신 광저우 TV 방송탑 / 153
신축 그린 빌딩 / 73
실내공기 품질 / 75, 98
실제 치수 / 284

ㅇ

아그바 타워 / 75
아스완댐 / 162
아스팔트 / 94
아이슈타 대문 / 213
안전 스위치 / 546
안전 하중 / 659
알루미늄 외피 / 101
암석 지반 / 613
압밀 공법 / 704
압밀도 / 687
압밀침하 / 691, 703
압연강재 / 440
압축계수 / 686
압축 시험 / 667
아드리안 스미스 / 131
아스완 하이댐 / 162
아우슈비츠 / 214
안전설비 / 558
안전 지지력 / 665
안정지반 / 682
알퐁소 6세 성문 / 229, 232
압력 처리법 / 295
압밀계수 / 686
압밀시험 / 684
압성토공법 / 721
압축강도 / 208
압축성 / 592
압축지수 / 583

압축침하 / 693, 703
액상 상태 / 271
액상화 방지 / 706
액성 한계 / 582
앵커 볼트 / 473
양생기간 / 361
양생 조적 자재 / 202
얇은층 혼합공법 / 738
언더플러 레이스웨이 / 542
업-다운 공법 / 131
에너지 / 63
에너지 효용성 / 98
에코 시멘트 콘크리트 / 377
에폭시 수지 접착제 / 495
역학적 다짐공법 / 711
연경도 지수 / 583
연약지반 / 701
연질암 지반 / 614
연탄보일러 / 524
열간 압연 강판 / 453
열교 / 84
염기성 산소로 / 419
염화 아연 / 292
영화극장 / 41
예비 조사 / 620
오귀스트 뻬레 / 382
온수 저장탱크 / 528
완리창청 / 187, 197
외벽 / 198
외생장 수목 / 262
외피공사 / 92
애뉴얼 링 네일 / 479
액상형 아스팔트계 접착제 / 497
액성지수 / 582
액센트 조명 / 553
약액 주입공법 / 732
양생 자재 / 202
양토 / 598
언더피닝 공법 / 729
언피니시드 볼트 / 476
업무시설 / 42
에너지 준위 / 674
에어 핸들링 유니트 / 536
에펠탑 / 117
엠파이어 스테이트 빌딩 / 72, 117, 160
연경도 / 331
연관 / 503
연직 탈수공법 / 715
연질 플라스틱 관 / 502
열가소성 접착제 / 491
열경화성 접착제 / 491
열용량 효능 / 86
염화물 함유량 / 462
영국의 건설산업 / 183
예민비 / 580
오거 보링 / 630
오벨리스크 / 104
와이즈만 도서관 / 76
원형관 구조 / 123
외부용 합판 / 311
외세느 프레시네 / 387
욕조 / 516

용광로 / 423
용액 / 735
용적배합 / 335
용접 철망 / 446
용출현상 / 673
워셔 다운라이트 / 551
원형 철근 / 444
웨너법 / 625
웨이퍼 보드 / 313
위생 기구 / 506
윌리스 타워 / 122
유기질토 지반 / 703
유도계수 / 682
유도 조명 / 553
유리 / 509
유리 섬유 / 393
유리의 전당 / 115
유선 / 674
유-시티 / 176
유압식 엘리베이터 / 499
유약벽돌 / 114
유해물질 / 103
융해 현상 / 592
음극방식법 / 468
응결 / 360
응력분포 / 680, 678
이방성 / 676
이산화탄소 소화설비 / 522
이중 굴대 / 648
이질 금속 부식 / 468
이형 철근 / 446
용수량 / 674, 676
용융 아연도금 강판 / 453
용적배합 산정식 / 338
용제 혼합 무기질 접착제 / 495
우레아-포름알데히드 접착제 / 496
원형 경기장 / 187, 229
원형 투기장 / 187
웨스터 가드 / 678
웰링톤 공식 / 661
위생 설비 / 500
유기질 천연재료 / 492
유기질 흙 / 598
유도계수 도표 / 682
유로 터널 / 159
유리블록 / 226
유리 솜 / 96
유비쿼터스 도시 / 176
유선망 / 674
유압식 압축기 / 218
유약 / 218
유전자 연산 방식 / 155
유효압밀하중 / 640
은촉이음 / 355
음료수대 / 506
응력도 / 678
응집력 / 644
이산구조 / 572
이외른 우촌 / 163
이중머리 못 / 482
이터메난키 신전 / 114
익스팬션 볼트 / 475

인공 건조법 / 287
인공차폐 공법 / 293
인체 열감지기 / 561
일반 공장 / 34
일반 콘크리트벽돌 / 207
일조권 / 78
입도분포 / 574, 618
입상토 / 602
잊혀진 자원 / 64
인공지능 건축물 / 131
인산암모늄 / 291
일렉트로루미네슨스 램프 / 557
일반 등급 / 274
일본국의 건설산업 / 184
일 팔라조 / 229, 258
입도 조정공법 / 737
잉여 생산 콘크리트 / 88

ㅈ

자가-응력 콘크리트 / 378
자동화 설비 / 562
자연 건조법 / 287
자연 정화능력 / 77
작업대 상판 / 564
작은 동물 / 272
잔류 흙 지반 / 615
장작 벽난로 / 530
재료혼합 공법 / 705, 736
재앙의 현장 / 152
재하 시험법 / 649
재하판 / 650
저온 액화가스 / 736
전기 기구용 전선 / 540
전기방식 / 468
전기보일러 / 524
전기 비저항 탐사법 / 625
전기 아크로 / 420
전기 양생 / 364
자갈 / 596, 599, 600
자성 감지기 / 562
자연 인식 설계 / 62
자재 치수 / 200
작업 주행성 / 703
잔골재 / 599
잔존 점토 / 217
장-루이 랑보 / 382
재순환 / 88
재하 방법 / 653
재하압밀 탈수공법 / 720
재활용 벽돌 / 225
적외선 양생 / 364
전기 모터식 엘리베이터 / 499
전기 벽난로 / 530
전기분해 / 724
전기 아연도금 강판 / 452
전기 안전집게 / 548
전기 저항률 / 625

전기침투 공법 / 723
전기화학 전지 / 458
전단 시험 / 667
전선 / 539
전압공법 / 723
전원지역 토지 / 77
전해질 농도 / 724
절건중량 / 208
점보 특수말뚝공법 / 725
점성 흙 / 597
점토 벽돌 / 213, 219
접착제 / 487
접합철물 / 472
정격 전압 / 538
정보과학기술 / 175
정적 콘 관입시험 / 646
제너럴 스크루 / 484
제재 목재 / 275, 281
제재소 / 81
조립식 욕실 / 519
조망권 / 72
조명 기구 / 553
조적 자재 / 199
조절판 / 533
조지프 아스프딘 / 324
존 스킬링 / 120
종합병원 / 37
주문 주택 / 54
주방 작업대 / 564
주택 보안 시스템 / 563
주철 / 416
전기화학적 활성도 / 468
전단강도 / 592, 644
전면 부식 / 458
전선 도관 / 540
전압크기 / 724
전체 조명 / 553
절건 상태 / 577
절연전선 / 540
점성토 지반 / 698, 702, 705, 710, 713
점토 / 597
접선법 / 664
접합공법 / 494
정격 전류 / 538
정밀 지반조사 / 622
정 재하시험 / 657
젖은 덮개 양생 / 362
제빙 화학제 / 461
제재 방법 / 276, 280
제재 정 치수 / 284
조립토 / 600
조명 / 79
조명설비 / 548
조적재료 / 187
조지프 모니에 / 382
조지프 팩스턴 / 115
종이기둥 탈수공법 / 719
쪼갬 블록 / 210
주방설비 / 564
주택 등급 / 50
주택 제어 시스템 / 563
주철관 / 501

주파수 / 538
중 고온 접합 / 491
중량재하 압밀공법 / 720
중밀도 섬유판 / 317
증기 양생 / 364
지구물리학적 탐사법 / 624
지반 / 609
지반 변형방지 / 703
지반 안정화 / 695
지반의 밀도 / 639
지반의 연경도 / 639
지반침식 / 79
지붕 공기조절기 / 537
지붕의 기능 / 92
지속가능 건축기술 / 60, 66
지지력 계수 / 654
지층 생성 / 610
지하수위 / 633, 673, 696, 705
지하실 계획 / 79
진공 압밀공법 / 722
진비중 / 576
집성목재 / 299
찔러 보기 / 635
죽절식 외관 / 137
중량 목재 / 84
중량콘크리트 / 379
중앙냉방 / 533
지구라트 / 113
지내력 시험법 / 649
지반 개량 / 695, 701
지반 부등침하 / 606
지반 액상화 / 606, 703
지반의 분류 / 612
지반조사 / 609, 618
지반침하 / 687, 688, 689
지붕 빗물 배수설비 / 504
지붕 환기설비 / 506
지속 가능 콘크리트 / 88
지층 구조 / 610
지표면 / 78
지하수 조사 / 672
직접 조명 / 548
진 마오 따샤 / 131
진흙 / 598
짚어 보기 / 635

ㅊ

차기성 피막 / 468
참회의 성 가족 성당 / 229, 254
창호 공사 / 99
창호 형태 / 99
채널 터널 / 159
찰흙 벽돌 / 202
창고 / 49
창호 재료 / 99
창호틀 / 100
천인식고 / 102

천장 조명 / 549
철강 생산 공정 / 421
철강재 방식 / 456, 468
철강재 생산 / 90
철강재+유리 피라미드 / 432
철광석 / 414
철근 규격 / 448
철근 보관 / 449
철근콘크리트 / 382
체 눈금 / 575
체의 종류 / 575
초고강도 콘크리트 / 401
초고층 건축물 / 114
초등학교 / 44
최대 취재 / 280
최적화 설계 / 155
추가 조사 / 623
축열식 전기온돌 / 529
축열식 전기온풍기 / 529
충격식 시추 / 632
충전 강관기둥 / 156
치장 벽돌 / 224
치즐 포인트 스테이플 / 486
침니 / 597
침엽수 합판 / 311
침지법 / 296
침하량 측정방법 / 604
철강 원료 / 414
철강재 교량 / 437
철강재 부식 / 456, 464
철강재 시험 / 470
철거 / 88
철근 / 413
철근 등급 / 448
철근 부식 / 465
체육관 / 36
체분석 / 575
첵랍콕 공항 / 171
초고성능 콘크리트 / 399
초기 수축 / 351
초음파 감지기 / 562
최소 피복두께 / 461
최종 관입량 / 660
축열식 심야전기 / 527
축열식 전기온수기 / 527
충격다짐 형태 / 713
충적토 지반 / 616
치장 벽 / 199
치장 블록 / 210
치환 공법 / 705, 727
침니-점토 / 602
침적 점토 / 217
침투압 공법 / 725
침하 촉진 / 706

ㅋ

카사그랜드 / 686
카운터성크 리벳 / 477

카튼 갑문 / 171
카펫 배선 / 543
카펫 전화설비 / 558
카펫 정보통신 설비 / 558
캐리지 볼트 / 475
컨버스-래바르 / 666
컨베이어 시스템 / 498
컴먼 네일 / 482
케미컬 앵커 / 475
케이블 트레이 / 541
케이싱 네일 / 482
코어 보링 / 671
코크스 / 415, 423
콘 관입시험 / 646
콘크리트 / 324
콘크리트 공기량 / 405
콘크리트 균열 / 354
콘크리트 '그린' 용도 / 87
콘크리트 못 / 483
콘크리트 배합 / 334
콘크리트블록 나사못 / 486
콘크리트블록 못 / 482
콘크리트 생산 / 87
콘크리트 수축 / 351
콘크리트 양생 / 360
콘크리트 원료 / 326
콘크리트 줄눈 / 354
콘크리트 치기 / 341
콘크리트 펌프 / 343
콘크리트 펌프-호스 / 346
콘크리트 표면마감 / 343
콘크리트 품질 / 326
콘크리트 플레이싱 붐 / 345
콘크리트 호퍼 / 344
콘, 피더슨 & 폭스 / 143
콤팩트 키친 / 566
쿨링 플랜트 / 533
퀘글러 / 680
퀴놀린 제 / 291
크레오소트 / 290
크롬산 동 / 292
크립침하 / 693

ㅌ

타격식 항타기 / 661
타이베이 101 타워 / 137, 157
타일 / 95
타임스위치 / 528
탄력성 접착제 / 497
탄산화 / 460
탄성이론 / 678
탄성이론 해법 / 682
탄성파 탐사법 / 627
탄소 섬유 / 397
탈수 공법 / 704, 715
탈수성능 / 724
탐사 봉 / 635
태양에너지 온수설비 / 526

터글 볼트 / 476
토지 자원 / 62
토질정수 / 702
토크 렌치 / 476
통신설비 / 557
퇴적 흙 지반 / 616
투수성 / 585
투수 콘크리트 / 377
트리플 튜브 샘플링 / 672
테일러 / 686
토질 시험 / 666
토질 주상도 / 677
톱-다운 공법 / 131
통신용 전선 / 540
투수계수 / 585, 587
투수 시험 / 667
트렌치 닥트 / 542
특수 성능 혼화재료 / 341

ㅍ

파괴계수 / 314
파르테논 신전 / 187, 229
파이프 / 501
파티클보드 / 312
팝-타입 리벳 / 479
패러램 / 323
팽창 점토 / 632
페놀 수지 접착제 / 496
페르디낭 마리 드 레셉스 / 172
펜던트 / 551
평로 / 419
평지 / 610
폐쇄회로 카메라 / 562
포스트모더니즘 / 229
포장 벽돌 / 225
포틀랜드 시멘트 모르타르 / 407
포틀랜드 시멘트 콘크리트 / 324
폭약 장전 리벳 / 477
폴리머 침투 콘크리트 / 400
파나마 운하 / 171
파이넥스 공법 / 424
파이프 지지대 / 504
판유리 공사 / 97
패널 네일 / 482
패키지 냉각기 / 535
펌프 / 504
페드로미겔 갑문 / 171
페트로나스 트윈 타워 / 115, 122, 158
평가연수 / 59
평머리 리벳 / 479
평판 재하시험 / 649
포스터 & 파트너 / 171
포스트텐션드 프리캐스트 콘크리트 / 387
포틀랜드 시멘트 / 89
포틀랜드 시멘트-석회 모르타르 / 408
포화도 / 579
폭파 치환공법 / 728
폴리머 콘크리트 / 400

폴리머-포틀랜드 시멘트 콘크리트 / 400
폴리아이소사이어뉴레이트 / 97
폴리스티렌 수지 / 97
폴리우레탄 / 97
폼페이 유적 / 187
표류전류 / 464
표면수율 / 579
표면장력 / 596
표준관입시험 / 635, 671
표준 길이 / 449
표준 주택 / 50
표토 / 79
풍성토 지반 / 617
풍압 / 155
프랑수와 꽈네 / 380
프랭크 로이드 라이트 / 174
프레이크 보드 / 313
프리덤 타워 / 152
프리스트레스트 프리캐스트 콘크리트 / 382
프리츠커 상스 / 163
프리캐스트 콘크리트 / 369
프리텐션드 프리캐스트 콘크리트 / 387
플라스터 / 406
플라스틱기둥 탈수공법 / 720
플라스틱 박판 / 95
플라이 애시 / 89
플러그 / 544
피니시 네일 / 482
피라미드 / 187, 229
피렌체 대성당 / 229, 244
피막형성 양생제 / 363
피사 사탑 / 229, 746
피압수 / 673
피에조 콘 / 647
피치 / 94
필드 볼트 / 475
핑거-조인트 목재 / 322

ㅎ

하이라이즈 / 114
하이얏트 리젠시 / 229, 259
하일, 토드 & 리틀모어 / 163
하중-침하곡선 / 664
한중콘크리트 / 380
할로겐램프 / 556
함수량 / 577
함수비 / 578
함수율 / 578, 724
합금강 / 417
합성 고무 / 95
합성 섬유 / 398
합성수지 / 508
합성수지계 접착제 / 493
합성 판재 / 312
합판 / 306
합판 생산 공정 / 307
합판의 등급 / 310

합판의 분류 / 310
합판 치수 / 310
해론 가스 / 521
허용 균열 폭 / 461
허용 지지력 / 660
헤큼슬레이 스피어 / 117
현장 시험 / 668
현장 예비답사 / 621
현탁액 / 735
형강 부식 / 465
형광등 / 555
혼화재료 / 338, 708
화성암 지반 / 613
화학물질 혼화제 / 339
화학약품 처리법 / 293
환경보존법 / 79
환경파괴 / 64
활동 치환공법 / 728
활엽수 합판 / 312
황토 벽돌 / 202
회반죽 / 102
회전식 소성 가마 / 324
횡변위 제어 / 155
후버댐 / 160
휘발성 유기화합물질 / 94
흙-시멘트 / 412
흙의 구조 / 572
흙의 생성변화 / 571
흙의 유형 / 596
흙의 정의 / 571
흡수율 / 208, 220
합판 접착 구조 / 306
항타 분석기 / 665
해안평지 / 611
허용 지내력 / 682
허용 침하량 / 602
헨리 베세머 / 414, 419
현장 압밀선 / 690
현장 정밀답사 / 622
형강 / 413
형강의 종류 / 431
호화 주택 / 56
화물 운반 설비 / 498
화재감시 / 561
화학약제 혼합공법 / 737
화학적 부식 / 458
환경친화성 / 261
환풍 설비 / 500, 505
활성 전해질 / 468
황산 동 / 292
회로 차단기 / 545
회전문 / 100
회전식 시추 / 632
후드 / 566
후판 강재 / 454
휴대용 콘 / 647
흙-시멘트 공법 / 737
흙의 삼상 / 572
흙의 용도 / 571
흙의 유형분류 / 598
흙 지반 / 615
히빙 / 704

V. 외국어 용어

A

AASHTO / 601
Absorption Chiller / 536
Absorptive Coating Plate / 527
Active Electrolyte / 468
ADA / 24
Admixture / 338
Adrian D. Smith / 131
Aggregates / 89
Agitator Trucks / 366
Air Conditioner / 537
Air Drying / 287
Air-entrained Concrete / 404
Air Filter / 534
AIT / 301
Albumin / 492
Alfonso VI Gate / 232
Alluvial Deposit / 616
Aluminum Bus Bar / 545
Aluminium Cladding / 101
Ammonium Phosphate / 291
Anion Therapy / 516
ANSI / 24, 301
Apartment / 28
Appearance Lumber / 273
Arc de Triomphe / 229, 234
Argon / 554
ABS / 502
Absorption Type / 536
Activating Catalyst / 495
Actual Dimension / 284
Adhesive / 471
Adobe / 202, 210
Aesthetic Bricks / 224
Agitator / 367
AHU / 537
Air-cooled System / 395
Air Duct / 533
Air-entraining Admixture / 269
Air Intake / 535
Alarm / 561
ALC / 210, 378
Alloy Steel / 418
Alternating Current / 547
Aluminum Foil Shield / 558
Aluminous Clay / 210
Anchor Bolt / 473
Annual Ring Nail / 479
Antenna / 562
Apparent Cohesion / 596
Application Techniques / 494
Arena / 190
Aroma Therapy / 516

Aspect Ratio / 115
ASTM / 24
Atmosphere / 63
Auger / 629
August Perret / 382
Automatic Storage Water System / 527
Average Class / 25
Asphalt / 94
Aswan Dam / 162
Atterberg Limits / 580
Auger Boring / 630
Auschwitz / 214
Automation Systems / 562
Axial Shortening / 155

B

Bacterial Growth / 535
Banquet Room / 547
BAS / 563
Basin / 512
Bathtub / 516
Bauxite / 101
Behavior of Water / 584
Bessemer Converter / 419
Bidet / 509
Black Iron / 503
Blast Furnace / 419
Bleeding / 331
Blue-glazed Bricks / 114
BOA / 76
Board Feet / 284
BOF / 414, 419
Boiler / 523
Booster Pump / 521
Boring / 628
Bottom Shield / 558
Boussinesq / 678
Band Saw / 276
Barrier Coating / 468
Baseboard Heater / 529
Battery Building / 120
Bearing Test / 649
Bentonite / 632
BF / 284
BIM / 152
Black Steel / 503
Blast-furnace Slag / 423
Block Sampling / 671
Blue-green Color / 556
Board / 284
Board Foot / 284
Boil / 704
Bolt / 473
Borehole / 629
Boring Log / 677
Boulder / 596
Box Nail / 482

Bracket / 551
Brick Masonry Construction / 86
Bugle-shape / 484
Building Facilities Materials / 498
Built-in-system / 564
Bundled Tubes / 122
Bus / 543
Bus Duct / 543
Butt Joint / 355
Brad / 482
Brushing / 296
Building Bricks / 224
Building Frame Materials / 187
Bulb Piles / 663
Burj Khalifa / 148
Bus Bar / 543
Busway / 543
Button-head Rivet / 477

C

Cable / 456
Cable Duct / 541
Cable Tray System / 541
Canadian National Railway Tower / 171
Capillarity / 588
Carbon Fiber / 397
Carbon Steel / 503
Casagrande / 686
Casein / 492
Cast Iron / 416, 504
Cathodic Protection / 468
Caulking Gun / 497
Cc / 583
CCTV / 177, 557, 562
Cell Cavities / 295
Cellular Concrete Plank / 542
Cellulose Glue / 492
Cement Mortar / 408
Cement-treated Aggregates / 321
Cable Conduit / 541
Cable Tray / 541
C. A. de Coulomb / 594
Cap with Screw / 554
Carbonation / 460
Carboniferous Limestones / 409
Carriage Bolt / 475
Casa Milá / 226, 251
Casing Nail / 482
Cast Iron Soil Pipe / 501
CATV / 557
CBR / 668
CCA / 291
Ceiling Area Light / 549
Cellular Concrete Floor Raceway / 542
Cellular Steel Floor / 542
Cement-lime Mortar / 408
Cement-stabilized Soil / 321
Central-mixed Concrete / 367

Centrifugal Fan / 533, 535
Ceramic / 507
Certified / 68
CFT / 156
Chandelier / 551
Charpy / 441
Chek Lap Kok / 171
Chemical Anchor / 475
Chemical Expansion Rivet / 477
Chilled Water System / 533
Chips / 317
Chrome-plated Steel / 171
CIB / 60
Circle of Stress / 594
Circular Saw / 276
Clay Bricks / 213
Closing Materials Loops / 62
CN Tower / 153, 171
Coarse Aggregate / 599
Coarse Grout / 410
Coefficient of Permeability / 587
Cohesion Soil / 597
Cold-drawn Steel Wire / 446
Cold Pop-rivet / 479
Column Differential Shortening / 155
Community Center / 32
Composite Panel / 323
Compression / 536
Concentrated Load / 678
Concrete / 326
Concrete Curing / 360
Centrifugal Type / 536
Ceramic Glass Door / 530
Cesar Pelli & Associates / 122
Chamotte / 214
Channel Tunnel / 159
Check valve / 504
Chemical Admixture / 339
Chemical Corrosion / 458
Chemical Treatment / 293
Chiller / 536
Chisel Point Staple / 486
CI / 583
CIP / 369
Circuit Breaker / 529, 545
Clay / 597
Close-grain Softwood / 489
CMU / 206
Coal Storage Yards / 412
Coarse-grained Soils / 600
COE / 664
Cohesionless Soil / 596
Cokes / 415
Cold Joint / 342, 347
College Classroom / 31
Common Nail / 482
Compact Kitchen / 566
Compressibility / 592
Compression Chiller / 536
Concentration Cell / 458, 464
Concrete Building Bricks / 206
Concrete Finish / 343

Concrete Hopper / 344
Concrete Placing / 341
Concrete Pump Hose / 346
Condense Water / 535
Conductor / 539
Consistency / 331
Coefficient of Consolidation / 686
Constant of Proportionality / 587
Construction Process / 79
Contraction Joint / 358
Control Joint / 358
Converse-labbarre / 666
Cooling Coil / 533
Cooling System / 533
Copper Arsenate / 291
Copper-8 / 291
Copper Pipe / 501
Copper Sulfate / 292
Cord Connector / 544
Corrosion / 456
Cost Breakdown / 28
Countersunk Conical Head / 482
Countertop / 564
CPT / 646
Creep / 693
Crystal Palace / 116
CT / 437
CTPA / 25
Cured Units / 202
Cutting Technique / 280
Cylindrical Tube Frame System / 123
Concrete Nail / 483
Concrete Pump / 343
Concrete Slump / 348
Condenser / 534
Conduit / 387, 541
Coefficient of Compressibility / 686
Consolidation Test / 684
Construction Joint / 355
Continuous Casting / 425
Control & Circulation Pumps / 527
Conventional Concrete / 365
Conveying System / 498
Cooling Plant / 533
Cooling Tower / 533, 535
Copper Chromate / 292
Copper Naphthenate / 292
Copper-plated Steel / 504
Copper Tubing / 501
Core Barrel Sampler / 633
Corrosion Inhibitor / 469
CO_2 Fire Suppression System / 522
Countersunk Rivet / 477
CPB / 342
CRC / 399
Creosote Liquid / 290
CSI / 24
CTBUH / 114
Cured Masonry Units / 202
Custom Class / 54, 275
Cut Wood / 281
Cyber-building / 176

Cycle / 538

D

Damper / 533
David Saylor / 324
Deep Compaction / 712
Deformed Bar / 446
De-icing Salts / 461
Demolition / 88
Denison Sampling / 672
Department Store / 46
Depth of Frost Penetration / 591
Desk Light / 551
Diesel Engine / 504
Differential Settlement / 607
Dimension Lumber / 283
Dimension Stuff / 283
Direct-expansion Water Chiller / 536
Discontinuous Discrete Fiber / 392
Distribution Duct / 542
Domestic Animal / 272
Double-acting Steam Hammer / 663
Double Bowl / 565
Downlight / 550
Dr / 575
Drill / 629
Drilling Rod / 636
Drop Hammer / 661
Dry Ice / 522
Dry Press Forming Machines / 218
Darcy's Law / 586, 674
Decking / 284
Defects / 268
Degree of Saturation / 579
Deluging / 296
Denison Sampler / 672
Density / 268
Depreciation / 58
Desert Hyacinth / 149
Dial Gauge / 649
Differential Acting Steam Hammer / 663
Diffusion / 295
Dimension Shingle / 283
Dimmer / 555
Discharge Ductwork / 536
Dissimilar Metal / 468
Divergent Point Staple / 487
Door Type / 566
Double-head Nail / 482
Double Bowl Sink / 508
Downstream / 674
Dressed Size / 284
Drill Bit / 633
Drinking Fountain / 506
Drum Mixer / 337
Drying Shrinkage / 352
Dry Press Process / 218

Dryer Kiln / 218
Dry-rot Fungus / 271
DSP / 401
Ductwork / 505
Dummy Joint / 358
Dutch Cone Penetration Test / 647
Dynamic Compaction / 712
Dynamic Replacement / 727
Dry Pipe Sprinkler / 520
Drywall Screw / 484
Duct / 542
Dumbwaiter / 500
Duomo / 244
Dutch Mantle Cone / 648
Dynamic Cone Penetration Test / 647

E

ECC / 398
Economy Class / 50, 274
Ecosystems / 64
Effective Depth / 156
Efficacy of Light / 553
Elastomeric Emulsion / 400
Electrical Conduit / 540
Electric Arc Furnace / 420
Electric Dumbwaiter / 500
Electric Panelboard / 545
Electric Shock / 544
Electrochemical Activity / 468
Electrochemical Corrosion / 458
Electronic Range / 567
Elementary School / 44
Elevator Cab / 498
Emergency Lighting / 561
EMT / 540
Energy / 63
Engineered Wood Products / 261, 299
Ecology-cement Concrete / 377
Eco-roofs / 93
Edge-sawn / 280
Effective Overburden Pressure / 639
Efflorescence / 221
Electrical Conductor / 539
Electrical Curing / 364
Electric Baseboard Heater / 529
Electric Motor / 498, 504
Electric Receptacle / 545
Electrical Resistivity / 625
Electrochemical Cell / 458
Electroluminescence Lamp / 557
Electroosmosis / 723
Elevator / 499
EL Lamp / 557
Empire State Building / 72, 117
Endogenous Trees / 262
Energy Level / 674
Engineering Behavior / 584

Engineering News Equations / 661
Engineering News Formulas / 661
Engineering Properties / 584
Environmental Compatability / 261
Environmental-compatible Materials / 261
EPA / 66
Epoxy Capsule / 475
Epoxy Coating / 465
Epoxy Resin / 495
Equal-legs Angles / 443
Equipotential Line / 674
Escalator / 499
Eugene Freyssinet / 387
Euro Tunnel / 159
Exhaust Ductwork / 535
Exogenous Trees / 262
Expansion Anchor / 475
Expansion Bolt / 475
Expansion Fastener / 475
Expansion Joint / 355
Exposure-1 Type / 311
Exterior Closure / 92
Exterior Type / 311
Exterior Wall / 198
Extra-strength Vitrified Clay Pipe / 505

F

Factory / 34
Factory Lumber / 275
Failure Load / 664
Fan / 505
Fan-coil Unit / 534
Fan-motor / 536
Fastener / 471
Faucet / 566
Feeder / 542
FHA / 289
Fiberboard / 316
Fiber-reinforced Concrete / 392
Fibrous Structure / 271
Field Bolt / 475
Field Consolidation Line / 690
Field Testing / 668
Filament / 554
Fine Aggregate / 599
Fine-grained Soils / 601
Fine Grout / 410
Fines / 317
Finish Nail / 482
Finger-jointed Lumber / 322
Fire Clays / 217
Firecycle Sprinkler / 520
Fired Masonry Units / 210
Fire Detection System / 523
Fired Units / 202
Fireplace / 529
Fire-protection Sprinkler System / 521

Fire-protection System / 519
Fire Standpipe / 521
Flathead Rivet / 479
Flat, Low Profile Coaxial Cable / 558
Flat, Low Profile Copper Conductor / 543
Flat-sawn / 280
Flexible Plastic Tubing / 502
Floor Bricks / 225
Flow Channel / 674
Flow Net / 674
Fluorescence / 555
Flush Electrical Raceway / 542
FM / 557
Fogging / 362
Forced Hot Water Heating System / 526
Forgotten Resources / 64
Formaldehyde / 494
Foster & Partners / 171
François Coignet / 382
Freedom Tower / 152
Friction Sleeve / 648
FRP / 519
FSP / 267
Fire-resistive Treatment / 293
Flakeboard / 313
Flat Flexible Cable / 544
Flat Steel Fibers / 392
Flexural Beams / 464
Floor Lamp / 551
Flow Lines / 674
Flow Path / 674
Fluorescent Lamp / 556
Fly Ash / 89
Foam Core Sandwich / 84
Forced Draft Tower / 535
Forced Warm Air System / 526
Form / 90
Form Left in Place / 364
Framed Masonry Wall / 199
Frank Lloyd Wright / 174
Fresh Concrete / 330
Frost Heaving / 590
FRS / 440
Fungi / 271

G

Galvanic Corrosion / 468
Gas-borne / 298
Gas Range / 567
Genetic Algorithms / 155
Geo-paction / 712
Geophysical Method / 624
Galvanized Steel / 504
Gas Fired Furnace / 526
General Screw / 484
Geologic Profile / 677
Geophone / 628
Glacial Deposit / 616

Glass / 97
Glass Bulb / 556
Glass Wool / 96
Glue / 471, 487
Gold / 68
Gravel / 596, 600
GRC / 393
Green Building / 67, 152
Green Roofs / 93
'Green' Uses of Concrete / 87
Ground Modification / 695
Ground Zero / 120, 152
Grout / 411
GT / 76
Gustave Eiffel / 117
Gypsum Board / 95
Gymnasium / 36
Glass Blocks / 226
Glass Fiber / 393
Glazing / 97
Glulam / 299
Gordon B. Kaufman / 160
Gravity Deposit / 616
Great Pyramid / 104
Green Lumber / 263, 286
Green Technology / 67
Gripping Tool / 479
Groundwater Table / 590
Grounded Type / 544
Gs / 576
Gunite / 412
Guy de Maupassant / 117
Gypsum Brick / 156

H

Hall, Todd & Littlemore / 163
Halon Fire Extinguisher / 520
Halon Gas / 521
Hand Auger / 630
Hardboard / 317
Hardening / 360
HAS / 563
Heartwood / 236
Heating Exchanger / 527
Heaving / 704
Heavy Wall Copper Pipe / 505
Halogen Lamp / 556
Halon Fire Suppression / 521
Hammering-composer / 726
Hand Mixing / 336
Hardened Concrete / 333
Hardwood / 262
Head Saw / 276
Heating Boiler / 523
Heating System / 523
Heavy Timber / 84, 283
Heavyweight Concrete / 379

Hekmsley Spear / 117
Hertz / 538
High Fluidity / 156
High Intensity Discharge Lighting / 553
High Pressure Mercury Vapor / 556
Highrise / 21
High-strength Concrete / 401
High-tech Movement / 21
High Toughness Concrete / 398
HMU / 202
Hollow Masonry Wall / 199
Home Insurance / 114
Hood / 566
Hospital / 37
Hotel / 39
HPC / 401
HVFA / 89
Hydrated Lime / 739
Hydraulic Head Difference / 586
Hydraulic Jack / 646
Hydraulic Presses / 218
Hydrometer Analysis / 575
Henry Bessemer / 414, 419
High Alkalinity / 463
High Heat / 491
High Length-diameter Ratio / 398
High Pressure Sodium Lamp / 557
High-strength Bolt / 475
High-strength Steel Wire / 382
High-tension Bolt / 475
High-workability Concrete / 403
Holding Power / 483
Hollow Tube / 120, 387
Honeycombed Structure / 572
Hoover Dam / 160
Hot Cathode / 555
Hot Oil Curing / 364
HVAC / 534
Hyatt Regency / 259
Hydraulic Cylinder / 498
Hydraulic Hydrated Lime / 739
Hydraulic Methods / 707
Hydro-massage Therapy / 519

I

IB / 563
Ic / 583
Igneous Rock / 613
Ils Palazzo / 226, 258
Immersion / 361
Impervious Paper / 313
IBC / 24
Ice Lens / 590
IL / 582
IMC / 540
Impervious Membrane / 722
Incandescent Lamp / 554

Incoming Wire / 547
Individual Mold / 382
Industrial Lumber / 274
Influence Chart / 682
Infrared Curing / 364
Initial Shrinkage / 351
In-plant Types / 172
Instant Start Type / 555
Insulating Covers / 364
Interior Type / 311
Interstate Highway / 171
Iron / 428
Ishtar Gate / 213
Isotropic / 676
i Tech Beam / 156
In-depth Treatment / 295
Induced Draft Tower / 535
Inert Gas / 555
Influence Coefficient / 682
Inhibitive Primer Coating / 468
Inorganic Materials / 493
Insects / 271
Insulating Blanket / 364
Intelligent Building / 131, 563
Interior Wall / 198
IP / 582
Iron Ore / 414
Isolation Joint / 355
IT / 175

J

Jean-Louis Lambot / 382
Jin Mao Tower / 131
Jørn Utzon / 163
Joseph Monier / 382
JSP / 726, 738
Jetting Nozzle / 727
John Skilling / 120
Joseph Aspdin / 324
Joseph Paxton / 115

K

Kiln Drying / 287
Kitchen / 564
Kögler / 680
KV Metal-clad Switchgear / 546
King Saud / 370
Knocking Head / 636
KVA / 547
Kohn, Pederson & Fox / 143

L

Laboratory Testing / 668
La Grande Arche / 229, 237
Laitance / 332
Land Resources / 62
Latex / 493
L. Bjerrum / 644
Leaning Tower / 262
LED / 71, 75
LI / 582
Lightweight / 208
Lignin / 262
Lime Mortar / 409
Limestone / 415
Liquid Membrane-forming Compound / 363
LL / 582
Load-bearing / 208
Load Capacity / 499
Load-settlement Curve / 664
Long-line Mold / 382
Low Toxicity / 522
Low Voltage Metal-enclosed Switchgear / 546
LPG / 524
Lunar Concrete / 378
Lumen / 553
Luxury Class / 56
Lag Bolt / 484
Lag Screw / 484
Laminated Veneer Lumber / 321
Large Solid Timber / 84
Lavatory / 512
LCPC / 400
Lean Mixes / 333
LEED / 68
Light-gauged Steel Shapes / 444
Lightweight Concrete / 378
Lime / 739
Lime Mortar / 410
Liquid Curing Compound / 363
Lithium Bromide / 536
LNG / 524
Load Bearing Wall / 198
Loading Test / 649
Loam / 598
Low Heat / 491
LSL / 323
Lumber / 283
Luminous Ceiling / 550
LVL / 320

M

Machine Auger / 630
Machine Bolt / 476

Machine Screw / 484
Magnetic / 562
Magnetic Type / 560
Main Computer / 558
Manual Dumbwaiter / 500
Manufactured Structural Components / 319
Map of Boring Location / 677
Masonry Nail / 482
Masonry Screw / 486
Masonry Veneer Wall / 199
Material Origin / 492
MDF / 317, 401
Mechanical Cone Penetrometer / 648
Mechanical Draft Cooling / 535
Mechanical Friction-cone Penetrometer / 648
Mechanical Methods / 706
Mechanical Properties / 269
Mechanical Shield / 293
Mechanical Systems / 500
Mecca / 122
Medical Therapy / 516
Medium-density Fiberboard / 318
Medium Heat / 491
Medium-weight / 200
Melamine-formaldehyde / 496
Menard Drain / 719
Mercury Arc / 555
Mercury Vapor / 555
Mercury-vapor Lamp / 556
Metal Halide Lamp / 553, 557
Metamorphic Rocks / 614
Metering Switchgear / 547
Michael Graves / 229, 260
Microcracks / 392
Microwave / 560, 562
Mile High Illinois Sky-city / 174
Mineral Admixture / 339
Mineral Wool / 96
Mini-piles / 732
Minoru Yamasaki / 120
Modular Dimensions / 200
Modulus of Rupture / 314
Moist Curing / 362
Moisture Barrier / 527
Moisture-controlled / 208
Moisture Resistance / 490
Moisture Resistant / 490
Monadnock Building / 214
Montmorillonite / 632
Mortar / 407
Motor Driven Fan / 506
Movie Theatre / 41
Moving Ramp / 499
Moving Stair / 499
Moving Walk / 499
MSFRC / 400
Mud / 598
Mud Brick / 571
Multi-section Distribution / 547

Multi-section Service / 547
Municipal Supply / 520
Multi-tap / 544
Music Wire / 456

N

Nail / 479
Natural Materials / 492
Needle / 730
Needling / 730
Neoprene / 492, 496
Nitrogen / 554
Nominal Dimensions / 201, 284
Nonisotropic / 676
Nonpressure Processes / 295
No Points / 484
No Pressure, Some Heat / 496
Nôtre-Dame Trees / 241
Non-load Bearing Wall / 198
Nonveneered Panel / 312
NSP / 324
N-value / 639
NASA / 378
NC / 690
Needle Beam / 730
Negative Pressure / 295
Net Size / 284
No-fine Concrete / 377
Nominal Size / 284
Nonmoisture Resistant / 490
Non-structural Plywood / 312
No Pressure, No Heat / 494
Normal-weight / 200
Nôtre-Dame du Haut / 384
Non-moisture controlled / 200
NSI / 323
Nutdriver / 484

O

Obelisk / 104
OC / 690
OCR / 690
Oil-borne / 297
Open-grain Hardwood / 489
Open Type / 566
Observed Age / 59
Ochery Bricks / 202
Office / 42
On-site Types / 297
Open-hearth Furnace / 419
Optimum Structure Design / 155

Ordinary Concrete / 365
Organic Materials / 492
Organic Polymer / 400
Organic Soil / 598
Oriental Pearl Television Tower / 153
Oriented Strand Boards / 314
OSB / 314
OSHA / 24
OSL / 323
Ostancono TV Tower / 153
Outgoing Wire / 547
Outlet Socket / 544
Oven-dry Weight / 208
Overcurrent / 545
OWB / 314
Oxidation-reduction / 464

P

Packaged Rooftop Air Conditioner / 537
Packaged Water Chillers / 535
Panama Canal / 171
Panelboard / 545
Panel Nail / 482
Paper Drain / 719
Paraffin Wax / 671
Paralam / 323
Parthenon / 187, 229
Particleboards / 313
Particle-size Distribution / 574
Passivating Film / 464
Paving Bricks / 225
PB / 502
PCA / 202, 338
PCP / 291, 297
PDA / 659
PDB / 720
PE / 398, 502
Pechka / 530
Pendent / 551
Penetrometer / 646, 648
Percentage of Moisture Contents / 267, 578
Percent of Primary Consolidation / 687
Percussion Boring / 632
Permeability / 585
Pervious Concrete / 377
Petronas Twin Towers / 122, 158
PF / 290, 299, 311
Phenol / 496
Phosphor-coated Tube / 555
Physical Properties / 268
Physical Reinforcement Methods / 707
Physiochemical Methods / 707
PI / 582
Piano Wire Cell / 456
Piezo Cone Penetration Test / 647
Pig Iron / 416
Pile Driving Analyzers / 665
Pile Hammer / 659

Pile Net / 729
Pipe / 501
Pipe Hanger / 504
Piping Support / 504
Pitch / 94
PL / 582
Plain Bar / 446
Plain Concrete / 381
Plaster / 406
Plastering / 102
Plastic / 504
Plastic Bottom Shield / 544
Plastic Bricks / 218
Plastic Concrete / 330
Plastic Drain / 720
Plastic Piping / 502
Plastic Sheets / 363
Plastic Shrinkage / 351
Plate Load Test / 649
Platinum / 68
PLL / 320
Plug / 544
Plumbing Fixtures / 506
Plywood / 306, 308
Plywood Construction / 306
Plywood Process / 307
Pneumatic Rivet Gun / 479
Polyisocyanurate / 97
Polymer Concrete / 400
Polymer-impregnated Concrete / 400
Polymer-portland cement Concrete / 400
Polyurethane / 97
Pompei / 192
Ponding / 361
Pont du Gard / 191
Pop-type Rivet / 479
Porcelain-enameled Cast Iron / 509
Porosity / 580
Porous Concrete / 377
Portable Cone Penetration Test / 647
Porte Narbonaise / 233
Portland Cement / 89
Portland Cement Concrete / 324
Portland Cement-lime Mortar / 408
Portland Cement Mortar / 407
Positive Pressure / 295
Postmodernism / 229
Post-tensioned Precast Concrete / 387
Post-tensioned Strands / 465
Powder-activated Gun / 486
Powder-set Nail / 483
Powered Hammer / 663
Preloading / 720
Precast Concrete / 369
Precambrian Rock / 613
Preformed Decks / 320
Preheat Type / 555
Premium Class / 275
Preservative Treatment / 292
Pressure Meter / 647
Pressure Processes / 295
Prestressed Precast Concrete / 382

Pre-tensioned / 465
Primary Consolidation Settlement / 691
Private Supply / 520
Protective Sheathing / 387
PSC / 456
Public Sanitary Sewage Line / 504
Push Rod+ Inner Rod / 648
PVC / 502
Pyramids / 187, 229
Pre-tensioned Precast Concrete / 387
Pritzker Prize / 163
Propeller Type / 535
Protein Glue / 492
PSL / 323
Pump / 504
PVA / 398
PVC Protective Jacket / 558
Physical Properties / 575

Q

QT / 429
Quartz Lamp / 554
Quinolinolate / 291
Quartersawn / 280
Quicklime / 739

R

Raceway / 541
Rails / 456
Rapid Start Type / 555
RC / 328
Receptacle / 544
Ready Mixed Concrete / 365
Reciprocating Type / 536
Recycling / 88
Reinforced Concrete / 382
Relative Density / 575
Remicon / 88
Remote Controller / 524
Radar / 562
Rammed Earth / 412
Ratio of Moisture Content / 578
RCC / 369
Receptacle Plug / 545
Rebar / 444
Reclaimed Land / 617
Recycle Materials / 365
Reinforcing Steel / 90
Relief Hood / 506
Remitar / 336
Remote Data Processing Terminals / 558

Residual Soil / 615
Resin Concrete / 400
Resource-conscious Design / 62
Rift-sawn / 280
Rivet / 477
Rod Compaction / 715
Roof Construction / 52
Roofing Nail / 483
Roof Ventilator / 506
Room Controller / 524
Rotary Kiln / 324
Round Cable / 543
RPC / 399
Resin / 495
Resorcinol-formaldehyde / 497
Rethinking Construction / 184
Rigid Galvanized Steel Conduit / 540
Rock / 613
Roman Colosseum / 188
Roofing Felt / 94
Roof Storm Drainage System / 504
Room-air-conditioner / 534
Rotary Boring / 632
Rough-sawn Dimension / 284
Round Steel Fibers / 392
Rubber / 493

S

Sacrificial Primer Coating / 468
Safe Pile Load Capacity / 665
Salvaged Bricks / 225
Sand / 597, 601
Sand Filters / 586
Sand Mat / 721
Sapwood / 263
Sawmill Process / 277
Scale Buildup / 535
SCP / 725
Screw / 484
Screw Point / 648
Sears Tower / 72, 122, 159
Secondary Compression Settlement / 643
Sedimentary Rocks / 613
Safe Load / 659
Safety Switch / 546
Sampling / 670
Sand Drain / 717
Sand-lime Brick / 210
Sand Pack Drain / 718
Sauna / 516
Sawn Lumber / 281
Schedule of Values / 28
Scrap Metal / 420
Screwdriver / 484
Sealant Liquid / 511
Seasoning / 286
Security System / 558
Seger Cone / 219

Seger-kegel / 219
Seismic Refraction Method / 627
Self-acting Shutter / 506
Self-tapping Screw / 484
Setting / 360
SFRC / 392
Shear Strength / 592
Shingle / 95
Shop Lumber / 274, 283
Shower / 516
Shower Stall / 516
Shrink-mixed Concrete / 367
Sick House Syndrome / 202
Sieve Analysis / 575
Silt / 597
SIMCON / 399
Single Bowl / 176
Single-level Type / 542
Single-phase / 547
Site Selection / 77
Skyscrapers / 114
SL / 581
Slime / 598
Slump Test / 348
Smart Building / 563
Smart Material / 365
SMU / 202
Sodium Silicate / 291
Soft-mud Process / 218
SOH / 163
Soil-cement / 412, 571, 737
Segregation / 331
Seismic Waves / 627
Self-stressed Concrete / 378
Sensitivity Ratio / 580
Setting Ponds / 412
Shale / 217
Sheet Metal / 95
Shop Drawing / 174
Shotcrete / 411
Shower Bath / 516
Shreve, Lamb & Harmon / 117
Shrinkage Compensating Concrete / 403
Side-prong Base / 556
SIFCON / 398
Silver / 68
Single-acting Steam Hammer / 661, 663
Single-grained Structure / 572
Single Lever / 512, 566
Sink / 564
Site Works / 77
Sky Tree / 156
Slenderness Ratio / 115
Slump Block / 210
Small Animals / 272
Smart Concrete / 377
Smooth Surface Dimension / 284
Sodium Lamp / 553, 557
Soft Metal Expansion Shield / 475
Softwood / 262
Soil / 615
Soil-cement Brick / 571

Soil Exploration / 609, 618
Soil Freeze / 665
Soil Improvement / 695
Soil Relaxation / 665
Soil Setup / 665
Soil-stabilization / 412, 695
Solar Collection Panel-liquid / 527
Solar Domestic Hot Water System / 526
Solid Masonry Wall / 199
SOM / 120, 122, 131, 149, 152
Some Pressure, No Heat / 497
Some Pressure, Some Heat / 495
Sounding / 634
Sounding Rod / 635
SPAU / 516
Spear Point Staple / 487
Specialty Admixture / 341
Specific Gravity / 576
Specified Dimension / 200
Spikes / 483
Split Block / 210
Split-spoon Sampler / 636
Sponge Metal / 413
Spotlight / 551
Spray Concrete / 411
Spray Mortar / 411
Spraying / 296
Spray Pond & Natural Draft Cooling Tower / 535
Sprinkling / 362
SPT / 635
SRC / 328
Stainless Steel / 504
Stall Type / 509
Standpipe System / 521
Staple / 486
Staple Cartridge crew / 487
Starrette Brothers & Eken / 117
Starter / 555
Static Cone Penetration Test / 646
Steel Forms / 218
Steel Frame / 90
Steel Pipe / 503
Steam Curing / 364
Steel / 417
Steel Pipes / 455
Steel Plate / 452
Steel Scrap / 417
Steel Sheet / 452
Steel Fiber / 392
Steel Sheet Piles / 437
Steel Wrecking Ball / 713
Stiff-mud Process / 218
Stone Masonry Units / 228
Storage Tank / 527
Storm Sewer / 504
Stove Bolt / 476
Straight Shank / 484
Strands / 456
Stray Electrical Currents / 464
Stressed-skin Panels / 84

Structural Clay Tiles / 226
Structural Plywood / 311
Structural Timber / 283
Stupa / 122
Supermarket / 47
Supertall / 21
Surcharge / 721
Surface Tension Forces / 596
Swedish Sounding / 648
Switch / 546
Switchgear / 546
Synthetic Materials / 493
Syphon Type / 509
Structural Lumber / 273, 284
Structural Shapes / 431
Stucco / 407
Subsurface Soil Investigation / 621
Supersonic / 562
Supporting Strength / 656
Surface Clay / 217
Sustainability / 88
SWFC / 143
Switchboard / 547
Synthetic Fiber / 398
Syphon-jet Type / 509
System Kitchen / 567

T

Tacks / 483
Taylor / 686
Templo Expiatorio de la Sagrada Familia / 229, 254
Terminal / 547
Termite-proof / 406
TFC / 137
Thermal Bridges / 84, 92
Thermosetting / 491
Thermoplastic / 491
Thin-wall Sampler / 672
Thornton-Tomasetti / 122
Timber / 283
Time Switch / 528, 548
TMCP / 440, 454
Toggle Bolt / 476
Tangent Method / 664
Temple of Etemenanki / 114
Terminal Units / 526
Test Pit / 628
Theory of Elasticity / 678
Thermal Mass Effect / 86
Thermostat / 529
Thin-walled Tube Sampling / 672
Thiokol / 492
Three-phase / 547
Time Factor / 687
TMC / 429
Toe Shooting / 728
Tongue-and-groove Joint / 355

Top-down / 131
Torque Wrenches / 476
Tower of Babel / 113
Transformer / 547
Transported Soil / 616
Treatment with Preservative / 288
Trench Shooting / 728
Triple Tube Sampling / 672
Tungsten Halogen Lamp / 554
Two International Finance Center / 131
Two Nylon Cord / 558
Top Shield / 558
Tour d' Eiffel / 117
Trafficability / 703
Transit-mixed Concrete / 368
Travel Speed / 499
Trench Duct / 543
Triple Tube Sampler / 672
Truck Mixer / 367
Two Handle / 512
Two-level Type / 542
Typical Yield / 280

U

UAE / 149
Ubiquitous Computing / 563
UC / 690
UF / 299, 311
Ultimate Pile Capacity / 664
Ultra High-strength Concrete / 401
Ultraviolet Light / 555
Ubiquitous City / 176
UBR / 519
U-city / 176
U-lamp / 557
Ultra High-rise / 114, 174
Ultra HPC / 399
Uncoated Seven-wire Stress-relived Strand / 387
Undercarpet Data / 558
Undercarpet Telephone / 558
Underfloor Raceway / 542
Unfinished Bolt / 476
Uniform Load / 680
Up-down / 131
Upstream / 674
Urinal / 509
USCS / 600
Undercarpet Power / 543
Under Fill / 728
Underpinning / 729
Ungrounded Type / 544
Unit Weight / 577
Upholstery / 483
Urea-formaldehyde / 496
U. S. Building Code / 663
Used Bricks / 225

USGBC / 67
USN / 176

V

Vacuum Consolidation / 722
Vane Test / 594, 641
VCR / 562
Veneered Panel / 306
Vertical-sawn / 280
Vertical Travel Distance / 499
Vibratory Plate Compaction / 709
Vibro-compaction / 714
Vibro-float / 716
Vibro-hammer / 726
Victor C. Li / 398
VOCs / 24, 90, 94, 103
Valve / 503
Vane Tester / 641
Vegetable Fibers / 210
Vertical Dewatering / 715
Vertical Shaft / 641
Vibratory Compaction / 714
Vibratory Replacement / 714
Vibro-composer / 726
Vibro-flotation / 709, 713
Vibro-replacement / 714
Vinyl Plastic Telephone Tape / 558
Void Ratio / 579

W

Waferboards / 313
Warehouse / 49
Wash-down Type / 509
Wash-out Type / 509
Water-borne Salt / 297
Water Content / 577
Water Curing / 361
Water Gain / 331
Waterproof / 490
WEAP / 665
Welded-wire Mesh / 447
Wall-hung Type / 509
Wash Boring / 632
Washer Downlight / 551
Waste Water Lagoons / 412
Water Closet / 509
Water Cooler / 506
Waterfree System / 511
Water Issues / 63
Water Regulating Valve / 535
Welded-wire Fabric / 447
Wellington / 661

Wenner Method / 625
Wet Covering / 362
Wet-rot Fungus / 271
Wide-flange / 443
Wind Deposit / 617
Wind Pressure / 155
Wire & Cable / 539
Wood I-beam / 319
Wood Light Frame / 85
Wood Screw / 484
Wrought Iron / 417
WWF / 446
WWPA / 323
Westergaard / 678
Wet Musky State / 271
White Glue / 497
Willis Tower / 122
Window & Doors / 99
Wire / 456
Wood Construction / 80
Wood I-joist / 319
Wood-rot Fungi / 271
Workability / 330
WTC / 120, 161
WWM / 446
www. Sites / 25

X, Y, Z

Xenon / 557
Yard Lumber / 283
Ziggurat / 113
Zinc Chloride / 292
X-seed 4000 / 60, 174
Zero-slump / 369
Zinc Arsenate / 292
Zinc Naphthenate / 292